정밀공학

Basics of Precision Engineering

정밀공학

Richard Leach, Stuart T. Smith 저
장인배 역

Basics of

Precision

Engineering

씨아이알

머리말

　지난 수백 년간의 기술적 진보와 더불어서 정밀공학이 발전해왔다. 과거 수십 년간, 정밀공학은 국제적인 규모의 연구에 초점을 맞춰왔다. 이러한 노력을 통해서 정밀설계의 토대가 되는 광범위한 공학적 원리와 기법들이 확립되었다.

　현대적인 정밀 공작기계와 측정기기들은 결정론적 공학기술과 계측을 결합한 고도로 특성화된 공정들을 사용한다. 이를 위해서 기계, 소재, 광학, 전자, 제어, 열기계역학, 동역학 및 소프트웨어공학과 같이 광범위한 학문 분야들의 기술을 활용하고 있다.

　이 책에서는 이러한 다양한 개념들을 한 권의 책으로 엮었다. 학부생들과 정밀공학 분야에 종사하는 엔지니어들에게 적합한 수준으로 각 주제들을 다루었다. 또한 개념을 익히기에 충분한 예제들을 제공하고 있으며, 특정한 분야에 관심을 가지고 있는 독자들에게는 더 진보된 내용을 살펴볼 수 있도록 풍부한 참고문헌을 제시하였다.

감사의 글

편집자는 1장의 유용한 내용들을 제공해준 팻 맥커운 교수께 감사를 드린다. 예제들을 검토해주고 개선방안을 제시해준 패트릭 보인턴, 대니 심스-워터하우스와 루크 토드헌터(노팅엄 대학교)에게도 감사를 드린다. 샤 카림은 그림 제작에 도움을 준 테구 산토사(노팅엄 대학교)에게 감사를 드린다. 하리시 체루쿠리는 **표 3.1**의 그림 제작에 도움을 준 모하메드 하산박사(노스캐롤라이나 대학교 샬롯 캠퍼스)와 정규분포표 제작에 도움을 준 다니엘 스쿠그(MaplePrimes.com)에게 감사를 드린다. 리처드 리치, 샤 카림 그리고 웨이엘 엘마디는 영국 공학 물리과학 연구위원회(EP/M008983/1)의 연구비 지원에 감사를 드린다.

■역자 서언

   정밀공학 엔지니어들에게 바이블처럼 여겨지던 슬로컴[1] 교수의 정밀기계설계[2]가 출간된 지 이제 거의 30년이 가까워지면서 근래에 들어 정밀공학 분야에서 이루어진 급속한 기술 발전과 패러다임 시프팅을 교육할 새로운 교재의 필요성이 점점 더 커지게 되었다.

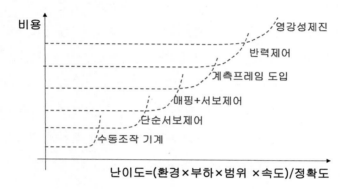

   슬로컴 교수에 따르면, 기존의 기술을 사용하면서 정밀기계설계의 난이도를 높이는 과정에서 비용은 기하급수적으로 상승하지만 결국 넘을 수 없는 벽을 만나게 되며, 이를 극복하기 위해서는 패러다임 시프팅이 필요하다. 하지만 슬로컴 교수의 교재에서는 정밀공학의 패러다임으로 계측프레임의 도입까지만이 제시되었을 뿐이었다. 21세기에 들어서면서 웨이퍼 스테이지에 반력제어[3] 기법이 도입되면서 반도체의 임계치수가 수십 나노미터 수준에 이르게 되었고, 영강성 제진기술의 발전을 통해서 2015년에는 라이고(LIGO) 시스템이 중력 파를 검출할 수 있게 되었다. 이렇게 정밀공학은 꾸준한 패러다임 시프팅을 통해서 기술적 진보를 이루고 있기 때문에, 최신의 이론과 기술들을 교육하고, 이를 현장에서 적용하는 것이 그 무엇보다도 중요하다.

---

1   Alexander Slocum.
2   Precision Machine Design, Prentice Hall, 1992.
3   reaction force cancellation.

과거의 정밀공학 분야가 초정밀 공작기계와 측정기 중심으로 발전해왔다고 한다면, 최근의 정밀공학 분야는 반도체와 광학 분야로 무게중심이 이동하게 되었고, 특히 제어 및 계측 공학을 기반으로 하는 메카트로닉스와의 연계성이 매우 중요한 자리를 차지하게 되었다.

이 교재에서는 광학이나 계측 및 제어 등의 메카트로닉스적인 설계요소들을 포함하고 있으며, 최근 반도체 생산공정에 도입이 활발하게 추진되고 있는 극자외선노광기(EUVL)를 포함하여 최신의 초정밀기술들을 사례로 활용하고 있기 때문에, 정밀공학을 공부하는 학생들과 초정밀 산업 분야에 종사하는 엔지니어들에게 훌륭한 지침서가 될 것으로 기대한다.

이 교재는 기계요소설계와 같은 기초 설계이론들을 학습한 학생 및 엔지니어들을 대상으로 하고 있기 때문에 기초가 충실하지 못한 독자에게는 매우 난해하고 어려운 내용들로 인식될 수 있다. 하지만 과거 십수 년 동안 세계 최대의 메모리반도체 기업에 오랜 기술자문을 수행해온 역자의 경험으로는 이 책의 거의 모든 내용들이 현업에서 발생하는 실제적인 문제들을 다루고 있다. 또한 역자가 슬로컴 교수의 교재를 기반으로 특정 반도체기업 임직원들과 학생들에게 강의하는 정밀기계설계 강의교재에는 매년 최신의 기술들을 추가하여 왔고, 최근 버전의 강의교재는 이 책의 내용과 사례까지 상당부분 일치한다는 놀라운 사실을 이 책을 번역하는 과정에서 발견하였다.

마지막으로 이 책은 정밀공학이라고 하는 매우 넓은 분야를 제한된 지면 내에서 개괄적으로 다루다 보니 충분한 숫자의 그림들을 수록하지 못하고 말로만 설명한 부분들이 많이 존재한다. 또한 역자가 다양한 전공 분야의 난해한 내용들을 한글로 옮기는 과정에서 해당 분야에 대한 이해의 부족이나 용어의 부재 등으로 인하여 오역이 상당수 존재할 것으로 생각된다. 이에 대해서는 독자들의 너른 이해를 구하는 바이다.

2018년 10월 26일
강원대학교 **장인배** 교수

■편집자 소개

리처드 리치는 현재 노팅엄 대학교의 계측공학 교수이며, 제조계측팀의 팀장이다. 1990년에서 2014년까지의 기간 동안 영국 국립물리학연구소에서 근무하였다. 그는 개념 단계에서 최종조립까지 계측장비의 제작을 좋아하며, 현재는 정밀한 치수 측정과 적층 방식으로 제작된 구조물에 관심을 갖고 있다. 그의 연구주제에는 표면편차의 측정, 3차원 구조물의 측정방법 개발, 대형 표면 고분해능 제어를 위한 산업적 방법 개발 등을 포함하고 있다. 그는 여러 전문가단체의 리더이며 러프버러 대학교과 하얼빈 기술연구소의 초빙교수이다.

스튜어트 스미스는 1977년에 마일즈 레더편社의 공장관리 견습사원으로 입사하여 40여년간 공학 분야에 종사하였다. 그는 현재 노스캐롤라이나 대학교 샬럿 캠퍼스의 기계공학과 교수이며 계측기 개발그룹의 리더이다. 주요 연구 분야는 광학, 생물학 및 기계공학 분야에 적용하기 위한 원자 규모의 구분, 조작 및 가공을 위한 계측 및 센서기술의 개발에 집중되어 있다.

■역자 소개

장인배 교수는 서울대학교 기계설계학과에서 1987년 학사, 1989년 석사 그리고 1994년에 박사학위를 취득하였다. 석사과정에서는 하드디스크 헤드의 정특성과 동특성 해석을 수행하였고 박사과정에서는 정전용량형 센서를 내장한 자기베어링을 개발하였다. 1995년에 강원대학교 정밀기계공학과(현재 메카트로닉스전공)에 부임하여 현재 정교수로 재직 중이며, 주요 관심 분야는 반도체 및 OLED용 초정밀 기구설계이다. 특히 역자는 세계 최대의 메모리반도체 기업에 지난 10여 년간 반도체 검사장비, 공정장비, LCD 마스크리스 노광장비 등 다양한 초정밀장비 설계자문과 정밀기계 설계 분야 재직자 교육을 수행하고 있다. 저서로는 『표준기계설계학』(동명사), 『전기전자회로실험』(동명사), 번역서로는 『고성능메카트로닉스의 설계』(동명사), 『포토마스크 기술』(씨아이알), 『정확한 구속』(씨아이알), 『광학기구 설계』(씨아이알), 『유연 메커니즘: 플랙셔힌지의 설계』(씨아이알), 『유기발광다이오드 디스플레이와 조명』(씨아이알), 『3차원 반도체』(씨아이알), 『웨이퍼레벨 패키징』(씨아이알) 등이 출간되었으며 100건 이상의 국내외 특허를 보유하고 있다.

기여자 소개

패트릭 베어드는 서레이 연구공원의 제노시스社에 근무하는 연구개발 과학자로서, 분광학과 다변수해석 소프트웨어 개발 분야에 종사하고 있다. 그는 국립물리학연구소에서 3차원 좌표 측정 시스템용 프로브 계측에 관한 연구를 수행하여 1996년에 브루넬 대학교에서 박사학위를 취득하였다. 이후 몇 년간 서레이 대학교와 임페리얼 칼리지에서 주사탐침현미경과 관련된 연구를 수행하였다.

닐스 보스만은 혁신적인 정밀운동 시스템과 계측 분야에 특화된 스타트업 기업인 이노베이트 프리시전社의 창업자이다. 이전에 그는 월랜드 UPMT社의 연구개발 책임자로서, 대량생산 폴리머 렌즈의 정밀도를 획기적으로 향상시키는 초정밀 가공기술을 개발하였다. 그는 2016년에 루벤 대학교에서 초정밀 공작기계용 메카트로닉스 위치 결정과 계측 시스템을 개발하여 박사학위를 취득하였다. 그는 메카트로닉스 시스템의 설계와 개발에 열정을 가지고 있으며 정밀공학의 원리와 진보된 제어기술을 접목시키는 데에 강력한 역량을 가지고 있다.

에릭 뷰이스는 15년 동안 로렌스 버클리 국립연구소(LBNL)에서 엔지니어로 근무하면서 정밀공학 분야의 경험을 쌓아왔다. LBNL에 입사하기 전에, 그는 칼자이스 반도체 제조기술社, 로렌스 리버모어 국립연구소, 델프트 기술대학교 그리고 노스캐롤라이나 대학교 샬럿 캠퍼스 등에 근무하였다. 그의 주요 관심 분야는 정밀 계측기의 설계와 개발이다. 에릭은 미국 정밀공학회(ASPE)에서 능동적으로 활동하는 회원이며 2018년 기간 동안 학회장으로 선출되었다.

하리시 체루쿠리는 노스캐롤라이나 대학교 샬럿 캠퍼스의 기계공학과 교수이다. 그는 일리노이 대학교 어배너−샘페인 캠퍼스의 이론 및 응용역학과에서 1994년에 박사학위를 취득하였다. 그는 고체역학, 탄성고체 내에서 파동의 전파, 가공과 금속성형공정의 모델링, 전산역학 및 입자 기반 기법 등의 분야에서 연구경험을 가지고 있다. 그의 현재 연구 분야에는 숏피닝 공정, 입자 기반 기법을 사용한 소재 가공공정 그리고 금속 내에서 방사선에 의해서 유발되는 크리프와 팽창현상 등이다.

데릭 체번드는 랭크 테일러 홉슨社와 학계에서 거의 50년 동안 고정밀 공학과 계측 시스템 설계 및 계측 분야의 경험을 쌓았다. 나중에 그는 워릭 대학교 공과대학 기계공학과와 정밀공학그룹을 이끌었으며, 현재는 명예교수이다. 그는 계측기 설계에 학제 간 접근을 꾸준히 권장해왔으며, 이를 통해서 거칠기와 진원도 계측, 소규모 윤활, 메커니즘과 엑스레이 간섭 등의 다양한 분야의 연구에 기여하였다. 과거 10년간 그는 기구학 분야와 더불어서, 고체표면상 또는 표면과 인접한 위치에서의 기계적인 거동에 대한 분석을 수행하고 이해도를 높이기 위한 방법과 수단의 개발에 집중하였다. 그는 하얼빈 기술연구소와 톈진 대학교에 객원교수의 직위를 가지고 있다.

웨이엘 엘마디는 노팅엄 대학교의 제조 계측 연구원이다. 그는 카르툼 대학교에서 기계공학 학사를 취득하였으며, 2016년에 노팅엄 대학교에서 제조공학 및 경영 분야 석사학위를 취득하였다. 그는 롤스로이스社에서 제조엔지니어로 근무하면서 린－생산 및 지속적인 개선과 관련된 업무를 수행하였다. 그는 현재, 정밀공학 계측기의 진동과 열 차폐를 위하여 적층 방식으로 제조된 격자구조에 대한 연구를 수행하고 있다.

맛씨밀리아노 페루치는 과거 8년간 차원 계측 분야에 종사했다. 2008년에서 2013년까지의 기간 동안 그는 국립표준기술연구소(NIST)에서 물리학자로 근무하였다. 이후에 2013년에서 2016년까지의 기간 동안은 국립물리학연구소에서 연구원으로 재직하였다. 현재 맛씨밀리아노는 루벤 대학교에서 공학기술 분야 연구원으로 재직 중이다. 그의 연구 분야는 현대적인 좌표 측정 시스템의 기하학적 교정과정과 더 구체적으로는 대용량 레이저 스캐너와 엑스레이 컴퓨터 단층촬영 분야에 초점이 맞춰져 있다.

한 하잇제마는 1985년에 위트레흐트 대학교에서 물리학 석사학위를 취득하였으며, 1989년에 델프트 기술대학교에서 박사학위를 취득하였다. 이후에 그는 네덜란드 국립계측연구소인 NMi 반스윈덴 연구소에 입사하였다. 1997년에는 에인트호벤 기술대학교 슐레켄 교수의 정밀공학그룹에 조교수로 자리를 옮겼다. 2004년에는 미쓰도요社 유럽 연구소의 이사를 역임하였다. 거의 30년에 걸친 연구를 통하여, 그는 현재 사용되고 있는 차원 계측 분야에서의 교정 및 기구의 개념을 개발하였다.

샤 카림은 제조 시스템 공학 분야 석사학위를 취득하고 브리스틀 소재의 제조업체에서 엔지니어 및 컨설턴트로 일하면서 지속적으로 개선 프로젝트들을 수행하였다. 그는 브리스틀 소재의 웨스트 잉글랜드 대학교에서 제조 분야 MPhil 학위를 취득하였다. 2015년에는 노팅엄 대학교 제조 계측팀의 초정밀공학 분야 연구원으로 참여하게 되었으며, 기구학 분야에 열정을 가지고 있다.

스티븐 루드윅은 1999년에 에어로텍社에 입사하여 현재 메카트로닉스 연구그룹을 이끌고 있다. 그의 연구그룹은 정밀 자동화 시스템의 모델링, 식별 및 제어기법 등의 개발에 특화되어 있으며, 다양한 방법들을 사용하여 다양한 운동 시스템에 대한 식별을 수행하기 위한 새로운 아이디어를 시험할 충분한 기회를 가지고 있다. 그는 또한 피츠버그 대학교 비상근 조교수, 미국 정밀공학회 리더 그리고 정밀공학 학회지 편집자 등의 역할을 수행하고 있으며, 중학교 학생들을 위한 로봇 제작을 즐기고 있다.

지미 밀러는 노스캐롤라이나 대학교 샬럿 캠퍼스 소재의 정밀계측센터(CPM)에서 25년 이상 근무하였다. 그는 공학석사와 박사, 수학 학사, 물리학 학사 그리고 전자공학 부전공학위 등을 취득하였다. 그는 대학원 과정에서 공작기계 계측을 강의할 뿐만 아니라 정밀계측센터에서 연구개발 활동을 지원하고 있다. 그는 현재(2016~2018) 미국정밀공학회의 이사와 계측 시스템 위원회 의장 등의 임원으로 재직하고 있다.

마르웨네 네프지는 아헨 공과대학교에서 학사와 박사학위를 취득하였으며, 하겐 대학교에서 경영공학 학위를 취득하였다. 그는 아헨 공과대학교 기구이론과 기계동역학과에서 5년 이상 근무하였다. 그는 현재 칼 자이스社의 시스템 엔지니어로 근무하고 있다. 그는 마이크로칩 제작에 사용되는 광학식 노광장비의 고정밀 광학기구 시스템 개발에 종사하고 있다.

도미니크 레이나에르트는 루벤 대학교에서 기계공학 석사와 박사학위를 취득하였다. 1986년에, 그는 루벤 대학교 기계공학과의 연구원으로 취직하였으며, 1997년에 조교수가 되었다. 그는 현재 루벤 대학교 기계공학과의 정교수로서, 2008년에서 2017년까지 기계공학과 학과장을 역임하였다. 그는 마이크로 및 정밀공학 분야의 연구와 교육을 수행하고 있으며, 진보된 공작기계요소와 의료용 로봇에 집중하고 있다. 그는 유럽정밀공학회(EUSPEN), 전기전자기술자협회(IEEE) 및 미국기계학회(ASPE)의 회원이다. 그는 또한 네덜란드 소재의 제조산업 전략연구센터인 플랜더스 메이크의 회원이다.

리처드 슈글링은 로렌스 리버모어 국립연구소(LLNL)에서 12년 이상 정밀공학 분야에 종사하면서 국립점화시설 시험장비의 설계 및 제작을 지원하였다. 그는 대규모 과학실험용 장비의 제작을 지원하기 위한 정밀공학의 연구와 응용에 열정을 가지고 있다. 리처드는 현재 LLNL에서 프로그램 부매니저로 근무하고 있으며, 메조 스케일 계측, 정밀 구조물의 진보된 제작, 엑스레이 계측, 정밀성형과 다이아몬드 가공 등의 분야에 관심을 가지고 있다.

울리히 웨버는 칼 자이스社의 반도체 노광용 렌즈와 웨이퍼 검사용 현미경의 기구설계 분야에서 18년 이상 근무하였다. 소량생산 공정에서 나노미터 정확도로 광학부품을 설치 및 조절하기 위한 기구들을 개발하는 업무 이외에도, 그는 조립과 조작 과정에서 기구학적 원리에 의해서 이루어지는 신뢰성 있는 설계에 초점을 맞추고 있다. 그는 유연 메커니즘의 최적화와 공차분석을 손쉽게 수행하기 위한 변수 시뮬레이션 모델의 개발에 열정을 가지고 있다.

약어 색인

ADC	아날로그-디지털 변환기	Analog to Digital Converter
AFM	원자작용력현미경	Atomic Force Microscope
AM	적층가공	Additive Manufacturing
ANSI	미국표준협회	American National Standards Institute
ASME	미국기계학회	American Society of Mechanical Engineers
ASTM	미국재료시험협회	American Society for Testing and Materials
AW	진폭-파장	Amplitude-Wavelength
BCC	체심입방	Body Centered Cubic
BIPM	국제도량형국	Bureau International des Poids et Mesures
BSI	영국규격협회	British Standards Institution
CCD	전하결합소자	Charge Coupled Device
CD	위원회안	Committee Draft
CDF	누적확률분포	Cumulative Distribution Function
CFD	전산유체역학	Computational Fluid Dynamics
CG	무게중심	Center of Gravity
CMM	좌표 측정기	Coordinate Measuring Machine
CMS	좌표 측정 시스템	Coordinate Measuring System
CNC	컴퓨터 수치제어기	Computer Numerical Controller
CNT	탄소나노튜브	Carbon Nano Tube
COM	무게중심	Center of Mass
CPIM	도량형 국제위원회	International Committee for Weight and Measures
CPM	정밀계측센터	Center for Precision Metrology
CTE	열팽창계수	Coefficients of Thermal Expansion
DFA	조립을 고려한 설계	Design for Assembly
DLC	다이아몬드형 코팅	Diamond Like Coating
DMI	변위 측정용 간섭계	Displacement Measuring Interferometer
DOF	자유도	Degrees of Freedom
DTM	다이아몬드 선삭기	Diamond Turning Machine
FCC	면심입방	FaceCenteredCubic
FEA	유한요소해석	Finite Element Analysis
FIR	유한임펄스응답	Finite Impulse Response
FRF	주파수응답함수	Frequency Response Function
GPS	글로벌 위치 결정 시스템	Global Positioning System
GPS	기하학적 제품사양	Geometrical Product Specifications

GUM	측정의 불확실도 표기지침	Guide to the Expression of Uncertainty in Measurement
HCP	조밀육방	Hexagonal Close Packed
HTM	동차변환행렬	Homogeneous Transformation Matrix
IEC	국제전기표준회의	International Electrotechnical Commission
IEEE	전기전자기술자협회	Institute of Electrical and Electronics Engineers
INMETRO	브라질 국립 도량형, 품질 및 기술 연구소	Instituto Nacional de Metrologia, Qualidade e Tecnologia
IRDS	디바이스와 시스템 국제 로드맵	International Roadmap for Devices and Systems
ISO	국제표준화기구	International Organization for Standardization
ITRS	국제반도체기술로드맵	International Technology Roadmap for Semiconductor
KRISS	한국 표준과학연구원	Korea Research Institute of Standards and Science
LNE	프랑스 국립도량형연구소	Laboratoire National de Métrologie et D'essais
LODTM	대형 광학부품 다이아몬드 선삭기	Large Optics Diamond Turning Machine
LSL	사양하한	Lower Specification Limit
LTI	선형 시 불변	Linear Time Invariant
LVDT	선형가변차동변환기	Linear Variable Differential Transformer
MAF	기계적 정렬 형상	Mechanical Alignment Feature
mAFM	계측용 원자작용력 현미경	mterological Atomic Force Microscope
METAS	스위스 연방도량형연구소	Federal Institute of Metrology
MMF	기자력	magnetomotive force
MP	측정점	Measurement Point
MPE	최대허용오차	Maximum Permissible Error
MPR	측정기준점	Measurement Point Reference
MS	이동 스케일	Movinf Scale
MT	측정용 탐침	Measurement Tip
NA	개구수	Numerical Aperture
NC	수치제어기	Numerical Controller
NIST	미국 표준기술연구소	National Institute of Standards and Technology
NMI	국립도량형연구소	National Metrology Institute
NMIJ	일본 국립도량형연구소	National Metrology Institute of Japan
NMM	나노측정기	Nanomeasuring Machine
NPL	영국 국립물리학연구소	National Physical Laboratory
NPLI	인도 국립물리연구소	National Physical Laboratory of India
NRRO	비반복오차운동	Non-repetitive runout
PDF	확률밀도함수	Probability Density Function
PEEK	폴리에틸 에틸케톤	Polyethyl Ethyl Ketone
PID	비례−적분−미분	Proportional-Integral-Derivative
PLL	위상고정루프	Phase Locked Loop
PMMA	폴리메틸 메타크릴레이트	Polymethyl Methacrylate

POI	관심위치	Point of Interest
PSD	위치검출기	Position Sensing Detector
PSD	파워스펙트럼 밀도	Power Spectral Density
PTB	독일 연방물리기술청	Physikalisch-Technische Bundesanstalt
PTFE	폴리테트라플루오로에틸렌	polytetrafluoroethylene
PWM	펄스폭 변조	Pulse Width Modulation
QKC	준기구학적 커플링	Quasi Kinematic Coupling
RPY	롤 피치 요	Roll Pitch Yaw
RTD	측온저항체	Resistance Temperature Detector
SPM	주사프로브현미경	Scanning Probe Microscope
SRS	충격응답 스펙트럼	Shock Response Spectra
TMF	공구계측프레임	Tool Metrology Frame
UHMWPE	초고분자량폴리에틸렌	Ultra High Molecular Weight Polyethylene
ULE	초저열팽창계수	Ultra Low Expansion
USL	사양상한	Upper Specification Limit
VCO	전압제어 발진기	Voltage Controlled Oscillator
VIM	국제계측용어	International Vocabulary of Metrology
VNIIM	러시아 멘델레예프도량형연구소	D.I. Mendeleev All-Russian Institute for Metrology
WEDM	와이어방전가공	Wire Electro Discharge Machining
WMF	시편계측프레임	Workpiece Metrology Frame
XCT	X-선 단층촬영기	X-ray Computed Tomography

Contents

CHAPTER 01 정밀공학의 이해

CHAPTER 02 계 측

CHAPTER 03 기초 이론

CHAPTER 04 정밀기계와 동역학

CHAPTER 06 기구학적 설계

CHAPTER 07 정밀기계요소와 원리

CHAPTER 11 힘전달 루프

정밀공학의 이해

CHAPTER 01 정밀공학의 이해

정밀공학 설계의 궁극적인 목표는 필요한 결과로부터 예측할 수 없는 편차를 물리적이나 경제적인 측면에서 가능한 한 작게 유지하여, 작동 범위 내에서 결정론적이며 제어 가능한 결과를 만들어내는 공정을 창출하는 것이다. 이 책에서는 정밀공학 분야의 우수 사례로 생각되는 개념들에 대하여 설명하고, 기초원리에 초점을 맞추며, 이들을 정밀공정의 설계, 개발 및 특성화의 일부분으로 어떻게 이용할지에 대해서 설명한다. 이 장에서는 책을 통해서 살펴볼 많은 개념적 도구들에 대해서 살펴본다. 이 장에서는 개념들에 대해서 간단하게만 살펴볼 예정이며, 이 책의 나머지 부분들에 대해서 살펴보기 전에 이에 대해서 읽어볼 것을 추천하는 바이다. 이 주제들에 대해 소개하기 위해서, 이 장에서는 정밀공학을 구성하는 일반적인 개념들을 주제별로 논의하고 정밀도의 근본적인 한계에 대한 설명으로 마무리한다.

1.1 서언

정밀공학은 미래기술을 발전시키기 위해서 필요한 학문 분야들 중 하나였으며, 앞으로도 그럴 것이다. 정밀공학은 항상 기술적 능력의 최첨단을 달려왔고, 물리법칙에 의해 부가되는 한계를 향해 나가고 있으며, 정밀도를 높이려는 노력은 앞으로도 지적인 요구를 따라갈 것이며, 인간의 노력들 중에서 가장 흥미로운 분야에 참여할 수 있다는 보상을 가져다줄 것이다.

기술이 세상을 다양한 방식으로 변화시킨다는 점은 명확하지만 그 영향과 발전을 하나의 방정식, 도표 또는 그래프로 요약하는 것은 어려운 일이다. 그런데 트랜지스터의 출현이 최근 기술 발전에 큰 역할을 했다는 점은 명확하다. 고든무어(1965)는 칩 위에 집적하는 트랜지스터의 숫자를 시간의 함수로 나타내어 이 분야의 발전을 설명하였으며, 소위 **무어의 법칙**에 따르면, 이 숫자는 2년마다 두 배로 증가한다는 것을 예상하였다. 시간이 지남에 따라서 칩 위에 집적되는 소자의 숫자는 변하였으며, 과거 10여 년간은 증가 속도가 약간 느려져서 2년 반마다 소자의 숫자가 두 배로 증가하였지만, 전반적인 경향은 60년 이상의 기간 동안 비교적 일관되게 유지되었다. 그런데 무어의 법칙은 클록 속도의 증가에 따른 영향을 포함하지 못하기 때문에, 이 기술 분야의 새로운 로드맵은 정보를 전달하고 처리하는 비율을 반영하고 있으며, 전형적으로 시간당 계산횟수를 도표로 나타낸다(2장 2.2절). 이런 세부적인 문제들에도 불구하고, **그림 1.1**에서는 단순화되고 수정된 무어의 법칙을 도표로 보여주고 있다. 늘 그렇듯이, 시간을 수평축으로 놓으면, 칩 위에 집적되는 컴포넌트들의 숫자와 컴포넌트들의 크기(칩은 사각형이며 한 변이 20[mm]라고 가정한다)를 각각 수직축으로 하여 두 선들을 나타낼 수 있다. 전형적으로 트랜지스터 어레이들로 이루어진 칩의 경우, 이 컴포넌트의 형상치수는 크기의 1/4이 된다. 이 도표를 살펴보면, 컴포넌트의 크기는 지속적으로 감소하고 있으며, 컴포넌트들의 숫자는 지수함수적으로 증가한다. 예를 들어, 컴포넌트의 크기가 100[nm]인 경우, 개별 형상의 치수는 25[nm] 내외이다. 2020년대 중반쯤 컴포넌트의 크기가 10[nm] 수준으로 줄어들면, 형상치수는 단지 수 나노미터에 불과하게 된다. 흥미로운 점은, 전자회로의 치수가 원자 크기에 근접하게 되면, 양자효과가 전도성질에 현저한 영향을 미쳐서, 전자의 운동에 제약조건으로 작용하게 된다. 기본적으로, 도선은 절연막으로 둘러싸인 도전체로 이루어진다. 그런데 양자레벨에서는 차폐막이 도전체와 절연체 영

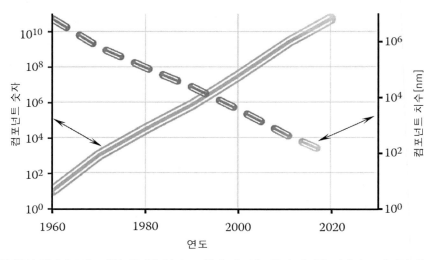

그림 1.1 한 변의 길이가 20[mm]인 사각형 칩과 그 위에 컴포넌트들이 사각형 어레이로 배치된다는 가정하에 컴포넌트들의 숫자를 예측한 단순화된 무어의 법칙 도표

역에 위치하는 전자의 확률에만 영향을 미치며, 절연체에서 특정한 거리만큼 떨어진 위치에서 전자가 발견될 확률은 거리에 따라서 지수함수적으로 감소한다. 그런데 만일 절연체가 충분히 얇고 또 다른 도전체가 인접하여 배치되어 있다면, 하나의 도전체에서 방출된 전자가 인접한 또 다른 도전체에서 나타날 확률과 그 반대의 확률이 현저하게 증가하며, 도전경로들 사이에는 전류의 터널이 형성되어버린다. 게다가 도전성 전자의 파동함수가 서로 중첩되어 양자 기반 컴퓨터의 개발에 활용되는 간섭효과가 초래된다. 기술이 물리학의 기본법칙에 도전하고 있기 때문에, 미래에는 위기와 기회가 분명히 존재한다.

무어의 법칙은 기술적 변화의 동기(정보세대)와 진보의 한계(가공정밀도)를 설명하는 뛰어난 안내지도이다. **노리오 타니구치**(1974)가 개발한 또 다른 안내지도를 통해서 기술적 진보를 촉진하는 과정에서 정밀도를 높여야 할 필요성을 해결하기 위해서 제시된 한계에 접근하기 위한 제조업체들의 반응에 대한 식견을 제공해준다. **그림 1.2**에서는 실현 가능한 공작기계와 공정들의 정확도를 19세기 말부터 시작하여 시간의 함수로 제시하고 있다. 이 그래프에 도시되어 있는 세 개의 선분들은 각 공작기계들이 구현할 수 있는 정확도를 나타내고 있다. 우측의 두 열들에서는 최신 기계와 계측장비들의 유형에 따라 구현할 수 있는 성능을 해당 시기에 구현 가능한 정밀도에 따라서 구분하여 보여주고 있다. **그림 1.2**로부터 도출할 수 있는 가장 중요하고 심오한 결론은, 현재의 발전 속도가 유지된다면 21세기 최신 정밀가공장비의 분해능은 원자레벨에서 **결정론적**[1]으로 소재를 가공할 수 있는 능력을 갖출 것이라는 점이다. 이런 타니구치는 이 새로운 능력에 대해서 **나노테크놀로지**라는 용어를 사용하였다(1974). 하지만 그가 이 용어를 최초로 사용하였는지는 명확하지 않다. 타니구치의 연구에서 평가가 수행된 대부분의 공정들은 비교적 넓은 면적에 대해서 패턴을 만들기 위해서 소재를 덧붙이거나 제거하는 방식을 사용하였으며, 이를 일반적으로 **하향식**[2] 방법이라고 부른다. 반면에 자연은 분자레벨에서 구조물을 구성하여 생명을 만들며, 이를 **상향식**[3] 방법이라고 부른다. 이들 두 가지 방법을 결합하면 미래기술에 흥미로운 기회가 생길 것이라는 점이 명확하다.

---

1   deterministically: 확률론적의 반대 개념(역자 주).
2   top down.
3   bottom up.

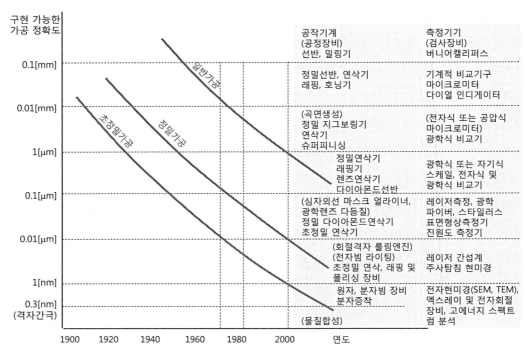

그림 1.2 타니구치 도표에서는 정밀공작기계와 측정기기의 발전을 시간의 함수로 나타내고 있다(1974년 도쿄 ASPE 학술대회 논문집 Part 2: 18~23).

앞서의 논의들 중 대부분은 반도체 산업과 이 산업이 기술 발전에 미치는 영향에 대해서 강조를 하였다. 그런데 항공기, 기차 및 자동차에서부터 프린터(전자회로와 광학표면 프린팅), 과학 및 분석장비(현미경과 망원경에서부터 입자가속기까지), 의료 및 수술도구 그리고 전통적인 발전산업과 신재생에너지 산업에 이르기까지 거의 대부분의 다른 산업 분야에서도 정밀도 향상에 대한 유사한 수요가 발생하고 있다. 이런 모든 기술들의 기반에는 점점 더 진보된 기계와 제어 시스템 사용되고 있다. 정밀도 향상에 대한 이러한 유비쿼터스적 수요는 아시아, 유럽 및 미주대륙의 정밀공학 협회들이 국제적인 공동체로 성장하도록 만들었으며, 점점 더 정밀해지는 공정을 창출하기 위한 개념과 기술적 해결방안에 초점을 맞추어 정보와 아이디어를 교환하기 위하여 서로 모이게 되었다. 이러한 사회적 활동을 통해서 계측기와 기계의 성능을 최적화하고 이를 평가하기 위한 기계적인 공정의 설계를 위한 도구와 방법들에 대한 인식이 향상되었다. 이러한 원리와 설계 개념들이 이 책의 기초가 되었다.

수십 년간 초정밀 공작기계의 개발에 종사하면서 **팻 맥커운** 교수(유럽 정밀공학 및 나노테크놀로지협회의 설립자)가 수행한 정밀공학 연구로부터 만들어진 기본원리들의 사례들로서, 표 1.1에서는 정밀기계설계에 적용되는 열한가지 원칙들을 재구성하여 제시하고 있다. 이 표의 우측 열에서는 어느 장에서 이 원칙이 소개되는지를 나타내고 있다.

표 1.1 팻 맥커운 교수가 제시한 11가지 정밀기계설계의 원칙들

원칙	고려사항	장
구조	대칭, 동강성, 고감쇄, 안정성, 열안정성, 독립기초, 제진기	1, 7, 12, 13
기구학/준기구학적 설계	강체기구학, 3점지지	6
아베의 원리	정렬	10
직접식 변위 측정기	스케일 또는 레이저 간섭계	5
계측프레임	힘전달경로 및 기계적 변형과 차폐된 측정 시스템	11
베어링	고정확, 고평균화/저진동, 저열효과, 저마찰	7
구동기와 캐리지	관통축 반력, 무영향 커플링과 클램프	7
열영향	열유입과 드리프트의 제거 또는 최소화, 안정화, 보상	2, 12, 13
서보구동기와 제어기	고강성, 응답, 대역폭, 영오차추종, 동적 위치 결정 루프, 동기화	7, 14
오차할당	기하학적 각도, 진직도 및 직각도 오차운동, 열팽창, 변형	8, 9
오차보상	직선, 평면, 체적, 준정적 및 동적 시스템	2, 8

앞서 언급했던 모든 사항들을 고려한다면, 정밀공학을 간단하고 명확하게 정의할 수 있다. 하지만 목표가 명확하여 범위가 제한되는 여타의 많은 연구 분야들과는 달리, 정밀공학은 다양한 과학 및 공학적 분야들을 포괄하고 있기 때문에, 기계설계, 계측기 개발 또는 측정 데이터 분석 등과 같이, 정밀공학 분야의 서로 다른 분야에 종사하는 사람들에게 동일한 질문을 한다면 아마도 각자 다른 대답을 할 것이다. 가능한 정의방법들 중 하나는 다양한 계측기나 기기들에 대해서 출력과 원하는 수치 사이의 최소편차로 나눈 값의 범위비율을 사용하여 결정하는 것이다. 정량적으로는, 이 범위비율에는 **정확도, 반복도 불확실도** 또는 **최대허용오차** 등이 사용된다(이 모든 항목들에 대해서는 2장과 5장에서 설명할 예정이다).

정밀공학은 계측기와 기계의 성능을 개선시켜주는 추진동력으로도 생각할 수 있다. 노력의 난이도나 특정한 수요를 충족시켜주는 기존기술이나 솔루션들에 대한 활용의 난이도를 통하여 이를 판단할 수 있다. 난이도를 평가하는 방법들 중 하나는 기존 계측기나 기계의 성능지도를 작성하고(경쟁적인 경제적 환경으로 인하여 기존의 계측기나 기계는 이미 사용 가능한 모든 기술들을 활용하여 성능의 최적화를 이루었을 것이다) 제안된 새 설계가

이 지도상에서 차지하는 영역을 검토하여 기술적 난이도를 판별하는 것이다. 특별히 유용한 매핑방법 중 하나는 평가를 수행할 수 있는 길이나 면적에 대해서 구현(또는 측정)할 수 있는 형상의 높이를 사용하여 기계의 성능한계를 도표로 나타내는 것이다. 예를 들어, 정밀 광학부품 제조업체의 경우에는 형상과 크기에 관련되어 있으며(프랭크 등 1988), 또는 더 일반적으로, 스테드맨의 발표(1987)에 따르면, 표면측정기기의 성능과 관련되어 있다. 이런 도표들을 이제는 **스테드맨 도표**라고 부른다(5장 **그림 5.30**).

　제조공정이 결정론을 추구함에 따라서 정밀공학이 발전하게 되었다(브라이언 1993). 이런 관점에서, 일반적으로 반복도의 부족에 의해서 초래된 정밀도의 부족은 공정 내에서 일시적인 효과에 대한 주의력이 부족하여 발생한 것으로 간주된다. 따라서 정밀공학은 반복도의 저하를 초래하는 원인을 구분하여 정량화를 수행하고, 이런 영향들을 저감하며 가능한 한 제거하기 위하여 정밀공학의 원리를 활용하기 위한 노력이라고 생각할 수 있다. 예를 들어, 공작기계의 경우, 반복도를 저하시키는 일반적인 원인들에는 열영향, 결합부 이완, 진동, 측정기와 작동기의 분해능 한계, 오염, 마찰, 전기회로의 접지루프, 구름요소 그리고 전압, 공기압력 및 진공압력의 요동 등이 포함된다. 정밀도의 형태로 이런 한계들을 다루는 접근방식이 이 책에서 많은 주제들에 대해서 논의하는 기초가 된다. 그런데 기저레벨에서는 항상 신호원에 노이즈가 존재하며, 1.5절에서는 이들의 크기 추정에 대해서 간략하게 논의할 예정이다.

1.2 정밀공정의 설계와 평가에 대한 기본 개념

　다음의 절들에서는 특히 정밀 계측기기와 기계의 개발과 관련되어 있는 설계공정의 본질적인 부분에 해당하는 개념이나 활동들을 나열하여 설명하고 있다. 이들 모두가 설계 개념에 해당하지는 않는다. 예를 들어 **성능 측정**이란 용어는 전형적으로 특정한 설계의 정량적인 한계를 결정하기 위해서 사용되는 용어지만, 그 속에는 설계와 공정 개발이 포함되어 있다. 이 책을 언뜻 훑어보면, 이 개념들 중 대부분이 기껏 해야 좋은 연습으로밖에 인정되지 않는, 고찰을 통해 만들어진 추상적인 관념인 것처럼 보인다. 만일 이 책의 나머지 부분들을 공부하고 나서, 이 절을 다시 읽을 때에 이런 개념들의 적절성과 중요성이 더 많은 의미를 갖게 만드는 것이 이 책의 주요 목표인 것이다.

이 개념들은 정밀한 성능이 요구조건으로 제시된 경우에 초기 창작 단계에서 설계자나 설계팀이 공학적인 도전과제에 대한 실현 가능한 해결책을 만들어내려고 할 때에 훌륭한 지침으로 사용된다.

설계를 판단하는 과정에서 주관적인 편향을 피하려고 노력하는 것이 가장 중요하다. 오래 생각해왔던 개념을 버리는 것은 어려운 일이며, 첫눈에 타당해 보이지 않는 개념을 배제하는 것은 쉬운 일이다. 다수의 개념들을 고찰하다 보면, 새로운 솔루션이 고려해왔던 다른 모든 개념들보다 명백한 장점이 있는 것처럼 보이기도 한다. 이런 일이 일어나고 나면, 이 새로운 솔루션이 창출된 것처럼 느껴지게 되며, 이 시점부터는 새로운 창의적 생각이 멈춰버리게 된다(사실, 또 하나의 솔루션이 만들어졌을 뿐이다). 최종 솔루션조차도 비판적인 검토가 필요하며, 이 새로운 솔루션에 의해서 주어진 문제가 어떻게 변화되었는지를 살펴보기 위한 고찰을 수행해야만 한다. 이런 지속적인 검토과정을 통해서, 더 새롭고, 심지어는 더 좋은 솔루션들이 탄생할 수 있으며, 설계팀은 고찰을 통해서 문제의 본질과 솔루션의 용인성에 대하여 생각하는 방법을 배우게 된다.

설계 개념이 확정되고 나면, 공정 개발 단계를 계획하고 중요한 성능 요구조건들을 구분할 필요가 있다. 후속공정의 평가와 측정에 유용한 두 가지 개념들인 이시카와 도표와 작전개념 방법에 대해서는 1.4절에서 논의할 예정이다.

1.2.1 분석은 설계를 개선하지 못한다

아무리 분석을 열심히 해도 나쁜 설계가 변하지 않는다. 나쁜 설계에 대한 분석의 결과물은 나쁜 설계를 더 나쁘게 최적화시켜줄 뿐이다.

1.2.2 설계사양과 여타의 요구조건들

가능하다면 항상 이후의 계측기/기계 설계와는 무관한 정량적인 수단을 사용하여 요구조건들을 제시하여야 한다. 예를 들어, 부하 측정용 외팔보가 100[N]의 힘을 지지하면서 1[mm] 이상 변형되지 않아야 한다고 지정하는 것은 설계 의존적인 사양이다. 반면에 100[N]까지의 부하 범위에 대해서 부하로 인하여 발생되는 변위가 1[mm] 미만이 되어야 한다고 요구하는 것은 설계에 무관한 사양이다.

1.2.3 대칭성

메커니즘과 지지구조물 내에서의 **대칭성**은 손쉽게 발견할 수 있으며 응력, 동특성 및 열응답 등의 측면에서 다양한 장점들을 가지고 있다(7장 7.1.2절). 예를 들어, 대칭면이 만들어지도록 동일한 두 번째 기계를 부착하면 주어진 방향에 대해서 기계에 의해서 생성된 힘이 정확히 평형을 맞출 수 있다는 점을 검증하기 위해서는 어떠한 해석도 필요 없다.

1.2.4 굽힘 모멘트

굽힘 모멘트는 그에 따른 큰 응력과 변형률을 초래하는 힘 증폭기로 간주할 수 있다. 변형은 변형률의 적분값이며 전형적으로 굽힘축에 대한 회전을 유발하고, 이 변형에 의한 변위는 굽힘 모멘트에 해당하는 레버암의 길이에 비례하여 증가한다. 많은 경우, 구조요소의 파손은 굽힘 모멘트가 최대인 위치에서 발생한다. 이 영역에서의 응력은 일반적으로 형상의 급격한 변화에 의해서 더 악화된다(응력집중).

굽힘 모멘트가 부가되는 경우, 큰 변형오차가 발생하는 경향이 있다. 이를 피할 수 없다면, 설계자는 이를 보상하거나 영향을 상쇄시키기 위해서 노력해야만 한다. 7장의 **그림 7.16**에 도시되어 있는 것과 같은, 일반적인 선삭 가공기 안내면의 경우, 이송나사의 구동에 의해서 힘이 부가되면, 미끄럼 면에서 발생하는 마찰력 때문에 발생하는 굽힘 모멘트를 없애기가 어렵다. 이런 힘들에 의해서 생성되는 모멘트는 이동 캐리지에 작은 피치와 요방향 오차 운동을 초래한다. 그런데 두 개의 안내면을 서로 결합시키고 대칭선상에서 이동 캐리지를 구동한다면(**그림 7.18**), 근원적으로 모멘트를 저감할 수 있다.

1.2.5 루프

뉴턴의 3법칙에 따르면 모든 작용력은 크기가 같고 방향이 반대를 향하는 반작용력을 수반한다. 따라서 메커니즘에 작용하며 평형을 이루고 있는 모든 힘들은 그 힘이 전달되는 구조요소의 내에서 **힘전달 루프**를 생성한다. 이 루프 내에서 힘은 구조요소의 변형을 생성한다. 구조물 내부의 특정한 점들 사이의 상대변위나 위치변화를 측정할 때에는 측정용 스케일이 부착되어 있는 구조요소와 관심위치 사이에도 **계측루프**라고 부르는 루프가 형성된다. 측정오차를 줄이기 위해서는 계측 루프가 이상적인 강체상태를 유지해야 한다. 따라서 힘전달 루프는 변형을 일으키며, 계측 루프는 강체상태를 유지해야만 하기 때문에, 이들 두 루프를 구성하는 구조요소들은 가능한 한 멀리 분리시켜야만 한다. 이러한 힘전달 루프들에 대해서는 11장에서 논의할 예정이다.

루프와 관련된 여타의 규칙들은 다음과 같다. 요소들의 강성은 크게, 힘과 모멘트는 작게, 온도는 안정적으로 유지하며 특히 구조물이 대칭성을 갖추지 못한 방향으로의 온도편차 발생을 피한다. 공진주파수는 높게 유지하며, (높은 주파수응답, 작은 굽힘 모멘트, 낮은 자중변형과 빠른 열응답을 구현하기 위해서) 루프 경로길이는 되도록 짧게 유지한다.

1.2.6 강 성

측정이나 공정작업을 수행하는 대부분의 기계들은 정밀하게 조절된 일과 동력을 송출하여야만 한다. **강성**은 기계가 정밀도를 유지하면서 기계적인 일과 구조요소의 가(감)속을 수행하는 능력의 직접적인 척도이며, 계측 루프와 힘전달 루프가 서로 일치하는 요소의 경우에 특히 중요하다.

많은 정밀기기에서, 고강성구조를 사용하면 힘전달 루프 구성요소 내에서 변형률이 작기 때문에 강도를 고려할 필요가 없어진다. 그런데 대형 구조물에 고강성을 구현하려고 하다 보면 질량이 증가하고 동적 응답특성이 저하되어 심각한 문제를 유발할 수 있다.

복잡한 메커니즘 내에서 생성되는 힘들을 미리 예측하기가 어렵기 때문에, 여러 좌표계 방향으로 구조물에 부가되는 힘과 모멘트에 따른 영향을 고찰할 필요가 있다. 많은 경우에, 설계된 메커니즘에 부가될 수 있는 모든 힘과 모멘트들에 대해서 3차원 강성을 구할 필요가 있다.

일부의 경우, 저강성을 설계목표로 삼을 수도 있다. 이런 사례들 중 하나가 폴리싱과 같은 힘조절 가공공정이다. 이런 공정의 경우에는, 가공시편과 폴리싱용 랩 사이에 일정한(그리고 균일한) 힘이 부가되도록 하여야 한다. 중력이 자주 활용되며 이를 통해서 유효 영강성 힘벡터를 구현할 수 있다.

1.2.7 보 상

계측기기나 기계를 교정할 때에는 오차가 반복되는 현상을 자주 발견할 수 있다. 오차가 **계통모형**이나 **인과모형**을 따른다면, 오차는 전형적으로 일정하거나 예측할 수 있다. 따라서 반복성 오차는 최소화시키거나 최소한 임의적이거나 교정이 예측할 수 없는 편차 범위 이내로 유지할 수 있다. 현대적인 공작기계나 측정기기의 경우에 알려진 오차는 컴퓨터 내에서 거의 일상적으로 직접 **보상**할 수 있다. 온도 변화에 따른 열팽창, 예측 가능한 마모율이나 온도에 다른 광선파장의 변화, 입력과 습도 등의 인과성 오차들은 예측 모델을 사용하여 보상할 수 있으며, 이 책의 전체에 걸쳐서 이에 대한 사례들이 제시되어 있다.

1.2.8 널 제어

전형적으로, 기기를 널 조건으로 복귀시킨 다음에 복원력이나 변위를 사용하여 측정값을 유추하는 측정방식을 사용하는 경우에, 바람직하지 않은 오차를 제거하기 위해서 **널 제어**[4]를 사용할 수 있다. **시금저울**[5]이나 일반적인 질량저울의 설계에서 단순하고 친숙한 널 기법이 사용된다. 시금저울은 두 개의 천칭접시로 이루어지며, 교정된 질량과 평형을 맞추어 시편의 질량을 측정한다. 평형상태에서 메커니즘은 질량이 부가되기 이전의 평형상태로 복원되며, 저울 팔의 기울기나 굽힘 등에 의해서 발생하는 모든 오차들은 메커니즘의 대칭면에 대해서 보상된다.

때로는 피드백을 갖춘 능동제어를 사용한다. 예를 들어, 제안된 새로운 킬로그램의 정의는 질량에 가해지는 중력을 와트저울 또는 **키블저울**이라고 부르는 전자기력 발생기와 평형을 맞춘다(하다드 등 2016). 또 다른 널 기반 설계의 사례는 날카로운 탐침형 표면 측정 센서를 사용하여 표면편차를 측정하는 주사탐침현미경이다(5장 5.7.4절과 4장 참조). 이 현미경은 탐침이 표면과 근접하였을 때에 발생하는 탐침 선단부와 표면 사이의 상호작용을 검출하여 시편 표면상의 작은 점의 위치를 측정한다. 현대적인 주사탐침은 상호작용력을 측정하며, 최고분해능의 경우에는 도전성 탐침의 선단부와 시편 표면 사이의 간극이 1[nm] 미만이

4　null control.
5　assay balance: 금의 무게를 측정하는 천칭방식 저울(역자 주).

되었을 때에 발생하는 전자의 터널링 현상을 측정한다. 이 상호작용력을 일정하게 유지하기 위해서 탐침이 표면 위를 횡단하는 동안 탐침 위치에 대한 서보제어가 수행된다(4장). 나중에 표면편차의 측정에 탐침 선단부 운동값이 사용되며, **터널링 현미경**의 경우에는, 개별 원자의 전자궤적 존재 유무를 분해할 수 있다. 이 업적으로 인하여 과학자인 게르트 비니히와 그의 동료들은 1986년에 노벨 물리학상을 수상하였다. 이런 기법들을 사용하는 대부분의 경우에서는, 고정밀 측정이 가능한 경우에 메커니즘 속으로 국부 측정값을 전송하는 수단으로 널이 사용된다.

2상 세라믹인 **제로도**[6]는 열팽창계수가 양의 값을 가지고 있는 유리상과 열팽창계수가 음의 값을 가지고 있는 결정상을 사용하여 상온 근처에서 열팽창계수가 0이 되도록 배합한 소재이며, 열 불안정성 문제를 널이나 보상기법으로 해결한 사례이다(12장 참조).

1.2.9 오차의 분리

오차에 미치는 둘 또는 그 이상의 영향들을 단순합하여 총 오차를 구할 수 있는 반복성 있는 모든 기계나 공정의 경우에 오차를 분리할 수 있다. 만일 하나 또는 그 이상의 영향들이 가역적이라면, 이론상으로는 이들의 영향을 판별하거나 이들의 영향을 개별적으로 보상하기 위해서 이들을 분리하여 취급할 수 있다. 이런 사례들 중 하나는 스핀들(주축)과 프로브(변위센서)를 사용하여 실린더(또는 구체)를 측정하는 것으로서, 스핀들을 회전시키면서 실린더 표면의 반경방향 편차를 측정한다. 이 측정에는 스핀들의 반경방향 오차운동과 실린더의 반경방향 형상오차가 포함되어 있다. 만일 프로브와 실린더를 180° 회전시킨 다음에 이 측정을 반복한다면, 실린더의 형상오차는 동일하게 측정되는 반면에 첫 번째 측정에서 최댓값(스핀들이 프로브 쪽으로 움직이는 경우)을 나타내었던 스핀들의 오차운동은 180° 회전 이후의 측정에서는 최솟값을 나타낸다. 이들 두 측정값을 서로 더하면 스핀들의 오차운동은 소거되고 실린더의 진원도 오차만이 남게 된다. 따라서 이들 두 오차값을 분리할 수 있다. 오차의 분리와 자가교정에 관련되어서는 5.8절에서 논의할 예정이다.

---

6   Zerodur: 열팽창계수가 거의 0에 근접($0.05\pm0.10\times10^{-6}$[1/K])하는 세라믹 소재(역자 주).

1.2.10 자가보정과 교정

오차 분리의 경우에서와 마찬가지로 **자가보정**에서도 오차를 보정하기 위해서 공정의 구조를 사용한다. 평판 표면의 래핑이 대표적인 사례이다. 하지만 이는 크기가 작은 표면에 적용되며, 미터급의 대형 표면은 이런 방식으로 생산되지 않는다. 이 공정에서는 세 개의 평판들을 순차적으로 서로 문질러 가공하며, 이로 인해서 하나의 평판이 가지고 있는 편평도 오차가 다른 쪽 평판의 형상에 의해서 선택적으로 제거된다. 이 공정은 세 개의 평판 모두가 평면이 될 때까지 반복된다(7장 7.2.1.2 참조, 에반스 등 1996).

1.2.11 기구학적 설계

기구학적 설계는 특정한 방향으로의 운동자유도를 구속하도록 설계된 조인트들을 사용하여 강체들을 서로 연결하는 방법을 사용하여 이론적으로 이상적이며 결정론적인 메커니즘을 설계하기 위한 설계방법론이다(6장 참조). 특히 두 물체 사이의 점접촉은 1자유도를 구속하며 적절하게 배치된 접촉점들의 총 숫자는 구속된 자유도의 숫자와 동일하다는 것을 간단하게 증명할 수 있다.

정확한 구속설계는 메커니즘 전체를 대상으로 하며, 만일 완벽한 위치 결정이 필요하다면, 항상 모든 자유도들을 구속해야만 한다. 예를 들어, 직선운동 스테이지의 이동 캐리지는 작동기가 추가되어 모든 자유도를 특정한 위치로 구속하기 전까지는 이송축 방향으로 자유롭게 움직인다.

1.2.12 준기구학적 설계

베어링의 하중지지능력이 필요한 경우에는 자주 **준기구학적 설계**가 사용된다. 큰 하중이 부가되는 경우에 점접촉을 적용할 수 없으므로, 베어링, 힌지, 기계식 조인트 그리고 커플링 등을 사용하는 **컨포멀 표면**[7]으로 이를 대체하여야 한다. 접촉면적이 커지면 하중지지용량이 증가하지만 완전한 기구학적 설계에서는 멀어지게 된다. 그런데 이런 경우에도 기구학적

---

7   conformal surfaces: 여기서는 면접촉을 의미한다(역자 주).

설계의 개념이 완전히 폐기되는 것이 아니며, 여전히 자유도의 구속 여부에 따라서 조인트들을 분류하고 조립체를 평가한다. 기구학적 설계와 준기구학적 설계뿐만 아니라 이로 인한 메커니즘 조립체의 이동도에 대해서는 6장에서 살펴보기로 한다.

1.2.13 탄성설계와 탄성평균화

제작된 모든 컴포넌트들은 임의적으로 이상적인 형상과 차이를 가지고 있으며, 이 편차는 지정된 가공공차 이내로 유지되어야만 한다. 지정된 공차 범위 이내로 가공된 부품들로 제작된 조립체는 지정된 성능 요구조건을 충족시켜준다. 컴포넌트들을 서로 결합하기 위해서 조립체에 부가하는 (정확한 구속조건 및 준기구학적 설계원리를 적용하여 부가하는 최소한의) 구속조건에 따라서 약간의 제한된 변형이 발생한다. 이는 메커니즘 내에서 가공공차를 기능적으로 수용하기 위하여 탄성변형을 활용한 사례이다. 예를 들어, 구름베어링의 조립과정에서 구름요소의 미소한 편차를 수용하기 위해서 탄성변형에 의존한다. 만일 베어링 내에 다수의 구름요소들이 사용된다면, 이런 기하학적 편차가 미치는 영향을 평균화시켜서 베어링의 내륜과 외륜 사이의 편차가 개별적인 구름요소들의 편차보다 작도록 만들 수있다. **탄성평균화**는 탄성설계의 일종으로 취급된다.

1.2.14 소성설계

컨포멀 접촉이나 컴포넌트 정렬을 구현하기 위해서 영구변형을 활용할 수도 있다. 미끄럼 표면의 길들임 운전은 **소성설계**와 탄성평균화가 조합된 방법이다. 정밀성형이나 컨포멀 표면을 제작하는 여타의 공정에는 래핑과 호닝, (매립성, 순응성 및 윤활성 등을 위해서 사용하는) 화이트메탈[8] 소재 유연너트, 미끄럼면의 스크래핑 그리고 텀블링[9]을 사용한 구체가공 등이 포함된다.

많은 정밀측정에 사용되는 다이얼 게이지는 전형적으로 미끄럼 표면이나 회전축과 구름접촉을 한다. 게이지블록과의 비교기법을 사용하는 경우(5장), 접촉영역에서 평평하며 폴리

---

8   white metal: Pb, Sn, Zn 등을 주성분으로 하는 저용점 백색합금의 총칭(역자 주).
9   tumbling: 전마(轉摩)가공, 모서리를 둥글게 가공하는 광택연마가공(역자 주).

싱된 표면과 구체표면의 반복된 접촉으로 인하여 발생하는 마이크로미터 규모의 마모 때문에, 접촉영역은 저절로 반경이 크고 버니싱된 표면으로 평탄화되며 탄성접촉조건을 이루도록 소성응력이 저감되어 더 반복성이 높은 측정이 가능해진다.

대부분의 조임기구들은 충분한 접촉면적을 확보하기 위해서 표면거칠기의 소성변형에 의존한다. 표면접촉조건이 탄성이냐 소성이냐에 대해서는 7장의 7.2.1절에서 살펴보기로 한다. 7장 전체에 걸쳐서 탄성설계와 소성설계에 대한 다양한 사례들이 제시되어 있다.

1.2.15 단순화

놀랍게도 약간의 독창적인 설계만으로도 메커니즘 내의 많은 하위조립체들을 단일요소로 대체할 수 있으며, 때로는 이를 전부 없앨 수도 있다. 복잡한 조립체를 소수의 요소들로 대체하면 항상 해석이 단순해진다. 다수의 조임요소들을 사용하거나 또는 특정한 공차가 필요한 조립체들은 정밀하게 만들거나 이론적 모델이 결정론적 형태를 갖추기가 어렵다.

복잡한 조립체가 가지고 있는 또 다른 이슈는 공차의 누적문제이다. 조립체 내의 구성요소 숫자가 증가하면, 필요한 형상과 조립된 메커니즘 사이의 편차가 증가하며 전반적인 기능의 손상이 유발된다. 조립정렬을 고려할 때에 단순화의 원칙에 대해서는 10장의 10.1.5절에서 상세한 사례와 함께 살펴볼 예정이다.

기술이 발전함에 따라서 진보된 공학적 해결방안을 탐구할 때에 **단순화**가 자주 활용된다. 예를 들어, 카뷰레터(기화기)는 연료분사기에게 자리를 내어주었으며, 현재 내연기관은 전기 모터로 서서히 대체되고 있다.

단순화의 원리와 관련되어서, 가능한 한 간접 측정보다는 직접 측정을 사용해야 한다. 예를 들어, 종류를 알고 있는 기체의 압력은 체적과 온도를 사용하여 측정할 수 있다. 비록 이상적으로는 동일한 결과를 얻을 수 있지만, 압력을 직접 측정하면 측정 횟수를 절반으로 줄일 수 있으며, 이로 인하여 불확실도의 결정에 영향을 미치는 인자의 숫자를 줄일 수 있다.

1.2.16 코사인 오차와 아베 오차

계측기기나 기계 내에서 발생하는 직선운동이나 회전운동을 모니터링하기 위해서 막대나 디스크에 규칙적으로 배열된 패턴을 전기 또는 광학방식으로 검출하는 방식의 스케일이 자주 사용된다. 스케일의 한쪽 부분을 기계에 고정하고, 측정용 헤드는 이동요소(예를 들어 캐리지)에 부착하면 스케일에 대한 스케일의 상대운동을 측정할 수 있다. 그런데 이 설계의 목적은, 예를 들어 가공시편에 대한 절삭공구의 움직임과 같이, 기계의 다른 위치에 대한 특정 위치의 상대운동을 측정하는 것이다. 현실적인 이유 때문에, 센서와 스케일은 관심위치가 아닌 기계의 다른 위치에 설치된다. 관심위치(또는 좌표축)와 측정 결과 사이의 부정렬(**코사인 오차**)과 오프셋(**아베 오차**)에 의해서 발생하는 오차들은 기계의 미소운동에 의해서 발생하는 오차의 경우조차도, 측정이나 위치 불확실도의 중요한 원인이 된다(10장 10.1절 참조).

1.2.17 설계반전

때로는 시스템의 메커니즘을 반대로 배치하는 경우가 있다. 이런 경우에, 설계들 사이의 차이에 대한 고찰을 통해서 문제를 해결하기 위한 서로 다른 접근방법들 사이의 상대적인 장점과 단점을 살펴볼 수 있으며, 때로는 문제의 본질을 찾을 수도 있다.

설계반전의 사례에는 다음이 포함된다.

- 히트펌프와 냉동기
- 전력용 케이블(위쪽에 설치하고 그 아래에서 차량이 움직이거나 지하로 매설하고 그 위로 차량이 다닌다)
- 현수교(와이어는 인장에 강하다)
- 아치형 다리(콘크리트는 압축에 강하다)
- 선삭가공기(스핀들을 뒤집어놓아서 공구가 아래를 향하도록 만들면 칩들이 절삭영역으로부터 아래로 떨어지게 된다)
- 하나의 대형 모터로 다수의 소형 기계들을 구동하거나 하나의 소형 모터로 개별 기계를 구동한다.
- 자전거의 브레이크 케이블을 튜브의 안쪽이나 바깥쪽으로 통과시킨다(전자가 구현하기 더 쉬운 반면에, 후자는 더 단순하며 처지지 않는다).
- 드럼 브레이크 패드는 중심축에 대해서 대칭으로 서로를 밀쳐내며, 디스크 브레이크는

서로 가까워지는 방향으로 압착되면서 지지축에 토크를 생성하는 모멘트를 만들어낸다.

대부분의 공작기계들(밀링기나 연삭기)에서는 스핀들에 공구가 장착되며, 가공시편이 움직인다. 하지만 선반의 경우에는 가공시편이 스핀들에 장착되며 공구가 움직인다.

1.2.18 에너지 발산

감쇄가 없는 시스템에 외란이 가해지면 무한히 진동한다. 감쇄를 추가하면 진동의 진폭기 감소하고 제어가 쉬워지지만, 열이 발생하고 응답이 느려진다. 결과적으로, 감쇄를 추가하면 항상 속도와 정밀도 사이의 절충이 이루어진다.

1.2.19 시험과 검증

대부분의 설계작업은 문서상으로 수행되며 솔리드모델만 봐서는 훌륭해 보인다. 하지만 모델은 기능적 디바이스의 모든 면들을 다 보여주지 못한다. 많은 대기업들이 모델링 작업에 너무 많이 의존하다가 금전적 손실과 신뢰도 저하를 경험하였다. 성공적인 설계를 만들어내기 위해서는 사회적, 물리적 그리고 경제적인 수많은 상호작용들이 필요하다. 시제품이 제작공정과 제품출시 등에 관련된 모든 이슈들을 점검하는 데에 도움이 된다. 시제품의 빠른 제작과 시험을 통해서 개발의 초기 단계에 주요 이슈들을 찾아낼 수 있다.

1.2.20 오컴의 면도날

간단히 말해서 단순한 것이 더 좋은 것이다. 어떤 문제에 대하여 비용과 성능에 대한 요구조건을 만족시켜주는 두 가지 해결방안이 있는 경우라면, 더 간단한 방법을 선택하는 것이 가장 좋다. 본질적으로, **오컴의 면도날**이라는 개념은 동일한 문제를 동일한 정확도로 해결해주는 것처럼 보이는 경쟁설계들 사이에서 결정을 내릴 때에 사용된다.

1.3 성능 측정

어떤 공정이 개발되고 나면, 특정한 수요에 대한 해결책이 제공되었는지를 판정하기 위해서 성능을 평가하고 엔지니어가 이해할 수 있도록 용어를 정의하여야 한다. 고객은 작동범위, 속도(또는 대역폭) 및 반복도와 같은 모든 관련 인자들에 관심을 갖는다. 이러한 항목들에 대해서 혼동 없이 이해시키기 위해서는 이들에 대해서 명확하게 정의하여야 한다. 계측 분야에서 사용되는 용어들을 정의하기 위해서, 2장에서는 **국제계측용어**(VIM)라고 부르는 지침에 대해서 살펴보기로 한다.

2장에서는 이와 더불어서 단위변환 과정에서 정확도를 유지하는 수단으로서 정의된 측정의 국가 또는 국제표준의 **추적성**, 성능계수의 실험적 측정을 위한 특정한 지침을 제공해주는 **표준사양** 등의 용어뿐만 아니라 결과를 보고하기 위한 알고리즘과 규약 등에 대해서도 살펴보기로 한다. 성능을 어떻게 측정하는가에 대해서 정의함으로써, 경쟁관계에 있는 제조업체들 사이에서 상호 간의 성능을 직접 비교할 수 있게 된다. 안전이 중요한 제품이나 환경에 위해를 미칠 수 있는 제품을 생산하는 경우에는 표준사양의 준수가 안전관행을 보장하고 법적 책임으로부터의 보호를 위해서 매우 중요하다. 마지막으로, 정밀공학의 핵심은 **교정**이다. 이 공정은 교정과정의 한도 내에서 물리적인 표준을 공정 내의 측정으로 전사하는 과정이다(2장 참조). 결정론적인 공정을 구현하기 위해서는 성능계수들을 결정하는 모든 원칙들을 준수하는 것이 필수적이다.

성능 측정뿐만 아니라 여타의 모든 측정 결과를 보고할 때에는, 국제계측용어에서 **측정량**[10]이라고 부르는 측정된 실제값에 대한 허용한계를 평가해야 한다. (막대의 길이 같은) 직접측정값의 경우, 항상 측정값의 **불확실도**를 판정하여 기록해야 한다. 그래서 불확실도를 판정하는 과정이 개발되었으며, **측정의 불확실도 표기지침**(GUM)에서 이를 정의하고 있다. 모든 과학측정에서 이 지침을 준수하는 것이 매우 중요하며 이에 대해서는 9장에서 다루기로 한다.

기계의 사용자들은 거의 임의적인 구성과 구조를 가지고 있는 부품들의 처리(가공)를 위해서 기계를 사용하기 때문에, 기계의 성능을 평가하는 것은 복잡한 일이다. 어떤 처리가

---

10   measurand.

수행되는지를 미리 알 수 없기 때문에, 불확실도의 관점에서 성능을 지정하는 것이 불가능하다(사실 불확실도는 측정의 결과값을 보고하는 경우에만 사용된다). 그러므로 성능 측정 결과는 일반적으로 (측정기기의 경우) 표준시편을 사용하여 성능시험을 수행하는 동안, 또는 공작기계의 경우 절삭가공을 수행하지 않는 동안(공회전을 수행하는 동안) 측정된 값으로 지정된다. 따라서 이런 경우에 수행된 측정성능을 기계의 **최대허용오차**(MPE)라고 부른다(5장 참조).

1.4 정밀공정의 개발

이 책에서 제시하는 정밀공학의 원리들은 새로운 기술과 공정의 창출을 수반하고 있다. 이런 공정들은 문제나 아이디어에서 시작되며, 그에 대한 해결책은 가치 있는 이익을 제공해줄 것으로 기대된다. 해결방안이 결정되고 나면, 해당 해결방안의 특정한 분야를 담당할 개인들을 추려서 공정팀을 만든다. 이 팀이 할 일을 계획하고 관리해야 한다. 공정을 관리하거나 기계를 개발하기 위해서는, 개발의 핵심항목들과 이를 완벽하게 구현하기 위해서 필요한 작업일정들을 계획하여야 한다. 다음의 두 절들에서는 이를 위하여 자주 사용되는 두 가지 대표적인 방법들에 대해서 간단하게 살펴보기로 한다. 첫 번째 방법인 이시카와 도표는 공정개발에 수반되는 모든 인자들을 하나의 도표로 나타내는 방법이다. 두 번째 방법인 프로젝트 개념은 공정이나 프로젝트를 계획하는 세밀한 지침이다.

1.4.1 정밀도에 대한 이시카와 도표

원래는 **인과도표**라고 불렀지만, 이제는 창안자의 이름을 붙인 **이시카와 도표**는 그림 1.3에 도시되어 있는 것처럼, 중앙의 수평방향 화살표 우측 끝에 목표가 제시되어 있다(이시카와 1990). 정밀공학 공정의 경우, 핵심성과는 최대허용오차값을 가지고 있는 기계와 알려진 불확실도를 가지고 있는 측정기 또는 필요한 성능사양을 충족하는 공작기계를 창출하는 것이다. 이 중앙화살표의 위와 아래에는 명시된 목표를 달성하기 위해서 설명되고 이해되어야만 하는 중요한 항목들을 나타내는 화살표들이 연결되어 있다. **그림 1.3**에 도시되어 있는 이시카와 도표에서는 일반적인 공정개발 프로젝트의 중요 항목들을 보여주고 있다. 이들 주 화살표에 연결되어 있는 여타의 화살표들은 공정의 성과에 영향을 미치는 명확한 인자들을 나타낸다. **그림 1.3**에 도시되어 있는 일반 사례의 경우, 기계적 공정의 중요 항목들은 처리해야할 소재, 처리작업, 측정, 기계와 팀 활동 등이 포함되어 있다. 실제의 경우에는 이 항목들이 달라질 수 있지만, 도표 내에는 공정성과에 영향을 미칠 수 있는 인자들이 포함되어 있다. 일단 (각 주요 인자들의 위아래에 연결된 하위인자 화살표들을 포함하여) 모든 인자들이 선정되고 나면, 필요한 정밀도를 구현하기 위한 결정론적 공정을 창출하기 위하여 수행해야하는 업무들을 평가할 수 있다. 그런 다음, 이 업무들을 다음 절에서 설명할 프로젝트 관리와 시스템 엔지니어링 계획에 통합할 수 있다.

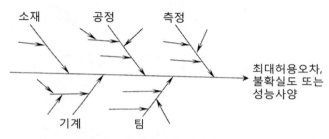

그림 1.3 공정개발의 이시카와 도표

미세액적 증착장비에 대한 이시카와 도표의 사례가 **그림 1.4**에 도시되어 있다. 이 장비의 목표는 3축이 서로 직교하는 직선이송 스테이지들을 사용하여 시편에 대한 주사기의 상대적 위치를 제어하는 자동 주사기를 사용하여 시편의 표면에 액적을 증착시키는 것이다. 일단 액적들이 증착되고 나면, 카메라를 사용하여 측면에서 영상을 취득한 후에, 영상처리기법을 사용하여 (중력의 영향을 무시하고) 구형의 액적과 평면 사이의 접촉각을 구한다. 이 기기를 계측장비로 판매하기 위해서는, 후속 측정의 불확실도를 평가하기 위한 적절한 규약에 대한 고객정보를 제공해야 한다. 팀이 작기 때문에, 역할의 배분과 팀원들의 구성은 프로젝트 계획 단계에서 더 쉽게 해결할 수 있다. **그림 1.4**에 따르면, 공정을 4개의 항목들로 나누었음을 알 수 있다. 이 항목들은 (1) 특정한 주사바늘에 대한 액적과 표면 사이의 물리적인 상호작용과 이 상호작용의 동역학에 의존하는 표면과 유체의 제어, (2) 카메라 영상에서 추출한 액적과 표면 사이의 상대적인 배향으로부터 접촉각도 측정, (3) 주사기에서 토출된 유체의 속도와 표면으로부터 주사바늘이 접근 및 후퇴하는 거리에 의해서 결정되는 액적의 증착공정, (4) 위치 결정 시스템의 성능 등이다.

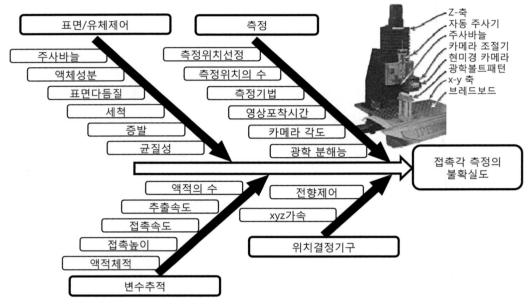

그림 1.4 주사기를 사용하는 미세액적 증착공정의 이시카와선도

1.4.2 프로젝트 관리와 시스템 공학의 기초

가장 단순한 형태의 **프로젝트**는 프로젝트의 스폰서(고객), 프로젝트 관리자 그리고 기술팀으로 구성된다. 각각의 구성원들이 소유한 권한과 더불어서 프로젝트를 효율적으로 수행하기 위해서 필요한 프로젝트 스폰서, 프로젝트 관리자 그리고 기술팀 사이의 **대화선**이 **그림 1.5**에 도시되어 있다. 프로젝트 스폰서는 성과와 목표의 측면에서 프로젝트의 범위를 정의하고 재정적인 지원을 수행한다. 프로젝트 관리자는 프로젝트 스폰서와 기술팀 사이를 연결시켜주며 필요한 공정 단계(필요한 문서, 일정관리, 프로젝트 검토 등), 일정 그리고 자금 등을 결정한다. 기술팀은 전형적으로 시스템 엔지니어(조직에 따라서 수석 엔지니어라고도 부른다)가 팀을 이끌며, 프로젝트 관리자 및 프로젝트 스폰서와 함께 시스템 요구조건, 작동원리(ConOps), 설계 및 검증방법 등의 측면에서 기술적 해결책을 정의하며, 이해당사자를 구분한다. **작동원리**(ConOps)는 조작자의 관점에서 시스템이 작동해야 하는 방법을 나타낸

문서이며 사용자 설명서가 포함된다. 사용자 설명서에서는 조작자, 유지관리자, 지원인력 등을 포함하는 시스템 사용자집단에게 시스템의 필요성, 목표 및 특징을 요약하여 설명해야 한다(하스킨스 등 2007). 이해당사자들은 또한 기술팀에 프로젝트 스폰서 측의 사람들을 포함시킬 수 있다. 프로젝트 진행의 세부사항들은 프로젝트의 크기와 개별 기업의 문화에 따라서 달라진다. 전형적으로, 대규모 프로젝트의 경우에는, 제품관리자와 프로젝트 관리자, 시스템 엔지니어 및 설계자 그리고 프로젝트 수행에 필요한 특정 분야에 전문성을 갖춘 팀 구성원 등이 포함된다. 소규모 프로젝트의 경우에는 한 사람이나 소수의 사람들이 이런 역할을 한꺼번에 수행하게 된다. 여기서 목표는 엔지니어가 프로젝트를 수행하면서 무엇이 필요한지를 완벽하게 이해하는 것이 중요하다는 점을 강조하는 것이다. 엔지니어의 주된 업무는 이해당사자를 식별하고, 관련 당사자들이 모두 동의하고 가능하다면 승인할 수 있는 시스템 요구조건들의 발굴, 개념 설계와 최종설계 수행, 검증방법과 작동원리 마련 등의 업무를 수행하는 것이다. 만일 주된 작동원리가 확인 및 합의되지 않았다면, 개발과정이 기술적으로는 아무리 명확하다고 할지라도, 실패의 위험성이 현저하게 증가하게 된다. 프로젝트의 관리와 시스템 엔지니어링에 관련된 추가적인 정보가 필요하다면, 그루블과 웰치(2013), 하스킨스(2006), 몬테산티(2014) 그리고 PMI(2013) 등을 참조하기 바란다.

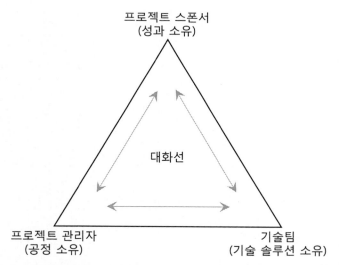

그림 1.5 프로젝트 스폰서, 프로젝트 관리자 및 기술팀 사이의 삼각형 대화선

1.5 정밀도 한계

정밀공학은 결정론을 추구하기 때문에, 공정을 제어할 수 있는 한도만큼만 측정이 가능하며, 이는 측정공정의 근본적인 한계를 결정하는 데에 도움을 준다(제어 시스템에 대해서는 14장 참조).

변위센서의 경우(5장의 커패시턴스 센서와 같은), 출력전압을 사용하여 시간에 따른 변위 x의 그래프를 그릴 수 있다. **그림 1.6**에서는 이런 측정신호를 보여주고 있다. 여기서 수직축은 변위를 나타내며 실제변위값인 x_t에서 수평의 시간축과 교차한다. 그리고 신호 노이즈는 시간에 따라 변하고 있다고 가정한다. 아날로그-디지털 변환기(ADC)를 사용하여 아날로그 전압을 거의 항상 이진수로 변환시킨다. 따라서 **그림 1.6**에서 X 표식으로 나타낸 시점에서의 신호들을 샘플링하기 위해서 아날로그-디지털 변환기가 사용된다. 신호의 추정성능을 향상시키기 위해서는 다수의 샘플들을 수집하여 이를 평균화시켜야 한다는 것이 명확하다. 만일 원래 신호의 표준편차가 σ_x이며, 총 n개의 샘플들을 추출하여 평균화시켰다면, 측정값 x_m과 **표준편차**는 다음과 같이 계산된다.

$$x_m = \frac{1}{n}\sum_{i=1}^{n} x_i \tag{1.1}$$

$$\sigma^2_{x_m} = \frac{\sigma^2_{x_i}}{n}$$

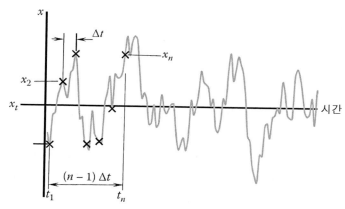

그림 1.6 전기센서로 측정한 변위신호의 시간선도. X 표식은 샘플링된 신호를 나타낸다.

식 (1.1)에 따르면, 측정값의 편차를 줄이기 위해서는 매우 많은 숫자의 샘플들을 사용하는 것이 타당하다. 그런데 만일 짧은 시간간격 내의 모든 데이터들을 수집한다면, 시간간격이 0에 근접하면서 거의 동일한 값이 샘플링될 것이다. 따라서 **비상관 특성**을 갖춘 일련의 샘플들을 얻기 위해서는 **그림 1.6**에 도시되어 있는 것처럼 유한한 시간간격 Δt를 사용하여야 한다. 이 시간간격을 결정하기 위해서는 유한한 거리 τ_t만큼 시프트된 자기복제신호를 곱한 다음에 이 곱을 적분한 다음에 이를 총 시간으로 평균화하여 신호의 자기상관함수를 계산할 수 있다. 다음 식을 사용하여 **자기상관함수**를 수학적으로 계산할 수 있다.

$$R_{xx}(\tau) = \frac{1}{T-\tau} \int_0^{T-\tau} x(t)x(t-\tau)dt \tag{1.2}$$

여기서 T는 신호의 총 시간이다. 이 함수의 특정한 기능은 계산 없이도 구할 수 있다. 시간 시프트가 0인 경우, 식 (1.2)는 신호의 분산값을 나타낸다. 마찬가지로, 시간 시프트가 큰 경우, 이 임의신호를 사용하면, 두 신호의 곱도 역시 임의값을 갖기 때문에, **그림 1.7**에 도시되어 있는 임의신호의 자기상관함수에서 볼 수 있듯이, 평균적분값은 0이 된다. 또한 **그림 1.7**에 따르면 신호의 자기상관함수는 다음과 같이 지수함수적으로 감소한다고 모델링할 수 있다.

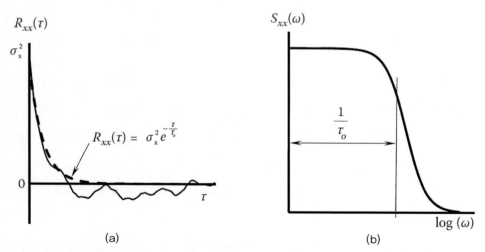

그림 1.7 임의신호의 상관성과 주파수 특성. (a) 자기상관함수, (b) 파워스펙트럼 밀도

$$R_{xx}(\tau) = \sigma_x^2 e^{-\frac{\tau}{\tau_0}}, \; \tau > 0 \tag{1.3}$$

$$= \sigma_x^2 e^{\frac{\tau}{\tau_0}}, \; \tau < 0$$

여기서 τ_0는 상관길이이며, 일련의 측정값들이 비상관 상태라고 한다면 신호의 샘플링을 위한 최소시간으로 간주할 수 있다. 자기상관함수에 대한 푸리에 변환(연속적인 범위의 주파수들을 포함하고 있기 때문에 주기성이 없는 신호에 대한 푸리에 급수와 등가, 3장 참조)을 수행하면 신호 내의 단위주파수당 노이즈 파워의 형태로 파워스펙트럼 밀도 $S_{xx}(\omega)$를 구할 수 있다. 자기상관함수는 우함수이므로, **파워스펙트럼 밀도**는 다음과 같이 주어진다.

$$S_{xx}(\omega) = \frac{\sigma_x^2}{\pi} \int_0^\infty e^{-\frac{\tau}{\tau_0}} \cos(\omega\tau) d\tau = \frac{\sigma_x^2}{\pi\tau_0} \frac{1}{1+(\omega\tau_0)^2} = \frac{S_0}{1+(\omega\tau_0)^2} \tag{1.4}$$

그림 1.7(b)에는 식 (1.4)의 계산 결과가 도시되어 있으며 신호는, 대역폭이 상관길이의 역수와 같은, 일정한 주파수 스펙트럼을 가지고 있다. 다시 측정으로 돌아가보면, 이제 샘플의 숫자를 샘플링 시간의 함수로 나타낼 수 있다.

$$\sigma_{x_m} = \frac{\sigma_{x_t}\sqrt{\tau_0}}{\sqrt{T}} = \frac{\sigma_{x_t}\sqrt{(BW)_m}}{\sqrt{(BW)_s}} = P_0\sqrt{(BW)_m} \tag{1.5}$$

여기서 $P_0[m/\sqrt{Hz}]$는 노이즈를 대역폭의 제곱근당 미터의 단위로 측정한 값이며, BW는 대역폭이다. 하첨자 s 및 m은 각각 원래의 신호와 측정된 신호를 나타낸다. 식 (1.5)에서는 속도와 정밀도 사이의 기본적인 상관관계를 보여주고 있다. 주어진 신호에 대해서 측정의 정밀도를 향상시키기 위해서는 측정의 대역폭을 좁혀서 고유측정편차를 줄여야만 한다. 제곱근의 특성 때문에, 예를 들어 대역폭을 100배만큼 줄여도 측정의 정밀도는 10배만큼 향상될 뿐이다.

실제의 경우, 전기회로는 다수의 수동소자(저항, 인덕터 및 커패시터) 및 능동소자(트랜지스터와 증폭기)들로 이루어지며, 이들 모두가 노이즈를 생성한다. 가장 단순한 수동소자조차도, **존슨 노이즈**라고 부르는 열에 의한 노이즈가 생성되며, 저항의 경우에는 다음과 같이 계산할 수 있다.

$$\sigma_V^2 = 4RkT(BW)_{Hz} \tag{1.6}$$

여기서 V는 저항 R의 양단에 부가된 전압 차이이며, k는 볼츠만 상수($=1.38 \times 10^{-23}$[J/K]), T는 절대온도 등이며, 이 식에서 대역폭은 [Hz] 단위로 측정된다. 다수의 요소들을 조합하는 경우, 개별소자들이 일정한 스펙트럼 밀도를 가지고 있는 전체 노이즈에 영향을 미치며, 주파수가 감소함에 따라서 증가하는 경향을 가지고 있다. 이런 저주파 노이즈를 주파수에 반비례한다고 모델링할 수 있으며, 이를 $1/f$, **핑크 노이즈** 또는 **플리커 노이즈**라고 부른다. 따라서 전형적인 노이즈 스펙트럼 밀도는 다음과 같은 형태를 갖는다.

$$G(f) = \frac{C}{f} + G_0 \ [V^2/Hz] \tag{1.7}$$

여기서 $G(f)$는 편측 스펙트럼 밀도, f[Hz]는 주파수, C는 플리커 노이즈 상수 그리고 G_0는 화이트 노이즈 스펙트럼 밀도이다. 편측 스펙트럼 밀도를 적분하면 **평균제곱 노이즈**를 구할 수 있다.

$$\sigma_V^2 = \int_{f_1}^{f_2} G(f)df = C\ln\frac{f_2}{f_1} + G_0(f_2 - f_1)[V^2] \tag{1.8}$$

식 (1.8)에서는 정밀도의 일시적 특성을 보여주고 있다. 특히 로그 시간단위에 대해서 정밀도를 유지하는 것은 어려운 일이다. 전자전송에 의해서 전류를 송전하는 전기회로 역시 온도요동이 발생하며, 보통 푸아송 통계학을 사용하여 이를 모델링한다(3장 참조). 노이즈 전류는 다음으로부터 예측한 전류편차 σ_i를 가지고 있는 **화이트 노이즈** 스펙트럼으로 가정한다.

$$\sigma_i = \sqrt{2qI(BW)} \tag{1.9}$$

여기서 q는 전자의 전하량(1.602×10^{-19}[C])이며 I는 직류전류값이다. 전류는 저항과 같은 회로 내의 임피던스를 통과하여 전달되기 때문에 전류 노이즈는 전압의 형태로 나타난다. 전류 노이즈를 스피커로 틀어보면 작은 금속 구체가 드럼 위로 떨어지는 소리와 유사하기 때문에 **산탄 노이즈**라고도 부른다. 전기 노이즈나 센서 노이즈를 생성하는 여타의 소스들은 전형적으로 트랜지스터 산화물 층 내의 결함에 의해서 발생하는 **버스트 노이즈(팝콘 노이즈**라고도 부른다)와 같이 특정한 물리적 효과에 의하여 발생할 수 있다.

현대적인 클록들은 전례 없이 높은 정밀도로 시간을 측정할 수 있다. 원자클록과 공용으로 사용할 수 있는 **글로벌 위치 결정 시스템**(GPS, 2장의 기하학적 제품사양과 혼동하지 말 것) 신호는 10[MHz]에서 1.57542[GHz] 사이의 주파수 범위에 대해서 10^{11} 이상의 안정성과 측정 정확도를 가지고 있다. 센서의 전압신호를 시간정보로 인코딩하는 데에 이 클록의 정밀도를 활용할 수 있다. 이 방법은 시간에만 의존하기 때문에 수신기 측에서의 신호진폭 변화는 측정값에 아무런 영향을 미치지 못한다는 또 다른 장점을 가지고 있다. 전압 신호를 시간 기반의 신호로 변환하는 데에는 다양한 방법이 사용된다. 가장 일반적인 방법은 **전압 제어발진기(VCO)**를 사용하며, 전송된 신호의 주파수를 측정하는 것이다. 이 방법은 고주파 신호를 무선으로 전송하는 라디오신호 전송에 일반적으로 사용되고 있다. 전형적으로, 수신 측에서는 수신된 신호와 내부 전압제어발진기 상수값 사이의 위상을 유지함으로써 주파수 변화를 추종하기 위해서 전압제어 발진기와 유사한 **위상고정루프(PLL)**를 사용하여 주파수를 추종한다(베스트 2007). 위상은 주파수의 적분값이므로, 이 방식은 적분 기반 제어와 동일하다(위상고정루프에서 루프라는 단어의 의미는 폐루프제어를 참조, 14장 참조).

펄스폭 변조(PWM)라는 또 다른 방법에서는 전압 신호를 일정한 주기시간 내에서 켜짐과 꺼짐을 반복하는 신호로 변환시킨다. 전압값은 켜짐상태와 꺼짐상태에 배정된 시간의 비율과 비례한다.

레이저 간섭계(와 라디오 통신)에서 **위상 시프트**를 측정하는 일반적인 방법들 중 하나는 약 3[MHz]에서 80[MHz] 정도의 범위에서 일정한 주파수 차이를 가지고 있는 두 개의 레이저 광선을 만들어내는 것이다(이를 **헤테로다인** 방법이라고 부른다). 마이컬슨 간섭계에서는 이 두 개의 광선들이 다시 합쳐지기 전에 두 개의 분리된 경로를 거치도록 만든다(간섭계의 기초는 5장 참조). 두 광선이 합쳐지면, 주파수 차이에 해당하는 광선강도의 맥놀이를 생성하며, 이 맥놀이의 위상은 단일주파수(또는 **호모다인**) 간섭계에서의 위상시프트와 동일하다. 간섭계 출력의 맥놀이 주기성을 구형파(온-오프 신호)로 변환시킨 다음에 간섭계 광학계로 두 광선을 투입하기 전의 원래 맥놀이 주파수와 비교를 수행한다(5장의 5.4.5절 참조). 이를 통해서 기준 신호와 출력 신호 사이의 켜짐 전환 시점 차이를 측정하여 간섭계의 위상시프트를 구할 수 있다.

센서 출력을 측정하기 위해서 이런 시간 기반 기법들을 사용하면 클록의 정밀도를 활용할 수 있다. 그런데 아날로그-디지털 변환에서는 항상 전압비교회로가 사용되며, 이 회로는 앞서 언급했던 근본적인 노이즈 한계를 가지고 있다. 이로 인하여 전형적으로 전환시점에 노이즈가 초래되며(이를 **지터**라고 부른다), 측정값에 노이즈가 유입된다.

적절한 크기를 가지고 있는 기계 메커니즘의 경우, 위치 분해능에는 뚜렷한 제한이 존재하지 않는다. 그런데 메커니즘의 크기나 메커니즘의 강성이 줄어들면, 열 노이즈가 검출되며 위치 분해능에 근본적인 한계가 발생하게 된다. 일반적으로 모든 상태의 시스템에는 볼츠만 상수의 절반 값에 절대온도를 곱한 만큼의 노이즈 에너지가 존재한다. 간단한 사례로, 질량이 m이며 강성이 s(볼츠만 상수와의 혼동 때문에 강성에 k 대신 s를 사용함)인 점입자가 x방향으로의 선형운동만을 하도록 구속되어 있다면, 시간에 대한 평균변위 $\bar{x}$와 속도 $\bar{\dot{x}}$는 다음과 같이 주어진다.

$$m\overline{\dot{x}^2} = kT \tag{1.10}$$

$$s\overline{x^2} = kT \tag{1.11}$$

이는 메커니즘이 어떻게 구현되었는가와 무관하기 때문에 다소 놀라운 결과이며, 모든 메커니즘에서 추론할 수 있는 아인슈타인의 **균등분배법칙**(봄 1951)이 적용된 사례이다. 예를 들어, 3장의 3.7.11에 제시되어 있는 스트링의 자유진동방정식을 살펴보기로 하자.

$$y(x,t) = \sum_{n=1}^{\infty}\left[\sin\left(\frac{n\pi x}{l}\right)(a_n\cos(\omega_n t) + b_n\sin(\omega_n t))\right] = \sum_{n=1}^{\infty}\phi_n(x)q_n(t) \tag{1.12}$$

여기서 상수 a_n과 b_n은 스트링의 초기변위와 속도에 의존한다. 그리고

$$\omega_n = \frac{n\pi c}{l} \tag{1.13}$$

이 합산식 내에서 좌측의 항은 무차원 모드 형상 ϕ이며 주기가 $2l$인 홀수 푸리에 급수의 절반을 나타낸다. 이 항은 양단에 배치되어 스트링에 인장력을 부가하는 지지구조들 사이에서 임의로 변형되는 스트링의 형상을 모델링하기 위해서 사용할 수 있다. 우측에 위치한 항의 단위는 길이이며, 이 시스템에서 무한한 숫자의 일반좌표 q들을 나타낸다. 식 (1.12)를 x와 t에 대해서 각각 미분하면, 다음을 구할 수 있다.

$$\frac{dy}{dx} = \sum_{s=1}^{\infty} \left(\frac{n\pi}{l}\right) \cos\left(\frac{n\pi x}{l}\right) q_n \tag{1.14}$$

$$\frac{dy}{dt} = \sum_{n=1}^{\infty} \phi_n \dot{q}_n$$

이 경우, 위치에너지 V와 운동에너지 T_{KE}는 다음과 같이 주어진다.

$$V = \frac{F_0}{2} \int_0^l \left(\frac{dy}{dx}\right)^2 dx = \frac{F_0}{2} \int_0^l \left(\sum_{n=1}^{\infty} \left(\frac{n\pi}{l}\right) \cos\left(\frac{n\pi x}{l}\right)\right)^2 dx \tag{1.15}$$

$$= \frac{F_0}{4} \sum_{n=1}^{\infty} \left(\frac{n\pi}{l}\right)^2 q_n^2$$

$$T_{KE} = \rho \frac{l}{4} \sum_{n=1}^{\infty} \dot{q}_n^2$$

여기서 F_0는 스트링의 장력이며 ρ는 단위길이당 질량이다.

식 (1.15)에 따르면, 위치에너지와 운동에너지 항들은 스트링의 독립적인 상태를 나타내는 단순 2차식임을 알 수 있다. 이 때문에, 1자유도 시스템의 무한 합의 형태로 운동방정식을 유도(**모달 해석법**이라고 부르며, 이 책에는 포함되어 있지 않다)하기 위해서 라그랑주

방정식과 함께 이 시스템의 좌푯값들을 사용할 수 있다. 개별 정규화 좌표들에 대해서, 열들 뜸에 의한 운동의 평균제곱은 다음과 같다.

$$\frac{F_0 l}{4}\left(\frac{n\pi}{l}\right)^2 \overline{q}_n^2 = \frac{kT}{2}$$ (1.16)

$$\frac{\rho l}{4}\overline{q}_n^2 = \frac{kT}{2}$$

이 모드 형상의 직교성 때문에, 여타의 진동 시스템에서 식 (1.16)의 앞의 식에 의하여 주어진 변위의 평균제곱은 다음과 같다.

$$\overline{y(x,t)^2} = \left\langle \left(\sum_{n=1}^{\infty}\phi_n(x)q_n(t)\right)^2\right\rangle = \sum_{n=1}^{\infty}\phi_n^2(x)\overline{q_n^2}(t) = \sum_{s=1}^{\infty}\sin^2\left(\frac{n\pi x}{l}\right)\overline{q_n^2}(t)$$ (1.17)

$$= \left(\frac{2kTl}{F_0\pi^2}\right)\sum_{n=1}^{\infty}\frac{1}{n^2}\sin^2\left(\frac{n\pi x}{l}\right)$$

스트링 중앙위치에서의 운동을 관찰해보면, s값이 짝수인 경우에 sin 항이 소거되며 홀수인 경우에는 1이 된다. 따라서 식 (1.17)은 다음과 같이 정리된다.

$$\overline{y(x,t)}^2 = \left(\frac{2kTl}{F_0\pi^2}\right)\sum_{n=1,3,5}^{\infty}\frac{1}{n^2} = \left(\frac{2kTl}{F_0\pi^2}\right)\frac{\pi^2}{8} = \frac{l}{F_0 4}kT$$ (1.18)

이제, 중앙위치에서 스트링의 변위가 δ인 경우를 살펴보자. 이로 인하여, 평형을 이루어야만 하는 힘의 크기가 다음과 같으며 각도가 $2\delta/l$인 삼각형 형상을 만들어낸다.

$$F = 2F_0\sin\left(\frac{2\delta}{l}\right) \approx \frac{4F_0\delta}{l}$$ (1.19)

중앙위치에서 스트링의 강성 s는 다음과 같이 주어진다.

$$s = \frac{dF}{d\delta} = \frac{4F_0}{l} \tag{1.20}$$

식 (1.18)을 식 (1.20)에 대입하며 스트링 중앙위치의 브라운 운동을 구할 수 있다.

$$\overline{y(x,t)^2} = \frac{kT}{s} \tag{1.21}$$

식 (1.21)은 식 (1.11)과 동일하며, 이를 통해서 아인슈타인의 균등분배법칙이 스트링에 적용된 사례를 확인할 수 있다. 그런데 이 원리는 모든 보존성 메커니즘들에 적용되며, 시스템의 상태에 따른 지루한 식 유도를 피할 수 있도록 해준다. 따라서 외팔보의 자유단에서 측면방향으로의 열운동을 살펴보는 더 해석적인 경우에도 식 (1.21)을 그대로 사용할 수 있다. 이 경우에, 측면방향으로의 강성은 식 (3.108)에 제시되어 있다(3장 참조).

물 표면에 떠있는 꽃가루와 같은 미세입자의 경우에는, 열에 의해서 유발되는 운동을 관찰할 수 있으며, 1827년에 스코틀랜드 과학자인 로버트 브라운이 현미경을 사용하여 이를 처음으로 관찰하였기에, 이를 **브라운 운동**이라고 부른다. 공학적 공정에서 자주 접하게 되는 대형 물체의 경우에 발생하는 브라운 운동은 크기가 너무 작기 때문에 검출할 수 없다. 대부분의 공학적 공정들에서 발생하는 기계적 교란들은 진동에 기인한다. 진동의 원인은 다양하다. 주로 바닥진동, 음향진동, 기계 내부의 운동요소에 의한 자체진동 등이며, 이를 차폐하기 위한 메커니즘에 대해서는 13장에서 살펴보기로 한다.

참고문헌

Best R E, 2007. *Phase-locked loops*. McGraw-Hill.

Bohm D, 1951. *Quantum theory*. Dover Publications.

Bryan J B, 1993. The deterministic approach in metrology and manufacturing. The *ASME* 1993 International Forum on Dimensional Tolerancing and Metrology, June 17-19, Dearborn, Michigan.

Evans C J, Hocken R J, Estler T W, 1996. Self-calibration: Reversal, redundancy, error separation and 'absolute testing'. *Ann. CIRP* **45**:617-635.

Franks A, Gale B, Stedman M, 1988. Grazing incidence optics: Mapping as a unified approach to specification, theory, and metrology. *Applied Optics* **27**(8):1508-1517.

Gruebl T, Welch J, 2013. *Bare knuckled project management: How to succeed at every project*. Gameplan Press.

Haddad D, Seifert F, Chao L S, Newell D B, Pratt J R, Williams C, Schlamminger S, 2016. Invited paper: A precise instrument to determine the Planck constant and future kilogram. *Review of Scientific Instruments* **87**:061301.

Haskins C, 2006. *Systems engineering handbook: A guide for system life cycle processes and activities*. International Council on Systems Engineering (INCOSE).

Ishikawa K, 1990. *Introduction to quality control*. 3A Corporation.

Montesanti R C, 2014. Process for developing stakeholder-driven requirements and concept of operations. *Proceedings of ASPE, Boston, November* 9-14, 329-334.

Moore G E, 1965. Cramming more components onto integrated circuits. *Electronics* **38**(8):114-117.

PMI, 2013. *A guide to the project management body of knowledge: PMBOK® guide*. Project Management Institute (PMI).

Stedman M, 1987. Basis for comparing the performance of surface-measuring machines. *Precision Engineering* **9**:149-152.

Taniguchi N, 1974. On the basic concept of nanotechnology. *Proceedings of the International Conference on Production Engineering Tokyo* (Tokyo ASPE), Part 2:18-23.

CHAPTER 02

계측

계측

엔지니어와 과학자들은 측정을 통해서 정적 및 동적으로 요소와 시스템 계수들을 정량화, 모델링, 지정, 제어 및 검증할 수 있다. 이 장에서는 도량형과 관련된 문제들에 대한 합의를 이루는 국제기구의 물리적 설립을 통해서 만들어진 수량과 단위에 대한 정의에서부터 시작하여 계측의 기초와 방법에 대해서 살펴보기로 한다.

2.1 서 언

측정과학(JCGM 200: 2012)인 **계측**은 시스템과 요소들의 계수특성에 대한 수치값을 구하기 위해서 사용되는 공정의 모든 이론적, 실제적 측면들로 이루어진다. 여기에는 일반 계측 이론, 물리적 표준과 표준지침, 측정용 기구와 시스템 그리고 이들에 대한 교정, 추적성 그리고 이와 관련된 불확실도 등이 포함된다. 측정이 자연에 대한 지식을 증진시키기 위하여 수행되었거나 또는 기술적 공정과 모든 과학 분야에서 사용된 기구들의 개선을 위하여 수행되었거나 관계없이, 과학의 진보는 측정 결과에 기초하기 때문에, 계측에 대한 실용적 지식은 필수적이다(레이너 1923). 비록 측정의 주 기능이 물건이 (공차 이내로) 의도한 대로 제작되고 의도한 대로 작동하도록 만드는 것이지만, 설계에서 생산까지의 전 과정에서 측정의 역할은 각 단계마다 지정된 결과가 이루어지도록 공정이 수행되었음을 확인하는 것이다.

2.2 계측과 정밀공학

측정은 공학 수명 사이클의 모든 단계들을 서로 연결시켜주는 수단이다. 설계 단계를 수행하기 전에, 계측을 수행하면 다양한 공학소재들의 모델링 및 계수화된 성능들을 나타내는 정량적 기초가 마련된다. 기능적 공학사양들은 잘 정의된 측정 가능한 계수값들을 필요로 한다. 이에 대한 정의와 이 값들을 측정하기 위한 방법들이 계측표준 지침서의 일반적인 주제이다. 설계를 수행하는 동안, 제안된 솔루션의 효용성을 평가하기 위해서 시스템 성능을 예측하는 데에 계측 기반 시뮬레이션이 사용된다. 설계를 개선시켜나가는 과정에서, 계측정보는 여타의 소재사양들과 더불어서 기하학적 치수와 공차를 통해서 물리적 설계의도를 전달하기 위한 기초정보로 활용된다. 설계가 끝나면 계측은 생산 시스템의 내부감독 및 품질관리뿐만 아니라 공정능력 연구를 통해서 제조를 위한 구체적 방안(조립을 포함한 정밀한 생산제조방법)을 제공해준다. 성능을 최적화하고 시스템이 필요한 사양대로 작동하는지를 검증하기 위해서 전체 시스템 계수값들을 수정하는 과정에서 필요한 정보를 얻기 위해서 공정능력 평가를 사용할 수 있다. 필요한 개선작업(수리와 설계 및 조립과정의 수정)을 수행한 다음에는 항상 측정을 통해서 원래의 작동사양을 충족하는지 확인해야 한하며, 일부 시스템의 경우에는 사양표준이 충족되었음을 문서로 남겨야 한다. 계측은 모든 엔지니어링 공정에 대해서 필수적이며, 이 책의 많은 논의들의 기초가 된다.

정밀공학 엔지니어는 각 요소들에 대해서 발생 가능한 편차(불확실도)와 더불어서 측정 및 모델링된 수치값들을 사용하며, 지정된 공차 범위 내에서 필요한 사양을 충족시키기 위해서 이들이 설계된 성능에 미치는 영향을 구한다. 만일 공차가 사양을 충족시키지 못한다면, 정밀공학 엔지니어는 가장 영향이 큰 변수값을 찾아내고 해당 불확실도를 줄이기 위해서 소재나 공정을 조절한다. 이런 과정을 통해서 사양을 충족시킬 수 있다. 기능과 관련되어 수치공차로 지정된 사양에 따라서 시스템이 의도적이며, 예측 가능하고 반복성 있게, 그리고 정확하고 최적으로 작동하도록 만들기 위해서 정밀공학 엔지니어는 측정과 모델링을 사용하여 요소와 이들의 시스템 조립배치의 결정론적 성질들을 합리적으로 선정 및 조절한다. 정밀공학 엔지니어의 두 번째 기술적 도전은 모든 분야에서 제조능력을 향상시키는 것이다. 이에 대한 사례로, 약 50년 전부터 집적회로 제조 분야 정밀공학 엔지니어에게 부과되는 요구 수준이 꾸준히 높아졌으며, 마이크로프로세서 집적회로의 컴포넌트 숫자는 대략적으로 매년 두 배만큼 증가한다고 예상하였다(무어 1965). 1975년 이후에는 2년마다 두 배로 이 증가 경향이 수정되었다(무어 1975). 이런 지수함수적 증가 경향을 **무어의 법칙**이라고 부른다. 무어의 법칙에 따르면 집적회로의 크기사양이 지속적으로 높아짐에 따라서 상호연결 트레이스와 층간중첩의 허용오차 한계가 10[nm] 미만으로 내려갔으며, 일부 회로에서는

1[nm]에 근접하였다. 이런 형상 요구조건은 집적회로 칩 크기의 백만분의 일보다 더 작은 값이다. 이와 동시에 각 칩 내에서 트랜지스터 영역밀도를 높임으로써, 트랜지스터 숫자의 증가가 가능해졌다. 트랜지스터 점유면적이 감소할수록 전기적 정전용량이 감소하여 응답 속도가 높아지므로, 밀도 증가 역시 18개월마다 연산성능을 두 배로 향상시키는 데에 긍정 적으로 기여하였다. **그림 2.1**에 도시되어 있는 일반적인 트랜지스터 게이트의 두께는 현재 10[nm] 미만에 이르렀으며, 이는 실리콘 결정 내 원자 간 거리의 20배에 불과하다. 계측은 최소한의 결함하에서 이런 가공치수를 구현하는 데에 결정적인 역할을 하고 있다. **공정 내 계측**은 각 공정 단계를 제어하기 위한 피드백을 제공해주는 반면에, **공정 후 계측**은 최종 제품에서 발생한 사양값으로부터의 편차를 확인해준다. 여러 층들을 적층하여 집적회로를 제작하는 소재증착공정에서는 원자층 분해능으로 증착두께를 감시할 수 있는 공정 내 계측 시스템이 필요하다. 지난 20여 년간 국제 반도체산업협회에서 제공해오고 있는 **국제 반도체 기술 로드맵**(ITRS)인 ITRS 2.0(2015)을 통해서 계측의 미래수요와 여타의 기술적 장애요인 들을 살펴볼 수 있다. 최근 들어서, ITRS는 컴퓨터 성능향상을 성공적으로 다시 시작하기 위한 새로운 로드맵을 만들기 위해서 전기전자기술자협회 리부팅 컴퓨팅계획(IEEE-RC)과 협력을 시작하였다(콩트와 가르기니 2015). 이 로드맵은 **디바이스와 시스템 국제 로드맵** (IRDS)이라고 부른다.

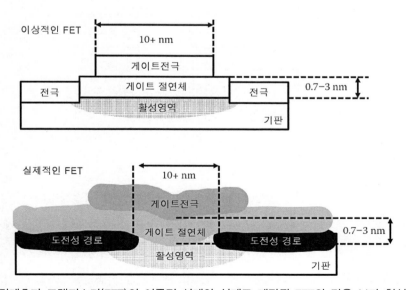

그림 2.1 전계효과 트랜지스터(FET)의 이론적 설계와 실제로 제작된 FET와 닮은 보다 현실적인 그림

2.3 계측과 제어

설계된 시스템의 계수조절을 통해서 작동을 최적화시키기 위해서는 진실도와 정밀도를 모두 갖춘 정확한 계측이 필요하다. 그림 2.2에 도시되어 있는 것처럼, 측정을 통해서 얻은 정량적인 값을 분석하며, 지정된 결과를 더 정확하게 구현하기 위해서 시스템 작동을 변경하는 근거로, 제조공정 제어에서는 해석적 및 물리적인 수단을 사용한다. 그림에는 공정 내 계측과 공정 후 계측을 사용하는 두 가지 유형의 제어가 도시되어 있다. 공정 내 제어의 경우, 측정된 신호의 분석과 피드백을 통해서 제조공정이 동시에 영향을 받는다. 공정 후 제어의 경우에는 제조규격과 성능을 포함하여 최종 제품 특성에 대한 통계학적인 측정 결과를 도출하며, 이를 분석하여 이후의 제조공정에 영향을 미칠 수 있도록 시스템을 조절한다. 공정 내 측정 및 공정 후 측정 결과를 모두 기록하여 전체 제조공정의 모든 레벨에 대한 비교상태분석에 이를 사용한다.

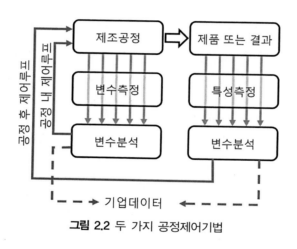

그림 2.2 두 가지 공정제어기법

그림 2.3에서는 단일변수 제어루프의 공정 내 제어에 대해서 더 자세히 설명하고 있다. 제조공정의 제어기는 공정의 변수 A에 대한 공칭 기준값(설정점)을 결정한다. 공정을 수행하는 동안 지속적으로 측정 및 비교를 수행하며, 일반적으로 설정점과의 편차를 계산한다. 그런 다음 변수 A를 원하는 값으로 유지하기 위해서, 변수 A에 영향을 미치는 시스템 작동상태를 변화시키는 입력값으로 **오차**라고 부르는 이 차이값을 사용한다. 예를 들어, 집적회로

용 게이트 산화물 증식로의 온도를 1,200[°C](설정온도)로 유지하기 위해서 온도제어기가 사용된다고 하자. 고온계,[1] 써모커플 또는 여타의 온도센서를 사용하여 온도를 측정한 결과 10[°C]만큼 낮다는 것이 확인되었다. 제어기는 가열용 코일에 공급되는 전력을 오차에 해당하는 양만큼 변화시킨다. 14장에서는 기계와 계측기기의 동역학에 초점을 맞추어 정밀공학에서 사용되는 제어기의 설계와 활용에 관련된 내용들을 더 상세히 살펴볼 예정이다.

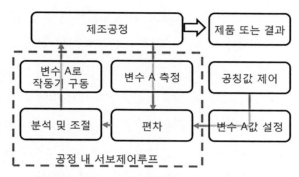

그림 2.3 단일변수를 사용하는 제어루프의 사례

2.4 정확도, 정밀도 및 진실도

측정의 정확도는 측정값을 사용하는 제어기의 성능 향상에 큰 영향을 미친다(레이너 1923). **정확도**[2]는 정성적으로, 제품 특성 또는 관련된 공정계수에 대한 실제 측정값을 정밀하게 구현할 수 있는 능력이다. **정밀도**[3]는 동일한 측정값을 여러 번 얻을 수 있는 능력이며, **진실도**[4]는 측정량을 반복하여 측정한 평균값과 정의된 값 사이 근접도를 의미한다. 따라서 개선 또는 점진적 이득은 제어기에 의존하며 제어기는 측정을 필요로 한다. 그리고 이 측정 값들은 진실도와 정밀도를 모두 포함하는 정확도에 의존한다(ISO5725-1:1994).

그림 2.4에서는 지정된 거리에서 궁수가 표적의 중앙(참값)을 맞추려는 시도과정을 통해서

---

1 pyrometer.
2 accuracy.
3 precision.
4 trueness.

정확도, 진실도 그리고 정밀도의 개념이 설명되어 있다. 만일 화살들의 탄착군이 잘 모여 있다면(즉, 반복성이 있다면), 이 궁수는 정밀하다. 충분한 숫자의 화살들을 쏘아서 만들어진 평균위치와 참값 사이의 차이가 진실도를 결정한다. 개별 화살들의 정확도는 진실도와 정밀도 모두에 의존한다. 좌측의 표적은 화살들이 표적의 한쪽에 모여 있어서 정밀도가 진실도보다 훨씬 더 높다. 우측의 표적의 경우에는 평균값이 참값에 근접해 있지만, 궁수가 쏜 개별 화살들은 동일한 위치에 모이지 못하고 일관성이 없다. 궁수가 쏜 화살의 편차에는 또 다른 인자가 영향을 미친다. 만일 좌측 표적의 경우에는 궁수가 10[m] 밖에서 화살을 쏘았고 우측 표적의 경우에는 궁수가 30[m] 밖에서 화살을 쏘았다면, 각도정밀도(솜씨)와 궁수가 서 있는 거리가 조합되어 탄착군의 위치정밀도를 변화시킨다. 이를 통해서 범위의존성 정밀도를 설명할 수 있다. 만일 우측 표적에 사용된 활의 조준경이 좌측 표적에 사용된 것보다 더 잘 조준이 맞춰져 있다면, 또는 활들의 당김에 의해 저장되는 에너지가 서로 다르다면, 이는 장비 간 편차에 해당한다. 우측 표적에 화살을 쏘는 동안 바람이 더 많이 불었을 수도 있다 이는 환경에 의해 유발된 편차에 해당한다. 만일 실력이 차이나는 두 명의 궁수가 화살을 쏘았다면, 이는 조작자에 의한 편차에 해당한다. 부정확한 공정에서 발생하는 편차의 원인을 찾아내려 할 때에 이런 인자들이 영향을 미칠 수 있다. 공정편차의 원인을 찾아내기 위해서 관련된 계수들의 측정과 함께 상세한 공정규격들을 사용할 수 있다. 실제로는 참값은 존재하지 않으며 근삿값만이 있을 뿐이다. 참값에는 항상 약간의 편차(오차)가 존재

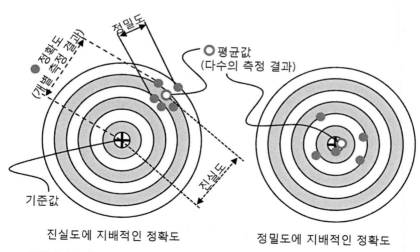

그림 2.4 정확도, 진실도 및 정밀도에 대한 고전적인 표적을 활용한 설명

하며, 궁극적으로는 물리법칙(즉, 하이젠베르크의 불확실성 원리와 특정 온도에서의 브라운 운동)이 기본한계를 결정한다. 기계와 계측기의 경우, 정밀도는 본질적으로 제작품질과 사용조건에 의존한다. 정밀공정을 더 정확하게 만들기 위해서 뒤에서 논의할 교정을 사용할 수 있지만, 교정은 정밀도에 영향을 미치지 못한다.

2.5 측정의 기초

국제계측용어(VIM, JCGM 200: 2012)에서는 계측과 관련된 분야에서 사용되는 용어들을 일치시켜준다. 표 2.1에서는 국제계측용어에 정의되어 있는 용어들을 보여주고 있다.

이 용어들을 설명하기 위해서 원통형 막대를 생각해보기로 하자. 막대의 물성과 관련된 정량적인 수량값의 사례로, 직경(25.4[mm]), 길이(200.0[mm]), 질량(3.3[kg]), 밀도(8.05[g/cm^3]), 열팽창계수(17.3×10^{-6}[1/K]), 종탄성계수(198[GPa]), 횡탄성계수(77.2[GPa]), 푸아송비(0.30) 그리고 파괴인성(50[MPa·m$^{1/2}$]) 등이 있다. 이들은 단지 기계적 성질들 중 일부일 뿐이다. 막대는 또한 화학적, 전기적 그리고 광학적 특성을 가지고 있다.

표 2.1 계측 관련 용어들의 정의

계측 용어	정의
수량(Quantity)	현상, 물체 및 물질의 성질. 이 성질은 기준에 대한 숫자로 나타낼 수 있는 크기이며, 예를 들어 높이를 3.01[m]라고 나타낼 수 있다.
수량값(Quantity Value)	주어진 성질을 나타내는 숫자와 기준. 예를 들어, 3[μm]의 경우, 3은 숫자이며 [μm]은 기준이다.
측정량(Measurand)	측정할 수량. 예를 들어 질량, 길이, 전압 등
참값(True Quantity Value)	수량의 정의와 일치하는 수량값. 일반적으로 알 수는 없지만 지정된 불확실도 내에서 산정할 수 있다. 예를 들어, 기준 막대의 길이는 정의에 따르면 10.001[mm]이지만 지정된 불확실도인 0.005[mm]를 감안하면 산정값은 10.002[mm]가 된다.
측정(Measurement)	수량에 상당한 영향을 미칠 수 있는 하나 또는 여러 개의 수량값들을 실험적으로 구하는 과정
표시값(Indication)	측정기기나 측정 시스템에서 제시해주는 수량값
측정정밀도 (Measurement Precision)	표시값 또는 측정된 수량값들 사이의 일치도
인증된 표준물질 (Certified Reference Material)	권한 있는 기관이 발행한 문서와 함께 제공되는 표준물질과 유효한 절차를 사용하여 제공되는 하나 이상의 특성값과 이에 관련된 불확실도 및 추적성

표 2.1 계측 관련 용어들의 정의(계속)

계측 용어	정의
기준 수량값 (Reference Quantity Value)	동일한 유형의 수량값들에 대한 비교를 수행하기 위한 기반으로 사용되는 수량값
측정의 진실도 (Measurement Trueness)	무한한 숫자의 반복측정된 수량값들에 대한 평균과 기준 수량값 사이의 일치도
측정의 정확도 (Measurement Accuracy)	측정량의 측정된 수량값과 참값 사이의 일치도
측정의 반복도 (Measurement Repeatability)	동일한 반복측정조건하에서 측정의 정밀도(동일한 조건에는 과정, 조작자, 측정 시스템, 작동조건 및 위치 등이 포함)
측정의 재현성 (Measurement Reproducibility)	재현된 측정조건하에서 측정의 정밀도(서로 다른 조건에는 위치, 조작자, 측정 시스템 그리고 동일하거나 유사한 물체를 사용하는 모사측정이 포함)
계통오차 (Systematic Error)	모사측정 과정에서 발생한 측정의 오차 성분이 일정하거나 예측 가능한 방식으로 변하는 오차
계측기 바이어스 (Instrument Bias)	평균 또는 복제된 표시값에서 기준 수량값을 뺀 값
측정의 불확실도 (Measurement Uncertainty)	사용된 정보에 기초하여 측정량에 기여하는 수량값의 분산을 대표하는 음이 아닌 계수값
계측의 추적성 (Measurement Traceability)	각각이 비교측정의 불확실도에 영향을 미치는 문서화된 끊어지지 않는 교정 체인을 통해서 결과가 기준과 연결되는 측정 결과의 성질
추적성 체인 (Traceability Chain)	측정 결과와 기준을 연결시키기 위해서 사용되는 측정의 표준과 교정의 순서

출처: JCGM 200:2012, 국제계측용어-기초 및 일반 개념과 관련 용어들. 국제도량형국

막대의 길이에 대한 정량적인 수량값을 결정해야 한다고 하자. 이를 위해서 막대의 길이를 측정해야 한다. 막대의 끝면들이 완벽하게 평면이거나 서로 평행이 아니기 때문에(그림 2.5 참조), 어떻게 측정했는가에 따라서 서로 다른 측정값이 얻어진다. 예를 들어, 다음과 같이 길이를 여러 가지 방법으로 정의할 수 있다.

- 막대의 축선이 교차하는 점들을 기준으로 측정한 막대 원형 끝면 사이의 거리
- 막대의 원형면에 의해서 완전히 둘러싸여 있는 두 평행한 평면들 사이의 최소거리
- 막대의 중심선상에서 계산을 통하여 결정된 각 원형 끝면의 최소제곱 평균면들 사이의 거리

앞에 예시된 방법들 이외의 방법을 사용하여 길이를 구할 수도 있다. **그림 2.5**에서는 평면

을 나타내는 방법들 사이의 차이를 보여주고 있다. 평면들이 서로 평행하지 않다면, 이들의 연장선들이 한쪽에서는 서로 교차하고 반대쪽에서는 무한히 멀어질 것이다. 그러므로 정량적인 수량값을 명확하게 측정하기 위해서는 측정량이 잘 정의되어야만 한다.

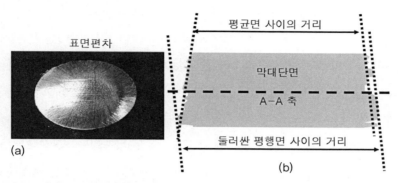

그림 2.5 (a) 공정에 의해 유발된 표면 거칠기와 형상오차가 존재하는 강철막대 끝면의 사진, (b) 단면도에 표시되어 있는 양단 표면편차와 측정량 정량화를 위한 평면들

앞에 제시되어 있는 다양한 측정방법의 경우에, 막대의 길이는 온도의 정량적인 수량값이 20[°C]일 때 측정한 길이라는 기준이 적용되었다. 이 온도는 기하학 및 치수특성 규격(ISO 1:2016)에 의거하여 국제적으로 정의된 표준 기준 온도이다(5장 참조).

수량에 대한 정의에 따르면, 길이에는 결코 정확하게 결정할 수는 없지만 측정기기를 사용하여 추정할 수 있는 참값이 존재한다. 측정기기가 표시해주는 하나의 측정값을 **표시값**이라고 부른다. **그림 2.6**에 도시되어 있는 **좌표 측정 시스템**(CMS)과 같은 계측기를 사용하여 길이의 참값을 추정할 수 있으며, 이에 대해서는 5장과 11장에서 자세히 논의할 예정이다. 물체의 공간 형상을 측정하고 공칭값과의 차이를 계산하기 위해서, 좌표 측정 시스템은 3차원 작업체적 내에서 변위센서에 부착되어 있는 스타일러스 볼과 같은 프로브를 물체의 표면에 접촉시킨다. 좌표 측정 시스템은 막대의 중심축선에 인접한 양단 표면 위의 점들에 프로브를 접촉시켜서 수량값의 정의와 일치하는 막대의 길이를 구할 수 있다. **그림 2.7**에서는 길이에 대한 임의의 수량값 데이터를 10회 측정하여 공칭값에 대하여 표시값의 편차를 도시하였다. 표시값 V_i를 n회 측정한 경우, 측정 정밀도 p는 평균 표시값 $V_{avg} = \dfrac{1}{n}\sum_{i=1}^{n} V_i$

로부터 분산 $p^2 = \dfrac{1}{n-1}\displaystyle\sum_{i=1}^{n}(V_i - V_{avg})^2$을 사용하여 통계학적 편차로부터 추산할 수 있다.

사례에서 보여주고 있는 중심선 점 간 거리 측정 사례의 경우, 측정 정밀도는 3.3[μm]이다. 측정과정이나 측정 시스템이 표시값을 변화시키지 않았기 때문에, 이 또한 좌표 측정 시스템을 사용한 반복도 측정의 추정값이다. 이 측정 정밀도/반복도는 통계학적으로 제한되어 있지만, 좌표 측정 시스템의 점 간 거리 표시값의 정확도에 미치는 영향들은 예측할 수 없을 정도로 다양하다. 길이 표시값의 공칭값과 평균값 사이의 편차는 3.47[μm]이다. 만일 이 길이에 대하여 지정된 공차가 5[μm]이라면, 막대의 길이는 공차 범위 내로 관리되고 있는 것이다. 그런데 측정의 정확도에 기여하는 또 다른 인자는 측정기의 바이어스를 포함하는 **계통오차**이다. 이 바이어스는 교정을 통하여 추산할 수 있다. 낮은 불확실도를 가지고 기준 수량값을 알고 있는 적절한 기준 물체에 대한 측정을 통해서 좌표 측정 시스템의 바이어스를 구하여 이를 측정에 활용할 수 있다. 기준 물체가 길이의 기준 수량값이 200.0000[mm]인

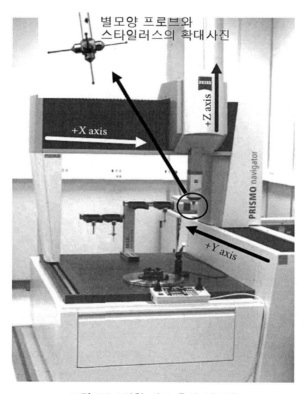

그림 2.6 3차원 좌표 측정 시스템

게이지블록이라고 하자(5장 게이지블록 참조). 반복측정을 수행한 다음 평균값을 계산한 결과는 199.9939[mm]이었다. 평균값에서 기준값을 빼서 구한 측정기의 바이어스는 −0.0061[mm]였다. 따라서 바이어스를 고려하기 위해서는 측정된 길이에 6.1[μm]을 더해야만 한다. 막대길이의 평균값에 대하여 이 바이어스를 보정하면 규격에 대한 평균길이의 편차는 9.57[μm]으로서, 이는 5[μm]의 허용공차 범위를 넘어서게 된다.

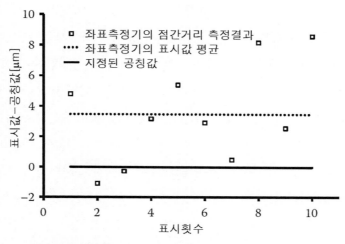

그림 2.7 축방향에 대한 점 간 거리 측정 결과 데이터의 사례

　일반적인 계측기의 교정은 여기서 간단히 설명한 것보다는 훨씬 더 복잡하다. 예를 들어, 측정기의 바이어스는 측정값 크기에 따른 함수이거나 또는 주변온도 및 여타 인자들의 함수 특성을 가지고 있을 수도 있다. 만일 존재하는 바이어스의 크기를 구하지 못했다면, 이를 측정값에 영향을 미치는 불확실도의 구성요소들 중 하나로 포함시켜야만 한다. 좌표 측정 시스템의 경우, 기하학적으로는, 기계의 각각의 이송축들이 여섯 개의 위치에 의존적인 오차운동 성분을 가지고 있는 것으로 모델링할 수 있다. 직교좌표 방식을 사용하는 가장 단순한 3축 좌표 측정 시스템의 경우, 이로 인하여 18개의 위치의존성 인자(호켄과 페리에라 2012)들과 더불어서 3개의 정렬오차가 발생한다(5장 참조). 오차 모델을 사용하여 측정 및 보정을 수행한 다음에, 여러 위치와 방향에 대해서 다수의 기준 표면을 가지고 있는 스텝 게이지와 볼바[5]를 사용하여 정확도성능을 검증하였다(5장과 11장 참조). 사용된 기준 표준기의 불확실도가 측정기 교정의 불확실도에 영향을 미치며, 이는 다시, 측정의 표시값이 가

지고 있는 불확실도에 추가되어버린다. 9장에서는 측정의 불확실도를 구하기 위한 방법과 순서에 대한 상세한 정보를 제공하고 있다.

2.6 측정단위계와 표준시료

문명화된 사회는 고대부터 공정한 거래를 필요로 해왔고, **도량형**이라고 부르는 기준값을 확립하였다. 길이의 경우, **큐빗**이라는 길이는 팔뚝을 기준으로 사용하였으며, 각각의 도량형들은 협의를 통해 정의 및 채택된 실제 스칼라 수량으로, 동일한 유형의 여타 수량들을 비교하여 두 수량 사이의 비율을 숫자로 나타낼 수 있는 어떤 비교측정 단위이다(JCGM 200:2012). 측정의 단위와 조합된 이 숫자는 앞서 논의했던 수량값이 된다. 비교를 위해서 역사적으로 많은 단위계들이 사용되었다. 이런 측정의 기준 단위들을 사용하면 측정된 수량값의 형태를 사용하여 특정한 수량을 기준 단위에 대한 숫자로 나타낼 수 있다. 앞의 사례에서는 기본 수량을 **길이**라고 부른다.

측정 단위들의 집합을 **단위계**라고 부른다. 현재 사용되고 있는 가장 일반적인 단위계는 국제단위계[6] 또는 단순히 **SI 단위계**(SI 2017)와 **제국단위계**[7]이다. 이 책에서는 별도의 명시가 없는 경우, 기본적으로 SI 단위계를 사용하고 있다.

어떤 단위계 내에서 **기본단위**를 가지고 있는 기본 수량들은 주어진 수량계에서 관습적으로 선정된 수량의 하위세트들이며, 이 하위세트 수량은 다른 하위세트 수량을 사용해서는 나타낼 수 없다(JCGM 200:2012). **표 2.2**에서는 SI 단위계에서 사용되는 기본수량들의 종류, 심벌 및 정의가 제시되어 있다. **유도단위**들은 기본단위들을 서로 곱하여 만들어진다. 이 과정에서 1 이외에 어떠한 수치값도 곱해지지 않는다. 예를 들어, 힘의 수량단위인 뉴턴[N]은 기본단위인 킬로그램[kg], 미터[m] 및 초[s]를 조합하여 $[kg \cdot m/s^2]$의 단위를 만들어낸 것이다. SI 단위를 사용하는 기본단위와 유도단위들이 모여서 일관성 있는 SI 단위계가 만들어졌다(SI 2017). 여기서는 기본단위들만 정의되며 유도단위들에 대한 정의는 필요 없다. 무엇

---

5 ball bar.
6 Système International d'Unites.
7 imperial system.

을 측정해야 하는지를 제대로 정의하면 주어진 단위계 내에서 어떤 단위를 사용해야 하는 지가 자동적으로 결정된다. 수량의 **차원(dim)**은 단위계와는 무관하며 **표 2.2**에 제시되어 있는 심벌들을 사용하여 구분할 수 있다. 어떤 측정량(Q)의 차원이 $\dim Q = L^{\alpha}M^{\beta}T^{\gamma}I^{\delta}\Theta^{\epsilon}N^{\zeta}J^{\eta}$이며, α, β, γ, δ, ϵ, ζ 및 η는 일반적으로 크기가 작은 정수라 하자. 예를 들어, 힘은 $L^{1}M^{1}T^{-2}$의 차원을 가지고 있다.

표 2.2 SI 단위계의 기본수량과 단위

차원	수량	SI단위	심벌	정의
L	길이	미터	m	진공 중에서 빛이 1/299,792,458[s] 동안 이동한 거리
M	질량	킬로그램	kg	국제 킬로그램 분동의 무게. 질량단위는 플랑크상수 $h=6.6260\cdots\times 10^{-34}$[J·s]에 대해서 정확한 값으로 설정하기 위해서 개정이 임박해 있다([J·s]=[kg·m²/s²]이며 미터와 초는 명확하게 정의되어 있다).[8]
T	시간	초	s	세슘 133원자의 기저상태를 이루는 두 초미세레벨들 사이를 오가며 방사하는 빛의 9,192,631,770주기에 해당하는 시간
I	전류	암페어	A	단면적을 무시할 수 있는 원형단면을 가지고 있으며, 길이가 무한한 두 평행도선이 진공 중에서 1[m] 거리를 두고 배치되어 있을 때에, 이 도전체에 1[m]당 2×10^{-7}[N]의 힘이 생성되는 정전류값
Θ	열역학온도	켈빈	K	절대 0도와 물의 삼중점 열역학 온도 사이를 273.16으로 나눈 값
N	물질량	몰	mol	0.012[kg]의 C12 원자들이 이루는 숫자만큼의 원자를 포함하는 물질량
J	광도	칸델라	cd	540×10^{12}[Hz] 단색광이 주어진 방향으로 1/683[W/sterad]의 강도로 조사될 때의 광선강도

출처: SI 2017, 국제단위계(SI), 국제도량형국, 미터조약 국제협회

켈빈과 맥스웰은 원자와 같은 물질의 자연표준이나 예를 들어 진공 중에서의 빛과 같이 특정한 수량을 지정할 필요가 없는 물질의 물리적 성질에 기초한 단위들을 기대하였다(톰 슨과 테이트 1879). 이들과 동일한 선상에서, **도량형 국제위원회**(CPIM)는 플랑크상수 h, 전기소량 e, 볼츠만 상수 k 그리고 아보가드로 상수 N_A에 대한 정확한 수치값을 구하기 위해서 킬로그램, 암페어, 켈빈 그리고 몰의 정의들을 서로 연결시켜주는 SI 단위계에 대한 수정을 단행하였다. 도량형 국제위원회는 또한 SI가 기반으로 하는 기준 상수값들이 명확해지도록, 시간, 길이, 질량, 전류, 열역학적 온도, 물질량 그리고 광도에 대한 SI 단위의 정의를

---

8   2019년 5월 20일에 개정되었다(역자 주).

포함하여 SI 단위의 정의방법을 개정할 계획을 가지고 있다(CGPM 2014).

2.6.1 길이의 단위

미터 단위는 2[s] 주기를 가지고 있는 시계추의 길이와 경쟁을 통해서 1791년에 프랑스 과학 아카데미에서 파리를 통과하는 지구 사분원(북극과 적도 사이) 길이의 천만분의 일로 정의되었다. 이 정의만으로는 실제적으로 부족하였기 때문에, 나중에 백금−이리듐 기준막대를 사용한 표준미터가 1874년과 1889년에 각각 제작되었다. 1927년에는, 얼음의 용융온도에서 최고급 기준막대 **미터원기**[9]가 정의되었다. 이 시기에는 보조적으로 단일주파수 광원을 사용한 간섭기법에 기초하여 미터원기는 15[°C]에서 카드뮴의 적색 스펙트럼 광선의 1,533,164.13 파장길이에 해당한다는 보완관계를 사용하였다. 이는 중간 단계였으며, 궁극적으로는 미터를 인위적인 방식 대신에 자연표준에 기초하여 다시 정의하게 되었다. 1960년에는 지정된 조건하에서 크립톤 86의 오렌지색−적색 스펙트럼 광선의 1,650,763.73 파장길이로 미터를 다시 정의하였다(NBS 1960). 이는 앞선 정의보다 개선되었지만, 여전히 적합한 온도, 습도 및 압력환경을 필요로 하였다. 1983년에 열린 제17차 도량형 총회에서 현재 사용되고 있는 미터의 정의인 진공 중에서 1/299,792,458[s] 동안 빛이 진행한 거리가 채택되었다(CGPM 1984). 따라서 길이는 현재 **자연물리상수**인 진공 중에서 빛의 속도와 시간을 사용하여 정의되었다. 이 정의는 진공상태에 기초하기 때문에, 물질을 사용한 경우와는 달리 온도에 의존하지 않는다. 이 정의에 따르면, 빛의 속도는 299,792,458[m/s]로 일정하며, **표 2.3**에서는 미터 정의의 변천을 보여주고 있다.

표 2.3 미터 정의의 변천사 요약

연도	정의
1791	지구사분원의 천만분의 일, 1799년, 1874년, 1889년에 제작된 기준막대
1927	BIPM에서 제작한 백금−이리듐 막대의 길이
1960	크립톤 86의 오렌지색−적색 스펙트럼 파장의 1,650,763.73배
1983	진공 중에서 광선이 1/299,792,458[s] 동안 진행한 거리

---

9   prototype meter.

2.7 물리적 표준시료

측정의 표준은 규정된 수량값과 측정의 불확실도를 기준으로 사용하여 주어진 수량에 대하여 정의된 값을 찾아내는 것이다(JCGM 200:2012). 생산제조에는 **측정표준**들 중 하나인 경질게이지를 자주 사용한다. 제품의 가공은 측정표준들 중 하나인 경질 게이지에 의존하며, 이를 사용하여 공차 범위 이내로 가공되었는지를 판정하기 위해서 형상에 대한 비교나 적합 여부 검사를 수행한다. 만일 게이지를 1/1,000[in]의 정확도로 검사하려면(이는 높은 정확도가 아니다), 게이지 자체가 최소한 1/10,000[in] 이상의 정확도를 유지해야만 한다(포드 등 1931). 검사할 규격과 검사용 기준 게이지의 정확도 사이에 10:1의 비율이 유지되어야 한다는 것을 전통적인 게이지 제작업체에서 지침으로 사용하고 있다. 높은 공차를 가지고 있는 작업에 대해서 계측을 적용하는 데에는 한계가 있기 때문에, 이런 경우에는 지침이 4:1로 완화되지만(ASME B89.7.3.1 2001), 검사를 통과하기 위해서는 가공할 부품의 통계적 공차를 필요한 값보다 이보다 약간 더 엄격하게 관리하여야 한다. ISO 14253-(2013)과 JCGM 106(2012) 같이, 현재 일반화된 표준들은 부품의 통과와 실패에 대한 공식적인 규칙 결정에 유연성이 있다.

19세기에서 20세기로 넘어가는 시기에 도입된 **게이지블록** 세트(딕시 1907)는 정밀도가 향상된 부품을 제작할 수 있도록 만들어준 기준 물체이다. 게이지블록 세트(5장 **그림 5.3**)는 원래 사용 중에 마모를 줄이기 위해서 경화 처리된 102개의 육면체 강철블록들로 구성되어 있다. 이 블록들은 **그림 2.8**에 도시되어 있는 것처럼 블록 세트의 정밀도한계 이내에서 필요한 임의의 교정규격과 근접하도록 서로 쌓아 붙여서 백만 가지 이상의 서로 다른 길이조합을 만들 수 있다(브라이언 1993). 이에 대해서는 ASME B89.1.2(2002)를 참조하기 바란다.

막대자, 미터막대, 줄자, 게이지블록, 플러그 게이지, 볼 게이지, 고노게이지, 스텝 게이지 그리고 볼바 등도 역시 길이 비교나 측정 시스템의 교정에 사용되는 측정표준의 대체품으로서, 다양한 정확도를 가지고 있다. 막대자와 줄자는 밀리미터 이하 수준의 불확실성을 가지고 있는 시각적 직접비교용 측정표준인 반면에, 좌표 측정 시스템의 불확실도는 1[μm] 수준이며, 고급형 시스템의 불확실도는 이보다 더 작은 값을 갖는다. 좌표 측정 시스템에서는 변위분해능을 구현하면서 미터단위 길이값을 측정하기 위해서 내장형 기준 스케일을 사용한다. 정밀가공에 사용되는 밀링과 선반에서도 가공시편의 위치를 제어하기 위해서 이와 유사한 스케일이 사용된다. 다이아몬드선반의 경우에는 1[nm]의 분해능을 가지고 있는 직선형 엔코더 스케일을 사용하고 있으며, 만일 레이저간섭계를 사용한다면 분해능을 이보다 더 낮출 수 있다.

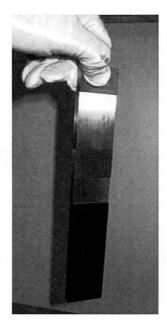

그림 2.8 겹쳐 쌓은 게이지블록들은 서로 붙어 매달린다.

측정 표준들도 역시 정확도와 용도에 따라서 **표 2.4**에서와 같이 일반적으로 분류할 수 있다.

표 2.4 기준 표준기의 유형

측정표준의 등급	목적이나 용도
표준원기 (불확실도 최저)	표준원기 측정절차를 사용하여 설정하거나 관습에 의해서 선택된 물체를 만든다. 표준원기는 전형적으로 정부출연 표준연구소에서 개발 및 관리한다.
2차표준기 (불확실도가 매우 낮음)	표준측정원기와 동일한 유형의 수량에 대한 교정을 통해서 설정한다.
기준표준기 (불확실도가 낮음)	특정한 조직이나 특정한 위치에서 특정한 종류의 수량에 대하여 여타의 측정표준들을 교정하기 위해서 사용한다.
상용표준기 (판단규칙 불확실도)	측정기기나 측정 시스템을 교정 또는 검증하기 위해서 일상적으로 사용한다.
순회표준기	여러 곳을 옮겨 다니며 사용하기 위해서 제작된 특수한 구조를 가지고 있다.

출처: JCGM200:2012, 국제계측용어-기초 및 일반 개념과 관련 용어들. 국제도량형국

측정용 기기를 교정하거나 기하학적 맞춤이나 여타의 비교공정을 사용하여 시편의 기하학적 치수가 공차 범위 이내라는 것을 판단규칙[10]에 의거하여 물리적으로 검증하는 데에 **상용표준기**[11]를 사용할 수 있다(ISO/TR 14253-6:2012). **그림 2.9**에서는 비교방식 공차검사용 **고노게이지**를 보여주고 있다. 상용표준기는 더 정확한 국부 기준 표준기 사용하여 교정하며, 이 국부표준은 불확실도가 더 낮은 표준을 사용하여 교정한다. 표준원기→2차표준기→기준표준기→상용표준기에 이르는 추적 가능한 검사체인들을 통하여 모든 측정은 궁극적으로 단위정의와 연결된다.

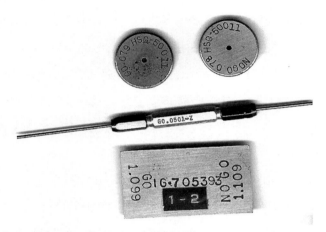

그림 2.9 공차검사에 사용되는 다양한 고노게이지들

2.8 추적성, 검증과 불확실도

제조공정에서는 수동 측정용 버니어 캘리퍼스 및 마이크로미터뿐만 아니라 다양한 형상과 표면측정이 가능한 더 정확한 자동 측정 시스템이 가공품의 치수공차 검사에 일반적으로 사용된다. 앞서 설명한 측정표준들을 사용하여 이 게이지와 시스템들을 사용하여 구한 수량값을 검증한다. 실제의 경우, **그림 2.10**에서는 상용표준기로 0.9[in](22.86[mm]) 길이의 게

---

10 decision rule.
11 working standard.

이지블록을 사용하여 마이크로미터를 검증하는 장면을 보여주고 있다. 적절하게 수행된 모든 측정들은 추적이 가능한 체인을 통해서 계측추적이 가능하다(표 2.1과 5장 참조). 게이지 블록을 기준으로 사용한 마이크로미터에 대한 추적 가능한 체인이 **그림 2.11**에 도시되어 있다. 여기서 M1은 길이의 정의를 직접 구현한 표준원기(SI 시스템)이다. 게이지블록의 경우, 이를 위해서 게이지블록 간섭계가 사용된다(드와렌과 비어스 1995). 게이지블록 B1은 이 시스템 내에 위치하며 면들 사이의 거리 L1이 참값측정 시스템의 한계로 인한 불확실도 U_{L1}과 함께 측정 및 보고된다. 이를 통해서 B1이 교정되며, 2차표준기로 사용된다. 같은 건물 내에는 B1과 더불어 다른 위치에서 여타의 게이지블록들을 교정하기 위해서 사용되는 또 다른 게이지인 B2가 구비되어 있다. 측정 시스템 M2 내에서 B2를 B1과 비교한다. 이 목적을 위해서 게이지블록 비교기가 제작되었으며, 어떤 면에서 이 기구는 게이지블록 간섭계 M1과 닮아 있다. M2는 B1과 B2의 길이 차이인 ΔL2를 U_{M2}와 함께 직접 측정한다. L2에 대하여 측정된 수량값은 L1 + ΔL2이다. 이렇게 계산된 값을 측정과정의 일부분으로 간주할 수 있다. 만일 측정과정에 비교측정방식이 사용된다면 불확실도 U_{L2}는 $(U_{L2})^2 = (U_{L1})^2 + (U_{M2})^2$을 사용하여 계산할 수 있다.

만일 M2를 교정하기 위해서 직접비교방식이 아니라 B1이 사용되었다면, U_{M1}에는 불확실도가 이미 포함되어 있으며, $U_{M1} = U_{L2}$가 된다. 여타의 게이지블록들을 교정하기 위해서 B2가 사용될 예정이므로, 이를 기준 표준기로 간주한다. B2가 교정실험실에서 본부로 돌아오면, 기준표준기로 사용하는 B3 블록을 교정하기 위한 기준으로 사용된다. 그런 다음 다른 블록을 교정하기 위해서 B3를 기준 표준기로 사용하고, 이런 과정이 Bn 블록까지 반복된다. **그림 2.10**에 도시되어 있는 것처럼, 게이지블록 Bn이 상용표준기로 사용된다. 이런 기준을 사용한 일련의 측정과정을 **교정체계**라 한다. 게이지 제조업에의 10:1 지침이 충족된 게이지 블록을 사용한 길이 측정 결과가, 일반적으로 기준 블록보다 훨씬 더 큰 값을 가지고 있는, 마이크로미터의 명시된 정확도 범위 이내라면, 마이크로미터에 대한 교정을 통해서 작동성능이 검증된다. 이제, 마이크로미터 시스템을 사용한 측정의 불확실도보다 지정된 불확실도가 10배 더 큰 0.9[in] 내외의 길이를 가지고 있는 부품에 대해서 마이크로미터(**그림 2.11**의 Mp)를 사용하여 측정을 수행할 수 있다.

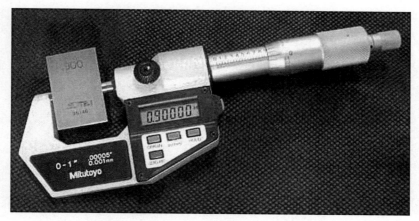

그림 2.10 측정공정의 검증을 위해서 게이지블록을 측정하는 마이크로미터

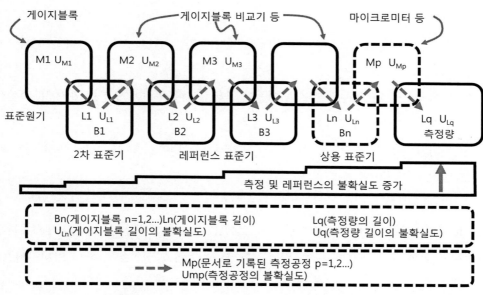

그림 2.11 마이크로미터의 교정 및 측정과 관련된 추적 가능한 체인

인증기관에서 공인한 실험실에서 교정체인의 각 단계가 검증되므로 측정량에 대한 교정 인증서는 마이크로미터와 연결되며, 마이크로미터는 Bn 게이지와 연결되고 Bn은 M4를 통해서 B3와 B3는 M3를 통해서 B2와 연결되는 과정을 거쳐서 Bn이 M1과 연결될 때까지 추적이 가능하다. 따라서 확인할 수 있는 불확실도를 가지고 측정량을 미터의 정의까지 연결할 수 있다는 것을 의미한다. 만일, 킬로그램과 같이, 물리적 성질을 활용하여 기본단위가

정의되었다면, 추적이 가능한 체인의 최종 링크는 이 성질이 된다. 불확실도가 없는 추적은 불가능하다. 여기에는 두 가지 개념들이 밀접하게 연관되어 있다(9장 참조).

규격표준은 B89.7.5 길이 추적성 표준을 포함하여, 다음과 같이 충분한 기업의 계측 **추적성**을 확립하기 위한 지침을 제공해준다.

- 측정량은 명확하고 분명하게 규정되어야 한다. 여기에는 사용할 알고리즘과 데이터 필터가 포함될 수 있다.
- 따라야 하는 측정량과 서면으로 작성된 표준절차들을 결정하는 관련 알고리즘과 필터를 포함하여 측정 시스템을 구분해야만 한다.
- 측정 시스템의 비교나 교정에 사용되는 기준 표준기에 대한 문서화된 추적자료가 구비되어야만 한다.
- 측정 불확실도의 표기지침(JCGM 100:2008)에 의거한 측정 결과의 불확실도 내역서가 제공되어야만 한다. 이에 대해서는 9장을 참조한다.
- 불확실도의 중요한 모든 원인들과 이들이 불확실도에 미치는 영향을 표시 및 수량화한 불확실도 명세서가 제공되어야 한다.
- 명시된 불확실도가 타당함을 보장하기 위해서는 측정조건을 검증하는 측정 시스템 프로그램이 타당해야만 한다.

0.9[in] 게이지블록에 대한 교정 인증서가 **그림 2.12**에 제시되어 있다. 교정된 게이지블록의 일련번호와 함께, 비교교정에 사용되었던 마스터 세트의 일련번호도 함께 기재되어 있다. 이 마스터 세트도 역시 교정인증서뿐만 아니라 마스터 세트의 교정에 사용되었던 세트에 대한 교정서가 존재한다. 또한 ASME B89.1.9 표준(ASME 2002)에 의거하여 시험이 수행되며, 이 경우에는 총 측정 시스템의 일부분으로 간주된다.

그림 2.12 사례로 사용된 게이지블록의 교정인증서

2.9 표준기관, 표준체, 및 성능시험항목

무역의 중요성 때문에, 조직화된 국가들은 도량형 기준을 관리감독하는 정부기관을 설립하였다. 도량형을 담당하는 **국립도량형연구소**(NMI)가 설립되어 표준기를 개발하고 규격표준을 배포하는 역할을 수행하고 있다. 국립도량연구소는 물리적 표준기의 설정, 검증, 관리 및 배포를 위한 연구를 수행한다. 국제적으로는 **국제도량형국**(BIPM)이 측정과학 및 측정표준과 관련된 문제에 회원국들이 함께 대응하는 정부 간 조직이다. 국제도량형국은 회원국의 과학활동을 지원하며, 표준원기와 관련된 목표는 정확하고 비교 가능한 측정 결과를 제공할 수 있는 전 세계적인 측정 시스템의 실현 및 개선을 주도하는 것이다.

그림 2.13에서는 주요 국립도량연구소들의 소재지를 보여주고 있다. 이 연구소들과 여타의 국립도량연구소들에 대한 정보는 국제도량형국의 웹사이트(www.bpim.org)를 통해서 확인할 수 있다.

BIPM	국제도량형국	NIM	중국 국립도량형연구소
NIST	미국 표준기술연구소	VNIIM	러시아 멘델레예프 도량형연구소
NPL	영국 국립물리학연구소	KRISS	대한민국 한국표준과학연구원
LNE	프랑스 국립도량형연구소	NPLI	인도 국립물리연구소
PTB	독일 연방물리기술청	NMI	호주 국립도량형연구소
METAS	스위스 연방도량형연구소	INMETRO	브라질 국립도량형, 품질과 기술연구소
NMIJ	일본 국립도량형연구소		

그림 2.13 국립도량형연구소(NMI)들의 위치

표준기관들은 **코드**라고 부르는 규격표준의 개발 및 보급을 감독하는 기관이다. 이 표준기관들의 사례로는 국제표준화기구(ISO), 영국규격협회(BSI), 미국표준협회(ANSI) 그리고 국제전기표준회의(IEC) 등이 있다.

표준규격은 설계자, 제조자 및 사용자를 위한 일련의 기술적 정의와 지침 또는 사용설명서 등으로 만들 수 있다. 이들은 간단한 제품비교, 소비자보호 및 기업의 책임보호 범위 등의 정보를 제공해주며, 엔지니어링된 컴포넌트들이나 공정장비에 의존하는 거의 모든 산업분야에서 안전, 신뢰성, 생산성 및 효율성 등을 촉진시켜준다(ASME 2016).

표준규격은 반복적이며 수행 가능하고, 명확하고 현실적이며 권위 있고, 완벽하며 명확하고 일관적이지만 특정한 범위를 가지고 있다(ASME 2016). 예를 들어 ISO/IEC(2016) 및 ASME

PTC-01(2015)과 같이, 표준을 만들기 위한 표준규격도 존재한다.

절차가 나쁘면 데이터 재현성의 편차가 증가하거나 **포르타스의 원리**[12]에서 지적한 것처럼, 절차가 임의적이면 임의적인 결과가 초래되기 때문에, 절차설명에 대한 표준규격이 필요하다(브라이언 1984). 모호성은 잘못된 데이터가 만들어지는 맹점을 초래한다. 예를 들어, 실린더의 진원도를 구하는 과정에서 일정 간격으로 측정해야 하는 데이터의 숫자를 지정하지 않았다면, 최소 세 개의 점들만을 사용하여 완벽한 원을 정의할 수 있기 때문에 단지 세 개의 데이터만을 측정한 다음에 진원도가 완벽하다고 보고할 수도 있다. 표준규격은 단지 몇 개의 문장에서 수백 페이지에 달하는 서식을 사용하여 정의할 수 있으며, 특정 분야에 지식과 전문성을 갖춘 전문 위원회에서 작성한다. 이 위원회는 표준의 기술적 범위에 대해서 기득권을 가지고 있는 산업체, 정부 및 학회에 소속한 개인들로 구성된다. ISO 표준규격을 제정하기 위한 전형적인 순서는 예비 단계, 제안 단계, 준비 단계, 위원회 단계, 조사 단계, 승인 단계 그리고 발행 단계 등으로 이루어진다.

예비 단계에서는 작업항목에 대한 주제를 개발하고 승인한다. 제안 단계에서는 논의를 위한 개요 또는 초안을 작성하며 프로젝트의 리더를 지명한다. 준비 단계에서 작업그룹은 기술위원회 또는 소위원회의 회원들에게 1차 위원회안(CD)으로 회람시킬 완성된 시안을 작성한다. 위원회 단계는 국가기관들이 제출한 의견들을 고려하는 핵심 단계로서, 기술적 내용을 합의하는 것을 목표로 한다. 조사 단계에서 국가표준기관들은 8주에서 12주 사이의 기간 동안 의견을 제출할 수 있다. 이 의견들은 번역을 거쳐서 위원회의 심의에 부쳐진다. 만일 합의에 도달하지 못하면, 개정된 위원회 시안이 마련되어 회람 및 의견제출을 다시 거친다. 만일 합의가 이루어지면, 12주의 기간 동안 국가기관들이 투표를 할 수 있도록 조사 단계에서 마련된 시안을 등록한다. 하지만 정당한 사유를 제시하지 않은 반대표는 합산되지 않는다. 위원회는 반대투표에서 제시한 기술적인 이유에 대해서 대답할 필요가 있다. 위원회 응답을 포함하여 국가기관들에 대한 의견수렴이 끝나고 나면, 승인 단계에서 다시 한번 투표가 수행된다. 이 단계에서 다음 위원회에서 논의할 반대투표의 기술적 이유들과 함께 표준이 승인된다.

합의란 실질적 문제에 대한 지속적인 반대가 없으며, 중요한 이해관계의 상충이 없고, 모

---

12   Portas principle.

든 당사자들의 견해를 고려하여 논쟁을 조정하는 과정을 거친 일반적인 합의를 의미한다. 하지만 합의가 만장일치를 의미하지는 않는다(ISO/IEC 2016).

표준규격은 지침일 뿐 그 자체가 법적인 구속력을 가지고 있지는 않기 때문에 자발적인 것으로 간주된다. 하지만 이 표준이 사업계약이나 정부규정에 포함되면 법적인 구속력을 가지게 된다. 예를 들어, 지방자치단체가 건축물의 안전 및 접근성에 대한 코드를 채택할 수 있다.

가공기와 측정장비의 제조업체와 사용자 모두에게 공정한 경기장을 마련하기 위해서 코드라고 부르는 **성능시험표준**이 마련되었다. 이런 내용들은 구매규격서에서 참조할 수 있으며, 해당 장비의 작동을 주기적으로 평가하는 데에 사용할 수 있다. 이런 표준들은 시험비용과 정보의 가치를 고려하면서 일관되고 정확한 평가를 얻을 수 있는 최신의 지식을 제공해 준다.

정밀공학자들에게 유용한 성능시험표준의 사례로 공작기계 시험코드(ISO 230) 시리즈를 들 수 있다. 이 시리즈는 공작기계의 가공시편에 대한 공구의 위치 결정 능력을 평가하는 데에 유용하다. 표 2.5에서는 이 표준의 다양한 구성항들을 보여주고 있다.

표 2.5 공작기계의 성능에 대한 ISO 230 표준의 구성항들

ISO 230-1:2012	1장: 무부하 또는 준정적 조건하에서 작동하는 기계의 기하학적 정확도
ISO 230-2:2014	2장: 수치제어 이송축 위치 결정의 정확도와 반복도 측정
ISO 230-3:2007	3장: 열영향 측정
ISO 230-4:2005	4장: 수치제어 공작기계의 원운동 시험
ISO 230-5:2000	5장: 소음측정
ISO 230-6:2002	6장: 3차원 및 2차원 대각선 운동에 대한 위치 결정 정확도 측정
ISO 230-7:2015	7장: 회전축의 기하학적 정확도
ISO/TR 230-8:2010	8장: 진동
ISO/TR 230-9:2005	9장: ISO 230 시리즈와 기본 방정식들을 사용하여 공작기계 시험의 측정 불확실도 추정
ISO 230-10:2016	10장: 수치제어 공작기계 프로브 시스템의 성능 측정
ISO/DTR 230-11	11장: 공작기계 형상 측정을 위한 측정기기들

계측 시스템에 적용되는 또 다른 유용한 표준은 좌표 측정기(CMM)의 승인 및 재인증 시험(ISO 10360)으로서, 이에 대해서는 5장에서 개별적으로 논의되어 있다. 표 2.6에 제시되어 있는 ISO 15530 표준은 측정의 불확실도를 판정하는 데에 도움이 된다.

표 2.6 기하학적 제품사양에 대한 ISO 15530 표준－좌표 측정기(CMM): 불확실도 측정 기법

ISO/TS 15530-1:2013	1장: 개요 및 계측특성
ISO 15530-3:2011	3장: 교정시편이나 측정표준의 활용
ISO/TS 15530-4:2008	4장: 시뮬레이션을 사용한 작업별 측정 불확실도의 평가

　기하학적 치수측정과 공차 요구조건에 대해서는 ISO 129-1:2004와 ASME Y14.5 표준에서 기본지침을 제시하고 있다. 하지만 광학 시스템(ISO 10110)이나 조선(ISO 129-4)과 같이 다양하거나 특정한 용도를 위해서는 별도의 사양이 제정되어 있다. 표면거칠기와 같이 특정한 인자들을 계산하기 위해서 ISO 25178-2와 ASME B46.1같이, 별도의 표준들이 제정되어 있다(5장 참조).

2.10 측정수행

　그림 2.14에서는 미리 정해진 순서에 따라서 수량값을 구하기 위한 물리적인 작업이 수행된다. 첫 번째 단계는 측정량을 명확하게 정의하는 것이다. 여기에서는 수량값을 구하기 위해서 정확한 조치를 취하고 정확한 분석방법을 사용하도록 지정하여야 한다. 다음으로, 민감도 S_p가 측정량 변화에 민감한 센서를 사용해야 한다. 세 번째로, 표시값을 얻기 위해서 S_p에 따라서 아날로그 또는 디지털 값을 출력할 수 있는 광학식, 기계식 또는 전기식 변환기가 필요하다. 기계식 변환기의 사례로는 다이얼 인디케이터나 버니어 캘리퍼스를 들 수 있다. 전자회로가 센서와 함께 작동하여 측정량의 변화에 따라서 전압이나 전류를 송출할 수 있다. 네 번째로, 노이즈를 줄이고 신호를 증폭하거나 시스템 응답을 선형화시키기 위하여 필터와 함께 사용되는 전자회로나 디지털회로에 의해서 변환기의 출력이 더 변할 수도 있다. 측정 관련 서적에서는 이들을 **신호조절회로**라고 부른다. 다섯 번째로, 수량값을 산출하기 위하여 컴퓨터 프로그래밍에 의해서 수행되는 계산을 사용하여 매개변수 모델에 따라서 표시값을 조합할 필요가 있다. 여섯 번째 단계에서는 컴퓨터 프로그래밍을 통해서 보고할 수량값을 산출하는 변수 모델을 사용하여 표시값들을 조합할 필요가 있다. 마지막 일곱 번째 단계는 측정에 영향을 미칠 수 있다고 알려진 모든 인자들을 포함하여 측정의 불확실도

를 평가하는 것이다(9장 참조).

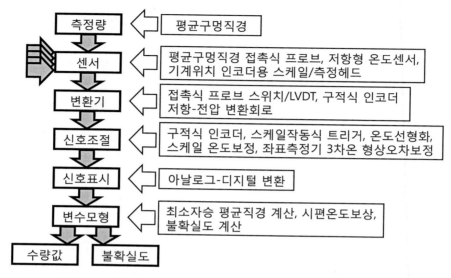

그림 2.14 전형적인 측정 시스템의 블록선도(좌표 측정 시스템의 사례)

앞서 언급했던 강철막대의 온도를 측정할 필요가 있다고 하자. 측정량은 강철막대 양쪽 면 사이의 중앙부 표면의 온도로 정의할 수 있다. **측온저항체(RTD)**는 저항값이 온도에 따라서 선형적으로 변하기 때문에, 이를 센서로 사용할 수 있다. 적절한 접착제를 사용하여 막대의 표면에 측온저항체를 부착한 다음에 (열유동의 변화에 따른 영향을 최소화시키기 위해서) 단열재를 사용하여 측온저항체의 다른 면들을 덮어주면, 막대와 측온저항체의 온도는 서로 연결된다. 측온저항체와 연결된 도선을 브리지 전자회로에 연결하면, 이 회로의 출력전압은 측온저항체의 저항값 변화에 비례한다. 출력전압을 기록하며, 교정을 통해서 기울기 [K/V]와 오프셋을 조절한 선형 모델을 사용하면, 막대의 온도 표시값을 얻을 수 있다(**그림 2.15** 참조).

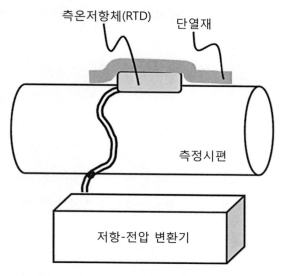

측온저항체(RTD)　　단열재

측정시편

저항-전압 변환기

그림 2.15 실린더형 막대에 부착된 저항형 온도센서

2.11 측정 시스템의 계수들

측정 시스템과 관련된 계수들을 사용하여 측정 시스템을 나타낼 수 있다. 단순한 변위센서의 경우, 전기, 광학 또는 기계적 원리를 사용할 것이다. 이 센서가 검출할 수 있는 변위에 한계가 존재한다. 최소 검출 가능 거리에서 최대 검출 가능 거리 사이의 측정이 가능한 구간을 **측정범위**라고 부른다. 예를 들어, 커패시턴스형 센서의 측정범위는 $300[\mu \mathrm{m}]$이다. 때로는 이를 쌍방향 사양값인 $\pm 150[\mu \mathrm{m}]$으로 나타내기도 한다. 하나의 프로브형 센서에 대해서 측정범위를 $\pm 200[\mu \mathrm{m}]$, $\pm 40[\mu \mathrm{m}]$ 그리고 $\pm 10[\mu \mathrm{m}]$과 같이 다양하게 선정할 수도 있다. 이런 측정범위는 소프트웨어나 전자 스위치를 사용하여 선택한다. 측정 시스템이 검출할 수 있는 측정된 계수의 가장 작은 변화량이 시스템의 **분해능**이다(광학 분해능과 혼동에 유의, 3장 참조). 다중 측정범위를 가지고 있는 시스템의 경우, 일반적으로 분해능은 선정된 측정범위에 따라 달라진다. 전압출력이 측정량의 변화에 따라서 선형적으로 변하는 시스템의 경우, 측정된 수량의 변화에 대한 표시값의 변화비율을 **민감도**라고 부른다. 일부 시스템의 경우, 수량이 변하면 민감도가 함께 변한다. 이런 시스템의 불확실도를 증가시키는 비선형 응답을 교정과정과 교정곡선을 사용한 시스템 모델링을 통해서 보정할 수 있다. 민감도는 보통 센

서요소와 관련되어 있다. 예를 들어, **선형가변차동변환기**(LVDT, 5장 참조)는 교류전류입력을 필요로 하며 여기에 이득이 곱해진다. 이득은 중립위치에 대한 코어 인덕터 상대변위의 함수이다. 코어의 변위에 따른 이득의 변화가 민감도이며, 예를 들어, 민감도는 $0.01/mm$로 나타낼 수 있다. 시간에 따른 민감도와 중립위치 사이의 일관성이 안정성이다. 시스템의 안정성은 교정주기에 영향을 미친다. 시스템 사양에 의해서 정의된 분해능을 사용하여 평가할 수 있는 출력을 생성하는 선정된 LVDT와 일치하도록 적용입력을 선정하는 것이 시스템을 설계하는 정밀엔지니어의 임무이다. 이들과 여타 계수들에 대한 국제계측용어(VIM)상의 정의가 **표 2.7**에 제시되어 있다. 관련된 표준규격들과 더불어서 여타의 많은 시스템 사양계수들에 대해서도 정의되어 있다.

표 2.7 계측 시스템의 사양으로 사용되는 계수들

시스템 계수	설명
범위	계측기의 임의 제어설정에 사용할 수 있는 극한수량값들 사이의 차이의 절댓값
분해능	감지할 수 있는 표시값의 변화를 유발하는 측정수량의 가장 작은 변화
민감도	측정 시스템의 표시값 변화와 그에 따른 측정된 수량값 변화 사이의 비율
선택도	개별 측정량들이 측정될 가능성이 있는 여타 측정량들과 서로 독립적인 측정 시스템의 성질
안정성	시간에 대해서 측정성능이 일정하게 유지되는 측정기기의 성질(온도, 습도 및 기압 등의 변화에 무관하게 표시값이 안정적인 반복성 구현)
계측기 드리프트	측정기기의 계측특성 변화로 인하여 시간이 경과함에 따라서 표시값이 연속적이거나 점진적으로 변하는 현상
계측기 측정의 불확실도	사용하는 측정기나 측정 시스템에서 발생하는 측정의 불확실 성분
최대허용측정오차	주어진 측정, 측정기기 또는 측정 시스템에 대해서 사양이나 규정에 의해서 허용되는, 알려진 기준 수량값에 대한 측정오차의 극한값
교정도표	표시값과 이에 해당하는 측정 결과 사이의 관계를 나타낸 그래프
교정곡선	표시값과 이에 해당하는 측정된 수량값 사이의 관계를 나타낸 곡선
영향값 편차	두 개의 서로 다른 수량값을 연속적으로 영향값이라고 가정할 때에 주어진 측정된 수량값에 대한 표시값의 차이(예를 들어 길이를 측정하면서 기압을 변화시킨다)
기준작동조건	측정기기나 측정 시스템의 성능을 평가 또는 측정 결과를 비교하기 위하여 규정된 작동조건
정격작동조건	측정 시스템이 지정된 성능을 발휘하도록 측정 시 반드시 충족시켜야 하는 작동조건

출처: JCGM 200:2012 국제계측용어-기초 및 일반 개념과 관련 용어들. 국제도량형국

2.12 요 약

표준규격과 함께 제공되는 측정 및 이에 관련된 시스템 및 기기들은 글로벌 경제 상거래와 사회 인프라를 유지하며 공학과 제조공정을 가능하게 해준다. 정밀공학자는 측정값이 나타내는 계수의 현실을 얼마나 잘 반영하는지를 이해하기 위해서 관심을 가져야만 한다. 기능적으로 관련되고 수치적으로 공차가 지정된 사양에 따라서 의도적이며 예측 가능하고 정확하며 최적으로 시스템을 제작하고 구동하기 위해서, 정밀공학자는 측정 및 모델링을 통해서 요소의 결정론적 성질들을 합리적으로 선택하고 관리한다. 정밀공학자는 또한 공학 및 제조와 관련된 모든 범위에 대해서 계측 가능한 제어를 개선하여 최첨단 제조역량을 강화한다.

연습문제

1. 특정한 공학소재(합금과 같은)를 선택하여 여섯 가지의 소재특성을 선정한 후 이 값들을 참고 문헌과 함께 제시하시오. 이들 중 두 가지 항목에 대해서는 서로 다른 값이 제시되어 있는 경우를 찾아내고, 왜 이런 차이가 나타나는지에 대해서 논의하시오

2. 작업장에서 수공구를 교정하는 과정에서 어떤 종류의 측정표준이 사용되는가? 게이지블록의 품질등급과 관련 공차에 대한 등급을 조사하시오. 게이지블록 세트를 제작하는 업체 세 곳을 찾으시오. 게이지블록에는 어떤 소재가 상업적으로 사용되는가? 왜 다른 재료가 필요한가?

3. 좌표 측정 시스템 제조업체 세 곳을 찾고 가장 정확한 기계들의 측정범위, 분해능 및 정확도 사양(또는 불확실도)을 서로 비교하시오. 좌표 측정 시스템(CMS)은 ISO에서 채택한 비교적 새로운 용어이다. 이 대신에 좌표 측정기(CMM)라는 용어를 검색에 사용하여도 무방하다.

4. 부품의 기하학적 측정을 위해 좌표 측정 시스템에서 사용할 수 있는 네 가지 유형의 센서들을 열거하시오. 이들 중 두 가지에 대해서는 작동원리를 간략하게 기술하시오.

5. 좌표 측정 시스템의 반복도와 바이어스를 평가하기 위해서 (기준 직경이 10.003,01[mm]이며 불확실도가 매우 낮은) 기준 링 게이지가 사용된다고 하자. 직경측정을 통해서 얻은 개별 표시 값이 9.9931, 9.9998, 9.9953, 9.9875, 10.003, 9.9853, 9.9853, 9.9918, 10.012, 10.001, 9.9921, 9.9935, 9.9998, 10.005, 9.9978, 10.010, 9.9908, 9.9981, 9.9985, 9.9995라 할 때, 측정의 정확도에 대한 표준편차를 구하시오. 위의 링 게이지에서 발생한 계측기 바이어스는 얼마인가?

6. 임의의 산업 분야를 선정하여 이 분야에 적용되는 표준규격들을 검색하시오. 이 표준에서 사용되는 일곱 개의 계수항들을 선정하여 명칭과 정의를 기술하시오. (힌트: ISO.org에서 용어와 정의를 포함하는 문서들을 부분적으로 읽어볼 수 있다)

7. 특정한 소재의 열팽창계수를 측정하려 한다. 측정할 지표는 무엇인가? 측정의 불확실도를 낮게 유지하기 위해서는 어떤 계수를 관리해야 하는가? 관련 논문이나 특허를 검색하고 해당 목적에 사용되는 두 가지 방법이나 계측기에 대해서 설명하시오. 이런 목적의 계측기들에 사용되는 용어들 중 하나는 딜라토미터[13]이다.

8. 다른 자료들을 검색하여 다음 중 세 가지 센서들에 대한 작동원리와 수학적 모델링을 설명하시오: 측온저항체, 써미스터, 써모커플, 집적회로 온도센서, 고온계, 액주형 온도계.

---

13   dilatometer.

9. 다수의 버니어캘리퍼스를 사용하여 환봉의 직경을 측정하시오. 우선, 동일한 위치에 대해서 10회의 측정을 수행한 다음, 다른 위치에 대해서 측정을 반복하시오. 환봉 직경과 직경측정의 정밀도(표준편차)를 구하시오. 동일한 측정을 수행한 동료들과 결과를 서로 비교하시오. 비교 결과를 통해서 측정결과의 재현성을 평가하시오.

10. 물의 어는점 온도 이하에서 끓는점 온도 이상의 온도까지의 범위를 측정하기 위해서 써미스터를 교정할 때에 사용하기 가장 좋은 세 개의 기준온도로 ITS-90(1990)에서 어느 온도를 추천하는가?

참고문헌

ASME 2016. Standards and Certification FAQs. Retrieved June 3, 2016, from www.asme.org, www.asme.org/about-asme/who-we-are/standards/about-codes-standards.

ASME B89.1.2-2002. *Gage blocks*. American Society of Mechanical Engineers.

ASME B89.7.3.1-2001 (R2011). Guidelines for Decision Rules: Considering Measurement Uncertainty in Determining Conformance to Specifications. American Society for Mechanical Engineers.

ASME B89.7.5-2006. Metrological traceability of dimensional measurements to the SI unit of length. American Society of Mechanical Engineers.

ASME PTC-01-2015. General instructions, performance test codes American Society of Mechanical Engineers.

Bryan, F. R. 1993. *Henry's Lieutenants*. Wayne State University Press, Detroit, MI.

Bryan, J. B. 1984. The power of deterministic thinking in machine tool accuracy. UCRL 91531 Lawrence Livermore National Lab. e-reports-ext.llnl.gov/pdf/197002.pdf.

CGPM. 1984. Comptes Rendus de la 17th Conférence Générale des Poids et Mesures (CGPM). www.bipm. org/utils/common/pdf/CGPM/CGPM17.pdf.

CGPM. 2014. Resolution 1 of the 25th CGPM. www.bipm.org/en/CGPM/db/25/1/.

Conte, T. M., and Gargini, P. A. 2015. On the foundation of the new computing industry beyond 2020. Preliminary IEEE RC-ITRS report, IEEE September 2015.

Dixie, E. A. 1907. A new Swedish combination gaging system. *American Machinist*, September 19, 393-396.

Doiron, T., and Beers, J. 1995. The gauge block handbook. National Institute of Standards and Technology. www.nist.gov/calibrations/upload/mono180.pdf.

Ford, H., Crowther, S., and Johansson, C. E. 1931. Millionth of an inch. In: *Moving Forward*. Doubleday, Duran and Co.

Hocken, R. J., and Periera, P. H. 2011. *Coordinate Measuring Machines and Systems*. CRC Press.

ISO 1:2016. Geometrical product specifications (GPS)-Standard reference temperature for the specification of geometrical and dimensional properties. International Organisation for Standardization.

ISO 5725-1:1994. Accuracy (trueness and precision) of measurement methods and results-Part 1: General principles and definitions. International Organization for Standardization.

ISO 10360-1:2000. Geometrical Product Specifications (GPS)-Acceptance and reverification tests for coordinate measuring machines (CMM). International Organization for Standardization.

ISO 14253-1:2013. Geometrical product specifications (GPS)-Inspection by measurement of workpieces and measuring equipment-Part 1: Decision rules for proving conformity or nonconformity with specifications. International Organization for Standardization.

ISO/IEC. 2016. Directives, Part 1 Consolidated ISO Supplement-Procedures specific to ISO and Part 2 Principles and rules for the structure and drafting of ISO and IEC documents.

ISO/TR 14253-6:2012. Geometrical product specifications (GPS)-Inspection by measurement of workpieces and measuring equipment-Part 6: Generalized decision rules for the acceptance and rejection of instruments and workpieces.

ITRS 2.0 2015. International Technology Roadmap for Semiconductors 2.0 Executive Summary. URL: www.itrs2.net.

ITS-90 1990. The International Temperature Scale of 1990. The International Committee for Weights and Measures. (Available through www.BIPM.org.)

JCGM 100:2008. Evaluation of measurement data-Guide to the expression of uncertainty in measurement. Bureau International des Poids et Mesures (BIPM).

JCGM 106:2012. Evaluation of measurement data-The role of measurement uncertainty in conformity assessment. Bureau International des Poids et Mesures (BIPM).

JCGM 200:2012. International vocabulary of metrology-Basics and general concepts and associated terms (VIM). Bureau International des Poids et Mesures (BIPM).

Moore, G. E. 1965. Cramming more components onto integrated circuits. *Electronics* **38**(8), 114ff. Reprint available from IEEE Solid-State Circuits Society Newsletter, doi: 10.1109/N-SSC. 2006.4785860.

Moore, G. E. 1975. Progress in digital integrated electronics. Proceedings of IEDM Technical Digest, pp.11-13.

National Bureau of Standards (NBS). 1960. Units of weights and measures. National Bureau of Standards Misc Pub 233. December 20. United States Department of Commerce.

Rayner, E. H. 1923. The scheme for a journal of scientific instruments. *Journal of Scientific Instruments* 1, 2-4. iopscience.iop.org/article/10.1088/0950-7671/1/0/301.

SI. 2017. *The International System of Units (SI)*. Bureau International des Poids et Mesures, Organisation Intergouvernementale de la Convention du Mètre.

Thomson, W. and Tait, P. 1879. *Treatise on Natural Philosophy*, Vol. **1**, Part 1. Cambridge Press.

CHAPTER 03
기초 이론

CHAPTER 03 기초 이론

이 장에서는 수학과 고체역학 및 광학의 기초에 대해서 살펴보기로 한다. 수학을 다루는 절에서는 기초적인 삼각함수, 선형대수학, 벡터대수학, 테일러 급수, 푸리에 급수 그리고 통계학 등에 대해서 다루고 있다. 고체역학 절에서는 응력, 변형률, 선형탄성관계, 기초적인 빔이론과 모어의 원 등의 개념을 소개한다. 또한 헤르츠 접촉이론에 대해서도 간략하게 살펴보기로 한다. 광학 절에서는 반사, 회절, 얇은 렌즈 공식 그리고 회절 등의 법칙들과 함께 빛의 파동성질에 대해서 논의한다. 이 장은 이 책의 나머지 부분에서 사용되는 수학 및 물리적 개념들에 대한 빠른 참고자료로 사용하기 위한 것이지만, 이 주제들에 대해서 더 깊이 알고자 하는 독자들은 이 장의 말미에 제시되어 있는 참고문헌들을 참조하기 바란다.

3.1 기초수학

이 절에서는 삼각함수, 선형대수 및 벡터 대수학과 관련된 몇 가지 개념들과 기본특성들을 요약하고 있다. 테일러 급수, 푸리에 급수 그리고 정역학 등과 같은 중요한 주제들에 대해서는 3.2절부터 3.4절까지에서 따로 다루기로 한다. 이 장에서는 간략한 내용들을 수록하고 있을 뿐이다. 크레이지(2007)와 라일리 등(2006)과 같은 교재들은 이 주제들에 대한 더 상세한 이해를 도와주며 이 책에서 사용된 수학적 기법들에 대한 더 포괄적인 기준으로 유용하게 사용할 수 있다.

3.1.1 삼각함수

그림 3.1에 도시되어 있는 것처럼, 반경이 r인 원이 원점에 위치하고 있다고 하자. 이 원의 방정식은 $x^2 + y^2 = r^2$이다. 점 P는 이 원의 선분상에 위치하며 좌표값은 (x, y)라고 하자.

이 점의 좌표값을 사용하면 다음과 같이 여섯 개의 **삼각함수**들을 정의할 수 있다.

$$\sin\theta = \frac{y}{r}, \ \cos\theta = \frac{x}{r}, \ \tan\theta = \frac{y}{x}, \ \csc\theta = \frac{r}{y}, \ \sec\theta = \frac{r}{x}, \ \cot\theta = \frac{x}{y} \tag{3.1}$$

$r^2 = x^2 + y^2$ 로부터, 다음과 같은 **피타고라스** 등식을 유도할 수 있다.

$$\sin^2\theta + \cos^2\theta = 1, \ 1 + \tan^2\theta = \sec^2\theta, \ 1 + \cot^2\theta = \csc^2\theta \tag{3.2}$$

이 외에도 삼각함수를 활용하여 여러 가지 등식을 유도할 수 있다. 이들 중에 유용한 등식들은 다음과 같다.

$$\sin(\theta_1 \pm \theta_2) = \sin\theta_1 \cos\theta_2 \pm \sin\theta_2 \cos\theta_1 \tag{3.3}$$
$$\cos(\theta_1 \pm \theta_2) = \cos\theta_1 \cos\theta_2 \mp \sin\theta_1 \sin\theta_2 \tag{3.4}$$

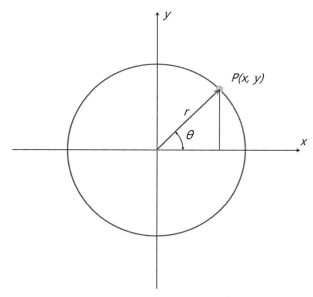

그림 3.1 중심이 원점에 위치한 진원상의 한 점을 사용하여 여섯 개의 삼각함수들을 유도할 수 있다.

그리고

$$\tan(\theta_1 \pm \theta_2) = \frac{\tan\theta_1 \pm \tan\theta_2}{1 \mp \tan\theta_1\tan\theta_2} \tag{3.5}$$

이 방정식들로부터, 다음과 같은 **배각공식**들을 유도할 수 있다.

$$\sin2\theta = 2\sin\theta\cos\theta, \ \cos2\theta = \cos^2\theta - \sin^2\theta, \ \tan2\theta = \frac{2\tan\theta}{1 - \tan^2\theta} \tag{3.6}$$

사인 함수와 코사인 함수의 합과 차를 사용하는 유용한 등식들은 다음과 같다.

$$\sin\theta_1 \pm \sin\theta_2 = 2\sin\frac{\theta_1 \pm \theta_2}{2}\cos\frac{\theta_1 \mp \theta_2}{2} \tag{3.7}$$

$$\cos\theta_1 + \cos\theta_2 = 2\cos\frac{\theta_1 + \theta_2}{2}\cos\frac{\theta_1 - \theta_2}{2} \tag{3.8}$$

$$\cos\theta_1 - \cos\theta_2 = -2\sin\frac{\theta_1 + \theta_2}{2}\sin\frac{\theta_1 - \theta_2}{2} \tag{3.9}$$

앞의 공식들과 더불어서, 사인 법칙과 코사인 법칙의 법칙들을 통해서 삼각함수는 삼각형을 이루는 변과 각도 사이의 상관관계를 정의해준다. **그림 3.2**에 도시되어 있는 것처럼, 각 변의 길이가 a, b 및 c인 삼각형의 사잇각이 각각 α, β 및 γ라 하자,

사인 법칙에 따르면,

$$\frac{\sin\alpha}{a} = \frac{\sin\beta}{b} = \frac{\sin\gamma}{c} = \frac{abc}{2A/(abc)'} \tag{3.10}$$

여기서 A는 삼각형의 면적이다.

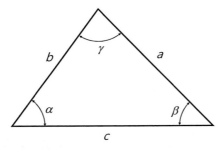

그림 3.2 sin과 cos 법칙을 유도하기 위해서 사용된 삼각형의 각변들의 길이와 사잇각 정의

코사인 법칙에 따르면,

$$c^2 = a^2 + b^2 - 2ab\cos\gamma \tag{3.11}$$

라디안 단위의 각도값이 1보다 작은 경우에는 삼각함수에 대해서 근삿값이 자주 사용된다. 다음과 같은 근삿값들이 가장 일반적으로 사용된다.

$$\sin\theta \approx \theta, \ \cos\theta \approx 1, \ \tan\theta \approx \theta \tag{3.12}$$

여기서 $\theta \ll 1$이다.

마지막으로, 파동현상을 고찰하는 경우에는 지수함수와 사인 함수 및 코사인 함수 사이의 관계를 정의한 **오일러 공식**이 중요한 도구로 사용된다.

$$e^{i\theta} = \cos\theta + i\sin\theta \tag{3.13}$$

여기서 $i = \sqrt{-1}$ 이다. 식 (3.13)으로부터, 매우 유용한 **무아부르 공식**이 유도된다.

$$(\cos\theta + i\sin\theta)^n = \cos n\theta + i\sin n\theta \tag{3.14}$$

3.1.2 선형대수학

공학 문제들은 일반적으로 다수의 독립변수들로 이루어진 **선형대수방정식**들을 풀어야 한다. 전기회로의 해석과정에서 전압과 전류값을 구하기 위해서는 일련의 선형대수방정식들을 풀어야 한다. 구조문제에 대한 유한요소해석에서 노드 변위를 구하기 위해서는 매우 많은 숫자의 선형방정식들을 풀어야 한다. 구조물의 모드선도는 일련의 선형방정식을 풀어서 구할 수 있다.

n개의 미지수 x_1, x_2, $\cdots$, x_n으로 이루어진 일반적인 시스템의 n개의 방정식을 다음과 같이 나타낼 수 있다.

$$
\begin{aligned}
A_{11}x_1 + A_{12}x_2 + A_{13}x_3 + \cdots + A_{1n}x_n &= b_1 \\
A_{21}x_1 + A_{22}x_2 + A_{23}x_3 + \cdots + A_{2n}x_n &= b_2 \\
A_{31}x_1 + A_{32}x_2 + A_{33}x_3 + \cdots + A_{3n}x_n &= b_3 \\
\vdots \quad + \quad \vdots \quad + \quad \vdots \quad + \cdots + \quad \vdots \quad &= \quad \vdots \\
A_{n1}x_1 + A_{n2}x_2 + A_{n3}x_{3+} \cdots + A_{nn}x_n &= b_n
\end{aligned}
\tag{3.15}
$$

여기서 계수 A_{ij}는 실수나 복소수이다. 이 장의 목적상, 이 계수들은 실수라고 가정한다. 이 방정식들을 간단하게 나타낼 수 있는 방법은 행렬식과 벡터를 사용하여 대수식을 나타내는 것이다.

행렬은 숫자들(실수 또는 복소수)이 일정한 숫자의 행과 열들로 이루어진 사각형태로 배열된 숫자들의 집합체이다. 따라서 행렬 **A**의 행의 숫자는 m, 열의 숫자는 n이라면, 이 행렬의 차수는 $m \times n$이다. $m = n$이라면, 행렬식은 크기가 n인 **정방행렬**이 된다. 하나의 열과 m개의 행들로 이루어진 행렬은 차수가 m인 **벡터**라고 부른다. 예를 들어, 행렬 **A**, **x** 및 **y**가 다음과 같이 주어졌다 하자.

$$
A = \begin{bmatrix} 5 & 7 & 8 \\ 6 & 8 & 4 \\ 3 & 2 & 1 \end{bmatrix}, \quad x = \begin{bmatrix} 7 \\ 4 \\ 9 \end{bmatrix}, \quad y = \begin{bmatrix} 5 & 4 & 2 & 12 & 10 \end{bmatrix}
\tag{3.16}
$$

이들은 각각 3×3 행렬, 3요소 열벡터 및 5요소 행벡터이다.

행력식 $\mathbf{A}$의 i번째 행, j번째 열 요소는 A_{ij}로 나타낸다. 따라서 i와 j에는 각각 1, 2, 3, ···, m과 1, 2, 3, ···, n이 들어갈 수 있다.

행렬 $\mathbf{A}$의 **전치행렬**을 $\mathbf{A}^{\mathrm{T}}$라고 나타내며, $A_{ij}^{T} = A_{ji}$이다. 따라서 $m \times n$ 행렬의 전치행렬 차수는 $n \times m$이다. 행벡터의 전치행렬은 열벡터이며 그 반대도 성립한다.

$\mathbf{A}^{T} = \mathbf{A}$인 경우에 정방행렬 $\mathbf{A}$는 대칭이며, $A_{ij}^{T} = A_{ji} = A_{ij}$이다. 정방행렬의 경우, $i = j$인 요소들을 **대각요소**라고 부른다.

대각행렬 $\mathbf{D}$는 $i \neq j$인 경우의 $D_{ij} = 0$인 정방행렬이다. 단위행렬 $\mathbf{I}$는 $i = j$인 경우의 $I_{ij} = 1$인 대각행렬이다. 마지막으로, **영행렬**은 모든 요소들이 0인 행렬이다.

두 행렬의 차수가 동일하며 모든 i 및 j에 대해서 $A_{ij} = B_{ij}$라면 행렬 $\mathbf{A}$와 $\mathbf{B}$는 동일하다고 말할 수 있다. 동일한 차수의 행렬 $\mathbf{A}$와 $\mathbf{B}$를 더하는(빼는) 것은 두 행렬의 개별요소들을 모두 개별적으로 더하여(빼서) 수행할 수 있다. 즉, 행렬 $\mathbf{C} = \mathbf{A} \pm \mathbf{B}$는 $C_{ij} = A_{ij} \pm B_{ij}$를 수행하여 얻을 수 있다.

첫 번째 행렬 $\mathbf{A}$의 차수는 $m \times p$이며, 두 번째 행렬 $\mathbf{B}$의 차수는 $q \times n$이라면, $p = q$인 경우에만 이들 두 행렬의 곱셈 $\mathbf{C} = \mathbf{AB}$를 수행할 수 있다. 다시 말해서, 행렬 $\mathbf{A}$의 열의 숫자와 행렬 $\mathbf{B}$의 행의 숫자가 같아야만 행렬곱셈을 수행할 수 있다. 이를 통해서 얻어지는 행렬 $\mathbf{C}$의 차수는 $m \times n$이다. 행렬요소 C_{ij}는 다음과 같이 구할 수 있다.

$$C_{ij} = \sum_{k=1}^{p} A_{ik} B_{kj} \tag{3.17}$$

$\mathbf{x}$는 크기가 n인 열벡터이며 $\mathbf{A}$는 크기가 n인 정방행렬이라면, 이들 둘을 곱한 $\mathbf{Ax}$는 크기가 n인 열벡터이다. 만일 $\mathbf{y}$는 크기가 n인 행벡터라면, $\mathbf{A}$와 $\mathbf{y}$를 서로 곱할 수 없기 때문에 $\mathbf{Ay}$는 존재하지 않는다. 하지만 $\mathbf{Ay}^{\mathrm{T}}$와 $\mathbf{yA}$는 존재한다. $\mathbf{Ay}^{\mathrm{T}}$의 경우에는 크기가 n인 열벡터가 얻어지며, $\mathbf{yA}$의 경우에는 크기가 n인 행벡터가 얻어진다. 또 다른 중요한 결과는 크기가 n인 행벡터와 크기가 n인 열벡터를 곱하면 스칼라 값이 얻어진다는 점이다.

행렬곱의 정의에 따르면, 일반적으로, 크기가 n으로 서로 동일한 두 개의 정방행렬 $\mathbf{AB} \neq$

BA이다. 또한 **A(B+C)=AB+AC**이며, **(A+B)C=AC+BC**이다.

행렬의 전치와 행렬의 곱에 대한 정의들을 조합하면, 크기가 같은 행렬 **A**와 **B**에 대해서 $(AB)^T = B^TA^T$임을 증명할 수 있다.

행렬식에 대한 앞서의 논의들을 활용하면 식 (3.15)를 더 단순하게 나타낼 수 있다.

$$\mathbf{Ax} = \mathbf{b} \tag{3.18}$$

여기서 **A**는 차수가 $n \times n$이며, 구성요소는 A_{ij}인 행렬이며, **x**와 **b**는 크기가 n이며 구성요소들은 각각 x_i와 b_i인 열벡터이다. i번째 방정식은 다음과 같이 나타낼 수 있다.

$$\sum_{j=1}^{n} A_{ij}x_j = b_i, \quad I = 1, 2, 3, \cdots, n \tag{3.19}$$

식 (3.18)에 제시된 방정식의 해 **x**를 구하기 위해서는 **역행렬**의 개념이 필요하다. 크기가 n인 정방행렬 **A**의 역행렬도 (존재한다면) 크기가 n이며 $\mathbf{A}^{-1}$로 나타낸다. 역행렬은 다음의 성질을 가지고 있다.

$$\mathbf{AA}^{-1} = \mathbf{A}^{-1}\mathbf{A} = \mathbf{I} \tag{3.20}$$

$\mathbf{A}^{-1}$이 존재한다면, 행렬 **A**는 **가역행렬** 또는 **정칙행렬**이라고 부른다. 만일 역행렬이 존재하지 않는다면, 행렬식 **A**를 **비정칙행렬**이라고 부른다.

식 (3.18)의 해 **x**를 구하기 위해서는 식 (3.18)의 양변에 $\mathbf{A}^{-1}$을 곱해야 한다. $\mathbf{A}^{-1}\mathbf{A} = \mathbf{I}$이며 **Ix=x**이기 때문에,

$$\mathbf{A}^{-1}\mathbf{Ax} = \mathbf{A}^{-1}\mathbf{b} \ \text{또는} \ \mathbf{x} = \mathbf{A}^{-1}\mathbf{b} \tag{3.21}$$

따라서 $\mathbf{A}^{-1}$과 **b**를 곱하여 해 **x**를 구할 수 있다. 그런데 이 해는 $\mathbf{A}^{-1}$이 존재하는 경우에만 구할 수 있다. 행렬 **A**를 구성하는 열들이 서로 선형독립이거나 det**A**라고 나타내는 행렬 **A**

의 행렬식이 0이 아니라면, 이 행렬은 가역행렬이라는 것을 증명할 수 있다. 차수가 2인 정방행렬 **A**를 구성하는 요소들이 $A_{ij}(i,\ j=1,\ 2)$라면, 행렬식은 단순히 $A_{11}A_{22}-A_{12}A_{21}$이다. 차수가 3인 정방행렬의 경우 행렬식은 다음과 같이 주어진다.

$$\det\boldsymbol{A} = A_{11}(A_{22}A_{33}-A_{32}A_{23})-A_{12}(A_{21}A_{33}-A_{31}A_{23})+A_{13}(A_{21}A_{32}-A_{31}A_{22})$$

(3.22)

고차행렬식의 경우, 다음 식을 사용하여 행렬식을 구한다.

$$\det\boldsymbol{A} = \sum_{i=1}^{n} A_{i,j}C_{ij} \ \text{또는} \ \sum_{j=1}^{n} A_{i,j}C_{ij}$$

(3.23)

여기서 C_{ij}는 $A_{i,j}$의 여인자로서, $C_{ij}=(-1)^{i+j}M_{i,j}$이다. $M_{i,j}$는 $A_{i,j}$의 소행렬로서, 행렬 **A**의 i행 및 j열을 배제한 행렬에 대한 행렬식과 같다. 구성요소가 C_{ij}인 행렬 **C**를 행렬 **A**의 **소행렬**이라고 부른다. 이를 사용하면, **A**의 역행렬 $\mathbf{A}^{-1}$은 다음과 같이 주어진다.

$$\boldsymbol{A}^{-1} = \frac{1}{\det\boldsymbol{A}}\boldsymbol{C}^{T}$$

(3.24)

det**A**가 0이 아니라면 **A**는 비정칙행렬이며, 따라서 식 (3.18)은 유일해 **x**를 갖는다. 실제의 경우, 행렬의 차수가 작다면 역행렬을 손쉽게 구할 수 있다. 행렬의 크기가 커지면, 역행렬의 계산에 많은 시간이 소요되기 때문에 **A**의 역행렬을 구하여 해를 계산하는 경우가 거의 없다. 대신에, 방정식의 근사해를 구하기 위한 수치해석방법이 사용된다. 가장 일반적으로 사용되는 방법은 **가우스소거법**이다. 하지만 이 방법에 대한 설명은 이 책의 범주를 넘어선다. 이에 대해서는 애셔와 그리프(2011)와 크레이지(2007)를 참조하기 바란다.

구조물의 고유주파수와 **모드선도** 해석은 선형대수학의 중요한 적용 분야들 중 하나이다. 모드선도를 구하기 위한 지배방정식은 다음과 같이 주어진다.

$$(K - \omega^2 M)x = 0 \tag{3.25}$$

행렬 **K**와 **M**은 각각 강성행렬과 질량행렬이다. 이들은 차수가 서로 동일한(n이라 하자) 정방행렬이다. 벡터 **x**는 고유주파수 ω에서의 모드선도이다. 위 식의 **x**에 대한 해를 구하는 과정을 선형대수학에서는 일반화된 **고유값문제**라고 부른다. 위 식의 자명해는 **x**=**0**이다. 하지만 **K**−ω^2**M**=**0**인 경우, 즉,

$$\det(K - \omega^2 M) = 0 \tag{3.26}$$

인 경우에는 실용해가 존재한다. 이 방정식은 ω^2에 대한 n차 다항식이며, 고유주파수 ω를 구하는 데에 사용된다. 일단 고유주파수가 구해지고 나면, 각각의 고유주파수에 대해서 식 (3.25)를 풀어서 각각의 모드선도를 구할 수 있다. **M**=**I**인 경우에는, 일반화된 고유값문제가 표준화된 고유값문제로 단순화되며, **x** 및 $\lambda = \omega^2$를 각각 **K**의 고유벡터와 **고유값**이라고 부른다.

3.1.3 벡터대수학

물체의 질량이나 막대의 길이와 같은 많은 물리량들을 하나의 숫자로 나타낼 수 있으며, 이를 **스칼라량**이라고 부른다. 반면에, 크기와 방향으로 나타내야만 하는 물리량들도 많다. 이런 사례에는 물체에 작용하는 힘, 입자의 변위 그리고 발사체의 속도 등이 있다. 이런 양들을 나타내기 위해서 벡터가 사용된다.

벡터는 크기와 방향을 가지고 있는 양으로 간주할 수 있다. **a**를 벡터라고 하자. **a**의 크기는 전형적으로 ‖**a**‖로 나타낸다. 벡터 −**a**는 **a**와 크기는 같고 방향은 반대이다.

두 개의 벡터 **a**와 **b**가 방향과 크기가 같다면, 즉 ‖**a**‖=‖**b**‖이면 두 벡터는 서로 동일하다. 벡터 **b**의 꼬리를 벡터 **a**의 머리에 가져다놓으면 두 벡터 **a**와 **b**를 더할 수 있다. 이를 통해서 만들어지는 벡터는 **a**의 꼬리에서 **b**의 머리를 향한다.

벡터들을 더하는 또 다른 방법은 벡터의 방향별 성분들을 활용하는 것이다. 직교좌표를 사용하는 3차원 공간을 생각해보자. x_1, x_2 및 x_3는 좌표축들이며 $e_i(i = 1, 2, 3)$은 각 좌표

축별로 양의 방향을 향하는 **단위벡터**라고 하자. 여기서 단위값은 1이다. 이를 사용하면, 벡터 **a**를 다음과 같이 나타낼 수 있다.

$$\mathbf{a} = a_1 e_1 + a_2 e_2 + a_3 e_3 \tag{3.27}$$

여기서 a_1, a_2 및 a_3는 스칼라량이며, 각 좌표축 방향으로의 크기성분이라고 부른다. 보통, 벡터 **a**를 (a_1, a_2, a_3)로 이루어진 열벡터로 나타낸다.

$$\mathbf{a} = \begin{bmatrix} a_1 \\ a_2 \\ a_3 \end{bmatrix} \tag{3.28}$$

i가 1에서 n까지의 값을 가지고 있다는 것을 암묵적으로 알고 있다면, 단순히 a_i로 나타낼 수 있다. 벡터의 방향별 성분들을 더하거나 빼서 두 벡터 **a**와 **b**를 더하거나 뺄 수 있다.

$$\mathbf{a} \pm \mathbf{b} = \begin{bmatrix} a_1 \pm b_1 \\ a_2 \pm b_2 \\ a_3 \pm b_3 \end{bmatrix} \tag{3.29}$$

벡터 **a**의 길이 $\|\mathbf{a}\|$는 $\sqrt{a_1^2 + a_2^2 + a_3^2}$ 이다. 따라서 만일 벡터 **a**를 자신의 길이로 나누면, 단위길이를 가지고 있는 벡터가 얻어지며, 이를 **정규화**했다고 말한다.

두 벡터 **a**와 **b**의 모든 구성성분들이 동일하다면, 즉, $a_1 = b_1$, $a_2 = b_2$ 그리고 $a_3 = b_3$라면, 두 벡터가 서로 동일하다.

벡터에 스칼라 값을 곱하면 벡터의 크기가 스칼라 양만큼 길어진다. 만일 스칼라 값이 양이라면, 벡터가 동일한 방향을 유지하지만 스칼라 값이 음이라면, 벡터의 방향은 반전된다. 더욱이, 각각의 구성성분들도 동일한 비율로 커지거나 작아진다. 벡터 **a**와 또 다른 벡터 **b** 사이의 **내적**은 $\mathbf{a} \cdot \mathbf{b}$로 나타내며, 다음과 같이 정의된다.

$$\mathbf{a} \cdot \mathbf{b} = a_1 b_1 + a_2 b_2 + a_3 b_3 = \|\mathbf{a}\| \|\mathbf{b}\| \cos\theta \tag{3.30}$$

여기서 θ는 두 벡터 사이의 각도이다. 따라서 만일 두 벡터가 서로 평행하다면, $\theta = 0$이 되며, 벡터의 내적은 두 벡터의 길이의 곱과 같아진다. 반면에, 만일 두 벡터가 서로 직교한다면, $\theta = \pi/2$이기 때문에, 벡터의 내적은 0이 된다.

두 벡터들 사이의 내적에 대한 정의로부터, $\mathbf{a} \cdot \mathbf{b} = \mathbf{b} \cdot \mathbf{a}$라는 점이 명확하다. 또한 두 스칼라 값 α 및 β에 대해서 $\mathbf{a} \cdot (\alpha \mathbf{b} + \beta \mathbf{c}) = \alpha \mathbf{a} \cdot \mathbf{b} + \beta \mathbf{a} \cdot \mathbf{c}$이다.

두 벡터 $\mathbf{a}$와 $\mathbf{b}$ 사이의 **외적**은 $\mathbf{a} \times \mathbf{b}$로 나타내며, 다음과 같이 정의된다.

$$\mathbf{a} \times \mathbf{b} = \|\mathbf{a}\| \|\mathbf{b}\| \sin\theta \boldsymbol{n} = \det \begin{bmatrix} e_1 & e_2 & e_3 \\ a_1 & a_2 & a_3 \\ b_1 & b_2 & b_3 \end{bmatrix} \tag{3.31}$$

여기서 $\mathbf{n}$은 $\mathbf{a}$와 $\mathbf{b}$가 이루는 평면과 직각인 단위벡터이며, 오른손의 법칙에 의해서 방향이 결정된다. 오른손 법칙의 경우, 오른 손의 검지가 $\mathbf{a}$의 방향을 가리키며, 중지가 $\mathbf{b}$의 방향을 가리키는 경우, 엄지손가락이 가리키는 방향이 벡터 $\mathbf{n}$의 방향이다. 내적의 경우와 마찬가지로, θ는 두 벡터 $\mathbf{a}$와 $\mathbf{b}$ 사이의 각도이다. 두 벡터가 서로 평행인 경우에 두 벡터의 외적은 0의 값을 갖는다. 두 벡터가 만들어내는 외적의 크기는 두 벡터 $\mathbf{a}$와 $\mathbf{b}$가 만들어내는 평행사변형의 면적과 같다.

벡터의 구성성분들은 벡터를 나타내는 좌표계에 의존한다. 만일 좌표계가 회전하여 x_1', x_2', x_3'으로 나타내는 새로운 직교좌표계가 되었다면, 새로운 좌표계에 대한 벡터 $\mathbf{a}$의 구성성분인 a_i'는 다음과 같이 나타낼 수 있다.

$$a_i' = \sum_{j=1}^{3} Q_{ij} a_j, \ i = 1, 2, 3 \tag{3.32}$$

여기서 $i, j = 1, 2, 3$일 때에 $Q_{ij} = \cos(x_i', x_j)$이며, $\mathbf{Q}$는 3×3 크기의 **방향코사인**(또는 회전) 행렬이다. $\cos(x_i', x_j)$는 x_i'축과 x_j축 사잇각에 대한 코사인값이다. 행렬 $\mathbf{Q}$의 경우 $\mathbf{Q}$의 역행렬은 $\mathbf{Q}^\mathrm{T}$와 같기 때문에, $\mathbf{Q}\mathbf{Q}^\mathrm{T} = \mathbf{Q}^\mathrm{T}\mathbf{Q} = \mathbf{I}$라는 재미있는 특징을 가지고 있다. 이런 행렬을 선형대수학에서는 **직교행렬**이라고 부른다. 이를 행렬식으로 나타내면 다음과 같다.

$$\begin{Bmatrix} a_1' \\ a_2' \\ a_3' \end{Bmatrix} = \begin{bmatrix} Q_{11} & Q_{12} & Q_{13} \\ Q_{21} & Q_{22} & Q_{23} \\ Q_{31} & Q_{32} & Q_{33} \end{bmatrix} \begin{Bmatrix} a_1 \\ a_2 \\ a_3 \end{Bmatrix} \tag{3.33}$$

일부 사례의 경우에는 좌표계를 고정시키고 벡터를 회전시킨다. 벡터 **a**가 각도 θ만큼 회전하여 새로운 벡터 **b**가 되었다고 하자. 그러면 최초의 벡터와 회전 이후의 벡터 사이에는 다음의 관계가 성립된다.

$$b_i = \sum_{j=1}^{3} Q_{ji} a_j, \ i = 1, 2, 3 \tag{3.34}$$

식 (3.34)의 행렬식 **Q**는 좌표계를 회전시켰을 때에 만들어지는 행렬식과 동일하다. 식 (3.34)는 **b**=**Q**$^\mathrm{T}$**a**로 나타낼 수도 있다.

3.1.4 원통좌표계와 구면좌표계

형상에 축대칭이나 구면대칭이 존재한다면, 원통좌표계나 구면좌표계를 사용하는 것이 편리하다. 3차원 공간 내에 위치한 한 점 P의 직교좌표값이 (x_1, x_2, x_3)라 하자. **원통좌표계**의 경우, 동일한 위치를 (r, θ, z)로 나타낼 수 있다(그림 3.3(a)). 반경좌표 $r(\geq 0)$은 $x_1 - x_2$ 좌표계 위에 점 P가 투영된 (원점 O로부터의) 거리이다. 좌표 z는 x_3와 동일하며 방위각 θ는 0에서 2π의 범위나 $\pm\pi$의 범위에서 변한다.

(r, θ, z) 방향에 대한 각각의 단위벡터들은 각각 e_r, e_θ 및 e_z로 나타낸다. 직교좌표계와는 달리, 단위벡터 e_r 및 e_θ는 일정한 벡터가 아니다. 대신에 방위각 θ에 따라서 변한다.

구면좌표계의 경우에는 점 P를 (r, θ, ϕ)로 나타낼 수 있다(그림 3.3(b)). 방위각 θ는 2π의 범위에서 변하는 반면에 편각 ϕ는 π의 범위 내에서 변한다. 따라서 $0 \leq \theta \leq 2\pi$ 또는 $-\pi \leq \theta \leq \pi$인 반면에 $0 \leq \phi \leq \pi$이다. (r, θ, ϕ)의 세 가지 좌표축 방향으로의 단위벡터들은 각각 e_r, e_θ 및 e_ϕ이다. 원통좌표계의 경우와 마찬가지로, 이 세 개의 벡터들은 구면좌표축 θ 및 ϕ의 함수이다. 직교좌표계의 경우에 위치벡터 **v**를 $v_1 e_1 + v_2 e_2 + v_3 e_3$로 나타낼 수 있다는 것을 기억할 수 있다. 원통좌표계의 경우, 동일한 벡터를 $v_r e_r + v_z e_z$로 나타낼 수 있다. 여기서, e_r은 $x_1 - x_2$ 평면 위에 투영된 점 P의 반경방향 길이를 향하는 단위벡터이며 $e_z = e_3$는 축방향 단위벡터이다. v_r과 v_z는 각각 벡터의 반경방향과 축방향 성분들이다.

구면좌표계의 경우, P에 대한 위치벡터는 $v_r e_r$이며, 여기서 e_r은 반경방향 단위벡터이다. 앞서와 마찬가지로, v_r은 반경방향으로의 벡터성분 또는 단순히 벡터의 길이를 나타낸다.

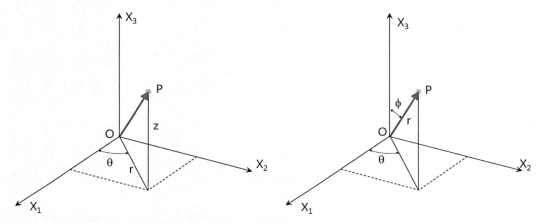

그림 3.3 원통좌표계와 구면좌표계. 그리고 이 좌표계들을 사용하여 점 P를 나타내기 위한 방법들

3.2 테일러 급수

$x = a$ 근처에서 **테일러 급수**를 이용한 근사방법은 공학에서 가장 자주 사용되는 수학적 도구이다. $x = a$ 위치에서 함수 $f(x)$의 테일러 급수는 다음과 같이 주어진다.

$$f(x) = f(a) + f'(a)(x-a) + f''(a)\frac{(x-a)^2}{2!} + \cdots + f^{(n)}(a)\frac{(x-a)^n}{n!} + \cdots \qquad (3.35)$$

식 (3.35)에서, $f^{(n)}(a)$는 $x = a$ 위치에서 $f(x)$의 n차 미분이며 $n!$는 n의 **계승**[1]이다. 즉, $n! = 1 \times 2 \times 3 \times \cdots n$이며, $0! = 1$이다. 이를 이용하여 a 근처에서 $f(x)$에 대한 테일러 급수

---

1   factorial.

를 다음과 같이 나타낼 수 있다.

$$f(x) = \sum_{n=0}^{\infty} f^{(n)}(a) \frac{(x-a)^n}{n!}$$

(3.36)

이 식이 성립하기 위해서는 함수 $f(x)$에 대한 모든 차수의 미분값들이 존재해야만 한다. $a = 0$인 특별한 경우의 급수를 **맥클로린 급수**라고 부른다.

더 일반적으로, 테일러 이론에 따르면 만일 $x = a$ 위치에서 함수 $f(x)$에 대한 $(n+1)$차 미분이 존재한다면, x를 포함하는 x의 열린구간에 대해서 함수 $f(x)$를 다음과 같이 나타낼 수 있다.

$$f(x) = f(a) + f'(a)(x-a) + f''(a) \frac{(x-a)^2}{2!} + \cdots$$

$$+ f^{(n)}(a) \frac{(x-a)^n}{n!} + f^{(n+1)}(\xi_n) \frac{(x-a)^{n+1}}{(n+1)!}$$

(3.37)

여기서 ξ_n은 a와 x 사이에 위치한다. 식 (3.37)의 우변에 위치한 n차 다항식이 테일러 다항식이다. 이 식은 x의 n차 다항식을 사용하여 a 근처에서 함수 $f(x)$를 근사시켜준다. 우변에서 ξ_n이 들어가 있는 항을 나머지라고 부르며 테일러 다항식을 사용하여 $f(x)$를 근사시켰을 때의 오차값이다.

예를 들어, $n = 1$이라면, 테일러 다항식은 $f(x)$를 선형근사시켜주며, $n = 2$라면, $f(x)$는 이차다항식으로 근사화된다.

$x = 0$에 대해서 지수함수 $e^{\alpha x}$의 테일러 급수는 다음과 같이 주어진다.

$$f(x) = 1 + \alpha x + \frac{\alpha^2 x^2}{2!} + \frac{\alpha^3 x^3}{3!} + \cdots = \sum_{n=0}^{\infty} \frac{\alpha^n x^n}{n!}$$

(3.38)

마찬가지로, $\sin x$와 $\cos x$에 대한 테일러 급수는 각각 다음과 같이 주어진다.

$$\sin x = x - \frac{x^3}{3!} + \frac{x^5}{5!} - \cdots = \sum_{n=0}^{\infty} \frac{(-1)^n x^{2n+1}}{(2n+1)!} \tag{3.39}$$

$$\cos x = 1 - \frac{x^2}{2!} + \frac{x^4}{4!} - \cdots = \sum_{n=0}^{\infty} \frac{(-1)^n x^{2n}}{2n!} \tag{3.40}$$

3.3 푸리에 급수

푸리에 급수는 열의 전도와 확산, 신호처리, 영상처리, 광학 및 함수의 근사 등과 같은 다양한 물리문제들을 지배하는 편미분방정식의 해를 구하기 위해서 공학 분야에서 널리 사용되는 기법이다. 주기함수를 sin과 cos 함수로 이루어진 무한급수를 사용하여 주기함수를 나타내기 위해서 이 방법이 사용된다.

모든 실수값 x에 대해서 $f(x+T) = f(x)$라면, 함수 $f(x)$는 주기 $T(> 0)$를 갖는 **주기함수**라고 부른다. 이 관계가 성립되는 최솟값 T를 **기본주기**(또는 간단히 주기)라고 부른다. 예를 들어, 함수 $\sin x$의 기본주기는 2π이다. 어떤 함수 $f(x)$의 기본주기가 2π라고 하자. 그러면 $f(x)$를 다음과 같이 나타낼 수 있다.

$$f(x) = \frac{a_0}{2} + \sum_{n=1}^{\infty} (a_n \cos nx + b_n \sin nx) \tag{3.41}$$

여기서 계수 $a_n (n = 0, 1, 2, \cdots)$과 $b_n (n = 0, 1, 2, \cdots)$를 **푸리에 계수**라고 부른다. 이 푸리에 계수들은 $-\pi \leq x \leq \pi$ 구간에 대해서 $\sin nx$와 $\cos nx$가 서로 직교한다는 사실하에서 얻어진 값들이다. 즉,

$$\int_{-\pi}^{\pi} \sin mx \sin nx \, dx = 0, \ m \neq n \tag{3.42}$$

$$\int_{-\pi}^{\pi} \cos mx \cos nx \, dx = 0, \ m \neq n$$

$$\int_{-\pi}^{\pi} \sin mx \cos nx \, dx = 0, \ \text{모든} \ m, n$$

그리고

$$\int_{-\pi}^{\pi} \sin mx \sin nx \, dx = \pi \tag{3.43}$$

$$\int_{-\pi}^{\pi} \cos mx \cos nx \, dx = \pi, \ m = 1, \, 2, \, 3, \, \cdots$$

이런 성질들을 사용하여 다음과 같이 푸리에 급수들을 구할 수 있다.

$$a_n = \frac{1}{\pi} \int_{-\pi}^{\pi} f(x) \cos nx \, dx, \ n = 0, \, 1, \, 2, \, \cdots \tag{3.44}$$

$$b_n = \frac{1}{\pi} \int_{-\pi}^{\pi} f(x) \sin nx \, dx, \ n = 1, \, 2, \, \cdots$$

$f(x)$가 2π 대신에 $2L$ 구간에 대해서 주기성을 가지고 있다면, 이 $f(x)$에 대한 푸리에 급수는 다음과 같이 주어진다.

$$f(x) = \frac{a_0}{2} + \sum_{n=1}^{\infty} \left(a_n \cos \frac{n\pi x}{L} + b_n \sin \frac{n\pi x}{L} \right) \tag{3.45}$$

여기서

$$a_n = \frac{1}{L} \int_{-L}^{L} f(x) \cos \frac{n\pi x}{L} \, dx, \ n = 0, \, 1, \, 2, \, \cdots \tag{3.46}$$

$$b_n = \frac{1}{L} \int_{-L}^{L} f(x) \sin \frac{n\pi x}{L} \, dx, \ n = 1, \, 2, \, 3, \, \cdots$$

$f(x)$의 푸리에 급수가 $f(x)$에 수렴하는 과정에 대해서는 톨스토프(2012)를 참조하기 바란다. $[-L \leq x \leq L]$ 구간 내에 불연속점이 존재한다면, $f(x)$의 푸리에 급수는 이 점에 대해서 $f(x)$의 좌측과 우측 극한으로부터 구한 $f(x)$의 평균값으로 수렴한다는 점을 기억할

필요가 있다. 푸리에 급수는 매우 빨리 수렴하기 때문에, 무한급수의 첫 번째 몇 개의 항들만을 사용하여 $f(x)$를 근사화시켜도 충분하다.

우함수[2]와 **기함수**[3]의 개념은 편미분방정식의 해에 푸리에 급수를 적용할 때에 중요한 역할을 한다. $f(-x) = f(x)$라면 이 함수는 우함수이다. 우함수의 사례로는 cos 함수와 x^{2n} ($n = 0, 1, 2, \cdots$)을 들 수 있다. $f(-x) = -f(x)$라면 이 함수는 기함수이다. 기함수의 사례로는 sin 함수와 x^{2n+1} ($n = 0, 1, 2, \cdots$)을 들 수 있다. 기함수의 푸리에 급수는 sin 항만으로 이루어지는 반면에(즉, 모든 $n = 0, 1, 2, \cdots$ 에 대해서 $a_n = 0$), 우함수의 푸리에 급수는 cos 항들만으로 이루어진다(즉, 모든 $n = 0, 1, 2, \cdots$ 에 대해서 $b_n = 0$). 함수 $f(x)$가 $0 \leq x \leq L$의 구간에 대해서 정의되었다고 하자. 푸리에 급수를 구하는 편리한 방법은 $[-L, 0]$의 구간에 대해서 우함수나 기함수로 정의된 함수 $f(x)$를 $2L$ 주기에 대해서로 확장시키는 것이다. 이 방법에 대한 더 자세한 내용은 크레이지(2007)를 참조하기 바란다. 또한 주어진 함수 $f(x)$를 항상, $[f(x) + f(-x)]/2$로 정의된 우함수와 $[f(x) - f(-x)]/2$로 정의된 기함수의 합으로 나타낼 수 있다는 점도 기억해야 한다.

다음에서는 함수를 푸리에 급수로 나타내는 방법을 설명하기 위해서 두 가지 사례가 제시되어 있다. 이를 위해서 **그림 3.4**에 도시되어 있는 것처럼 구형파와 삼각파가 사용되었다.

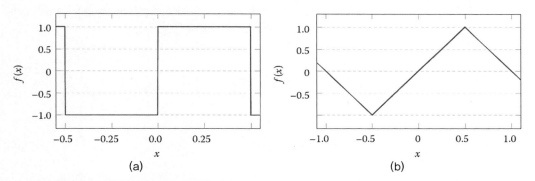

(a)　　　　　　　　　　　　(b)

그림 3.4 주기함수의 푸리에 급수전개를 설명하기 위한 두 가지 함수들. (a) 구형파, (b) 삼각파

구형파 함수의 푸리에 급수는 다음과 같이 주어진다.

---

2   even function.
3   odd function.

$$f(x) = \frac{4}{\pi} \sum_{n=0}^{\infty} \frac{1}{2n+1} \sin 2(2n+1)\pi x \tag{3.47}$$

이 함수는 주기성을 가지고 있으며 기함수이다. 그러므로 푸리에 급수전개에는 sin 함수만이 사용되었다. **그림 3.5**에서는 구형파와 함께 앞쪽 2개항, 5개항 및 10개항들로 이루어진 푸리에 급수를 보여주고 있다. 푸리에 급수를 사용한 근사함수의 경우에 나타나는 진동파형을 **깁스현상**[4]이라고 부르며, 전형적으로 $f(x)$의 불연속점에서 발생한다.

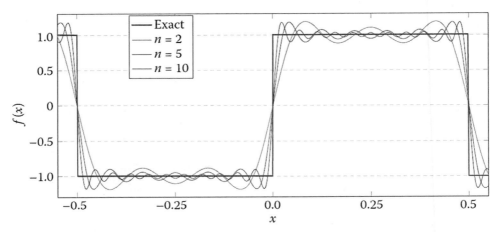

그림 3.5 그림 3.4에 제시된 구형파에 대하여 다양한 차수를 사용한 푸리에 급수전개에 따른 함수근사화 결과. 불연속점 근처에서 발생하는 진동 현상을 깁스현상이라고 부른다.

삼각파에 대한 푸리에 급수전개식은 다음과 같이 주어진다.

$$f(x) = \sum_{n=0}^{\infty} \frac{8(-1)^n}{\pi^2 (2n+1)^2} \sin (2n+1)\pi x \tag{3.48}$$

여기서도 마찬가지로, $f(x)$가 (주기가 2인) 기함수이므로 푸리에 급수전개에는 sin 함수만이 사용되었다. **그림 3.6**에서는 푸리에 급수의 앞쪽 첫 번째 항, 두 번째 항 및 세 번째

---

4   Gibbs phenomenon.

항을 포함하는 함수가 정확한 $f(x)$와 함께 도시되어 있다. 푸리에 급수들 중에서 더 많은 항들을 사용할수록, $f(x)$가 더 잘 근사된다는 것이 명확하다.

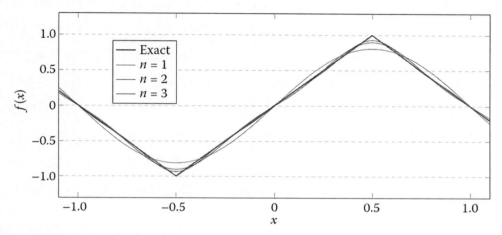

그림 3.6 그림 3.4에 제시된 삼각파에 대하여 다양한 차수를 사용한 푸리에 급수전개에 따른 함수 근사화 결과

3.4 통계학

과학과 공학의 모든 분야에 불확실성이 존재한다. 예를 들어, 온도, 길이 그리고 물질의 성질을 측정하는 과정에는 계측기의 한계로 인하여 불확실성이 수반된다(측정의 불확실성에 대한 더 자세한 내용은 9장 참조). 측정이 수행되는 조건에 의해서도 측정의 불확실성이 발생하게 된다. 제조공정에서는 부품의 형상과 소재의 성질에서 불확실성이 발생할 수 있다. **통계학**은 이런 불확실성을 이해하고 분석하는 데에 사용되는 수학적인 도구이다. 게다가 다른 많은 활용 사례들 중에서 특히 제품의 품질을 관리하고 기계요소의 사용수명을 예측하기 위해서도 통계학이 사용된다.

다음에서는 통계학의 주요 개념들에 대해서 간단하게 살펴보기로 한다. 이 주제에 대하여 더 자세한 내용을 알고 싶은 독자들에게는 크레이지(2007), 라일리 등(2006) 그리고 홀리키(2013) 등을 추천하는 바이다.

3.4.1 모집단과 표본

통계학적 분석에서 **모집단**이란 발생 가능한 모든 값들의 집합이다. 모집단은 그 속에 소속된 요소들의 숫자에 따라서 유한하거나 무한할 수 있다. 많은 경우, 모집단에 대한 데이터 분석이 불가능하기 때문에, 모집단에서 추출한 작은 데이터 집합을 사용하여 모집단의 특성을 추론한다. 이 집합을 **표본**이라고 부른다. 모집단의 모든 요소들이 동일한 표본추출의 기회를 가지고 있다면, 이 모집단에서 추출한 표본들을 **무작위표본**이라고 부른다. 무작위 표본들이 모집단의 특성을 나타내도록 만들기 위해서는 충분한 숫자의 표본이 필요하다. 표본의 숫자가 너무 작으면 잘못된 결론이 얻어지며, 너무 많으면 다루기 힘들어진다.

예를 들어, 부품의 직경을 측정하는 실험을 수행하는 경우, 모집단은 이미 알고 있는 L 및 U값으로 이루어진 $[L, \ U]$ 구간이 되며, 표본은 유한한 숫자의 측정 결과가 된다.

3.4.2 이산확률변수와 연속확률변수

확률변수는 확률사건에 의해서 값이 결정되는 변수이다(홀리키 2013). 확률변수가 개별값들의 개별적인 집합이라고 가정할 경우, 이 변수를 **이산확률변수**라고 부른다. **연속확률변수**는 지정된 구간 내에 값들이 존재하는 확률변수이다. 막대의 직경이나 소재의 인장응력이 연속확률변수의 사례이다. 동전을 100번 던져서 뒷면이 나오는 횟수와 주어진 생산 사이클 내에서 불량품의 숫자는 이산확률변수의 사례이다.

만일 X가 $x_i(i = 1, 2, \cdots, n)$값을 포함하는 이산확률변수이며, p_i는 x_i가 발생할 확률 $P(x_i)$이라면, **확률밀도함수**(PDF) $f(x)$는 다음과 같이 정의된다.

$$f(x) = P(X = x) = \begin{cases} p_i, \ x = x_i \\ 0 \ \text{여타의 경우} \end{cases} \tag{3.49}$$

여기서, $\sum_{i=1}^{n} p_i = \sum_{i=1}^{n} f(x_i) = 1$이다. 이산확률변수 X에 대한 **누적분포함수**(CDF) 또는 단순히 **분포함수**라고 부르는 $F(x)$는 X≤x인 확률로 정의되므로,

$$F(x) = P(X \leq x) = \sum_{x_i \leq x} f(x_i) \tag{3.50}$$

앞의 식에 따르면, $a < x \leq b$인 구간 내에 X가 존재할 확률은 다음과 같이 주어진다는 것이 명확하다.

$$P(a < X \leq b) = F(b) - F(a) \tag{3.51}$$

연속확률변수 X의 경우, $f(x)dx$는 $[x,\ x+dx]$ 구간 내에서 X가 발생할 확률로 정의된다. 즉,

$$P(x < X \leq x + dx) = f(x)dx \tag{3.52}$$

여기서 $f(x) \geq 0$이다. 이에 따른 누적확률분포함수 $F(x)$는 다음과 같이 정의된다.

$$F(x) = \int_{-\infty}^{x} f(u)du \tag{3.53}$$

여기서 $F(\infty) = 1$이며, $f(x) = F(x)$이다. $a < X \leq b$인 확률은 다음과 같이 주어진다.

$$P(a < X \leq b) = F(b) - F(a) = \int_{a}^{b} f(u)du \tag{3.54}$$

3.4.3 확률변수의 계수들

확률밀도함수 $f(x)$와 누적분포함수 $F(x)$는 분포의 **적률**[5]과 **중심적률**[6]로 특성화할 수 있다. 이산확률변수의 경우, 분포의 k번째 적률은 다음과 같이 주어진다.

---

5   moment.
6   central moment.

$$\mu_k = \sum_{i=1}^{n} x_i^k f(x_i) \tag{3.55}$$

연속확률변수의 경우, 분포의 k번째 적률은 다음과 같이 주어진다.

$$\mu_k = \int_{-\infty}^{\infty} x^k f(x) dx \tag{3.56}$$

$k = 1$인 특수한 경우에는 분포의 평균이 정의된다. 즉,

$$\mu = \mu_1 = \begin{cases} \sum_{i=1}^{n} x_i f(x_i), \ \text{이산인 경우} \\ \int_{-\infty}^{\infty} x f(x) dx, \ \text{연속인 경우} \end{cases} \tag{3.57}$$

이산확률변수의 경우, k차의 중심적률은 다음과 같이 주어진다.

$$\lambda_k = \sum_{i=1}^{n} (x_i - \mu)^k f(x_i) \tag{3.58}$$

연속확률변수의 경우, k차의 중심적률은 다음과 같이 주어진다.

$$\lambda_k = \int_{-\infty}^{\infty} (x - \mu)^k f(x) dx \tag{3.59}$$

$k = 2$인 특별한 경우에는 분포의 분산 σ^2가 정의된다. 즉,

$$\sigma^2 = \lambda_1 = \begin{cases} \sum_{i=1}^{n} (x_i - \mu)^2 f(x_i), \ \text{이산인 경우} \\ \int_{-\infty}^{\infty} (x - \mu)^2 f(x) dx, \ \text{연속인 경우} \end{cases} \tag{3.60}$$

더욱이, $k = 1$인 경우의 중심적률이 0이라는 점에 주의할 필요가 있다. σ값을 분포의 **표준편차**라고 부른다.

σ^3과 σ^4에 의해서 정규화된 3차 및 4차의 중심적률을 각각 **왜도**[7]와 **첨도**[8]라고 부른다. 비대칭도는 평균에서 분포의 대칭특성을 나타내며, 첨도는 정규분포에 비해서 분포가 뾰족한 정도를 나타낸다. 분포가 평균값인 μ에 대해서 대칭이라면, 왜도는 0이며 정규분포의 첨도는 3이다.

분포함수를 다음과 같이 표준화된 확률변수 Z로 나타내는 것이 일반적이다.

$$Z = \frac{X - \mu}{\sigma} \tag{3.61}$$

변수 Z는 평균이 0이고 분산이 1인 특별한 성질을 가지고 있다. 분포함수는 보통 Z에 대해서 표로 만들어진다. 만일 Z의 특정한 값 z를 알고 있다면, 그에 따른 X의 값 x는 다음과 같이 구할 수 있다.

$$x = \mu + \sigma z \tag{3.62}$$

3.4.4 분 포

설명을 단순화하기 위해서, 각 확률변수(이산 및 연속) 유형에 대해서 단 하나의 분포만을 다룰 예정이다. 확률 p로 사상이 발생한다고 하자. 그러면 $q = 1 - p$는 그 사상이 발생하지 않을 확률이다. 만일 n개의 독립시행이 수행되었다면, 관심대상인 확률변수 X는 이 사상이 발생할 횟수이다. 그러므로 X는 이산변수 0, 1, 2, …, n이라고 가정할 수 있다. 그러면 이항식 또는 **베르누이 분포**라고 부르는 X에 대한 분포함수 $f(x)$는 다음과 같이 나타낼 수 있다.

---

7   skewness.
8   kurtosis.

$$f(x) = \binom{n}{x} p^x q^{n-x} = \frac{n!}{x!(n-x)!} p^x q^{n-x}, \ x = 0,1,2,\cdots,n \tag{3.63}$$

베르누이 분포의 경우, 적률과 중심적률에 대한 정의를 사용하면 다음과 같이 나타낼 수 있다(라일리 등 2006).

$$\mu = np \tag{3.64}$$
$$\sigma = npq$$

더욱이, **정규화된 왜도**와 **과잉첨도**는 각각 $(q-p)/\sqrt{npq}$ 및 $(1-6pq)/npq$라고 나타낼 수 있다. 여기서 과잉첨도는 첨도가 -3인 경우로 정의된다.

연속확률변수에서 가장 중요한 분포함수는 모평균 μ와 표준편차 σ의 두 계수로 정의되는 **정규분포** 또는 **가우시안 분포**이다. 정규분포에 해당하는 확률밀도함수는 다음과 같이 정의된다.

$$f(x) = \frac{1}{\sigma\sqrt{2\pi}} \exp\left[-\frac{1}{2}\left(\frac{x-\mu}{\sigma}\right)^2\right] \tag{3.65}$$

여기서 $\sigma > 0$이다. 이 경우, 확률밀도함수는 $x = \mu$에 대해서 대칭이며, 왜도값은 0이다. 게다가 정규분포의 경우에는 과잉첨도값이 0이 된다. 이에 따른 누적확률분포함수 $F(x)$는 다음과 같이 주어진다.

$$F(x) = \frac{1}{\sigma\sqrt{2\pi}} \int_{-\infty}^{x} \exp\left[-\frac{1}{2}\left(\frac{u-\mu}{\sigma}\right)^2\right] du \tag{3.66}$$

표준화된 정규변수 z를 사용하여 확률밀도함수와 누적분포함수를 나타내면 다음과 같다.

$$f_n(z) = \frac{1}{\sqrt{2\pi}} e^{-\frac{z^2}{2}} \tag{3.67}$$

$$F_n(z) = \frac{1}{\sqrt{2\pi}} \int_{-\infty}^{z} e^{-\frac{v^2}{2}} dv$$

z에 대해서 정의되었다는 것을 나타내기 위해서 하첨자 n이 사용되었다. **그림 3.7**에는 이들 두 함수가 도시되어 있다. 전형적으로, 함수값 $F_n(z)$는 테이블을 사용하거나 수치계산을 통해서 구할 수 있다. 만일, 이에 해당하는 $F(x)$가 필요하다면, 다음 관계식을 사용하여 구할 수 있다.

$$F(x) = F_n\left(\frac{x - \mu}{\sigma}\right) \tag{3.68}$$

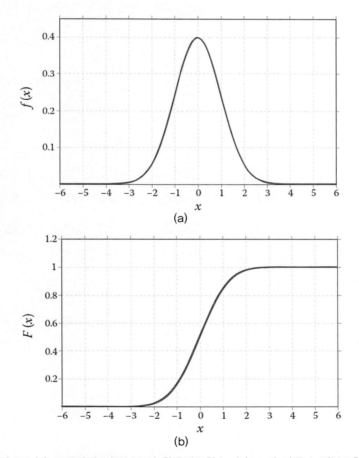

그림 3.7 (a) 표준화된 정규분포의 확률밀도함수, (b) 그에 따른 누적분포함수

이로부터, x값이 $[a, b]$ 구간에 위치할 때에 확률변수 X의 확률은 다음과 같이 유도된다.

$$P(a < X \leq b) = F(b) - F(a) = F_n\left(\frac{b-\mu}{\sigma}\right) - F_n\left(\frac{a-\mu}{\sigma}\right) \tag{3.69}$$

3.4.5 표본분포

3.2.4절에 제시된 분포는 모집단에 대한 것이다. 그런데 모집단에 대한 계수값(평균 및 분산 등)은 알 수 없으며, 크기가 n인 표본으로부터 추정하여야 한다. 이 때문에, (표본평균 및 표본분산 등과 같은) 통계학적 **표본분포**에 대한 이해가 필요하다. 이 절에서는 크기가 n인 무작위표본에 대해서 논의하기로 한다. 관심을 가져야 하는 두 가지 중요한 표본통계값은 표본평균 $\overline{x}$와 표본분산 s이다. 이들은 각각 다음 식을 사용하여 계산할 수 있다.

$$\overline{x} = \frac{1}{n}(x_1 + x_2 + \cdots + x_n) \tag{3.70}$$

$$s = \frac{1}{n-1} \sum_{i=1}^{n} (x_i - \overline{x})^2 \tag{3.71}$$

여기서 주의할 점은 일반적으로 $\overline{x}$는 모집단 평균인 μ와는 다른 값을 가지고 있다는 점이다. 그런데 표본평균을 구하기 위한 표본분포의 평균값은 μ와 같다는 것을 증명할 수 있다. 또한 σ가 모집단의 분산이라고 할 때에, 표본의 크기 n이 충분히 크다면, (표준오차라고도 부르는) 표본평균의 표준편차 $\sigma_{\overline{x}}$는 $\sigma/\sqrt{n}$'과 같다. σ값을 알고 있다면, 다음과 같이 정의된 표준화된 정규변수 Z가 정규분포와 같다는 것을 증명할 수 있다.

$$Z = \frac{\overline{x} - \mu}{\sigma_{\overline{x}}} = \frac{\overline{x} - \mu}{\dfrac{\sigma}{\sqrt{n}}} \tag{3.72}$$

3.4.6 스튜던트의 t-분포

모집단의 표준편차를 알 수 없고, 모집단의 분포가 정규분포를 가지고 있거나 대략적으로 정규분포의 형태를 가지고 있으며, 표본의 크기가 웬만큼 클 때에($n \geq 30$), 모평균 μ의 신뢰구간(3.4.9절에서 논의할 예정)을 구하기 위해서 **스튜던트의 t-분포**가 사용된다. μ에 대한 신뢰구간을 구하기 위해서, 다음과 같이 새로운 변수 t(t-통계라고 부른다)를 정의한다.

$$t = \frac{\overline{x} - \mu}{\dfrac{s}{\sqrt{n}}} \tag{3.73}$$

이 변수는 다음과 같이 $\nu = n - 1$의 자유도를 가지고 있는 스튜던트의 t-분포함수를 갖는다는 것을 증명할 수 있다(라일리 등 2006).

$$f(t) = \frac{1}{\sqrt{\nu\pi}} \frac{\Gamma\left(\dfrac{\nu+1}{2}\right)}{\Gamma\left(\dfrac{\nu}{2}\right)} \left(1 + \frac{t^2}{\nu}\right)^{-(\nu+1)/2} \tag{3.74}$$

t-분포함수는 대칭이며, 평균값은 0이고, $\nu \geq 2$일 때에, 분산값은 $\nu/(\nu-2)$와 같다. 왜도값도 역시 0인 반면에, 과잉첨도값은 $\nu > 4$일 때에 $6/(\nu-4)$이다. ν값이 무한대에 접근할수록, 분산값은 1에 근접하게 된다. 더욱이, $n \to \infty$가 되면, 이 분포값은 표준화된 정규분포에 접근한다.

그에 따른 분포 또는 누적분포함수 $F(t)$는 다음과 같이 주어진다.

$$F(t) = \frac{1}{\sqrt{\nu\pi}} \frac{\Gamma\left(\dfrac{\nu+1}{2}\right)}{\Gamma\left(\dfrac{\nu}{2}\right)} \int_{-\infty}^{t} \left(1 + \frac{u^2}{\nu}\right)^{-(\nu+1)/2} du \tag{3.75}$$

그림 3.8에는 세 가지 서로 다른 ν값들에 대해서, t-분포에 대한 확률밀도함수와 (누적)

밀도함수가 제시되어 있다.

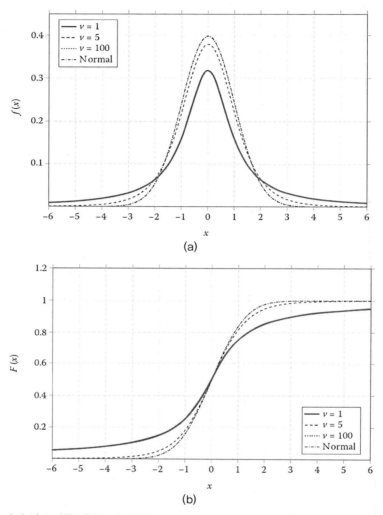

그림 3.8 (a) 세 가지 서로 다른 자유도에 대한 t – 분포의 확률밀도함수와 (b) 그에 따른 누적분포함수. 표준화된 정규분포의 밀도함수는 $\nu = 100$ 곡선의 위쪽에 자리 잡고 있다.

3.4.7 χ^2 – 분포

모집단 분산에 대한 신뢰구간이 필요한 경우에 χ^2 – **분포**가 사용된다.

$\nu = n - 1$의 자유도를 가지고 있는 χ^2 – 분포에 대한 확률밀도함수가 다음과 같이 주어진다(라일리 등 2006).

$$f(y) = \begin{cases} 0, & y < 0 \\ A_\nu y^{\frac{\nu}{2}-1} e^{-\frac{y}{2}}, & y \geq 0, \ A_\nu = \dfrac{1}{\Gamma\left(\dfrac{\nu}{2}\right) 2^{\frac{r}{2}}} \end{cases} \tag{3.76}$$

여기서, $\Gamma(\nu/2)$는 **감마함수**이다(아브라모위츠와 스테건 1972). 이에 따른 누적분포함수는 다음과 같이 주어진다.

$$F(y) = \begin{cases} 0, & y < 0 \\ \displaystyle\int_0^y A_\nu u^{\frac{\nu}{2}-1} e^{-\frac{u}{2}} du, & y \geq 0 \end{cases} \tag{3.77}$$

χ^2-분포는 자유도의 수인 ν의 변화에 따라서 얻어지는 단일변수 분포이다. 더욱이 이 분포는 통계변수를 가지고 있다는 것을 증명할 수 있다(웨이스타인 2017, 홀리키 2013).

$$\mu = \nu, \ \sigma = \sqrt{2\nu}, \ \alpha = 2\sqrt{\frac{2}{\nu}}, \ \varepsilon = \frac{12}{\nu} \tag{3.78}$$

여기서 α와 ε은 각각, 왜도와 첨도이다.

이 확률밀도함수는 대칭이 아니다. 그런데 $\nu \to \infty$가 되면 정규분포에 근접하게 된다. 그림 3.9에서는 서로 다른 ν값에 대해서, χ^2-분포에 대한 확률밀도함수와 (누적) 밀도함수를 보여주고 있다.

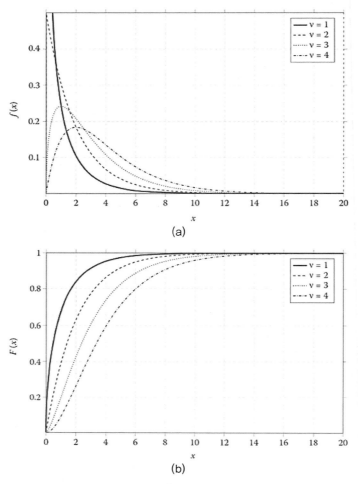

(a)

(b)

그림 3.9 (a) 두 가지 서로 다른 자유도에 따른 χ^2 분포의 확률밀도함수와 (b) 그에 따른 누적분포함수

3.4.8 F-분포

F-분포도 통계학적으로 중요한 분포들 중 하나이다. Υ_1과 Υ_2가 두 개의 개별적인 정규분포 모집단으로부터 얻은 χ^2-분포를 가지고 있는, 서로 독립적인 확률변수이며 라고 하자. 그리고 n과 m은 각각의 자유도라 하자. 그러면 F-통계는 다음과 같이 정의된다.

$$X = \frac{\Upsilon_1/n}{\Upsilon_2/m} \tag{3.79}$$

또한 F-통계를 다음과 같이 정의할 수도 있다.

$$X = \frac{s_1^2/\sigma_1^2}{s_2^2/\sigma_2^2} \tag{3.80}$$

여기서 s_i은 표본 i의 표준편차이고 σ_i는 모집단 i의 표준편차이다. 이를 사용하면, F-통계의 분포에 대한 확률밀도함수가 다음과 같이 주어진다(웨이스타인 2017).

$$f_{n,m(x)} = \frac{\Gamma\left(\dfrac{n+m}{2}\right) n^{n/2} m^{m/2}}{\Gamma\left(\dfrac{n}{2}\right)\Gamma\left(\dfrac{m}{2}\right)} \frac{x^{n/2-1}}{(m+nx)^{(n+m)/2}}, \ x \geq 0 \tag{3.81}$$

이에 따른 누적분포함수는 다음과 같이 주어진다.

$$F_{n,m}(x) = \int_0^x f_{n,m}(u)du \tag{3.82}$$

그림 3.10에서는 네 가지 서로 다른 (n, m)값에 대하여 F-분포에 대한 확률밀도함수와 (누적)밀도함수를 도시하고 있다.

F-분포는 0 이상의 값을 갖으며, m과 n에 의존하는 2변수 함수로서, 양의 왜곡도를 가지고 있다. 더욱이, $f_{n,m}(x) \neq f_{m,n}(x)$라는 점을 인식하는 것이 중요하다. F-분포의 평균과 분산은 다음과 같이 주어진다(웨이스타인 2017, 홀리키 2013).

$$\mu = \frac{m}{m-2}, \ m > 2 \tag{3.83}$$

$$\sigma = \frac{2m^2(m+m-2)}{n(m-2)^2(m-4)}, \ m > 4$$

주의할 점은 평균값이 n에 의존하지 않는다는 점이다. 왜도와 첨도에 대해서는 홀리키

(2013)를 참조하기 바란다. 알아둘 필요가 있는 다른 성질들 중 하나는 X가 $F_{n,m}$과 같은 $F-$분포를 가지고 있다면, $1/X$는 $F_{m,n}$의 분포를 갖는다는 점이다.

이 장에서 언급된 다양한 분포들이 이 장 말미에 첨부된 부록의 **표 3.A.1~3.A.6**에 제시되어 있다. 이 책의 예제들을 풀 때에 이 표들이 유용하게 사용된다.

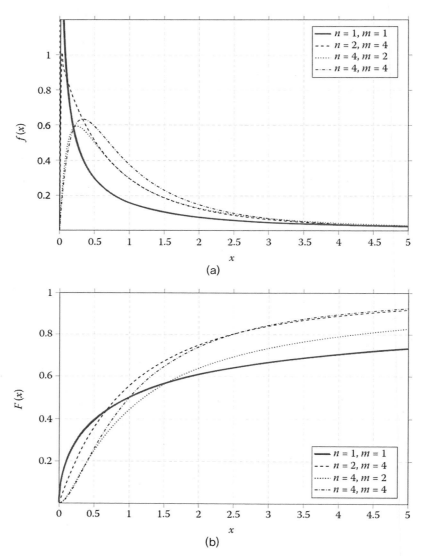

그림 3.10 (a) 세 가지 서로 다른 자유도에 따른 $F-$분포의 확률밀도함수와 (b) 그에 따른 누적분포함수

3.4.9 신뢰구간

표본통계를 활용하여 결정된 모수는 이 변수에 대한 **점추정치**[9]이다. 이 변수와 관련된 불확실도의 수준을 결정하는 데에는 점추정치가 더 유용하다. 측정의 불확실도 평가에 대한 추가적인 사례들은 9장을 참조하기 바란다. (예를 들어 모집단의 평균과 분산 같은) 관심변수 q에 대한 **신뢰구간**을 사용하여 이를 구한다. q에 대한 신뢰구간은 γ, q_1 및 q_2와 같은 세 개의 변수들을 사용하여 높은 확률 γ를 가지고 $q_1 \leq q \leq q_2$와 같이 지정된다. γ값은 전형적으로 90%, 95% 또는 99%를 가지며, **신뢰 수준**이라고 부른다. 신뢰 수준은 다음과 같이 나타낼 수 있다.

$$P(q_1 \leq q \leq q_2) = \gamma \tag{3.84}$$

누적분포함수 $F(x)$를 사용하면, $\gamma = F(q_2) - F(q_1)$이다. 다음에서는, 모평균과 모분산에 대한 신뢰구간을 정하기 위해서 가장 일반적으로 사용되는 두 가지 시험방법에 대해서 논의한다.

3.4.10 t – 시험

앞서 설명했듯이, μ에 대한 신뢰구간이 필요하고, σ는 알지 못하며, $\gamma = 1 - \alpha$는 주어진 경우에는 스튜던트의 **t – 시험**이 사용된다. 우선, 크기가 n인 표본으로부터 표본평균 $\bar{x}$와 표본분산 s를 계산한다. t – 분포표로부터, 자유도 $\nu = n - 1$인 경우에 $F(t) = 1 - \alpha/2$의 t 값을 찾는다. 이 값을 $t_{\alpha/2}$라 하자. t – 통계에 대한 정의로부터, μ에 대한 신뢰구간이 다음과 같이 정해진다.

$$\bar{x} - \delta \leq \mu \leq \bar{x} + \delta, \quad \delta = \frac{t_{\alpha/2} s}{\sqrt{n}} \tag{3.85}$$

---

9   point estimator.

3.4.11 χ^2 – 시험

분산에 대한 신뢰구간이 필요한 경우에 χ^2 – **시험**이 사용된다. 우선, 확률변수 χ^2는 다음과 같이 정의된다.

$$\chi^2 = \frac{(n-1)s^2}{\sigma^2} \tag{3.86}$$

이 변수는 자유도가 $\nu = n - 1$인 χ^2 – 분포를 가지고 있다. 여기서, $\gamma = 1 - \alpha$라 주어졌다고 하자. 그러면 χ^2 – 분포표(χ^2 – 분포에 대한 누적분포함수 $F(y)$의 표, 여기서 $y = \chi^2$)로부터 $F(y) = 1 - \alpha/2$와 $F(y) = \alpha/2$를 구할 수 있다. 이들을 각각 $\chi^2_{1-\alpha/2}$와 $\chi^2_{\alpha/2}$로 표시한다. 앞서의 χ^2에 대한 정의로부터, 분산의 신뢰구간을 손쉽게 구할 수 있다.

$$\frac{(n-1)s^2}{\chi^2_{\alpha/2}} \leq \sigma^2 \leq \frac{(n-1)s^2}{\chi^2_{1-\alpha/2}} \tag{3.87}$$

3.4.12 F – 시험

두 가지 정규분포 모집단의 분산 σ_1과 σ_2에 대한 비교를 수행할 때에 F – **시험**이 사용된다. F – 통계는 다음과 같이 정의된다는 것을 상기해본다.

$$X = \frac{\Upsilon_1/n}{\Upsilon_2/m} \quad \text{또는} \quad X = \frac{s_1^2/\sigma_1^2}{s_2^2/\sigma_2^2} \tag{3.88}$$

일반적으로, 하첨자가 1인 변수가 분산이 더 큰 표본이다. 여기서, 신뢰구간 $\gamma = 1 - \alpha$가 주어졌다고 하자. F – 분포표로부터, $F_{n,m} = 1 - \alpha/2$와 $F_{n,m} = \alpha/2$에 대한 X값을 구한다. 이를 각각 $F_{n,m,1-\alpha/2}$와 $F_{n,m,\alpha/2}$라고 표시한다. 이들을 사용하여 다음과 같이 σ_1^2/σ_2^2에 대한 신뢰구간을 구할 수 있다.

$$\frac{s_1^2/s_2^2}{F_{n,m,\alpha/2}} \le \frac{\sigma_1^2}{\sigma_2^2} \le \frac{s_1^2/s_2^2}{F_{n,m,1-\alpha/2}} \qquad (3.89)$$

제시된 표를 사용하거나 통계학 소프트웨어를 사용하여 F-값을 구할 수 있다. F-표에서는 $P(F \le x) = 1 - \alpha$와 같은 x값들이 제시되어 있다. 전형적으로, α는 작은 값을 가지며, 일반적으로 사용되는 값들은 0.01, 0.025 또는 0.05 등이다. 또한 식 (3.89)의 경우에 $F_{n,m,1-\alpha/2}$가 필요하다면, 다음의 중요한 관계식이 사용된다.

$$F_{n,m,1-\alpha/2} = \frac{1}{F_{m,n,\alpha/2}} \qquad (3.90)$$

3.5 고체역학의 개념들

이절에서는 고체역학에 대해서 간략하게 살펴보기로 한다. 고체역학에 대해서 보다 상세하게 알고 싶은 독자들은 크랜달 등(1978)과 슬로터(2002)를 참조하기 바란다.

물체에 외력이 가해지면, 물체 내에는 내력이 생성되며 변형을 일으킨다. 이런 변형에 대해서는 **변형률**이라는 개념을 사용하며 물체 내부에서의 힘 분포에 대해서는 **응력**이라는 개념을 사용하여 정량화한다. 응력과 변형률 사이에는 외부하중에 따른 물체의 거동에 해당하는 구성관계식이 존재한다. 이 장에서는 소재가 완전한 등방성 탄성체처럼 거동한다고 가정한다. **등방성**이란 소재의 응답이 모든 방향으로 동일하다는 것을 의미한다.

3.5.1 변형률

그림 3.11에 도시되어 있는 3차원 물체에 대해서 살펴보기로 하자. 그림에서는 물체의 이동 후 형상(외력을 부가한 이후의 형상)도 함께 보여주고 있다. 물체의 최초 형상 내에서의 모든 위치들을 직교좌표계를 사용하여 나타내었다고 가정한다. 따라서 물체상의 어떤 위치 P_0를 (x_1, x_2, x_3)와 같이 좌표계로 나타낼 수 있다. 현재 형상에서의 해당 위치는 P로 나타낸다. 그리고 (u_1, u_2, u_3)는 P_0에서 P를 향하는 변위벡터의 구성성분을 나타낸다.

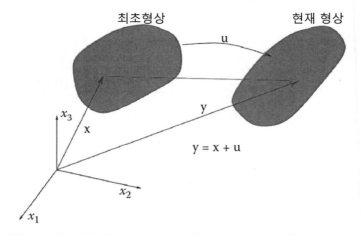

그림 3.11 물체의 운동: u=y−x에 의해서 x점이 새로운 위치 y로 이동함

외부하중에 의해서 생성된 물체의 변형은 각각의 구성항들이 다음과 같이 주어진 **변형률 텐서**를 사용하여 나타낼 수 있다.

$$\varepsilon_{ij} = \frac{1}{2}\left(\frac{\partial u_i}{\partial x_j} + \frac{\partial u_j}{\partial x_i}\right), \ i, j = 1, 2, 3 \tag{3.91}$$

$\varepsilon_{ij} = \varepsilon_{ji}$이므로 아홉 개의 구성항들 중에서 여섯 개만 필요하다. ε_{11}, ε_{22} 및 ε_{33}을 **수직변형률**[10]이라고 부르며 세 개의 좌표축 방향으로의 단위길이에 대한 변형길이의 비율을 나타낸다. $i \neq j$인 구성항 ε_{ij}를 **전단변형률**이라고 부르며 처음에는 i축 및 j축 방향에 대해서 정렬을 맞춘 서로 직교하는 직선들 사이에서 발생한 각도[rad] 변화를 나타낸다.

좌표계가 회전하여 좌표축이 (x_1', x_2', x_3')이 되었다고 하자. 회전된 좌표계에 대한 변형성분은 u_i'으로 나타내며, 다음과 같이 주어진다.

$$u_i' = \sum_{j=1}^{3} Q_{ij} u_j \tag{3.92}$$

---

10 normal strain.

여기서 Q_{ij}는 3×3 방향코사인 행렬식의 (i, j)번째 항이며, Q_{ij}는 x_i'축과 x_j축 사이의 각도 코사인 값을 갖는다.

마찬가지로, 만일 ε_{ij}'이 회전된 좌표계에서의 변형률 텐서항을 나타낸다면, 이 항을 구하기 위해서는 다음과 같은 **변형법칙**이 사용된다.

$$[\varepsilon_{ij}'] = \boldsymbol{Q}[\varepsilon_{ij}]\boldsymbol{Q}^T \tag{3.93}$$

여기서 **Q**는 3×3 방향코사인 행렬식이며 ε_{ij}는 3×3 크기를 가지고 있는 $[\varepsilon_{ij}]$의 구성항을 나타낸다. 비대각 항들이 모두 0의 값을 가지고 있는 좌표계를 **주좌표**라고 부르며 이 좌표계의 각 좌표축들을 **주방향**이라고 부른다. 수직변형률이 이 행렬식의 대각항들에 위치하며, 이를 **주변형률**이라고 부른다.

3.5.2 응 력

외력이 부가되면 물체 내에서는 변형과 더불어서 내력이 유발된다. **응력벡터**를 사용하여 임의단면상에서 이 내력의 분포를 나타낼 수 있다. 응력벡터 s는 물체 내의 임의위치에서 단위면적당 작용하는 힘의 크기를 나타낸다(그림 3.12).

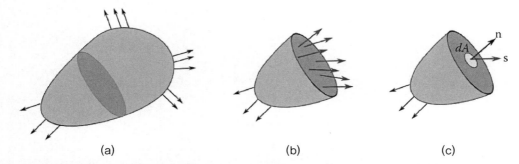

    (a)   (b)   (c)

그림 3.12 응력벡터는 물체 내에 분포하는 내력을 나타낸다. (a) 외력이 가해지는 3차원 물체, (b) 물체 내의 임의단면에 발생되는 내력분포, (c) 단면상의 한 점에 작용하는 응력벡터. 여기서 n은 이 표면에서 수직 방향으로 나오는 단위벡터이다.

이 물체의 임의단면에 작용하는 힘벡터의 총합은 다음과 같이 주어진다.

$$F = \int_A s\, dA \tag{3.94}$$

여기서 A는 임의단면의 면적이다. 임의단면의 표면에 대해서 수직 방향을 향하는 응력 성분들을 **수직응력**이라고 부르며, 접선 방향을 향하는 응력 성분들을 **접선응력**이라고 부른다.

서로 수직하는 세 개의 평면들이 좌표계 평면과 평행하며, 관심위치를 지난다고 가정 하자(그림 3.13). 관심위치에서 단면에 대해서 수직으로 나오는 크기는 1인 응력벡터 n과 서로 직교하는 세 개의 평면에 대한 응력벡터 사이에는 다음의 관계가 성립된다(**코시 응력정리**).

$$s = \begin{Bmatrix} s_1 \\ s_2 \\ s_3 \end{Bmatrix} = \begin{bmatrix} S_{11} & S_{12} & S_{13} \\ S_{21} & S_{22} & S_{23} \\ S_{31} & S_{32} & S_{33} \end{bmatrix} \begin{Bmatrix} n_1 \\ n_2 \\ n_3 \end{Bmatrix} \tag{3.95}$$

여기서 정방행렬은 **응력텐서**를 구성항의 형태로 나타낸 것이다. 이 정방행렬의 i번째 열은 i번째 좌표축과 직교하는 평면에 작용하는 응력벡터성분을 나타낸다. 대각항인 S_{ii}는 i번째 방향으로의 수직응력을 나타낸다. S_{ij}, $i \neq j$와 같은 비대각항들은 i번째 방향과 수직인 평면상에서 j번째 방향으로 작용하는 전단응력을 나타낸다. 또한 각운동량의 보존법칙 때문에 응력텐서의 대칭성, 즉 $S_{ij} = S_{ji}$가 성립된다.

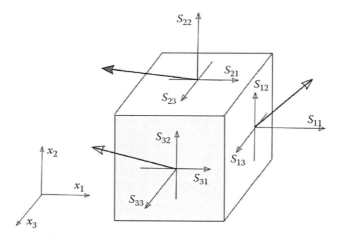

그림 3.13 좌표축과 수직하는 세 개의 평면에 작용하는 응력벡터 성분들

만일 좌표계가 회전하여 새로운 좌표계인 $(x_1{}', x_2{}', x_3{}')$가 되었다면, 회전된 좌표계에 대한 응력텐서인 $S_{ij}{}'$은 다음 방정식으로 주어진다.

$$[S_{ij}{}'] = \boldsymbol{Q}[S_{ij}]\boldsymbol{Q}^T \tag{3.96}$$

변형률의 경우, 전단응력이 0(응력텐서의 비대각 항들이 모두 0)이 되는 좌표계를 주좌표 또는 **주응력**이라고 부른다. 따라서 주좌표 또는 주응력에 대해서, 응력텐서에는 수직응력 성분들만 존재한다. 이들을 주응력이라 하며 주좌표를 이루는 각 좌표축들의 방향을 주방향 이라고 부른다. 주응력들은 이 주방향을 향한다. 주응력들은 일반적으로 σ_1, σ_2 및 σ_3로 나타내며, 가장 큰 값은 σ_1이며, 가장 작은 값은 σ_3이다.

많은 사례에서 최대 전단응력과 본미제스응력이 관심을 받는다. 특정한 점에서 발생하는 **최대전단응력**은 다음과 같이 주어진다.

$$\tau_{\text{max}} = \frac{|\sigma_1 - \sigma_3|}{2} \tag{3.97}$$

이 전단응력은 최대 주응력과 최소 주응력에 대해서 45°의 각도를 이루는 평면에 작용한다. **본미제스응력** σ_M은 다음과 같이 주어진다.

$$\sigma_M = \frac{1}{\sqrt{2}} \sqrt{(S_{11} - S_{22})^2 + (S_{22} - S_{33})^2 + (S_{33} - S_{11})^2 + 6(S_{12}^2 + S_{23}^2 + S_{31}^2)} \tag{3.98}$$

주응력을 사용하면 식 (3.98)은 다음과 같이 단순화된다.

$$\sigma_M = \frac{1}{\sqrt{2}} \sqrt{(\sigma_1 - \sigma_2)^2 + (\sigma_2 - \sigma_3)^2 + (\sigma_3 - \sigma_1)^2} \tag{3.99}$$

S_{11}만이 0이 아닌 응력인 축방향 부하가 가해지는 경우, 본미제스응력은 S_{11}으로 정리된다.

3.5.3 선형탄성, 등방성 소재에 대한 후크의 법칙

선형탄성, 등방성 소재의 경우, 일반화된 **후크의 법칙**을 사용하여 응력과 변형률 사이의 관계식을 도출할 수 있다.

$$\varepsilon_{ij} = \frac{1}{E}\left[(1+\nu)S_{ij} - \nu S_{kk}\delta_{ij}\right] \tag{3.100}$$

여기서 $S_{kk} = S_{11} + S_{22} + S_{33}$이며, $i, j = 1, 2, 3$이다.

ν와 E는 소재의 성질로서, 각각 푸아송비와 영계수를 나타낸다. $i = j$일 때에 $\delta_{ij} = 0$이며, $i \neq j$일 때에 푸아송비는 -1과 0.5 사이의 값을 갖는다. 금속소재들 대부분의 푸아송비는 약 0.3 내외의 값을 가지고 있다. 영계수는 응력과 동일한 단위[Pa]를 사용하며, 강철의 경우에는 약 200[GPa] 내외의 값을 갖는다.

변형률과 응력 사이의 역전관계는 다음 식과 같이 주어진다.

$$S_{ij} = \frac{E}{(1-2\nu)(1+\nu)}\left[(1-2\nu)\varepsilon_{ij} + \nu e \delta_{ij}\right] \tag{3.101}$$

여기서 $e = \varepsilon_{11} + \varepsilon_{22} + \varepsilon_{33}$는 단위체적당 체적 변화율로서 팽창변형률 또는 **체적변형률**이라고 부른다.

일반적인 3차원 탄성에 일반적으로 사용된 두 가지 단순화는 평면응력과 평면변형률이다. 이들을 축방향 좌표축인 x_3와는 독립적인 측면방향 부하와 구속이 부가되어 있는 원통형 물체에 적용할 수 있다.

(반경방향 치수가 디스크의 두께에 비해서 훨씬 더 큰 경우에 적용되는) 평면응력 문제의 경우에는 S_{13}, S_{23} 및 S_{33}은 0으로 놓는다. 일반화된 후크의 법칙에서 0이 아닌 응력은 ε_{11}, ε_{12}, ε_{22} 및 ε_{33}이다.

(길이가 긴 원통에 적용되는) 평면응력 문제의 경우, $u_3 = 0$이며 모든 응력과 변형률들은 x_3에 대해서 독립적이다. 이 경우, 0이 아닌 변형률은 ε_{11}, ε_{12} 및 ε_{22}이다. 이에 따른 0이 아닌 응력들은 평면 내 응력들인 S_{11}, S_{12} 및 S_{22}와 평면외 응력인 S_{33}이다.

앞서 설명한 두 가지 단순화의 가장 명확한 장점은 일반화된 3차원 탄성문제가 원통기둥의 단면에만 적용되는 평면문제로 단순화된다는 점이다. 이 2차원 문제를 푸는 데에는 (매우 위력적인 복소해석방법을 포함하여) 많은 해석방법들이 존재한다.

임의단면에 횡방향 부하가 작용하는 길고 얇은 막대형 물체에 적용할 수 있는 빔이론을 사용하여 추가적인 단순화가 가능하다. 다음에서는 수직축에 대해서 단면이 대칭이며, 소재는 균일하고, 축방향에 대해서 빔을 반분하는 표면에 대해서 횡방향 부하가 대칭적으로 작용하는 특수한 경우에 대해서 이 이론이 요약되어 있다.

3.5.4 빔이론

단면치수들이 부재의 길이보다 현저히 작고 부하는 횡방향으로 작용하는 구조부재를 **빔**이라고 부른다. 이런 사례에 해장하는 외팔보가 **그림 3.14**에 도시되어 있다.

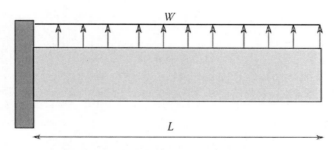

그림 3.14 분포하중이 부가되는 외팔보의 개략도

다음에서는, 주어진 빔에 길이방향으로 분포하중(단위길이당 힘) $w(x)$가 가해진다고 가정한다. 또한 이 빔에 횡방향 집중하중과 집중 모멘트가 부가할 수 있다. 이 빔의 길이방향을 x로 나타낸다.

하중이 부가되면 내력이 저항한다. 빔의 각 단면에서 작용하는 내력의 총 효과는 전단력 V와 굽힘 모멘트 M이며 부가되는 부하의 성질에 따라서 빔의 길이방향으로 변화한다. 각 단면에서의 실제 힘 분포는 수직응력 S_{11}과 전단응력 S_{12}로 정량화시킬 수 있다. 이들 두 응력은 부하가 작용하는 횡방향과 평행한 방향인 y를 사용하여 σ_x와 τ_{xy}를 더 일반적으로 나타낼 수 있다. 두 응력들은 다음 방정식을 사용하여 계산할 수 있다.

$$\sigma_x = -\frac{My}{I_z} \qquad (3.102)$$

$$\tau_{xy} = \frac{VQ}{I_z b}$$

식 (3.102)에서 y는 단면상의 임의 위치에 대한 y-좌표이다. 원점은 단면의 도심이며, b는 y에서 단면의 폭, I_z는 z축방향에 대한 단면의 2차 모멘트 그리고 Q는 관심위치의 위와 아래를 포함하는 전체 단면의 1차 모멘트이다. 양의 굽힘 모멘트가 작용하는 경우, 수직응력은 $y > 0$이면 압축, $y < 0$이면 인장응력이 작용한다. 관심단면에서 전단응력은 전단력이 작용하는 방향을 향한다.

폭 w, 높이 h인 사각단면의 경우, Q와 I_z는 다음과 같이 주어진다.

$$Q = \frac{b}{2}\left(\frac{h^2}{4} - y^2\right) \qquad (3.103)$$

$$I_z = \frac{bh^3}{12}$$

그리고 최대 수직응력과 전단응력은 다음과 같이 주어진다.

$$\sigma_x^{\max} = \frac{6M}{bh^2} \qquad (3.104)$$

$$\tau_{xy}^{\max} = \frac{4V}{3bh}$$

여기서 M과 V는 빔에서 발생하는 최댓값들이다.

수직 방향 대칭축을 가지고 있는 더 일반적인 단면에 대해서, 다음 관계식들로부터 최대 수직응력(인장 및 압축응력)을 얻을 수 있다.

$$\sigma_x^{\max/\min} = -\frac{Mc_1}{I_z} \qquad (3.105)$$

$$\sigma_x^{\min/\max} = -\frac{Mc_2}{I_z}$$

여기서 c_1과 c_2는 z축방향 단면상에서 외곽측의 y값이다. 응력의 부호는 굽힘 모멘트의 부호에 의존한다.

변형에 대한 2차 미분방정식을 사용하여 부가된 하중에 의한 빔의 변형 $v(x)$를 계산할 수 있다.

$$EI_z\frac{d^2v}{dx^2} = M(x) \tag{3.106}$$

대신에, 다음의 4차 미분방정식을 사용할 수도 있다.

$$EI_z\frac{d^4v}{dx^4} = w(x) \tag{3.107}$$

두 방정식 모두에 대해서 $v(x)$를 구하기 위해서 적절한 경계조건을 사용할 수 있다. 예를 들어, $x = 0$인 위치가 고정되어 있는 외팔보의 경우, $x = 0$ 위치에서 $v(x)$의 변형과 기울기는 0이다.

실제의 경우, 빔의 최대 변형과 강성이 주로 관심의 대상이 된다. 길이가 L인 외팔보의 자유단 끝에 점하중 P가 부가되는 경우, 최대 변형(δ)은 다음과 같이 주어진다.

$$\delta = |v|_{\max} = \frac{PL^3}{3EI_z} \tag{3.108}$$

따라서 부가된 하중에 따른 최대 변형량인 강성은 $K = P/\delta = 3EI_z/L^3$이 된다.

3.5.5 모어의 원

2차원 문제의 경우, 모어의 원은 회전된 좌표계에 대하여 응력을 계산할 때에 편리한 방법이다. 점 A에서의 응력상태는 수직응력이 S_{11}과 S_{22}이며, $x_1 - x_2$ 축에 대한 전단응력은 S_{12}이며, 프라임이 없는 좌표축이 각도 θ만큼 회전하여 $x_1' - x_2'$이 되었다고 하자. 회전한 이후의 좌표축에 대한 A점에서의 응력은 S_{11}', S_{22}' 그리고 S_{12}'으로 나타낼 수 있다.

A점에서의 응력을 가시화시키기 위해서 A점을 둘러싸고 있으며, 각 변이 좌표축과 평행한 무한히 작은 사각형을 상상해보기로 한다. $x_1 - x_2$ 축에 대한 응력은 **그림 3.15(a)**에 도시되어 있으며, $x_1' - x_2'$ 축에 대한 응력은 **그림 3.15(b)**에 도시되어 있다. 이들 두 표현은 식 (3.96)의 변형을 통해서 상호변환이 가능하며 서로 동일한 값을 가지고 있다.

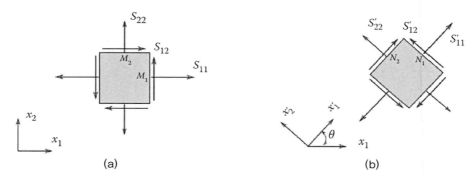

그림 3.15 (a) x₁−x₂ 좌표계상에서 임의점의 응력상태, (b) x′₁−x′₂ 좌표계상에서 임의점의 응력상태

다음으로, σ는 수직응력, τ는 전단응력일 때에, 좌표값 (σ, τ)에 대해서 정의된 2차원 응력평면에 대해서 살펴보기로 하자. M_1, M_2, N_1 및 N_2 평면들 각각에 대한 응력을 이 응력평면상의 점들로 나타낼 수 있다. 편의상, 응력평면상에서의 각 점들을 구분하기 위해서 평면라벨들을 사용한다. θ값이 변할 때에 응력평면상에서 N_1의 궤적을 **모어의 원**이라고 부른다(그림 3.16). 원의 중심 C는 $(\sigma_{ave}, 0)$에 위치하며, $\sigma_{ave} = (S_{11} + S_{22})/2$이다. M_1과 M_2는 각각 $\theta = 0$과 $\theta = \pi/2$인 경우에 해당하므로, 각각의 평면들에 대한 응력은 원들 위의 M_1과 M_2 점들로 나타내어진다. 그리고 거리값인 CM_1 및 CM_2는 원의 반경인 R과 같다. 따라서 A에서의 응력상태에 대한 모어의 원을 그리기 위해서는 원의 중심과 좌표값이 $(S_{11},$

S_{12})인 M_1 또는 좌표값이 (S_{22}, S_{12})인 M_2가 사용된다. 그러면 CM_1 또는 CM_2에 의해서 주어지는 원의 반경을 계산하여 원을 그릴 수 있다. 응력평면상에서 M_1이나 M_2 점을 위치시키기 위해서는, 요소의 반시계방향 회전을 생성하는 경우에 전단응력이 양이며, 반대의 경우에 음이라고 가정한다. 또한 인장응력은 양, 압축응력은 음이다.

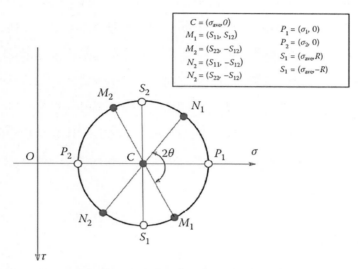

$C = (\sigma_{ave}, 0)$	$P_1 = (\sigma_1, 0)$
$M_1 = (S_{11}, S_{12})$	$P_2 = (\sigma_2, 0)$
$M_2 = (S_{22}, -S_{12})$	$S_1 = (\sigma_{ave}, R)$
$N_2 = (S_{11}, -S_{12})$	$S_1 = (\sigma_{ave}, -R)$
$N_2 = (S_{22}, -S_{12})$	

그림 3.16 평면응력 문제에 대한 모어의 원

N_1 평면이 M_1 평면으로부터 회전하는 경우에, 모어의 원의 M_1에서 출발하여 동일한 방향으로 2θ만큼 회전시키면 N_1 평면상에서의 응력을 구할 수 있다. 삼각함수를 사용하여 N_1 평면에 작용하는 응력에 해당하는 응력평면상에서 N_1의 좌표값을 계산할 수 있다. 모어의 원 위에서 N_2는 N_1의 직경 반대편에 위치한다는 사실로부터 N_2 평면상에서의 응력을 계산할 수 있다.

σ축 위에 위치하는 두 개의 극한점들인 P_1과 P_2는 각각 주응력 σ_1 및 σ_2를 나타낸다. 이 점들에서 전단응력은 명백히 0이다. 최대전단응력은 원의 반경과 같으며, 원 위의 S_1 및 S_2 점으로 표시되어 있다. 최대전단평면상에서의 수직응력은 σ_{ave}와 같다. 최대전단응력 평면은 주평면과 $\pm\pi/4$의 각도를 갖는다.

3.5.6 헤르츠 접촉이론

정밀계측기와 장비의 설계에 있어서 중요한 고려사항들 중 하나는 작동 중에 다양한 구성요소들 사이의 접촉에 따른 상호작용이다. 외력이 작용하는 상황에서 두 요소들이 서로 접촉하게 되면, 접촉영역 내에서는 현저히 큰 (접촉)응력이 발생하게 된다. 전체 시스템의 강성도 접촉에 영향을 미친다. 따라서 설계과정에서 접촉에 의한 응력과 변형을 고려해야만 한다. 1881년 하인리히 헤르츠는 곡면을 가지고 있는 두 탄성체의 접촉에 대한 해를 최초로 제시하였다. 무마찰 접촉을 포함한 특정한 가정을 통해서, 응력은 접촉영역과 인접한 범위 이내로 국한되며, 접촉표면은 2차 곡면으로 묘사함으로써, 헤르츠는 접촉영역 내에서 압력의 분포를 구할 수 있었다. 접촉문제에 대한 헤르츠의 해는 지금도 여전히 많은 요소의 설계에 기초가 되고 있다. 다음에서는 구체와 원통형 물체의 **헤르츠 접촉** 문제에 대한 해를 간략하게 살펴보기로 한다. 여기서 제시된 해를 유도하는 과정에 대한 더 자세한 내용은 존슨 (1987)을 참조하기 바란다.

3.5.6.1 두 구체 간의 접촉

소재 1로 만들어진 반경이 R_1인 구체가 소재 2로 만들어진 반경이 R_2인 구체와 접촉한다고 하자. 표 3.1에서는 외력 F_n이 작용하였을 때에 이들 두 구체 사이의 접촉에 따른 영향을 보여주고 있다. 이 경우에 접촉면적은 원 형상을 가지고 있다. 이 면적의 반경 a, 접촉압력 $p(r)$ 그리고 두 구체의 중심들 사이에서 발생하는 상대변위 δ는 각각 다음과 같이 주어진다.

$$p(r) = p_0 \sqrt{1 - \frac{r^2}{a^2}} , \; p_0 = \sqrt[3]{\frac{6F_n \overline{E^2}}{\pi^3 R^2}} \tag{3.109}$$

$$a = \sqrt[3]{\frac{3F_n R}{4\overline{E}}} , \; \delta = \frac{a^2}{R} = \sqrt[3]{\frac{9F_n^2}{16\overline{E^2}R}} \tag{3.110}$$

여기서 $\overline{E}$와 R은 다음과 같이 정의된다.

$$\frac{1}{\overline{E}} = \frac{1-\nu_1^2}{E_1} + \frac{1-\nu_2^2}{E_2}$$

(3.111)

$$\frac{1}{R} = \frac{1}{R_1} + \frac{1}{R_2}$$

표 3.1 실제 관심대상인 다양한 형상들 사이의 헤르츠 접촉에 따른 접촉압력과 면적

사례	접촉압력	접촉폭/반경
구체와 구체	$p(r) = p_0\sqrt{1 - \dfrac{r^2}{a^2}}$ $p_0 = \sqrt[3]{\dfrac{6F\overline{E}^2}{\pi^3 R^2}}$ $\dfrac{1}{R} = \dfrac{1}{R_1} + \dfrac{1}{R_2}$	$a = \sqrt[3]{\dfrac{3FR}{4\overline{E}}}$
평면과 구체	$R_2 \to \infty$를 적용한 1번 경우와 동일	$R_2 \to \infty$를 적용한 1번 경우와 동일
구형 홈과 구체	R_2에 음의 값을 적용한 1번 경우와 동일	R_2에 음의 값을 적용한 1번 경우와 동일
평행하게 놓인 원통과 원통	$p(x) = p_0\sqrt{1 - \dfrac{r^2}{b^2}}$ $p_0 = \dfrac{2F}{\pi b L}$	$b = \sqrt{\dfrac{4FR}{\pi \overline{E} L}}$

표 3.1 실제 관심대상인 다양한 형상들 사이의 헤르츠 접촉에 따른 접촉압력과 면적(계속)

사례	접촉압력	접촉폭/반경
 평면과 원통	$R_2 \rightarrow \infty$를 적용한 4번 경우와 동일	$R_2 \rightarrow \infty$를 적용한 4번 경우와 동일
 원통형 홈과 원통	R_2에 음의 값을 적용한 4번 경우와 동일	R_2에 음의 값을 적용한 4번 경우와 동일

영계수 E와 푸아송비 ν의 하첨자 1 및 2는 각각 1번 소재와 2번 소재에 대한 값임을 나타낸다. $\overline{E}$와 R은 각각 접촉계수와 감소된 곡률반경을 나타낸다. p_0값은 $r = 0$일 때의 최대 접촉압력이다.

실제로 중요한 의미를 가지고 있는 값은 접촉강성 K_n으로서, $dF_n/d\delta$로 정의되어 있다. 식 (3.110)으로부터, K_n은 다음과 같이 주어진다.

$$K_n = \frac{dF_n}{d\delta} = 2\overline{E}\sqrt{\delta R} \tag{3.112}$$

접촉반경과 δ로부터 두 가지 중요한 결과를 유도할 수 있다. 구체들 중에서 하나(2번)의 반경이 무한히 크다면(평면이 된다면), $R_2 \rightarrow \infty$가 된다. 두 번째는 1번 구체가 2번 구체와 내측면에서 서로 접촉하는 경우이다. 이 경우, R_2는 음의 값을 갖는다.

응력의 표현식은 복잡하며, 이에 대한 보다 상세한 설명은 세이크필드 등(2013)을 참조하기 바란다. $r = 0$인 축방향 직선의 경우에는 훨씬 더 간단하게 정리된다. 0이 아닌 항들은 반경방향, 원주방향 및 축방향 응력이며, 반경방향 응력은 후프 응력과 동일한 값을 갖는다.

$$S_{rr} = S_{\theta\theta} = -p_0(1+\nu)\left[1 - \frac{z}{a}\arctan\frac{a}{z}\right] + \frac{a^2 p_0}{2(z^2 + a^2)} \tag{3.113}$$

$$S_{zz} = -\frac{p_0 a^2}{z^2 + a^2}$$

축방향 직선을 따라서 발생하는 최대 전단응력은 다음과 같이 주어진다.

$$\tau_{\max} = \frac{1}{2}|s_{zz} - S_{rr}| = \frac{p_0}{2}\left|\frac{3}{2}\frac{a^2}{z^2 + a^2} - (1+\nu)\left(1 - \frac{z}{a}\arctan\left(\frac{a}{z}\right)\right)\right| \tag{3.114}$$

이로부터, 최대 전단응력은 접촉표면이 아니라 표면하부에서 발생한다는 것을 손쉽게 추론할 수 있다. 표 3.2에서는 다양한 푸아송 비율값에 따른 축방향으로의 최대전단응력이 발생하는 위치와 크기가 제시되어 있다.

표 3.2 헤르츠 접촉을 이루는 구체들의 최대전단응력 발생 위치

ν	z/a	$\tau_{\max}/p_0$
0.0	0.38	0.385
0.1	0.41	0.359
0.2	0.45	0.333
0.3	0.48	0.310
0.32	0.49	0.305
0.4	0.51	0.288
0.5	0.55	0.266

3.5.6.2 두 평행실린더 간의 접촉

다음으로, 반경이 R_1과 R_2이며 축선이 서로 평행한 두 원통이 작용력 F_n을 받으면서 서로 접촉하는 경우에 대해서 살펴보기로 한다(표 3.1). 이 접촉영역의 폭과 길이를 각각 $2b$와 L이라 하자. 절반폭 b와 접촉압력은 다음과 같이 주어진다.

$$b = \sqrt{\frac{4F_n R}{\pi \overline{E} L}} \tag{3.115}$$

$$p(x) = p_0 \sqrt{1 - \frac{r^2}{b^2}}$$

최대 접촉압력 p_0와 평균접촉압력 p_m 은 다음과 같이 주어진다.

$$p_0 = \frac{2F_n}{\pi b L} = \sqrt{\frac{F_n \overline{E}}{\pi R L}} \tag{3.116}$$

$$p_m = \frac{F_n}{2bL} = \frac{\pi p_0}{4}$$

이로 인한 두 원통의 축선들 사이에 감소한 거리는 다음과 같이 주어진다(퍼톡과 트웨이트 1969).

$$\delta = \frac{F_n}{\pi L \overline{E}} \left[1 + \ln \frac{\pi L^3 \overline{E}}{PR} \right] \tag{3.117}$$

구면의 경우와 마찬가지로, 곡률반경을 음으로 놓으면 원통형 홈과 원통 사이의 접촉에 대하여 계산할 수 있다.

일부 연구자들은 변위에 대해서 다음과 같은 관계식을 사용하였다(헤일 1999).

$$\delta = \delta_1 + \delta_2 \tag{3.118}$$

그리고

$$\delta_1 = \frac{F_n}{\pi L} \left(\frac{1 - \nu_1^2}{E_1} \right) \left[2\ln \frac{4R_1}{b} - 1 \right] \tag{3.119}$$

$$\delta_2 = \frac{P_n}{\pi L} \left(\frac{1 - \nu_2^2}{E_2} \right) \left[2\ln \frac{4R_2}{b} - 1 \right]$$

이 식은 직각 방향으로 서로 마주하는 두 평면들에 의해서 실린더가 압축을 받는 문제에 대해서 존슨(1987)이 발표한 결과에 기초한다.

3.5.7 접촉한 두 구체 간의 접선부하

헤르츠 접촉문제는 수직(압축)부하를 받는 두 물체들 사이의 접촉에 대해서 다루고 있다. 접촉면적에 접선방향으로 부가되는 부하로 인한 물체의 접촉응력도 동일한 중요성을 가지고 있다. 이 문제에 대해서는 카타네오(1938)와 민들린(1949)이 선구적인 연구를 수행한 것으로 널리 인정되고 있다. 민들린과 데레저위츠(1953)는 다양한 유형의 부하를 포함하여 이 연구를 확장시켰다. 이 절에서는 이들의 연구에 대하여 간략하게 살펴볼 독자들은 부꾸옥 등(2001)을 참조하기 바라며, 보다 자세한 내용을 필요로 하는 독자들은 존슨(1987)을 참조하기 바란다. 다음에서는 소재와 반경이 서로 동일한 두 개의 구체가 접촉하는 경우에 대해서 살펴본다. 구체들이 서로 다른 소재로 만들어진 경우에 구체들 사이의 상대접선변위와 접선방향 접촉강성에 대해서는 존슨(1987)을 참조하기 바란다.

수직방향 작용력 F_n에 의해서 압착되는 두 구체에 대해서 살펴보기로 한다. F_n이 일정하게 유지되는 상태에서, 접선방향 작용력 F_t가 0에서부터 일정한 비율로 증가한다고 하자. 접촉영역에서 무한히 큰 전단응력이 발생할 가능성을 차단하기 위해서, 접촉영역은 외부의 환형의 미끄럼영역($c \le r \le a$)과 내부의 원형의 접착영역($0 \le r \le c$)으로 이루어진다고 가정한다. 미끄럼영역에서는 전단응력이 $\mu_f p$와 같다. 여기서 μ_f는 마찰계수이다. 접촉영역에서는 전단응력이 $\mu_f p$보다 작으며, 이 영역에서는 표면들 사이의 상대운동이 발생하지 않는다. 접선방향 작용력 F_t가 증가함에 따라서 접착영역은 감소하여 임계값인 $F_t = \mu_f F_n$에 도달하게 되면, 0으로 감소해버린다. 이 시점이 되면 접촉영역은 모두 미끄럼영역으로 변화하며 두 구체들 사이에는 미끄럼 운동이 일어나게 된다. **그림 3.17**에는 접착영역 및 미끄럼영역과 그에 따른 접촉영역에서의 전단응력 분포가 도시되어 있다.

접착-미끄럼 계면위치에 대해서는 카타네오(1938)와 민들린(1949)이 다음과 같이 유도하였다.

$$c = a \sqrt[3]{1 - \frac{F_t}{\mu_f F_n}} \tag{3.120}$$

그에 따른 접촉영역에서의 전단응력은 다음과 같이 주어진다.

$$\tau = \begin{cases} \dfrac{3\mu_f F_n}{2\pi a^2} \sqrt{1 - \dfrac{r^2}{a^2}}, \ c \le r \le a \\[4mm] \dfrac{3\mu_f F_n}{2\pi a^2} \left[\sqrt{1 - \dfrac{r^2}{a^2}} - \dfrac{c}{a} \sqrt{1 - \dfrac{r^2}{c^2}} \right], \ 0 \le r \le c \end{cases} \tag{3.121}$$

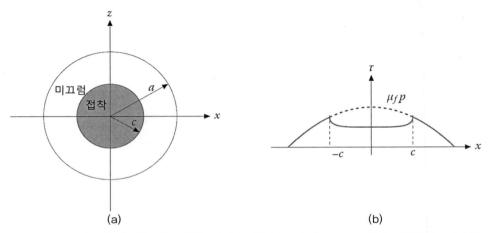

(a)   (b)

그림 3.17 두 구체 간 접촉에 작용하는 접선부하. (a) 접촉영역 내의 미끄럼영역과 접착영역, (b) 접촉영역 내에서의 접선응력 분포

또한 민들린(1949)은 접촉영역 내의 접착영역에서 (동일한 소재와 동일한 반경을 가지고 있는) 구체들 사이의 상대변위 δ_t를 유도하였다.

$$\delta_t = \frac{3(2 - \nu)\mu_f F_n}{16\mu a} \left[1 - \left(1 - \frac{F_t}{\mu_f F_n} \right)^{\frac{2}{3}} \right] \tag{3.122}$$

부하가 가해지기 시작하면 부하−변위 곡선은 **그림 3.18**의 AB 경로를 따라간다. 이 그림 으로부터, 접선강성 K_t는 다음과 같이 구해진다.

$$K_t = \frac{dF_t}{d\delta_t} = \frac{8\mu a}{2-\nu}\sqrt[3]{1 - \frac{F_t}{\mu_f F_n}}$$ (3.123)

위 식은 F_n은 일정하게 유지되며 F_t는 증가하는 경우에만 유효하다는 점을 명심해야 한다.

민들린과 데레저위츠(1953)에 따르면, 만일 접선력이 $F_t^* < \mu_f F_n$까지 증가했다 감소한다면 τ값이 무한히 커지는 것을 막기 위해서 역미끄럼(F_t의 증가에 따른 미끄럼과 반대방향으로 발생하는 미끄럼) 영역이 존재해야만 한다고 제안하였다. 만일 $b(c \leq b \leq a)$는 역미끄럼영역의 내측반경이라면, F_t가 언로딩되는 동안 접촉영역에서의 전단응력은 다음과 같이 주어진다.

$$\tau = \begin{cases} -\dfrac{3\mu_f F_n}{2\pi a^2}\sqrt{1 - \dfrac{r^2}{a^2}}, & b \leq r \leq a \\[3mm] -\dfrac{3\mu_f F_n}{2\pi a^2}\left[\sqrt{1 - \dfrac{r^2}{a^2}} - \dfrac{2b}{a}\sqrt{1 - \dfrac{r^2}{b^2}}\right], & c \leq r \leq b \\[3mm] -\dfrac{3\mu_f F_n}{2\pi a^2}\left[\sqrt{1 - \dfrac{r^2}{a^2}} - \dfrac{2b}{a}\sqrt{1 - \dfrac{r^2}{b^2}} + \dfrac{c}{a}\sqrt{1 - \dfrac{r^2}{c^2}}\right], & 0 \leq r \leq c \end{cases}$$ (3.124)

그에 따른 상대접선변위 δ_t는 다음과 같이 주어진다.

$$\delta_t = \frac{3(2-\nu)\mu_f F_n}{16\mu a}\left[\left(1 - \frac{F_t^* - F_t}{2\mu_f F_n}\right)^{\frac{2}{3}} - \left(1 - \frac{F_t}{\mu_f F_n}\right)^{\frac{2}{3}} - 1\right]$$ (3.125)

(민들린과 데레저위츠(1959)가 역미끄럼의 투과깊이라고 부른) b의 크기는 다음의 방정식을 사용하여 계산할 수 있다.

$$b = a\sqrt[3]{1 - \frac{F_t^* - F_t}{2\mu_f F_n}}$$ (3.126)

$c \leq b \leq a$ 구간에서는 $F_t > -F_t^*$이며 $b = c$일 때에는 $F = -F_t^*$이다. 이 언로딩 단계 동

안, 부하−변위곡선은 **그림 3.18**의 BD 경로를 따른다. 만일 F_t가 이 값보다 더 작아지게 되면, 이 곡선은 3사분면의 점선을 따르게 된다. 반면에 만일 F_t가 $-F_t^*$에서 F_t^*까지 증가하면, 부하−변위곡선은 **그림 3.18**의 DEB를 따른다. 따라서 부하사이클 전체는 히스테리시스 루프를 따른다. 루프 $ABCDEB$에 의해서 둘러싸인 영역은 마찰에 의한 에너지손실이다(에너지손실에 대해서는 민들린과 데레저위츠 1953 참조). 언로딩 기간 동안의 강성은 다음과 같이 나타낼 수 있다.

$$K_t = \frac{dF_t}{d\delta_t} = \frac{8\mu a}{2-\nu} \sqrt[3]{1 - \frac{F_t^* - F_t}{2\mu_f F_n}} \tag{3.127}$$

또 다른 흥미로운 점은 언로딩 기간 동안 $F_t = 0$이 되었을 때에 잔류접선상대변위가 존재한다는 것이다(**그림 3.18**의 AC).

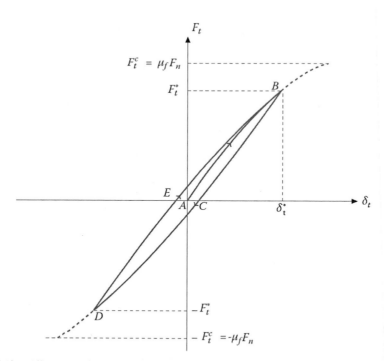

그림 3.18 접촉하고 있는 두 구체 사이의 접선부하. 두 구체 사이의 접선 작용력 대비 상대접선변위 사이에는 히스테리시스가 존재한다. 접선부하가 0에서 완전미끄럼이 발생하는 임계값 이하까지 증가한 다음에 다시 0까지 감소하면, 곡선은 잔류상대변위 AC를 나타낸다.

이 절의 결론은 수직하중이 일정하게 작용하며 접선부하가 변화하는 경우에 국한된다. F_n과 F_t가 모두 변하는 경우와 같은 여타의 부하조건에 대해서는 민들린과 데레저위츠 (1953)와 존슨(1987)을 참조하기 바란다.

3.6 광 학

편평도, 길이, 압력 및 속도의 정확한 측정에 레이저간섭계와 같은 광학기법들이 일반적으로 사용되고 있다(5장 사례 참조). 이 방법들에 대한 이해에 필요한 기본적인 개념들에 대해서 살펴보기로 한다. 이에 대한 더 자세한 내용은 헤트(2002)를 참조하기 바란다.

기하광학은 광학의 한 분야로서, 광선의 경로를 직선으로 간주하며 파동특성은 무시한다. 물리광학 또는 파동광학의 분야에서는 광선을 파동으로 간주한다. 기하광학은 반사와 굴절의 법칙에 지배를 받는 반면에, **물리광학**은 측정과학의 분야에서 중요한 회절과 간섭현상으로 설명할 수 있다.

1번 매질을 통과하여 이동하는 광선에 대해서 살펴보기로 하자(그림 3.19). 이 광선이 1번 매질과 2번 매질의 계면을 만나게 되면, 광선의 일부는 1번 매질로 반사되며 (흡수가 없다고 가정하면) 나머지는 2번 매질 속으로 투과된다. θ_i는 입사광선과 입사점에서 입사표면에 대한 수직선 사이의 각도라 하자. 마찬가지로, θ_r은 이 수직선과 반사광선 사이의 각도이며,

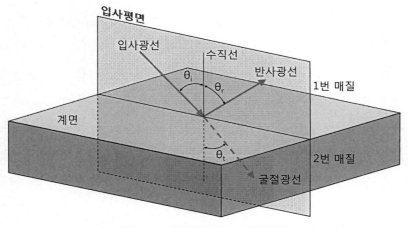

그림 3.19 광선의 반사와 굴절법칙

θ_t는 이 수직선과 투과된 광선이 이루는 각도이다. 일반적으로 θ_t의 각도는 θ_i와 다르며, 이 때문에 투과된 광선을 **굴절광선**이라고 부르며, θ_t를 **굴절각도**라고 부른다. 입사광선과 두 매질들 사이의 계면에서의 수직선을 포함하는 평면을 **입사면**이라고 부른다. 반사광선과 굴절광선도 이 평면 내에 위치한다는 것을 증명할 수 있다. 또한 θ_i, θ_r 및 θ_t와 같은 각도들은 반사 및 굴절법칙에 지배를 받는다.

3.6.1 반사법칙

반사광선의 각도는 입사광선 각도와 동일하다. 즉, $\theta_i = \theta_r$이다. 매끄러운 표면의 경우, 반사광선은 한 방향으로 집중되며, 이를 **정반사 방향**이라고 부른다. 반면에, 거친 표면에서는 반사광선이 많은 방향을 향하며, 이를 **확산반사**라고 부른다.

3.6.2 반사법칙(스넬의 법칙)

1번 매질의 굴절률은 n_1이며, 2번 매질의 굴절률은 n_2라 하자. 그러면 입사각도와 굴절각도 사이에는 **스넬의 법칙**이 적용된다.

$$n_1 \sin\theta_i = n_2 \sin\theta_t \tag{3.128}$$

매질의 굴절계수는 광선이 매질 속에서 어떻게 전파되는지를 나타내는 무차원 숫자로서, $n = c/\nu$이기 때문에 항상 1보다 큰 값을 갖는다. 여기서 c는 진공 중에서 빛의 속도이며, ν는 매질 속에서 빛의 속도이다. 또한 매질 속에서 빛의 속도는 항상 $\nu = f\lambda$의 관계를 가지고 있다. 여기서 f는 주파수이며 λ는 파장길이이다(이는 **분산관계**[11]라고 알려져 있다). 빛이 하나의 매질에서 다른 매질 속으로 전파되어도 주파수는 변하지 않는다. 하지만 파장길이 λ는 변한다. 그러므로 $f = \nu_1/\lambda_1 = \nu_2/\lambda_2$의 관계를 갖는다. 여기에 $n = c/\nu$를 대입하면 $\lambda_1 n_1 = \lambda_2 n_2$ 및 $\nu_1 n_1 = \nu_2 n_2$의 관계를 얻을 수 있다. 이를 사용하면 스넬의 법칙을 다음과

---

[11] dispersion relation.

같이 다시 쓸 수 있다.

$$\nu_2 \sin\theta_i = \nu_1 \sin\theta_t \tag{3.129}$$

　스넬의 법칙을 다시 살펴보면, 굴절계수값이 작은 매질에서 굴절계수값이 큰 매질 속으로 광선이 전파되면, 계면에 대한 수직선 쪽으로 굽어진다는 것을 알 수 있다.

　스넬의 법칙에 따른 흥미로운 결과들 중 하나는 **내부전반사**이다. 굴절계수가 큰 매질에서 굴절계수가 작은 매질 방향으로 광선이 전파되는 경우($n_1 > n_2$)를 생각해보자(**그림 3.20**). 스넬의 법칙에 따르면 $\theta_t > \theta_i$이다. θ_i가 증가함에 따라서 θ_t도 함께 증가하며, $\theta_i = \theta_c$가 되는 경우에, $\theta_t = \pi/2$가 되어 굴절광선은 계면과 평행하게 전파된다. 입사광선의 θ_i가 이보다 더 커지게 되면, 입사광선은 1번 매질 속으로 다시 반사되며, 굴절이 일어나지 않는다. 이 각도 θ_c를 내부반사의 **임계각도**라고 부른다. 이 각도는 광섬유 작동의 핵심 인자이다.

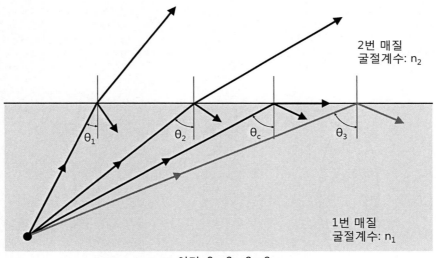

n₂<n₁이며, θ₁<θ₂<θ_c<θ₃

그림 3.20 내부전반사

3.6.3 얇은 렌즈의 공식

　물체의 영상화를 위해서 렌즈들이 사용된다. **집속렌즈**(그림 3.21(a))의 경우, 렌즈의 광축과 평행하게 입사된 광선이 렌즈를 통과하면 **초점**이라고 부르는 한 점에 모이게 된다. **분산렌즈**(그림 3.21(b))의 경우, 렌즈로 입사되는 평행광선이 렌즈를 통과하면 분산되어버린다. 이 분산되는 광선은 렌즈의 앞쪽에 위치하는 (가상의) 한 점에서 출발하며, 이 점을 분산렌즈의 초점이라고 부른다. **그림 3.21**에 도시되어 있는 렌즈들은 각각 **양면볼록렌즈**와 **양면오목렌즈**로서, 렌즈의 양쪽 표면이 대칭 형상을 가지고 있다. **그림 3.22**에 도시되어 있는 양면볼록렌즈에 대해서 살펴보기로 하자. f는 렌즈의 수직 대칭축으로부터 초점까지의 거리를 나타낸다. (여기서 살펴보는) 얇은 렌즈의 경우, f는 렌즈 표면에서 초점까지의 거리로 간주하여도 무방하다. 수직 대칭축에서 물체까지의 거리와 영상까지의 거리를 각각 o와 i로 표시한다. f, o 및 i 사이에는 소위 **얇은 렌즈의 공식**이라고 부르는 다음의 관계식이 성립된다.

$$\frac{1}{o} + \frac{1}{i} = \frac{1}{f}$$

(3.130)

또한 배율 M은 다음과 같이 주어진다.

$$M = \frac{h_i}{h_o} = \frac{i}{o}$$

(3.131)

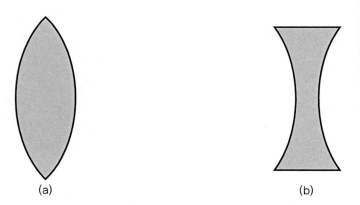

(a)　　　　　　　　　　　　(b)

그림 3.21 (a) 집속렌즈(양면볼록렌즈)와 (b) 분산렌즈(양면오목렌즈)의 개략도

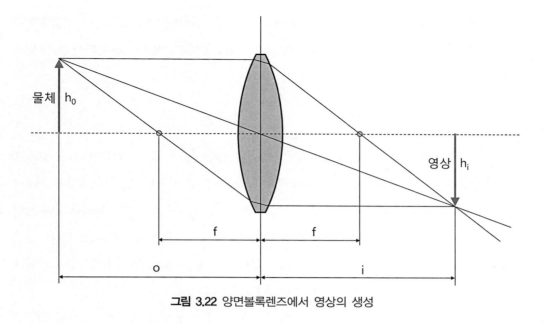

그림 3.22 양면볼록렌즈에서 영상의 생성

3.6.4 빛의 파동성

앞 절에서는 빛이 직선으로 전파된다고 취급하는 기하광학을 사용하여 빛의 반사와 굴절 법칙에 대해서 살펴보았다. 이 이론은 빛의 파장길이보다 현저히 큰 물체와 관련된 광학에 유용하다. 그런데 간섭, 회절 및 편광과 같은 현상을 설명하기에는 이 이론만으로는 충분치 않다. 광선을 파동으로 취급하는 **파동광학**이 이런 현상을 고찰하기 위해서는 더 적합하다. 파동광학에서는 광선을 전자기파동으로 취급하며, 전기장이 파동의 진행방향과 직교하는 방향으로 진동한다고 간주한다.

단색광선을 파장길이 λ와 파동의 속도 ν를 사용하여 다음의 방정식으로 나타낼 수 있다.

$$\boldsymbol{E}(\boldsymbol{r}, t) = \boldsymbol{E}_o \cos\left[(k\boldsymbol{n} \cdot \boldsymbol{r} - \omega t) + \phi\right] \tag{3.132}$$

여기서 $\boldsymbol{E}$는 진폭이 $\boldsymbol{E}_0$인 전기장 벡터, $\boldsymbol{r}$은 공간 내 한 점의 위치벡터, k는 $2\pi/\lambda$의 값을 가지고 있는 파수, ω는 $2\pi\nu$의 값을 가지고 있는 각주파수, ν는 주파수 그리고 t는 시간이다. ϕ는 파동의 출발위상이며 $\boldsymbol{n}$은 파동의 진행방향이다. 여기서 주의할 점은 $\boldsymbol{E}_0$와 ϕ가 $\boldsymbol{r}$의 함수라는 점이다.

파동이 평면 내에서 발생하며 특정한 방향(x방향)으로 전파된다면, 전기장이 x방향에 대해서 직각 방향으로 진동한다는 이해하에서, 식 (3.132)를 스칼라 식으로 단순화시킬 수 있다.

$$E(x,t) = E_0 \cos\left[(kx - \omega t) + \phi\right] \tag{3.133}$$

광선 파동에 대한 앞의 식을 cos 함수로 나타내는 경우에는 파동의 위상각을 θ로 표시한다. 위상각을 시간에 대해서 미분하면 각주파수 ω를 구할 수 있으며, 위치에 대하여 미분을 수행하면 파수를 구할 수 있다. 또한 ω/k로 정의되어 있는 위상속도는 빛의 파동속도와 같다.

전자기 파동의 파장길이 λ는 10^{-16}[m](감마선)에서부터 10^{10}[m](라디오파장)까지의 넓은 범위를 가지고 있다. 가시광선의 파장길이는 400[nm]에서 700[nm]의 범위를 가지고 있다. 가시광선 파장길이의 하한은 보라색이며 상한은 빨간색이다.

빛의 파동특성을 나타내는 더 편리한 방법은 복소수를 사용하는 것이다. 단색광선의 경우, 파동을 다음과 같이 나타낼 수 있다.

$$\boldsymbol{E}(\boldsymbol{r},t) = \boldsymbol{E_0} e^{-i[(k\boldsymbol{n} \cdot \boldsymbol{r} - \omega t) + \phi]} \tag{3.134}$$

이 식의 실수부가 실제의 광선파동이다. 이 식은 복소수 평면에서 회전하는 벡터를 사용하기 때문에 편광과 회절문제를 모델링할 때에 유용하지만 이 장의 범주를 넘어선다.

3.6.5 간섭과 간섭계

표면의 편평도와 길이를 정확하게 측정하기 위해서 **간섭계**가 일반적으로 사용된다(5장 참조). 이 기법은 빛이 일으키는 **간섭현상**에 의존한다. (두 파동이 서로 일정한 위상관계를 가지고 있는) 간섭광원에서 방출된 동일한 파장길이를 가지고 있는 두 개의 광선파동이 한 점에 동시에 도달하면, 이 점에서 생성되는 파장은 두 광선파동이 일으키는 파장의 벡터합과 같다. 만일 두 파동의 상호작용을 통해서 초래된 파장의 진폭이 개별 파동의 진폭보다 크다면, 이 상호작용을 **건설적 간섭**이라고 부른다. 반면에 파동의 진폭이 두 파동의 개별 진폭보다 작다면 이 상호작용을 **파괴적 간섭**이라고 부른다.

이 건설적 간섭과 파괴적 간섭은 토머스 영의 유명한 **이중슬릿 실험**을 통해서 가장 잘 설명할 수 있다. **그림 3.23**에서는 이 실험에 대해서 간략하게 설명하고 있다. 실험장치는 단색광원 S와 두 개의 스크린 A 및 B로 이루어진다. 스크린 A에는 두 개의 좁은 슬릿인 S_1과 S_2가 성형되어 있으며, B는 관찰용 스크린이다. 이들 두 스크린은 거리 L만큼 떨어져서 설치되어 있다. 두 개의 슬릿들은 거리 d만큼 떨어져 있다. S에서 방출된 빛이 스크린 A에 도달하면, 두 개의 슬릿들이 간섭성 광원처럼 작용한다. 이들 두 슬릿에서 발산된 파동은 스크린 B에서 서로 간섭을 일으키며 **간섭무늬**라고 부르는 일련의 밝고 어두운 띠들을 생성한다. 밝은 띠들은 S_1과 S_2에서 방출된 파장들이 건설적 간섭을 일으킨 결과이며 어두운 띠들은 파괴적 간섭에 의한 것들이다. 이런 간섭은 두 슬릿으로부터 방출된 빛의 광학경로 차이에 의한 것이다.

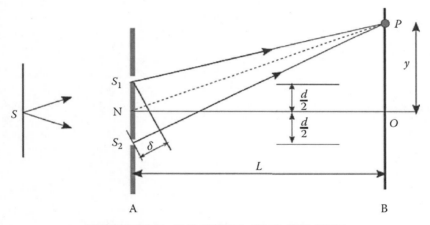

그림 3.23 토머스 영의 이중슬릿 실험에 대한 개략도

그림 3.23에 도시되어 있는 것처럼, 광선파동들 중 하나는 S_1 슬릿에서 방출되며, 다른 하나는 S_2 슬릿에서 방출된다고 하자. 이 파동들은 스크린 B의 P점에서 서로 만난다. 그림에 따르면, 경로길이 S_2P가 S_1P보다 길며, 경로길이 차이는 그림에서 δ로 표시되어 있다. 기하학으로부터, 경로길이 차이는 다음과 같이 주어진다.

$$\delta = S_2P - S_1P = d\sin\theta \tag{3.135}$$

여기서 θ는 PN과 NO 사이의 각도이다. δ가 파장의 정수배인 경우에 건설적 간섭이 발생하며 절반 파장의 홀수배인 경우에는 파괴적 간섭이 발생한다. 즉,

$$\delta = d\sin\theta = m\lambda, \ m = 0, \ \pm 1, \ \pm 2, \ \cdots \tag{3.136}$$

인 경우에 건설적 간섭이 발생하며,

$$\delta = d\sin\theta = \left(m + \frac{1}{2}\right)\lambda, \ m = 0, \ \pm 1, \ \pm 2, \ \cdots \tag{3.137}$$

인 경우에 파괴적 간섭이 발생한다.

θ가 작다면, 기하학으로부터, 밝은 무늬는

$$y_b = m\frac{\lambda L}{d}, \ m = 0, \ \pm 1, \ \pm 2, \ \cdots \tag{3.138}$$

의 거리에 위치하며, 어두운 무늬는

$$y_d = \left(m + \frac{1}{2}\right)\frac{\lambda L}{d}, \ m = 0, \ \pm 1, \ \pm 2, \ \cdots \tag{3.139}$$

의 거리에 위치한다. 그리고 밝은 무늬와 어두운 무늬는 교대로 나타난다. 두 개의 어둡거나 밝은 무늬 사이의 분리거리는 $(\lambda L)/d$로서, 이 거리는 m과는 무관하다.

무늬의 조도는 다음과 같이 주어진다.

$$I = 4I_0\cos^2\frac{\phi}{2}, \ \phi = \frac{2\pi d}{\lambda}\sin\theta \tag{3.140}$$

식 (3.140)에서 I_0는 관찰용 스크린상에서 두 광원들 중 하나에 의한 조도이다. 식 (3.140)에 따르면, 밝은 무늬의 강도는 $4I_0$이며 어두운 무늬의 강도는 0이다(최대와 최소).

마이컬슨 간섭계는 앞서 설명한 광선의 간섭성질을 이용하여 길이와 표면편평도의 정확한 측정과 기계적 스테이지의 운동제어 등에 사용한다. **그림 3.24**에서는 간섭계의 개략적인 구조가 도시되어 있다. 간섭계는 간섭광원, 빔분할기, 두 개의 반사경과 하나의 유리판으로 이루어진다. M_2 반사경은 그림에 도시된 방향으로 움직일 수 있다. 빔 분할기는 약하게 은도금된 반사경으로서, 광원으로부터 입사되는 단색광선을 절반씩 분할한다. 투과된 절반의 빛은 M_1 반사경으로 향하며, 나머지 절반은 M_2 반사경 쪽으로 반사된다. 이들 두 광선들은 두 개의 반사경에 의해서 반사되며 빔분할기에서 다시 합쳐져서 광선검출기에 도달하면서 간섭을 일으킨다. 유리판 P는 반사경 M과 두께가 동일하며 M과 설치각도 역시 동일하다. 이를 통해서 분할된 두 개의 빔들은 동일한 길이의 유리구간을 통과하게 된다. 두 빔들 사이의 경로 차이는 $2l_2 - 2l_1$이며, 여기서 l_1과 l_2는 각각 빔 분할기를 통과한 파동과 반사된 파동의 경로길이를 나타낸다. 검출기에서 관찰된 간섭패턴은 이 경로길이 차이에 의존한다. 만일 이 차이값이 $\lambda/2$의 짝수배라면, 건설적 간섭이 일어난다. 반면에 만일 이 차이값이 $\lambda/2$의 홀수배라면, 파괴적 간섭이 일어난다. 만일 이동반사경이 $\lambda/2$만큼 이동했다면, 줄무늬 패턴은 검출기의 기준점으로부터 한 칸만큼 이동한 셈이 된다. 만일 줄무늬 패턴이 m개만큼 이동했다면, 반사경의 실제 이동거리는 $m\lambda/2$가 된다. 따라서 이동 반사경의 운동을 제어하여 정확한 길이 측정을 수행할 수 있다. 줄무늬 패턴이 정현적 변화특성을 이용하고,

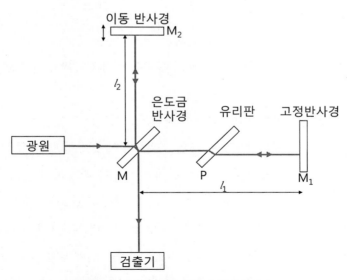

그림 3.24 마이컬슨 간섭계의 개략적인 구조

신호를 전기적으로 보간하여 이보다 더 높은 정확도를 구현할 수 있다.

3.6.6 회 절

두 개의 슬릿이 있는 판에 대해서 살펴보자. 일련의 평행광선이 좌측으로부터 이 판에 입사된다. **호이겐스의 원리**에 따르면, **그림 3.25**에 도시되어 있는 것처럼, 광선이 슬릿에 닿으면 광선파동이 굽어지며 널리 퍼지게 된다. 개구부나 장애물 주변에서 이런 빛의 굽힘을 **회절**이라고 부른다. 만일 이 판의 우측으로 충분히 떨어진 위치에 스크린을 설치한다면 (회절패턴이라고 부르는) 밝고 어두운 줄무늬 패턴이 반복되는 것을 관찰할 수 있다.

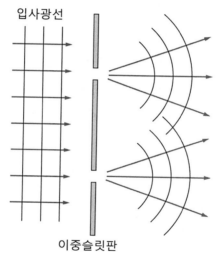

그림 3.25 광선이 이중슬릿판의 슬릿들을 통과할 때에 일어나는 회절현상

파장길이가 λ인 평면형 단색광선이 좌측으로부터 조사되는 단일슬릿판을 상상해보면 이러한 회절패턴의 생성을 쉽게 이해할 수 있다. 파동이 슬릿에 도달하면, 호이겐스의 원리 때문에, 슬릿상의 각 점들은 광선파동의 두 번째 광원으로 작용하게 된다. 스크린상의 한 점에서 광선의 강도는 슬릿에서 방출되어 이 특정한 점에 도달한 광선파동의 축적작용에 의존한다. 축적작용은 건설적 간섭과 파괴적 간섭으로 발현된다. 사실, 광축과 (수직방향으로) 광축의 위아래에 두껍고 밝은 점이 존재한다면, 어두운 줄무늬와 밝은 줄무늬가 교대로 나타난다. 어두운 줄무늬는 파괴적 간섭(또는 **미니마**[12])에 해당한다. 이 미니마의 위치는 다

음과 같이 주어진다.

$$\sin\theta_m = \frac{m\lambda}{a}, \ m = \pm1, \ \pm2, \ \cdots \tag{3.141}$$

식 (3.141)에서 a는 슬릿의 폭이며 θ_m은 슬릿의 광축과 m차 최솟값 직선이 이루는 광선 각도이다. 또한 각도가 작은 경우에는 $L \gg a$라는 가정하에서 $\sin\theta_m \approx y_m/L$이 된다. 이를 사용하면, 스크린상에서 미니마의 위치는 다음과 같이 주어진다.

$$y_m = \frac{m\lambda L}{L}, \ m = \pm1, \ \pm2, \ \cdots \tag{3.142}$$

(건설적 간섭위치에 해당하는) **맥시마**[13]는 대략적으로 연속적인 미니마들 사이의 중간에 위치한다(**그림 3.26** 참조).

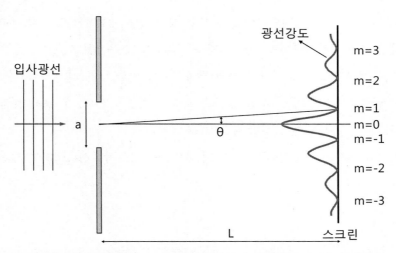

그림 3.26 단일슬릿 실험의 회절패턴에 나타난 맥시마와 미니마의 위치들

---

12   minima.
13   maxima.

간격 d를 사이에 두고 길고 좁은 N개의 슬릿들이 서로 평행하게 배치되어 있다면, 입사된 광선의 파장들이 회절격자와 평행할 때에 맥시마는 다음에 주어진 θ_m에서 발생한다.

$$d\sin\theta_m = m\lambda, \ m = 0, \ \pm 1, \ \pm 2, \ \pm 3, \ \cdots \tag{3.143}$$

반면에 입사각도가 θ_i라면 식 (3.143)은 다음과 같이 수정된다.

$$d(\sin\theta_m - \sin\theta_i) = m\lambda, \quad m = 0, \ \pm 1, \ \pm 2, \ \pm 3, \ \cdots \tag{3.144}$$

이 방정식을 **격자방정식**이라고 부른다. 맥시마의 위치는 N에 무관하며 광선의 파장길이와 슬릿들 사이의 간극 비율에 의존한다는 점이 흥미롭다. 서로 다른 m값에 대해서, 서로 다른 차수의 맥시마들이 얻어진다. 0차는 $m=0$에 해당하며 1차는 $m=1$에 해당하는 등의 관계를 가지고 있다. θ_m값과 슬릿간격 d를 알고 있다면, 이 방정식을 사용하여 입사광선의 파장을 계산할 수 있다.

회절격자는 다수의 길고 좁은 슬릿들이 서로 평행하게 배치되어 있는 디바이스이다. 슬릿과 소재의 성질에 따라서 격자는 **반사격자**와 **투과격자**로 구분할 수 있다. 예를 들어, 투명한 유리판 위에 평행한 노치들을 가공하여 투과격자를 만들 수 있다. 반사격자의 경우에는 유리판 위에 금속박막을 코팅한 다음에 금속 측에 노치를 만든다. 두 경우 모두, 맥시마의 위치는 격자방정식을 사용하여 구할 수 있다.

슬릿이 N개인 격자의 경우, m차 맥시마의 각도간극 $\Delta\theta$(각도선폭이라고도 부른다)는 다음과 같이 주어진다.

$$\Delta\theta = \frac{2\lambda}{Nd\cos\theta_m} \tag{3.145}$$

이때 θ_m은 일정하다고 가정한다. 이 식을 살펴보면 N이 증가할수록 맥시마의 각도간극이 줄어든다는 것을 확인할 수 있다. 따라서 N이 증가할수록 맥시마는 더 뾰족해진다. 게다가 광원이 다중파장으로 이루어진 경우에는 파장별 각도선폭의 편차로 정의된 각도분산(D)

은 다음과 같이 주어진다(헤트 2002, 할리데이 등 2013).

$$D = \frac{m}{d\cos\theta_m} \qquad (3.146)$$

D값이 클수록 서로 인접한 파장들을 스크린상에서 쉽게 분리할 수 있다. 이는 d값이 작고 차수가 높은, 즉 m값이 큰 경우에 구현할 수 있다.

회절격자에서 관심을 받는 또 다른 양은 분해능 R이다. 파장길이가 거의 동일한 경우, 이 파장들의 맥시마는 구분하기가 어렵다. 이 문제는 분해능이 높은 회절격자를 사용하여 극복할 수 있다. 격자의 분해능은 λ_{mean}과 $\Delta\lambda$의 비율로 정의된다. 여기서 λ_{mean}은 파장길이가 거의 동일한 두 개의 파장들의 평균값이며 $\Delta\lambda$는 두 파장의 차이값이다. R은 다음과 같이 주어진다(헤트 2002, 할리데이 등 2013).

$$R = Nm \qquad (3.147)$$

따라서 N값을 증가시키면 회절격자의 분해능을 높일 수 있다.

1. 변형률 로젯: 응력을 받는 물체의 표면수직응력을 측정하기 위해서 변형률 로젯이 사용된다. 각 로젯들은 하나의 위치에서 특정한 방향으로의 수직변형률을 측정하기 위한 세 개의 스트레인 게이지들로 이루어진다. **그림 3.27**에서는 45° 변형률 로젯을 보여주고 있다. 이 로젯은 a, b 및 c의 3개 방향에 대해서 각각 수직변형률을 측정한다. **그림 3.27**에 도시되어 있는 카테시안 좌표계에 대한 변형률텐서의 ε_{11}, ε_{12} 및 ε_{22} 성분값들을 구하시오.

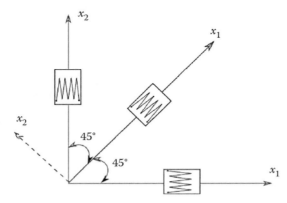

그림 3.27 45° 변형률 로젯

2. 주값과 주방향: 다음과 같은 대칭행렬의 주값과 주방향을 구하시오.

$$[S_{ij}] = \begin{bmatrix} 7 & 2 & 0 \\ 2 & 6 & -2 \\ 0 & -2 & 5 \end{bmatrix}$$

3. 응력벡터: 길이는 l이며 폭과 높이가 각각 b와 h인 사각단면을 가지고 있는 얇고 긴 고체소재 빔에 대해서 살펴보기로 하자(**그림 3.28**). 좌표계는 다음과 같이 배치하였다.

$$0 \leq x_1 \leq l, \ -\frac{h}{2} \leq x_2 \leq \frac{h}{2}, \ -\frac{b}{2} \leq x_3 \leq \frac{b}{2}, \ (b, h \ll l)$$

소재 내의 응력분포는 다음과 같다고 하자.

$$S_{11} = \frac{P}{I_z}(l - x_1)x_2, \ S_{12} = -\frac{P}{2I_z}\left(\frac{h^2}{4} - x_2^2\right), \ S_{13} = S_{22} = S_{23} = S_{33} = 0$$

여기서 P는 $x_1 = l$에 부가된 점하중이며 $I_z = bh^3/12$이다. $x_1 = 0$ 위치의 단면에 부가되는 견인벡터와 합력을 구하시오. 그리고 다음과 같은 모멘트벡터를 구하시오.

$$M = \int_A \boldsymbol{r} \times \boldsymbol{s} \, dA$$

여기서 r은 고정점 X_0에 대한 x의 위치벡터이다. $x_1 = 0$ 위치의 단면에 부가되는 견인력에 의한 모멘트를 계산하시오, 고정점 X_0를 대상단면의 중앙에 놓으시오.

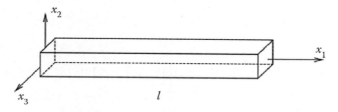

그림 3.28 3.6.3절에서 살펴보았던 얇고 긴 빔

4. 모어의 원: **그림 3.29**에 도시되어 있는 것처럼 사각단면을 가지고 있는 단순지지 빔에 대해서 살펴보기로 한다. 빔의 길이는 2.4[m]이며 단면 치수는 4[cm] × 8[cm]이다. 이 빔에 5,000[N/m]의 분포하중이 부가되고 있다. 빔의 임의위치에 대하여 굽힘 모멘트와 전단력을 사용하여 해당 위치의 응력상태를 구하시오.
관심위치 A는 좌측에서 0.2[m]이며 중립면에서 2[cm] 위에 위치하고 있다. 이 점에서의 주응력을 구하시오.

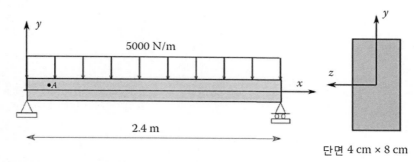

그림 3.29 분포하중이 부가되는 단순지지 빔. A점은 좌측에서 0.2[m], 중립면에서 2[cm] 위에 위치한다.

5. 헤르츠 접촉: 6[N]의 수직하중에 의해서 두 개의 강구가 압착되고 있다. 영계수는 200[GPa]이며 푸아송비는 0.3이다. 두 강구의 직경은 각각 12[mm]와 18[mm]이다. 접촉반경, 접촉압력, 압축량 δ 그리고 접촉강성을 구하시오.

6. 헤르츠 접촉에 의한 최대전단응력: 동일한 소재로 만들어진 두 개의 강구 사이의 수직접촉에서 (z−축 방향으로)최대전단응력이 발생하는 깊이를 구하시오. 소재의 ν값은 각각 0.0, 0.1, 0.2, 0.3, 0.32, 0.4 및 0.5라 한다.

7. 광학: 얇은 집속렌즈에 대해서 식 (3.130)의 얇은 렌즈 방정식을 유도하시오.

8. 회절: 나트륨증기램프에서 방사된 빛이 5,000[lines/cm] 크기의 회절격자에 조사되고 있다. 이 광선에는 589.0[nm]와 589.59[nm]의 두 가지 파장성분이 존재할 때에, 이들 두 성분에 의해서

2[m] 떨어진 스크린에 생성되는 1차 직선들 사이의 간극을 구하시오.

9. 표준정규분포: 표준정규분포의 평균과 분산이 각각 0과 1임을 증명하시오.

10. 단위구형파의 푸리에 급수전개: 단위구형파에 대한 푸리에 급수 전개가 식 (3.47)과 같음을 증명하시오.

11. 탄성 스트링 진동: 길이가 L이며 양단이 고정되어 있는 탄성인장 스트링에 대해서 살펴보기로 한다. 스트링의 길이방향을 x−축으로 정한다. $u(x,t)$는 스트링의 측면방향 변위를 나타낸다. 초기변위는 $\overline{u}(x)$이며 초기속도는 $\overline{\nu}(x)$이다. 스트링의 운동에 대한 편미분방정식이 다음과 같이 주어진다.

$$\frac{\partial^2 u}{\partial x^2} = \frac{1}{c^2}\frac{\partial^2 u}{\partial t^2} \tag{3.148}$$

여기서 $u(x,t)$는 시간 t에 위치 x에서의 측면방향 변위를 나타낸다. c값을 파동속도라고 부르며 $\sqrt{F_0/\rho}$와 같다. 여기서 F_0는 스트링의 초기장력이며 ρ는 스트링의 선밀도이다. 만일 초기속도는 0인 상태에서 스트링의 중앙을 튕겼다면, 변위장이 다음과 같이 주어짐을 증명하시오.

$$u(x,t) = \sum_{n=0}^{\infty} \frac{8L}{(2n+1)^3\pi^3}\sin\frac{(2n+1)\pi x}{L}\cos\frac{(2n+1)\pi ct}{L} \tag{3.149}$$

참고문헌

Abramowitz, M., Stegun, I. A. 1972. *Handbook of mathematical functions.* Dover Publications.

Ascher, U. M., Greif, C. 2011. *A first course on numerical methods.* Society for Industrial and Applied Mathematics.

Cattaneo, C. 1938. Sul contatto di due corpi elastici. *Rendiconti dell'Accademia nazionale dei Lincei,* **6**(27), 342-348, 434-436, 474-478.

Crandall, S., Dahl, N., Lardner, T. 1978. *An introduction to the mechanics of solids.* McGraw-Hill.

Hale, L. C. 1999. *Principles and techniques for designing precision machines.* PhD dissertation, Massachusetts Institute of Technology, Cambridge.

Halliday, D., Resnick, R., Walker, J. 2013. *Fundamentals of physics* (10th ed.). Wiley.

Hecht, E. 2002. *Optics* (4th ed.). Addison-Wesley.

Holický, M. 2013. *Introduction to probability and statistics for engineers.* Springer Science & Business Media.

Johnson, K. L. 1987. *Contact mechanics.* Cambridge University Press.

Kreyszig, E. 2007. *Advanced engineering mathematics.* John Wiley & Sons.

Mindlin, R. D. 1949. Compliance of elastic bodies in contact. *J. Appl. Mech.,* **16**, 259-268.

Mindlin, R. D., Deresiewicz, H. 1953. Elastic spheres in contact under varying oblique forces. *J. Appl. Mech.,* **20**, 327-344.

Puttock, M. J., Thwaite, E. G. 1969. *Elastic compression of spheres and cylinders at point and line contact.* Commonwealth Scientific and Industrial Research Organization.

Riley, K. F., Hobson, M. P., Bence, S. J. 2006. *Mathematical methods for physics and engineering: A comprehensive guide.* Cambridge University Press.

Sackfield, A., Hills, D. A., Nowell, D. 2013. *Mechanics of elastic contacts.* Elsevier.

Slaughter, W. S. 2002. *The linearized theory of elasticity.* Birkhäuser.

Tolstov, G. P. 2002. *Fourier series.* Translated into English by Richard A. Silverma, Dover Publications.

Vu-Quoc, L., Zhang, X., Lesburg, L. 2001. Normal and tangential force-displacement relations for frictional elasto-plastic contact of spheres. *Int. J. Solids Struct.,* **38**(36), 6455-6489.

Weisstein, E. W. F-Distribution. From MathWorld-A Wolfram Web Resource. http://mathworld.wolfram.com/F-Distribution.html (accessed March 21, 2017).

부 록: 통계적 분포표

표 3.A.1 표준정규분포표

z_0	Δz									
	0.0000	0.0100	0.0200	0.0300	0.0400	0.0500	0.0600	0.0700	0.0800	0.0900
0.0000	0.5000	0.5040	0.5080	0.5120	0.5160	0.5199	0.5239	0.5279	0.5319	0.5359
0.1000	0.5398	0.5438	0.5478	0.5517	0.5557	0.5596	0.5636	0.5675	0.5714	0.5753
0.2000	0.5793	0.5832	0.5871	0.5910	0.5948	0.5987	0.6026	0.6064	0.6103	0.6141
0.3000	0.6179	0.6217	0.6255	0.6293	0.6331	0.6368	0.6406	0.6443	0.6480	0.6517
0.4000	0.6554	0.6591	0.6628	0.6664	0.6700	0.6736	0.6772	0.6808	0.6844	0.6879
0.5000	0.6915	0.6950	0.6985	0.7019	0.7054	0.7088	0.7123	0.7157	0.7190	0.7224
0.6000	0.7257	0.7291	0.7324	0.7357	0.7389	0.7422	0.7454	0.7486	0.7517	0.7549
0.7000	0.7580	0.7611	0.7642	0.7673	0.7704	0.7734	0.7764	0.7794	0.7823	0.7852
0.8000	0.7881	0.7910	0.7939	0.7967	0.7995	0.8023	0.8051	0.8078	0.8106	0.8133
0.9000	0.8159	0.8186	0.8212	0.8238	0.8264	0.8289	0.8315	0.8340	0.8365	0.8389
1.0000	0.8413	0.8438	0.8461	0.8485	0.8508	0.8531	0.8554	0.8577	0.8599	0.8621
1.1000	0.8643	0.8665	0.8686	0.8708	0.8729	0.8749	0.8770	0.8790	0.8810	0.8830
1.2000	0.8849	0.8869	0.8888	0.8907	0.8925	0.8944	0.8962	0.8980	0.8997	0.9015
1.3000	0.9032	0.9049	0.9066	0.9082	0.9099	0.9115	0.9131	0.9147	0.9162	0.9177
1.4000	0.9192	0.9207	0.9222	0.9236	0.9251	0.9265	0.9279	0.9292	0.9306	0.9319
1.5000	0.9332	0.9345	0.9357	0.9370	0.9382	0.9394	0.9406	0.9418	0.9429	0.9441
1.6000	0.9452	0.9463	0.9474	0.9484	0.9495	0.9505	0.9515	0.9525	0.9535	0.9545
1.7000	0.9554	0.9564	0.9573	0.9582	0.9591	0.9599	0.9608	0.9616	0.9625	0.9633
1.8000	0.9641	0.9649	0.9656	0.9664	0.9671	0.9678	0.9686	0.9693	0.9699	0.9706
1.9000	0.9713	0.9719	0.9726	0.9732	0.9738	0.9744	0.9750	0.9756	0.9761	0.9767
2.0000	0.9772	0.9778	0.9783	0.9788	0.9793	0.9798	0.9803	0.9808	0.9812	0.9817
2.1000	0.9821	0.9826	0.9830	0.9834	0.9838	0.9842	0.9846	0.9850	0.9854	0.9857
2.2000	0.9861	0.9864	0.9868	0.9871	0.9875	0.9878	0.9881	0.9884	0.9887	0.9890
2.3000	0.9893	0.9896	0.9898	0.9901	0.9904	0.9906	0.9909	0.9911	0.9913	0.9916
2.4000	0.9918	0.9920	0.9922	0.9925	0.9927	0.9929	0.9931	0.9932	0.9934	0.9936
2.5000	0.9938	0.9940	0.9941	0.9943	0.9945	0.9946	0.9948	0.9949	0.9951	0.9952
2.6000	0.9953	0.9955	0.9956	0.9957	0.9959	0.9960	0.9961	0.9962	0.9963	0.9964
2.7000	0.9965	0.9966	0.9967	0.9968	0.9969	0.9970	0.9971	0.9972	0.9973	0.9974
2.8000	0.9974	0.9975	0.9976	0.9977	0.9977	0.9978	0.9979	0.9979	0.9980	0.9981
2.9000	0.9981	0.9982	0.9982	0.9983	0.9984	0.9984	0.9985	0.9985	0.9986	0.9986
3.0000	0.9987	0.9987	0.9987	0.9988	0.9988	0.9989	0.9989	0.9989	0.9990	0.9990
3.1000	0.9990	0.9991	0.9991	0.9991	0.9992	0.9992	0.9992	0.9992	0.9993	0.9993
3.2000	0.9993	0.9993	0.9994	0.9994	0.9994	0.9994	0.9994	0.9995	0.9995	0.9995
3.3000	0.9995	0.9995	0.9995	0.9996	0.9996	0.9996	0.9996	0.9996	0.9996	0.9997
3.4000	0.9997	0.9997	0.9997	0.9997	0.9997	0.9997	0.9997	0.9997	0.9997	0.9998
3.5000	0.9998	0.9998	0.9998	0.9998	0.9998	0.9998	0.9998	0.9998	0.9998	0.9998
3.6000	0.9998	0.9998	0.9999	0.9999	0.9999	0.9999	0.9999	0.9999	0.9999	0.9999
3.7000	0.9999	0.9999	0.9999	0.9999	0.9999	0.9999	0.9999	0.9999	0.9999	0.9999
3.8000	0.9999	0.9999	0.9999	0.9999	0.9999	0.9999	0.9999	0.9999	0.9999	0.9999
3.9000	1.0000	1.0000	1.0000	1.0000	1.0000	1.0000	1.0000	1.0000	1.0000	1.0000

주의: 이 표에서는 다양한 z값에 대해서 $F(z)$값을 제시하고 있다. z값은 $z_0 + \Delta z$이다. (i, j) 셀 내의 요소로부터 $F(z)$값을 구했다. 여기서 i는 z_0의 행이며 j는 Δz의 열이다. $F(-z) = 1 - F(z)$이다.

표 3.A.2 표준정규분포표

$F(z)\,[\%]$	z	$F(z)\,[\%]$	z	$F(z)\,[\%]$	z	$F(z)\,[\%]$	z
1	−2.326	31	−0.496	61	0.279	91	1.341
2	−2.054	32	−0.468	62	0.305	92	1.405
3	−1.881	33	−0.440	63	0.332	93	1.476
4	−1.751	34	−0.412	64	0.358	94	1.555
5	−1.645	35	−0.385	65	0.385	95	1.645
6	−1.555	36	−0.358	66	0.412	96	1.751
7	−1.476	37	−0.332	67	0.440	97	1.881
8	−1.405	38	−0.305	68	0.468	97.5	1.960
9	−1.341	39	−0.279	69	0.496	98	2.054
10	−1.282	40	−0.253	70	0.524	99	2.326
11	−1.227	41	−0.228	71	0.553		
12	−1.175	42	−0.202	72	0.583	99.1	2.366
13	−1.126	43	−0.176	73	0.613	99.2	2.409
14	−1.080	44	−0.151	74	0.643	99.3	2.457
15	−1.036	45	−0.126	75	0.674	99.4	2.512
16	−0.994	46	−0.100	76	0.706	99.5	2.576
17	−0.954	47	−0.075	77	0.739	99.6	2.652
18	−0.915	48	−0.050	78	0.772	99.7	2.748
19	−0.878	49	−0.025	79	0.806	99.8	2.878
20	−0.842	50	0.000	80	0.842	99.9	3.090
21	−0.806	51	0.025	81	0.878		
22	−0.772	52	0.050	82	0.915	99.91	3.121
23	−0.739	53	0.075	83	0.954	99.92	3.156
24	−0.706	54	0.100	84	0.994	99.93	3.195
25	−0.674	55	0.126	85	1.036	99.94	3.239
26	−0.643	56	0.151	86	1.080	99.95	3.291
27	−0.613	57	0.176	87	1.126	99.96	3.353
28	−0.583	58	0.202	88	1.175	99.97	3.432
29	−0.553	59	0.228	89	1.227	99.98	3.540
30	−0.524	60	0.253	90	1.282	99.99	3.719

주의: 이 표에서는 주어진 $F(z)$값에 대한 z값을 제시하고 있다.

표 3.A.3 t - 분포표

ν	$F(t) = P(T \le t)$						
	0.900	0.925	0.950	0.975	0.990	0.995	0.999
1	3.0777	4.1653	6.3138	12.706	31.821	63.657	318.31
2	1.8856	2.2819	2.9200	4.3027	6.9646	9.9248	22.327
3	1.6377	1.9243	2.3534	3.1824	4.5407	5.8409	10.215
4	1.5332	1.7782	2.1318	2.7763	3.7470	4.6041	7.1732
5	1.4759	1.6994	2.0150	2.5706	3.3648	4.0322	5.8934
6	1.4398	1.6502	1.9432	2.4469	3.1426	3.7074	5.2076
7	1.4149	1.6166	1.8946	2.3646	2.9979	3.4995	4.7851
8	1.3968	1.5922	1.8595	2.3060	2.8965	3.3554	4.5007
9	1.3830	1.5737	1.8331	2.2622	2.8214	3.2498	4.2968
10	1.3722	1.5592	1.8125	2.2281	2.7638	3.1693	4.1437
11	1.3634	1.5476	1.7959	2.2010	2.7181	3.1058	4.0247
12	1.3562	1.5380	1.7823	2.1788	2.6810	3.0545	3.9296
13	1.3502	1.5299	1.7709	2.1604	2.6503	3.0123	3.8520
14	1.3450	1.5231	1.7613	2.1448	2.6245	2.9768	3.7874
15	1.3406	1.5172	1.7531	2.1314	2.6025	2.9467	3.7328
16	1.3368	1.5121	1.7459	2.1199	2.5835	2.9208	3.6862
17	1.3334	1.5077	1.7396	2.1098	2.5669	2.8982	3.6458
18	1.3304	1.5037	1.7341	2.1009	2.5524	2.8784	3.6105
19	1.3277	1.5002	1.7291	2.0930	2.5395	2.8609	3.5794
20	1.3253	1.4970	1.7247	2.0860	2.5280	2.8453	3.5518
21	1.3232	1.4942	1.7207	2.0796	2.5176	2.8314	3.5272
22	1.3212	1.4916	1.7171	2.0739	2.5083	2.8188	3.5050
23	1.3195	1.4893	1.7139	2.0687	2.4999	2.8073	3.4850
24	1.3178	1.4871	1.7109	2.0639	2.4922	2.7969	3.4668
25	1.3163	1.4852	1.7081	2.0595	2.4851	2.7874	3.4502
26	1.3150	1.4834	1.7056	2.0555	2.4786	2.7787	3.4350
27	1.3137	1.4817	1.7033	2.0518	2.4727	2.7707	3.4210
28	1.3125	1.4801	1.7011	2.0484	2.4671	2.7633	3.4082
29	1.3114	1.4787	1.6991	2.0452	2.4620	2.7564	3.3962
30	1.3104	1.4774	1.6973	20423	2.4573	2.7500	3.3852

주의: 이 표에서는 다양한 $F(t)$값과 자유도인 ν값에 대해서 t - 값을 제시하고 있다.

표 3.A.4 χ^2-분포표

| ν | \multicolumn{10}{c}{$F(t) = P(Y \le t)$} |
	0.005	0.010	0.025	0.050	0.100	0.900	0.950	0.975	0.990	0.995
1	0.000	0.000	0.001	0.004	0.016	2.706	3.841	5.024	6.635	7.879
2	0.010	0.020	0.051	0.103	0.211	4.605	5.991	7.378	9.210	10.597
3	0.072	0.115	0.216	0.352	0.584	6.251	7.815	9.348	11.345	12.838
4	0.207	0.297	0.484	0.711	1.064	7.779	9.488	11.143	13.277	14.860
5	0.412	0.554	0.831	1.145	1.610	9.236	11.070	12.833	15.086	16.750
6	0.676	0.872	1.237	1.635	2.204	10.645	12.592	14.449	16.812	18.548
7	0.989	1.239	1.690	2.167	2.833	12.017	14.067	16.013	18.475	20.278
8	1.344	1.646	2.180	2.733	3.490	13.362	15.507	17.535	20.090	21.955
9	1.735	2.088	2.700	3.325	4.168	14.684	16.919	19.023	21.666	23.589
10	2.156	2.558	3.247	3.940	4.865	15.987	18.307	20.483	23.209	25.188
11	2.603	3.053	3.816	4.575	5.578	17.275	19.675	21.920	24.725	26.757
12	3.074	3.571	4.404	5.226	6.304	18.549	21.026	23.337	26.217	28.300
13	3.565	4.107	5.009	5.892	7.042	19.812	22.362	24.736	27.688	29.819
14	4.075	4.660	5.629	6.571	7.790	21.064	23.685	26.119	29.141	31.319
15	4.601	5.229	6.262	7.261	8.547	22.307	24.996	27.488	30.578	32.801
16	5.142	5.812	6.908	7.962	9.312	23.542	26.296	28.845	32.000	34.267
17	5.697	6.408	7.564	8.672	10.085	24.769	27.587	30.191	33.409	35.718
18	6.265	7.015	8.231	9.390	10.865	25.989	28.869	31.526	34.805	37.156
19	6.844	7.633	8.907	10.117	11.651	27.204	30.144	32.852	36.191	38.582
20	7.434	8.260	9.591	10.851	12.443	28.412	31.410	34.170	37.566	39.997
21	8.034	8.897	10.283	11.591	13.240	29.615	32.671	35.479	38.932	41.410
22	8.643	9.542	10.982	12.338	14.041	30.813	33.924	36.781	40.289	42.796
23	9.260	10.196	11.689	13.091	14.848	32.007	35.172	38.076	41.638	44.181
24	9.886	10.856	12.401	13.848	15.659	33.196	36.415	39.364	42.980	45.559
25	10.520	11.524	13.120	14.611	16.473	34.382	37.652	40.646	44.314	46.928
26	11.160	12.198	13.844	15.379	17.292	35.563	38.885	41.923	45.642	48.290
27	11.808	12.879	14.573	16.151	18.114	36.741	40.113	43.195	46.963	49.645
28	12.461	13.565	15.308	16.928	18.939	37.916	41.337	44.461	48.278	50.993
29	13.121	14.256	16.047	17.708	19.768	39.087	42.557	45.722	49.588	52.336
30	13.787	14.953	16.791	18.493	20.599	40.256	43.773	46.979	50.892	53.672

주의: 이 표에서는 다양한 $F(y)$값과 자유도인 ν값에 대해서 y-값을 제시하고 있다.

표 3.A.5 $F-$분포표

n	m									
	1	2	3	4	5	6	7	8	9	10
1	161.448	199.500	215.707	224.583	230.162	233.986	236.768	238.883	240.543	241.882
2	18.513	19.000	19.164	19.247	19.296	19.330	19.353	19.371	19.385	19.396
3	10.128	9.552	9.277	9.117	9.013	8.941	8.887	8.845	8.812	8.786
4	7.709	6.944	6.591	6.388	6.256	6.163	6.094	6.041	5.999	5.964
5	6.608	5.786	5.409	5.192	5.050	4.950	4.876	4.818	4.772	4.735
6	5.987	5.143	4.757	4.534	4.387	4.284	4.207	4.147	4.099	4.060
7	5.591	4.737	4.347	4.120	3.972	3.866	3.787	3.726	3.677	3.637
8	5.318	4.459	4.066	3.838	3.687	3.581	3.500	3.438	3.388	3.347
9	5.117	4.256	3.863	3.633	3.482	3.374	3.293	3.230	3.179	3.137
10	4.965	4.103	3.708	3.478	3.326	3.217	3.135	3.072	3.020	2.978
11	4.844	3.982	3.587	3.357	3.204	3.095	3.012	2.948	2.896	2.854
12	4.747	3.885	3.490	3.259	3.106	2.996	2.913	2.849	2.796	2.753
13	4.667	3.806	3.411	3.179	3.025	2.915	2.832	2.767	2.714	2.671
14	4.600	3.739	3.344	3.112	2.958	2.848	2.764	2.699	2.646	2.602
15	4.543	3.682	3.287	3.056	2.901	2.790	2.707	2.641	2.588	2.544
16	4.494	3.634	3.239	3.007	2.852	2.741	2.657	2.591	2.538	2.494
17	4.451	3.592	3.197	2.965	2.810	2.699	2.614	2.548	2.494	2.450
18	4.414	3.555	3.160	2.928	2.773	2.661	2.577	2.510	2.456	2.412
19	4.381	3.522	3.127	2.895	2.740	2.628	2.544	2.477	2.423	2.378
20	4.351	3.493	3.098	2.866	2.711	2.599	2.514	2.447	2.393	2.348
21	4.325	3.467	3.072	2.840	2.685	2.573	2.488	2.420	2.366	2.321
22	4.301	3.443	3.049	2.817	2.661	2.549	2.464	2.397	2.342	2.297
23	4.279	3.422	3.028	2.796	2.640	2.528	2.442	2.375	2.320	2.275
24	4.260	3.403	3.009	2.776	2.621	2.508	2.423	2.355	2.300	2.255
25	4.242	3.385	2.991	2.759	2.603	2.490	2.405	2.337	2.282	2.236
26	4.225	3.369	2.975	2.743	2.587	2.474	2.388	2.321	2.265	2.220
27	4.210	3.354	2.960	2.728	2.572	2.459	2.373	2.305	2.250	2.204
28	4.196	3.340	2.947	2.714	2.558	2.445	2.359	2.291	2.236	2.190
29	4.183	3.328	2.934	2.701	2.545	2.432	2.346	2.278	2.223	2.177
30	4.171	3.316	2.922	2.690	2.534	2.421	2.334	2.266	2.211	2.165

주의: 이 표에서는 $F(x) = 0.95$와 자유도인 n 및 m값에 대해서 x값을 제시하고 있다.

표 3.A.6 F-분포표

n	m									
	1	2	3	4	5	6	7	8	9	10
1	4052.18	4999.50	5403.35	5624.58	5763.65	5858.98	5928.35	5981.07	6022.47	6055.84
2	98.503	99.000	99.166	99.249	99.299	99.333	99.356	99.374	99.388	99.399
3	34.116	30.817	29.457	28.710	28.237	27.911	27.672	27.489	27.345	27.229
4	21.198	18.000	16.694	15.977	15.522	15.207	14.976	14.799	14.569	14.546
5	16.258	13.274	12.060	11.392	10.967	10.672	10.456	10.289	10.158	10.051
6	13.745	10.925	9.780	9.148	8.746	8.466	8.260	8.102	7.976	7.874
7	12.246	9.547	8.451	7.847	7.460	7.191	6.993	6.840	6.719	6.620
8	11.259	8.649	7.591	7.006	6.632	6.371	6.178	6.029	5.911	5.814
9	10.561	8.022	6.992	6.422	6.057	5.802	5.613	5.467	5.351	5.257
10	10.044	7.559	6.552	5.994	5.636	5.386	5.200	5.057	4.942	4.849
11	9.646	7.206	6.217	5.668	5.316	5.069	4.886	4.744	4.632	4.539
12	9.330	6.927	5.953	5.412	5.064	4.821	4.640	4.499	4.388	4.296
13	9.074	6.701	5.739	5.205	4.862	4.620	4.441	4.302	4.191	4.100
14	8.862	6.515	5.564	5.035	4.695	4.456	4.278	4.140	4.030	3.939
15	8.683	6.359	5.417	4.893	4.556	4.318	4.142	4.004	3.895	3.805
16	8.531	6.226	5.292	4.773	4.437	4.202	4.026	3.890	3.780	3.691
17	8.400	6.112	5.185	4.669	4.336	4.102	3.927	3.791	3.682	3.593
18	8.285	6.013	5.092	4.579	4.248	4.015	3.841	3.705	3.597	3.508
19	8.185	5.926	5.010	4.500	4.171	3.939	3.765	3.631	3.523	3.434
20	8.096	5.849	4.938	4.431	4.103	3.871	3.699	3.564	3.457	3.368
21	8.017	5.780	4.874	4.369	4.042	3.812	3.640	3.506	3.398	3.310
22	7.945	5.719	4.817	4.313	3.988	3.758	3.587	3.453	3.346	3.258
23	7.881	5.664	4.765	4.264	3.939	3.710	3.539	3.406	3.299	3.211
24	7.823	5.614	4.718	4.218	3.895	3.667	3.496	3.363	3.256	3.168
25	7.770	5.568	4.675	4.177	3.855	3.627	3.457	3.324	3.217	3.129
26	7.721	5.526	4.637	4.140	3.818	3.591	3.421	3.288	3.182	3.094
27	7.677	5.488	4.601	4.106	3.785	3.558	3.388	3.256	3.149	3.062
28	7.636	5.453	4.568	4.074	3.754	3.528	3.358	3.226	3.120	3.032
29	7.598	5.420	4.538	4.045	3.725	3.499	3.330	3.198	3.092	3.005
30	7.562	5.390	4.510	4.018	3.699	3.473	3.304	3.173	3.067	2.979

주의: 이 표에서는 $F(x)=0.99$와 자유도인 n 및 m값에 대해서 x값을 제시하고 있다.

정밀기계와 동역학

CHAPTER 04 정밀기계와 동역학

뉴턴의 법칙은 전례 없는 정밀도를 갖춘 동적 시스템을 구현할 수 있는 해법을 제공해주었다. 그런데 제조업체의 가공정밀도 한계와 히스테리시스, 마찰 및 비선형성과 같은 복잡한 거동을 초래하는 기계적 메커니즘의 조립문제로 인해서 이 법칙을 적용하는 데에는 한계가 있다. 이 책의 대부분에서는 기계와 메커니즘에서 발생하는 이런 부정적인 특성들을 제거하여 정밀도를 최적화하기 위한 방법들에 대해서 다루고 있다.

모든 동적 시스템은 미소 교란에 대해서 선형 시스템으로 모델링하며, 주파수응답함수와 고유값을 구한다. 따라서 비록 동역학은 오랜 세월 동안 개발된 광범위한 주제이기는 하지만 이 장에서는 선형 시스템적 관점에만 집중하기로 한다.

선형 동역학의 기초이론을 설명하기 위해서 스프링, 강체질량 그리고 무마찰 진자와 같은 이상적인 물체들이 사용된다. 이런 가상의 물체들을 전형적인 정밀측정 시스템에서 접할 수 있는 더 크고 복잡한 시스템을 구성하는 기본요소들로 사용할 수 있다. 하나 또는 두 개의 물체로 이루어진 단순 시스템에서 발생하는 운동에 대한 기본 개념들은 더 복잡한 다물체 시스템에 적용할 기초이론으로 사용된다. 대략적으로 선형이며, 단일입력 단일출력, 동적 공정의 사례로서, 일반적으로 사용되는 두 가지 접촉식 측정 시스템에 대해서 살펴보기로 한다. 첫 번째 사례는 계측에 널리 사용되는 좌표 측정 시스템의 고감쇄 접촉식 프로브의 성질과 운동특성이며, 두 번째 사례는 매우 작은 규모에서 소재의 표면성질을 분석하기 위해서 사용되는 원자작용력 현미경의 외팔보 센서에서 발생하는 진폭과 주파수 특성이다. 많은 경우 시스템 응답의 모델링에 이런 근사방법만으로도 충분하다.

이 장의 말미에서는 다양한 힘이 작용하는 시스템의 응답을 구하기 위한 고유치 해석에 사용되는 다물체 동역학 시스템의 운동 계산방법, 행렬식 계산방법 등이 소개되어 있다.

지면상의 제약에도 불구하고, 일반화 좌표와 라그랑주 방정식의 사용은 모든 고전역학의 기초를 형성하고 있으며, 이 책에서 사용되는 이론들의 이해를 도와준다.

4.1 서언: 운동의 세계

초기산업기술시대 이후로 동적 시스템은 꾸준히 발전해왔다. 정밀기계의 설계, 제조 및 활용에 있어서 수많은 기술적 도전을 겪어왔다. 과거부터 문제가 되어왔던 일반적인 문제들인 표면의 평활도와 마찰의 극복, 질량의 영향, 강성과 같은 기계적인 성질들, 열의 누적 등과 같이 산업용 기계의 효율에 영향을 미치는 인자들과 더불어서, 구성요소의 소형화와 고속 정밀 디바이스에 대한 요구로 인하여 새로운 기술적 도전요인들이 나타나게 되었다. 집적회로의 노광공정에 일반적으로 사용되는 웨이퍼 스캐너는 웨이퍼와 마스크의 운동을 나노미터 정밀도로 제어해야만 하는 경량, 고속운동장치의 사례이다. 미소한 열팽창이나 열수축은 웨이퍼 기판상의 패턴 왜곡을 초래하며, 단지 10[nm] 미만의 오차[1]로 인하여 제작중인 회로를 완전히 망쳐버릴 수 있기 때문에, 능동요소들의 온도를 정밀하게 유지해야만 한다.

동특성의 해석에는 스칼라, 벡터 및 좌표계 등을 사용하며, 이에 대해서는 3장에서 살펴보았다. 운동 중인 물체의 경우, 거리 및 **속력**[2](스칼라량)과 변위 및 **속도**[3](방향과 경로를 고려한 벡터 량) 사이의 차이를 구분하는 것이 중요하다. 거리는 임의의 방향으로 물체가 움직이면서 이동한 경로의 총 길이이다. 속력은 단위시간당 이동한 거리이다. 속도는 단위시간당 변위이다. 벡터는 볼드서체로 표기한다. 예를 들어 v는 속력이며 $\boldsymbol{v}$는 속도이다. 그런데 변위에 대한 미분을 표기할 때에는 볼드서체를 사용하지 않고, 간단히 $\dot{x}$으로 표기한다. 또한. 벡터의 실제 방향이 그리 중요하지 않거나 특정한 좌표축에 대해서 정의되어 있는 경우에는 벡터의 크기를 나타내기 위해서 볼드서체 대신에 일반서체를 사용한다.

물체의 질량이 한 점에 집중되어 있다고 근사화시킬 수 있는 간단한 시스템의 경우, 이 물체가 이동한 전체 경로는 스칼라로 표기할 수 있으며, 개별 경로의 변위 및 방향은 벡터로 나타낸다. 특정한 거리를 이동한 이후에 최초의 위치로 되돌아오며 이 경로 중에서 발생한 모든 벡터들이 서로 상쇄된다면, 점질량의 변위와 평균속도는 0이 된다. 평균속도는 단위시간 동안 지정된 경로를 움직인 총 거리로서, $v = x/t$이다. 순간속도는 거리의 시간미분값으로, 다음과 같이 정의된다.

---

1 2018년 현재 최고사양 웨이퍼 스캐너의 위치 결정 정확도는 0.5[nm] 미만에 달한다(역자 주).
2 speed: 속력, 스칼라량.
3 velocity: 속도, 벡터량.

$$v = \frac{dx}{dt} = \dot{x} \tag{4.1}$$

여기서 x 위의 점은 시간에 대한 미분을 의미하며 뉴턴의 미분표기법이다. 이 장의 말미에서 설명할 각운동과 관련되어서, 회전과 관련된 변수정의가 필요하다. 만일 각도를 θ 라고 한다면, [rad/sec]의 단위를 가지고 있는 각속도는 다음과 같이 정의된다.

$$\omega = \frac{d\vec{\theta}}{dt} \tag{4.2}$$

각속도 역시 벡터량이다. 이 경우, 관련된 스칼라량은 **각주파수**이며, 방향에 대한 정의 없이, 단위시간당 회전수로만 정의된다. 회전운동의 경우, 반드시 원형이거나 정현함수일 필요는 없지만, 회전중심축에 대한 벡터형태로 나타내는 것이 유용하다. 간단한 사례의 경우에는 편의상 ω 만을 사용한다.

미소회전의 경우에는 각도[rad]와 각도의 sin 값은 거의 같으므로, 반경 r 에 대한 원호길이 s 의 비율은 $\theta = s/r$ 이기 때문에 $v = r\omega = r\dot{\theta}$ 의 관계를 갖는다.

일반 고전역학에서는 우선, 벡터량들 중 하나인 힘에 대한 개념을 정립할 필요가 있다(일반 개념과 예제는 서웨이 2013 참조, 더 자세한 내용은 모린 2008 참조). 힘은 정적 또는 동적으로 작용한다. 힘을 위치에너지의 구배로도 정의할 수도 있으며, 힘들이 서로 정확히 반대방향을 향하고 있지 않는다면, 운동의 변화나 가속이 초래된다. 운동이 발생하는 경우, 물체 운동의 변화를 초래하는 모든 평형력이나 서로 반대방향을 향하고 있는 힘들을 모두 고려한 것이 **합력**(또는 **알짜힘**)이다. 가속의 경우, 선형운동 속도의 변화나 회전의 경우, 방향의 변화를 유발한다. 가속도 역시 전형적인 벡터량이다 속력의 변화도 대충 가속도라고 부르기는 하지만 가속도라고 하면 일반적으로 속력보다는 속도의 변화를 나타낸다.

힘과 관련된 뉴턴역학은 크게 **정역학**과 **동역학**의 두 부류로 구분된다. 역학의 세 번째 유형은 **기구학**이다. 기구학에서는 힘에 의하여 유발되거나 힘에 영향을 미치는 인자들을 고려하지 않고, 단지 운동을 기하학적인 관점에서만 다룬다. 정역학은 정지해 있거나 일정한 운동을 하는 시스템을 다룬다. 정역학에서는 모든 힘들이 서로 균형(평형)을 맞추고 있는 경우에 대해서만 살펴본다. 실제의 경우에는 모든 물체들이 움직이고 있지만, 모델에서는 지구의 회전이나 중력장의 영향과 같은 대규모의 영향들을 무시하고 고립된 시스템이라고 간주한다. 동역학에서는 운동의 변화에 따라서 합력의 불평형이 발생하는 시스템을 다루며, 작용하는 모든 힘들의 벡터 합에 의해서 이 시스템의 속도의 방향이 결정된다.

정적 시스템에서는 모든 (작용－반작용) 힘들의 합은 0이다. 따라서

$$\sum_{i=1}^{All\ forces} F_i = 0 \tag{4.3}$$

작용력에는 물체력(중력, 전자기력)과 구동력(표면접촉을 통해서 외부에서 물체로 전달되는 힘)이 있다. 더 근본적으로는, 고체물질 내에서 서로 밀쳐지는 원자들이나 자기장 내에서 간접적으로 힘을 받는 전자들 사이에서 작용하는 위치에너지 구배에 의해서 이 힘들이 작용하게 된다. 이런 미세한 상호작용에 대해서는 무시할 수 있다. 하지만 고체 내에서는 힘들 사이에 무수한 평형과 상쇄가 일어나며, 이에 대해서는 나중에 설명할 예정이다.

일정한 질량 m을 갖는 물체로 이루어진 **동적 시스템**에서, 아무런 회전도 일어나지 않는다면, 합력의 불평형은 가속도를 유발한다.

$$\sum F_i = m\ddot{x} \tag{4.4}$$

식 (4.3)과 (4.4)에 제시되어 있는 조건들이 각각 뉴턴의 1법칙과 2법칙을 나타내고 있다 (4.2절 참조). 힘과 가속도는 동일한 방향을 향하며, 일반적으로 변위는 선형경로를 따라 발생하기 때문에, 식 (4.4)를 스칼라 식인 $F = m\ddot{x}$로도 나타낼 수 있다.

4.2 입자와 강체에 대한 뉴턴의 운동법칙

뉴턴의 법칙들(뉴턴 1726)이 고전역학의 기초를 이루고 있으며, 특히 시스템을 강체로 간주할 수 있는 수많은 기계 시스템들에 적용하기에 충분한 방법이다. 회전운동을 포함한 긴

강체의 완전한 동역학 문제와 변형성 물체의 역학문제에 대해서는 더 일반화된 방법이 필요하며, 이에 대해서는 다음 장에서 다루기로 한다.

관성좌표 또는 비가속 좌표를 기반으로 하기 때문에 **관성법칙**이라고도 부르는 뉴턴의 운동에 대한 1법칙이 기반을 이루고 있다. 뉴턴의 제1운동법칙에 따르면, 외력이 작용하지 않는 모든 물체는 정지해 있거나 (직선방향으로) 일정한 속도로 운동을 지속한다. 이 경우, 관성은 운동의 변화에 저항하는 질량의 성질이라고 정의할 수 있지만, 모멘트와의 혼동을 피하기 위해서 관성이라는 용어를 조심스럽게 사용해야 한다. 비가속 기준좌표가 여타 운동법칙들을 적용하기 위한 시작점이 된다. 즉, 힘이 작용하지 않는 물체의 경우에는, 물체가 가속되지 않도록 기준좌표를 지정할 수 있다. 비관성 또는 가속 좌표계 속에서 움직이는 관찰자가 바라본 물체의 겉보기 가속과의 혼동을 피하기 위해서 관찰자를 위한 관성 기준프레임이 필요하다는 것을 포함하여 뉴턴의 1법칙을 다시 정의하여야 한다.

뉴턴의 2법칙인 **가속의 법칙**에서, 운동의 변화(가속도)는 부가된 (알짜)힘에 비례하며 질량에 반비례한다.

$$F = ma = m\frac{dv}{dt} = \frac{dp}{dt} \tag{4.5}$$

식 (4.5)는 선형운동량($p = mv$)의 변화율을 나타내고 있으며 가속도의 방향은 물체에 작용하는 합력의 방향과 같다. 서로 다른 물체에 동일한 힘이 작용하는 경우에, 질량이 가속도의 차이를 결정한다. 질량은 가속도와 반비례하기 때문에, 질량이 작을수록 쉽게 가속된다.

회전운동에 대한 뉴턴의 2법칙은 다음과 같이 토크 τ와 질량의 2차 극관성 모멘트 I(1차 관성 모멘트는 잘못된 명칭이다) 사이의 관계를 규정하고 있다.

$$\tau = I\alpha = I\dot{\omega} = \frac{dL}{dt} \tag{4.6}$$

여기서 각가속도 $\alpha = d\omega/dt$이며 토크는 각운동량 L의 시간당 변화율이다(이 장의 말미에서 사용된 스칼라 라그랑지안 $\mathcal{L}$ 과 혼동에 유의). 보존량인 각운동량 회전축에 대한 운동량의 모멘트로서, 다음과 같이 나타낼 수 있다.

$$L = r \times p = mr^2\omega = I\omega \tag{4.7}$$

여기서 $I = mr^2$는 질량의 2차 극관성 모멘트(점질량에 대한 가장 간단한 표현식)이며, r은 회전축으로부터의 거리(식 (4.7)에서 사용된 × 부호는 곱셈이 아니라 벡터 외적을 나타낸다. 3장 3.1.3 참조)이다. 이 인자들에 대해서는 강체에 대해서 살펴보는 4.5절과 4.6절에서 논의할 예정이다.

일에 대한 개념도 이 장의 뒷부분에서 유용하게 사용된다. 점의 이동궤적 또는 경로에 대해서 힘이 수행한 일의 합 W는 다음과 같이 나타낼 수 있다.

$$W = \int_C \boldsymbol{F} \cdot d\boldsymbol{s} = \int_C F ds \tag{4.8}$$

여기서 s는 점이 따라가는 경로이며 C는 이동한 경로이다. 식 (4.8)의 맨 우측 항은 힘이 항상 이동경로를 향하는 경우에만 유효하다.

힘이 가속도를 유발하는 사례로서 중력을 들 수 있다. 대부분의 경우에 중력이 작용하며, 이를 한 방향으로만 작용하는 일정한 가속도로 간주할 수 있다. 특히 관심 물체가 지표면에 인접하여 놓여 있는 경우에 주로 중력의 영향을 받는다. 움직이는 물체에 대한 동역학의 경우, 중력은 복원력으로 작용한다(연습문제 1). 질량이 2개인 경우, 뉴턴에 따르면, 서로에게 작용하는 중력의 크기인 F_g는 다음과 같이 유도된다.

$$F_g = \frac{\partial U}{\partial r} = -G\frac{Mm}{r^2} \tag{4.9}$$

여기서 U는 시스템의 위치에너지, G는 **만유인력상수**로서, $6.67408(31) \times 10^{-11}$[Nm^2/kg^2], M과 m은 각각 큰 물체의 질량과 작은 물체의 질량 그리고 괄호 속의 숫자는 G값의 불확실도를 나타낸다. 관례상 r의 방향은 거리가 멀어지는 쪽이 양의 부호이기 때문에 위의 식은 음의 부호를 가지고 있다. 중력에 의한 힘은 질량의 중심을 향하며, 전형적으로 땅쪽을 향하기 때문에 전형적인 벡터이다. 따라서 이 힘을 벡터로 나타내기 위해서는 위 식의 우변에 단위벡터 $\hat{r}$을 추가하여야 한다. 만일 M과 m이 지구보다 훨씬 작다면, 이들 사이에 작용하는 중력은 극히 약하며 공학적 문제에서 수반되는 수많은 외력이나 구동력의 원천인 전자기력과 같은 훨씬 더 큰 힘이 존재하는 상황에서 이를 검출하기는 극히 어렵다. 비틀림 저울과 같은 측정기구를 사용하여 G값을 구할 수 있다(이 실험은 헨리 캐번디시가 1798년에 최초로 수행하였다). 질량체가 지구표면에 인접하여 위치한 경우, 뉴턴의 2법칙에 따르면 g로 표시된 일정한 비율로 질량이 가속된다.

$$F_g = \frac{GMm}{R^2} = mg \tag{4.10}$$

여기서 M과 R은 지구의 질량과 반경이다. 결론적으로, 지구표면에서의 중력가속도는 다음과 같이 주어진다.

$$g = \frac{GM}{R^2} \tag{4.11}$$

이 값은 대략적으로 9.8[m/s²]이다. 수직속도와 결합된 구심가속도는 지구 주변을 도는 위성들이나 태양주변을 도는 지구와 여타의 행성들이 (거의 원형인) 타원궤적을 이룬다. 대부분의 경우, 지구는 무게중심에 대해서 밀도와 반경이 약간의 차이를 가지고 있어서, 지구중심에 대해서 동일한 거리(예를 들어 해수면 높이)의 표면에 대해서 약 0.05[m/s²]의 편차를 가지고 있지만, 대략적으로 지구상에서의 중력가속도 g가 일정하다고 간주할 수 있다. 따라서 g를 중력에 의한 가속도라고 부르는 대신에 **중력가속도**라고 부른다.

뉴턴의 3법칙인 **작용-반작용의 법칙**에 따르면, 모든 작용은 크기는 같고 방향은 반대인 반작용을 수반한다. 이로 인한 크기는 같고 방향은 반대인 짝힘을 각각 **작용력**과 **반작용력**이라고 부른다. 이 제3법칙은 정적인 평형상태나 가속운동의 경우를 포함하는 모든 힘들에 적용된다. 땅 위에 놓여 있는 물체와 같은 정적인 경우에 이 현상이 더 명확해진다. 물체는 mg와 크기는 같고 방향은 반대인 힘을 땅에 가한다. 만일 이 물체가 땅을 향해서 떨어지고 있다 하더라도 이 물체는 크기는 같고 방향은 반대인 힘을 지구에 가하지만 지구의 질량이

낙하질량에 비해서 비교할 수 없을 정도로 더 크기 때문에 이로 인한 지구의 가속도는 무시할 정도로 작다. 일단 정지하게 되면, 물체와 지면 사이에는 정적 평형상태가 이루어진다. 이 제3법칙은 두 물체 사이에서 서로 반대방향으로 작용한다는 것을 인식하는 것이 중요하며, 접촉위치에서 작용력이 서로 상쇄되기 때문에 운동을 일으키지 않는다. 이는 이 장의 뒷부분에서 다룰 강체동역학에서 사용될 중요한 개념이다. 제3법칙은 **운동량보존**의 원리를 이끌어냈다(파인만 등 1964). 제2법칙으로부터, 서로 상호작용을 하는 두 점질량들의 직선 운동량 변화율은 dp_1/dt와 dp_2/dt이다. 제3법칙 때문에, 이들 두 값은 크기는 같고 방향은 서로 반대이다. 따라서

$$\frac{d(p_1 + p_2)}{dt} = 0 \tag{4.12}$$

시스템이 주변으로부터 고립되어 있다면(이상적인 상황), 시스템의 총 운동량인 $p_1 + p_2$ (또는 $mv_1 + mv_2$)는 변하지 않는다. 각운동량의 보존(더 정확히 말해서 모멘트 운동량의 보존)에 대해서도 이와 유사한 논리가 적용된다. **에너지보존**은 제2법칙의 결과이며, 이를 사용하여 고립계에서 총 에너지 변화율은 0이며, 따라서 총 에너지는 그대로 유지된다는 것을 증명할 수 있다(연습문제 2). 이는 운동과 위치에 따른 작용력은 평형을 맞추기 때문이다.

x방향으로의 직선운동에 대해서 운동 에너지 T, 위치에너지 V 그리고 총 에너지 E 사이에는 다음의 관계가 성립된다.

$$E = T + V = \frac{mv^2}{2} + V(x) \tag{4.13}$$

곱의 법칙과 연쇄법칙을 사용하면, 에너지의 총 시간미분은 다음과 같이 주어진다.

$$\frac{dE}{dt} = Fv + v\frac{dV}{dx} \tag{4.14}$$

그리고 $F = -dV/dt$이므로, 닫힌 시스템에서 총 에너지는 보존된다.

지금부터 열의 형태로 에너지를 발산하는 메커니즘인 **마찰**의 개념에 대해서 살펴보기로 하자(금속표면 사이의 마찰에 대해서는 7.2.1.1의 7장에 논의되어 있다). **그림 4.1**에서는 경사면 위에 놓여 있는 무마찰 차량 모델에 가해지는 힘들을 보여주고 있다.

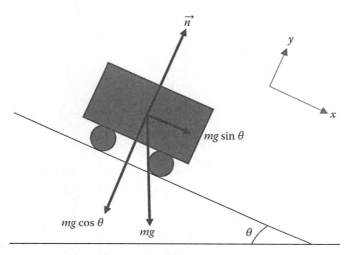

그림 4.1 경사면에 놓인 차량에 가해지는 힘들

뉴턴의 제3법칙에 따르면 y방향으로의 합력은 0이다. 여기서 n은 경사면이 차량에 가하는 수직방향 반력이다. 그러므로 x방향으로의 가속력은 다음과 같이 주어진다.

$$\sum F_x = mg\sin\theta = ma_x \tag{4.15}$$

무마찰 표면은 이상적인 개념이다. 마찰을 고려하면, **그림 4.2**에서와 같이 저항력이 존재한다. 두 표면 사이의 정적 마찰력 f_s는 다음 조건에 의해서 결정된다(서웨이 2013).

$$f_s \leq \mu_s n \tag{4.16}$$

여기서 μ_s는 정지마찰계수(표면상태에 의존하는 무차원 상수)이며 n은 수직방향으로의 작용력이다. 일단 운동이 시작되면, 동마찰력 f_k는 $\mu_k n$으로 주어지며, 여기서 동마찰계수

μ_k는 정지마찰계수보다 작고 속도에 따라서 변한다.

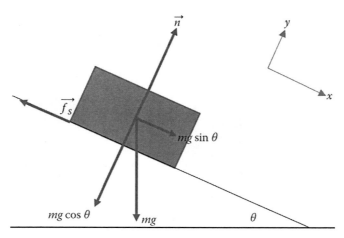

그림 4.2 마찰이 있는 경사면 위에 놓인 물체

일단 평형상태에 도달하면, x 및 y 방향으로의 합력은 0이 된다. 경사각 θ가 임계각 이하이면 정적 평형상태가 이루어진다. 마찰력 $f_s = mg\sin\theta$이며, $n = mg\cos\theta$이므로, $f_s = n\tan\theta$가 된다. 임계각 θ에서, 정지마찰계수 $\mu_s = \tan\theta_c$이다. 이 임계각을 넘어서게 되면, 물체는 동마찰계수에 의존하는 가속운동을 시작하며, 이 동마찰계수는 속도에 따라 변한다. 동마찰계수나 정지마찰계수를 사용하여 정의된 이 임계각도를 **마찰각도**라고 부른다.

4.3 직선운동과 각운동에 대한 단순 모델

일반적으로 공학문제에서는 모터나 작동기 등과 같은 전자기력 발생기를 사용하여 운동을 일으키는 힘을 얻는다. 추가적인 고려대상인 중력은 메커니즘을 항상 일정한 방향으로 잡아당기고 있으며, 메커니즘의 형태에 따라서 매우 큰 힘을 작용시킬 수 있다. 간단한 사례들로는 끝에 질량이 달린 수평 레버나 진자와 풀리 등을 들 수 있다. (탄성거동 범위 내에서만 작동하는) 질량이 없는 스프링위에 강체질량이 놓여 있는 사례를 통해서 강성, 탄성거동, 단순조화운동 그리고 시스템 내에서 에너지의 영향과 흐름 등에 대해서 살펴볼 예정이다.

선형 주기운동에서 전제되어야 하는 두 가지 중요한 조건들은 다음과 같다.

(1) 모든 스프링들은 탄성변형한계 내에서만 작동하기 때문에 항상 평형상태로 되돌아온다.
(2) 스프링이 압축 또는 인장되면 에너지가 스프링에 저장되며, 다시 평형상태로 되돌아 갈 때에 이 에너지가 운동에너지로 변환된다.

그림 4.3에서는 평형상태에서 작용하는 힘을 보여주고 있다. 외력이 선형 범위 내에서 x 방향으로 인장이나 압축되어 있다면, 후크의 법칙(3.5.3절)에 따라서 복원력은 다음과 같이 주어진다.

$$F = -kx \tag{4.17}$$

여기서 k는 스프링의 강성을 나타내는 **스프링상수**이다. 이 스프링이라는 개념을 모든 탄성체에 적용할 수 있다. 모든 스프링이 (식 (4.17)을 따르는) 선형은 아니지만, 비선형 스프링도 똑같이 스프링 내에 위치에너지를 저장한다. 실제의 경우에는 탄성거동한계를 넘어서면

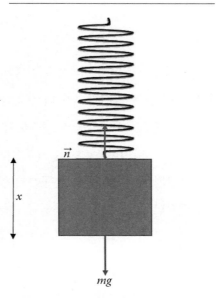

그림 4.3 스프링에 매달려 있는 질량체

에너지를 방출하는 소성변형이 일어나며, 스프링은 다시 원래의 평형상태로 되돌아가지 못한다. 관습적으로 복원력에 음의 부호를 사용하고 있다. 스프링을 인장이나 압축하여 위치에너지를 주입하는 경우에는 양의 부호를 사용한다. 스프링의 복원력(스프링을 평형상태로 되돌리는 힘)은 이와 반대방향으로 작용하며, 이를 음의 부호로 나타낸다.

중력과 마찰력의 영향을 무시하고, 이상적인 힘 평형방정식을 구하면 다음과 같이 주어진다.

$$m\ddot{x} = -kx \tag{4.18}$$

따라서

$$\ddot{x} = -\frac{k}{m}x \tag{4.19}$$

식 (4.19)의 k/m의 단위는 각주파수의 제곱[$1/s^2$]이다.

주기운동에 대한 변위의 조화해는 다음과 같은 형태를 갖는다.

$$x = A\cos(\omega_n t) \tag{4.20}$$

여기서 ω_n은 시스템의 고유주파수[4]이다. 에너지보존의 법칙을 사용하면 이를 좀 더 기본적인 방법으로 나타낼 수 있지만, 이런 형태의 함수가 미분에 대해서 좀 더 명확한 이해를 도와준다. 식 (4.20)의 $\omega_n t$는, 시간경과에 따른 질량의 수직방향 위치를 단순조화운동으로 나타내었을 때에 진동주기의 위상각도 항이다. 이를 이 장의 다른 부분에서 sin이나 cos 함수의 인수로 사용되는 두 방향 사이의 공간각도 θ와 혼동하지 않도록 주의해야 한다. 진동의 위상도 이 장의 뒷부분에서 중요한 측정인자로 사용된다. 초기조건($t = 0$에서의 위상각도)에 따라서는 ϕ와 같은 위상 오프셋 항이 $\omega_n t$에 더해진다. 식 (4.20)의 2차 미분은 다음과

---

4   정확히 말해서, $f_n = \omega_n/(2\pi)$가 고유주파수이다(역자 주).

같이 주어진다.

$$\ddot{x} = -\omega^2 x \tag{4.21}$$

따라서

$$\omega_n^2 = \frac{k}{m} \tag{4.22}$$

따라서 고유주파수는 질량과 스프링상수에만 의존한다는 것을 알 수 있다. 따라서 고유주파수는 강성(평형상태로 되돌아가려는 경향)에 비례하여 증가하며 질량(운동에 저항하는 성질)에 비례하여 감소한다는 것을 알 수 있다.

최대변위가 발생했을 때의 위치에너지는 다음과 같이 주어진다.

$$V_{\max} = \frac{1}{2} k x_{\max}^2 \tag{4.23}$$

질량이 가장 빠르게 움직이는 평형위치에서 위치에너지는 완전히 운동에너지로 변환된다(중력의 영향을 무시).

$$T_{\max} = \frac{1}{2} m v_{\max}^2 \tag{4.24}$$

에너지보존법칙에 따르면, $V_{\max}$와 $T_{\max}$는 서로 같아야만 한다.

$$\left(\frac{v_{\max}}{x_{\max}} \right)^2 = \frac{k}{m} = \omega_n^2 \tag{4.25}$$

진폭이 $x_{\max}$인 주기함수로 $x(t)$를 나타낸 다음에 이에 대한 1차 미분을 취하면 식 (4.22)

가 ω_n^2와 같다는 것을 증명할 수 있다(연습문제 3). 단순조화운동의 경우, x에 반경방향 변수 r을 대입할 수 있으며, $v = r\omega$이므로 식 (4.22)의 ω_n과 동일한 결과가 얻어진다. 감쇄계수를 고려한 진동하는 시스템의 동역학에 대해서는 이 장의 뒷부분에서 논의하기로 한다.

리프스프링, 노치스프링 및 코일스프링등과 같이 다양한 유연요소들이 정밀 시스템에 사용된다(7장). 복원력 때문에 정밀 시스템에는 스프링이 사용된다. 접근과 이탈을 반복하는 정밀운동의 경우에 스프링이 중요한 역할을 한다. 여기서 살펴볼 사례는 좌표 측정 시스템 (CMS, 5장의 5.6절 참조)에서 물체의 표면을 측정하기 위해서 사용되는 디바이스인 접촉 촉발식 프로브이다. **그림 4.4**에는 **접촉 촉발식 프로브**의 개략도가 도시되어 있다.

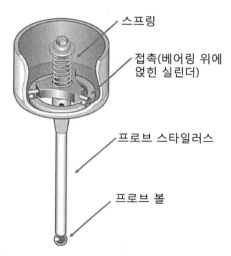

그림 4.4 접촉 촉발식 프로브(레니쇼, H-1000-8006-01-B(접촉 촉발식 프로브 기술))
http://resources.renishaw.com/en/download/presentation-touch-trigger-probing-technology-70270

그림 4.4에 도시되어 있는 프로브는 프로브 볼이 표면과 접촉할 때의 위치를 측정하기 위해서 다중축 스테이지에 고정되어 있다. 모터구동축이 물체 표면상의 다양한 위치에 접근하여 표면형상에 대하여 알맞은 측정을 수행하도록 좌표 측정 시스템을 프로그래밍할 수 있다. 프로브 볼이 접촉 후에 다시 (마이크로미터 이하의 반복도로) 평형위치로 되돌아갈 수 있도록 이 메커니즘에는 스프링의 예하중이 부가된다. 삼발이는 스프링 예하중하에서 안정적인 안착위치를 제공해준다. 접촉이 이루어지면, **스타일러스** 끝단에 부착된 프로브 볼의 변위가 발생하면서 전기회로를 이루고 있는 프로브 헤드에 설치된 실린더-베어링 사이의

전기접촉들 중 하나가 떨어진다. 세 개의 접촉들 각각은 두 개의 구체들 위에 실린더가 얹힌 형태이다. 내부 메커니즘의 운동을 기록하기 위해서 접촉기구 위쪽에 스트레인 게이지를 설치할 수 있다.

스타일러스의 탄성 때문에, 전기적인 접촉이 끊어지기 전에 항상 미소변형이 발생한다. 이를 **사전이동**이라고 부르며, 스타일러스의 측정 전 미소이동거리를 나타낸다(그림 4.5).

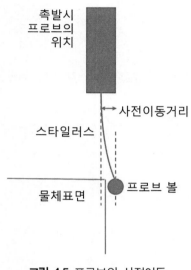

그림 4.5 프로브의 사전이동

그런데 접촉의 기하학적 위치는 프로브의 길이방향 축(스타일러스)에 대한 접촉각도에 따라서 변하며, 예를 들어, 프로브 스타일러스에 대해서 링 게이지의 상대위치에 따라서 측정된 결과는 로브 형태(원의 미분)의 편차를 나타낸다. 프로브의 접근방향에 따라서 원형 물체에 대한 측정 결과에서 발생하는 이런 편차는 대부분이 반복성 오차이므로, 링 게이지에 대한 측정을 수행하여 이후의 측정에서 직각방향 평면에 대한 측정값에서 이를 차감하여 오차를 보상할 수 있다. 간단한 형상에 대한 치수측정에는 표면 점들을 측정하여 구한 최적직선만으로도 충분하지만 모든 경우에 적용할 정도로 이상적이지는 못하다. 특정한 횡방향 위치에서 구체의 중심을 향하여 접촉할 때에도 횡방향으로의 사전이동량 변화가 발생한다(그림 4.6).

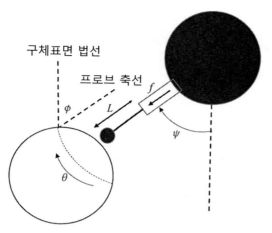

구체표면 법선

프로브 축선

ϕ

L

f

ψ

θ

그림 4.6 프로브의 오프셋 각도와 측정변수들

　모든 측정에서 사전이동 오차를 보정하기 위한 기준으로 구면좌표를 사용할 수 있지만, 스타일러스의 길이(길이가 길어질수록 탄성굽힘량 증가), 측정용 구체의 크기(마찰과 그에 따른 미끄럼에 영향을 미침), 수직 방향에 대한 스타일러스의 각도(물체 주변에서 특정한 위치에 접근하기 위해서 프로브를 회전시킬 필요가 있으며, 이로 인하여 메커니즘에 중력의 영향이 가해진다), 접촉속도 및 스프링 메커니즘의 예하중 등과 같은 부가적인 인자들이 작용한다.

　좌표 측정 시스템에서 발생하는 계통오차는 다변수문제이며 예를 들어, 오차함수의 수치 근사나 게이지 측정오차에 대한 보간방법(베어드 1996) 또는 여타의 수학적 방법(양 등 1996)과 같은 경험적인 방법으로 이를 보정할 수 있다. 그런데 메커니즘에 부가되는 힘들에 대해서 살펴보는 것은 흥미로운 일이다(신과 장 1997). 프로브 볼이 물체의 표면과 접촉한 상태에서 아직 변형이 일어나기 직전의 순간에는 프로브 본체 내의 세 개의 다리들에서 각각 두 개씩의 전기 접점들과 측정할 물체와 이루는 하나의 물리적 접촉을 포함하여 총 7개의 접점이 형성된다.

　그림 4.7의 확대도에서는 접촉 메커니즘의 실린더 부품들 중 하나의 접촉영역을 확대하여 보여주고 있다. 그림 4.8에는 일곱 개의 접촉영역에 작용하는 힘들이 도시되어 있다.

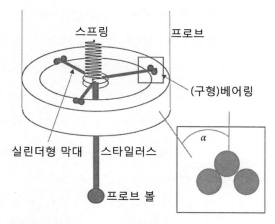

그림 4.7 촉발식 프로브의 기구학적 삼발이 고정기구

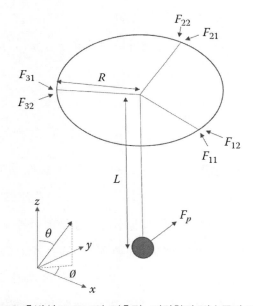

그림 4.8 촉발식 프로브의 접촉력, 기하학적 변수들과 좌표계

편의상 좌표계는 실린더형 팔들 중 하나와 정렬을 맞춘다. 예를 들어, x축상의 우측에 두 개의 접촉이 있으며, 스타일러스가 변형되기 직전에 힘평형이 이루어져 있으므로, x방향에 대해서 다음과 같은 평형식이 이루어진다.

$$\sum F_x = (-F_{21} + F_{22} + F_{31} - F_{32})\cos\alpha\cos 30 + F_p\sin\theta\cos\phi = 0 \qquad (4.26)$$

식 (4.26)에 주어진 접촉 메커니즘의 힘 표현식에서 첫 번째 cos 항은 원주방향 성분이며 두 번째 항은 x축 방향이다. 접촉평형을 이루고 있는 식 (4.26)의 항들은 측정각도 ϕ와 θ에 의해서 x 방향으로 정렬을 맞추고 있다. 세 개의 축방향 모두에 대해서 이와 유사한 방법으로 힘과 모멘트 평형방정식을 얻을 수 있으며, 길이방향 각도 ϕ, 방위각도 θ, 프로브 작용력 F_p, 스프링력 F_s, 삼발이 스타일러스의 자중 W, 스타일러스의 길이 L, 삼발이 팔길이 R 그리고 기구학적 지지기구의 각도 α의 함수로 메커니즘 내에서 발생하는 여섯 개의 접촉력 모두를 구할 수 있다. **그림 4.8**에 도시되어 있는 것처럼 프로브는 수직방향 정렬을 맞추고 있지만, 스타일러스가 수직방향에 대해서 각도를 가지고 있다면, 자중항, 무게중심으로부터의 거리 그리고 변형 전의 스타일러스 자세각도 등을 고려해야만 한다. 일단 힘과 가하학적 변수들이 결정되고 나면, 접촉력 문턱값과 같은 촉발조건을 지정할 수 있으며, 프로브와 측정조건에 따라서 사전이동거리를 구할 수 있다.

외팔보 동역학으로부터, 프로브 축선에 대한 프로브의 굽힘을 다음과 같이 나타낼 수 있다.

$$\delta_b = \frac{F_p L^3 \sin\theta}{3EI} \tag{4.27}$$

여기서 θ는 스타일러스의 접촉각도, L은 스타일러스의 길이, E는 탄성계수 그리고 I는 유효 축반경을 사용하여 계산할 수 있는 중립축에 대한 2차 단면 모멘트이다(연습문제 4번). 샤프트 축방향으로도 변형성분이 존재하지만 굽힘변형량에 비해서 매우 작기 때문에 이를 무시할 수 있다. 식 (4.26)에 제시되어 있는 것과 같은 촉발 접촉력으로부터 측정방향에 따라서 프로브에 가해지는 힘 F_p를 계산할 수 있다. 수직방향에 대해 프로브가 기울어져 있다면(그림 4.6의 각도 ψ) 프로브의 오프셋 자중에 의한 추가적인 굽힘성분 δ_{bw}가 발생하며, 식 (4.27)과 유사한 방식으로 프로브의 자세각도에 따른 변형량을 계산할 수 있다. 그에 따른 임의접근방향에 대한 사전이동 변형량은 다음과 같이 주어진다.

$$\delta_{pt} = (\delta_b + \delta_{bw}\cos\phi)\sin\theta \tag{4.28}$$

그림 4.9에 도시되어 있는 **단순진자**를 사용하여 각운동에 대해서 살펴보기로 하자. 진자의

동역학과 여타 강체 시스템에 대해서는 손턴과 마리온(2008)을 참조하기 바란다.

진자운동의 경우 질량 m은 원형경로 s를 따라서 움직인다. 진자에 작용하는 총 힘은 다음과 같이 주어진다.

$$F_{net} = -mg\sin\theta \tag{4.29}$$

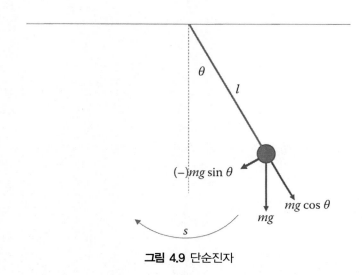

그림 4.9 단순진자

미소각도에 대해서는 이 또한 단순정현운동의 사례가 된다. 힘은 다음과 같이 평형을 이룬다.

$$m\ddot{s} = -mg\sin\theta \tag{4.30}$$

그리고

$$\ddot{s} = l\ddot{\theta} \tag{4.31}$$

이기 때문에, (미소각에 대해서 $\sin\theta \approx \theta$를 적용하면)

$$\ddot{\theta} + \frac{g}{l}\theta = 0 \qquad (4.32)$$

와 같은 운동방정식이 유도된다. 단순정현운동에 대해서 각운동은 다음과 같은 형태를 갖는다.

$$\theta = A\sin\omega_n t \qquad (4.33)$$

따라서

$$\ddot{\theta} = -\omega_n^2\theta \qquad (4.34)$$

따라서 이 진자의 고유주파수는 다음과 같이 주어진다.

$$\omega_n^2 = \frac{g}{l} \qquad (4.35)$$

이는 질량−스프링 진동에서와 유사한 결과이다(연습문제 5번과 10번). 여기서 g는(스프링의 k에 해당하는) 복원계수이며 l은 각운동의 저항성분(스프링 위에 얹힌 질량의 역할)이다.

4.4 감쇄의 영향

감쇄는 속도에 비례하는 (내부마찰이나 점성항력 및 자기장에 의하여 유발되는 전기적 와동전류 등과 같은 외력으로 인한) **항력계수**[5]를 가지고 있는 단순진자의 사례에서 볼 수 있듯이, 힘의 평형상태를 변화시킨다. 만일 감쇄력의 크기가 복원력에 비해서 작다면, 시스템은 과소감쇄 상태이다(이 주제를 포함하여 일반적인 진자운동에 대해서는 모린 2008과 손턴과 마리온 2008 참조). 점성감쇄로 인하여 2차 미분방정식에 다음과 같이 1차 미분항이

---

5   drag factor.

추가된다.

$$m\ddot{x} = -kx - b\dot{x} \tag{4.36}$$

여기서 b는 감쇠계수(질량유동계수)이다. 편의상, 고유 각주파수(또는 비감쇠 공진주파수)를 ω_n이라 할 때에 다음과 같은 관계식이 성립된다.

$$\gamma = \frac{b}{2m} = \zeta\omega_n \tag{4.37}$$

(여기서 ζ는 감쇠비이다) 이를 사용하면 식 (4.36)을 다음과 같이 단순화시킬 수 있다.

$$\ddot{x} + 2\gamma\dot{x} + \omega_n^2 x = 0 \tag{4.38}$$

위 식의 해가 $x(t) = ae^{\lambda t}$의 형태를 가지고 있다고 한다면, 다음과 같은 이차 특성방정식을 얻을 수 있다.

$$\lambda^2 + 2\gamma\lambda + \omega_n^2 = 0 \tag{4.39}$$

위 식의 근은 다음과 같이 구해진다.

$$\lambda_{1,2} = -\gamma \pm \sqrt{\gamma^2 - \omega_n^2} \tag{4.40}$$

따라서 γ는 진동에 관련된 항이며, $\gamma^2 < \omega_n^2$라면 제곱근항은 복소수이다. 4.6절에서는 이 λ를 **고유값**[6]이라고 부른다. 감쇠진동주파수 $\omega_d = \sqrt{\omega_n^2 - \gamma^2} = \omega_n\sqrt{1 - (\gamma/\omega_n)^2}$ 라고 놓으

---

6 eigenvalue.

면, 다음과 같이 해를 정리할 수 있다.

$$x(t) = Ae^{-(\gamma - i\omega_d)t} + Be^{-(\gamma + i\omega_d)t} \qquad (4.41)$$

이 방정식의 양 변은 실수여야만 하기 때문에, 식 (4.40)의 고유값과 마찬가지로, 고유벡터(4.6 참조)라고 부르는 상수 A와 B는 **켤레복소수**이다. 식 (4.41)은 다음과 같이 정리된다.

$$x(t) = ae^{-\gamma t}\cos(\omega_d t + \phi) \qquad (4.42)$$

감쇄계수 γ는 진동의 감쇄포락선을 결정하며, 진동주파수에도 영향을 미친다(감쇄진동주파수 ω_d에도 포함되어 있다).

중요한 무차원 값인 **Q-계수**는 시스템 내에서 저장된 에너지와 소모된 에너지의 비율로 정의된다. 공진과 감쇄는 각각 진동 시스템에 저장된 에너지와 소모된 에너지에 비례한다. 시스템의 에너지 해석을 통해서 변수 γ는 ω_n보다 현저히 작고, 감쇄에 비례하여 증가하며 감쇄진동의 대역폭에 밀접하게 관계되어 있다는 것을 증명할 수 있다.

$$\Delta\omega = 2\gamma\sqrt{3} \qquad (4.43)$$

여기서 $\Delta\omega$는 감쇄진동의 진폭 주파수응답에 대한 **반치전폭**(FWHM)으로 정의된다. λ/ω_n의 비율은 주파수를 수정하기 위하여 앞에서 사용되었다. Q-계수는 (곱셈계수와는 별개로) 대역폭에 대한 공진주파수의 비율로 간주할 수 있으며, 진동하는 시스템에서 발생하는 공진 피크의 높이와 관계되어 있다(연습문제 6번). (감쇄가 없는 이상적인 상태에서의) 완전한 공진에 얼마나 근접한가를 나타내는 Q-계수는 다음과 같이 정의된다.

$$Q = \frac{\omega_n}{2\gamma} = \sqrt{3}\,\frac{\omega_n}{\Delta\omega} \qquad (4.44)$$

또 다른 무차원 값인 감쇄비 ζ는 다음과 같이 정의된다.

$$\zeta = \frac{b}{2\sqrt{km}} \equiv \frac{\gamma}{\omega_n} \equiv \frac{1}{2Q} \tag{4.45}$$

이들을 사용하여 식 (4.38)을 다시 정리하면

$$\frac{d^2x}{dt^2} + 2\zeta\omega_n \frac{dx}{dt} + \omega_n^2 x = \frac{d^2x}{dt^2} + \frac{\omega_n}{Q}\frac{dx}{dt} + \omega_n x^2 = 0 \tag{4.46}$$

그리고 위 식의 해도 다음과 같이 정리할 수 있다.

$$x = Ae^{-\zeta\omega_n t}\cos(\omega_d t + \phi) \tag{4.47}$$

감쇄 각주파수는 다음과 같이 정리된다.

$$\omega_d = \omega_n\sqrt{1-\zeta^2} \tag{4.48}$$

이를 통해서 ζ를 사용하면 진동주파수에서의 감쇄를 얼마나 간단하게 나타낼 수 있는지를 알 수 있다. 주어진 정현가진의 진폭이 최대인 경우에 공진주파수 ω_{res}(이상적인 경우의 비감쇄고유주파수)가 발생하며, 고유주파수와 감쇄비를 사용하여 이를 다음과 같이 나타낼 수 있다.

$$\omega_{res} = \omega_n\sqrt{1-2\zeta^2} \tag{4.49}$$

그림 4.4에 도시되어 있는 접촉 촉발식 프로브의 사례에서, 프로브가 시편과의 접촉에서 떨어지는 순간에 세 개의 베어링 지지부위에서는 접촉을 유지하기 위한 압착력이 가해지며, 이 베어링 마운트의 여섯 개의 접촉점들에서는 상당한 계면감쇄가 작용한다. 이로 인하여 프로브는 다시 평형상태로 되돌아가며 진동 없이 정지한다. 특성방정식은 다음과 같은 형태의 실근을 갖는다.

$$x(t) = e^{-\gamma t}[A\cosh(\omega_d t) + B\sinh(\omega_d t)] \tag{4.50}$$

그리고 진동이 발생하지 않는다. 비감쇄 또는 저감쇄 시스템(또는 다음에 설명할 강제감쇄진동)의 경우에만 진동이 발생한다. $\gamma = \omega_n (\zeta = 1)$인 특별한 경우를 **임계감쇄**라고 부르며, 응답은 다음과 같이 나타난다.

$$x(t) = e^{-\gamma t}(A + Bt) \tag{4.51}$$

(완충식 도어힌지와 같은) 여타의 많은 되튐 시스템에서와 마찬가지로, 접촉 촉발식 프로브 시스템은 이와 유사한 값을 가지고 있다. 실제의 경우, 동적 시스템의 제어에서는 0.4에서 0.8 사이의 감쇄값을 사용한다.

많은 시스템들에 서로 다른 주파수로 정현적으로 변하는 힘이 가해진다. 이 힘들이 피로를 유발하는 반복하중을 생성하면 해가 되며, 측정이나 여타의 자가진단에 사용되면 유용하다. 후자의 경우에 해당하는 **원자 작용력 현미경**(AFM)의 주사외팔보에 대해서 살펴보기로 하자(비닝 등 1986, 사리드 1992, 5장의 5.7.4절 참조). 원자작용력현미경에서는 일반적인 접촉 촉발식 프로브보다 훨씬 더 작은 규모에서 자유단 끝에 붙어 있는 날카로운 탐침을 시편의 표면에 접촉시키거나 매우 가깝게 근접시켜서 표면을 측정하는 센서로 외팔보가 사용된다. 이 매우 정밀한 장비 내에서 분자규모의 표면 높이나 프로파일의 변화를 측정하기 위해서 이 외팔보가 사용되며, 때로는 원자 수준의 분해능을 가지고 있다. 원자작용력현미경의 외팔보는 한쪽 끝이 고정되어 있으며 다른 쪽 끝은 자유단이다. 다양한 유형의 외팔보에서 발생하는 동특성을 자세히 살펴보려면 기어(2004)를 참조하기 바란다. 앞서의 접촉 촉발식 프로브에서 제시된 것(식 (4.27))과 유사한 방정식을 사용하여 축변형의 동특성을 나타낼 수 있다. 반도체 제조기술을 사용하여 제작하는 원자작용력 현미경용 외팔보에 사용되는 전형적인 소재는 순수한 실리콘 또는 질화실리콘이다. 외팔보의 선단부에는 원추형 또는 피라미드형 구조가 아래를 향하여 배치된다. 외팔보 선단부 탐침의 유형과 형상에는 많은 변형이 있으며, 탐침이 표면에 근접했을 때의 전기전하와 전자기장을 측정하기 위해서 이들 중 일부는 금속이 코팅되어 있다. **그림 4.10**에서는 이 외팔보의 측면 형상이 도시되어 있다.

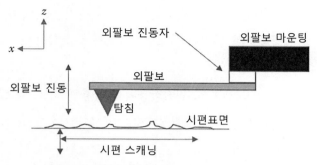

그림 4.10 원자작용력현미경(AFM)의 외팔보 조립체

강제감쇄진동의 경우, 일반적으로 직선운동 좌표축으로 사용하던 x를 시편의 표면과 직각 방향은 z로 대체한다. 이를 통해서 x 및 y 방향은 시편의 표면에 대한 평면방향이 된다. 비스듬하게 외팔보의 상부표면에 조사되었다가 반사되어 광검출기로 향하는 레이저빔을 사용하는 광학식 레버기구를 구현하여 베이스에 대한 외팔보의 상대적 변형을 측정한다. 표면 윤곽을 측정하기 위해서 선단부 탐침과 표면 사이의 상호작용이 외팔보 변형에 측정 가능한 수준의 변화가 일어날 때까지, 이 외팔보를 시편 표면 쪽으로 접근시킨다. 가장 단순한 경우, 표면과의 접촉에 의한 외팔보의 변형을 사용하여 표면위치와 탐침과 시편 사이의 접촉합력을 측정한다. 시편은 x방향으로 이동시키면서, 일정한 상호작용력이 유지되도록 프로브의 바닥판을 시편 표면에 수직한 방향으로 이동시킨다. 이로 인하여 일정한 힘을 받으면서 탐침이 표면을 가로지르는 동안 외팔보는 일정한 수준의 변형을 일으킨다. 결과적으로 변형과 작용력을 일정하게 유지하기 위한 외팔보 베이스의 운동을 사용하여 표면윤곽을 측정할 수 있다. 실제의 경우, 표면윤곽 측정의 정밀도 한계는 탐침 선단부 반경과 관련되어 있으며, 이로 인하여 측정 가능한 탐침-표면 상호작용의 민감도가 제한된다. 접촉 상호작용을 측정하기 위한 또 다른 민감한 방법은 압전작동기를 외팔보에 부착하고 정현진동을 부가하여 일정한 주파수의 강제진동을 일으키는 것이다. 외팔보 자체를 압전소재로 제작하거나 압전 필름을 증착하거나 또는 **그림 4.10**에 도시되어 있는 것처럼, 외팔보 지지용 베이스를 가진하여 이 진동을 일으킬 수 있다.

레이저광학식 레버와 압전 작동기의 전하를 사용하여 이 외팔보의 진폭과 위상응답을 측정한다. 주파수 고정장비를 사용하여 주파수응답의 측정을 통해서 구해진 응답의 진폭과 위상을 제어할 수 있다. 진폭과 위상의 변화값을 통해서 표면의 물리적 성질(정전기력, 반데르발스력 및 메니스커스7력)과 소재의 성질(탄성계수, 에너지손실)에 대한 가치 있고, 고도로 국지적인 정보를 제공해주며 전기력과 표면전하분포를 측정하는 경우에는 필수적으로 사용된다.

비교적 단순하고 실용적인 모델로서, 원자작용력 현미경의 외팔보를 **그림 4.11**에 도시되어 있는 것처럼 스프링 및 댐퍼에 연결된 집중질량으로 근사화시킬 수 있다. **강제감쇠진동기구**에 대한 운동방정식은 (탐침－시편 상호작용에 대해서 수정된) 비선형 2차 미분방정식의 형태를 가지고 있다.

$$m\ddot{z} + b(\dot{z} - \dot{u}) + (k + k_c)z - ku = 0 \tag{4.52}$$

$$\ddot{z} + 2\zeta\omega_n(\dot{z} - \dot{u}) + \omega'^2_n z - \omega_n^2 u = 0 \tag{4.53}$$

여기서

$$u = A_u\cos(\omega t) = Re\{A_u e^{j\omega t}\} \tag{4.54}$$

는 가진진동으로서, j는 $\sqrt{-1}$이다. 강성항 k_c는 탐침과 측정표면 사이의 접촉으로 인하여 추가된 강성이며 ω'_n은 식 (4.57)에서 정의할 예정이다. 실제의 경우, 탐침에서는 수많은 상호작용이 일어나기 때문에, 상호작용력을 예측하기 위해서는 더 진보된 비선형 모델이 필요하다. 원자작용력현미경에서 발생하는 가장 큰 상호작용은 탐침과 표면 사이에서 전자궤도의 중첩으로 인하여 발생하는 반발력이다. 하지만 **반데르발스력**(편극 상호작용)으로 인하여 접촉시에는 훨씬 더 복잡해진다. 여타의 상호작용 모드들을 살펴보면, 접촉 시에는 외팔보 마찰이 xy－평면에 대한 측면방향 굽힘을 유발하며, 액체표면의 경우에는 접착력과 응집력 등이 작용한다. 비접촉 시에는 국지적인 전하의 변화, 전위 차이와 쌍극자의 존재(베어드와 스티븐스 2005) 등으로 인하여 정전기력(베어드 1999)과 자기력이 작용한다. z는 각속도 ω로 진동하는 외팔보에 의한 탐침 선단부의 위치이며 (z방향으로의) u는 압전진동을 나타낸

---

7   모세관 현상에 의해 관 속의 액면이 이루는 곡면(두산백과).

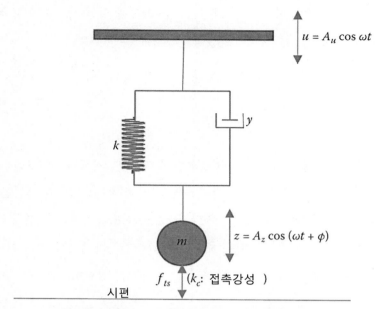

다. 강제진동의 경우, 일반적으로 시스템의 감쇄에 의하여 주기가 계속될수록 진폭이 감소하는 천이효과를 무시한다. 탐침의 정상상태 주파수응답 $H(j\omega)$를 구하기 위해서, 해가 다음과 같은 형태를 갖는다고 가정한다.

$$z = H(j\omega)u = Re\left\{A_u H(j\omega)e^{j\omega t}\right\} \tag{4.55}$$
$$= A_u |H(j\omega)|\cos\left(\omega t + \arg\left(H(j\omega)\right)\right) = A_z \cos\left(\omega t + \phi\right)$$

여기서 ϕ는 가진력과 이로 인한 탐침진동 사이의 위상 오프셋이며 A_z는 탐침진동의 진폭으로서, 입력진폭과 구동주파수에 대한 선형함수이다. 식 (4.55)를 식 (4.53)에 대입하면 다음 식을 얻을 수 있다.

$$H(j\omega) = \dfrac{\dfrac{\omega_n^2}{\omega_n'^2} + j2\zeta\omega\dfrac{\omega_n}{\omega_n'^2}}{\left(1 - \dfrac{\omega^2}{\omega_n'^2}\right) + j2\zeta\omega\dfrac{\omega_n}{\omega_n'^2}} \tag{4.56}$$

여기서 ω'_n은 접촉에 의해서 추가된 강성을 고려하여 수정된 시스템의 고유주파수이며, 다음과 같이 주어진다.

$$\omega'^2_n = \frac{k + k_c}{m} = \omega^2_n + (\Delta\omega)^2 \tag{4.57}$$

탐침의 응답을 구하기 위해서는 임의의 주파수에 대해서 응답의 진폭과 인수들을 계산해야 한다. 주파수응답의 진폭은 탐침에서의 진폭을 외팔보 베이스에서의 가진진폭으로 나눈 값이다. **그림 4.12**에서는 탐침이 표면과 접촉하지 않는 경우($\omega_n = \omega'_n$)에 여섯 가지 서로 다른 감쇄율에 대해서 가진주파수에 따른 주파수응답의 진폭과 위상선도를 보여주고 있다. 탐침이 표면과 접촉하게 되면, 추가된 강성으로 인하여 이 응답이 더 높은 주파수 쪽으로

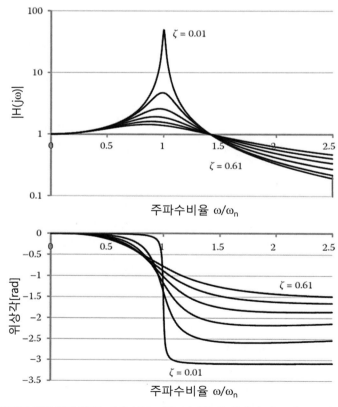

그림 4.12 탐침이 표면과 접촉하지 않을 때에 서로 다른 감쇄율에 대해서 진동하는 외팔보의 주파수응답선도

시프트되며, 이로 인하여 응답의 진폭과 위상에 변화가 발생한다. 만일 외팔보를 고유주파수로 가진시키고 있다면(즉, $\omega = \omega_n$), 식 (4.57)을 식 (4.56)에 대입하여 다음과 같이 전달함수를 구할 수 있다.

$$H(j\omega) = \frac{1 + j2\zeta}{\dfrac{(\Delta\omega)^2}{\omega_n^2} + j2\zeta} \tag{4.58}$$

감쇄율이 작다는 가정과(즉, $\zeta^2 \approx 0$), $\tan^{-1}(1/x) = \pi/2 - \tan^{-1}(x)$의 관계를 적용하면, 응답의 진폭과 위상을 다음과 같이 근사화시킬 수 있다.

$$|H| \approx \frac{\omega_n^2}{(\Delta\omega)^2} = \frac{k}{k_c} \tag{4.59}$$

$$\arg(H) = \tan^{-1}(2\zeta) - \tan^{-1}\left(\frac{2\zeta\omega_n^2}{(\Delta\omega)^2}\right) \approx Q\frac{k}{k_c} - \frac{\pi}{2}$$

식 (4.59)에 따르면, 탐침 진동의 진폭변화는 접촉강성의 변화를 나타내는 반면에 위상 시프트는 탐침의 접촉영역에서 발생하는 강성변화와 에너지 소모가 결합된 결과이다. 그리고 민감도는 프로브 시스템의 Q-계수에 비례한다. 더 일반적으로, 원자작용력 현미경의 탐침이 표면과 근접하게 되면, 상호작용력이 질량, 강성 및 감쇄값들을 변화시켜서(전형적으로 세 값 모두 증가한다) 이 주파수응답의 각 계수값들을 변화시킨다. 탐침이 표면 위를 스캔하면서 발생하는 이 계수값들의 변화를 관찰하는 것이 대표적인 원자작용력현미경의 탐침-시편 상호작용 측정방법이다. 실험장치의 구성에 따라서 이 변화를 사용하여 탐침 주변의 고도로 국지화된 영역에서의 표면편차, 다양한 소재특성 등에 대한 정보를 취득할 수 있다.

4.5 다물체동역학

이 절에서 다룰 사례들은 단일강체 또는 유연물체 또는 **입자**들에서 출발한다. 다물체 동역학은 특정한 운동의 자유도를 가지고 서로 연결되어 있는 강체들에 대하여 고찰하는 학문이다. 전형적으로 직교좌표계를 사용하여 나타내는 힘과 모멘트의 벡터 특성 때문에, 뉴턴의 법칙들을 적용하여 얻은 해는 물체의 숫자가 증가할수록 더 복잡해진다. 달랑베르, 오일러, 라그랑주, 해밀턴 그리고 이 외의 여러 사람들이 개발한 **해석역학**들을 활용하면 에너지와 관련된 스칼라함수의 장점을 활용할 수 있어서 유용하다. 가상일, 최소작용, 보존력 그리고 일반좌표 등의 개념들을 사용하면 시스템 구속조건들을 가장 잘 적용할 수 있어서, 입자나 강체들로 이루어진 다물체 시스템의 계산을 단순화시킬 수 있다(손턴과 마리온 2008).

보존력과 **비보존력**이라는 두 가지 유형의 힘들을 서로 구분하는 것이 유용하다. 보존력은 두 점들 사이를 이동하는 입자가 한 일이 움직인 경로와는 무관한 경우의 일이며, 만일 이 경로가 닫힌 루프라면, 수행한 일은 0이 된다. 따라서

$$W = \oint F dr = 0 \tag{4.60}$$

여기서 W는 수행한 일이며 F는 증분거리 dr을 움직이면서 입자에 가해진 힘이다. 위치에너지의 변화량은 하나의 위치에서 다른 위치로의 이동 시 취한 경로와는 무관하다. 일반적으로 (중력이나 정전기력과 같이) 공간 내에서 일정한 분포를 가지고 있는 위치함수로부터 보존력을 유도할 수 있다. **라그랑주 공식**은 보존력에 대한 뉴턴역학의 대안으로 사용되며 특정한 유형의 계산에 대해서 수학적인 접근이 더 용이하다. 라그랑주 공식은 사용하는 좌표계와 무관하기 때문에 사용하기가 용이하다. 반면에 직교좌표계를 사용하는 뉴턴역학은 복잡하며 많은 계산이 필요한 좌표계 변환을 수행해야 한다.

일반화 좌표는 구속조건들에 의존하는 시스템의 **배위공간**[8]에 대해서 좌표축들의 방향이 결정된다. 배위공간은 직선축과 회전축을 조합하여 구성할 수 있다. 일반화 좌표의 수치값들을 사용하여 배위공간 내에서 점의 위치와 기계 시스템의 상태를 나타낸다. 시간에 따라서 시스템이 변하면, 배위공간 내에서 이 점들이 곡선을 이루게 되며, 이를 **일반화 궤적**이라고 부른다. 만일 시스템의 운동이 특정한 방향으로 구속되어 있다면, 자유도의 숫자를 줄일

---

8   configuration space: 계의 구속조건을 만족시키는 모든 가능한 위치로 이루어진 공간(위키백과).

수 있다. 구속된 방향에 대해서 좌표축들을 정의할 수 있다. 예를 들어, (이상적인) 자유운동 입자는 3자유도를 가지고 있는 반면에, 서로 연결된 두 개의 입자들은 5자유도 그리고 서로 연결된 세 개의 입자들은 추가적인 회전이 가능하기 때문에 6자유도를 갖는다. 이보다 더 많은 수자의 입자들이 서로 연결된다고 하여도 자유도가 더 늘어나지 않기 때문에 다수의 점질량들로 이루어진 강체는 항상 6자유도만을 가지고 있다. 임의 형상의 강체도 이와 마찬가지로 구속의 개념에서 다수의 입자들이 서로 연결되어 있다고 가정한다면 동일한 자유도를 갖는다. 만일 하나 또는 그 이상의 방향에 대한 운동을 구속한다면, 자유롭게 움직이는 시스템에 비해서 운동의 자유도(와 그에 따라 필요한 일반화 좌표의 숫자)가 줄어든다. 물체의 운동을 구속하는 사례로는 단 하나의 회전방향으로만 움직이도록 구속되어 있는 바퀴와 같이 축이나 표면이 구속된 물체이다(구속과 자유도에 대해서 더 알고 싶으면 6장을 참조하기 바란다).

여기에는 미분과 적분 원리가 사용된다. 입자들로 이루어진 시스템이 수행한 가상일에서부터 시작한다.

$$\sum_{k=1}^{N} (m_k a_k - R_k - f_k) \cdot \delta r_k \tag{4.61}$$

여기서 f_k는 모두 비구속력(보존 또는 비보존)이며, R_k는 구속력, δr_k는 가상(미소)변위 그리고 N은 각 질량의 직교좌표 숫자이다(만일 각 질량들이 자유상태라면, 전체 시스템은 $3N$의 자유도를 갖는다). 앞서 설명한 대로, 축방향으로만 움직일 수 있는 원통에 안내를 받는 피스톤의 경우를 생각해보기로 하자. 이 경우, 실린더의 축선과 직각 방향으로 구속력이 작용하므로, 이 방향으로의 운동이 불가능하다. 따라서 이 힘에 의해서 수행한 일은 항상 0이며 수행한 총 가상일 δW는 다음과 같이 정리된다.

$$\sum_{k=1}^{N} (m_k a_k - f_k) \cdot \delta r_k \tag{4.62}$$

식 (4.61)에서는 **달랑베르의 원리**라고 알려져 있는 **가상일의 원리**를 보여주고 있다. 진짜

경로는 단 하나뿐이지만 이와 더불어서 수많은 가상경로들이 존재한다. 이 변위들이 구속의 방향과 중첩될 수도 있다. 직교좌표계만을 사용하여 시스템의 상태를 나타내려 할 때에 자주 발생하는 복잡성을 줄이기 위해서, 좌표계의 배위공간과 관련되어 있는 일반화 좌표가 사용된다. 이 일반화 좌표는 임의 형태로 배치된 와이어를 따라서 미끄러지는 비드와 같이 임의의 경로를 가질 수 있다. 그런데 이 책의 목적상, 이 좌표축들은 선형이거나 회전일수도 있으며, 이들 모두를 변수 q_k로 나타낸다. 구속조건을 추가한다면 일부 좌표축들이 필요 없어지기 때문에, 식 (4.62)를 더욱더 단순화시킬 수 있다. 또한 벡터표현은 식 (4.62)의 합산에 3개의 항들을 포함시킨다. 따라서 동일한 방정식을 스칼라 형태로 나타내어 총 자유도의 숫자인 n개의 개별 합산으로 나타낸다(자유입자의 경우 $3N$개이다). 이를 통해서 식 (4.62)는 최종적으로 다음과 같이 정리된다.

$$\sum_{k=1}^{n} (m_k \ddot{x}_k - F_{x_k}) \delta x_k = 0 \tag{4.63}$$

이 달랑베르 방정식은 시스템의 동특성을 지배하는 완전한 세트의 방정식이지만, 일반화 좌표와 동일한 숫자의 운동방정식으로 나타내는 것이 필요하다. 직교좌표계와 일반화 좌표계 사이의 상관관계를 다음과 같이 함수의 형태로 나타낼 수 있다.

$$x_k = f_k(q_1, q_2, \cdots, q_n) \tag{4.64}$$

식 (4.64)를 미분하면 임의의 자유도 k에 대해서 다음의 방정식이 얻어진다.

$$dx_k = \frac{\partial f_k}{\partial q_1} dq_1 + \frac{\partial f_k}{\partial q_2} dq_2 + \cdots + \frac{\partial f_k}{\partial g_n} dg_n = \sum_{j=1}^{n} \frac{\partial x_k}{\partial q_j} dq_j \tag{4.65}$$

식 (4.65)를 시간에 대해서 미분해보면, 편미분은 좌표계만의 함수이며, 각 좌표계 내에서 속도들 사이의 상관관계만을 제공해준다는 것을 알 수 있다.

$$\dot{x}_k = \sum_{j=1}^{n} \frac{\partial x_k}{\partial q_j} \dot{q}_j \tag{4.66}$$

마지막으로, 변위와 속도들은 모두 독립변수로 취급할 수 있으므로, 일반화 좌표 내에서 식 (4.66)을 속도에 대해서 미분하면 다음과 같은 관계식을 얻을 수 있다.

$$\frac{\partial \dot{x}_k}{\partial \dot{q}_j} = \frac{\partial x_k}{\partial q_j} \tag{4.67}$$

이를 **도트상쇄**라고 부르기도 한다.

달랑베르의 방정식을 일반화 좌표계만을 사용하는 등가형태로 변화시키기 위해서, 다음과 같은 총 운동에너지 관계식을 도입한다.

$$T = \sum_{k=1}^{n} \frac{m_k}{2} \dot{x}_k^2 \tag{4.68}$$

식 (4.68)을 일반화된 속도에 대해서 미분한 다음에 도트상쇄를 활용하면 다음 관계식을 얻을 수 있다.

$$\frac{\partial T}{\partial \dot{q}_j} = \sum_{k=1}^{n} m_k \frac{\partial \dot{x}_k}{\partial \dot{q}_j} \dot{x}_k = \sum_{k=1}^{n} m_k \frac{\partial x_k}{\partial q_j} \dot{x}_k \tag{4.69}$$

식 (4.69)에 대한 시간미분을 취하기 위해서 곱셈법칙을 사용하면,

$$\frac{d}{dt} \frac{\partial T}{\partial \dot{q}_j} = \sum_{k=1}^{n} m_k \frac{\partial x_k}{\partial q_j} \ddot{x}_k + \sum_{k=1}^{n} m_k \frac{\partial \dot{x}_k}{\partial q_j} \dot{x}_k \tag{4.70}$$

시스템의 운동에너지를 일반화 좌표에 대해서 미분하면 다음과 같이 주어진다.

$$\frac{\partial T}{\partial q_j} = \sum_{k=1}^{n} m_k \frac{\partial \dot{x}_k}{\partial q_j} \dot{x}_k \tag{4.71}$$

식 (4.70)에서 식 (4.71)을 차감한 다음에 각 좌표계에 대해서 가상변위를 곱하여 모든 자유도에 대해서 합하면 다음의 관계식을 얻을 수 있다.

$$\sum_{j=1}^{n} \left[\frac{d}{dt} \frac{\partial T}{\partial \dot{q}_j} - \frac{\partial T}{\partial q_j} \right] \delta q_j = \sum_{j=1}^{n} \sum_{k=1}^{n} m_k \frac{\partial x_k}{\partial q_j} \ddot{x}_k \delta q_j = \sum_{k=1}^{n} m_k \ddot{x}_k \delta x_k \tag{4.72}$$

따라서 식 (4.72)의 좌변은 일반화 좌표계만을 포함하고 있으며 식 (4.63)의 달랑베르 방정식의 좌변항은 직교좌표계만을 포함하고 있다. 달랑베르 방정식의 일반화 좌표계에 대한 변환을 끝내기 위해서는, 질량에 가해지는 힘과 관련된 항을 대체할 필요가 있다. 이 힘들은 일반적으로 위치에너지구배(보존력), 점성형 소멸력 그리고 시스템의 외부로부터 부가되는 힘들이라고 간주할 수 있다.

보존력은 일반적으로 위치에너지의 음의 구배로부터 직접 유도할 수 있다. 따라서 각 좌표계에 대해서 가상일을 서로 같다고 놓으면 다음의 관계식을 얻을 수 있다.

$$\sum_{j=1}^{n} Q_j \delta q_j = \sum_{k=1}^{n} F_{x_k} \delta x_k = \sum_{j=1}^{n} \sum_{k=1}^{n} F_{x_k} \frac{\partial x_k}{\partial q_j} \delta q_j \tag{4.73}$$

여기서 Q_j는 q_j 좌표축 방향으로의 일반화 작용력이며 식 (4.73)의 마지막 항은 식 (4.65)를 사용하여 유도한다. 식 (4.73)으로부터 일반화된 힘과 직교좌표계 방향의 힘들 사이에 다음과 같은 관계식을 얻을 수 있다.

$$Q_j = \sum_{k=1}^{n} F_{x_k} \frac{\partial x_k}{\partial q_j} \tag{4.74}$$

다시, 점성형 소멸요소의 가상일은 두 좌표계 모두에서 서로 동일한 크기를 갖기 때문에 다음의 관계식이 성립된다.

$$\delta W = \sum_{j=1}^{n} Q_j \delta q_j = \sum_{k=1}^{n} b_k \dot{x}_k \delta x_k \tag{4.75}$$

$$= \sum_{j=1}^{n} \sum_{k=1}^{n} b_k \dot{x}_k \frac{\partial x_k}{\partial q_j} \delta q_j = \sum_{j=1}^{n} \sum_{k=1}^{n} b_k \dot{x}_k \frac{\partial \dot{x}_k}{\partial \dot{q}_j} \delta q_j$$

여기서 b_k는 직교좌표계 방향으로의 감쇄력이며, 도트상쇄를 반대로 적용하여 윗 식의 마지막 항을 얻을 수 있다. 식 (4.75)에서는 두 좌표계들에 대한 점성소멸력들 사이의 관계를 보여주고 있다.

$$Q_j = \sum_{k=1}^{n} b_k \dot{x}_k \frac{\partial x_k}{\partial q_j} \tag{4.76}$$

이제 소멸된 평균출력에 대해서 레일레이(1873)가 제안한 **흩어지기함수**[9]를 살펴보기로 한다.

$$D = \sum_{k=1}^{n} \frac{b_k}{2} \dot{x}_k^2 \tag{4.77}$$

이 흩어지기함수를 일반화속도에 대해서 미분한 다음에 모든 좌표축들에 대해서 합하면 다음 식을 얻을 수 있다.

$$\sum_{j=1}^{n} \frac{\partial D}{\partial \dot{q}_j} \delta q_j = \sum_{j=1}^{n} \sum_{k=1}^{n} b_k \dot{x}_k \frac{\partial \dot{x}_k}{\partial \dot{q}_j} \delta q_j = \sum_{j=1}^{n} Q_j \delta q_j \tag{4.78}$$

식 (4.78)의 좌변과 우변을 살펴보면, 일반화 좌표에 대해서 점성형 소멸력을 구할 수 있음을 알 수 있다. 식 (4.75)로부터 직교좌표계와 일반화 좌표계에 대한 점성감쇄력들 사이의 상관관계는 다음과 같이 주어진다.

---

9   dissipation function.

$$Q_j = \sum_{k=1}^{n} b_k \dot{x}_k \frac{\partial x_k}{\partial q_j} \tag{4.79}$$

앞에 제시되어 있는 모든 항들을 활용하면 일반화 좌표축들만을 사용하여 달랑베르 방정식을 정리할 수 있으며, 이를 통해서 다음과 같은 **라그랑주 방정식**이 얻어진다.

$$\frac{d}{dt}\left(\frac{\partial T}{\partial \dot{q}_k}\right) - \frac{\partial T}{\partial q_k} + \frac{\partial D}{\partial \dot{q}_k} + \frac{\partial V}{\partial q_k} = Q_k, \ k = 1,\, 2,\, \cdots,\, n \tag{4.80}$$

대신에, 변분법을 사용하여 보존계에 대한 지배방정식을 얻을 수도 있다. 첫 번째 단계로 **라그랑지안**이라고 부르는 양을 정의한다. 이 값은 시스템의 운동에너지와 위치에너지 사이의 차이값이다(위치에너지와 관련된 힘은 평형을 이루기 위한 방향으로 작용하는 복원력이라면, 관습적으로 음의 부호를 갖는다). 오일러−라그랑주 미분방정식을 얻기 위해서 가상일의 원리 대신에 **최소작용의 원리**가 사용된다. 좌표계, 좌표계의 미분 그리고 시간의 함수인 라그랑지안은 다음과 같이 정의된다.

$$\mathcal{L}\left(q, \dot{q}, t\right) = T - V \tag{4.81}$$

여기서 T는 운동에너지, V는 위치에너지이다. 최소작용의 경로가 뉴턴의 법칙을 따르도록 라그랑지안을 선정하며, 관례상 V는 음의 부호를 선정한다. 위치에너지에 의한 힘은 위치에너지의 음의 구배에 대해서 정의되어 있다. 이를 통해서 뉴턴의 2법칙에 상응하는 라그랑주 방정식을 적용할 수 있다(연습문제 7). **작용적분**은 시간에 대한 라그랑지안의 적분으로 정의된다.

$$S = \int_{t_1}^{t_2} \mathcal{L}\left(q, \dot{q}, t\right) dt \tag{4.82}$$

이 작용적분은 범함수[10]의 사례이다. 위 식은 함수 전체(두 극한 사이값들의 연속체)에 의존한다. 이 함수를 입력으로 취하고 스칼라를 사용하면, 라그랑지안은 두 끝점들 사이를 적분한다. 이 작용적분은 각운동량과 동일한 단위를 가지고 있다. (정지작용에 대한 해밀턴의 원리라고 알려져 있는 더 일반적인 공식인) 최소작용의 원리를 적용하면, 다음의 조건하에서 (변화가 없는) 정지위치에 대한 작용을 사용하여 시스템의 변화를 나타낼 수 있다.

$$\frac{\delta S}{\delta q(t)} = 0 \tag{4.83}$$

극값은 인접경로에 대해서 변화가 최소화되는 경우에 나타난다. 만일 S가 정지값이라면 정지작용이 일어나는 경로와 매우 인접한 임의 함수는 편차의 1차항까지는 동일한 작용을 일으킨다(정지값의 정의). 이 이론에 대해서 완전하게 유도할 필요는 없지만, 여기서는 끝점 $x(t_1)$과 $x(t_2)$가 고정되어 있어서, 양 끝점에서의 임의의 작은 교란(가상변위)이 $0(\varepsilon(t_1) = \varepsilon(t_2) = 0)$인 일련의 함수들에 대해서 살펴볼 예정이다. 변분법을 사용하여, 1차 교란을 유도한 다음, 앞서 설명한 경계조건을 적용하여 부분적분을 수행하면 **오일러−라그랑주 방정식**을 유도할 수 있다(연습문제 8).

$$\frac{\partial \mathcal{L}}{\partial q} - \frac{d}{dt}\left(\frac{\partial \mathcal{L}}{\partial \dot{q}}\right) = 0 \tag{4.84}$$

일반화 좌표 q에 대해서 운동에너지와 위치에너지와 이들의 시간미분을 계산하여 운동방정식을 도출하기 위해서 위 식을 사용할 수 있다(오일러−라그랑주 방정식의 유도에 대해서는 손턴과 마리온 2008 참조, 서스킨드와 라보프스키 2014는 단순화와 명확한 요약이 되어 있다). 오일러−라그랑주 방정식은 항상 동일한 형태를 갖추고 있으며 각각의 일반화 좌표계에 대해서 개별적으로 적용할 수 있다. 단위와 등식의 경우, 식 (4.84)는 내력을 운동량 변화율과 등식으로 놓은 뉴턴의 제2법칙과 등가이다. 각운동의 경우에는 토크를 각운동량의 변화와 등가로 놓은 것이며, 시스템의 구속조건에 따라서 선정된 일반화 좌표계에 의존한다(그런데 구속조건은 속도나 위치의 고차미분에 의존하지 않는 **홀로노믹**[11]이어야 한

---

10   functional: 함수들의 집합을 정의역으로 갖는 함수(위키백과).

11   holonomic: 운동의 구속조건이 없거나 구속조건식이 적분 가능한 역학계(사이언스올 과학사전).

다). 일반화 좌표계와 스칼라량을 사용하여 계산을 시작하면 큰 차이가 발생한다. 다수의 강체가 포함되어 있는 경우에는 시스템 전체에 대해서 힘과 모멘트 벡터를 사용하는 것보다 훨씬 더 쉽다. 보존력이 지배적인 시스템의 경우에 라그랑주 역학은 이 방식에 적용하기 알맞다. 그런데 비보전력(마찰력과 같은 소멸력)과 외부구동력들에 대해서는 일련의 수정된 방정식을 사용해야 한다. (라그랑주 방정식의 확장형에서는 추가적인 방정식을 통해서 구속 조건을 포함시킬 수 있다. 여기에 라그랑지안 승수가 사용된다.)

뉴턴 역학적 방법과 라그랑주 방법을 비교하기 위한 유용하지만 비교적 간단한 사례로서, 보존력하에서 반경이 R인 구체의 표면에 구속되어 있는 점질량의 경우를 살펴보기로 하자. 이 점질량은 위도각 θ와 경도각 ϕ 방향으로의 2자유도를 가지고 있으며, 이를 일반화 좌표로 사용하기로 한다.

$$F = F_\theta \widetilde{r_\theta} \tag{4.85}$$

여기서 $\widetilde{r_\theta}$는 단위벡터이다. 운동에너지는 다음과 같이 주어진다.

$$T = \frac{1}{2}mv_\theta^2 + \frac{1}{2}mv_\phi^2 = \frac{1}{2}mR^2\dot{\theta}^2 + \frac{1}{2}mR^2\dot{\phi}\sin^2\theta \tag{4.86}$$

그리고 $\theta = \phi = 0$일 때의 위치에너지를 0으로 놓으면,

$$V = -F_\theta R\theta \tag{4.87}$$

이를 사용하여 라그랑지안을 구하면

$$\mathcal{L} = T - V = \frac{1}{2}mR^2\dot{\theta}^2 + \frac{1}{2}mR^2\dot{\phi}\sin^2\theta + F_\theta R\theta \tag{4.88}$$

라그랑지안을 일반화 좌표 q_i(여기서는 θ와 ϕ)에 대해서 미분한다.

$$\frac{\partial \mathcal{L}}{\partial \theta} = mR^2\dot{\theta}^2\sin\theta\cos\theta + F_\theta R \tag{4.89}$$

$$\frac{\partial \mathcal{L}}{\partial \phi} = 0 \tag{4.90}$$

$$\frac{d}{dt}\left(\frac{\partial \mathcal{L}}{\partial \dot{\theta}}\right) = \frac{d}{dt}(mR^2\dot{\theta}) = mR^2\ddot{\theta} \tag{4.91}$$

$$\frac{d}{dt}\left(\frac{\partial \mathcal{L}}{\partial \dot{\phi}}\right) = \frac{d}{dt}(mR^2\dot{\phi}\sin^2\theta) = mR^2(2\dot{\theta}\dot{\phi}\sin\theta\cos\theta + \ddot{\phi}\sin^2\theta) \tag{4.92}$$

식 (4.89)~식 (4.92)를 오일러−라그랑주 방정식(식 (4.84))에 대입하면 다음과 같은 운동방정식을 얻을 수 있다.

$$F_\theta = mR(\ddot{\theta} - \dot{\phi}^2\sin\theta\cos\theta) \tag{4.93}$$

$$0 = mR^2\sin\theta(\ddot{\phi}\sin\theta + 2\dot{\theta}\dot{\phi}\cos\theta) \tag{4.94}$$

이 방법은 일반화 좌표계를 사용하여 에너지 항들을 나타낸 다음에, 이 좌표계(θ와 ϕ)에 대해서 직접 미분하여 운동방정식을 구할 수 있다는 장점이 있다. 뉴턴역학적 방법의 경우에는 직교좌표나 직교좌표에서의 단위벡터를 구면극좌표의 형태로 유도한 다음에 이들에 대한 1차 및 2차 미분을 계산하여야 한다. 앞서 살펴본 간단한 사례에서 조차도, 라그랑주 방법이 훨씬 더 다루기 쉽다(연습문제 9번과 10번). 이보다 훨씬 더 복잡한 다물체 시스템의 경우에 라그랑주 방정식의 진정한 가치를 알 수 있다.

비보존력의 경우에는 가상일을 보존과 비보존의 형태로 구분할 수 있으며, 이를 통해서 라그랑주 방정식을 확장하여야 한다(식 (4.80)).

4.6 집중질량 모델

강체는 공학에서 유용한 개념이며 개별 입자들의 위치가 서로 구속되어 있어서 서로에 대해서 고정된 것처럼 보이는 일련의 입자들로 정의된다. 하지만 실제로는 미세규모에서 원자 및 분자운동이 일어나기 때문에 강체는 이상적인 시스템에 불과하다. 하지만 물체 전체의 거시적 운동을 다루는 경우에는 이런 미세운동을 무시할 수 있다. 강체의 운동방정식을 유도하는 경우에는 탄성변형과 같은 거시적 운동들 중 일부도 역시 무시할 수 있다. 강체는 개별입자들의 집합(입자들에 대한 합산이 필요)이나 물질의 연속적 분포(질량밀도분포에 대한 적분이 필요)로 간주할 수 있다. 편이에 따라서 이들 두 가지 개념 모두를 사용할 수 있다.

강체의 형상이 커지면 이상적인 스프링과 진자에서 발생하는 단순진동을 넘어서는 방향 특성인 진동모드가 나타난다. 행렬식을 사용한 고유 시스템 해석을 통하여 이런 진동모드들을 구할 수 있다. **고유 시스템**[12]은 원래 강체의 회전을 고찰하기 위해서 사용되었지만, 이제는 안정성 해석이나 진동해석 그리고 더 일반적으로는 행렬대수학과 미분연산자 등과 같은 매우 다양한 용도로 활용되고 있다. 고유 시스템에 대한 전반적인 내용은 양자론에서 사용되는 수학적 복소수 공간을 이용하여 데이비드 힐버트가 스펙트럼이론으로 일반화시켜놓았다(고유상태와 고유함수).

무게중심과 2차 질량 모멘트는 크기를 가지고 있는 강체의 운동을 계산하는 데에 매우 유용하다. 고체 내에서는 입자들이 서로 맞닿아 있기 때문에, 뉴턴의 제3법칙에 의거하여 이들 사이의 내력은 서로 상쇄된다고 가정할 수 있다. 제3법칙의 가장 단순한 형태가 필요할 뿐이며, 1번과 2번의 두 입자들의 경우에는 다음과 같이, 이들 둘 사이에 작용하는 힘의 크기는 서로 같다.

$$f_{12} = f_{21} \tag{4.95}$$

만일 $\boldsymbol{R}$이 미리 정의된 원점에 대해서 강체의 무게중심 위치를 나타내는 벡터라고 한다면, 강체 내의 n개의 입자들에 대해서 다음 식이 성립된다.

$$\sum_{i=1}^{n} m_i (\boldsymbol{r_i} - \boldsymbol{R}) = 0 \tag{4.96}$$

---

12   eignesystem.

이 물체가 단일입자처럼 움직인다(모든 입자들에 뉴턴의 제3법칙이 약하게 적용되며, 서로 함께 움직인다)고 가정한다. 이로 인하여 강체를 구성하는 입자들의 총 질량 모멘트는 다음과 같이 주어진다.

$$\sum_{i=1}^{n} m_i r_i = MR \tag{4.97}$$

여기서 M은 총 질량이며,

$$R = \frac{1}{M} \sum_{i=1}^{n} m_i r_i \tag{4.98}$$

또는 연속체인 경우라면,

$$R = \frac{1}{M} \int r \, dm \tag{4.99}$$

이런 내력의 평형과 무게중심에 대한 이들의 영향을 고려하면, R 위치에서 질량이 M인 입자에 대한 선운동량의 보존은 시스템에 대한 선운동량 보존과 등가이며, 원점에 대한 총 각운동량(운동량의 모멘트)은 원점에 대한 각운동량과 무게중심에 대한 각운동량의 합과 같다는 등의 여러 중요한 개념들이 도출된다. 총 운동에너지는 무게중심 위치에서의 총 질량의 속도와 무게중심에 대한 구성입자들의 상대속도를 합한 것과 같으며, (보존계에서) 총 에너지는 일정하다. 식 (4.99)는 각운동량과 회전운동에너지 등의 회전량들에 대한 계산을 통하여 시스템을 훨씬 더 단순화시킬 수 있다.

2차 질량 모멘트와 각운동량이나 운동에너지와 같은 유용한 인자들 사이의 상관관계를 살펴보기 위해서, 다음과 같이 인자들을 정의한다.

$$\text{각운동량:} \quad L = \sum_{i=1}^{n} r_i p_i = \sum_{i=1}^{n} r_i m_i \omega r_i = \omega \sum_{i=1}^{n} m_i r_i^2 = I\omega \tag{4.100}$$

$$\text{회전운동에너지: } T_{rot} = \sum_{i=1}^{n}\left(\frac{1}{2}m_i\omega^2 r_i^2\right) = \frac{1}{2}\omega^2\sum_{i=1}^{n}m_i r_i^2 = \frac{1}{2}I\omega^2 \tag{4.101}$$

여기서 I는 회전인자들 사이의 비례상수이며, 비틀림 모멘트가 부가되었을 때에 물체의 질량분포와 형상이 운동에 어떤 영향을 미치는지를 연관시켜준다. 그러므로 만일 강체에 대한 구조정보를 사용할 수 있다면, 회전축을 알고 있으며, 이를 대칭축으로 간주한다는 가정하에서, 앞에서 단순히 스칼라량으로 표현된 2차 질량 모멘트를 사용하여 회전운동을 손쉽게 계산할 수 있다. 대부분의 기구와 기계들의 경우에는 회전축을 이미 알고 있다. 물체의 회전응답은 행렬식이나 텐서식으로 나타낸다. 이를 **관성행렬** 또는 **관성텐서**(2순위)라고 부른다. 만일 회전축이 대칭축을 이루고 있다면, 비대각 성분들은 소거된다.

관성텐서의 장점은 알려진 구조의 물체에 대해서 미리 계산해놓을 수 있다는 점이다(유용한 기하학적 형상에 대해서 잘 알려진 형태가 제시되어 있다. 예를 들어, 회전하는 구체의 경우, $I = \frac{2}{5}mr^2$이다). 앞서 제시되어 있는 간단한 공식에 관성텐서를 적용하여, 이 물체의 회전성질을 산출할 수 있다.

각운동량을 벡터 형태로 나타내면,

$$\boldsymbol{L} = \sum_{i=1}^{n}\boldsymbol{r_i}\times\boldsymbol{p_i} = \sum_{i=1}^{n}m_i\boldsymbol{r_i}\times(\omega\times\boldsymbol{r_i}) = \sum_{i=1}^{n}m_i[r_i^2\omega - \boldsymbol{r_i}(\boldsymbol{r_i}\cdot\omega)] \tag{4.102}$$
$$= \boldsymbol{I_I}\cdot\omega$$

여기서 $\boldsymbol{I_I}$는 3×3 크기의 관성텐서이다. 위 식을 행렬식의 형태로 나타내면 다음과 같다.

$$\begin{Bmatrix}L_x\\L_y\\L_z\end{Bmatrix} = \begin{bmatrix}I_{xx} & I_{xy} & I_{xz}\\I_{yx} & I_{yy} & I_{yz}\\I_{zx} & I_{zy} & I_{zz}\end{bmatrix}\begin{Bmatrix}\omega_x\\\omega_y\\\omega_z\end{Bmatrix} \tag{4.103}$$

관형행렬은 실수들로 이루어진 대칭행렬(전치행렬과 동일)이므로, 이 문제를 고유값문제인 $\boldsymbol{I_I}\cdot\omega = \lambda\omega$의 형태로 풀어낼 수 있다. 여기서 서로 직교하는 세 개의 고유벡터 ω(각속

도에 해당)들은 강체의 회전주축을 결정하며, 고유값들은 이 축들에 대한 2차 질량 모멘트
(와 교차 모멘트)를 결정한다.

고유 시스템(예를 들어, 스트라우드와 부스 2011)의 경우, A가 실수 대칭행렬이며, λ는
스칼라량이라면,

$$A\boldsymbol{x} = \lambda \boldsymbol{x} \tag{4.104}$$

따라서 고유값 A와 그에 따른 λ를 충족시켜주는 임의의 열벡터 $\boldsymbol{x}$는 A의 고유값이다.
일반적으로, 물리문제의 경우, 구조물 A는 시스템의 진동이나 인장특성과 관련되어 있다.
따라서 고유값 문제는 다음과 같이 정리할 수 있다.

$$(\boldsymbol{A} - \lambda \boldsymbol{I})x = 0 \tag{4.105}$$

여기서 $\boldsymbol{I}$는 단위행렬이며, 따라서 행렬식은 다음과 같이 0이 되어야만 한다.

$$|\boldsymbol{A} - \lambda \boldsymbol{I}| = 0 \tag{4.106}$$

만일 $\boldsymbol{A}$가 n차원이라면, 위 식은 λ에 대한 n차 다항식이 되며, n개의 근(점성감쇠를 갖
는 시스템의 경우에는 복소수), n개의 고유값 그리고 $\boldsymbol{A}$에 대한 n개의 고유벡터를 갖는다.
보존계의 경우에 λ와 x는 실수이므로, 행렬의 전치와 복소 켤레항을 취하여 이들을 구할
수 있다. 감쇄나 여타의 에너지 소산이 존재하는 모든 공학 시스템의 경우에 복소 켤레항으
로 나타난다.

이런 유형의 시스템은 기계구조물의 진동해석에 적용할 수 있다. 여기서 고유값들은 진
동의 고유주파수이며 고유벡터들은 모드선도의 지향특성을 나타낸다. 이것은 일반화된 고
유값문제이다(방정식의 양변에 행렬식이 존재한다). 이를 설명하기 위해서, **그림 4.13**에 도시
되어 있는 것처럼, 질량과 스프링들이 연결되어 있어서, 일부 커플링된 진동이 존재하는 간
단한 경우에 대해서 다시 살펴보기로 하자(연습문제 9번).

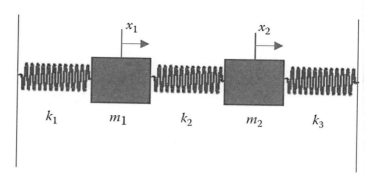

그림 4.13 2개의 질량과 3개의 스프링들로 이루어진 시스템

이 사례는 비교적 단순한 2자유도 시스템으로서 두 개의 일반화 좌표인 x_1과 x_2가 사용되며, 작용력 F_1 및 F_2가 동일직선상에 놓여 있다. 이 시스템의 두 운동방정식을 구하기 위해서 라그랑주 방정식을 사용하는 것이 더 좋다. 라그랑주 방정식을 구성하는 세 개의 항들을 손쉽게 구할 수 있다.

$$T = \frac{1}{2}m_1\dot{x}_1^2 + \frac{1}{2}m_2\dot{x}_2^2$$

$$V = \frac{1}{2}k_1x_1^2 + \frac{1}{2}k_2(x_1 - x_2)^2 + \frac{1}{2}k_3x_2^2 \qquad (4.107)$$

$$D = \frac{1}{2}b_1\dot{x}^2 + \frac{1}{2}b_2(\dot{x}_1 - \dot{x}_2)^2 + \frac{1}{2}b_3\dot{x}_2^2$$

식 (4.107)을 식 (4.80)에 대입하면 다음과 같은 두 개의 방정식들을 얻을 수 있다.

$$m_1\ddot{x}_1 + (b_1 + b_2)\dot{x}_1 - b_2\dot{x}_2 + (k_1 + k_2)x_1 - k_2x_2 = F_1 \qquad (4.108)$$

$$m_2\ddot{x}_2 + (b_2 + b_3)\dot{x}_2 - b_2\dot{x}_1 + (k_2 + k_3)x_2 - k_2x_1 = F_2$$

식 (4.108)을 다음과 같이 행렬식의 형태로 정리할 수 있다(연습문제 10번).

$$\begin{bmatrix} m_1 & 0 \\ 0 & m_2 \end{bmatrix} \begin{Bmatrix} \ddot{x}_1 \\ \ddot{x}_2 \end{Bmatrix} + \begin{bmatrix} b_1 + b_2 & -b_2 \\ -b_2 & b_2 + b_3 \end{bmatrix} \begin{Bmatrix} \dot{x}_1 \\ \dot{x}_2 \end{Bmatrix} + \begin{bmatrix} k_1 + k_2 & -k_2 \\ -k_2 & k_2 + k_3 \end{bmatrix} \begin{Bmatrix} x_1 \\ x_2 \end{Bmatrix} = \begin{Bmatrix} F_1 \\ F_2 \end{Bmatrix}$$

또는,

$$m\ddot{x} + b\dot{x} + kx = F \qquad (4.109)$$

실제의 경우, 평형상태에서 시스템에 미소한 교란이 가해진다고 가정하면 식 (4.109)를 선형방정식으로 단순화시킬 수 있다. 또한 행렬식이 정방 대칭행렬이라면 **맥스웰의 상반정리**[13]를 적용할 수 있다. 이 이론에 따르면, 어느 한 위치에 힘을 부가하여 다른 위치에서 특정한 변위가 발생했다면, 앞서의 변위를 측정했던 위치에 동일한 힘을 부가하면, 앞서 힘을 부가했던 위치에서 동일한 변위가 발생한다. 선형미분방정식으로 나타낼 수 있는 다양한 공정들에 이 상반정리를 적용할 수 있다.

식 (4.109)는 매우 중요하기 때문에, 이 방정식의 해를 구하는 다양한 방법들이 개발되었다. 가장 단순한 경우로, 에너지 소멸이 없기 때문에 식 (4.109)의 우변이 0이 되는 자유진동 시스템에 대해서 살펴보기로 하자.

$$m\ddot{x} + kx = 0 \qquad (4.110)$$

이 방정식의 해가 다음의 형태를 갖는다고 가정한다.

$$x = \{X\}e^{\beta t} \qquad (4.111)$$

여기서 $n \times 1$의 크기를 가지고 있는 열행렬 $\{X\}$는 이 자유운동 시스템의 특성 형상을 나타내는 상수이며, 특정 고유값에 대한 고유벡터이다. 식 (4.111)을 식 (4.110)에 대입하면 다음과 같은 방정식을 얻을 수 있다.

$$(\beta^2 I + m^{-1} K)\{X\} = (A - \lambda I)\{X\} = 0 \qquad (4.112)$$

---

13 Maxwell's reciprocity theorem.

여기서 $A = m^{-1}k$는 크기가 $n \times n$인 정방행렬이며 좌변의 방정식은 표준 고유방정식이다. 이 경우, n개의 고유값이 존재하며, 각 고유값들마다 집중질량 시스템의 모드선도에 해당하는 고유벡터가 존재한다. 수동적인 스프링 – 질량 시스템의 경우, 각 고유값들은 양의 실수이며, 이들은 시스템의 비감쇄 고유주파수들인 $\beta = \sqrt{-\lambda} = j\sqrt{\lambda}$에 해당한다.

임의의 공학 시스템에는 항상 감쇄가 존재하며, 이들에 대한 고유값과 고유벡터를 직접 풀어낼 필요가 있다. 이런 경우, 해가 다음의 형태를 갖는다고 가정한다.

$$x = \{X\}e^{\lambda t} \tag{4.113}$$

감쇄가 있는 선형 시스템의 경우, 식 (4.113)을 풀면,

$$\lambda^2 I\{X\} = \lambda I\{W\} = -m^{-1}b\{W\} - m^{-1}k\{X\} \tag{4.114}$$
$$\{W\} = \lambda I\{X\}$$

여기서 $\{W\}$를 **속도 고유벡터**라고 부른다. 식 (4.114)를 행렬식의 형태로 나타내면,

$$\lambda I \begin{Bmatrix} \{X\} \\ \{W\} \end{Bmatrix} = \begin{bmatrix} 0 & I \\ -m^{-1}k & -m^{-1}b \end{bmatrix} \begin{Bmatrix} \{X\} \\ \{W\} \end{Bmatrix} = A\{Z\} \tag{4.115}$$

이 식이 표준 고유방정식임을 즉시 알 수 있다. 그런데 이 경우, 고유행렬 A는 $2n \times 2n$의 크기를 가지고 있으며, 고유값과 고유벡터 해는 켤레복소수의 형태를 갖게 된다. **그림 4.13**의 사례에서는 고유값이 시스템의 두 근에 해당하는 두 개의 켤레복소수들을 가지고 있다. 식 (4.40)에 주어진 1자유도 시스템의 근에서와 마찬가지로, 각 고유값들의 실수부와 허수부들이 각각, 시스템 각 모드들의 감소비율과 감쇄고유주파수를 나타낸다고 간주할 수 있다. 2자유도 시스템의 경우, 근들은 다음과 같이 주어진다.

$$\lambda_1 = -\zeta_1 \omega_{n1} \pm j\omega_{n1}\sqrt{1-\zeta_1^2} = -\zeta_1 \omega_{n1} \pm j\omega_{d1} \tag{4.116}$$
$$\lambda_2 = -\zeta_2 \omega_{n2} \pm j\omega_{n2}\sqrt{1-\zeta_2^2} = -\zeta_2 \omega_{n2} \pm j\omega_{d2}$$

식 (4.116)에서 하첨자 1과 2는 2자유도 시스템의 1차 모드와 2차 모드를 나타내며 각각의 감쇄비와 고유주파수들은 각 모드의 감소비율과 주파수에 관련되어 있다. 이 해석방법과 고유값 및 고유벡터에 대한 설명방법에 대한 더 자세한 설명은 뉴랜드(1989)를 참조하기 바란다.

식 (4.110)에서 알 수 있듯이, 감쇄값이 0인 경우에는, 고유값(또는 근)들이 허수 성분으로만 이루어진다. 감쇄가 증가함에 따라서 고유값의 실수부(감소비율의 항)가 증가하는 반면에 감쇄고유주파수(허수부)는 감소한다. 그림 4.13의 모델에 대해서 특정한 값을 선정하면, 서로 다른 감쇄값에 대한 이 시스템의 근들의 변화양상을 그림 4.14에서와 같이 나타낼 수 있다. 고유값들은 켤레복소수의 형태를 가지고 있기 때문에, 이 도표의 상부 절반만으로도 충분하다. 또한 그림 4.14에 도시되어 있는 회색 음영영역의 상한은 $\zeta = 0.4$이며 하한은

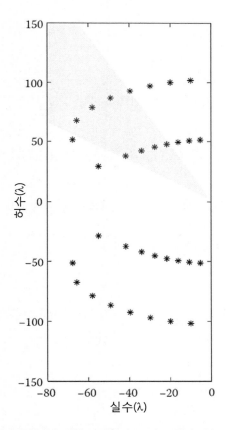

그림 4.14 그림 4.13에 도시되어 있는 모델에 대한 근궤적선도. 이 모델의 계수값들은 $m_1 = 12$, $m_2 = 8$, $k_1 = 25{,}000$, $k_2 = 35{,}000$, $k_3 = 30{,}000$, $b_1 = s180/2.5$, $b_2 = b_3 = s70/2.5$, $s = 1, 2, \cdots, 8$이다.

$\zeta = 0.8$이다. 이 감쇄값 범위는 개루프나 폐루프 제어되는 기계 시스템의 동적 성능을 최적화하기 위해서 바람직한 값으로 인식되고 있다(8장과 14장 참조). 적용대상에 따라서 다르겠지만, 감쇄비율의 하한값은 진동(너무 덜렁거린다)하는 경향이 있기 때문에 약간 작다고 생각되는 반면에 감쇄값이 큰 경우에는 오버슈트가 발생하지 않는다(너무 느리다).

메커니즘 구성요소들의 변형과 운동에 의해서 감쇄가 발생하지만 감쇄행렬이 강성이나 질량행렬에 비례한다고 가정할 수도 있다. 이는 모델링을 쉽게 만들어주므로 고유값과 고유벡터를 구하기가 용이하다. 이로 인한 가장 직접적인 결과는 모드선도가 감쇄에 의해 변하지 않기 때문에 메커니즘 내에서 요소의 변위를 직접적으로 예측할 수 있다. 이렇게 하여도 수학적으로 직교성을 가지고 있는 모드선도는 그대로 유지되므로, 모드선도의 형태로 해를 구할 수 있다. 이 방법을 **모달해석**이라고 부르지만, 이 책의 범주를 넘어선다. 감쇄값이 질량에 비례($b = \alpha m$)하는 경우, 자유진동에 대한 지배방정식은 다음과 같이 주어진다.

$$m\ddot{x} + \alpha m\dot{x} + kx = 0 \tag{4.117}$$

이 방정식의 해가 식 (4.111)과 같은 형태를 갖는다고 가정한다.

$$\beta^2 \boldsymbol{I}\{X\} + \beta\alpha \boldsymbol{I}\{X\} + m^{-1}k\{X\} = [(\beta^2 + \beta\alpha)\boldsymbol{I} + \boldsymbol{A}]\{X\} = 0 \tag{4.118}$$

이를 고유방정식의 형태로 나타낼 수 있다. 여기서 고유값은 다음과 같이 정리된다.

$$\lambda = -\beta^2 - \beta\alpha \tag{4.119}$$

그리고 고유행렬은 비감쇄 시스템에서와 동일하다. 고유값들은 양의 실수이며 상수이므로, 식 (4.109)를 사용하여 다음과 같이 시스템의 특성근들을 구할 수 있다.

$$\beta_i = -\frac{\alpha}{2} \pm j\sqrt{\lambda_i}\sqrt{1 - \left(\frac{\alpha}{2}\right)^2 \frac{1}{\lambda_i}}, \ i = 1, \cdots, n \tag{4.120}$$

식 (4.120)에 따르면, 비감쇄고유주파수는 변하지 않는 반면에 감소비율은 모드와 무관하다는 것을 알 수 있다. 식 (4.120)을 다음과 같이 정리하면 모드들의 고유주파수가 증가할수록 감쇄비율이 감소한다는 것을 알 수 있다.

$$\beta_i = -\zeta_i\omega_i \pm j\omega_i\sqrt{1-\zeta_i^2}, \ i=1, \ \cdots, \ i=1, \ \cdots, \ n \tag{4.121}$$

$$\zeta_i = \frac{\alpha}{2\omega_i}$$

감쇄비율이 강성에 비례($b = \varepsilon k$)하는 경우에도 다음의 방정식들을 사용하여 비감쇄 시스템의 고유값들로부터 시스템의 근들을 구할 수 있다는 것을 앞서와 유사한 방식으로 증명할 수 있다.

$$\beta_i = -\frac{\varepsilon\lambda_i}{2} \pm j\sqrt{\lambda_i}\sqrt{1-\left(\frac{\varepsilon}{2}\right)^2\lambda_i} = -\frac{\varepsilon\lambda_i}{2} \pm j\omega_i\sqrt{1-\left(\frac{\varepsilon\omega_i}{2}\right)^2} \tag{4.122}$$

$$= -\zeta_i\omega_i \pm j\omega_i\sqrt{1-\zeta_i^2}$$

비례감쇄의 경우, 고차모드에서의 감쇄비율에 따라서 감소비율이 증가한다는 것이 명확하다. 이런 경향은 많은 메커니즘들에서 공통적으로 발견된다. 일단 고유값들을 계산하고 나면, 다양한 시스템 변수들에 대해서 **근궤적선도**를 해석적으로 구하여 평가할 수 있다. 그런데 감쇄가 질량이나 강성에 비례한다는 가정은 실제 시스템을 나타내지 못한다. 실제의 경우, 특정한 용도의 시스템 내에서 중요하게 취급되는 두 개 또는 그 이상의 모달 주파수를 구하기 위해서, 적절한 정밀도를 갖춘 모델을 만드는 과정에서는 적절하게 선정된 감쇄값을 사용한다.

근궤적은 시스템 동특성에 대한 일반적인 정보를 제공해주는 반면에, 시스템의 성능을 평가하기 위해서 일반적으로 사용되는 방법은 정현적으로 변화하는 힘을 투입하여 평형상태에 대해서 작은 교란이 초래되었을 때에 대해서 시스템의 정상상태 응답을 측정하거나 모델링하는 것이다. 비록 주파수응답보다는 전달함수라는 용어가 더 자주 사용되지만, 전달함수는 전형적으로 비선형을 포함하는 공정에 사용되기 때문에 여기서는 이를 사용하지 않기로 한다. 이런 시스템도 식 (4.109)를 사용하여 완전하게 나타낼 수 있다. 정상상태 주파수 응답을 나타내기 위해서, **그림 4.13**에 도시되어 있는 시스템에 대해서 다시 살펴보기로 하자. 이 시스템은 2자유도 선형 시스템이므로, 임의의 주파수 ω의 정현 작용력을 받는 시스템의 일반 운동방정식은 다음과 같이 주어진다.

$$\begin{bmatrix} a_{11} \, a_{12} \\ a_{21} \, a_{22} \end{bmatrix} \begin{Bmatrix} \ddot{q}_1 \\ \ddot{q}_2 \end{Bmatrix} + \begin{bmatrix} b_{11} \, b_{12} \\ b_{21} \, b_{22} \end{bmatrix} \begin{Bmatrix} \dot{q}_1 \\ \dot{q}_2 \end{Bmatrix} + \begin{bmatrix} c_{11} \, c_{12} \\ c_{21} \, c_{22} \end{bmatrix} \begin{Bmatrix} q_1 \\ q_2 \end{Bmatrix} = \begin{Bmatrix} Q_1 \\ Q_2 \end{Bmatrix} = \begin{Bmatrix} F_1 e^{j\omega t} \\ F_2 e^{j\omega t} \end{Bmatrix} \tag{4.123}$$

여기서 $a_{rc} = a_{cr}$, $b_{rc} = b_{cr}$ 그리고 $c_{rc} = c_{cr}$은 실수인 상수값들이다. 위 식은 선형미분방정식이기 때문에, 응답 역시 선형이다. 선형방정식이기 때문에, 가해지는 힘이 정상상태 정현가진이라면, 출력변위응답은 정확히 동일한 주파수를 가지고 있으며 진폭응답은 입력 힘에 비례할 것이다. 이를 **주파수응답의 이득**이라고 부른다. 또한 출력 주파수가 입력 주파수와 동일한 반면에 입력 힘과 출력 응답 사이에는 시간지연이 존재하기 때문에, 임의의 주파수에서 발생하는 위상 차이는 정의상 일정하여야만 한다. 정현함수의 지수함수 표현방법을 사용하면, 진폭과 위상을 복소수 평면상에서의 벡터로 모델링할 수 있으며, 이를 통해서 위상 시프트와 이득이 $H_{rc}(j\omega)$라고 정의된 주파수 응답의 미분식에 포함된다. 여기서 $j\omega$는 응답의 복소수 표현이며 입력주파수만의 함수라는 것을 나타내기 위해서 사용된다. 하첨자 r과 c는 주파수 응답이 좌표 r에서의 입력 힘과 좌표 c에서의 변위응답 사이의 비율임을 나타낸다. 주어진 주파수에서 이 복소수의 진폭과 인수들로부터 응답의 이득과 위상각을 구할 수 있다. 이런 정의들에 기초하여, 다음과 같이 각 좌표들에 대한 응답을 구할 수 있다.

$$q_1(t) = Re\left\{ F_1 H_{11}(j\omega)e^{j\omega t} + F_2 H_{21}(j\omega)e^{j\omega t} \right\} \tag{4.124}$$
$$q_2(t) = Re\left\{ F_1 H_{12}(j\omega)e^{j\omega t} + F_2 H_{22}(j\omega)e^{j\omega t} \right\}$$

전형적으로, 이 방정식들의 실수부만 사용된다는 것은 여기서 논의하지 않기로 한다. 이는 비록 복소표현이 동특성의 가시화를 위한 도구로 사용되지만, 대부분의 해석과정에서 이득과 위상이 미치는 영향만이 관심의 대상이 되기 때문이다.

이 선형 시스템 모델의 주파수응답을 구하는 과정에서, 만일 개별 입력에 대한 하나의 좌표축의 출력이 유도되었다면, 시스템 내의 다른 위치에 부가되는 다른 주파수의 입력이 미치는 영향은 분리된 두 개별 응답을 단순 합산하여 구할 수 있다. 복합입력에 대한 응답을 구하기 위해서 개별 해들을 합산할 수 있는 성질을 **중첩의 원리**라고 부른다. 따라서 1번 좌표와 2번 좌표에서의 응답들은 식 (4.124)의 첫 번째 항들에 주어져 있으므로, 주파수응답 함수를 구하기 위해서는 1번 좌표에 가해진 정현작용력만을 고려하면 된다. 이 해를 식 (4.123)에 대입하면, 다음과 같은 선형방정식들을 얻을 수 있다.

$$(-a_{11}\omega^2 + j\omega b_{11} + c_{11})H_{11}(j\omega) + (-a_{12}\omega^2 + j\omega b_{12} + c_{12})H_{12}(j\omega) = 1$$

$$(-a_{21}\omega^2 + j\omega b_{21} + c_{21})H_{11}(j\omega) + (-a_{22}\omega^2 + j\omega b_{22} + c_{22})H_{12}(j\omega) = 0$$

또는 $\qquad\qquad\qquad\qquad\qquad\qquad\qquad\qquad\qquad\qquad\qquad\qquad$ (4.125)

$$\begin{bmatrix} e_{11} & e_{12} \\ e_{21} & e_{22} \end{bmatrix} \begin{Bmatrix} H_{11}(j\omega) \\ H_{12}(j\omega) \end{Bmatrix} = e \begin{Bmatrix} H_{11}(j\omega) \\ H_{12}(j\omega) \end{Bmatrix} = \begin{Bmatrix} 1 \\ 0 \end{Bmatrix}$$

여기서 $H_{rc} = H_{cr}$, $e_{rc} = e_{cr}$ 이며 식 (4.125)의 행렬식 형태는 **크래머의 법칙**을 사용하여 임의자유도의 시스템 응답에 대해서 손쉽게 풀어낼 수 있다.

$$H_{rc}(j\omega) = \frac{1}{\Delta}\frac{\partial \Delta}{\partial e_{rc}}$$ (4.126)

여기서 Δ 는 행렬 e 의 행렬식이다. 이 방정식의 중요한 특징은 모든 응답들이 동일한 분모를 공유한다는 것이다. 이 공통분모의 근은 시스템의 고유값에 해당한다. 감쇄가 없는 경우, 이 근에 해당하는 주파수에서는 분모가 0이 되며, 응답은 무한대로 발산하게 된다. 이로 인하여 주파수에 대한 응답을 도표로 그리면, 이 근에 해당하는 주파수에서 도표가가 무한히 상승하므로, 특성방정식의 이 근들을 **극점**이라고 부른다. 때로는 분자에도 근들이 존재한다. 앞서와 동일한 이유 때문에 이 근들을 **영점**이라고 부른다. **그림 4.13**의 모델에 대한 식 (4.109)에 사용된 변수들에 대해서 계수 e 는 다음과 같이 정의된다.

$$e_{11} = -m_1\omega^2 + j\omega(b_1 + b_2) + (k_1 + k_2)$$ (4.127)

$$e_{12} = e_{21} = -j\omega b_2 - k_2$$

$$e_{22} = -m_2\omega^2 + j\omega(b_2 + b_3) + (k_2 + k_3)$$

식 (4.127)과 식 (4.126)을 사용하여, 다음과 같이 이 시스템의 주파수 응답을 구할 수 있다.

$$H_{11}(j\omega) = \frac{\begin{vmatrix} 1 & e_{12} \\ 0 & e_{22} \end{vmatrix}}{\begin{vmatrix} e_{11} & e_{12} \\ e_{21} & e_{22} \end{vmatrix}} = \frac{e_{22}}{e_{11}e_{22} - e_{12}^2} \tag{4.128}$$

$$H_{12}(j\omega) = H_{21}(j\omega) = \frac{\begin{vmatrix} e_{11} & 1 \\ e_{21} & 0 \end{vmatrix}}{\begin{vmatrix} e_{11} & e_{12} \\ e_{21} & e_{22} \end{vmatrix}} = \frac{-e_{21}}{e_{11}e_{22} - e_{12}^2} = \frac{j\omega b_2 + k_2}{e_{11}e_{22} - e_{12}^2}$$

$$H_{22}(j\omega) = \frac{\begin{vmatrix} e_{11} & 0 \\ e_{21} & 1 \end{vmatrix}}{\begin{vmatrix} e_{11} & e_{12} \\ e_{21} & e_{22} \end{vmatrix}} = \frac{e_{11}}{e_{11}e_{22} - e_{12}^2} = \frac{(-m_1\omega^2 + j\omega(b_1 + b_2) + (k_1 + k_2))}{e_{11}e_{22} - e_{12}^2}$$

식 (4.128)의 첫 번째 식을 풀어보면, 다음과 같이 다소 복잡한 방정식이 얻어진다.

$$
\begin{aligned}
H_{11}(j\omega) &= \frac{-m_2\omega^2 + j\omega(b_2 + b_3) + (k_2 + k_3)}{(-m_1\omega^2 + j\omega(b_1 + b_2) + (k_1 + k_2))(-m_2\omega^2 + j\omega(b_2 + b_3) + (k_2 + k_3)) - (j\omega b_2 + k_2)^2} \\[2mm]
&= \frac{-m_2\omega^2 + (k_2 + k_3) + j\omega(b_2 + b_3)}{\begin{aligned}&m_1 m_2 \omega^4 + \omega^2[m_1(k_2 + k_3) + m_2(k_1 + k_2) - b_2(b_1 + b_3)] + k_1(k_2 + k_3) + k_2 k_3 \\ &- j\omega\{\omega^2[m_2(b_1 + b_2) + m_1(b_2 + b_3)] - [b_1(k_2 + k_3) + b_2(k_1 + k_3) + b_3(k_1 + k_2)]\}\end{aligned}} \\[2mm]
&= \frac{A(\omega) + jB(\omega)}{C(\omega) + jD(\omega)} = E(\omega) + jF(\omega) \tag{4.129}
\end{aligned}
$$

위 식은 수많은 항들을 포함하고 있지만, 선형 시스템의 일부 계수값들은 즉시 구할 수 있다. 식 (4.129)의 마지막 형태는 선형 시스템의 모든 주파수 응답에 적용되며, 다음 식으로부터 이득(또는 진폭응답)과 위상을 즉시 계산할 수 있다.

$$|H_{11}(j\omega)| = \sqrt{\frac{A^2(\omega) + B^2(\omega)}{C^2(\omega) + D^2(\omega)}} \tag{4.130}$$

$$\arg H_{11}(j\omega) = \tan^{-1}\left(\frac{B(\omega)}{A(\omega)}\right) - \tan^{-1}\left(\frac{D(\omega)}{C(\omega)}\right)$$

두 번째로, 분모와 분자의 허수항들은 시스템의 여타 인자들과 감쇄계수들의 곱으로만 구성되어 있다. 따라서 모든 감쇄계수들을 0으로 놓으면, 식 (4.129)와 여타의 응답들은 다음과 같이 단순화된다.

$$H_{11}(j\omega) = \frac{-m_2\omega^2 + (k_2 + k_3)}{m_1 m_2 \omega^4 + \omega^2[m_1(k_2 + k_3) + m_2(k_1 + k_2)] + k_1(k_2 + k_3) + k_2 k_3} \tag{4.131}$$

$$H_{12}(j\omega) = \frac{k_2}{m_1 m_2 \omega^4 + \omega^2[m_1(k_2 + k_3) + m_2(k_1 + k_2)] + k_1(k_2 + k_3) + k_2 k_3}$$

$$H_{22}(j\omega) = \frac{-m_1\omega^2 + (k_1 + k_2)}{m_1 m_2 \omega^4 + \omega^2[m_1(k_2 + k_3) + m_2(k_1 + k_2)] + k_1(k_2 + k_3) + k_2 k_3}$$

식 (4.131)의 모든 항들은 분모에 주파수 제곱에 대한 2차 다항식을 포함하고 있다. 따라서 이 다항식들은 고유주파수 제곱에 대하여 두 개의 근들을 가지고 있으며, 이 근들은 비감쇄 시스템의 특성방정식에 대한 고유값이다.

응답행렬의 대각항들에는 응답이 0이 되는 단일근이 존재한다. 이 응답은 동일한 좌표축 방향으로 작용하는 힘에 대한 응답에 해당하므로, 그 응답이 0이 된다는 것은 작용력이 아무런 변위도 유발하지 않으며, 따라서 아무런 일도 하지 않는다는 것을 의미한다. 이런 특정한 모델과 분자가 0이 되는 주파수에서는 질량이 **무한강성**을 가지고 있는 강체가 된다. 이는 시스템의 과도응답을 무시하였기 때문에 가능한 일이다. 실제의 경우, 힘을 두 번째 질량으로 전달하는 초기변형이 존재하며, 진동에 의하여 생성된 힘이 다시 첫 번째 질량으로 전달된다. 두 번째 질량의 운동 진폭은 첫 번째 질량에 가해지는 힘이 생성될 때까지 증가한다. 첫 번째 질량의 운동이 없어지는 이유를 알아내기 위해서, 첫 번째 질량이 강체의 경계조건이 되어버리는 정상상태 조건을 살펴보기로 하자. 이 경우, 두 번째 질량 m_2는 두 스프링 k_2 및 k_3 사이에 강하게 구속되어 있어서 비감쇄 고유주파수에서 이득이 무한히 큰 단순

스프링－질량 시스템이 되어버린다. 따라서 첫 번째 질량에 $\sqrt{(k_2+k_3)/m_2}$ 에 해당하는 주파수로 힘이 전달되면, 두 번째 질량의 응답은 첫 번째 질량보다 무한히 크게 증가해버린다. 따라서 두 번째 질량은 첫 번째 질량의 모든 변위를 완벽하게 흡수하며, **제진기**에서는 이를 의도적으로 활용한다. 이와 마찬가지로 $\sqrt{(k_1+k_2)/m_1}$ 의 주파수에서는 두 번째 질량에 가해진 힘을 첫 번째 질량이 모두 흡수한다. 이런 현상을 이용하면 힘이 가해진 위치에서 메커니즘이 움직이지 않으므로 설계를 크게 단순화시킬 수 있다는 편리한 성질 때문에 발진기를 만들 때에 일반적으로 활용되고 있다.

응답방정식 항들의 숫자는 시스템이 둘 또는 그 이상의 자유도를 가지고 있다는 것을 의미하고 있으므로, 근궤적선도나 주파수응답선도를 사용하여 살펴보는 것이 더 좋다. 주파수 응답은 복소수이며 주파수의 함수이기 때문에, 이런 도표로부터 이득과 위상을 구하기 위해서는 세 가지 계수값들을 알아야만 한다. **그림 4.15(a)**에서는 **그림 4.14**의 근궤적선도에서 사용되었던 것과 동일한 계수값들을 사용하여 주파수 응답의 실수와 허수 성분들에 대한 3차원 도표를 그려놓았다. 도표에 따르면 응답선도는 시스템의 각 특성근들 주변에 분리된 루프를 형성하고 있다. 원통좌표계를 사용하여 좌표계의 원점으로부터 시스템의 진폭, 주파수 및 위상을 측정한다. **그림 4.15(b)**와 (c)에서는 주파수 응답의 실수부와 허수부를 보여주고 있다. 주파수 응답의 실수부와 허수부 도표에서 알 수 있는 점은, 허수부 도표에서 공진 피크가 나타나며, 실수부의 영점교차를 통해서 비감쇄 고유주파수를 확인할 수 있다는 것이다. **그림 4.15(d)**는 **나이퀴스트선도** 또는 **극도표**[14]라고 부르며, 이를 사용하여 진폭과 위상을 손쉽게 측정할 수 있다.

---

14   polar plot.

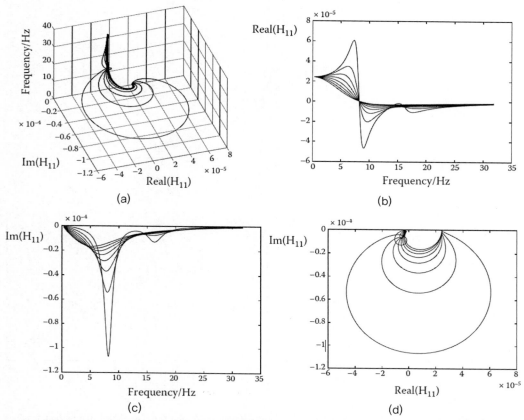

그림 4.15 그림 4.14의 계수값들을 사용한 주파수응답함수에 대한 다양한 표현방법들. (a) 3차원 도표, (b) 실수−주파수평면 도표, (c) 허수−주파수평면 도표, (d) 나이퀴스트선도라고 부르는 실수−허수평면 도표

    일반적으로 사용되는 또 다른 도표는 **진폭응답**으로서, 그림 4.16에서는 세 가지 응답 모두를 보여주고 있다. 주파수응답함수로부터 위상도표를 손쉽게 계산할 수 있으며, 제어 시스템에서 안정성을 평가하기 위한 위상각여유 계산에 특히 유용하게 사용된다. 주파수응답함수를 이 방법으로 나타내면 극점과 영점을 가장 손쉽게 구분할 수 있다.

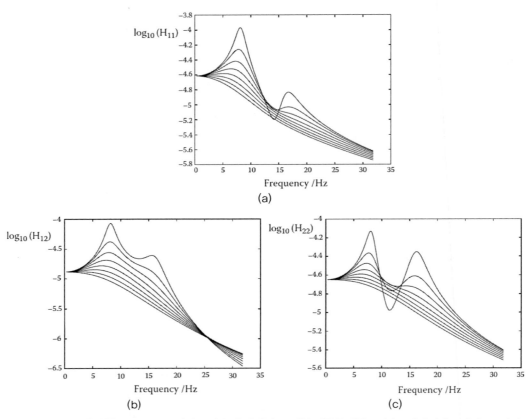

그림 4.16 주파수응답함수를 로그 스케일 주파수에 대해서 표시한 진폭응답선도. (a) $H_{11}(j\omega)$, (b) $H_{12}(j\omega)=H_{21}(j\omega)$, (c) $H_{22}(j\omega)$

4.7 요 약

뉴턴의 법칙들은 전례없는 정밀도로 동적 시스템의 해석을 가능하게 해주었다. 그런데 기계 메커니즘의 가공과 조립 정밀도 부족으로 인하여 히스테리시스, 마찰 및 비선형성과 같은 복잡한 거동을 초래되면서 이 법칙의 적용에 한계가 발생하게 된다. 이 책의 많은 부분이 기계와 메커니즘에서 이런 바람직하지 않은 특성들을 제거하여 정밀도를 최적화시키기 위한 방안들에 할애되어 있다.

모든 동적 시스템들은 미세교란에 대해서 선형 시스템으로 모델링할 수 있으며, 주파수 응답함수와 특성근을 사용하여 결과를 나타낸다. 비록 동역학이 여러 세기에 걸쳐서 연구된 광범위한 주제이기는 하지만 이 장에서는 특정한 분야의 이론에 집중하였다.

이 장에서 다룰 수 있는 주제의 한계에도 불구하고, 일반화 좌표계와 라그랑주 방정식은 모든 고전역학의 넓은 기초를 이루며, 이 책에서 사용되는 기초이론들을 이해하는 데에 도움이 된다.

연습문제

1. 위치에너지의 구배를 사용하여 중력을 구할 수 있음을 증명하시오. 진공 중에서 두 물체 사이의 위치에너지는 $U = GMm/r$이다.

2. 위치에너지와 힘 사이의 상관관계인 $F = -\dfrac{\partial V}{\partial x}$를 사용하여 에너지보존법칙이 총 에너지 $E = T + V = \dfrac{1}{2}mv^2 + V(x)$를 따른다는 것을 증명하시오.

3. $x(t)$에 대한 주기함수와 시간미분인 $v(t)$를 사용하여 $\left(\dfrac{v_{\max}}{x_{\max}}\right)^2 = \dfrac{k}{m} = \omega_n^2$ 임을 증명하시오.

4. $I = \pi r_c^4/4$인 프로브형 스타일러스의 단면 2차 모멘트를 유도하시오. 여기서 r_c는 스타일러스 축의 유효반경이다.

5. 진자의 강성이 $k = \dfrac{mg}{l}$ 임을 증명하시오(**그림 4.9** 참조).

6. 절반출력하에서 진동의 대역폭이 $\Delta\omega = \sqrt{32}\,\gamma \equiv \sqrt{3}\,\dfrac{\omega_n}{Q}$ 임을 증명하시오.

7. 오일러–라그랑주 방정식이 중력장 내에서 낙하하는 입자와 같은 보존계에 대한 뉴턴의 방정식과 등가임을 증명하시오.

8. 변분법과 부분적분을 사용하여 최소작용의 원리로부터 오일러–라그랑주 방정식을 유도하시오.

9. 긴 축을 강체질량과 질량이 없는 스프링으로 이루어진 좁은 영역으로 분할하며, 각 요소들의 질량과 강성이 동일할 때에, 길이방향으로 진동하는 축의 운동방정식을 유도하시오(**그림 4.17**). 분할된 요소들의 크기가 무한히 작아지는 극한의 경우에, 이 방정식이 파동방정식으로 변환된다는 것을 증명하시오.

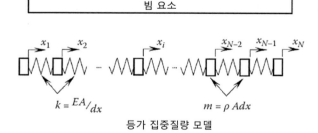

그림 4.17 축방향으로 진동하는 빔의 집중질량 모델

10. 그림 4.19에 도시되어 있는 속도선도를 이용하여 그림 4.18에 도시되어 있는 감쇄이중진자의 운동방정식을 유도하시오. 미소변위에 대해서 운동방정식은 선형이 되며, 모든 행렬들이 대칭인 행렬식의 형태로 나타낼 수 있다는 것을 증명하시오.

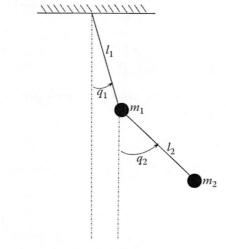

그림 4.18 이중진자 모델

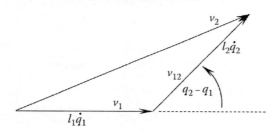

그림 4.19 이중진자 하부질량의 속도선도

참고문헌

Baird, P. J. 1996. *Mathematical modelling of the parameters and errors of a contact probe system and its application to the computer simulation of coordinate measuring machines.* PhD thesis, Brunel University, London.

Baird, P. J., Bowler, J. R. and Stevens, G. C. 1999. Quantitative methods for non-contact electrostatic force microscopy. *Inst. Phys. Conf. Ser.* **163**: 381-386.

Baird, P. J. and Stevens, G. C. 2005. Nano- and meso-measurement methods in the study of dielectrics. *IEEE Trans. Dielec. Electr. Insul.* **12**: 979-992.

Binnig, G., Quate, C. F. and Gerber, C. 1986. Atomic force microscopy. *Phys. Rev. Lett.* **56**: 930-933.

Feynman, R. P., Leighton, R. B. and Sands, M. 1964 (revised and extended 2005). *Lectures on physics.* Addison-Wesley.

Gere, J. M. 2004. *Mechanics of materials* (6th ed.). Brooks/Cole.

Morin, D. 2008. *Introduction to classical mechanics.* Cambridge University Press.

Newland, D. R. 1989. *Mechanical vibration analysis and computation.* Longman Scientific and Technical publications.

Newton, I. 1726. *Philosophiae Naturalis Principia Mathematica* (3rd ed.). (A popular modern translation: Cohen, I. B., Whitman, A. and Budenz, J., 1999, *The principia*, University of California Press.)

Rayleigh, J. W. S. 1873. Some general theorems relating to vibrations. *Proc. Lond. Math. Soc.*, **4**: 357-368.

Renishaw. Document: H-1000-8006-01-B (Touch-trigger_probing_technology).ppt. Available from http://resources.renishaw.com/en/download/presentation-touch-trigger-probing-technology-70270.

Sarid, D. 1992. *Scanning force microscopy with applications to electric, magnetic and atomic forces.* Oxford University Press.

Serway, R. A. 2013. *Physics for scientists and engineers* (9th ed.). Brooks/Cole.

Shen, Y.-L. and Zhang, X. 1997. Modelling of pretravel for touch trigger probes on indexable probe heads on coordinate measuring machines. *Int. J. Adv. Manuf. Technol.* **13**: 206-213.

Stroud, K. A. and Booth, D. J. 2011. *Advanced engineering mathematics* (5th ed.). Industrial Press.

Susskind, L. and Hrabovsky, G. 2014. *Classical mechanics: The theoretical minimum.* Basic Books.

Thornton, S. T. and Marion, J. B. 2008. *Classical dynamics of particles and systems* (5th ed.). Brooks/Cole.

Yang, Q., Butler, C. and Baird, P. 1996. Error compensation of touch trigger probes. *Measurement* **18**: 47-57.

CHAPTER 05

치수계측

치수계측

치수계측은 기계공학의 이정표들 중 하나이며 제조기술의 핵심이다. 측정을 통해서 치수를 확인해야만 하며, 측정과정에 수반되는 공차와 불확실도를 계산해야 한다. 2장에서 설명했던 계측의 기초를 기반으로 하여, 이 장에서는 길이, 3차원 좌표 그리고 표면형상과 조도 측정을 포함하여 치수계측에 사용할 수 있는 다양한 계측기와 기법들에 대해서 살펴보기로 한다. 1차원 및 다차원 측정장비들의 측정능력과 한계에 대해서 논의하며, 반전기법에 대해서도 살펴볼 예정이다.

5.1 서 언

치수계측에서는 길이, 면적, 체적, 편평도 및 진원도와 같은 기하학적 측정에 대해서 논의한다. 정밀산업 분야에서 수행되는 치수측정의 사례에는 연료분사기와 같이 이후의 조립과 작동에 치수가 중요한 영향을 미치는 자동차 부품이나 노광용 스캐너에 사용되는 웨이퍼 지지기구의 치수 측정 등을 들 수 있다. 이런 부품들의 치수에 대한 확신은 이들의 작동에 결정적인 영향을 미치며, 이를 기반으로 하여 공급자와 수요자 사이에서 거래할 물량이 결정된다. 이런 확신이 없다면, 제품을 구매하기 전에 성능을 검증하는 고된 일을 수행해야 하지만 이는 오랜 시간과 비싼 비용을 필요로 하며, 이는 수요자가 책임질 일이 아니다.

호환이 가능한 부품의 도입은 대량생산을 실현하기 위한 중요한 이정표가 되었다. 직렬생산공정에서 한 명의 기술자가 제작했던 부품을 이제는 다수의 기술자들이 제작하며, 이들은 동일한 부품을 제작해야만 한다. 이렇게 제작된 개별 부품들을 조립하여 최종 제품이 완성된다. 모든 부품들이 서로 들어맞도록 만들기 위해서는 부품들이 제작되는 방식과 측정된 치수에 대한 적합성이 갖춰져야만 한다.

5.2 길이의 표준

측정의 표준은 측정단위에 대한 정의를 현실적으로 적용하는 것이다(2장 참조). 국제적으로 합의된 최초의 길이표준은 **국제미터원기**라고 부르는 백금－이리듐으로 제작된 막대였다(큄과 코발레프스키 2005, 퀸 2012). 이 미터원기는 원래, 막대 양단의 두 평행면 사이의 거리를 사용하여 양단표준을 정의하기 위해서 제작된 것이었다(5.2.1절 참조). 이후에 제작된 미터원기에서는, 막대 표면에 새겨진 두 평행선들 사이의 거리를 사용하여 거리를 정의하였고, 이를 통해서 직선표준이 만들어졌다(5.2.2절 참조).

소재(물리적 물체)를 사용한 길이표준의 장기간 안정성에 대한 문제 때문에, 국제사회는 안정적이며 재현 가능한 미터 정의방법을 찾기 시작했다. 1960년에, 크립톤－86 가스의 여기에 의해서 진공 중으로 방출된 빛의 파장길이를 사용하여 미터를 새롭게 정의되었으며(CIPM 1960), 이 빛의 전자기 스펙트럼은 좁고 재현성 있는 대역을 가지고 있다. 이를 통해서 기본 물리량을 사용하여 미터를 정의할 수 있게 되었다. 레이저가 발명됨에 따라서 1983년에는 미터를 다시 정의하게 되었다. 이 이후 현재까지 사용되는 미터의 정의는 진공 중에서 빛이 1/299,792,458[sec] 동안 이동한 경로길이이다(CIPM 1984). 이 새로운 정의로 인하여 빛의 속도는 299,792,458[m/s]로 고정되었으며, 미터는 시간의 단위인 초의 정의와 구현에 의존하게 되었다. 1983년의 정의는 모든 안정된 광원을 사용하여 구현할 수 있으며, 이로 인하여 크립톤－86의 방사광을 사용해서만 가능했던 길이에 대한 정의의 한계를 없앨 수 있게 되었다.

길이의 표준은 교정과정에서의 추적성을 제공해주어서, 미터의 정의를 확산키는 기준으로 활용된다. 표준들은 알려진 광원으로부터 방출된 지정된 파장길이를 가지고 있는 빛과 같이 자연상수들에 대한 기본적인 물리적 원리에 기초하여 정의하거나 또는 길이특성이 교정되어 있는 **표준물체**를 사용하여 정의한다. 국립도량형연구소(NMI)의 실험실에서는 미터의 정의를 실현하기 위해서 이런 기본원리들을 사용하여 수요자의 표준물체를 교정해준다(2장에서 설명되어 있는 표준의 유형과 NMI에 대한 설명 참조). 기본원리를 사용한 미터의 불확실도는 표준물체에 대한 고정값의 불확실도보다는 훨씬 더 작은 값을 가지고 있다.

그림 5.1에서는 마이크로미터와 같은 길이 측정 기구에 대한 **추적성 체인**(2장 참조)이 제시되어 있다. 추적성 체인의 최상층에는 국립도량형연구소의 표준미터가 자리 잡고 있다. 각

각의 교정과정에서, 대비표준의 불확실도는 증가하게 된다. 추적성 체인의 바닥에는 실제 측정을 수행하기 위해서 사용하는 측정기구의 길이표시값이 위치하게 된다. 지정된 표준을 준수하여 불확실도에 대한 평가와 보고가 이루어진 경우에만 측정량에 대한 추적이 이루어진다는 점을 명심해야 한다(9장 참조).

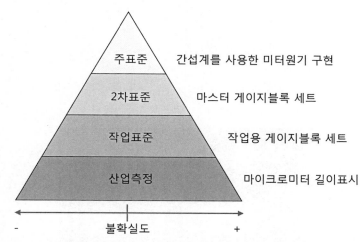

그림 5.1 마이크로미터로 측정을 수행한 경우의 전형적인 추적성 체인. 교정을 통해서 각 표준들 사이에 추적성이 전달되며, 여기에는 표준길이에 대한 불확실도 평가가 포함되어 있다.

5.2.1 양단표준

양단표준은 표준물체를 사용한 표준이며, 두 평행한 평면들 사이의 거리를 교정하여 사용한다(그림 5.2). 양단표준의 가장 일반적이며 잘 알려진 사례는 **게이지블록**(그림 5.3)으로서, 산업혁명 과정에서의 기술적 진보를 통해서 만들어졌다(양단표준의 간략한 역사를 포함한 더 자세한 정보는 리치, 2014a 참조).

게이지블록은 치수 안정성과 사용의 편리성 그리고 낮은 가격 때문에 산업계에서 널리 사용되고 있다. 게이지블록들은 전형적으로 다양한 치수의 블록들로 구성된 세트로 판매하지만 낱개로도 구매할 수 있다. **그림 5.3**에서는 전형적인 세트를 보여주고 있다. 가장 일반적인 형태의 게이지블록은 직사각형이지만, 미국에서는 정사각형 또는 **호크 게이지블록**이 여전히 사용되고 있다(그림 5.4 참조). 기준 길이는 측정면이라고 부르는, 서로 마주보는 두 개의 래핑된 표면들 사이의 거리로 정의된다(ISO 3650 1998). 편평도 편차로 인한 측정의 차이를 방지하기 위해서, 기준 길이를 측정하는 측정위치는 각 표면의 중앙위치로 지정된다.

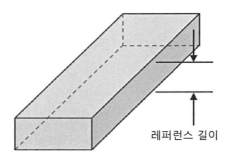

그림 5.2 양단표준에서 두 평행면 사이의 거리로 정의된 기준 길이

그림 5.3 47개로 이루어진 메트릭 게이지블록 세트

그림 5.4 직사각형 게이지블록과 정사각형 호크 게이지블록

게이지블록의 유용한 성질들 중 하나는 서로 쌓을 수 있다는 점이다. 래핑된 두 표면에 소량의 유체를 바르고 서로 압착하면서 밀어서 붙이면 두 면이 접합된다(리치 등 1999). 이렇게 잘 접합된 둘 또는 그 이상의 게이지블록의 접합력은 소재에 따라서 300[N]에 달하기도 한다(드와렌과 비어스 2005). 다수의 게이지블록들을 접합하여 만든 적층의 길이는 개별 블록들의 길이를 합한 값과 같기 때문에, 이를 기준 길이로 사용할 수 있다. 비록, 정의상으로는 이런 적층접합으로 인한 길이 변화는 없다고 하지만 접합계면에 막이 존재하기 때문에 적층된 게이지블록들의 길이를 단순 합산한 길이와 실제 적층구조물의 길이는 정확히 일치하지 않는다. 계면의 막두께는 적층의 품질에 의존하지만 전형적으로 5~20[nm]의 범위를 가지고 있다. 게이지블록을 사용하여 교정을 수행하는 경우에는 적층막이 실제의 길이에 미치는 영향을 고려해야만 한다.

미터 단위 게이지블록과 인치단위 게이지블록이 모두 판매되고 있다. 일반적인 미터단위 게이지블록 세트는 0.5[mm]에서 100[mm]까지의 길이를 갖는 81~112개의 게이지블록들로 이루어진다. 표 5.1에서는 81개의 블록들로 이루어진 미터단위 게이지블록 세트의 치수들을 보여주고 있다.

표 5.1 87개의 블록들로 이루어진 전형적인 미터단위 게이지블록 세트의 게이지블록 치수

블록의 수	치수 범위[mm]	치수 스텝[mm]
9	1.001~1.009	0.001
49	1.01~1.49	0.01
19	0.5~9.5	0.5
10	10~100	10

게이지블록은 2차표준이나 작업표준으로 사용할 수 있다. 2차표준의 경우에는 전형적으로 레이저간섭계를 사용하여 교정을 수행한다. 이렇게 만들어진 마스터 블록들과의 비교를 통해서, 작업용 게이지블록들의 길이를 교정한다(5.3절 참조). 작업용 게이지블록들은 마이크로미터, 버니어 캘리퍼스 그리고 다이얼 인디케이터 등과 같은 측정기구들의 길이 스케일 교정에 일반적으로 사용된다. 용도에 따라서 다양한 게이지블록들이 사용된다. ISO 사양표준 3650(1998)에서는 네 가지 등급(K, 0, 1, 2등급)의 게이지블록들에 대해서 공칭길이에 대한 길이의 최대허용편차와 공차를 지정하고 있다. 게이지블록들의 최대 100[mm]까지의 공

칭길이에 대한 허용편차의 한계값들이 **표 5.2**에 제시되어 있다.

표 5.2 공칭길이로 표시된 미터단위 게이지블록의 임의위치에서 공칭길이에 대한 편차한계 t_e와 길이편차 공차값 t_v

공칭길이 l_n[mm]	교정등급 K등급		0등급		1등급		2등급	
	$\pm t_e[\mu m]$	$t_v[\mu m]$	$\pm t_e[\mu m]$	$t_v[\mu m]$	$\pm t_e[\mu m]$	$t_v[\mu m]$	$\pm t_e[\mu m]$	$t_v[\mu m]$
$0.5 \leq l_n \leq 10$	0.2	0.05	0.12	0.1	0.2	0.16	0.45	0.3
$10 \leq l_n \leq 25$	0.3	0.05	0.14	0.1	0.3	0.16	0.6	0.3
$25 \leq l_n \leq 50$	0.4	0.06	0.2	0.1	0.4	0.18	0.8	0.3
$50 \leq l_n \leq 75$	0.5	0.06	0.25	0.12	0.5	0.18	1.0	0.35
$75 \leq l_n \leq 100$	0.6	0.07	0.3	0.12	0.6	0.2	1.2	0.35

출처: ISO 3650, 1998 기하학적 제품사양－길이표준－게이지블록, 국제표준화기구

여타의 양단표준에는 실린더형 게이지(핀게이지/와이어 게이지), 링게이지 그리고 볼 게이지 등이 포함된다. 이 표준들과 게이지블록들 사이의 가장 큰 차이점인 측정력이 두 개별 평면들로 제한되지 않는다는 점이다. 대신에, 기준 길이는 내부표면이나 외부표면상의 임의의(180°) 반대위치 표면들 사이의 거리로 지정된다. 측정위치를 선정할 때에는 측정 결과에 영향을 미칠 수 있는 측정 표면들의 형상편차를 고려해야만 한다. 게이지블록에 대한 더 자세한 내용은 드와렌과 비어스(2005)와 리치(2014a)를 참조하기 바란다.

5.2.2 직선표준

직선표준은 물체의 표면에 새겨진 두 개의 평행선들 사이의 거리로 기준길이를 정의한다. 직선들의 위치를 시각적으로 구분할 수 있기 때문에, 직선표준은 광학(영상) 시스템의 스케일을 교정할 때에 자주 사용된다(장과 푸 2000, 코브미 2014). 직선표준의 장점은 하나의 게이지 위에 다수의 기준 길이를 표시할 수 있기 때문에 다수의 개별 게이지들이 필요 없다는 점이다. 이런 형태의 직선 표준에는 **직선자**(그림 5.5)가 포함되며, 1,000[mm] 또는 그 이상의 길이로 만들 수 있다. 측정과정에서 발생하는 온도 변화로 인한 열팽창의 영향을 줄이기 위해서 **제로도**®(스코트社)와 같은 열안정성이 뛰어난 소재를 사용하여 이보다 더 긴 직선자를 제작할 수 있다. 변위스케일로 사용하는 경우에는 직선표준이 설치될 기계의 열팽창계

수와 일치하도록 제작할 수도 있다. 직선자의 전형적인 분해능은 수백 나노미터 수준이며, 고정밀 직선자의 경우에는 수 나노미터의 분해능을 구현할 수 있다(그루트 등 2016).

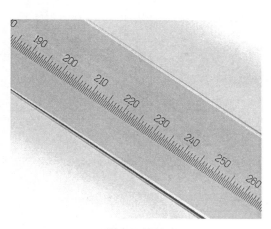

그림 5.5 직선자

영역 또는 2차원에 적용되는 직선자를 **격자판**(그림 5.6)이라 부르며, 여기에는 2차원으로 길이표식이 새겨져 있다. 격자판의 기준 위치를 나타내기 위해서는 평행직선 대신에 십자선이 사용된다. 기준 길이는 이 십자선 교차점들 사이의 거리로 정의된다. 격자판은 **그림 5.7**에 도시되어 있는 것처럼, 영상 기반의 좌표 측정 시스템에서 횡축방향을 교정하기 위해서 일반적으로 사용되는 기준 표준기이다. 2차원 격자판의 전형적인 분해능은 0.5[μm]이다(드와렌 1988).

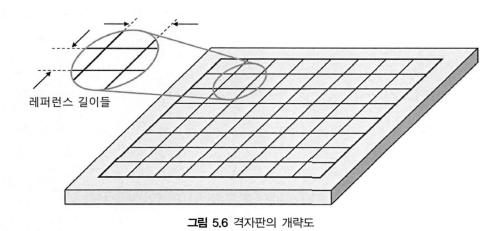

레퍼런스 길이들

그림 5.6 격자판의 개략도

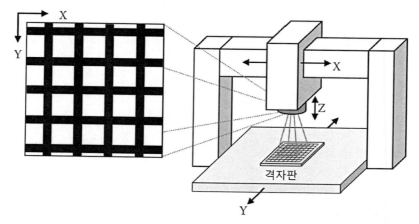

그림 5.7 좌표 측정 시스템의 교정에 사용되는 격자판의 개략도

5.3 길이의 비교

5.3.1 비교의 원리

교정된 기준을 기준으로 미지의 시편을 측정하기 위해서 수행하는 비교측정은 **비교원리**[1] 라고 부르는 측정원리에 기반을 두고 있다. 일반적으로, 측정할 부품과 크기가 비슷한 교정된 기준값이 비교대상으로 선정된다. 따라서 측정과정에서 발생할 수 있는 **계통오차**[2](편향) 의 영향이 최소화된다(이 과정을 **무효화**[3]라고 부른다). 기준 물체에 대한 반복측정을 통해서 측정의 반복도를 구할 수 있다. 그런 다음 시편에 대한 측정을 수행하여 두 측정들 사이의 편차를 교정값에 대입하면 시편의 크기를 구할 수 있다. 표준 게이지들의 비교에서와 마찬가지로, 측정값을 결정할 때에는 기준과 시편 사이의 편차를 고려해야만 한다.

5.3.2 길이비교기구

길이비교기구는 교정된 기준 게이지를 사용한 측정 결과를 미지의 시편에 대한 측정 결

---

1   comparator principle.
2   systematic error.
3   nulling.

과와 비교하는 측정장비이다. 이 비교측정기의 기본적인 특징은 시편의 측정에 사용되는 주 스케일의 기준이 계측기 자체가 아니라 교정된 기준 길이에 의해서 결정된다는 점이다. 기준 게이지의 길이와 미지의 시편 길이를 개별적으로 측정한다. 교정된 길이에 측정기 표시값들 사이의 편차를 합산하여 시편의 길이가 결정된다. 측정시편은 전형적으로 교정된 기준과 형상, 크기 및 소재조성이 서로 유사해야 하며, 유사한 환경조건하에서 측정이 수행되어야 한다. 모든 차이들이 측정오차를 초래할 수 있으며, 시편의 길이를 산출하는 과정에서 이를 고려하여야 한다. 예를 들어, 소재의 차이는 접촉식 측정과정에서 기계적인 변형을 유발할 수도 있다. 만일 시편의 소재가 기준 소재보다 탄성계수가 더 작다면, 접촉식 프로브의 접촉에 의해서 기준 표면보다 시편의 표면에서 더 큰 변형이 발생하게 된다. 표준온도 (20[℃])하에서 측정을 수행하지 못한다면, 기준 게이지와 시편 게이지 사이의 열팽창계수 차이도 고려해야만 한다. 열팽창계수(CTE)가 서로 다른 소재의 팽창과 수축은 서로 다르게 일어난다. 기준 온도인 T_{ref}하에서 게이지블록의 길이가 l이라면, 새로운 온도 T에서의 길이 변화 Δl은 다음 식으로 계산할 수 있다.

$$\Delta l = \alpha (T - T_{ref})l \qquad\qquad (5.1)$$

여기서 열팽창계수 α의 단위는 [1/K]이다.

기준 물체의 교정된 값을 고려되어 있다면 시편의 측정길이는 추적성이 있다고 간주할 수 있다. 측정장비의 응답이 선형라는 것이 증명되어야 하며, 기준물체 표준의 불확실도를 포함한 모든 불확실도의 원인들이 최종적인 길이 불확실도의 계산에 합산된다.

기계식 게이지블록 비교기(그림 5.8)는 서로 마주보도록 배치되어 있으며 끝에는 접촉식 스타일러스가 장착된 두 개의 누름쇠들로 이루어져 있다(드와렌과 비어스 2005). 측정을 수행하는 동안, 게이지블록의 양쪽 표면들이 누름쇠들과 접촉하고 있다. 측정과정에서는 전형적으로 기준 블록과 시편에 대해서 여러 번 측정을 수행한다. 직경표준에 대해서도 비교기를 사용하여 측정을 수행한다. 예를 들어, 미국표준기술연구소(NIST)에서는 핀 게이지와 실린더형 표준기에 대한 비교측정을 수행하기 위해서 와이어 마이크로미터가 사용된다(드와렌과 스테업 1997). 와이어 마이크로미터의 측정설계는 측정축이 수평방향이라는 것을 제외하고는 게이지블록 비교기에서 사용한 방법과 유사하다. 접촉점들은 고정된 실린더형 누름쇠와 이동식 평면형 누름쇠로 구성되어 있다. 간섭계를 사용하여 이동식 누름쇠의 변위를 추적한다. 레퍼런스 직경게이지에 대해서 교정된 직경값을 미지의 게이지 시편에 대한 직경 측정의 기준스케일로 사용한다. 게이지 소재에 따른 변형량 차이도 직경표준에 대한 측정에서 고려할 수 있다.

그림 5.8 기계식 게이지블록 비교기

5.4 변위 측정

5.4.1 변위 측정의 개요

지금까지 논의했던 길이 측정에서는 물리적 길이표준을 사용하여 구현된 두 고정점들 사이의 절대거리를 측정하는 방법에 대해서 살펴보았다. 변위는 기준위치에 대한 물체나 형상의 위치변화이며, 따라서 상대적인 측정을 의미한다. 절대길이는 표준 길이요소의 두 점 사이의 변위를 측정하여 구할 수 있다. 하지만 측정축이 길이요소와 평행이 되도록 주의를 기울여야만 한다(10장 참조). 변위 측정의 신뢰성을 검증하기 위해서 적절한 길이표준을 사용할 수 있다. 변위를 만들어내는 과정에서 길이나 각도의 변화를 기록할 수도 있다. 이 장에서는 선형변위측정기에 대해서 살펴볼 예정이며, 각도변화에 대한 자세한 정보는 문헌(모리스 2001)을 참조하기 바란다.

5.4.2 접촉식 변위센서

접촉식 변위센서는 프로브를 사용하여 물리적인 접촉을 통해서 물체의 직선위치를 측정한다. 접촉식 센서들은 프로브의 선단부 위치를 측정하는 방법에 따라서 기계식과 전자기식으로 구분할 수 있다.

5.4.2.1 인디케이터

인디케이터는 가장 일찍 개발된 변위측정기구들 중 하나이며, 기계식 장치이다. 스프링 예하중을 받는 플런저[4]의 끝에 접촉식 프로브가 설치되어 전진 또는 후진할 수 있다. 그리고 플런저의 움직임은 랙과 피니언 기구를 사용하여 추적한다(그림 5.9). 인디케이터의 표시기구로 아날로그 다이얼이 사용되는 경우에는 원형으로 배치되어 있는 눈금들의 중심에서 표시침이 회전하면서 측정위치를 가리킨다. 더 최근에는 디지털 표시기(그림 5.10)가 전통적인 다이얼을 대체하고 있다. 다이얼 방식의 테스트 인디케이터(그림 5.11)는 앞에서와는 다른 기하학적 구조를 가지고 있다. 어떤 형태의 인디케이터가 적합한가는 측정의 유형과 인디케이터를 설치할 공간의 제약에 의존한다. 일부 더 정밀한 인디케이터의 경우에는 마이크로미터 이하의 분해능을 구현할 수 있다.

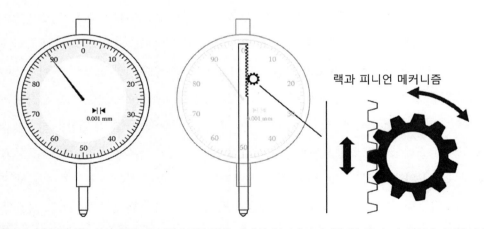

랙과 피니언 메커니즘

그림 5.9 (좌측) 아날로그(다이얼) 디스플레이를 갖춘 기계식 인디케이터. (우측) 랙과 피니언 메커니즘이 플런저의 변위를 추적한다.

---

4 피스톤 같은 물체를 움직이는 기구(역자 주).

그림 5.10 디지털 인디케이터

그림 5.11 다이얼 테스트 인디케이터

5.4.2.2 선형가변차동변압기

　선형가변차동변압기(LVDT)는 강자성체 코어의 기계적 변위를 전기신호로 변환시켜서 접촉식 플런저의 위치를 측정한다. 선형가변차동변압기(LVDT)의 하우징 내부에는 세 개의 솔레노이드 코일들이 강자성체 코어에 대해서 동축선상으로 배치되어 있다(**그림 5.12**). 중앙부 코일을 **주코일**이라 부르며, 양쪽에 배치된 코일을 **2차 코일**이라고 부른다. 교류전류가 주코일에 공급되면 양쪽의 2차 코일에 전압이 유도된다. 2차 코일들은 서로 직렬로 연결되어 하나의 회로를 구성하고 있으며, 출력 전압은 두 코일에 유도된 전압의 차이와 같다(반대 전압회로). 각 2차 코일들에 유도된 전압은 각 2차 코일 속에 위치한 코어의 길이에 비례한다. 코어가 중앙에 위치하여 두 2차 코일들이 서로 동일한 코어길이를 차지하고 있으면 출력 전압은 0이 된다. 차동출력의 크기는 변위를 나타내는 반면에 출력신호의 위상은 방향을 나타낸다. 코어와 솔레노이드 코일들 사이에는 마찰이 없기 때문에, 선형가변차동변압기(LVDT)는 수명 사이클이 비교적 길고 코어와의 전기적 연결이 필요 없다. 게다가 선형가변차동변압기(LVDT)의 작동원리 덕분에 극한온도나 강한 진동과 같은 가혹한 환경하에서도 사용할 수 있다. 선형가변차동변압기(LVDT)는 0.5[μm]에서 500[mm]까지의 범위를 측정할 수 있다(플레밍, 2013). 미소측정범위를 가지고 있는 선형가변차동변압기(LVDT)의 경우에는 수 나노미터에 불과한 기계식 프로브의 변위 분해능을 가지고 있다.

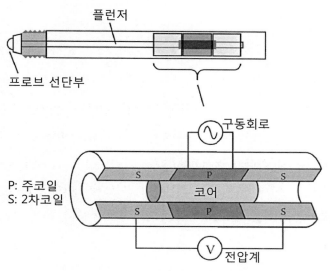

그림 5.12 선형가변차동변압기(LVDT)의 구조

5.4.3 비접촉 변위센서

비접촉 변위센서는 전자기장을 생성하면 측정대상 물체의 표면접근을 측정하기 위해서 물체에 가해진 전자기장에 따른 응답을 검출한다. 측정대상물체와의 물리적인 접촉이 없기 때문에, 이런 형태의 센서들은 손상받기 쉬운 물체의 위치 측정에 특히 유용하다. 정전용량형 센서와 유도형 센서들이 산업계에서 일반적으로 사용되는 비접촉 변위센서들이므로, 이들에 대해서 살펴보기로 한다. 이런 센서들을 사용하여 위치를 측정하기 위해서는 측정대상이 도전체여야 한다. 즉, 전자기장이 부가되었을 때에 소재 내에서 전자가 흐를 수 있어야 한다. 선형차동변압기(LVDT)에서와 마찬가지로, 이 계측기의 측정 분해능은 일반적으로 측정범위가 줄어들수록 향상되며, 최대측정범위에 대한 비율로 사양이 제시된다.

5.4.3.1 정전용량형 센서

정전용량형 센서는 서로 마주보는 두 도전성 표면들 사이에 생성되는 상호 정전용량 원리에 따라서 작동한다. 상호정전용량은 표면들 사이에 전위 차이를 부가하여 전하를 전달한다. **그림 5.13(a)**에서는 상호정전용량의 개념을 설명하고 있다. 표면적이 A 인 두 개의 평행한 도전성 판들이 거리 d 만큼 떨어져 있다고 한다면 정전용량 C 는 다음과 같이 주어진다.

$$C = \varepsilon_0 \varepsilon_r \frac{A}{d} \tag{5.2}$$

여기서 ε_0는 자유공간(진공) 중에서의 유전율이며 ε_r은 두 도전성 판들 사이에 충진된 물질의 비유전율이다. 만일 ε_0, ε_r 및 A가 일정하게 유지된다면, 평행판 사이의 상호정전용량은 이들 사이의 거리에 반비례한다. 정전용량형 센서에서는 평행판 커패시터를 구성하는 두 개의 도전성 표면들 중 하나가 센서표면(그림 5.13(b))으로 사용되며, 나머지 표면이 표적물체가 된다. 디바이스 구동을 위해서 교류전류가 공급되며, 이로 인하여 두 표면 사이에는 전위 차이가 생성된다. 센서를 사용하여 이 전위차를 측정하며, 이를 거리측정값으로 변환시킨다(윌슨 2005).

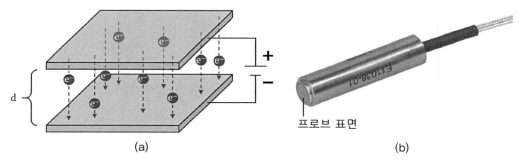

(a)   (b)

그림 5.13 (a) 서로 근접한 두 도전성 표면에 전위 차이가 부가되면 전하전송이 발생한다. 상호정전용량은 근접한 두 도전성표변들 사이에 전송된 전하량의 척도이다. (b) 정전용량형 센서는 두 도전성 표면들 사이의 정전용량을 기반으로 작동한다. 센서의 측정표면이 두 도전성 표면들 중 하나로 사용된다.

소재의 종류는 위치 측정에 영향을 미치지 않는다. 그런데 정전용량방식의 변위 측정은 간극충진물에 민감하게 반응하며, 센서와 표적 사이에 공기만 존재하는 경우에 가장 높은 신뢰성을 갖는다. 정전용량형 센서의 측정범위는 $10[\mu m]$~$10[mm]$이다. 정전용량형 변위 센서는 (20[kHz] 이상의) 높은 샘플링 주파수와 나노미터 분해능을 갖추고 있다(윌슨 2005). 이보다 더 좋은 측정범위에 대해서는 나노미터 미만의 분해능을 구현할 수 있다(플레밍 2013).

5.4.3.2 유도형(와동전류형) 센서

유도형 센서는 자기장의 변화에 의해서 전류의 흐름이 유도되는 인덕턴스의 원리에 따라서 작동한다. 유도형 변위측정기는 프로브의 끝에 설치되어 있는 코일에 전류전류를 공급하여 교류자기장을 생성한다. 이 자기장은 측정물체 속으로 투과되어 **와동전류**라고 알려져 있는 약한 맴돌이 전류를 유도한다. 이 전류는 원래의 자기장과는 반대방향으로 자기장을 생성하며 프로브 코일의 임피던스 변화에 영향을 미친다. 이로 인한 코일 인덕턴스의 변화를 측정하면 프로브에서 물체까지의 거리를 측정할 수 있다. 부가된 자기장에 대한 표적의 응답특성은 소재에 따라서 다르다. 그러므로 유도형 센서를 사용하여 측정을 수행하기 위해서는 측정할 물체의 소재에 대한 교정이 필요하다.

유도형 센서를 올바르게 작동시키기 위해서는 표적물체가 특정한 크기보다 커야만 한다. 부가된 자기장과 필요한 상호작용을 위해서 표적물체의 표면적은 최소한 센서 프로브의 표면적보다 세 배 이상 더 커야만 한다. 투과된 자기장이 와동전류를 생성할 수 있으려면 표적물체의 두께 역시 충분히 커야만 한다. 유도형 측정방식은 센서와 표적 사이의 간극영역에 오염물질이나 액체 등이 존재하여도 민감하게 반응하지 않으므로, 유도형 센서는 열악한 환경하에서의 측정에 이상적이다. 측정 분해능은 수 나노미터 수준이다. 유도형 센서는 수백[μm]에서 80[mm]까지의 범위를 측정할 수 있다.

5.4.4 광학식 인코더

광학식 인코더는 광검출기와 같은 광학센서를 사용하여 전용 스케일 위를 따라 움직이면서 위치를 읽어내는 방식으로, 직선 또는 회전위치를 측정하기 위해서 광학식 센서가 사용된다(그림 5.14). **직선 인코더**의 경우, 센서는 전형적으로 안내면을 따라서 이동하는 이송체 위에 설치된다. **회전 인코더**용 스케일은 고정된 센서에 대해서 회전운동이 가능한 원형 디스크이다. 위치나 각도 정보는, 예를 들어 스케일의 경로를 따라서 일정한 간격으로 직선들이 배치되어 있는 것처럼, 일련의 밝고 어두운 형상이 교차하는 형태로 변환된다. 센서에 대해서 스케일의 상대운동이 발생하면, 센서는 높고 낮은 광강도를 검출하며, 이는 각각 스케일상의 밝고 어두운 형상에 해당한다. 만일 인접한 형상들 사이의 간극을 알고 있다면, 센서의 관측시야를 가로지르는 형상들의 숫자를 세어서 스케일과 센서 사이의 상대변위를 측정할 수 있다. 자기 또는 유도형 스케일과 이를 검출하는 적절한 형태의 센서로 구성된, 다른 형태의 인코더도 존재한다. 이를 포함하여 다른 유형의 인코더에 대한 자세한 정보는 웹스터와 에렌(2014)을 참조하기 바란다.

직선형 인코더 스케일의 경우, 형상들 사이의 간극은 수[μm]에 불과할 정도로 매우 좁다. 밝고 어두운 직선들 사이의 위상각을 측정하여 직선들 사이를 보간[5]하면 변위에 대한 인코더의 분해능을 크게 줄일 수 있다. 광학식 인코더의 광원을 기준 스케일에 대해서 센서와 함께 동일한 쪽에 배치할 수 있으며, 이런 경우에는 반사광선을 측정한다. 스케일에 대해서 광원을 센서와 반대쪽에 장착하는 경우에는 투과 광선을 측정하게 된다.

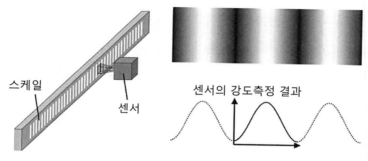

스케일

센서

센서의 강도측정 결과

그림 5.14 직선형 광학 인코더

인코더는 전형적으로 좌표 측정 시스템이나 정밀공작기계의 이송테이블과 같은 더 큰 장비에 설치되어 이송축의 위치를 추적한다(5.6절 참조). 직선형 광학식 인코더의 정확도는 길이에 의존하며 전형적으로 1[m]당 5[μm] 정도이다(플레밍 2013). 측정길이가 270[mm] 이하인 경우에는 정확도를 0.5[μm]까지 높일 수 있다.[6] 직선형 광학식 인코더의 측정범위는 최대 수 미터에 이른다. 광학식 인코더의 정확도는 0.5[arcsec] 수준까지 낮출 수 있다.

5　interpolation.

6　반도체 노광기 등에 사용되는 최고 수준 직선형 광학식 인코더에서는 매핑과 보간법을 사용하여 나노미터 이하의 분해능과 정확도를 구현하고 있다(역자 주).

5.4.5 간섭계

간섭계는 파동이 중첩되면 간섭을 일으킨다는 성질을 이용한 측정기법이다. 변위 측정에 사용되는 가장 단순한 형태의 광학식 간섭계는 **마이컬슨 간섭계**이다. 평면형 반사경 대신에 역반사경을 사용하는 마이컬슨 간섭계의 구조가 **그림 5.15**에 도시되어 있다. **역반사경**[7]은 육면체의 모서리를 이루는 세 개의 표면에 각각 반사경을 배치한 구조를 가지고 있다. 이 반사경으로 입사되는 광선의 각도와는 무관하게, 반사되는 광선은 항상 입사광선과 평행을 이룬다. 세 개의 반사경들이 서로 교차하는 꼭짓점을 제외한 모든 위치에서는 입사광선에 대한 반사광선의 위치가 약간 시프트된다.

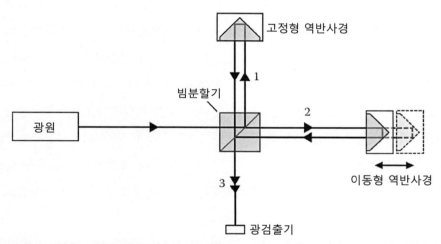

그림 5.15 마이컬슨 방식을 사용한 간섭계의 사례. (1) 고정된 역반사경이 기준빔을 반사, (2) 이동식 역반사경이 측정빔을 반사, (3) 기준빔과 측정빔이 서로 중첩되어 광검출기로 입사

광원은 이상적으로 좁은 스펙트럼을 갖는 빛을 방출하며 **공간가간섭성**[8]을 갖춘 광선이 빔분할기로 유도된다. 입사된 광선은 빔분할기에서 서로 다른 방향을 향하는 두 개의 광선으로 분할된다. 1번 광선은 고정된 역반사경으로 향하며, 이를 **기준빔**이라고 부른다. 2번 광선은 입사되는 광선의 파장에 대해서 길이방향으로 움직일 수 있는 역반사경으로 향하며,

---

7   retroreflector.
8   spatial coherence.

이를 **측정빔**이라고 부른다. 이들 두 광선들은 빔 분할기로 되돌아와서 3번 광선으로 다시 합쳐지며, 고정된 광검출기로 안내된다. 3번 광선에 포함되어 있는 신호를 **간섭신호**라고 부르며, 1번 광선과 2번 광선의 **중첩**에 의해서 생성된다. 완벽하게 정렬이 맞춰진 (광선단면적이 매우 작은) 간섭계의 경우, 3번 광선의 강도는 단면 프로파일 전체에 대해서 균일하다. 광 검출기가 측정한 3번 광선의 강도는 1번 광선과 2번 광선이 이동한 경로길이의 차이에 대한 함수이다.

간섭신호의 강도는 중첩된 광선들 사이의 위상 차이의 함수이다. 이 위상 차이는 두 광선이 이동한 경로길이의 차이에 의해서 발생한다. 두 광선들 사이의 위상 차이가 0°가 되었을 때에는 **건설적 간섭**이 발생하며, 간섭신호의 강도가 최대가 된다. 만일 두 광선의 위상 차이가 180°가 된다면, **파괴적 간섭**이 발생하며, 간섭신호의 강도는 최소가 된다. 따라서 역반사경위 위치가 광선의 절반파장만큼 이동할 때마다 간섭신호 위상 차이에 따른 강도변화가 반복된다. 건설적인 간섭과 파괴적인 간섭신호의 변화형태를 **간섭무늬**[9]라고 부르며, 건설적 간섭은 밝은 무늬를, 파괴적 간섭은 어두운 무늬를 생성한다. 단색광선을 사용하는 경우, 빛의 파장길이 하나보다 더 큰 변위를 측정하는 경우에는, 측정반사경이 이동하면서 만들어지는 줄무늬의 숫자를 광검출기가 세어야 한다. 줄무늬 주기 내에서는 보간법을 사용하여 나노미터 이하의 분해능을 구현할 수 있다. 수 미터의 변위 측정에도 간섭계를 사용할 수 있다. 일부의 경우, 공간가간섭성이 매우 높은 광원을 사용하여 수십 미터의 변위도 측정할 수 있다.

헬륨네온(Ne-Ne)가스레이저는 광선의 공간가간섭성이 비교적 높고 생성된 파장의 안정성(**시간가간섭성**[10])이 확보되기 때문에, 간섭계의 광원으로 일반적으로 사용된다. 미국 표준기술연구소의 **와이어 마이크로미터**(그림 5.16)는 길이 측정에 사용되는 변위간섭계의 사례로서, 핀 게이지나 와이어 게이지와 같은 직경표준의 교정에 사용된다. 이 측정기는 고정된 반원통형 누름쇠와 이동식 누름쇠로 이루어진다. 이동식 누름쇠의 뒷면에 설치되어 있는 역반사경이 간섭계의 측정빔을 반사하여 이동식 누름쇠의 위치를 간섭계로 추적할 수 있다. 두 누름쇠들이 접촉하였을 때에 간섭계의 영점을 설정한다. 광검출기의 관측시야를 통과하

---

9   fringe pattern.
10   temporal coherence.

는 간섭무늬의 숫자를 세어서 두 누름쇠 사이에 설치된 실린더의 직경을 측정한다. 변위 측정용 간섭계의 세팅과 정렬을 포함한 더 자세한 정보는 엘리스(2014)를 참조하기 바란다.

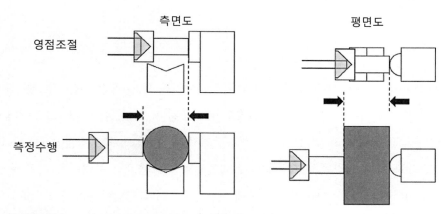

그림 5.16 직경표준을 교정하기 위해서 미국표준기술연구소의 와이어 마이크로미터가 사용된다. 간섭계를 사용하여 측정용 누름쇠의 위치를 추적한다.

5.5 형상 측정

부품의 기하학적 형상은 부품의 기능수행에 결정적인 영향을 미칠 수 있다. 형상은 전형 적으로 기준 기하형상이라고도 부르는 **기하학적 원형**에 대한 기본정의로부터 벗어난 측정 표면이나 경로의 편차를 사용하여 나타낸다. 이 절에서 살펴볼 모든 기하학적 형상들에서는 다음과 같은 **형상인자**들이 공통적으로 사용된다.

피크-기준 편차: 기준 형상에 대해서 양의 방향으로 발생한 측정점의 최대편차

기준-밸리 편차: 기준 형상에 대해서 음의 방향으로 발생한 측정점의 최대편차

피크-밸리 편차: 측정점들 사이의 최대편차에 대한 척도로서, 피크-기준 편차와 기준-밸리 편차 사이의 거리

평균제곱근 편차: 기준 형상에 대한 측정점들의 분포에 대한 척도

형상인자들은 **기준 형상**으로부터 특정한 방향에 대해서 정의되기 때문에 형상편차는 항

상 양의 값을 갖는다. 일부의 경우, 기준-밸리 편차를 음의 값으로 지정하기도 하지만 이 경우에는 피크-밸리 편차를 구하기 위해서 절댓값을 사용한다. 실제의 경우, 평행도는 기본 형상 대신에 기준 물체와의 비교를 통해서만 측정할 수 있는 특성이다.

5.5.1 진직도 측정

진직도에 대한 기준 형상은 공간 내에서 두 점 사이를 잇는 가장 짧은 경로인 **직선**이다. 계측기의 측정축에 대해서 전형적으로 진직도가 사용된다. 예를 들어, 마이크로미터의 주축이 완벽한 진직도를 가지고 있다면, 이송경로상에서의 접촉점이 측면방향으로 이동하지 않을 것이다. 좌표 측정 시스템의 기하학적 안내면들과 직교좌표축 사이에도 이와 동일한 논리가 적용된다(5.6절 참조). 하나의 측정축에 대해서 두 개의 횡방향 변위평면으로의 진직도 프로파일이 정의된다(**그림 5.17**). 각각의 진직도 프로파일에 대해서, 예를 들어 **최소영역**이나 **최소제곱** 원리에 따라서 기준선에 대해서 수직 방향으로 정의된 진직도 편차를 평가할 수 있다. 진직도 편차를 결정하는 인자들이 **표 5.3**에 제시되어 있으며, 각각의 진직도 프로파일에 대해서 이들을 구할 수 있다. 진직도 편차에 대한 더 자세한 내용은 ISO 12780-1(2011)을 참조하기 바란다.

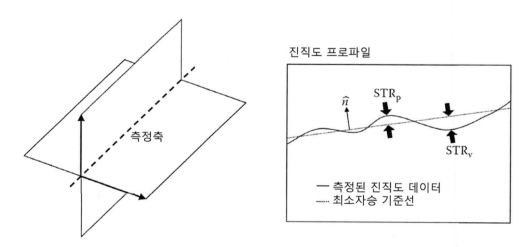

그림 5.17 진직도 프로파일과 최소제곱 기준선에 대해서 진직도 편차를 나타내는 인자들

표 5.3 진직도 프로파일에 대해서 진직도 편차를 나타내는 인자들

형상인자	정의
STR_p	피크−기준 진직도 편차
STR_v	기준−밸리 진직도 편차
STR_t	피크−밸리 진직도 편차
STR_q	최소제곱 진직도 편차

기계 이송축의 진직도는 일반적으로 광학방식으로 측정한다. 초창기에는 광학식 망원경을 사용하여 이송체 위에 설치되어 있는 시각표적을 측정하였다. 이송체의 출발위치에서 표적의 중심과 망원경의 관측시야 중심이 서로 일치하도록 시각표적에 대해서 광학식 망원경의 정렬을 맞춘다. 이송체의 측면방향 운동은 관측시야에 대해서 표적중심의 중심이탈을 초래한다. 출발위치와 종점위치를 연결하는 직선을 구하고, 측정된 측면방향 운동을 차감하여 망원경의 광학경로와 이송축 사이의 모든 각도편차를 구할 수 있다. 현대적인 진직도 측정에서는 전형적으로 간섭계를 사용한다.

5.5.2 진원도와 원통도 측정

진원도와 **원통도**는 표면의 회전상태를 나타낸다(ASME Y14.5 2009). 진원도와 원통도의 기본 형상은 각각 원과 원통이다. 원은 공통중심으로부터 동일한 거리에 위치하는 점들의 집합이며, 원통은 공통축에 대해서 동일한 거리에 위치하는 점들의 집합으로 정의된다. 진원도는 공통중심으로부터 동일한 거리에 대한 측정된 점들의 편차를 타나내는 반면에 원통도는 공통축으로부터 동일한 거리에 위치한 점들에 대해서 측정된 표면점들의 편차를 나타낸다. 두 측정 모두 회전하는 물체에 대해서 정의되었기 때문에 측정 결과를 회전각도의 함수로 나타낸다(**그림 5.18**). 진원도의 측정은 구체, 원추 및 실린더와 같이 단면이 원형인 다양한 물체에 적용할 수 있는 반면에 원통도의 측정은 원통형 물체에만 적용할 수 있다. 진원도와 원통도는 물체의 크기를 나타내지 못하며, 단지 이상적인 형상과 물체 표면 사이의 편차를 나타낼 뿐이다.

진원도 인자들은 기준 원에 대해서 정의된다. 예를 들어 최소제곱법을 사용하여 측정된 데이터에 대한 곡선맞춤을 시행한다(무랄리크리스난과 라자 2010).

피크-기준 진원도 편차(RON_p)는 기준 원보다 반경이 큰 표면에 대해서 측정한 최대편차이며, 기준-밸리 진원도 편차(RON_v)는 기준 원보다 반경이 작은 표면에 대한 최대편차이다(그림 5.18 좌측). 공차영역은 기준원을 중심으로 하는 반경이 서로 다른 두 개의 동심원이 만드는 영역이다(그림 5.18 우측). ISO 12181-1(2011)에서는 모든 진원도 인자들에 대해서 살펴볼 수 있다.

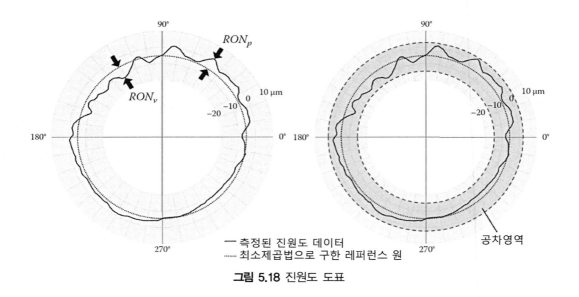

그림 5.18 진원도 도표

원통도 인자들은 진원도 인자들을 3차원으로 확장한 것이다(그림 5.19). 테이퍼각도와 같은 여타의 인자들은 실린더의 수직 프로파일에 대한 척도로 사용된다. ISO 12180-1(2011)에서는 모든 원통도 인자들에 대해서 살펴볼 수 있다.

진원도 측정기는 진원도와 원통도를 측정하기 위한 전용장비이다(그림 5.20). 시편을 회전시키기 위해서 정밀회전 스테이지가 사용되며, 시편 표면의 변위 측정을 위해서 스타일러스 프로브가 사용된다. 다양한 크기의 시편에 대해서 측정을 수행할 수 있도록 프로브의 위치를 수평방향과 수직방향으로 조절할 수 있다. 측정이 수행되는 동안 프로브의 수직방향 위치를 조절하여 물체의 원통도를 측정할 수 있다. 이런 목적을 위해서는 수직이송 칼럼이 이상적인 직선으로 움직여야 하며, 회전스테이지의 중심축과 평행해야 한다.

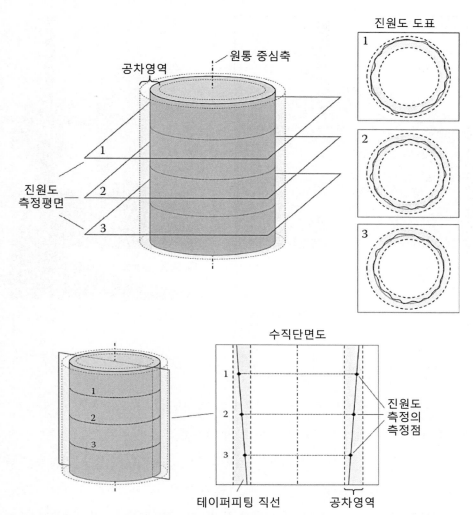

그림 5.19 (위) 원통도를 측정하는 일반적인 순서. 원통의 축선을 따라서 여러 높이에 대해서 진원도 측정을 수행한다. (아래) 원통축에 대한 실린더 표면의 테이퍼는 최적합 기준원들을 사용하여 구할 수 있다.

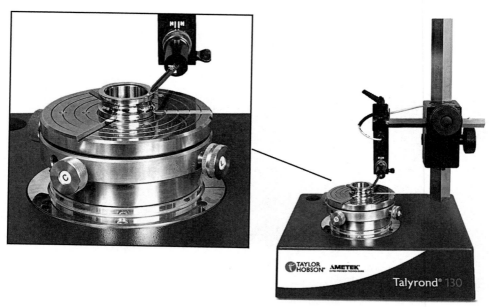

그림 5.20 진원도 측정기의 사례

5.5.3 편평도와 평행도 측정

평면은 예를 들어 게이지블록을 정반이나 또 다른 게이지블록에 접합할 때와 같이, 부품들을 맞대어 조립할 때에 도움이 된다. **편평도**의 기준 형상은 평면이므로, 편평도는 평면에 대한 측정표면이 만드는 편차의 정도이다. 일반적으로 사용되는 편평도 인자들은 다음과 같다. 피크-기준 편평도 편차(FLT_p)와 기준-밸리 편평도편차(FLT_v)는 모두, 측정된 데이터를 사용하여 구한 최소제곱 평면에 대해서 정의된다. FLT_p 및 FLT_v와 더불어서 피크-밸리 편평도 편차(FLT_t)도 함께 사용된다. 표면 데이터로부터 편평도 편차를 구하는 방법이 **그림 5.21**에 도시되어 있다. 공차영역은 기준 평면과 평행한 두 편면들 사이의 거리로 정의된다. FLT_q는 최소제곱 편평도 편차이며 측정표면 전체에 대한 편평도의 척도이다. ISO 12781-1(2011)에는 편평도 사양에 대한 보다 자세한 내용이 수록되어 있다.

편평도를 측정하기 위한 방법들 중 하나는 좌표 측정 시스템(CMS)을 사용하여 표면을 측정하는 것이다(5.6절 참조). 그런데 좌표 측정 시스템을 사용한 측정은 순차적으로 표면상의 점위치를 측정하기 때문에 많은 시간이 소요된다. 시편 표면을 순차적으로 측정하는 대신에 간섭계와 유사한 방법을 사용하면 신속한 측정이 가능하다. 극단적인 평행도를 갖춘 원형 표면들로 이루어진 고등급 유리 디스크인 **광학평면**을 시험표면의 상부에 배치한 다음에 단색광선을 조사한다(**그림 5.22**). 광학평면의 하부표면과 시편표면 사이에서의 광선경로차이로 인하여 평면을 통과하여 반사된 빛은 간섭무늬를 생성한다. 간섭무늬의 불균일한 간격과 곡률은 시편 표면의 편평도 편차를 알려준다. 평행한 간섭무늬는 완벽하게 평평한 평면을 나타낸다. 광학평면을 사용하여 시편의 편평도를 정확하게 측정하기 위해서는 시편의 표면이 반사특성을 가져야만 한다.

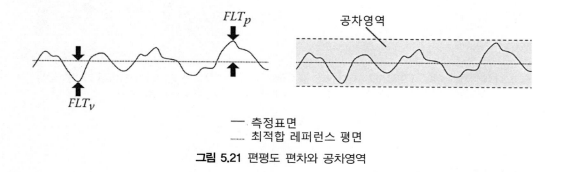

그림 5.21 편평도 편차와 공차영역

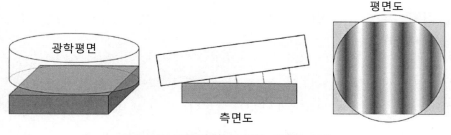

그림 5.22 광학평면을 이용한 편평도 측정

평행도는 두 평면이 서로 평행한 정도이다. 편평도와는 달리, 평행도는 물리적 기준 평면인 **데이텀**에 대해서 평가한다. 평행도를 평가하기 위해서, 데이텀 평면에 대해서 서로 평행하며 지정된 거리만큼 떨어져 있는 두 평면을 설정하여 공차영역을 구한다(**그림 5.23**). 만일 측정된 표면점들이 이 공차영역 내에 위치하고 있다면, 평행도가 만족된다. 게이지블록의 두 측정표면들 사이의 평행도는 게이지블록이 올바른 기능을 수행하기 위한 중요한 요구조건이다. 우선 게이지블록을 정반에 부착한다. 정반과 게이지블록 표면의 이물질을 제거되고, 접합력이 충분히 강하여 이 접착이 올바르게 이루어졌다면, 두 접합면들은 서로 평행하다. 따라서 이 정반표면을 게이지블록의 상부표면 평행도 측정을 위한 기준으로 사용할 수 있다.

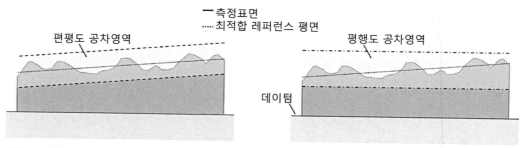

그림 5.23 데이텀에 대해서 평행도가 지정된다. 공차영역은 데이텀 평면과 평행하며 지정된 거리를 갖는 두 평면들로 정의된다. 동일한 측정표면에 대해서 편평도와 평행도가 결정된다.

5.6 좌표 측정 시스템

5.6.1 좌표 측정 시스템의 개요

좌표 측정 시스템(CMS)은 시편의 물리적 형상을 측정하는 기기이다. 전형적으로 좌표 측정 시스템는 물체 위의 표면위치를 검출하기 위해서 프로브 시스템을 이송하는 능력을 갖추고 있으며(5.6.2절), 기준 좌표계에 대해서 표면의 상대적인 공간좌표값을 구할 수 있다. 초창기의 좌표 측정 시스템은 **그림 5.24**와 유사한 형태를 가졌으며, 예전에는 좌표 측정기(CMM[11])라고 불렀다. 그런데 ISO 기술위원회(ISO 213 작업그룹 10)에서 광학 및 X−선 측정기법을 사용하는 기기를 포함하여 모든 유형의 형상 측정 기기들을 통칭하기 위해서 좌표 측정 시스템(CMS)이라는 용어를 도입하였다. 접촉식 좌표 측정 시스템은 수많은 구조를 가지고 있으며(**그림 5.25**의 개략도 참조) 크기 범위는 대형의 항공기 부품을 측정할 수 있는 크기에서부터 5.6.9절의 마이크로 스케일용 측정기에 이르기까지 넓은 범위를 가지고 있다.

---

11 Coordinate Measuring Machine.

그런데 대부분의 산업용 좌표 측정 시스템은 약 0.5[m]에서 2[m]에 이르는 육면체 형태의 작업체적을 가지고 있다. 가장 일반적인 형태의 좌표 측정 시스템은 이동 브리지 구조이다 (그림 5.25(b)). 일반적인 접촉형 좌표 측정 시스템은 일반적으로 3개의 좌표축들로 이루어진 직교좌표계를 사용하지만 4축(또는 그 이상의 축을 가지고 있는) 좌표 측정 시스템도 사용되고 있으며, 추가되는 축들은 일반적으로 회전축이다(C축이라고 부른다). 좌표 측정 시스템은 일반적으로 온도가 20°C 근처로 조절되는 방에 설치한다. 최초의 좌표 측정 시스템은 1950년대 말에서 1960년대 초에 개발되었다(좌표 측정 시스템에 대한 상세한 설명과 약간의 역사에 대해서는 호켄과 페리에라 2011 참조, 좌표 측정 시스템의 사용방법에 대해서는 플랙과 하나포드 2005 참조).

그림 5.24 브릿지형 좌표 측정 시스템

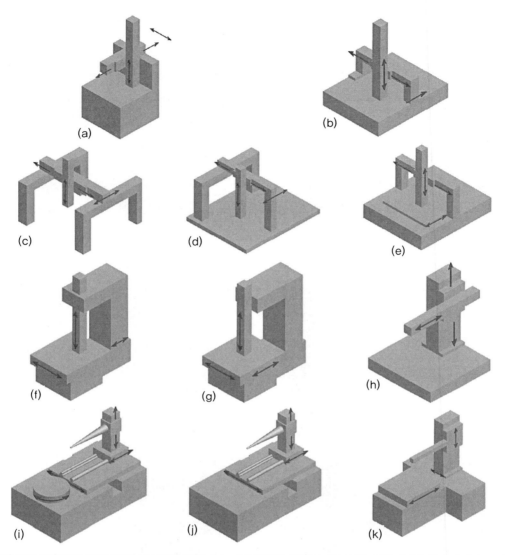

그림 5.25 전형적인 좌표 측정 시스템의 구조. (a) 고정 테이블 외팔보, (b) 이동 브릿지, (c) 갠트리, (d) L-형 브릿지, (e) 고정 브릿지, (g) 칼럼, (h) 이동램 수평암, (i와 j) 고정테이블 수평암, (k) 이동테이블 수평암

현재 다양한 유형의 좌표 측정 시스템들이 개발되었다(5.6.6절 참조). 하지만 기본적인 정밀공학적 원리를 설명하기 위해서, 다음 절에서는 접촉형 좌표 측정 시스템에 대해서만 살펴볼 예정이다.

5.6.2 좌표 측정 시스템용 프로브

좌표 측정 시스템을 개별측정방식으로 측정하는 경우에는 표면 위의 단일점 측정을 통해 취득한 데이터들을 취합하며, 스캐닝 방식으로 측정하는 경우에는 기계식 스타일러스 프로브가 표면 위를 이동하면서 연속적으로 데이터를 취합한다. 표면과 접촉하는 **스타일러스 프로브**에는 실린더 형상이나 세라믹 소재와 같이 다양한 형상과 소재를 사용할 수 있지만 일반적으로 합성 루비볼을 사용한다.

대부분의 좌표 측정 시스템은 **접촉 촉발식 프로브**를 사용한다(기계식 프로브의 유형에 대해서는 호켄과 페레이라 2011 참조, 접촉 촉발식 프로브에 대한 상세한 내용은 4장 참조). 따라서 접촉 촉발식 프로브가 어떻게 작동하는가에 대한 기본적인 이해가 되어 있을 것이다. 접촉 촉발식 프로브 설계자가 당면하는 문제는 측정 대상 물체의 제작에서 필요로 하는 정확도보다 높은 수준으로 프로브가 작동해야만 한다는 것이다. 기구학적 원리를 적용해야만 작동의 정확도가 가공 정확도에 전혀 의존하지 않도록 **프로브**를 설계할 수 있다(6장 참조). 그러므로 접촉 촉발식 프로브는 고도의 반복성을 갖춘 스타일러스의 운동을 구현하기 위해서 기구학적 위치 결정 방법을 채용하고 있다. 전형적인 메커니즘(**그림 5.26**의 사진과 4장의 **그림 4.8**에 도시된 솔리드 모델)은 세 개의 실린더형 막대들이 각각, 한 쌍의 구체 사이에 형성된 홈에 안착된 형태이다. 이 방식을 사용하여 스타일러스의 6자유도 모두를 구속하고 있어서, 변위가 발생한 다음에 동일한 위치로 되돌아갈 수 있다. 여섯 개의 접촉 모두가 접촉하여 만들어진 전기회로를 사용하여 어떤 방향으로라도 스타일러스의 변위가 발생하면 전기회로가 끊어지면서 촉발 신호가 생성된다. 접촉이 발생하는 순간에, 컴퓨터가 촉발 신호를 검출하여 그 순간의 기계위치를 기록한다. 접촉이 발생한 이후에도 스타일러스가 비교적 자유롭게 움직일 수 있기 때문에, 좌표 측정 시스템이 감속을 하기 위해서 필요한 시간 동안의 과도운동을 수용할 수 있다. 프로브가 후진하면 스타일러스가 표면에서 떨어지면서 예압스프링에 의해서 스타일러스는 다시 원위치로 되돌아간다. 이 메커니즘을 통해서 마이크로미터 이하의 반복도를 가지고 프로브가 표면 접촉을 검출할 수 있다.

그림 5.26 접촉 촉발식 프로브

높은 정확도를 필요로 하는 경우, **아날로그 프로브**가 더 좋다. 전형적인 아날로그 프로브의 경우, 측정 시스템은 서로 직교하는 세 개의 스프링들의 예압을 받는 평행사변형 기구들과 이들의 변형을 측정하는 센서들로 이루어진다(7장 참조). 각각의 평행사변형 기구들은 중립위치에 고정되어 있다. 이 위치에 대해서 센서들의 영점을 맞춘다. 전형적으로, 측정대상 물체와 접촉이 이루어지는 순간에 이동코일 시스템이 측정력을 송출한다. 측정 시스템을 영점위치 근처로 조절해놓으면, 기계의 좌표와 이산화된 프로브 헤드의 잔류변형이 컴퓨터로 전송된다. 접촉이나 충돌이 발생한 경우에 변형의 허용 범위 내에서 프로브 헤드를 정지시킬 수 있도록 프로브 헤드를 측정방향으로 미리 변위를 발생시켜놓기도 한다. 아날로그 프로브를 사용하여 측정을 수행하는 경우에는 접촉 촉발식 프로브를 사용하는 경우에 비해서 측정 정확도를 현저히 높일 수 있다. 전형적인 접촉 촉발식 프로브의 반복도는 약 $0.5[\mu m]$ 내외이며 형상오차는 약 $1[\mu m]$ 내외이다. 반면에 전형적인 아날로그 프로브는 이보다 다섯 배 정도 높은 성능을 가지고 있다. 일부의 경우 연속접촉 측정이 가능하며, 접촉력의 함수로 변형량을 산출할 수 있다. 이를 통해서 최초 접촉점을 더 정밀하게 구분하기 위해서 외삽연산을 수행할 수 있다. 이는 탄성계수가 작은 소재나 유연한 메커니즘에 대한 측정을 수행할 때에 특히 중요하다.

좌표 측정 시스템을 사용하여 수집한 데이터는 본질적으로 볼 중심에서의 데이터이다. 그러므로 좌표 측정 시스템 내에서 기준 좌표에 대해서 유효 스타일러스 반경과 프로브 중심의 위치를 구하기 위해서는 표면과 접촉하는 스타일러스 프로브에 대한 평가가 필요하다. 고정밀 세라믹 기준 구체와 같은 크기를 알고 있는 물체에 대한 측정을 통해서 스타일러스 평가를 수행할 수 있다(플랙 2001).

5.6.3 좌표 측정 시스템 구동 소프트웨어

좌표 측정 시스템에서 측정된 **점자료**[12]라고 부르는 데이터는 (x, y, z) 좌표값들로 이루어진 일련의 측정점들이다(일부 계측기에서는 극좌표 데이터를 생성하며, 많은 광학식 계측기에서는 **영역 데이터**라고 부르는 (x, y) 위치에서의 z 높이 프로파일 지도를 생성한다). 이 점자료들을 부품도면이나 전산설계 모델과 정렬시켜야 한다. 도면이나 모델에서 정의된 데이텀 형상을 기준으로 하여 이런 정렬과정이 수행된다(5.6.4절 참조). 그런데 자유곡면과 같은 복잡한 형상을 가지고 있는 물체의 경우에는 일반적으로 수학적인 최적합 연산을 수행하여 정렬을 맞추며, 그 이외의 대부분의 경우에는 최소제곱법을 사용한다(포브스와 민 2012). 일단 프로브와 이송축으로부터 데이터가 수집되면, 소프트웨어 패키지가 이를 분석한다. 소프트웨어는 기하학적 데이터와 더불어서, 좌표 측정 시스템과 기기 주변에 설치되어 있는 온도, 대기압 및 습도와 같은 다양한 환경센서들로부터 데이터를 수집한다.

좌표 측정 시스템의 소프트웨어는 수집된 데이터를 기본 형상(원, 평면 등)에 대해 수학적으로 정렬시키며, 이를 사용하여 교차점의 위치, 형상들 사이의 거리, 시편 좌표계 내에서 형상의 위치, 진원도나 원통도와 같은 형상오차 등을 계산한다.

앞서 설명한 기능들과 더불어서, 좌표 측정 시스템의 소프트웨어는 측정대상 부품에 대한 정렬을 맞추며(5.6.4절 참조) 측정 데이터 보고서를 작성하고, 필요하다면 전산설계 데이

---

12 point cloud.

터와의 비교를 수행한다. 현대적인 좌표 측정 시스템용 소프트웨어는 전산설계 모델로부터 직접 운전 프로그래밍을 생성할 수 있다. 또한 일단 데이터가 수집되고 나면, 실제의 측정위치들을 공칭위치와 비교하여 시각적으로 오차를 표시해준다. 정렬과정에서는 점자료들을 전산설계 모델과 최적합 기준에 따라서 맞추어준다.

좌표 측정 시스템의 소프트웨어에 대한 시험이 필요하며, 이에 대해서는 ISO 10360 파트 6(2001)에 정의되어 있다. 이 시험에서는 기본 기하학적 형상들에 대한 소프트웨어의 인자값 계산능력을 검사하기 위해서 기준 데이터 세트와 기준 소프트웨어를 사용한다.

5.6.4 좌표 측정 시스템의 정렬

좌표 측정 시스템에 설치된 시편의 형상을 측정하기 위해서는 측정기의 좌표계와 시편 사이의 **정렬**을 맞춰야 한다. 정렬과정을 통해서 소프트웨어는 좌표 측정기에 대한 물리적인 시편의 위치를 확정한다. 일반적으로 측정시편의 데이텀 형상에 대해서 정렬을 맞춘다. 데이텀 형상은 측정기에게 측정시편이 어디에 있는지를 알려주거나 특정한 위치에 접근하는 방향을 알려주는 기준위치로 사용된다(이 물리적 데이텀 형상은 전산설계 도면상에 표시되어 있는 데이텀과는 동일하지 않을 수도 있다). 정렬과정에서 다음 사항들에 대한 관리가 필요하다.

- **시편의 공간회전**(2자유도): 공간회전은 시편의 상부표면과 같은 평면의 수직방향을 결정한다(수평). 원통이나 원추의 경우에는 공간회전이 중심축과 평행한 방향을 결정한다. 그리고 샤프트의 중심축과 같은 3차원 직선의 경우에는 공간회전이 이 직선과 3차원적으로 평행한 직선을 결정한다.
- **시편의 평면회전**(1자유도): 이 회전은 육면체의 한쪽 면과 같은 평면에 대해서 수직한 축의 방향을 결정한다. 원통이나 원추의 경우에는 이 회전이 중심축과 평행한 방향을 결정한다. 그리고 2차원 및 3차원 직선의 경우에는 이 회전이 직선의 2차원 투사체와 평행한 축선을 결정한다.
- **시편의 원점**(3자유도)

예를 들어, 사각형 블록의 경우, 정렬맞춤 과정은 다음과 같이 진행된다.

1. 상부표면에 대한 평면측정(회전축과 $z=0$인 위치 결정)
2. 측면상의 직선 측정(z축에 대한 회전평면과 $y=0$인 위치 결정)
3. 측면과 직각을 이루는 표면상의 한 점을 측정($x=0$)

예를 들어 최적합 정렬과 같은 여타의 정렬방법도 사용할 수 있으며, 자유곡면 형상에 대해서는 기준점 정렬이 사용된다.

5.6.5 프리즈매틱 형상대 자유형상

매우 복잡한 시편을 측정하기 위해서 좌표 측정 시스템이 사용되지만, 다음과 같이 형상을 분할하는 것이 측정에 도움이 된다.

• 원통형 엔진블록 구멍들, 브레이크 요소들과 평판형 브레이크 베어링 등과 같은 프리즈매틱 요소들
• 자동차 도어패널, 항공기 날개단면 그리고 휴대폰 덮개와 같은 자유형상 요소들

평면, 원, 실린더, 원추 및 구체 등과 같이 수학적으로 정의할 수 있는 요소들을 **프리즈매틱**[13] 요소라고 부른다. 측정과정에서 시편을 이런 형상들로 나눈 다음에, 두 구멍 사이의 거리나 원의 직경과 같이 이들의 상호관계를 살펴본다. 반면에 자유형상 요소들은 프리즈매틱 요소들로 분류할 수 없다. 일반적으로, 표면상의 다수의 점들에 대한 위치를 접촉방식으로 측정하며, 이 데이터를 기반으로 가장 근접한 표면을 구한다. 실제로 제작되는 많은 요소들의 형상과 기하학적 특성들이 자유표면을 가지고 있다. 예를 들어 핸드폰 덮개의 조립위치 결정용 핀들의 위치는 실측해야만 한다.

만일 전산설계 모델이 존재한다면, 점자료 데이터들을 전산설계 모델과 직접 비교할 수

---

13 prismatic.

있다. 전산설계 모델을 가지고 있다면 접촉점에서의 공칭 국부위치 기울기값을 미리 알 수 있기 때문에 자유형상 표면에 대해서 장점이 있다. 접촉 시 프로브 구체의 중심위치를 기반으로 하여 표면과 접촉하는 위치에서의 표면 법선벡터를 구하기 위해서는 국부 기울기가 필요하다.

5.6.6 비표준형 좌표 측정 시스템

일반적인 접촉식 좌표 측정 시스템은 크고 무거운 기계구조물로서, 많은 경우 수백[kg]의 무게를 가지고 있다. 조립장과 같은 곳에서 사용하기 위해서 점유면적이 작아야 한다면, 접이식 팔을 사용하는 휴대용 경량 좌표 측정 시스템이 적합하다. 접이식 좌표 측정 시스템은 직선운동축 대신에 회전식 인코더를 장착한 6 또는 7축 관절기구이다(그림 5.27(a) 참조, 더 자세한 내용은 호켄 및 페레이라 2011).

접촉식 좌표 측정 시스템은 첨단가공 및 엔지니어링 분야에서 광범위하게 사용되어왔지만 두 가지 제약조건이 존재한다. 우선, 측정할 물체와 물리적인 접촉이 필요하다. 유한한 크기의 접촉력이 항상 표면변형을 유발하며 폴리머 부품과 같이 탄성계수가 작거나 경도가 작은 물체에서 소성변형이 일어나는 경우에는 손상이 유발된다. 두 번째로, 각각의 측정점들마다 표면과 물리적인 접촉이 필요하다는 것은 본질적으로 좌표 측정 시스템이 순차측정 방식이라는 것을 의미한다. 이로 인하여 측정시간이 길어지거나 작은 숫자의 점들만 측정하여야 한다. 광학식이나 X-선 좌표 측정 시스템을 사용하면 이런 두 가지 한계들을 극복할 수 있다.

특수한 좌표 측정 시스템에 적용할 수 있는 상용 광학식 프로브가 다수 존재한다.

- **2차원 영상화 시스템**(그림 5.27(b), 코브니 2014): 일반적으로 영상화 시스템은 측정거리가 긴 현미경 대물렌즈를 프로브로 사용하며 2축 또는 3축 이송 시스템을 갖추고 있다. 또한 회전축과 회전형 프로브헤드를 사용할 수도 있다. 영상방식 좌표 측정 시스템의 전형적인 불확실도는 1[m]의 범위에 대해서 0.05[mm]의 수준이다.
- **삼각측량** 또는 **유채색 공초점 시스템**을 이용한 점 또는 직선 스캐닝(그림 5.27(c), 리치 2011): 이런 프로브는 이송 시스템을 갖춘 일반적인 좌표 측정 시스템에서 접촉식 프로

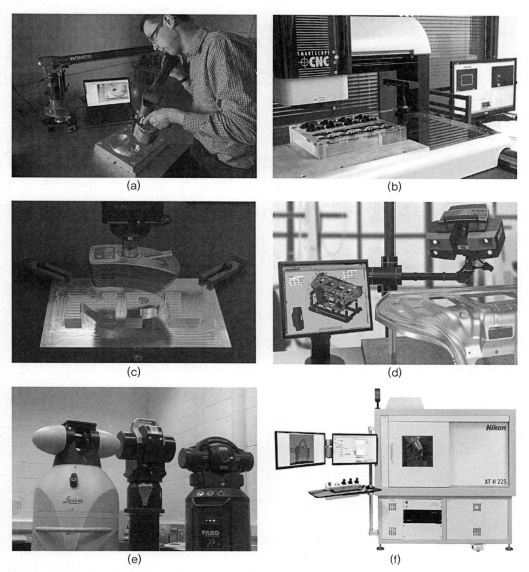

그림 5.27 비표준형 좌표 측정 시스템들. (a) 접이식 시스템, (b) 스마트 스코프 CVC 500 비전 시스템. 대변위 이송용 브릿지 시스템에는 접촉 촉발식 프로브, 마이크로 프로브 및 레이저 스캐너 등의 추가적인 센서들을 장착할 수 있다. (c) 광학식 스캐닝 시스템, (d) 자동차 박판 검사용 ATOS 구조화광선 스캐닝 시스템, (e) 레이저 트래커, (f) X−선 단층촬영 시스템

브 대신에 사용된다. 전형적인 불확실도는 1[m] 이하의 거리에 대해서 5[μm] 수준이다.

- **줄무늬 투사 시스템**이라고도 알려져 있는 **구조화광선**(그림 5.27(d), 하딩 2014): 줄무늬 투사 시스템은 광선강도의 분포를 정현함수 형태로 변조한 구조화광선 패턴을 시편에

조사하고 시편의 형상에 따른 구조화광선 패턴의 왜곡을 계산을 통해 분석하여 시편의 형상을 측정한다. 이런 시스템은 시편의 넓은 면적에 병렬방식으로 빛을 조사하기 때문에 측정 속도가 매우 빠르지만, 아직까지는 접촉식이나 광학식 직선 스캐닝 방식에 비해서 정확도가 떨어진다. 줄무늬 투사 시스템의 전형적인 불확실도는 1[m]의 거리에 대해서 0.01[mm] 수준이다.

- **레이저 트래커(그림 5.27(e))**: 광학 표적을 측정대상 시편에 접촉시켜서 표적의 위치를 측정하는 방식으로 비교적 크기가 큰 시편의 형상을 측정하는 측정기이다(슈미트 등 2016). 레이저 트래커의 전형적인 불확실도는 수[m]의 거리에 대해서 0.025[mm] 수준이다.

접촉식 프로브와 영상화 시스템을 함께 구비한 측정 시스템과 같이, 앞에서 소개한 프로브들 중에 다수를 구비한 상용 좌표 측정 시스템이 다수 존재한다. 이런 다중센서 시스템에서 고려할 중요한 사항은 개별 프로브들의 기준위치를 동일한 좌표계에 대해서 서로 맞추어야 한다는 것이다.

하나의 회전축을 중심으로 시편을 회전시켜가면서 촬영한 다수의 X-선 영상에 대해서 3차원 모델을 재구성하는 알고리즘을 사용하여 물체의 3차원 형상을 구현하는 **X-선 단층 촬영기**(XCT, 그림 5.27(f))의 사용이 증가하고 있다(드쉬프 등 2014, 카르미그나토 등 2017). 비록 X-선 단층촬영기가 접촉식 좌표 측정 시스템보다 훨씬 빠른 방법이며, 내부 형상을 측정할 수 있다는 장점을 가지고 있지만, 아직까지 표준화된 교정 및 성능 검증 방법이 없다. 이 분야에 대한 활발한 연구가 진행 중이다(페루치 등 2015).

5.6.7 좌표 측정 시스템의 오차

전형적인 좌표 측정 시스템(그림 5.25)은 21가지의 **기하학적 오차** 발생 원인들을 가지고 있다. 각각의 이송축들은 하나의 직선위치오차, 세 개의 회전오차와 두 개의 진직도 오차를 가지고 있다(이송축 하나당 6개이므로 3축에 대해서 총 18개의 오차). 게다가 각 이송축들 사이에는 직각도 오차가 존재한다. 좌표 측정 시스템을 제작하는 과정에서 이 21개의 기하학적 오차들을 최소화시켜야 하며, 소프트웨어를 사용하여 작성한 오차지도를 사용하여 기하학적 오차들을 보정(체적오차 보정)할 수 있다(슈벤케 등 2008).

좌표 측정 시스템의 기하학적 오차들은 다음의 네 가지 중 하나의 방법으로 측정한다.

- 직선자, 오토콜리메이터와 수준계 등의 시편과 계측기를 사용
- 레이저 간섭계와 부속 광학기구를 사용
- 교정된 구멍판 사용(리와 부데킨 2001)
- 추적식 레이저 간섭계를 사용(슈벤케 등 2008)

5.6.8 표준, 추적성, 교정 및 성능 검증

좌표 측정 시스템의 **교정**[14]은 기계적 보정이나 오차지도 작성 등이 가능하도록 21가지 기하학적 오차들을 측정하는 것이다. **성능 검증**은 개별 기기가 제조업체의 사양을 충족한다는 것을 규명하기 위해서 좌표 측정 시스템 제작자가 수행하는 일련의 시험들이다(다양한 성능 검증 방법들에 대한 자세한 내용은 플랙 2001 참조). 교정을 성능 검증의 일부분으로 간주할 수 있다.

사양표준에 대한 ISO 10360 시리즈에서는 좌표 측정 시스템의 성능 검증에 대해서 정의하고 있다. 이 시리즈는 다음과 같이 10개의 파트들로 나누어져 있으며, 이에 대한 보다 더 자세한 내용들은 호켄과 페리에라(2011)를 참조하기 바란다.

- 파트 1: 용어(2000)
- 파트 2: 직선치수 측정을 위한 좌표 측정기(2009)
- 파트 3: 제 4의 축인 회전테이블 축을 구비한 좌표 측정기(2000)
- 파트 4: 스캔 측정모드로 작동하는 좌표 측정기(2000)
- 파트 5: 단일 및 다중 스타일러스 접촉 프로브 시스템을 사용하는 좌표 측정기(2010)
- 파트 6: 가우시안함수 계산을 통한 오차 추정(2001)
- 파트 7: 영상화 프로브 시스템을 구비한 좌표 측정기(2011)
- 파트 8: 광학식 거리센서를 구비한 좌표 측정기(2013)
- 파트 9: 다중 프로브 시스템을 구비한 좌표 측정기(2013)

---

[14]   calibration.

• 파트10: 점 간 거리를 측정하기 위한 레이저 트래커(2016)

좌표 측정 시스템을 사용하여 수행된 측정의 **추적성**은 규명하기가 어렵다. 좌표 측정기를 사용한 측정 과정에서 발생하는 대부분의 오차는 측정공정의 복잡성 때문에 발생하는 것이기 때문에, 불확실도 오차할당을 공식으로 만드는 것은 비현실적이다. 좌표 측정 시스템에 대한 추적성을 규명하는 유일한 방법은 ISO 10360에 규정되어 있는 성능 검증 시험을 수행하는 것이다. 하지만 어떤 좌표 측정 시스템의 성능이 검증되었다 하여도, 자동적으로 이 좌표 측정 시스템이 교정되었다거나 이를 사용한 측정이 추적성을 갖추었다고 말할 수는 없다. 성능 검증 과정은 측정과정 전반에 대한 검증이 아니라 측정기가 단순길이 측정에 대해서 사양을 충족하였다는 것을 검증하는 것일 뿐이다.

ISO 15530 파트 3(2011)에서는 추적성의 수준을 검증하기 위한 더 좋은 방법이 제시되어 있다. 이 사양표준에서는 교정된 시편들에 대해서 좌표 측정 시스템을 비교기로 사용한다. 교정된 하나의 시편이나 다수의 시편들에 대해서 실제의 측정조건과 동일한 방법과 동일한 조건하에서 일련의 측정을 수행하여 불확실도를 평가한다. 시편들에 대한 측정으로부터 얻은 결과들과 교정된 시편에 대해서 이미 알고 있는 교정값 사이의 차이를 사용하여 측정의 불확실도를 평가한다.

좌표 측정 시스템의 정량적 성능평가에 주로 사용되는 기준은 **최대허용오차**(MPE)로서, 기준 값과 측정 사이의 최대오차 또는 편차로 정의되어 있다(ISO 10360 표준). 좌표 측정기의 최대허용오차는 상수값에 길이 의존항을 더한 값으로 지정되어 있다. 예를 들어, MPE= 2.4+2L/1,000[μm]으로 표시되며, 여기서 L은 [mm] 단위로 표시된 측정길이이다. 좌표 측정기의 최대허용오차는 여타의 유사한 측정기기들을 서로 비교할 때에 기기 성능의 기준값으로 사용된다. 측정장비를 구매하기 전에, 특정한 장비가 지정된 최대허용오차를 충족하는지 판정하기 위해서 전용 기준 시편을 사용하여 다양한 시험을 수행한다. 이런 측면에서, 측정장비의 최대허용오차는 계약상의 중요항목으로 사용된다. 만일 계측장비의 검증된 성능이 지정된 최대허용오차를 충족시키지 못한다면, 계측기 공급업체는 이 결함을 시정할 의무가 있다.

계측기의 최대허용오차는 종종 계측기상에서 수행된 측정의 불확실도로 오인된다. 최대허용오차는 특정한 계측기에서 발생할 것으로 예상되는 측정값과 기준값 사이의 최대편차이며, 불확실도는 측정 결과에서 발생할 수 있는 통계학적 분산값이다(9장 참조). 단일값으로 표시된 측정 결과는 추정치에 대한 불확실도가 포함되어 있지 않은 측정대상에 대한 불완전한 추정값에 해당한다. **그림 5.28**에서는 다양한 길이의 형상에 대한 측정 결과를 토대로 하여 최대허용오차와 불확실도의 개념을 설명하고 있다. 이 도표에서는 각 측정 결과와 해당 기준값 사이에서 발생하는 오차를 측정대상의 길이에 따라서 나타내었다. 측정점들 중 일부는 최대허용오차 구간(점선)을 넘어서는 것을 알 수 있다. 이 측정 결과에 따르면, 해당 계측기는 최대허용오차 기준을 충족시키지 못하고 있다. 마지막으로, 측정기의 최대허용차와는 달리, 측정의 불확실도는 측정행위에 의존하는 값이다.

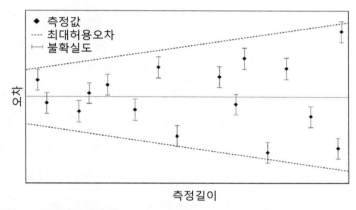

그림 5.28 좌표 측정 시스템의 최대허용오차 도표. 이를 통해서 불확실도 표기방법을 확인할 수 있다.

좌표 측정기의 측정행위에 의존하는 불확실도를 구하기 위해서 측정의 불확실도 표기지침(GUM, 9장 참조)을 준수하는 또 다른 방법을 사용할 수 있다. 이런 방법들 중 하나로, 몬테카를로법을 사용하여 불확실도를 평가하는 방법이 ISO/TS 15530 파트 4(2008)에서 설명되어 있다(9장 참조). 좌표 측정 시스템의 사용자가 손쉽게 불확실도를 산출할 수 있도록 돕기 위해서, 좌표 측정 시스템 공급업체와 이에 관련된 회사들에서는 **가상좌표 측정기**라고 부르는 불확실도 평가용 소프트웨어를 개발하였다(발사모 등 1999, 플랙 2013).

5.6.9 초소형 좌표 측정기

현대적인 제조업에서는 많은 요소들의 크기를 줄이는 경향이 강해지고 있으며, 이로 인하여 더 미세한 크기의 측정이 가능한 계측 시스템이 필요하게 되었다. 초소형 제품의 제조수요가 증가함에 따라서 초소형 부품을 정확하게 측정할 수 있는 좌표 측정 시스템이 필요하게 되었다. 이런 수요를 충족시키기 위해서 소위 **초소형 좌표 측정기**가 개발되었다. 일반적으로, 전통적인 좌표 측정 시스템을 소형화하거나 프로브에 광학적 기술을 채택하여 초소형 좌표 측정기를 설계한다. 최신의 초소형 좌표 측정기들은 전형적으로 수십[mm]의 측정범위에 대해서 수백[nm]의 체적측정정확도를 갖추고 있으며, 밀리미터에서 마이크로미터 범위의 형상 측정에 사용할 수 있다. 상용 시스템의 전형적인 사례로는 자이스社의 F25 초소형 좌표 측정기(페르밀런 등 1998), IBS社의 Isra 400 초정밀 좌표측정기(비더스호번 등 2011) 그리고 SIOS社의 나노측정기(NMM, 예거 등 2016) 등이 있다. 자이스社의 F25 좌표측정기는 $100 \times 100 \times 100$[mm]의 측정체적과 $0.25 + L/666[\mu m]$의 최대허용오차를 가지고 있다. 여기서 L은 [mm] 단위의 길이값이다. Isara 400은 선형 간섭계의 3축 모두를 스타일러스 프로브의 중심에 대해서 정렬을 맞추어 아베 오차를 최소화시켰다(10장 참조). 이 측정기의 측정체적은 $400 \times 400 \times 100$[mm]이며, 3차원 측정 불확실도는 109[nm]($k = 2$)라고 제시되어 있지만, 정확히 어떤 측정을 통해서 제시된 결과인지는 명확하지 않다(이는 계측기의 사양을 제시한 나쁜 사례들 중 하나이다). 나노측정기는 일메나우 기술대학교에서 개발한 레이저 간섭계 기반의 초소형 좌표 측정기이다. 측정범위는 $200 \times 200 \times 25$[mm]이며 [nm] 미만의 운동 정확도를 가지고 있다. 이 외에도 다수의 초소형 좌표 측정기들이 개발되었으며, 현존하는 초소형 좌표 측정기들에 대한 설명은 리치(2014a)와 탈만 등(2016)을 참조하기 바란다.

5.7 표면거칠기 계측

5.7.1 표면거칠기 계측의 개요

부품의 표면형상은 부품의 기능에 큰 영향을 미친다. 윤활의 경우, 표면 상호작용이 부품의 마찰, 마모 및 수명에 영향을 미친다(7장 참조). 유체역학에 따르면, 표면상태가 유체의 흐름을 결정하며 양력과 같은 성질에 영향을 미치기 때문에, 항공기의 효율과 연료소모량이 영향을 받는다. 전통 분야에서 첨단 분야를 아우르는 거의 모든 제조업 분야에서 표면과 성능 사이의 상관관계에 대한 사례를 찾을 수 있다(브루존 등 2008). 표면형상의 관리를 통해서 부품의 기능을 관리하기 위해서는 측정 데이터로부터 유용한 인자들을 추출해야 한다. 그림 5.29에서는 일반적으로 사용되는 다양한 가공방법들에 따른 전형적인 표면거칠기값들의 범위를 보여주고 있다. 여기서 Ra값에 대해서는 5.7.5절에서 설명할 예정이다.

이 책에서는 다음의 정의들이 사용된다.

- **표면편차**[15]: 완벽한 평면에 대한 표면의 국부편차 또는 모든 표면형상을 연속적인 공간 파장으로 취급한다(리치 2014a).
- **표면거칠기**[16]: 표면에 나타난 기하학적 불균일. 표면거칠기에는 표면의 형상에 영향을 미치는 기하학적 불균일이 포함되어 있지 않다(리치 2015).
- **표면형상**[17]: 부품의 기본형상(리치 2014a) 또는 측정된 표면과의 정합(ISO 10110-8 2010)

표면윤곽[18]의 측정은 수직방향으로의 변위 $z(x)$를 수학적인 높이함수로 나타낼 수 있는 표면을 직선으로 가로지르면서 수행하는 측정이다. 영역 표면조도의 측정은 평면에 대한 수직방향 변위인 $z(x,y)$를 수학적인 높이의 함수로 나타낼 수 있는 표면상의 영역에 대하여 수행하는 측정이다. 프로파일이나 영역에 대한 표면조도 특성에 대해서는 5.7.5절에서 논의되어 있으며, 보다 더 자세한 내용은 화이트하우스(2010), 리치(2013), 리치(2014a), 무랄리크리스난과 라자(2008) 등을 참조하기 바란다.

표면조도를 측정할 수 있는 계측기는 매우 다양하지만 이 책에서는 표준화된 기법에 대해서만 살펴보기로 한다. ISO 25178 파트 6(2010)에서는 표면조도 측정을 위한 세 가지 등급의 측정방법들에 대해서 정의하고 있다.

---

15   surface topography.
16   surface texture.
17   surface form.
18   surface profile.

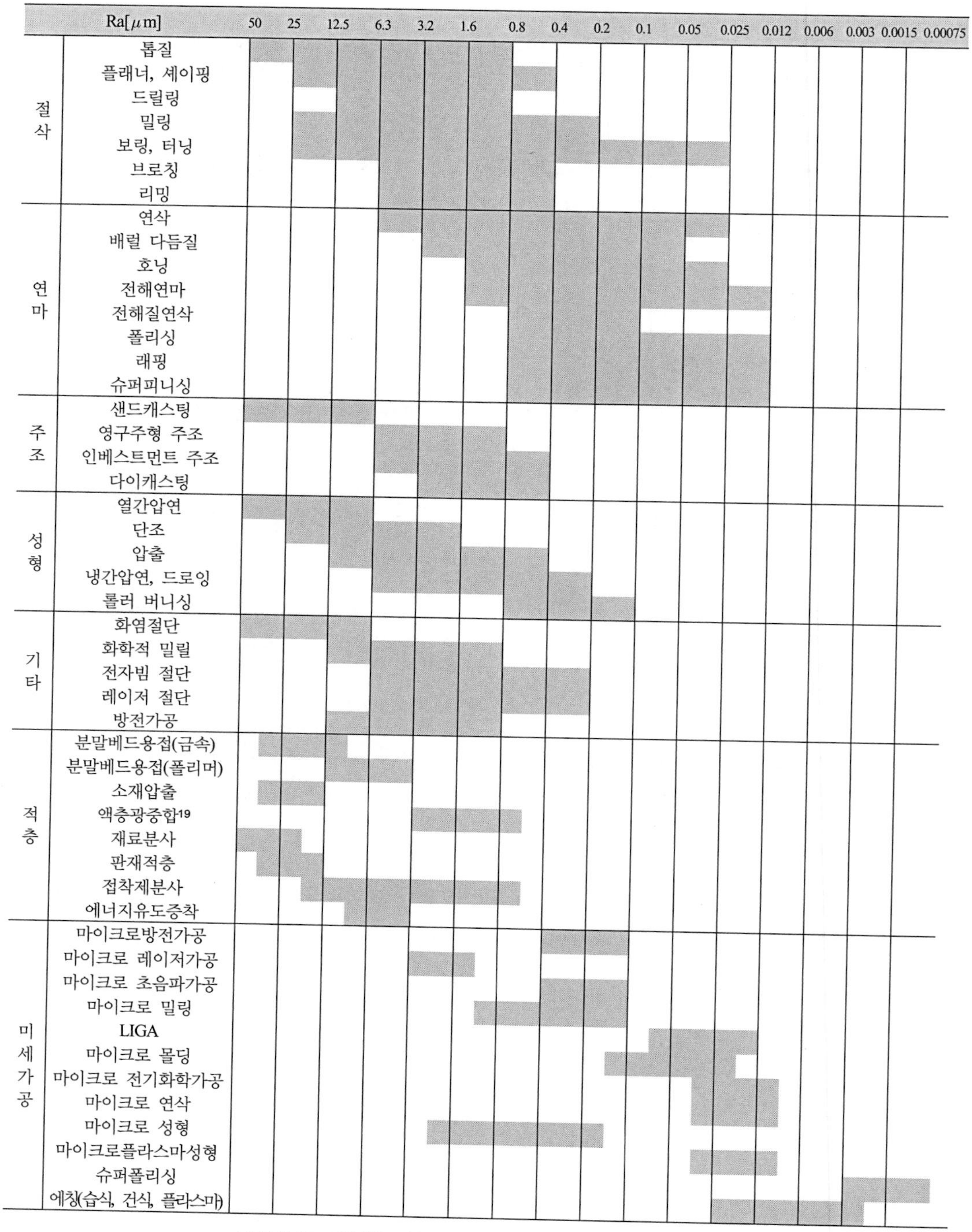

Ra[μm]	50	25	12.5	6.3	3.2	1.6	0.8	0.4	0.2	0.1	0.05	0.025	0.012	0.006	0.003	0.0015	0.00075

절삭: 톱질 · 플래너, 셰이핑 · 드릴링 · 밀링 · 보링, 터닝 · 브로칭 · 리밍

연마: 연삭 · 배럴 다듬질 · 호닝 · 전해연마 · 전해질연삭 · 폴리싱 · 래핑 · 슈퍼피니싱

주조: 샌드캐스팅 · 영구주형 주조 · 인베스트먼트 주조 · 다이캐스팅

성형: 열간압연 · 단조 · 압출 · 냉간압연, 드로잉 · 롤러 버니싱

기타: 화염절단 · 화학적 밀링 · 전자빔 절단 · 레이저 절단 · 방전가공

적층: 분말베드용접(금속) · 분말베드용접(폴리머) · 소재압출 · 액층광중합[19] · 재료분사 · 판재적층 · 접착제분사 · 에너지유도증착

미세가공: 마이크로방전가공 · 마이크로 레이저가공 · 마이크로 초음파가공 · 마이크로 밀링 · LIGA · 마이크로 몰딩 · 마이크로 전기화학가공 · 마이크로 연삭 · 마이크로 성형 · 마이크로플라스마성형 · 슈퍼폴리싱 · 에칭(습식, 건식, 플라스마)

그림 5.29 다양한 가공방법에 따른 표면거칠기의 범위

---

19   Vat photopolymerization.

- **직선윤곽법**: 직선윤곽법은 측정 데이터로부터 높이함수 $z(x)$를 수학적으로 도출하여 표면 불균일의 윤곽이나 2차원 그래프를 생성하는 방법이다. ISO 25178 파트 6에는 스타일러스 계측기, 위상시프트 간섭계, 원형간섭식 윤곽측정방법 및 차동광학식 윤곽측정방법 등이 포함된다

- **영역편차법**: 높이함수 $z(x,y)$를 수학적으로 도출하여 표면편차영상을 생성하는 표면측정방법이다. 직선윤곽선들을 병렬로 배치하여 $z(x,y)$를 만들어내기도 한다. ISO 25178 파트6에는 스타일러스 계측기, 위상시프트 간섭법, 가간섭 스캐닝 간섭계, 공초점 현미경, 공초점 유채색 현미경, 구조화광선투사, 초점편차현미경, 디지털 홀로그램 현미경, 각도분해 주사전자현미경(SEM), 주사전자현미경 입체영상, 주사터널현미경, 원자작용력현미경, 차동광학 자동초점방식 윤곽측정, 점위치 자동초점방식 윤곽측정 등이 포함된다.

- **영역적분법**: 표면의 대표영역을 측정하여 표면거칠기의 영역적분 성질에 따른 수학적 결과를 도출하는 표면측정 방법이다. ISO 25178 파트6에서는 이산[20]의 총적분이 정의되어 있다.

진폭－파장(AW)공간은 계측기의 사양들을 매핑하기에 좋은 방법이다(스테드맨 1987, 존스와 리치 2008). 이를 통해서 각 계측기들의 작동조건(범위, 분해능, 프로브 형상, 측면방향 파장한계 등)을 모델링하여 계수화하고 이 계수들 사이의 상관관계를 도출할 수 있다. 이 상관관계는 부등식을 사용하여 가장 잘 나타낼 수 있으며, 이를 통해서 계측기의 작동 범위가 정의된다. 이 부등식을 가시화할 수 있는 유용한 방법은 제한인자들을 축으로 하는 공간을 구성하는 것이다. 다각형을 만들기 위해서 제한관계(부등식)를 도표로 나타낸다. 이 형상이 계측기의 가용 작동 범위를 나타낸다. 주어진 공간 내에서 선형인 제한조건들은 이 공간 내에서 다각형을 형성하며, 이 다각형 내부에 속하는 해결책은 유효하다. 이런 해결책을 포함하는 다각형은 항상 볼록한 형태를 갖는다. **그림 5.30**에서는 세 가지 일반적인 계측기에 대한 진폭－파장 공간도표를 보여주고 있다.

---

20   scatter.

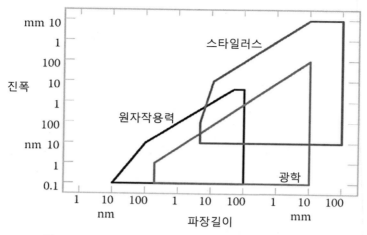

그림 5.30 가장 일반적인 계측기들에 대한 진폭－파장 도표

5.7.2 접촉식 스타일러스

표면조도의 측정에는 과거 100년 이상의 기간 동안 **접촉식 스타일러스**가 사용되어왔으며, 현재도 제조산업 분야에서는 가장 많이 사용되는 방법이다(화이트하우스 2010, 리치 2014b). 스타일러스 기기에서는 날카로운 탐침이 측정 표면과 접촉한다. 탐침이 표면을 긁고 지나가면서 표면 높이를 측정하면 표면조도를 측정할 수 있다. 이런 스타일러스 장비의 개략도가 **그림 5.31**에 도시되어 있다. 스타일러스 계측기의 수직방향 분해능은 1[nm] 미만까지 구현되지만, 산업계에서는 수십[nm] 수준의 분해능을 갖춘 기기가 일반적으로 사용된다.

스타일러스 탐침이 표면을 긁고 지나가면, 전기기계식 변환기를 사용하여 스타일러스의 수직방향 변위를 전기신호로 변환한다(ISO 25178-601 2010, 화이트하우스 2010, 리치 2014b). 탐침은 시편의 표면과 물리적으로 접촉하기 때문에 스타일러스 계측기의 성능에 결정적인 역할을 한다. 스타일러스의 탐침은 일반적으로 다이아몬드를 사용하여 제작하지만 측정할 표면의 소재에 따라서 알루미늄 산화물과 같은 여타의 소재도 자주 사용된다. 고려해야 하는 여타의 인자들에는 계측기의 공간주파수 응답에 직접적인 영향을 미치는 스타일러스 탐침의 크기와 형상이 있다. 용도에 따라서 스타일러스 탐침은 다양한 형상을 가질 수 있다. 가장 일반적으로 사용되는 형상은 접촉부위가 구형인 원추형 형상이며, 접촉부 곡률은 2～10[μm]이고 원추각도는 60° 또는 90°를 사용한다(리치 2014b).

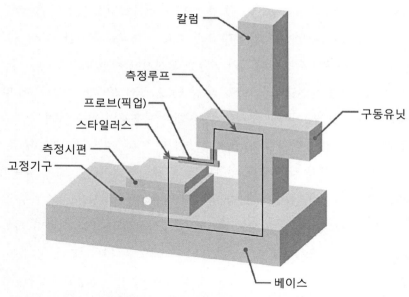

그림 5.31 표면거칠기를 측정하는 전형적인 스타일러스 계측기의 개략도

스타일러스 계측기에서 발생하는 오차의 주요 원인들은 다음과 같다.

- 표면변형
- 증폭기 왜곡
- 스타일러스 탐침의 크기
- 측면방향 변위
- 미끄럼이나 여타 데이텀의 영향
- 반복측정에 따른 위치이동
- (전기 또는 기계적인) 필터의 영향
- 양자화와 샘플링에 따른 영향
- 동적 영향
- 환경적 영향
- 부적절한 데이터 처리 알고리즘에 따른 영향

하잇제마(2015a)는 이런 영향들이 측정의 불확실도에 미치는 영향을 정량화하기 위한 방법들을 제안하였다. 고려해야 하는 영향들 중 하나는 스타일러스 탐침의 형상에 의해서 발생하는 계통오차로서, 이로 인하여 거칠기 측정 결과가 왜곡된다(맥쿨 1984). 이 문제에 대한 집중적인 연구가 이루어졌으며, 왜곡의 영향을 보상하고 측정의 정확도를 개선하기 위한 수학적 모델이 제안되었다(멘델레프 1997, 리 등 2005). ISO 25178-601(2010)에 따르면 스타일러스의 작용력은 0.75[mN]이라고 하지만 이에 대한 사용자의 검증은 거의 이뤄지지 않았다. 이 0.75[mN]이라는 값은 반경이 2[μm]인 스타일러스 탐침이 강철 표면에 큰 손상을 유발하지 않는 힘으로 선정된 값이지만, 여타의 소재들에 대해서는 손상을 유발할 수 있다. 작은 크기의 (스타일러스의 탐침반경보다 현저히 작은) 표면형상은 소성변형을 일으키며, 스타일러스 탐침은 이보다 더 긴 파장의 형상들을 충실히 따라간다. 고주파 거칠기 형상의 버니싱[21]과 표면피막 긁음으로 인하여 스타일러스가 긁고 지나간 자리에 마치 눈 덮인 언덕을 밟고 지나간 발자국과 유사한 형태의 눈에 보이는 직선이 생성된다. 그런데 대부분이 경우, 측정이 수행된 표면의 윤활성능과 같은 기능들은 여전히 유지된다. 그림 5.32에서는 선택적 레이어 용융(적층 제조기법)방식으로 제작된 알루미늄 표면에 새겨진 스타일러스 측정흔적을 보여주고 있다. 작용력을 줄이면 스타일러스 튕김을 방지하기 위해서 측정속도가 제한된다. 현대적인 스타일러스 계측기는 표면조도를 나노미터 미만의 높은 분해능으로 어렵지 않게 측정할 수 있지만, 각 축방향에 대한 측정의 추적성 문제는 비교적 새로운 주제이며, 아직까지는 산업계에서 완전히 적용되지 못하고 있다. 비록 표면윤곽의 측정에 스타일러스 방식의 계측기들이 널리 사용되고 있지만, 선단부 구체의 반경이 큰 탐침을 사용한

그림 5.32 스타일러스 계측기 접촉으로 인한 표면긁힘현상. 좌측에서 우측 방향으로 긁은 자국이다.

---

21 burnishing: 문지름 방식의 표면다듬질방법(역자 주).

다면, 표면형상의 측정에도 이를 활용할 수 있다.

스타일러스 방식의 계측기들을 영역 스캐닝 모드로 사용하게 되면, 측정에 오랜 시간이 소요된다는 단점이 있다. 윤곽 계측에 몇 분 정도가 소요된다면 아무런 문제가 없다. 하지만 면적 측정을 위해서 스캔 방향과는 직각 방향으로도 동일한 숫자의 점들에 대해서도 측정이 필요하다면 측정에 여러 시간이 소요될 것이다. 예를 들어, 스캔 구동 메커니즘의 속도가 0.1[mm/s]이며 1mm 길이에 대한 윤곽 측정에 1,000개의 점들이 필요하다면, 측정에 10초가 소요된다. 만일 영역측정을 위해서 정사각형 그리드 내의 점들에 대한 측정이 필요하다면, 측정시간은 대략적으로 2.7[hr]이 소요된다. 이 때문에 생산이나 공정 중 측정에 스타일러스 측정장비의 사용이 배제되어버린다.

5.7.3 광학식 측정기법

표면거칠기와 표면형상을 포함하는 표면편차를 측정할 수 있는 **광학식 계측기**에는 다양한 유형이 존재한다(표면거칠기만을 측정하는 기기에 대해서는 이 절에서 논의되어 있으며, 형상 측정 기기에 대해서는 5.6.6절을 참조하기 바란다). 여기서는 표준화되어 있으며, 상업적으로 주로 사용되는 계측기들에 대해서 일반적인 작동원리와 더불어서 살펴보기로 한다. 각각의 방법들에 대한 보다 더 자세한 내용은 리치(2011)와 관련 표준들을 참조하기 바란다.

- 공초점 유채색 현미경(ISO 25178-602 2010)
- 위상시프트 간섭계(ISO 25178-603 2013)
- 가간섭 스캐닝 간섭계(ISO 25178-604 2013)
- 점위치 자동초점 측정기(ISO 25178-605 2014)
- 영상화 공초점 현미경(ISO 25178-606 2012)
- 초점편차 현미경(ISO 25178-607 2016)

위에 열거한 계측기에도 많은 변종이 있으며, 훨씬 더 많은 유형의 광학식 계측기들이 존재한다. 이들 중 대부분은 ISO 25178 파트 6에 열거되어 있다(2010). 광학식 계측기들은 스타일러스 방식 계측기에 비해서 수많은 장점들이 있다. 이들은 측정표면과 접촉하지 않으며, 따라서 (비록 공초점 측정기에서는 비교적 고출력 레이저가 사용되므로 열화의 우려가 있지만) 기계적인 표면손상의 우려가 없다. 이런 비접촉 특성으로 인하여 광학식 스캐닝 기기의 측정속도가 훨씬 더 빠르다. 영역적분법 역시 매우 빠르며, 일부의 경우에는 비교적 넓은 면적의 측정에 단지 몇 초가 걸릴 뿐이다. 그런데 광학식 계측기의 데이터를 해석할 때에는 (스타일러스 방식 계측기에 비해서) 주의가 필요하다. 유한한 직경의 볼이 표면을 가로지르는 형태로 스타일러스 계측기를 모델링하여 출력을 예측하는 것은 비교적 간단한 일이지만 전자기장이 표면과 일으키는 상호작용에 대해서 모델링하는 것은 그리 간단한 문제가 아니다. 입사광선의 성질이나 측정대상 표면의 성질을 구하기 위해서는 현실적으로 많은 가정이 필요하다. 광학식 계측기는 수많은 제약들을 가지고 있는데, 이들 중 일부는 일반적인 한계들이며, 일부는 계측기의 종류에 따라서 다르다. 이 절에서는 일반적인 한계에 대해서 살펴보기로 하며, 기기별로 다른 한계들에 대해서는 리치(2011)를 참조하기 바란다.

많은 광학식 계측기들이 측정대상 표면의 형상을 확대하기 위해서 현미경 대물렌즈를 사용한다. 물체의 확대는 대물렌즈에 적혀 있는 배율이 아니라 대물렌즈와 현미경의 경통 길이가 조합된 결과라는 점에 유의해야 한다. 튜브의 길이는 160[mm]에서 210[mm] 사이를 변화시킬 수 있다. 따라서 제조업체에서 표기한 대물렌즈의 공칭배율은 튜브의 길이가 160[mm]인 경우에 대한 값이며, 배율은 튜브의 길이를 대물렌즈의 초점거리로 나눈 값과 같기 때문에, 이 대물렌즈에 대해서 튜브 길이를 210[mm]로 증가시키면 물체의 영상이 30% 더 확대된다. 대물렌즈의 배율은 용도와 측정할 표면의 유형에 따라서 2.5×에서 200×까지 다양하게 사용된다.

계측기에 사용되는 현미경 대물렌즈에는 두 가지 기본적인 제한이 존재한다. 우선, **개구수(NA)** 또는 개구각은 측정할 수 있는 표면상의 최대 경사각을 결정하며, 광학 분해능에 영향을 미친다. 대물렌즈의 개구수는 다음과 같이 주어진다.

$$A_N = n \sin\alpha \tag{5.3}$$

여기서 n은 대물렌즈와 표면 사이를 채우고 있는 매질의 굴절계수(일반적으로 공기인 경우 n은 거의 1에 가까운 값을 갖는다)이며 α는 조리개의 **수광각**[22]이다(그림 5.33에서는 대물렌즈를 단일렌즈로 근사시킨 경우의 수광각을 보여주고 있다). 수광각은 렌즈에서 조사된 빛을 표면이 정반사하여 대물렌즈로 되돌려주기 때문에 측정이 가능한 측정표면의 기울기를 결정한다. 표면이 거칠어서 일부의 반사광선이 산란을 일으킨다면, 일부의 빛이 조리개 속으로 되돌아가므로 식 (5.3)에서 예측했던 각도보다 더 큰 각도가 얻어진다(**그림 5.33**).

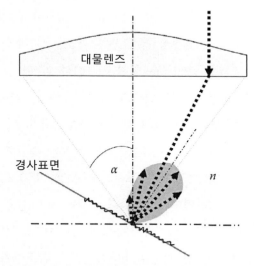

그림 5.33 경사표면에 대한 현미경 대물렌즈의 영상화

두 번째 제한은 대물렌즈의 **광학 분해능**이다. 분해능은 표면상에 측면방향으로 배치되어 있는 두 개의 형상들 사이의 구분 가능한 최소거리를 결정한다. 분해능은 다음 식에 의해서 결정된다.

$$r = k\frac{\lambda}{A_N} \tag{5.4}$$

여기서 λ는 입사광선의 파장길이이다. 대물동공이 꽉 차 있는 이론적으로 완벽한 광학 시스템의 경우, 광학 분해능은 **레일레이 기준**에 의해서 결정되며, 식 (5.4)의 k값은 0.61이다. 광학 분해능을 판정하는 또 다른 방법은 **스패로우 기준**[23] 또는 계측기의 응답이 0으로

---

22   acceptance angle.
23   Sparrow criterion.

떨어지는 공간파장길이로서, 이 경우 식 (5.4)의 k값은 0.47이다. 식 (5.4)와 레일레이 및 스패로우 기준은 거의 무비판적으로 사용되고 있다. 따라서 사용자들은 항상 광학분해능 제한 조건이 어느 기준을 사용하는지에 대해서 검토해야만 한다. 또한 식 (5.4)는 최솟값을 나타낸다(비록 스패로우 기준값이 더 작지만, 이는 분해능 정의방식이 서로 다르기 때문이다). 만일 대물렌즈가 (무수차와 같이) 광학적으로 완벽하지 않거나 (날카로운 모서리를 측정하기 때문에) 광선 중 일부가 차단된다면, 이 값은 더 커진다(나빠진다).

일부 계측기의 경우, 측면방향 분해능은 현미경 카메라 어레이의 픽셀들 사이의 거리에 의해서 결정된다(카메라 어레이의 필셀 숫자와 영상의 크기에 의해서 결정된다).

대물렌즈의 광학 분해능은 광학 계측기의 중요한 특성이지만, 이 값을 잘못 이해하는 경우가 많다. 표면조도를 측정할 때에는 형상의 높이를 정확히 측정하는 능력과 더불어서, 영상 내 점들 사이의 간격을 고려해야만 한다. 표준사양에 대한 ISO 25178 시리즈에서 사용된 정의들 중 하나는 **측면방향 주기한계**이다. 이 한계는 계측기의 (실제 형상 높이에 대한 측정된 형상 높이) 응답이 50%까지 떨어지는 정현윤곽의 공간주기로 정의된다. 측면방향 주기한계를 구하는 방법에 대해서는 기우스카와 리치(2013)를 참조하기 바란다.

회절디스크의 두께가 유한하기 때문에, 광선 진행방향으로의 회절로 인하여 측면방향 분해능과 유사한 제한이 존재한다. 물체평면 내에서 **피사계심도**[24]는 물체의 초점이 유지되는 대물렌즈의 광축 방향으로의 광학단면 두께이다. 피사계심도 Z는 다음과 같이 주어진다.

$$Z = n\frac{\lambda}{A_N^2} \qquad (5.5)$$

여기서 n은 렌즈와 물체 사이를 채우고 있는 매질의 굴절계수값이다. 피사계심도는 사용하는 광학부품, 렌즈수차 그리고 배율 등에 영향을 받는다. 피사계심도가 증가할수록, 측면방향 분해능도 이에 비례하여 줄어든다는 것을 명심해야 한다.

기준으로 사용하는 광학 계측기들은 서로 다른 소재로 제작한 영역들을 가지고 있는 표면에 의해서 영향을 받을 수 있다(하라사키 등 2001). 부도체 표면의 경우에는 (수직입사광

---

24   depth of field.

선에 대해서) 반사 시 π만큼의 위상변화가 발생한다. 즉, 입사광선과 반사광선 사이에 π만큼의 위상 차이가 발생한다는 뜻이다. 반사각이 δ인 경우에 위상변화는 다음과 같이 주어진다.

$$\tan\delta = \frac{2n_1k_2}{1 - n_2^2 - k_2^2} \tag{5.6}$$

여기서 n과 k는 각각 주변 공기(하첨자 1)와 측정할 표면(하첨자 2)의 굴절계수 및 흡수계수이다. 부도체의 경우 k는 0인 반면에 표면에 자유전자가 존재하는 소재(금속이나 반도체)의 경우에는 k값이 0이 아니기 때문에 반사 시 $(\pi + \delta)$의 위상변화가 일어난다. 유리기판 위에 크롬소재 단차가 존재하는 경우, 반사표면에서의 위상변화 차이로 인하여 (파장길이가 약 633[nm]인) 광학식 간섭계로 높이 측정을 수행하는 경우에는 약 16[nm]의 측정 높이 차이가 유발된다(연습문제 9). 반면에 스타일러스를 사용하는 계측기에서는 이런 높이편차가 발생하지 않는다(소재마다 서로 다른 눌림 성질로 인하여 이에 상응하는 오차가 발생할 수 있다).

마지막으로, 광학식 계측기를 사용하는 경우에 표면거칠기가 측정 품질에 큰 영향을 미친다는 점을 알아야 한다. 많은 연구자들에 따르면, 광학식 측정기를 사용하여 측정한 표면거칠기는 여타의 측정기법을 사용한 경우와 크게 다르다는 것을 발견하였다. 광학식 측정기를 사용하는 경우에 일반적으로 다중산란으로 인하여 표면거칠기가 과대평가된다(영역적 분광식 계측기를 사용하는 경우에는 해당하지 않는다). 거칠은 표면의 국부 기울기가 대물렌즈의 개구수가 허용하는 한계를 넘어서는 경우에는 측정값의 신호 대 노이즈 비율이 증가하기 때문에, 광학계측기의 측정범위를 넘어서는 것으로 판단한다.

광학식 계측기의 경우에는 이 외에도 다양한 제한들이 존재하지만 이 책의 범주를 넘어선다. 특정한 유형의 계측기에 존재하는 제한조건들에 대해서 더 자세한 내용을 필요로 하는 독자들은 리치(2011)와 ISO 25178 표준사양 시리즈를 읽어보기 바란다.

5.7.4 주사프로브 현미경

주사프로브 현미경(SPM)은 표면거칠기를 측정하는 계측기의 일종으로서, 일반적으로, 스타일러스 방식의 계측기나 광학식 계측기보다 더 작은 표면편차의 측정에 사용된다. 이 현미경은 전자현미경(이 책에서는 다루지 않으며, 에거튼(2008)과 같은 교재 참조)과 함께, 표면 구조가 광학식 계측기의 회절한계(약 500[nm] 내외)보다 더 작은 경우의 공간 파장길이 측정에 사용된다. 주사프로브 현미경의 이론, 작동원리 및 한계 등에 대해서는 마이어 등(2003)과 리치(2014a)를 참조하기 바란다. 주사프로브 현미경은 순차측정방식의 계측기로서, 물리적인 상호작용을 기반으로 하여 (스타일러스와 유사한 방식으로) 시편의 표면을 추적하기 위해서 나노미터 크기의 프로브를 사용한다. 미리 지정된 경로를 따라서 프로브가 시편을 스캔하면, 상호작용에 따른 신호를 기록하며, 프로브와 시편 표면 사이의 거리를 조절하기 위해서 이 신호를 사용한다. 이 피드백 메커니즘과 나노미터 크기의 프로브를 사용한 스캔이 주사프로브현미경의 기반을 이루고 있다.

다양한 유형의 주사프로브현미경이 사용되고 있지만, 가장 일반적인 형태는 **원자작용력현미경(AFM)**이다(마자노프 2008). 일반적인 원자작용력현미경에서 외팔보에 부착되어 있거나 외팔보와 일체형으로 제작된 탐침 형태의 작용력 측정용 프로브는 2축 구동기에 장착되어 연속적으로 시편을 스캔한다. 이 스캐너는 z축(높이)에 장착되어 시편의 높이를 보상하거나 탐침과 시편 사이의 작용력을 보상한다. 탐침과 시편 사이에서 발생하는 견인력이나 반발력이 외팔보를 굽히며, 이 변형을 다양한 방식으로 검출할 수 있다. 외팔보의 굽힘을 검출하기 위한 가장 일반적인 시스템은 광학식 빔 편향 시스템으로서, 외팔보의 뒷면에 조사된 레이저빔이 광다이오드 검출기로 반사된다. 이런 광학식 빔 편향 시스템은 외팔보의 나노미터 이하 변형에 대해서 민감하게 반응한다. 이런 방식으로, 한 변의 길이가 수십에서 수백[μm]인 사각형 표면의 영역지도를 측정할 수 있으며, 이보다 더 긴 측정범위를 갖는 계측기도 사용할 수 있다.

5.7.5 표면거칠기계수

윤곽이나 영역에 대해서 시편의 표면거칠기를 정량적으로 나타내기 위해서 **표면거칠기계수**가 사용된다. 표면거칠기에 대한 표기를 단순화하여 다른 시편과의 비교가 가능하며 품질 시스템에 적합한 척도로 사용하기 위해서 표면거칠기계수를 사용한다. 표면거칠기계수는 가공부품이 필요로 하는 표면조도를 지정하기 위해서 공학도면에서 일반적으로 사용된다. 일부 계수값들은 표면조도에 대한 완전히 통계학적인 정보를 제공해주는 반면에 일부

계수값들은 표면이 어떤 기능을 하는지를 나타낼 수도 있다.

모든 표면거칠기계수들은 측정된 데이터에서 형상을 제거한 다음에 계산할 수 있다. 형상 제거에 대해서는 여기서 자세히 설명하지 않겠지만, 가장 일반적인 형상 제거 방법은 최소제곱 기법을 사용하는 것이다. 대부분의 계측기들과 표면분석 소프트웨어들은 형상 제거 루틴이 내장되어 있으며, 이에 대한 자세한 내용은 포브스(2013)를 참조하기 바란다. 표면의 형상을 제거한 다음에는 표면조도 데이터에서 필요 없는 디테일을 제거하고 산출할 계수의 공간대역폭을 정의하기 위해서 필터링을 수행한다. 여기서는 필터링 과정에 대해서도 설명하지 않으며, 자세한 내용은 시위그(2011)와 리치(2014a)를 참조하기 바란다.

프로파일을 정의하기 위해서, 표면을 어떻게 필터링하는가에 따라 달라지는 세 가지 유형의 인자들을 사용한다. 단파장 필터(저역통과 필터)를 사용하여 전체 윤곽으로 사용할 주윤곽선을 정의한다. 여기서 **주윤곽계수**는 Pa이다. 거칠기 윤곽은 장파장 필터(고역통과 필터)를 사용하여 주윤곽에서 장파장 성분을 제거하여 얻을 수 있으며 **표면거칠기계수**는 Ra이다. 거칠기는 일반적으로 절삭공구나 가공공정에 의해서 만들어지는 가공흔적이며 재료의 조성 등과 같은 여타의 인자들도 포함될 수 있다. 표면거칠기보다는 파장길이가 더 긴 표면구조인 파형[25]윤곽을 구하기 위해서 대역통과 필터를 사용하며, **파형계수**는 Wa이다. 일반적으로 연삭휠의 불평형이나 의도적인 가공공정상의 작용으로 인하여 파형이 만들어진다(광학업계에서는 파형이 중요한 고려사항이다). 그림 5.34에서는 동일한 윤곽측정 데이터에 다양한 필터를 적용한 결과를 보여주고 있다.

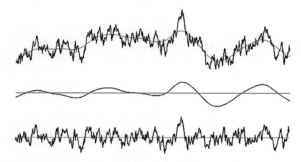

그림 5.34 (위) 주윤곽, (중앙) 파형윤곽 및 (아래) 거칠기윤곽

---

25 waviness.

일단 형상을 제거하고 다양한 필터링 작업이 완료되었다면, 모든 인자들을 계산할 수 있다. 역사적인 이유 때문에, 모든 표면거칠기 계수들 중에서 Ra 계수가 가장 일반적으로 사용되며, 도면에 표면거칠기를 지정할 때에 가장 많이 사용된다. Ra 계수는 샘플링구간 l 내에서 절대높이값 $z(x)$ 의 산술평균이다.

$$Ra = \frac{1}{l} \int_0^l |z(x)| dx \tag{5.7}$$

그림 5.35에서는 Ra 계수값을 구하는 과정이 도식적으로 설명되어 있다. 샘플링구간 내에서 중앙선 아래의 그래프 영역을 뒤집어 중심선 위로 올려놓는다. 그런 다음 거칠기의 평균높이를 구한 값이 Ra 계수이다. 식 (5.7)에서는 절댓값을 사용하기 때문에, Ra 계수는 표면불균일의 형상에 대해서는 아무런 정보도 제공해주지 못한다. 따라서 Ra 값은 같지만 형태가 전혀 다른 표면형태가 만들어질 수 있다.

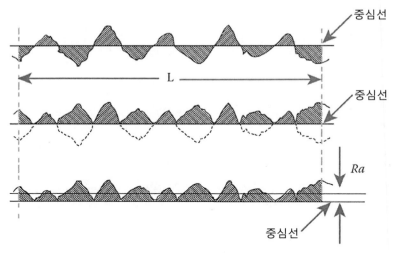

그림 5.35 R_a 계수에 대한 도식적 설명

표면윤곽의 거칠기를 나타낼 수 있는 계수들은 많지만, 예를 들어, 7장의 7.2.1에서는 이들 중에서 Ra 값을 윤활공학 분야에 적용하였다. 이 계수들은 ISO 4287(2000)에 정의되어 있으며, 자세한 내용은 리치(2014b)에 설명되어 있고, **표 5.4**에서는 이를 간략하게 요약하여

놓았다(표에는 거칠기계수들에 대해서만 제시되어 있다. 하지만 ISO 4287에서는 파형계수와 주윤곽계수들도 정의되어 있다).

표 5.4 표면윤곽계수들

심벌	정의	방정식
Rp	최대윤곽 피크 높이	
Rv	최대윤곽 밸리 깊이	
Rz	윤곽의 최대 높이	$Rp + Rv$
Rc	윤곽요소들의 평균 높이	$Rc = \dfrac{1}{l}\displaystyle\int_0^l z(x)\,dx$
Rt	표면의 총 높이	
Ra	평가된 윤곽의 산술평균편차	$Ra = \dfrac{1}{l}\displaystyle\int_0^l |z(x)|\,dx$
Rq	평가된 윤곽의 평균제곱근 편차	$Rq = \sqrt{\dfrac{1}{l}\displaystyle\int_0^l z^2(x)\,dx}$
Rsk	평가된 윤곽의 비대칭도	$Rsk = \dfrac{1}{Rq^3}\left[\dfrac{1}{l}\displaystyle\int_0^l z^3(x)\,dx\right]$
Rku	평가된 윤곽의 첨도	$Rku = \dfrac{1}{Rq^4}\left[\dfrac{1}{l}\displaystyle\int_0^l z^4(x)\,dx\right]$
RSm	윤곽요소의 평균폭	$RSm = \dfrac{1}{m}\displaystyle\sum_{i-1}^m X_i$
$R\Delta q$	평가된 윤곽의 평균제곱근 기울기	$R\Delta q = \sqrt{\dfrac{1}{l}\displaystyle\int_0^l \left(\dfrac{dz(x)}{dx}\right)^2 dx}$

출처: ISO 4287, 2000. 기하학적 제품사양

윤곽표면의 측정과 정의에는 근본적인 한계가 존재한다. 기본적인 문제는 윤곽이 표면의 기능적인 측면을 나타내지 못한다는 점이다. 프로파일의 측정과 정의과정에서 (대부분의 표면이 본질적으로 3차원 형상이다) 표면형태에 대한 정확한 성질을 결정하기가 어렵다. 윤곽 정의방법들이 가지고 있는 이런 한계를 극복하기 위해서, 지난 20여 년간 일련의 (3차원이라고 부르지만 수학적으로는 2차원인) 표면거칠기계수들을 개발하였다. 윤곽 시스템과는 별개로, 영역표면의 정의에는 표면거칠기에 대한 세 가지 서로 다른 그룹들(윤곽, 파형 및 거칠기)이 필요 없다. 예를 들어, 윤곽의 경우에 주표면(Pq), 파형(Wq) 및 거칠기(Rq)를 사용하는 대신에 평균제곱근계수로 정의된 **영역계수** Sq만을 사용한다. Sq계수의 의미는 사용되는 스케일제한표면의 유형에 의존하며, 이 스케일제한은 3차원 필터에 의해서 설정된다. 영역표면 정의는 여전히 중요한 연구주제이며, 이 책에서는 다루지 않는다. 영역표면과 관련된 다양한 사례 연구를 포함한 더 자세한 내용은 리치(2013)를 참조하기 바란다.

5.8 반전기법과 치수계측에서의 오차분리기법

5.5절에서는 형상 측정과 관련된 다양한 기법들과 고려사항들에 대해서 살펴보았다. 길이 측정에서와는 달리, 형상 측정에는 주표준이 존재하지 않는다. 따라서 형상 측정을 수행할 때에, 사용자는 항상 어디 또는 무엇이 이상적인 형상의 기준이 되는가를 살펴보아야 한다. 다양한 형태의 물리적인 기준을 활용할 수 있다. 편평도의 경우에는 광학평면과 정반을 사용할 수 있다. 직각도의 경우, 국립도량형연구소(NMI)에서 교정한 기준 직각도 표준기가 제공된다. 진원도와 원통도의 경우, 진원도/원통도 측정기 제작자가 이상적인 형상으로부터의 편차를 명시하여 보증한 진원도 표준기와 기준 실린더를 불확실도와 함께 공급하고 있다. 그러나 이들로 인하여 다음과 같은 주요 쟁점들이 해결된 것은 아니다. 국립도량형연구소와 인가된 실험실들조차도 형상에 대해서는 주표준을 정의하지 않고 있다. 그 이유는 오차 없이 형상을 측정하기 위해서는 여러 가지 방법들을 실현하여야 하기 때문이다. 즉, 측정을 통해서 기준 형상이 제거된다면 측정이 기준 형상에 대해서 상대적으로 완벽하다고 가정할 수 있다. 이를 실현하는 가장 간단한 방법은 **반전법**[26]이다. 반전법이라는 용어가 의미하는 것은 측정 과정에서 측정을 수행하는 자세나 방향을 반전시키며, 이를 통해서 이상적인 형상에 대한 기준형상의 편차를 소거할 수 있다. 둘 또는 그 이상의 방향에 대한 측정이 필요하다면, 더 일반적인 용어인 **오차분리**[27]가 사용된다.

목공에서 측량에 이르기까지 서로 다른 분야에서 다양한 반전법 및 오차분리법들이 개발되었으며, 때로는 기본적인 치수측정방법이라기보다는 일종의 꼼수로 여겨지기도 하였다. 이런 방법들에 대한 체계적인 목록화와 분류 그리고 더 자세한 사례들에 대해서는 에반스

---

[26]   reversal method.
[27]   erroe separation.

(1996)를 참조하기 바란다. 명심할 점은 이 방법들은 반복측정에 대해서만 유효하다는 점이다.

5.8.1 수평계 반전

일상적으로 사용되는 가장 간단하고 일반적인 방법은 **수평계 반전**이다. 어떤 표면이 완벽한 수평에서 각도 α만큼 기울어 있으며, 레벨 표시기는 기준 수평면에 대해서 β만큼의 오프셋을 가지고 있다면, 이 수평계의 표시값은 정상방향(l_1인 경우와 수직축에 대해서 180° 회전시킨 반전방향(l_2))에 대해서 다음과 같이 주어진다.

$$l_1 = \alpha + \beta \tag{5.8}$$
$$l_2 = \alpha - \beta$$

따라서 다음을 간단하게 구할 수 있다.

$$\alpha = \frac{l_1 + l_2}{2} \tag{5.9}$$
$$\beta = \frac{l_1 - l_2}{2}$$

그림 5.36에서는 수평계반전의 개념을 보여주고 있다. 그림 5.36에 표시되어 있는 레벨 표시값이 $l_1 = 3[\mathrm{mrad}]$이며, $l_2 = 1[\mathrm{mrad}]$라고 한다면, $\alpha = 2[\mathrm{mrad}]$이며, $\beta = 1[\mathrm{mrad}]$이다([mrad]는 1/1,000[rad]이다). 반전측정을 통해서 표면의 기울기 α와 수준계의 편차 β를 바이어스 없이 분리할 수 있었다. 따라서 오차분리라는 용어를 사용하는 것이다.

수평을 측정할 때마다 이 과정을 반복할 필요는 없다. 일단 β를 구하거나 이 값이 무시할 수준이라고 판정되면, 이 수준계를 한 방향으로 사용해도 무방하며, 따라서 측정시간이 줄어든다. 이 사례에서는 단일측정 결과가 사용되었지만, 이후의 사례들에서는 윤곽/함수가 사용될 예정이다.

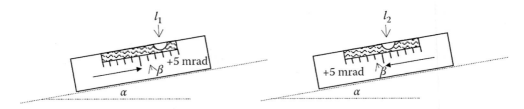

그림 5.36 수평계 반전법의 개요. (좌측) 1차 측정, (우측) 수평계를 180° 반전 후 2차 측정

5.8.2 직선자 반전

기계의 베드나 수직방향의 측정의 경우 실린더형 직각시편 또는 높이측정기와 같은 기준 안내면에 대하여 **직선자 반전법**을 적용할 수 있다. **그림 5.37**에서는 이에 대한 도식적 설명이 제시되어 있다. 전형적으로 인디케이터 I에는 선형가변차동변환기(LVDT) 형태의 변위센서가 사용되며, 이를 사용하여 기준안내면 $R(z)$에 대한 시편의 진직도 $S(z)$를 측정한다. 이들 두 배치에 대한 인디케이터 출력이 다음과 같이 주어진다.

$$I_1(z) = R(z) + S(z)$$
$$I_2(z) = S(z) - R(z)$$

(5.10)

따라서

$$R(z) = \frac{I_1(z) - I_2(z)}{2}$$
$$S(z) = \frac{I_1(z) + I_2(z)}{2}$$

(5.11)

시편의 반전을 수행하는 동안 기울기가 추가될 우려가 있기 때문에, 식 (5.11)을 적용한 다음에 기준 직선을 소거해야만 한다. 이런 측정과정을 수행하여 구한 $S(z)$는 $I_1(z)$만 측정한 경우에 비해서 더 정확하다. 기준안내면 $R(z)$에 대한 측정으로부터, 안내면이 공차 범위 내로 유지되는지를 판단할 수 있으며, 결과값이 충분히 작다면, 이후의 측정에서 이를 무시할 수 있다. 이런 측정을 수행하기 위해서 좌표 측정 시스템(CMS)을 사용할 때에는, 식

(5.11)을 사용하여 개별 측정점들에 대한 계산을 수행하여야 한다. 측정기가 최종값으로 진직도만 출력할 수 있는 경우에도, 반전측정은 진직도 편차의 상한을 추정하는 데에 유용하게 사용할 수 있다.

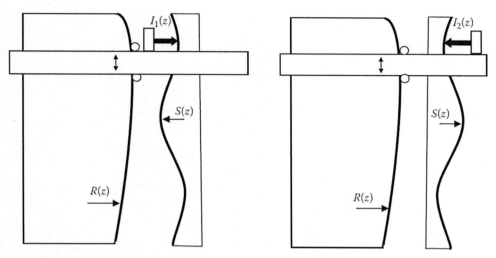

그림 5.37 직선자 반전의 설명. (좌측) 수직방향 진직도 측정, (우측) 반전모드 측정

5.8.3 주축 진원도 교정

공작기계나 진원도 측정기의 주축의 **진원도** 교정에도 반전법을 사용할 수 있다(그림 5.20). 진원도 측정기에 적용하는 경우, 프로브 P의 방향으로 발생하는 편차를 $S(\theta)$라 하자. 여기서 θ는 진원도 측정기의 시편테이블 회전각도이다. 진원도 측정기를 사용하여 구체 적도면에 대해서 측정한 진원도 편차는 $B(\theta)$이다. 이 측정 결과를 $I_1(\theta)$라고 하자. 반전 측정을 수행하기 위해서 구체를 180° 돌린 후에 프로브도 반대쪽 위치에 설치하고 두 번째 측정을 수행한다. 따라서 $\theta = 0$인 위치에서 프로브는 첫 번째 측정에서와 동일한 구체의 위치를 측정할 수 있다. 볼의 편차 측정 결과가 양의 값을 갖도록 프로브를 설치하면, 주축의 **회전오차**는 두 번째 측정 때에 부호가 반전된다. 반전 후의 측정 결과를 $I_2(\theta)$로 하자. **그림 5.38**에서는 측정상태를 보여주고 있다. 측정신호는 다음과 같이 주어진다.

$$I_1(\theta) = B(\theta) - S(\theta) \tag{5.12}$$

$$I_2(\theta) = B(\theta) + S(\theta)$$

따라서

$$B(\theta) = \frac{I_2(\theta) + I_1(\theta)}{2} \tag{5.13}$$

$$S(\theta) = \frac{I_2(\theta) - I_1(\theta)}{2}$$

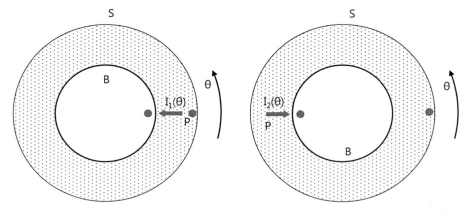

그림 5.38 진원도 반전법의 개념도. (좌측) 정밀 주축 S에 대한 볼 B의 진원도 1차 측정값 $I_1(\theta)$, (우측) 볼 B를 180° 회전시킨 다음에 반대쪽에서 반전모드로 측정한 2차 측정값 $I_2(\theta)$

그림 5.39에서는 $I_1(\theta)$와 $I_2(\theta)$의 측정 그리고 이들을 사용하여 산출한 주축의 진원도 편차 $S(\theta)$ 및 볼의 진원도 편차 $B(\theta)$가 각각 제시되어 있다. 진직도 반전에서와 마찬가지로, 진원도 시험기의 하드웨어와 소프트웨어가 반전구조의 측정이 가능해야 하며, 소프트웨어는 식 (5.13)의 연산을 수행할 수 있어야 한다.

반전기법의 적용이 물리적으로 불가능한 경우에는 소위 **다단계 측정법**이 사용된다. 다단계 측정법에서는 구체를 여러 단계로 나누어 회전시키며, 매번 표준시편에 대해서 측정을 수행한다. 이 모든 측정 결과들의 평균값을 취하면 구체의 진원도에 따른 영향이 평균화되며, 구체의 배향이 일정하게 유지되도록 진원도 측정 결과를 회전시키면 주축의 회전오차에 따른 영향이 저감된다. 세밀한 분석 결과 구체와 주축의 회전오차에 포함되어 있는 조화성

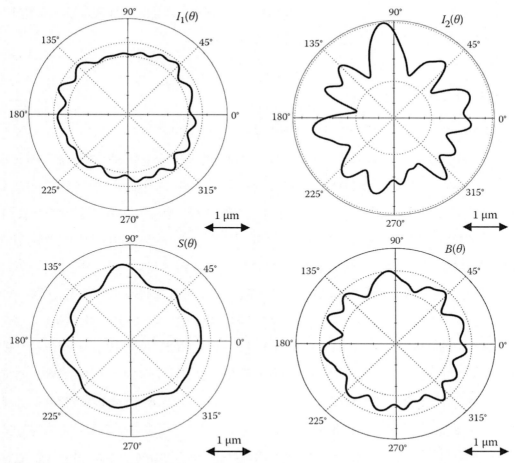

그림 5.39 진원도 반전측정의 사례와 평가 결과. $I_1(\theta)$와 $I_2(\theta)$는 각각 1차 측정과 2차 측정값을 나타낸다. $B(\theta)$와 $S(\theta)$는 각각 볼과 주축의 진원도 편차를 나타낸다.

분들 중 일부는 분리가 가능한 반면에 일부는 분리가 불가능하다는 것이 밝혀졌다(하잇제마 2015b).

이런 반전측정은 표준 진원도 측정에 비해서 훨씬 더 많은 시간과 노력이 필요하기 때문에, 측정에 추가적인 노력을 투입하여 불확실도를 줄이는 것이 정말 필요한가를 확인하기 위해서 **비용편익분석**을 수행할 필요가 있다. 일반적으로 진원도 측정기와 함께 기준 구체나 반구가 공급되며, 이를 사용하여 일반적인 배치상태에서 진원도 측정기의 성능을 검증할 수 있다. 일반적으로, 이런 기준 구체의 진원도편차와 불확실도는 매우 작기 때문에, 성능시험은 기준을 한 번 측정하는 것만으로도 충분하며, 측정된 진원도가 충분히 작다면, 주축이 사양 범위 이내에 있다고 판정할 수 있다. 이런 기준 구체의 교정은 앞서 언급했던 반전기법이나 그 변형된 방법을 사용한다(하잇제마 등 1996).

5.8.4 직각도 반전

금속이나 화강암으로 제작된 사각시편에 대해서 반전기법을 사용하여 **직각도**를 측정할 수 있다. 가장 간단한 측정의 경우, 5.8.2절에서 예시했던 것과 동일한 셋업과 방법을 사용할 수 있으며, 식 (5.10)과 식 (5.11)을 동일하게 적용할 수 있다. 그런데 직각도 반전의 경우에는 방정식에서 기준 직선을 소거하지 않으며 세심하게 반전을 수행하여 기준 수평선을 그대로 유지하여야 한다. **그림 5.40**에서는 약간 더 정교한 방법이 제시되어 있으며, 정반 위에 놓인 실린더형 직각시편이 사용되었다. 실린더형 직각시편은 측면과 양쪽 끝면이 서로 직각을 이루고 있는 원형 막대이다. 측면은 서로 평행해야만 하며 끝면들과는 직각을 이루어야만 한다. 바닥면에 대한 측벽의 직각도 편차가 각각 β와 γ인 실린더형 직각시편 A의 양쪽 측면에 인디케이터를 설치한 다음, 면을 따라서 수직 방향으로 움직이면서 측정을 수행한다. 측정대상 시편 B의 직각도 오차는 α이다. 직각시편의 직각도편차 α를 실린더의 각도 β 및 γ에 대해서 각각 측정하면 $I_1(z)$와 $I_2(z)$를 얻을 수 있다. 이 측정과정에서 사용된 정반은 측정에 사용되는 영역 내에서 현저한 진직도 편차가 존재하지 않는다고 가정한다. 실린더 A를 거꾸로 뒤집어 높으면 반전이 이루어진다. 이 위치에서, 직각도 편차 α를 실린더의 각도 δ 및 ε에 대해서 각각 측정하면 $I_3(z)$와 $I_4(z)$를 얻을 수 있다. 실린더를 따라 이동하는 인디케이터의 변위 측정값들에 대한 최소제곱직선의 기울기를 사용하여 측정값 $I_j(z)$를 각도 I_j로 변환시킬 수 있다. 이 경우, 다음 식이 적용된다.

$$I_1 = \alpha + \gamma \tag{5.14}$$
$$I_2 = \alpha + \beta$$
$$I_3 = \alpha + \delta$$
$$I_4 = \alpha + \varepsilon = \alpha - \beta - \gamma - \delta$$

여기서 각도편차들 사이에는 다음과 같은 관계가 존재한다.

$$\beta + \gamma + \delta + \varepsilon = 0 \qquad\qquad (5.15)$$

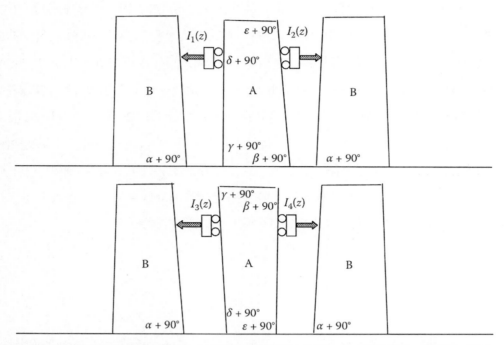

그림 5.40 직각도 반전측정방법의 개략도. 두 개의 기준 각도인 β 및 γ에 대해서 물체 B의 직각도편차 α를 측정하기 위한 기준 물체로 직각실린더 A가 사용되었다. A를 좌우 반전시켜 측정한 다음에 상하를 뒤집어서 측정을 반복한다.

사각형의 네 변 사잇각을 모두 합하면 360°가 된다. 이로 인하여 식 (5.15)가 유도되며, 이를 식 (5.14)에 적용한다. 일반적으로, 식 (5.15)와 같은 표현식을 **닫힌원**이라고 부르며, 각도계측에 있어서는 중요한 원리이다.

식 (5.14)를 풀면 다음의 두 식을 얻을 수 있다.

$$\alpha = \frac{I_1 + I_2 + I_3 + I_4}{4} \qquad\qquad (5.16)$$

$$\beta = \frac{3I_2 - I_1 - I_3 - I_4}{4}$$

5.8.5 반전기법의 확장

5.8.1절에서 5.8.4절까지에서는 몇 가지 기본적인 오차분리기법들에 대해서 살펴보았다. 이 방법은 3개 이상의 표면에 대한 진직도 측정, 편평도 측정을 위한 추가적인 회전 그리고 추가적인 각도 측정 등으로 확장시킬 수 있다. 여타의 기법들은 형상편차의 소거 대신에 저감을 활용한다. 예를 들어 진원도 측정기에서 임의배향에 대해서 구체를 측정하면 평균윤곽은 주축의 회전오차를 나타낸다. '이런 원리를 진직도와 편평도 측정에도 적용할 수 있다. 무엇이 기준인가?'라는 질문에 덧붙여서 '측정으로부터 형상편차를 소거하기 위해서 어떤 반전기법들이나 오차분리기법을 사용할 수 있는가?'라는 질문이 필요하다. 베어링이나 여타의 기구들에서 사각형이나 평면과 같은 특정한 형상의 제작에 이와 유사한 기법들이 사용되고 있으며, 이에 대해서는 7장의 7.2.1.2에서 설명할 예정이다.

연습문제

1. 추적성 체인에서 길이표준의 역할에 대해서 간단히 설명하시오. 미터의 정의와 생산현장에서의 길이 측정 사이를 연결하는 도표를 그리시오.

2. 유사한 길이의 시편 블록에 대한 비교측정을 수행하기 위해서 강철소재 게이지블록(열팽창계수=(11.5±0.1)×10^{-6}[1/K])이 사용되었다. 강철소재 게이지블록의 길이는 표준 기준 온도(20[℃]) 하에서 간섭계를 사용하여 교정되었으며, 교정된 길이는 l_{cal}=35.0004±0.000020[mm]이다. 비교측정이 수행된 실험실의 온도가 21.5±0.1[℃]인 경우에 강철소재 게이지블록의 실제 길이 l_{actual}는 얼마인가? 프로브에 의한 탄성압착은 무시할 정도이다.

3. 빛의 반파장 길이보다 더 큰 변위를 간섭계를 사용하여 측정하는 경우에 왜 줄무늬를 세어야 하는가?

4. 마이컬슨형 간섭계 방식으로 변위 측정을 수행할 때에는 안정화된 헬륨-네온 레이저(안정된 파장길이 λ=632.8[nm])가 사용된다. 줄무늬 계수기는 측정 신호의 위상을 π/50[rad]까지 구분할 수 있다. 즉, $\delta\varphi=\pi/50$이다. 이 간섭계를 사용하여 측정할 수 있는 시험용 역반사경의 최소변위 δx는 얼마인가?

5. 거칠기계수 Ra와 Rz에 대해서 간단히 설명하시오. 각 계수의 한계를 지정하시오.

6. 정현표면에서 Ra와 Rq 사이의 차이가 약 11%임을 증명하시오. 힌트: 0과 π/2 사이의 구간을 적분하시오.

7. 스타일러스와 광학식 표면조도 측정기 사이의 차이를 간단히 설명하시오. 작동원리가 다른 형태의 계측기를 검색하고, 상용 계측기의 성능계수값을 조사하시오.

8. 스타일러스방식 측정기의 탐침 반경을 r이라 하자. 이 탐침을 사용하여 신뢰성 있게 측정할 수 있는, 즉 모든 진폭을 측정할 수 있는 표면의 최소 파장길이는 얼마인가? 단, 정현표면이라고 가정한다.

9. 스타일러스 측정기와 간섭계(λ=633[nm])를 사용하여 유리기판 위의 크롬단차 높이를 측정하려 한다. 스타일러스 측정기를 사용하여 측정한 단차의 높이는 150[nm]이다. 공기의 굴절계수는 1이며, 크롬의 굴절계수와 흡수계수는 각각 3.212와 3.300이라고 할 때에, 두 측정기 사이에서 발생하는 측정 높이의 차이를 계산하시오.

10. 진원도 측정기를 사용하여 진원도 편차가 1[μm]이어서 약간 타원형상을 가지고 있는 구체에 대한 측정을 수행하였다. 측정기 주축도 동일한 배향으로 1[μm]의 타원형 편차를 가지고 있다

고 하자.

a. 1차 측정 시 진원도 측정기에서 측정된 진원도 편차는 얼마이겠는가?

b. 진원도 측정기 위에서 구체를 180° 회전시킨 다음에 프로브 위치를 바꾸지 않고 측정을 수행하였다. 진원도 측정기에서 측정된 진원도 편차는 얼마이겠는가?

c. 프로브의 위치를 반대쪽으로 옮긴 다음에 측정을 수행하였다. 진원도 측정기에서 측정된 진원도 편차는 얼마이겠는가?

d. 1차 측정과 반전 후 2차 측정에 대한 진원도 도표를 그린 다음에 이를 사용하여 주축과 구체에 대한 진원도 도표를 각각 추출하여 보시오.

참고문헌

ASME Y14.5. 2009. Dimensioning and tolerancing. American Society of Mechanical Engineers, New York.

Balsamo, A., Di Ciommo, M., Mugno, R., Rebaglia, B. I., Ricci, E. and Grella, R. 1999. Evaluation of CMM uncertainty through Monte Carlo simulations. *Ann. CIRP* **48**:425-428.

Bruzzone, A. A. G., Costa, H. L., Lonardo, P. M. and Lucca, D. A. 2008. Advances in engineering surfaces for functional performance. *Ann. CIRP* **47**:750-769.

Carmignato, S., Dewulf, W. and Leach, R. K. 2017. *Industrial X-ray computed topography*. Springer.

CIPM. 1960. New definition of the meter: The wavelength of krypton-86. Proc. 11th General Council of Weights and Measures, Paris, France.

CIPM. 1984. Documents concerning the new definition of the metre. *Metrologia* **19**:165-166.

Coveney, T. 2014. *Dimensional measurement using vision systems*. NPL Good Practice Guide No. 39, National Physical Laboratory.

De Chiffre, L., Carmignato, S., Kruth, J.-P., Schmitt, R. and Weckenmann., A. 2014. Industrial applications of computed tomography. *Ann. CIRP* **63**:655-677.

De Groot, P., Badami, V. and Liesener, J. 2016. Concepts and geometries for the next generation of heterodyne optical encoders. Proc. ASPE, Portland, Oregon, October, pp.146-149.

Doiron, T. 1988. Grid plate calibration at the National Bureau of Standards. *J. Res. NIST* **93**:41-51.

Doiron, T. and Beers, J. 2005. *The gauge block handbook*. NIST Monograph 180.

Doiron, T. and Stoup, J. 1997. Uncertainty and dimensional calibrations. *J. Res. NIST* **102**:647-676.

Egerton, R. F. 2008. *Physical principles of electron microscopy: An introduction to TEM, SEM and AEM*, 2nd edn. Springer, Heidelberg.

Ellis, J. 2014. *Field guide to displacement measuring interferometry*. SPIE Press.

Evans, C. J., Hocken, R. J. and Estler, T. W. 1996. Self-calibration: Reversal, redundancy, error separation and 'absolute testing'. *Ann. CIRP* **45**:617-635.

Ferrucci, M., Leach, R. K., Giusca, C. L., Dewulf, W. and Carmignato, S. 2015. Towards geometrical calibration of X-ray computed tomography systems-A review. *Meas. Sci. Technol.* **26**:092003.

Flack, D. R. 2001. *CMM probing*. NPL Good Practice Guide No. 43, National Physical Laboratory.

Flack, D. R. 2013. *Co-ordinate measuring machines task specific measurement uncertainties*. NPL Good Practice Guide No. 130, National Physical Laboratory.

Flack, D. R. and Hannaford, J. 2005. *Fundamental good practice in dimensional metrology*. NPL Good

Practice Guide No. 80, National Physical Laboratory.

Fleming, J. 2013. A review of nanometer resolution position sensors: Operation and performance. *Sensors & Actuators A: Phys.* **190**:106-126.

Forbes, A. B. 2013. Areal form removal. In: Leach, R. K. *Characterisation of areal surface texture*, chap. 5. Springer, Berlin.

Forbes, A. B. and Minh, H. D. 2012. Generation of numerical artefacts for geometric form and tolerance assessment. *Int. J. Metrol. Qual. Eng.* **3**:145-150.

Forbes, A. B., Smith, I. M., Härtig, F. and Wendt, K. 2015. Overview of EMRP joint research project NEW06 "Traceability for computationally-intensive metrology." In: *Advanced mathematical and computational tools in metrology and testing X*, pp.164-170. World Scientific.

Giusca, C. L. and Leach, R. K. 2013. Calibration of the scales of areal surface topography measuring instruments: Part 3-Resolution. *Meas. Sci. Technol.* **24**:105010.

Haitjema, H. 2015a. Uncertainty in measurement of surface topography. *Surf. Topog.: Metr. Prop.* **3**:035004.

Haitjema, H. 2015b. Revisiting the multi-step method: Enhanced error separation and reduced amount of measurements. *Ann. CIRP* **64**:491-494.

Haitjema, H., Bosse, H., Frennberg, M., Sacconi, A. and Thalmann, R. 1996. International comparison of roundness profiles with nanometric accuracy. *Metrologia* **33**:67-73.

Harasaki, A., Schmit, J. and Wyant, J. C. 2001. Offset of coherent envelope position due to phase change on reflection. *Appl. Opt.* **40**:2102-2106.

Harding, K. 2014. *Handbook of optical dimensional metrology.* CRC Press.

Hocken, R. J. and Pereira, P. 2011. *Coordinate measuring machines and systems*, 2nd edn. CRC Press.

ISO 3650. 1998. *Geometrical product specifications (GPS)-Length standards-Gauge block.* International Organization on Standardization.

ISO 4287. 2000. *Geometrical product specification (GPS)-Surface texture: Profile method-Terms, definitions and surface texture parameters.* International Organization of Standardization.

ISO 10110 part 8. 2010. *Optics and photonics-Preparation of drawings for optical elements and systems-Part 8: Surface texture; roughness and waviness.* International Organization for Standardization.

ISO 10360 part 1. 2000. *Geometrical product specifications (GPS)-Acceptance and reverification tests for coordinate measuring machines (CMM)-Part 1: Vocabulary.* International Organization for Standardization.

ISO 10360 part 2. 2009. *Geometrical product specifications (GPS)-Acceptance and reverification tests for coordinate measuring machines (CMM)-Part 2: CMMs used for measuring size.* International

Organization for Standardization.

ISO 10360 part 3. 2000. *Geometrical product specifications (GPS)-Acceptance and reverification tests for coordinate measuring machines (CMM)-Part 3: CMMs with the axis of a rotary table as the fourth axis.* International Organization for Standardization.

ISO 10360 part 4. 2000. *Geometrical product specifications (GPS)-Acceptance and reverification tests for coordinate measuring machines (CMM)-Part 4: CMMs used in scanning measuring mode.* International Organization for Standardization.

ISO 10360 part 5. 2010. *Geometrical product specifications (GPS)-Acceptance and reverification tests for coordinate measuring machines (CMM)-Part 5: CMMs using single and multiple-stylus contacting probing systems.* International Organization for Standardization.

ISO 10360 part 6. 2001. *Geometrical product specifications (GPS)-Acceptance and reverification tests for coordinate measuring machines (CMM)-Part 6: Estimation of errors in computing Gaussian associated features.* International Organization for Standardization.

ISO 10360 part 7. 2011. *Geometrical product specifications (GPS)-Acceptance and reverification tests for coordinate measuring machines (CMM)-Part 7: CMMs equipped with imaging probing systems.* International Organization for Standardization.

ISO 10360 part 8. 2013. *Geometrical product specifications (GPS)-Acceptance and reverification tests for coordinate measuring machines (CMM)-Part 8: CMMs with optical distance sensors.* International Organization for Standardization.

ISO 10360 part 9. 2013. *Geometrical product specifications (GPS)-Acceptance and reverification tests for coordinate measuring machines (CMM)-Part 9: CMMs with multiple probing systems.* International Organization for Standardization.

ISO 10360 part 10. 2016. *Geometrical product specifications (GPS)-Acceptance and reverification tests for coordinate measuring machines (CMM)-Part 10: Laser trackers for measuring point-to-point distances.* International Organization for Standardization.

ISO 12180 part 1. 2011. *Geometrical product specifications (GPS)-Cylindricity Part 1: Vocabulary and parameters of cylindrical form.* International Organization on Standardization.

ISO 12181 part 1. 2011. *Geometrical product specifications (GPS)-Roundness Part 1: Vocabulary and parameters of roundness.* International Organization on Standardization.

ISO 12780 part 1. 2011. *Geometrical product specifications (GPS)-Straightness Part 1: Vocabulary and parameters of straightness.* International Organization on Standardization.

ISO 12781 part 1. 2011. *Geometrical product specifications (GPS)-Flatness Part 1: Vocabulary and parameters of flatness,* International Organization on Standardization.

ISO 15530 part 3. 2011. *Geometrical product specifications (GPS)-Coordinate measuring machines*

(CMM): Technique for determining the uncertainty of measurement-Part 3: Use of calibrated workpieces or measurement standards. International Organization for Standardization.

ISO/TS 15530 part 4. 2008. *Geometrical product specifications (GPS)-Coordinate measuring machines (CMM): Technique for determining the uncertainty of measurement-Part 4: Evaluating CMM uncertainty using task specific simulation.* International Organization for Standardization.

ISO 25178 part 6. 2010. *Geometrical product specification (GPS)-Surface texture: Areal-Part 6: Classification of methods for measuring surface texture.* International Organization for Standardization.

ISO 25178 part 601. 2010. *Geometrical product specifications (GPS)-Surface texture: Areal-Part 601: Nominal characteristics of contact (stylus) instruments.* International Organization for Standardization.

ISO 25178 part 602. 2010. *Geometrical product specification (GPS)-Surface texture: Areal-Part 602: Nominal characteristics of non-contact (confocal chromatic probe) instruments.* International Organization for Standardization.

ISO 25178 part 603. 2013. *Geometrical product specification (GPS)-Surface texture: Areal-Part 603: Nominal characteristics of non-contact (phase shifting interferometric microscopy) instruments.* International Organization for Standardization.

ISO 25178 part 604. 2013. *Geometrical product specification (GPS)-Surface texture: Areal-Part 604: Nominal characteristics of non-contact (coherence scanning interferometry) instruments.* International Organization for Standardization.

ISO 25178 part 605. 2014. *Geometrical product specification (GPS)-Surface texture: Areal-Part 605: Nominal characteristics of non-contact (point autofocusing) instruments.* International Organization for Standardization.

ISO 25178 part 606. 2012. *Geometrical product specification (GPS)-Surface texture: Areal-Part 606: Nominal characteristics of non-contact (imaging confocal) instruments.* International Organization for Standardization.

ISO 25178 part 607. 2016. *Geometrical product specification (GPS)-Surface texture: Areal-Part 607: Nominal characteristics of non-contact (focus variation) instruments.* International Organization for Standardization.

Jäger, G., Manske, E., Hausotte, T., Müller, A. and Balzer F. 2016. Nanopositioning and nanomeasuring machine NPMM-200-A new powerful tool for long-range micro-and nanotechnology. *Surf. Topog.: Met. Prop.* **4**:034004.

Jones, C. W. and Leach, R. K. 2008. Adding a dynamic aspect to amplitude-wavelength space. *Meas. Sci. Technol.* **19**:055105.

Leach, R. K. 2011. *Optical measurement of surface topography.* Springer.

Leach, R. K. 2013. *Characterisation of areal surface texture.* Springer.

Leach, R. K. 2014a. *Fundamental principles of engineering nanometrology*, 2nd edn. Elsevier.

Leach, R. K. 2014b. *The measurement of surface texture using stylus instruments*. NPL Good Practice Guide. No. 37, National Physical Laboratory.

Leach, R. K. 2015. Surface texture. In: Laperrière, L. and Reinhart, G. *CIRP Encyclopaedia of production engineering*. Springer-Verlag, Berlin.

Leach, R. K., Hart, A. and Jackson, K. 1999. *Measurement of gauge blocks by interferometry: An investigation into the variability in wringing film thickness*. NPL Report CLM 3.

Lee, C.-O., Park, K., Park, B. C. and Lee, Y. W. 2005. An algorithm for stylus instruments to measure aspheric surfaces. *Meas. Sci. Technol.* **16**:1215.

Lee, E. S. and Burdekin, M. 2001. A hole plate artifact design for volumetric error calibration of a CMM. *Int. J. Adv. Manuf. Technol.* **17**:508-515.

Magonov, S. 2008. *Atomic force microscopy*. John Wiley & Sons.

McCool, J. I. 1984. Assessing the effect of stylus tip radius and flight on surface topography measurements. *ASME J. Tribol.* **106**:202-209.

Mendeleyev, V. 1997. Dependence of measuring errors of rms roughness on stylus tip size for mechanical profilers. *Appl. Opt.* **36**:9005-9009.

Meyer, E., Hug, H. J. and Bennewitz, R. 2003. *Scanning probe microscopy: The lab on a tip*. Springer, Berlin.

Morris, A. S. 2001. *Measurement and instrumentation principles*, 2nd edn. Butterworth-Heinemann, Oxford.

Muralikrishnan, B. and Raja, J. 2008. *Computational surface and roundness metrology*. Springer.

Muralikrishnan, B. and Raja, J. 2010. *Computational surface and roundness metrology*. Springer.

Quinn, T. 2012. *From artefacts to atoms*. Oxford University Press.

Quinn, T. and Kovalevsky, J. 2005. The development of modern metrology and its role today *Philos. Trans. R. Soc. A* **363**:2307-2327.

Schmitt, R., Peterek, M., Morse, E., Knapp, W., Galetto, M., Härtig, F., Goch, G., Hughes, E. B., Forbes, A. and Estler, W. T. 2016. Advances in large-volume metrology-Review and future trends. *Ann. CIRP* **65**:643-666.

Schott AG. n.d. ZERODUR® Extremely Low Expansion Glass Ceramic, http://www.schott.com/advanced_optics/zerodur.

Schwenke, H., Knapp, W., Haitjema, H., Weckenmann, A., Schmitt, R. and Delbressine, F. 2008. Geometric error measurement and compensation for machines-An update. *Ann. CIRP* **57**:660-675.

Seewig, J. 2011. Areal filtering methods. In: Leach, R. K., *Characterisation of areal surface texture*, chap. 4. Springer.

Stedman, M. 1987. Basis for comparing the performance of surface-measuring machines. *Precision Engineering* **9**:149-152.

Swyt, D. A. 2001. Length and dimensional measurements at NIST. *J. Res. NIST* **106**:1-23.

Thalmann, R., Meli, F. and Küng, A. 2016. State of the art of tactile micro coordinate metrology. *Appl. Sci.* **6**(5):150.

Vermeulen, M. M. P. A., Rosielle, P. C. J. N. and Schellekens, P. H. J. 1998. Design of a high-precision 3D-coordinate measuring machine. *Ann. CIRP* **47**:447-450.

Webster, J. G. and Eren, H. 2014. *Measurement, instrumentation, and sensors handbook: Spatial, mechanical, thermal, and radiation measurement*. CRC Press, Boca Raton, FL.

Whitehouse, D. J. 2010. *Handbook of surface and nanometrology*, 2nd ed. CRC Press.

Widdershoven, I., Donker, R. L. and Spaan, H. A. M. 2011. Realization and calibration of the "Isara 400" ultra-precision CMM. J. *Phys.: Conf. Ser.* **311**:012002.

Wilson, J. S. 2005. *Sensor technology handbook*. Newnes, Oxford, UK.

Zhang, G. X. and Fu, J. Y. 2000. A method for optical CMM calibration using a grid plate. *Ann CIRP.* **49**:399-402.

기구학적 설계

CHAPTER 06

기구학적 설계

기구학은 운동의 원인을 고려하지 않은 채로, 공간 내에서 강체의 운동과 강체들 사이의 상호관계에 대해서 연구하는 학문이다. 정밀기구를 설계할 때에, 기구학적 고려사항들은 메커니즘을 구성하는 부품들이 작동하는 과정과 메커니즘을 조립하는 과정에서 상대운동을 일으키는 경우에 항상 중요하다. 기본적인 기구학적 원리를 적용하면 정밀 메커니즘의 정확도와 안정성을 현저하게 향상시킬 수 있다. 기구학의 역할은 메커니즘의 기능성을 효과적으로 확보하는 것이므로, 기구학적 설계에서는 (1) 기구학적 원리의 준수, (2) 현실적인 고려에 기초하여 기구학적 설계방안들에 대한 평가, (3) 메커니즘이나 기계의 위치, 속도 및 가속도 분석에 기초한 설계 등이 포함되어야 한다. 이 장에서는 (1)번과 (2)번 항목에 초점을 맞추며, (3)번 항목에 대해서는 8장(시스템 모델링)에서 살펴보기로 한다. 이 장에서는 기초적인 기구학적 원리들에 대해서 설명한 다음에, 순수한 기구학적 설계와는 반대의 개념인 준기구학적 설계가 나오게 된 현실적인 이유에 대해서 논의하기로 한다. 이 장을 통해서 독자들은 정밀기계와 메커니즘들에서 가장 일반적으로 사용되고 있는 기본적인 기구학적 구조들과 친숙해지게 될 것이다. 기구학적 원리들이 어떻게 설계에 적용되었는지를 보여주기 위해서 도식적인 설명들이 함께 사용되었다.

6.1 서 언

기계, 메커니즘 및 여타의 기계적 운동 시스템에 대한 설계에 있어서 (1) 메커니즘, 기계 또는 여타의 기계적 시스템을 구성하는 부품들 사이의 기능적 상관관계, (2) 이 부품들의 상호연결, 그리고 (3) 이 부품들의 상호운동관계 등을 정립하기 위해서 **기구학**이 활용된다. 이들 세 가지 인자들이 설계과정에서 설계자가 소재, 가공방법 그리고 비용 등의 여러 인자들을 고려하기 전에 미리 결정해야만 하는 기본적이며 중요한 고려사항들이다. 메커니즘, 기계 또는 여타 기계적 시스템의 기구학에 대하여 적절한 주의를 기울이지 못한다면, 설계 과정의 후속 단계에서 베어링의 유형, 가공공차와 같은 여타의 설계인자들에 대한 잘못된 선정으로 인하여 설계비용의 상승, 성능미달, 신뢰성부족 등의 결과가 초래된다(에크하르트 1998, 메이슨 2001, 비노그라도프 2000).

다음의 용어들이 이 장에서 사용된다. **메커니즘**은 입력단에서 출력단으로 운동이나 힘을 전달하는 기계적 디바이스이다. 제품 전체를 지칭할 때에 **기계**라는 용어가 일반적으로 사용된다. 따라서 자동차는 기계이며 앞유리 와이퍼는 메커니즘이다. 기계와 메커니즘 모두 부품들로 이루어진 조립체이다. 그런데 기계와 메커니즘의 차이를 구분하는 것은 기구학에 대한 논의에서 큰 의미가 없다(라이더 2015).

링크들로 이루어진 **링크기구**[1]는 피봇 조인트나 볼 조인트들로 연결되어 있는 강체로 간주한다. **강체**란 힘이 가해져도 변형이 일어나지 않는 물체로서, 변형이 거의 일어나지 않으므로 메커니즘의 운동에 변형이 미치는 영향을 고려할 필요가 없다. **조인트**는 링크들이나 강체들의 운동을 구속하는 요소로서, 강체의 6자유도 중에서 일부를 구속한다. 구속조건들은 이상적인 것으로 간주할 수 있다. 예를 들어, 1자유도 힌지는 서로 연결된 두 링크들 사이의 상대적인 회전만을 제공하며, 조인트의 운동에는 아무런 일도 필요치 않다. 최소한 하나의 고정된 기구학적 체인이 최소한 두 개의 다른 링크들을 움직일 수 있다면, 이를 메커니즘으로 간주할 수 있다. 링크기구를 사용하여 단순한 메커니즘을 구성할 수 있으며, 복잡한 임무를 수행하도록 설계할 수 있다(라이더 2015).

대부분의 메커니즘에서 모든 링크들은 평행면 내에서 운동하며, 이를 **2차원 평면운동**이라고 부른다. 여타의 메커니즘들은 3차원 공간 내에서 운동하며, 이를 **3차원 공간운동**이라고 부른다.

한 **점의 변위**는 운동전 위치(**초기위치**)와 운동 후 위치(**최종위치**) 사이의 차이다. 이를 초기위치와 최종위치 사이의 3차원 벡터로 나타낼 수 있다(변위벡터의 성분들은 기준 좌표계에 대해서 측정한다). 동일한 변위를 생성하기 위해서 다양한 경로와 시간을 사용할 수 있다.

강체의 변위를 나타내기 위해서는 3개 이상의 변수들이 필요하기 때문에 점의 변위보다 더 복잡하다. 강체의 변위는 물체의 초기위치와 최종위치 사이의 차이로서, 두 위치 모두 기준 좌표계에 대해서 측정한다. 공간 내에서의 한 점은 기준 좌표계에 대한 3개의 좌표값들로 나타낼 수 있지만, 강체의 경우에는 공간 내에서 위치(**위치벡터**는 행렬식 내에서 3개

---

1   linkage.

의 좌표값들을 사용하여 나타낸다)와 배향(세 개의 **방향벡터**들은 행렬식 내에서 9개의 좌표값들을 사용하여 나타낸다)을 나타내기 위해서 행렬식이 필요하다. 모든 좌표값들은 기준좌표계에 대해서 나타낸다(8장에서 자세히 논의).

6.2 자유도

기구학에서 **자유도**의 수는 물체의 서로 다른 독립적인 운동모드들의 숫자를 나타낸다. 운동의 모드는 강체의 병진운동과 강체의 회전운동 또는 이들의 조합(나선운동)으로 나타낼 수 있다.

　강체병진운동의 경우, 그림 6.1에서 3개의 모서리점들인 A, B 및 C로 표시되어 있는 것처럼, 강체상의 모든 점들이 크기와 방향이 서로 동일한 직선변위를 일으킨다. 모든 점들의 출발위치에서 최종위치까지의 변위는 길이가 같으며 여타 점들의 변위벡터와 서로 평행하다.

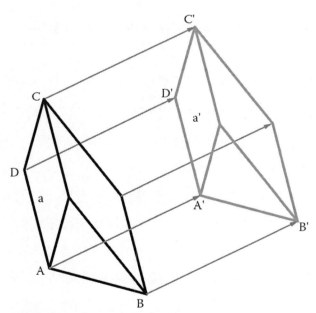

그림 6.1 서로 평행하며 길이가 서로 같은 변위벡터를 가지고 있는 강체병진운동

강체회전운동의 경우에는 **그림 6.2**에 도시되어 있는 것처럼, 물체 a의 모든 점들은 회전축 a_{rot}을 중심으로 하여 동심원을 그리며 동일한 각도 ϕ_{rot}만큼 회전한다. 이때에 회전축인 a_{rot} 위에 위치한 점은 이동하지 않는다.

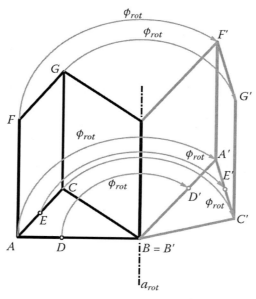

그림 6.2 회전축 a_{rot}에 대한 강체 회전운동의 투시도

그림 6.3에서는 회전축 a_{rot}이 지면과 수직하므로 회전축 a_{rot}는 점 B로 표시되며, 변위벡 터 $\vec{u}_A$, $\vec{u}_D$ 및 $\vec{u}_E$를 절반으로 나누는 수직 이분면인 m_A, m_D 및 m_E는 직선으로 표시되어 있다. 변위벡터의 수직 이분면은 항상 회전축 a_{rot}와 교차하며 강체회전의 배향을 정의한다 는 것을 알 수 있다.

평면운동 메커니즘에서 모든 부품들의 모든 점들이 생성하는 모든 변위벡터들은 동시에 단일평면에 대해서 서로 평행하다(평면기구학). 다음의 논의를 진행하기 위해서, 평면은 평 평하며, 따라서 직교좌표계(실제로는 2차원 직교좌표계 또는 유클리드 공간)를 사용하여 손 쉽게 나타낼 수 있다고 가정한다. 이 평면과 직교하는 축에 대해서만 강체회전이 가능하다. 메커니즘의 궤적은 초기위치와 최종위치를 잇는 직선 변위벡터와는 서로 다르다.

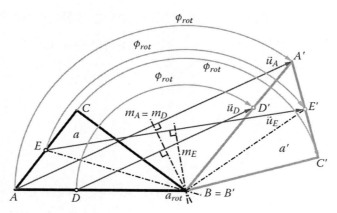

그림 6.3 회전축 a_{rot}에 대한 강체 a의 A, B 및 C점들의 회전. 변위벡터 $\vec{u}_A$, $\vec{u}_D$ 및 $\vec{u}_E$를 수직으로 양분하는 m_A, m_D 및 m_E는 회전축 a_{rot}와 서로 교차한다.

그림 6.4에서는 평행사변형 안내메커니즘에 의해서 모서리 점들이 A, B 및 C로 표시되어 있는 삼각형 a가 A', B' 및 C'으로 이루어진 삼각형 a'으로 이동하는 상태를 보여주고 있다. 모서리점 A, B 및 C는 궤적 s_A, s_B 및 s_C를 따라서 원호를 그리면서 움직이며, 변위벡터 $\vec{u}_A$, $\vec{u}_B$ 및 $\vec{u}_C$는 직선으로, 서로 평행하며, 동일한 길이를 가지고 있다. 삼각형 a는 s_A, s_B 및 s_C의 원호궤적을 따라서 병진운동을 한다.

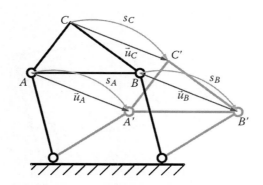

그림 6.4 평행사변형 운동에 따른 변위벡터와 궤적 사이의 차이

6.2.1 평면 내에서 물체의 자유도(평면운동)

강체는 평면 위에서 평면과 평행한 강체병진운동과 이 평면에 수직한 방향으로 강체 회

전운동을 할 수 있다. 평면 내의 모든 임의위치로의 변위를 만들어내기 위해서는 두 강체의 독립적인 방향으로의 병진운동이 필요하다. 물체는 하나의 평면 내에서 두 개의 병진 자유도를 가지고 있으며, 이 평면과 직교하는 하나의 회전자유도를 가지고 있다. 따라서 물체는 평면 내에서 총 3자유도를 가지고 있다.

6.2.2 구면형 링크기구의 자유도

구면형 링크기구는 회전축들이 한 점에서 서로 교차하는 피봇 조인트이다. 구면형 링크기구는 두 개의 병진자유도와 하나의 회전자유도 대신에 3개의 회전자유도가 한 점에서 교차한다.

6.2.3 공간 내에서 물체의 자유도(공간운동)

공간 내에서 물체가 임의의 위치로 움직이기 위해서는 서로 독립된 3개의 방향으로의 강체병진운동이 필요하다. 게다가 임의의 축방향으로 물체를 회전시키기 위해서는 3개의 축들에 대해서 회전자유도를 가지고 있어야 한다. 따라서 공간 내에서 물체는 **그림 6.5**에 도시되어 있는 것처럼, 총 **6자유도**를 갖는다. 이 6개의 자유도는 각각, 순수한 병진운동 $\vec{u}_x$, $\vec{u}_y$

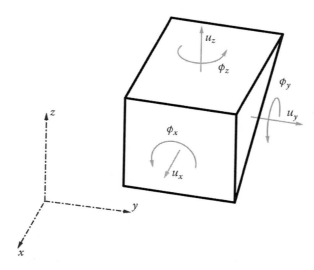

그림 6.5 공간 내에서 물체의 6자유도

및 $\vec{u}_z$ 및 순수한 회전운동 $\vec{\varphi}_x$, $\vec{\varphi}_y$ 및 $\vec{\varphi}_z$이다. 그런데 이들을 병진운동과 회전운동의 조합으로 이루어진 6개의 독립된 운동 모드들로도 나타낼 수 있다.

나선운동은 회전운동과 병진운동이 조합된 전형적인 운동모드의 사례이다. 나선운동은 공간 내에서 발생하는 가장 일반적인 운동모드이다. 이에 대해서는 6.6절의 공간기구학에서 살펴보기로 한다.

6.3 구속조건

기구학에서 **구속조건**을 추가하면 물체의 자유도가 감소하며 특정한 궤적을 따라서 움직이게 된다. 일반적으로 회전 조인트나 미끄럼 조인트와 같은 기능을 구현해주는 베어링을 사용하여 구속을 만든다(7장 참조). 베어링은 메커니즘을 구성하는 두 부품들 사이에 반력이나 토크를 전달함으로써 메커니즘 내의 두 부품들 사이에서 국부적으로 발생하는 병진운동이나 회전운동 같은 상대적인 운동모드를 방지하며, 부품들이 남아 있는 자유도 방향의 궤적을 따라서 움직일 수 있도록 구속을 유지한다. 힘과 토크는 미끄럼 접촉이나 중간물체의 구름접촉을 통해서 전달된다. 자유도의 항으로 나타낸 베어링 내에서 금지된 상대운동(구속)과 허용된 상대운동(자유)이 메커니즘의 기구학적 해석의 기초가 된다. 이와는 다른 형태의 구속도 만들 수 있으며, 메커니즘 내의 서로 다른 부품들 사이의 표면접촉을 사용해서 효과적으로 모델링할 수 있다.

6.3.1 표면접촉 조인트와 구속조건

무한히 강하며 마찰이 없는 표면 위에서 압착되는 구형강체에 의해서 만들어지는 **1자유도 구속**에 대한 단순 메커니즘 모델에 대해서 살펴보기로 하자(그림 6.6). 이 경우, 구체는 수직(z)방향으로만 운동이 구속되며, 3개의 축방향 회전과 x 및 y방향으로의 미끄럼이 가능하다. 따라서 평면이 없는 경우에는 볼이 6자유도를 가지고 있으며, 표면과 점접촉이 이루어지면, 5자유도로 감소된다. 따라서 점접촉으로 인하여 하나의 구속이 생성된다(1자유도 구속).

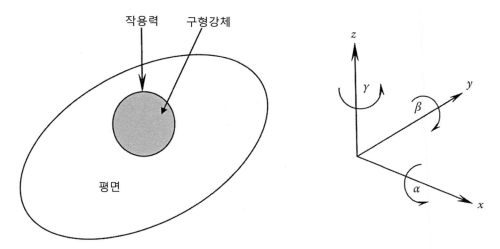

그림 6.6 (좌측) 평면 위의 구체에 의해서 만들어진 1자유도. (우측) 직교좌표계에서의 자유도

두 개의 구체가 연결된 강체와 표면이 접촉하는 또 다른 접촉 메커니즘 모델에 대해서 살펴보기로 한다(**그림 6.7**). 이 모델에서, 구속은 z축과 α 또는 β축 방향으로의 구속이 이루어지므로, 4자유도가 남는다. 첫 번째 구속은 구형 강체와 평면 사이의 점접촉에 의해서 생성되며, 두 번째 구속은 서로 연결된 링크 메커니즘으로 인하여 회전 자유도가 없어지기 때문이다. **2자유도 구속**을 구현하기 위한 또 다른 방법(z방향과 x 또는 y방향)은 그루브 속에 구형 강체를 집어넣어 4자유도를 구현하는 것이다(3개의 회전자유도와 그루브 홈 방향으로의 병진 자유도). **그림 6.7**에 도시되어 있는 여타의 모델들은 모두 **3자유도 구속**을 나타낸다. 이 사례들에서는 메커니즘의 운동을 예측하기 위한 유용한 모델을 만들기 위해서 접촉점들의 숫자를 사용한다는, 기구학적 설계의 매우 중요한 원리를 설명하고 있다. **두 개의 완벽한 강체들 사이의 접촉점의 숫자는 이들 사이의 상호구속 숫자와 동일하다**(스미스와 체번드 2003). 또한 **그림 6.6**과 **그림 6.7**에 도시되어 있는 모델들은 메커니즘의 순수한 기구학적 설계나 준기구학적 설계를 근사적으로 모사하기 위해서 설계에 자주 사용된다(6.8절 참조).

필요한 자유도를 갖춘 메커니즘을 구현하기 위해서 필요한 자유도 구속을 생성하는 공칭 접촉점들을 사용하여 **표면접촉**을 특성화시킬 수 있다. 공칭 접촉점들은 두 접촉면의 교차점들에 의해서 결정되는 경우가 많은데, 예를 들어 면대면 접촉의 경우에는 세 개의 점들에 의해서 정의되는 교차원에 의해서 만들어지는 면이나 원추를 사용하여 구면접촉을 정의할 수 있다. 만일 접촉표면이 높은 표면거칠기와 형상공차를 가지고 있다면, 이 표면은 단지 소수의 점들에서만 접촉을 이룰 것이다.

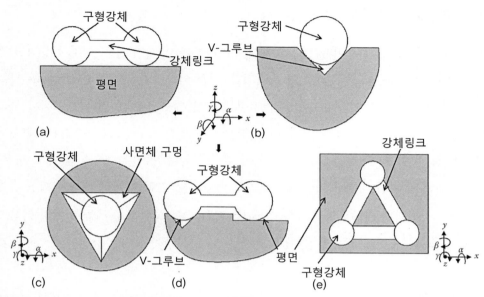

그림 6.7 이상화된 기구학적 구속조건들의 모델. (a) 평면 위에 놓인 강체로 연결된 두 개의 구체, (b) V−그루브 내의 구체, (c) 사면체 구멍 속에 놓인 단일구체, (d) 강체로 연결된 두 개의 구체, 하나의 구체는 V−그루브 속에 놓이며, 다른 하나는 평면 위에 놓인다, (e) 평면 위에 놓인 세 개의 강체들로 연결된 구체

그런데 접촉이 불가능한 경우가 발생할 수 있기 때문에, 표면접촉을 구현하기 위해서는 세심한 주의가 필요하다. 평면상에서 네 개의 점들이 접촉하는 경우를 생각해볼 수 있다. 수학적으로는 접촉점들이 모두 평면 위에 위치해야만 이것이 가능하다. 다리가 네 개인 의자의 경우, 의자와 바닥의 가공공차로 인하여 다리들이 탄성변형을 일으키는 경우에만 네 개의 다리가 모두 바닥과 접촉할 수 있다. 의자의 다리를 변형시키기에 충분한 힘을 가지고 있는 성인의 경우에는 이것이 일반적으로 가능하지만 어린아이의 경우에는 두 개의 3점접촉 위치들 사이를 오가며 의자를 흔들 수 있다. 또 다른 사례는 세 개의 구체들로 이루어진 링크와 두 개의 평행한 V−그루브 사이의 접촉이다. 이 경우, V−그루브와 접촉점들의 기하학적 형상이 정확히 일치하지 않는다면, 단지 다섯 점의 접촉이 가능하다. 수학적으로는, 이런 추가적인 요구조건들이 불명확한 접촉조건을 유발하며, **과도구속 메커니즘**이 초래된

다. 실제의 경우, 이런 과도구속 메커니즘들은 원하는 기능을 구현하기 위해서 탄성이나 소성변형에 의존한다(7장 참조).

6.3.2 평면기구학에서 표면접촉

평면기구학에서는 점접촉이나 선접촉에 대해서 다룬다. 실제의 경우, 이런 이상적인 접촉에 힘이 가해지면 무한히 높은 응력이 초래된다. 이런 이상적인 조건에 근접하다고 간주되는 구형, 원통형 그리고 여타의 형상을 가지고 있는 물체들 사이의 접촉을 통해서 구속이 만들어진다. 이런 접촉들이 조립된 메커니즘의 이동도에 미치는 영향을 이해하기 위해서는 (6.4절 참조), 조인트 j의 자유도 f_j를 구할 수 있어야 한다. 평면형 메커니즘 내의 모든 조인트들에 대해서, 평면 내에서 세 개의 구속되지 않은 자유도들 사이의 차이와 최소 접촉점의 수 n_{pj}를 사용하여 자유도를 계산할 수 있다. 다음 식은 조인트 물체들 사이의 이상적인 접촉을 근사화하는 데에 사용할 수 있다.

$$f_j = 3 - n_{pj} \tag{6.1}$$

6.3.2.1 평면기구학에서 점접촉

그림 6.8에서는 두 물체 a와 b가 점 P에서 **점접촉**을 이루고 있다. 물체 a와 b는 접촉점 P에서 서로를 관통하거나 떨어지지 않고는 표면에 대해 수직인 n_y 방향으로는 움직일 수 없다.

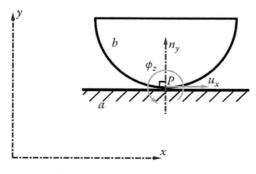

그림 6.8 평면기구학에서의 점접촉

만일 P점에서 a와 b가 서로 떨어질 수 없다면, 이 점접촉은 P점에서 연직선 n_y와 평행한 방향으로의 변위를 제한한다. 접촉점에서의 운동은 n_y와 수직인 u_x 방향으로의 병진변위와 지면과 수직하는 축방향으로의 회전 ϕ_z만이 가능하다. 이 점접촉은 2자유도를 가지고 있는 조인트처럼 작용한다. 그림 6.8의 경우에는 y방향이 구속된 2자유도 조인트에 해당한다.

6.3.2.2 평면기구학에서 직선접촉

2점접촉에 기초하여, 직선이나 원호접촉을 만들 수 있다. **직선접촉**의 경우, 모든 접촉점들은 서로 평행한 표면수직선을 가지고 있는 직선상에 위치한다.

직선접촉은 **그림 6.9**에 도시되어 있는 것처럼, 표면과 수직한 n_{1y} 및 n_{2y} 방향으로의 병진운동과 지면과 수직한 방향으로의 회전을 구속한다. a와 b 두 부품 사이의 운동은 n_{1y} 및 n_{2y} 방향과는 수직인 u_x 방향으로의 병진운동만으로 국한된다. 그림 6.9에서 직선접촉은 x 방향으로의 1자유도만을 가지고 있는 조인트이다.

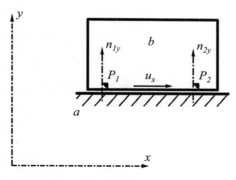

그림 6.9 평면기구학에서의 직선접촉

6.3.2.3 평면기구학에서 원호접촉

원호접촉은 2점접촉에 기반을 두고 있다. 접촉선의 모든 접들에 대한 연직선들이 하나의 공통 위치 O를 가로지르면, 이 점을 접촉선의 **곡률중심**이라고 부른다. 접촉선의 모든 점들은 O에 대해서 동일한 거리를 가지고 있다. **그림 6.10**에 도시되어 있는 것처럼, 원호접촉은 접촉점들의 연직선 n_{1y} 및 n_{2y}에 의해서 만들어지는 평면 내에서 모든 병진운동을 구속하며, n_{1y} 및 n_{2y}에 의해서 만들어지는 평면과 수직인 축을 중심으로 하여 부품 a와 b 사이에 ϕ_z의 운동을 허용한다. 원호접촉은 1자유도 조인트이며, 이 사례에서는 교차점 O를 중심으로 하는 평면에 대해 수직방향 축을 중심으로 회전운동을 안내한다.

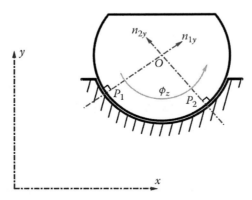

그림 6.10 평면기구학에서의 원호접촉

6.3.3 공간기구학에서 표면접촉

공간기구학에서는 점접촉, 선접촉 및 영역접촉이 사용된다. 공간 메커니즘 내에서 임의의 조인트에 대해서, 공간 내에서 구속되지 않은 6자유도들과 최소 접촉점의 수 n_{pj} 사이의 차이로부터 자유도를 계산할 수 있다. 다음 식은 조인트 물체들 사이의 이상적인 접촉을 근사화하는 데에 사용할 수 있다.

$$f_j = 6 - n_{pj} \tag{6.2}$$

6.3.3.1 공간기구학에서 점접촉

그림 6.11에서는 두 물체 a와 b가 점 P에서 **점접촉**을 이루고 있다. 물체 a와 b는 접촉점 P에서 서로를 관통하거나 떨어지지 않고는 표면에 대해 수직인 n_z 방향으로는 움직일 수 없다.

만일 P점에서 a와 b가 서로 떨어질 수 없다면, 이 점접촉은 P점에서 연직선 n_z와 평행한 방향으로의 변위를 제한한다. 접촉점에서의 운동은 n_z와 수직인 u_x 및 u_y방향으로의 병진변위와 ϕ_x, ϕ_y 및 ϕ_z방향으로의 회전운동이 가능하다. 이 점접촉은 여타 모든 표면접촉의 기초가 된다. 여타의 모든 표면접촉들을 다수의 점접촉들의 조합에 의해서 형성된다.

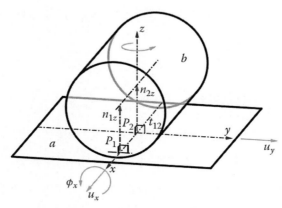

그림 6.11 공간기구학에서 점접촉

6.3.3.2 공간기구학에서 직선접촉

2점접촉의 경우, 직선접촉이나 원호접촉이 형성될 수 있다. **직선접촉**의 경우, 접촉선 t_{12} 상의 모든 점들에 대한 연직선은 서로 평행하며 평면을 형성한다. **그림 6.12**에 도시되어 있는 것처럼, 평면 a와 실린더 b를 사용하여 직선접촉을 구현할 수 있다. 직선접촉은 연직선 n_{1z}

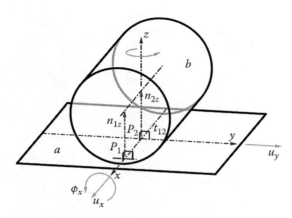

그림 6.12 공간기구학에서 직선접촉

및 n_{2z}와 평행한 방향으로의 병진운동과 n_{1z}, n_{2z} 및 t_{12}가 만들어내는 평면과 수직한 방향으로의 회전을 구속한다.

직선접촉은 a와 b 사이의 운동을 t_{12}와 평행한 방향으로의 병진운동 u_x, n_{1z}, n_{2z} 및 t_{12}가 만들어내는 평면과 수직한 방향으로의 병진운동 u_y, t_{12}와 평행한 축에 대한 회전운동 ϕ_x 그리고 n_{1z} 및 n_{2z}와 평행한 축방향에 대한 회전운동 ϕ_z 등으로 제한한다. 따라서 직선접촉은 4자유도를 가지고 있는 조인트이다.

6.3.3.3 공간기구학에서 원호접촉

원호접촉은 두 개의 점접촉을 기반으로 한다. 접촉선 t_{12}상의 모든 점의 연직선들은 t_{12}의 곡률중심인 O점을 가로지르며, 하나의 평면을 형성한다. t_{12}상의 모든 점들은 O와 동일한 거리에 위치한다. 원호접촉은 **그림 6.13**에 도시되어 있는 것처럼, 서로 동일한 반경을 가지고 있는 실린더 a와 구체 b를 사용하여 구현할 수 있으며, 이는 볼 베어링 내에서 볼과 레이스 사이의 상호작용과 유사하다. 원호접촉은 연직선 n_{1z} 및 n_{2z}가 이루는 평면에 대해서 두 방향으로의 병진운동을 구속한다. 이런 유형의 접촉에서, a와 b 사이에서 가능한 운동은 연직선 n_{1z} 및 n_{2z}가 이루는 평면에 대해 수직방향인 u_x와 모든 공간좌표축인 φ_x, φ_y 및 φ_z방향으로의 회전이다. 원호접촉은 4자유도의 운동이 가능하며 두 개의 병진운동이 구속된 조인트이다.

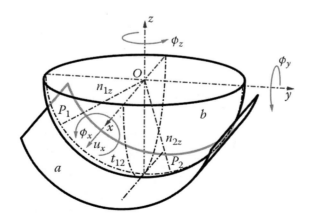

그림 6.13 공간기구학에서 원호접촉

6.3.3.4 공간기구학에서 평면접촉

3점접촉에 기초하여, **평면접촉**이나 구면접촉을 만들 수 있다. 평면접촉의 경우, 접촉영역 내 모든 점들의 연직선들은 서로 평행하다. **그림 6.14**에 도시되어 있는 것처럼, 평면 a와 b를 사용하여 평면접촉을 구현할 수 있다. 이 평면접촉은 n_{1z} n_{2z} 및 n_{3z}의 연직선들과 평행한 병진운동과 n_{1z} n_{2z} 및 n_{3z}와는 직교하는 독립축들에 대한 2개의 회전자유도를 구속한다.

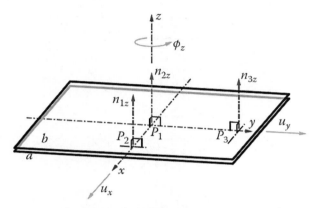

그림 6.14 공간기구학에서 평면접촉

평면접촉은 a와 b 사이에서 n_{1z} n_{2z} 및 n_{3z}와는 수직하는 방향으로의 두 병진운동인 u_x 및 u_y와 n_{1z} n_{2z} 및 n_{3z}와 평행하는 축방향에 대한 회전운동 φ_z를 허용한다. 따라서 이 조인트는 3자유도를 가지고 있다.

6.3.3.5 공간기구학에서 구면접촉

구면접촉은 **3점접촉**에 기초한다. 접촉영역 내의 모든 점들의 연직선들은 구체 곡률중심 O를 가로지른다. 접촉영역의 모든 점들은 O와 동일한 거리에 위치한다. **그림 6.15**에 도시되어 있는 것처럼, 반경이 거의 동일한 속이 빈 반구체 a와 구체 b를 사용하여 구면접촉을 구현할 수 있다. 구체상의 세 개의 점들은 항상 원 t_{123} 위에 위치하기 때문에, **그림 6.16**에 도시되어 있는 것처럼, 원뿔 c를 사용하여 속이 빈 반구체 a를 대체할 수 있다. 이 경우에도 마찬가지로 원뿔 c와 구체 b 사이에는 t_{123}의 선접촉만 존재한다. 반구체 a 또는 원뿔 c와 구체 b 사이의 구면접촉은 3방향으로의 공간병진운동을 모두 구속하며, O점을 가로지르는 3개의 축에 대한 회전운동인 φ_x, φ_y 및 φ_z를 허용한다. 따라서 구면접촉은 세 개의 회전자유도를 가지고 있다.

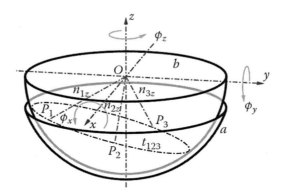

그림 6.15 공간기구학에서 두 개의 구체의 구면접촉

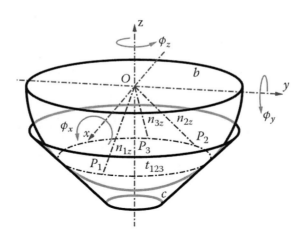

그림 6.16 공간기구학에서 구체와 원추의 구면접촉

6.3.3.6 공간기구학에서 원통접촉

원통접촉은 **4점접촉**에 기초한다. 그림 6.17에 도시되어 있는 것처럼, 반경이 거의 동일하며 외부원통표면이 b인 핀과 내부원통표면이 a인 구멍 사이에서 원통접촉이 구현된다. 접촉영역 내에 위치한 모든 점들의 연직선은 두 실린더 표면인 a와 b의 공통 중심축인 a_0와 수직

을 이룬다. 원통접촉은 a_0와 직교하는 두 방향으로의 병진운동과 a_0와 직교하는 두 방향으로의 회전운동을 구속한다. 따라서 a와 b 사이에서는 a_0 방향으로의 병진운동 u_x와 a_0 방향으로의 회전운동 φ_x만이 허용된다. 따라서 원통접촉은 2자유도를 가지고 있다. 저널 내에서 회전하는 주축을 원통접촉으로 근사시킬 수 있다(6.8.1절 참조).

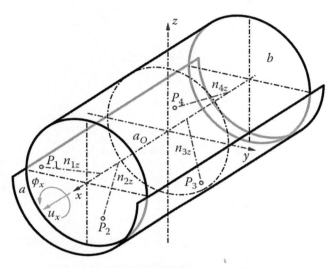

그림 6.17 공간기구학에서 원통접촉

6.3.3.7 공간기구학에서 원뿔접촉

원뿔접촉은 **5점접촉**을 기반으로 하며 **그림 6.18**에 도시되어 있는 것처럼, 동일한 중심축 a_0와 동일한 원뿔각도를 가지고 있는 내부원뿔 b와 외부원뿔 a로 이루어진다. 접촉영역 내 모든 접들의 연직선들은 중심축 a_0를 가로지른다. 원뿔접촉은 3개의 공간병진운동 모두와 a_0와 직교하는 두 방향으로의 회전운동을 구속한다. 따라서 두 원뿔 a와 b 사이의 운동은 중심축 a_0에 대한 회전운동 φ_z만을 허용한다. 따라서 원뿔접촉은 1자유도를 가지고 있다. 테이퍼롤러베어링을 사용하는 회전축을 원뿔접촉으로 근사시킬 수 있다(6.8.1절 참조).

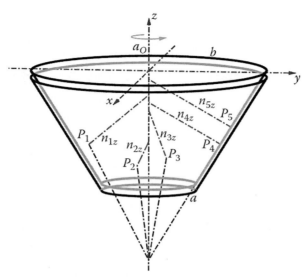

그림 6.18 공간기구학에서 원뿔접촉

6.3.4 표준조인트와 구속조건

기계에서 일반적으로 사용되는 **표준조인트**들은 메커니즘을 구성하는 두 부품들 사이에서 특정한 운동을 허용하는 하나 또는 다수의 표면접촉으로 이루어지며, 6.3.3절에서 제시한 순수한 기구학적 모델들에 기초하여 필요한 구속을 생성한다.

6.3.4.1 직선안내 시스템

직선안내 시스템은 메커니즘을 구성하는 두 부품들 사이에서 한 방향으로의 병진운동만을 허용한다. 직선안내 시스템은 **그림 6.14**에 도시되어 있는 평면접촉과 **그림 6.12**에 도시되어 있는 직선접촉을 조합하여 구현할 수 있다. 직선안내 시스템은 1자유도를 가지고 있다.

6.3.4.2 피봇 조인트

피봇 조인트는 메커니즘을 구성하는 두 부품들 사이에서 하나의 축에 대한 회전운동만을 허용한다. 피봇 조인트는 **그림 6.17**에 도시되어 있는 원통접촉과 **그림 6.11**에 도시되어 있는 원통접촉의 중심축과 연직선이 평행한 하나의 점접촉을 조합하여 구현할 수 있다. 피봇 조인트는 1자유도를 가지고 있다.

6.3.4.3 볼 조인트

볼 조인트는 메커니즘을 구성하는 두 부품들 사이에서 3개의 공간축들 모두에 대한 회전운동을 허용하며, **그림 6.15**나 **그림 6.16**에 도시되어 있는 구면접촉을 사용하여 구현할 수 있다. 볼과 원뿔 사이보다는 볼과 소켓 사이가 접촉면적이 더 넓기 때문에, **그림 6.15**에 도시되어 있는 볼 조인트는 **그림 6.16**의 볼 조인트보다 하중지지용량이 더 크다. 반면에, 위치정확도와 반복도의 측면에서는 **그림 6.16**의 볼 조인트가 **그림 6.15**의 볼 조인트보다 더 높은 성능을 가지고 있기 때문에, 두 부품 사이에 정밀한 상대위치 결정이 필요한 경우에는 **그림 6.16**의 볼 조인트가 더 적합하다. 볼 조인트는 3자유도를 가지고 있다.

6.3.4.4 나사산

나사산은 메커니즘을 구성하는 두 부품들 사이에서 나선운동을 허용한다. **그림 6.17**에 도시되어 있는 원통형 면접촉에 의한 4점접촉과 더불어서 다섯 번째 점접촉이 **그림 6.17**에 도시되어 있는 원통형 면접촉의 중심선을 가로지르지 않는 형태의 5점접촉을 통해서 나선운동을 구현할 수 있다. 나사산은 회전운동을 병진운동으로 변환시킬 때에 자주 사용된다. 나사산은 1자유도를 가지고 있다.

6.3.5 마찰에 의한 구속

물체의 자유도는 **마찰**에 의한 힘에 의해서 제한될 수 있다. 마찰은 미끄럼을 방해하고 마찰력을 전달하여 조인트의 자유도를 감소시킨다. 예를 들어, 평면상에 놓인 바퀴(또는 얇은 디스크)는 점접촉을 이루고 있으며, 접촉점을 중심으로 평면에 대해서 미끄럼운동과 회전운동이 허용된다(평면과 바퀴 사이의 접촉에 대한 개념은 **그림 6.11** 참조). 마찰이 없는 경우라면, 이 바퀴에 평면과 평행한 방향으로의 외력이 작용하면 평면 위를 미끄러져 나가며, 바퀴에 토크가 부가되면 회전하게 된다. 하지만 바퀴에 작용하는 외력보다 접촉점의 마찰력이 더 크다면, 바퀴의 미끄럼이 발생하지 않는다. 외력과 마찰력에 의해서 만들어진 토크로 인하여 접촉점은 순간회전중심으로 작용하게 되어, 바퀴는 접촉점을 순간중심으로 하여 회전하게 된다. 마찰로 인하여 바퀴는 1자유도를 갖는다.

6.4 메커니즘의 이동도

교량 프레임과 같이 힌지를 사용하여 다수의 부품들을 연결하여 메커니즘이 움직이지 않게 만들거나 링크 및 조인트의 숫자에 따라서 1 또는 2자유도를 갖도록 만들 수도 있다.

체비체프, 그뤼블러 및 쿠츠바흐가 제안한 **이동도**[2] 공식에서는 (부품이라 부르는) 링크의 숫자 n, 연결 조인트의 숫자 j 그리고 모든 연결 조인트들의 자유도 합 $\sum f_j$를 사용하여 메커니즘의 이동도 M을 계산할 수 있다(리우와 왕 2014, 라이더 2015).

j개의 조인트들로 연결된 n개의 부품들로 이루어진 메커니즘에서, 모든 부품들을 별개로 취급한다. 따라서 n개의 부품들로 이루어진 메커니즘에서 부품들 중 하나는 바닥과 연결되어 움직이는 여타의 부품들에 대해서 움직이지 않는 프레임으로 작용하는 경우에, 이 메커니즘의 이동도는 $6(n-1)$이 된다. 그런데 일반적으로 두 부품들 사이의 강체 조인트는 이동부품의 숫자를 감소시킨다. 따라서 메커니즘의 총 이동도는 $6j$만큼 감소한다. 또한 모든 조인트들은 메커니즘에 총 $\sum_j f_j$만큼의 자유도를 생성하기 때문에 메커니즘의 총 자유도 M은 다음과 같이 주어진다.

$$M = 6(n-1-j) + \sum_j f_j \tag{6.3}$$

또는

$$M = 6(n-1) - \sum_j n_{pj} \tag{6.4}$$

여기서 $\sum_j n_{pj}$는 메커니즘을 구성하는 조인트들에 의한 구속의 총 숫자이다(6.3.3절 참조).

평면 메커니즘의 경우에는 모든 부품들을 별개로 간주한다면, 각 부품들은 3자유도만을 가지고 있으며, 체비체프, 그뤼블러 및 쿠츠바흐의 공식은 다음과 같이 수정되어야 한다.

---

2   mobility.

$$M = 3(n-1-j) + \sum_j f_j \qquad (6.5)$$

6.4.1 과소구속 메커니즘

이동도 M이 0보다 크다면($M > 0$), 메커니즘은 M개의 자유도를 가지고 움직일 수 있다. 이 경우, 메커니즘은 **과소구속**되어 있기 때문에, 외력이 작용하며, 이 외력이 메커니즘 내부의 반력이나 모멘트와 평형을 이루지 못한다면, 메커니즘은 움직이게 된다.

그림 6.19에 도시되어 있는 평면운동 메커니즘은 a, b, c, d 및 e의 5개 부품으로 이루어지며, 이들은 4개의 피봇 조인트 A, B, C 및 D와 부품 d 내에서 부품 e를 안내하는 직선안내기구 E에 의해서 연결되어 있다. 평면운동 기구학에서 피봇 조인트들과 직선안내기구 각각은 1자유도를 가지고 있다. 체비체프, 그뤼블러 및 쿠츠바흐의 공식에 따르면 이 메커니즘은 2자유도를 가지고 있다.

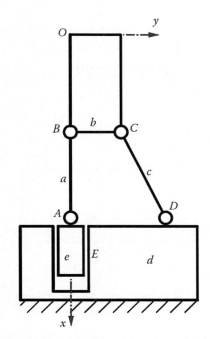

그림 6.19 2자유도를 가지고 있는 과소구속 메커니즘

$$M = 3(n-1-j) + \sum_j f_j = 3(5-1-5) + 1 + 1 + 1 + 1 + 1 = 2 \tag{6.6}$$

이 메커니즘의 독립적인 자유도는 e 에 연결되어 있는 4절 링크에 해당하며, 이 4절 메커니즘의 링크들 중 하나는 고정할 수 있다. 이 메커니즘은 e 의 직선병진운동과 4절 메커니즘의 회전운동을 가지고 있다.

6.4.2 정확한 구속 메커니즘

이동도 M 이 0($M=0$)이라면, 메커니즘은 정확히 구속되어 있으며, 내부반력(과 토크)에 의해서 모든 유형의 외력을 지지할 수 있다(블랜딩 1999). 따라서 이 메커니즘의 외력과 내부반력은 평형을 이룬다.

그림 6.20에 도시되어 있는 **정확한 구속** 메커니즘의 자유도는 0이다.

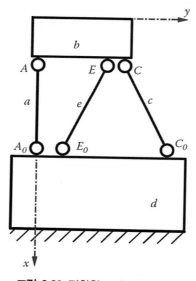

그림 6.20 정확한 구속 메커니즘

$$M = 3(n-1-j) + \sum_j f_j = 3(5-1-6) + 1 + 1 + 1 + 1 + 1 + 1 = 0 \tag{6.7}$$

계산 결과가 0이라는 것은 이 메커니즘이 고정되어 움직이지 않는다는 것을 의미한다. 그런데 실제의 경우에는 메커니즘에 사용된 부품들의 특수한 치수나 각도관계로 인하여 계산상으로는 자유도가 존재하지 않지만, 실제로는 자유도가 발생하는 경우가 자주 발생한다. 이런 상황이 발생하는 기하학적 조건들에 대한 고찰을 통해서 공차나 조립조건 등에 대한 식견을 쌓을 수 있다. 체비체프, 그뤼블러 및 쿠츠바흐의 공식에서는 치수에 대한 고려가 없기 때문에 이런 실제적인 자유도를 예측할 수 없다(6.4.4절 참조). 사실, 정확한 구속의 개념은 기구학적 설계에서 매우 중요하며, 실제 설계 사례에 대한 이해가 필요하다(6.8절 참조, 에크하르트 1998).

올바른 구속조건을 가지고 있는 조립체는 기하학적 적합성과 힘 평형에 의해서 작동한다. 따라서 이들은 단지 올려놓기만 해도 구속이 완성된다. 그러므로 올바르게 구속된 메커니즘은 마지막 부품을 조립체에 붙이기 전에 메커니즘에 최소한 1자유도가 확보되어 있기 때문에, 조립 과정에서 부품들을 끼워맞추기 위해서 힘을 가할 필요가 없으며, 엄격한 공차관리도 필요 없다(헤일 1999).

6.4.3 과도구속 메커니즘

이동도 M이 0보다 작다면($M < 0$), 이 메커니즘은 **과도구속**되어 있다. 일반적으로 이런 메커니즘은 움직일 수 없으며, 올바른 구속조건을 가지고 있는 조립체와는 달리, 정확한 공차관리를 통해서만 조립이 가능하다. 그림 6.21에 도시되어 있는 과도구속 메커니즘은 6개의 부품(a, b, c, d, e 및 g)과 8개의 피봇 조인트들(A, A_0, C, C_0, E, E_0, G 및 G_0)로 이루어져 있으며, 체비체프, 그뤼블러 및 쿠츠바흐의 공식에 따르면 이동도 M은 −1이다.

$$M = 3(n-1-j) + \sum_j f_j = 3(6-1-8)+1+1+1+1+1+1+1+1 = -1 \quad (6.8)$$

여기서 불필요한 g번 링크를 제거하면, 메커니즘은 5개의 링크와 6개의 1자유도 조인트로 이루어지기 때문에 이동도 M은 0이 된다.

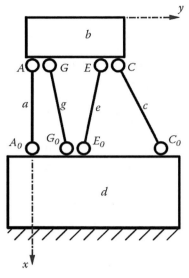

그림 6.21 과도구속 메커니즘

6.4.4 특이성

기하학적 **특이성**[3]을 사용하면 운동이 가능한 메커니즘을 구현할 수 있으며, 체비체프, 그뤼블러 및 쿠츠바흐의 공식에 따르면, 이는 과도구속 또는 정확한 구속에 해당한다. **그림 6.22**에 도시되어 있는 메커니즘은 5개의 부품(사각형 부품 b 및 d와 막대형 부품 a, c 및 e)들과 각각이 1자유도를 가지고 있는 6개의 피봇조인트(A, A_0, C, C_0, E 및 E_0)들로 이루어진다. 체비체프, 그뤼블러 및 쿠츠바흐의 공식에 따르면, 메커니즘은 운동이 불가능하다.

$$M = 3(n-1-j) + \sum_j f_j = 3(5-1-6) + 1+1+1+1+1+1 = 0 \qquad (6.9)$$

하지만 이 메커니즘은 세 개의 막대 a, c 및 e가 서로 평행하게 배치되어 있기 때문에 운동이 가능하다. 세 개의 막대 a, c 및 e는 사각형 부품 b 및 d 사이에서 막대축 방향으로의 작용력만을 지지할 수 있을 뿐이다. 따라서 이 메커니즘은 세 개의 막대 a, c 및 e와는 직각 방향으로 부품 b에 작용하는 힘 F_b를 지지할 수 없기 때문에 부품 b는 움직이게 된다.

---

3   singularity.

막대 a, c 및 e의 길이가 서로 동일하기 때문에, 이 메커니즘은 큰 범위에 대해서 움직일 수 있다. 또한 부품 b가 세 개의 막대에 의해서 지지되기 때문에, **그림 6.22**에 도시되어 있는 메커니즘은 두 개의 막대만을 사용하여 부품 b를 지지하는 경우에 비해서 막대의 길이방향으로 높은 강성과 큰 하중지지용량을 가지고 있다. 메커니즘의 강성을 증가시키고 하중지지용량을 늘리기 위해서 기하학적 특이성을 적용할 수 있다. 일부의 경우, 이런 특이성들이 가공공차에 따른 탄성평균화효과에 도움을 준다. 다리의 길이들이 약간씩 서로 다른 평행 메커니즘을 사용하는 것이 다리의 길이가 서로 다른 두 개의 다리만을 사용하는 것보다 총 운동을 원하는 방향으로 훨씬 더 정밀하게 조절할 수 있다. 그런데 가공공차를 수용하기 위해서 개별 다리들에서 생성되는 탄성변형에 따른 응력을 알 수 없다.

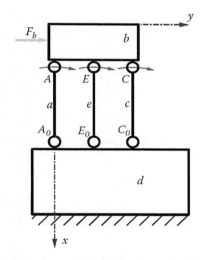

그림 6.22 1자유도를 가지고 있는 정확한 구속 메커니즘

그림 6.23에 도시되어 있는 메커니즘의 경우, e번 막대는 압축된다. 세 개의 막대 a, c 및 e는 서로 평행하기 때문에, 사각형 부품 b에 힘 F_b가 가해지면 세 개의 막대 a, c 및 e와는 직각 방향으로 메커니즘이 움직인다. E점의 피봇조인트는 A 및 C의 원호반경보다 더 큰 반경을 따라서 움직이기 때문에, 막대 e는 압축되는 반면에 막대 a와 c는 신장된다. 이 메커니즘은 외력 F_b가 막대 a 및 c의 인장력 및 막대 e의 압축력과 평형을 이룰 때까지 움직일 수 있다.

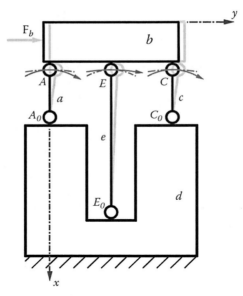

그림 6.23 짧은 운동 범위에 대해서 1자유도를 가지고 있는 정확한 구속메커니즘

그림 6.24에 도시되어 있는 메커니즘은 부품 b 및 d, 막대형 부품 a 및 c 그리고 A, A_0, C 및 C_0 위치에서의 피봇조인트들로 이루어진다. 체비체프, 그뤼블러 및 쿠츠바흐의 공식에 따르면 이 메커니즘은 1자유도를 가지고 있다.

$$M = 3(n-1-j) + \sum_j f_j = 3(4-1-4) + 1 + 1 + 1 + 1 = 1 \tag{6.10}$$

그림 6.24에 도시되어 있는 메커니즘은 막대 a 및 c의 길이방향과는 직각으로 부품 b에 가해지는 힘 F_b를 지지할 수 없다. 따라서 막대 a 및 c가 늘어나면서 부품 b가 측면방향으로 움직이게 된다. 이 인장력이 부품 b의 측면방향 움직임을 제한하므로, 부품 b의 운동 범위는 작은 범위로 제한된다. 두 개의 막대 a 및 c가 일직선으로 배치되어 있기 때문에, 이 메커니즘은 부품 b에 부가되는 토크 M_b를 지지할 수 없다. 따라서 **그림 6.25**에서와 같이 부품 b에 토크 M_b가 가해지면, 부품 b는 작은 회전이 가능하며, 막대 a 및 c의 인장에 의해서 회전 범위가 제한된다. 체비체프, 그뤼블러 및 쿠츠바흐의 공식과는 상반되게, 이 메커니즘은 막대 a 및 c가 일직선상에 병렬로 배치되어 있기 때문에, 2자유도로 움직일 수 있다.

이 배치는 구조물의 온도편차로 인하여 문제가 유발될 수 있다. 예를 들어, 만일 막대 a 및 c의 길이가 비교적 짧고, 지지프레임 d의 크기가 크다면, 온도 변화에 대한 이들의 응답시간은 크게 다를 것이다. 따라서 온도가 상승하면 막대 a 및 c의 길이가 프레임보다 더 빨리 팽창할 것이다. 이로 인하여 중앙의 부품은 임의적으로 양 또는 음의 y 방향으로 움직이거나 부품 b를 지지하고 있는 상부 및 하부 부품이 크기는 같고 방향은 반대로 움직이면서 부품 b를 회전시킬 것이다. 사실, 부품 b의 직각방향 운동에 대한 일직선으로 배치된 다리들의 팽창에 의해서 유발되는 축방향 변위 차이의 비율은 이론적으로 무한대이다(7장 7.3.9절 참조).

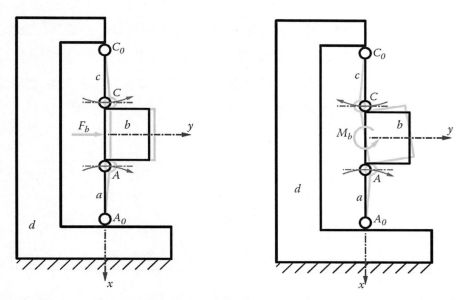

그림 6.24 2자유도를 가지고 있는 4절 링크(병진운동) **그림 6.25** 2자유도를 가지고 있는 4절 링크(회전운동)

결론적으로, 특수한 메커니즘에 대해서 때로는 기하학적 특이성을 인지하기가 어려울 수 있기 때문에, 체비체프, 그뤼블러 및 쿠츠바흐의 공식을 적용할 때에는 주의가 필요하다.

6.5 평면기구학운동

체비체프, 그뤼블러 및 쿠츠바흐의 공식은 단순히 메커니즘이 가지고 있는 자유도의 숫자를 제시해줄 뿐, 메커니즘을 구성하는 각 부품들이 서로에 대해서 어떻게 움직이는지를 설명하지 않는다. 평면 메커니즘의 경우, 미소운동에 대한 순간 회전중심이 부품들 사이의 상대운동을 나타낸다.

6.5.1 평면기구학에서의 순간회전중심

조합운동의 **순간회전중심**을 찾아내는 원리는 특정한 축 주변에서 병진운동과 회전운동의 조합을 다른 위치의 축에 대한 순수회전운동으로 나타낼 수 있다는 것이다. **그림 6.26**에서는 모서리 위치가 A, B 및 C로 표기되어 있는 삼각형 부품 b가 모서리 위치가 A', B' 및 C'으로 표기되어 있는 b' 위치로 병진이동하였다. 그런 다음 모서리 A'을 중심으로 b' 위치에서 b'' 위치로 회전하여 최종적으로 모서리 위치가 A'', B'' 및 C''이 되었다. 순수

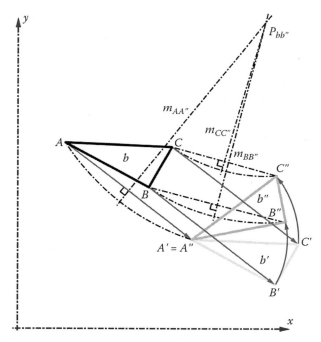

그림 6.26 회전중심을 사용하여 병진운동과 회전운동을 중첩한 조합운동의 사례

회전운동을 통해서 부품 b가 초기위치에서 b'' 위치로 이동하는 회전중심 P_{bb}''는 A에서 A''으로의 변위벡터를 수직이등분하는 m_{AA}''와 B에서 B''으로의 변위벡터를 수직이등분하는 m_{BB}''가 서로 교차하는 위치이다. C에서 C''으로의 변위벡터를 수직이등분하는 m_{CC}''도 역시 P_{bb}''점을 통과한다. 순수병진운동 역시 회전중심의 위치가 병진운동 방향과 직교하며 반경이 무한히 큰 회전운동으로 간주할 수 있다(6.6절의 샤슬스의 정리 참조).

초기위치와 최종위치만을 생각한다면, 물체가 최종위치에 도달할 때까지 어떤 경로를 따라갔는가는 중요치 않다. 물체는 항상 회전운동을 통해서 최종위치에 도달할 수 있으며, 물체가 움직이는 궤적점들의 곡률중심은 반드시 이 회전중심과 동일할 필요가 없다. **그림 6.27** 에서는 부품 a, b, c 및 d로 이루어진 4절 링크를 보여주고 있다. 여기서 d는 고정된 프레임 (글로벌 기준좌표)이며, A_0, A, C_0 및 C는 피봇 조인트들이다. P_{bb}''점을 중심으로 하는 순수 회전운동을 통해서 모서리 점들이 A, B 및 C인 부품 b가 모서리 점들이 A'', B'' 및 C''인 b'' 위치로 이동하는 경우, m_{AA}'', m_{BB}'' 및 m_{CC}''가 변위벡터 $\overrightarrow{AA''}$, $\overrightarrow{BB''}$ 및 $\overrightarrow{CC''}$를 각각 수직이등분한다고 하자. 실제로는 A_0를 곡률중심으로 하여 점 A가 원호를 그리면서 A''점으로 이동하며 B_0를 중심으로 하여 점 B가 원호를 그리면서 B''점으로 이

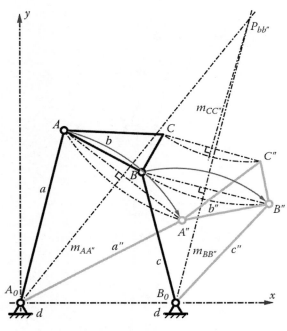

그림 6.27 4절 링크의 회전중심

동한다. 부품 b가 초기위치에서 최종위치 b''으로 움직이는 회전중심 P_{bb}''은 A에서 A''까지와 B에서 B''까지의 궤적곡률의 중심과는 서로 다르다.

초기위치 주변에서의 미소운동에서는 물체가 이동하는 궤적을 접선으로 가정할 수 있다. 그림 6.28에 도시되어 있는 것처럼, 부품 b의 순간회전중심은 A와 B점에 대한 궤적 접선의 수직선이 서로 교차하는 위치이다. 회전중심은 변위가 일어나는 방향에 대한 수직선들이 서로 교차하는 곳에 위치하므로, 물체상의 두 점들의 순간변위 방향을 알 수 있다면, 순간회전중심을 구할 수 있다. 순간회전중심은 **질점**[4]이 아니며, 그림 6.28에서 알 수 있듯이, 부품 b가 초기위치에 있을 때의 순간회전중심위치는 P_{bd}이며, 부품 b가 b'' 위치에 있을 때의 순간회전중심 위치는 $P_{b''d}$로서, 두 개의 순간회전중심을 가지고 있는 것처럼, 순간회전중심은 물체에 대한 절대위치와 상대위치가 변할 수 있는 **기하점**[5]이다.

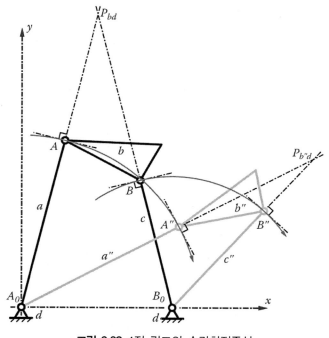

그림 6.28 4절 링크의 순간회전중심

---

4   material point.
5   geometric point.

프레임 부품(글로벌 기준좌표계)에 대한 물체의 순간회전중심뿐만 아니라 두 물체 사이의 상대적인 순간회전중심도 구할 수 있다. 그림 6.29에서, 부품 d는 프레임(글로벌 기준좌표계)이며 A_0 위치에서 막대형상인 부품 a와 피봇 조인트로 연결되어 있다. 따라서 A_0점은 부품 d에 대한 부품 a의 순간회전중심위치인 P_{ad}가 된다. A_0점은 또한 부품 a에 대한 부품 d의 순간회전중심위치인 P_{da}도 된다. 피봇 조인트인 A점은 부품 b를 부품 a와 연결시켜준다. A점은 부품 b에 대한 부품 a의 회전중심 P_{ab}이며, 또한 부품 a에 대한 부품 b의 회전중심인 P_{ba}이기도 하다. 피봇 조인트인 B점은 부품 c에 대한 부품 b의 순간회전중심 P_{bc}를 나타내며, 피봇조인트인 B_0점은 부품 d에 대한 부품 c의 순간회전중심인 P_{cd}를 나타낸다. 부품 d에 대한 부품 b의 순간회전중심 P_{bd}는 A점의 순간이동방향에 대한 수직선과 b점의 순간이동방향에 대한 수직선의 교차점에 위치하며, 이 수직선들은 각각, A점에 대한 연결부 회전중심인 P_{ad}와 P_{ba}를 연결하는 직선과 B점에 대한 연결부 회전중심들인 P_{cd}와 P_{bc}를 연결하는 직선에 해당한다.

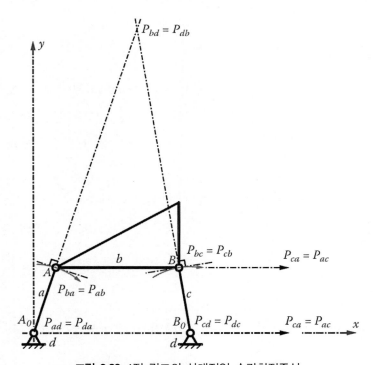

그림 6.29 4절 링크의 상대적인 순간회전중심

따라서 부품 d에 대한 부품 b의 순간회전중심 P_{bd}는 P_{ad}와 P_{ba}를 연결하는 직선과 P_{cd}와 P_{bc}를 연결하는 직선이 서로 교차하는 점이다.

$$P_{bd} = P_{db} = \overline{P_{ad}P_{ba}} \times \overline{P_{cd}P_{bc}} \tag{6.11}$$

P_{bd}와 마찬가지로, 순간회전중심 P_{ac}도 P_{ba}와 P_{bc}를 연결하는 직선과 P_{ad}와 P_{cd}를 연결하는 직선이 서로 교차하는 점이다.

$$P_{ac} = P_{ca} = \overline{P_{ad}P_{cd}} \times \overline{P_{ba}P_{bc}} \tag{6.12}$$

그런데 연결선 $\overline{P_{ad}P_{cd}}$와 $\overline{P_{ba}P_{bc}}$는 서로 평행하기 때문에, 부품 c에 대한 부품 a의 순간회전중심 P_{ac}는 무한히 먼 곳에 위치한다. 따라서 **그림 6.29**에 도시되어 있는 기하학적 배치 상태에서는 최소한 미소운동에 대해서 부품 c에 대하여 부품 a는 병진운동을 한다.

6.5.2 회전에 의한 변위

그림 6.26에 도시되어 있는 것처럼, 평면기구학에서는 물체상의 점들의 변위만을 고려하여 병진운동과 회전운동의 모든 조합을 순수한 회전운동으로 나타낼 수 있다.

그림 6.30에서는 점 P를 중심으로 각도 φ_z만큼 회전하여 점 A는 A'위치로 점 B는 B'위치로 이동하였다.

A점의 좌표값 x_A와 y_A, 회전중심위치 P의 좌표값 x_P와 y_P, P와 A 사이를 연결하는 직선과 x축 사이의 각도 α 그리고 회전각도 φ_z를 사용하여 A에서 A'로의 변위벡터 $\overrightarrow{u_A}$를 나타낼 수 있다.

$$\overrightarrow{u_A} = \begin{pmatrix} u_{Ax} \\ u_{Ay} \end{pmatrix} = \sqrt{(x_A - x_P)^2 + (y_A - y_P)^2} \begin{pmatrix} \cos(\alpha - \varphi_z) - \cos\alpha \\ \sin(\alpha - \varphi_z) - \sin\alpha \end{pmatrix} \tag{6.13}$$

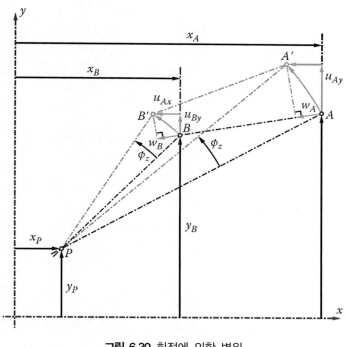

그림 6.30 회전에 의한 변위

코사인법칙과 사인법칙을 적용하여 다음과 같이 변위벡터 $\overrightarrow{u_A}$를 정리한다.

$$\overrightarrow{u_A} = \begin{pmatrix} u_{Ax} \\ u_{Ay} \end{pmatrix} = \sqrt{(x_A - x_P)^2 + (y_A - y_P)^2} \begin{pmatrix} \cos\alpha\cos\varphi_z - \sin\alpha\sin\varphi_z - \cos\alpha \\ \sin\alpha\cos\varphi_z + \cos\alpha\sin\varphi_z - \sin\alpha \end{pmatrix} \quad (6.14)$$

$$= \sqrt{(x_A - x_P)^2 + (y_A - y_P)^2} \begin{pmatrix} -\cos\alpha(1 - \cos\varphi_z) - \sin\alpha\sin\varphi_z \\ -\sin\alpha(1 - \cos\varphi_z) + \cos\alpha\sin\varphi_z \end{pmatrix}$$

덧셈정리를 사용하여 $(1 - \cos\varphi_z)$를 변환할 수 있고, 각도 α에 대한 사인과 코사인값을 A점의 좌표값인 x_A 및 y_A와 P점의 좌표값인 x_P 및 y_P를 사용하여 나타낼 수 있다. 따라서

$$\cos\alpha = \frac{(x_A - x_P)}{\sqrt{(x_A - x_P)^2 + (y_A - y_P)^2}} \quad (6.15)$$

$$\sin\alpha = \frac{(y_A - y_P)}{\sqrt{(x_A - x_P)^2 + (y_A - y_P)^2}} \quad (6.16)$$

$$\overrightarrow{u_A} = \begin{pmatrix} -(x_A - x_P)(1 - \cos\varphi_z) - (y_A - y_P)\sin\varphi_z \\ -(y_A - y_P)(1 - \cos\varphi_z) + (x_A - x_P)\sin\varphi_z \end{pmatrix} \tag{6.17}$$

$$= 2\sin^2\frac{\varphi_z}{2}\begin{pmatrix} -(x_A - x_P) \\ -(y_A - y_P) \end{pmatrix} + \sin\varphi_z\begin{pmatrix} -(y_A - y_P) \\ -(x_A - x_P) \end{pmatrix}$$

미소각에 대해서, $\sin\varphi_z \approx \varphi_z$로 근사화시킬 수 있다. 마찬가지로, $\sin\frac{\varphi_z}{2} \approx \frac{\varphi_z}{2}$로 근사화시킬 수 있다. 따라서

$$\overrightarrow{u_A} \approx \frac{\varphi_z^2}{2}\begin{pmatrix} -(x_A - x_P) \\ -(y_A - y_P) \end{pmatrix} + \varphi_z\begin{pmatrix} -(y_A - y_P) \\ -(x_A - x_P) \end{pmatrix} \tag{6.18}$$

순간회전중심 주변에 대한 회전을 선형화하는 경우에는 φ_z의 고차항들을 무시하고 궤적의 접선성분만을 고려한다. 이 근사화를 통해서 지면과 수직한 방향으로의 회전벡터 $\overrightarrow{\varphi_z}$와 좌표값이 각각 x_P, y_P와 x_A, y_A인 회전중심 P와 점 A를 연결하는 벡터 $(\overrightarrow{r_A} - \overrightarrow{r_P})$ 사이의 벡터곱을 구할 수 있다.

$$\overrightarrow{u_A} \approx \varphi_z\begin{pmatrix} -(y_A - y_P) \\ -(x_A - x_P) \\ 0 \end{pmatrix} = \begin{pmatrix} 0 \\ 0 \\ \varphi_z \end{pmatrix}\begin{pmatrix} (x_A - x_P) \\ (y_A - y_P) \\ 0 \end{pmatrix} = \overrightarrow{\varphi_z} \times (\overrightarrow{r_A} - \overrightarrow{r_P}) \tag{6.19}$$

이 근사에서는 A와 B 사이의 연결선 방향으로의 벡터 $\overrightarrow{u_A}$의 변위성분 w_A와 A와 B 사이의 연결선과 평행하며 길이가 동일한 벡터 $\overrightarrow{u_B}$의 변위성분 w_B가 사용된다. 변위성분 w_A와 w_B는 A와 B 사이를 연결하는 방향벡터 $\overrightarrow{n_{AB}}$와 변위벡터 $\overrightarrow{u_A}$ 및 $\overrightarrow{u_B}$의 스칼라곱을 사용하여 계산할 수 있다.

$$w_A = \overrightarrow{u_A} \cdot \overrightarrow{u_{AB}} \tag{6.20}$$

$$= \varphi_z \cdot \begin{pmatrix} -(y_A - y_P) \\ -(x_A - x_P) \end{pmatrix} \cdot \frac{1}{\sqrt{(x_B - x_A)^2 + (y_B - y_A)^2}}\begin{pmatrix} (x_B - x_A) \\ (y_B - y_A) \end{pmatrix}$$

$$= \frac{\varphi_z}{\sqrt{(x_B - x_A)^2 + (y_B - y_A)^2}} \left[x_A \cdot y_B - x_B \cdot y_A + y_P \cdot (x_B - x_A) - x_p \cdot (y_B - y_A) \right]$$

$$= \varphi_z \cdot \begin{pmatrix} -(y_B - y_P) \\ -(x_B - x_P) \end{pmatrix} \cdot \frac{1}{\sqrt{(x_B - x_A)^2 + (y_B - y_A)^2}} \begin{pmatrix} (x_B - x_A) \\ (y_B - y_A) \end{pmatrix}$$

$$= \overrightarrow{u_B} \cdot \overrightarrow{n_{AB}} = w_B$$

식 (6.17)에서, $\sin\varphi_z = 2\sin\dfrac{\varphi_z}{2}\cos\dfrac{\varphi_z}{2}$ 이므로,

$$\overrightarrow{u_A} = 2\sin^2\frac{\varphi_z}{2}\begin{pmatrix} -(x_A - x_P) \\ -(y_A - y_P) \end{pmatrix} + 2\sin\frac{\varphi_z}{2}\cos\frac{\varphi_z}{2}\begin{pmatrix} -(y_A - y_P) \\ -(x_A - x_P) \end{pmatrix}$$

그리고

$$\overrightarrow{u_B} = 2\sin^2\frac{\varphi_z}{2}\begin{pmatrix} -(x_B - x_P) \\ -(y_B - y_P) \end{pmatrix} + 2\sin\frac{\varphi_z}{2}\cos\frac{\varphi_z}{2}\begin{pmatrix} -(y_B - y_P) \\ -(x_B - x_P) \end{pmatrix} \tag{6.21}$$

변위벡터 $\overrightarrow{u_B}$에서 $\overrightarrow{u_A}$를 차감하여 x_P와 y_P를 소거하면

$$\overrightarrow{u_B} - \overrightarrow{u_A} = \begin{pmatrix} u_{Bx} - u_{Ax} \\ u_{By} - u_{Ay} \end{pmatrix} \tag{6.22}$$

$$= 2\sin^2\frac{\varphi_z}{2}\begin{pmatrix} (x_A - x_B) \\ (y_A - y_B) \end{pmatrix} + 2\sin\frac{\varphi_z}{2}\cos\frac{\varphi_z}{2}\begin{pmatrix} (y_A - y_B) \\ -(x_A - x_B) \end{pmatrix}$$

$2\sin^2\dfrac{\varphi_z}{2}$ 와 $2\sin\dfrac{\varphi_z}{2}\cos\dfrac{\varphi_z}{2}$ 에 대한 선형방정식들은 다음과 같이 주어진다.

$$2\sin^2\frac{\varphi_z}{2} = \frac{(x_A - x_B)(u_{Bx} - u_{Ax}) + (y_A - y_B)(u_{By} - u_{Ay})}{(x_A - x_B)^2 + (y_A - y_B)^2} \tag{6.23}$$

$$2\sin\frac{\varphi_z}{2}\cos\frac{\varphi_z}{2}=\frac{(y_A-y_b)(u_{Bx}-u_{Ax})-(x_A-x_B)(u_{By}-u_{Ay})}{(x_A-x_B)^2+(y_A-y_B)^2}$$

$$\tan\frac{\varphi_z}{2}=\frac{(x_A-x_B)(u_{Bx}-u_{Ax})+(y_A-y_B)(u_{By}-u_{Ay})}{(y_A-y_B)(u_{Bx}-u_{Ax})-(x_A-x_B)(u_{By}-u_{Ay})}$$

$$=\frac{(u_{Bx}-u_{Ax})(x_A-x_B)+(u_{By}-u_{Ay})(y_A-y_B)}{(u_{Bx}-u_{Ax})(y_A-y_B)-(u_{By}-u_{Ay})(x_A-x_B)}$$

$$\varphi_z=2\arctan\left(\frac{(u_{Bx}-u_{Ax})(x_A-x_B)+(u_{By}-u_{Ay})(y_A-y_B)}{(u_{Bx}-u_{Ax})(y_A-y_B)-(u_{By}-u_{Ay})(x_A-x_B)}\right)$$

$2\sin^2\dfrac{\varphi_z}{2}$와 $2\sin\dfrac{\varphi_z}{2}\cos\dfrac{\varphi_z}{2}$를 알고 있다면, x_P와 y_P에 대한 선형방정식 (6.21)은 다음과 같이 정리된다.

$$\overrightarrow{u_A}=\begin{pmatrix}u_{Ax}\\u_{Ay}\end{pmatrix}=2\sin^2\frac{\varphi_z}{2}\begin{pmatrix}-(x_A-x_P)\\-(y_A-y_P)\end{pmatrix}+2\sin\frac{\varphi_z}{2}\cos\frac{\varphi_z}{2}\begin{pmatrix}-(y_A-y_P)\\-(x_A-x_P)\end{pmatrix} \qquad (6.24)$$

$$x_P=x_A+\frac{1}{2}\left[u_{Ax}-\frac{(u_{Ax}-u_{Bx})(y_A-y_B)-(u_{Ay}-u_{By})(x_A-x_B)}{(u_{Ax}-u_{Bx})(x_A+x_B)+(u_{Ay}-u_{By})(y_A-y_B)}u_{Ay}\right] \qquad (6.25)$$

$$y_P=y_A+\frac{1}{2}\left[\frac{(u_{Ax}-u_{Bx})(y_A-y_B)-(u_{Ay}-u_{By})(x_A-x_B)}{(u_{Ax}-u_{Bx})(x_A+x_B)+(u_{Ay}-u_{By})(y_A-y_B)}u_{Ax}+u_{Ay}\right]$$

따라서 A점과 B점의 좌표값인 x_A, y_A와 x_B, y_B와 회전중심 P의 위치 x_P 및 y_P 그리고 회전각도 φ_z를 알고 있다면 두 점 A 및 B의 변위벡터인 $\overrightarrow{u_A}$와 $\overrightarrow{u_B}$를 구할 수 있다(식 (6.23)~(6.25)).

6.6 공간기구학운동

앞 절에서는 평면변위에 대해서 살펴보았다. 이 절에서는 3차원 공간 내에서 발생하는 변위에 대해서 살펴보기로 한다. 앞서 설명했듯이, 모든 운동을 회전운동과 병진운동으로 나타낼 수 있다(식 (6.19)). 비록 기준점이 필요하기는 하지만 **공간운동**도 회전운동과 병진운동의 조합으로 나타낼 수 있다. 원점 O와 좌표 x, y 및 z를 사용하여 나타낸 기준좌표계에 대해서 공간 내에서 강체를 나타내는 경우를 사용하여 이 개념을 간단하게 이해할 수 있다. 강체상의 A점의 위치를 각각 원점 O에서 A점까지의 x, y 및 z 방향으로의 거리인 x_A, x_B 및 x_C로 나타내는 것에서부터 시작한다. 이 강체는 A점의 좌표값들을 하나도 변화시키지 않으면서 A점을 중심으로 회전할 수 있다. 강체상의 A점에 위치하는 국부좌표계가 있다고 하자. 국부좌표계의 축들은 기준좌표계의 축들과 완벽하게 평행하거나 x, y 및 z 축방향에 대해서 각각 α, β 및 γ만큼 각도로 회전해 있을 수도 있다. α, β 및 γ의 각도값들은 공간 내에서 강체의 배향정보를 나타내고 있다. 이제 이런 경우의 병진운동과 회전운동에 대한 정의를 살펴보기로 하다. 병진운동(또는 **순수병진**)의 경우에는 강체 A의 x_A, x_B 및 x_C의 좌표값은 변하지만 α, β 및 γ값들은 변하지 않는다. 회전운동(또는 **순수회전**)의 경우에는 강체 A의 x_A, x_B 및 x_C의 좌표값은 변하지 않으며, α, β 및 γ값들은 변한다. 이 경우, A점의 변위는 발생하지 않으며, 이 A점을 통과하는 특정한 직선상의 모든 점들의 변위도 0이다. 이런 직선을 회전운동의 축선 또는 단순히 **회전축선**이라고 부른다. 만일 병진운동은 x_A, x_B 및 x_C의 3개 인자들을 필요한 만큼 변화시키며, 회전운동은 α, β 및 γ의 3개 인자들을 필요한 만큼 변화시킨다고 한다면, 이들 6개의 인자들을 필요한 만큼 변화시켜서 병진운동과 회전운동의 조합을 구현할 수 있으며, 이를 통해서 모든 임의의 운동을 구현할 수 있다. 따라서 3차원 임의운동은 병진운동과 회전운동 또는 회전운동과 병진운동의 조합과 등가이다(에크하르트 1998).

그런데 병진운동과 회전운동을 사용하여 공간운동을 나타내는 데에는 한 가지 문제가 있다. 이는 모든 공간운동이 회전운동은 아니라는 점 때문이다. 예를 들어, **그림 6.31**에 도시되어 있는 **나사운동**에 대해서 살펴보기로 하자. 이 운동의 경우, 공간 내 특정한 직선을 따라서 회전이 발생하며, 이와 동시에 동일한 직선을 따라서 병진운동도 일어난다. 나사운동의 경우, 나사축상의 점들은 축선을 따라서 움직이며, 축선에서 떨어진 위치의 점들은 나선형태로 움직인다. 따라서 고정된 점들이 없기 때문에 이는 회전운동이 아니다.

사실, 나사운동이 공간운동의 강력한 표현방법이며 **나사이론** 또는 **샤슬스의 정리**의 기초가 되었다(야자르 2007). 이 정리에 따르면, 모든 공간운동은 특정한 축선방향으로의 회전운동과 이와 동일한 축방향으로의 병진운동의 조합으로 나타낼 수 있다. 이 정리를 설명하기 위해서는 몇 가지 용어가 중요하다. 나사는 특정한 피치를 가지고 있는 직선이나 축선이다. 여기서 **피치**는 직선성분과 각도성분의 비율이다. **꼬임**은 나사축선의 회전과 나사축선방향으로의 병진을 유발하는 스칼라량이다. 회전각도는 꼬임량이며, 병진거리는 꼬임량에 피치량을 곱한 값이다(따라서 피치는 회전에 대한 병진의 비율이다). 따라서 샤슬스의 정리는 모든 공간운동은 특정한 나선에 대한 꼬임운동이다라고 다시 정리할 수 있다(메이슨 2001).

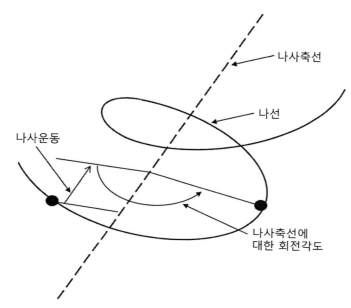

그림 6.31 나사운동은 공통축선에 대한 병진운동과 회전운동의 조합이다.

4변수함수인 $\tilde{s}(h, \phi, \hat{a}, \vec{s})$를 사용하여 나사운동을 나타낼 수 있다. 여기서 h는 병진변위(또는 피치 $p = h/\phi$), ϕ는 꼬임각도, $\hat{a}$는 단위벡터 또는 꼬임축 그리고 $\vec{s}$는 위치벡터이다(**그림 6.32** 참조). 위치벡터 $\vec{s}$는 글로벌 기준좌표에 대한 나사축상에서 점의 위치를 나타낸다. 꼬임각 ϕ, 꼬임축 $\hat{a}$ 그리고 피치 p(또는 병진변위 h)를 **나사계수**라고 부른다.

샤슬스의 정리에 따르면,

- 나사운동은 나사피치에 의해서 병진운동이 회전운동과 커플링되기 때문에 1자유도만을 가지고 있다.

- 모든 운동모드들을 나사운동으로 간주할 수 있다. 강체회전은 나사피치가 0인 나사운동이다. 강체병진은 나사피치가 무한히 긴 나사운동이다.
- 이상적인 미소운동을 정의할 때에 나사운동을 사용할 수 있다. 이를 통해서 특정 시점에 일어나는 임의의 운동은 운동의 순간속도와 각속도를 사용해서 나타낼 수 있는 나사운동과 꼬임량을 가지고 있다.

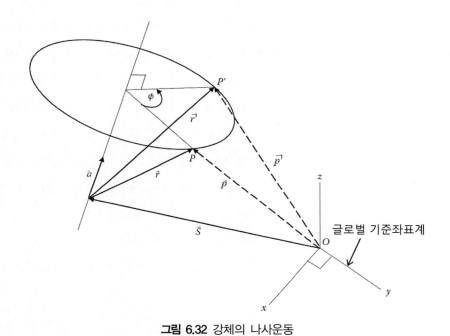

그림 6.32 강체의 나사운동

6.7 간단한 사례 연구

메커니즘의 기하학적 거동이 설계에 어떤 영향을 미치는지를 고찰하기 위해서, 기계 내에 설치되어 있는 특정한 유형의 엔드이펙터의 공간운동에 대해서 살펴보기로 하자. 물체나 물체들의 위치(위치와 배향)를 옮기기 위해서 **픽앤플레이스** 기계가 필요하다(물체들을 특정한 초기위치에서 특정한 최종위치로 옮기기 위해서 이 중요한 유형의 기계가 사용되며, 자동생산 및 자동조립 시스템에서 매우 일반적으로 사용된다). 앞서의 논의에 기초하여, 병진운동과 회전운동을 통해서 물체가 임의 위치에서 다른 위치로 이동할 수 있다. 간단히 말해서 2자유도 기계를 사용하여 이를 구현할 수 있다. 샤슬스의 정리에 따르면 이 병진운동과 회전운동을 동시에 구현할 수 있으며, 필요한 변위를 구현하기 위해서 나사와 너트(또는 나사운동을 구현할 수 있는 부품들의 조합)로 이루어진 1자유도 기계를 사용하여 필요한 변위를 구현할 수 있다. 그런데 사용할 자유도의 결정에 영향을 미칠 수 있는 또 다른 현실적인 요인들이 존재한다. 예를 들어, 물체가 있어야 하는 초기위치가 변하는 시스템 내에서 픽앤플레이스 시스템을 사용하는 경우를 생각해보자(물체를 가져다놓을 최종위치도 변할 가능성이 매우 높다). 예를 들어, 만일 물체가 항상 위를 향하며, 항상 북쪽을 바라보도록 테이블의 상부에 놓이기는 하지만 테이블 상부의 임의위치에 놓인다면, 물체의 위치를 나타내기 위해서 두 개의 인자들(x 및 y)을 지정해야 하기 때문에 초기위치는 2자유도를 가지고 있게 된다. 따라서 초기위치의 편차를 수용하기 위해서는 샤슬스의 정리에서 요구하는 최소한의 자유도인 1자유도에 추가적으로 2자유도가 더 필요하게 되므로, 총 3자유도를 갖게 된다. 초기위치와 더불어 최종위치도 수용해야만 한다면, 하나의 위치편차가 다른 위치편차도 수용하도록 만들기 위해서 추가적인 자유도가 필요하게 되므로, 상황이 훨씬 더 복잡해진다. 그러므로 간단하게 자유도를 추가할 수는 없다(에크하르트 1998).

설계과정에서 메커니즘의 기구학적 거동을 고려할 때에 설계자와 엔지니어는 메커니즘이 사용될 상황에서의 실제적인 요구조건에 비추어 (기본 설계원리에 기초한) 이론적인 모델을 신중하게 만들어야 한다.

6.8 기구학적 설계와 실제 적용

6.8.1 서 언

앞서의 논의에 따르면, 3개의 병진운동과 3개의 회전운동으로 이루어진 6자유도를 사용하여 메커니즘 내에서 다른 부품에 대한 특정 부품(또는 링크)의 위치와 배향을 나타낼 수 있다(6.2.3절과 6.6절 참조). 따라서 메커니즘 내에서 특정 부품의 위치를 정밀하게 결정하기 위해서는 이 6자유도 중에서 N개의 자유도를 구속해야만 한다. 설계인자들은 N자유도의 운동에 저항력을 제공하여 위치와 배향을 유지하도록 만들어주는 수단으로서, 일반적으로 연결 조인트가 사용된다. 다시 말해서, 메커니즘을 구성하는 부품이 원래 있어야 할 곳에 위치해 있다면, 메커니즘은 원래 설계된 기능을 수행할 것이다. 구속조건이 적용되면, 자유도가 감소하며 부품은 있어야 할 곳에 위치한다(즉, 부품의 위치가 결정된다. 슬로컴 1992, 화이트헤드 1954).

과도구속이나 과소구속 설계에 의한 예상치 못한 영향을 피하는 것이 정밀기계에서 **정확한 구속** 또는 **기구학적 설계**의 가장 중요한 목적이다. 계측프레임과 같은 민감한 부품이나 시스템을 치수가 변하는 지지기구나 가공공차로부터 분리하기 위해서 이런 설계방법이 사용된다(헤일 1999). 정확한 구속 메커니즘에서, 부품의 각 자유도는 설계상의 요구조건에 따라서 개별적으로 고려되며 구속된다. 이와 같이, 정확한 구속기구는 필요한 방향으로의 운동을 구속하기 위해서 최소 숫자의 구속을 사용하며, 여타의 자유도는 건드리지 않는다. 해석과정에서는, 미지수의 숫자와 방정식의 숫자가 동일한 변위 및 힘에 대한 벡터루프들을 사용하여 정확한 구속 메커니즘을 정의할 수 있다. 부품의 형상에 임의의 가공공차가 존재하는 경우에 부품의 위치를 결정하기 위해서 이 방정식들을 사용할 수 있다. 그러므로 정확한 구속 메커니즘의 **정확도**는 가공공정과 직접적인 상관관계를 가지고 있으며, 이를 손쉽게 보정할 수 있다. 반면에 **반복도**는 마찰, 조인트 조립체의 공차효과, 환경오염 그리고 열오차 등과 같은 조립공정 인자들에 의존한다(슬로컴 1992, 블렌딩 1999, 헤일 1999).

순수한 기구학적 설계를 실제로 구현하는 것은 어려운(비싼)일이며, 접촉위치에서의 높은 응력발생, 하중지지용량의 제약 그리고 메커니즘의 강성한계 등과 같은 단점을 가지고 있기 때문에, 특정한 용도에는 사용이 제한된다. 정밀공학 설계 교재에서는 약간 꼼수에 해당하는 설계기법인 **준기구학적 설계**[6]가 사용된다. 꼼수란 설계과정에서 약간의 절충이 이루어졌다는 것을 의미한다. 다양한 유형의 기구학적 설계가 가지고 있는 장점과 단점을 이해하고 메커니즘 내에서 사용할 구속장치의 구현 가능한 현실적인 대안을 찾아내기 위해서 이런 절충을 수행하는 것이 중요하다(헤일 1999).

순수한 기구학적 설계와 준기구학적 설계의 개념을 설명하기 위해서, 스미스와 체번드 (2003)가 제시하고 7장의 7.2.2절에서 설명하고 있는 회전축 설계 사례에 대해서 살펴보기로 한다. 6.3절에서 논의했던 기구학적 설계원리에 입각하여, **그림 6.33**에 도시되어 있는 것처럼

---

6   semi-kinematic design or pseudo-kinematic design.

강체 링크로 연결되어 있는 두 구체를 사면체 홈과 V−그루브를 사용하여 지지한 설계시안이 제시되어 있다. 이 5점접촉 시스템은 올바른 구속하에서 1축회전을 수행한다. 그런데 두개의 사면체 홈을 사용하여 강체링크로 연결된 두 개의 구체를 구속하면 어떤 일이 벌어질까? 이는 과도구속 메커니즘에 해당하므로 회전은 가능하겠지만 반복도가 나빠진다. 이는 구체들 사이를 연결하는 강체 링크의 길이가 정확할 때에만 구체들이 사면체 홈 속에 정확히 안착되기 때문이다. 하지만 이를 위해서는 부품들을 정확한 치수로 가공해야만 하기 때문에 엄격한 공차관리에 따르는 비용 증가가 초래된다. 설계의 일반원칙에 따르면, 순수한 기구학적 설계에서 벗어나면 가공비용의 증가가 초래된다(스미스와 체번드 2003).

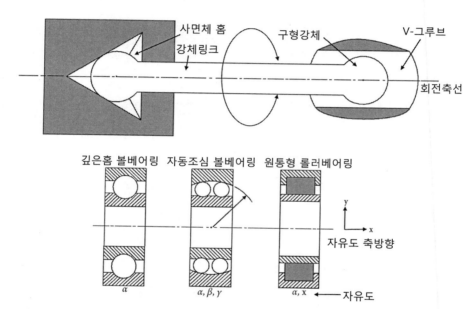

그림 6.33 (위) 5개의 구속조건을 가지고 있는 회전축의 기구학적 모델, (아래) 구름요소베어링들과 이들의 자유도 축방향

이제, 앞서와 동일한 회전축 사례에 대해서 하중을 지지하기 위한 축설계에 대해서 살펴보기로 하자. 나중에 설명하겠지만, 점접촉은 일반적으로 하중지지 목적에 적합하지 않기 때문에, 적절한 베어링을 사용하여 축방향 회전을 유지하면서 회전축의 위치를 유지시킬 수 있다. 기구학적 구속원리에 따르면 회전축의 한쪽은 3자유도를 가지고 있는 베어링을 사용하며, 다른 쪽은 4자유도를 가지고 있는 베어링을 사용하여야 한다. 이런 경우에 어떤

베어링을 선정하여야 하겠는가? **그림 6.33**에서는 몇 가지 구름요소 베어링들과 이들의 회전 및 병진방향 자유도를 보여주고 있다. 깊은 홈 볼 베어링은 5자유도를 구속하는 마운팅기구이다. 자동조심 베어링의 내륜은 외륜에 대해서 3축 방향 모두 회전할 수 있기 때문에, 기구학적으로는 사면체 홈에 안착된 구체와 등가이다. 롤러베어링의 내륜은 x축 방향으로 자유롭게 회전할 수 있으며, 병진운동도 가능하다. 이 베어링은 직선형 V-그루브에 안착된 구체와 등가이다. 축방향 하중이 존재한다면 테이퍼롤러베어링을 사용할 수도 있다(6.3.3.7절 참조). 그런데 회전축에 훨씬 더 큰 하중이 부가된다면 구름요소 베어링으로는 충분치 못하며, 평면형 동수압 또는 정수압 베어링을 사용하여야 한다(**그림 6.34** 참조). 다른 유형의 베어링들에 대해서는 7장을 참조하기 바란다.

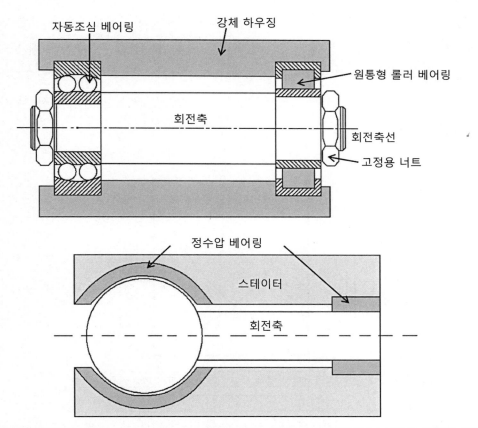

그림 6.34 회전축의 사례들. (위) 구름요소 베어링 장착, (아래) 저널베어링이나 정수압 베어링 장착

이 사례에 대해서 회전축의 양단에 두 개의 깊은 홈 볼 베어링을 사용하는 방안을 생각해 볼 수 있다. 하지만 이는 매우 심한 과도구속을 유발한다(10개의 구속). 대신에 한쪽에는 자동조심 베어링을 사용하고, 다른 한쪽에는 원통형 롤러베어링을 사용하여야 한다(그림 6.34). 하지만 이 경우에도 1자유도만 허용되어 있지만, 여전히 7개의 자유도가 구속된 과도구속 상태이다. 두 개의 깊은 홈 볼베어링을 사용하는 것이 경제적으로는 매력적이다. 실제로, 자동조심 베어링이나 원통형 롤러베어링과 같은 여타의 구름요소 베어링들에 비해서 깊은 홈 볼 베어링의 제조비용이 싸기 때문에 일반적으로 한 쌍의 깊은 홈 볼 베어링을 사용한다. 그런데 두 베어링의 회전축을 일치시키기 위해서 공차를 엄격하게 관리하기 위해서는 현저한 제조비용이 소요된다.

사실, 구름요소 베어링을 사용하는 설계는 단순 기구학적 설계에 비해서 훨씬 더 비싸다. 동수압 베어링이나 정수압 베어링을 사용하는 것도 기구학적 설계에 비해서 값싼 대안이 될 수 없다. 이상적으로는 기구학적 설계원리나 준기구학적 설계에 근접하는 설계를 도출하는 것을 목표로 삼아야만 한다. 기구학적 설계나 준기구학적 설계의 동인을 그림 6.35에서는 간단한 도표를 사용하여 손쉽게 나타내었다. 이 주제에 대해서는 다음 절에서 더 자세히 설명할 예정이다.

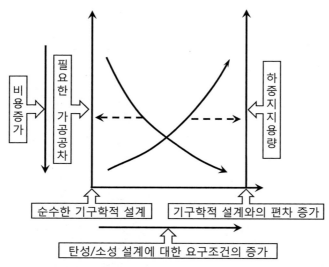

그림 6.35 기구학적 설계를 사용하는 동인에 대한 간단한 도표

그런데 소위 탄성설계 또는 **탄성평균화 설계**라고 부르는 기구학적 설계원리와는 다른 방식의 설계원리가 존재한다. 이 설계방법론은 기구학적 설계나 준기구학적 설계와는 별개로 간주해야 한다. 기구학적 설계와는 반대로, 탄성평균화란 용어는 비교적 유연한 부재를 사용하여 많은 수의 접촉점을 형성하여 과도구속 방식으로 두 고체물체를 연결하는 조건을 나타낸다(7장 참조). 구조물의 탄성을 활용하는 이 방법은 많은 시스템에 사용되고 있으며, 이에 대해서는 나중에 살펴보기로 한다. 탄성평균화를 사용하여 구현할 수 있는 반복도와 정확성은 결정론적 방법인 기구학적 설계에 비해서 높지는 않지만, 높은 강성과 낮은 국부응력을 이룰 수 있다(헤일 1999, 슬로컴 2010, 윌로우비 2005).

메커니즘의 기구학적 설계에 수많은 옵션들을 적용할 수 있겠지만, 몇 가지 중요한 인자들에 의해서 설계가 결정되어버린다. 이 인자들에 대해 충분히 주의를 기울이지 않는다면, 설계와 제작비용이 상승하고 성능이 저하되어버린다. 이런 인자들에 대해서 설계옵션들을 평가하는 것은 기구학적 설계과정에서 중요한 사안이므로 다음 절에서 자세히 살펴보기로 한다. 편의상 정확한 기구학적 설계원리를 사용하여 만들어진 두 가지 가장 일반적인 기구학적 커플링에 대해서 살펴보기로 한다. 그런데 특정한 기구학적 커플링의 설계 사례에 대한 검토를 수행하기 전에, 모든 기구학적 설계에서 일반적으로 중요하게 간주되는 다음의 몇 가지 핵심사항들에 대해서 주의를 기울일 필요가 있다.

6.8.2 설계상의 일반적인 고려사항들

6.8.2.1 기구학적 설계의 시스템적 고려사항들

기구학적 설계의 사례로 두 개의 부품들과 이들 사이의 접촉요소들로 이루어진 기구학적 커플링에 대해서 살펴보려고 한다. 두 요소들의 서로에 대한 상대적인 자세와 배향은 상대적인 6자유도로 나타낼 수 있다. 따라서 서로에 대해 상대적인 두 요소 사이의 정밀 위치 결정을 위한 요구조건은 커플링 시스템이 N자유도를 구속해야 한다는 것이다. 이는 N자유도의 운동에 저항력을 부가하는 접촉요소들을 사용하여 이를 구현할 수 있다. 커플링의 한쪽 요소를 다른 요소에 대해서 위치를 맞추는 반복도는 이 커플링 시스템이 가지고 있는 설계특성과 관련되어 발생하는 오차에 의존한다. 만일 기구학적 커플링을 시스템이라고 간주한다면, 예를 들어 커플링에 부가되는 하중과 커플링 요소들과 접촉요소들 사이의 마찰력과 같은 커플링의 설계특성을 입력으로 나타내며, 커플링의 형상, 소재 및 열특성과 같은 시스템 자체의 특성으로 사용하고, 커플링의 한쪽 요소와 다른 요소 사이의 상대적인 위치와 같은 시스템의 출력으로 나타낼 수 있다. 기구학적 커플링을 시스템으로 간주한 개념이 **그림 6.36**에 간단한 도표로 제시되어 있다. 만일 커플링에 부가되는 하중(입력)이 커진다면, 접촉요소와 커플링 구성요소들 사이의 접촉상태가 변할 수 있다. 이런 입력상태의 변화가 오차를 유발하며 커플링의 반복도에 영향을 미친다. 마찬가지로, (볼들의 직경과 같은) 접촉 요소들의 치수가 변하면, 시스템 특성이 변화가 초래되어 커플링의 반복도에 영향을 미친 다. 따라서 기구학적 시스템의 입력과 시스템 특성의 변화는 기댓값과는 다른 출력값의 편 차를 유발하며, 이 편차를 **오차** 또는 **반복도**라고 부른다(헤일과 슬로컴 2001, 슈텐 1997).

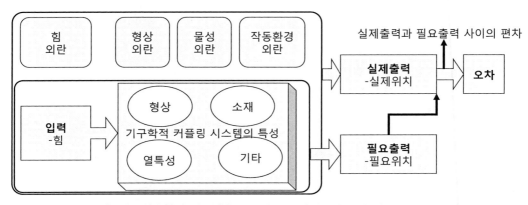

그림 6.36 기구학적 커플링을 시스템으로 나타내기 위한 단순화된 모델

6.8.2.2 기구학적 설계의 이동도 고려사항들

6.4절에서 살펴보았듯이, 메커니즘의 **이동도** M은 부품수 n, 연결조인트의 수 j 그리고 모든 연결조인트들의 자유도의 수 총합 Σf_i에 대해서 체비체프, 그뤼블러 및 쿠츠바흐의 공식을 사용하여 계산할 수 있다(식 (6.3)). 이상적으로는 이동도가 0이면 기구학적 클램프, 1과 2인 경우는 각각 1자유도 및 2자유도 메커니즘에 해당한다. 만일 이 이동도가 필요한 운동의 올바른 값과 일치하지 않는다면, 왜 이런 일이 발생했는지를 살펴보는 것이 메커니 즘의 조립과정이나 사용과정에서 발생할 수 있는 문제들을 파악할 수 있는 식견을 제공해 준다. 그런데 때로는 여분의 자유도가 메커니즘의 기능에 영향을 미치지 않는 경우도 존재

한다. 예를 들어, 양단에 볼 조인트가 달려 있는 밀대는 축방향으로 회전이 가능하지만 이로 인하여 양단 사이의 거리가 변하지 않는다.

과소구속(이동도값이 양)된 메커니즘 내에서는 두 부품들 사이에 특정한 상대자유도를 유지할 수 없다. 이동도가 음이라면 기구학적으로 과도구속이 이루어진 것이며, 이는 메커니즘 설계가 제대로 이루어지지 않았다는 경고신호이다. 메커니즘이 과도구속되어 있다면, 특정한 방향에 대해서 다수의 구속조건들이 메커니즘의 위치를 결정하기 위해서 서로 싸울 것이다. 공차를 가지고 있는 실제의 부품을 조립하는 경우에, 과도구속은 부품의 변형을 유발한다. 많은 경우에 이런 영향을 허용할 수 있지만, 조립과정에서 발생하는 (크기를 알 수 없는) 내부응력이 후속 조립 단계나 사용과정에서 파손을 유발할 수도 있다. 이와는 반대로, 정확한 구속설계나 기구학적 설계는 조립이 용이하며 훨씬 더 큰 공차를 가지고 있는 부품을 변형없이 조립할 수 있다(에크하르트 1998, 글로컴 1992, 스미스와 체번드 2003).

어떤 메커니즘이 기대하는 이동도 값을 가지고 있다고 해서, 목적에 맞는 설계가 이루어졌다고 결론지을 수는 없다. 의자의 경우를 생각해보자. 다리가 3개인 의자의 경우에는 일반적으로 다리의 길이와 유연성이 중요한 인자가 되지 못한다. 3개의 다리들은 하중이 부가되면 항상 지면과 접촉을 이루며, 의자는 3자유도에 대해서 올바른 구속을 이루지만, 나머지 3자유도에 대해서는 자유롭게 움직일 수 있다. 그런데 이런 의자에 부가되는 하중 벡터가 다리들의 접촉이 이루는 삼각형 경계 내를 지나지 않는다면 의자가 넘어져 버린다. 반면에 각각의 다리들이 적절한 유연성을 가지고 있는 다리가 5개인 의자의 경우에는, 사람이 앉으면 모든 다리들이 약간씩 변형하면서 모든 다리들이 지면과 접촉을 이룬다(탄성설계). 이런 과도구속 의자는 설계와 제작비용이 더 비싸지만, 다리의 접촉점들이 이루는 다각형 경계 내의 임의위치에 하중이 부가되어도 의자는 넘어지지 않는다. 이런 경우에는 이동도가 설계의 확인수단으로 사용되지 않는다. 만일 비용이 설계에 영향을 미치지 않는다면, 다리가 3개인 의자보다 다리가 5개인의자를 선호할 것이다. 따라서 메커니즘의 물리적 거동과 설계를 구현하기 위해서 소요되는 비용에 대한 실제적인 이해가 이동도 계산과 조화를 이룬다면, 설계개선이 가능할 것이다(슬로컴 2010, 스미스와 체번드 2003).

6.8.3 기구학적 커플링

그림 6.37에서는 가장 일반적으로 사용되는 두 가지 기구학적 커플링의 설계를 보여주고 있다. 한쪽 부품에 장착된 3개의 볼들이 다른 쪽 부품의 표면에 설치되어 있는 사면체 홈, (사면체를 향하고 있는) V-그루브, 그리고 평면 위에 안착되도록 설계된 커플링을 **I형 켈빈 클램프**라고 부른다. 표준 기구학적 커플링의 또 다른 형태인 **II형 켈빈 클램프**에서는 한쪽 부품에 장착된 3개의 볼들이 다른 쪽 부품의 표면에 설치되어 있는 3개의 V-그루브들 위에 안착된다(돈펠트와 리 2008, 슬로컴 1992). I형 클램프의 기하학적 구조는 사면체 홈의 위치에 기초하여 병진위치의 결정에 뛰어난 성능을 가지고 있지만, 비대칭 구조를 가지고 있다. II형 켈빈 클램프의 그루브들은 세 개의 구체들이 이루는 삼각형의 도심 위치를 향하도록 그루브들이 120° 각도로 배치되어 있으며, 이로 인하여 열팽창의 영향을 받지 않는다. 또한 II형 클램프의 기하학적 형상은 제작이 용이하다. 이들 두 가지 형태의 클램프 모두 시편의 설치에 일반적으로 사용되며, 계측기에서 탈착 후 정확한 위치에 다시 설치할 수 있다(윌리엄슨과 헌트 1968). 접촉을 유지하기 위해서 일반적으로 중력, 자석 또는 스프링 등이 사용된다. 그런데 경위의[7] 마운트나 다양한 환경하에서 사용되는 여타의 계측기기와 같은 용도에 대해서는 II형 클램프가 더 일반적으로 사용된다.

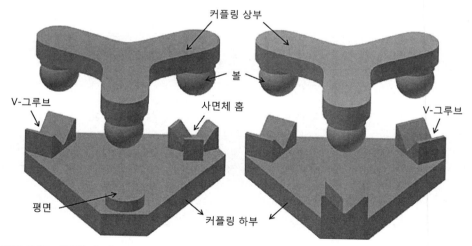

그림 6.37 기구학적 커플링의 일반적인 유형. (좌측) I형 켈빈 클램프, (우측) II형 켈빈 클램프

---

7   theodolite: 수평, 수직을 관측하는 계측기(역자 주).

그림 6.37과 **그림 6.7**에 도시되어 있는 사면체 홈은 일반적인 가공기법을 사용해서는 제작하기 어렵다. 실제의 경우, 이 사면체 홈을 다른 구조로 대체하는 것이 가능하다. **그림 6.38**에서는 세 개의 평면형 사면체 홈을 세 개의 구체로 대체한 사례를 보여주고 있다. 이들 세 개의 구체들 위에 네 번째 구체를 올려놓으면 각각의 접촉점들이 공통접선을 이룬다. 마찬가지로, V-그루브 대신에 **그림 6.39**에 도시되어 있는 것과 같은 평행한 두 개의 실린더가 실제에서는 매우 자주 사용되고 있다. 그림 6.39에서는 또한 좌표 측정 시스템(CMS, 5장 참

그림 6.38 사면접촉의 구현방법

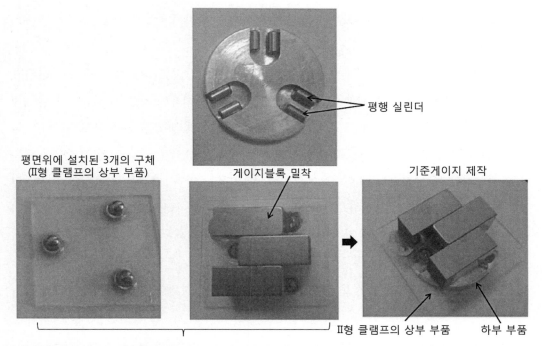

평행 실린더

평면위에 설치된 3개의 구체
(II형 클램프의 상부 부품)

게이지블록 밀착

기준게이지 제작

II형 클램프의 상부 부품   하부 부품

그림 6.39 (위) 평행 실린더를 사용하여 구현한 V-그루브, (아래) 기준게이지를 제작하기 위해서 II형 클램프에 적용한 유사 V-그루브

조)의 프로브형 스타일러스의 유효직경을 측정하기 위해서 사용되는 기준게이지를 제작하기 위하여 II형 클램프를 사용하는 사례를 보여주고 있다. 이 게이지는 온도에 둔감하며 좌표 측정 시스템의 위치 결정 오차로 인한 불확실도를 최소화시켜준다.

6.8.4 기구학적 커플링의 설계 시 고려사항들

기구학적 커플링의 성능은 일부 중요한 설계인자들에 의존하므로 설계과정에서는 이에 대한서 세심한 고려가 필요하다. 순수한 기구학적 커플링들에 대해서만 설계 시 고려사항들을 제시하였지만, 모든 기구학적 커플링에 대해서 이 개념들을 적용할 수 있다.

6.8.4.1 하중지지용량

기구학적 커플링의 **하중지지용량**은 **헤르츠 접촉응력**에 직접적인 영향을 받는다(3장 참조). 사실, 헤르츠접촉은 점접촉이나 선접촉을 이루는 물체들 사이에 발생하는 높은 응력을 통칭한다(3.5.6절 참조). 헤르츠 접촉응력은 국부적으로 매우 높게 발생하기 때문에, 스폴링,[8] 크랙성장 그리고 여타의 파손메커니즘이 발생하는 위치로 작용한다(존슨과 존슨 1987, 슬로컴 2010).

기구학적 커플링에서는 점접촉이 이루어지므로, 이론적으로는 정확한 구속이 구현되며, 하중이 작은 한도 내에서는 실제적인 모든 용도에 대해서 적용이 가능하다. 그런데 물체의 자중이나 예하중에 의해서 더 큰 하중이 부가되면, 접촉점에 발생된 높은 헤르츠응력이 국부변형을 유발하며(점접촉이 헤르츠접촉 타원으로 변화된다), 이는 추가적인 직각방향 구속으로 작용한다. 표면마찰도 표면접촉에서 중요한 역할을 한다. 마찰은 커플링의 초기조립과정에서 반복도를 현저히 저하시킨다. 두 커플링의 표면들이 서로 접촉하면, 표면들 사이에 마찰이 증가하여 커플링이 가장 낮은 에너지상태로 안착되는 것을 방해하는 힘이 생성된다. 커플링을 탈착할 때마다 각 접촉점의 초기위치와 부가된 힘의 정확한 방향 사이의 복잡한 상관관계에 기초하여 서로 다른 위치에 커플링이 안착된다. 따라서 기구학적 커플링

---

8   spalling: 표면균열이 있는 위치에 하중이 가해져서 표면이 박리되는 현상(역자 주).

의 가장 큰 제한은 접촉영역의 표면조도이며, 하중지지용량과 강성은 헤르츠 접촉응력에 의해서 제한된다(컬페퍼 2000, 슬로컴 2010, 윌로비 2005).

마찰은 기구학적 위치의 반복도를 제한하기 때문에 경질표면과 낮은 계면전단강도가 커플링 설계에 있어서 이상적이다. 커플링 표면에 지방산을 함유한 오일(윤활) 피막을 도포하거나 폴리머 박막, 저강도 금속 또는 충상박막을 코팅하여 이를 구현할 수 있다(스미스와 체번드 2003).

높은 수준의 반복도를 구현하기 위해서는 커플링의 접촉계면에서의 변형과 마찰을 관리하는 것이 중요하다. 경질연마 강철표면을 사용하면 수 마이크로미터~마이크로미터 이하 수준의 반복도를 구현할 수 있다. 질화티타늄과 같은 경질금속을 코팅하면 부식을 방지할 수 있지만 탄성계수의 차이로 인하여 고응력하에서 파손이 유발될 우려가 있다. 커플링 표면에는 경질폴리싱 가공된 세라믹이나 탄화텅스텐 표면이 선호된다. 탈착 횟수(계면 접촉횟수)가 많은 경우에는 스테인리스 강철, 탄화물 또는 세라믹과 같은 내부식성 소재들을 사용하는 것이 커플링 계면설계에 도움이 된다. (스테인리스 강철을 제외한) 강철소재는 프레팅 마모에 취약하기 때문에 탈착횟수가 작은 용도에만 국한하여 사용해야 한다(슬로컴 2010).

6.8.4.2 기하학적 안정성

기하학적 안정성이란 설계하중하에서 커플링이 기하학적 구속을 유지하는 능력을 나타낸다. **그림 6.40**에 도시되어 있는 것처럼, 기구학적 커플링의 볼과 그루브 중심선, 그리고 접촉력 벡터쌍을 포함하는 평면에 대한 연직선들이 커플링 삼각형의 도심을 통과하면 안정성과 총강성이 극대화된다. 다시 말해서, 중심선들이 커플링 삼각형의 각도를 양분하며 커플링의 **도심**이라고 부르는 점을 통과한다. 정적 안정성을 구현하기 위해서는 접촉력 쌍을 포함하는 평면들이 삼각형을 형성해야만 한다. 삼각형을 형성하지 못하게 되면, 어떤 접촉력도 반전되지 않고 압축상태를 유지하여야 하며 이 조건을 구현하기 위해서 필요한 예하중을 부가할 수 있도록 세심한 설계를 통해서 안정성을 확보해야만 한다(예하중은 커플링이 서로 맞닿아 있도록 만들기 위해서 부가하는 힘이다). 커플링이 양호한 강성을 확보하기 위해서는 예하중이 크고 반복적며, 구조물의 나머지 부분들을 변형시키지 않아야 한다(컬페퍼

2000, 슬로컴 1992).

기구학적 커플링의 강성은 커플링의 배치와도 관계되어 있다. 모든 접촉력 벡터들이 커플링 평면과 45° 각도로 교차하면, 모든 방향으로의 강성이 동일하다. 커플링 삼각형의 내각을 변화시켜서 커플링 강성을 조절할 수 있다. 삼각형을 한쪽 방향으로 늘리면, 커플링 평면에 대한 수직방향과 삼각형을 늘린 방향에 대해 수직한 방향으로의 강성이 증가하며, 커플링 평면 내의 축방향과 삼각형을 늘린 방향과 수직한 방향으로의 강성은 감소한다(하트 2002, 슬로컴 1992).

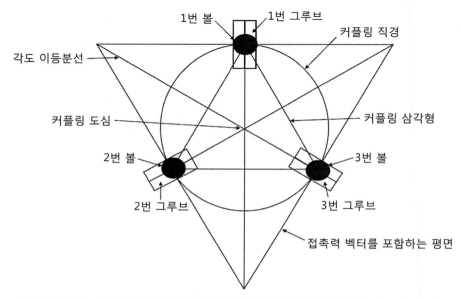

그림 6.40 볼−그루브 기하학적 커플링의 기하학적 인자들(하트 2002, 슬로컴 2010)

6.8.4.3 소재

소재는 커플링의 성능에 중요한 역할을 한다. 우선 소재에 의해 최대응력과 그에 따른 커플링의 하중지지용량이 결정된다. 두 번째로, 소재는 커플링 계면에서의 마찰을 결정한다. 세 번째로, 소재는 커플링 계면에서의 부식특성을 결정한다. 고정밀 고부하 용도의 커플링을 위한 소재로는 질화실리콘, 탄화실리콘 또는 탄화텅스텐 등이 높은 하중지지용량과 낮은 마찰계수 그리고 헤르츠 접촉계면에서의 부식방지에 최적인 소재들이다(윌로비 2005).

소재는 표면조도, 파편9과 프레팅 등의 표면상태에 영향을 미친다. 이 세 가지 인자들 중에서, 표면조도는 가공과정에서 지정 및 측정이 가능하기 때문에, 관리하기가 가장 용이하다(5장 참조). 또한 하중이 증가하면 표면은 서로에게 버니싱이나 폴리싱 등을 가한다. 파편과 프레팅 부식에 의한 영향은 수명기간 내내 증가하는 경향을 가지고 있기 때문에, 관리하기 더 어려운 문제이다. 많은 경우, 세척공정 이후에 접촉표면에 얇은 구리스 막을 도포하여 파편으로 인한 반복도의 편차를 저감할 수 있다. 특히 강철과 같이 서로 유사한 소재로 이루어진 두 표면 사이에 큰 힘이 부가되면 미소한 표면 돌기들이 서로 압착되면서 원자단위에서 융착의 발생을 유발하여 **프레팅**[10] **효과**가 발생한다. 이 표면들이 서로 분리될 때에, 융착된 부위가 찢겨져 나가면서 융착되었던 소재들이 작은 파편으로 변하여 표면에 남아 있게된다. 또한 표면의 분리과정에서 새로운 소재가 환경에 노출되면서 산화가 일어나서 표면경도와 표면 조도가 변하게 된다. 따라서 프레팅은 표면의 성질과 표면형상을 변화시켜서 반복도 문제를 일으킨다. 프레팅을 억제하기 위해서는 스테인리스강철, 세라믹이나 이종소재의 조합을 추천한다(하트 2002, 슬로컴 2010, 윌로비 2005).

6.8.4.4 가공과 조립

그림 6.40에서는 유효 볼 반경, 볼들의 중심들을 가로지르는 원으로 정의된 커플링직경 그리고 그루브 배향 등과 같은 볼─그루브 커플링의 주요 기하학적 설계인자들을 보여주고 있다. 커플링의 성능은 가공능력과 설계인자들을 검증하는 조립공정에 의존한다. 따라서 설계과정에서는 이 인자들이 성능에 미치는 민감도에 대해서 살펴봐야만 한다. 예를 들어 슬로컴이 개발한 스프레드시트를 활용할 수 있다(슬로컴 2010).

일반적으로 기구학적 커플링의 정확도는 구성요소들과 조립의 공차관리에 의존한다. 일반적으로, 조립과정에서 평균화효과를 구현할 수 있다. 커플링의 정확도가 사용한 구성요소들의 정확도에 비해서 두세 배 이상 좋은 경우가 결코 드물지 않다. 환경오염이나 열오차와 같은 조립인자들도 반복도에 영향을 미친다(슬로컴 2010).

설계상의 또 다른 중요한 고려사항은 가공 및 조립비용이다. 두 가지 기구학적 커플링인 켈빈 클램프와 볼 그루브 커플링을 통해서 마이크로미터 수준의 정밀도로 구성요소들의 위

---

9   debris.
10   fretting.

치변화를 입증할 수 있다. 그런데 중간크기에서 대형의 클램프에 대해서 그루브를 연삭 및 폴리싱하는 데에 소요되는 시간과 비용이 매우 높다. 또한 이 커플링들은 정렬된 요소들 사이에 간극을 유지할 필요가 있기 때문에, 조립체의 밀봉도 문제가 된다. 일부의 용도에서는 플랙셔를 사용한 기구학적 커플링을 통해서 이런 이슈들을 해결할 수 있지만, 일체형 플랙셔의 가격 때문에, 대부분의 조립과정에서는 적합하지 않다(컬페퍼 등 2004).

6.8.5 준기구학적 설계

앞 절에서 살펴본 바에 따르면, 커플링의 순수한 기구학적 설계는 불가능하지는 않더라도 구현하기가 어렵다는 것을 알게 되었다. 연구 결과에 따르면, 특정한 용도에 대해서 기구학적 설계원리에 의거하여 개발된 많은 실용적 커플링들이 순수한 기구학적 커플링과 비교해서 비교적 훌륭한 성능을 나타내었다. 다음 절에서는 몇 가지 **준기구학적 설계** 사례에 대해서 살펴보기로 한다.

6.8.5.1 카누볼 커플링

구체의 직경이 V-그루브의 폭과 비슷한 전통적인 볼-그루브 커플링은 6점 접촉으로 인하여 하중지지 용량이 제한된다. 하중지지용량을 증가시키면서도 성능을 유지하기 위해서 슬로컴은 **카누볼** 형상을 개발하였다. 이 요소는 사다리꼴 블록과 접촉하는 반구형 요소를 사용하는 전통적인 볼그루브 커플링을 대체하였다(**그림 6.41**). 이 설계에서는 길이 25[mm]의 작은 접촉영역 내에 직경이 1[m]에 달하는 볼을 집어넣을 수 있다. 카누볼 마운트를 표준형 V-그루브에 설치하면, 그루브 내의 동일한 위치에 접촉하는 등가직경의 볼에 비해서 훨씬 더 큰 접촉면적을 확보할 수 있다. 이 구조는 커플링의 하중지지용량을 현저히 증가시키면서도 반복도를 유지하였다(하트 2002, 슬로컴 2010, 윌로비 2005).

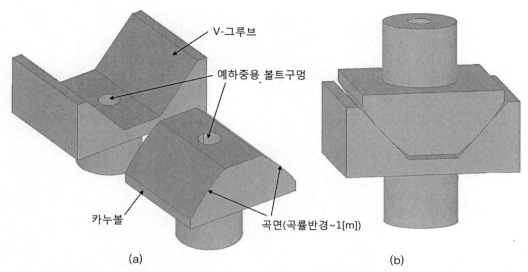

그림 6.41 카누볼과 그루브 요소. (a) 볼-그루브 분해형상, (b) 볼-그루브 조립형상

6.8.5.2 준기구학적 커플링

준기구학적 커플링(QKC)은 정밀 위치 결정을 위해서 탄성평균화(6.8.5.3절)와 기구학적 설계원리를 조합한 수동적 수단이다. 볼그루브 커플링의 정확한 구속(엄밀히 말해서 실제로는 거의 정확한 구속이다)과 비교해서, 준기구학적 커플링은 단순하고 회전대칭 형상의 결합유닛을 사용하여 약간의 과도구속을 구현하였다(컬페퍼 2000). **그림 6.42**에서는 두 개의 부품들로 이루어진 전형적인 준기구학적 커플링을 보여주고 있다. 상부 플랫폼에 배치된 구형표면을 **접촉기구**라고 부르며, 바닥면에 배치된 기구를 **표적**이라고 부른다. 각각의 접촉기구들은 각자의 표적과 선접촉을 이룬다. 준기구학적 커플링은 설계특성상, 접촉기구와 표적이 최초로 접촉할 때에 계면 절반의 수직 접촉표면 사이에 틈새가 남는다. 그런 다음, 계면을 안착시키고 간극을 없애기 위해서 예하중을 부가한다. 예하중은 접촉마찰을 극복하여주며, 접촉영역의 표면 불균일을 눌러주어 적절한 계면 안착위치를 확보해준다. 예하중이 부가되었을 때에 접촉기구와 표적에 발생한 변형은 완전탄성변형이거나 부분탄성-부분소성 변형이다. 간극이 닫히고 나면, 준기구학적 선접촉이 아니라 커다란 수평방향 결합면이 형성되어 큰 수직강성이 발생한다. 이렇게 높은 수직강성은 부하가 크게 작용하는 기계에 적합하다(컬페퍼 2000, 컬페퍼 등 2004, 하트 2002).

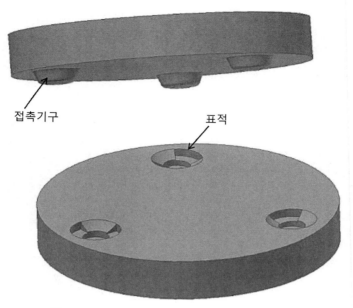

접촉기구

표적

그림 6.42 전형적인 준기구학적 커플링의 구성요소들

　이런 준기구학적 커플링의 탄소성 변형이 접촉영역에 버니싱 현상을 유발할 수 있다는 점에 주의하여야 한다. 앞서 논의했듯이, 표면조도는 반복도에 영향을 미치며, 따라서 이 버니싱 효과는 자가 폴리싱처럼 작용한다. 이 효과가 없다면, 커플링 제작과정에서 수행되는 값비싸고 많은 시간이 소요되는 폴리싱과 같은 기계가공공정이 필요하다. 따라서 이처럼 소성변형을 설계에 의도적으로 도입하는 것은 **소성설계**의 좋은 사례이다.

　준기구학적 커플링은 볼 그루브 커플링에 비해서 반복성이 떨어지며 크기를 알 수 없는 조립응력을 포함하고 있다. 그런데 단순한 형상 덕분에 제작비용이 절감되어 기계요소에 직접 커플링을 가공해 넣을 수 있다. 6기통 자동차 엔진의 조립과 같이 일부 대량생산되는 정밀부품에서 비용과 성능 사이의 절충을 통해서 준기구학적 커플링이 사용되고 있다(컬페퍼 2000).

6.8.5.3 탄성평균화

　탄성평균화는 정밀한 표면들 사이의 유연성을 이용하여 오차를 평균화함으로써 계면의 성능을 향상시켜준다. 탄성평균화의 핵심은 개별 부품들이 서로 기하학적인 유연성을 갖도록 힘을 받을 때에 넓은 영역에 분산된 다수의 형상들이 탄성변형을 통해서 이를 수용하는 것이다. 비록 탄성평균화를 통해서 얻은 정확도와 반복도는 결정론적 시스템에 비해서 높지 않지만, 탄성평균화 설계를 통해서 정확한 구속설계에 비해서 더 높은 강성, 낮은 국부응력 그리고 향상된 하중분산을 구현할 수 있다. 잘 설계되고 예하중을 받는 탄성평균화 커플링의 반복도는 대략적으로 접촉점들의 숫자의 제곱근에 반비례한다(하트 2002, 월로비 2005).

탄성평균화의 일반적인 사례들 중 하나는 넓은 영역에 걸쳐서 비교적 균일하게 배치된 다수의 지지점들을 사용하는 다중 유연성 **휘플트리** 지지구조이다. 진보된 휘플트리 지지구조가 적용된 사례들 중 하나가 바로 다중반사경을 사용하는 천체망원경의 반사경 지지와 정렬기구이다(프로카스카 등 2016). 더 친숙한 휘플트리 설계는 와이퍼 날이 차창과 접촉을 유지하며 날 전체에 균일하게 하중을 분산하기 위해서 사용되는 자동차 창문용 와이퍼 구조이다. 기계설계에 사용된 또 다른 탄성평균화의 사례는 정밀 로터리 인덱싱 테이블(그림 6.43)에서 일반적으로 발견할 수 있다. 여기서 두 개의 면기어들을 결합하여 함께 래핑한다. 다수의 치형을 사용하여 접촉을 이루기 때문에 개별 가공오차들은 평균화되어버린다. 이런 유형의 메커니즘을 보통 **허스 커플링**[11]이라고 부른다(그림 6.43). 탄성평균화에 대한 더 자세

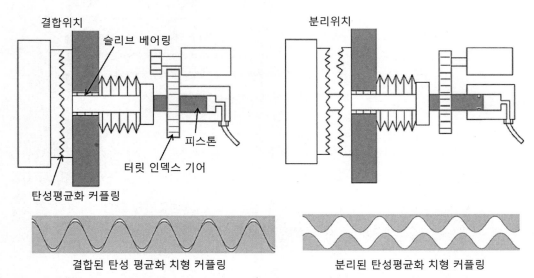

그림 6.43 탄성평균화의 적용. (위) 전형적인 터릿 인덱싱과 잠금 메커니즘의 결합위치와 분리위치에서의 개략도, (아래) 허스 커플링

---

11 Hirth coupling.

한 내용은 7장에서 다룰 예정이다.

6.8.6 다양한 유형의 커플링

표 6.1에서는 정밀공학에서 사용되는 다양한 커플링 설계들의 상대적인 능력들을 서로 비교하여 보여주고 있다. 또한 **그림 6.44**에서는 커플링 설계의 전형적인 성능한계를 반복성의 측면에서 서로 비교하여 보여주고 있다(컬페퍼 2000).

표 6.1 다양한 커플링들의 성능기준 비교

커플링의 유형	접촉방식	반복도	강성	하중지지용량
핀 조인트	표면	나쁨	높음	높음
탄성평균화 설계	혼합	양호	높음	높음
준기구학적 설계	직선	양호	중간~높음	높음
기구학적 설계	점	탁월	낮음	다양

출처: 윌로비 2005

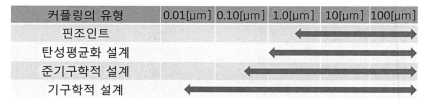

그림 6.44 다양한 유형의 커플링들의 성능한계

모든 기구학적 설계 옵션들(정확한 구속, 준기구학 및 탄성평균화)이 각각 장점과 단점들을 가지고 있기 때문에 설계자들은 활용 가능한 정보, 설계도구 그리고 각자의 직관을 사용하여 주어진 용도에 가장 적합하며 가성비가 좋은 설계를 선정해야 한다. 특정한 커플링 설계에 대해서는 7장의 7.3.8절에서 논의할 예정이다.

6.9 기구학적 구조

6.9.1 서 언

모든 기계나 메커니즘들은 구조를 가지고 있으며, 때로는 이 구조도 부품들로 이루어진다. 구조 설계 시 가장 먼저 고려해야 하는 사항들 중 하나는 **구조설계**가 의도하는 기능을 수행하도록 만들기 위해서 구조부품들을 이동시킬 방법을 선정하는 것이다. 기구학에서는, 3차원 좌표계를 사용하여 부품의 운동을 3차원 공간 내에서 위치와 방향으로 나타낼 수 있다(직교좌표계, 원통좌표계 및 구면좌표계 사이의 변환을 적용할 수 있음, 니쿠 2010, 비노그라도프 2000). 따라서 **기구학적 구조**는 부품의 배치와 이들의 축선방향을 정의한다. 본질적으로, 기구학적 구조는 사용된 메커니즘의 세밀한 기하학, 기구학, 및 기능적 측면을 고려하지 않은 채로 기구학적 체인을 나타낸다. 기구학적 체인을 서로 연결되어 있는 일련의 강체들로 나타낼 수 있다. 금속절단기의 경우, 기구학적 체인은 모든 축들, 시편, 공구 및 기계의 베드 등을 사용하여 기구학적 구조 내에서 운동의 흐름을 나타낸다(슈벤케 등 2008, 장 2009). 그림 6.45에서는 전형적인 5축 정밀기계의 기구학적 구조를 보여주고 있다.

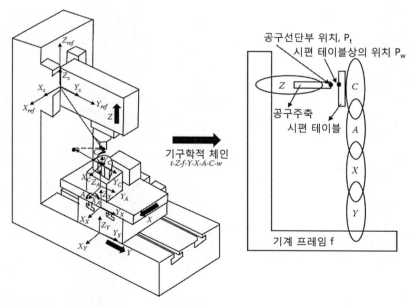

그림 6.45 전형적인 5축 정밀기계의 개략적인 구조와 기구학적 체인(t: 공구주축, Z: $Z-$축, b: 프레임, Y: $Y-$축, C: $C-$축, w: 시편테이블)

기구학적 구조들은 기능적 요구조건을 충족시키기 위해서 서로 다른 숫자의 링크들 그리고 연결들을 직렬, 병렬 및 하이브리드(직렬과 병렬의 조합)의 기구학적 토폴로지로 배치할 수 있다. 기구학적 구조의 이동도는 조인트와 링크들의 숫자와 조인트들의 자유도에 의존하며, 식 (6.3)을 사용하여 이를 구할 수 있다.

6.9.2 직렬기구학적 구조

6.9.2.1 특징

전통적인 정밀기계와 대부분의 산업용 로봇들은 다수의 부품들(부품들을 강체로 간주하여 큰 부하에 의해서 유발되는 탄성과 변형을 무시한다)이 직렬로 연결되어 있는 **직렬기구학**적 구조(하나의 열린 기구학적 체인)를 채택하고 있다(**그림 6.46**과 **그림 6.47** 참조). 따라서 직렬기구학적 구조의 경우, 부품의 개별 축들은 서로에 대해서 위로 쌓이므로, 하부에 위치한 축들은 그 위에 얹힌 구조물을 이송한다(니쿠 2010, 바르네크 등 1998). 이 구조에 사용된 개별 부품들을 **링크**라고 부르며 링크들의 조합을 **링크기구**라고 부른다. 링크기구 내의 한

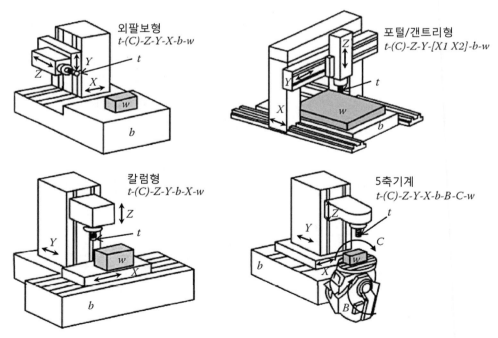

그림 6.46 기구학적 체인으로 분류된 직렬기구학 기계들(t: 공구, b: 베드, w: 시편, 슈벤케 등 2008)

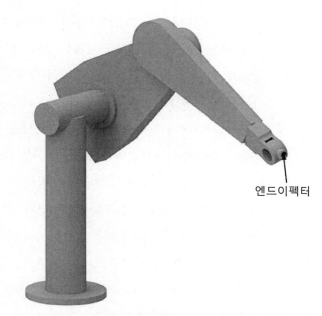

엔드이펙터

그림 6.47 6자유도 푸마 로봇의 사례(직렬기구학 구조)

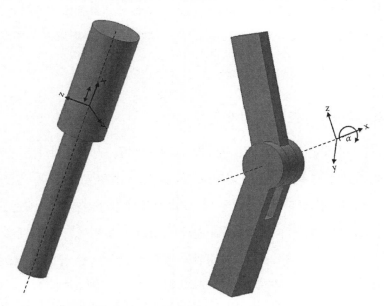

그림 6.48 (좌측) 프리즈매틱 조인트, (우측) 회전 조인트

쌍의 링크들은 **조인트**에 의해서 연결된다. 가장 일반적으로 사용되는 공학용 조인트는 다음의 두 가지로 나눌 수 있다. (1) 프리즈매틱 조인트(공통 축선에 대해서 두 링크의 상대운동

이 발생), (2) 회전 조인트, 피봇 조인트 또는 핀 조인트(조인트 축선에 대해서 두 링크의 회전운동이 발생, **그림 6.48** 참조). 이들 두 가지 유형의 조인트를 조합하여 정밀기계와 로봇을 위한 유용한 메커니즘을 만들 수 있다. 물론, 기계구조는 기계의 지지프레임과 이 프레임에 추가되는 구동기와 안내기구 등의 기능요소들을 포함한다.

기구학적 구조의 기본적인 요구조건들 중 하나는 3차원 공간 내에서 공구나 임무를 수행하는 구조물에 속한 임의의 부품에 해당하는 엔드이펙터의 위치 결정(위치와 배향) 기능이다. 기구학적 구조를 좌표계로 간주하고 좌표계 내에서 부품의 위치와 배향을 사용하여 구조물 내의 모든 부품들을 나타낼 수 있다면, 이 요구조건이 충족된다. 구조물의 기하학적 형태에 따라서 직교좌표계, 원통좌표계 또는 구면좌표계를 사용하여 기구학적 구조를 나타낼 수 있다. 예를 들어, 직교로봇의 팔은 세 개의 프리즈매틱 조인트들을 가지고 있으며, 원통형 로봇의 핸드는 하나의 회전 조인트와 두 개의 프리즈매틱 조인트를 갖추고 있다. 그리고 구면로봇은 두 개의 회전 조인트와 하나의 프리즈매틱 조인트를 갖추고 있다(에크하르트 1998, 니쿠 2010). 기구학적 구조를 나타내기 위해서 좌표계를 사용하는 것은 전향식 기구학적 해석이나 후향식 기구학적 해석과 같은 기구학적 해석의 기초가 된다(8장에서 논의할 예정).

6.9.2.2 직렬기구학적 구조의 장점과 단점

직렬기구학을 사용하는 기계들은 일반적으로 잘 정의된 구조와 배치를 가지고 있으며, 단순한 형상과 비교적 큰 작업공간을 가지고 있다. 직렬구조의 경우, 위치 결정용 작동기와 기계축 사이의 직접적인 상관관계는 기계와 시편 좌표계가 동일할 수 있다는 것을 의미하며, 결과적으로 구조의 제어가 용이해진다(알렌 등 2011). 반면에, 직렬기계들에서는 특히 큰 질량을 이동시켜야 하는 경우에 이송 범위의 끝으로 갈수록 큰 굽힘 모멘트와 2차 질량 모멘트가 부가되며, 이송축의 동특성이 제한된다. 또한 이 기계구조들은 기구학적 체인을 구성하는 개별 위치 결정 요소들의 정밀도에 크게 의존하며 복합오차를 생성한다. 기구학적 체인의 하부 링크기구에서 발생하는 오차는 그 위에 쌓이는 링크기구의 정확도를 떨어트린다. 이런 이유 때문에, 직렬기계에 더 많은 위치 결정 요소들이 추가될수록 총 오차가 더 증가하여, 엔드이펙터의 최종위치는 더 벌어지게 된다(알렌 등 2011, 바르네크 등 1998).

6.9.3 병렬기구학적 구조

6.9.3.1 특징

병렬 메커니즘과 병렬기계들을 포함하는 병렬기구학 구조는 최소한 두 개의 독립적인 체인을 통해서 엔드이펙터가 베이스에 연결되는 닫힌 기구학적 체인구조를 가지고 있다(가오 등 2001). 병렬구조에서, 위치 결정용 작동기들은 다른 작동기 위에 쌓기보다는 병렬로 배치하기 때문에, 엔드이펙터의 위치나 배향을 변화시키기 위해서는 모든 작동기들이 동시에 움직여야만 한다(안렌 등 2011).

병렬기구학적 구조의 작동원리를 설명하기 위해서, 다음의 두 가지 사례들에 대해서 살펴보기로 한다.

- 그림 6.49에서는 다섯 개의 조인트들에 의해서 (바닥 링크를 포함하여) 다섯 개의 링크들이 연결되어 이동도가 2인 5절 링크 구조를 보여주고 있다. 근본적으로, 두 개의 직렬 링크기구들이 특정한 조인트(4번 조인트)로 연결되어 닫힌 기구학적 체인을 형성하였으며, 직렬 링크기구들은 기하학적 구속조건을 따라야만 한다. 여기서 다섯 개의 조인트들 중 두 개의 조인트각도(**그림 6.49**의 ϕ_1과 ϕ_2)를 알고 있다면, 엔드이펙터의 위치를 구할 수 있다. 두 개의 작동기들을 사용하여 1번 조인트와 2번 조인트의 각도를 조절하면 구조물의 수직평면 내에서 엔드이펙터의 위치를 조절할 수 있다. 따라서 단지 두 개의 조인트들만이 독립적인 작동기들에 의해서 구동되는 능동 조인트이며, 여타 세 개의 조인트들은 자유롭게 회전할 수 있는 수동 조인트이다(싸이 1999).
- **그림 6.50**에서는 **스튜어트-고프 메커니즘**이라고 알려져 있는 병렬기구학적 구조를 보여주고 있다(보통 **스튜어트 플랫폼**이라고 부른다). 이 구조는 6개의 다리 또는 기구학적 체인을 가지고 있다. 6개의 다리들 각각은 프리즈매틱 조인트에 작동기가 설치되어 있으며 양단에 붙어 있는 볼 조인트들은 각각 바닥판과 플랫폼에 연결되어 있다. 이 구조는 구면 조인트(구체의 중심을 중심으로 하여 하나의 링크가 다른 링크에 대해서 3차원적으로 자유롭게 회전할 수 있는 조인트)를 사용하고 있으며, 이 조인트는 일반적으로 사용되는 두 가지 유형의 조인트들인 프리즈매틱 조인트 및 회전 조인트와 더불어서 많은 병렬구조 설계에서 자주 사용된다(싸이 1999). **그림 6.50**에 도시되어 있는 병렬기구학

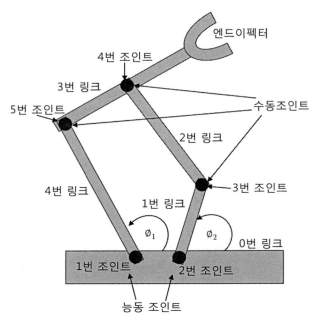

그림 6.49 5절 링크기구를 사용하는 병렬기구학적 구조

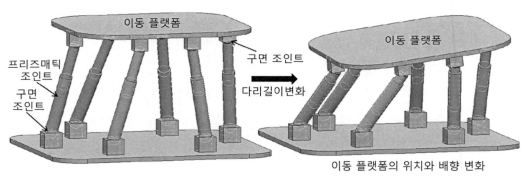

그림 6.50 스튜어트−고프 형태의 병렬기구학적 구조

적 구조는 SPS(S: 구면조인트, P: 프리즈매틱 조인트, S: 구면조인트) 다리들을 사용하고 있다. 즉, 각 다리들이나 기구학적 체인이 이 방식의 조인트를 사용한다는 뜻이다. 엔드이펙터들이 직교좌표공간과는 독립적인 3개의 병진운동과 3개의 회전운동을 가지고 있기 때문에, 각각의 **SPS 다리**들은 6자유도를 갖는다. 사실, SPS, RSS(R: 회전조인트), PPRS, PRPS 그리고 PPSR 체인과 같이 6자유도를 가지고 있는 모든 기구학적 체인들은 이동 플랫폼에 아무런 구속도 부가하지 않기 때문에(공간 내의 강체는 최대 6자유도를

가지고 있기 때문에), 6자유도 병렬기구학적 다리라고 간주할 수 있다. 이로 인하여, 6자유도 미만을 가지고 있는 메커니즘에 비해서 6자유도를 가지고 있는 병렬기구학적 구조를 설계하기가 훨씬 더 쉽다.

공간차원과 자유도에 대한 분류를 기반으로 하는 병렬기구학적 구조에 대해서 다음에서 간단히 살펴보기로 하자. 그림 6.51에는 서로 다른 몇 가지 유형의 병렬 구조들이 제시되어 있다(리우와 왕 2014, 장 2009). 기구학적 체인이나 다리의 유형을 나타내고, 메커니즘 내에서 사용할 수 있는 기구학적 체인/다리들의 숫자를 표기하여 병렬기구학적 구조의 특징을 심벌로 나타낼 수 있다. 예를 들어, 3RPS 메커니즘은 세 개의 다리들과 회전(R), 프리즈매틱(P) 및 구면(S)과 같은 세 가지 유형의 조인트들로 이루어진 메커니즘이다.

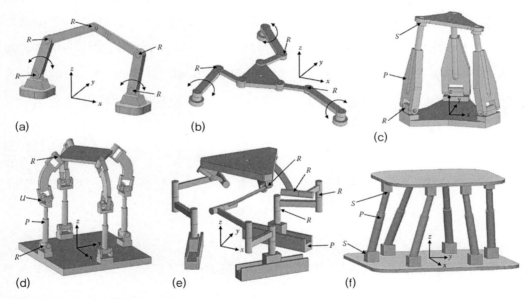

그림 6.51 병렬기구학적 구조들의 사례(R: 회전, P: 프리즈매틱 S: 구면, U: 유니버설 조인트). (a) 2자유도 5R 구조, (b) 평면형 3자유도 3RRR 구조, (c) 3자유도 3RPS 구조, (d) 4개의 RPUS 체인들로 이루어진 4자유도 구조, (e) 3개의 PRRRR 체인들로 이루어진 5자유도 구조, (f) 일반적인 스튜어트 플랫폼을 사용한 6자유도 구조

1. 평면형 2자유도 병렬구조(그림 6.51(a))
2. 평면형 3자유도 병렬구조(그림 6.51(b))

3. 공간형 3자유도 병렬구조(그림 6.51(c))

4. 공간형 4자유도 병렬구조(그림 6.51(d))

5. 공간형 5자유도 병렬구조(그림 6.51(e))

6. 공간형 6자유도 병렬구조(그림 6.51(f))

6.9.3.2 병렬기구학적 구조의 장점과 단점

병렬기구학적 구조는 직렬기구학적 구조를 사용하는 기존의 기계들보다 높은 강성, 작은 이동질량, 높은 가속능력, 설치상의 요구조건 감소 그리고 기계적인 단순성을 가지고 있다. 앞으로 병렬구조가 직렬구조보다 더 높은 정확도를 갖출 가능성이 있다. 직렬형 기계는 기구학적 체인 내에서 모든 부품들의 오차가 직렬로 합산되기 때문에 모든 축들의 오차가 누적된다. 직렬형 기계의 오차를 계산할 때에는, 각 축들의 기하학적 오차를 행렬식의 형태로 나타낸 다음에, 이들을 연속적으로 곱하기 때문에, 공구의 기대위치가 변하게 된다(8장의 8.3절과 8.7절 참조). 반면에 병렬구조의 기계에서는 기하학적 체인들의 오차값들이 평균화된다. 병렬구조는 모듈화, 구조변형 및 고정밀 기계화가 용이하다. 여타의 장점들에는 다기능성, 소수의 단순한 치구사용, 다중모드 가공능력 그리고 작은 점유면적 등이 있다(알렌 등 2011, 가오 등 2002, 장 2009).

표 6.2에서는 직렬기구학적 구조와 병렬기구학적 구조를 가지고 있는 공작기계의 특징들을 비교하여 보여주고 있다. 병렬기구학적 구조는 산업계에서 많은 관심을 받아왔다. 이들

표 6.2 직렬기구학적 구조와 병렬기구학적 구조의 특성비교

특성	직렬기구학적 구조	병렬기구학적 구조
작업체적/기계의 전체 크기	중	하
오차누적	하	상
전체적인 정확도	상	중
정적강성	상	상
축가속	하	상
절삭력	하	상
단일셋업에 대해 5축 이상의 가공능력	하	중/상(기계구조에 의존)
각운동 가능 범위(90°)	상	중

출처: 메키드 2008

은 주로 공작기계(그림 6.52 참조), 안과수술 같은 의료기기, 매니퓰레이터, 비행/자동차/탱크/지진 시뮬레이터 그리고 초대형 천체망원경, 수신안테나 및 우주를 선회하는 인공위성 플랫폼 등의 정밀 위치 결정 등에 활용되고 있다(가오 등 2002, 미키드 2008 웰과 슈타이머 2002).

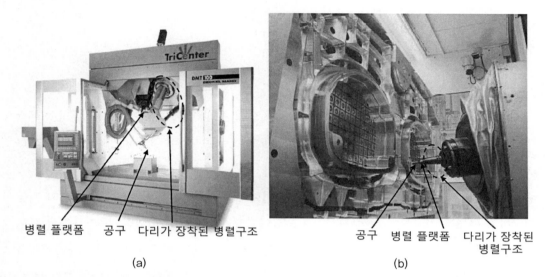

병렬 플랫폼   공구   다리가 장착된 병렬구조
(a)

공구   병렬 플랫폼   다리가 장착된 병렬구조
(b)

그림 6.52 병렬기구학적 구조를 갖춘 가공기계. (a) 유니버설 5축 가공기인 트리센터, (b) 복잡한 형상의 모놀리식 항공기 부품을 가공하는 에코스피드(웰 등 2002)

그런데 병렬기구학적 구조들을 널리 사용하기에는 기술적 도전에 따른 약간의 제약조건이 존재한다(럭바니와 슈레브 2012, 순스 1999).

- 병렬구조의 가장 큰 단점은 작업체적이 협소하며 특이점 문제로 인하여 운동제어가 어렵다는 것이다. 특이점은 예를 들어, 로봇 구조 내에서 둘 또는 그 이상의 축들이 동일선상에 위치하게 되어버리는 것처럼, 구조물 내의 특정한 기하학적 구조로 인하여 기구학적 기계/메커니즘이 엔드이펙터를 움직일 수 없는 작업공간 내의 점이다.
- 병렬구조는 전통적인 직렬기계에 비해서 더 복잡한 작업공간을 가지고 있다. 이 작업공간은 양파나 버섯 형태를 가지고 있으며, 기계 구조의 정확한 배치에 의존한다.
- 많은 병렬구조들은 특히 회전운동에 대해서 제한된 운동 범위를 가지고 있다.
- 병렬기구학적 구조의 위치와 배향의 부정확성은 병렬구조 요소들의 가공오차, 조립오

차, 힘과 열에 의한 변형에 따른 오차, 제어 시스템 오차와 작동기 오차, 돌출구조에 의해 발생하는 오차, 교정오차 그리고 사용된 수학 모델의 정확도에 따른 오차 등, 여러 원인에 의해서 발생할 수 있다.

- 병렬기구학적 구조의 설계비용은 기존의 기계들에 비해서 높은 편이다.

6.9.4 하이브리드 기구학적 구조

6.9.4.1 특징

최근 들어서, 작업공간의 극대화, 회전능력의 향상 등과 같이 병렬기구학 기반의 기계들의 능력과 성능을 보강하기 위해서 새로운 형태의 병렬구조들이 개발되었다(엘−카사우나 2012). 그런데 병렬기구학적 구조에는 일부 한계가 존재한다는 본질적인 문제로 인하여, 병렬구조물 문제를 다루는 데에 있어서 새로운 변화가 발생하였고, 이로 인하여 병렬과 직렬 기구학적 구조로 이루어진 **하이브리드 구조**을 연구하기 시작하게 되었다. 이런 변화를 통해서 메커니즘 설계에 있어서 흥미로운 혁신을 약속하는 새로운 연구개발수요가 창출되었다 (하리브 등 2012).

하이브리드 구조를 채택한 메커니즘은 직렬과 병렬기구학적 구조의 장점을 위하기 위해서 두 구조가 조합되어 있다. 일반적으로 두 구조를 조합하기 위해서 두 개의 병렬구조를 직렬로 연결하거나(병렬구조들 중 하나는 상부 스테이지에, 나머지 하나는 하부 스테이지에 사용한다. 여기서 하부 스테이지의 이동 플랫폼은 상부 스테이지의 바닥판으로 사용된다) 직렬구조와 병렬구조를 직렬로 연결한다. 하이브리드 구조를 사용하는 메커니즘은 병렬구조를 사용하는 메커니즘에 비해서 작업체적 대비 구조물의 크기의 비율과 정확도를 향상시킬 수 있다.

5자유도 운동을 구현하기 위하여 메커니즘에 어떻게 하이브리드 구조를 설계하는지를 이해하기 위해서 다음과 같은 설계옵션들에 대해서 살펴보기로 하자(리우와 왕 2014).

1. 상부 스테이지가 3자유도(x 및 y축으로의 회전과 z축으로의 병진)의 운동을 구현하며 하부 스테이지는 2자유도(x 및 y방향으로의 병진)를 구현하도록 구조를 배치할 수 있다. 구조물의 하이브리드 운동(5자유도)은 두 가지 방법으로 구현할 수 있다.

- 상부 스테이지는 3SPR(구면−프리즈매틱−회전), 하부 스테이지는 직선안내 시스템
- 상부 스테이지는 3SPR, 하부 스테이지는 평면형 병렬구조인 3RRR(세 개의 회전조인트)

2. 상부 스테이지는 3자유도(x, y 및 z 방향으로의 병진)운동, 하부 스테이지는 2자유도(x 및 y방향으로의 회전)운동을 구현하도록 하이브리드 구조를 배치할 수 있다. 상부 스테이지에는 3SRR 병렬구조를 사용하며 하부 스테이지에는 2자유도 구면 병렬구조를 사용하여 구조물의 운동을 구현할 수 있다. 그런데 구면 병렬구조는 제작이 복잡하며 낮은 강성, 낮은 정밀도 그리고 작은 작업체적 등의 단점을 가지고 있다. 따라서 이 구조는 실제로는 거의 사용되지 않고 있다.

6.9.4.2 하이브리드 기구학적 구조의 적용 사례

초창기 하이브리드 설계들 중에서 **트리셉트**[12]는 상업적으로 성공한 최초의 하이브리드 공작기계이다. 트리셉트는 3자유도 병렬기구학적 구조와 표준 2자유도 손목 엔드이펙터를 구비하고 있다(**그림 6.53 좌측**). 나중에 트리셉트 설계를 개선한 또 다른 하이브리드 기계인

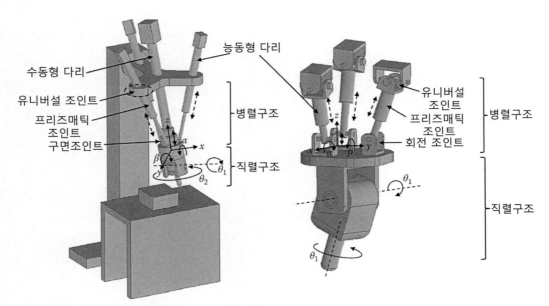

그림 6.53 두 가지 유형의 하이브리드 메커니즘의 개략도. (좌측) 트리셉트, (우측) 엑천

---

12   Tricept.

엑천[13]이 소개되었다(**그림 6.53 우측**). 엑천은 8개의 링크와 총 9개의 조인트들을 사용하는 과도구속 구조를 가지고 있다. 그런데 하이브리드 기구학적 구조의 밝은 전망에도 불구하고, 여기에 사용되는 기구학, 동역학 및 구조설계 등에 대한 이해는 여전히 부족한 상태이다(하리브 등 2013, 밀루티노비치 등 2013).

---

13 Exechon.

그림 6.54에 도시되어 있는 것처럼, 테두리 길이 l =80[mm], h =60[mm]인 사각형 물체 Q를 접촉위치 A, B 및 C에서 세 개의 볼트로 고정한다. 볼트 B 및 C는 중심선에 대해서 a =30[mm] 만큼 떨어져 있다.

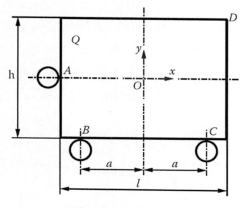

그림 6.54 기하학적 구조

1. 물체가 A, B 및 C점에서 3개의 볼트와 접촉하고 있을 때에, 물체와 볼트로 이루어진 시스템의 자유도는 얼마인가?

2. 모서리 D에서 세 개의 볼트 방향으로 힘 FD가 물체 Q를 누르고 있다. 접촉점 A, B 및 C에 마찰을 가하지 않으면서 동시에 물체 Q가 3개의 점들 모두와 접촉하도록 만드는 FD의 방향조건은 무엇인가?

3. 물체 Q의 중심위치 O에 힘 FO가 $x-y$ 평면 내의 임의방향으로 작용한다. 힘 FD의 작용선이 중심위치 O를 지난다. B점에서의 접촉을 유지하기 위해서는 얼마만큼의 힘 FD가 필요한가?

4. 접촉점 A, B 및 C에서 마찰이 존재하며, 마찰계수 μ =0.3일 때에 D 위치에서 3개의 볼트에 고정력 FD를 가하여 물체 Q를 고정할 수 있겠는가?

5. 만일 물체 Q가 환경에 비해서 매우 작은 축척계수 K만큼 팽창한다면, 물체 Q의 중심은 어떻게 움직이겠는가?

6. 작용력 FD의 작용선이 순간회전중심 PAB 및 PAC 사이를 지나지 않도록 만들기 위해서

는 세 개의 접촉점 A, B 및 C를 어떻게 배치해야 하는가?

7. 만일 물체 Q가 환경에 비해서 매우 작은 축척계수 K만큼 팽창한다면, 문제 6의 배치에서 물체 Q의 중심 O는 어떻게 움직이겠는가?

8. 문제 7과 같이 세 개의 볼트들이 배치되어 있는 경우에, 환경변화에 따른 물체 Q의 팽창으로 인한 중심 O의 움직임을 방지하기 위해서는 물체 Q의 형상을 어떻게 변경해야 하겠는가?

9. **그림 6.55**에 도시되어 있는 4절 링크는 구동링크 MN과 종동링크 OP 그리고 커플러 또는 연결링크 NO로 구성되어 있다. 점 M, N, O 및 P는 회전조인트 또는 핀조인트이다. 네 번째 링크기구인 MP는 바닥판으로서, 프레임 링크 또는 기준링크라고 부른다. **그림 6.56**에서는 xy 좌표계에 대해서 링크기구의 기하학적 배치를 나타내는 평면형 4절 링크의 기구학적 도표를 보여주고 있다. $MN = 40[\text{mm}]$, $OP = 100[\text{mm}]$, $NO = 160[\text{mm}]$ 그리고 $MP = 140[\text{mm}]$이다. 다음을 구하시오.

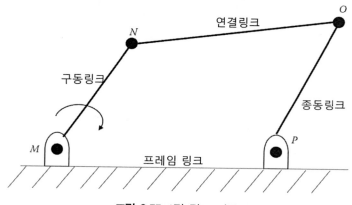

그림 6.55 4절 링크 기구

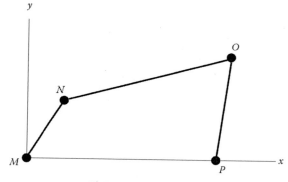

그림 6.56 4절 링크의 형상

a. 메커니즘의 자유도

b. OP가 우측 끝에 위치해 있을 때에, OP와 MP의 사잇각 θ

    c. OP가 좌측 끝에 위치해 있을 때에, OP와 MP의 사잇각 ϕ

    d. MN 링크가 1회전 하는 동안 OP의 총 회전각도

10. **그림 6.56**에 도시되어 있는 4절 링크의 예제인 문제 9에 대해서, 링크의 길이를 알고 있는 이미 설계된 링크기구에 대한 해석 대신에, 구동 링크가 1회전 하는 동안, 종동 링크 PO가 45°의 각도로 회전하도록 링크기구를 설계해야 한다. 만일 $MP = 140[\text{mm}]$와 $OP = 100[\text{mm}]$가 적절한 길이로 선정되었다면, MN과 NO의 길이는 얼마가 되어야 하겠는가?

참고문헌

Allen, J. M., Axinte, D. A. and Pringle, T. 2011. Theoretical analysis of a special purpose miniature machine tool with parallel kinematic architecture: Free leg hexapod. *Proc. IMechE Part B: J. Eng. Manu.* **226**:412-430.

Blanding, D. L. 1999. *Exact constraint: Machine design using kinematic principles.* ASME Press: New York.

Culpepper, M. L. 2000. *Design and application of compliant quasi-kinematic couplings.* Doctoral dissertation, Massachusetts Institute of Technology.

Culpepper, M. L., Slocum, A. H., Shaikh, F. Z. and Vrsek, G. 2004. Quasi-kinematic couplings for lowcost precision alignment of high-volume assemblies. *Tran. ASME.* **126**:456-463.

Dornfeld, D. A. and Lee, D. E. 2008. *Precision manufacturing.* New York: Springer-Verlag.

Eckhardt, H. D. 1998. *Kinematic design of machines and mechanisms.* New York: McGraw-Hill.

El-Khasawneh, B. S. 2012. The kinematics and calibration of a 5 degree of freedom hybrid serialparallel kinematic manipulator. *8th International Symposium on Mechanics and Its Applications*, 1-7.

Gao, F., Li, W., Zhao, X., Jin, Z. and Zhao, H. 2002. New kinematic structure for 2-, 3-, 4- and 5-DOF parallel manipulator designs. *Mech. Mach. Theory* **37**:1395-1411.

Hale, L. C. 1999. *Principles and techniques for designing precision machines.* Doctoral dissertation, Massachusetts Institute of Technology.

Hale, L. C. and Slocum, A. H. 2001 Optimal design techniques for kinematic couplings. *J. Int. Soc. Prec. Eng.* **25**:114-127.

Harib, K. H., Moustafa, K. A. F., Sharifullah, A. M. M. and Zenieh, S. 2012. Parallel, serial and hybrid machine tools and robotics structure: Comparative study on optimum kinematic designs. In: Kucuk, S., *Serial and parallel robot manipulators-kinematics, dynamics, control and optimization.* InTech.

Harib, K. H., Sharifullah, A. M. M. and Moustafa, K. A. F. 2013. Optimal design for improved hybrid kinematic machine tools. *Ann. CIRP* **12**:109-114.

Hart, A. J. 2002. *Design and analysis of kinematic coupling for modular machine and instrumentation structures.* Master of science dissertation, Massachusetts Institute of Technology.

Jazar, R. N. 2007. *Theory of applied robotics: Kinematics, dynamics and control.* New York: Springer.

Johnson, K. L. and Johnson, K. L. 1987. *Contact mechanics.* Cambridge University Press.

Liu, X. J. and Wang, J. 2014. *Parallel kinematics.* Springer-Verlag.

Mason, M. T. 2001. *Mechanics of robotic manipulation.* Cambridge: The MIT Press.

Mekid, S. 2008. Introduction to parallel kinematic machines. In: Mekid, S., *Introduction to precision *machine design and error assessment.* CRC Press.

Milutinovic, M., Slavkovic, N. and Milutinovic, D. 2013. Kinematic modelling of hybrid parallel serial five axis machine tool. *FME Tran.* **41**:1-10.

Niku, S. B. 2010. *Introduction to robotics: Analysis, control, applications.* John Wiley & Sons.

Prochaska, J. X., Ratliff, C., Cabak, J., Tripsas, A., Adkins, S., Bolte, M., Cowley, D., Dahler, M., Deich, W., Lewis, H., Nelson, J., Park, S., Peck, M., Phillips, D., Pollard, M., Randolph, B., Sanford, D. Ward, J. and Wold, T. 2016. Detailed design of a deployable tertiary mirror for the Keck I microscope. *Proc. SPIE 99102Q-99102Q.*

Rider, M. J. 2015. *Design and analysis of mechanisms a planar approach.* John Wiley & Sons.

Rugbani, A. and Schreve, K. 2012. Modelling and analysis of the geometrical errors of a parallel manipulator micro-CMM. *Int. Precision Assembly Semin.* **371**:105-117.

Schouten, C. H., Rosielle, P. C. J. N. and Schellekens P. H. J. 1997. Design of a kinematic coupling for precision applications. *Prec. Eng.* **20**:46-52.

Schwenke, H., Knapp, W., Haitjema, H., Weckenmann, A., Schmitt, R. and Delbressine, F. 2008. Geometric error measurement and compensation of machines-An update. *Ann. CIRP* **57**:660-675.

Slocum, A. 2010. Kinematic couplings: A review of design principles and applications. *Int. J. Mach. Tools Manufac.* **50**:310-327.

Slocum, A. H. 1992. *Precision machine design.* Society of Manufacturing Engineers.

Smith, S. T. and Chetwynd, D. G. 2003. *Foundations of ultra-precision mechanism design* (Vol. 2). CRC Press.

Soons, J. A. 1999. Measuring the geometric errors of a hexapod Proceedings of the 4th LAMDAMAP Conference, New Castle Upon-Tyne, United Kingdom.

Tsai, L.-W. 1999. *Robot analysis: The mechanics of serial and parallel manipulators.* John Wiley & Sons.

Vinogradov, O. 2000. *Fundamentals of kinematics and dynamics of machines and mechanisms.* CRC Press.

Warnecke, H. J., Neugebauer, R. and Wieland, F. 1998. Development of Hexapod based machine tool. *Ann. CIRP* **47**:337-440.

Weck, M. and Staimer, D. 2002. Parallel kinematic machine tools-current state and future potentials. *Ann. CIRP* **51**:671-683.

Whitehead, T. N. 1954. *The design and use of instruments and accurate mechanism; underlying principles.* New York: Dover Press.

Williamson, J. B. P. and Hunt, R. T. 1968. Relocation profilometry. *J. Sci. Inst. (J. Phy. E).* **1**:749-752.

Willoughby, P. 2005. *Elastically averaged precision alignment*. Doctoral dissertation, Massachusetts Institute of Technology.

Zhang, D. 2009. *Parallel robotic machine tools*. Springer Science and Business Media.

정밀기계요소와 원리

CHAPTER 07 정밀기계요소와 원리

기계요소와 메커니즘은 대형(예를 들어, 선박, 항공기, 기차, 자동차 등)에서 원자 수준(예를 들어 노광기, 마이크로/나노 전자기계 시스템 등)의 가공에 이르기까지의 모든 물건들을 생산하기 위한 제조기구와 기계를 구현하기 위해 사용되는 기초구성요소들이다. 이런 기계와 공정들을 설계 제작 및 사용할 때에 적용해야만 하는 중요한 원리들에 대해서는 이 책의 다른 단원들에서 살펴보았다. 정밀이 중요한 목표인 경우에는 이런 원리들을 준수하는 것이 필수적이다. 이 장에서는 정밀 기계에서 일반적으로 사용되는 요소들에 대해서 성능뿐만 아니라 구현 가능한 정밀도 한계와 이 한계를 구현하기 위한 설치원리 등에 대해서 살펴보기로 한다. 이 장에서는 주로 운동안내 메커니즘에 대해서 다루고 있지만, 통합 메커니즘의 성능에 초점을 맞추어 강성과 대칭에 관련된 구체적인 원칙에 대해서도 살펴본다. 개별 기계요소들의 작동과 성능에 대해서 살펴보며, 특히 이들의 정밀도 한계와 이를 구현하기 위한 최적 작동조건에 대해서도 논의한다. 이 기계요소들은 운동의 안내 메커니즘 또는 베어링과 동력을 송출하는 작동기의 두 가지 주요 범주로 구분하고 있다. 운동 시스템의 커플링 작동기를 구현하기 위한 방법과 메커니즘에 대해서 살펴보며 이 장을 마무리한다.

7.1 기계의 기초원리

많은 경우 일반적으로 사용되는 기계부품들에 대해서는 기능적 요구조건들을 충족시키는 성능을 갖춘 상용품을 구매하여 공정에 조립해 넣을 수 있다. 이런 경우 이런 메커니즘들을 조립할 수 있으며, 표준 기계요소 설계방정식과 원리들을 사용하여 해석할 수 있다. 이에 대해서는 부디나스와 니스베트(2014), 스폿스와 습(2003) 또는 주비날과 마르셰크(2011) 등을 참조하기 바란다. 이 장을 읽는 독자들은 최소한 기계요소설계 과목을 학습하였다고 가정하고 있다.

성능 요구조건이 현존하는 기술에 근접하거나 이를 넘어서는 정밀기계의 경우, 해결책을 선정하고 이를 구현할 때에는 매우 세심한 고찰이 필요하며, 기존의 해결책들을 사용할 수 없는 경우에는 새로운 설계를 창출해야 한다. 이 장의 목적은 기계요소들을 정밀기계에 활용하기 위한 적용방안과 한계에 대해서 살펴보기로 한다. 이 장은 기초이론, 베어링 그리고 작동기의 세 부분으로 나누어져 있다. 하위의 절들에서는 계측기와 기계들에서 일반적으로 사용되는 베어링과 작동기들의 유형에 대해서 다루고 있다. 이런 주제들의 선정과 이 장의 구성은 **그림 7.1**에 도시되어 있는 일반적인 측정기기 또는 기계를 염두에 둔 것이다. 측정용 프로브나 수직축에 대해서 회전이 가능한 절삭공구와 같은 엔드이펙터를 장착한 기계는 수직 방향으로의 병진운동이 가능하다. 엔드이펙터가 맞닿을 (측정 또는 가공) 시편은 고분해능 단거리 이송 스테이지 위에 고정되며, 이 스테이지는 다시 장거리 이송용 안내기구 위에 설치된다. 마지막으로 모든 구성부품들은 견실한 프레임에 설치된다. 다양한 부품들에 대한 측정은 이 책의 전체에 걸쳐서 다루고 있으며, 11.5절에서는 특히 계측에 초점을 맞추고 있다.

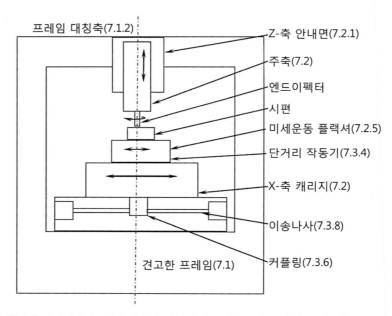

그림 7.1 일반적인 측정기기 또는 가공기계의 개략적인 구성도. 괄호 안의 숫자들은 각각의 요소부품들에 대해서 다루는 절 번호를 나타낸다.

기계는 모든 메커니즘, 공정 및 디바이스들을 포함한다. 궁극적으로, 기계의 목표는 특정한 운동을 통하여 일을 수행하는 것이다. 망원경의 정렬을 맞추거나 절삭공구를 시편 쪽으로 이송하건에 상관없이, 정밀기계는 정밀하게 값을 알고 있거나 제어된 운동을 통해서 이

일을 전달하며, 많은 경우, 이를 가능한 한 빨리 수행하는 것을 목표로 한다. 하지만 속도를 높이기 위해서는 큰 힘과 변위뿐만 아니라, 큰 출력이 필요하다. 뉴턴의 운동법칙(4장)에 따르면, 부품을 빠른 속도로 가속하기 위해서는 큰 힘이 필요하지만 후크의 법칙(3장의 3.5.3절)에 따르면, 큰 힘은 뒤틀림을 유발한다. 따라서 특정한 기계부품에 대해서 살펴볼 때에는, 기계를 베어링에 의해서 연결되어 있는 탄성체로 이루어진 일반적인 기계장치로 간주하는 것이 도움이 된다.

7.1.1 강 성

대부분의 작업장이나 제조업체에서는 다양한 공작기계를 사용한다. 흥미로운 점은 저가형 공작기계가 다량의 소재를 가공하는 반면에 (다이아몬드 선삭기와 같은) 고가의 정밀공작기계는 소량의 다듬질 가공만을 수행하며, 가공속도도 느린 편이다. 그러므로 공작기계의 성능한계는 이를 구성하는 소재의 강도에 의존하지 않는다. 이들 사이의 가장 큰 차이점은 정밀가공기의 경우에 절삭력에 의한 변형이 훨씬 더 작다는 점이다. 따라서 제어된 동력전달의 경우, 특히 힘과 계측 루프가 서로 일치하는 요소들의 경우에, 운동제어의 한계는 주로 힘이 전달되는 부품들(힘전달 루프)의 **강성**에 의해서 영향을 받는다(힘전달 루프에 대한 상세한 내용은 11장 참조).

그림 7.2에서는 선반 가공기의 주요 요소들을 블록선도로 나타내어 보여주고 있다. 선반 가공기의 목표는 주축의 축선방향으로 정렬된 공구의 위치를 제어하여 기준점 P에서 공구에 힘을 가하여 시편으로부터 소재를 가공하는 것이다. 실제의 경우, 공작기계의 운동을 제어하기 위해서, 편리한 위치에 설치되어 있는 직선 스케일을 사용하며, 이 스케일은 시편에 대해서 이상적인 축선과 실제 측정축 사이에 약간의 부정렬이 존재한다. 이 오프셋과 부정렬로 인하여 현저한 코사인 오차와 아베 오차가 초래된다(10장 참조).

뉴턴의 운동법칙에 따르면, 공구에 가해진 모든 힘들은 시편에 반력을 생성하며, 이는 다시 주축에 전달된다. 모든 부품들은 탄성소재로 만들어지며, 여기에 힘이 가해지면 응력이 유발된다. 이 응력은 다시 변형률을 유발하여 변형이 초래된다. 정밀도를 유지하기 위해서는 응력이 소재의 탄성 범위 이내로 유지되어야 하며, 따라서 선반 조립체의 모든 부품들에 대해서 힘과 변형 사이에는 선형 관계가 유지되어야 한다. 동적 효과가 없는 경우에, 구조물

주변에 배치된 모든 부품들을 통과하는 힘은 동일한 값을 갖는다.

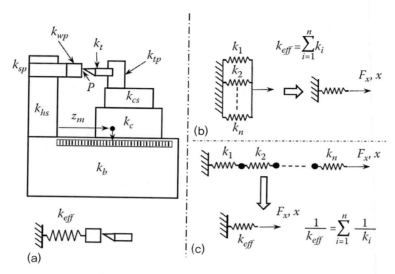

그림 7.2 기계의 구조를 이루는 부품들에 대한 블록선도. (a) 표준선반의 주요 구성요소들, (b) 병렬 연결된 스프링의 강성 모델, (c) 직렬 연결된 스프링의 강성 모델

단순하게, 공정을 구성하는 모든 부품들을 강성이 k_x인 선형 스프링으로 단순화시킬 수 있다(여기서 하첨자는 동일한 방향으로 작용하는 힘 성분에 의한 변형의 방향을 나타낸다). 그림 7.2에 도시되어 있는 선반 주변의 구성부품들을 따라가면서, 시편과 주축은 축방향으로 직접 작용력을 받는다. 그러므로 두 요소들을 축방향 강성값을 가지고 있으며, 직렬 연결된 두 개의 스프링들로 모델링할 수 있다. 여타의 부품들(특히 주축대와 공구대)에 가해지는 힘들은 굽힘 모멘트를 생성한다. 이 경우, 총강성은 전단, 직접응력 및 굽힘 등의 성분들로 이루어지며, 이들 각각을 합산하면 **유연성**(강성의 역수)이 얻어진다. 일반적으로, 모든 부품들은 변형을 일으키며, 힘전달루프 내에서 이 변형이 누적된다. 따라서 **유효강성**으로부터 공구 선단부에 부가된 힘에 의한 시편의 운동을 산출할 수 있다.

$$\frac{1}{k_{eff}} = \frac{1}{k_t} + \frac{1}{k_{wp}} + \frac{1}{k_{sp}} + \frac{1}{k_{hs}} + \frac{1}{k_b} + \frac{1}{k_c} + \frac{1}{k_{cs}} + \frac{1}{k_{tp}} \tag{7.1}$$

또는

$$c_{eff} = c_t + c_{wp} + c_{sp} + c_{hs} + c_b + c_c + c_{cs} + c_{tp} \tag{7.2}$$

여기서 강성 k의 항들은 **그림 7.2**에서 설명되어 있다.

식 (7.2)에서는 유연성을 합하면 직렬 연결된 스프링을 합산할 수 있으며, 강성을 합하면 병렬 연결된 스프링을 합산할 수 있다는 것을 설명하고 있다. 이에 대해서는 **그림 7.2(b)**와 **(c)**를 참조하기 바란다. 이를 통해서 구조물의 복잡성이 증가하면 유연성도 함께 증가한다는 일반적인 결론을 얻을 수 있다. 이로부터, 설계의 단순화는 공정의 비용을 낮출 수 있을 뿐만 아니라 강성을 최적화시켜준다는 결론을 내릴 수 있다.

그림 7.3에 도시되어 있는 것처럼, 곧은 강체막대에 부착되어 있는 다수의 스프링들이 미치는 영향을 고려하여 또 다른 유용한 개념을 유도할 수 있다. **그림 7.3(a)**에서는 길이가 L인 막대에 연결되어 있는 한 쌍의 스프링을 보여주고 있다. 막대 양단에 가해진 모멘트를 사용하여 두 스프링에 가해진 힘과 그에 따른 변위를 구할 수 있다. 힘이 가해진 위치에서 발생한 변위 x와 회전각 θ는 각각 다음과 같이 주어진다.

$$x = \frac{F}{L}\left[\frac{L-a}{k_2} + \frac{a}{L}\left(\frac{a}{k_1} - \frac{L-a}{k_2}\right)\right] = \frac{F}{k_x} = Fc_x \tag{7.3}$$

$$\theta = \frac{F}{L^2}\left[\frac{a}{k_1} - \frac{L-a}{k_2}\right] = \frac{F}{k_\theta}$$

식 (7.3)의 첫 번째 식을 힘으로 나눈 후에 a를 사용하여 두 번 미분하면 다음 식들을 얻을 수 있다.

$$\frac{dc_x}{da} = \frac{1}{L}\left[\frac{2a}{Lk_1} - \frac{L-2a}{Lk_2} - \frac{1}{k_2}\right] \tag{7.4}$$

$$\frac{d^2c_x}{da^2} = \frac{1}{L}\left[\frac{2}{Lk_1} + \frac{2}{Lk_2}\right]$$

a에 대한 식을 구하기 위해서는 식 (7.4)의 첫 번째 식을 0으로 놓고 풀어야 한다. 또한 식 (7.4)의 두 번째 식은 항상 양의 값을 갖는다.

$$a = \frac{k_1 L}{k_1 + k_2} \tag{7.5}$$

식 (7.5)의 a를 식 (7.3)의 두 번째 식에 대입한 후에 $\theta = 0$으로 놓는다. **그림 7.3**에 도시되어 있는 병렬 선형 스프링의 경우, 연결팔은 무회전 직선운동 형태의 변위를 나타내며, 이 위치는 조합된 스프링의 최대선형강성에 해당한다. 앞서의 분석을 확장시키면, 다중 스프링의 영향을 탐구할 수 있다. 여기서는 순수한 직선운동을 구현하는 위치에 힘이 부가된다고 가정한다. 이 조건에 대해서 모든 스프링들에는 동일한 선형변위 x가 발생하며, 힘이 가해진 위치에 대해서 모멘트 M은 0이 된다.

$$M = [k_1(L_1 - a) + k_2(L_2 - a) \cdots k_n(L_n - a)]x = x \sum_{i=1}^{n} k_i(L_i - a) = 0 \tag{7.6}$$

식 (7.6)을 정리하면 다음과 같은 일반화된 방정식을 얻을 수 있다.

$$a = \frac{\sum_{i=1}^{n} k_i L_i}{\sum_{i=1}^{n} k_i} \tag{7.7}$$

다중유연요소들로 연결되어 있는 강체의 **강성중심**이라고 부르는 위치 a를 구하기 위해서 식 (7.7)을 사용할 수 있다. 정밀공학의 관점에서, 이 위치에 가해진 힘은 회전 없이 직선운동만을 생성하며, 이는 **아베 오차** 저감에 매우 중요하다(10장 10.1.1). 동적 시스템의 경우, 이송축은 질량중심 및 강성중심과 일치하여야만 한다.

이 절을 마무리하면서, 구조강성은 직선강성과 (비틀림)회전강성 모두로 이루어진 3차원 강성임을 항상 명심하는 것이 중요하다.

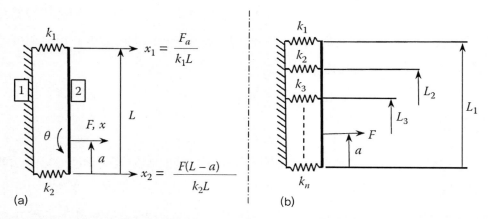

그림 7.3 평행 스프링에 의해서 연결되어 있는 두 개의 강체 링크. (a) 두 개의 스프링, (b) 다중스프링 모델

7.1.2 대칭성

이 절에서 살펴보는 **대칭성**은 정밀 설계에서 중요한 역할을 한다. 이 장 전체에 걸쳐서 대칭성이 수많은 장점을 가지고 있다는 것을 설명하고 있으며, 설계자가 이를 쉽게 알아볼 수 있을 것이다. 많은 구조에서, 기계가 유연성을 갖는 주요 원인은 응력 증폭기처럼 작용하는 굽힘 모멘트에 의해서 유발되는 변형 때문이다. 하중이 대칭면을 통과하여 이로 인한 반력을 대칭면의 양쪽에서 작용하는 동일한 구조력이 지지하는 구조를 만들어서 모멘트를 저감할 수 있다. 전형적으로 반력의 대칭은 응력분포의 대칭을 초래한다. 그 결과, 이 응력은 메커니즘 위에 그려진 대칭선(면)이 변형을 일으키더라도, 직선을 유지하며, 더 중요한 것은 대칭선을 따라서 메커니즘의 부품들 위에 배치된 물체들이 기계적 변형을 일으킨 후에도 서로에게 정렬을 유지한다는 점이다. 온도 변화뿐만 아니라 온도구배가 대칭축과 정렬을 맞추고 있거나 또는 서로 직교하는 메커니즘의 열팽창에 대해서도 동일한 논리가 적용된다. 변형의 대칭성은 해석을 크게 단순화시켜주며, 때로는 서로 소거된다. 앞서 설명한 사례에서, 대칭선을 따라서 부하가 가해지는 대칭 메커니즘에 대한 평면상에서의 변형은 0이다. 마찬가지로, 메커니즘을 단순히 복제한 후에 이들을 서로 결합하여, 이들이 동일한 작동을 수행하도록 만든다면, (지정된 방향에 대해서) 임의의 복잡한 동적 메커니즘의 평형을 완벽하게 맞출 수 있다.

이 책의 기구학적 설계, 루프 및 정렬 등을 다룬 장들과 7장 전반을 통해서 대칭구조의 수많은 사례들을 발견할 수 있다. 따라서 대칭에 대해서는 여기서 더 논의하지 않겠지만, 독자들이 대칭성에 대한 안목을 가지고 모든 설계들을 살펴보기를 바라며, 이를 찾아내면, 대칭성이 주는 장점을 살펴보기를 바란다.

7.1.3 잠금기구

이 절의 나머지 논의는 정확하고 정밀한 운동제어를 위한 메커니즘과 작동수단에 대해서 살펴보기로 한다. 그런데 물체의 위치가 일단 결정되고 나면, 그 위치에 고정하는 것이 일반적인 요구조건이다. 물체를 필요한 위치로 이동시키고 나면, **잠금기구**는 하나 또는 그 이상의 방향으로 부품의 움직임을 유발하지 않아야 한다. 위치 조절을 위한 기구학적 클램프와 기구학적 설계원리에 대한 개념은 6장에서 살펴보았지만, 이 절에서는 더 영구적인 잠금방법에 대해서 살펴보기로 한다. 무엇보다도, 풀림에서 완전 조임까지의 전환을 더 부드럽게 만들기 위해서 볼트와 너트 사이에 스프링 와셔를 삽입한다(10장). 또한 만일 영구조임이 필요하다면, 진동과 열부하로 인하여 풀림이 발생하는 것을 방지하기 위해서 나사잠금용 접착제(10장의 10.1.6.2절)를 사용할 수도 있다.

기구의 조절이나 부품의 정렬이 끝난 후에 이를 견고하게 고정해야 하는 경우라면, 설계 과정은 나사 메커니즘을 사용하거나 외장형 기구를 사용하여 부품의 위치를 조절한 다음에 이를 클램핑하는 두 단계로 구분된다. 다음의 두 절들에서는 위치 조절과 클램핑에 대해서 각각 논의할 예정이다.

7.1.3.1 위치 조절

대부분의 기구와 기계의 안내기구들은 **위치 조절**이 끝난 다음에 이동 플랫폼을 고정하기 위한 잠금기구를 갖추고 있다. 대부분의 공작기계들에서는 **그림 7.4(a)**에 도시되어 있는 것처럼, 나사식 클램프기구를 사용하여 V−슬라이드(또는 도브테일)의 지브막대를 고정한다. 이 방법이 효과적이며 견고한 고정을 구현해주지만, 잠금 작용력이 부품을 변형시키고, 베어링 표면에 큰 힘을 부가한다. 기계의 상태와 지브의 조절에 따라서 다르지만, 이 고정력으로 인하여 클램프는 안내면에 대해서 $20 \sim 70[\mu m]$ 수준 또는 그 이상의 상대운동이 발생한다. 이송나사와 너트를 사용하여 많은 안내면들을 이송한다(**그림 7.4** 참조). **그림 7.4(b)**에서는 지

그보링기의 이송용 캐리지에 대한 클램핑 방법을 보여주고 있다. 이 경우, 안내면을 직접 고정하는 대신에, 나사의 회전을 방지하기 위한 체결용 너트가 사용되었다. 이 너트는 이송 나사와 너트에 축방향 응력을 부가한다. 그런데 이 힘은 체결 계면에 대해서 대칭형태로 작용하므로, 이 위치에 대해서 이동식 캐리지에 연결된 너트를 고정하면서도 캐리지의 위치 에는 단지 수 [μm]에 불과할 정도로 매우 작은 영향만을 미치게 된다.

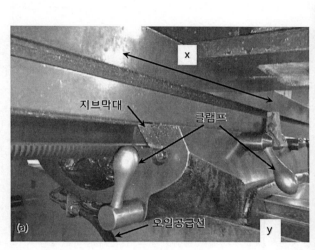

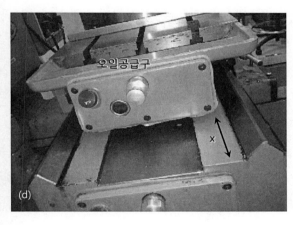

그림 7.4 직선 안내면의 클램핑 방법. (a) 경계윤활을 위한 배관을 갖춘 지브막대를 압착하는 고정기구, (b) 이송나사에 설치된 고정너트, (c) 플랙셔에 지지되어 안내면과 접촉하고 있는 브레이크판, (d) 부품 c에 오일을 공급하는 경계윤활용 오일 공급구. 평행 V−그루브 안내면의 형상을 확인할 수 있다.

그림 7.4(c)에 도시되어 있는 클램프는 디스크 브레이크와 마찬가지로, 판의 한쪽 면이 접촉하며, 나사를 사용하여 이를 고정시키는 평행판 형태의 브레이크이다. 이런 형태의 경우, 체결력은 안내면과 이송나사에 골고루 분산된다. 판의 양쪽 면들을 누르는 작용은 나사의 이송방향에 대해서 작은 운동만을 유발할 뿐이다. 그런데 브레이크의 목적은 브레이크와 수직한 방향으로의 움직임을 방지하는 것이다. 따라서 브레이크판과 캐리지에 볼트로 체결되어 있는 스트립 사이에는 얇은 맴브레인(플랙셔라고 부른다. 7.2.5절 참조)을 가공해놓는다. 이 맴브레인은 고정방향에 대해서는 비교적 유연하지만 $x-$방향으로는 매우 견고하다. 마지막으로, 이 안내면은 두 개의 V들로 구성되어 있으며, 캐리지와 안내면은 중간 베어링 소재 없이 직접 접촉한다. 기구학적 관점에서 보면, 이는 과도구속되어 있으므로 넓은 면적에 대해서 균일한 접촉을 이루도록 만들기 위해서는 안내면에 대한 래핑과 스크래핑을 수행하여야 한다(7.2.1절 참조). 넓은 면적을 접촉하게 되면, 안내면의 마모가 균일하게 발생하며, 강성이 유지되지만, 유격의 발생을 방지하기 위해서는 주기적으로 지브를 조절해야 한다(무어 1970).

비교적 작은 변위를 사용하여 위치 조절이나 정렬을 맞추는 경우, 단순 나사를 사용하여 물체의 위치를 조절하는 메커니즘을 설계할 수 있다. 그림 7.5에서는 일직선으로 배치된 겹판형 플랙셔를 기반으로 하는 직선병진운동 스테이지를 보여주고 있다. 여기서, 이동식 플랫폼은 리프스프링 배치에 의해서 안내되며, 서로 마주보는 나사들에 의해서 위치가 조절된다. 플랫폼이 원하는 위치에 근접하게 되면, 두 나사를 조여 위치를 고정한다. 그런데 이 경우, 나사들이 서로 반대방향에서 플랫폼을 밀어버린다. 최종적인 위치에서, 이 나사들의 밀침에 의해서 탄성변형이 초래된다. 체결력이 증가함에 따라서 접촉강성도 함께 증가하며 (식 (7.10) 참조), 미세운동의 조절이 가능해진다. 위치귀환과 약간의 시행착오를 수행한다면, 이런 유형의 플랫폼을 나노미터의 분해능으로 이송 및 고정할 수 있다. 운동의 안내에 플랙셔를 사용하는 방법에 대해서는 7.2.5절에서 논의할 예정이다. 더 미세한 운동제어를 위해서는, 그림 7.5(c)에 도시되어 있는 것처럼, 플랫폼을 고정하기 위한 세트스크류와 이 세트스크류를 고정하며, 초미세 위치 조절을 수행하는 두 번째 세트스크류를 사용하는 것이 도움이 된다.

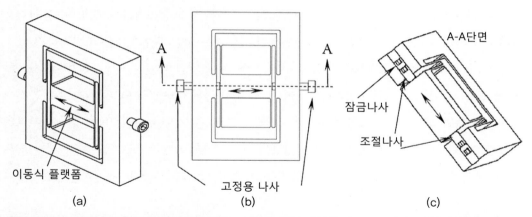

그림 7.5 미세조절과 클램핑을 사용한 직선 위치 조절 기구. (a) 겹판형 리프 스프링과 고정용 나사를 사용하는 직선형 플랙셔 메커니즘의 조감도, (b) 정면도, (c) 세트스크류와 초정밀 위치 조절을 위한 잠금나사를 보여주는 메커니즘의 단면도

조동－미동 조절방법의 한 가지 형태가 **그림 7.6**에 도시되어 있다. 이 설계에서, 레버의 끝단은 원호운동을 수행한다. **조동**[1]나사는 피봇 하부에 위치하며 그림에 표시되어 있는 것처럼, 자유단에 대해서 b/a의 유효 지렛대 작용을 통해서 회전 플랫폼의 본체를 밀어낸다. **미동**[2]나사는 피봇 상부에서 유연요소에 힘을 가한다. 조동나사의 고강성 표면접촉에 비해서 비교적 큰 비율의 유연요소 변형을 통해서 조동조절이 구현된다. 이것은 연질 스프링과 경질 스프링을 사용한 동작감쇠 레버의 사례이다.

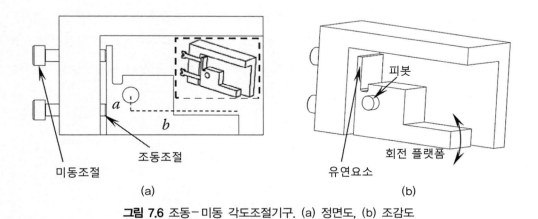

그림 7.6 조동－미동 각도조절기구. (a) 정면도, (b) 조감도

---

1   coarse.
2   fine.

앞서 언급했던 방법들은 모두 높은 체결력을 사용하여 최종위치를 결정하며, 움직임을 방지하기 위해서 마찰에 의존한다. 이로 인하여 유발되는 높은 잔류응력은 바람직하지 않으며, 장기간 드리프트나 크리프를 유발할 수도 있다. 이에 대한 대안은 낮은 체결력을 사용하여 두 물체 사이의 거리를 조절하는 것이다. 일단 최중위치가 조절되고 나면, 주변공간에 에폭시를 채워 넣어 이들 두 물체 사이의 간극을 고정하는 것이다. 이를 **함침**이라고 부르며 안정성이 좋은 다양한 함침용 에폭시들이 판매되고 있다. 전형적으로 금속이나 세라믹(유리) 충진재를 에폭시 속에 섞어 넣어 함침용 에폭시들의 치수 안정성을 구현한다.

7.1.3.2 클램핑

원형 축의 경우에는 축선과 데이텀의 정렬을 맞춘 후에 고정하여야 한다. 매우 나쁘지만, 놀랄 정도로 많이 사용되는 방법은 저널에 구멍을 뚫고 탭을 성형한 다음에 나사를 사용하여 축 표면을 누르는 것이다. 이로 인하여 전형적으로 축의 표면에 소성변형이 일어나며, 이는 복원되지 않기 때문에, 정밀하게 끼워맞춤된 경우에는 축을 저널에서 빼낼 수 없게 되어버린다. 이를 방지하기 위해서 헐거운 끼워맞춤으로 조립된 축과 저널을 점접촉으로 누른다면, 저널과 축의 중심선 평행도가 어긋나 버리며, 고정용 나사를 아무리 세게 조이더라도 외력에 의해서 쉽게 움직이게 된다(결국 나사도 풀려버린다). 이런 문제를 개선하기 위해서 **그림 7.7**에서는 두 개의 나사를 사용하여 저널 내에 고정되는 축의 표면에 두 개의 평면을 가공하였다. 이 설계에서는 조임나사가 접촉 평면의 표면을 파고 들어가면서 돌기가 생성되더라도 축이 저널에 걸리지 않지만, 여전히 두 나사의 축선이 동일한 평면상에 위치하기 때문에 반경 축방향 모멘트들에 대해서 민감하다. 축방향으로 한 쌍의 고정용 나사를

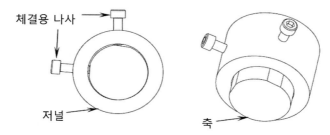

그림 7.7 두 개의 고정나사를 사용하여 축을 저널 속에 고정한 사례. 그림을 자세히 살펴보면 공차 민감도를 설명하기 위해서 축의 평면부가 고정용 나사에 대해서 비틀어져 있다.

추가하면 축과 저널 사이의 평행도 문제는 여전히 남아 있지만, 이 비틀림강성 문제를 개선할 수 있다.

축을 고정하지 않으면 전형적으로 회전과 축방향 운동의 2자유도를 갖는다. 많은 경우, 축은 높은 강성을 필요로 하기 때문에, 순수한 기구학적 설계보다는 준기구학적 설계를 사용한다(6장 참조). 따라서 축을 고정하는 일반적인 해결방안은 **그림 7.8**에 도시되어 있는 것처럼 **V−그루브**를 사용하는 것이다. 기구학적으로는, 축이 4점에서만 그루브와 접촉해야 한다. 하지만 실제 설계에서는 2개의 선접촉으로 근사화되었다. **그림 7.8(c)**와 (d)에서는 조금 더 기구학적 구속에 근접한 설계를 보여주고 있다. 이 설계에서는 4개의 길이가 짧은 선접촉을 이루도록 중앙부의 V−그루브를 제거하였다.

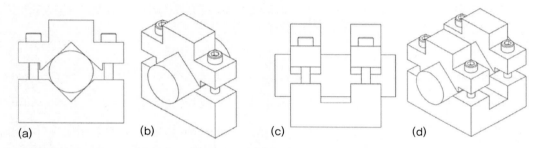

(a)　　　　(b)　　　　(c)　　　　(d)

그림 7.8 V−그루브에 고정된 축. (a, b) 단일 V−그루브 고정기구의 정면도과 조감도, (c, d) 두 개의 누름쇠를 사용하며, V−그루브의 중앙부가 제거된 설계

강성을 극대화하기 위해서는 체결면적이 가능한 한 커야만 한다. 따라서 나사로 직접 고정하는 것은 좋은 방법이 아니다. 일반적인 방법은 꼭맞게 끼워맞춘 저널로 축을 압착하는 것이다. 저널에 홈을 파고 한쪽을 체결하여 이런 압착을 구현할 수 있다. **그림 7.9**에서는 **압착식 클램프**의 더 세련된 버전을 보여주고 있다. 이 설계에서는 저널의 내경부에 120° 간격으로 세 개의 홈을 성형하여 접촉위치를 더 명확하게 지정하였다. 수치제어 공작기계(CNC)를 사용하거나 이보다 더 복잡한 성형기법을 사용할 수도 있다. **그림 7.9(c)** 및 (d)에서는 4개의 밀링구멍을 가공하여 이 홈을 성형하였다. 여기서, 첫 번째 구멍은 축의 직경과 유사하며, 나머지 세 개의 구멍들은 이보다 직경이 작으며, 저널의 중심에 대해서 약간의 옵셋을 주고 120° 간격으로 가공하였다. 최종 고정 시에 발생하는 체결력의 작용방향을 고려하는 것이 도움이 된다. 예를 들어, 축방향으로의 움직임 없이 축을 고정하기 위해서는 세심한

위치 조절과 체결이 필요하다. 7.1.3.1에서 설명했듯이, 최종적인 체결력은 변형을 초래한다. 압착식 클램프의 경우, 이 응력은 반경방향에 대해서 대칭이다. 푸아송 효과 때문에, 이 응력으로 인하여 축방향으로 축이 늘어나므로, 이를 푸아송 작동기처럼 활용하여 최종적인 클램핑 작용력을 사용하여 미세위치 조절과 위치고정을 동시에 구현할 수도 있다.

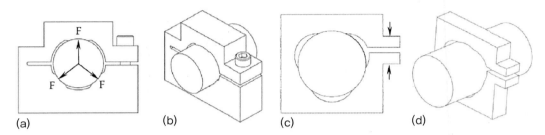

(a) (b) (c) (d)

그림 7.9 대칭형 압착식 클램프를 사용한 회전축 고정. (a, b) 3영역 접촉 고정기구의 정면도와 조감도, (c, d) 4개의 구멍들을 중첩시켜서 3영역 접촉을 구현한 사례

길로틴 클램프(그림 7.10)는 고정용 나사의 작용력을 축에 직접 전달해주는 또 다른 방법이다. 길로틴의 날 중앙에는 축직경과 꼭맞는 구멍이 성형되어 있다. 체결용 나사를 조이면 저널과 꼭맞게 끼워져 있는 축을 위로 잡아당긴다. 이로 인하여 홈의 양측 가장자리에서 발생하는 전단력과 축에 부가되는 힘은 각각 전체 작용력의 절반 크기이며 좌우 대칭으로 작용한다. 이 힘으로 인하여 축에는 굽힘 모멘트가 초래된다. 그런데 축직경보다 날의 두께가 작다면, 축에는 큰 굽힘이 생성되지 않는다. 평면에 대한 효과적인 체결방법에 대해서는 7.2.5절에서 논의할 예정이다.

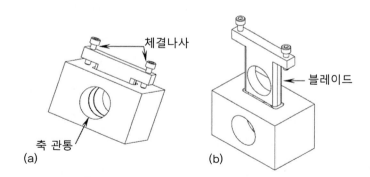

체결나사

블레이드

축 관통

(a) (b)

그림 7.10 길로틴 클램프(축은 그림에서 생략). (a) 조립도, (b) 분해도

7.2 베어링

지정된 자유도만을 허용하면서 두 물체 사이를 구속하기 위해서 **베어링**이 사용된다. 이상적으로는, 구속은 무한히 강해야 하며 필요한 자유도 방향으로의 운동에는 구동력이 필요 없어야 한다. 두 물체 사이가 유연한 요소로 연결되어 있는 플랙셔(7.2.5절)를 제외하고는, 베어링들은 전형적으로 미끄럼 베어링(건식 또는 부분윤활), 구름요소 베어링(볼과 롤러베어링) 또는 얇은 유막을 사용하는 베어링(동수압 및 정수압 베어링) 등으로 구분할 수 있다. 다음 절에서는 윤활의 측면에서 미끄럼과 구름표면의 작동원리와 성능특성뿐만 아니라 예상정밀도에 대해서도 살펴보기로 한다(허친스와 쉽웨이 2017). 베어링의 유형 선정에는 많은 인자들이 영향을 미치지만, 가장 중요한 두 가지 인자는 일반적으로 상대속도와 베어링이 지지해야만 하는 하중(또는 압력)이다. 다음에서는 정밀기계에 사용되는 모든 유형의 베어링들에 대해서 살펴보기로 한다.

적절한 저널 베어링을 선정하는 첫 번째 단계는 필요한 하중과 속도에 기초하여 **그림 7.11**의 선정도표를 검토하는 것이다. 다른 많은 고려사항들이 베어링의 선정에 영향을 미치며, 저속 영역에서는 구름요소 베어링과 미끄럼 베어링이 모두 포함되지만, 고속에서는 구름요

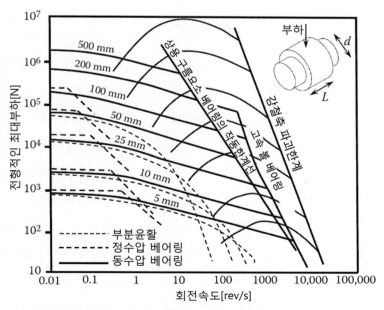

그림 7.11 회전축 지지용 베어링의 선정도표(닐 1973, 일부 수정)

소 베어링만 사용할 수 있다는 것을 명확히 알 수 있다. 얇은 유막두께하에서 작동하는 동수압 베어링이 최고속도에 대해서 최선의 선택이 될 수 있지만, 경계층의 윤활상태가 부분윤활상태로 변하기 때문에 저속에서는 접촉을 막을 수 없다(7.2.3절 참조). 외부가압 저널 베어링(정수압 베어링)이 모든 시스템들 중에서 최고의 특성을 가지고 있다. 하지만 정수압 베어링은 정밀가공이 필요하며, 연속적으로 유체를 공급하기 위한 오일펌프 등의 부가장비들로 인하여 매우 많은 비용이 소요되기 때문에, 대부분의 용도에서 여타 유형의 베어링들을 가격 경쟁에서 이길 수 없다.

7.2.1 건식 베어링 또는 미끄럼 베어링

비교적 느린 속도에서 고강성 정밀이송이 필요한 경우에는 대부분 비교적 넓은 접촉면적을 가지고 접촉하는 두 개의 물체를 사용한다. 이 절에서는 미끄럼 베어링의 설계에 필요한 윤활의 고려사항들과 더불어서 표면가공과 일반적인 안내면 설계에 대해서 살펴보기로 한다. 이 절에서는 **건식 베어링**이라는 명칭을 사용하고 있지만, 윤활효과에 대한 가장 단순한 모델에는 항상 어떤 형태의 윤활이 존재하므로, 적절한 윤활방안에 대해서도 논의해야 한다.

7.2.1.1 윤 활

적절하게 설계 및 제작된 건식윤활과 부분윤활 베어링은 비교적 염가이며, 고강성이어서 큰 하중을 지지할 수 있으며, 최소한의 윤활유를 공급하기 위한 기본적인 주입장치 이외의 능동적인 보조장치들이 필요 없다. 가장 중요한 이슈는 (**미끄럼쌍**이라고 부르는)두 표면 사이에서 미끄럼을 생성하기 위해서 필요한 마찰력이다. 정밀기기와 기계에서는 적절한 조건하에서 미끄럼이 일어난다고 가정하고 있으며, 여기에 초점을 맞춰 이 절의 논의를 시작한다. 우선 두 표면 사이의 접촉은 표면에서 돌출된 거스러미들 사이의 상호작용을 초래한다고 가정한다. 순간적으로 하나의 거스러미가 점접촉을 이루며, 외부하중을 지지할 때까지 소성변형을 일으키는 경우를 생각해보자. 소성유동으로 인하여 접촉영역 내에서는 응력이 균일하게 작용한다. 거스러미 계면에서의 본미제스 응력은 항복상태에 있다고 간주할 수 있다. 이 접점에 접선 작용력을 부가하면 **그림 7.12**에 도시되어 있는 것처럼 전단응력이 추가된다. 이 접점은 이미 항복을 일으켰다고 가정한다면, 응력은 이 항복값 이상으로 증가할 수 없기 때문에, 추가적인 응력성분을 지지하기 위한 접촉면적의 증가가 없다면 미끄럼이 발생하게 된다. 따라서 파단에 대한 **트레스카 기준**(3장의 3.5.2절)을 사용하여 다음의 방정식을 얻을 수 있다.

$$\sigma_{YIELD}^2 = (2\tau_{YIELD})^2 = \sigma_1^2 + 4\tau^2 \tag{7.8}$$

여기서 σ_1은 표면에서 (수직방향으로의) 주응력이며, τ는 미끄럼에 의한 전단응력이고, 하첨자 YIELD는 단축 인장시험을 통해서 구한 직응력과 전단응력을 나타낸다. 수직주응력식은 쉽게 구할 수 있는 반면에(**그림 7.12** 참조), 전단응력은 계면에서의 전단강도 τ_i와 관련되어 있으며, 접선력 F_t와 다음의 관계를 가지고 있다.

$$F_t = \tau_i A \tag{7.9}$$

식 (7.8)과 식 (7.9)를 정리하면 마찰계수 μ를 구할 수 있다.

$$\mu = \frac{1}{2\sqrt{(\tau_{YIELD}/\tau_i)^2 - 1}} = \frac{\tau_i}{2\tau_{YIELD}}\left[1 + \frac{1}{2}\left(\frac{\tau_i}{\tau_{YIELD}}\right)^2 - \frac{3}{8}\left(\frac{\tau_i}{\tau_{YIELD}}\right)^4\right] \tag{7.10}$$

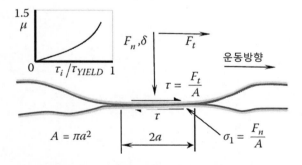

그림 7.12 거스러미 접촉위치에서의 응력조건

그림 7.12에서는 식 (7.10)을 벌크소재의 항복강도에 대한 계면 전단강도의 비율에 따른 마찰계수의 변화양상을 도표로 나타내어 보여주고 있다. 미끄럼 라인필드와 거스러미 긁힘에

따른 소성변형에 기초한 여타의 접촉성장 모델에서도 이와 유사한 결과를 얻었다(보든과 타보르 1962, 허친스와 쉽웨이 2017). 계면강도가 벌크소재 강도의 80%로 감소하면 마찰계수는 1 미만이 되며, 계면강도가 40%로 감소하면 마찰계수는 0.333 내외가 된다.

계면의 전단강도가 낮은 경우, 마찰계수는 선형이 되며, 벌크소재의 항복강도에 대한 계면 전단강도의 비율에 비례한다. 미끄럼 쌍의 강성을 저하시키지 않으면서 강도를 낮추는 것이 명확한 장점을 갖는다. 표면처리에는 전형적으로 경계층 윤활제로 작용하는 고분자 물질(반응성 말단기를 갖춘 탄화수소)을 코팅이 사용된다. 금속 표면의 산화물과 접착되어 있는 반응성 말단기를 갖춘 긴사슬지방산이 이런 성질을 구현한다. 전형적으로 이 접착공정은 화학반응을 통해서 본체보다는 전단강도가 매우 작으며, 표면에 강하게 접착된 필름(금속비누)이 만들어진다. 베어링에 극한의 접촉압력이 부가되는 경우에는, 반응성이 큰 황이나 인을 함유한 첨가물들(**극압첨가제**라고 부른다)이 사용된다. 경계층 윤활제들은 전형적으로 윤활 표면에 스프레이 코팅된 윤활유 내에 함유된 현탁액의 형태로 공급된다.

지금까지는 접촉영역 내에서 발생하는 응력은 소재강도 한계값과 같다고 가정하였다. 이런 극한조건으로 인하여 전형적으로 정밀 안내기구에서는 수용할 수 없는 높은 마모율이 초래된다. 응력이 낮아지면, 탄성접촉이 발생한다고 가정할 수 있으며, 이런 경우에는 반경이 R이며 탄성계수는 E^*인 구체에 대한 헤르츠 탄성이론을 사용할 수 있다. 헤르츠 접촉이론을 사용하면 최대 계면압력 σ_1, 물체 내 먼 위치의 상호접근량 δ 그리고 접촉강성 k_c는 각각 다음과 같이 주어진다(3장 3.5.6절 참조).

$$\sigma_1 = \frac{3F_n}{2\pi a^2} = \sqrt[3]{\frac{6E^{*2}F_n}{\pi^3 R^2}}$$

$$\delta = \frac{a^2}{R} = \sqrt[3]{\frac{9F_n^2}{16RE^{*2}}}$$

$$k_c = \frac{\partial F_n}{\partial \delta} = \sqrt[3]{6RF_nE^{*2}}$$

(7.11)

식 (7.11)에 따르면, 거스러미의 접촉반경이 증가하면 강성이 증가하고 응력은 감소한다는 것을 즉시 알아차릴 수 있다. 남아 있는 문제는 거친 표면의 접촉특성이다. 과거 수십 년간 많은 연구자들이 통계적 방법을 사용하여 이에 대한 연구를 수행하였으며, 이를 통해서 도입된 개념인 **소성지수**[3] ψ가 1보다 작으면, 접촉계면에는 탄성응력이 작용하며, 1보다 크다면 소성상태가 된다. 이 모델에 기초하여, 다양한 무차원 계수들이 제안되었으며, 논문 등을 통해서 이들에 대한 광범위한 검증이 수행되었다. 다음에는 세 가지 무차원 계수들이 제시되어 있다.

$$\psi_{GW} = \left(\frac{E^*}{H}\right)\sqrt{\kappa_s \sigma^*} \tag{7.12}$$

$$\psi_{GM} \approx \left(\frac{E^*}{H}\right)\sigma_m$$

$$\psi_{WA} = \left(\frac{E^*}{H}\right)\frac{\sigma}{\beta^*}$$

여기서 $H[\text{N/m}^2]$은 브리넬이나 비커스 경도계를 사용하여 측정한 소재의 경도, σ^*는 피크 높이의 평균제곱근(rms)편차, κ_s는 피크들의 평균곡률, σ_m은 표면의 평균제곱근(rms) 기울기(또는 표면거칠기 표준값 $R_{\Delta q}$), σ는 표면거칠기의 평균제곱근(rms) 그리고 β^*는 표면윤곽의 자기상관계수이다(1장의 1.7에서는 τ_0로 표기되어 있다). 세 가지 소성지수들의 하첨자는 각각 그린우드와 윌리엄스(1966), 그린우드(2006), 미키티(1974) 그리고 화이트하우스와 아처드(1970)를 의미한다. 앞의 방정식들에 따르면, 거스러미의 반경이 클수록, 경도가 높을수록, 그리고 표면접촉이 일어나는 위치의 표면 높이편차가 작을수록 응력이 최소화된다는 것을 알 수 있다. 이 연구들을 통해서 일련의 통찰력을 얻을 수 있었다. 접촉하는 거스러미들의 평균 면적은 일정하며 하중에 거의 영향을 받지 않는다. 이는, 하중의 증가로 인하여 새로 접촉하게 되는 거스러미들의 숫자는 기존에 접촉하고 있는 거스러미들의 숫자에 비해서 훨씬 작다고 설명할 수 있다. 통계적 분석을 통해서 만들어진 이런 결론등에 대해서 유한요소 모델링을 사용하여 검증 및 평가가 수행되었다(세일즈 1996, 카디릭 등 2003). 전단강도가 균일하다고 가정하면, 이 결론들은 마찰은 부하, 속도 및 겉보기 접촉면적(일부 연구자들은 여기에 표면조도를 추가한다)과 무관하게 일정하다는 **아몽트–쿨롬의 법칙**[4]과

---

3   plasticity index.

일치한다. 일반적으로 적용할 수는 없지만, 이는 다음에 논의할 안정적인 조건하에서 타당한 결론이다.

마찰거동의 안정성을 평가하기 위해서, 일반적으로 핀 온 디스크 마모시험기를 사용하여 미끄럼쌍의 마모를 측정한다. 만일 시간에 대해서 마찰이 일정하다면, 총 수직하중 F_N에 따른 단위 미끄럼 거리당 마모로 제거되는 소재의 총 체적 $Q[\text{m}^2]$을 다음과 같이 선형방정식으로 나타낼 수 있다.

$$Q = K \frac{F_N}{H} \tag{7.13}$$

여기서 K는 무차원 **마모계수**이며 H는 경도이다. 실제의 경우, 계면소재의 경도는 알 수 없으므로 유차원 마모계수(=K/H)를 측정한다. 식 (7.13)에 미끄럼 거리를 곱하여 마모된 소재의 총 체적을 구할 수 있다. 실제의 경우 마찰과 마모는 미끄럼조건, 온도, 구조 및 표면형상 등에 의존한다. **그림 7.11**에 도시되어 있는 베어링 선정도표와 유사한 마모지도를 사용하여 미끄럼쌍의 마모거동을 도식적으로 나타낼 수도 있다. **그림 7.13**에 도시되어 있는 **마모지도**에서는 (전형적으로 핀 온 디스크 마모시험기를 사용하여 측정한) 유차원 마모계수를 겉보기 압력과 속도의 함수로 나타내어 보여주고 있다. 이 그래프의 두 축에는 모두 로그 스케일을 사용한다. 전형적으로, 소재의 경도에 대해서 압력을 정규화하였으며, 때로는 **페클렛수**[5](핀의 반경에 속도를 곱한 값을 열확산률로 나눈 값)를 사용하여 속도를 정규화한다. 페클렛 수는 핀 아래에서 표면이 미끄러지는 시간(이로 인하여 흡수한 열)을 계면에서 열이 방출되는 속도로 나눈 값으로 열전달에서 사용된다. 일정한 마모가 일어나는 경로를 2차원 도표로 나타내기도 하며, 이 도표에서 각각의 라벨들은 서로 다른 마모현상을 나타낸다. 마모지도의 중요성과 강철소재에 대해서 매우 단순화된(마모계수가 소거된) 마모지도가 **그림 7.13**에 도시되어 있다.

---

4   Amonton-Coulomb laws.
5   Peclet number.

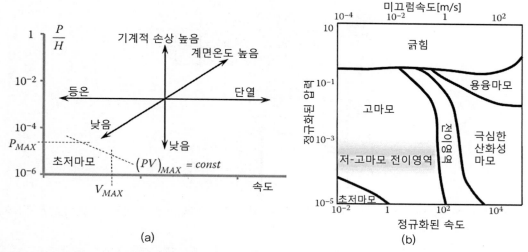

그림 7.13 마모지도. (a) 일반화된 지도를 통해서 마모에 미치는 중요한 영향들을 확인할 수 있다. (b) 강철 위에서 미끄러지는 강철에 대한 단순화된 마모지도

고속에서는 마모와 온도가 높아진다는 것이 명확하며, 온도가 표면의 산화율을 크게 변화시키는 경우에는 가끔씩 마모율이 감소하기도 한다. 정밀기구의 경우, 마모지도의 좌측하단에 최대압력과 최고속도 및 일정한 압력−속도 곱으로 구분된 영역이 다양한 금속과 세라믹 쌍을 사용하며 무차원 마모계수가 전형적으로 $10^{-6} \sim 10^{-4}$인 다수의 미끄럼 베어링 안내면에 사용된다(림과 애시비 1987, 슈와 첸 1992). 만일 윤활이 이루어진다면, 이 저마모 영역은 속도 범위가 1[m/s] 이상인 범위까지 넓어진다(차일즈 1988).

마지막 고려사항은 미끄럼 표면의 소재 선정이다. 금속의 경우, 고용체합금을 형성하는 경향이 없는 소재들을 선정한다. 이에 대해서는 조성도표에 제시된 용해도로부터 상변화를 유발하지 않고 흡수할 수 있는 두 번째 성분의 양을 가늠할 수 있다. 이를 통해서 두 금속간의 화학적 적합성이나 윤활 부적합성을 판단할 수 있다. **그림 7.14**에서는 일부 소재들에 대한 윤활 적합성 지도를 보여주고 있다. 이에 대한 더 상세한 지도는 라비노비치(1980)를 참조하기 바란다. 베어링 합금에 일반적으로 사용되는 납, 주석 및 은에 대한 윤활 적합성에 유의하기 바란다. 이 소재들은 뛰어난 전기전도도와 윤활 적합성을 가지고 있기 때문에, 은이 도금된 베릴륨동 도선이 미끄럼 전기접촉이 이루어지는 슬립링의 유연요소에 자주 사용된다.

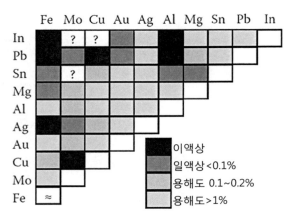

그림 7.14 금속 쌍들의 상호 고체용해도. 물음표가 표시된 칸들의 용해도는 알 수 없음. 근삿값 심벌은 강철의 낮은 윤활성능을 나타낸다.

7.2.1.2 안내면의 가공

미끄럼 표면에 대하여 앞서 설명한 모든 고려사항들이 설계 지침으로 활용된다. 이를 다음의 다섯 가지 규칙으로 요약할 수 있다.

1. 안내면의 데이텀 표면에는 항상 베어링 소재보다 단단한 소재를 사용해야 한다.
2. 연질 미끄럼 베어링에 대해서는, 윤활 적합성을 갖춘 합금 소재를 사용해야 한다.
3. 경계층 윤활제를 사용하여 접촉전단강도를 줄여야 한다.
4. 큰 반경의 거스러미들이 다중접촉을 이루며, 돌출부위들이 가능한 한 동일한 높이를 갖도록 배치한다.
5. 데이텀을 최적의 상태로 관리하기 위해서는 항상 두 소재의 저마모 영역에서 운전해야 한다.

이 규칙들의 첫 번째 항목을 충족시키기 위해서 전형적으로 안내면 데이텀에 경화강을 사용한다. 데이텀 위를 미끄러지는 연질 베어링의 경우에는 다양한 방법들이 사용된다. 일반적으로, 움직이는 캐리지에 부착되는 **지브막대**의 형태로 미끄럼소재가 공급된다. 이 지브막대는 보통 황동이나 연철을 사용하며 미끄럼 끼워맞춤으로 위치를 조절할 수 있도록 쐐기 형상을 갖는다. 만일 캐리지의 자중이 캐리지와 안내면 사이의 접촉을 유지하기에 충분하다면, 이 희생소재의 마모는 장기간에 걸쳐서 서서히 데이텀에 대한 캐리지의 상대위치를 변화시킬 것이다(캐리지의 도심이 안내면 바닥 쪽으로 가까워진다). 하지만 비록, 지브막대나 여타의 안내용 라이너가 마모되어도 미끄럼 끼워맞춤 상태는 유지된다. 여타의 구속장치를 사용하여 미끄럼소재를 고정하고 있다면, 주기적으로 지브의 위치를 조절하여 미끄럼 끼워맞춤의 간극을 유지해야 한다. 중력을 사용하거나 단순한 수동식 펌프를 사용하여 지브막대에 성형된 (플래넘이라고 부르는) 홈 속에 저압으로 오일을 주입하여 경계층 윤활제를 공급할 수 있다.

넓은 면적의 접촉과 그에 따른 낮은 압력을 유지하기 위해서는 두 면들이 잘 밀착되어야 한다. 넓은 면적의 접촉을 위해서는 또다시 소성 또는 탄성 변형이 필요하다. 한가지 방법은 윤활성질을 갖춘 탄성계수가 작은 소재를 사용하는 것이다. 여기에는 폴리테트라플루오로에틸렌(PTFE)이 함유된 폴리머에서 황동과 같이 윤활 적합성이 있는 금속입자에 이르기까지 광범위한 소재가 포함되어 있다. 자기윤활특성을 갖춘 전형적인 베어링 소재에는 룰론™, 트루사이트™(압력 × 속도 한계값은 PV≈0.24∼0.34[MPa·m/s]) 등이 있으며, 얇은 시트나 덩어리의 형태로 판매된다. 이동 캐리지에 부착할 표면을 다듬질한 다음에 접착제를 사용하여 이를 부착한다. 정밀 기구에서 필요로 하는 높은 강성과 안정성을 구현하기 위해서 소위 오일라이트™(PV≈1.5[MPa·m/s])라고 부르는, 베어링 소재에 경계층 윤활제를 함유한 오일을 함침한 다공질 황동을 사용할 수도 있다. 베어링 소재를 얇은 막 형태로 만들면서 뛰어난 윤활적합성을 구현하기 위해서 다양한 성질들과 더불어서 윤활 적합성 소재를 함유한 이액형 에폭시(모글라이스™)를 사용할 수도 있다. 데이텀 표면에 (이형제를 얇게 도포한 다음에) 이 에폭시를 얇은 막 형태로 몰딩하면, 비록 에폭시의 탄성계수는 작지만, 면적이 넓고 두께가 얇기 때문에 높은 강성(간단히 말해서 탄성계수와 면적을 곱해서 두께로 나눈 값)이 구현된다. 이 베어링 소재를 일반적으로 공작기계의 안내면이나 여타의 고하중 용도뿐만 아니라 정밀 계측기용 베어링에도 사용한다.

폴리머 베어링도 정밀도가 매우 높은 계측기용 베어링에 일반적으로 사용한다. 이들은 전형적으로 아세탈이나 PTFE 복합재료가 다공질 황동 모재 속에 물리적으로 매립된 박막층을 녹 발생을 방지하기 위해서 뒷면에 아연이 도금되어 있는 강철 시트에 접착한 구조를 갖는다. 아세탈은 윤활이 필요하며 경부하 저속 조건하에서는 저마찰(0.01∼0.05) 저마모 조건을 갖춘 탄성동수압 베어링의 혼합된 경계층 윤활제처럼 작용한다(7.2.3절 참조). 그런데 정지상태이거나 매우 느린 속도로 움직인다면, 동수압 부상력이 불충분하므로 소재의 순응성으로 인하여 0.3~0.4에 이르는 높은 정지마찰계수가 초래된다. 따라서 윤활된 아세탈 베어링은 예를 들어 진원도 측정기의 주축과 같이 베어링이 저속으로 꾸준히 작동하는 계측 시스템에 가장 일반적으로 사용되며, 매끄럽고 나노미터의 반복성을 갖춘 재현성 있는 회전을 구현한다. PTFE 베어링도 앞서와 유사한 방식으로 다공질 황동 매트릭스를 강철판에 압착한 형태를 구입할 수 있으며 PV값은 오일라이트™와 유사하다. 전형적으로 PTFE는 납, 흑연 또는 여타의 고체 윤활제와 혼합할 수 있으며, 폴리싱된 유리 데이텀 위를 움직이는 경우에는 나노미터 미만의 반복도를 가지고 매끄럽고 반복성 있는 운동을 구현할 수 있음이 규명되었다(린제이 등 1988). 마지막으로, **초고분자량 폴리에틸렌**(UHMWPE) 박막층 (≈0.05[mm])을 사용하여 제작한 베어링을 구면 위에 부착하여 PTFE 안내면과 동등한 성능을 구현하였다(뷰이스 등 2005).

미끄럼 베어링의 강성을 극대화하기 위해서 강철–강철 소재의 안내면을 일반적으로 사용한다. 정밀한 용도의 경우, 경계층 윤활제를 지속적으로 공급하며 접촉 거스러미들의 숫자와 접촉반경을 극대화시켜서 미끄럼 계면을 마모지도에서 초저마모영역 이내로 유지하는 것이 바람직하다. 접촉 거스러미들의 숫자를 증가시키기 위해서는 일반적으로 안내면을 **스크레이핑** 방식으로 가공하며, 이를 통해서 소성변형을 통한 순응성을 효과적으로 강화된다. 얇은 다이를 평면(정반)에 도포한 다음에 스크레이핑을 수행할 안내면을 이 표면에 문질러서 다이가 안내면의 고점들에 전사되도록 만든 다음에 스크레이핑을 수행한다. 스크레이핑 공구를 사용하여 다이가 묻어 있는 고점들을 긁어내며, 얼마나 공격적으로 공구를 사용하는가에 따라서 전형적으로 1~5[μm]의 소재를 표면에서 긁어낼 수 있다(**그림 7.15** 참조). 공구를 사용하여 한 번 긁을 때마다 표면에서는 고점이 제거되며 마이크로미터 규모의 오일 함유구멍이 생성된다. 대부분의 안내면들에 대해서 수작업으로 스크레이핑을 수행하지만 상용 자동 스크레이퍼가 판매되고 있다. 접촉점들이 표면 전체에 고르게 분포될 때까지 스크레이핑 작업이 반복된다. 스크레이핑 작업을 수행하는 동안 작고 날카로운 거스러미들이 밀려올라올 수 있다. 매 스크레이핑 작업이 끝나고 나면 이 거스러미들을 제거하기 위해서 평판형 숫돌을 사용하여 표면을 가볍게 문지르기도 한다. 이 평판형 숫돌은 전형적으로 알루미나를 모재로 사용하는 연석숫돌로서 정밀 연삭기에서 다이아몬드 연삭숫돌을 사용하여 평면으로 연마한 것이다. 최종 스크레이핑 작업은 소형 스크레이퍼를 사용하여 수작업으로 수행하며, 표면층에서 마이크로미터 미만의 두께를 제거한다. 스크레이핑 작업이 끝나고 나면, 마지막으로 숫돌을 사용하여 표면을 문질러서 다수의 반경이 큰 접촉을 생성함으로써 마모율을 최대한 낮춘다. 안내면에 대한 세심한 가공을 통해서 접촉점의 숫자가 많아지면, 비록 모든 거스러미들이 동일한 높이가 아니더라도, 탄성평균화로 인하여 나노미터 수준의 노이즈를 가지고 매끄럽고 반복성 있는 운동이 구현된다.

그림 7.15 전동식 스크레이퍼를 사용한 도브테일 직선자 수작업 평탄화 가공 사례

스크레이핑은 기준표면의 편평도를 공작기계의 안내면에 효과적으로 전사해주는 수단이다. 일반적인 기준으로는 **정반**,[6] **직선자**[7] 및 **횡정반**[8] 등이 사용된다. 진직도와 편평도 등급은 기준의 유형에 의존하지만 온도에 의해서 크게 변형되며, 특히 화강암 표면의 경우에는 습도에 취약하다. 정반의 경우 AA등급의 편형도는 4×10^{-6}[m/m](또는 $4[\mu m/m]$) 수준이며, 진직도 등급은 전형적으로 이보다 두 배의 값을 갖는다. 그런데 더 높은 등급의 측정정반에 대해서는 1[m] 이상의 길이에 대해서 수분의 $1[\mu m]$ 미만의 편평도 편차를 구현할 수 있다. 1[m] 미만의 평판에 대해서는 일반적으로 반전기법의 일종인 **3면 래핑 기법**을 사용하여 평

---

6   surface plate.
7   straight edge.
8   angle plate.

면을 만들 수 있다(5장 5.8절 참조). 만일 두 면을 서로 비교하면서 래핑을 수행하면 하나는 볼록해지고 다른 하나는 오목해져 버린다. 하지만 세 번째 표면에 대해서 이들 두 평판을 래핑하면, 최소한 이들 중 하나는 평판 형상으로 변하게 된다. 궁극적으로는 이들에 대해서 쌍을 맞춰서 순차적으로 래핑을 수행하면, 세 개의 표면들 모두 서로 일치하는 표면들로 변하게 된다. 하지만 불행히도 말안장 형태의 표면도 서로 일치할 수 있기 때문에, 3면 래핑 기법이 평면을 보장하는 것은 아니다. 말안장 형상의 발생을 방지하기 위해서는 래핑을 수행하는 과정에서 표면을 회전시켜야만 한다(무어 1970). 이와 동일한 방법을 편평도 오차가 가시광선 파장길이의 수십분에 일에 불과한 광학정반의 폴리싱에 적용할 수 있다.

마지막으로, 윤활기능을 향상시키기 위해서, 폴리싱된 표면을 고려할 수 있다. 하지만 높은 정합도를 갖는 표면은 윤활에 적합지 않으며, 매우 좁은 간극을 가지고 있는 두 표면 사이에 액체가 주입되면 큰 점성력이 초래된다. 게다가 매우 매끄러운 표면은 얇은 산화물 층이 성장하며, 미끄럼 과정에서 쉽게 벗겨지면서 깨끗한 벌크 소재의 무산소 접촉이 생성되어 높은 마찰이 초래되며, 때로는 서로 붙어버린다. 이에 대한 예외 사례로는 뒤에서 설명할 자기윤활 폴리머 박막 베어링이 있다.

7.2.1.3 안내면 설계 시 고려사항들

이 절에서는 계측기와 기계에서 대표적으로 사용되는 **안내면**들에 대해서 간략하게 살펴보려고 한다. 정밀 안내면 설계와 제작에 대한 더 자세한 내용은 무어(1970)를 참조하기 바란다. 기구학적으로는, 6장에서 설명했던 것처럼 직선 안내면은 5점 접촉을 통해서 연결된 두 개의 강체들로 이루어진다. 그런데 큰 하중이 부가되면, 이런 이상적인 조건을 큰 면적이 접촉하는 설계로 근사화시킬 필요가 있다. 따라서 V−그루브와 평판을 사용해서 1자유도를 구현할 수 있으며, 이 설계가 많은 공작기계에서 일반적으로 사용되고 있다. **그림 7.16**에서는 V−그루브와 평면형상의 안내면을 사용하는 모델이 도시되어 있다. 이 안내면에 안착된 이동용 캐리지에는 구동나사를 설치하기 위한 원형 구멍이 뚫려 있다. 이론상으로는, 이 축은 마찰 모멘트가 상쇄되는 위치에 설치되어야 하며, 또한 캐리지의 무게중심을 통과해야 한다. 하지만 실제의 경우, 마찰력을 구하기 어려우며, 시간에 따라 변하므로 마찰중심을 예측하는 것은 어려운 일이다. 반면에 비록 형태나 질량을 알 수 없는 부품이 부착된다면 위치가 변하겠지만, 캐리지의 무게중심은 정확히 구할 수 있다. 기구학적 커플링을 더 잘 근사화하기 위해서는, 네 개의 사각형 표면들이 V-그루브와 면접촉을 이루고, 이와는 반대쪽에 위치하는 평면부에서는 지브막대 형태의 하나의 긴 접촉패드를 접촉시키는 방식의 접촉표면의 구조를 채택한다. 실제 안내면에서는, 이 지브막대와 여타의 모든 접촉위치에 경계층 윤활제를 공급한다.

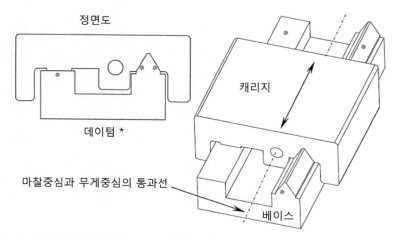

그림 7.16 V-그루브와 평판형 안내면으로 이루어진 이송체에 대한 단순화된 모델의 정면도와 조감도

공작기계에서 자주 사용되는 더 대칭적인 설계인 도브테일 슬라이드가 **그림** 7.17에 도시되어 있다. 이 설계는 V-그루브가 양쪽으로 분할되어 있는 V-평면 구조로 간주할 수 있다. 분할된 V-그루브가 예하중을 받으면서 접촉을 이루도록 만들기 위해서는 과도구속이 필요하므로 접촉을 유지하기 위해서는 지브막대의 위치를 미세하게 조절해야 하며, 마모에 따라서 더 자주 관리를 해주어야 한다. 이 설계는 대칭성 덕분에 마찰중심과 무게중심을 정의하기가 쉬우며, 고성능 기계에 자주 사용된다.

대칭성이 주요 목표인 경우에는 **그림** 7.18에 도시되어 있는 이중 V-그루브 안내면이 채택된다. 이 이중 V-그루브도 과도구속 설계이므로 가공 및 조립과정에서 세심한 주의가 필요하다. 특히 래핑과 정렬과정을 수없이 반복해야만 한다(무어 1970). 극단적인 경우에는 캐리지가 이동부하를 받았을 때에 스테이지의 변형을 줄이기 위해서 캐리지의 하부 평면이 스크레이핑된 평면과 접촉을 이루도록 만들기도 한다. 이중 V-그루브 설계는 계측기용 베어링에 일반적으로 사용되며, 나노미터 미만 정밀도의 매끄러운 운동을 구현할 수 있다. 이 설계는 측정기계에 사용되며 룰링엔진을 사용하여 격자를 가공하는 경우에도 사용된다. 19세기 말에서 20세기로 넘어가는 시기에 헨리 롤런드가 간격이 좁고 평행한 직선을 표면에 새겨서 회절격자 평판을 제작한 것이 유명한 사례이다(롤런드 1902).

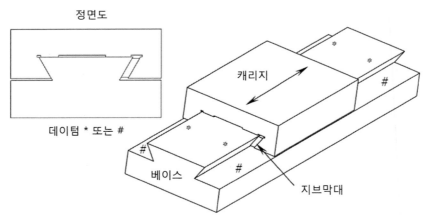

그림 7.17 도브테일 안내면의 정면도와 조감도

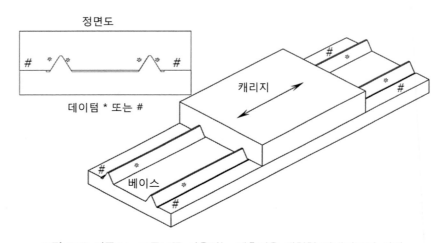

그림 7.18 이중 V-그루브를 사용하는 계측기용 대칭형 안내기구의 설계

또 다른 일반적인 1자유도 메커니즘은 고정된 축선을 중심으로 물체를 회전시키는 **주축**9이다. 주축용 베어링으로는 미끄럼 베어링, 구름요소 베어링 그리고 정수압 베어링 등이 일

반적으로 사용된다. 미끄럼 형식의 베어링을 사용하는 주축들은 부하가 작은 계측기기 용도로 사용된다. **그림 7.19**에서는 주축의 양단에 두 개의 구면을 장착한 대칭형상의 주축 설계를 보여주고 있다. 이 주축에서는 각 구체에 대칭적으로 배치되어 있는 3개의 접촉들에 의해서 구속이 이루어진다. 구체의 표면은 전형적으로 폴리싱되어 있기 때문에, 이 설계에서는 폴리머 베어링이나 등각접촉베어링을 사용한다. 이 접촉들 중 하나는 플랙셔를 통해서 하우징에 연결되며, 플랙셔의 변형을 통해서 6개의 접촉이 모두 유지되도록 예하중이 부가된다. 기구학적으로는, 한쪽 구체에서 3개의 강체접촉과 반대쪽 구체에서 두 개의 강체접촉은 회전자유도만을 가지고 있는 사면체 홈과 V-그루브 조인트와 등가인 구조이다(바우자 등 2009). 주축의 오차운동량은 구체의 진구도, 즉 구체의 가공등급에 의존한다. 구체의 가공등급은 일반적으로 25.4[nm] 구간으로 나누고 있다. 즉, 1등급 구체의 허용공차는 25.4[nm]이며 2등급 구체의 허용공차는 50.8[nm] 등이다.

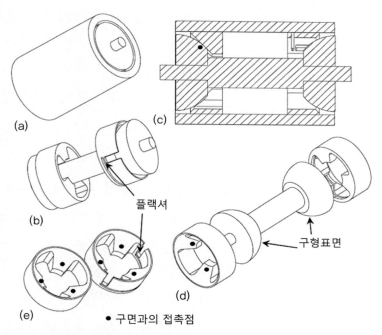

그림 7.19 대칭형 주축설계. (a) 주축 조립도, (b) 하우징을 제거한 주축, (c) 스핀들 조립체의 단면도, (d) 주축과 베어링의 분해도, (e) 삼각형 접촉 위치가 표시된 사면체 홈 형태의 베어링

---

9   spindle.

이 대칭형 주축설계는 한계를 가지고 있다. 즉, 스틱-슬립 거동으로 인하여 이 주축은 정속회전에 문제가 있다. 베어링 소재에 따라서는 연속적인 윤활제 공급이 필요할 수도 있으며, 속도와 하중은 베어링의 PV값에 의해서 제한되는데, 이 값은 플랙셔 예하중에 비해서 훨씬 작은 값에 불과하다. 이 설계가 가지고 있는 장점들은 다음과 같다.

- 베어링 접촉은 모두 대칭이며 주축의 회전축선에 대해서 대칭적으로 배치되어 있다.
- 대칭성 덕분에, 베어링 성능과 하우징에 대한 회전축선의 위치는 온도 변화에 대해서 민감하지 않다.
- 중력부하를 무시하면, 모든 접촉력들은 서로 동일한 값을 가지고 있으며, 따라서 마찰 중심은 주축의 회전축선과 일치한다.
- 베어링들은 동일한 구면을 지지하기 때문에 구면오차에 의해 유발되는 오차운동은 전형적으로 나노미터 수준의 반복성을 가지고 있으며, 이를 보상할 수 있다.
- 접촉의 등각특성과 다섯 개의 데이텀 접촉으로 인하여 탄성평균화가 이루어진다.

이런 형태의 주축은 특히 원통도 측정기를 포함하는 다양한 측정기에 사용되고 있다. 이런 설계들 대부분은 특허권이 설정되어 있기 때문에, 책을 통해서는 접할 수 없다.

7.2.2 구름요소 베어링

이 절의 목적은 **구름요소 베어링**의 정밀도 한계를 고찰하는 것이며, 여타의 기계설계 교재(주비날과 마쉬크 2003)에서 다루고 있는 하중과 속도를 결정하기 위한 표준설계과정들에 대해서는 다루지 않는다. 주어진 하중과 속도에 대해서 적절한 크기의 베어링을 선정하는 방법은 **그림 7.11**을 참조하기 바란다.

구름요소 베어링은 전형적으로 두 강체 사이에서 미리 정의된 자유도를 구현하는 조인트로 사용된다. 구름요소 베어링은 구름요소들과 더불어서 내륜, 외륜 및 구름요소들이 원주방향으로 균일한 간격을 유지하도록 안내하는 리테이너 등으로 이루어진다. 구름마찰은 미끄럼 마찰에 비해서 본질적으로 훨씬 더 작은 값을 가지고 있다. 그런데 그루브 내에서 볼의 구름에는 약간의 미끄럼이 수반된다. 이를 이해하기 위해서는 **그림 7.20**에 도시되어 있는 것처럼, 수직하중을 받고 있는 볼과 직경이 동일한 안내면을 살펴보기로 하자. 이 경우, 측면 미끄럼 없이는 볼이 안내면 속에서 구를 수 없다는 것이 분명하다. 하중이 가해지는 상태에서 안내면의 중앙부에서는 수직응력(σ_z)이 최대가 되며, 구름운동 중에 미끄럼이 발생하지 않는다. 하지만 이 중앙부에서 멀어져서 접촉점이 안내면의 테두리 쪽으로 올라가면, 운동은 순수구름에서 미끄럼으로 전환되며 **히스코트 미끄럼**[10] 현상이 발생한다. 하중을 받고 있는 구름요소에서 구체를 회전시키기 위해서는 항상 약간의 마찰력이 가해진다. 이 마찰력 때문에, 충분한 힘(토크)이 가해지지 않으면 구름요소는 움직이지 않는다. 그런데 이 토크는 조인트 위치에서 측정 가능한 수준의 변위를 유발하여 제어기에 시스템 특성과는 현저하게 다른 영향을 미친다. 이런 영향은 미세조절 시스템에 문제를 유발할 수 있다. 이런 현상에 따른 제어문제에 대해서는 14장에서 논의할 예정이다. 구름접촉에 이물질이 유입되는 것을 방지(그리고 윤활유가 누출되는 것을 방지)하기 위해서 실이 사용되곤 하지만 이로 인하여 베어링에 마찰이 추가된다. 이에 대한 대안으로 **실**과 외형은 유사하지만 내륜측 안내면과 물리적으로 접촉하지 않는 **실드**[11]를 사용할 수 있다. 베어링이 손상되어 베어링 소음이 유발되는 경우에 일반적인 손상의 원인으로는 (1) 히스코트 미끄럼으로 인한 마모와 (2) 구름 과정에서 주기적으로 부가되는 최대응력으로 인해 발생하는 그루브 중앙부위의 피팅 때문이다. 현대적인 베어링들은 정상적인 작동조건하에서 거의 마모가 발생하지 않지만, 일반적

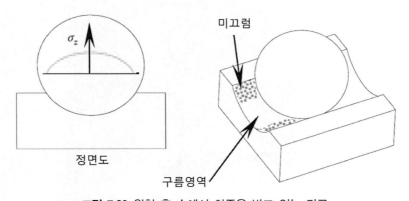

그림 7.20 원형 홈 속에서 하중을 받고 있는 강구

---

10   Heathcote slip.
11   실드와 베어링 내륜 사이의 틈새로 구리스가 누출되므로 클린룸 환경에서는 사용이 부적합하다(역자 주).

으로 충격하중(브리넬링이라고 부르는 표면손상 발생)이나 윤활유 부족(골링[12]이라고 부르는 심각한 점착에 따른 마모 발생)에 의해서 현저한 손상이 발생한다.

베어링 강성을 높이기 위한 예하중이 없는 경우, 전형적으로 치수공차와 표면조도에 의해서 베어링 소음이 발생한다. **그림 7.21**에서는 7개의 볼들로 이루어진 고하중용 **깊은 홈 볼 베어링**을 보여주고 있다. 전형적으로 이 베어링은 내륜과 외륜 사이에 부가되는 반경방향 하중을 지지한다. 이 하중이 내륜을 통해서 볼들을 누르면, 볼이 하중과 일직선이 되어 힘을 지지하는 경우와 두 볼들 사이로 하중이 작용하는 경우가 발생하게 된다. 실제의 경우, 이로 인하여 베어링 강성의 변화가 초래되어 프린트스루(전사)라고 부르는 주기적인 운동이 발생하지만, 안내면과 구체들이 서로에 대해서 유리수의 비율을 가지고 있지 않기 때문에(이는 예측하기도 어렵다), 회전과 동기화되지 않는다. 결과적으로 이 편차는 예측하거나 보상하기가 어렵다. 가공공차 때문에 발생한 구름요소 직경의 미소한 편차로 인하여 볼들이 레이스 주변을 서로 다른 속도로 선회하게 된다. 이를 방지하기 위해서 **리테이너**가 사용된다. 베어링이 회전하면 미끄럼이 발생하기에 충분한 힘에 도달할 때까지 볼들이 리테이너를 밀어내며, 이것이 베어링 마찰의 또 다른 원인으로 작용한다. 마찰력의 갑작스러운 해지를 유

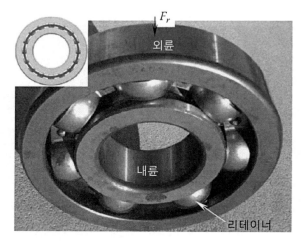

그림 7.21 리테이너 속에 7개의 볼들이 조립되어 있는 고하중용 깊은 홈 볼 베어링. 좌측상단에는 16개의 볼들이 사용된 계측기용 베어링이 도시되어 있다.

---

12 galling.

발하는 이런 리테이너 미끄럼은 결코 드문 일이 아니며, 이로 인하여 베어링 조립체에서 예상치 못한 파열음이 발생한다. 베어링 구름요소들의 이런 운동을 저감하기 위해서는 베어링을 구성하는 모든 구름요소들의 치수를 가능한 한 서로 동일하게 일치시켜야 한다. 공구 마모, 환경변화 그리고 여타의 많은 인자들로 인하여 개별 구름요소들의 치수는 가공공정의 시간에 따라서 변하게 된다. 그런데 연속적으로 가공된 구름요소들은 일반적으로 동일한 치수를 갖는다. 따라서 가공공정에서 생산된 구름요소들을 순서대로 튜브에 담아서 순차적으로 베어링 조립에 사용한다(**그림 7.22** 참조).

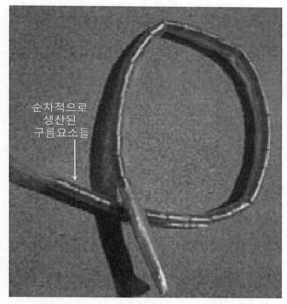

순차적으로
생산된
구름요소들

그림 7.22 베어링 조립을 위해서 생산된 순서에 맞춰 튜브에 담아놓은 구름요소들

소음을 줄이기 위한 또 다른 방법은 가능한 한 많은 숫자의 구름요소들을 사용하여 탄성 평균화에 의존하는 것이다. **그림 7.21**의 좌측 상단에는 16개의 볼들을 사용하는 계측기용 베어링이 도시되어 있다. 정밀 계측기용으로는 공차가 작은 등급의 베어링을 선정하며 낮은 예압을 부가한다. 베어링 등급별 기하학적 공차를 광범위하게 규정한 규격표준이 개발되었다(**표 7.1** 참조). 전형적으로 서로 다른 정밀도의 베어링들을 등급별로 분류하며, 그에 따라서 최대 성능공차를 규정하고 있다. 예를 들어, **그림 7.23**에서는 서로 다른 등급의 베어링들

의 최대 반경방향 오차운동을 보여주고 있다. 이 오차운동은 내륜이 반경방향으로의 운동 없이 회전할 때에 외륜에 발생하는 단방향 운동에 해당한다. 실제의 경우, 시험할 베어링보다 오차운동이 훨씬 작은 정밀 공기베어링 주축을 사용하여 이런 반경방향으로의 운동이 없는 회전을 구현할 수 있다. 5장에서 소개되었던 반전기법을 사용하는 주축 분석기를 사용하여 오차운동을 구할 수 있다(그리스다 등 2005).

표 7.1 베어링 공차등급과 관련 국제표준

표준		공차등급					베어링 유형
일본산업표준	JS B 1514	0등급	6등급	5등급	4등급	2등급	모든 유형
국제표준협회 (ISO)	ISO 492	일반급 6X	6등급	5등급	4등급	2등급	반경방향 베어링 (테이퍼롤러 제외)
	ISO 199	일반등급	6등급	5등급	4등급	–	추력 볼 베어링
	ISO 1224	–	–	5A등급	4A등급	–	정밀 계측기용 베어링
독일공업규격 (DIN)	DIN 620	P0	P6	P5	P4	P2	모든 유형
미국표준협회 (ANSI)	ANSI/AFBMA Std. 20	ABEC-1 RBEC-1	ABEC-3 RBEC-3	ABEC-5 RBEC-5	ABEC-7	ABEC-9	반경방향 베어링 (테이퍼롤러 제외)
미국베어링공업 협회(AFBMA)	ANSI/AFBMA Std. 12.1	–	3P등급	5P등급 5T등급	7P등급 7T등급	9P등급	정밀 계측기용 베어링 (미터단위)
	ANSI/AFBMA std. 12.2	–	3P등급	5P등급 5T등급	7P등급 7T등급	9P등급	정밀 계측기용 베어링 (인치단위)

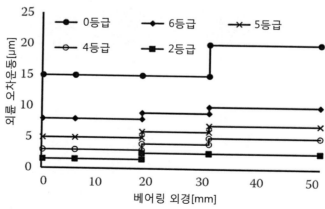

그림 7.23 서로 다른 등급을 가지고 있는 반경방향 베어링들의 외경에 따른 외륜 반경방향 오차운동

고품질 계측기용 베어링에 대한 전형적인 오차운동 측정 결과가 **그림 7.24**에 도시되어 있다. 그림에 따르면, 베어링 내에서 볼들이 (또는 하나의 나쁜 볼이) 구르면서 거의 주기적인 편차가 발생하고 있지만, 베어링의 오차운동은 내륜의 회전과는 비동기화되어 있다는 것을 알 수 있다. **그림 7.24(b)**에서는 베어링이 여러 번 회전하는 동안의 오차운동을 측정한 결과가 도시되어 있다. 다수의 회전에 대해서 측정한 결과를 살펴보면, 최대 비반복 오차운동은 직경이 18[mm] 미만인 2등급 베어링에 대한 요구조건의 1/10에 불과함을 알 수 있다. 전형적으로 주축의 회전각도에 따른 오차들을 평가하기 위해서 이 다중측정 결과의 평균값을 사용한다.

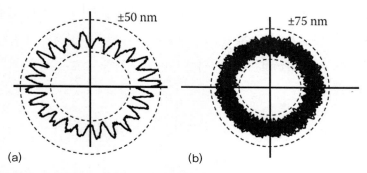

그림 7.24 오차운동 특성이 예외적으로 좋은 계측기용 베어링의 오차운동 그래프. (a) 내륜의 단일회전, (b) 다중회전 결과는 비반복 오차운동(NRRO)을 나타낸다.

탄성평균화는 베어링의 소음특성을 개선해주며, 직선운동과 구름요소 베어링에서 더 충분히 활용할 수 있다. **그림 7.25**와 **그림 7.26**에서는 일반적으로 사용되는 두 가지 직선운동 베어링의 설계를 보여주고 있다. 두 가지 베어링 모두 높은 성능을 구현할 수 있지만, 정밀 직선운동 안내기구에는 **교차롤러 베어링**이 더 많이 사용되고 있다. 교차롤러 베어링은 정밀 연삭가공을 통해서 제작한 서로 마주보고 있는 두 개의 V-그루브들 사이에서 구름요소들이 회전한다. 이 베어링은 롤러 1회전에 대해서 롤러직경의 원주거리에 해당하는 직선운동을 하기 때문에, 움직이는 안내면 밖으로 빠져나가는 롤러를 재순환시키지 않고도 비교적 긴 거리를 움직일 수 있다. 재순환 튜브를 추가하면 (볼을 사용하는 직선운동 가이드에서는 더 일반적이다) 운동 범위를 무한히 늘릴 수 있다. 롤러들 사이의 간격을 유지하고 롤러의 양단이 V-그루브 표면과 접촉하는 것을 방지하기 위해서 리테이너라고 부르는 베어링 케이지가 사용된다. **그림 7.26**에 도시되어 있는 직선운동 볼 베어링 레일은 마치 앵귤러 콘택트 볼 베어링들이 서로 결합되어 회전축을 형성한 것과 유사한 대칭형태를 가지고 있다. 이 설계는 다수의 볼들을 사용할 수 있어서 고정밀, 고강성 및 고하중 지지를 위한 탄성평균화를 구현할 수 있다는 장점을 가지고 있다. 따라서 이런 형태의 레일 시스템은 빠르고 정밀한 직선운동을 구현할 수 있으며, 안내면의 제작 및 가공에 자주 사용된다. 더 콤팩트한 안내기구를 구현하기 위해서 이런 형태로 단열의 볼들을 사용하는 설계가 계측기구에 자주 사용되는데, 전형적으로 염가이나 정밀도 성능이 떨어진다.

그림 7.25와 **그림 7.26**의 설계들은 모두 과도구속되어 있다. 따라서 정밀한 가공기법을 적용해야만 하며 이 베어링들을 조립하는 과정에서는 정렬에 주의를 기울여야 한다. 일정한 부하가 가해지는 상태에서는 롤러 베어링이나 교차롤러 베어링을 사용하여 $1[\mu m]$ 미만의 위치편차를 구현할 수 있으며, 정밀 베어링을 사용하는 세심하게 설계된 조립체에 대하여 위치제어를 수행한다면, $0.25[\mu m]$ 미만의 위치편차를 구현할 수도 있다.

(a) (b) (c)

그림 7.25 교차롤러베어링의 일부분. (a) 구름접촉 기구의 정면도, (b) 조감도, (c) 상부 안내면을 제거한 베어링의 조감도. 롤러용 리테이너가 생략되어 있다.

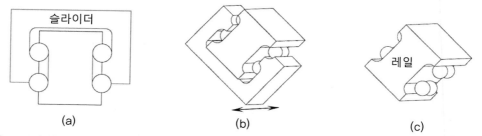

(a) (b) (c)

그림 7.26 직선형 볼 베어링 안내기구. (a) 정면도, (b) 아래에서 바라본 조감도, (c) 슬라이드를 제거한 조감도

무어툴즈社에서는 볼베어링 주축을 세심하게 가공 및 조립하였다. 이 주축은 호닝가공된 주축과 하우징 사이에 공차 범위가 매우 작은 거의 200개의 볼들을 사용하였다. 황동 소재의 리테이너를 사용하여 주축에 대해서 볼들 사이의 간격을 일정하게 유지하였다(무어 1970). 이 주축의 회전오차운동은 전형적으로 75[nm] 미만이며 환경이 조절되는 실험실에서는 이보다 훨씬 더 좋은 성능을 구현하였다(보스 등 1994, 사코니와 파신 1994).

실제의 경우, 주축에 다수의 베어링들을 조립하여 회전축을 만든다. 용도에 맞춰서 적절한 베어링 조합을 선정해야 한다. 그런데 어떤 베어링을 사용해야 하는지에 대해서는 간단한 규칙이 존재한다. 정밀주축의 경우에는 선택의 폭이 정밀 베어링과 주축에 큰 응력을 부가하지 않는 조립체로 좁아지게 된다. 베어링의 선정과 각 베어링들이 가지고 있는 자유도가 **그림 7.27**에 도시되어 있다. 모든 베어링들은 회전 자유도를 가지고 있으며, 두 개의 롤러베어링들은 미소변위에 대해서 회전축 방향으로의 추가적인 자유도를 가지고 있다. 이 미소변위는 조립공차와 작동 중 열팽창을 수용하는 데에 적합하다. **그림 7.27(a)**에 도시되어 있는 롤러베어링은 반경방향 하중을 지지하는 목적으로 설계된 반면에 **그림 7.27(b)**의 추력 베어링은 축방향 하중을 지지할 수 있다. **그림 7.27(c)**에서는 자동조심 추력 볼 베어링을 보여주고 있다. 이 설계에서는 일반적인 추력 베어링의 한쪽 레이스의 바깥쪽 면에 볼록구면을 성형하며, 이 면과 맞닿는 와셔에는 이와 정합되는 오목구면을 성형한다. 이 정합구면이 조립과정에서 발생하는 각도 부정렬을 수용할 수 있다. 하중이 부가되면, 이 정합면에서 발생하는 마찰력을 이기기 위해서는 현저한 모멘트가 필요하므로, 이를 저마찰 구름운동의 관점에서는 자유도라고 간주할 수는 없다. 따라서 이 자동조심 기능은 준자유도로 구분한

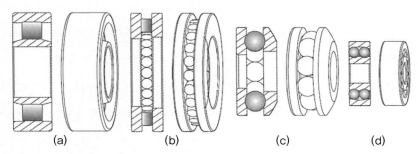

그림 7.27 4가지 일반적인 구름요소 베어링들과 이들이 가지고 있는 자유도. (a) 단열 롤러 베어링(θ_x, x), (b) 추력 롤러 베어링(θ_x, x), (c) 준 자동조심 추력 볼 베어링(θ_x, ~θ_y, ~θ_z), (d) 복열 자동조심 볼 베어링(θ_x, θ_y, θ_z)

다. 조립체에 추가적인 자유도를 제공해주는 방법은 매우 다양하며, 이들 중에서 가장 일반적인 방법은 추력베어링의 외륜을 볼 조인트처럼 만든 하우징 형태인 필러 블록을 사용하는 것이다. 고정용 볼트와는 헐거운 끼워맞춤이 되어 있는 블록에는 설치구멍이 구비되어 있다. 따라서 조립과정에서는 고정용 구멍들을 사용하여 2자유도를 조절할 수 있으며, 추가적으로 필러블록 내의 볼 조인트를 사용하여 총 5자유도를 조절할 수 있다. 일단 고정하고 나면, 이들 중 2자유도가 구속된다. **그림 7.27(d)**에서는 3자유도를 가지고 있는 자동조심 볼 베어링을 보여주고 있다. 이 베어링은 사면체 홈에 안착된 구체와 기하학적으로는 등가이다.

베어링들과 베어링 조립체를 기구학적 관점에서 살펴볼 수 있다. **그림 7.28(a)**에서는 두 개의 반경방향 볼 베어링들로 이루어진 주축의 단면도를 보여주고 있다. 이 특정한 설계에서 좌측 베어링의 외륜은 주축의 하우징에 헐거운 끼워맞춤으로 조립되어 있어서 직선운동 자유도를 추가적으로 가지고 있다. 각각의 베어링을 조인트로 간주하며 주축과 하우징을 링크로 간주하는 경우, 체비체프, 그뤼블러 및 쿠츠바흐의 공식(6장 6.4.2절과 6.8절)에 따르면 이동도는 −3이다. 따라서 이 시스템은 4자유도만큼 과도구속 되어 있으므로, 조립과정에서 잔류응력의 발생을 방지하기 위해서는 가공공차의 관리와 세심한 조립이 필요하다. **그림 7.28(b)**에 도시되어 있는 두 번째 주축설계에서는 우측에 설치된 자동조심 베어링의 외륜은 헐거운 끼워맞춤으로 조립되어 있으며, 반대쪽에는 두 개의 앵귤러 콘택트 베어링이 사용되었다. 앵귤러 콘택트 베어링들은 쌍으로 조립되며, 조립과정에서 내륜이나 외륜을 서로 밀착시켜 고정한다. 이 유형의 베어링은 조립쌍의 내륜이나 외륜 중 한쪽의 틈새가 더 크게 설계되었기 때문에 이들을 고정하면 미리 정의된 예하중이 부가된다. 게다가 구름표면과 볼들 사이의 접촉각이 크기 때문에 반경방향과 축방향 모두에 대해서 큰 강성을 갖게 된다. 전형적으로 이 높은 강성은 베어링의 유격을 줄여주고 2열 베어링의 사용으로 인하여 노이즈가 감소한다. 이 두 번째 주축설계의 사례에서는 앵귤러 콘택트 베어링이 1자유도를 가지고 있으며, 헐거운 끼워맞춤으로 조립된 자동조심 베어링이 4자유도를 가지고 있기 때문에 이 주축의 이동도는 −1이 된다. 주축의 경우 1자유도가 필요하므로 이동도가 −1이라는 것은 메커니즘이 2자유도만큼 과도구속되어 있다는 뜻이다. **그림 7.28(b)**의 주축에서 과도구속된 2자유도 문제를 해결하기 위해서는 앵귤러 콘택트 베어링들의 y 및 z방향 위치가 자동조심 베어링의 회전중심과 정렬을 맞춰야만 한다.

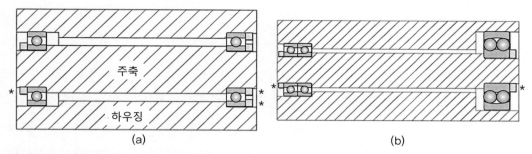

그림 7.28 구름베어링을 사용하는 주 축의 두 가지 설계 사례. (a) 두 개의 반경방향 볼 베어링 주축의 이동도 $M=6(2-2-1)+3=-3$, (b) 자동조심 베어링과 앵귤러콘택트 볼 베어링 주축의 이동도 $M=6(2-2-1)+5=-1$. *는 베어링 고정용 너트를 나타낸다.

7.2.3 동수압 및 탄성동수압윤활 베어링

동수압 베어링은 최소한의 윤활유 공급만으로 스스로 작동하며, 매우 작은 마찰, 큰 하중의 지지, 높은 강성과 매끄러운 운동을 구현할 수 있다. 그런데 이 베어링은 전형적인 많은 정밀공정들의 작동속도인 저속에서 성능이 떨어지며, 하중의 변화에 따라서 축중심의 위치가 변한다. 따라서 다음 절에서 설명할 정수압 베어링에 비해서 정밀기계에는 잘 사용되지 않는다.

7.2.1절에 따르면 경계층 윤활제를 주입하는 미끄럼접촉이 많은 장점을 가지고 있다. 두 미끄럼표면들 사이에 중간유막이 존재하면, 접촉 거스러미들 속으로 유체가 스며들어 얇은 쐐기형 영역이 만들어진다. 이 쐐기작용이 국부적인 압력 증가를 초래하며 접촉이 수반된 미소간극으로 인하여 **레이놀즈 수**가 작은 값을 갖게 되므로 층류유동이 형성된다.

2차원 유동의 경우, 게이지압력 p, 점도 η 그리고 두 표면들 사이의 상대속도 u_x 사이의 상관관계는 다음과 같이 주어진다.

$$\frac{\partial p}{\partial x} = \eta \frac{\partial^2 u_x}{\partial z^2} \tag{7.14}$$

여기서 x와 z는 각각 유막과 평행한 방향과 수직한 방향을 나타낸다. 압력이 적당한 경우, 점도는 일정하게 유지되지만, (접촉이 발생하거나 틈새가 극히 좁아지면서) 압력이 높아지면, 다음 방정식과 같이 모델링된다.

$$\eta = \eta_0 e^{\alpha_n p} \tag{7.15}$$

여기서 α_n은 물에서 광유에 이르는 다양한 유체들에 대해서 전형적으로 $0.44 \times 10^{-8} \sim 4 \times 10^{-8}$[1/Pa]의 범위를 갖으며, 10^9[Pa] 이상의 압력에 대해서도 적용할 수 있다. 약간 인공적인 사례로, **그림 7.29(a)**에 도시되어 있는 것처럼 정지한 수평면 위로 입구측 높이 h_i 출구측 높이 h_0인 지수함수 형상의 쐐기가 속도 U로 움직이고 있다. 쐐기가 정지해 있고 바닥판이 우측 방향으로 움직이고 있어도 동일한 압력이 생성된다. 식 (7.14)를 적분하여 경계조건 $z = 0$에서 $u = U$와 $z = h$에서 $u = 0$을 대입하면, 임의 높이에서의 속도는 다음과 같이 주어진다.

$$u = \frac{1}{2\eta}\frac{dp}{dx}z(z-h) + \left(1 - \frac{z}{h}\right)U \tag{7.16}$$

식 (7.16)으로부터, 단위폭 q당 체적유량비는 다음과 같이 주어진다.

$$q = \int_0^h u\,dz = -\frac{h^3}{12\eta}\frac{dp}{dx} + \frac{Uh}{2} \tag{7.17}$$

쐐기 높이가 $\tilde{h}$인 특정한 위치 $\tilde{x}$에서의 압력구배가 0(피크압력 위치)이라면, 식 (7.17)은 다음과 같이 단순화된다.

$$q = \frac{U\tilde{h}}{2} = \overline{U}\tilde{h} \tag{7.18}$$

여기서 $\overline{U}$는 **연행속도**[13]라고 부른다. 식 (7.18)을 식 (7.17)에 대입하면 단순화된 **레이놀즈 방정식**이 얻어진다.

---

[13]   entraining velocity.

$$\frac{dp}{dx} = -12\eta\,\overline{U}\,\frac{h-\tilde{h}}{h^3} \qquad (7.19)$$

그림 7.29에 도시되어 있는 지수함수 형상의 쐐기에 대해서 식 (7.19)를 적분하면 다음과 같이 정리된다.

$$\frac{h_0^2}{6U\eta}p = \frac{e^{2\alpha x}}{2\alpha} - \frac{e^{-\alpha\tilde{x}}e^{3\alpha x}}{3\alpha} + C \qquad (7.20)$$

여기서 C는 상수이며 α는 그림 7.29에서 정의되어 있다. 쐐기 입구측에서 $x=-B$, $p=0$ 이며 출구 측에서도 $x=-B$, $p=0$이다. 이를 사용하여 압력을 구할 수 있다. 틈새보다 폭 이 훨씬 더 큰 쐐기의 경우, 경계조건을 $x=-B$에서 $x=-\infty$로 바꿀 수 있으며, 이를 통해 서 무차원 압력 p^*에 대한 타당한 근사치를 구할 수 있다.

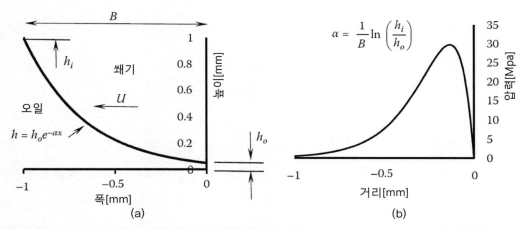

그림 7.29 지수함수 형상의 쐐기 모델. (a) 쐐기형상과 관련 계수들, (b) U=0.5[m/s], η=1[Pa·s](상온에서 SAE 40 오일의 점도), h_i=1[mm], h_0=2[μm]인 경우의 압력분포

$$p^* = \frac{ph_0^2}{6U\eta B} = \frac{1}{2\ln H}(e^{2\alpha x} - e^{3\alpha x}) \qquad (7.21)$$

임의의 위치 x에서의 압력은 일정하다고 간주하기 때문에 압력을 적분하여 길이 L인 쐐

기에 부가되는 수직하중 W를 구할 수 있다.

$$\frac{W}{L} = \int_{-\infty}^{0} p dx = \frac{U\eta}{2h_0^2 \alpha^2} \qquad (7.22)$$

식 (7.22)를 간극에 대해서 미분하면 베어링의 수직방향 강성 k_{hyd}를 구할 수 있다. 엄밀해는 아니지만, 입구측과 출구측의 간극 차이가 큰 경우 α값은 $1/h_0$에서 1까지 변하므로 강성은 $1/h_0^n$에 비례한다고 가정할 수 있다. 여기서 n은 전형적으로 2.7의 값을 갖는다.

쐐기(또는 판)의 이동속도를 유지하기 위해서 필요한 수평력 F는 다음과 같이 구할 수 있다.

$$\frac{F}{L} = \int_{-\infty}^{0} \tau_{z=0} dx = \int_{-\infty}^{0} \eta \frac{du}{dz}_{z=0} dx = \frac{7\eta U}{4h_0 \alpha} \qquad (7.23)$$

동수압 슬라이더의 마찰계수 μ_{hyd}를 구하기 위해서 식 (7.22)와 (7.23)을 사용할 수 있다.

$$\mu_{hyd} = \frac{F}{W} = \frac{7}{2} h_0 \alpha \qquad (7.24)$$

동수압 마찰은 유막의 두께와 선형적으로 비례하는 경향을 가지고 있는 반면에 강성은 유막두께의 제곱에 거의 반비례하여 증가한다. 또한 식 (7.22)로부터 주어진 형상의 동수압 유막의 하중지지 능력은 무차원 점성비율에 미끄럼 속도를 곱한 후에 하중으로 나눈 값 ($\eta U / W$)에 의존한다.

주어진 크기와 형상을 가지고 있는 저널베어링 주축의 경우, 마찰계수와 이 무차원 비율을 로그스케일 도표로 나타내는 것이 도움이 된다. 리처드 스트라이벡은 1902년에 최초로 이 도표를 제안하였으며, **그림 7.30**에는 사례가 제시되어 있다. 이 곡선은 세 개의 영역으로 나누어져 있다. 하중은 가장 크고 속도는 가장 낮은 영역에서는 동수압 압력이 접촉 거스러미들을 분리할 수 없기 때문에 경계윤활 영역에서의 마찰계수값은 가장 크다. 동수압 쐐기에 대한 앞서의 해석을 통해서, 쐐기각이 작고 유막두께가 마이크로미터 미만인 경우에, 압력은 표면소재의 탄성한계에 근접할 수 있다. **그림 7.29**에 제시된 사례의 경우조차도, 유막두께를 2[μm]에서 200[nm]로 줄이면 압력이 1.5[GPa]까지 증가하게 되며, 이 값은 중간강도를 가지고 있는 강철의 경도와 유사한 수준이다. 유막 두께가 표면 조도와 유사한 수준(접촉의 중요 인자이다)인 이 영역에서는 이토록 높은 압력으로 인하여 현저한 탄성변형(과 일부 소성변형)이 초래되며, 윤활제의 점도가 현저히 증가하게 된다. 두 효과 모두가 동수압 거동에 영향을 미치는 것으로 알려져 있으며, **스트라이벡 곡선**의 중간영역에서는 혼합된 접촉과 탄성동수압 효과가 발생한다. 이 영역을 넘어서면, 완전동수압 분리가 일어나며 마찰은 식 (7.24)의 모델에 따라서 거의 선형적으로 증가한다.

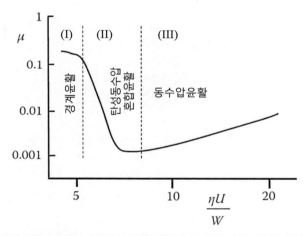

그림 7.30 주어진 형상의 저널 베어링에 대한 스트라이벡 곡선

마찰손실이 설계자에게 중요한 고려사항인 경우에는 최적의 작동조건이 탄성동수압 윤활과 동수압 윤활의 경계가 되는 곳에 위치한다는 것이 명확하다. 따라서 혼합윤활이 끝나고 모든 거스러미들이 분리되는 영역을 찾아내는 노력이 필요하다.[14] 존슨 등(1972)이 이 연구를 수행하였으며, 이 영역에서의 상호작용은 다음의 두 가지 인자들에 의해 지배된다는 결론을 내렸다. (1) 앞서 논의했던 소성지수, (2) 이론적으로 예측했던 표면조도에 대한 유막

---

14 실제 동수압 베어링의 경우 속도 U가 0보다 커짐과 거의 동시에 동수압 윤활로 전환된다. 따라서 경계윤활과 혼합윤활 영역은 아주 좁으며, 이를 찾아내기가 매우 어렵다(역자 주).

두께 비율. 전형적으로 R_a나 R_q 값을 측정한다(5장 5.7.5절 참조). 따라서 스트라이벡 곡선의 수직축은 접촉에 의해서 발생되는 부하를 결정하며 마모와도 연관성이 있기 때문에, 미끄럼 표면의 높이와 관련되어 있다고 생각할 수 있다. 윤활표면은 7.2.1절과 **그림 7.31**을 통해 설명했던 마모지도와 얼마간 동일한 마모 메커니즘에 노출되므로, 치코스와 아빅(1985)은 표면조도 대비 유막두께의 비율에 따른 **무차원 마모계수**를 제안하였다. 이론적 모델과 일부 실험 데이터가 이 도표와 일치하는 것으로 판명되었지만, 제안된 방법으로 지도를 제작하는 작업은 아직도 끝나지 않았다. 이 지도가 완성되지는 않았지만, 미끄럼 표면에 대한 최적의 설계는 탄성동수압에서 동수압 분리로 전환되는 위치라는 점은 명확하다.

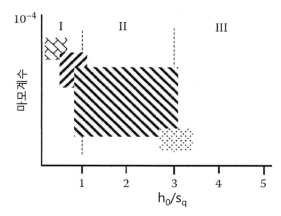

그림 7.31 표면조도에 대한 이론적인 유막두께의 비율에 따른 영역별 마모계수의 지도

라이몬디와 보이드는 1955년에 미끄럼 표면들 사이의 유동에 대해서 레이놀즈 방정식을 풀어서, 동수압 베어링 설계에 대한 말단효과를 고려한 완전한 해석 결과를 발표하였으며, 이는 아직까지도 사용되고 있다. 이 연구에서 사용되었던 설계과정은 주비날과 마쉬크(2011)를 참조하기 바란다. 정밀기계에서 중요한 정보는 주축의 중심위치이다. 라이몬디와 보이드가 제시한 도표들 중에서는 **그림 7.32**에 도시되어 있는 것처럼, 축과 저널 사이의 간극 c에 대한 축반경 R의 비율과 **무차원 베어링계수(좀머펠트 수**라고 부른다)S 사이의 관계를 나타낸 것이 있었다. 이 도표상에서의 서로 다른 궤적들은 저널의 직경 D에 대한 길이 L의 비율에 해당한다.

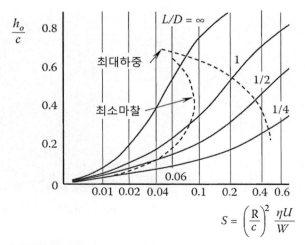

$$S = \left(\frac{R}{c}\right)^2 \frac{\eta U}{W}$$

그림 7.32 다양한 형상의 저널베어링들에 대한 좀버펠트수에 따른 유막두께 도표. 최적설계는 두 점선들 사이의 영역에 존재한다.

그림 7.32의 도표에 따르면, 공극이 감소하여 쐐기각도가 감소하면 주축의 부상이 최소화된다는 것이 명확하다. 부수적으로, 최소부상은 최대강성에 해당한다는 것도 알 수 있다. 베어링의 제작에는 두 가지 인자들이 중요하게 사용된다. 우선, 주축의 거칠기 계수값 R_q를 유막두께 미만으로 줄여야만 한다. 따라서 내연기관용 크랭크샤프트와 같은 동수압 주축의 경우에 폴리싱 가공을 통해서 표면조도 R_q를 수십 나노미터 수준으로 만드는 것이 결코 드물지 않다. 두 번째로, 공극을 줄이기 위해서 **백철**[15]을 사용하여 저널을 제작한다. 전형적으로 백철(**배빗 메탈**이라고도 부른다)은 납이나 주석같이 윤활적합성을 갖춘 연질합금으로 구성되어 있다. 현대적인 엔진베어링의 경우, 극한의 하중, 속도 및 온도를 견디기 위해서 다수의 합금들이 사용되고 있다(허친스와 쉽웨이 2017). 모든 백철합금들은 경도가 낮기 때문에 축의 형상에 따라 변형되며 윤활제에 섞여 들어오는 경질입자들을 합금 속으로 매립시킨다. 이런 순응성과 매립성은 소성설계의 사례이다. 이런 유형의 베어링들은 엔진베어링과 같이 하중이 동적으로 변하는 경우에 사용되며, 주축이 일정한 속도와 하중하에서 회전하는 경우에 특히 적합하다. 발전기용 로터를 지지하는 정수압 베어링의 사례가 **그림 7.33**에 도시되어 있다.

---

15   white metal.

그림 7.33 백철소재 저널 베어링의 사례. (a) 베어링 조립체, (b) 반으로 분할된 베어링과 오일링

적절하게 설계된 베어링은 비교적 소량의 윤활제를 공급하여도 된다. 발전기와 같이 안정적인 작동을 하는 회전축의 경우에는 **오일링 펌프**를 사용하여 필요한 윤활제를 공급할 수 있다. 윤활유 공급의 중단을 방지하기 위한 해결방안으로서, 이것은 설계 간소화의 뛰어난 사례이다. 펌프는 베어링의 상부면에 안착되어 있는 황동 링 하나로만 이루어지며 거의 무한한 수명을 가지고 신뢰성 있게 작동한다. 작동 중에 링의 하부는 윤활유통 속에 잠겨 있다. 주축이 회전하면 링을 끌어당겨서 서서히 회전시킨다. 윤활유통 속에서 링에 묻은 오일은 링이 회전하면서 베어링의 상부 측으로 끌려올라가서 주축 속으로 스며든다.

특히 추력베어링의 경우에 베어링 표면에 그루브 패턴을 새겨 넣으면 동수압층의 형성에 도움을 준다. 추력베어링에서는 전형적으로 나선형 패턴을 새겨 넣으며(그래서 **나선형 그루브 베어링**이라고 부른다), 깊이는 수십$[\mu m]$에 불과하다(화학적 에칭으로 제작한다). 이 그루브들의 모서리 부위 단차 경계에서 국부적인 압력상승이 발생하여 동수압 부상력이 생성된다. 이 단순한 설계형상을 이론적 모델의 창시자인 레일레이의 이름을 따서 **레일레이 단차**라고 부른다(레일레이 1918). 동수압 부상력을 개선하기 위하여 그루브를 사용하는 것은 매우 유용하며, 다음 절에서 설명할 정수압 베어링에서도 추가적인 목적 때문에 그루브를 사용한다.

7.2.4 정수압 베어링

스스로 작동하는 동수압 베어링은 마찰 견인력이 무시할 정도로 작으며 소량의 윤활유 공급만을 필요로 할 뿐만 아니라 정지부하의 지지를 포함하여 넓은 하중과 속도 범위에 대해서 작동할 수 있다. 반면에, 적절히 설계 및 제작된 **정수압 베어링**은 모든 유형의 베어링들 중에서 가장 강성이 높으며 나노미터 수준의 반복도를 가지고 회전 및 직선운동을 지지할 수 있다. 가장 큰 단점은 정밀가공과 가압유체의 공급에 따른 비용이다. 이에 덧붙여서 가압된 유체가 베어링을 통과하여 베어링 밖으로 유출되면서 유체에 가해진 일도 문제를 일으킬 가능성이 있다. 비록 유량비는 비교적 작지만, 공기정압 베어링이나 정수압 베어링의 경우에 이 유량으로 인하여 항상 열이 발생한다.

정수압 베어링의 작동이론을 이해하기 위해서, 그림 7.34에 도시되어 있는 것처럼, 중앙에 구멍이 뚫려 있는 단순한 디스크를 살펴보기로 하자. 외부에서 이 디스크에 유압이 공급되면 하중을 지지한다. (공기나 오일 같은)유체가 압력 P_s로 상부공간 속으로 공급되며 오리피스를 통과한 후에 압력 P_r로 하부공간으로 주입된다고 하자. 베어링 랜드와 마주보고 있는 평판 사이의 간극이 좁다면, 두 번째 공간 내에서의 유동저항은 랜드부의 내경 r_i와 외경 r_o 사이보다 훨씬 작을 것이며, 일정한 값을 갖는다고 가정한다. 실제의 경우, 랜드와 내부 리세스 사이의 단차 높이 t가 베어링이 평판 위를 이동할 수 있는 속도에 큰 영향을 미친다. **그림 7.34**에는 베어링의 대응면이 생략되어 있지만, 이 면은 평면이며 디스크의 하부면과 평행하고, 랜드의 하부표면과 대응평면 사이의 간극 높이는 h라고 가정한다.

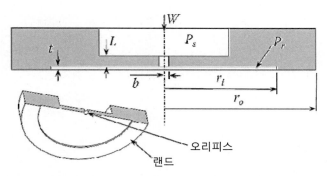

그림 7.34 디스크형 정수압 베어링의 단면도

이 베어링의 핵심은 유동저항기로 작용하는 **오리피스**이다. 디스크의 중앙부에 하중 W가 부가되면, 디스크와 대응면 사이의 간극 h가 좁아지며, 베어링에서 유출되는 유량이 줄어든다. 이 유량 감소로 인하여 베어링면적 전체에서의 압력 적분값이 하중을 지지할 수 있을 때까지 압력 P_r이 증가한다. 이런 간극 h의 변화가 베어링을 통과하는 유량을 증가 또는 감소시키면서 하중을 지지한다는 것이 명확하다. 간극의 변화에 따른 하중지지용량의 변화율인 베어링의 강성은 오리피스의 유동저항과 (소량의 액체를 저장하는) 두 번째 공간의 체적에 의존한다. 따라서 그림에 도시되어 있는 비교적 단순한 설계에 대해서 다중변수 최적화가 가능하며, 이 주제에 대해서 관심 있는 독자는 로우(2012)를 참조하기 바란다. 이 원형 베어링의 경우 식 (7.17)을 다음과 같이 정리할 수 있다.

$$q = -\frac{\pi r h^3}{6\eta}\frac{dP}{dx} \tag{7.25}$$

이 유동저항기를 모세관으로 모델링하고, 랜드 표면을 통과하는 총 유량과 유동저항기를 통과하는 유량과 같은 값인 베어링을 통과하는 총 유량을 등가로 놓으면, 다음 방정식을 얻을 수 있다.

$$q = \frac{\pi h^3 P_r}{6\eta \ln(r_0/r_i)} = P_r \frac{\overline{B}h^3}{\eta} = \frac{(P_s - P_r)\pi d_c^4}{128\eta L} = \frac{(P_s - P_r)}{K_c \eta} \tag{7.26}$$

$$P_r = \frac{P_s}{1 + \overline{B}K_c h^3}, \;\; d_c = 2b$$

여기서 상수 K_c와 $\overline{B}$는 다음과 같이 주어진다.

$$\overline{B} = \frac{\pi}{6\ln(r_0/r_i)} \tag{7.27}$$

$$K_c = \frac{128L}{\pi d_c^4}$$

베어링상수인 K_c와 $\overline{B}$를 각각 **모세관계수**와 **유동형상계수**라고 부르며, 정수압 베어링의 해석에 핵심 성분들이다. 이 연속조건은 (랜드 내 임의반경에 대한) 원주방향으로의 적분에 대해서 성립되어야 하므로, 압력을 다음과 같이 반경 r의 함수로 나타낼 수 있다.

$$\frac{P}{P_r} = \frac{\ln(r_0/r)}{\ln(r_0/r_i)} \tag{7.28}$$

베어링에 가해지는 총 부하 W가 다음과 같이 주어진다고 하자.

$$W = (p_r - p_a)\pi r_i^2 + \int_{r_i}^{r_0}(p - p_a)2\pi r dr \tag{7.29}$$

그리고 유체가 비압축성(즉, 액체)이라고 한다면, 다음 식을 사용하여 하중을 계산할 수 있다.

$$W = \frac{\pi P_r(r_0^2 - r_i^2)}{2\ln(r_0/r_i)} = \frac{\pi P_s(r_0^2 - r_i^2)}{2\ln(r_0/r_i)[1 + \overline{B}K_c h^3]} = \frac{P_s A_e}{1 + \overline{B}K_c h^3} \tag{7.30}$$

$$A_e = \frac{\pi(r_0^2 - r_i^2)}{2\ln(r_0/r_i)}$$

여기서 상수 A_e를 등가면적이라고 부르며, K_c와 $\overline{B}$처럼, 정수압 베어링 설계에 사용되는 중요한 인자이다. 식 (7.30)을 베어링 간극에 대해서 미분하면, 베어링의 강성을 얻을 수 있다.

$$k_l = P_s A_e \frac{3K_c \overline{B}h^2}{(1 + K_c \overline{B}h^3)^2} \tag{7.31}$$

기체베어링의 경우, 강성은 다음과 같이 주어진다.

$$k_g = \frac{3K_c \overline{B}h^2(P_s^2 - P_a^2)A_e}{2(1 + K_c \overline{B}h^3)^2 \sqrt{\dfrac{P_s^2 + P_a^2 K_c \overline{B}h^3}{1 + K_c \overline{B}h^3}}} \tag{7.32}$$

여기서 P_a는 대기압력을 나타낸다. 예를 들어, **그림 7.35**에서는 외경이 40[mm]이며 압축공기가 공급되는 전형적인 공기베어링의 강성과 베어링 간극도표를 보여주고 있다(오일 정수압 베어링의 경우에는 전형적으로 이보다 2~5배 높은 압력을 공급하며, 그에 따라서 강성도 더 높다). 많은 공기베어링들에서 일반적으로 사용되는 압력을 공급하는 일반적인 설계의 경우, 수백[N]의 하중을 지지할 수 있으며, 강성은 수십[N/μm]이고 베어링간극은 10~20[μm] 정도이다. 하지만 정밀 공작기계용 공기베어링의 경우에는 50~200[N/μm]에 달하며 오일 정수압베어링의 경우에는 이보다 약 10배 이상 높은 경우가 결코 드물지 않다. 무부하 상태에서 공기베어링 주축의 오차운동은 20[nm] 미만이며 다이아몬드 선삭기와 진원도 측정기에서 일반적으로 사용된다.

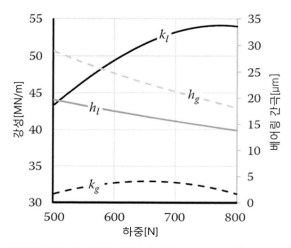

그림 7.35 단순한 디스크 형상의 정수압 베어링 중앙에 하중이 부가되었을 때의 강성과 간극. 이 베어링의 작동계수값 P_s=550,000[N·m²], P_a=100,000[N·m²], r_0=0.02[m], r_o/r_i=1.2, L=0.004[m], d_c=0.2[mm], 20[°C]에서 SAE 10-40W 오일의 점도는 0.2[kg/m·s] 그리고 25[°C]에서 공기의 점도는 1.983×10⁻⁵[kg/m·s]이다.

더 실현 가능한 공기베어링은 전형적으로 다양한 형태의 대면패드들로 이루어지며, 가장 단순한 형태는 레일이나 박스 형태의 베어링 구조이다. **그림 7.36**에서는 디스크형 베어링을 사용하여 평행한 레일 위를 움직이는 대면패드 베어링을 보여주고 있다. 공칭간극 h_0를 정렬, 예하중부가 및 세팅하는 기구가 그림에 **조절용 짐벌**이라고 표기되어 있다. 박스 형태의 베어링은 일반적으로 사각형 레일의 양측에 배치된 한 쌍의 베어링들로 구성되어 있다.

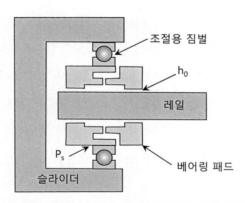

그림 7.36 프리즈매틱 사각형 레일에 안내되는 대면패드 베어링

많은 오리피스 설계 기능들은 유량을 조절하고 베어링의 강성에 영향을 미치며, 여타의 방법들은 이득을 증가시킨다. 작동에 대한 간단한 고려에 따르면, 일종의 양의 귀환제어인 **정유량제어**를 통해서 강성을 거의 무한히 증가시킬 수 있다. 이를 위해서, 공기베어링용 유량조절기가 설계되었으며 이를 통해서 강성이 향상되었다. 이를 위해서 스풀 기반의 로일 밸브[16]와 다이아프램 기반의 모신 밸브[17]와 로우 밸브[18]가 사용된다. 첫 번째 두 밸브는 단일 패드 베어링에 사용되며 로우 밸브는 대면패드 베어링용으로 설계되었다(**그림 7.37**). 정유량제어의 가장 큰 장점은 오리피스나 모세관 유량제한기를 세심하게 설계할 필요가 없다는 점이며 모든 방법들 중에서 가장 높은 강성을 구현할 수 있다. 단점은 추가적인 비용, 하중 지지용량의 한계 그리고 불안정 발생 가능성 등이다. 이에 대한 더 자세한 내용에 관심이 있는 독자들은 로우(2012)를 참조하기 바란다.

고강성 정밀 주축에는 정수압 베어링이 자주 사용된다. 전형적으로 이런 주축들은 반경 방향 및 축방향 부하 모두를 지지해야 하며, 다양한 설계가 산업적으로 활용되고 있다. 구름 베어링 주축의 경우, 원통형, 원추형 및 구면 베어링과 함께, 준기구학적 원리가 자주 사용 되고 있다.

아마도 가장 단순한 형태의 주축은 그림 7.37에 도시되어 있는 **리세스형 저널 베어링**일 것이다. 이 베어링의 저널은 4개의 요소들로 이루어지며, 이들 각각은 유량 제한기 또는 이

---

16   Royle valve.
17   Mohsin valve.
18   Rowe valve.

경우에는 다이아프램으로 이루어진 정유량밸브를 갖추고 있다. 베어링 내의 주축이 동심위
치에서 벗어나면서 한쪽의 유량저항이 감소하고 반대쪽 유량저항이 증가하게 되면 유량제
어가 작동한다. 이 저항 차이의 변화가 다이아프램 좌우의 압력변화를 초래하며, 이로 인하
여 고압측 유로저항은 감소하고 반대쪽 패드의 유로저항은 증가하여 주축을 동심위치로 되
돌아간다. 이 베어링은 제대로 설계되면, 제한된 하중 변화 범위 내에서 완벽한 동심을 유지
할 수 있으며, **무한강성** 베어링처럼 작동한다. 이런 정유량 설계는 전형적으로 정수압 베어
링에 최고의 강성을 구현해준다.

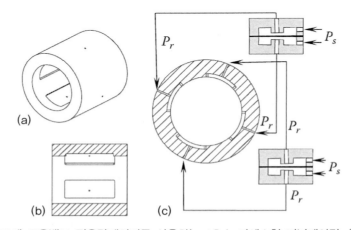

그림 7.37 대면패드에 로우밸브 정유량제어기를 사용하는 4요소 리세스형 저널베어링. (a) 저널 베어링의
조감도에서는 오리피스와 내부공간(리세스)을 보여주고 있다. (b) 저널의 단면도, (c) 로우밸브에
서 공급된 압력이 저널의 개별공간 속으로 공급되는 개략도

다양한 형태의 대면패드 베어링이 설계되었으며 소형 고속 주축에서 대형 천체망원경에
이르기까지 광범위하게 사용되고 있다. 높은 반경방향 강성과 축방향 강성을 갖춘 고강성
주축은 아마도 정밀공학 분야에서 가장 일반적으로 사용되고 있을 것이다. 하나의 주축에
추력과 저널 베어링을 하나로 결합시켜서 두 방향 모두에 대해서 높은 강성을 구현할 수
있으며 **그림 7.38**에서는 두 가지 간단한 사례를 보여주고 있다. **그림 7.38(a)**에서는 저널이 주
축의 중심부에 위치해 있는 예이츠 베어링[19]을 보여주고 있으며, **그림 7.38(b)**에서는 두 개의

---

19   Yates bearing.

베어링들이 주축의 양단에 배치되어 있으며, 추력베어링을 위해서 중앙부의 추력판이 설치되어 있다. 주축의 양단에 배치되어 있는 두 개의 저널베어링들이 주축 중심으로부터 편향되어 작용하는 반경방향 작용력에 의해서 유발되는 모멘트에 대해서 강성을 증가시켜준다.

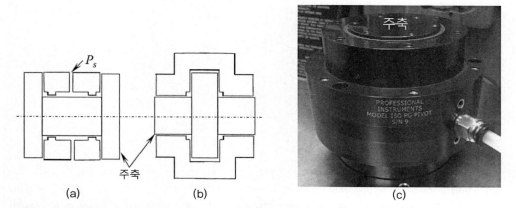

그림 7.38 반경방향 및 축방향 강성이 높은 정수압 베어링 주축의 설계 사례들. (a) 예이츠 베어링, (b) 반경방향 작용력에 의해서 생성되는 모멘트에 대한 저항성이 큰 반전설계, (c) 상용 주축의 사진

1960년대 초기에, 베어링 표면에 얕은 그루브를 성형하여 유동조절을 실현하였으며, 유량조절을 통해서 넓은 영역의 압력구배를 구현하여 베어링의 하중지지용량과 강성을 증가시켰을 뿐만 아니라 유량도 저감시켰다(아네슨 1967). 그루브의 형상과 깊이에 따라서 필요한 형상을 가공하기 위해서 전통적인 기계식 가공을 수행한 다음에 미세다듬질 공정이나 화학적 에칭을 시행한다. 제대로 설계된 그루브 베어링의 경우, 오리피스나 모세관보상기를 없앨 수 있다. 앤더슨의 초기 특허들 중 하나가 **그림 7.39**에 도시되어 있다.

직선이송의 경우, 박스형 공기정압 베어링이나 정수압 베어링이 일반적으로 사용된다. 박스형 공기베어링의 사례가 **그림 7.40**에 도시되어 있다. 박스형 공기베어링의 표면에는 X-형상의 그루브들이 안내면의 양측에 서로 마주보고 배치되어 있으며, 알루미나 소재로 제작된 안내면의 끝쪽에 가해지는 반경방향 작용력에 의해서 유발되는 모멘트에 저항하는 강성응답을 구현하기 위해서 박스의 먼 쪽에도 유사한 베어링을 배치하였다. 1960년대 이후로, 다양한 형태의 그루브 베어링 설계들이 도출되었으며, 현재도 개발되고 있다.

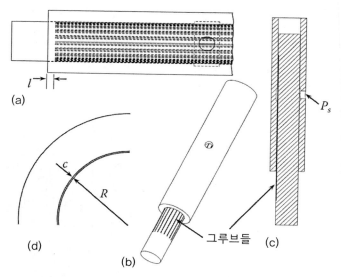

그림 7.39 표면에 그루브들이 성형되어 있는 공기베어링 주축. (a) 베어링 반단면도에는 저널 끝에서 l 만큼 떨어진 위치까지 축방향 그루브들이 성형된 주축이 도시되어 있다. (b) 주축의 일부를 저널에서 빼낸 상태의 조감도, (c) 조감도에 대한 반단면도, (d) 저널과 주축의 정면도(그루브들의 깊이는 0.5[mm]이며 축직경은 40[mm]이다)

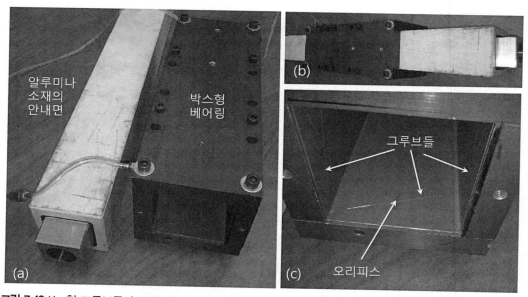

그림 7.40 X-형 그루브들과 오리피스 보상기를 갖춘 박스형 직선운동 베어링. (a) 베어링 분해상태, (b) 베어링 조립상태, (c) 박스형 베어링의 내부 확대도를 통해서 X-형 그루브들과 오리피스/모세관 공급구(구멍은 너무 작아 보이지 않는다)를 확인할 수 있다.

하나 또는 여러 개의 유동제한기들을 통해서 압축공기를 공급하는 대신에, 다공질 소재를 통해서도 공기를 공급할 수 있으며, 다공질 소재는 무한히 많은 숫자의 오리피스들이 공기베어링 표면에 균일하게 배치된 것으로 간주할 수 있다. 다공질 소재의 경우, **다시의 법칙**[20]을 사용하여 유체의 점도에 따른 다공질의 투과율의 비율의 함수로 소재 앞뒤에서의 압력강하 관계와 단위길이당 소재를 통과하는 유량비를 나타낼 수 있다. 이 방법을 사용하면, 압축성 층류유동방정식을 사용하여 비교적 단순한 형상에 대해서 베어링 성능에 대한 모델을 유도할 수 있다(플랑테 등 2005). 다공질 탄소(와 여타의 다공질 소재들)는 특히 강도가 떨어지기 때문에, 이 소재를 베어링 하우징에 설치하고 뒷면에 압력을 가하여 외부하중에 대해서 힘을 분산하여 전달하는 설계는 기술적 도전과제이다(요시모토와 코노 2001). 다공질 공기베어링은 1960년대부터 기업과 정부 산하 연구소들에서 개발되었지만 현재는 직선운동 안내면이나 회전축에 사용되는 모듈 형태로 판매되고 있다.

다공질 탄소는 전자산업과 원자력 산업 분야에서 널리 사용되고 있기 때문에, 물성이 정밀하게 정의되어 있는 벌크 소재를 구입할 수 있으므로 공기 베어링의 소재로 자주 선정된다. 이 소재는 비교적 연질이어서 가공이 용이하다. 가공의 용이성 덕분에 좁은 간극($<10[\mu m]$)을 유지하는 베어링을 생산할 수 있으며, 이로 인해서 베어링 표면에 대하여 수직 방향으로의 높은 강성과 더불어서 진동을 소멸시키는 스퀴즈필름 감쇄를 구현할 수 있다. 고유한 감쇄 성질과 균일한 유동패턴으로 인하여 고유한 안정성을 가지고 있다. 게다가 안정적인 성능을 구현하기 위해서 그루브나 여타의 정밀한 형상이 필요 없으며, 이 베어링은 긁힘에도 비교적 둔감하다. 또한 이 소재를 구성하는 흑연상의 윤활특성으로 인하여 가끔씩 가해지는 충격에 대해서 복원성을 가지고 있다.

상대속도가 큰 경우, 정수압 압력과 유사하거나 더 큰 동수압이 형성되면서 하이브리드 성능이 발현되므로, 잘 설계된 베어링의 경우, 정수압 베어링의 강성을 증가시켜준다. 많은 경우, 이런 베어링들은 오리피스 보상기 및 복잡한 그루브 패턴들과 조합하여 사용된다. 이런 베어링의 설계는 이 절의 범주를 넘어선다. 하지만 이 주제에 관심 있는 독자들은 로우(2012)를 통해서 다양한 설계지침을 얻을 수 있을 것이다.

오일 정수압 베어링의 강성은 더 높지만, 느리고, 유체순환 시스템이 필요하다. 또한 본질

---

20 Darcy's law.

적으로 전단감쇄와 스퀴즈필름 감쇄를 가지고 있다. 비교적 높은 감쇄(이론논문에서는 점성 감쇄라고 부른다)는 제어기 안정성의 측면에서 중요한 역할을 한다(14장 참조).

7.2.5 운동 안내용 플랙셔

플랙셔는 단순한 유연요소가 가지고 있는 방향별로 큰 유연성 차이를 이용하여 두 강체 사이의 상대적인 운동을 안내하는 또 다른 방법이다(스미스 2000). 아마도 가장 단순한 기구는 양단이 분리된 강체에 부착되어 있는 폭이 넓은 빔 요소에 특정한 방향으로 힘이 가해지는 것이다. 플랙셔 설계의 목표는 구속이 필요한 방향으로는 높은 강성을 가지고 있으며, 자유도가 필요한 방향으로는 높은 유연성을 갖는 것이다. 만일 높은 강성이 구속을 나타내며, 높은 유연성이 자유도를 나타낸다면, 복잡한 플랙셔 메커니즘 설계에 기구학적 법칙을 적용할 수 있으며, 일반화된 설계원리들이 개발되었다(홉킨스 2015).

설계를 살펴보기 전에, 표 7.2에 제시되어 있는 플랙셔 메커니즘의 장점과 단점 비교를 살펴보는 것이 도움이 될 것이다.

플랙셔를 사용하여 구현할 수 있는 다양한 메커니즘들과 자유도는 설계자의 창의성에 의해서만 제한되며, 문헌을 통해서 수많은 창의적인 설계들을 접할 수 있다. 하지만 이 절의 지면상 제약 때문에 단지 소수의 사례들만을 다룰 예정이다.

표 7.2 플랙셔 메커니즘의 장단점

장점	• 측정의 반복도는 측정에 의해서 제한되며, 플랙셔 수명기간 내내 노이즈가 없다. • 플랙셔 내의 힘과 응력을 정확히 예측할 수 있으며, 성능 예측에 이를 사용한다. • 응력과 응력이력을 예측할 수 있으며, S/N과 변형률−수명법을 사용하여 신뢰성 있는 수명예측이 가능하다. • 모놀리식 가공방법으로 플랙셔를 제작할 수 있으므로, 계면마모와 클램핑 잔류응력 등의 문제가 없다. • 대칭성을 확보하여 온도 변화와 특정 방향으로의 온도구배에 대한 민감성을 줄일 수 있다. • 가공 및 조립공차가 성능을 떨어트리지 않는다. 하지만 이로 인하여 운동 궤적이 예정 경로를 벗어날 수 있다.
단점	• 주어진 운동 범위와 하중지지용량에 대해서, 플랙셔는 비교적 점유면적이 크다. • 구동력이 범위에 비례한다. • 구속강성과 자유강성의 비율이 여타 유형의 베어링들에 비해서 월등히 낮다. • 플랙셔의 운동방향과 구동방향이 일치해야만 하고, 되도록 강성중심을 구동해야 한다. • 대부분의 금속소재 플랙셔들은 응력 의존성과 약간의 히스테리시스를 가지고 있으며, 불의의 과부하로 인하여 영구변형을 일으킬 우려가 있다. 이를 방지하기 위해서 멈춤기구를 설치하기도 한다.

7.2.5.1 요소

빔, 노치, 막대 및 다이아프램 등을 사용하여 플랙셔 유연성을 구현한다. 가장 간단한 사례로, **오일러빔 굽힘방정식**을 사용하여 빔에 대한 해석을 수행할 수 있다(3장 3.5.4절 참조). 빔의 끝에 힘이 부가되는 경우(**그림 7.41**), 모멘트 등식을 사용하면, 다음과 같은 굽힘방정식을 유도할 수 있다.

$$EI\frac{d^2y(x)}{dx^2} = F_y(L-x) - F_x(\delta_y - y) + M \tag{7.33}$$

여기서 E는 빔의 탄성계수, I는 굽힘 중립축에 대한 단면 2차 모멘트, δ는 빔의 끝단에서 빔의 수직방향 변위 그리고 여타의 계수들은 그림에 정의되어 있다. 축방향 하중을 무시하면 빔의 기울기와 변위는 각각 다음과 같이 주어진다.

$$EI\frac{dy(x)}{dx} = F_y L^3\left(\frac{x}{L} - \frac{1}{2}\left(\frac{x}{L}\right)^2\right) + ML^2\frac{x}{L} \tag{7.34}$$

$$EIy(x) = F_y\frac{L^3}{2}\left(\left(\frac{x}{L}\right)^2 - \frac{1}{3}\left(\frac{x}{L}\right)^3\right) + M\frac{L^2}{2}\left(\frac{x}{L}\right)^2$$

식 (7.34)의 첫 번째 방정식에, 모멘트 $M = -F_y L/2$로 놓으면 자유단에서의 기울기는 0이 되며, **그림 7.41**을 그릴 때에 이 결과식이 사용되었다. 자유단에서의 기울기가 0이라는 조건으로부터, 빔의 y방향 강성 $k_{F_y\delta_y}$는 다음과 같이 주어진다.

$$F_y = k_{F_y\delta_y}\delta_y = \frac{12EI}{L^3}\delta_y \tag{7.35}$$

따라서 최대 굽힘 모멘트 빔의 양단에서 발생하는 크기는 같고 부호는 반대인 최대 굽힘 모멘트(한쪽 끝에서 다른 쪽 끝까지 선형적으로 변한다)는 다음과 같이 주어진다.

$$M_{\max} = -F_y \frac{L}{2} = -\frac{6EI}{L^2} \delta_y \tag{7.36}$$

일반적으로, 일단 변형곡선을 구하고 나면, 빔 끝단에서의 변위와 각도에 대한 중요한 값들과 굽힘 모멘트(그리고 응력)를 구할 수 있다.

리프 스프링에 축방향 하중이 부가되면, 식 (7.33)은 더 흥미로워진다. 여기서 무차원 그룹들을 다음과 같이 정의한다.

$$\gamma^2 = \frac{F_x L^2}{EI}, \quad m_0 = \frac{M_z L}{EI}, \quad \varphi = \frac{F_y L^2}{EI}, \quad X = \frac{x}{L} \tag{7.37}$$

식 (7.33)은 다음과 같이 정리된다.

$$y = \left(\frac{m_0 L + \varphi L}{\gamma^2} - \delta \right) (\cosh(\gamma X) - 1) + \frac{\varphi L}{\gamma^3} (\beta X - \sinh(\gamma X)) \tag{7.38}$$

다음의 행렬식을 풀어서 빔 끝단에서의 기울기 θ와 변위 δ를 구할 수 있다.

$$\left\{ \begin{matrix} \delta/L \\ \tan(\theta) \end{matrix} \right\} = \begin{bmatrix} \dfrac{\cosh(\gamma) - 1}{\gamma^2 \cosh(\gamma)} & \dfrac{\gamma \cosh(\gamma) - \sinh(\gamma)}{\gamma^3 \cosh(\gamma)} \\ \left(\dfrac{1}{\gamma} \right) \tanh(\gamma) & \dfrac{\cosh(\gamma) - 1}{\gamma^2 \cosh(\gamma)} \end{bmatrix} \left\{ \begin{matrix} m_0 \\ \varphi \end{matrix} \right\} = \boldsymbol{A_t} \left\{ \begin{matrix} m_0 \\ \varphi \end{matrix} \right\} \tag{7.39}$$

크래머의 법칙을 적용하여 이 행렬식의 역행렬을 구하고 나면,

$$m_0 = \frac{\delta}{L} \frac{1}{\Delta_t} \frac{\cosh(\gamma) - 1}{\gamma^2 \cosh(\gamma)} + \tan(\theta) \frac{\sinh(\gamma) - \gamma \cosh(\gamma)}{\gamma^3 \cosh(\gamma)} \frac{1}{\Delta_t} \tag{7.40}$$

$$\varphi = \frac{\tan(\theta)}{\Delta_t} \frac{(\cosh(\gamma) - 1)^2}{\gamma^4 \cosh^2(\gamma)} - \frac{\delta}{L} \left(\frac{1}{\gamma} \right) \frac{\tanh(\gamma)}{\Delta_t}$$

여기서

$$\Delta_t = |\boldsymbol{A_t}| = \frac{1 + \cosh(2\gamma) - 2\cosh(\gamma) - \gamma\cosh(\gamma)\sinh(\gamma)}{\gamma^4\cosh^2(\gamma)} \tag{7.41}$$

빔이 축방향 압축하중을 받을 때에 축방향으로 발생하는 빔의 변형은 다음 방정식에 지배를 받는다.

$$\frac{d^2y}{dX^2} + \gamma^2 y = m_0 L + \varphi L(1-X) + \gamma^2\delta \tag{7.42}$$

이를 풀면, 다음과 같이 변형함수를 구할 수 있다.

$$y = \left(\frac{m_0 L + \varphi L}{\gamma^2} + \delta\right)(1 - \cos(\gamma X)) + \frac{\varphi L}{\gamma^3}(\sin(\gamma X) - \gamma X) \tag{7.43}$$

축방향 압축하중에 대해서는 다음의 행렬식을 사용하여 기울기와 변위를 구할 수 있다.

$$\begin{Bmatrix} \delta/L \\ \tan(\theta) \end{Bmatrix} = \begin{bmatrix} \dfrac{1-\cos(\gamma)}{\gamma^2\cos(\gamma)} & \dfrac{\sin(\gamma) - \gamma\cos(\gamma)}{\gamma^3\cos(\gamma)} \\ \dfrac{\tan(\gamma)}{\gamma} & \dfrac{1-\cos(\gamma)}{\gamma^2\cos(\gamma)} \end{bmatrix} \begin{Bmatrix} m_0 \\ \varphi \end{Bmatrix} = \boldsymbol{A_c} \begin{Bmatrix} m_0 \\ \varphi \end{Bmatrix} \tag{7.44}$$

여기서도 다시 크레머의 법칙을 적용하면 다음과 같이 m_0와 φ를 구할 수 있다.

$$m_0 = \frac{\delta}{\Delta_c L}\frac{1-\cos(\gamma)}{\gamma^2\cos(\gamma)} + \tan(\theta)\frac{\gamma\cos(\gamma) - \sin(\gamma)}{\Delta_c\gamma^3\cos(\gamma)} \tag{7.45}$$

자유단에서의 변형방정식은 다음과 같이 주어진다.

$$\varphi = \tan(\theta)\frac{1-\cos(\gamma)}{\Delta_c\gamma^2\cos(\gamma)} - \frac{\delta}{L}\left(\frac{1}{\gamma}\right)\frac{\tan(\gamma)}{\Delta_c} \tag{7.46}$$

압축하중이 부가되는 경우에 행렬식은 다음과 같이 주어진다.

$$\Delta_c = |\boldsymbol{A}_c| = \frac{1 - 2\cos(\gamma) + \cos(2\gamma) + \gamma\sin(\gamma)\cos(\gamma)}{\gamma^4\cos^2(\gamma)} \tag{7.47}$$

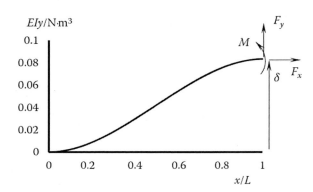

그림 7.41 축방향 하중 F_x, 접선방향 하중 F_y 및 모멘트 M을 받아 변형된 외팔보

자유단에서의 기울기가 0인 경우에는 식 (7.39)와 식 (7.44)가 매우 단순해지며, 빔 자유단에서의 강성과 굽힘 모멘트의 비율을 축방향 부하가 없는 경우의 강성과 굽힘 모멘트에 대해서 도표로 나타낼 수 있다(**그림 7.42**). 예상하는 것처럼, 축방향 인장하중이 증가할수록 강성은 증가하며, 압축하중이 증가할수록 강성은 감소한다. 좌굴압축하중에 도달하면 강성은

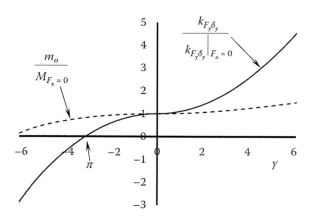

그림 7.42 축방향 하중이 작용하지 않는 경우의 강성과 굽힘 모멘트에 대한 축방향 하중이 작용하는 경우의 강성과 굽힘 모멘트의 비율

0으로 감소하며, 심지어는 강성이 음의 값을 가질 수도 있다. 하중을 지지하는 스프링의 강성을 상쇄하기 위해서 이 **음강성**이 사용된다.

두 개의 강체들 사이에 유연 조인트를 만드는 비교적 간단한 방법들 중 하나는 서로 인접하는 두 개의 구멍을 드릴 가공하여 두 물체를 연결하는 국부적으로 좁고 얇은 노치영역을 만드는 것이다. 이 기법을 사용하여 한 덩어리의 소재에 대해서 복잡한 평면형 플랙셔 메커니즘을 만들 수 있다. 진보된 가공기법을 사용하면 **그림 7.43**에 도시되어 있는 것처럼 다양한 노치형상들을 제작할 수 있다. 원형 노치형상은 드릴 가공으로 제작할 수 있기 때문에, 가장 오래되고 가장 일반적으로 사용되는 노치 힌지이다. **노치형 힌지**의 유연성에 대한 방정식은 파로스와 와이즈보드가 유도하였다(1965). 반경이 R이며 피치가 h인 구멍을 드릴 가공하여 노치 최소두께가 t인 유연요소가 만들어졌다고 하자.

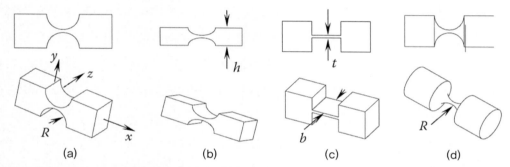

그림 7.43 노치힌지형 플랙셔들. (a) 원형 노치, (b) 타원형 노치, (c) 리프형 핀지, (d) 토로이드형 힌지

다양한 유연성을 계산하기 위한 방정식들은 매우 복잡하지만 노치의 두께는 노치반경에 비해서 비교적 작기 때문에, 다음과 같이 근사화된 방정식을 사용할 수 있다.

$$\frac{\theta_z}{M_z} \cong \frac{9\pi}{3EbR^2(2\beta)^{5/2}} = \frac{9\pi\sqrt{R}}{2Ebt^{5/2}} \tag{7.48}$$

$$\frac{\theta_z}{F_y} = \frac{\delta_y}{M_z} \approx \frac{9\pi R^{3/2}}{2Ebt^{5/2}}$$

$$\frac{\delta_y}{F_y} \approx \frac{9\pi}{2Eb}\left(\frac{R}{t}\right)^{5/2}$$

$$\frac{\theta_y}{F_y} = \frac{\delta_z}{M_y} = \frac{\delta_z}{\pi R F_z} \approx \frac{12\pi R}{Eb^3}\left(\sqrt{\frac{R}{t}} - \frac{1}{2}\right)$$

$$\frac{\delta_z}{F_z} \approx \frac{12\pi R^2}{Eb^3}\left(\pi\sqrt{\frac{R}{t}} - \frac{1}{4}\right)$$

$$\frac{\delta_x}{F_x} \approx \frac{\pi}{Eb}\left(\sqrt{\frac{R}{t}} - \frac{1}{2}\right)$$

여기서 b는 판재의 폭이며 $\beta = t/2R$이다.

가공의 용이성을 제외하고, 노치형 힌지와 리프형 힌지의 가장 큰 차이점은 응력의 분포와 피봇 위치의 불확실성이다. 노치형 힌지의 경우, 대부분의 응력(과 변형률)은 노치의 중앙부위에 집중된다. 그 결과, 작용력에 따라 변하는 등가 피봇의 위치는 이 위치를 크게 벗어나지 않는다. 하지만 응력이 좁은 범위에 집중되기 때문에, 저장 가능한 변형률 에너지의 총 량이 제한되며, 이로 인하여 변형이나 힌지 강성에도 제한이 발생한다. 반면에 리프형 힌지에서는 응력이 길이방향으로 더 균일하게 분포하며, 비록 피봇 위치의 확실성은 떨어지지만, 더 큰 변형을 수용할 수 있다. 이들 두 극한의 절충을 통해서 타원형, 쌍곡선형, 포물선형 등과 같은 절충형상이 제안되었으며, 이들의 유연성 방정식은 스미스 등(1997)이나 로본티우 등(2002)을 참조하기 바란다.

모멘트 M_z가 가해지는 원형 노치를 순수한 힌지로 모델링하면 다음과 같이 노치부위에 발생하는 최대응력의 근삿값을 구할 수 있다.

$$\sigma_1 = K_t \frac{M_z t}{2I} \approx (1+\beta)^{9/20}\frac{6M_z}{bt^2} \tag{7.49}$$

원통형 막대에 원형 노치를 선반가공하여 **그림 7.43(d)**에 도시되어 있는 것과 같은 2축 등가형 노치힌지를 제작할 수 있다. 토로이드형 힌지의 방향별 유연성은 다음 방정식으로 근사화할 수 있다(파로스와 와이즈보드 1965).

$$\frac{\theta_y}{M_y} = \frac{\theta_z}{M_z} \approx \frac{20}{ER^3(2\beta)^{7/2}} = \frac{20\sqrt{R}}{Et^{7/2}} \tag{7.50}$$

$$\frac{\theta_y}{F_z} = \frac{\theta_z}{F_y} \approx \frac{20 R^{3/2}}{Et^{7/2}}$$

$$\frac{\delta_x}{F_x} = \frac{2\sqrt{R}}{Et^{3/2}}$$

식 (7.49)를 사용하여 작용 모멘트에 대한 응력집중계수를 근사화할 수 있으므로, 응력은 다음 식과 같이 주어진다.

$$\sigma_1 = K_t \frac{32 M_z}{\pi t^3} \approx (1+\beta)^{9/20} \frac{32 M_z}{\pi t^3} \tag{7.51}$$

7.2.5.2 메커니즘과 조립

플랙셔는 전형적으로 병진운동과 회전운동을 지지하기 위해서 사용되며 최대운동 범위는 소재의 강도에 의해서 제한된다. 운동 범위를 극대화시키기 위해서 세라믹과 심지어는 폴리머 기반의 소재들이 플랙셔에 사용되고 있지만, 일반적으로는 금속소재를 최대한 경화시켜서 사용하고 있다. **4절 링크기구**(아치형 플랙셔라고도 부른다)가 가장 단순한 직선운동 메커니즘이며, 그림 7.44에서는 모놀리식 4절 링크기구를 보여주고 있다(4절 링크기구에 대한 자세한 논의는 6장을 참조). 이 플랙셔 기구는 바닥판과 이동 플랫폼의 중앙에 위치한 강성중심을 밀어서 구동한다. 동적 메커니즘의 경우에는 **질량중심**을 이 **강성중심** 위치와 일치시키는 것이 바람직하다.

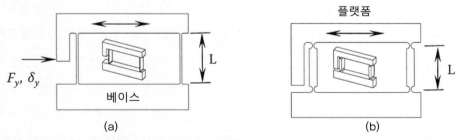

그림 7.44 단순 평행사변형 플랙셔. (a) 리프형 플랙셔, (b) 노치−힌지형 플랙셔. 각 플랙셔들의 중앙에는 조감도가 함께 도시되어 있다.

그림 7.44(a)에 도시되어 있는 리프형 플랙셔의 경우, 빔은 S형 플랙셔처럼 변형을 일으키며, 총강성은 두 리프 스프링 각각의 강성을 합한 값과 같다. 노치형 플랙셔의 경우에는 부가된 모멘트에 대한 힌지의 컴플라이언스가 지배적이며, 총 강성은 다음의 방정식을 사용하여 구할 수 있다.

$$k_{F_y \delta_y} = 4 \frac{k_{M_z \theta_z}}{L^2} \tag{7.52}$$

식 (7.52)의 계수값들은 이미 이 절의 앞부분에서 정의되었다. 만일 (총 4개의) 노치 힌지를 1자유도 조인트라고 간주한다면, 4개의 링크들로 이루어진 이 메커니즘의 총 이동도는 기대한 대로 1이 된다. 플랙셔가 움직이면 이동 플랫폼은 이 플랙셔들에 대해서 수평을 유지하지만 플랙셔는 원호를 따라서 움직이게 된다. 미소병진운동에 대해서 그림 7.44에 도시된 리프형 플랙셔와 노치형 플랙셔의 수직방향 기생운동량은 각각 다음과 같이 주어진다.

$$\delta_{x,leaf} \approx -\frac{3\delta_y^2}{5L} \tag{7.53}$$

$$\delta_{x,notch} \approx -\frac{\delta_y^2}{2L}$$

이 원호운동을 없애거나 최소한 완화시키기 위해서는 그림 7.45에 도시된 것과 같은 복합구조를 채용해야 한다. 이 **복합형 플랙셔**는 두 개의 직렬연결된 4절 링크 메커니즘으로 이루어지며, 한 쌍의 링크는 뒤집혀 설치되어 있기 때문에, 두 쌍의 링크들 모두가 바닥판에 대해서 동일한 거리만큼 이동한다면, 각 스테이지의 원호운동은 서로 상쇄되어 플랫폼은 순수한 직선운동만을 수행하게 된다. 하지만 이 설계의 단점은 이동도가 2이기 때문에 메커니즘이 2자유도를 갖는다는 것이다. 이로 인하여 두 링크들을 개별적으로 구동하거나 두 링크들이 동일한 유효강성을 가지고 있을 때에만 두 4절 링크 메커니즘의 상대운동이 동일해진다. 실제의 경우, 만일 평행 링크의 축선 방향(지면에 대해 수직방향)으로 플랫폼에 힘이 가해진다면, 한 쌍의 링크들에는 인장력이 부가되며 다른 쌍의 링크들에는 압축력이 부가되어 유효강성의 변화가 초래된다. 게다가 구동위치를 강성중심과 일치시키기 위해서는 구동위치가 플랫폼과 상부 수평부재 사이의 중간에 위치해야만 한다.

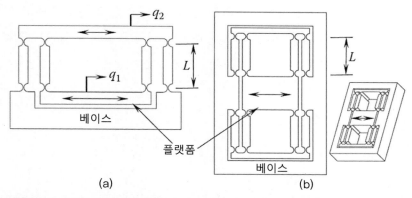

그림 7.45 기생운동이 보상된 직선운동 플랙셔 메커니즘. (a) 복합형 스테이지($M=3(7-1-8)+8=2$),
(b) 이중복합형 직선운동 플랙셔기구($M=1$)

그림 7.45(b)에 도시되어 있는 이중복합형 플랙셔 구조는 대칭성이 더 강화되어 복합형 플랙셔가 가지고 있는 문제들을 어느 정도 완화시켜준다. 이 설계는 서로 직교하는 3개의 대칭평면들이 플랙셔의 도심과 일치한다. 따라서 이 설계는 온도 변화뿐만 아니라 대칭평면 내에서 발생하는 온도구배에 대해서도 안정성을 유지한다. 이를 가시화시키기 위해서, 대칭면과 일치하는 표면에 직선을 하나 그려본다. 그러면 온도구배가 발생하여도 이 직선은 변형을 일으키지 않는다. 이 구조의 이동도는 1이지만, 모든 지지링크들의 길이가 동일하며 (기하학적 구속조건), 플랫폼은 중앙에 위치하고 있는 상태에서, 중앙 플랫폼의 위치를 변화시키지 않으면서도 외부 링크들이 움직일 수 있기 때문에, 전형적으로 이 (금지된) 모드와 관련된 공진이 관찰된다. 이런 특이점과 관련된 논의는 6장의 6.4절을 참조하기 바란다.

모놀리식 노치형 메커니즘과 리프형 메커니즘이 일반적으로 사용되고 있지만, 많은 경우에 모듈 부품들을 조립하여 플랙셔를 구성한다. 조립식으로 제작된 복합형과 **이중복합형 플랙셔** 구조가 **그림 7.46**에 도시되어 있다. 여기서도 마찬가지로 이중복합형 구조는 3개의 대칭평면들을 가지고 있으며, 외력의 작용점을 플랫폼의 작용선과 손쉽게 일치시킬 수 있다. 클램프에는 가공과정에서 발생할 수 있는 거스러미들을 수용하기 위한 홈이 성형되어 있으며, 이 클램프들은 볼트에서 플랙셔와 접촉하고 있는 두 개의 외부표면으로 힘을 전달

해준다. 볼트들에 의한 작용력은 가능한 한 멀리 떨어진 두 영역으로 더 균일하게 분할될 가능성이 높기 때문에, 이 홈은 플랙셔에 의해서 유발되는 모멘트에 대해서 저항력을 제공해준다. 실제의 경우, 클램프 판은 플랙셔에 응력집중을 유발하는 날카로운 모서리를 갖추고 있다. 이런 응력집중을 저감하기 위해서는 플랙셔보다 낮은 강성을 가지고 있는 소재를 사용하여 클램프를 제작하여야 한다. 이로 인하여 플랙셔의 곡률이 클램프를 변형시키고, 이 변형량이 커지면, 플랙셔 내의 국부응력을 항복강도 이하로 크게 낮춰준다.

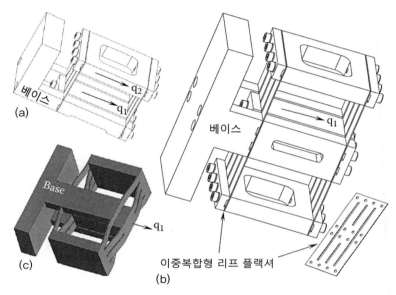

그림 7.46 복합형 플랙셔 조립체. (a) 복합형 플랙셔, (b) 복합형 플랙셔의 반사영상을 사용하여 구현한 이중복합형 플랙셔(우측 하단에 플랙셔 요소에 사용된 리프 스프링이 도시되어 있다)

이상에서 간략하게 살펴본 몇 가지 직선이송 메커니즘에 대해서 독자들은 각각의 설계들이 가지고 있는 상대적인 장점과 단점에 대해서 곰곰이 생각해볼 필요가 있다. 축방향 힘을 지지하기 위해서 사용되는 일반적인 메커니즘 구성요소들 중 하나인 **와블핀**[21]의 세 가지 사례들이 **그림 7.47**에 도시되어 있다. 이들 세 가지 설계에 대한 이동도 분석에 따르면 이 설계들은 필요한 5개의 자유도 중에서 단지 4개의 자유도만을 가지고 있음을 알 수 있다.

---

21   wobble pin.

그런데 높은 축방향 강성과는 별개로, 힌지들은 길이방향에 대해서 비틀림 강성을 가지고 있다고 가정한다. 실제의 경우, 이 (막대)요소들의 비틀림 강성은 비교적 낮기 때문에 자유도를 가지고 있다고 간주한다. 이 경우, 막대형 와블핀의 이동도는 6이며, 이중 1자유도는 중앙부 링크의 회전이지만 이 자유도가 축방향 하중을 지지하는 메커니즘의 능력에 영향을 미치지는 않는다. 이동도 해석은 항상 정보를 제공해주지만, 어디서 자유도가 발생하는지와 이 자유도가 메커니즘에 어떤 영향을 미치는지에 대해서는 여전히 설계자들이 결정해야만 한다.

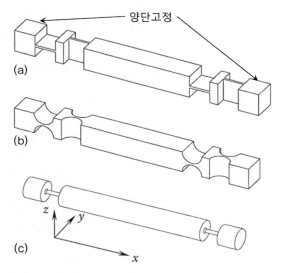

그림 7.47 세 가지 와블핀 설계. (a) 리프형($M=6(5-1-4)+4=2$), (b) 노치형($M=6(5-1-4)+4=2$), (c) 2축힌지 막대형 플랙셔($M=6(3-1-2)+4=2$)

　그림 7.47에 도시되어 있는 막대형 와블핀을 조합하면 그림 7.48에 도시되어 있는 3차원 복합 플랙셔를 구현할 수 있다. 하지만 이 시스템의 이동도 계산은 복잡하며 매우 주관적이다. 그런데 이 복합형 설계의 장점들 중 하나는 바닥판과 이동 플랫폼의 상부표면이 동일평면 상에 위치한다는 것이다. 따라서 이 메커니즘의 열팽창에도 불구하고 바닥판과 플랫폼의 공통중심과 평면이 유지된다. 동일한 플랙셔들에 의해서 지지되며 외력이 없는 경우에는 이 시스템은 이상적인 $x-y-\theta$ 스테이지이다. 다자유도 플랙셔의 또 다른 사례로서, 리프 스프링과 노치 힌지가 조합된 시스템이 그림 7.52에 도시되어 있다. 이 플랙셔는 하나의 막대

형 레버에 연결된 압전 작동기(PZT)로 구동되는 $x - y$ 스테이지로 설계되었으며, 이 시스템에 사용된 각 플랙셔 요소들의 용도와 작동 메커니즘에 대해서는 독자의 몫으로 남겨놓는다.

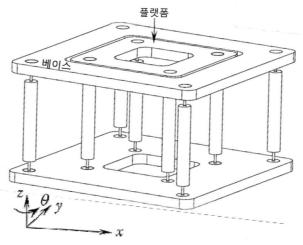

그림 7.48 복합형 3차원 플랙셔 메커니즘

그림 7.49에는 회전 조인트로 일반적으로 사용되는 두 가지 플랙셔 힌지들인 **교차 스트립 피봇**과 **차륜형 힌지**가 도시되어 있다. 이름이 의미하듯이, 교차 스트립 피봇은 두 개 또는 다수의 리프형 플랙셔들이 서로 직교하여 설치되어 리프 스프링 교차점을 중심으로 하는 회전축을 생성한다. 반면에 차륜형 힌지는 휠을 두 개의 요소들로 분할하여 하나의 요소가 다른 하나의 요소에 대해서 교차점을 중심으로 하여 회전운동을 하도록 만든 플랙셔 기구이다(위트릭 1948, 스미스 2000). 이들 두 힌지의 각도방향 강성은 다음과 같이 주어진다.

$$2k_{cs} = k_{cw} = \frac{M}{\theta} = \frac{4EI}{L_{cs}} = \frac{2EI}{R_{cw}} \qquad (7.54)$$

여기서 하첨자 cs와 cw는 각각 교차 스트립과 차륜형 힌지를 나타내며, R_{cw}는 바퀴살의 길이, L_{cs}는 교차스트립 리프의 길이, I는 임의의 힌지다리 전체폭의 중립축에 대한 2차 단면 모멘트이다. 예를 들어, **그림 7.49**에 도시되어 있는 교차 스트립 힌지는 4개의 리프들로 이루어지며 각각의 다리들은 두 개의 리프로 이루어지기 때문에, 2차 단면 모멘트는 개별

리프의 폭에 리프 두께의 제곱을 곱한 후 12로 나눈 값의 두 배이다.

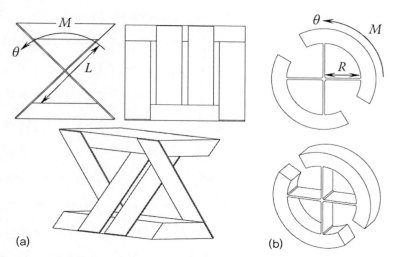

그림 7.49 리프 스프링 힌지 메커니즘. (a) 교차스트립 피봇의 정면도와 측면도(위), 조감도(아래), (b) 차륜형 힌지의 정면도(위), 조감도(아래)

　지금가지 살펴본 소수의 사례들을 통해서 알 수 있듯이, 플랙셔는 광범위하며 활발하게 연구되는 주제임이 분명하지만 지면관계상 더 자세히 논의하지는 못한다.

　유연요소의 또 다른 활용 사례는 끼워맞춤 밀봉기구와 조립체들로서, 과거 수십 년간 꾸준히 연구되는 분야이다. 전자기기의 건전지를 교체할 때 보면, 끼워맞춤기구의 외부에는 나사가 전혀 사용되지 않았음을 알 수 있다. 현명한 설계자라면, 최소한의 조임나사만을 사용하여 프린터와 같은 복잡한 기계를 조립하도록 설계할 것이다.

7.2.5.3 플랙셔의 제작

　소재에 유연성을 부여하기 위해서는 구조물을 국부적으로 얇게 만들어야 한다. 지금부터 다양한 가공방법들이 가지고 있는 장점과 단점들에 대해서 살펴보기로 하자.

7.2.5.3.1 절삭가공

　소재의 **절삭가공**에는 밀링과 선삭이 가장 일반적으로 사용된다. 두 방법들 모두 날카롭고 단단한 공구를 사용하여 물체에 물리적 전단작용을 가하여 소재를 제거한다. 이로 인하여 큰 응력과 힘이 발생하며, 그 크기는 전단 가공되는 칩의 크기(체적)에 의존한다. 따라서 이 힘을 줄이면서 생산성을 유지하기 위해서는 절삭량을 줄이고 가능한 한 고속으로 가공해야만 한다. 고속가공기의 개발은 과거 수십 년간 진행되어왔으며, 경량 모놀리식 구조에 대한 연구도 얇은 벽 부재의 제작을 위한 지침과 모델 개발에 도움을 주었다.

얇거나 민감한 부품의 가공을 위한 황금률은 항상 덩어리를 절삭하여 들어가야 한다는 것이며, **그림 7.50**에는 이에 대한 설명이 도시되어 있다. 이 그림은 절단날의 축선방향에서 바라본 절삭단면을 보여주고 있다. 그림에서는, 상향절삭방식을 사용하여 판재를 가공하여 하부면을 생성한 다음에 좌에서 우측으로 이송해가면서 판재의 상부면을 가공하는 도중을 보여주고 있다. 그림을 통해서 알 수 있듯이, 구조물을 이루는 덩어리 부품을 가공용 치구에 견고하게 고정한 다음에 이 덩어리 부품에서 칩을 절삭하여 제거하여야 한다.

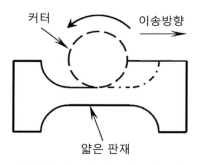

그림 7.50 얇은 판재의 밀링가공

고체 소재를 가공하는 또 다른 사례인 디스크 커플링이 **그림 7.51**에 도시되어 있다. 이 커플링은 θ_x, θ_y 및 z 방향의 자유도를 가지고 두 개의 링크들을 연결하는 데에 사용된다. 슬릿 가공기(또는 다음 절에서 소개할 방전가공기)를 사용하여 커플링 축과 직교방향으로 4개의 슬롯들을 가공하여 만들어진 4개의 반달모양 리프 플랙셔들에 의해서 유연성이 구현된다. 튜브 형상의 소재 하단을 공작기계의 테이블에 고정한 채로 커플링 가공을 수행한다. 우선 **그림 7.51(a)**에 도시되어 있는 한 쌍의 상부 슬롯들을 가공하면 지지부위는 여전히 견고한 상태를 유지할 수 있다. 튜브를 z축 방향으로 90° 돌려놓은 다음 슬롯 가공용 공구를 적절한 높이까지 낮춘 후에 앞서와 마찬가지로 슬롯 가공을 수행한다. 만일 이 과정을 반대로 수행한다면 하부에 가공된 슬롯으로 인하여 상부 슬롯 가공 시 가공물은 약해져서 견고한 상태를 유지할 수 없을 것이다.

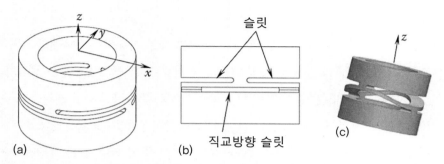

그림 7.51 z, θ_x, θ_y의 자유도를 가지고 있는 모놀리식 디스크 커플링. (a) 조감도, (b) 정면도, (c 축방향 하중이 부가되어 변형이 발생한 모습

    드릴가공, 리밍 또는 여타의 가공방법을 사용하여 인접한 두 개의 구멍들을 가공하여 노치형 플랙셔를 제작한다. 그런데 드릴가공이나 리밍가공 과정에서 구멍 표면과 직각방향으로 노치 부위를 변형시키기에 충분한 힘이 생성된다. 이를 막기 위해서, 첫 번째 구멍의 드릴가공 및 리밍가공이 끝나고 나면, 두 번째 구멍 가공 시 노치부에 가해지는 힘을 지지할 수 있도록, 원통형 핀을 구멍에 삽입한다.

    때로는 클램프나 치구를 사용하여 견고하게 고정한 소재에 리밍가공을 시행하는 방식으로는 플랙셔 요소를 가공할 수 없는 경우가 발생한다. 이런 경우, 세 가지 대안을 적용할 수 있다. 우선, 메커니즘의 강체링크 부위 중 일부 표면이 아무런 기능을 갖고 있지 않은 경우가 많이 있다. 이런 영역 중 일부를 활용하여 두 강체지지 링크들 사이에 소재가 연결된 브리지를 조금 남겨놓는다. 일단 모든 플랙셔들이 가공되고 나면, 조심스럽게 이 브리지를 제거한다. 이 방법 대신에는 **채우기 합금,**[22] **고정용 합금,**[23] **광학용 왁스,**[24] 접착제 또는 접착 테이프 등을 사용하여 메커니즘을 임시로 고정한다. 채우기 합금이나 고정용 합금은 용융온도가 낮은 금속(전형적으로 70[℃] 내외)으로서, 이를 녹여서 틈새를 채운 후에 굳혀서 유연

---

22   proofing alloy.

23   fixturing alloy.

24   optical wax.

구조를 고정할 수 있다. 모든 형상들을 가공하고 나면, 가열하여 합금을 녹여서 제거하며, 이 합금은 다시 사용할 수 있다. 채우기 합금은 전형적으로 액체가 굳을 때에 (최소한 몇 시간 동안) 열팽창계수가 작은 반면에 고정용 합금은 부품을 고정하기 위해서 굳을 때에 약간 더 크게 팽창한다.

고정용 합금을 사용하는 대신에 광학용 왁스를 접착제로 사용하여 가공물을 치구에 임시로 접착한다. 광학부품을 래핑 및 폴리싱 가공하는 과정에서 광학 부품을 고정하기 위해서 개발된 양초용 왁스와는 다른, 다양한 광학용 왁스를 사용할 수 있다. 이 레진들의 용융온도는 $60 \sim 120[°C]$이며, 다양한 강도, 점도, 접착성 및 광학성질들을 가지고 있다. 가공이 끝난 다음에 가공품을 가열하여 떼어내고 나면, 솔벤트를 사용하여 남아 있는 레진을 녹여낼 수 있다.

마지막으로, 배치생산 또는 대량생산공정에서 메커니즘을 고정하는 가장 일반적인 방법은 전용 치구를 제작하여 사용하는 것이다. 이 치구들은 부분가공된 부품을 고정하기 위해서 가공의 중간 단계에서 부품의 형상과 일치하게 제작되어 있다. 잘 설계된 치구는 링크의 양쪽을 지지하기 때문에, 가공을 수행하는 동안 플랙셔의 얇은 노치영역이 변형되지 않는다.

7.2.5.3.2 와이어방전가공

그림 7.52에 도시되어 있는 2축 스테이지는 **와이어방전가공**(WEDM)을 사용하여 가공하도록 설계되어 있다. 와이어방전가공에서는 얇은 도선에 고전압 펄스를 부가하여 가공을 수행한다. 와이어와 가공할 부품을 (탈이온수나 파라핀과 같은) 절연성 유체 속에 담근 후에 와이어와 부품 사이에 국부적인 스파크를 유발하여 표면을 부식시킨다. 지면의 제약 때문에 이 가공방법에 대한 설명은 하지 않겠다. 다만, 최소 직경이 수십 마이크로미터에 불과한 와이어를 사용하여 형상을 가공할 수 있으며, 부품 속을 이동하는 와이어의 이송축 자유도에 의해서 가공 가능한 형상이 제한된다. 기하학적 공차와 표면조도는 전통적인 공작기계와 유사한 수준이다. 와이어방전가공은 또한 경화된 상태에서 금속을 가공할 수 있으며, 가공력이 비교적 작아서 지지구조 없이도 얇은 벽 구조물(조심한다면 $100 \sim 200[\mu m]$ 두께도 가공가능)을 가공할 수 있으며, 판재를 겹쳐놓고 부품들을 동시에 가공할 수도 있다. 적절한 다듬질 가공을 시행한다면 잔류응력을 무시할 수 있으므로, 피로계산 결과를 신뢰할 수 있

게 된다. 또 다른 장점은 링크들 사이에서 플랙셔 요소에 과부하가 가해지는 것을 방지하기 위한 멈춤쇠의 역할을 하도록 소재 절단 시에 U자 형상을 만들어놓을 수도 있다. 이 공정의 가장 큰 단점은 비싼 장비가격과 비교적 느린 가공속도이다.

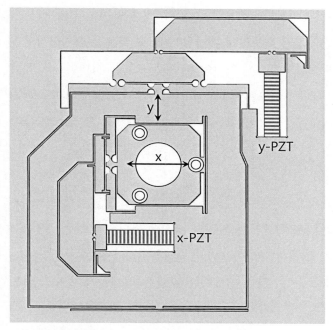

그림 7.52 압전 작동기에 의해서 구동되는 레버형 $x-y$ 스테이지

7.2.5.3.3 전해에칭과 습식 화학적 에칭

대량생산 방식으로 플랙셔 부품의 얇은 영역을 가공하기 위해서는 노광 기반의 에칭을 고려해야만 한다. 다양한 **화학적 에칭** 기법(전해질 에칭, 플라즈마 에칭과 증착 그리고 MEMS 공정 등이 포함된다)을 사용하여 플랙셔를 제작하는 사례들로는 전자기 구동기를 사용하는 자기 입출력 헤드와 콤팩트디스크 입력 헤드, MEMS 가속도계와 자이로스코프, 카메라 초점조절 및 자동초점조절기구 그리고 가상현실 센서 등이 포함된다. 이런 메커니즘 들은 많은 경우 수억 개씩 제작된다. 이보다 생산량이 작은 경우에는 많은 업체들이 노광기 법을 사용하여 패턴을 에칭하여 거의 임의의 형상을 가지고 있는 얇은 금속 박막을 제작할 수 있으며, 이들 대부분이 기하학적 공차를 결정하는 종합적인 설계지침을 제공해주고 있

다. 전형적으로 노광용 마스크를 제작하기 위한 비교적 소액의 비용을 지불하면 평면형 플랙셔를 제작할 수 있으며, 배치의 숫자가 증가하면 제작비용을 절감할 수 있다. 이런 상업적 공급업체들의 경우, 기하학적 가공공차는 전형적으로 에칭할 박판의 두께와 유사한 수준이며, 가공 가능한 최대 두께는 0.5~1[mm]로 제한된다. 다양한 소재를 사용할 수 있으며, 열처리 역시 매우 다양한 방법을 적용할 수 있다. 많은 공정들이 박판의 양면에칭방법을 사용하며, 이로 인하여 에칭된 테두리에 **페더링**[25]이라고 부르는 대칭형상의 단차 프로파일이 형성된다. 박판의 두께가 0.4[mm] 이상이 되면 눈으로도 식별이 가능하다.

그림 7.53에서는 금속 박판을 에칭하여 제작한 두 가지 플랙셔들을 보여주고 있다. 그림 7.53(a)의 설계는 켈트식 삼발이 형상과 유사하기 때문에 **트리스켈리온**[26] 플랙셔라고 부른다. 막대의 한쪽 끝에는 구체가 부착되어 있으며, 다른 쪽 끝은 이 디스크의 중앙에 부착되어 있는 형태로 좌표 측정기용 프로브를 지지하기 위해서 사용된다(5장 5.6절 참조). 올바르게 설계되었다면, 이 플랙셔는 구체의 중앙을 통해서 전달된 힘에 대해서 동일한 선형강성 값들을 갖는다. **그림 7.53(b)**에서는 원통의 외경과 동심을 이루는 축선을 따라서 1자유도 직선운동을 구현하기 위해서 다이아프램 플랙셔를 사용하여 설계된 플랙셔 메커니즘의 조립도를 보여주고 있다. 이 주제에 대해서는 수많은 설계들이 발표되었다.

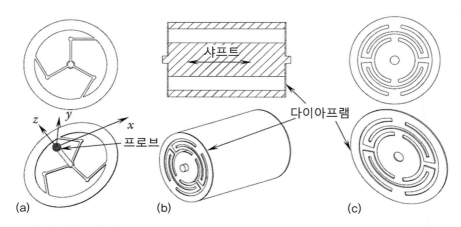

그림 7.53 금속 박판을 에칭하여 제작할 수 있는 두 가지 평면형 플랙셔들. (a) 트리스켈리온, (b) 축선방향 직선운동이 가능한 축대칭 플랙셔, (c) 축방향 유연성을 갖춘 다이아프램 플랙셔

---

25 feathering.
26 triskelion.

에칭공정의 또 다른 유용한 특징은 박판을 부분적으로 에칭할 수 있다는 점이다. 얇은 채널을 에칭하면, 박판평면에 힌지축을 구현할 수 있으며, 대변형이 부가되는 경우, 이 채널이 박판에 대해서 절곡선으로 작용하여 손쉽게 3차원 형상으로 접힐 수 있다.

반도체 제조기법을 활용하는 MEMS 공정이 현재는 가속도계, 자이로스코프, 공진기, 원자작용력 현미경용 센서, 모터 및 기어구동기구, 광학 및 기계식 스위치 등과 같은 마이크로 스케일의 플랙셔 제작에 일반적으로 활용되고 있다(카자카리 2009). MEMS 가공기법의 가장 큰 장점은 기계장치와 함께 전자회로 및 제어기를 일체화할 수 있다는 점이며, 가장 큰 단점은 투자비용이 매우 커서, 대량생산이나 고부가가치 디바이스만이 경제성을 갖는다는 점이다. MEMS 공정은 반도체 업계에서 개발되었기 때문에, 대부분의 플랙셔 요소들이 다결정질 실리콘, 실리카 또는 (드물게) 알루미늄으로 제작된다. 플랙셔 설계와 관련된 모든 이론과 방정식들을 여기에 적용할 수 있지만, 가장 큰 차이점은 치수 단위가 줄어들면 소재의 강도가 증가하며, 자중에 의한 변형은 감소하고, 고유주파수가 상승하여 속도가 빨라진다는 것이다.

흥미로운 점은 비록, 밀리미터 이상의 크기를 가지고 있는 플랙셔들에 대해서 최적화된 설계들에 비해서 빔들이 매우 가늘어 보이지만(자연에서도 코끼리의 다리와 거미의 다리 두께를 보면 자연스러운 일이다), 많은 MEMS 메커니즘들이 이중복합형 플랙셔 구조를 사용한다는 것이다. 유비쿼터스 분야에서 사용되는 가장 대표적인 적용 사례가 통신기기(휴대전화기)와 에어백 센서로 사용되는 MEMS 가속도계일 것이다. 비록 **그림 7.53**에 도시되어 있는 트리스켈리온과 유사한 형태의 밀리미터 스케일 프로브 구조가 생산되고 있지만, 정밀기계에서는 MEMS 플랙셔 메커니즘의 활용 사례가 그리 많지 않은 편이다.

7.2.5.3.4 전기주조

전기주조를 사용하면 성형틀 위에 금속 코팅을 전기화학적으로 증착하여 얇은 벽 구조를 만들어준다. 대표적인 방법은 왁스로 형틀을 몰딩한 다음에 무전해 니켈도금을 시행하는 것이다. 코팅이 끝나고 나면, 왁스를 녹여서 제거하며, 이 왁스는 재사용이 가능하다. 이 기법을 사용하여 제작할 수 있는 일반적인 형상들 중 하나가 벨로우즈 커플링으로서, 벨로우즈의 축선방향으로는 큰 비틀림 강성을 가지고 있으며, 나머지 5자유도에 대해서는 자유롭게 변형된다(그림 7.54). 이 벨로우즈는 비틀림 커플링으로 사용할 수 있을 뿐만 아니라 진공 배관의 유연연결에도 일반적으로 사용된다.

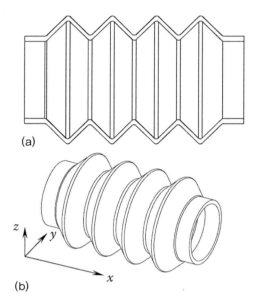

그림 7.54 벨로우즈 커플링은 x, y, z, θ_y, θ_z의 자유도를 가지고 있다. (a) 단면도, (b) 조감도

7.2.5.3.5 적층가공

모놀리식 다자유도 부품에 플랙셔를 제작하는 방법으로 **적층가공**[27]기법을 사용할 수 있다(깁슨 등 2014). 적층식 가공 분야에서 가장 일반적으로 사용되는 폴리머들(아크릴로니트릴 부타딘 스트릴(ABS)이 가장 일반적으로 사용된다)은 견실한 폐루프 제어가 적용되지 않으면 정밀도를 유지할 수 없다. 안정성을 갖춘 충진재를 사용하면 폴리머 메커니즘의 안정성과 강도를 향상시킬 수 있으며, 이에 대한 연구가 활발히 진행되고 있다.

금속 적층방법이 유연메커니즘의 제작 분야에서 다시 기대를 모으고 있다. 그런데 이 기법은 여러 방향으로 길고 얇은 구조물을 제작하는 데에는 근본적인 기술적 한계를 가지고 있다. 대부분의 금속 적층가공기들은 금속 분말층들 위에 용융패턴을 생성하여 부품을 제작

---

27   3D 프린팅을 의미한다(역자 주).

하는 **파우더베드 기법**을 사용한다. 얇은 구조의 경우, 열전달과 분말－용융금속 사이의 열동역학으로 인하여 큰 불안정성이 초래되며, 잔류응력과 복합되어 개발된 지 30년이 넘도록 여전히 문제로 남아 있다. 일부의 경우, 용융층을 파우더로 지지하면 종유석 형태가 만들어지면서 용융액체가 지지용 분말 베드 속으로 뚫고 들어간다. 수직방향으로 적층하여 제작하는 리프 플랙셔에 대한 제작비용은 꾸준히 감소하였으며, 현재 금속 적층공정을 사용하여 와이어방전가공과 유사한 수준의 종횡비, 최소두께 및 표면다듬질 상태를 구현할 수 있게 되었다.

적층방식으로 제작된 부품을 여타 방식으로 제작된 부품과 조립하는 방안이 큰 기대를 모으고 있다. 구조물의 제작에는 적층가공기법을 사용하고, 정밀 플랙셔가 필요로 하는 표면조도와 치수 정확도를 맞추기 위해서는 일반 가공기법을 사용하는 하이브리드 방식을 적용할 수 있다.

7.3 작동기와 구동기

7.2절에서는 특정한 방향의 자유도에 대해서 물체의 운동을 구속하는 방법에 대해서 살펴보았다. 기구나 기계에 이동 스테이지를 만들고 나면 스테이를 정밀하게 구동할 작동기가 필요하게 된다. 대부분의 경우, 전기, 화학 또는 기계적인 에너지원을 사용할 수 있다. 이들 중에서 전기 에너지가 가장 일반적이며, 내연기관에서 사용하는 화학적 전압원(배터리)이 그 다음을 차지한다. 열역학 1법칙에 따르면 기계적인 일, 전기적인 일 그리고 열 사이에는 상관관계를 가지고 있으며, 이들 중에서 열은 일반적으로 시스템에서 방출되면서 바람직하지 않은 열 교란을 일으킨다. 열손실량은 일을 수행하는 데에 기여하는 공정 효율을 판단하는 척도이다. 그런데 정밀공학의 관점에서, 에너지를 소모하여 생성된 열은 메커니즘 내로 전달될 때에만 중요할 뿐이다(11장 참조). 열과 관련된 문제는 이후의 절들에서 특정한 구동기법을 살펴보는 과정에서 자세히 살펴볼 예정이다.

작동기는 메커니즘 내에서 물체를 움직이는 물리적인 수단으로 간주할 수 있다. 실제의 경우, 에너지원을 힘으로 변환시켜주는 메커니즘은 선형이 아니며, 많은 경우, 반복성이 없기 때문에, 공급된 에너지와 변위 사이의 상관관계를 정밀하게 정의할 수 없다. 작동기와 변위센서를 조합하여 적절한 제어기법을 적용하면 정밀한 위치 결정 시스템을 구현할 수 있다. 직선방향이나 회전방향의 위치 결정을 수행하는 직선운동 스테이지나 회전운동 스테이지를 구현하기 위해서, 일반적으로 모듈 형태로 메커니즘, 작동기, 센서 및 제어기의 조합을 설계한다.

메커니즘에 **일**[28]을 제공하기 위해서 작동기가 사용된다. 일을 빨리 수행하면 생산성이 향상되며(항상 바람직하다), 따라서 일뿐만 아니라, 이의 미분값인 **일률**[29](또는 출력)도 사용자에게는 관심사항이다. 기구나 기계를 설계할 때에 또 다른 고려사항은 크기로서, 전체 시스템의 크기는 항상 가능한 한 최소화시켜야 한다. 설계과정에서 전형적으로 기계의 중심부 근처에 위치하는 작동기와 같은 단일부품의 크기가 증가하면, 주변부품들의 크기도 함께 증가하게 되어서, 때로는 전체 시스템의 크기가 불균형적으로 커져버린다. 따라서 작동기의 일대 체적과 일률대 체적 비율이 중요한 고려사항이 되며, 이를 각각 **일밀도**[30]와 **일률밀도**[31] 라고 부른다(스미스와 술링 2006). 일률밀도는 정량화하기가 어려우며, 작동조건과 작동기

표 7.3 다양한 작동기들의 근사적인 일밀도값들

작동기의 유형	$U/V \times 10^{-6}$	방정식	비고
유압	10	P	압력
형상기억합금	6	$\sigma \varepsilon$	주기, 전형적으로 이진방식
고체－액체 상변화	5	$\dfrac{\Delta V}{3V}k_{bm}$	수분 8% 아세트이미드
기체팽창(열과 압력)	1	P	압력
열팽창	0.5	$\dfrac{E(\alpha \Delta T)^2}{4}$	200[K] 온도 변화
전자기력	0.4~0.02	$(BH)_{max}\,V_m$	가변릴럭턴스모터$(0.25[mm])^3$
정전기	0.1~0.004	$\dfrac{\varepsilon E_{max}^2}{2}$	이상적인 MEMS 콤드라이브
압전	0.05~0.01	$\dfrac{(d_{33}E_{max}^2)E}{2}$	PZN-PZT
근육	0.02	－	10%에서 350[kPa]

---

28 work.
29 power.
30 work density: 작업밀도라고도 부른다(역자 주).
31 poser density: 출력밀도라고도 부른다(역자 주).

의 비효율성에 의해서 생성되는 열을 방출하는 공정능력에 의존한다. 반면에 일밀도는 운동 거리와 평균작용력을 곱하여 작동기의 체적으로 나누어 즉시 구할 수 있다(표 7.3 참조).

7.3.1 유체(유압과 공압)

정밀공학의 관점에서, 유체의 낮은 압축성 덕분에 고효율 유압 작동기를 만들 수 있다. 에너지 손실은 주로 높은 압력을 생성하기 위해서 사용되는 에너지 공급장치에서 발생한다. **유압 작동기**들은 지상이동식 기계와 다양한 건설기계의 구동 메커니즘에 사용되고 있다. 큰 공구를 구동하는 유압 실린더의 크기가 비교적 작기 때문에, 일밀도가 매우 높다는 것을 알 수 있다. 펌프에 의해서 수행된 일은 압축성 가스가 채워진 주머니(블래더 형식)나 스프링에 눌려 있는 피스콘(피스톤 형식)과 같은 에너지저장 메커니즘과 이를 수납하는 탱크로 이루어진 축압기[32]에 저장된다. 축압기를 사용하면 짧은 시간 간격 동안 갑작스럽게 큰 유량을 소모하는 경우에 압력을 유지할 수 있기 때문에 비교적 작은 체적유량비를 갖는 펌프를 사용할 수 있다. 일반적으로 피스톤 펌프나 기어펌프가 유압 펌프로 사용된다. 피스톤 펌프는 원통의 원주상에 평행하게 배치되어 동일한 방향으로 움직이는 다수의 피스톤들로 구성된다(유사한 작동원리와 성능을 가지고 있지만 물리적 체적이 훨씬 더 큰 반경방향 피스톤 펌프와는 반대되는 개념으로 축방향 피스톤 펌프라고 부른다). 피스톤 실린더가 배치된 중심축에 대해서 회전운동을 하는 경사판에 의해서 모든 피스톤들의 운동이 이루어진다. 경사판의 각도를 변화시키면, 유량과 압력을 변화시킬 수 있다. 이 펌프는 복잡한 구조와 제어 방법으로 인하여 가격이 비싸기 때문에 구조가 단순하며 콤팩트한 기어 펌프가 대안으로 널리 사용되고 있다. 기어펌프는 하우징 내에 서로 맞물려 회전하는 두 개의 기어들이 밀봉되어 있다. 회전하는 두 개의 기어들이 하우징의 한쪽에서 기어의 치형과 하우징 표면 사이의 유체를 포획하여 각 기어의 바깥쪽을 돌아서 출구측으로 송출한다. 유체가 출구측에 도달하게 되면, 서로 맞물려 있는 기어치형으로 인하여 유체는 다시 입구측으로 되돌아갈 수 없기 때문에, 송출되는 유량은 기어의 회전수에 정비례하게 된다. 기어 펌프와 피스톤 펌프는 일반적으로 10[MPa]에서 30[MPa] 사이의 압력을 송출하지만 이보다 10배 정도 더

---

32 accumulator.

높은 압력을 구현할 수도 있다. 베인 펌프나 스크류 펌프는 이보다 낮은 압력으로 더 많은 유량을 펌핑할 수 있으며, 이들도 역시 펌프의 회전속도와 유량이 정비례한다(피스톤, 기어, 스크류 및 베인형 펌프들을 모두 **용적형 펌프**[33]라고 부른다).

유압 실린더를 사용한 표준 위치제어의 경우, 성능한계는 사용되는 유량 및 압력 기반 제어밸브의 유체의 제어성능에 의존한다. 이 밸브들은 $1/10^4$ 미만의 압력제어와 수천[Hz]의 제어대역이 요구되는 항공기와 우주선의 제어를 위해서 광범위한 개발이 이루어졌으며, 상업적으로 사용이 가능하다. 정밀 위치 결정을 위해서는 전형적으로 피스톤과 압력귀환이 필요하다. 유압 실린더의 위치제어에는 가장 일반적으로 **플래퍼** 기반의 **제어밸브**가 사용된다. 솔레노이드 작동기에 의해서 제어되는 플래퍼가 스풀형 밸브의 양단에 차압을 생성하며, 이로 인하여 가압된 유체가 흐르는 유로가 생성되어 유압 실린더의 한쪽에는 유체가 공급되면 다른 쪽에서는 탱크측으로 유체가 배출된다. 플래퍼의 위치에 따라서 양방향 유량과 그에 따른 유압 피스톤의 힘이나 속도가 제어된다. 이 원리를 사용하여 다양한 설계가 만들어졌다. 이들 중 대부분은 공차가 매우 정밀한 고가의 부품들이 필요하기 때문에 제어에 많은 비용이 소요되어서, 항공우주 분야나 진보된 가공기 등으로 사용이 제한되고 있다.

분해능이 수십[ppm]에 불과하며 대역폭은 수십[kHz]에 달하는 유압용 압력 제어기가 출시되어 있으며, 이를 사용하여 큰 힘을 정밀하게 제어할 수 있다. 예를 들어, 고강성 플랙셔와 고출력 유압 피스톤을 사용하여 힘－변위 작동기를 만들 수 있다. 선삭가공을 수행하는 동안 절삭공구를 동적으로 제어하는 설계가 트란과 데브라(1994)에 의해서 구현되었으며, 오늘날 이런 기구를 **급속이송공구대**[34]라고 부른다. 또 다른 작동기의 사례로서, 가압된 유압을 사용하여 균일한 실린더의 양측에 압력을 가하면 반경방향 응력이 유발되며, 푸아송비율에 따른 효과로 인하여 실린더 축방향으로의 변형율과 변형이 생성된다. 이는 7.1.3절에서 논의했던 **푸아송비율 작동기**의 또 다른 사례이다. 이 설계에서 실린더는 플러그로 밀봉되어 있으며, 피스톤 로드와 실린더 사이의 간극이 좁기 때문에, 유체의 체적과 필요한 유량이 비교적 작다. 이 푸아송비율 작동기는 테트라폼이라고 부르는 새로운 연삭기의 강성제어에 사용된다(린지 1992).

---

33   positive displacement pump.
34   fast tool servo.

룰링엔진에서 격자가공기의 위치이송을 위해서 호스필드(1965)는 미세 위치 결정 기구를 개발하였다. 필요한 미세이송을 구현하기 위해서 실린더가 (강철을 래핑하여 제작한 데이텀 표면 위에 건식 PTFE 베어링을 사용하는) 이동 캐리지에 직접 부착되었으며, 주사기 공급 시스템을 사용하여 소량의 유체를 주입하여 위치를 조절하였다. 간섭계를 사용한 폐루프 제어를 통해서, 25[nm] 미만의 분해능을 구현하였다. 마이크로미터 및 마이크로미터 미만의 정밀도로 위치를 조절하기 위해서 유압 실린더를 직접 사용하는 방식은 상업적으로는 적용되지 않고 있다.

다양한 상용 공작기계와 크립피드 연삭기의 작업테이블에는 매끄러운 직선구동을 위해서 유압 실린더가 일반적으로 사용된다. 이런 용도에서는 유압 구동기구가 매끄러운 운동과 넓은 속도 범위, 고출력 그리고 비교적 작은 공간에 수납이 가능하다는 장점들을 가지고 있다.

7.3.2 전자기 작동기

전자기 작동기는 노광용 스캐너 시스템의 자기부상 스테이지에서부터 정밀 공작기계의 슬라이드와 스핀들을 구동하는 리니어모터와 회전식 모터에 이르기까지 다양한 정밀 운동 제어 스테이지의 핵심 요소이다. 대부분의 현대적인 다이아몬드 선삭기들은 전통적인 이송용 나사를 버리고 수냉식 코일온도 조절기능을 갖춘 리니어모터를 사용하고 있다. 대부분의 전자기력 구동방식 작동기 설계들은 **로렌츠 방정식**에 기초한 작용력을 이용한다.

$$\boldsymbol{F} = q(\boldsymbol{E} + \boldsymbol{B} \times \boldsymbol{v}) \tag{7.55}$$

여기서 $\boldsymbol{F}$는 강도가 $\boldsymbol{E}$인 전기장과 $\boldsymbol{B}$인 자기장 속에 위치하며 속도 v로 움직이는 점전하 q에 작용하는 벡터력이다. 이 전하의 속도는 도선에 전압이 부가되었을 때에 전하에 작용하는 힘에 의해서 생성되며, 자기장은 일반적으로 영구자석에 의해서 생성된다. 이 관계식을 직접적으로 사용하는 작동기들에는 7.3.2.1절에서 논의할 음성코일 작동기와 7.3.2.2절에서 논의할 직류전동기가 포함된다.

힘을 생성하기 위한 방법은 정전기장이나 자기장의 형태로 전위를 생성하기 위해서 전압이나 전류를 사용하는 것이다. 이 전압이나 전류의 함수로 힘을 계산하여 이 전위구배를 구할 수 있다. 이런 유형의 작동기들에는 가변 릴럭턴스 모터, 솔레노이드 그리고 정전기 작동기 등이 포함되며, 이에 대해서는 7.3.2절과 7.3.3절에서 논의할 예정이다.

일반적으로, 전자기 작동기의 크기에 따라서 일밀도가 감소한다는 것을 알 수 있다. 따라서 스케일이 줄어들면 작동기의 상대적인 크기가 증가하게 된다. 예를 들어, 작업장에서 선반을 사용하는 경우에, 선반 구동용 모터가 기계의 뒤쪽 바닥에 배치되어 있는 것을 볼 수 있다. 일본 국립기술연구소(AIST)의 유이치 오카자키와 동료들은 옷가방 크기의 제조설비를 만드는 과정에서 손바닥에 올려놓는 크기의 선반을 제작하였다. 이 선반 체적의 절반이 주축 구동용 모터에 할애되었다(오카자키 등 2004). 반면에, 공구의 위치 조절을 위한 안내기구에는 압전 인치웜 작동기를 사용하였으며(7.3.4절), 전체 체적의 극히 일부분만을 사용해서 필요한 작동을 구현하였다.

특정한 작동기 설계에 대해서 논의하기 전에, 자기이론과 개념에 대해서 간단히 살펴보기로 한다. 이를 통해서 작동원리에 대해서 이해하며 간단한 계산을 수행하기 위해 필요한 배경지식을 얻을 수 있다. 자기장은 전형적으로 루프를 따라 흐르는 전류에 의해서 생성되며, 자기장 강도는 **비오사바르 방정식**을 사용하여 계산할 수 있다. 자기장 H[AT/m]는 벡터량이며 자속밀도 B[Wb/m²]를 생성한다.

$$B = \mu_r \mu_0 H = \mu H + B_{rem}$$

여기서 μ_0는 진공 중에서의 투자율(= $4\pi \times 10^{-7}$[V·s/(A·m)]), $B_{rem} = \mu_0 M$은 잔류자기, $\mu_r = \mu/\mu_0$는 자속이 통과하는 공간의 무차원 비투자율, 그리고 M은 고유자화계수로서, 단위체적당 자기쌍극자 모멘트를 나타낸다. 이 절의 해석과정에서 고유자화계수와 자속밀도는 일반적으로 일치한다고 가정하므로, 자속밀도만을 고려하여도 충분하다. 대부분의 계산에서 연자성체의 경우 잔류자기는 0이며, 영구자석의 경우에는 상수라고 가정한다. 실제의 경우, 초기설계과정에서는 이런 기초적인 계산만으로도 충분하지만 후속적인 설계 최적화 과정에서는 일반적으로 전산해석이 필요하다.

진공 중에서 자기장과 자속밀도 사이의 상관관계는 명확하지만 물질 속에서는 다양하고 복잡한 상호작용이 일어난다. 자성소재의 성질들을 이해하기 위해서는 소재가 최초로 자화되었을 때와 이후에 자기장이 주기성을 가지고 방향을 바꿔가면서 부가되었을 때에, 부가된 자기장에 대한 자속밀도를 측정하는 것이 일반적이다. **그림 7.55**에는 보통 **BH−선도**라고 부르는 도표가 제시되어 있다. 이 도표에는 재료의 특성을 정의하는 핵심인자들에 대한 관심영역이 여러 개 있다. 측정이 시작되는 원점에서의 기울기가 소재의 초기투자율 μ_i를 결정한다. 가해지는 자기장 강도가 증가할수록, 자속밀도의 증가율이 점차로 감소하다가 거의 0이 되어버리며, 이를 자속밀도 포화로 간주한다. 실제의 경우, 총 자속밀도는 계속 증가하여도 소재의 고유자화특성은 한계에 도달하게 된다. 외부에서 가해지는 자기장을 포화상태에서부터 점차로 감소시키면 그에 따른 자속밀도의 감소는 지체되어 **히스테리시스**를 초래한다. 부가된 자기장이 0으로 감소하였을 때에 소재 내에 남아 있는 자속밀도를 소재의 잔류자기(B_{rem})라고 부른다. 반대방향으로 보자력(H_c)이 가해지면 이 자속밀도는 0이 된다.

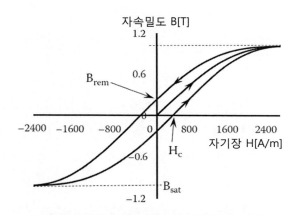

그림 7.55 연자성체에 대한 일반적인 BH−선도

전형적으로, 소재의 투자율을 평가할 때에는 초기 BH−선도가 사용되며, **그림 7.56**에는 **연자성체**[35](저탄소강, 주철 및 페라이트)에 대한 전형적인 곡선들이 도시되어 있다. **그림 7.56 (a)**에서는 두 가지 연자성 소재인 저탄소강과 주철의 자기장에 대한 특성곡선을 로그 스케일로 표시하여 보여주고 있다. 그림에 따르면 주철 소재의 초기 투자율이 매우 높으며 이는 대형 전자석에 유용한 성질이다. 그런데 자기장이 강해질수록 저탄소강의 자속밀도와 투자

---

35   soft magnetic iron.

율이 증가한다. 페라이트는 부도체이므로 고주파 대역에서 와전류 생성에 의한 전력손실이 없이 사용할 수 있다. (스테인리스강을 제외한) 대부분의 철강소재들은 낮은 자기장강도에 대해서 자속밀도값이 낮은 반면에, 페라이트 소재는 자기장 강도가 낮은 영역에서 매우 높은 투자율을 가지고 있다(**그림 7.56(b)**).

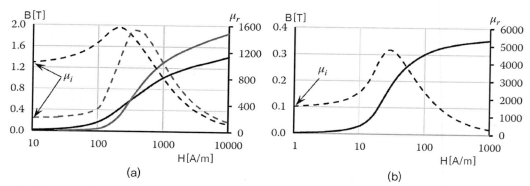

그림 7.56 BH-선도와 투자율 도표. (a) 검은색 선은 주철, 회색 선은 저탄소강에 대한 실선은 자속밀도, 점선은 비투자율 선도, (b) 페라이트의 BH-선도와 비투자율선도

이상적인 영구자석은 보자력 강도가 좌우의 경계를 결정하고 포화자속밀도가 상하의 경계를 결정하는 사각형에 가까운 BH-선도를 가지고 있다. 사마륨-코발트나 네오디뮴-붕소-철을 주성분으로 사용하는 현대적인 영구자석 소재들은 이런 이상에 가까운 특성을 가지고 있으며, 특히 후자의 경우에는 포화자속밀도가 5~20%만큼 더 높다. 다양한 합금조성을 가지고 있는 자석소재들이 상용화되어 있으며, NdBFe 소재의 전형적인 BH-선도의 2사분면이 **그림 7.57**에 도시되어 있다.

지난 세기 동안 다양한 혁신적 전기기계들이 발명되었다. 여기서는 이들에 대한 기본 원리와 정밀기구 및 기계에 대한 적용 사례들을 살펴보기로 한다. 더 자세한 설계기법들은 하드필드(1962), 켐벨(1994), 슈미트 등(2011)을 참조하기 바란다.

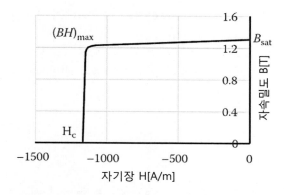

그림 7.57 NdBFe 영구자석에 대한 BH−선도의 2사분면

7.3.2.1 솔레노이드와 가변 릴럭턴스 작동기

솔레노이드는 유체제어밸브나 전기 스위치(릴레이)와 같은 이진작동에 자주 사용된다. 그런데 귀환용 센서와 적절한 제어기를 사용한다면, 솔레노이드형 작동기를 정밀한 운동제어에 사용할 수 있다. 그림 7.58에 단면형상이 도시되어 있는 솔레노이드 작동기는 자기장이 투과할 수 있는 중앙부 플런저를 비자성체 스풀이 수직 방향으로는 자유롭게 움직일 수 있도록 지지하고 있으며, 내부 공동에는 코일이 N회 감겨 있다. 플런저와 스풀이 조립되어 있는 외부몸체도 자성소재로 제작한다. 솔레노이드의 외부몸체와 상부에 돌출되어 있는 플

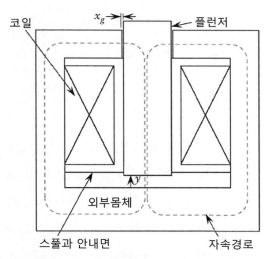

그림 7.58 단순한 솔레노이드 작동기의 단면도

런저 사이의 좁은 공극을 x_g라고 하자. 플런저의 바닥면에서 외부몸체까지의 거리는 y로 나타낸다.

길이가 l인 코일에 전류 I를 흘리면 코일에는 다음과 같은 크기의 자기장이 생성된다.

$$H = \frac{NI}{l} \tag{7.56}$$

이 자기장에 의해서 장치를 구성하는 자성부품들을 따라서 저항이 최소가 되는 경로가 형성되며, 이 닫힌경로를 따라서 흐르는 자속이 생성된다. 자기장은 전위의 성질을 가지고 있기 때문에 이들의 영향은 중첩할 수 있다. 따라서 N회 감은 코일의 총 **기자력**(MMF) $\mathfrak{I}$는 자기장 강도와 코일의 길이를 곱한 값으로서, 다음과 같이 주어진다.

$$\mathfrak{I} = NI = Hl \tag{7.57}$$

자속은 보존량이므로, **그림 7.59**에 도시되어 있는 것처럼, 총 자속경로를 총 자속저항 또는 **릴럭턴스**($\mathfrak{R}$)를 가지고 있는 자기회로의 형태로 모델링할 수 있다. 자속경로는 항상 루프를 따라가기 때문에, 총 릴럭턴스는 루프를 구성하는 릴럭턴스들의 직렬합으로, 다음과 같이 주어진다.

$$\mathfrak{R} = \frac{l_b}{\mu_b A_b} + \frac{l_p - y}{\mu_p A_p} + \frac{x_g}{\mu_0 A_g} + \frac{y}{\mu_0 A_p} = \mathfrak{R}_0 + y\left(\frac{1}{\mu_0 A_p} - \frac{1}{\mu_p A_p}\right) \tag{7.58}$$

$$\approx \mathfrak{R}_0 + \frac{y}{\mu_0 A_p}$$

여기서 하첨자 p, b 및 g는 각각 플런저, 몸체 및 공극을 나타낸다. l은 특정한 자속경로의 유효길이, A는 자속경로의 유효단면적이며, 기계 시스템에서는 일반적으로 공기의 투자율은 진공 중의 투자율과 같다고 가정한다. 임의의 위치에서 총 자속 Φ는 자속 경로를 가로지르는 표면을 통과하는 자속밀도를 적분한 값과 같다. 전류에 의해서 생성된 자기장 속에 저장된 에너지의 척도인 코일 인덕턴스 L은 단위전류당 각 권선에 의해서 생성된 자속의

크기와 같다. 즉,

$$L = \frac{N\Phi}{I} = \frac{N\mathfrak{J}}{I\mathfrak{R}} \approx \frac{\mu_0 N^2 A_p}{\mu_0 A_p \mathfrak{R}_0 + y} = \frac{\mu_0 N^2 A_p}{\dfrac{l_b A_p}{\mu_{rb} A_b} + \dfrac{l_p}{\mu_{rp}} + \dfrac{x_g A_p}{A_g} + y} \tag{7.59}$$

여기서 μ_{rp}와 μ_{rb}는 각각 플런저와 몸체의 비투자율이다. 자기장과 크기가 $LI^2/2$인 포텐셜 에너지 소스를 고려하면, 플런저 축방향으로의 작용력은 다음과 같이 구해진다.

$$F_y = \frac{\partial L}{\partial y} = -\frac{I^2}{2} \frac{\mu_0 N^2 A_p}{(\mu_0 A_p \mathfrak{R}_0 + y)^2} \approx -\frac{I^2}{2} \frac{\mu_0 N^2 A_p}{y^2} \tag{7.60}$$

식 (7.60)의 마지막 근삿값은 플런저 간극과 플런저 및 몸체의 비투자율이 크며, 솔레노이드 상부의 공극플런저와 몸체 사이의 거리에 비해서 좁다고 가정한 결과이다. 이 작동기는 간극 변화에 따른 릴럭턴스 변화에 기초하고 있기 때문에 **가변릴럭턴스 작동기**라고 부른다. 플런저가 몸체와 접촉하면($y = 0$), 힘은 $N^2 I^2 / 2\mu_0 A_p \mathfrak{R}_0^2$이 되어버린다. 식 (7.56)을 식 (7.60) 의 마지막 근삿값에 대입하면, 작용력에 대한 다른 표현식을 얻을 수 있다.

$$F_y \approx \frac{l^2}{y^2} \frac{B^2}{2\mu_0} A_p \tag{7.61}$$

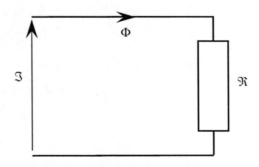

그림 7.59 솔레노이드의 자기장과 자속밀도 사이의 관계를 나타내는 등가회로도

그림 7.60에서는 식 (7.60)의 더 엄밀한 모델을 사용하여 솔레노이드 플런저에 작용하는 힘을 전류와 간극에 대해서 도시하였으며, 근사 모델에 대해서는 전류가 0.2[A]인 경우를 점선으로 도시하였다. 이 모델에 사용된 인자값들은 연습문제 9에 제시되어 있다.

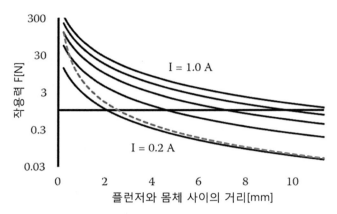

그림 7.60 코일전류 I=0.2, 0.4, 0.8 및 1[A]에 대한 플런저와 몸체 사이의 작용력 도표. 점선은 식 (7.61)의 근사 모델을 사용한 결과이다.

식 (7.61)을 형상과 솔레노이드 성질을 나타내는 항과 공기간극 내에서의 자기응력과 작용면적의 곱으로 이루어진 항과 같이, 두 개의 항들로 구분할 수 있다. 이런 근사방법의 경우, 간극에서 발생하는 기자력(MMF)은 코일에서 생성되는 기자력과 같다고 간주한다. 이 경우, 길이 l은 플런저 간극과 같으며, 식 (7.61)은 자기응력과 면적의 곱으로 단순화시킬 수 있다. 일반적으로 엄밀히 말하면 **맥스웰 응력텐서**라고 부르는 벡터량으로 나타내어야 하는, 이 **자기압력**으로부터 자기력을 구할 수 있다.

가변 릴럭턴스에 기초하여 다양한 작동기들이 설계되었으며, 이들 중에서 유용한 사례가 **그림 7.61**에 도시되어 있는 것처럼, 동일한 권선수로 감겨져 있는 두 개의 코일들을 사용하여 밀고당김 효과를 만들어내는 **차동작동기**이다. 이 작동기의 모델은 솔레노이드와 유사하며, 자속경로 소재의 릴럭턴스를 무시하면, 다음 식을 사용하여 움직이는 전기자에 작용하는 힘을 계산할 수 있다.

$$F \approx \frac{N^2 A_g \mu_0}{4} \left[\frac{I_2^2}{(x_0 + x)^2} - \frac{I_1^2}{(x_0 - x)^2} \right] \tag{7.62}$$

여기서 x_0는 총 공극이며, A_g는 공극단면적이다.

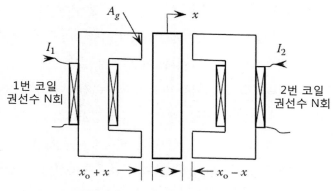

그림 7.61 차동식 가변 릴럭턴스 작동기

작동기 회로 내에 편향자기장을 형성하기 위해서 영구자석을 사용할 수도 있다. 이상적인 영구자석이 한쪽 상자에 넣어두고, 일정한 전류가 흐르는 코일이 다른 상자에 넣어둔 경우에 대한 흥미로운 사고실험을 수행해볼 필요가 있다. 어느 상자에 코일이 들어가 있는지를 구분하기 위한 실험은 아직 수행되지 않았다고 하자. 따라서 이상적인 자석은 공기(또는 진공)코어 코일로 간주할 수 있기 때문에 등가회로는 다음과 같이 주어진다.

$$\Phi = \frac{\mathfrak{I}_m}{\mathfrak{R}_m} = B_{rem} A_m \tag{7.63}$$

위 식을 정리해보면,

$$\mathfrak{I}_m = B_{rem} A_m \mathfrak{R}_m = B_{rem} \frac{l_m}{\mu_0} = M_m l_m \tag{7.64}$$

따라서 자석을 모델링하는 경우에, 이상적인 자석은 항상 등가 코일의 기자력과 형상으로부터 산출한 진공 릴럭턴스를 사용하여 모델링할 수 있다. 따라서 회로 내를 흐르는 자속을 극대화하기 위해서는 이상적인 자석의 면적은 넓고 길이는 짧아야만 한다. 부가된 자기장이 자석의 보자력 강도에 근접하지 않는다고 가정한다. 크룩 등(2012)이 제안한 영구자석의 자기장을 사용하는 설계들 중 하나가 **그림 7.62**에 도시되어 있다. 이 설계는 자성소재로 이루어진 사각형 루프의 중앙 하단이 잘려져 있으며 공극을 사이에 두고 이동식 전기자가 배치되어 있다. 양쪽 수직팔에 감겨져 있는 코일들이 자속을 생성하며, 이 자속이 가장 흐르기 쉬운 경로는 루프 주위를 회전하는 것이다. 이 루프의 상단 중앙에는 영구자석의 한쪽 끝이 붙어 있으며, 자석의 반대쪽 끝은 이동식 전기자와 근접하여 있다. 영구자석에 의해서 생성된 자속은 좁고 거리가 일정한 공극은 통과한 후에 전기자를 거쳐서 양쪽으로 나뉘어 루프를 타고 흐른다. 자속 루프와 전기자 사이에는 좌측과 우측에 움직일 수 있는 간극이 존재하며, 자기압력이 구동력을 생성한다. 크룩 등의 설계에 따르면, 코일들은 서로 연결되어서 공통전류가 두 코일을 타고 흐르면서 루프를 일주하는 자속을 생성하며, 이 자속의 방향은 전류의 방향에 의존한다. 그림에서 알 수 있듯이, 코일 전류에 의한 자속과 영구자석에 의한 자속은 우측 간극에서는 서로 차감되며, 좌측 간극에서는 서로 합해진다. 이 작동기의 등가회로는 **그림 7.63**에 도시되어 있으며, 여기서 Φ, $\mathfrak{J}$ 그리고 $\mathfrak{R}$ 은 각각 자속, 기자력 및 릴럭턴스를 나타낸다. 그리고 하첨자 r, l, n, m 및 c는 각각 루프의 좌측과 우측, 고정 간극, 자석과 코일 등을 의미한다. 이 설계에서 크룩 등에 따르면, 전기자가 중앙에 위치한 경우에 간극의 미소변위에 대해서 작용력이 다음과 같이 주어진다.

$$F = \frac{2ST}{\mu_0 A_g} \tag{7.65}$$

여기서 A_g는 세 개의 간극들 모두의 면적이며, 상수 S와 변수 T는 각각 다음과 같이 주어진다.

$$S = \frac{\mu_0 A_g \mathfrak{J}_m}{2(l_m + l_n)} \tag{7.66}$$

$$T = \frac{\mu_0 A_g \mathfrak{J}_m}{2x_0(l_m + l_n)}\left[\frac{\mathfrak{J}_m}{l_m + l_n}x + \mathfrak{J}_c\right]$$

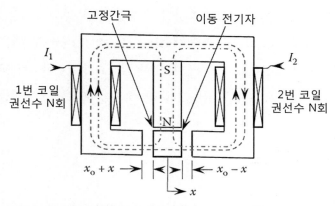

그림 7.62 영구자석에 의해 편향된 차동식 가변 릴럭턴스 작동기

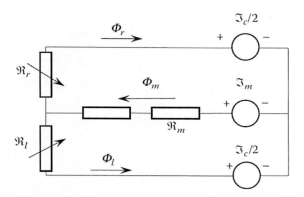

그림 7.63 그림 7.62에 도시된 작동기의 등가회로도

이 설계의 경우, 중앙에 위치한 전기자의 미소운동에 대해서 작용력은 변위와 코일전류 모두에 대해서 선형관계를 가지고 있다.

7.3.2.2 보이스코일

보이스코일은 자기장 속에 위치하는 전류가 흐르는 도선에 의해서 생성되는 **로렌츠력**을 사용하며, 작동기의 설계가 라우드 스피커 콘 구동용 작동기와 유사한 형상을 가지고 있기 때문에 작동기의 이름이 이렇게 지어진 것이다. **그림 7.64**에는 단순한 보이스코일 설계가 도시되어 있다. 이 설계의 경우, 비자성 이동요소 위에 원통형으로 코일을 감으며, 라우드 스피커의 경우라면, 이 코일이 콘을 구동한다. 영구자석에 의해서 반경방향으로 코일 권선을 가로지르는 자속이 생성되며, 자기장이 통과할 수 있는 상부 폴과 지지용 하우징을 통해서 자속의 일주경로가 형성된다. 코일에 의해 생성되는 자속이 자석의 보자력 강도에 근접하지 않으며, 자속경로상에서 발생하는 자속누설에 따른 감자효과(투자율 반전)와 여타의 기자력 손실들을 무시한다면, 간극 내에서 자석의 에너지를 활용할 수 있다고 가정할 수 있다. 따라서

$$\frac{B_g^2}{2\mu_0} V_g = k_1^2 \frac{(BH)_{\max}}{2} V_m \tag{7.67}$$

여기서 B_g는 간극 내의 자속밀도, V_g는 간극의 체적, V_m은 자석의 체적, $(BH)_{\max}[\text{J/m}^3]$은 자석의 단위체적당 최대 에너지 그리고 $k_1 < 1$은 손실계수로서, 완벽한 모델이 없는 경우에는 간극의 릴럭턴스에 따라서 실험적으로 구해야 하는 값이다. 간극 내에서의 자속을 구하기 위해서 식 (7.67)을 사용할 수 있다. 자속은 코일 권선과 직각 방향으로 생성되기 때문에, 로렌츠력 방정식에서 전기장 성분을 제거하면 다음 식을 얻을 수 있다.

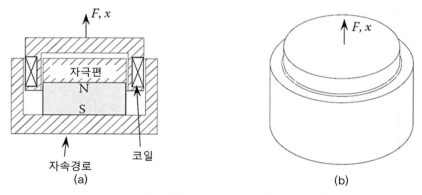

그림 7.64 보이스코일 작동기. (a) 단면도, (b) 조감도

$$F = 2N\pi \bar{r} B_g I = 2N\pi \bar{r} k_1 I \sqrt{(BH)_{\max} \frac{V_m}{V_g}} \tag{7.68}$$

여기서 $\bar{r}$은 코일의 평균반경이며 N은 간극의 자속장 내에 위치하는 코일의 권선수이다. 이 모델에 따르면, 최적의 성능을 구현하기 위해서는 자석의 체적은 가능한 한 커야만 하며,

간극의 체적은 최소한으로 감소하여야 한다. 이로 인하여 커진 자석의 체적 때문에 작동기가 무거워지며, 이 때문에 **자석 이동방식**보다는 **코일 이동방식**이 더 일반적으로 사용된다. 코일의 권선수를 증가시키면서도 간극의 체적을 최소화시키기 위해서는, 권선의 직경을 줄여야만 한다(이로 인하여 도선의 최대전류밀도가 제한된다). 그런데 권선의 직경이 감소하면, 코일의 저항이 증가하며, 이로 인하여 발생하는 열은 정밀도의 측면에서 바람직하지 않다. 설계 최적화를 위해서는 수많은 인자들에 대한 고려가 필요하며, 용도에 의존한다는 것이 명확하다. 식 (7.68)의 중요한 특징은 밀고 당기는 힘이 전류에 대해 선형적으로 비례하며, 힘 분해능은 코일 전류의 제어 분해능에 의해서 제한된다는 것이다.

식 (7.68)에는 힘과 변위 사이의 관계나 여타의 좌표계 방향으로의 힘이 없다. 실제의 경우, 매우 큰 변위가 발생하면, 코일이 자속영역 밖으로 나가버리며, 소수의 권선들만이 자속 내에 남아 있게 되어 작용력이 감소하게 된다. 그런데 힘은 권선과 직각 방향으로만 발생하며, 여타의 방향으로는 아무런 힘도 생성되지 않는다. 따라서 자속장 내에서 코일이 축방향으로 중심을 맞추고 있다면, 이 작동기는 모든 좌표축 방향에 대해서 매우 낮은 강성을 가지고 있으며, 특정한 방향에 대해서 순수한 힘을 매우 정밀하게 모델링할 수 있다.

X-선 간섭계는 나노미터 미만의 기생운동 편차를 가지고 있는 직선운동과 수 나노라디안 미만으로 제한된 회전운동을 가지고 단결정 실리콘 판재를 이송해야만 하는 특별히 도전적인 연구영역이다. 이 간섭계를 구현하기 위해서는 실리콘 단결정을 가공하여 X-선 회절요소가 설치된 이동요소를 지지하는 플랙셔를 가공해야 한다(하트 1968, 바질 등 2000). 그런 다음 압전 작동기나 보이스코일 작동기를 사용하여 이 단결정 실리콘 플랙셔를 구동할 수 있다. 간섭계 설계 중 하나에서는 자석 이동방식 작동기를 사용하고 있으며(스미스와 체번드 1990), 간섭계를 10[pm]의 정밀도로 100[nm] 또는 그 이상의 거리를 이송할 수 있다 (보웰 등 1990).

대변위 보이스코일 설계에서는 일반적으로 다수의 코일과 주기적으로 배치된 자극편 배열을 사용하며, 이에 대해서는 다음 절에서 모터에 대한 논의를 통해서 설명할 예정이다.

7.3.2.3 모 터

가변 릴럭턴스 작동기와 영구자석 작동기를 축대칭으로 배치하여 회전력을 생성할 수 있다. **그림 7.65**에서는 두 개의 자극편이 180° 간격으로 배치되어 있는 3극 모터를 보여주고 있다. 그림에 도시된 자세에서는 1번 코일에 흐르는 전류가 자속밀도를 생성하며, 코일에 흐르는 전류의 방향에 따라서 마주보는 자석과의 자속이 증가하거나 감소한다. 만일 자속밀도가 증가한다면 로터를 그림에 도시된 위치에 붙잡아두는 힘이 생성된다. 원하는 회전방향에 따라서 모터를 회전시키기 위해서는 2번 코일이나 3번 코일에 전류를 흘려서 S극 자석이 코일과 정렬을 맞추도록 만들어야 한다. 토크를 증가시키기 위해서는 로터의 반대쪽에 설치되어 있는 자극편을 밀어내도록 나머지 두 코일에 전류를 흘려야 한다. 따라서 모터를 회전시키기 위해서는 최소한 3개 의 코일들이 필요하며 코일들과 로터의 자기장 사이의 상대위치를 측정해야만 한다. 전형적으로 홀 효과에 기초하는 자기센서를 3개 사용하여 영구자석의 자기장을 측정한다. 일반적으로 상간 위상 차이가 120°인 AC 전류를 사용하여 코일을 구동하면 모터를 일정한 속도로 회전시킬 수 있으며, 이런 방식의 모터를 **3상 모터**라고 부른다. 그런데 이 경우, 연철 코어의 잔류자기로 인하여 **코깅**[36]이라고 부르는 회전속도의 편차가 초래된다. **그림 7.66**에 도시되어 있는 12코일 모터처럼, 3상 설계에 추가적인 세트의 자석들을 추가하여 코깅 현상을 줄일 수 있다.

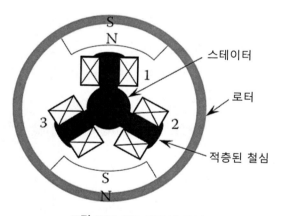

그림 7.65 3극 동기식 모터

---

36   cogging.

주기적으로 자극편이 배치된 영구자석 　　　오일라이트 베어링

로터

철심

홀 효과형 센서

그림 7.66 적층형 철심코어가 장착된 동기식 12극 모터의 분해도

리니어 모터는 다중자극 모터를 펼쳐놓은 것이라고 생각할 수 있다. 단순한 리니어 모터는 3상 제어를 구현하기 위해서 최소한 3개 이상의 코일들이 주기적으로 배치되어 있는 구조를 사용한다(**그림 7.67**). 철심 때문에 직선으로 배치된 자석 어레이와 기계 프레임에 설치되어 있는 작동기(코일과 홀 효과형 센서 조립체) 사이에는 견인력이 작용한다. 특정한 환경에서는 이 견인력이 바람직하지 않을 수도 있지만, 대부분의 경우에는 베어링(특히 공기베어링)의 예하중 부가와 다른 방향으로의 작동에 유용하게 사용된다. 자석 스테이지의 장점은 모든 전류가 코일들로 공급되며, 이 코일들은 보통, 냉각이 가능한 고정 프레임에 부착된다는 점이다. 또 다른 장점은 작동기가 비교적 콤팩트하여 저상형 직선운동 스테이지를 구현할 수 있다는 것이다. 하지만 자석 이동방식은 이동 스테이지의 질량을 증가시킨다. 따라서 동적 응답이 중요한 경우에는 코일 이동방식이 일반적으로 사용되며, 이를 위하여 도선과 때로는 냉각수 라인을 안내하기 위한 하네스를 추가로 설계하여야만 한다. 회전식 모터의 경우와 마찬가지로, 철심코어 방식의 리니어 모터에서도 코깅현상이 존재한다.

그림 7.67에 도시되어 있는 자석 어레이는 어레이의 양측으로 동일한 자속 패턴이 생성되며, 이로 인하여 이 설계에서는 가용자속의 50%밖에 사용하지 못한다. 1980년 할박은 자석의 활용효율을 높이기 위하여 위치에 따라 자극 배치를 회전시킨 설계를 최초로 발표하였다. **그림 7.68**에서는 대부분의 자속이 어레이의 하부 쪽으로 방출되도록 설계된 **할박 어레이**를 사용하는 단순한 3상 리니어모터의 사례를 보여주고 있다. 이상적인 상태에 근접시키기

위하여 다양한 구조들이 개발되었지만, 이 단순한 배열만으로도 힘을 약 1.4배 증가시킬 수 있으며, 이를 통해서 전력효율을 거의 2배 향상시킬 수 있다(트럼퍼 등 1993). 또한 어레이 배열방향으로의 자속 편차가 거의 선형적 특성을 가지고 있으며 뒷면에서의 자속은 매우 낮기 때문에 자속의 차폐가 용이하며, 심지어는 불필요할 수도 있다. 따라서 이 어레이를 경량금속이나 더 안정적인 세라믹 소재로 지지하여도 된다.

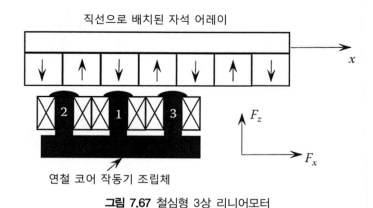

그림 7.67 철심형 3상 리니어모터

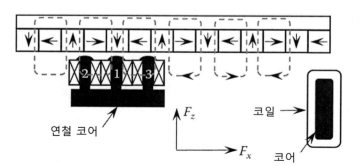

그림 7.68 할박 자석 어레이를 사용하는 3상 리니어모터

할박 어레이로 인하여 자속이 증가하면, 무철심(공심) 코일만으로도 동일한 크기의 철심 코어 모터에 비해서 약 20~30%의 힘을 송출할 수 있기 때문에, 저부하 스테이지의 동적 위치 결정에 충분한 힘을 출력할 수 있게 된다. 이 구조의 장점은 코깅문제가 없으며, 매끄러운 구동력을 구현할 수 있다는 것이다. 또 다른 장점은 평평한 팬케이크 형상의 코일을 사용하므로 **그림 7.69**에 도시된 것처럼 매우 콤팩트한 작동기를 구현할 수 있다는 것이다.

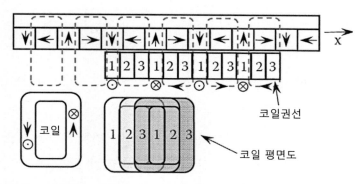

그림 7.69 평판형 팬케이크 코일을 사용한 공심 3상 리니어 모터. 코일 형상은 그림 하부에 도시되어 있다.

길이 D마다 주기적으로 배열된 자석 어레이에서 생성된 자속은 정현적으로 변하며, 변위 x의 함수인 공급전류 I가 운동방향으로 각 코일에 가하는 힘은 다음과 같이 주어진다.

$$\frac{F_1}{I} = C\cos\left(\frac{2\pi}{D}x\right)$$ (7.69)

$$\frac{F_2}{I} = C\cos\left(\frac{2\pi}{D}x + \frac{2\pi}{3}\right)$$

$$\frac{F_3}{I} = C\cos\left(\frac{2\pi}{D}x + \frac{4\pi}{3}\right)$$

여기서 C는 힘 상수로서 모든 코일이 동일한 값을 갖으며 자속밀도와 자속이 통과하는 코일 길이의 곱이다. 힘에 표기된 하첨자는 코일의 번호를 나타내며, 변위에 따른 위상각은 세 개의 자기센서(홀센서)를 사용하여 측정한다. 이 코일들 각각이 만들어낸 힘을 모두 합하면 0이 된다는 것을 손쉽게 알 수 있다. 선형 작용력을 만들어내기 위한 방법들 중 하나는 식 (7.69)의 코사인 항에 공칭전류값 I_0를 곱하는 것이다. 이 경우, 각 코일의 힘들은 다음과 같이 구해진다.

$$F_1 = I_0 C\cos^2\left(\frac{2\pi}{D}x\right) = I_0\frac{C}{2}\left[1 + \cos\left(\frac{4\pi}{D}x\right)\right]$$ (7.70)

$$F_2 = I_0 C\cos^2\left(\frac{2\pi}{D}x + \frac{2\pi}{3}\right) = I_0\frac{C}{2}\left[1 + \cos\left(\frac{4\pi}{D}x + \frac{4\pi}{3}\right)\right]$$

$$F_3 = I_0 C \cos^2\left(\frac{2\pi}{D}x + \frac{4\pi}{3}\right) = I_0 \frac{C}{2}\left[1 + \cos\left(\frac{4\pi}{D}x + \frac{8\pi}{3}\right)\right] = I_0 \frac{C}{2}\left[1 + \cos\left(\frac{4\pi}{D}x + \frac{2\pi}{3}\right)\right]$$

이 힘들을 모두 합하면 코사인 항들이 소거되며 일정한 힘 $3I_0 C/2$만이 남게 되며, 전류의 방향을 바꾸면, 이 힘의 방향도 함께 반전된다.

일반적인 리니어모터 설계에서는 자속순환경로로서 U-자형 채널을 사용하며, 영구자석들은 이 U-자형 다리의 양쪽 내부측에 설치된다. 3상 작동기 코일들은 이 U-자형 채널의 내부측에 배치된다. 이 대칭설계를 통해서 자속을 효율적으로 사용할 수 있게 되며, 구동력은 순수하게 채널의 축방향을 향한다.

앞의 설명에서 언급하지 않은 점은 대부분의 리니어 모터에서 위치에 따라서 힘 벡터가 변한다는 것이다. 따라서 올바르게 설계된 리니어 모터는 다자유도 병진운동 및 회전운동용 스테이지 내에서 직선구동방향과 이에 대한 직교방향으로 조합된 힘을 생성할 수 있다. 노광기나 여타의 장비에서 나노미터 미만의 정확도로 다자유도 운동제어를 수행하기 위해서 이런 **자기부상 스테이지**(또는 **마글레브**[37])가 사용되며, 운동제어 정확도의 극한을 실현하고 있다(슈미트 2012).

7.3.2.4 스테핑모터

그림 7.65에 도시되어 있는 3상 모터의 자극편에 연속된 단차를 성형하며, 자성소재로 만들어진 직선형 플랫폼에도 이와 유사한 단차를 만들어놓으면, 양측의 단차들이 서로 일치하는 위치에서 릴럭턴스가 최소화된다. 특정한 코일에 전류를 공급하면 가변 릴럭턴스에 기초한 힘이 생성되며, 이로 인하여 양측 단차의 돌출부분들이 서로 정렬을 맞추게 된다. 이 코일의 전류공급을 끊고 다른 코일에 전류를 공급하면, 직선운동 플랫폼은 어느 한쪽으로 단차 주기의 1/3만큼 움직이게 된다(**그림 7.70**). 코일에 전류를 공급하는 과정이 불연속적인 스텝으로 이루어지기 때문에 이 구동기를 **스테핑모터**라고 부른다. 실제의 경우, 이 스텝으로 인하여 허용할 수 없는 수준의 진동이 발생하게 된다. 진동현상을 저감하기 위해서 3상 증폭기와 유사한 방식으로 코일을 정현구동하는 제어기가 상용화되어 있으며, 이를 사용하면

---

37 maglev.

스텝간 위치 조절 능력이 향상되며, 이 기법을 **마이크로 스테핑**이라고 부른다. 전형적인 단차주기는 약 1[mm] 내외이며 마이크로 스테핑 제어기는 이를 10~100등분하여 매끄러운 운동을 구현할 수 있다. 앞 절에서 설명한 리니어모터 수준으로 코깅과 진동 레벨을 저감하기 위해서는 추가적인 구동기술의 개발이 필요하다 스테핑모터의 단점은 플랫폼이 정지한 위치를 유지하기 위해서 코일전류가 필요[38]하기 때문에 연속적으로 발열된다는 점이다.

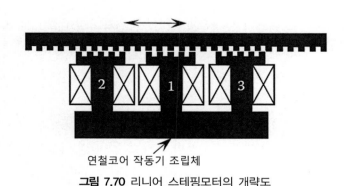

연철코어 작동기 조립체

그림 7.70 리니어 스테핑모터의 개략도

7.3.3 정전식 작동기

절연체(여기서는 진공)에 의해서 분리된 두 개의 평행판 전극에 전기장이 가해지면 총 전하밀도 $D[C/m^2]$는 다음과 같이 주어진다.

$$D = \varepsilon_0 E \tag{7.71}$$

여기서 $E[V/m]$는 전극표면과 수직방향을 향하는 전기장 성분이며, ε_0는 진공 중에서의 유전율($8.854 \times 10^{-12}[F/m]$)이다. 일반적으로 대부분의 기계 시스템의 동적 주파수 대역에 대하여 공기 중에서의 유전율은 진공 중에서의 유전율과 같다고 가정한다. 만일 전극들이 서로 인접하여 배치되어 있다면, 간극 내에서의 전기장은 균일한 밀도를 가지고 있으며, 외부 전기장은 무시할 수준이다. 전극면적은 A, 간극은 x라 할 때, 개별 전극판의 전하 q는 총

---

[38] 이는 마이크로스테핑 제어를 수행하는 경우에 해당하며, 일반 스테핑 제어 시에는 정지위치 유지에 전류를 소모하지 않는다(역자 주).

전하밀도와 전극면적을 곱한 값의 절반과 같으며 전기장은 전압을 간극으로 나눈 값과 같다.

$$q = \frac{AD}{2} = \frac{\varepsilon_0 E}{2} \tag{7.72}$$

$$E = \frac{V}{x}$$

식 (7.72)를 사용하면 로렌츠력은 다음과 같이 각 전극의 반대쪽으로 작용한다.

$$F = qE = -\frac{\varepsilon_0 A}{2}\left(\frac{V}{x}\right)^2 = \frac{\partial U}{\partial x} \tag{7.73}$$

식 (7.73)을 적분한 후에 상수값을 무시하면, 다음과 같이 위치에너지 U를 구할 수 있다.

$$U = \frac{\varepsilon_0 A}{2x} V^2 = \frac{1}{2} CV^2 = \frac{\varepsilon_0 A x}{2} E^2 = \frac{\varepsilon_0 V_C}{2} E^2 \tag{7.74}$$

여기서 C[F]는 정전용량이며 V_C[m³]는 커패시터의 체적이다. 식 (7.74)의 마지막 항으로 부터 **정전식 작동기**의 일밀도를 구할 수 있으며, 작동기의 크기와는 무관하게, 전기장이 절연소재의 전기장 강도($E_{\max}$)로 유지될 때에 최댓값이 발생한다. 전형적으로 공기층의 절연성은 수[V/μm]의 값에서 파괴되기 때문에, 보수적으로 1[V/μm]를 안전한 전기장 수준으로 간주한다. 이 작동기의 중요한 장점은 정전용량은 모든 좌표축 방향에 대해서 독립성을 가지고 있다는 점이다. 따라서 알맞은 형태를 갖춘 정전식 작동기는 비축방향으로는 **영강성**[39]을 가지고 있으므로, 앞 절에서 설명한 전자기 작동기와 마찬가지로 영강성 작동기로 간주할 수 있다.

단면적이 A이며 분리거리가 x_0이며 전위 차이가 없는($V = 0$) 평행 전극이 위치강성이 k인 4절식 플랙셔에 지지되어 있다고 하자. 전극에 전압이 부가되면, 플랫폼과 작동기에는

---

39 zero stiffness.

동일한 힘이 부가되어 플랫폼은 x만큼 움직이면서 전극 사이의 거리가 감소하게 된다. 따라서 두 힘을 등가로 놓으면 다음 관계식이 성립된다.

$$F = -\frac{\varepsilon A}{(x - x_0)^2} V^2 = kx \tag{7.75}$$

상부 플랫폼의 경우, 힘을 변위로 미분한 값인 유효 총강성 k_e는 다음과 같이 플랙셔와 작동기 강성의 합으로 나타낼 수 있다.

$$k_e = k - \frac{2\varepsilon A}{(x_0 - x)^3} V^2 \tag{7.76}$$

따라서 플랫폼의 강성은 플랙셔의 양강성과 작동기의 음강성의 합으로 나타낼 수 있다. 작은 힘에 대해서 강성은 양의 값을 유지하며, 플랫폼의 위치 제어가 용이하다. 하지만 다음과 같이 임계값에 도달하면 시스템이 영강성을 갖게 되며, 이 값을 넘어서면, 음강성으로 변하여 시스템이 고정된 전극 쪽으로 가속되며, 일단 접촉하면 그대로 붙어버린다.

$$\frac{V^2}{(x_0 - x)^3} \geq \frac{k}{2\varepsilon A} \tag{7.77}$$

전극이 접촉한 상태에서 유한한 전압이 가해지면, 이론적으로는 무한한 크기의 전기장이 형성되기 때문에 이로 인한 힘도 무한히 커져서 전극이 붙어버리는 것이다. 이런 현상을 **접촉점프**라고 부르며 MEMS와 일부 정밀한 계측기 설계에서 문제를 일으킬 수 있다.

스케일에 따라서 일밀도가 감소하는 전자기 작동기와는 달리, 정전식 작동기는 전압원을 사용하기가 용이한 MEMS 분야에서 자주 사용되고 있다. **그림 7.71**에 도시되어 있는 것처럼, 일전한 간극을 두고 배치된 한 쌍의 평행판 전극 어레이들이 서로 맞물려 있는 **콤드라이브**[40]에 의해서 작용력이 생성된다. 실제의 경우, 콤들 중 한쪽은 프레임에 고정되어 있는

---

40 comb drive.

반면에 다른 쪽 콤은 모놀리식 부품의 형태로 제작되어 직선운동을 안내하는 플랙셔(그림에는 도시되지 않음)에 고정되어 z방향으로 직선운동을 한다. 전형적으로 콤의 치형들 사이에서 정전용량이 형성되며, 대부분의 에너지는 수직벽들 사이의 작은 간극 속에 저장된다. 만일 서로 맞물려 있는 두 콤들 사이에 완벽한 중심이 맞춰져 있다면, 양쪽의 수직 벽들 사이의 간극이 h_0로 동일할 것이다. **그림 7.71**에 도시되어 있는 인자들을 사용하여 N개의 치형을 가지고 있는 콤의 총 정전용량값을 구하면,

$$C = \varepsilon_0 b N(z_0 - z)\left(\frac{1}{h_0 + x} + \frac{1}{h_0 - x}\right) \tag{7.78}$$

여기서 b는 치형의 깊이, ε_0는 공기 또는 진공 유전체의 유전율상수 그리고 z_0는 서로 맞물린 치형들 사이의 공칭 물림길이값이다. 두 콤들 사이에 전압 V가 인가된다면, 구동방향인 z방향으로 생성되는 작용력은 다음과 같이 주어진다.

$$F_z = \frac{\partial U}{\partial z} = \frac{V^2}{2}\frac{\partial C}{\partial z} = \frac{-\varepsilon_0 b N}{h_0\left[1 - \left(\dfrac{x}{h_0}\right)^2\right]} V^2 \tag{7.79}$$

$$F_x = \frac{\partial U}{\partial x} = \frac{V^2}{2}\frac{\partial C}{\partial x} = \frac{4\varepsilon_0 b N(z_0 - z)}{h_0^2\left[1 - \left(\dfrac{x}{h_0}\right)^2\right]}\left(\frac{x}{h_0}\right) V^2$$

식 (7.79)의 첫 번째 방정식에 따르면, 구동력은 변위 및 콤 치형들 사이의 중첩길이 $(z_0 - z)$에 무관함을 알 수 있다. 실제의 경우, 만일 중첩길이가 치형의 폭 l_s와 비교할 정도의 수준이거나 이보다 작다면, 모서리에 형성되는 비선형 전기장이 정전용량에 큰 영향을 미쳤을 것이다. 식 (7.79)의 두 번째 식은 구동 방향과 직각인 방향으로 생성되는 힘으로서, 초기에는 x방향으로의 부정렬에 따라서 선형적으로 증가하며, 중첩길이와도 선형적인 의존성을 가지고 있다. 이 바람직하지 않은 측면방향 작용력은 완벽한 정렬맞춤과 중첩길이의 최소화를 통해서 최소화시킬 수 있다. 이들 두 힘성분 모두 콤 치형의 숫자에 따라서 증가한다.

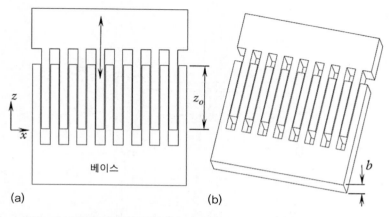

그림 7.71 8개의 치형을 갖춘 콤드라이브의 사례. (a) 정면도, (b) 조감도

식 (7.74)에 두 전극 사이의 정전용량 값을 대입하면 정확한 위치에너지를 구할 수 있다. 따라서 특정한 방향으로의 변위에 따라서 변하는 정전용량값만 알고 있다면 정확한 크기의 힘을 생성할 수 있는 수단을 제공해준다. 진공 중에서의 유전율 값이 비교적 작기 때문에, 대부분의 정전식 작동기는 미소질량이나 작은 힘의 교정을 위한 정전식 저울같이, 작은 힘의 생성에 사용된다(쇼 등 2016). 실제로 사용되고 있는 흥미로운 설계 사례들 중 하나인 **힘저울**의 간단한 개략도가 **그림 7.72**에 도시되어 있으며, 이 설계와 작동원리에 대한 더 자세한 내용은 프랫(2002, 2005)을 참조하기 바란다. 이 저울은 4절 링크기구로 구성되어 있으며, 힌지 요소로 교차스트립 피봇을 사용하였다. 정전 작용력이 이동 플랫폼의 바닥에 작용하며, 이동 플랫폼의 상부 표면에는 교정하고자 하는 힘이 상하방향으로 작용한다. 플랫폼의 하부에 설치되어 있는 두 동심전극이 작동기로 사용된다. 레이저 간섭계를 사용하여 플랫폼의 수직방향 변위 z_m 을 측정한다. 편향력을 생성하기 위해서 전압 V_1 이 부가되었을 때에 플랫폼이 영점 위치에 놓이도록 평형추의 위치를 조절한다. 플랫폼의 수직방향 운동에 따른 정전용량의 구배를 구하기 위해서, 두 번째 구동기(그림에는 도시되어 있지 않음)를 사용하여 짧은 거리를 변화시켜 가면서 두 전극 사이의 정전용량을 측정한다. 교정해야 하는 힘을 부가한 다음에는, 평형추를 초기위치로 되돌려놓기 위해서 필요한 전압 V_2 를 기록한다. 이는 **상쇄형 측정기법**[41]으로서, 상쇄 제어기의 분해능 한도 내에서 힘이 작용하기 전후에 시

---

[41] null type measurement.

스템은 동일한 상태를 유지한다.

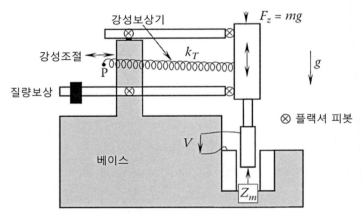

그림 7.72 정전식 힘저울의 개략도

이 기법을 사용하면 최대 10[mg]까지의 질량을 측정할 수 있으며, 전 세계 연구자들이 수
행한 측정 결과 사이에는 약 1.5[μg] 미만의 편차가 존재한다. 그런데 이를 구현하기 위해서
는 두 가지 추가적인 혁신이 필요하다. 전극들 사이의 도선에서 생성되는 표면효과와 전기
전위 때문에, 각 측정마다 필요한 일정한 편향전압 V_s를 실험적으로 구해야만 한다. 이를
가능한 한 저감하기 위해서 분리방법이 적용되었다. 이는 힘이 전압의 제곱에 비례하기 때
문이다. 따라서 공급되는 전압의 극성과는 관계없이 동일한 힘이 생성된다. 그런데 추가적
인 전압은 동일한 극성에 대해서는 합해지며, 반대 극성에 대해서는 차감된다. 따라서 두
극성에 대해서 동일한 실험을 수행하여 평균값을 구하면, 이 편향전압을 측정 결과로부터
분리할 수 있다(프랫 등 2005). 두 번째 한계는 초기위치의 불확실성으로 인한 힘의 불확실
성 문제이다. 위치의 불확실성으로 인한 힘의 불확실성은 저울의 강성에 비례한다. 이 강성
을 줄이기 위해서, **그림 7.72**에 도시되어 있는 것과 같이 길이가 긴 흥미로운 보상스프링 설
계가 사용되었다. 이 스프링이 어떻게 작동하는지를 이해하기 위해서, (인위적으로 단순화
시킨) **그림 7.73**의 등가 모델을 살펴보기로 하자. 4절 링크의 다리들 중 하나가 길이 l_1인 직
선으로 표시되어 있으며, 이 링크의 좌측 피봇은 위치가 고정되어 있으며, 우측은 수직선으
로 표시되어 있는 이동 플랫폼에 연결되어 있다. 플랫폼이 수직 방향으로 z만큼 움직이면
4절 링크를 지지하는 다리는 각도 ϕ만큼 회전한다. 코일 스프링은 직선으로 표시되어 있으

며, 4절 링크의 초기위치에서 한쪽 다리와 일직선상에 배치되어 있는 또 다른 정지위치인 P점과 연결되어 있다. 코일스프링의 반대쪽 위치는 링크기구가 플랫폼과 피봇되어 있는 위치와 일치한다. 플랫폼이 z만큼 움직이면, 코일스프링의 축선은 각도 θ만큼 회전하면서 길이는 $l_0 + l_T$에서 l_3로 줄어들게 된다. $z = 0$에서 코일스프링의 길이는 자유길이 l_0와 인장길이 l_T의 합으로 이루어지며, 이로 인하여 스프링에는 $k_T l_T$만큼의 장력이 생성된다. 이 길이를 변화시키면, 스프링에 대해서 다양한 비율의 자유길이 대 인장길이를 얻을 수 있으며, 이를 조절 가능한 변수로 만들 수 있다.

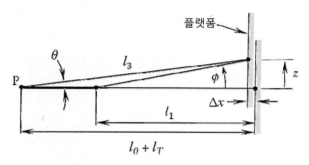

그림 7.73 스프링 보상기의 수학적 모델

이 메커니즘의 유효강성을 구하기 위해서는 이 변수를 플랫폼 변위 z의 함수로 나타내어야 한다. 그림 7.73에 주어진 모델의 경우에, $l_0 + l_T$값은 일정하며, 변수 l^*로 정의된다. 첫번째 단계로, 이동 플랫폼의 원호운동에 의한 단축효과 Δx는 미소변위에 대해서 다음과 같이 주어진다.

$$\Delta x = l_1 (1 - \cos\phi) \approx \frac{z^2}{2l_1} \tag{7.80}$$

위 식을 사용하면 플랫폼의 위치가 이동했을 때의 스프링 길이 l_3는 다음과 같이 근사화시킬 수 있다.

$$l_3 = \sqrt{l^{*2} - 2l^* \Delta x + (\Delta x)^2 + z^2} \approx l^* \sqrt{1 - \frac{1}{l^{*2}}\left(\frac{l^*}{l_1} - 1\right)z^2} \tag{7.81}$$

$$\approx l^* - \frac{1}{l^*}\left(\frac{l^*}{l_1} - 1\right)z^2 + O(z^4)$$

위 식에서 4차항 및 여타 고차항들을 무시하면, 스프링의 위치에너지를 플랫폼 변위의 함수로 나타낼 수 있다.

$$U = \frac{K_t}{2}\left[l_T - \frac{1}{l^*}\left(\frac{l^*}{l_1} - 1\right)z^2\right]^2 \tag{7.82}$$

식 (7.82)를 z에 대해서 미분하면 코일스프링에 의한 힘을 구할 수 있다.

$$F_z = \frac{\partial U}{\partial z} = K_t\left[-\frac{1}{l^*}\left(\frac{l^*}{l_1} - 1\right)\right]\left[l_T - \frac{1}{l^*}\left(\frac{l^*}{l_1} - 1\right)z^2\right]z \tag{7.83}$$

$$\approx -K_t\left[\frac{l_T}{l^*}\left(\frac{l^*}{l_1} - 1\right)\right]z$$

이 1차 근사에 따르면 코일 스프링은 음강성을 가지고 있으며, 4절 링크를 구성하는 네 개의 교차스트립 피봇들에 의하여 생성되는 양강성을 차감해준다. 또한 회전 링크의 무게중심 위치를 피봇보다 높은 곳에 위치시켜서 도립진자처럼 만들면 추가적인 음강성을 얻을 수 있다. 도립진자의 강성은 단순히 일반적인 진자의 강성에 부호만 바꾸면 된다(4장 연습문제 5번 참조).

전형적으로 전기장은 전극소재와 이 전극 사이에 삽입되는 유전체의 강도에 의해서 제한된다. 공기의 경우, 절연파괴전압은 압력, 습도 및 공기조성에 의존하고 전형적으로 $1 \sim 3[\text{V}/\mu\text{m}]$의 값을 갖으며, 오일의 경우에는 $2 \sim 10[\text{V}/\mu\text{m}]$의 값을 갖는다. 진공의 경우에는 압력에 따라서 절연파괴전압이 함께 감소하여 수백[Pa]에서 최솟값을 가지며, 이보다 진공도가 높아지면 다시 절연파괴전압이 증가한다. 압력에 따른 절연파괴전압의 그래프를 **파센곡선**[42]이라고 부르며, 파센의 법칙을 사용하여 계산할 수 있다. 절연파괴가 일어나면, 스파크 플라즈

마로 인하여 탄소 및 여타의 증착물들이 생성되어 진공 챔버를 오염시키고 전기적인 합선 회로를 생성한다. 따라서 높은 전기장을 사용하는 경우에는, 압력이 변할 때에 전극을 꺼놓거나 전기장을 줄여야 한다.

7.3.4 압전 작동기

압전 작동기는 전형적으로 양면에 전극이 증착되어 있는 얇은 고체물질로 이루어진다. 이 전극에 전압이 가해지면 소재 내에서는 변형률이 발생하고, 이로 인하여 압전 특성이 발현되는 방향과 전극 위치에 따라서 전극방향 또는 여타의 방향으로 변형이 생성된다. 전자기 작동기나 정전식 작동기와는 달리, 압전 작동기는 이동물체와 강체연결이 되어 있기 때문에 강성이 높다. 다시 말해서 압전 작동기는 **고강성 작동기**이며 조립과정에서 발생하는 부정렬을 수용하기 위해서 일종의 커플링이 필요하다.

만일 평행판 커패시터의 유전체가 고체물질이라면, 평행판 전극의 면적대비 분리거리의 비율이 매우 크기 때문에, 이 물질의 전체 면적에는 거의 일정한 전기장이 부가된다. 공기나 진공의 경우에는 전극 표면의 전하밀도가 진공 중에서의 유전율에 비례한다. 만일 유전체가 간극 속에 삽입되었다면, 소재 내의 전하이동으로 인한 (자성소재의 모멘트와 유사한) 쌍극자 모멘트의 항을 추가하여야 한다. 따라서 유전체 내의 전하이동으로 인한 전하밀도 D를 진공 중에서의 유전율과 단위체적당 쌍극자 모멘트 P의 합으로 나타낼 수 있다.

$$D = \varepsilon_0 E + P \tag{7.84}$$

진공 중에서의 유전율을 무시하면, $P[\text{C/m}^2]$를 반대극성의 전하들 사이를 잇는 직선으로 나타낼 수 있기 때문에, 식 (7.84)는 벡터가 되며, 이를 **유전체의 분극**[43]이라고 부른다. 일부 소재들은 본질적으로 분극이 되어 있는 반면에 **강유전체**[44]라고 부르는 여타의 소재들은 **큐리온도** 이상으로 가열한 다음에 전기장을 가하여 분극을 구현할 수 있다(요나와 시라네

---

[42]   Paschen curve.
[43]   polarization of dielectric.
[44]   ferroelectric.

1993). 강유전체의 경우, 전기장과 수직한 방향으로의 분극선도는 **그림 7.55**와 **그림 7.57**에 도시되어 있는 BH－선도와 유사한 형태를 갖는다. 전기장을 제거한 다음의 잔류분극 P를 소재의 잔류 유전체 변위라고 간주할 수 있으며, 분극을 0으로 감소시키기 위해서 필요한 반전 전기장의 세기를 **항전계**[45] E_c라고 부른다.

일부 소재의 결정구조는 공통의 대칭중심이 존재하지 않는다. 이렇게 분극축을 가지고 있거나 분극화가 가능한 중심대칭성이 없는 결정체들이 **압전체**이며, 응력에 의해서 전하가 생성되거나 그 반대의 작용을 나타낸다. 이런 소재들에는 단결정 수정(브라이스 1985), 강유전성 티탄산바륨 등이 포함되며, 대부분의 작동기들은 **PZT**라고 부르는 티탄산 지르콘산 납 소재의 세라믹을 사용한다.

소재가 압전특성을 나타내는 조건은 다음과 같다.

1. 모든 압전소재들은 공통의 대칭중심 구조를 가지고 있지 않다.
2. 강유전체를 큐리온도 이상으로 가열한 다음에 강한 분극용 전기장을 가한 상태에서 냉각하면 전기장과 동일한 방향으로 분극화된 압전체가 만들어진다.
3. 모든 압전체들은 초전성[46]을 가지고 있어서 온도가 변하면 표면성질이 변한다.

모든 압전소재들은 이방성을 가지고 있기 때문에 텐서를 사용하여 모델링해야만 하며, 기계, 전기 및 열응답이 온도에 민감하며 상호 연관되어 있다. 하지만 압전 작동기의 해석을 위한 완벽한 이론적 내용들은 이 절의 범주를 넘어서는 일이므로 단순화된 선형 모델만을 사용할 예정이다. 모델에 사용된 변수들은 **표 7.4**에 제시되어 있으며, PZT 세라믹의 전형적인 변수값들은 **표 7.5**에 제시되어 있다.

45　coercive electric field.
46　pyroelectric.

표 7.4 표준 심벌을 사용하는 압전 모델링 변수들의 정의

상수	심벌	단위	하첨자	의미
압전상수, 일정한 응력하에서 전기장당 변형률	d_{33}	m/V	• 분극축과 직교전극 • 생성된 응력이나 변형률은 분극방향과 일치	• 부가된 전기장에 따른 변형률 비율 또는 부가된 응력에 의해 단위면적당 생성된 전하
압전상수, 일정한 응력하에서 전기장당 변형률	d_{31}	m/V	• 분극축과 직교전극 • 생성된 응력이나 변형률은 1번축방향과 일치	• 위 참조
압전상수, 일정한 응력하에서 전기장당 변형률	d_{15}	m/V	• 1번축과 직교전극 • 생성된 응력이나 변형률은 2번축 방향과 일치	• 위 참조
압전상수, 일정한 전하하에서 전기장당 변형률	g_{33}	V·m/N	• 3번축과 직교전극 • 작용응력이나 생성된 변형률은 3번축 방향과 일치	• 부가된 응력에 따른 전기장의 비율 또는 변형률을 전극면적당 전하로 나눈 값
압전상수들	g_{31}, g_{15}	V·m/N	• 위 참조	
탄성 유연성	s_{33}^E	m²/N	• 위 참조 • 상첨자 E는 E에 연결된 전극으로 측정 • 상첨자 D는 개회로	• 응력 대 변형률의 비율 • 다른 구조의 전극에 대해서는 유연성의 여타 성분들이 필요함
유전율상수	K_3^T	$= \varepsilon/\varepsilon_0$	• 상첨자 T는 영응력 S는 영변형률하에서 측정	• 비유전율상수
전기화학적 커플링	k_p		• 하첨자는 각각 전기장과 변형률에 해당; 세라믹 작동기를 나타냄	• 기계적 에너지로 변환된 전기에너지를 투입된 전기에너지로 나눈 값(<1)의 제곱근 또는 그 역수

주의: 항상 3번 방향이 분극축 방향임

표 7.5 PZT 작동기용 세라믹의 대표적인 모델링 상수값들

밀도 [kg·m³]	탄성계수 [N·m²]	큐리온도 [°C]	K_3^T	k_p	E_{max}, E_c [V/m]	d_{31}
7,500	66×10^9	350	1,725	0.7	$2 \sim 4 \times 10^6, -0.3 \times 10^6$	-170×10^{-12}
d_{33}	d_{15}	g_{31}	g_{33}	g_{15}	S_{11}^E	S_{33}^E
380×10^{-12}	584×10^{-12}	-11×10^{-3}	25×10^{-3}	38×10^{-3}	15×10^{-12}	18×10^{-12}

그림 7.74에 도시되어 있는 사각판형 압전 작동기에 대해서, 이 분야의 연구들에서는 전통적으로 3차원 좌표축에 대해서 1~3으로 번호를 붙였으며, 항상 3번축을 분극방향으로 사용하였다. **그림 7.74**에서 상부판은 양전극을 나타낸다. 분극축 평면에 전극이 설치되어 있는 압전소재의 경우, 전기장 E에 대해서 3번축 방향으로의 자유변형률 ε_x는 다음과 같이 주어진다.

$$\varepsilon_{xx} = d_{33}E \tag{7.85}$$

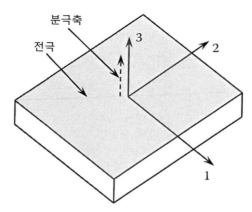

그림 7.74 분극축 평면상에 전극이 설치되어 있는 사각판형 압전 작동기

최대전기장강도 2.5[MV/m]와 d_{33} =400[pm/V]를 대입하면 최대 변형률값은 0.1%가 얻어진다. 이 식은 약식 계산에 유용하며, PZT 작동기는 대략적으로 두께 1[mm]당 약 1[μm]의 변형이 발생한다고 생각하면 된다. 작동기의 변위 x는 변형률과 작동기 두께의 곱이며 전기장은 부가된 전압을 두께로 나눈 값이다. 따라서

$$x = d_{33}V \tag{7.86}$$

놀랍게도, 부가된 전압에 따른 변위는 작동기의 두께에는 무관하며, 이런 특성 덕분에 작동기를 얇게 만들 수 있다. 실제의 경우, 강한 전기장을 부가하기 위해서는 판두께에 제한이 존재한다. 작동기의 경우, 판재의 두께는 0.5~0.75[mm]를 넘어서지 않으며, 정전부하를 가하기 위하여 증폭기는 1,000~1,500[V]의 전압을 송출할 수 있어야 한다.

공급전압을 줄이고 변형 범위는 늘리기 위해서, 일반적으로 다수의 얇은 판재를 적층한 구조를 사용한다(그림 7.75). 그림 7.75(b)의 사진에서 짙은 영역은 능동 PZT 판들을 나타내며, 중앙과 양단의 밝은 영역은 비활성 영역으로서 전기배선이나 기계적 접촉과 같은 물리적인 연결에 사용되므로, 작동 중에 변형이 발생하지 않는다. 사진을 자세히 살펴보면 변형률 구배를 완화시키기 위해서 능동 영역과 비활성 영역 사이에 두꺼운 판재가 설치되어 있음을

알 수 있다. 이 사례에서, 판재들의 두께는 60[μm]이며, 최대 150[V]까지 부가할 수 있으며, 0.1% 법칙에 따르면 이를 통하여 약 17[μm]의 변형을 구현할 수 있다. 그리고 이 작동기의 약 3[mm] 두께는 비활성 영역이다. 그리고 항전계 이하가 되도록 역전압을 가하면 추가적인 변형을 구현할 수 있다. PZT 작동기의 경우에 전형적으로 이 값은 최대 전향 전기장의 1/5~1/10에 해당한다.

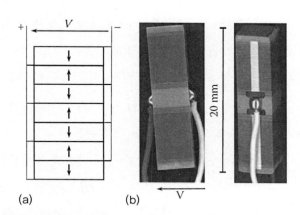

(a) (b)

그림 7.75 적층형 압전 작동기. (a) 개략도, (b) 20[mm] 길이의 적층형 동시소성 작동기의 사진들

일반적으로 힘과 전기장을 동시에 가하면, **직접압전효과**와 **역압전효과**는 각각 다음과 같이 주어진다.

$$D = d\sigma + \varepsilon E \qquad\qquad (7.87)$$
$$\varepsilon_x = s\sigma + dE$$

여기서 σ는 부가된 응력이다. 더 완벽한 형태의 구성방정식은 요나와 시라네(1993)와 제프 등(1971)을 참조하기 바란다.

대부분의 압전소재들과 마찬가지로, PZT는 취성 세라믹 소재이며 인장하중이 부가되거나 표면에 큰 응력구배가 발생하면 깨져버린다. 따라서 인장응력이 발생하도록 단일요소 작동기나 적층형 작동기들을 사용해서는 안 된다. 동적 변위가 발생하도록 구동할 때에 인장하중이 부가되는 것을 방지하기 위해서는 예하중을 부가해야만 한다. 만일 부하가 일정하게 유지된다면, 작동기의 작동성능은 최대부하에 이를 때까지 크게 변하지 않는다. PZT 소재의 허용 최대부하는 약 20[MPa]의 응력까지이며, 바람직한 예하중은 이 값의 1/10 정도이다. 그런데 만일 스프링을 사용하여 예하중을 부가하거나 작동기가 플랙셔 메커니즘을 구동한다면, 메커니즘의 강성이 소위 **운동상실**[47]을 초래하여 작동성능에 큰 영향을 미치게 된다. **그림 7.76**에 도시되어 있는 작동기 조립체를 살펴보기로 하자. 이 모델의 경우, 적층형 작동기가 플랙셔 메커니즘의 프레임에 부착되어 있으며, 평면형 커플링의 위에 성형된 반구체를 통해서 메커니즘의 이동 플랫폼과도 연결되어 있다. 운동상실을 평가하기 위해서는 메커니즘의 힘전달 루프 주변에서 발생하는 모든 유연성 효과들을 고려해야 하며, 이 사례에서는 메커니즘 프레임의 강성 k_b, 상/하부 접촉계면강성 k_{il}, k_{iu}, 플랙셔 메커니즘 강성 k_f, 구면접촉 커플링강성 k_c 그리고 작동기 강성 k_p 등이 포함된다. 계면강성 값들은 표면조도와 정렬에 영향을 받는다. 표면조도에 의한 유연성은 부착층을 추가하여 저감할 수 있는 반면에 구면접촉 강성은 식 (7.11)에서 알 수 있듯이, 구체의 반경과 예하중에 따라서 증가한다. 이 메커니즘 요소들이 직렬로 연결되어 있기 때문에, **그림 7.76(b)**에 도시되어 있는 것처럼 이들의 유연성을 서로 합해야 한다. 운동상실을 평가하기 위해서는 작동기의 유효강성을 구한 후에, 이를 사용하여 작동기에 전기장이 가해졌을 때에 이 요소들에 부가되는 압축력을 모델링하여야 한다. 실제의 경우, 유효강성이 작동기 강성의 1/2~1/5에 불과한 것이 결코 드물지 않다. 외부강성이 부가되지 않은 경우에 작동기는 x_p만큼 팽창한다. 그림에서는 모델링을 위해서 이 변위를 유효강성의 하단에 배치하였다. 이 모델로부터, 작동기의 변위가 0인 경우에 플랫폼의 변위 x_0는 다음의 비율로 나타낼 수 있다.

$$\frac{x_0}{x_p} = \frac{k_e}{k_e + k_f} = 1 - \frac{k_f}{k_e} + \left(\frac{k_f}{k_e}\right)^2 - \left(\frac{k_f}{k_e}\right)^3 \cdots \tag{7.88}$$

식 (7.87)에 따르면, 운동상실은 작동기 조립체의 강성 대비 외부메커니즘의 강성의 비율에 의존하며 비교적 유연한 플랙셔의 강성에 정비례한다는 것이 명확하다. 따라서 플랙셔 강성이 작동기 조립체의 강성과 같다면, 이동 플랫폼에서의 작동기 변위는 절반에 불과할 것이다.

---

47 lost motion.

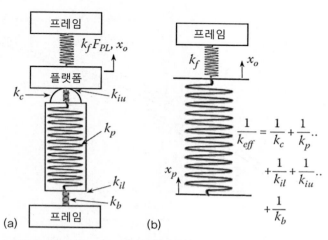

그림 7.76 플랙셔 메커니즘에 조립되어 있는 적층형 압전 작동기의 개략도. (a) 개략도, (b) 유연성이 운동상실에 미치는 영향을 평가하기 위한 모델

부가된 접압과 변형률 사이에는 선형적인 관계를 가지고 있기 때문에, 압전 작동기를 위치 결정 메커니즘에 사용할 수 있다. 실제의 경우 PZT와 여타의 강유전성 작동기 들은 큰 히스테리시스와 장주기 크리프를 가지고 있다. **그림 7.77**에서는 적층형 압전 작동기에 주기적인 램프형 전압이 부가되었을 때에 플랙셔 메커니즘의 출력변위 응답을 보여주고 있다. 이 메커니즘에서는 작동기의 변위를 20[μm]에서 150[μm]로 증가시키기 위해서 레버가 사용되었으며, 도표에 나타난 계단효과는 디지털−아날로그 변환에 따른 불연속적인 전압변화에 의해서 유발된 것이다. 초기에는 약 10[μm]의 오프셋이 존재하며, 변위는 저전압(전기장)에서 기울기가 최대가 되는 곡선경로를 따라간다. 전압램프가 반전되면(전압이 감소하면) 변위는 상승 때와 다른 경로를 따라 감소하게 된다. 이 실험의 경우, 첫 번째 사이클이 지난 후 후속되는 5회의 사이클 동안 변위경로는 그림에서 따로 구분할 수 없을 정도로 동일한 경로를 나타내었다. 이 히스테리시스는 반복성을 가지고 있기 때문에 위치 결정용 기구처럼 보상이 가능하지만 진폭이 작고 오프셋이 서로 다른 임의의 주기신호에 대해서는 이 경로 내에서 더 작은 히스테리시스 루프를 초래할 수 있다. 따라서 전압을 사용하여 플랙셔 메커니즘의 위치를 결정할 수 없으므로 이 메커니즘은 위치 결정이 불가능한 작동기로 간주한다. 드리프트로 인하여 히스테리스 폭과 유사한 크기의 초기 경로 오프셋이 발생하며, 이로 인하여 작동기의 조성에 따라 10~20% 수준의 공급전압대비 위치편차가 발생한다.

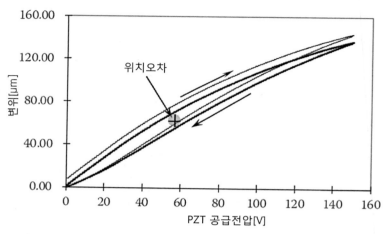

그림 7.77 레버가 설치된 플렉셔 메커니즘을 압전방식으로 구동하며 측정한 출력변위 도표

또 다른 중요한 고려사항은 작동기에 의해서 발생하는 열이다. 전형적으로 PZT 작동기의 손실은 기계적 일의 약 20%에 달하며, 이로 인하여 세라믹 내에서 발생한 열이 온도의 상승과 성능의 저하를 초래하게 된다. 이 작동기를 사용하여 가용출력을 최대한 끌어내기 위해서 냉각(수냉 또는 유냉)을 사용하는 것이 결코 드물지 않다. 히스테리시스가 작은 **니오브산망간납(PMN)**이나 **니오브산지르코늄납(PZN)**과 같은 강유전성 소재들이 존재한다. PMN은 전기 쌍극자의 회전과 유사한 형태의 팽창이 발생하는 전기변형성 소재이다. 따라서 부가된 전기장에 비례하여 변위가 증가하는 경향을 가지고 있으며, 이 팽창은 전기장의 극성과는 무관하게 부가된 전기장에 대해서 변위가 포물선 형상이나 U-자 형상을 갖는다. PZN은 PZT와 유사한 결정구조(두 가지 모두 **페로브스카이트**[48] 특성을 가지고 있다)를 가지고 있으며 **유질유형**[49]적 위상전이에 근접한 조성을 선정하면 큰 압전상수를 얻을 수 있다. 그런데 PZN은 명확한 전이점을 가지고 있지 않기 때문에 최대 0.4%의 큰 변형률 범위까지의 큰 가역적 구조변형을 구현할 수 있다(PZT는 0.1%에 불과). 이런 추가적인 변형률을 구현하기 위해서는 대가(이 소재는 제조가 어려워서 비싸다)를 치러야 하며, 고변형률 상태에서는 변화영역을 통과하면서 현저한 구조변화가 발생하기 때문에 탄성계수와 강도가 현저히 감소한다. 플렉셔 이송 스테이지에 이 소재들을 사용하기도 한다(우디 등 2004, 2005). 유질유형

---

48 prrovskite: 부도체, 반도체, 도체의 성질은 물론 초전도 현상까지 보이는 특별한 구조의 금속. 과학용어사전.
49 morphotropy: 화학적 성질이 비슷하고 유사한 결정형태를 가지고 있는 일련의 화합물 계열. 화학용어사전.

적 위상전이가 명확하지 않으며, 이로 인하여 큰 구조변형이 발생하였다가 원래의 상태로 되돌아갈 수 있는 소재를 **릴렉서 강유전체**라고 부르며 여타의 중요한 조성들에는 PMN-PT 와 PZN-PT가 포함된다.

강유전체는 임의의 방향으로 분극화시킬 수 있기 때문에, 전극패턴과 분극축선의 배치는 설계자의 창의성에 의해서만 제한을 받을 뿐이다. 튜브 형태를 제작한 다음에 표면의 내측 과 외측에 전극을 증착하여 단순한 형태의 작동기를 만들 수 있다. 전극에 전압이 부가되면, 튜브의 길이는 감소(전형적으로 변형률의 1/3)하며 두께는 증가한다. 이 경우, 작동기의 변 위 범위는 튜브의 길이에 비례한다. 병진운동이나 특정한 모드형상의 동적 진동과 같이, 튜 브의 특정한 변형패턴을 만들기 위해서 외부전극에 패턴을 만들어놓을 수도 있다. **그림 7.78** 에서는 내부전극과 더불어서 외경측에는 양쪽으로 2개의 전극들이 설치되어 있는 튜브형 작동기를 보여주고 있다. 내부 전극은 접지에 연결되어 있으며 외경측 전극 두 개 모두에 전압을 부가하면, 튜브의 전극의 길이가 변하게 된다. 또한 한쪽 전극의 전압은 증가시키면 서 다른 쪽 전극의 전압은 낮추면, 튜브에는 굽힘이 발생한다. 따라서 전극에 적절한 전압을 부가하여 튜브의 길이방향 직선운동과 측면방향 회전운동을 구현할 수 있다(이런 작동기들 은 주사프로브현미경에 일반적으로 사용된다).

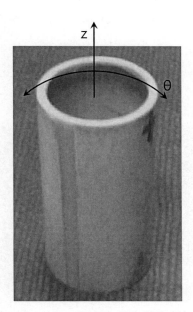

그림 7.78 2자유도 튜브형 압전 작동기의 사진

강유전성 소재들과는 달리, 수정과 같은 단결정 압전 소재들은 측정 가능한 크기의 히스테리시스가 발생하지 않는다. 따라서 수정 진동자가 1930년대부터 시간 발진의 기반으로 사용되어왔으며 현재도 대부분의 디지털 전자회로에서 사용되고 있다. 디지털시계와 타이밍 회로의 경우, 수정을 소리굽쇠처럼 가공한 다음에 두 가지의 4면 전체를 전극으로 만든다(그림 7.79). 한쪽 가지에 서로 마주보고 있는 평행면 전극들을 서로 연결하여 그림 7.80에 도시되어 있는 것처럼 전기장을 생성한다. 수정은 영구적으로 분극화된 결정체이므로, 전방 및 후방으로 편향된 전기장을 모두 견딜 수 있으며, 측정 가능한 수준의 히스테리시스가 발생하지 않는다. 전극에 의해서 생성된 전기장 벡터는 공통전극 쌍이 설치된 영역에서 방향이 꺾인다. 분극 방향으로는 이렇게 꺾인 전기장이 소리굽쇠 다리의 한쪽 면을 압축시키고, 반대쪽 면을 팽창시키므로, 소리굽쇠 다리의 기저 진동모드와 유사한 형태로 다리가 굽어지게 된다. 양쪽 다리에 설치되어 있는 전극들의 전위를 반전시키면, 각 다리들은 앞서와 반대방향으로 굽어지게 된다. 따라서 기저주파수로 진동하는 소리굽쇠의 각 다리들에서는 크기는 같고 방향만 반대인 운동이 발생하며, 부가된 전압과 전극에 충전된 전하량 사이에는 90°의 위상지연이 발생한다(이로 인해 변환되는 전류는 충전량과 가진주파수의 곱과 같다). 소리굽쇠 다리들은 크기는 같고 방향은 반대인 운동을 하기 때문에 총 운동량은 0이며 대칭면이 소리굽쇠를 고정하는 데에 사용할 수 있는 노드점이 된다. 공기 중에서는 다리들의 운동이 공기유동을 유발하며 진동을 감쇄시킨다. 소리굽쇠를 진공 중에 넣으면, 약 50,000~100,000에 이르는 높은 Q값을 구현할 수 있으며, 디지털 클록에 필요한 정밀한 타이밍을 제공하기에 충분한 안정성을 갖추고 있다. 이토록 좁은 공진폭 때문에, 진자의 표면

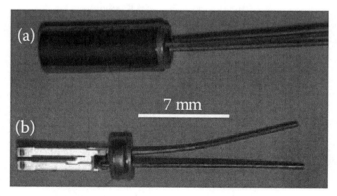

그림 7.79 수정소재 소리굽쇠형 발진기의 사진. (a) 진공캔 외부 형상, (b) 캔 제거 후의 내부 형상

에 증착되어 있는 소재의 영향을 검출할 수 있으므로, 진공증착 공정을 수행하는 동안 나노미터 미만의 분해능을 가지고 박막성장속도를 검출하는 데에 이를 사용할 수 있다.

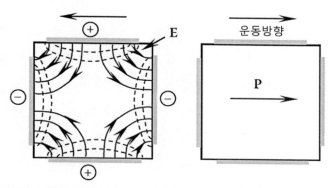

그림 7.80 소리굽쇠 다리들의 단면도를 통해서 전극위치, 분극방향, 및 생성된 전기장의 방향 등을 확인할 수 있다. 점선은 등전위선을 나타낸다.

수정의 압전계수는 2.31×10^{-12}[m/V]에 불과할 정도로 작은 값(PZT에 비해서 1/100)을 가지고 있기 때문에, 변위응답에는 히스테리시스나 크리프가 거의 없지만, 발진기의 관점에서는 이를 거의 작동기로 사용하지 않는다.

압전 소재를 표면에 증착하기 위해서 진공증착 공정을 사용할 수도 있다. 여기에는 일반적으로 스퍼터링 방식으로 증착하는 산화아연이 사용되며, 다양한 활용 사례들 중에서 특히 원자 작용력 현미경의 MEMS 발진기 가진에 사용되고 있다.

폴리비닐리딘디플루오라이드(PVDF)는 높은 전기장하에서 박막 형태로 증착하거나 잡아늘이거나 또는 용제에 녹인 후에 표면 위에 스핀코팅하여 분극화시킬 수 있는 폴리머이다. 이 소재의 압전계수는 PZT의 1/10 정도이며, 탄성계수는 2~10[GPa]이다. 특히 PVDF 소재 속에 PZT 충진재를 섞어 넣으면 탄성계수가 증가한다(PZT 세라믹의 1/40~1/5, 제인 등 2015). PVDF 소재의 전기화학적 특성도 비교적 작아서 주로 센서 소재로 사용된다. PVDF는 손쉽게 다룰 수 있는 염가의 소재로서, 적층가공에 적용할 수 있으며, 사용 사례가 점점 늘어나고 있다.

7.3.5 열 작동기

암석의 파쇄, 공작기계의 공구 고정기구 그리고 기차용 강철차륜을 차축에 끼워박음 등에 열팽창의 높은 일함수가 사용되어왔으며, 글로벌 스케일에서 해수면의 높이를 변화시킬 정도의 능력을 가지고 있다. 이런 효과를 활용하기 위해서는 일반적으로 작동기 표면의 환경온도를 변화시켜서 소재나 유체 속으로 열을 주입하거나 빼낼 수 있어야 한다. 물체를 가열하는 방법에는 **전도, 대류, 복사** 및 (도전체 내에서의) **유도** 등이 있다. 이 방법들 중에서 (가능하다면) 유도가 고체 속으로 열을 주입하는 가장 빠른 방법이며, 그다음으로 전도, 대류 및 복사의 순서를 갖는다. 하지만 유도로는 열을 빼낼 수 없기 때문에, 가장 빠른 방열 방법은 전도와 대류이다. 특정한 환경하에서는 증발냉각을 사용할 수 있으며, **펠티어 셀**[50]을 사용하여 열전도를 가속화시킬 수도 있다. 컴퓨터에서 프로세서 칩을 냉각하기 위해서 일반적으로 사용되는 **히트파이프**라고 부르는 내장형 유닛을 사용하여 증발냉각을 구현할 수도 있다. 이름이 의미하듯이, 히트파이프는 한쪽은 차가운 쪽에 부착되어 있으며, 반대쪽은 뜨거운 쪽에 부착되어 있는 튜브이다. 이 튜브 속으로 액체를 흘리면서 뜨거운 쪽에서는 증발시키고, 차가운 쪽에서는 이를 응축시킨다. 소재 내부에서 열 흐름을 극대화시키기 위해서는 이상적으로는 높은 **열확산계수**[51]를 가지고 있어야 한다(12장). 열확산계수는 열전도도에 비례하며 비열과 밀도의 곱인 열용량에는 반비례한다. **바이더만-프란츠의 법칙**[52]에 따르면 금속의 열전도도는 대략적으로 전기전도도에 비례한다(지만 1972). 따라서 열적으로 빠르고 작동 범위가 긴 작동기 소재는 열팽창계수와 열전도도가 극대화되고 밀도와 비열이 최소화되어야만 한다.

물체의 크기가 줄어들면, 스케일에 따라서 단위체적에 대한 표면적의 비율이 선형적으로 증가하게 된다. 따라서 MEMS와 같은 소형 디바이스의 경우에는 열 작동기의 대역이 수[kHz] 이상에 달하게 된다. 이 스케일이 분자 수준까지 줄어들게 되면, 열유발 운동이 입자를 이동시키는 가장 중요한 메커니즘이다.

이보다 큰 스케일의 열팽창 기반 작동기에서는 $50 \sim 100[\mu m]$ 수준의 변위를 생성할 수 있

---

50   Peltier cell.
51   thermal diffusivity.
52   Weidermann-Franz law.

으며 최대 1,000[N]의 부하를 움직일 수 있다. 예를 들어, **그림** 7.81에서는 1[kN]의 하중을 구동하는 열구동 플랙셔 스테이지의 폐루프제어 변위를 보여주고 있다. 이 경우, 작동기는 304 스테인리스강 튜브(외경 10.3[mm], 내경 6[mm], 길이 110[mm], 열팽창계수 16.9×10^{-6}[1/K])의 외경측에 니크롬 도선을 감은 후 튜브의 내경측으로 냉각수를 흘리는 구조를 가지고 있다. 이 작동기는 열질량이 매우 크며, 출력은 비교적 작은 구동기로서, 응답시간은 약 200[s] 이상으로 느린 편이다. 알루미늄 플랙셔와 고출력 증폭기를 사용하는 이와 유사한 설계를 사용하여 약 25[s]의 정착시간을 구현하였다. 하지만 이에 대한 더 자세한내용은 여기서 다루지 않는다. 그림에 따르면, 최초 25[μm] 설정위치에 대한 응답이 50[μm] 위치의 정착시간에 비해서 훨씬 빠르다는 것을 알 수 있다. 고온에서 이처럼 성능이 저하되는 이유는, 부분적으로 비록 작동기에 충분한 열을 공급할 수 있다고 하더라도 고온에서는 대류, 복사, 코일도선의 가열, 작동기 양단에서의 전도 그리고 냉각수로의 전도 등에 의해서 더 많은 열이 손실되며, 전력증폭기의 한계로 인해서 작동기의 온도가 코일의 최대온도에 근접하게 되기 때문이다. 온도를 낮추는 제어의 경우에는(그림에 도시되지 않음) 작동기 속으로 냉각수를 흘려보내며, 훨씬 더 빠른 응답을 구현할 수 있다. 이를 통해서 작동방법이 가지고 있는 위한 몇가지 기술적 도전요인들을 살펴볼 수 있다. 기본적으로, 제어문제가 비대칭과 비선형성을 가지고 있기 때문에 절대변위 및 작동방향에 따른 서로 다른 동특성에 대한 더 정교한 제어가 필요하다.

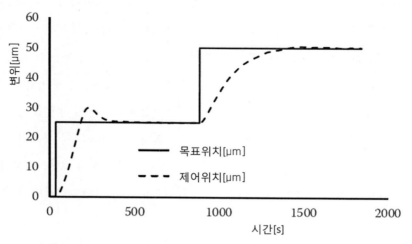

그림 7.81 1[kN]의 부하를 구동하는 열구동방식 플랙셔의 출력 특성

비록 아직까지는 구현되지 않았지만, 열작동기는 높은 일밀도를 가지고 있으며, 큰 힘을 생성할 수 있기 때문에 레버식 증폭 메커니즘을 사용하여 대변위 운동을 구현한다고 하여도 여전히 비교적 큰 출력을 송출할 수 있을 것이다.

높은 분해능의 변위를 구현하기 위해서 적절한 측정값을 귀환하여 직선 거리계의 한쪽 끝에 대한 열팽창을 제어할 수 있다. 유연한 **캡톤[53]**(최대 400[℃]까지 견딜 수 있는 얇은 폴리이미드 필름)에 부착되어 있는 박막형 코일을 표면에 붙여서 사용할 수 있다. 이 히터는 가스 레이저의 주파수 안정성을 확보하기 위해서 유리튜브의 길이를 아토미터의 수준으로 유지할 수 있도록 온도를 제어하는 데에 사용된다. 미세한 구리권선이 감겨져 있는 실린더형 작동기를 사용하여 피코미터 수준의 제어가 이루어지는 매우 정밀한 직선운동을 구현할 수 있다(로월과 케슬러 2000).

7.3.6 나사 구동기

이 절을 읽는 독자들은 일반나사의 이론과 성능계산방법에 익숙하다고 간주하고 있다(스팟 등 2009). 나사는, 나사의 피치를 피치 직경으로 나눈 값인 나선각을 가지고 있는 연속적인 쐐기라고 간주할 수 있으며, 너트를 통해서 구동축의 회전운동을 캐리지의 직선운동으로 변환시켜준다. 과거 수 세기 동안, 공작기계는 더 정밀한 나사를 가공하기 위해서 **이송나사기구**를 사용하여왔다(에반스 1989). 기존 나사산의 오차를 매핑하여 회전오차로 변환시킴으로써 이를 가능하게 하였다. 너트의 작은 회전을 통해서 기계 캐리지를 이송하는 보상기를 사용하여 **피치 오차**라고 부르는 축의 회전과 너트의 변위 사이의 선형성에 대한 반복오차를 줄일 수 있다. 탄성평균화를 포함하는 너트를 사용하며 보상기법을 조합하면 수동 마이크로미터와 대형 기계용 이송나사는 0.5[μm] 미만의 정확도(20[℃])를 구현할 수 있으며, 솜씨 좋은 사용자가 제어한다면, 수십[nm]의 분해능도 구현할 수 있다. 정밀측정 기반의 귀환 제어를 채용한 자동화된 위치 결정 시스템은 70[nm] 내외의 제어오차를 가지고 위치 결정을 구현할 수 있다. 공기베어링 안내면을 갖춘 고정밀 이송 스테이지의 경우, 위치제어를 통해서 0.25[μm] 내외의 정확도와 50[nm] 미만의 반복도를 구현할 수 있다. **제어기 오차**는 목표

---

53 Kapton.

값과 측정값 사이의 차이를 의미하며, 측정의 불확실도나 기준위치에 대한 실제 이송위치를 의미하는 **위치 결정 오차**와 혼동해서는 안 된다.

이송나사로 구동되는 장거리 이송 스테이지 위에 압전작동기가 장착된 단거리 이송 스테이지를 설치하여 위치분해능을 향상시킬 수 있다. 이렇게 **대변위 스테이지**와 **미소변위 스테이지**를 조합하면 수[nm] 미만의 위치반복도를 구현할 수 있다(뷰이스 등 2009, 제어방법에 대해서는 14장의 14.2.7절 참조).

기존 이송나사의 가장 큰 단점은 구동력이 반전될 때에 발생하는 **백래시**이다. 너트와 나사 사이의 작용력은 나사의 한쪽 플랭크면에 작용하는 압축력을 통해서 전달된다. 너트는 나사보다 약간 커야만 하므로, 약간의 축방향 운동을 초래하는 공극이 존재하며, 이를 너트의 **유격**이라고 부른다. 따라서 나사의 회전방향이 반전되면, 나사의 한쪽 플랭크면에서 다른 쪽 플랭크면으로 접촉이 전환되기 위해서 약간의 회전이 필요하며, 이 동안에는 이송이 일어나지 않는다. 순수하게 기하학적인 형상에만 기초한다면, 백래시는 일정하며, 이를 보상할 수 있다. 하지만 실제의 경우에는 하중, 안내용 베어링의 오차운동 그리고 너트의 마모 등에 따라서 변한다(이송나사는 이송의 기준으로 사용되므로, 너트 소재보다 더 단단하며, 윤활에 적합한 소재로 제작하여야 한다). 이송나사를 사용하는 대부분의 자동화된 기계의 경우에는 제어기가 백래시 보상기능을 갖추고 있다(14장 14.1.2절 참조).

너트에 항상 일정한 방향으로 힘이 작용한다면, 이론상 백래시를 제거할 수 있다. 백래시를 저감하는 일반적인 방법은 두 개의 너트들을 이송나사에 설치하는 것이다. 이들 두 너트 사이를 링크기구로 연결하고 스프링을 삽입하여 축방향 하중을 부가하면 운동의 이완이 방지된다. 이보다 더 단순한 방법은 반경방향으로 슬릿이 성형되어 있는 길이가 긴 너트를 사용하여 나사를 고정하거나 백래시를 최소로 줄이는 것이다(**그림 7.82**). 이런 예하중 방식의 백래시 방지기구는 너트와 축 사이에 마찰이 증가하여 이송나사의 제어가 어려워질 수도 있다.

백래시가 없으며, 높은 강성을 구현해주는 정수압 너트를 사용하면 너트와 이송나사 사이의 마찰을 거의 완벽하게 제거할 수 있다(슬로컴 1991). 그런데 7.3.2절의 정밀운동제어에서 설명했듯이, 많은 정밀기계에서 온도가 안정화된 리니어모터 구동기가 나사기구를 대체하고 있다.

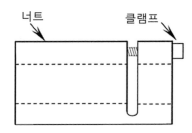

그림 7.82 백래시를 저감하고 잠금기능을 구현하기 위하여 클램프를 갖춘 너트기구

큰 구동력이 필요 없는 이송용 나사의 경우, 너트의 베어링에 탄성계수가 작은 소재를 사용하면 히스테리시스를 줄이며 탄성평균화를 통해서 피치 오차를 줄일 수 있다.

마찰을 줄이기 위해서, **볼스크류**에서는 나선형태로 볼베어링 안내면을 가공한 축과 나선형 경로를 따라서 볼 베어링들이 구르도록 구속되어 있는 너트를 사용한다(**그림 7.83**). 볼들이 구르면서 너트주위를 선회하며, 너트의 한쪽 끝에서 빠져나오면 튜브를 타고 재순환된다. 볼스크류는 일반적인 나사와 너트 조합에 비해서 강성이 낮지만, 본질적으로 마찰이 작다(하지만 백래시 방지기구로 인하여 마찰이 증가한다). 이중너트 백래시 방지형 이송나사에서는 압전작동기를 사용한 디더링[54]이 사용되어왔다(첸과 드왕 2000). 볼스크류의 또 다른 단점은 볼스크류의 피치가 너트 내에서 재순환하는 볼들의 직경보다는 커야만 하기 때문에 피치가 비교적 크다는 점이다.

나사 연마기는 나사표면이 매끄러우며 거의 폴리싱된, (저마모 미끄럼쌍의) 표면조도를 갖춘 나사가 성형된 축을 생산할 수 있다. 연마된 나사는 마이크로미터 미만의 피치 오차와 나노미터 수준의 형상편차(높은 추종성), 경화강철 나사표면과 윤활성 연철너트(독특한 강철-강철 미끄럼쌍) 그리고 열팽창매칭 등의 특징을 가지고 있다.

---

54 dithering: 의도적으로 잡음을 주입하는 기법(역자 주).

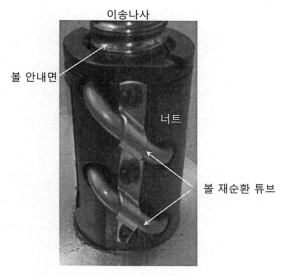

이송나사

볼 안내면

너트

볼 재순환 튜브

그림 7.83 볼스크류용 너트와 나사부위 사진

7.3.7 여타 구동 메커니즘

피치 오차를 제거하는 방법들 중 하나는 나사를 없애는 것이다. 이런 작동기를 **마찰구동기**[55](또는 **캡스턴 구동기**[56])라고 부르는데, 두 롤러 사이에 맞물려 있는 정밀하게 연삭된 구동막대 또는 판으로 이루어지며, 두 롤러들 중 한쪽을 구동한다(브라이언 1979, 미즈모토 등 1995). 이론상 마찰구동기는 백래시가 작으며, 마찰이 최소화되고, 강성이 높으며, 특히 정밀 연삭된 공기베어링 주축을 롤러로 사용한다면 나노미터 분해능을 구현할 수 있다. 이 구동기구의 작동 범위는 막대의 길이에 의해서만 제한되므로, 대변위 운동을 콤팩트하게 구현할 수 있는 경제적인 해결책이다. 하지만 강체막대를 사용하기 때문에, 마찰구동막대와 안내면 사이에 정밀한 정렬을 맞추거나 상호영향을 차단하는 메커니즘이 필요하다. 마찰에 의존하는 모든 구동기들에 큰 부하가 가해지면 미끄럼이 발생하며, 이는 과부하를 방지하고 충돌에 따른 시스템 파손을 막아주는 바람직한 특성이다.

리본 구동기는 강체 구동막대를 유연금속 벨트로 대체한 마찰 구동기의 변종이다. 벨트의 유연성 덕분에 비축방향 유연성이 보장되므로, 안내면으로 전달되는 구동기의 기생운동

---

55 friction drive.
56 capstan drive.

이 감소된다. 컨베이어 벨트와 캡스턴과 같은 두 가지 설계가 일반적으로 사용되고 있다(그림 7.84). 앞서 설명했던 마찰구동기와 함께, 리본 구동기 및 와이어 구동기는 백래시가 작은 매끄러운 운동을 구현하며, 구동축 방향으로는 비교적 강한 반면에 비축 방향으로는 비교적 매우 유연한 특징을 가지고 있다. 컨베이어 리본 구동기보다는 캡스턴 구동기와 와이어 구동기의 비축방향 유연성이 더 크기는 하지만 여전히 정렬은 필요하다.

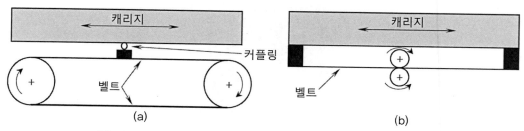

그림 7.84 리본 또는 와이어 구동기. (a) 컨베이어나 풀리, (b) 캡스턴

마찰구동기와 이송용 나사의 중간적인 형태가 **그림 7.85**에 도시되어 있는 **리니어 작동기**이다. 이 리니어 작동기는 이송나사처럼 작동하는 연마축과 양측에 여섯 개의 볼 베어링들이 배치되어 있는 (상하)분할너트로 이루어진다. 이 분할너트들 중 한쪽의 양단에는 4개의 볼 베어링들이 설치되어 외륜의 표면이 회전축과 4점접촉을 이루고 있다(실제의 경우, 비스듬하게 교차된 실린더들은 타원형 접촉면적을 형성한다). 분할너트의 다른 쪽 양단에는 두 개의 베어링들이 설치되어 회전축의 반대쪽과 접촉하며, 이들 두 너트는 (**그림 7.85(a)**의 코일 스프링들에 의해서) 예하중을 받도록 조립되어 있으며, 두 개의 멈춤핀들에 의해서 정렬을 유지한다. 이 모든 베어링들은 회전축에 대한 롤러들의 순간회전중심축이 나선형 경로를 따라가도록 축선에 대해서 경사지게 설치된다. 따라서 이 경사각이 등가 이송나사의 피치각처럼 작용하므로, 경사각도가 커지면, 피치도 함께 증가하게 된다.

4개의 베어링들이 설치되어 있는 분할너트의 경우, 4점접촉으로 인하여 2자유도가 허용된다. 이 경우, 축선방향으로의 미끄럼이 불필요한 자유도가 된다. 실제의 경우, 너트에 가해지는 부하가 너트의 예하중에 의해서 결정되는 임계값을 넘어서지 않는다면, 마찰력이 미끄럼 발생을 막아줄 것이다. 많은 경우에, 과부하 작용에 의한 파손을 방지하기 위해서 고부하 작용 시의 미끄럼 능력을 안전장치로 사용한다. **그림 7.85(c)**에서는 베어링들을 설치

하는 회전축과의 경사각을 조절하여 미세피치(0.25[mm]) 작동기를 구현한 사례를 보여주고
있다. 깊은 홈 볼 베어링의 유연성으로 인하여 하중이 가해지면 외륜이 약간 기울어지기
때문에, 이를 강성이 더 큰 앵귤러콘택트 베어링 쌍으로 대체하였다. 그런데 이렇게 경사각
이 작은 경우에 나사의 피치는 하중에 의존하게 된다(뷰이스 등 2005).

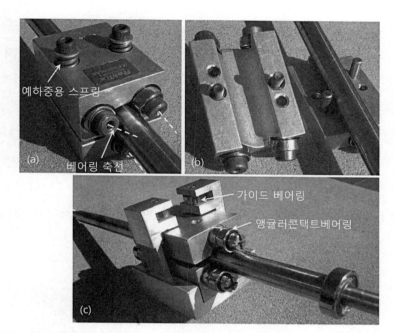

그림 7.85 나선경로 마찰구동기를 사용하는 이송나사형 작동기. (a) 조립형상, (b) 너트를 둘로 분해한 형상,
(c) 볼 베어링을 한 쌍의 앵귤러콘택트 베어링으로 대체하여 조립한 형상

정수압 베어링이나 여타의 저부하 시스템에 분할너트를 사용하는 마찰구동기가 자주 사
용된다. 공기공급이 가능하다면 너트에 닫힘예압을 가하기 위해서 공압식 피스톤을 사용하
는 것이 일반적이다. 이 방법의 장점은 안전이나 여타의 이유 때문에 예압을 없앨 수 있다는
것이다. 프로브형 좌표 측정 시스템이나 기계식 측정기기와 같은 저부하 정밀구동 시스템에
서 앞서 설명한 마찰구동식 작동기가 일반적으로 사용된다(5장 참조).

그림 7.86에서는 정밀 연마된 미세피치 나사와 윤활된 아세탈 베어링 패드를 장착한 분할
너트로 이루어진 이와 유사한 준기구학적 이송나사가 도시되어 있다. 나사의 탄성평균화를
위해서 아세탈 소재의 패드들이 사용되며, 이 베어링 소재의 점탄성 성질에 의해서 너트

내에서 나사산의 일치가 이루어진다. 이 너트의 단점은 저속에서의 마찰력과 시간의존성 스틱−슬립으로서, 만일 오랜 시간(수 시간에서 수 일) 동안 나사가 정지해 있었다면, 높은 기동토크가 필요하다. 압전 작동기가 나노미터의 분해능으로 큰 힘을 송출할 수 있는 반면에, 변형률 한계가 작기 때문에 이송 범위가 제한된다는 단점을 가지고 있다. 하지만 미소운동을 적분하면 이런 짧은 운동 범위 문제를 극복할 수 있다. 미소운동을 적분하는 메커니즘들 중 하나가 **그림 7.87**에 도시되어 있는 **관성 안내면**이다. 이 기구는 V−형 안내면에 중간 끼워맞춤으로 작동기를 조립하였기 때문에 마찰로 인하여 작동기가 움직이지 않는다. 이 작동기에 설치되어 있는 압전 작동기 스테이지의 끝에는 축방향으로 자유롭게 움직일 수 있도록 사각형 플랫폼이 부착되어 있다. 이 작동기를 팽창한계까지 늘린 다음에 빠르게 수축시키면 플랫폼 질량의 가속력이 작동기와 안내면 사이의 마찰력보다 커지게 되어서 작동기가 부하방향으로 움직이게 된다. 느린 팽창과 빠른 수축의 사이클이 반복되면 안내면 방향으로 작동기의 운동 범위가 무한히 길어진다. 사이클을 반전시켜서 느린 수축과 빠른 팽창을 수행하면 스테이지는 반대방향으로 움직이게 된다. 이런 관성 스테이지의 회전형태(피코모터™)를 미세피치 나사의 고분해능 회전에 사용할 수 있다.

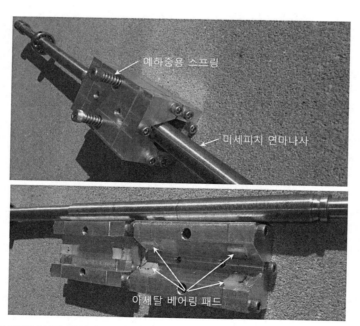

그림 7.86 미세피치 연마나사와 탄성평균화를 통해서 준기구학적 접촉을 이루는 여섯 개의 아세탈 베어링패드로 이루어진 분할너트방식 이송나사

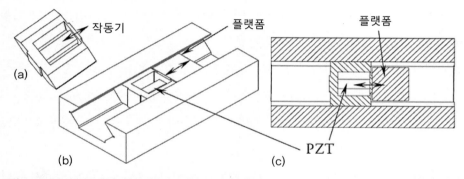

그림 7.87 압전구동방식 관성이송 스테이지. (a) 작동기, (b) 안내면 전체의 조감도, (c) 단면도

안내면 마찰을 이기기 위해서 **그림** 7.87에서와 같이 플랫폼의 관성에 의존하는 대신에, **그림** 7.88에 도시되어 있는 것처럼 클램프를 사용할 수도 있다. 이 경우, 작동기를 늘린 다음에 클램프를 작동시켜 해당 위치에 고정시키고 나서, 작동기를 수축시키는 과정을 반복한다. 오카자키 등(2004)이 제안한 소형 선반의 $x-y$ 이송에 이런 메커니즘이 사용되었다.

일반적으로 마찰은 시간, 환경, 부하 및 마모에 따라서 변한다. 따라서 두 개의 클램프와 세 개의 압전 작동기들을 사용하는 더 신뢰성 있는 방법인 **인치웜 작동기**가 **그림** 7.88에 도시되어 있다. 이름이 의미하듯이, 인치웜 작동기는 중앙의 작동기로 미세운동을 제어하며 둘 중 하나의 클램프만을 작동시켜서 이동 방향을 결정한다. 이런 방식을 사용하면 중앙의 작동기는 더 이상 안내면과 접촉하지 않아도 된다. 대변위 운동의 경우, 스텝 순서는 한쪽 클램프 작동, 작동기를 최대 변위로 팽창, 작동기 반대편 클램프 작동, 첫 번째 클램프 이완

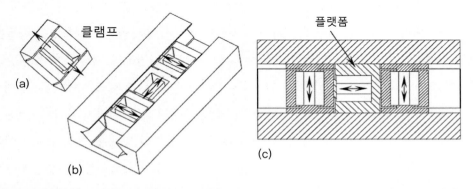

그림 7.88 인치웜 구동방식 이송 스테이지. (a) 클램프, (b) 스테이지 조립체의 조감도, (c) 스테이지 조립체의 단면도

그리고 작동기 수축의 순서로 이루어진다. 이 사이클을 반복하면 대변위 이송이 이루어지며, 사이클을 반전시키면 운동방향이 반전된다.

이러한 잡기, 수축, 잡기, 신장의 방법은 자벌레의 움직임, 원숭이 나무 오르기 또는 마이클잭슨의 문워크 방법과도 동일하다. 이를 활용한 수많은 제품들이 판매되고 있다. 이들 중에서 정전력을 사용하여 고정되어 있는 세 개의 다리들이 평면 위를 걸어가는 흥미로운 x-y 스테이지가 비닝 등(1981)에 의해서 개발되었다.

인치웜 형태의 메커니즘들은 위치 결정 정밀도가 마찰력 또는 고정력에 의해서 제한되기 때문에 정합면에 대한 정밀한 가공과 제작이 필요하며, 동일방향 이송 중에는 나노미터 수준의 제어가 가능하지만 이송 방향에 대한 스위칭 사이클을 수행하는 동안 마이크로미터 수준의 기생운동이 발생할 수도 있다.

7.3.8 작동기 커플링

일반적으로 작동기는 강성형과 유연형으로 나누어진다. 전자기 방식이나 정전방식으로 대표되는 **유연형 작동기**들은 (주축이나 안내면과 같은) 안내 메커니즘과는 분리되어 있으며 물리적인 연결이 필요 없다. 이런 유연형 작동기들은 주파수의 함수인 폐루프 위치제어를 통해서 강성을 구현한다.

이송나사, 피스톤 및 압전소자와 같은 **강성형 작동기**는 메커니즘과 물리적인 접촉이 필요하다. 이송나사의 너트와 같은 작동요소에서는 이송체(또는 주축)보다도 더 큰 기생오차 운동이 발생한다. 게다가 작동기 운동과 이동 캐리지의 운동 사이에는 항상 약간의 부정렬이 존재하며, 외부에서 가해지는 힘과 모멘트에 의해서도 정렬상태가 변한다. 따라서 작동기와 이동 스테이지 사이의 미소한 편차를 수용하기 위해서 일반적으로 커플링을 사용한다.

커플링도 역시 플랙셔형과 접촉형의 두 부류로 구분된다. **접촉형 커플링** 메커니즘은 가장 단순한 힘전달 형태로서, 평판 위에 놓인 볼은 하나의 메커니즘 링크에서 다른 쪽 메커니즘으로 1자유도의 운동만을 전달한다. 이런 시스템은 작동기와 안내면이 부착되어 있는 베이스와 서로 1자유도만 구속되어 있는 이동요소(너트 작동기와 안내용 캐리지)들로 이루어진다. 단일 점접촉은 이동요소들 사이에 5자유도를 가지고 있으므로 이동도는 1이 필요하다 ($M = 6(3 - 1 - 3) + 7$). 그런데 단일 점접촉은 한 방향으로만 힘을 전달하여야 하지만 실제의 경우에는 마찰로 인하여 접촉면에 대해서 미끄럼 작용력이 생성된다. 이런 마찰력을 극복하는 방법들 중 하나가 볼 베어링의 외륜 표면이 접촉하는 교차 실린더를 사용하는 것이다(그림 7.89). 이 교차롤러 베어링 커플링이 비교적 낮은 마찰로 5자유도를 구현하지만 중앙의 베어링이 양측의 두 베어링 외륜들과 동시에 접촉할 수 없기 때문에 백래시가 존재한다.

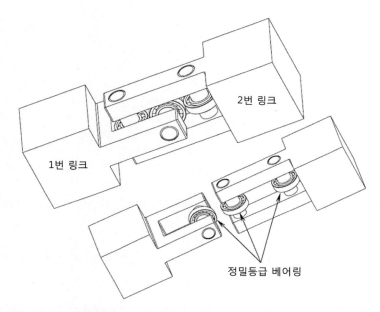

2번 링크

1번 링크

정밀등급 베어링

그림 7.89 교차 실린더를 사용하여 1자유도가 구속된 축방향 5자유도 커플링

4개의 평행막대형 플랙셔들로 구성된 플랙셔 기반의 5자유도 축방향 커플링이 **그림 7.90**에 도시되어 있다. 십자형 중간 링크에 4개의 막대 끝단이 모두 부착되어 있으며, 막대들의 축선은 링크 평면과 직각을 향하고 있다. 십자형 링크의 마주보는 팔에 부착되어 있는 플랙셔 막대 한 쌍이 한쪽 링크에 부착되며, 다른 쪽 팔에 부착된 한 쌍의 막대들은 다른 쪽 링크에 부착된다. 막대의 축방향 강성은 모든 굽힘강성값에 비해서 훨씬 더 크기 때문에, **플랙셔 커플링**을 1축구속 커플링으로 간주할 수 있다. 이 방법을 사용하여 백래시를 제거할 수는 있겠지만, 두 링크들 사이의 동축오차에 비례하여 비축 작용력과 모멘트가 발생한다. 이론상, (장력이 부가된) 단일축 와이어나 플랙셔 와블핀(그림 7.47)도 단일 축방향 구속을 구현할 수 있다. 전통적으로는 상용 원추형 보석베어링과 경화강 니들을 사용하여 계측기기용 와블핀을 생산할 수 있으며, 기계식 손목시계의 무브먼트에 자주 사용된다.

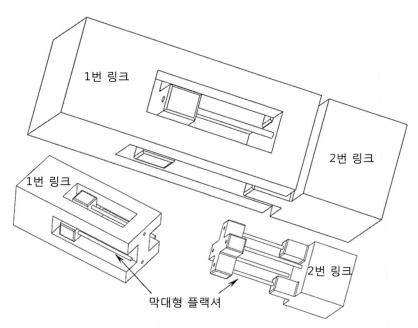

1번 링크

2번 링크

1번 링크

2번 링크

막대형 플랙셔

그림 7.90 막대형 플랙셔를 사용하여 1자유도가 구속된 축방향 5자유도 커플링

한쪽 축(모터)에서 다른 쪽 축(이송나사)으로 토크를 전달하는 과정에서 회전운동만이 전달되어야 한다. **그림 7.51**에 도시되어 있는 디스크 커플링은 높은 비틀림 강성을 가지고 있으며, 나머지 두 회전방향과 축방향에 대해서는 유연하다. 그런데 이 커플링은 두 측면방향에 대해서는 구속되어 있기 때문에 두 축들 사이에는 정밀한 동축정렬이 필요하다. **다중 맴브레인 커플링**이라고도 부르는, 축방향으로 짧은 거리를 두고 설치된 두 개의 동축 디스크 커플링을 사용하면 이런 동축정렬 제한조건을 없앨 수 있다(**그림 7.91**, 닐 등 1991). 각도와 축방향 거리 편차가 비교적 큰 경우의 저출력 회전동력 전달에는 이중후크조인트와 더불어서 **그림 7.54**에 도시되어 있는 것과 유사한 **벨로우즈 커플링**이 자주 사용된다. 벨로우즈 커플링을 제외한, 대부분의 커플링 방법들은 각도 부정렬이 큰 경우에 주기적인 각도전달오차가 발생한다(모리슨과 크로스랜드 1970). 등속 커플링과 같은 더 정교한 커플링을 사용하면 두 축들 사이에 전달되는 회전각을 일정하게 유지할 수 있지만, 필요한 정밀도가 높고 가공이 복잡하여 대량생산이 아니면 경제성을 확보할 수 없다(모리슨과 크로스랜드 1970).

그림 7.91 모터와 회전축 사이를 연결하는 5자유도 디스크 커플링

 이 외에도 광범위한 범위의 기계와 적용 분야에 대한 수요를 충족시키기 위해서 다양한 형태의 커플링들이 고안되었다. 하지만 이런 커플링들 대부분은 너무 유연하거나 백래시가 너무 크거나 또는 너무 많은 자유도를 구속하는 등의 문제가 있기 때문에 정밀기구와 기계에는 거의 사용되지 않는다. 그런데 고출력 또는 등속의 용도에 대해서는 기어, 체인, 풀리 또는 탄성중합체 커플링들이 최적의 성능을 구현해줄 수도 있다(닐 등 1991).

 직선운동 스테이지는 일반적으로 이송나사와 너트를 사용하여 구동하는데, 너트와 움직이는 캐리지 사이에 커플링을 사용하는 것은 비용과 커플링으로 인해서 추가되는 유연성 때문에 바람직하지 않다. 나사와 너트 사이의 공차가 작을 뿐만 아니라 길이가 긴 이송나사의 진직도를 정밀하게 관리하는 것도 어렵기 때문에, 정렬이 큰 기술적 도전요인으로 대두된다. 비록 조립과정에서 나사상의 한 점에 대해서 이송나사와 너트 사이의 정렬을 맞출 수 있겠지만, 축을 따라서 움직이면서 너트에 대해서 정렬을 맞출 수는 없기 때문에 위치에 따라서 마찰력이 변하게 된다. 자주 사용되는 해결책들 중 하나는 회전축의 한쪽 베어링만이 회전축의 중심을 유지하면서 축과 너트 사이의 추력을 지지하며, 축의 반대쪽은 비교적 자유롭게 놓아두는 것이다(그림 7.92). 이 설계의 경우, 너트는 회전축을 지지하는 역할을 수행하며, 회전축의 반대쪽 끝에 설치된 유연지지 베어링 또는 지지기구는 너트가 먼 쪽으로 이동하여 지지되지 않은 회전축의 길이가 길어졌을 때에 축이 휠[57]을 일으키지 못하도록

---

57 whirl: 회전축의 휘돌림 불안정 현상(역자 주).

막아주는 역할을 수행한다. 이 베어링은 고무와 같은 탄성 중합체를 사용하여 지지되어 있기 때문에, 회전축이 자유롭게 회전할 수 있으며, 감쇄가 구현된다.

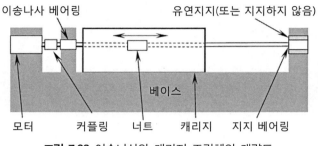

그림 7.92 이송나사와 캐리지 조립체의 개략도

7.3.9 레버기구

정밀도를 구현하기 위해서 손쉽고 가성비 높은 구동방법을 사용하여 미세조절을 수행해야 하는 경우가 자주 발생한다. 이송나사가 일반적으로 사용되며, 가는 나사 마이크로미터와 전용 조절나사들을 사용하면 마이크로미터 미만의 조절이 가능하다. 때로는 분해능을 증가시키거나 이 직선운동을 미소각도 회전정렬로 변환시켜야 하는 경우도 있다. 가장 일반적으로, **레버기구**를 사용하여 작동기의 운동을 축소시키면 즉시 분해능이 향상된다. 반대로, 압전 작동기는 뛰어난 분해능을 갖추고 있지만, 작동 범위가 제한된다. 운동의 증폭을 통해서 작동기의 작동 범위를 늘려야 하는 경우에도, 레버가 사용된다. 이 절에서는 축소기구와 증폭기구를 구분하여 설명할 예정이다. 이 주제에 대한 보다 자세한 내용은 스미스와 체번드(1990) 및 스미스(2000)를 참조하기 바란다.

7.3.9.1 운동의 축소

직접구동식 이송나사의 분해능은 나사 피치에 의해서 제한된다. 계측기기나 시험용 기기에서는 중간부하에 대해서 미세운동 조절이 자주 필요하며, 이를 위해서 피치가 최소 0.25[mm]인 나사가 상용화되어 있다. **미분나사**[58]를 사용하면, 피치가 큰 나사의 강도를 유지

---

58   differential screw.

하면서도 겉보기 피치를 크게 줄일 수 있다. 미분나사 마이크로미터가 상용화되어 있으며, 전형적인 겉보기 피치는 0.1[mm] 내외이다. **그림 7.93**에 도시되어 있는 미분나사 조절장치의 경우, 피치가 서로 다른 두 가지 나사를 조합하여, 노치형 플랙셔 힌지의 미소한 원호운동을 생성한다. 나사가 성형된 인서트가 회전하면서 힌지의 원호운동을 수용한다. 피치가 P_{t1} 및 P_{t2}인 두 가지 나사에 대해서 조절기의 회전각도 θ와 힌지 상부의 운동 x 사이에는 다음의 관계가 성립된다.

$$x = (P_{t1} - P_{t2})\theta = \left(\frac{1}{N_{t1}} - \frac{1}{N_{t2}} \right)\theta \tag{7.89}$$

여기서 N은 각 나사의 단위길이당 나사산의 숫자이다. 예를 들어, $N_{t1} = 32$이며, $N_{t2} = 36$이라면, 겉보기 피치는 단위길이당 288이 된다. 이들 두 N값들은 각각 유니파이 가는 나사(UNF) 8-36과 10-32에 해당하며, 이는 1인치당 각각 36산과 32산을 의미하므로, 겉보기 피치는 약 88[μm]이 된다.

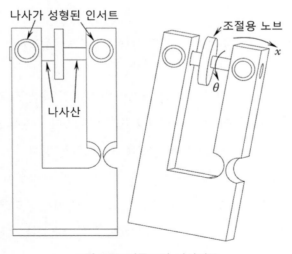

그림 7.93 미동조절 나사기구

그림 7.94에 도시되어 있는 플랙셔 기반의 **조동조절**[59]기구 및 **미동조절**[60]기구에서와 같이, 레버기구와 피봇을 사용하여 직접축소를 구현할 수 있다. 노치형 플랙셔 힌지인 **와블핀**을

사용하여 직선운동 스테이지에 연결되어 있는 두 개의 레버들에 의해서 조동조절과 미동조절이 구현된다. 이 조동-미동 조절기구의 경우, 미동용 스테이지의 레버 피봇은 조동용 레버암의 출력단에 부착되어 있다. 이상적인 레버의 경우, 출력 대 입력의 비율은 입력단에서 피봇까지의 거리를 피봇에서 출력단까지의 거리로 나눈 값과 동일하다. 실제의 경우, 힌지에 부가되는 힘이 변형을 유발하여 유효 레버비율을 저하시킨다. 이상적인 출력과 실제로 구현된 메커니즘에서 관찰되는 출력 사이의 차이를 **운동상실**이라고 부르며 7.3.4절의 압전작동기에서 논의했던 것과 유사한 현상이다. 전형적으로, 운동상실은 운동의 증폭을 크게 제한하며, 이에 대해서는 다음 절에서 논의할 예정이다.

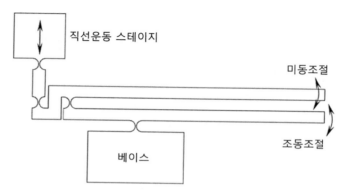

그림 7.94 플랙셔 기반의 미동-조동 변위조절기구

마이크로미터를 사용하여 비교적 유연한 스프링을 통해서 강한 스프링을 누르는 방식으로 나노미터 미만의 분해능을 조절하는 미세조절 메커니즘이 구현되었다(하트 1968). **그림 7.95**에서는 광학 시스템의 반사경 플랫폼 각도의 미동조절을 위한 모놀리식 플랙셔 기구를 보여주고 있다. 두 개의 리프형 플랙셔들에 의해서 유연하거나 강성이 작은 스프링들이 구현되며, 노치형 힌지는 강한 스프링으로 작용한다. 조절과정에서는 리프 플랙셔들이 x 방향으로 움직이면서 상부 플랫폼에 굽힘 모멘트 M을 부가하며, 이는 다시 노치형 플랙셔에 전달된다. 따라서,

---

59   coarse adjustment.
60   fine adjustment.

$$M = \frac{2Ebr^{5/2}}{9\pi\sqrt{R}}\theta = \frac{Ebt_1^3}{4L_1^2}x_1 \tag{7.90}$$

여기서 R은 노치반경, t는 노치두께, L_1은 미동조절용 플랙셔의 길이, t_1은 미동조절용 플랙셔의 두께 그리고 b는 기구의 폭이다. 이 사례의 경우, 식 (7.89)를 정리하면 각 리프 플랙셔의 변위에 따른 각도변화로 정의된 **레버비율**을 구할 수 있다(하첨자 1을 2로 바꾸면 조동조절기구의 레버비율이 된다).

$$\frac{\theta}{x_1} = \frac{9\pi}{8}\frac{\sqrt{R}t_1^3}{t^{5/2}L_1^2} \tag{7.91}$$

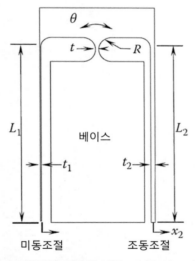

그림 7.95 플랙셔 기반의 미동−조동 각도조절기구

리프의 길이는 노치반경보다 길고 두께는 노치보다 얇게 제작할 수 있기 때문에, 이 레버 비율을 매우 작게 만들 수 있다. **연질 스프링−경질 스프링 조합**의 장점은 이동 플랫폼의 강성이 매우 높다는 것이다.

공통축에 대한 회전정렬을 위해서 자동조심 베어링, 볼 조인트 또는 하임조인트[61]가 자주 사용된다. 이 회전을 조절하기 위해서 길이가 긴 레버기구를 사용하면 높은 각도정렬 분해능을 구현할 수 있다.

7.3.6절에 따르면, 이송나사는 회전축을 따라서 회전하면서 연속적인 쐐기작용을 생성한다. 더 정밀한 분해능 조절을 위해서는 직선운동의 축소에 입력 변위와 출력 변위가 서로 직교하는 쐐기를 직접 사용할 수 있다.

7.3.9.2 운동의 확대

레버를 사용한 **운동의 확대**는 이론상, 운동 축소기구의 반대이다(하지만 운동의 증폭에는 연질스프링－경질스프링 방법을 적용할 수 없다). 그런데 운동증폭의 경우, 커플링과 피봇의 설계가 성능에 더 큰 영향을 미친다. **그림 7.96**에 도시되어 있는 단일축 플랙셔 스테이지 모델의 경우, 레버팔의 한쪽 끝에 부착되어 있는 와블핀에 의해서 직선운동 플랙셔 스테이지의 플랫폼이 구동된다. **그림 7.52**에 도시되어 있는 레버구동식 x-y 스테이지에 이 모델을 사용할 수 있다. 또한 이 레버팔에는 와블핀으로부터 거리 b에 피봇이 설치되어 있으며, 이 피봇으로부터 거리 a에는 작동기가 연결되어 있다. 노치형 플랙셔 힌지에 의해서 모든 회전 자유도가 풀려 있다.

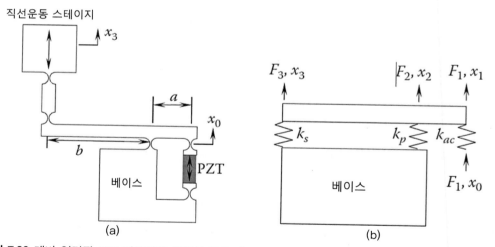

그림 7.96 레버 연결된 PZT 작동기에 의해서 구동되는 단일축 직선운동 플랙셔 힌지. (a) 기하학적 형상, (b) 정적 이송에 대한 등가 모델

61　Heim joint.

모델링을 위해서 이 노치 힌지들은 이상적이라고 가정한다. 따라서 스테이지의 출력운동 x_3는 다음의 관계식을 갖는다.

$$\frac{x_3}{x_0} = -\frac{b}{a} = -n \tag{7.92}$$

여기서 n은 레버비율이다. 실제의 경우, 노치 힌지는 식 (7.48)의 마지막 항에서 주어진 것처럼 유한한 강성값을 가지고 있으며, 레버팔의 변형과 메커니즘을 구성하는 힘전달루프 경로 내의 다른 모든 요소들에 의해서 유연성이 추가된다. 플랙셔 메커니즘의 프레임이 큰 유연성을 가지고 있는 경우가 결코 드물지 않다. 경험적으로, 프레임은 가능한 한 크게 만들어야 하며, 프레임 유연성의 영향을 무시하려면 크기를 두 배로 키워야 한다. **그림 7.96(b)**에서는 대부분이 직렬로 연결되어 있는 모든 구성요소들의 유연성들을 고려하여 압전 구동기의 자유변위입력과 출력 스테이지 운동 사이의 관계에 대한 등가 모델을 보여주고 있다. 이 모델을 사용하여, 작동기의 자유변위와 플렉셔 스테이지의 출력 사이의 관계를 다음과 같이 나타낼 수 있다(스미스 2000).

$$\frac{x_3}{x_0} = \frac{-n}{n^2 \dfrac{k_s}{k_{ac}} + n^2 \dfrac{k_s}{k_p}\left(1 + \dfrac{1}{n}\right)^2 + 1} \tag{7.93}$$

여기서 k_s는 직선운동 스테이지와 와블핀의 유효강성, k_p는 피봇의 축방향 강성 그리고 k_{ac}는 (계면 유연성을 포함한)작동기와 커플링의 유효강성이다. 식 (7.93)의 모든 분모 항들이 양의 값을 가지고 있으므로, 실제의 경우에는 항상 이상적인 레버비율보다 작은 값을 가지게 되며, 이는 운동상실과 직결되어 있다. 레버비율에 비례하여 운동상실이 크게 증가한다는 점이 명확하며, 전적으로 운동상실의 원인으로 작용하는 피봇과 작동기의 강성을 이송 스테이지에 비해서 가능한 한 크게 증가시켜야만 이를 줄일 수 있다.

레버기구를 사용하여 변위를 증폭하면 운동상실의 증가와 더불어서, 기구의 동특성에 영향을 미친다. 실제의 경우, 레버비율이 증가하면, 마치 도어의 힌지축 근처를 밀어서 문을 달으려 시도하는 경우와 마찬가지로, 피봇과 작동기에 부가되는 하중이 크게 증가하게 된다. **그림 7.97**에 도시되어 있는 것처럼, 자유단에 질량이 매달려 있는 레버기구에 이상적인 강체 작동기가 부착되어 있는 단순한 레버 모델을 살펴보기로 하자. 이 레버설계에서, 피봇은 레버팔의 우측 끝에 설치되어 있으며, 축방향 강성이 k_p인 스프링으로 모델링되어 있다. 피봇이 레버의 끝에 배치되어 있으므로, 작동기의 입력변위 x_0와 질량의 축력변위 x_3는 서로 동일한 방향으로 움직이며, 레버비율은 다음과 같이 주어진다.

$$\frac{x_3}{x_0} = 1 + n \tag{7.94}$$

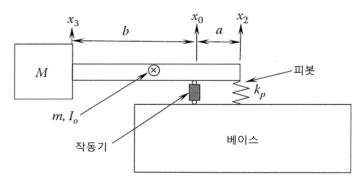

그림 7.97 유한한 강성을 가지고 있는 피봇에 지지된 질량이 부착된 레버 모델

그림 7.97에서 정의되어 있는 인자들을 사용하여 메커니즘의 운동에너지와 위치에너지를 구하면 다음을 얻을 수 있다.

$$T = \frac{1}{2}a^2\left[Mn^2 + \frac{m}{3}(1 + n^2 - n)\right]\dot{\theta}^2 \tag{7.95}$$

$$U = \frac{1}{2}k_p a^2 \theta^2$$

$$\theta = \frac{x_3}{b}$$

실 (7.95)를 라그랑주 방정식(4장 식 (4.83))에 대입한 후에, 메커니즘의 자유운동만을 추출하면 다음 식을 얻을 수 있다.

$$\ddot{\theta} + \omega_n^2 \theta = 0 \tag{7.96}$$

$$\omega_n^2 = \frac{k_p}{Mn^2 + \dfrac{m}{3}(1 + n^2 - n)}$$

레버팔의 질량을 무시한다면, 식 (7.96)으로부터, 메커니즘의 고유주파수는 레버비율에 반비례하며, 시스템의 허용 작동속도는 레버비율에 따라서 선형적으로 감소한다는 것을 알 수 있다.

피봇에 의해서 서로 연결되어 특정한 자유도가 구속되어 있는 두 개의 링크들로 이루어진 **이중막대형 레버기구**를 사용하여 큰 비율의 증폭을 구현할 수 있다. **그림 7.98**에 도시되어 있는 변위선도를 사용하여 이중막대형 레버기구의 증폭률(반대로 움직이면 축소율)을 구할 수 있다. 이 대칭형 플랙셔 메커니즘의 경우, 작동기가 서로 마주보고 있는 두 개의 측면 블록들을 동일하게 밀어내므로, 각각의 블록들은 작동기 변위 x_0의 절반만큼씩 움직인다. 작동기의 변위가 지지용 다리(길이 L, 질량 m_L 그리고 도심에 대한 2차 질량 모멘트 I_0)를 각도 α만큼 회전시키며, 이 메커니즘의 구속조건 때문에, 플랫폼 링크를 수직 방향으로 이동시킨다.

그림 7.98에 도시되어 있는 변위선도로부터, 다음과 같이, 지지용 다리들의 회전과 양단 링크들 사이의 상관관계를 구할 수 있다.

$$\alpha = \frac{x_3}{2L} \tag{7.97}$$

변위선도로부터, 다음과 같이 이 메커니즘의 레버비율을 구할 수 있다.

$$\frac{x_3}{x_0} = \frac{1}{\tan\theta_0} \tag{7.98}$$

이 형상으로부터, 플랙셔의 운동에너지와 위치에너지 항들은 다음과 같이 주어진다.

$$T = \left[\frac{M_3}{2} + \frac{m_0}{4}(1 + \tan^2\theta_0) + \frac{I_0}{L^2} + 10\frac{m_L}{8} \right] \dot{x}_3^2 \tag{7.99}$$

$$U = 16\frac{k_{M\alpha}}{2}\left(\frac{x_3}{2L} \right)^2$$

여기서 M_3는 움직이는 플랫폼의 질량, m_0는 측면막대들의 질량 그리고 $k_{M\alpha}[\text{N·m/rad}]$는 힌지의 베어링강성이다. 식 (7.101)로부터 이 메커니즘의 고유주파수를 쉽게 구할 수 있다. 동적 효과를 포함하여 레버 메커니즘에 대한 더 자세한 논의는 스미스(2000)를 참조하기 바란다.

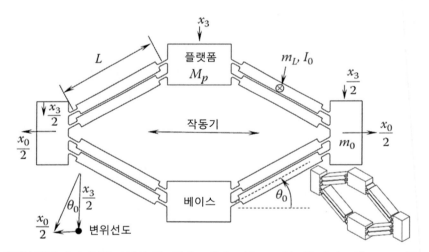

그림 7.98 대칭형 증폭 메커니즘은 12개의 링크들과 16개의 1자유도 조인트를 가지고 있으므로 이동도는 10이다.

1. **그림 7.2**에 도시되어 있는 스프링 위치에 대해서 변위식을 유도하시오. 힘이 작용하는 위치에서의 변위와 회전에 대한 식 (7.3)을 유도하기 위해서 막대 양단에서의 변위에 대한 식을 사용하시오, 7.1.1절의 식 (7.4)~(7.6)을 유도하시오.

2. **그림 7.99**에 도시되어 있는 두 가지 구조에 대한 강성을 계산하시오. 이들이 사각단면 프리즈매틱 빔으로 만들어졌다고 가정하시오. 기존 밀링가공기 및 좌표 측정기와의 강성, 대칭성 및 구조적 유사성에 대해서 논의하시오.

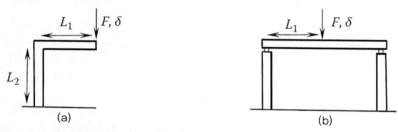

그림 7.99 두 가지 구조물의 개략도. (a) 이중외팔보 구조, (b) 대칭형 브릿지 구조

3. 평판 위에서 수직하중을 받으며 접촉하고 있는 구체의 강성식을 유도하시오. 반경 10[mm]인 강구가 강철 평판과 접촉하고 있는 상태에서 10[N]의 수직하중이 부가되는 경우의 강성을 구하시오.

4. 마찰방정식(식 (7.10))을 유도하고 플라우잉 모델[62]을 사용하여 마찰계수를 구하시오. 마모방정식이 유도된 아차드 모델[63]에 대해서 논의하시오. 거스러미 접촉이 움직일 때에, 무차원 마모계수가 어떻게 소재의 제거비율과 관련되는지를 설명하시오. 저널 베어링을 사용하여 직경이 25[mm]이며 400[N]의 반경방향 하중을 받으면서 600[rpm]으로 회전하는 회전축을 지지한다고 하자. 베어링 소재로 룰론, 오일라이트 및 PTFE를 사용하는 경우에 베어링의 길이는 각각 얼마가 되어야 하겠는가?

5. 구름요소 베어링의 다양한 마찰과 소음원인들에 대해서 논의하시오. 정밀 스핀들에는 일반적으로 앵귤러콘택트 볼 베어링을 사용한다. 정밀 스핀들에서 앵귤러콘택트 볼 베어링이 어떻게 사용되는지 설명하시오. **그림 7.28(b)**에 도시되어 있는 스핀들의 경우에 축의 끝에 연삭용 휠을 부착하여 사용하려고 한다면, 앵귤러콘택트 볼 베어링 대신에 롤러 베어링을 사용하는 경우의

---

62 ploughing model: 홈 위를 미끄러지는 모델(역자 주).
63 Archard model: 응착마모 모델(역자 주).

상대적인 장점에 대해서 설명하시오, 회전축의 어느 쪽 끝에 연삭휠을 설치하여야 하겠는가?

6. 7.2.3절에서 논의했던 지수함수형상 쐐기에 대해서 무차원 압력이 다음과 같이 발생함을 증명하시오.

$$p^* = \frac{1}{2\ln H}\left[e^{2\alpha x} - \frac{1}{H^2 + H + 1}\{(H+1)e^{3\alpha x} + H^2\}\right] \tag{7.133}$$

7. 식 (7.30), (7.31), (7.39) 및 (7.43)을 유도하시오. 원형 디스크 정수압 베어링에 대해서, 베어링을 통과하여 간극과 직각 방향으로 흐르는 유량과 베어링 강성을 구하시오. 공기를 비압축성 유체라고 가정할 수 있다. 이 베어링의 작동계수들은 $P_s = 550,000[\text{N/m}^2]$, $P_a = 100,000[\text{N/m}^2]$, $r_0 = 0.02[\text{m}]$, $r_0/r_i = 1.2$, $W = 700[\text{N}]$, $l_c = 0.004[\text{m}]$, $d_c = 0.2[\text{mm}]$이다. 액체–기체 베어링의 강성과 강성비율을 구하시오. 주의: 공기의 점도는 25[°C]에서 $1.983 \times 10^{-5}[\text{kg/m}\cdot\text{s}]$이다. 해석과정에서 유체는 비압축성이라고 가정한다(즉, 기체가 아니라 액체).

8. (리프 축이 수직을 향하는) 리프형 4절 메커니즘에 부가할 수 있는 수직방향 하중을 구하시오. 이 힘이 없는 경우에는 고유주파수가 절반으로 감소한다.

9. 솔레노이드 작동기의 계수값들이 $l_b = 0.2[\text{m}]$, $l_p = 0.1[\text{m}]$, $A_p = A_b = A_g = 0.0004[\text{m}^2]$, $x_g = 0[\text{mm}]$, $\mu_r = 1000$, $N = 800$이며, 코일에 흐르는 전류가 0.5[A]에서 2.6[A]까지 다섯 단계로 증가하는 경우에 **그림 7.60**에 도시되어 있는 힘 특성 도표를 구하시오. 근사식과 완전식을 사용하여 플런저가 1~10[mm]까지 떨어질 때의 작용력을 사용하시오, 또한 간극이 4[mm]인 경우의 전류에 대한 작용력을 그리시오.

10. **그림 7.90**에 도시되어 있는 막대형 플랙셔 커플링 조립체의 강성방정식을 유도하시오. **그림 7.98**에 도시되어 있는 이중막대형 레버기구를 참조하여 **그림 7.100**의 플랙셔 기구가 빠른 온도변화에 대해서 불안정한 이유를 설명하시오.

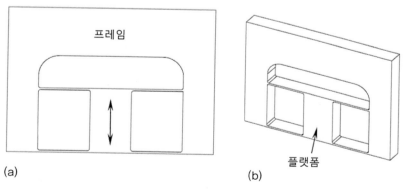

(a)　　　　　(b)

그림 7.100 과도구속된 대칭형 플랙셔. (a) 정면도, (b) 조감도

참고문헌

Ameson H. E. G., 1967. *Hydrostatic bearing structure*, US patent 3,305,282.

Basile G., Becker P., Bergamin A., Cavagnero G., Franks A., Jackson K., Kuetgens U., Mana G., Palmer E. W., Robbie C. J., Stedman M., Stumpel J., Yacoot A., and Zosi G., 2000. Combined x-ray and optical interferometry for high-precision dimensional metrology, *Proc. Roy. Soc. A*, **456**:701-729.

Bauza M. B., Smith S. T., and Woody S. C., 2009. Development of a novel ultra-precision spindle, *Proc. ASPE*, **47**:14-17.

Binnig G., Rohrer H., Gerber Ch., and Weibel E., 1981. Tunnelling through a controllable vacuum gap, *J. Appl. Phys.*, **40**(2):178-180.

Bosse H., Lüdicke F., and Reimann H., 1994. An intercomparison on roundness and form measurement, *Measurement*, **13**(2):107-117.

Bowden F. P., and Tabor D., 1953 and 1964. *Friction and lubrication of solids*, vols. I and II, Oxford University Press.

Bowen D. K., Chetwynd D. G., and Schwarzenberger D. R., 1990. Sub-nanometre displacements calibration using x-ray interferometry, *Meas. Technol.*, **1**:107-109.

Brice J. C., 1985. Crystals for quartz resonators, *Rev. Mod. Phys.*, **57**(1):105-147.

Bryan J. B., 1979. Design and construction of an ultraprecision 84 inch diamond turning machine, *Precis. Eng.*, **1**(1):13-17.

Budynas R. G., and Nisbet K. D., 2014. *Shigley's machine component design*, 10th ed., McGraw-Hill.

Buice E. S., Otten D., Yang H., Smith S. T., Hocken R. J., and Trumper D.L., 2009. Design evaluation of a single axis, precision controlled positioning stage, *Precis. Eng.*, **33**:418-424.

Buice E. S., Yang H., Seugling R. M., Smith S. T., and Hocken R. J., 2005. Evaluation of a novel UHMWPE bearing for applications in precision slideways, *Precis. Eng.*, **30**:185-191.

Campbell P., 1994. *Permanent magnet materials and their application*, Cambridge University Press.

Chen J. S., and Dwang I. C., 2000. A ballscrew drive mechanism with piezo-electric nut for preload and motion control, *Precis. Eng.*, **40**(4):513-526.

Childs T. H. C., 1988. The mapping of metallic sliding wear, *Proc. Inst. Mech. Eng.*, **202**(C6):379-395.

Claverley J. D., and Leach R. K., 2013. Development of a three-dimensional vibrating tactile probe for miniature CMMs, *Precis. Eng.*, **37**:491-499.

Czichos H., and Habig K.-H., 1985. Lubricated wear of metals. In Dowson D. et al. (Eds.), *Mixed lubrication and lubricated wear, 11th Leeds-Lyon symposium on Tribology*, Butterworths, 135-147.

Evans C. R., 1989. *Precision engineering: An evolutionary view*, Cranfield Press.

Gibson I., Rosen D., and Stucker B., 2014. *Additive manufacturing technologies: 3D printing, rapid prototyping, and direct digital manufacturing*, 2nd ed., Springer.

Greenwood J. A., 2006. A simplified elliptic model of rough surface contact, *Wear* **261**:191-200.

Greenwood J. A., and Williamson J. B. P., 1966. The contact of nominally flat rough surfaces, *Proc. R. Soc. A*, **295**:300-319.

Grejda R., Marsh E. R., and Vallance R., 2005. Techniques for calibrating spindles with nanometer error motion, *Precis. Eng.*, **29**:113-123.

Hadfield D. (ed.), 1962. *Permanent magnets and magnetism*, John Wiley & Sons.

Halbach K., 1980. Design of permanent multipole magnets with oriented rare earth cobalt material, *Nucl. Instrum. Methods*, **169**(1):1-10.

Hart M., 1968. An angstrom ruler, *Brit. J. Appl. Phys. (J. Phys. D.)*, **1**(2):1405-1409.

Hopkins J. B., 2015. A visualization approach for analyzing and synthesizing serial flexure elements, *J. Mech. Robot.*, **7**(3):031011.

Horsfield W. R., 1965. Ruling engine with hydraulic drive, *Appl. Opt.*, **4**(2):189-195.

Hsu S. M., and Shen M. C., 1996. Ceramic wear maps, *Wear* **200**(1-2):154-175.

Hutchins I. M., and Shipway P., 2017 *Tribology: Friction and wear of engineering materials*, 2nd ed., Butterworth-Heinemann.

Jaffe B., Cook W. R., and Jaffe H., 1971. *Piezoelectric ceramics*, Academic Press.

Jain A., Prashanth K. J., Asheash Kr., Jain A., and Rashmi P. N., 2015. Dielectric and piezoelectric properites of PVDF/PZT composites, *Polymer Eng. Sci.*, 1589-1916.

Johnson K. L., Greenwood J. A., and Poon S. Y., 1972. A simple theory of asperity contact in elastohydrodynamic lubrication, *Wear*, **19**:91-108.

Jona F., and Shirane G., 1993. *Ferroelectric crystals*, Diver Publications.

Juvinall R. C., and Marshek K. M., 2011. *Fundamentals of machine component design*, 5th ed., Wiley.

Kaajakari V., 2009. *Practical MEMS*, Small Gear Publishing.

Kadiric A., Sayles R. S., Zhou X. B., and Ioannides E., 2003. A numerical study of the contact mechanics and sub-surface stress effects experienced over a range of machined coatings in rough surface contact, *Trans. ASME*, **125**:720-730.

Kluk D. J., Boulet M. T., and Trumper D. L., 2012. A high-bandwidth, high-precision, two-axis steering mirror with moving iron actuator, *Mechatronics*, **22**:257-270.

Lawall J., and Kessler E., 2000. Michelson interferometry with 10 pm accuracy, *Rev. Sci. Instrum.*,

71(7):2669-2676.

Lim S. C., and Ashby M. F., 1987. Wear-mechanism maps, *Acta Metall.*, **35**(1):1-24.

Lindsey K., 1992. Tetraform grinding, *SPIE*, **1573**:129-135.

Lindsey K., Smith S. T., and Robbie C. J., 1988. Sub-nanometre surface texture and profile measurement with 'Nanosurf 2', *Ann. CIRP* **37**:519-522.

Lobontiu N., Paine J. S. N., O'Malley E., and Samuelson M., 2002. Parabolic and hyperbolic flexure hinges: Flexibility, motion precision and stress characterization based on compliance closedform equations. *Precis Eng.*, **26**(2):183-192.

Mikic B. B., 1974. Thermal contact conductance: Theoretical considerations, *Int. J. Heat Mass Tran.* **17**:205-214.

Mizumoto H., Makoto Y., Shimizu T., and Kami Y., 1995. An Angstrom-positioning system using a twist-roller friction drive, *Precis. Eng.*, **17**(1):57-62.

Moore W. R., 1970. *Foundations of mechanical accuracy*, The Moore Tool Company, Bridgeport, CT.

Morrison J. L. M., and Crossland B., 1970. *Mechanics of machines*, Longman.

Munnig Schmidt R.-H., 2012. Ultra-precision engineering in lithographic exposure equipment for the semiconductor industry, *Phil. Trans. R. Soc.*, **A370**:3950-3972.

Neale M. J. (ed.), 1973. *Tribology handbook*, Butterworth.

Neale M. J., Needham P., and Horrell H., 1991. *Couplings and shaft alignment*, Mechanical Engineering Publications, London.

Okazaki Y., Mishima M., and Ashida K., 2004. Microfactory: Concept, history, and developments, *ASME: J. Manuf. Sci.*, **126**:837-844.

Paros J. M., and Weisbord L., 1965. How to design flexure hinges, *Mach. Des.*, **11**:151-156.

Plante J.-S., Vogan J., El-Aguizy T., and Slocum A. H., 2005. A design model for circular porous air bearings using the 1D generalized flow method, *Precis. Eng.*, **29**:336-346.

Pratt J. R., Kramar J. A., and Newell D. B., 2002. A flexure balance with adjustable restoring torque for nanonewton force measurement, *Proc. IMEKO Joint Int. Congress* (Celle, GE, 24-26 September) VDI-Berichte, 1685:77-82.

Pratt J .R., Kramar J.A., Newell D. B., and Smith D. T., 2005. Review of SI traceable force metrology for instrumented indentation and atomic force microscopy, *Meas. Sci. Technol.*, **16**:2129-2137.

Rabinowicz E., 1980. In Petersen M. B., and Winer W. O., *Wear control handbook*, ASME, 475-506.

Raimondi A. A., and Boyd J., 1955. A solution for the finite journal bearing and its application to analysis and design, *Trans. ASLE*, **1**(1):159-209.

Rayleigh J. W. S., 1918. Notes on the theory of lubrication, *Phil. Mag.*, **35**:1-12.

Rowe W. B., 2012. *Hydrostatic, aerostatic and hybrid bearing design*, Butterworth-Heinemann Press.

Rowland H. A., 1902. *The physical papers of Henry Augustus Rowland*, John Hopkins Press.

Sacconi H., and Pasin W., 1994. An intercomparison of roundness measurements between ten national standards laboratories, *Measurement*, **13**(2):119-128.

Sayles R. S., 1996. Basic principles of rough surface contact analysis using numerical methods, *Tribol. Int.* **29**(8):639- 650.

Schmidt R.M., Schitter G., and van Eijk J., 2011. *The design of high performance mechatronics*, Delft University Press.

Shaw G. A., Stirling J., Kramar J. A., Moses A., Abbott P., Steiner R., Koffman A., Pratt J. R., and Kubarych Z. J., 2016. Milligram mass metrology using an electrostatic force balance, *Metrologia*, **53**:A86-A94.

Slocum A. H., 1991. Design and testing of a self coupling hydrostatic leadscrew, *Progress in Precision Engineering: Proceedings of the 6th IPEs conference*, Springer-Verlag, 103-105. Edited by P. Seyfried, H. Kunzmann, P. McKeown, and M. Weck.

Smith S. T., 2000. *Flexures: Elements of elastic mechanism design*, CRC Press.

Smith S. T., Badami V. G., Dale J. S., and Xu Y., 1997. Elliptical flexure hinges, *Rev. Sci. Instrum.*, **68**(3):1474-1483.

Smith S. T., and Chetwynd D. G, 1990. Optimisation of a magnet/coil force actuator and its application to linear spring mechanisms, *Proc. Inst. Mech. Engrs.*, **204**(C4):243-253.

Smith S. T., and Seugling R. M., 2006. Review paper: Sensor and actuator considerations for precision, small machines, *Precis. Eng.*, **30**(3):245-264.

Spotts M. F., Shoup T. E., and Hornberger L. E., 2003. *Design of machine elements*, 8th ed., Prentice-Hall.

Tran H. D., and Debra D. B., 1994. Design of a fast short-stroke hydraulic actuator, *Ann. CIRP*, **43**(1): 469-472.

Trumper D. L., Williams M. E., and Nguyen T. H., 1993. Magnet arrays for synchronous machines. Conference Record of the 1993 IEEE Industry Applications Society Annual Meeting, Piscataway, IEEE, 1:9-18

Whitehouse D. J., and Archard J. F., 1970. The properties of random surfaces of significance in their contact, *Proc. R. Soc.*, **A316**:97-121.

Wittrick W. H., 1948. The properties of crossed flexure pivots and the influence of where the strips cross, *Aeronaut. Quart.*, **A1**(2):121-134.

Woody S. C., and Smith S. T., 2004. Performance comparison and modeling of PZN, PMN and PZT stacked actuators in a levered flexure mechanism, *Rev. Sci. Instrum.*, **75**(4):842-848.

Woody S. C., Smith S. T., Rehrig P. W., and Xiaoning J., 2005. Performance of single crystal $Pb(Mg_{1/3} Nb_{2/3})$-32%PbTiO3 stacked actuators with application to adaptive structures, *Rev. Sci. Instrum.*, **76**:075112.

Yoshimoto S., and Kohno K., 2001. Static and dynamic characteristics of aerostatic circular porous thrust bearings, *Trans. ASME: J. Tribol.*, **123**:501-508.

Ziman J. M., 1972. *Principles of the theory of solids*, 2nd ed., Cambridge University Press.

CHAPTER 08

시스템 모델링

시스템 모델링

이 장의 목적은 다양한 기구와 기계의 설계를 평가하는 데에 사용할 수 있는, 정밀 시스템의 모델링을 위한 비교적 단순한 구조적 방법에 대해서 설명하는 것이다. 언제, 어떻게 다른 장들에서 논의되었던 설계원리들과 함께 사용하는지와 주어진 설계의 중요한 항목들을 결정하기 위해서 비교적 단순한 수학적 기법들을 사용할 수 있다는 것을 수많은 사례 연구와 예제들을 통해서 보여주고 있다. 이 장에서는 메커니즘들이 완전 강체로 이루어지며, 안내기구(안내면, 교차롤러베어링, 공기베어링 등)에 의해서 병진 및 회전운동을 하므로, 비록 이상적인 직선운동을 수행하지는 못하더라고 반복성을 갖추고 있다고 가정한다. 특히 강체운동과 오차 원인들에 대해서는 자세히 살펴볼 예정이다. 그런 다음에는, 메커니즘 내에서 병진운동과 회전운동이 조합되어 발생하는 오차들의 영향을 평가하기 위한 방법에 대해서 살펴본다. 특히 불확실도의 전파를 평가하기 위한 동차변환행렬식의 활용방안에 대해서도 살펴볼 예정이다.

8.1 강체동력학의 기초

강체동력학에서는 외력이 가해지는 시스템의 운동을 다룬다. 강체의 경우, 물체에 가해지는 힘(들)은 물체에 대해서 현저한 변형을 일으키지 않으며, 병진과 회전운동의 형태로 물체의 반작용 운동을 일으킨다. 공간 내에서 강체는 세 개의 병진운동과 세 개의 회전운동 자유도를 합하여 총 6자유도를 가지고 있으며(매카시 1990), 둘 또는 그 이상의 좌표계에 대한 매핑을 통해서 이를 나타낼 수 있다(매카시 1990, 레이 1994). 이 장에서 사용하는 수학적 모델은 모든 시스템 요소들과 구속조건들이 완벽한 시스템으로 거동하는 이상적인 경우의 시스템 운동과 실제 시스템에서 발생하는 다양한 오차를 고려하는 경우의 시스템 운동에 대해서 모두 살펴본다. 이 장에서 사용하는 수학적 방법은 로봇 시스템의 해석을 위해서 많은 노력을 들여서 개발된 것이다(푸, 곤잘레스, 리 1987, 폴 1981, 싸이 1999).

그림 8.1에서는 평면 내에 구속되어 있으며, 임의의 **기준좌표계**에 대해서 물체의 위치가 측정되고 있는 물체를 보여주고 있다. 이 사례에서, 강체의 위치는 기준좌표계의 원점으로부터 물체 **무게중심**(CG)까지의 거리를 사용하여 나타낸다. 기준좌표계에 대한 물체의 상대적인 위치에 대해서 비교적 단순한 수학적 공식들을 적용하여 운동과 오차를 포함하는 시스템의 성능을 평가할 수 있다는, 이 장의 기본적인 개념을 설명해주고 있다.

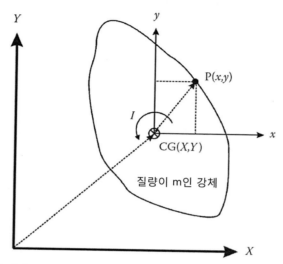

그림 8.1 2차원 좌표공간 내에 위치하는 임의의 강체. 기준좌표계에 대한 물체의 무게중심(CG)의 위치는 CG(X,Y)로 주어지며, 국부좌표계에 대한 위치 P는 P(x,y)로 주어진다. 기준좌표계에 대한 P점의 위치는 CG(X,Y)와 P(x,y)의 벡터합으로 구할 수 있다.

8.1.1 직교좌표계

2차원 및 3차원 공간 내에서 점의 위치를 나타내기 위해서 **그림 8.1**에 도시되어 있는 것처럼, 서로 직교하는 두 개 또는 세 개의 축선들로 정의되는 **직교좌표계**[1]가 가장 일반적으로 사용된다. 이 축들의 교점이 좌표계의 원점으로 정의된다. 2차원의 경우, 점 **P**의 위치를 순서가 정해져 있는 좌표쌍 (x, y)를 사용하여 나타낼 수 있다. 마찬가지로, 3차원에서는 **그림 8.2**에 도시되어 있는 것처럼, 점 **P**를 세 개의 좌표쌍 (x, y, z)를 사용하여 나타낼 수 있다.

---

1   Cartesian Coordinate.

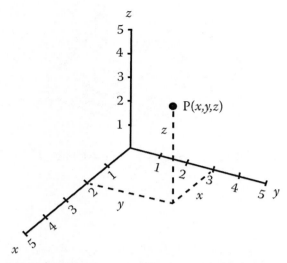

그림 8.2 3차원 직교좌표계의 사례. 점 P의 위치를 순서가 정해진 3개의 좌표(x,y,z)로 나타낸다.

직교좌표계는 공간 내에서 구조물과 움직이는 물체를 나타내는 대부분의 수학공식들의 기초가 되며, 이 장에서 사용하는 해석들도 직교좌표계를 사용한다. 이상적인 메커니즘 내에서 관심위치와 실제 기계 내에서 이 점의 위치에 대한 직교좌표값들 사이의 차이가 시스템의 **오차**를 나타내며, 기구의 설계 성능을 평가하기 위한 정량화 행렬식의 계산에 이 장의 초점이 맞춰져 있다.

공간 내에서 강체는 3개의 병진과 3개의 회전으로 이루어진 6개의 독립적인 자유도를 나타내는 값들로 정의되므로, 물체의 회전방향을 이 정의와 일치시킬 필요가 있다. 이 장의 전체적인 일관성을 위해서, 벡터나 축선의 회전방향을 정의하기 위해서 **오른손법칙**을 사용한다. 오른손법칙은 회전방향을 정의하는 가장 일반적인 방법이지만, 유일한 방법은 아니다. 회전방향을 정의할 때에 벡터나 좌표축의 상대적인 회전방향과 일관되지 않는다면 큰 오차가 발생하게 될 것이다. **그림 8.3**에서는 오른손법칙을 사용하여 임의 벡터에 대하여 정의한 올바른 회전방향을 설명하고 있다. 이를 연습해보면, 오른손 손가락을 구부리면서 엄지손가락을 펼쳐서 원하는 좌표축을 가리키면 된다. **그림 8.3**에 도시되어 있는 것처럼, 손가락이 구부려진 방향이 회전방향과 일치한다. 만일 벡터가 오른나사이며 화살표가 나사의 꼭지라 한다면, 회전방향은 물체 속으로 나사를 박아 넣는다.

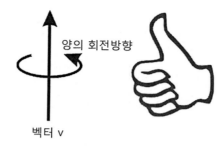

양의 회전방향

벡터 v

그림 8.3 오른손 법칙에 따른 임의의 벡터 v에 대한 양의 회전방향

8.1.2 벡 터

　벡터들은 벡터공간 $\mathbb{R}^n$의 구성요소이며, 이 장에서는 기준좌표계에 대하여 물체의 위치를 나타내는 $\mathbb{R}^2$(2차원)와 $\mathbb{R}^3$(3차원) 공간으로 제한되어 있다. **그림 8.4(a)**에서는 2차원 공간에 대해서, 그리고 **그림 8.4(b)**에서는 3차원에 대해서 A점에서 출발하여 B점을 향하는 벡터 $v = \overrightarrow{AB}$의 방향과 크기를 보여주고 있다. 벡터 v를 2차원 공간에서는 $v = \{x, y\}$로, 3차원 공간에서는 $v = \{x, y, z\}$로 나타낼 수 있다. 정의에 따르면 이 벡터 v는 크기와 방향을 가지고 있으며, 다음 식에서와 같이 두 개의 일반항들을 조합하여 나타낼 수 있다.

$$v = |v|\hat{v} = |v|\{i, j, k\}$$

(8.1)

　여기서 $\hat{v}$는 벡터공간 내에서 일반적인 방향을 나타내는 **단위벡터**로서 크기는 1이며, $|v|$는 벡터의 크기 또는 길이로서 2차원 및 3차원 공간에 대해서 각각 다음과 같이 주어진다.

$$|v| = \sqrt{x^2 + y^2}$$

(8.2)

　그리고

$$|v| = \sqrt{x^2 + y^2 + z^2}$$

(8.3)

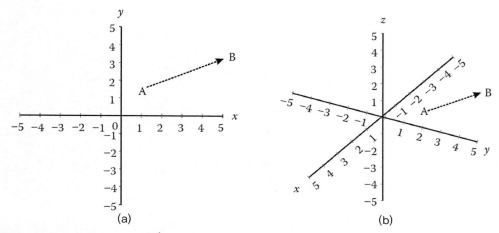

그림 8.4 (a) 2차원 벡터 $v = \overrightarrow{AB} \rightarrow A(x_A, y_A)$, $B(x_B, y_B)$, (b) 3차원 벡터 $v = \overrightarrow{AB} \rightarrow A(x_A, y_A, z_A)$, $B(x_B, y_B, z_B)$

i, j 및 k는 **유클리드 공간** 내에서 세 개의 상호 독립적인 단위벡터들을 나타내며, 직교좌표계에서는 i, j 및 k가 각각 x, y 및 z로 매핑된다. 그러므로 벡터는 임의의 좌표계에 대해서 임의의 방향을 향할 수 있지만, 모든 경우에 대해서 식 (8.1)을 사용하여 나타낼 수 있다. 벡터 대수학에 대한 더 자세한 내용은 실로프(1977), 디트먼(1986), 크레이지(1993), 와일리와 바렛(1995) 등을 참조하기 바란다. 많은 수학교재들에서는 일반적으로 e_n을 사용하여 임의의 단위벡터를 나타낸다. 여기서 n은 기준좌표계 내의 독립적인 벡터들의 숫자이다. 이 장에서는 직교좌표계를 사용하여 모델링을 수행하기 때문에, 이 장 전체에 걸쳐서 i, j 및 k를 사용할 예정이다.

8.1.3 방향코사인

방향코사인은 임의의 위치벡터와 기본 좌표계의 각 축들 사이의 각도에 대한 코사인 값으로 정의된다. **그림 8.5**에서는 임의의 위치벡터 v와 기본좌표계 사이의 상대적인 각도를 보여주고 있으며, 여기서 a는 벡터 v와 x축 사이의 각도, b는 벡터 v와 y축 사이의 각도 그리고 c는 벡터 v와 z축 사이의 각도를 나타낸다. 방향코사인은 다음과 같이 주어진다.

$$\alpha = \cos a = \frac{v \cdot i}{|v|} \tag{8.4}$$

$$\beta = \cos b = \frac{v \cdot j}{|v|} \tag{8.5}$$

$$\gamma = \cos c = \frac{v \cdot k}{|v|} \tag{8.6}$$

이 경우, 단위벡터 $\hat{v}$를 다음과 같이 나타낼 수 있다.

$$\hat{v} = \frac{v}{|v|} = (\cos a)i + (\cos b)j + (\cos c)k = \alpha i + \beta j + \gamma k \tag{8.7}$$

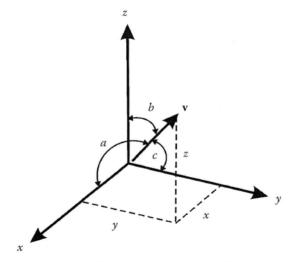

그림 8.5 3차원 좌표계 내에서 임의의 벡터 **v**에 대한 방향코사인 $\alpha = \cos(a)$, $\beta = \cos(b)$ 그리고 $\gamma = \cos(c)$ 이다.

식 (8.7)에서는 임의의 벡터공간에 대한 위치 매핑을 위한 중요한 개념을 보여주고 있다. 공간 내에서 점의 위치를 기본좌표계에 대하여 나타내기 위해서, **그림 8.6**에 도시되어 있는 두 개의 직교좌표계에 대해서 살펴보기로 하자. 이 경우, 점 **P**는 기준좌표계 C_{ref}과 공통원점을 가지고 있으며, 각도만 회전한 회전좌표계 C'을 사용하여 나타낸 강체의 일부분으로 간주한다. 세 개의 상호 독립적인 단위벡터 $\{i, j, k\}$를 사용하여 공통중심에 대해서 기준좌표계 C_{ref}를 나타낼 수 있으며, 이와 유사한 방식으로 세 개의 상호 독립적인 단위벡터 $\{i', j', k'\}$를 사용하여 회전좌표계 C'을 나타낼 수 있다. 독립적인 단위벡터들을 사용하여 기준좌표계 C_{ref}에 대하여 회전좌표계의 각 축들을 나타면 좌표값들 사이에 다음의 관계가 성립된다.

$$i'_{ref} = x'_x i + x'_y j + x'_z k \tag{8.8}$$

$$j'_{ref} = y_x i + y'_y j + y'_z k \tag{8.9}$$

$$k'_{ref} = z'_x i + z'_y j + z'_z k \tag{8.10}$$

여기서 x'_x, x'_y, x'_z, y'_x, y'_y, y'_z, z'_x, z'_y 그리고 z'_z는 회전좌표계 C'을 이루는 세 개의 단위벡터들 각각의 C_{ref}에 대한 스칼라 좌표값들이다. 위치벡터 P를 각각 C_{ref}와 C'에 대하여 나타내면 다음과 같다.

$$P_{ref} = xi + yj + zk \tag{8.11}$$

$$P' = x'i' + y'j' + z'k' \tag{8.12}$$

C'에 대해서 정의된 점 P의 위치를 기준좌표계 C_{ref}에 대하여 매핑하기 위해서 식 (8.8), (8.9) 및 (8.10)을 식 (8.12)에 대입하면 다음 식이 구해진다.

$$P_{ref} = (x'x'_x + y'y'_x + z'z'_x)i + (x'x'_y + y'y'_y + z'z'_y)j + (x'x'_z + y'y'_z + z'z'_z)k \tag{8.13}$$

P_{ref}의 구성성분들을 다음 세 개의 방정식들로 나타낼 수 있다.

$$x = x'x'_x + y'y'_x + z'z'_x \tag{8.14}$$

$$y = x'x'_y + y'y'_y + z'z'_y \tag{8.15}$$

$$z = x'x'_z + y'y'_z + z'z'_z \tag{8.16}$$

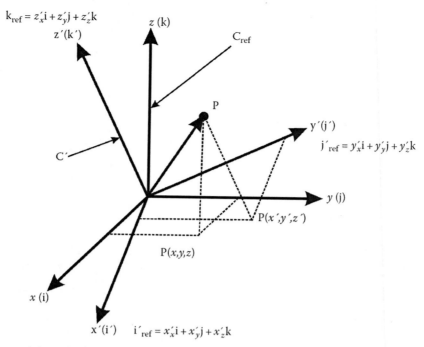

그림 8.6 xy 및 $x'y'$ 좌표계에 대해서 나타낸 점 P의 위치. $x'y'$ 좌표계는 xy 좌표계의 원점에 대해서 회전한다.

식 (8.14), (8.15) 및 (8.16)을 다음과 같이 형렬식의 형태로 단순하게 나타낼 수 있다.

$$P_{ref} = {}^{ref}R P'$$

(8.17)

여기서 ${}^{ref}R$은 C'의 위치를 C_{ref}에 대해서 정의한 회전행렬식이다. 식 (8.17)로부터 방향코사인을 사용하여 일반적인 회전행렬 R을 유도할 수 있다. 기본좌표계의 각 축들과 회전좌표계의 각 단위벡터들 사이의 방향코사인은 다음과 같이 나타낼 수 있다.

$$\lambda_{i',j} = \cos(i', j)$$

(8.18)

또는 이를 3차원 회전행렬식으로 나타낼 수 있다.

$$R = \begin{bmatrix} \lambda_{i',i} & \lambda_{i',j} & \lambda_{i',k} \\ \lambda_{j',i} & \lambda_{j',j} & \lambda_{j',k} \\ \lambda_{k',i} & \lambda_{k',j} & \lambda_{k',k} \end{bmatrix} \tag{8.19}$$

식 (8.17)은 동일한 원점을 가지고 있는 직교좌표계들 사이의 직교변환을 나타낸다. 이 행렬식을 유도하는 동기는 식 (8.19)의 행렬식을 사용하여 기준좌표계와 관심좌표계 사이의 상관관계를 나타내기 위해서이다. 회전행렬은 거의 임의적인 복잡성을 가지고 있는 시스템의 운동을 설명하고 진단하는 강력한 수학적 도구이다.

8.1.4 회전행렬식

일반적으로, 8.1.3절에서 설명한 해석방법을 사용하여 $v = a\mathbf{i} + b\mathbf{j} + c\mathbf{k}$와 같은 임의의 벡터에 대해서 **회전행렬식**을 개발할 수 있다. **그림 8.7**에서는 기준좌표계 C_{ref}의 원점에 대해서 각도 θ만큼 회전한 2차원 직교좌표계 C' 내의 점 P를 보여주고 있다. 기본형상으로부터, 다음과 같이 C_{ref} 좌표계에 대해서 점 P를 나타낼 수 있다.

$$x = x'\cos\theta - y'\sin\theta \tag{8.20}$$
$$y = x'\sin\theta + y'\cos\theta \tag{8.21}$$

식 (8.20)과 (8.21)을 사용하여 다음과 같이, 점 $P(x,y)$를 C_{ref} 좌표계에 대해 행렬식의 형태로 나타낼 수 있다.

$$\begin{bmatrix} x \\ y \end{bmatrix} = \begin{bmatrix} \cos\theta & -\sin\theta \\ \sin\theta & \cos\theta \end{bmatrix} \begin{bmatrix} x' \\ y' \end{bmatrix} \tag{8.22}$$

또는

$$P = RP' \tag{8.23}$$

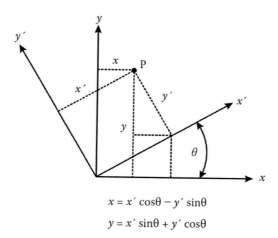

$$x = x' \cos\theta - y' \sin\theta$$

$$y = x' \sin\theta + y' \cos\theta$$

그림 8.7 기준좌표계에 대하여 θ만큼 회전한 평면 내 2차원 좌표계

식 (8.19)에 주어진 회전행렬 R을 사용하여 식 (8.23)을 3차원으로 확장시킬 수 있다. 그림 8.8에 도시되어 있는 것처럼, C_{ref}의 x축에 대해서 C'을 회전(θ_x)시키는 경우에는 두 좌표계들 사이의 상관관계를 고려하여 식 (8.19)를 단위벡터들에 대해서 다음과 같이 다시 쓸 수 있다.

$$R_{\theta_x} = \begin{bmatrix} i'\cdot i & i'\cdot j & i'\cdot k \\ j'\cdot i & j'\cdot j & j'\cdot k \\ k'\cdot i & k'\cdot j & k'\cdot k \end{bmatrix} = \begin{bmatrix} 1 & 0 & 0 \\ 0 & \cos\theta_x & -\sin\theta_x \\ 0 & \sin\theta_x & \cos\theta_x \end{bmatrix} \tag{8.24}$$

y축 및 z축 각각에 대해서도 이와 유사한 회전 행렬식들을 유도할 수 있다.

$$R_{\theta_y} = \begin{bmatrix} \cos\theta_y & 0 & \sin\theta_y \\ 0 & 1 & 0 \\ -\sin\theta_y & 0 & \cos\theta_y \end{bmatrix} \tag{8.25}$$

$$R_{\theta_z} = \begin{bmatrix} \cos\theta_z & -\sin\theta_z & 0 \\ \sin\theta_z & \cos\theta_z & 0 \\ 0 & 0 & 1 \end{bmatrix} \tag{8.26}$$

이런 유형의 행렬식들을 보통 **기본 회전행렬식**이라고 부르며 다음 절에서 광범위하게 사용될 예정이다.

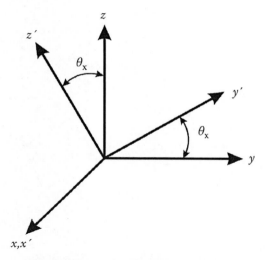

그림 8.8 x축에 대한 좌표계의 3차원 회전(θ_x)

8.1.5 오일러 각도

고전동력학에서 강체의 배향을 구하기 위해서 사용되는 일반적인 방법은 세 개의 회전각도를 사용하여 배향을 나타내는 **오일러 각도**[2](파스 1965)를 사용하는 것이다. 임의의 배향을 구하기 위해서, 이 방법에서는 **그림 8.9**에 도시되어 있는 것처럼, z축에 대한 회전(φ), 새로운 y축(y')에 대한 회전(ω) 그리고 마지막으로 새로운 z축(z'') 축에 대한 회전(ψ)의 순서로 세 개의 순차회전을 지정한다.

고정된 기준좌표계 xyz에 대한 uvw 좌표계의 최종배향을 나타내는 **그림 8.9(d)**를 살펴보기로 하자. 개별 좌표축들의 회전에 따른 일련의 회전행렬식들을 정의할 수 있으며 이를 서로 곱하여 xyz 좌표계에 대한 uvw의 상대위치를 나타낼 수 있다. 식 (8.24), (8.25) 및 (8.26)으로부터, 앞서 설명했던 회전들을 나타내는 일련의 회전행렬식들을 다음과 같이 유도할 수 있다.

---

2   Euler angles.

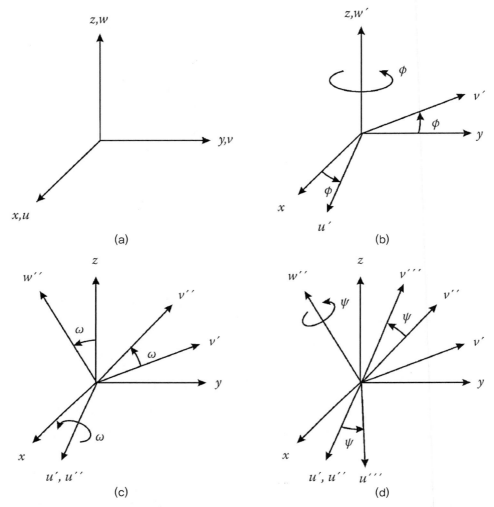

(a)　　　　　　　　　(b)

(c)　　　　　　　　　(d)

그림 8.9 (a) 두 개의 직교좌표계인 xyz와 uvw의 원점과 축방향들이 서로 일치하는 초기상태. (b) z축에 대한 초기회전(ϕ)으로 인하여 $u'v'w'$ 좌표축이 생성됨. (c) u'축에 대한 두 번째 회전(ω)으로 인하여 $u''v''w''$ 좌표축이 생성됨. (d) w''축에 대한 세 번째 회전(ψ)으로 인하여 최종위치인 $u'''v'''w'''$ 좌표축이 생성됨

$$R = R_{z,\phi} R_{y',\omega} R_{z'',\psi} \tag{8.27}$$

$$= \begin{bmatrix} \cos\phi & -\sin\phi & 0 \\ \sin\phi & \cos\phi & 0 \\ 0 & 0 & 1 \end{bmatrix} \begin{bmatrix} \cos\omega & 0 & \sin\omega \\ 0 & 1 & 0 \\ -\sin\omega & 0 & \cos\omega \end{bmatrix} \begin{bmatrix} \cos\psi & -\sin\psi & 0 \\ \sin\psi & \cos\psi & 0 \\ 0 & 0 & 1 \end{bmatrix}$$

또는

$$R = \begin{bmatrix} \cos\phi\cos\omega\cos\psi - \sin\phi\sin\psi & -\cos\phi\cos\omega\sin\psi - \sin\phi\cos\psi & \cos\phi\sin\omega \\ \sin\phi\cos\omega\cos\psi + \cos\phi\sin\psi & -\sin\phi\cos\omega\sin\psi + \cos\phi\cos\psi & \sin\phi\sin\omega \\ -\sin\omega\cos\psi & \sin\omega\sin\psi & \cos\omega \end{bmatrix}$$

$$(8.28)$$

식 (8.28)들 다음과 같이 축약하여 나타낼 수 있다.

$$R = \begin{bmatrix} c(\phi)c(\omega)c(\psi) - s(\phi)s(\psi) & -c(\phi)c(\omega)s(\psi) - s(\phi)c(\psi) & c(\phi)s(\omega) \\ s(\phi)c(\omega)c(\psi) + c(\phi)s(\psi) & -s(\phi)c(\omega)s(\psi) + c(\phi)c(\psi) & s(\phi)s(\omega) \\ -s(\omega)c(\psi) & s(\omega)s(\psi) & c(\omega) \end{bmatrix} \quad (8.29)$$

여기서 s는 sin, c는 cos를 나타낸다.

이 변환행렬식은 기준좌표계에 대해서 회전좌표계의 배향을 나타내기 위하여 가능한 회전순서들 중 하나를 보여주고 있다. 일반적으로 두 좌표계의 상대적인 위치를 나타내기 위해서 어떠한 회전순서 조합을 사용하여도 무방하다. 그런데 행렬식의 곱셈은 누적되는 것이 아니기 때문에, 서로 다른 변환순서를 사용하여 유도된 변환행렬식은 식 (8.29)와는 같지 않다(실로프 1977, 골드슈타인 1980, 디트먼 1986).

8.1.6 롤, 피치 및 요

롤-피치-요(RPY)라는 용어는 비행 중에 항공기의 각운동을 나타내기 위해서 자주 사용하는 항공용어이다. 7장에서 논의되었던 안내면 위를 주행하는 캐리지처럼, 지정된 경로를 따라 움직이는 강체의 각운동을 나타내기 위해서 이와 유사한 방식으로, 롤-피치-요라는 용어를 사용할 예정이다. 8.1.5절에서 설명했던 오일러 각도와 마찬가지로, 롤-피치-요라고 지정된 각도들은 시스템의 운동방향을 기준으로 하여 각 축들의 회전을 정의한다. **그림 8.10**에서는 기준좌표계에 대한 물체의 롤-피치-요를 설명하고 있다. **그림 8.10**에서, 롤은 z축에 대한 회전(θ_z), 피치는 y축에 대한 회전(θ_y) 그리고 요는 x축에 대한 회전(θ_x)을 나타낸다. 비록 롤-피치-요를 어떻게 정의하느냐가 크게 중요한 문제는 아닐지라도, 회전조작에 대한 착오는 결과값에 큰 차이를 유발하게 된다. 이 장에서는 별도의 명시가 없다면, 롤-피치-요 방법을 기반으로 하는 조합된 회전행렬식을 사용할 예정이다. 그런데 기준좌표계의 정의는 이 장의 뒷부분에서 확인할 수 있듯이 임의적이지만, 롤−피치−요에 대한 정의는 일관성을 가지고 있다. 롤−피치−요에 대한 행렬식들을 순차적으로 곱하면 다음을 얻을 수 있다.

$$R = R_{\theta_z} R_{\theta_y} R_{\theta_x} \tag{8.30}$$

$$= \begin{bmatrix} \cos\theta_z & -\sin\theta_z & 0 \\ \sin\theta_z & \cos\theta_z & 0 \\ 0 & 0 & 1 \end{bmatrix} \begin{bmatrix} \cos\theta_y & 0 & \sin\theta_y \\ 0 & 1 & 0 \\ -\sin\theta_y & 0 & \cos\theta_y \end{bmatrix} \begin{bmatrix} 1 & 0 & 0 \\ 0 & \cos\theta_x & -\sin\theta_x \\ 0 & \sin\theta_x & \cos\theta_x \end{bmatrix}$$

$$= \begin{bmatrix} c(\theta_z)c(\theta_y) & c(\theta_z)s(\theta_y)s(\theta_x)-s(\theta_z)c(\theta_x) & s(\theta_z)s(\theta_x)+c(\theta_z)s(\theta_y)c(\theta_x) \\ s(\theta_z)c(\theta_y) & c(\theta_z)c(\theta_x)+s(\theta_z)s(\theta_y)s(\theta_x) & s(\theta_z)s(\theta_y)c(\theta_x)-c(\theta_z)s(\theta_x) \\ -s(\theta_y) & c(\theta_y)s(\theta_x) & c(\theta_y)c(\theta_x) \end{bmatrix}$$

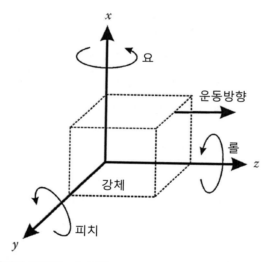

그림 8.10 국부좌표계에 대해서 정의된 z축 방향으로의 강체병진운동. 이 경우, 롤은 z축 방향으로의 회전(θ_z), 피치는 y축 방향으로의 회전(θ_y) 그리고 요는 x축 방향으로의 회전(θ_x)을 의미한다.

앞 절에서와 마찬가지로, c는 $\cos$이며 s는 $\sin$을 나타낸다. 이렇게 조합된 회전행렬식은 이 장의 전체에 걸쳐서 광범위하게 사용될 예정이다.

8.2 수학적 모델

8.2.1 동차변환행렬

동차변환행렬(HTM)은 상대좌표계들 사이에서 동차 좌표값들에 대해서 위치벡터를 매핑하는 수학적 표현방법이다(맥스웰 1961, 스테들러 1995). 동차 좌표값들을 사용하여, 하나의 행렬식 연산 속에 회전, 병진, 스케일링 및 투시정보 등을 포함시켜 넣을 수 있다. 로봇공학 분야에서 복잡한 직렬 및 병렬 메커니즘의 기구학과 동력학 해석을 위해서 동차변환 좌표값들이 자주 사용된다. 동차변환행렬은 복잡한 시스템의 운동을 체계적으로 조합할 수 있기 때문에 메커니즘 설계 분야에서 사용되는 모델링 기법이다. 정밀기계 및 기구 설계 분야에서 동차변환행렬의 역할은 시스템의 오차운동이 미치는 영향을 나타내며 정량화하는 데에 초점을 맞추고 있으며, 이 수학적 표현방법을 사용하여 설계의 중요한 인자값들을 결정한다.

일반적으로 N차원 공간 내에서 좌표값들은 $N+1$차원의 동차공간으로 변환된다. 예를 들어, 3차원 직교좌표계 내에서 점벡터 v는 다음과 같이 주어진다.

$$v = ai + bj + ck \tag{8.31}$$

벡터 v를 다음과 같이 동차공간 내의 열행렬로 나타낼 수 있다.

$$v = \begin{bmatrix} x \\ y \\ z \\ s \end{bmatrix} \tag{8.32}$$

여기서

$$
\begin{aligned}
a &= x/s \\
b &= y/s \\
c &= z/s
\end{aligned}
\tag{8.33}
$$

식 (8.33)의 경우, a, b 및 c는 각각 x, y 및 z축에 대하여 스케일이 조정된 값들이다. 따라서 3차원 유클리드 점벡터의 동차표현식은 유일하지 않다. 예를 들어, 동차공간 내에서 $v_1 = [2 \ 4 \ 6 \ 2]^T$ 또는 $v_2 = [4 \ 8 \ 12 \ 4]^T$와 같은 벡터들은 벡터공간 내에서의 일반벡터 $v = [1 \ 2 \ 3]^T$와 같으며 스케일계수는 각각 2와 4이다.

다음과 같은 변환행렬 $^A T_B$를 사용하면 국부좌표계 내의 점벡터를 글로벌 동차좌표로 나타낼 수 있다.

$$^A T_B = \begin{bmatrix} R_{3 \times 3} & D_{3 \times 1} \\ P_{1 \times 3} & s_{1 \times 1} \end{bmatrix} \tag{8.34}$$

여기서 R은 회전행렬, D는 좌표계 원점들 사이의 변위벡터, P는 투시변환,[3] 그리고 s는 스케일계수이다. 기구학적 메커니즘, 공작기계 또는 로봇 매니퓰레이터 운동에 대한 모델링의 경우에, 투시변환 값들을 0으로 놓으며 스케일계수 s는 1로 놓으면, 다음 식을 얻을 수 있다.

$$^A T_B = \begin{bmatrix} R_{3 \times 3} & D_{3 \times 1} \\ 0_{1 \times 3} & 1 \end{bmatrix} \tag{8.35}$$

투시변환 P와 스케일계수 s는 3차원 영상 분석에서 일반적으로 사용되며, 이에 대해서는 두다와 하트(1973)를 참조하기 바란다. P와 s가 혼동을 유발하며 대부분의 경우에 적절한 정보를 제공해주지 못하기 때문에, 이 장의 목적상, 좌표계들 사이의 동차변환행렬을 나타내기 위해서 식 (8.35)를 사용할 예정이다.

8.2.2 기초변환

동차변환행렬을 사용하여 직렬 및 병렬 시스템의 운동을 나타내는 일련의 기본적인 변환행렬식들을 도출할 수 있다. 세 개의 단위 이동행렬식들을 곱하여 다음과 같은 단순 **병진행**

---

3   perspective transformation: 하나의 점을 통해서 하나의 평면이 다른 평면으로 투영되는 변환(역자 주).

렬식을 얻을 수 있다.

$$D_{x,y,z} = T_x T_y T_z = \begin{bmatrix} 1 & 0 & 0 & x \\ 0 & 1 & 0 & y \\ 0 & 0 & 1 & z \\ 0 & 0 & 0 & 1 \end{bmatrix} \tag{8.36}$$

이 경우에 한해서는 어떤 순서로 곱하여도 동일한 결과를 얻을 수 있기 때문에, 곱셈의 순서는 중요하지 않다. 세 가지 병진행렬과 함께, 다음과 같이 세 개의 **회전행렬**들이 주어진다.

$$R_{\theta_x} = \begin{bmatrix} 1 & 0 & 0 & 0 \\ 0 & \cos\theta_x & -\sin\theta_x & 0 \\ 0 & \sin\theta_x & \cos\theta_x & 0 \\ 0 & 0 & 0 & 1 \end{bmatrix} \tag{8.37}$$

$$R_{\theta_y} = \begin{bmatrix} \cos\theta_y & 0 & \sin\theta_y & 0 \\ 0 & 1 & 0 & 0 \\ -\sin\theta_y & 0 & \cos\theta_y & 0 \\ 0 & 0 & 0 & 1 \end{bmatrix} \tag{8.38}$$

$$R_{\theta_z} = \begin{bmatrix} \cos\theta_z & -\sin\theta_z & 0 & 0 \\ \sin\theta_z & \cos\theta_z & 0 & 0 \\ 0 & 0 & 1 & 0 \\ 0 & 0 & 0 & 1 \end{bmatrix} \tag{8.39}$$

행렬식의 곱셈은 누적되는 것이 아니기 때문에, 8.1.6절에서 설명했던 것처럼, 식 (8.30)과 같은 회전행렬식의 조합은 회전의 순서에 의존한다. 그런데 기계해석에서는 일반적으로 각 운동을 롤-피치-요의 순서로 정의하므로 그에 따른 동차변환행렬식은 다음과 같이 주어진다.

$$R_{\theta_z \theta_y \theta_x} = R_{\theta_z} R_{\theta_y} R_{\theta_x}$$

$$= \begin{bmatrix} c(\theta_z)c(\theta_y) & c(\theta_z)s(\theta_y)s(\theta_x) - s(\theta_z)c(\theta_x) & s(\theta_z)s(\theta_x) + c(\theta_z)s(\theta_y)c(\theta_x) & 0 \\ s(\theta_z)c(\theta_y) & c(\theta)c(\theta_x) + s(\theta_z)s(\theta_y)s(\theta_x) & s(\theta_z)s(\theta_y)c(\theta_x) - c(\theta_z)s(\theta_x) & 0 \\ -s(\theta_y) & c(\theta_y)s(\theta_x) & c(\theta_y)c(\theta_x) & 0 \\ 0 & 0 & 0 & 1 \end{bmatrix}$$

$$\tag{8.40}$$

병진운동 행렬식 D를 식 (8.40)의 회전운동 행렬식 R과 조합하여 구한 **조합동차변환행렬(H_{RPY})**은 다음 식에서와 같이, 롤－피치－요 회전운동과 병진운동을 함께 나타낸다.

$$H_{RPY} = T_z T_y T_x R_{\theta_z} R_{\theta_y} R_{\theta_x}$$
$$= \begin{bmatrix} c(\theta_z)c(\theta_y) & c(\theta_z)s(\theta_y)s(\theta_x) - s(\theta_z)c(\theta_x) & s(\theta_z)s(\theta_x) + c(\theta_z)s(\theta_y)c(\theta_x) & x \\ s(\theta_z)c(\theta_y) & c(\theta_z)c(\theta_x) + s(\theta_z)s(\theta_y)s(\theta_x) & s(\theta_z)s(\theta_y)c(\theta_x) - c(\theta_z)s(\theta_x) & y \\ -s(\theta_y) & c(\theta_y)s(\theta_x) & c(\theta_y)c(\theta_x) & z \\ 0 & 0 & 0 & 1 \end{bmatrix}$$

$$(8.41)$$

일반적으로, 시스템을 모델링하는 과정에서 임의의 숫자의 변환행렬식들을 순차적으로 곱할 수 있다. 이 해석방법의 장점은 시스템의 개별 하위구성요소들에 대한 각각의 조합동차변환행렬식들을 유도한 다음에 이들을 모두 곱하면 복잡한 조립체의 성능을 비교적 손쉽게 구할 수 있다는 것이다.

이것이 이 장의 핵심이다. 시스템과 그에 따른 해석이 복잡해짐에 따라서 하위 시스템의 구성요소와 이들의 상대적인 위치를 추적하기 위해서 필요한 수학적 계산공식들이 헷갈릴 수 있다. 방정식의 독립적인 부분들을 공정 전체에 걸쳐서 유일하고 구분이 가능하도록 관리하기 위해서, 이후부터는 다음과 같은 표준 표시방법을 적용하기로 한다. 우선, 각각의 축방향마다 다음과 같이 회전각도를 지정한다. **그림 8.8**에 도시되어 있는 것처럼, x축 방향으로의 회전각도 θ는 θ_x와 같이 표기한다. 이와 유사한 방식으로, x축에 대한 회전행렬식은 R_{θ_x}로 표기한다. 동차변환행렬의 경우, $^{finish}T_{start}$와 같이 나타내는데, 우측의 하첨자는 행렬식의 출발좌표계를 나타내며, 좌측의 상첨자는 변환이 향하는 도착좌표계를 나타낸다.

8.2.3 등가벡터

동차변환행렬식이 시스템 내의 상대적인 위치를 기준좌표값으로 변환시키기 위해서 벡터와 행렬법을 사용하는 유일한 방법은 아니다. 임의의 2차원 또는 3차원 좌표계 내에서 위치벡터를 기준좌표로 변환시키기 위해서 **그림 8.11**에 도시되어 있는 것처럼, 회전행렬과 벡터를 조합한 방법을 사용할 수도 있다. 이 경우, 다음의 벡터식을 사용하여 C' 좌표계상의 점 P를 기준좌표계 C_{ref}에 대한 값으로 변환시킬 수 있다.

$$^{ref}P = C'_{ref} + R_\theta P'$$

(8.42)

여기서 C'_{ref}은 C_{ref}와 C' 사이를 잇는 벡터이다. R_θ는 식 (8.22)에 주어진 회전행렬식이며, P'은 C' 좌표계에 대한 점 P의 위치좌표값이다. 이런 형태의 해석을 통해서 8.2.1절에서 설명했던 동차변환행렬방법과 동일한 결과를 얻을 수 있다. 그런데 시스템이 점점 더 복잡해지면, 벡터를 사용하는 방법은 다루기가 힘들어진다. 기기나 기계의 모델링에 벡터기반 해석을 적용하는 방법에 대한 더 자세한 내용은 호켄과 페레이라(2011)를 참조하기 바란다.

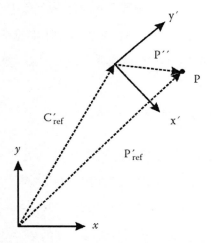

그림 8.11 $x'y'$ 좌표계상의 점 P를 xy 좌표계로 변환하기 위한 2차원 벡터 관계

8.3 오차운동

8.2절에서 논의한 해석기법은 기계나 기기의 오차할당값을 구하기 위한 방법들 중 하나이다. 일반적으로 **오차할당**[4]은 시스템 요구조건들과 특정한 설계인자값들이 조합된 결과물이다. 설계과정 전체에 걸쳐서 오차할당을 사용하면 많은 이점이 있다. 개별부품들의 요구

성능사양에 대한 정량적 평가와 전체 시스템의 성능한계 평가 등이 여기에 포함된다.

이 장에서 설명하는 오차할당을 활용하면, 측정과 모델링 기법에 포함되어 있는 불확실도를 고려한 최종 제품의 요구조건에 의해서 결정되는 시스템 설계의 중요한 특성값들을 도출하는 수학 기반 모델을 만들 수 있다. 설계의 수정이나 새로운 설계수행의 생산성을 극대화하고 출시 소요시간을 최소화하기 위해서는 설계 엔지니어가 활용할 수 있는 비교적 빠르고 정확하며 정형적인 설계평가 도구가 매우 중요하다. 오차할당은 큰 비용을 투입하지 않고도 중요한 설계 요구조건들을 예측 및 평가할 수 있는 최고의 방법들 중 하나이다. 이 장에서, **오차**는 이상적인 출력과 형상을 측정하는 계측기나 부품의 형상을 가공하는 기계와 같이, 계측기나 기계에 의해서 측정이나 생산된 결과 사이의 편차로 정의된다. 조립체에 사용되는 디바이스는 결코 완벽할 수 없으므로, 다수의 부품들을 사용하여 시스템이 만들어진다면 각 부품들의 모든 개별오차들이 최종 시스템의 출력 오차에 영향을 미치게 된다. 오차 원인의 유형과 이들이 대형 시스템의 출력에 미치는 영향을 분석하는 것은 매우 어려운 일인 것처럼 보일 것이다. 이 절에서는 복잡한 정밀 시스템의 설계 평가 시에 반드시 고려해야 하는 몇 가지 일반적인 오차 원인들에 대해서 살펴보기로 한다.

8.3.1 오차운동의 정의와 가정

모든 기계의 설계를 분석하는 과정에서는 해를 빨리 계산할 수 있도록 수학적 모델을 단순화하기 위해서 적절한 가정을 사용하여 모델링을 수행한다. 연산능력의 가격경쟁력은 지속적으로 높아지며, 유한요소 해석을 사용한 시스템 해석능력이 발전하고 있지만, 설계 단계에서 사용되었던 단순구속 모델이 설계의 평가과정에서 여전히 의미 있는 예측 결과를 제시해준다. 정확하고 정량적이며 측정 가능한 **성능 모델**을 개발하는 것은 특히 정밀 시스템의 경우에는 경계조건의 불확실도에 대한 민감도가 포함되어야 하기 때문에, 설계과정에서 가장 어려운 부분들 중 하나이다. **표 8.1**에서는 핵심 정의들과 가정들을 제시하고 있으며, 이후에 설명할 해석방법의 개발과정에서 활용될 예정이다(ISO/IEC 지침 99, 2007).

---

4   error budget.

표 8.1 운동제어 장치에서 발생한 오차의 평가를 위한 중요한 정의와 가정들

측정오차	공칭값에서 측정값을 뺀 값
직선변위오차	운동방향에 대한 실제위치 또는 변위와 명령위치 또는 변위 사이의 차이
각도오차	주축과 회전식 인코더의 분석을 위한 실제 각도와 명령각도 사이의 차이
반복도	동일한 측정과정, 동일한 조작자, 동일한 측정 시스템, 동일한 작동조건과 동일한 위치, 등을 포함하는 일련의 측정조건들하에서 동일하거나 유사한 물체에 대해서 단기간 내에 반복적으로 수행한 측정 결과 사이의 편차
임의오차	반복적으로 수행한 측정 결과들 사이에서 발생한 예측할 수 없는 경향의 측정오차
계통오차	반복적으로 수행한 측정 결과들 사이에서 발생한 일정하거나 예측할 수 있는 경향의 측정오차

8.3.2 아베 오차, 코사인 오차 그리고 직각도 오차

아베 오차[5]는 정밀공학에서 발생하는 기본적인 오차들 중 하나이다. 대부분의 계측기나 기계들은 설계상의 제약으로 인하여 현실적으로는 어떤 형태로던 아베 오차를 포함하고 있지만, 잘 만들어진 정밀기계에서는 이러한 아베 오차들을 고려하고 있으며, 이를 최소화하기 위해서 노력한다. 아베의 원리에 대해서는 10장에서 자세히 논의할 예정이다. 하지만 아베의 원리를 설명하지 않고는 오차를 논의하거나 오차를 모델링할 수 없기 때문에 이에 대해서 간단히 살펴보기로 하자. 아베의 원리는 오래전부터 정밀기계설계의 기본적인 항목으로 취급되어왔다(브라이언 1979, 장 1989, 슬로컴 1992, 리치 2014). 에반스(1989)는 아베의 원리에 따르면 변위 측정 시스템의 작용선은 측정할 변위와 동일선상에 위치하여야 한다고 설명하였다. **그림 8.12**에서는 변위축은 시편을 통과하는 반면에, 측정축은 거리 d_y 만큼 오프셋 되어 있다. 시편의 길이 L_s 는 다음 식과 같이 주어진다.

$$L_s = L_m - d_y \tan(\theta) = L_m - \varepsilon_{Abbe} \tag{8.43}$$

여기서 L_m 측정된 길이이며, θ 는 2차원 공간 내에서 측정평면을 정의하는 두 평행선들 사이의 각도편차이다.

---

5   Abbe error.

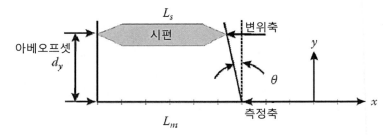

그림 8.12 측정축이 변위축에 비해서 d_y 만큼 오프셋 되어 있으며 수직선은 각도 θ 만큼 기울어 있는 경우에 시편의 접촉점과 스케일의 표시값 사이에서 발생하는 아베 오차에 대한 도식적 설명

변위 측정에서 아베의 원리가 적용되는 가장 대표적인 사례는 측정축이 변위축과 일치하는 마이크로미터와 측정축이 변위축과 오프세트 되어 있는 버니어 캘리퍼스 사이의 차이이다(10장 참조). 측정축과 변위축 사이에서 발생하는 각도편차에 의한 오차를 최소화시키기 위해서는 이들 둘 사이의 거리(d_y)를 0으로 만들거나 또는 가능한 한 작게 만들어야 한다.

그림 8.13에 도시되어 있는 것처럼, 측정방향이 운동방향과 일치하지 않으면 **코사인 오차**가 발생한다(10장 참조). 이 단순화된 경우에는 다음과 같이, 운동축 방향으로의 길이값은 스케일이 측정한 길이보다 짧아지게 된다.

$$L_m = L_s \cos(\alpha) \tag{8.44}$$

여기서 L_m 은 운동방향으로의 길이, L_s 는 스케일 길이 그리고 α 는 측정방향과 이송방향 사이의 각도편차이다. 오차값 $\varepsilon_{\cos}$ 는 다음과 같이 주어진다.

$$\varepsilon_{\cos} = L_s - L_m = L_s(1 - \cos\alpha) \approx L_s \frac{\alpha^2}{2} \tag{8.45}$$

코사인 오차는 일반적으로 여타의 오차원에 비해서 작은 값을 가지고 있다. 하지만 정밀 기기와 기계의 경우에는, 비록 작은 오차라고 할지라도 전체 오차할당값에 기여를 하기 때문에 평가과정에 이를 포함시켜야만 한다.

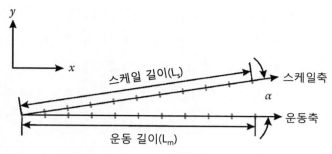

그림 8.13 스케일 축이 이송축에 대해서 각도 α만큼 회전한 경우에 발생하는 코사인 오차

직각도 오차는 일반적으로 운동축과 기준 좌표계 또는 기본 좌표계를 정의하는 축선들 사이의 각도편차에 해당한다. 기준좌표계나 기본좌표계를 임의로 정할 수 있겠지만, 안정된 구조를 대표할 수 있어야 한다. 기준좌표계나 기본좌표계로 사용되는 일반적인 대상에는 공작기계의 주물구조나 측정 시스템의 화강암 테이블 등이 포함된다. 이 장의 앞쪽에서 설명했듯이, 운동을 정의하기 위해서 사용되는 수학적 방법은 직교좌표계를 기반으로 하고 있으며, 실제 시스템과 이상적인 시스템 사이의 편차가 오차로 나타나게 된다. 그림 8.14에서는 2차원 직교 좌표계에서 발생하는 직각도 오차를 포함하는 오차성분들에 대해서 보여주고 있다.

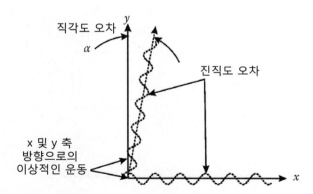

그림 8.14 직각도와 진직도 오차. 직각도는 x 및 y축 사이의 각도편차이며, 진직도는 이송축방향과 직각 방향으로의 잔류운동이다.

진직도 오차는 지정된 운동경로와 직각방향으로의 편차운동을 나타낸다. 일반적으로 이 오차들은 지정된 운동경로와는 직각 방향으로의 작은 선형오차로서, **그림 8.14**에서는 파동형 점선으로 표시되어 있다. 일반적으로 직선변위 오차와 각도오차가 조합되어 진직도 오차가 초래되며, 이에 대한 더 자세한 내용은 10장에서 다루기로 한다. 진직도 오차들은 모델링이나 설계과정을 수행하는 동안, 스테이지의 품질 및 정렬과정과 같이 미리 지정해야만 하는 사양들에 대한 설계결정 시에 도움이 되는 지침으로 중요하게 사용된다.

8.3.3 직선운동

이 장에서는 **직선운동**을 **그림 8.15**에 도시되어 있는 것처럼, 물체 내의 두 개의 상호 독립적인 점들이 전체 운동과정에서 평행을 유지하는 경로라고 정의한다. 물리적으로는 직선운동이란 직선경로를 따라서 A점에서 B점으로 이동하는 운동과정에서 강체의 회전운동이 없는 운동이다. 그런데 실제의 경우, 모든 안내운동 메커니즘들은 설계 및 기능과 관련되어서 약간의 잔류회전운동을 가지고 있다. 운동 시스템에서는 8.3.2절에서 논의했던 것처럼, 수많은 오차들이 발생하며, 이에 대해서는 10장에서 자세히 분석하기로 한다.

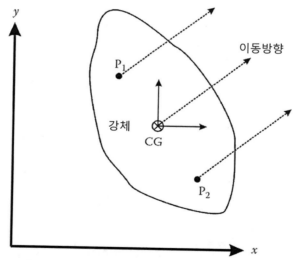

그림 8.15 물체상의 두 점들이 운동방향과 평행을 유지하는 강체의 직선운동에 대한 설명

그림 8.10에 도시되어 있는 것처럼, 물체가 z 축을 따라서 움직이면서 미소한 각운동을 일으킨다면, 미소각 근사를 통해서 식 **(8.41)**을 단순화시킬 수 있다. 미소각도 ε에 대해서, 각

도의 사인값은 각도의 라디안 값과 같다고 간주할 수 있기 때문에, $\sin(\varepsilon) \approx \varepsilon$이라고 놓을 수 있으며, 코사인 값은 1이라고 간주할 수 있기 때문에, $\cos(\varepsilon) \approx 1$이라고 놓을 수 있다. 미소각도 근사를 적용하고, 2차항들을 무시하면, 식 (8.41)에 제시되어 있는 롤—피치—요 동차변환행렬식 H_{RPY}는 다음과 같이 근사화시킬 수 있다.

$$H_{RPY} = \begin{bmatrix} 1 & -\varepsilon_z(z) & \varepsilon_y(z) & \delta_x(z) \\ \varepsilon_z(z) & 1 & -\varepsilon_x(z) & y+\delta_y(z) \\ -\varepsilon_y(z) & \varepsilon_x(z) & 1 & \delta_z(z) \\ 0 & 0 & 0 & 1 \end{bmatrix} \tag{8.46}$$

여기서 $\varepsilon_x(z)$, $\varepsilon_y(z)$ 그리고 $\varepsilon_z(z)$는 각각, z방향으로의 변위의 함수로 나타낸 x, y 및 z방향 각도오차들이며, $\delta_x(z)$, $\delta_y(z)$ 및 $\delta_z(z)$는 각각, z방향으로의 변위의 함수로 나타낸 x, y 및 z방향 변위오차들이다.

8.3.4 회전의 중심축

기계 시스템에서는 회전기기가 일반적으로 사용되며, 거의 대부분의 기계설계에서 회전 축을 발견할 수 있다. 구동축, 로봇 조인트 그리고 공작기계 주축 등의 메커니즘에서 일반적 으로 볼 수 있듯이, 이들은 주로, 회전운동을 구현하거나 에너지를 전달한다. 그림 8.16에 도 시되어 있는 일반적인 회전 시스템의 경우, 그림 8.16에 도시되어 있는 것처럼, 회전하는 축 부품의 좌표계는 회전중심에 대해서 축선이 정의되며, 고정된 베이스 또는 기준위치에 대해 서 두 번째 좌표계가 정의된다. 이상적인 회전 시스템의 경우에는 이상적인 축선 또는 가상 의 중심축선에 대해서 하나의 회전자유도만이 정의된다.

회전축선이 좌표계의 z축과 일치하는 회전 시스템의 경우, 오차운동에 대하여 식 (8.41) 은 다음과 같이 정리된다.

$$H_{RPY} = T_z T_y T_x T_{\theta_z} T_{\theta_y} T_{\theta_x} \tag{8.47}$$

$$= \begin{bmatrix} cox(\theta_z) & -\sin(\theta_z) & \sin(\theta_z)\varepsilon_x(\theta_z)+\cos(\theta_z)\varepsilon_y(\theta_z) & \delta_x(\theta_z) \\ \sin(\theta_z) & \cos(\theta_z) & \sin(\theta_z)\varepsilon_y(\theta_z)-\cos(\theta_z)\varepsilon_x(\theta_z) & \delta_y(\theta_z) \\ -\varepsilon_y(\theta_z) & \varepsilon_x(\theta_z) & 1 & \delta_z(\theta_z) \\ 0 & 0 & 0 & 1 \end{bmatrix}$$

여기서 θ_z는 z축에 대한 회전각도, $\varepsilon_x(\theta_z)$와 $\varepsilon_y(\theta_z)$는 z축 방향으로의 회전각도 θ_z의 함수로 나타낸 각도오차 그리고 $\delta_x(\theta_z)$, $\delta_y(\theta_z)$, 및 $\delta_z(\theta_z)$는 각각 θ_z의 함수로 나타낸 x, y 및 z방향으로의 변위오차이다. 스핀들오차와 모델링 방법 그리고 회전 시스템의 실제 측정에 대한 보다 더 자세한 내용은 마쉬(2008)를 참조하기 바란다.

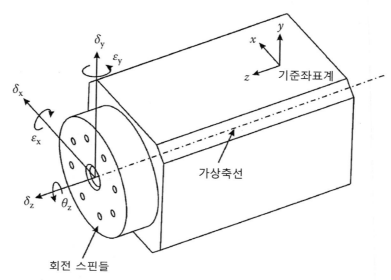

그림 8.16 기준좌표계에 대하여 스핀들의 회전오차를 나타내기 위해서 정의된 좌표축들

8.3.5 열의 영향

열이 기계 시스템의 전반적인 성능에 미치는 영향을 고려해야만 하며, 열은 오차할당에서 가장 영향력이 큰 인자들 중 하나이다. 따라서 열 민감도와 열 안정성을 사용하여 정밀기계 시스템의 성능을 나타내기도 한다. 기계설계 속에서 발견되는 서로 다른 소재들과 계면의 숫자, 서로 다른 소재들의 열팽창계수와 같은 기계적 성질들, 그리고 기계적 조인트들로 인하여 열변화가 발생하면 시스템 내부에 응력분포가 발생한다. 이로 인하여 시간에 따라서 온도가 변하면 메커니즘이 변형, 팽창 또는 수축하게 된다. **열오차**의 저감은 모든 정밀기구 설계에 있어서 가장 어려운 부분이다. 열전달에는 세 가지 일반적인 메커니즘들이 있으며, 정밀기계 설계에서는 이들 모두를 고려해야만 한다(인크로페라와 드윗 1996). 여타의 소재 특성들과 이들이 정밀기기와 기계에 미치는 영향에 대해서는 12장에서 논의하기로 한다.

전도는 고체나 정비해 있는 유체를 통한 열전달 현상이며, 기본적으로는 에너지 상태에 따라서 소재 내부의 원자운동이 증가하는 현상과 관련되어 있다(Özisik 1993). 1차원 정상상태에서의 전도성 열전달의 경우, 열유속 $\ddot{q}$[W/m²]는 다음과 같이 주어진다.

$$\ddot{q}_x = k\frac{T_1 - T_2}{L_x} = k\frac{\Delta T}{L_x} \tag{8.48}$$

여기서 k[W/m²K]는 열전도계수, T[K]는 온도 그리고 L_x[m]는 x방향으로의 거리이다. 전도성 열전달은 모터나 펌프와 같은 열원이 프레임이나 구조물에 부착되어 있는 경우에 일반적으로 발생한다. 이 경우, 펌프의 잔류에너지는 구조물 내에서 열구배를 유발하여 시간에 따라서 기계 내에서 원치 않는 팽창과 운동을 유발한다.

대류성 열전달은 매질 내에서의 원자운동과 매질 자체의 거시적인 운동이 조합되어 나타나는 현상이다(비전 1995). 일반적으로, 대류성 열전달은 테이블 위를 움직이는 공기와 같이, 고체 위나 주변을 움직이는 유체에서 발생한다. 대류성 열유동 $\ddot{q}$[W/m²]는 다음과 같이 주어진다.

$$\ddot{q} = h(T_s - T_\infty) \tag{8.49}$$

여기서 h[W/m²K]는 대류성 열전달계수, T_s[K]는 표면온도 그리고 T_∞[K]는 유체의 벌크온도이다. 대류성 열전달은 온도제어에서 기본적으로 사용되는 방법들 중 하나이다. 전장반 캐비닛이나 컴퓨터 하우징의 경우에서와 같이, 일정한 비율로 열이 발생하며 시스템이 최적의 작동성능을 구현하도록 만들기 위해서는 이 열을 빼내야 하는 경우에 가장 일반적으로 사용된다. 시간에 따라서 열원이 움직이거나 변하는 영역 내에서 열원에 의한 영향을 저감시켜야만 하는 경우에 환경조절용 챔버 내에서 대류성 열전달 기법을 사용한다.

복사 열전달은 매질 내에서 전자기파의 상호작용에 의해서 발생한다(시걸과 하월 1992). 이 장에서는 주로 고체에 대해서 복사열전달을 살펴보지만, 유체에도 영향을 미친다. 복사 열전달은 다음과 같이 주어진다.

$$q_{rad} = \varepsilon\sigma(T_s^4 - {}^sR_{sur}^4)$$

$$(8.50)$$

여기서 ε은 복사율, $\sigma(=5.67\times10^{-8}[\text{W/m}^2\text{K}^4])$는 스테판－볼츠만 상수, $T_s[\text{K}]$는 표면의 절대온도 그리고 $T_{sur}[\text{K}]$는 주변의 절대온도이다. 복사열전달은 모든 환경에서 일반적으로 발생하며, 빛이나 영역 내에서 일하는 사람에 의해서 주로 발생한다.

지금까지 간략하게 살펴본 세 가지 열전달 메커니즘들이 모든 메커니즘과 기구설계 속에 존재하며, 특히 미소한 환경변화가 시스템의 전체적인 기능에 큰 영향을 미치는 정밀기구설계에서는 민감한 사안이다. 이 영향에 대한 이해와 저감이 설계 단계에서 매우 중요하다. 식 (8.48), (8.49) 및 (8.50)은 모두 온도의 변화를 나타내며, 이들은 어떠한 방식으로라도 설계에 영향을 미친다.

정밀기계설계 엔지니어가 명심해야만 하는 두 가지 중요한 열영향들이 있다. 첫 번째는 열구배가 소재를 팽창시키고 설계과정에서는 고려하지 못했던 뒤틀림과 변형을 초래할 수 있다는 **열팽창**이다. 균일한 소재로 만들어진 고체의 온도 변화에 따른 체적변화는 다음과 같이 주어진다.

$$\frac{\Delta V}{V_0} = \alpha_V \Delta T$$

$$(8.51)$$

여기서 $\Delta V[\text{m}^3]$는 체적변화량, $V_0[\text{m}^3]$는 초기체적, $\alpha_V[1/\text{K}]$는 열팽창계수 그리고 ΔT $[\text{K}]$는 온도변화값이다. 단면형상이 일정한 균일소재 막대의 길이 변화에 대해서는 식 (8.51) 을 다음과 같이 정리할 수 있다.

$$\frac{l_f - l_0}{l_0} = \alpha_l(T_f - T_0)$$

$$(8.52)$$

여기서 $l_0[\text{m}]$는 막대의 초기길이, $l_f[\text{m}]$는 막대의 최종길이, $\alpha_l[1/\text{K}]$은 열팽창계수, $T_0[\text{K}]$ 는 초기온도 그리고 $T_f[\text{K}]$는 최종온도이다. 이것은 주어진 온도 변화에 따른 길이 변화를 나타내는 비교적 단순한 선형방정식을 통해서 주어진 특정한 환경하에서 온도 변화가 미치는 영향을 너무 복잡하지 않게 보여줄 수 있는 중요한 방법이다.

두 번째 중요한 열영향은 **그림 8.17**에 도시되어 있는 **에너지보존**이다. 주어진 **검사체적**에 대해서, 특정한 순간의 에너지는 다음과 같이 나타낼 수 있다.

$$E_{in} + E_g - E_{out} = \Delta E_{st} \tag{8.53}$$

여기서 E_{in}[J]는 검사표면을 통과하여 시스템 속으로 유입되는 에너지, E_g[J]는 물체 내에서 생성되는 에너지, E_{out}[J]는 검사표면을 통과하여 시스템에서 방출되는 에너지, ΔE_{st} [J]는 물체 내부에 저장된 에너지의 변화량이다. 기계 시스템에서는 모터, 펌프, 운동과정에서의 마찰, 냉매 등 다양한 소스에 의해서 에너지가 생성된다. 이 모든 소스들이 시스템의 최종성능에 영향을 미치므로, 오차할당 과정에서 이들을 설계과정의 일부분으로 고려할 필요가 있다는 점을 정밀기구설계 엔지니어들이 명심해야만 한다. 주변과 평형을 이루고 있는 물체의 **집중용량 모델**을 유도하기 위해서 식 (8.53)에 제시되어 있는 에너지 평형방정식을 사용할 수 있다.

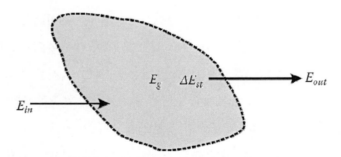

그림 8.17 특정한 순간에 물체의 에너지 평형

$$\frac{T - T_\infty}{T_i - T_\infty} = \exp\left[-\left(\frac{hA_s}{\rho Vc}\right)t\right] \tag{8.54}$$

여기서 h[W/m²K]는 대류상수, A_s[m²]는 표면적, ρ[kg/m³]는 밀도, V[m³]는 체적, c[J/kgK]는 소재의 비열, t[s]는 시간, T_i[K]는 물체 내부의 온도, T_∞[K]는 주변온도 그리고 T[K]는

특정한 시간 t에서의 온도이다. 식 (8.54)를 다음과 같이 나타낼 수 있다.

$$\frac{T - T_\infty}{T_i - T_\infty} = e^{-\frac{t}{\tau}}$$

(8.55)

여기서 $\tau = \rho Vc/hA_s$를 보통 **열 시상수**라고 부른다. 실제의 경우, 소재와 특정한 설계의 경계조건에 대한 상세한 이해가 필요한 유한요소해석(FEA)이나 전산유체역학(CFD) 모델링 도구를 사용하지 않고 열부하에 따른 열영향을 모델링하는 것은 어려운 일이다. 일반적으로 특정한 공정이나 기계설계의 오차를 최소화하기 위해서 필요한 열영향을 예측하기 위해서 유한요소해석이나 전산유체역학 코드들이 사용된다.

8.4 오차할당 모델

8.4.1 측정의 불확실도

측정의 불확실도와 측정의 불확실도 표기지침(GUM)에서는 특정한 설계의 성능 또는 성능한계를 예측하는 체계적인 방법을 제시하고 있으며, 이에 대해서는 9장에서 상세하게 논의하고 있다(테일러와 쿠야트 1994, 키르쿠프와 프랭클 2006). 이것은 거의 모든 종류의 요구조건들에 대해서 적용할 수 있는 통계학적 방법에 기초하여 표준공정을 정의하기 때문에 정밀기기와 기계의 설계와 평가에서 중요한 부분이다. 이런 방법들을 사용하여 성능특성이나 성능한계를 추정하고, 이 절에서 논의하는 도구와 방법들을 사용하여 기계설계의 수학적 표현에 수치값들을 대입하여 포괄적인 모델을 도출할 수 있다. 오차와 측정의 불확실도에 대한 일관적인 취급이 정밀기구설계의 핵심적인 부분이다.

8.4.2 시스템 고찰

1장에서 논의했듯이, 정밀설계에서 중요한 특성과 요구조건들을 나타내기 위해서 이시카와 도표를 사용할 수 있다. 기존의 장비성능을 평가하거나 새로운 장비의 개념 설계와 요구조건들을 도출할 때에는 시스템에 대한 전반적인 통찰이 필요하다. 환경이나 에너지 소스와 같은 외적인 영향을 포함하여, 구성부품과 하위부품들 사이의 다양한 상호작용에 대해서 더 민감한 경향이 있기 때문에, 설계에 대한 전반적인 통찰력은 정밀 시스템에서 중요하다.

그림 1.3에 도시되어 있는 도표의 경우, 각각의 박스들은 전체 시스템의 성능에 영향을 미치는 중요한 요구조건이나 특징들을 나타낸다. 일반적으로 시스템을 평가하는 방법은 상향식과 하향식의 두 가지 유형이 있다. **상향식 방법**에서는 설계의 개별 부품들을 대상으로 하며 개별적으로 평가한다. 설계의 개별 측면들을 정량화하며, 이들을 취합하여 전체 시스템을 구성한다. **하향식 방법**에서는 시스템 요구조건을 정의 및 정량화하며, 시스템의 전체적인 기능적 요구조건에 따라서 개별 요소들로 분할한다. 실제의 경우, 두 방법들은 전체 설계공정의 일부분이며 전체 시스템을 완벽하게 나타내기 위해서 필요하다. 요구조건들의 도출, 정량화 그리고 문서화를 가능한 한 빨리 수행하는 것이 정밀기계의 설계와 이후에 수행되는 해석공정에 있어서 매우 중요하다. 이후에 수행되는 모델링과 평가는 이 입력에 기초하기 때문에, 미지수나 불완전한 정의가 남아 있다면, 부적절한 설계가 만들어지게 된다.

8.4.3 성능한계 고찰

하향식과 상향식 방법들을 활용하여 얻을 수 있는 가장 큰 이득들 중 하나는 엔지니어로 하여금 설계의 각 부분들이 가지고 있는 민감도를 체계적인 방식으로 바라볼 수 있게 해준다는 것이다. 이 장과 6장에서 설명하는 모델링 방법들을 사용하여 산출된 오차들과 소위 **성능 요구조건**이라고 부르는 수요자들이 제시한 사양들에 기초하여 중요한 성능기준들을 제시하는 상세한 오차할당을 완성할 수 있다. 시스템의 요구조건들을 합리적으로 나타낸 정량화된 모델을 도출함으로써, 너무 많은 자원을 소모하지 않으면서 반복설계 과정에서 부품 및 하위구성요소들의 사양들을 평가할 수 있다. 잘 문서화된 상세한 오차할당은 최종 시스템의 시험계획과 성능평가를 인도해주며, 구성요소나 설계의 변경이 발생했을 때에, 전체 모델을 다시 만들지 않으면서, 빠른 갱신을 가능하게 해준다.

8.4.4 자원의 분배지침

모든 설계는 서로 합쳐서 하나의 시스템으로 결합되며, 미리 전해진 수준의 성능을 구현해야 하는 다수의 부품들과 조립체로들로 이루어진다. **요구조건**들을 고려하고 이들로부터 정량화 및 검증이 가능한 독립적인 사양 또는 요구조건들을 추출하는 정밀공학 엔지니어의 능력은 고품질 설계를 도출하기 위해서 중요하다. 설계를 이해하고 평가하는 데에 이 장에서 설명되어 있는 방법들을 어떻게 사용할 수 있는지를 설명하기 위해서 8.7절에서는 두 가지 사례 연구들이 사례로 제시되어 있다. 다음 절의 사례에서는 동차변환행렬(HTM)이 주어진 일련의 성능 요구조건에 대한 시스템의 민감도를 유도하기 위해서, 통계학적인 방법들과 함께 사용할 수 있는 수학적인 도구라는 것을 보여줄 예정이다. 사례로서, 3차원 공간 내에서, 특정한 점의 위치를 조절하기 위한 수단으로서, 3축 적층방법을 살펴볼 예정이다. 스테이지 진직도나 요구성능을 구현하기 위해서 얼마나 스테이지를 잘 조립해야 하는가를 나타내는 진직도 요구조건과 같은 조립공차 등의 중요한 성능 요구조건들을 결정하기 위해서 앞서 사용했던 수학적 모델을 사용하여 이 시스템을 평가할 수 있다.

8.5 소프트웨어 보상

전부는 아니지만 거의 모든 기기나 기계 제조업체에서 시스템의 최적성능을 구현하기 위해서 **소프트웨어 보상**이 일반적으로 사용된다. 소프트웨어 보상은 컴퓨터 제어기를 사용하여 시스템의 고유오차를 보상한다는 단순한 개념이다. 소프트웨어 보상을 성공시키기 위해서는 두 가지 핵심 요구조건들이 필요하다. 첫 번째 요구조건은 오차가 성능기준 이하의 수준에서 반복적으로 발생하여 모델, 조견표 또는 여타의 수단을 사용하여 측정 또는 정량화할 수 있어야 한다. 두 번째 요구조건은 오차의 정의와 정량화를 위해서 교정과정이 사용되어야 한다는 것이다. 시스템의 성능을 최적화하기 위해서는 시스템의 정량화 과정이 필수적이다.

8.5.1 교정과정

교정과정은 기본성능평가의 기반이 되며, 소프트웨어 보상의 중요한 부분이며, 특정한 조건하에서 구현 가능한 성능에 대한 제한요소로 작용할 수 있다. 일반적으로, 교정과정은 설계상의 요구조건에서 의도한 시스템의 성능을 정량화하기 위해서 수행되는 평가과정 또는 공정의 조합이다. 이 경우, 교정은 비록 모든 시스템에 대한 정량화 과정의 일부분으로 간주할 수 있겠지만, 추적성과 불확실도 측정 결과에 대한 평가를 위해서 사용되는 계측에서 정의하는 교정(ISO/IEC 지침 99, 2007)을 의미하지는 않는다. 여기서 살펴볼 교정과정에서는 시스템의 개별 구성요소들과 가능하다면 컴퓨터 제어를 포함하는 통합된 시스템에 대하여 수행하는 평가에 대해서 설명한다.

정밀도를 평가하기 위해서, 기기나 기계의 교정과정은 가능한 한 해당 기기나 기계의 최종적인 사용상태와 유사한 조건에서 수행되어야 한다. 여기에는 작동환경, 소프트웨어 루틴, 제어기 세팅 등뿐만 아니라 공정 자체도 포함된다. 실제의 경우, 공작기계에서는 공구 홀더에 역반사경을 설치하고 병진이동 변위에 대한 레이저 간섭 측정을 수행한다. 따라서 가공이 수행되는 위치에서 교정을 수행하며, 기계가 드라이런을 수행하는 동안 이 측정들이 수행되며, 가공시편과 공구 사이의 상호작용은 무시한다. 공작기계의 높은 강성 때문에 적절한 작동조건하에서 교정오차를 보상하고 나면, 기계의 정확도가 현저히 향상된다. 교정의 기본적인 측면들 중 하나는 공정을 나타내는 정량적인 수단에 대한 문서화이다. 여기에 전력, 공기압력, 습도 및 수압 등과 같은 시설입력과 같은 환경조건들을 포함할 수 있으며, 필요한 성능 수준을 유지하기 위해서는 주기적으로 보고서를 작성해야 한다. 시간이 지남에 따라서 무엇인가 변하며 기계나 기기의 성능이 퇴화되지 않는가를 확인하기 위해서 일정한 기간마다 정기적인 점검을 수행하는 것은 가치 있는 일이다. 미국 기계학회(ASME 2016), 미국재료시험협회(ASTM 2016) 그리고 국제표준협회(ISO 2016) 등에 의해서 다수의 상용 시스템들과 일반공정들에 대한 표준 공정들과 시험들이 개발되었다. 사양표준에는 특정한 적용 분야의 다양한 설계에 대한 교정과정을 개발하는 과정에서 사용하거나 참조해야만 하는 풍부한 정보들이 포함되어 있으며, 가능하다면 이를 활용해야만 한다.

8.5.2 컴퓨터 제어

컴퓨터 제어방식의 공작기계와 계측용 기기들은 1950년대에 개발되었으며, 현재에는 거의 모든 상용기계와 계측기들이 컴퓨터 제어를 사용하고 있다. 전산제어 기계들의 연산능력이 향상되고 가격이 낮아지게 되면서, 이제는 시장의 주류가 되었다. 이 장의 목적이나 정밀

기계설계와의 연관성을 설명하기 위해서 개루프나 폐루프 방식을 사용하여 컴퓨터 제어를 나타내며, 정보분석 및 정보보관을 포함하는 모니터 출력과 입력을 정의하기 위해서 일부 전자통신이 사용된다. **그림 8.18(a)**에서는 단순한 입력과 출력이 포함되어 있는 단순한 **개루프 제어선도**가 제시되어 있다. **그림 8.18(b)**에서는 **폐루프 제어선도**가 제시되어 있으며, 그림에서 점선은 전향제어 루프를 나타낸다. **그림 8.18(b)**의 구조에서, 전향제어는 과거와 미래값을 모두 포함하는 수요에 대한 지식을 기반으로 하므로 필요한 출력을 구현하기 위한 최적의 제어신호를 예측할 수 있다. 여타의 다양한 **전향제어** 모델들은 시스템에 가해지는 외란을 측정하며(때로는 외란이 출력단에 도달하기 전에 이를 측정할 수도 있다), 이들의 영향을 최소화하기 위해서 제어신호에 대한 수정 수행한다. 전부는 아니더라도 대부분의 현대적인 제어 시스템들은 일종의 폐루프 **귀환제어** 시스템을 갖추고 있으며, 오차할당을 도출하는 과정에서 이를 고려할 필요가 있다.

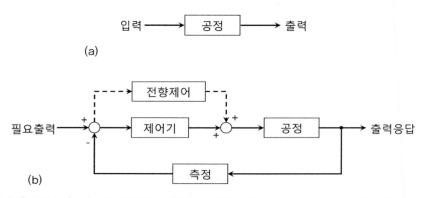

그림 8.18 (a) 출력이 처음 지시된 입력에만 의존하는 개루프 제어. (b) 출력이 시스템이나 귀환제어의 일부분인 측정장치에 의해서 검출된 출력과 명령 사이의 차이에 의존하는 폐루프 제어. 점선은 전향제어를 나타내며, 대부분의 고성능 제어 시스템에서 일반적으로 사용된다. 이에 대해서는 14장에서 자세히 살펴볼 예정이다.

현대적인 제어 시스템과 전략들은 매우 복잡하며, 이에 대해서는 14장에서 논의할 예정이다. 그런데 정밀공학자들은 설계과정의 일부분으로 활용 가능한 다양한 옵션들에 대해서 이해하고, 고려할 필요가 있다. 설계과정에서 제어 시스템의 통신, 대역폭, 전력소모와 데이터저장 등과 같은 인자들은 모두 최종 성능과 전체적인 기능성에 중요한 영향을 미치기 때문에, 이들에 대하여 고려하는 것이 매우 중요하다. 설계과정의 이 시점에서 제어기를 고려하여 얻을 수 있는 중요한 이득들 중 하나는 수요와 성능 요구조건에 따라서 전체적인 제어 옵션들을 활용할 수 있다는 점이다. 특히 제어전략은 몇 개의 센서를 기계 내의 어느 위치에 사용해야 하는가에 대한 결정에 영향을 미치게 된다. 전통적으로, 기계나 계측기를 제작하거나 시제품을 만든 이후에 제어기를 설계 및 설치하기 때문에 옵션이나 전체적인 성능이 제한을 받는다. 시스템의 전체적인 성능평가의 일부분으로 제어기의 성능을 포함시켜야만 한다. 그런데 잘 작동하는 제어 시스템은 성능을 향상시켜주지만, 잘못 설계된 기계나 계측기를 구원해주지는 못한다(14장 참조).

8.5.3 알고리즘

알고리즘이란 유한한 단계들을 통해서 문제를 풀어내는 방법이라고 정의되어 있다(아이작스 2000). 정밀기구설계의 경우, 다양한 입력에 대한 시스템의 민감도로 인하여 알고리즘이 전체 오차할당의 큰 부분을 차지한다. 새로운 알고리즘을 개발하거나 활용 가능한 알고리즘을 사용하는 설계자의 핵심 역할은 해당 알고리즘이 시스템의 전체적인 요구조건들을 충족하는지를 검증하는 것이다. 이는 불필요한 말인 것처럼 보일지 모르지만, 요구조건을 충족시키기 위한 복잡성의 수준이나 필요한 단계의 수에 대해서 완벽하게 이해하지 못한다면 설계가 옆길로 빠져나가는 데에 오랜 시간이 걸리지 않는다. 알고리즘은 기계적인 성능이나 전기적인 성능에는 거의 또는 전혀 영향을 미치지 않으면서 시스템의 성능을 크게 변화시킬 수 있기 때문에, 알고리즘을 전체 설계의 일부분으로 간주할 필요가 있다. 그런데 잘못 설계된 알고리즘은 성능을 크게 저하시킨다.

정밀기계에 적용하기 위한 추가적인 고려사항은 컴퓨터 내에서 어떤 값들이 표시에 사용되는가이다. 일반적으로 **부동소수점수**의 경우에는 대략적으로 7개의 유효숫자에 대해서만 정밀도가 보장되며(일부의 숫자들은 다른 숫자에 비해서 나타내기가 더 어렵다), 배정밀도의 경우에는 이보다 두 배 더 신뢰구간이 넓다. 게다가 **아날로그-디지털 변환기**를 사용하여 아날로그 센서의 출력을 이진수 값으로 변환시켜야 하는데, 일반적으로 적절한 샘플링 속도하에서 15~17비트 또는 10^4~10^5개의 숫자들로 이를 나타내며, 구현 가능한 정밀도 한계는 1~2비트의 오차값을 가지고 있다.

8.6 하드웨어 보상

컴퓨터 제어가 빠른 처리속도와 오차보상이 가능하도록 발전하기 전에는, 시스템의 성능 요구조건을 충족시키기 위해서 필요한 수준으로 부품과 조립체를 제작하는 능력에 의해서 기계적 성능이 지배되었다. 정밀 계측기와 기계 제조업체들은 기계적인 요구조건들을 충족시키기 위해서 반복 가능하며 체계화된 제조기술과 고도로 숙련된 기술자들의 능력에 의존하였다.

8.6.1 설계인자의 수용을 위한 형상수정

고도의 기능성을 갖춘 견실한 시스템을 생산하는 가장 신뢰성 있는 방법들 중 하나는 시스템 내에서 총 오차를 최소화시킬 수 있도록 형상을 설계하는 것이다. 그런데 현대적인 정밀 시스템의 엄격한 요구조건들을 감안한다면, 이것은 말하기는 쉽지만 행하기는 어려운 일이다. 정밀 계측기와 기계를 제작하기 위해서 과거에 사용하던 기법들을 현재에도 여전히 사용하고 있지만, 현대적인 제어 시스템 및 제어전략들과 결합되어 이전에 구현하던 수준을 뛰어넘게 되었다.

설계인자들을 수용하기 위해서 기하학적 형상을 수정하는 고전적인 사례가 정밀 공작기계의 주철소재 안내면에 대한 스크래핑 가공이다(무어 1970, 오쿠마 2013). 이 경우, 마이크로미터 미만의 진직도 오차를 가지고 있는 다듬질된 안내면을 제작하기 위해서 마스터 직선자 및 평판과 수작업용 공구를 함께 사용하였다. 잘 설계된 기계와 계측기들은 어떤 형태의 기계적 보상방법을 설계에 포함시키고 있다. 평판, 원통 및 구체를 연삭 및 수작업 폴리싱하여 운동의 안내나 계측의 기준으로 사용할 기하학적 형상을 제작한다. 형상에 따라서는 여타의 기하학적 형상들을 설계에 포함시킬 수 있다. 견실한 설계에서는 자주 이런 형태의 기계적 인공물들을 기준이나 데이텀으로 활용한다. 훌륭한 기구설계와 귀환제어 그리고 잘 정의된 교정과정의 조합이 고정밀 시스템의 기초가 된다.

8.6.2 오차 원인의 저감 또는 조절을 위한 기계적 보강

제어오차의 원인들을 저감하기 위해서 사용할 수 있는 **기계적 보강**방법은 수없이 많다.

8.3.5절에서 설명했듯이, 열오차의 소스들은 정밀기계나 계측기들에서 조절하기 가장 어려운 오차 원인들 중 하나이다. 그런데 주어진 환경 속에서 열 편차의 영향을 최소화하기 위해서 사용할 수 있는 기계적인 기법이 존재한다(스미스와 체번드 1992). 이런 사례들 중 하나가 열팽창계수가 서로 매칭되어 열에 의한 영향이 서로 상쇄되는 소재들을 선정하여 시스템을 기계적으로 보상하는 것이다. 온도가 일상적으로 15[℃]에서 20[℃]까지 변하는 공장에서 사용할 수 있도록 설계된 보상 시스템을 살펴보기로 하자. 이 경우, 중력에 의한 처짐이 최소화되도록 시스템의 강성이 설계된 외팔보에 의해서 두 개의 수직 칼럼이 서로 연결되어 있다. 그림 8.19에 도시된 시스템에서, 기준표면과 프로브 지지기구 사이의 거리를 1[μm]미만으로 일정하게 유지하여야 한다. 각 소재들의 열팽창계수를 고려하여 소재를 매칭시키도록 설계하기 위해서 식 (8.52)를 사용할 수 있다.

$$\alpha_1 = \alpha_2 \frac{l_2}{l_1} \tag{8.56}$$

여기서 l_1과 l_2는 각각 수직 기둥들의 길이이며, α_1과 α_2는 각 기둥들의 열팽창계수이다.

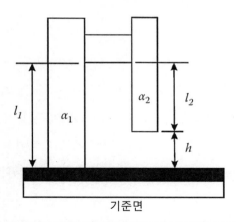

그림 8.19 온도 변화에 따른 거리 h의 민감도를 최소화하기 위하여 두 개의 수직기둥으로 이루어진 열 보상기구

소재의 성질들과 기계설계에 대한 이해를 통해서 온도편차에 의해서 유발되는 오차와 예측 가능한 기계적 성능들을 최소화시킬 수 있다. 시스템의 성능이 중요한 대부분의 경우,

구조물에 열팽창계수가 작은 소재를 사용하여야 한다. 소재의 성질과 정밀설계에 이들을 활용하는 방안에 대한 더 자세한 설명은 12장에서 수행할 예정이다.

8.7 사례 연구

이 장에서 설명하고 있는 모델링 방법의 적용 사례를 설명하기 위해서 이 절에서는 두 가지 사례를 살펴보기로 한다. 첫 번째 사례에서는 시편의 표면을 기계적으로 추적하여 평가대상 시편의 표면조도를 측정하는 표면윤곽 측정기이다(5장 참조). 두 번째 사례는 가공품질관리를 위해서 일반적으로 사용되는 3차원 이동 브리지방식 좌표 측정 시스템(CMS)이다(5장 참조). 좌표 측정 시스템은 접촉식 측정 프로브를 이송하면서, 프로브가 평가대상 시편과 접촉할 때의 좌표값을 측정하기 위해서 서로 직교하는 3개의 직선안내 가이드를 사용한다. 충분한 측정이 수행되고 나면, 측정점들에 대한 클라우드 데이터를 사용하여 부품의 형상과 의도했던 가공형상을 서로 비교해볼 수 있다.

8.7.1 스타일러스 윤곽측정기(2차원 분석)

그림 8.20(a)에서는 **윤곽측정기**의 주요 특징들을 보여주고 있다. 방정식의 복잡성을 줄이기 위해서, 계측기의 측면도를 기준으로 하여 2차원 모델만을 살펴보기로 한다. 더 완벽한 3차원 모델로 확장하는 것은 비교적 단순한 일이지만, 이 첫 번째 사례는 성능평가를 위해서 동차변환행렬식으로부터 추출할 수 있는 정보를 설명하는 데에 집중할 예정이다. 윤곽측정기는 그림에 도시되어 있는 것처럼, 레이저 간섭계로 캐리지의 위치를 측정하며 리니어 모터로 이를 구동한다. 레이저 간섭계는 x 스테이지의 직선변위를 측정한다(5장의 간섭계 참조). 표면윤곽을 측정할 시편을 수평이 맞춰진 플랫폼 위에 설치하고, 단순환 쐐기를 사용하여 각도를 조절한 다음에, 시편에 대한 측정을 수행하는 동안 이를 고정해놓는다. (측정을 수행하는 동안 정지해 있는) 대변위 위치 조절용 캐리지를 사용하여 수직방향 기둥에 설치되어 있는 수직방향 스테이지에 스타일러스 조립체를 부착한다. 스타일러스 조립체는 프로브로 사용되는 다이아몬드 스타일러스가 바닥에 설치되어 있는 이동 플랫폼과 직선운동 플

랙셔로 구성되어 있다. 또한 직선운동 플랙셔의 이동 플랫폼에는 정전용량형 센서(5장 참조)가 설치되어 점선으로 표시된 방향(4절 플랙셔는 원호운동을 한다 7장 참조)으로의 두 전극 사이의 거리를 측정한다. 이런 유형의 계측장비에 대한 보다 더 자세한 내용은 리치(2000)를 참조하기 바란다.

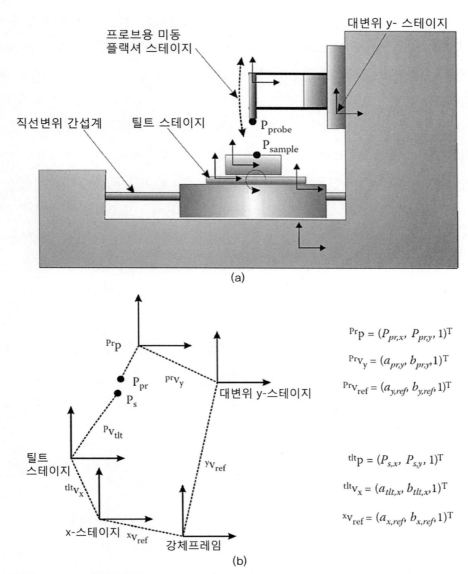

$$^{Pr}p = (P_{pr,x},\ P_{pr,y},\ 1)^T$$

$$^{Pr}v_y = (a_{pr,y},\ b_{pr,y}, 1)^T$$

$$^{Pr}v_{ref} = (a_{y,ref},\ b_{y,ref},\ 1)^T$$

$$^{tlt}p = (P_{s,x},\ P_{s,y},\ 1)^T$$

$$^{tlt}v_x = (a_{tlt,x},\ b_{tlt,x}, 1)^T$$

$$^xv_{ref} = (a_{x,ref},\ b_{x,ref}, 1)^T$$

(b)

그림 8.20 (a) 플랙셔 기반 프로브를 사용하여 시편의 표면을 스캔하는 윤곽측정 시스템의 개략도. (b) 윤곽측정 시스템을 구성하는 핵심 요소들의 좌표계. 좌표계의 위치들은 임의로 선정되었다.

오차를 모델링하기 위해서 윤곽측정기의 오차운동을 나타내는 방정식을 유도하는 2차원 동차변환행렬이 사용되었으며, 다음에 제시된 데이터리스트를 사용하여 오차할당이 작성되었다. **변위 측정용 간섭계**(DMI)는 10[nm]의 변위 불확실도를 가지고 있는 반면에 수평방향 x− 스테이지는 5[nm]의 진직도 오차와 1[μrad]의 각도 불확실도를 가지고 있다. 플랙셔는 0.1[nm] 미만의 기생운동오차와 0.1[μrad]의 각도오차를 가지고 직선운동을 생성할 것으로 기대된다. 일반적으로, 조립체의 구성요소들에 대해서 10[μrad] 이내로 정렬을 맞출 수 있다.

우선, **그림 8.20(b)**에 개략적으로 도시되어 있는 것처럼, 각각의 좌표계들은 중요한 하위 시스템들로 이루어진 독립적인 구성요소들을 나타내고 있으며, 이들과 기준 좌표계 사이의 상관관계를 보여주고 있다. 이 경우, 베이스의 강체구조가 기준좌표로 사용된다. 기준좌표의 위치는 임의로 정해지며, 수학적 모델을 구성하기 위해서 사용된다. 그런데 실제의 경우, 기준좌표는 시스템 전체에 대해서 중요한 요소이며, 여타의 하위 시스템과 비교하여 안정적이어야만 한다. **그림 8.20(b)**에 도시되어 있는 것처럼, 프로브 위치 P_{pr}과 시편상의 관심위치 P_s를 나타내는 벡터는 개별 좌표계들을 통해서 기준좌표계로 연결된다. 이렇게 단순화된 표현을 통해서 오차의 원인들을 개별적으로 고려하며, 이들을 조합하여 전체 시스템을 나타낼 수 있다. 이상적인 시스템의 경우, 프로브 위치와 시편위치 사이의 오차는 다음에 주어진 것처럼, 공통의 기준좌표계에서 출발한 각 벡터들 사이의 차이와 같다.

$$^{ref}E_{ideal} = {}^{ref}P_{pr} - {}^{ref}P_s = ({}^P v_{pr} + {}^{pr} v_y + {}^y v_{ref}) - ({}^P v_{tilt} + {}^{tilt} v_x + {}^x v_{ref}) \tag{8.57}$$

이와 유사한 방식으로, 다음과 같이, 독립적인 좌표계들에 대해서 회전성분과 오차항들을 포함시키기 위해서 다음과 같이, 동차변환행렬이 사용된다.

$$E_{ref} = {}^{ref}P_{pr} - {}^{ref}P_s = {}^{ref}T_y \; {}^y T_{pr} \; {}^{pr}P - {}^{ref}T_x \; {}^x T_{tilt} \; {}^{tilt}P \tag{8.58}$$

변환행렬식들은 다음과 같이 정의된다.

$$^y T_{pr} = \begin{bmatrix} 1 & -\varepsilon_{z,pr}(y) & a_{pr,y}(y) + \delta_{x,pr}(y) \\ \varepsilon_{z,pr}(y) & 1 & b_{pr,y}(y) + \delta_{y,pr}(y) \\ 0 & 0 & 1 \end{bmatrix} \tag{8.59}$$

$$^{ref}T_y = \begin{bmatrix} 1 & -\varepsilon_{z,y} & a_{y,ref} + \delta_{x,y} + \alpha\Upsilon \\ \varepsilon_{z,y} & 1 & b_{y,ref} + \delta_{y,y} \\ 0 & 0 & 1 \end{bmatrix} \tag{8.60}$$

$$^{x}T_{tilt} = \begin{bmatrix} 1 & -\varepsilon_{z,tilt} & a_{tilt,x} \\ \varepsilon_{z,tilt} & 1 & b_{tilt,x} \\ 0 & 0 & 1 \end{bmatrix} \tag{8.61}$$

$$^{ref}T_x = \begin{bmatrix} 1 & -\varepsilon_{z,x}(x) & a_{x,ref}(x) + \delta_{x,x}(x) \\ \varepsilon_{z,x}(x) & 1 & b_{x,ref}(x) + \delta_{y,x}(x) \\ 0 & 0 & 1 \end{bmatrix} \tag{8.62}$$

유도된 변환행렬식에는 각 요소들의 평면 내 미소각도오차 ε_z[rad], 각 요소들의 미소변위 오차 δ[m] 그리고 각 좌표계들을 연결하는 a와 b의 벡터성분들을 포함하고 있다. 식 (8.58)~ (8.62)로부터 **표 8.2**에 제시되어 있는 설계에 사용된 각 변수들을 독립적으로 변화시킬 수 있는 오차행렬식을 유도할 수 있다. 이 경우, 시스템의 전체 기능을 기반으로 하여 도출된 오차할당 값에서 일부 벡터항들을 제외시켜도 무방하다.

식 (8.57)에 대해서 2차 항들을 제외하고 **표 8.2**에 제시되어 있는 행렬식에 사용된 오차성 분들의 성질을 고려하면, x 및 y방향으로의 시스템 오차를 다음과 같이 나타낼 수 있다.

$$E_x = \alpha\Upsilon + \delta_{x,x}(x) - \delta_{x,pr}(y) + \varepsilon_{z,x}(x)(b_{tilt,x} + P_{s,y}) + \varepsilon_{z,y}(b_{y,pr}(y) + P_{pr,y}) \tag{8.63}$$
$$+ \varepsilon_{z,tilt}(P_{s,y}) - \varepsilon_{z,pr}(y)(P_{pr,y})$$

$$E_y = \delta_{y,pr}(y) - \delta_{y,x}(x) + \varepsilon_{z,y}(a_{pr,y}(x) + P_{pr,x}) - \varepsilon_{z,x}(x)(a_{tilt,x} + P_{s,x}) \tag{8.64}$$
$$- \varepsilon_{z,pr}(P_{pr,x}) + \varepsilon_{z,tilt}(P_{s,x})$$

식 (8.63)과 식 (8.64)에 따르면, 설계자가 벡터성분으로 표시된 오프셋 위치와 같은 기하 학적 구속조건들을 고려하여 시스템 내에서 주어진 기하학적 구속조건들에 따른 성능사양 을 도출할 수 있는 오차할당식을 유도할 수 있다. 식 (8.63)과 (8.64)에 제시되어 있는 음의값 들은 시편과 프로브상의 점들 사이의 오차를 유도하기 위해서 사용되는 수학공식들에 기초 하여 도출된 것이다. 하지만 실제의 경우에는 오차의 부호나 방향을 알 수 없기 때문에, 최 대오차를 구할 때에는, 오차항들의 절댓값을 사용해야 한다. 오차와 불확실도의 산출과 평 가에 대해서는 9장에 자세히 설명되어 있으며, 통계학적인 오차의 분산을 구하기 위한 **몬테**

카를로 시뮬레이션에 대해서도 제시되어 있다. 직각도 항 α는 대변위 y-스테이지의 함수이며, 여기에 제시되어 있는 사례에서는 측정을 수행하는 동안 y-스테이지가 움직이지 않기 때문에, 상수값을 갖는다. 그런데 직각도 α는 y-축 방향으로 프로브 시스템의 위치에 의존하는 x-오프셋에 영향을 미치며 높이 차이가 존재하는 시편의 x-위치를 비교하려 할 때에는 오차의 원인으로 작용할 가능성이 있다.

표 8.2 설계의 주요 구성요소들에 대한 오차의 원인을 나타내는 오차행렬 성분들과 정량값들

y-프로브	무마찰 운동을 위해 플랙셔로 안내하는 y방향 변위 측정	
$\delta_{x,pr}(y)$	0.1[nm]	y-방향 위치함수로 나타낸 x-방향 기생오차
$\delta_{y,pr}(y)$	0.1[nm]	y-방향 위치함수로 나타낸 y-변위의 불확실도
$\varepsilon_{z,pr}(y)$	0.1[μrad]	y-방향 위치함수로 나타낸 y-프로브의 평면 내 각도오차
y-스테이지	프로브를 y-방향으로 대변위이송 후 측정을 수행하는 동안 정지	
$\delta_{x,y}$	−	x-방향 변위오차
$\delta_{y,y}$	−	y-방향 변위오차
$\varepsilon_{z,y}$	−	y-스테이지의 평면 내 각도오차, 측정을 수행하는 동안 정지
α	10[μrad]	x-축과 y-축 사이의 직각도 오차
y-스테이지	시편을 x-방향으로 이송하면서 레이저 변위 측정용 간섭계를 사용하여 변위 측정	
$\delta_{x,x}(x)$	10[nm]	x-방향 위치함수로 나타낸 x-방향 운동의 불확실도
$\delta_{y,x}(x)$	5[nm]	x-방향 위치함수로 나타낸 y-방향 진직도 오차
$\epsilon_{z,x}(x)$	1[μrad]	x-방향 위치함수로 나타낸 x-스테이지의 평면 내 각도오차
틸트-스테이지	측정시편의 수평조절에 사용. 평면 내 각도조절 후 측정 중 정지. 프로파일 궤적의 위치를 알아야 하는 경우를 제외하고는 사용하지 않음	
$\delta_{x,tilt}$	−	x-방향 변위오차
$\delta_{y,tilt}$	−	y-방향 변위오차
$\varepsilon_{z,tilt}$	−	틸트-스테이지의 평면 내 각도오차

윤곽측정기에 대한 x-방향 오프셋이 **표 8.3**에 제시되어 있다. 윤곽측정기는 프로브와 시편 표면 사이의 상호작용을 통해서 표면의 y-방향 위치를 측정하는 시스템으로서, x-방향으로는 상대적인 스캔거리를 가지고 있다. 상대적인 값을 측정하기 때문에, 일부 오프셋 거리는 출력에서 중요하지 않다. 하지만 모델이 이런 오차가 발생할 가능성이 있는 원인들을 포함하고 있으며 이 측정기를 절댓값 측정 방식으로 운영하는 경우에 대해서도 큰 노력을 들이지 않고 평가할 수 있다. **표 8.4**에서는 **그림 8.20(a)**에 도시되어 있는 시스템의 예상

오차값들을 보여주고 있다. 오차할당을 통해서 산출된 공간오차는 20.5[nm]이며, y방향으로의 변위오차는 5.6[nm]이다.

표 8.3 벡터행렬식의 오프셋 값들

$^{pr}P = [P_{pr,x}, P_{pr,y}, 1]^T$	$[5[\text{nm}], 5[\text{nm}]. 1]^T$
$^{pr}v_y = [a_{pr,y}, b_{pr,y}, 1]^T$	$[5[\text{nm}], 25[\text{nm}]. 1]^T$
$^{pr}v_{ref} = [a_{y,ref}, b_{y,ref}, 1]^T$	$[10[\text{nm}], 50[\text{nm}]. 1]^T$
$^{tilt}P = [P_{s,x}, P_{s,y}, 1]^T$	$[0[\text{nm}], 10[\text{nm}]. 1]^T$
$^{tilt}v_x = [a_{tilt,x}, b_{tilt,x}, 1]^T$	$[0[\text{nm}], 25[\text{nm}]. 1]^T$
$^{x}v_{ref} = [a_{x,ref}, b_{x,ref}, 1]^T$	$[0[\text{nm}], 25[\text{nm}]. 1]^T$

표 8.4 표면윤곽측정기의 x 및 y방향 오차추정값

E_x	E_y
20.5[nm]	5.6[nm]

모든 프로젝트의 설계 단계에서 상세한 오차할당을 수행하면 실제 구현할 수 있는 기능과 필요한 성능 사이의 설계절충에 대한 이해도가 높아진다. 비용과 일정을 포함한 상세화 수준이 시스템의 요구조건과 일관성을 가지고 있어야 하기 때문에, 오차할당의 상세화를 수행할 때에는 등급화된 접근법을 사용해야 한다.

8.7.2 좌표 측정 시스템의 오차할당(3차원 분석)

그림 8.21(a)에서는 위치이동이 가능한 작업체적이 x방향 250[mm], y방향 150[mm] 그리고 z-방향 100[mm]인 **이동 브릿지** 방식 **좌표 측정 시스템**(CMS)의 개략도를 보여주고 있다. 이 계측장비는 3축 각각에 대하여 위치측정을 위해서 변위 측정 오차가 25[nm]인 **제로도**[6] 소재의 직선 스케일을 갖추고 있으며, 접촉식 프로브를 사용하여 측정시편의 표면에 대하여 3축 방향으로 100[nm]의 분해능을 가지고 측정을 수행할 수 있다. 가공과 조립공차 때문에,

---

6　Zerodur™.

독립적인 개별 축방향에 대한 각도오차가 10[μrad]만큼 발생한다. 그리고 각 이송축들의 진직도 및 직각도 오차는 각각 200[nm]와 1[mrad]만큼 발생한다.

동차변환행렬식을 사용하여 작업체적 전체에 대한 시스템의 오차운동 모델을 구할 수 있다. **그림 8.21(b)**에서는 기준좌표계와 3방향 이송축들을 갖추고 있는 좌표 측정 시스템을 개략적으로 보여주고 있다. 이상적인 경우, 프로브 위치 P_{pr}과 측정이 수행되는 시편상의 점 P_s 사이의 위치 차이를 다음과 같이 벡터합으로 나타낼 수 있다.

$$^{ref}E_{ideal}=\,^{ref}P_{pr}-\,^{ref}P_s=\left(^{z}P_{pr}+\,^{z}v_y+\,^{y}v_x+\,^{x}v_{ref}\right)-\,^{ref}P_s \tag{8.65}$$

여기서 v는 좌표계들 사이의 벡터이며, $^{z}P_{pr}$는 $z-$축이송 좌표계에 대한 프로브 점 P_{pr}의 벡터이다. 앞의 사례에서 설명했듯이, 식 (8.45)에 각 축들에 대한 직각도 오차항 α를 포함시켜서 개별 안내면들에 대한 동차변환행렬식을 유도할 수 있다. 다음 식을 사용하여 기준좌표계에 대하여 시편과 프로브상의 점들 사이의 오차를 구할 수 있다.

$$^{ref}E=\,^{ref}P_{pr}-\,^{ref}P_s=\,^{ref}T_x\,^{x}T_y\,^{y}T_z\,^{z}P_{pr}-\,^{ref}P_s \tag{8.66}$$

여기서 각각의 좌표계들에 대한 3차원 변환행렬식들은 다음과 같이 주어진다.

$$^{ref}T_x=\begin{bmatrix} 1 & -\varepsilon_{z,x}(x) & \varepsilon_{y,x}(x) & x+\delta_{x,x}(x)+a_{x,ref} \\ \varepsilon_{z,x}(x) & 1 & -\varepsilon_{x,x}(x) & \delta_{y,x}(x)+b_{x,ref} \\ -\varepsilon_{y,x}(x) & \varepsilon_{x,x}(x) & 1 & \delta_{z,x}(x)+c_{x,ref} \\ 0 & 0 & 0 & 1 \end{bmatrix} \tag{8.67}$$

$$^{x}T_y=\begin{bmatrix} 1 & -\varepsilon_{z,y}(y) & \varepsilon_{y,y}(y) & y\alpha_{xy}+\delta_{x,y}(y)+a_{y,x} \\ \varepsilon_{z,y}(y) & 1 & -\varepsilon_{x,y}(y) & y+\delta_{y,y}(y)+b_{y,x} \\ -\varepsilon_{y,y}(y) & \varepsilon_{x,y}(y) & 1 & \delta_{z,y}(y)+c_{y,x} \\ 0 & 0 & 0 & 1 \end{bmatrix} \tag{8.68}$$

$$^{y}T_z=\begin{bmatrix} 1 & -\varepsilon_{z,z}(z) & \varepsilon_{y,z}(z) & z\alpha_{xz}+\delta_{x,z}(z)+a_{y,z} \\ \varepsilon_{z,z}(z) & 1 & -\varepsilon_{x,z}(z) & z\alpha_{yz}+\delta_{y,z}(z)+b_{y,z} \\ -\varepsilon_{y,z}(z) & \varepsilon_{x,z}(z) & 1 & z+\delta_{z,z}(z)+c_{y,z} \\ 0 & 0 & 0 & 1 \end{bmatrix} \tag{8.69}$$

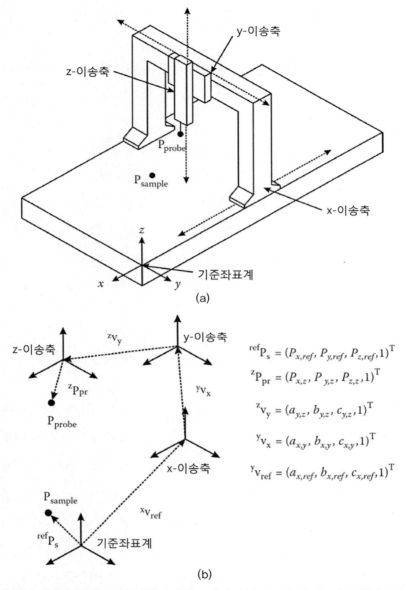

$$^{ref}P_s = (P_{x,ref},\ P_{y,ref},\ P_{z,ref}, 1)^T$$

$$^{z}P_{pr} = (P_{x,z},\ P_{y,z},\ P_{z,z}, 1)^T$$

$$^{z}v_y = (a_{y,z},\ b_{y,z},\ c_{y,z}, 1)^T$$

$$^{y}v_x = (a_{x,y},\ b_{x,y},\ c_{x,y}, 1)^T$$

$$^{y}v_{ref} = (a_{x,ref},\ b_{x,ref},\ c_{x,ref}, 1)^T$$

그림 8.21 (a) 공간 내에서 점위치를 측정하는 이동 브리지 방식 좌표 측정 시스템의 개략도. (b) 좌표 측정 시스템의 핵심부품들을 표시한 개략도

　　그림 8.21(b)에 도시되어 있는 벡터들은 각 이송축들의 상호간 정적 오프셋에 대한 설계값들을 나타내고 있다. 프로젝트의 설계 단계에서, 전체 구성을 최적화하기 위해서 성능 추정값들을 사용한 개략적인 표현식을 시스템 설계에 활용할 수 있다. 최종설계를 결정하는 과

정에는 항상 절충이 필요하지만 설계과정에서의 선택이 미치는 영향에 대한 이해도가 높으면 시간과 비용을 크게 절감할 수 있다.

식 (8.67)~(8.69)를 식 (8.66)에 대입하고 2차항들을 소거하면, 다음과 같이 3축 방향으로의 오차들을 구할 수 있다.

$$E_x = \delta_{x,x}(x) + \delta_{x,y}(y) + \delta_{x,z}(z) + \varepsilon_{y,x}(x)(c_{x,y} + c_{y,z} + P_{z,z} + z) \tag{8.70}$$
$$- \varepsilon_{z,x}(x)(b_{x,y} + b_{y,z} + P_{y,z} + y) + \varepsilon_{y,y}(y)(c_{y,z} + P_{z,z} + z)$$
$$- \varepsilon_{z,y}(y)(b_{y,z} + P_{y,z}) + \varepsilon_{y,z}(z)P_{z,z} - \varepsilon_{z,z}(z)P_{y,z} + y\alpha_{xy} + z\alpha_{xz}$$

$$E_y = \delta_{y,x}(x) + \delta_{y,y}(y) + \delta_{y,z}(z) - \varepsilon_{x,x}(x)(c_{x,y} + c_{y,z} + P_{z,z} + z) \tag{8.71}$$
$$+ \varepsilon_{z,x}(x)(a_{x,y} + a_{y,z} + P_{y,z}) - \varepsilon_{x,y}(y)(c_{y,z} + P_{z,z} + z)$$
$$+ \varepsilon_{z,y}(y)(a_{y,z} + P_{x,z}) - \varepsilon_{x,z}(z)P_{z,z} + \varepsilon_{z,z}(z)P_{x,z} + z\alpha_{y,z}$$

$$E_z = \delta_{z,x}(x) + \delta_{z,y}(y) + \delta_{z,z}(z) + \varepsilon_{x,x}(x)(b_{y,z} + b_{x,y} + P_{y,z} + y) \tag{8.72}$$
$$- \varepsilon_{y,x}(x)(a_{y,z} + a_{x,y} + P_{x,z}) + \varepsilon_{x,y}(y)(b_{y,z} + P_{y,z})$$
$$- \varepsilon_{y,y}(y)(a_{y,z} + P_{x,z}) + \varepsilon_{x,z}(z)P_{y,z} - \varepsilon_{y,z}(z)P_{x,z}$$

이 좌표 측정 시스템의 경우, 표 8.5에 제시되어 있는 것처럼, 이송축 하나당 각각 세 개의 각도오차(ε)와 세 개의 변위오차(δ) 그리고 조립체에 대한 세 개의 직각도 오차인 $\alpha_{x,y}$, $\alpha_{x,z}$ 그리고 $\alpha_{y,z}$와 같이, 총 21개의 오차항들이 존재한다(5장 참조). 8.3절에서 논의했던 것처럼, 임의의 운동 시스템에 대해서 변위오차에 가장 큰 기여를 하는 성분은 이송축과 측정위치 사이의 오프셋 거리이다. 설계에 도움이 되는 유용한 방법들 중 하나는 각도오차와 결합되면 시스템의 전체적인 특성에 커다란 영향을 미칠 수 있는 누적 또는 이득항의 영향을 살펴보는 방안으로서 슬로컴(1992)이 **오차이득 행렬**이라고 명명한 행렬을 사용하는 것이다. 표 8.6에서는 앞에서 예시한 이동 브리지 방식의 좌표 측정 시스템에 대한 오차이득행렬을 보여주고 있다.

표 8.5 그림 8.21에 도시되어 있는 이동 브리지 방식 좌표 측정 시스템의 오차행렬 성분들

$x-$축		시스템의 $x-$방향 운동을 정의하며 $x-$방향으로의 변위 측정이다.	
$\delta_{x,x}(x)$	25[nm]	$x-$위치의 함수로 나타낸 $x-$방향 변위의 불확실도	
$\delta_{y,x}(x)$	200[nm]	$x-$변위의 함수로 나타낸 $y-$방향 진직도 오차	
$\delta_{z,x}(x)$	200[nm]	$x-$변위의 함수로 나타낸 $z-$방향 진직도 오차	
$\varepsilon_{x,x}(x)$	10[μrad]	$x-$방향 변위의 함수로 나타낸 $x-$스테이지의 $x-$방향 각도 오차	
$\varepsilon_{y,x}(x)$	10[μrad]	$x-$방향 변위의 함수로 나타낸 $x-$스테이지의 $y-$방향 각도 오차	
$\varepsilon_{z,x}(x)$	10[μrad]	$x-$방향 변위의 함수로 나타낸 $x-$스테이지의 $z-$방향 각도 오차	
$y-$축		시스템의 $y-$방향 운동을 정의하며 $y-$방향으로의 변위 측정이다.	
$\delta_{x,y}(y)$	200[nm]	$y-$변위의 함수로 나타낸 $x-$방향 진직도 오차	
$\delta_{y,y}(y)$	25[nm]	$y-$위치의 함수로 나타낸 $y-$방향 변위의 불확실도	
$\delta_{z,y}(y)$	200[nm]	$y-$변위의 함수로 나타낸 $z-$방향 진직도 오차	
$\varepsilon_{x,y}(y)$	10[μrad]	$y-$방향 변위의 함수로 나타낸 $y-$스테이지의 $x-$방향 각도 오차	
$\varepsilon_{y,y}(y)$	10[μrad]	$y-$방향 변위의 함수로 나타낸 $y-$스테이지의 $y-$방향 각도 오차	
$\varepsilon_{z,y}(y)$	10[μrad]	$y-$방향 변위의 함수로 나타낸 $y-$스테이지의 $z-$방향 각도 오차	
α_{xy}	1[mrad]	$x-$축과 $y-$축 사이의 직각도 오차	
$z-$축		시스템의 $z-$방향 운동을 정의하며 $z-$방향으로의 변위 측정이다.	
$\delta_{x,z}(z)$	200[nm]	$z-$변위의 함수로 나타낸 $x-$방향 진직도 오차	
$\delta_{y,z}(z)$	200[nm]	$z-$변위의 함수로 나타낸 $y-$방향 진직도 오차	
$\delta_{z,z}(z)$	25[nm]	$z-$위치의 함수로 나타낸 $z-$방향 변위의 불확실도	
$\varepsilon_{x,z}(z)$	10[μrad]	$z-$방향 변위의 함수로 나타낸 $z-$스테이지의 $x-$방향 각도 오차	
$\varepsilon_{y,z}(z)$	10[μrad]	$z-$방향 변위의 함수로 나타낸 $z-$스테이지의 $y-$방향 각도 오차	
$\varepsilon_{z,z}(z)$	10[μrad]	$z-$방향 변위의 함수로 나타낸 $z-$스테이지의 $z-$방향 각도 오차	
α_{xz}	1[mrad]	$x-$축과 $z-$축 사이의 직각도 오차	
α_{yz}	1[mrad]	$y-$축과 $z-$축 사이의 직각도 오차	

표 8.6 총오차에 영향을 미치는 3개의 이송축 각각에 대한 오차이득행렬

$x-$축	$\varepsilon_{x,x}(x)$	$\varepsilon_{y,x}(x)$	$\varepsilon_{z,x}(x)$
E_x	0	$(c_{x,y}+c_{y,x}+P_{z,z}+z)$	$(b_{x,y}+b_{y,x}+P_{y,z}+y)$
E_y	$(c_{x,y}+c_{y,z}+P_{z,z}+z)$	0	$(a_{x,y}+a_{y,x}+P_{y,z})$
E_z	$(b_{y,z}+b_{x,y}+P_{y,z}+y)$	$(a_{y,z}+a_{x,y}+P_{x,z})$	0
$y-$축	$\varepsilon_{x,y}(y)$	$\varepsilon_{y,y}(y)$	$\varepsilon_{z,y}(y)$
E_x	0	$(c_{y,z}+P_{z,z}+z)$	$(b_{y,x}+P_{y,z})$
E_y	$(c_{y,z}+P_{z,z}+z)$	0	$(a_{y,x}+P_{x,z})$
E_z	$P_{z,z}$	$P_{x,z}$	0

표 8.6 총오차에 영향을 미치는 3개의 이송축 각각에 대한 오차이득행렬(계속)

$z-$축	$\varepsilon_{x,z}(z)$	$\varepsilon_{y,z}(z)$	$\varepsilon_{z,z}(z)$
E_x	0	$P_{z,z}$	$P_{y,z}$
E_y	$P_{z,z}$	0	$P_{x,z}$
E_z	$P_{y,z}$	$P_{x,z}$	0

표 8.5와 8.6에 정의된 기계의 예상오차들을 평가할 수 있다. 이 경우, 앞서 제시되었던 이송방향 한계값들로 **표 8.7**의 오프셋 값들이 선정된다.

표 8.7 이동 브리지 방식 좌표 측정 시스템의 오프셋 벡터

$^{ref}\boldsymbol{P_s} = [P_{x,ref},\ P_{y,ref},\ P_{z,ref},\ 1]^T$	$[0\sim250[\text{mm}],\ 0\sim150[\text{mm}],\ 0\sim100[\text{mm}],\ 1]^T$
$^{ref}\boldsymbol{P_s} = [P_{x,z},\ P_{y,z},\ P_{z,z},\ 1]^T$	$[10[\text{mm}],\ 10[\text{mm}],\ 50[\text{mm}],\ 1]^T$
$^z\boldsymbol{v_y} = [a_{y,z},\ b_{y,z},\ c_{y,z},\ 1]^T$	$[50[\text{mm}],\ 25[\text{mm}],\ 0[\text{mm}],\ 1]^T$
$^y\boldsymbol{v_x} = [a_{x,y},\ b_{x,y},\ c_{x,y},\ 1]^T$	$[50[\text{mm}],\ 25[\text{mm}],\ 0[\text{mm}],\ 1]^T$
$^x\boldsymbol{v_{ref}} = [a_{ref,x},\ b_{ref,x},\ c_{ref,x},\ 1]^T$	$[0[\text{mm}],\ 0[\text{mm}],\ 0[\text{mm}],\ 1]^T$

표 8.7에 제시되어 있는 값들은 설계 요구조건들과 하드웨어의 실제 배치에 기초하여 결정되었다. 벡터 $^{ref}\boldsymbol{P_s}$는 기계의 작업체적 내에서 시편의 측정위치를 나타내며, 3개의 운동축들 각각에 대해서 변수 x, y 및 z로 구성된 (8.70)~(8.72)를 사용하여 이를 나타낼 수 있다. 계측기의 작업체적 내에서 위치의 함수로 오차를 계산하기 위해서 표 8.5와 8.7에 제시된 값들을 사용하여 시스템을 나타낼 수 있다. **그림 8.22**에서는 계측기의 작업체적 내에서 3개의 이송축 각각의 오차를 보여주고 있다.

이 절에서 살펴본 사례 연구들은 설계 단계에서 오차를 정량화시키기거나 시험과정의 일부분으로 계측기나 기계를 평가하기 위한 목적으로 오차할당을 유도하기 위해서 수학적 모델을 어떻게 사용할 수 있는지를 보여주는 실제적인 사례들이다. 여기서 살펴본 기법에 대해서 힘과 토크 성분들이 가해지는 시스템의 동특성과 제어 시스템의 모델링 과정에서 더 일반적인 운동방정식을 포함할 수 있도록 확장시킬 수 있다(헤일 1999).

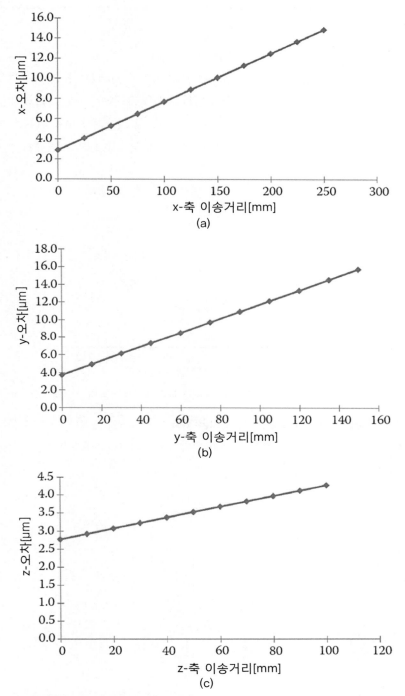

그림 8.22 이동 브리지 방식 좌표 측정 시스템의 3축 각각에 대한 오차도표. (a) x−축 오차, (b) y−축 오차, (c) z−축 오차

연습문제

1. 그림 8.23에 도시되어 있는 것처럼, 진폭이 0.10[mm]이며 100[mm]마다 한 주기가 반복되는 정현경로에 대해서 살펴보기로 하자. 국부좌표계의 회전을 고려하는 경우와 고려하지 않는 경우에 대해서 경로를 따라가면서 x-위치의 함수로 국부좌표계상의 점 P의 위치를 그리시오. 회전을 고려한 경우와 고려하지 않은 경우의 x 및 y 위치 사이의 차이를 그리시오.

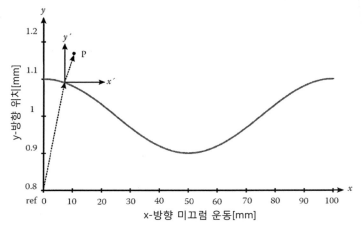

그림 8.23 100[mm]의 이송거리에 대한 진직도 오차를 나타내는 x-방향 위치에 따른 y-위치도표

2. 8.2.3절에서 설명한 벡터기법을 사용하여 **그림 8.24**에 도시되어 있는 일반적인 공작기계의 오차방정식을 유도하시오. 직각도 오차를 포함하며, 모든 각운동에 대해서 미소오차를 가정하시오(주의: 2차 항들은 무시하시오).

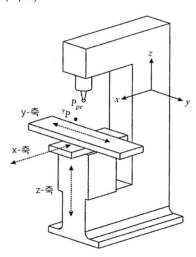

그림 8.24 수동방식 3축 좌표 측정기의 개략도. 이 시스템은 적층형 3축 이송 스테이지로 구성되어 있다.

3. 그림 8.25에 도시되어 있는 것처럼, 관심위치가 스테이지상의 P점에 위치하며 변위 측정용 센서는 스테이지의 중심을 통과하는 경우에 대하여, 동차변환행렬을 사용하여 1자유도 직선운동 스테이지의 x-방향에 대한 아베 오차와 코사인 오차를 유도하시오.

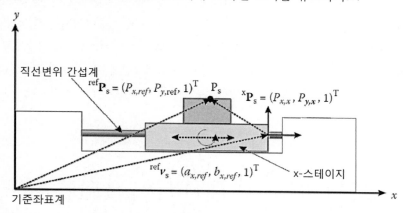

그림 8.25 스테이지에 대한 시편의 위치 P_s가 이동 스테이지와 함께 움직이며, 기준좌표계는 x-위치의 오차를 나타내고 있다.

4. 직각도 오차가 0.1[mrad]이며, 진폭이 10[μm]이며 주파수는 0.1[cycle/mm]인 진직도 오차를 가지고 있는 반경 40[mm]인 2차원 원형에 대한 교정과정의 x-축 및 y-축 방향 잔류오차를 도표로 그리시오. x-축 및 y-축은 서로 90°의 위상 차이와 동일한 진직도 진폭을 가지고 있다. 계측기의 2차원 작업체적은 100[mm] × 100[mm]이다.

5. 그림 8.26에 도시되어 있는 외팔보 구조에 대해서, 질량이 100[kg]인 y-슬라이드 조립체가 주철소재 프리즈매틱 빔 위를 움직일 때에 대해서, x-위치의 함수로 변위오차를 계산하시오. 주철 빔은 단면 크기가 100 × 150[mm]이며 수직 빔으로부터 500[mm]의 길이를 가지고 있다.

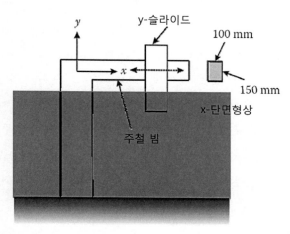

그림 8.26 x-슬라이드를 따라서 y-축 이송기구가 움직이는 외팔보 메커니즘의 개략도

수직 빔은 세라믹으로 제작되었고 강체라고 간주한다. x-위치의 함수로 나타낸 x-슬라이드의 오차를 최소화시키기 위해서 필요한 형상을 그리시오.

6. 초기온도가 23.0[℃]인 정밀주축이 온도가 20 ± 0.02[℃]로 유지되는 실험실 내에서 열평형에 도달하기 위해서 2시간이 소요된다. 열시상수를 계산하고 이를 사용하여 주축의 축방향 오차운동을 예측하시오. 실험실 내의 온도는 그림 8.27에 도시되어 있는 것처럼, 100시간 동안 20시간 주기로 ± 1.0[℃]의 정현적 온도 변화가 발생한다. 주축의 열팽창계수는 축방향으로 2×10^{-6}[m/mK]이다. 초기 기동주기를 지나고 난 후에도 주축은 계속 작동한다고 가정한다.

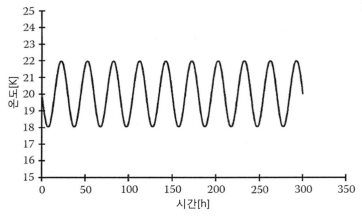

그림 8.27 열시상수 0.4[h], 온도편차 ± 1.0[K]인 경우에 시간의 함수로 나타낸 축방향 오차운동

7. 그림 8.10에 기초하여 요-피치-롤(YPR) 동차변환행렬을 유도하고, 이 결과가 식 (8.41)에서 유도된 롤-피치-요(RPY) 동차변환행렬과는 같지 않음을 규명하시오.

8. 8.3.3절에서 설명했던 미소각 근사기법을 사용하여 롤-피치-요 동차변환행렬식과 7번 문제의 요-피치-롤 동차변환행렬식을 서로 비교하시오.

9. 그림 8.28에 도시되어 있는 것처럼, 접촉식 프로브가 주축에 설치되어 있는 경우를 살펴보기로 하자. 주축 좌표계에 대한 프로브 위치 $P(x, y, z)$는 P(-50[mm], 0[mm], 50[mm])이며, 기준 좌표계에 대한 주축 좌표계의 위치는 O_{sp}(0[mm], 0[mm], 25[mm])이다. 주축은 진폭(A_ε이 100[nm]인 4로브 형태의 반경방향 정현오차운동을 나타내며, 이를 $\Delta r = A_\varepsilon \sin(n\theta_z)$로 나타낼 수 있다. 여기서 n은 로브의 숫자이며 θ_z[rad]는 주축의 각도위치이다. 주축은 또한 10[μrad]의 일정한 틸트각도 오차(ε_x, ε_y)와 25[nm]의 일정한 축방향 위치오차(δ_x)를 가지고 있다. 각도위치 θ_z의 함수로 프로브 선단부 P의 반경방향 및 축방향 위치를 나타내시오(힌트: 주축 좌표계의 원점을 원의 중심으로 사용하시오).

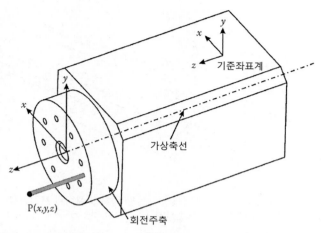

그림 8.28 전면에 프로브가 설치된 주축. 주축좌표계에 대한 프로브 접촉점의 위치 P(x,y,z)는 P(−50[mm], 0[mm], 50[mm])이다.

10. 그림 8.29에 도시되어 있는 직선운동 스테이지의 상부면으로부터 오프셋되어 있는 점 P(x, y, z)의 위치오차를 z−방향 위치의 함수로 구하시오. 스테이지 좌표계에 대한 점 P의 위치는 P(−25[mm], 50[mm], −25[mm])이며, 기준 좌표계에 대한 스테이지 좌표계의 원점 위치는 O_{st}(0[mm], 25[mm], z)이다. 스테이지는 0.01[μrad]의 각도오차(ε)를 가지고 있으며, 3가지 회전자유도를 z−축 방향 위치의 함수로 나타내면 다음과 같다.

롤 오차 $\varepsilon_z(z) = A_z\sin\left(z\dfrac{2\pi}{f_z}+\phi_z\right)$ (8.73)

피치 오차 $\varepsilon_x(z) = A_x\sin\left(z\dfrac{2\pi}{f_x}+\phi_x\right)$ (8.74)

요 오차 $\varepsilon_y(z) = A_y\sin\left(z\dfrac{2\pi}{f_y}+\phi_z\right)$ (8.75)

여기서 A[μrad]는 오차의 진폭, f[cycle/mm]는 작동 범위 내에서의 진동 주파수 그리고 ϕ[rad]는 운동의 상대위상각도이다. 3개의 축방향 모두에 대한 변위오차는 0.0001[mm]로 일정한 값을 갖는다.

	진폭[μrad]	주파수[cycle/mm]	위상각[rad]
롤	0.01	20	0
피치	0.01	10	$\pi/3$
요	0.01	5	$\pi/2$

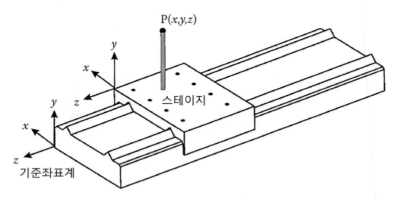

그림 8.29 z-방향으로 움직이는 스테이지 표면에서 오프셋된 위치에 설치된 프로브를 갖춘 직선운동 스테이지. 스테이지 좌표계에 대한 프로브 접촉점 $P(x,y,z)$의 위치는 P(−25[mm], 50[mm], −25[mm])이다.

참고문헌

American Society of Mechanical Engineers (ASME), 2016, About ASME standards and certification, https://www.asme.org/about-asme/standards.

ASTM International, 2016, Standards & publications, https://www.astm.org/Standard/standards-and-publications.html.

Bejan, A., 1995, *Convection heat transfer,* 2nd ed., John Wiley & Sons, New York.

Bryan, J. B., 1979, The Abbé principle revisited: An updated interpretation, *Precision Engineering,* **1**(3), 129-132.

Dettman, J. W., 1986, *Introduction to linear algebra and differential equations*, Dover Publications, New York.

Duda, R. O. and Hart, P. E., 1973, *Pattern classification and scene analysis*, John Wiley & Sons, New York.

Evans, C., 1989, *Precision engineering: An evolutionary view*, Cranfield Press, Bedford, UK.

Fu, K. S., Gonzalez, R. C. and Lee, C. S. G., 1987, *Robotics: Control, sensing, vision and intelligence*, McGraw-Hill, New York.

Goldstein, H., 1980, *Classical mechanics*, 2nd ed., Addison-Wesley, New York.

Hale, L. C., 1999, Principles and techniques for designing precision machines, PhD thesis, Massachusetts Institute of Technology.

Hocken, R. J. and Pereira, P., 2011, *Coordinate measuring machines and systems*, 2nd ed., CRC Press.

Incropera, F. P. and DeWitt, D. P., 1996, *Introduction to heat transfer*, 3rd ed., John Wiley & Sons, New York.

Isaacs, A. (ed.), 2000, *A dictionary of physics*, 4th ed., Oxford University Press.

International Organization for Standardization (ISO), 2016, We're ISO: We develop and publish International Standards, http://www.iso.org/iso/home/standards.htm.

ISO/IEC Guide 99:2007, *International vocabulary of metrology-Basic and general concepts and associated terms*.

Kirkup, L. and Frenkel, B., 2006, *An introduction to uncertainty in measurement using the GUM (Guide to the expression of uncertainty in measurement)*, Cambridge University Press.

Kreyszig, E., 1993, *Advanced engineering mathematics*, 7th ed., John Wiley & Sons, New York.

Kuo, B. C. and Golnaraghi, F., 2003, *Automatic control systems*, 8th ed., John Wiley & Sons.

Lay, D. C., 1994, *Linear algebra and its applications*, Addison-Wesley, New York.

Leach, R. K., 2000, Traceable measurement of surface texture at the National Physical Laboratory using

NanoSurf IV. *Measurement Science and Technology*, **11**, 1162-1173.

Leach, R. K., 2014, *Fundamental principles of engineering nanometrology*, 2nd ed., Elsevier, Berlin.

Marsh, E. R., 2008, *Precision spindle metrology*, DEStech Publications, Lancaster, PA.

Maxwell, E. A., 1961, *General homogeneous coordinates in space of three dimensions*, Cambridge University Press, UK.

McCarthy, J. M., 1990, *An introduction to theoretical kinematics*, MIT Press, Cambridge, MA.

Moore, W. R., 1970, *Foundations of mechanical accuracy*, Moore Special Tool Company, Bridgeport, CT.

Okuma, 2013, Hand scraping sets the foundation for CNC machining accuracy and long-term stability, http://www.okuma.com/handscraping (accessed 8/10/16).

Özisik, M. N., 1993, *Heat conduction*, 2nd ed., John Wiley & Sons, New York.

Pars, L. A., 1965, *A treatise on analytical dynamics*, Heinemann Educational Books.

Paul, R. P., 1981, *Robot manipulators: Mathematics, programming, and control*, MIT Press, Cambridge, MA.

Shilov, G. E., 1977, *Linear algebra*, Dover Publications, New York.

Siegel, R. and Howell, J. R., 1992, *Thermal radiation heat transfer*, 3rd ed., Hemisphere Publishing.

Slocum, A. H., 1992, *Precision machine design*, Society of Manufacturing Engineers, Dearborn, MI.

Smith, S. T., and Chetwynd, D. G., 1992, *Foundations of ultraprecision mechanism design*, Gordon and Breach Scientific Publishers.

Stadler, W., 1995, *Analytical robotics and mechatronics*, McGraw-Hill, New York.

Taylor, B. N. and Kuyatt, C. E., 1994, *Guidelines for the evaluating and expressing the uncertainty of NIST measurement results*, NIST Technical Note 1297.

Tsai, L.-W. 1999, *Robot analysis: The mechanics of serial and parallel manipulators*, John Wiley & Sons, New York.

Wylie, C. R. and Barrett, L. C., 1995, *Advanced engineering mathematics*, 6th ed., McGraw-Hill, New York.

Zhang, G. X., 1989, A study on the Abbe principle and Abbe error, *CIRP Annals*, **38**(1), 525-528.

CHAPTER 09

측정의 불확실도

측정의 불확실도

정밀공학 분야에서는 부품에 대한 작은 공차와 정확한 치수에 대한 요구가 제조공정의 기술적 도전요인으로 작용하며, 기계 시스템으로 조립된 이후의 기능 신뢰성의 측면에서 매우 중요하다. 측정을 통해서 이 치수들을 확인해야 하며, 이런 측정에는 항상 측정 결과를 변화시키는 외란이 포함된다. 전형적으로, 이런 편차는 작은 값을 갖지만, 가공품을 합격시킬 수 없을 정도로 커지는 경우도 발생하게 된다. 그러므로 생산공정에서는 측정의 불확실도에 대한 적절하고도 엄격한 평가가 필수적이다. 이 장에서는 측정의 불확실도에 대해서 살펴보며, 가장 최근의 측정의 불확실도 표기지침(GUM)에 대해서 소개한다. 불확실도의 전파를 통한 기초적인 단일변수 통계로부터 측정 결과에 대해서 어떻게 불확실도를 평가하는지에 대해서 살펴본다. 불확실도 분포의 전파와 불확실도 평가에 대한 몬테카를로법의 개념에 대해서도 논의한다.

9.1 측정의 불확실도 표기지침(GUM)

20세기에는 불확실도 평가의 개념을 실제로 구현하는 과정에서 많은 혼란이 있었다. 역사적으로는 물리, 기계공학 또는 화학 등 다양한 분야에서 다양한 관행들이 사용되었다. 이를 통합하기 위한 협동연구가 수행되었으며, 이를 통해서 1993년에 **측정의 불확실도 표기지침(GUM)** 초판이 발행되었으며, 최근의 버전은 JCGM 100(2008)이다. 2008년에는 **몬테카를로법을 사용한 분포의 전파** JCGM 101(2008)이라는 제목의 부록 1이 출간되었다. 그러는 동안, 비교적 이론적인 지침의 실제적인 적용을 위한 사양표준과 지침이 출간되었으며, 이들 중에서 특히 세 가지 지침에 대해서는 언급이 필요하다(테일러와 쿠야트 1994).

- EA/4-02(2013) 교정과정에서 측정의 불확실도 평가
- ISO 14253-2(2011) 측정장비 교정과 제품검수 과정에서 기하학적 제품사양(GPS) 측정의

불확실도 평가지침
- NIST 측정 결과의 불확실도 평가와 표기지침

이 장은 이 문헌과 지침들을 기반으로 하여 저술되었다.

9.2 계통오차와 임의오차

측정의 불확실도의 분야에서 **오차**는 참값 또는 평균값과의 편차를 의미하며, 실패나 실수와 혼동해서는 안 된다. 역사적으로, 측정과정에서의 오차는 **계통오차**[1]와 **임의오차**[2]로 분류하고 있다. 이 책에서는 반복측정을 통해 측정된 측정 결과와 참값 사이의 차이가 일정하게 유지되는 오차를 계통오차로 정의하며, 반복측정 결과가 예측할 수 없는 형태로 변하는 측정오차 성분을 임의오차라고 정의한다(2장 참조). 불확실도의 평가에는 이들 두 오차가 섞여 있다. 따라서 단일측정의 결과에는 계통오차와 임의오차가 모두 포함되어 있다고 가정하여야 한다. 불확실도의 평가를 A유형 및 B유형으로 구분하는 것이 어 유용하다. A유형은 규정된 측정조건하에서 수집된 측정값에 대한 통계학적 분석을 통해서 측정의 불확실도를 구성하는 성분들을 평가하는 것이다. 이들은, 동일하지는 않지만, 임의오차에도 사용된다. A유형 평가의 사례에는 다음이 포함되어 있다.

- 일련의 측정값들에 대한 표준편차
- 일련의 측정값들의 평균에 대한 표준편차
- 교정곡선에 대한 표준편차

A유형 평가로부터 얻어진 불확실도를 표준편차로 나타내는 것이 일반적이다.
B유형 평가에는 불확실도 평가 이외의 방법들이 포함된다.

---

1   systematic error.
2   random error.

- 사용된 물리적 표준기의 교정 불확실도
- 발표된 물리상수값의 불확실도
- 고도와 위도의 함수로 주어진 국지 중력가속도와 같이 근삿값을 나타내는 방정식의 알고 있는 불확실도
- 알고는 있지만, 보정되지 않은 계통오차

B유형에 대한 평가는 일반적으로 계통오차와 관련되어 있다. 이런 오차들은 편차값으로 나타낼 수 있지만, 표준편차를 사용하여 나타낼 수는 없을 수도 있다. 그러므로 A유형 오차와 B유형 오차 모두 표준오차로 정량화시켜야 한다. 이는 일반적으로 A유형 표준편차와 B유형 예상편차의 평균값이다.

9.3 단일값 불확실도 평가

단일값 불확실도 평가는 가장 기초적인 불확실도 평가로서 2장에서 정의된 것처럼 피측정량에 대한 직접측정을 통해서 구해진 측정값에 대해서 평가가 수행된다.

9.3.1 평균, 표준편차 및 평균의 표준편차

불확실도 해석에서 사용되는 기본적인 통계학적 인자들에 대해서 알아보기 위해서, 버니어 캘리퍼스를 사용하여 볼 직경을 측정하는 경우에 대해서 살펴보기로 한다. 어떤 볼들도 완벽하게 구체일 수는 없기 때문에 볼의 직경을 서로 다른 방향에서 측정하면 서로 다른 값들이 측정된다. 측정을 수행할 때마다 볼을 임의 위치로 회전시킨다고 가정하자. 개별 직경측정 결과값은 d_i, 공칭직경이 D인 볼을 n회 측정한 평균값은 $\bar{d}$라고 하자. **표 9.1**에서는 5회 측정($n = 5$)의 결과를 보여주고 있다.

표 9.1 다수의 측정 결과에 대한 평균과 표준편차 계산방법을 설명하기 위한 구체 직경 측정 사례

측정 번호	측정값 d_i[mm]	평균과의 편차 $\delta_i = d_i - d$[mm]	평균과의 편차값 제곱 δ_{i2}[mm^2]
1	24.780	+0.045	0.0020
2	24.666	−0.069	0.0048
3	24.726	−0.009	0.0001
4	24.784	+0.049	0.0024
5	24.719	−0.016	0.0003
총합	123.675	0	0.0096

샘플의 수 n =5일 때 개별 측정 결과 d_i의 **평균값** $\overline{d}$는 다음과 같이 계산할 수 있다.

$$\overline{d} = \frac{\sum\limits_{i=1}^{n} d_i}{n} = \frac{123.675}{5} = 24.375 \,[\text{mm}] \tag{9.1}$$

측정 샘플은 매우 큰 직경의 모집단에서 추출한 것이므로, **표준편차** s는 다음과 같이 계산할 수 있다.

$$s = \sqrt{\frac{1}{n-1}\sum_{i=1}^{n}(d_i - \overline{d})^2} = \sqrt{\frac{1}{4}(0.0096)} = 0.049\,[\text{mm}] \tag{9.2}$$

이 평균과 표준편차는 측정과정을 잘 보여주고 있다. 볼의 직경은 **참평균직경**[3] D인 볼을 측정하여 얻은 값이다. 그런데 볼의 형상이 완벽하지 않기 때문에, 다른 직경값이 측정되며, 이런 분산도를 표준편차 s를 사용하여 나타낼 수 있다. 측정된 평균값 $\overline{d}$와 측정된 표준편차 s는 각각, 참평균직경 D와 **모집단** 표준편차 σ를 근사하는 값이라고 간주할 수 있다. 또한 단일측정값 d_i는 D의 근삿값이라고 간주할 수 있다. 모집단 표준편차 σ는 참평균직경 D에 대하여 d_i가 나타내는 편차의 기댓값을 나타내는 척도이다. 평균직경 $\overline{d}$가 단일측정값 d_i에 비해서 참평균직경 D를 더 잘 나타낸다고 간주하는 것이 더 논리적이다. 평균의 표준

---

3   true mean diameter.

편차 σ_m을 근사한 s_m을 사용하여 다음과 같이 나타낼 수 있다.

$$s_m = \frac{s}{\sqrt{n}} = \sqrt{\frac{1}{n(n-1)}\sum_{i=1}^{n}(d_i - \bar{d})^2} = \sqrt{\frac{1}{5 \times 4}(0.0096)} = 0.022[\text{mm}] \qquad (9.3)$$

이 s_m 값은 실험적으로 결정된 평균직경 $\bar{d}$와 참평균직경 D 사이의 편차를 나타내는 척도이다. 표준편차 s에 대한 표준편차 s_s를 사용하여 실험적으로 결정된 표준편차 s와 무한히 많은 숫자의 측정을 통해서 구해진 표준편차인 σ 사이의 차이를 구할 수 있다(스콰이어스 2008).

$$s_s = \frac{s}{\sqrt{2n-2}} = 0.016[mm] \qquad (9.4)$$

표 9.2에서는 앞서 설명한 통계학적 인자들을 요약하여 보여주고 있다.

표 9.2 통계학적 인자들과 유한한 측정횟수로 인한 근삿값 사이의 상관관계

참값	근삿값	예상편차 = 참값 − 근삿값
D	d_i	s
D	$\bar{d}$	$s_m = s/\sqrt{n}$
σ	s	$s_s = s/\sqrt{2n-2}$

그림 9.1에서는 측정의 횟수가 증가할수록 표 9.2의 인자들이 어떻게 변하는지를 보여주고 있다. 이를 통해서 측정의 횟수가 증가할수록 평균, 표준편차 및 평균의 표준편차값이 어떻게 변하는지를 볼 수 있다.

측정의 횟수가 증가할수록 표준편차값은 일정해지며, 더 안정해진다는 것을 알 수 있다. 측정의 횟수가 증가할수록 $\bar{d} \pm s_m$ 구간은 $D \pm \sigma$ 구간에 더 근접하게 된다. 또한 측정값에 대한 $\bar{d}$는 $\bar{d} \pm s_m$ 구간 내에서 이론값인 D에 접근하게 된다. 측정의 횟수가 증가할수록 평균값인 $\bar{d}$가 더 정확해진다. 측정의 횟수가 증가할수록 $\bar{d}$에 대한 표준편차가 줄어든다고

생각할 수 있겠지만, 이런 방법을 사용하여 평균에 대한 표준편차를 줄이는 방법은 효과적이지 않다. s_m을 두 배만큼 향상시키기 위해서는 측정의 횟수를 네 배 증가시켜야 하며, 이로 인하여 측정에 소요되는 시간이 증가하거나 측정을 수행하는 시간간격이 네 배만큼 줄어야 한다. 이런 두 가지 대안들은 측정 편차의 시간 의존적 성질들 때문에 적용이 제한된다. 짧은 측정시간 동안 측정은 임의성을 유지해야만 하며, 오랜 측정시간이 소요되는 측정의 경우에 온도 드리프트와 같이 느리게 변하는 영향들이 측정 결과를 느리게 드리프트시켜서는 안 된다.

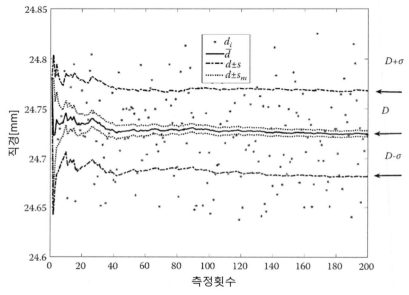

그림 9.1 측정횟수에 따른 평균값 및 표준편차 계산 결과

통계적인 변화에 기초하여 수치값과 불확실도를 보고할 때에는 표준편차 s 나 평균의 표준편차 s_m 을 기준값으로 사용해야만 한다. 이는 **측정량**[4]에 대한 정의에 따른 것이다. 앞서의 사례에서, 측정량은 다음과 같다.

1. 임의 방향에 대해서 측정한 직경: 이 경우, 기준직경 측정의 수단으로 볼을 사용하며,

---

4   measurand.

임의방향에 대해서 한 번 측정한다. 직경의 편차는 측정량의 일부이므로 표준편차 s를 사용해야 한다.

2. 모든 방향에 대해서 측정한 평균직경: 이 경우, 기준직경 측정의 수단으로 볼을 사용하여 많은 방향에 대해서 측정을 수행한다. 다수의 측정을 수행하면 평균값에 근접하게 되므로, 표준편차의 평균값인 s_m을 사용해야 한다.

9.3.2 불확실도 분포와 신뢰구간

특정한 확률을 가지고 어떤 값이 발견될 수 있는 구간을 찾아낼 필요가 있다. 볼 직경 측정의 경우, 200개의 측정값들에 대해서 이런 구간을 찾아내는 과정이 **그림 9.1**에 도시되어 있다. 이 값들을 개별적으로 나열하는 대신에, 측정값들의 분포를 특정한 구간의 도수로 나타내는 **히스토그램**[5]을 사용하는 것이 더 쉽다.

그림 9.2에서는 **그림 9.1**의 도표에 사용되었던 200회의 측정값들에 대한 히스토그램을 보여주고 있다. **그림 9.2**로부터, 측정의 결과값이 특정한 구간 내에 위치할 확률을 구할 수 있다는 것을 알 수 있다. 예를 들어, 200회의 측정값들 중에서 25회의 측정값(25%)들이 $24.650 < d_i < 24.675$ 구간 내에 위치한다는 것이다. $24.65 < d_i < 24.80$의 구간 내에는 188개의 측정값들이 위치한다. 이는 200회의 측정값들 중에서 188/200=94%의 확률이 이 구간에 속한다는 뜻이다. $d \pm s$인 $24.686 < d < 24.784$의 구간 내에서는 200회의 측정값들 중에서 137회의 측정값들이 위치하며, 이는 68.5%의 확률에 해당한다.

그림 9.2에 도시되어 있는 히스토그램은 비대칭 형태를 보이지만, 시뮬레이션에 사용된 통계학적 데이터들의 분포는 대칭적이다. 따라서 확률과 구간에 대한 어떠한 결론을 내리기 전에 많은 숫자의 측정들이 수행되어야 한다. 하지만 특정한 확률분포를 가정할 수 있을 때에는 상황이 다르다. 예를 들어, 분포가 가우시안이라면, 측정값들을 사용하여 이 분포의 인자값(평균과 표준편차)들을 직접 결정할 수 있으며, 이를 사용하여 확률구간을 유도할 수 있다. 이에 대해서는 뒤에서 설명할 예정이다.

---

5   histogram.

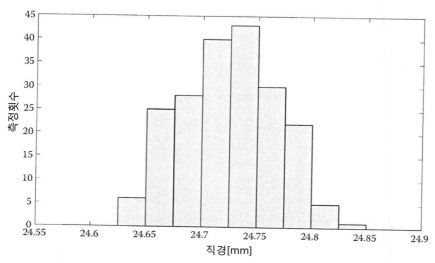

그림 9.2 0.025[mm] 간격으로 직경을 200회 측정한 결과

불확실도의 평가에 가장 일반적으로 사용되는 통계학적 분포들 중 하나가 **가우시안 분포**이다(**정규분포**라고도 부른다). 이는 수많은 임의적 원인들에 의해서 결과의 편차가 만들어진다는 가정하에서 유도되었으며, 일반적으로 많은 실제의 공정들에 이 가정이 적용된다. 가우시안 분포의 **확률밀도함수**는 다음과 같이 주어진다.

$$F(q) = \frac{1}{\sigma\sqrt{2\pi}} e^{-(q-\mu_q)^2/2\sigma^2}$$

(9.5)

여기서 q는 측정값, μ_q는 무한한 숫자의 측정을 수행한 경우의 **평균기댓값** 그리고 σ는 표준편차이다. 이 함수는 $\int_{-\infty}^{\infty} F(q)dq = 1$을 사용하여 **정규화**되어 있다. 히스토그램 막대의 도수를 총 측정횟수(200회)로 나누어 **그림 9.2**를 정규화시킬 수 있다. $[q_1;\ q_2]$ 구간 내에 측정값이 위치할 확률은 다음과 같이 주어진다.

$$P = \int_{q_1}^{q_2} F(q)dq$$

(9.6)

주어진 이론평균 μ_q와 표준편차 σ에 대해서, 지정된 구간 내에 측정값이 위치할 확률을 계산하기 위해서 식 (9.6)을 사용할 수 있다. 예를 들어, **그림 9.3**에서는 직경 μ_d=24.725[mm], σ=0.043[mm]인 경우에 대한 확률밀도함수를 보여주고 있다.

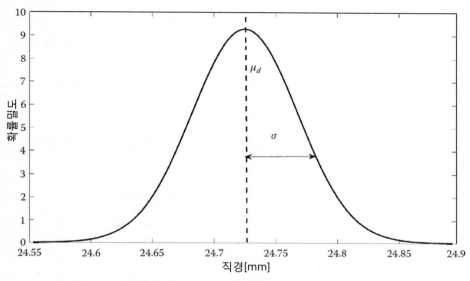

그림 9.3 μ_d=24.725[mm], σ=0.043[mm]인 가우시안 확률밀도함수

다음에서는 가우시안 확률밀도함수의 경우에 특정한 구간에 측정값이 위치할 확률을 제시하고 있다.

- 평균값을 중심으로 $\pm\sigma$ 구간 내에 측정값이 위치할 확률은 68.3%이다.
- 평균값을 중심으로 $\pm2\sigma$ 구간 내에 측정값이 위치할 확률은 95.5%이다.
- 평균값을 중심으로 $\pm3\sigma$ 구간 내에 측정값이 위치할 확률은 99.7%이다.

이 값들은 가우시안 확률밀도함수의 기본적인 특성이다. 실제 측정을 수행할 때에는 μ_d 및 σ값을 알 수 없으므로, 주어진 측정값과 이에 대한 표준편차에 대해서, 측정값에 표준편차를 더하고 뺀 값으로 주어진 구간 내에 평균값이 위치할 확률은 얼마인가? 또는 측정의 평균과 평균의 표준편차는 얼마이겠는가?라는 질문에 답하기 위해서 가우시안 분포의 결과를 활용할 수 있다. 그런데 측정의 횟수가 제한되어 있으므로, 실험적으로는 표준편차를 정확하게 알 수 없다. 제한된 횟수의 측정을 감안하여, 다음 식에서와 같이, 표준편차 σ에 z 계수를 곱하는 것과 마찬가지로, 실험적으로 구한 표준편차값 s에 **스튜던트 t-계수**를 곱해야 한다.

$$P(\mu_q \pm z(p) \cdot \sigma) = P(q_i \pm t(n,p) \cdot s) \tag{9.7}$$

이 스튜던트 t-계수는 측정횟수 n과 확률 p에 의존하는 반면에, z-계수는 확률에만 의존한다. 예를 들어 측정횟수 $n<10$인 경우와 같이, 측정횟수가 작을수록 z-계수 대신에 t-계수를 적용해야 한다. s와 σ 사이의 상관관계에 대해서는 3장의 3.4.11절을 참조하기 바란다.

표 9.3에서는 지금까지 유도된 수량값과 확률에 대해서 제시하고 있다. 여기서 **2σ**와 **95% 신뢰구간**이라는 용어가 일반적으로 혼용되고 있다. **표 9.3**에서는 이들 두 개념 사이에 작은 차이가 있음을 보여주고 있다.

표 9.3 신뢰구간에 대한 이론과 실제

이론	실제	확률
$\mu_q \pm \sigma$ 구간 내에서 측정값 q_i $\mu_q \pm \sigma_m$ 구간 내에서 측정평균 $\bar{q}$	$q_i \pm t \cdot s$ 구간 내에서 μ_q $\bar{q} \pm t \cdot s_m$ 구간 내에서 μ_q $n=5,\ P=0.68$에 대해서 $t=1.1$	68%
$\mu_q \pm 1.96\sigma$ 구간 내에서 측정값 q_i $\mu_q \pm 1.96\sigma_m$ 구간 내에서 측정평균 $\bar{q}$	$q_i \pm t \cdot s$ 구간 내에서 μ_q $\bar{q} \pm t \cdot s_m$ 구간 내에서 μ_q $n=5(v=4),\ P=0.95$에 대해서 $t=2.8$	95%
$\mu_q \pm 2\sigma$ 구간 내에서 측정값 q_i $\mu_q \pm 2\sigma_m$ 구간 내에서 측정평균 $\bar{q}$	$q_i \pm t \cdot s$ 구간 내에서 μ_q $\bar{q} \pm t \cdot s_m$ 구간 내에서 μ_q $n=5,\ P=0.955$에 대해서 $t=2.9$	95.5%

예를 들어 볼의 직경에 대해서 다음과 같이 정의할 수 있다.

1. 최초측정에 대하여 95%의 확률

$$\mu_d = d_i \pm t(n=5,\ P=95\%) \cdot s$$

$$= (24.780 \pm 2.8 \times 0.049)[\text{mm}] = (24.78 \pm 0.14)[\text{mm}]$$

최초측정 대신에, 다른 측정 또는 이후의 모든 단일측정도 동일한 불확실도를 갖는다.

2. 5회 측정평균에 대한 95%의 확률

$$\mu_d = \overline{d} \pm t(n=5,\ P=95\%) \cdot s/\sqrt{5}$$

$$= (24.735 \pm 2.8 \times 0.049/2.2)[\text{mm}] = (24.74 \pm 0.06)(\text{mm})$$

가우시안 분포와 스튜던트$-t$ 분포에 대한 더 자세한 내용은 3장을 참조하기 바란다.

평균 표준편차 그리고 **신뢰구간** 사이의 수학적 상관관계는 서로 다른 통계학적 분포에 대하여 서로 다르다. 여타 일반적으로 접하게 되는 분포에는 평등분포, 삼각형분포 그리고 푸아송분포 등이 포함된다(2장). 불확실도 평가의 경우, 공차, 사양 및 계측기 분해능 등에 자주 사용되는 **평등분포[6]**(또는 **균일분포**)가 일반적으로 사용된다.

평등분포값의 경우, 주어진 구간 내에 이 값이 위치할 확률은 1이며, 이 구간 밖에 위치할 확률은 0이다. 이런 분포의 경우, 가우시안 분포에서와 유사한 방법으로 표준편차와 신뢰구간 사이의 상관관계를 규정할 수 있다(3장 참조).

그림 9.4에서는 평등분포와 가우시안 분포를 함께 도시하고 있으며, 이들은 모두 동일한 표준편차값을 가지고 있다. 가우시안 분포에서와 마찬가지로, 평등분포의 경우에도 평균, 표준편차 및 확률 사이에 다음과 같은 상관관계가 존재한다.

- 평균값을 중심으로 $\pm\sigma$ 구간 내에 측정값이 위치할 확률은 57.7%이다.
- 평균값을 중심으로 $\pm 1.73\sigma$ 구간 내에 측정값이 위치할 확률은 100%이다.
- 평균값을 중심으로 $\pm 1.64\sigma$ 구간 내에 측정값이 위치할 확률은 95%이다.

두 가지 중요한 경우에 평등분포가 적용된다. 첫 번째는 측정이 안정적인 경우에 디지털 표시값의 분해능이다. 두 번째는 공칭값으로부터의 편차가 항상 특정한 한계 이내에 위치한다는 것이 검증된 계측기나 물체가 사용되는 경우이다.

---

6   rectangular distribution.

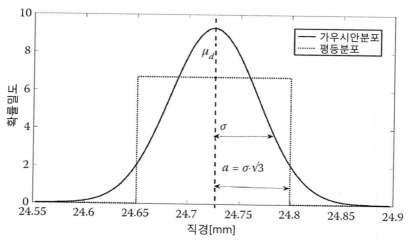

그림 9.4 μ_d=24.724[mm], σ=0.043[mm]인 가우시안 분포와 평등분포

일반적으로, 최소분해능의 디지털 표시값이 r인 경우, 이 계측기의 분해능에 따른 표준불확실도는 다음과 같이 주어진다.

$$u(r) = \frac{r}{2\sqrt{3}} \tag{9.8}$$

예를 들어, d=24.780[mm]이 측정되었다고 하자. 이 측정값이 안정적이며 분해능은 0.001[mm]라고 한다면, 측정값은 24.7795와 24.7805 사이의 구간에 평등분포한다고 가정할 수 있다. 표준불확실도 $u = 0.001/(2\sqrt{3})[\mathrm{mm}] = 0.29[\mu\mathrm{m}]$이다.

9.3.3 표준불확실도의 개념

9.3.2절에서는 표준편차의 의미와 일련의 측정값들을 사용하여 표준편차를 어떻게 계산하는가에 대해서 논의하였다. 그런데 많은 경우, 표준편차는 다수의 측정값을 사용하여 계산할 필요가 없는 수량값이다. 평등분포 특성을 가지고 있는 디지털 측정값이 여기에 해당한다. 불확실도 계산의 많은 요소들이 통계학적 분포를 가질 필요가 없는 분산측정값들을 사용하기 때문에, 표준편차를 나타내는 임의의 불확실도에 대해서는 더 일반적인 용어인 **표준불확실도**가 사용되지만, 이것이 통계학적 처리의 결과임을 의미하지 않는다.

표준불확실도의 사례들은 다음과 같다.

- 표준편차 s
- 평균값의 표준편차 $s/\sqrt{n}$
- 분해능이나 사양값들로부터 유도된 여타의 불확실도
- 교정의 불확실도
- 정의된 물리상수값들의 불확실도
- 보정되지 않은 오차

9.4 불확실도의 전파

측정된 실제 값과는 다른 값을 가지고 있는 측정 결과가 계산에 사용되는 경우가 자주
발생한다. 전형적으로 수학적인 모델이나 수치 시뮬레이션의 형태를 통해서 이미 알고 있는
상관관계를 사용함으로 인하여 실제와는 다른 값이 얻어질 수 있으며, 이 불확실도는 원래
측정의 불확실도와 관련되어 있으므로, 이 측정값의 불확실도가 모델에 사용된 방정식을
통해서 전파되어 다른 측정에서 불확실도의 형태로 발현된다. 사례를 통해서 이를 규명할
수 있다. 9.3절에서 사용되었던 직경측정의 사례를 여기서도 활용할 예정이지만, 앞서와는
다른 수량값인 볼의 체적을 계산한다. 측정된 직경의 불확실도는 계산된 체적의 불확실도에
반영된다. 다음 절에서 설명할 다양한 방법을 사용하여 체적 불확실도의 계산을 수행할 수
있다.

9.4.1 직접계산

직접계산 방법은 단순하며, 비교적 투박하다. 하지만 몬테카를로법(9.4.3절)에서는 직접계
산법이 사용된다. 또한 예를 들어, 컴퓨터 프로그램이 알 수 없는 알고리즘에 측정량을 입력
하여 직접표현식이 없는 계산을 수행한다면, 직접계산방법을 사용할 수밖에 없다.

일반적으로, **모델 함수**[7]라고 부르는 함수관계는 다음과 같이 주어진다.

$$y = f(x) \tag{9.9}$$

여기서 y는 피측정량 Υ의 예상출력값이며, x는 입력량 X의 예상입력값이다. 측정된 직경 d를 사용하여 체적 V를 구하기 위한 모델 함수는 다음과 같이 주어진다.

$$V(d) = \frac{\pi d^3}{6} \tag{9.10}$$

y에 대한 표준불확실도의 직접계산값인 $u(y)$는 x의 표준불확실도를 사용하여 구할 수 있다. $u(y)$는 다음과 같이 주어진다.

$$u(y) = |f(x + u(x)) - f(x)| \tag{9.11}$$

$\overline{d} = 24.755[\text{mm}]$이며 $u(\overline{d}) = 0.022[\text{mm}]$인 볼 체적 계산 사례의 경우, 식 (9.9)를 사용하면 $V = 7,924[\text{mm}^3]$이며 체적값에 대한 표준불확실도는 다음과 같이 주어진다.

$$u(V) = |V(d + u(d)) - V(d)| = \left| \frac{\pi(d + u(d))^3}{6} - \frac{\pi d^3}{6} \right| \tag{9.12}$$

$$= \left| \frac{\pi(24.755 + 0.022)^3}{6} - \frac{\pi \times 24.755^3}{6} \right| = 21[\text{mm}^3]$$

이 방법은 간단하며 적절하지만 통찰력을 주지는 못한다. 예를 들어, 직경의 불확실도가 두 배로 증가하였을 때에 체적의 불확실도가 어떻게 변하는지를 즉시 알아내기는 어렵다.

9.4.2 도함수를 이용한 계산

$y = f(x)$에 대한 **도함수**[8]를 사용하면 불확실도의 전파와 관련된 더 많은 통찰력을 얻을

---

7   model function.

8   derivatives.

수 있다. $f(x + u(x))$에 대한 **테일러 급수전개**를 사용하여 도함수를 구할 수 있다.

$$f(x + u(x)) = f(x) + \frac{\partial f(x)}{\partial x} u(x) + \frac{1}{2} \frac{\partial^2 f(x)}{\partial x^2} (u(x))^2 + \cdots \tag{9.13}$$

이 급수에서 첫 번째 두 항만을 사용하면 다음 식을 얻을 수 있다.

$$u(y) = |f(x + u(x) - f(x))| \approx \left| f(x) + \frac{\partial f(x)}{\partial x} u(x) - f(x) \right| \approx \left| \frac{\partial f(x)}{\partial x} \right| \cdot u(x)$$
$$\tag{9.14}$$

이 식은 $u(x)$의 미소값에 대한 근사식이다. 미분값 $\left| \dfrac{\partial f(x)}{\partial x} \right|$를 **민감도계수**라고 부른다. 가능하다면 미분식 내의 원래함수 $y = f(x)$를 대입하는 것이 도움이 된다. 다음에서는 체적측정의 경우에 대해서 이를 설명하고 있다.

$$u(V) = \left| \frac{\partial V(d)}{\partial d} \right| \cdot u(d) = \frac{3\pi d^2}{6} u(d) = \frac{3V}{d} u(d) \ \ \text{또는} \ \ \frac{u(V)}{V} = 3 \frac{u(d)}{d} \tag{9.15}$$

식 (9.13)을 살펴보면, 체적값에 포함되어 있는 **상대 불확실도**는 직경에 대한 상대 불확실도의 3배에 달한다. 이 방정식에 3이 곱해져 있다는 것이 상대 불확실도가 3배가 되었다는 것을 의미한다(**표 9.4** 참조). 9.4.1절에서 사용된 값들인 $\overline{d} = 24.755[\text{mm}]$와 $u(\overline{d}) = 0.022[\text{mm}]$를 사용하여 계산해보면, $V = 7{,}924[\text{mm}^3]$과 $u(V) = 21[\text{mm}^3]$으로서, 9.4.1에서와 동일한 결과가 얻어진다.

상대 불확실도가 3이라는 것은 체적 계산에 3승이 사용되었기 때문이다. $y = f(x)$의 기능적 관계에 대한 유형별로 불확실도 전파에 대한 일반규칙을 유도할 수 있다. **표 9.4**에서는 이에 대하여 설명하고 있다.

표 9.4 기능적 상관관계에 대한 불확실도의 전파

함수 $y = f(x)$ c는 상수값	불확실도 전파	설명
$y = x + c$	$u(y) = u(x)$	불확실도는 불변
$y = c \cdot x$	$u(y)/y = u(x)/x$	상대불확실도는 불변
$y = x^c$	$u(y)/y = c \cdot u(x)/x$	상대불확실도가 c배 커짐. 이런 현상이 자주 발생하므로 주의 필요
$y = \log(x)$	$u(y) = u(x)/x$	y의 절대불확실도는 x의 상대불확실도와 같음
$y = e^x$	$u(y)/y = x$	y의 상대불확실도는 x의 절대불확실도와 같음

9.4.3 몬테카를로법을 이용한 계산

몬테카를로법을 사용하여 **표준불확실도**의 전파와 **불확실도 분포**의 전파를 모두 시뮬레이션할 수 있다. 몬테카를로법에서는 정의된 분포에 따라서 시뮬레이션된 다수의 측정값들을 생성하고, 출력값들의 분포를 고려하여 시뮬레이션을 통해서 도출된 개별 측정값들에 대해서 모델 함수를 사용하여 계산을 수행한다. 다음에 주어진 입력변수 ξ_i에 대해서 시뮬레이션이 수행된다.

$$\xi_i = x + u(x) \cdot z_i \tag{9.16}$$

여기서 x는 입력값의 최적추정치로서, 보통 평균값이다. $u(x)$는 x의 표준불확실도이다. 그리고 z_i는 평균값이 0이며 표준편차가 1인 분포로부터 취한 임의의 숫자이다. 대부분의 수학 소프트웨어 패키지들은 가우시안 분포의 임의숫자를 생성하는 함수를 가지고 있다. 만일 임의숫자 발생기가 0과 1 사이의 균일분포 임의숫자를 생성한다면, 평균값이 0이며 표준편차가 1인 평등분포의 임의숫자 z_i는 다음 식으로부터 얻을 수 있다.

$$z_i = (r_i - 0.5)2\sqrt{3} \tag{9.17}$$

평균값 $\bar{y}$, y 내의 표준불확실도 그리고 지정된 확률을 가지고 참값 Υ을 포함하는 포함구간을 구하기 위해서 출력값 $f(\xi_i)$의 확률밀도함수가 사용된다. 직경측정의 사례에 대해서 $D = 24.725$[mm], $u(d) = 0.022$[mm] 그리고 10^6회의 시뮬레이션을 수행한 결과를 살펴보기로

하자. 시뮬레이션 된 직경 $d_i = D + u(d) \cdot z_i$이며 시뮬레이션된 체적은 다음과 같이 주어진다.

$$V_i = \frac{\pi d_i^3}{6} = \frac{\pi (x + u(x) z_i)^3}{6} = \frac{\pi (24.725 + 0.022 z_i)^3}{6} \tag{9.18}$$

그림 9.5에서는 10^6회 시뮬레이션된 d_i값과 V_i 값들을 100개의 구간으로 나눈 히스토그램을 보여주고 있다. 그림 9.4와의 유사성에 주목할 필요가 있다. 도표에는 수평축방향으로의 지정된 구간에 대하여 수직축방향으로의 시뮬레이션 숫자들이 제시되어 있다. 시뮬레이션된 값 V_i로부터, 기본계수 V와 $u(V)$를 계산한다. 예상하는 것처럼, $V = 7{,}914[\text{mm}^3]$와 $u(V) = 21[\text{mm}^3]$이 구해진다. 9.4.1절에서 제시된 방법을 사용하여서도 이 값들을 유도할 수 있지만, 9.4.2절의 방법이 훨씬 더 쉽다. 그런데 몬테카를로법을 사용하면, '체적이 7,900[mm³]보다 커질 확률은 얼마인가?'와 같이 확률과 관련된 간단한 질문에 즉시 답할 수 있다(이 질문의 답은 75%이다). 2.5%의 값들이 더 작은 직경에서부터 97.5%의 값들이 더 작은 직경까지의 구간이 95% 확률구간이다. 이는 $V = [7{,}873[\text{mm}^3]; 7{,}956[\text{mm}^3]]$ 구간에 해당한다. 이는 가우시안 통계학을 따르는 $V = 7{,}914 \pm 42[\text{mm}^3]$ 구간과 일치한다(즉 평균값 $\pm 2 \times$ 표준편차). 몬테카를로법의 경우, 가우시안 통계학에서의 가정이 더 이상 필요 없으며 임의의 분포에 대해서 신뢰구간을 찾아낼 수 있다.

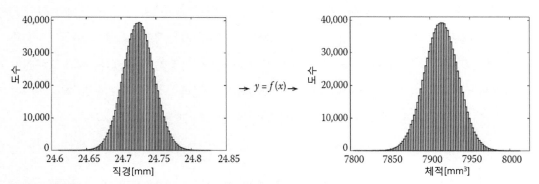

그림 9.5 몬테카를로 시뮬레이션에 의해서 직경 불확실도 분포(좌측)가 체적불확실도 분포(우측)로 전파되는 과정

편차가 비교적 작기 때문에, **그림 9.5**에서, 직경의 가우시안 분포는 유사한 분포를 가지고

있는 체적으로 변환된다. 편차가 큰 경우에는 비선형 효과 때문에 분포가 변한다. **그림 9.6**에서는, $d = 24.725$[mm]이며 $u(d) = 5$[mm]인 경우에 대해서 10^6회의 시뮬레이션 결과를 보여주고 있다. 이 경우, 체적의 분포는 가우시안도 아니며 더 이상 대칭도 아니라는 것이 명확하며, 체적 내의 신뢰구간도 직경의 분포와는 관련도가 훨씬 더 작다. 몬테카를로법을 사용하면 관련 통계를 쉽게 평가할 수 있다.

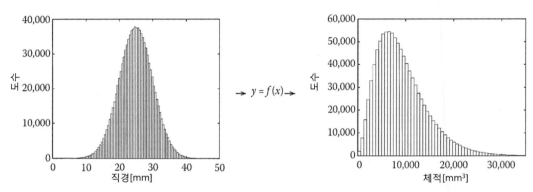

그림 9.6 몬테카를로 시뮬레이션에 의해서 비선형 적으로 직경 불확실도 분포(좌측)가 체적 불확실도 분포(우측)로 전파되는 과정

9.4.3.1 필요한 시뮬레이션 숫자

필요한 시뮬레이션의 숫자는 몬테카를로 계산의 목적과 다수의 시뮬레이션을 수행할 능력에 의존한다. 하나의 지표로서, 식 (9.4)를 이용할 수 있다. 표준불확실도만 구해야 한다면, 5%의 상대불확실도만으로도 충분하며, 이는 200회 정도의 시뮬레이션으로 구현할 수 있다. 더 자세한 확률구간이 필요하다면, 시뮬레이션된 평균값이 가정한 평균값과 1%의 표준편차 이내에서 일치하여야 한다. 이를 위해서는 5,000회의 시뮬레이션이 필요하다. 계산시간이 문제가 되지 않는다면, 10^6회의 시뮬레이션이 일반적으로 안전한 횟수이다.

9.5 다중변수 측정

9.4절에서는 단일변수와 단일변수로 이루어진 함수에 대한 불확실도 계산에 대해서 살펴

보았다. 실제의 경우에는 측정량에 영향을 미치는 변수들이 여러 개인 경우가 많다. 접촉식 길이 측정기에 측정력과 온도가 미치는 영향이나 레이저 간섭계를 사용하여 변위를 측정하는 동안 공기온도, 공기압력 및 습도가 미치는 영향 등이 사례이다(6장). 이 절에서는 9.4절에서 제시되었던 이론과 사례를 사용하여 이런 경우에 불확실도 해석을 어떻게 수행하는가에 대해서 살펴볼 예정이다.

일반적으로 N개의 변수들에 대해서 식 (9.9)는 다음과 같이 확장된다.

$$\Upsilon = f(X_1, X_{2,} \cdots, X_N) \tag{9.19}$$

여기서 Υ은 측정값 y에 의해서 근사화된 측정량이며 $X_{1 \cdots N}$은 x_i값을 사용하여 추정한 입력값들이다. 예를 들어, 평균직경 $\bar{d}$와 질량 m을 사용하여 체적이 V인 볼의 평균밀도 ρ를 계산하는 사례를 살펴보자. 모델 방정식은 다음과 같이 주어진다.

$$\rho = \frac{m}{V} = \frac{6m}{\pi \bar{d}^3} \tag{9.20}$$

함수적으로는 식 (9.20)을 $\rho = f(\bar{d}, m)$으로 나타낼 수 있다.

9.5.1 표준불확실도의 전파

9.4.1절에서는 **표준불확실도**의 전파에 대한 수치해석을 수행하였다. 그런데 편미분을 사용하여 9.4.2절에서와 유사한 전파모형에 대해서 더 일반적인 고찰을 수행할 수 있다. 식 (9.12)를 다중변수에 대해서 확장하면 다음과 같이 측정 결과와 관련된 **복합분산**[9] $u_c^2(y)$에 대한 표현식을 구할 수 있다.

---

9   combined variance.

$$u_c^2(y) = \sum_{i=1}^{N} \sum_{j=1}^{N} \frac{\partial f}{\partial x_i} \frac{\partial f}{\partial x_j} u(x_i, x_j) \tag{9.21}$$

$$= \sum_{i=1}^{N} \left(\frac{\partial f}{\partial x_i} \right)^2 u^2(x_i) + 2 \sum_{i=1}^{N-1} \sum_{j=i+1}^{N} \frac{\partial f}{\partial x_i} \frac{\partial f}{\partial x_j} u(x_i) u(x_j) r(x_i, x_j)$$

여기서 y는 Υ의 추정값, x_i와 x_j는 각각 X_i와 X_j의 추정값 그리고 $r(x_i, x_j)$는 변수 x_i와 x_j 사이의 상관계수로서, 다음과 같이 주어진다.

$$r(x_i, x_j) = \frac{u(x_i, x_j)}{u(x_i) u(x_j)} \tag{9.22}$$

변수들 사이에는 **비상관**($r(x_i, x_j) = 0$), **완전상관**($|r(x_i, x_j)| = 1$) 또는 그 사이의 값을 가질 것이다. 일반적으로, $-1 \le r(x_i, x_j) \le +1$이라고 말할 수 있다. $r(x_i, x_j) = 0$인 비상관 입력의 경우, 하나의 값이 변하여도 다른 값의 변화가 일어나지 않는다는 것을 의미한다. 대부분의 경우, 이 가정이 적용되므로, 식 (9.21)은 다음과 같이 단순화된다.

$$u_c^2(y) = \sum_{i=1}^{N} \sum_{j=1}^{N} \frac{\partial f}{\partial x_i} \frac{\partial f}{\partial x_j} u(x_i, x_j) = \sum_{i=1}^{N} \left(\frac{\partial f}{\partial x_i} \right)^2 u^2(x_i) \tag{9.23}$$

식 (9.23)은 대부분의 불확실도 평가에 기초가 되는 표준불확실도 전파에 대한 중요한 방정식이다. 이 합산을 **이차합산**[10]이라고 부른다. 미분값 $\left| \frac{\partial f(x_i)}{\partial x_i} \right|$은 **민감도계수**라고 부른다. 식 (9.11)과 유사한 직접계산을 적용하여 편미분을 소거할 수 있다.

$$u_c^2(y) = \sum_{i=1}^{N} (f(x_i - u(x_i)) - f(x_i))^2 \tag{9.24}$$

---

10   quadratic sum.

볼 밀도 계산의 사례에 대해서는 식 (9.23)을 다음과 같이 정리할 수 있다.

$$u^2(\rho) = \left(\frac{\partial \rho}{\partial m}\right)^2 u^2(m) + \left(\frac{\partial \rho}{\partial d}\right)^2 u^2(d) = \left(\frac{\rho}{m}u(m)\right)^2 + \left(3\frac{\rho}{d}u(d)\right)^2 \tag{9.25}$$

d의 평균직경에 대한 수치값들로, 9.4절에 제시되어 있는 값들인 $d = 24.735[\text{mm}]$와 $u(d) = 0.022[\text{mm}]$를 사용한다.

분해능이 0.1[g]으로 제한되어 있는 디지털 저울을 사용하여 볼의 무게를 측정한다고 가정하자. 저울의 표시값은 19.7[g]으로 일정한 값을 나타낸다면 식 (9.20)으로부터 밀도 $\rho = 2.486[\text{g/cm}^3]$을 얻을 수 있다. 이 값은 순수한 석영유리의 밀도에 근접하지만 약간 작은 값이다. 표준불확실도를 계산하기 위해서, 표준질량을 사용하여 이 저울을 교정하였으며, 오차는 0이고, 분해능 한계가 표준불확실도의 유일한 원인이라고 가정한다. 따라서 질량은 [19.65; 19.75][g]의 구간에서 평등분포를 가지고 있다고 가정한다. 식 (9.8)을 사용하여 표준불확실도를 계산하면 $u(m) = 0.10/2\sqrt{3} \approx 0.03[\text{g}]$을 얻을 수 있다.

식 (9.25)에 이 수치값들을 대입하면, 볼 밀도의 표준불확실도를 구할 수 있다.

$$u(\rho) = \sqrt{\left(\frac{\rho}{m}u(m)\right)^2 + \left(3\frac{\rho}{d}u(d)\right)^2} = \rho\sqrt{\left(\frac{u(m)}{n}\right)^2 + \left(3\frac{u(d)}{d}\right)^2} \tag{9.26}$$

$$= 2.486\sqrt{\left(\frac{0.03}{19.7}\right)^2 + \left(3\frac{0.022}{24.735}\right)^2} = 0.0031[\text{g/cm}^3]$$

식 (9.24)를 사용하여도 이와 동일한 결과를 얻을 수 있다.

9.5.2 불확실도 할당

비록 식 (9.23)(또는 식 (9.24))만을 사용하여 대부분의 불확실도 계산이 가능하지만 소위 **불확실도 할당**[11]을 통하여 이 계산을 구분하면 더 쉽게 불확실도에 대한 통찰력을 얻을 수

---

11 uncertainty budget.

있다. 불확실도 할당에서는 측정의 불확실도 해석에 사용된 수치값, 추정값, 표준불확실도, 민감도계수 그리고 불확실도 기여값 등을 순서에 맞춰 배열한다. 표 9.5에서는 식 (9.23)에 대한 불확실도 할당을 표의 형태로 제시하고 있다. 때로는 열을 추가하여 계산에 사용된 분포형태도 포함하지만 표 9.5에서는 생략되어 있다.

표 9.5 불확실도 할당이라고 부르는 측정의 불확실도 분석을 위하여 모든 인자들을 순서에 맞춰 배열한 사례

수치값 X_i	추정값 x_i	표준불확실도 $u(x_i)$	민감도계수 $c_i = \dfrac{\partial f}{\partial x_i}$	표준불확실도 기여값 $u_i(y) = c_i \cdot u(x_i)$
X_1	x_1	$y(x_1)$	c_1	$u_1(y)$
X_2	x_2	$u(x_2)$	c_2	$u_2(y)$
$\vdots$	$\vdots$	$\vdots$	$\vdots$	$\vdots$
X_N	x_N	$u(x_N)$	c_N	$u_N(y)$
Υ	y	$-$	$-$	$u(y) = \sqrt{\sum_{i=1}^{N} u_i^2}$

표 9.6으로부터 직경 측정이 밀도에 대한 표준불확실도에 가장 큰 영향을 미치는 인자라는 것을 즉시 확인할 수 있다.

표 9.6 밀도측정 사례에 대한 일반적인 오차할당

수치값 X_i	추정값 x_i	표준불확실도 $u(x_i)$	민감도계수 $c_i = \dfrac{\partial f}{\partial x_i}$	표준불확실도 기여값 $u_i(y) = c_i \cdot u(x_i)$
직경	$d = 2.4735\,[\text{cm}]$	$u(d) = 0.0022\,[\text{cm}]$	$c_1 = \dfrac{3\rho}{d} = 3.02\,[\text{g/cm}^4]$	$u_1(\rho) = \dfrac{3\rho u(d)}{d}$ $= 0.0066\,[\text{g/cm}^3]$
질량	$m = 19.7\,[\text{g}]$	$u(m) = 0.03\,[\text{g}]$	$c_2 = \dfrac{\rho}{m} = 0.126\,[1/\text{cm}^3]$	$u_2(\rho) = \dfrac{\rho u(m)}{m}$ $= 0.0038\,[\text{g/cm}^3]$
밀도	$\rho = 2.486\,[\text{g/cm}^3]$	$-$	$-$	$u(\rho) = \sqrt{u_1^2(\rho) + u_2^2(\rho)}$ $= 0.0076\,[\text{g/cm}^3]$

직접계산의 경우에는 표 9.7에서와 같이 불확실도를 할당할 수 있다.

표 9.7 직접계산의 경우에 대한 불확실도 할당

수치값 X_i	추정값 x_i	불확실도 기여값 $u_i(y)$
X_1	x_1	$u_1(y) = f(x_1 + u(x_1), x_2, \cdots, x_N) - f(x_1, x_2, \cdots, x_N)$
X_2	x_2	$u_2(y) = f(x_1, x_2 + u(x_2), \cdots, x_N) - f(x_1, x_2, \cdots, x_N)$
$\vdots$	$\vdots$	$\vdots$
X_N	x_N	$u_N(y) = f(x_1, x_2, \cdots, x_N + u(x_N)) - f(x_1, x_2, \cdots, x_N)$
Υ	y	$u(y) = \sqrt{\displaystyle\sum_{i=1}^{N} u_i^2 u(y)}$

9.5.3 신뢰구간

9.3.2절에서는 **신뢰구간**에 기초하여 불확실도를 정의하는 과정에서 표준편차를 어떻게 사용하는가를 설명하였다. 9.3.2절에서 사용했던 스튜던트−t계수를 더 일반적으로 나타내면, 다음과 같이, 정의된 신뢰구간에 대한 불확실도를 얻기 위해서 표준불확실도에 k계수를 곱한다.

$$U(y) = k \cdot u(y) \tag{9.27}$$

여기서 $U(y)$는 확장된 측정의 불확실도이다. 일반적으로 $k = 2$를 취하면 신뢰구간이 최소한 95%에 이른다. 이는 대부분의 수치값들이 가우시안 분포를 가지고 있으며, 다른 분포 형태를 가지고 있다고 하더라도, 이들을 조합하면 가우시안 분포나 가우시안과 유사한 분포를 갖게 된다는 가정에 기초한다(이를 **중심극한정리**[12]라고 부른다).

볼밀도 측정의 사례에 대해서, 측정 결과를 다음과 같이 정리할 수 있다.

볼 밀도는 $\rho = (2.468 \pm 0.016)[\text{g/cm}^3]$이다. 확장된 측정의 불확실도값은 표준불확실도값에 범위계수 $k = 2$를 곱한 값으로서, 이는 확률이 포함되는 범위가 대략적으로 95%에 달하는 가우시안 분포에 해당한다.

대부분의 경우에는 이 추정값만으로도 충분하다. 그런데 불확실도 분포와 이에 관련된 신뢰구간에 대한 더 자세한 고려가 필요하다면, 몬테카를로법을 사용할 수 있으며, 이에 대

---

12 central limit theorem.

해서는 다음 절에서 살펴보기로 한다.

9.5.4 확률분포의 전파

9.4.3절에서 소개했던 몬테카를로법을 다중입력값 x_i에 대해서 확장시킬 수 있다. 이 확장을 통해서 각 변수들에 개별적으로 불확실도 분포를 부여할 수 있으며, 이 분포로부터 출력 추정값 y의 신뢰구간을 직접 계산할 수 있다는 장점을 가지고 있다. 몬테카를로라는 이름은 일반적으로 임의수를 사용하여 통계학적 분포를 생성한다는 것을 의미한다. 따라서 몬테카를로법은 유일하지 않으며, 수많은 변종이 존재한다. 불확실도 계산에서 가장 일반적으로 사용되는 몬테카를로법에서는 다수의 측정 시뮬레이션을 사용하며, 모든 영향계수들은 불확실도 분포에 따라서 연동하여 변한다. 따라서 식 (9.19)의 함수관계를 사용하여 다음과 같은 다수의 시뮬레이션들이 수행된다.

$$y_k = f(x_1 + u(x_1)r_1(k),\ x_2 + u(x_2)r_2(k),\ \cdots,\ x_N + u(x_N)r_N(k)) \tag{9.28}$$

여기서 y_k는 k번째 시뮬레이션의 출력값, k는 시뮬레이션 횟수로서, $k = 1, \cdots K$이며, K는 시뮬레이션의 총 횟수, $x_{1\cdots N}$은 입력값, r_i는 평균값이 0이고 표준편차는 1인 임의값으로서 입력변수 x_i의 분포를 결정한다. 시뮬레이션을 통해서 출력값 y의 분포를 얻을 수 있다. 모든 시뮬레이션에 대해서 y의 표준불확실도를 다음과 같이 직접 계산할 수 있다.

$$u(y)_k^2 = (y_k - y(x_1, x_N))^2 \tag{9.29}$$

K번째 시뮬레이션을 수행한 다음에, 다음 식을 사용하여 표준불확실도 $u(y)$를 계산할 수 있다.

$$u(y) = \sqrt{\dfrac{\displaystyle\sum_{k=1}^{K}(y_k - y)^2}{K}} \tag{9.30}$$

측정횟수가 증가할수록 표준편차의 신뢰도가 높아지는 것처럼(식 (9.4) 참조), 시뮬레이션의 횟수가 증가할수록 추정값의 신뢰도가 높아진다. 신뢰구간을 구하기 위해서 y_k값의 분포를 사용할 수 있다.

앞 절에서 사례로 사용되었던 밀도측정에 대해서 몬테카를로법을 적용해보기로 한다. 입력값 x_i로 사용되는 직경 d_i는 평균직경 $\bar{d}$ =24.725[mm]이며, 표준불확실도 $u(d)$ =0.0022[mm]이고 가우시안 분포를 가지고 있다.

질량 m_i은 평균질량 m =19.7[g]이며 표준불확실도 $u(m)$ =0.03[g]이고 평등분포를 가지고 있다.

난수발생기와 다음의 밀도방정식을 사용하여 이 입력값들에 대해서 다수의 밀도값들을 계산할 수 있다.

$$\rho_i = \frac{6m_i}{\pi d_i^3} = \frac{6\,(m + r_{1,i}u(m))}{\pi\,(d + r_{2,i}u(d))^3} \tag{9.31}$$

여기서 r_1은 **난수**[13]로서, 평균값이 0이며, 표준편차는 1인 가우시안 분포로부터 취한 값이다. r_2는 별개의 독립적인 난수로서 평균값이 0이며, 표준편차는 1인 평등분포로부터 취한 값이다. 이 난수들을 사용하여 여러 번 수행한 시뮬레이션 값이 ρ_i이다. 표준불확실도의 추정값 $u(\rho)$를 불확실도 할당과 유사한 방식으로 설명할 수 있다. 표 9.8에서는 이를 보여주고 있다.

표 9.1에 설명되어 있는 표준편차 계산, 표 9.5에 설명되어 있는 불확실도 할당, 표 9.7에 제시되어 있는 직접계산에 대한 불확실도 할당 그리고 표 9.8에 제시되어 있는 몬테카를로법 사이의 유사성을 살펴볼 필요가 있다.

---

13   random number.

표 9.8 몬테카를로법을 사용하여 ρ의 표준불확실도를 추정한 사례

시뮬레이션 차수	d_k[cm]	m_k[g]	ρ_k[g/cm^3]	$\rho_k - \rho$[g/cm^3]
1	2.4737	19.696	2.4852	-0.004
2	2.4765	19.726	2.4804	-0.0088
$\vdots$	$\vdots$	$\vdots$	$\vdots$	$\vdots$
K	2.4737	19.719	2.5067	0.0175
$-$	$-$	$-$	$-$	$u(\rho) = \sqrt{\dfrac{\sum\limits_{k=1}^{K}(\rho_i - \rho)^2}{K}}$

평등분포를 가지고 있는 m_i와 가우시안 분포를 가지고 있는 d_i를 조합하면 가우시안 분포도, 평등분포도 아닌 ρ_i의 분포를 얻을 수 있다(**그림 9.7**). 그런데 다수의 분포들을 조합하면, 가우시안 분포를 따르는 경향이 있다(중심극한정리).

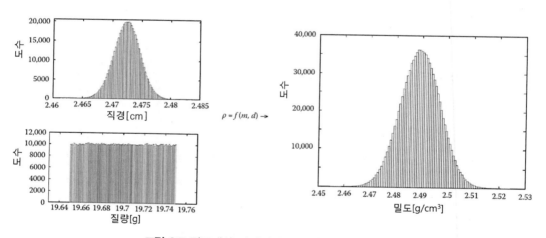

그림 9.7 밀도계산 과정에서 확률분포의 전파 사례

ρ_i에 대한 시뮬레이션 값들을 분류하면 95%의 값들이 위치하는 구간을 결정할 수 있다. 일반적으로 이는 하한이 97.5%를 넘어서는 경우와 하한이 2.5%를 넘어서는 경우를 추려내어 결정한다. 10^6회의 측정 시뮬레이션을 통해서 95%의 신뢰구간을 구해보면, 2.475[g/cm^3] $<\rho<$2.504[g/cm^3]의 구간이 얻어진다.

이 구간을 범위계수 $k=2$인 표준불확실도를 사용하여 구한 구간과 비교해볼 수 있다. 이 경우

의 95% 신뢰구간은 $(2.486-2 \times 0.0076)[\text{g/cm}^3] < \rho < (2.486+2 \times 0.0076)[\text{g/cm}^3]$ 또는 $2.471[\text{g/cm}^3]$ $< \rho < 2.501[\text{g/cm}^3]$이다. 두 가지의 서로 다른 분포들을 조합하였음에도 불구하고 이 값들은 비교적 작다는 것을 알 수 있다.

많은 경우에 몬테카를로 시뮬레이션이 더 전통적인 불확실도 할당의 계산 결과와 유사한 경향을 가지고 있지만, 불확실도 분포의 전파에 대한 몬테카를로 시뮬레이션 결과는 다음과 같은 큰 장점들을 가지고 있다.

- 몬테카를로법은 식 (9.24)에서와 같이 직접계산법을 사용하기 때문에 미분계산이 필요 없다.
- 시뮬레이션에 사용된 분포를 나타내기 위해서 사용된 난수들을 연관(조합)시켜서 입력 값들의 상관도를 시뮬레이션에 적용할 수 있다.
- 표준불확실도와 신뢰구간을 즉시 구할 수 있다. 적절한 k-계수에 대한 고려를 생략할 수 있다.
- 사양시험의 경우, 사양을 충족하는 확률을 즉시 계산할 수 있다.
- 몬테카를로법은 불확실도 계산의 더 엄밀한 방법이며, 개별 측정이 특정한 공정으로부터 도출된 값들과 그에 따른 분포에 어떻게 영향을 미치는지에 대하여 더 많은 통찰력을 갖게 해준다(JCGM 101 2008).

9.6 사양시험

시편의 특성이 주어진 공차(상한이나 하한 또는 이들 모두)를 충족하는가를 결정하거나 측정기기의 계측특성이 주어진 최대허용오차를 충족하는가를 결정하기 위하여 일반적으로 측정이 수행된다.

길이값이 특정한 정확도 등급 이내에 들어가야만 하는 게이지블록(6장), 지정된 표준사양 한계 이내로 들어가야만 하는 나사 플러그 게이지의 피치직경 또는 지정된 최대허용오차를 근거로 사용하여 소비자에게 판매하는 좌표 측정 시스템(6장) 등이 **사양시험**이 필요한 사례 이다.

사양의 충족 여부를 검증하기 위해서는 추정된 측정의 불확실도를 고려해야 한다. 측정 결과가 사양의 상한이나 하한값에 근접하면 문제가 발생하게 된다. 이 경우, 사양의 충족 여부를 결정하는 것은 불가능하다. 측정의 불확실도에는 측정 결과가 지정된 범위 이내에 위치함에도 불구하고 측정량의 참값이 사양을 충족하지 못하거나 또는, 이와 반대로 측정값이 범위 밖에 위치할 유한한 확률이 포함된다. 이런 상황을 취급하는 과정에 대해서 뒤에서 설명할 예정이며, 이에 대한 더 자세한 내용은 ISO 14253(2011)을 참조하기 바란다.

9.6.1 사양일치 검증

공차한계를 가지고 있는 제품을 사례로 살펴보기로 하자. 도면에서 어떤 길이값이 $L = 40$[mm]이며 공차는 $+0.02$[mm]와 -0.01[mm]로 지정되어 있다고 하자. 따라서 **사양하한**[14] (LSL)은 39.99[mm]이며 **사양상한**[15]은 40.02[mm]이다. 만일 $L' = (40.008 \pm 0.002)$[mm]가 측정되었다면, $k = 2$일 때에 이 측정의 불확실도는 2[μm]라는 것을 의미한다. **그림 9.8**에서는 이 상황을 보여주고 있다. 그림에서 불확실도를 포함하는 측정값인 L'이 사양하한과 사양상한의 안쪽에 위치함을 알 수 있으며, 따라서 제품의 길이가 사양을 충족한다는 것을 확인할 수 있다.

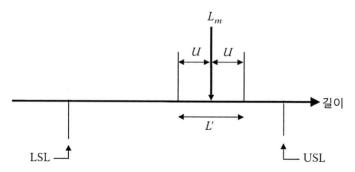

그림 9.8 사양일치 검증을 위한 측정. LSL: 사양하한, USL: 사양상한, U: 측정의 불확실도, L_m: 측정길이, L': 95% 신뢰구간을 가지고 있는 측정길이

불확실도가 2[μm]인 경우, 양품시편에 대한 측정값 L_m의 범위는 [40 − 0.01 + 0.002[mm];

---

14 lower specification limit.
15 upper specification limit.

40＋0.02－0.002[mm]]＝[39.992[mm]; 40.018[mm]]로 줄어들게 된다. 따라서 측정값 L_m에 대해서 공차 범위는 상한과 하한 모두에 대해서 측정의 불확실도만큼 줄어든다. **그림 9.9**에서는 이 상황을 보여주고 있다.

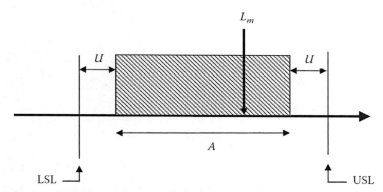

그림 9.9 측정값 L_m이 사양을 준수하는 범위(패턴 영역). A: 측정값 L_m이 사양을 충족하는 허용 범위

9.6.2 사양불일치 판정

측정값의 불확실도 구간이 공차한계 밖에 위치하는 경우에는, 시편이 공차를 충족하지 못한다고 판정한다. 예를 들어, 측정값 L'＝(40.028±0.002)[mm]은 공차한계인 LSL＝39.99[mm]와 USL＝40.02[mm]를 넘어선다.

불확실도가 U＝2[μm]인 경우, **그림 9.10**에 도시되어 있는 것처럼, **사양 불일치** 판정을 내리는 측정값 L_m의 범위는 L_m＜(40-0.01－0.002)[mm] 또는 L_m＞(40＋0.02＋0.002)[mm]이다.

그림 9.10 사양불일치 판정을 내릴 수 있는 측정값 L_m의 분포 범위(패턴 영역). R은 사양 불일치를 의미하는 측정값 L_m의 불합격영역

9.6.3 사양일치 또는 불일치를 결정할 수 없는 경우

만일 측정의 불확실도가 사양구간에 비해서 비교적 큰 경우 또는 측정값이 사양상한이나 사양한한에 근접한 경우에는 시편에 대한 합격 또는 불합격 판정을 내릴 수 없게 된다. 예를 들어, $L' = (40.021 \pm 0.002)$[mm]인 경우, 공차한계는 LSL $= 39.99$[mm]이며, USL $= 40.02$[mm] 이다.

측정값 L_m 이 사양상한이나 상한하한 영역 내에 위치하는 경우도 존재한다. 이런 경우에는 그림 9.11에서와 같이, 측정 결과에 대해서 제품이 사양을 충족하는지의 여부를 충분한 확신을 가지고 결정할 수 없게 된다.

이런 경우에는 제조업체나 고객 중에서 누구의 문제인지를 합의하는 것이 중요하다. 이들 사이에 합의가 되지 않는다면, 측정의 불확실도는 원칙적으로 측정 결과에 관심이 있는 쪽이 손해를 보게 된다. 제조업체는 제품을 납품하기 위해서 그림 9.9에 표시되어 있는 범위 이내로 측정해야 하며 고객은 제품을 거절하기 위해서 그림 9.10에 표시되어 있는 범위 이내로 측정해야 한다. 이것은 불확실성이 작을 때에 측정이 더 유용하며 논쟁을 초래할 가능성이 더 적다는 사실을 보여주는 또 다른 사례이다. 만일 불확실성이 공차구간의 큰 부분을 차지한다면, 측정은 의미를 가지지 못한다.

그림 9.11에 설명되어 있는 상황은 측정 서비스의 고객이 내가 사용하는 제품이 쓸 만한가? 라고 질문했을 때에는 알 수 없다라고 답할 수밖에 없기 때문에 비교적 불만족스러운 결과이다. 과거에는 측정의 불확실도가 공차 범위의 20% 이하가 되어야만 하며, 측정값 L_m 은 측정의 불확실도와 무관하게 측정하한 및 측정상한과 관련되어야만 한다는 경험법칙을 사용하였다. 이 방식은 항상 9.6.1절과 9.6.2절에 의거하여 합격과 불합격을 판정할 수 있다는 장점을 가지고 있다. 단점은 두 번의 측정 결과 중 한 번은 합격, 다른 한 번은 불합격으로 판정된 경우에 이들의 측정 불확실도를 고려하면 이들 모두가 일관성을 가지고 있다는 점이다. 실제의 경우, 고객과 공급업체는 양품과 불량품 사이의 명확한 판정기준에 동의할 것이지만, 이런 상황에 대해서 정말로 만족스러운 해결책이 아직 발견되지 않았다는 점을 독자는 인식하고 있어야 한다.

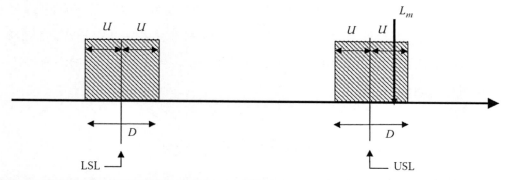

그림 9.11 측정값 L_m의 사양일치 또는 불일치 판정을 내릴 수 없는 범위. D는 사양일치 또는 불일치 판정을 내릴 수 없는 측정값 L_m의 영역

9.6.4 사양과 신뢰 수준

9.6.1절에서 9.6.3절까지에서 불확실도는 95% **신뢰구간**을 나타낸다고 가정하고 있다. 즉 참값이 신뢰구한의 하한보다 작을 확률은 2.5%이며, 참값이 신뢰구간의 상한보다 클 확률도 2.5%라는 것을 의미한다. 측정을 통하여 물체의 사양 충족 여부를 최소한 95%의 확률로 올바르게 분류하기 위해서는 불확실도가 공차구간보다 훨씬 작아야 하며, 불확실도가 90%의 신뢰구간을 나타낸다면, 신뢰구간 밖에 참값이 위치할 확률은 상한측과 하한측 모두 5%이다. 만일 측정의 목적이 단지 사양 일치/불일치 판정에 있다고 한다면, 가우시안 분포를 가정할 때에, 확장된 불확실도 U에 대해서 $k=2$ 대신에 $k=1.65$를 취할 수 있다. u가 표준불확실도일 때에, **그림 9.9**에서 **그림 9.11**에서는 $U=1.65u$를 취하여도 충분하다. 만일 몬테카를로 시뮬레이션을 사용하여 U를 결정한다면, 사양하한과 사양상한에 의해서 결정되는 허용구간의 안 또는 바깥에 L_m이 위치할 확률을 즉시 계산할 수 있다. 또한 불확실도가 허용구간보다 훨씬 더 작지 않은 더 복잡한 경우에는 몬테카를로법을 사용할 수 있다(9.5.4절 참조).

9.7 치수계측의 사례

지금까지 개발된 개념들을 통합하기 위해서 다음의 상세한 사례에서는 불확실도 추정이 점점 더 복잡해지는 경우에 대해서 살펴보기로 한다. 우선, 길이 측정의 경우에 온도효과만을 고려하는 이상적인 상황을 가정한다. 이어지는 사례에서는 여러 오차 원인들에 의해서 측정이 영향을 받으며 보다 정교한 다중변수 모델을 사용하는 경우에 대한 더 포괄적인 평가에 대해서 살펴본다.

9.7.1 서로 다른 소재와 온도하에서의 길이 측정

양쪽 표면이 서로 평행하며 길이방향 열팽창계수 $\alpha_1 = (11.5 \pm 0.5) \times 10^{-6}$[1/k] 그리고 공칭길이 $L_n = 100$[mm]인 강철막대의 길이를 길이방향 열팽창계수 $\alpha_2 = (5.5 \pm 0.5) \times 10^{-6}$[1/k]인 유리소재 직선 스케일을 기준자로 사용하는 길이 측정기기를 사용하여 측정하려 한다. 강철막대의 온도 $T_1 = (22.0 \pm 0.5)$[°C]이며, 유리 길이 측정기 내의 유리 스케일의 온도 $T_2 = (21.0 \pm 0.5)$[°C]이다. 이 외의 모든 불확실도는 표준불확실도를 가지고 있다고 가정한다. 측정상황은 **그림 9.12**에 도시되어 있다.

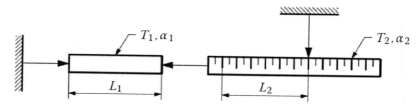

그림 9.12 온도 T_1, 열팽창계수 α_1이며 길이가 L_1인 강철소재의 길이를 길이 측정기기에 내장된 온도 T_2, 열팽창계수 α_2인 유리 스케일을 사용하여 측정한 길이가 L_2인 사례

표시값 L_2는 $L_{2,20} = 100.005$[mm]이다. 스케일은 20[°C]에서는 아무런 편차도 없으며, 측정길이는 완벽하게 재현된다고 가정한다. 20[°C]에서 이 물체의 길이는 얼마이며, 불확실도는 얼마인가?

일반방정식을 사용하여 측정된 길이를 20[°C]에 대해서 변환시킬 수 있는 모델을 만들 수 있으며, 이 식은 L_1과 L_2에 모두 적용된다(식 (5.1), (8.52) 및 (11.5) 참조).

$$L_{1,T} = L_{1,20}(1 - \alpha_1(T_1 - 20[°C]))$$

$\qquad\qquad\qquad\qquad\qquad\qquad\qquad\qquad\qquad\qquad\qquad\qquad\qquad$ (9.32)

$$L_{2,T} = L_{2,20}(1 - \alpha_2(T_2 - 20[^{\circ}\text{C}]))$$

이 측정으로부터, $L_{1,T} = L_{2,T}$이다(아베 오프셋과 부정렬 같은 추가적인 오차의 원인들이 없다고 가정, 10장 참조). x값이 작은 경우, $1/(1-x) \approx 1+x$, $\alpha_1 \times \alpha_2 \approx 0$ 그리고 $T_0 = 20[^{\circ}\text{C}]$를 사용하면, 다음과 같은 모델 방정식을 얻을 수 있다.

$$L_{1,20} = L_{2,20}(1 - \alpha_2(T_2 - T_0) + \alpha_1(T_1 - T_0)) \tag{9.33}$$

위 식을 사용하여 **표 9.9**의 오차할당을 만들 수 있다.

표 9.9 물체와 스케일의 온도와 열팽창계수가 서로 다른 경우에 치수측정의 불확실도 할당

수치값 X_i	추정값 x_i	불확실도 u_i	민감도계수 $c_i = \dfrac{\partial L_{1,20}}{\partial X_i}$	$L_{1,20}$에 표준불확실도 기여값 $c_i \cdot u_i$
T_1	22[°C]	0.5[°C]	$L_{2,20} \times \alpha_1$	0.6[μm]
α_1	11.5×10^{-6}[1/K]	0.5×10^{-6}[1/K]	$L_{2,20} \times (T_1 - T_0)$	0.1[μm]
T_2	21[°C]	0.5[°C]	$L_{2,20} \times \alpha_2$	0.3[μm]
α_2	5.5×10^{-6}[1/K]	0.5×10^{-6}[1/K]	$L_{2,20} \times (T_2 - T_0)$	0.05[μm]
$L_{1,20}$	100.00175[mm]	—	$u(L_{1,20}) = \sqrt{\Sigma(u_i c_i)^2}$	0.68[μm]

식 (9.33)을 다음과 같이 정리할 수 있다.

$$L_{1,20} = L_{2,20}(1 + \overline{\alpha}\Delta T + \Delta\alpha(\overline{T} - T_0)) \tag{9.34}$$

여기서 $\overline{\alpha}$는 물체와 레퍼런스의 평균열팽창계수, $\Delta\alpha$는 스케일과 물체 사이의 열팽창계수 차이로서 $\Delta\alpha = \alpha_2 - \alpha_1$, $\overline{T}$는 스케일과 물체의 평균온도, 그리고 ΔT는 스케일과 물체 사이의 온도 차이로서 $\Delta T = T_2 - T_1$이다.

식 (9.34)로부터, 다음과 같은 결론을 얻을 수 있다.

• 평균온도가 20[°C]에 근접할수록 열팽창계수 차이의 중요도가 떨어진다.

- 두 물체의 온도가 서로 근접할수록 평균열팽창계수의 중요도가 떨어진다.
- 두 물체의 열팽창계수값이 서로 근접할수록 평균온도의 중요도가 떨어진다.
- 평균열팽창계수값이 작아질수록 온도 차이의 중요도가 떨어진다.

이것이 치수교정 실험실의 온도를 가능한 한 20[°C]에 근접하도록 유지하며, 측정대상 물체의 온도를 안정화시켜서 물체와 스케일의 온도를 가능한 한 20[°C]에 근접하도록 만드는 것이 중요한 이유이다.

이 측정의 결과값은 $L = (10.00175 \pm 0.00068)$[mm]로서, 여기서 L은 [20°C]에서의 길이값이며, 불확실도는 표준불확실도에 범위계수 $k = 2$를 곱한 값으로서, 이는 신뢰 수준 95%에 해당한다.

9.7.2 레이저 간섭계를 사용한 변위 측정

공작기계의 이송축 교정에는 일반적으로 **레이저 간섭계**가 사용된다(5.4.5절 참조). 레이저 간섭계는 빛의 파장길이를 사용하여 변위를 측정하는 장치이다. 일반적으로 사용자는 계측 장치의 정확한 작동원리를 알 필요가 없다. 전형적으로, 사용자 매뉴얼에 따라서 광학 요소들의 정렬을 올바르게 맞추어놓으면, 10[nm] 미만의 분해능으로 변위를 측정할 수 있다. 하지만 레이저 광원 이외에도 (목표로 하는 불확실도의 수준에 따라서) 공기온도센서, 공기압력센서, 소재온도센서 그리고 일부의 경우에는 습도센서 등과 같이 몇 가지 추가적인 측정 기기들을 사용해야만 한다. 특정한 설치 사례가 **그림 9.13**에 도시되어 있다.

슬라이드는 영점 위치에서 공칭위치 80[mm]까지를 4회 왕복하였다. 4회의 측정 결과, $L_1 = 80.0005$[mm], $L_2 = 80.0006$[mm], $L_3 = 80.0004$[mm] 그리고 $L_4 = 80.0008$[mm]이다.

스케일의 온도 $T_s = (20.5 \pm 0.2)$[°C], 스케일의 길이방향 열팽창계수 $\alpha_s = (11.5 \pm 0.7) \times 10^{-6}$[1/K], 공기온도 $T_a = (21.0 \pm 1.0)$[°C], 공기압력 $p_a = (1,020 \pm 2)$[hPa] 그리고 습도 H = (50 $\pm$ 20)[%Rh]이다. 모든 불확실도는 $k = 1$을 기반으로 한다.

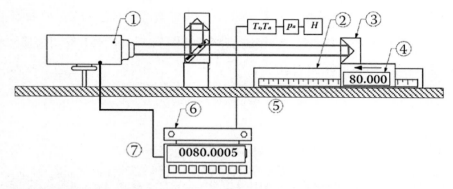

그림 9.13 공작기계의 이송축 교정에 사용되는 레이저 간섭계 셋업. 1:레이저, 2: 안내면, 3: 역반사경, 4: 기계 이송축 표시기, 5: 기계베드, 6: 보상유닛, 7: 레이저 표시값

레이저 간섭계의 측정값은 이 값들을 사용하여 이미 보정되었다. 그런데 이 값들이 가지고 있는 불확실도는 측정 결과에 나타나지 않는다. 이는 불확실도를 추정하기 위한 측정과정이 필요하다는 것을 의미한다. 레이저 간섭계는 (간섭무늬라고 부르는) 다수의 명−암 전환을 검출한다. 이를 주파수 안정화된 레이저의 진공 중 파장길이를 사용하여 보간 및 교정하며, 공기의 굴절계수값에 대해서 보정을 수행한다. 그런 다음, 측정대상 물체의 온도에 대해서 표시된 변위값을 보정하면, 20[℃]의 스케일 온도에 대한 변위값을 구할 수 있다.

측정대상물체의 온도보정이 없는 상태에서 레이저 간섭계에 표시된 측정된 변위 L_i는 다음과 같이 주어진다(하잇제마 2008).

$$L_i = \frac{(N+f)\lambda_a}{2} = \frac{(N+f)\lambda_v}{n_a} = \frac{L_v}{n_a} \tag{9.35}$$

여기서 N은 명−암 전이횟수, f는 전이횟수 사이의 보간비율, λ_a는 공기 중에서 레이저 파장길이, λ_v는 진공 중에서 레이저 파장길이(이 값은 안정적이며 알고 있는 값이다), n_a는 측정이 수행되는 공기의 굴절계수, 그리고 L_v는 시스템이 진공 중에서 측정을 수행했을 때의 변위값을 타나낸다.

레이저 광선의 주파수는 안정되어 있으므로(진공 중에서의 파장길이 λ_v와 관계됨), 공기 굴절률 $n_a = \lambda_a/\lambda_v$에 대해서 공기 중에서의 파장길이를 보정해야만 한다. 이를 위해서 상대불확실도가 2×10^{-8}에 불과한 것으로 판명된 길이가 긴 경험식을 사용하여 보정을 수행할 수 있다(뵌슈와 포튤스키 1998). 불확실도 평가를 위해서 이처럼 복잡한 방정식을 사용하는 대신에, 대기조건에 대한 표시길이 L_i의 민감도를 고려하는 것만으로도 충분하다. **표 9.10**에서는 일반적인 경우에 대한 환경조건의 영향이 제시되어 있다.

표 9.10 레이저 간섭계 시스템에 환경조건이 미치는 영향

환경조건	변화량 또는 불확실도	1[m]당 표시길이 L_i의 변화량 또는 불확실도
공기온도 T_a	1[°C]	0.93[μm]
공기압력 p_a	1[hPa]	-0.27[μm]
습도 H	1[%Rh]	0.009[μm]

이 계수들을 고려하면 모델 함수를 다음과 같이 나타낼 수 있다.

$$P_{20} = L_{20} - L_s = \frac{L_v}{n_a(T_a, p_a, H)}(1 - \alpha_s(T_s - 20[^oC])) - L_s \tag{9.36}$$

여기서 P_{20}은 20[°C]에서의 위치편차, L_{20}은 레이저 간섭계로 측정한 변위값을 스케일온도 $T_s = 20$[°C]로 변환한 길이값, 그리고 L_s는 스케일의 위치표시값이다. 여타의 변수들은 앞서 설명한 바 있다. 불확실도 할당을 **표 9.11**에서와 같이 배정할 수 있다.

P_{20}에 대한 표준불확실도값 $u(P_{20}) = 0.24$[μm]이다. $k = 2$에 대한 불확실도 U의 편차는 $P_{20} = (0.57 \pm 0.48)$[μm]과 같이 나타낼 수 있다. 이 불확실도값은 레이저 간섭계의 표시 분해능인 10[nm]보다 훨씬 더 큰 값이다. 이는 온도, 압력 및 습도에 대한 보정의 불확실도 한계에 의해서 유발된 것이다.

표 9.11 레이저 간섭계 시스템을 사용한 교정의 불확실도 할당

수치값 X_i	추정값 x_i	불확실도 u_i	민감도계수 $c_i = \dfrac{\partial P_{20}}{\partial X_i}$	P_{20}에 표준불확실도 기여값 $c_i \cdot u_i [\mu m]$
L_{lin}	80[mm]	0	1	0
L_{20}	80.000575[mm]	0.085[μm]	1	0.085
T_s	20.5[°C]	0.2[°C]	$L_{20} \cdot \alpha_s$	0.184
α_s	11.5×10^{-6}[1/K]	0.7×10^{-6}[1/K]	$L_{20} \cdot (T_s\text{-}20[°C])$	0.028
T_a	21[°C]	1[°C]	$0.93 \times 10^{-6} \cdot L_{20}$	0.074
p_a	1,020[hPa]	2[hPa]	$0.27 \times 10^{-6} \cdot L_{20}$	0.043
H	50[%Rh]	10[%Rh]	$0.9 \times 10^{-8} \cdot L_{20}$	0.007
P_{20}	0.57[μm]	–	$u(L_{1,20}) = \sqrt{\Sigma (u_i c_i)^2}$	0.24

9.7.3 나사산 측정

나사산 캘리퍼스의 피치 직경을 측정하기 위해서, 측정용 와이어를 사용해서 특성값 M 을 측정한다. 이를 위해서 직경 d_D가 동일한 세 개의 측정용 와이어가 사용된다(그림 9.14). 다음 식을 사용하여 피치직경을 계산할 수 있다(EURAMET cg-10 2012).

$$d_2 = M + \frac{P}{2\tan\left(\frac{\alpha}{2}\right)} - d_D\left(1 + \frac{1}{\sin\left(\frac{\alpha}{2}\right)}\right) - \left(\frac{d_D}{2}\right)\left(\frac{P}{\pi d_2}\right)^2 \left(\frac{\cos\left(\frac{\alpha}{2}\right)}{\tan\left(\frac{\alpha}{2}\right)}\right) + C \quad (9.37)$$

여기서 P, α, d_D 및 d_2는 **그림 9.14**에서 정의되어 있다. C는 측정력 보정계수이다.

식 (9.37)의 우측 4번째 항에는 d_2값이 포함되어 있다. 그런데 이 항에 의한 보정은 매우 작기 때문에, d_2값 대신에 공칭값을 사용하는 것이 편리하다.

예를 들어, M64 × 6 미터나사 플러그 한계게이지 교정에 대해서 살펴보기로 하자. 공칭값 d_2 = 60.1336[mm], P = 6[mm] 그리고 α = 60°이다(ISO 68-1 1998). d_D = 3.4641[mm]인 와이어 를 사용하여 측정력 F = 1.5[N]으로 게이지에 대한 측정을 수행하였다. 여기서 보정값 $C_2 \approx$ 1.3[μm]이다.

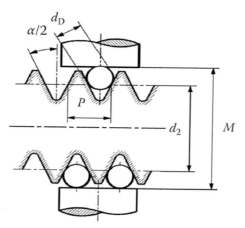

그림 9.14 측정용 와이어를 사용하는 나사산 측정기법, P는 피치, α는 플랭크각도, d_D는 측정용 와이어의 직경 그리고 d_2는 피치직경

$k=1$인 경우에 측정 및 가정한 값들과 이들의 불확실도는 $M=(65.2993 \pm 0.0004)[\text{mm}]$, $d_D = (3.4641 \pm 0.0002)$, $P=(6.004 \pm 0.001)[\text{mm}]$, $\alpha=60° \pm 1.4'$ 그리고 $C_2=(1.3 \pm 0.13)[\mu\text{m}]$이다.

플랭크 각도는 측정하기 어렵다는 점을 상기해야 한다. 이 사례에서, ISO 68-1에 의거하여 공차를 $(2')$으로 선정하였으며 평등분포를 가정하였다.

식 (9.37)의 편미분은 계산하기 어렵기 때문에, 불확실도 할당에는 **표 9.7**에 제시되어 있는 직접계산이 사용되었으며, 그 결과가 **표 9.12**에 제시되어 있다.

표 9.12 직접계산법을 사용한 나사산 측정의 오차할당

수치값 X_i	추정값 x_i	불확실도 u_i	$d_2(x_i+u_i)[\text{mm}]$	d_2에 표준불확실도 기여값 $u_i(d_2)=d2(x_i+u)-d_2(x_i)[\text{mm}]$
M	65.2993[mm]	0.4[μm]	60.1057	0.0004
d_D	3.4641[mm]	0.2[μm]	60.1047	0.0006
P	6.004[mm]	1[μm]	60.1062	0.0009
α	60°	1.4′	60.1053	0.0000
C	1.3[mm]	0.13[μm]	60.1054	0.0001
d_2	60.1053[mm]	$u(d_2)=\sqrt{\Sigma(u_i(d_2))^2}$		0.0012

공칭 나사크기를 정의한 사양표준에 제시되어 있는 P 및 α값을 사용하여 식 (9.37)을 계

산할 수 있으며, 이 값들에는 불확실도가 없다고 가정한다. 이 경우, d_2값을 **단순피치직경**이라고 부른다. 이런 측정은 빠르며, 다른 값을 제공할 수 있으며, 불확실도가 더 적다. 이를 통해서 불확실도 계산을 수행하기 전에 측정량에 대한 신중한 정의가 중요하다는 것을 확인할 수 있다.

측정 결과, $d_2 = (60.1053 \pm 0.0024)$[mm]로서, d_2는 피치직경이며 불확실도는 표준측정 불확실도에 범위계수 $k = 2$를 곱한 값으로서, 이는 신뢰 수준 95%에 해당한다.

9.7.4 다면체 측정

공칭각도가 동일한 **다면체**는 기본적인 각도 표준기들 중 하나이다. 모든 각도들을 합하면 360°의 배수가 된다는 사실에 기초하여 두 개의 **오토콜리메이터**를 사용하여 이를 교정할 수 있다(얀다얀 2002). 그림 9.15에서는 다면체와 개략적인 교정 셋업을 보여주고 있다.

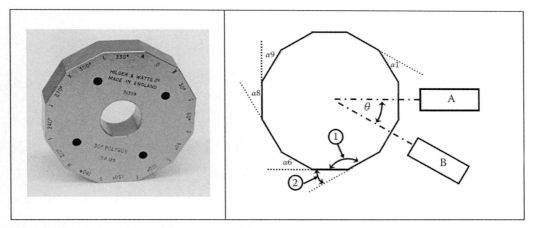

그림 9.15 (좌측) 12면 다면체. (우측) 12면 다면체의 (1) 프리 즘각도와 (2) 다면체 각도 α_1, 여기서 A와 B는 오토콜리메이터이다.

오토콜리메이터 A를 기준으로 하여, n개의 면들을 가지고 있는 다면체를 원래의 위치에 되돌아올 때까지 다면체 각도만큼씩 n회 회전시킨다. 기준 오토콜리메이터의 측정값은 작은 편차 이내에서 0을 표시해야만 한다. 두 번째 오토콜리메이터를 사용하여 다면체 각도를 측정한다. 완벽한 다면체의 경우에는 두 오토콜리메이터들 사이의 측정값은 일정해야만 한다. 측정값 M은 오토콜리메이터 B와 A 사이의 편차이다. 다면체를 회전시켜서 일련의 측정값 $M_i = B_i - A_i$를 얻을 수 있다. 여기서 $i = 1 \cdots n$이며 n은 다면체 각도의 수이다.

i번째 위치에 대해서,

$$\alpha_i = M_i + \theta \qquad (9.38)$$

여기서 θ는 고정된 오토콜리메이터들 사이의 각도로서 모든 측정들을 합산하여 산출할 수 있다.

$$\sum_{j=1}^{n} \alpha_j = \sum_j M_j + \sum_j \theta \ \text{ 또는 } \ 360^o = \sum_j M_j + n\theta \Rightarrow \theta = \frac{360^o - \sum\limits_{j=1}^{n} M_j}{n} \qquad (9.39)$$

식 (9.39)를 식 (9.38)에 대입하면 측정값 M_i와 다면체 각도 α_i 사이의 상관관계를 나타내는 시스템 방정식을 구할 수 있다.

$$\alpha_i = M_i - \frac{\sum\limits_j M_j}{n} + \frac{360^o}{n} = M_i\left(1 - \frac{1}{n}\right) - \frac{1}{n}\sum_{j=1} M_j + \frac{360^o}{n} \qquad (9.40)$$

이 교정의 위력은 수 아크분의 각도오차를 가지고 있는 다면체의 각도값들에 전사되는 오토콜리메이터의 민감도가 아크초의 수분의 일에 불과하다는 점이다. 일반방정식 (9.23)으로부터 α_i의 불확실도 $u(\alpha_i)$를 계산할 수 있다.

$$u^2(\alpha_i) = \sum_j \left(\frac{\partial \alpha_i}{\partial M_j}\right)^2 u^2(M_j) = \left(1 - \frac{1}{n}\right)^2 u^2(M_i) + \left(\frac{n-1}{n^2}\right) u^2(M_i) \qquad (9.41)$$

$$= \left(1 - \frac{1}{n}\right) u^2(M_i)$$

이 불확실도는 M_i의 불확실도보다 약간 더 작다. m개의 다면체 각들의 합인 각도 α 내의 불확실도는 다음 식으로부터 유도할 수 있다.

$$\alpha = \sum_{i=1}^{m} \alpha_i = \left(1 - \frac{m}{n}\right) \sum_{j=1}^{m} M_j - \frac{m}{n} \sum_{j=n-m}^{n} M_j + \frac{m \times 360^o}{n} \tag{9.42}$$

이 식으로부터 α의 불확실도를 구할 수 있다.

$$u^2(\alpha) = m\left(1 - \frac{m}{n}\right)^2 u^2(M) + \left(\frac{m}{n}\right)^2 (n-m) u^2(M) = \left(m - \frac{m^2}{n}\right) u^2(M) \tag{9.43}$$

$m = n$인 특별한 경우에 불확실도는 0이며, $m = n/2$일 때에 불확실도는 최대이다. 즉, n이 짝수인 경우, $\alpha = 180°$에 대해서 $u(\alpha) = 0.5 \sqrt{n}\, u(M)$이라는 것을 의미한다.

여기서는 각도들이 상호 의존적이기 때문에, 독립적인 여러 개의 각도들을 합한 경우의 불확실도와는 다르다.

1. 평균의 표준편차: 평균값 y를 구하기 위해서 측정값 x_i가 사용된다.

$$y = \frac{x_1 + x_2 + x_3}{3} \tag{9.44}$$

세 개의 측정들 모두 표준편차 s를 가지고 있다.

   a. 불확실도 전파의 일반법칙(식 (9.23))을 사용하여 평균값 y의 표준편차를 계산하시오. x_1, x_2 및 x_3를 변수로 사용하여 불확실도 할당을 구하시오.

   b. 일반적인 경우에 n회의 측정들에 대하여 $y = \sum_{i=1}^{N} \frac{x_i}{n}$를 사용하여 식 (9.3)을 증명하시오.

2. 평균과 표준편차: 여러 위치에서 원통축의 직경을 측정하였다. 측정기는 오차가 없다고 하자. 측정 결과는 다음과 같다.

측정차수	1	2	3	4	5	6
직경[mm]	2.563	2.542	2.557	2.553	2.560	2.550

   a. 측정의 표준편차를 계산하시오

   b. 평균직경과 평균직경에 대한 표준편차를 계산하시오

   측정이 가우시안 분포를 가지고 있다고 가정한다.

   c. 확률이 95%가 되는 직경을 계산하시오

   d. 확률이 95%가 되는 평균직경을 계산하시오

   e. 직경이 2.540[mm] 미만으로 측정될 확률을 계산하시오. 힌트: 매트랩 함수 tcdf

   앞서의 측정이 평등분포를 가지고 있다고 가정한다.

   f. 평등분포 구간을 추정하시오

   g. 몬테카를로법을 사용하여 6회 측정에 대한 평균직경의 분포를 계산하시오. 계산된 95% 신뢰구간을 가우시안 분포의 95% 신뢰구간과 비교해보시오.

   h. 6회 측정의 평균직경에 대한 95% 신뢰구간을 구하시오. 문항 d의 답과 차이를 비교하시오.

3. 길이 측정: 레이저간섭계가 장착된 길이 측정기를 사용하여 공칭길이가 10[mm]인 게이지블록의 길이를 측정하였다. 레이저간섭계의 불확실도는 무시할 정도이다. 이 레이저간섭계는 길이방향 열팽창에 대해서 보정되지 않았다. 반복측정 결과는 다음과 같다.

측정차수	1	2	3	4	5
길이[mm]	10.0001	10.0001	10.0001	10.0002	10.0001

기온은 (21±1)[°C]라 하자. 온도에 대하여 평등분포를 가지고 있다고 가정한다. 게이지블록의 길이방향 열팽창계수 $\alpha = (11.5 \pm 1) \times 10^{-6}$[1/K]이다. 길이방향 열팽창계수에 대해서 평등분포를 가지고 있다고 가정한다.

a. 20[°C]에서 게이지블록의 길이에 대한 모델 함수를 구하시오.

b. 레이저 간섭계의 제한된 분해능으로 인한 표준불확실도를 구하시오.

c. 모델 함수의 편미분과 불확실도 할당을 사용하여 $k=2$인 경우에 20[°C]에서 게이지블록의 길이와 불확실도를 계산하시오.

d. 직접계산법을 사용하여 구한 불확실도 할당을 사용하여 $k=2$인 경우에 게이지블록 길이에 대한 불확실도를 계산하시오.

e. 몬테카를로법을 사용하여 20[°C]에서 게이지블록에 대한 95% 신뢰구간을 계산하시오.

4. 탄성계수: 특정한 소재로 제작한 와이어에 질량을 매달은 후에 늘어난 길이를 측정하고, 이 소재의 탄성에 대한 후크의 법칙에 기초하여 탄성계수를 계산하려 한다. 탄성계수 E는 다음과 같이 주어진다.

$$E(F, L, \Delta L, A) = \frac{FL}{\Delta LA} \tag{9.45}$$

여기서 F는 힘, L은 와이어의 길이, A는 와이어의 단면적 그리고 ΔL은 와이어의 늘어난 길이다.

a. 원통형 와이어의 직경 d와 힘을 부가하기 위해서 사용된 질량 m에 대한 모델 함수를 구하시오. 여기서 중력가속도는 g로 나타내시오.

b. E에 대한 불확실도 할당을 제시하는 다음의 표를 완성하시오

수치값 X_i	추정값 x_i	불확실도 u_i	민감도계수 c_i	표준불확실도 기여값 $u_i(E)$[GPa]
m	m	$u(m)$	...	
g				
L				
ΔL				
d				
E	E	–	–	$u(E) = \sqrt{u_1^2 + u_2^2 + u_3^2 + u_4^2 + u_5^2}$

c. 다음의 데이터를 입력값으로 사용하여 표준불확실도를 계산하시오.

• m은 OIML 등급 M_1에 해당하는 10[kg]의 질량체이다. 이는 최대허용오차가 50[mg]이라는 것을 의미한다.

• g는 독자가 있는 지역의 중력가속도이다.

• $L = 998.40$[mm]이며 평균의 표준편차 $s_m = 0.10$[mm]이다.

- ΔL =0.4[mm], s_m =0.05[mm]이다.

- 와이어의 5개 위치에 대해서 직경 d를 측정하였다. 와이어의 불균일로 인하여 편차가 발생하였다. 측정 결과 $\bar{d}$ =0.51[mm]이며, 측정의 표준편차 s =0.10[mm]이다.

d. 불확실도 할당의 형태로 불확실도를 계산하고 k =2인 경우의 불확실도를 구하시오.

e. 불확실도를 절반으로 줄이는 가장 효과적인 방법은 무엇인가?

5. 탄성계수: 금속막대의 한쪽에 부하를 가한 다음에 다이얼게이지를 사용하여 힘을 가한 위치에서의 변형을 측정하여 탄성계수 E를 구한다. E는 다음과 같이 주어진다.

$$E = \frac{4mgl^3}{ubd^3} \tag{9.46}$$

여기서

m은 물체의 질량으로, m =100[g]이며 불확실도는 무시한다.

g는 중력가속도로, 독자 스스로가 수치값과 불확실도를 정한다.

l은 막대의 길이로, 150±1[mm]이다(k =1).

u는 다이얼게이지로 측정한 변위로, u =13.000[mm]이며, 다이얼 게이지의 최대편차는 17[μm]이다.

b는 막대의 폭으로, b =20.000[mm]이며, 최대오차가 20[μm]인 버니어캘리퍼스를 사용하여 측정하였다.

d는 막대의 두께로서, 오차가 없는 마이크로미터를 사용하여 측정하였다. 판재의 여러 위치에 대한 측정 결과, d =0.96, 0.98, 0.94, 0.96[mm]가 측정되었다.

a. E값과 불확실도를 계산하시오.

b. 불확실도를 낮추기 위해서는 측정의 어느 부분을 우선적으로 개선해야 하는가?

6. 방사성탄소 연대측정: 유기소재의 나이를 측정하는 가장 일반적인 방법이 ^{14}C‒방법이다. 태양복사에 의해서 대기 중 탄소 중 일정한 비율 방사성 ^{14}C로 변한다(^{14}C:^{12}C≈1:10^{12}).유기물이 죽고 나면, 대기 중의 이산화탄소를 더 이상 흡수하지 않으며, ^{14}C의 함량이 5,600년을 주기로 반감된다. 이 반감현상으로 인하여 ^{14}C:^{12}C의 비율이 감소한다. 유기시료의 방사특성을 pMC로 나타낸다. 이는 현대탄소 백분율[16]로서, 1950년부터 시료의 방사능 비율을 나타낸다(1950년 이후로는 대기 중 원자탄 시험으로 인하여 방사능이 배가되었다). 다음의 모델 함수를 사용하여 1950년 이전의 나이 t에 따른 방사능 A를 계산할 수 있다.

---

16   percent modern carbon.

$$t = -8,033 \times \ln \frac{A}{100} \tag{9.47}$$

a. $A = (40 \pm 4)$[pMC]($k = 1$인 경우의 불확실도)인 경우에 시료의 나이와 나이의 표준불확실도를 계산하시오.

b. 논문에 따르면 나뭇잎의 나이가 $t = 13,000^{+6,500}_{-3,000}$년이라고 한다. 하첨자와 상첨자는 68% 신뢰구간을 타나낸다. 이 나이를 산출하게 된 기반이 되는 A값과 A의 표준불확실도를 계산하시오.

c. A가 가우시안 분포를 가지고 있다고 가정하자. 이 값들을 몬테카를로법에 적용하여 이 나이에 대한 95% 신뢰구간을 계산하시오. 이 경우에 왜 비대칭 신뢰구간이 논리적인가에 대해서 설명하시오.

d. 이 방법으로 측정할 수 있는 한계 나이는 약 50,000년이다. 이를 근거로 하여, 나이가 3,000년이라고 계산된 경우의 표준불확실도를 계산하시오.

7. 비틀림 와이어: 반경이 r이며 길이가 l인 비틀림 와이어의 한쪽 끝이 고정되어 있으며, 반대쪽 끝에는 모멘트 M의 토크가 부가된다. 비틀림각도 φ(양단 사이의 비틀림 각도 차이)는 다음과 같이 주어진다.

$$\varphi = \frac{2lM}{G\pi r^4} \tag{9.48}$$

여기서 G는 와이어의 횡탄성계수이다.

a. φ의 표준불확실도, $u(\varphi)$, 표준불확실도가 표시된 l, M, G, 및 r을 구하시오.

G값을 구하기 위해서, φ의 함수로 다수의 측정 M이 수행되었다. 또한 와이어의 직경 d와 길이 l을 구하였다. 결과값과 표준불확실도는 $\varphi/M = (4.00 \pm 0.12)$[rad/Nm], $d = (2.00 \pm 0.04)$[mm] 그리고 $l = (500 \pm 1)$[mm]이다.

b. 다음 순서에 따라서 G에 대한 모델 함수를 구하시오. $k = 2$인 경우에 대하여 G의 불확실도를 구하시오.

- 모델 함수를 구하시오
- 불확실도 할당을 표로 제시하시오
- $k = 2$인 경우에 대해서 G의 표준불확실도를 구하시오

8. 써모커플: 화염 속의 가스온도를 측정하기 위해서 써모커플이 사용된다. 써모커플과 환경 사이에 열평형이 이루어져야만 하기 때문에, 다음의 방정식이 가스의 온도를 결정한다.

$$T_g = T_k + \frac{\sigma \varepsilon_k}{\alpha}(T_k^4 - T_0^4) \tag{9.49}$$

여기서

T_g =가스온도[K]

T_k =써모커플온도[K]; 여기서는 600[K]이며 표준불확실도는 10[K]이다.

T_0 =환경온도[K]; 여기서는 300[K]이며 표준불확실도는 5[K]이다.

σ =스테판－볼츠만 상수(5.67×10^{-8}[W/m²K⁴]), 불확실도는 없다.

ε_k =써모커플의 방사율; 여기서는 0.20이며, 표준불확실도는 0.03이다.

α =상수값; 여기서는 20[W/m²K⁴]이며 표준불확실도는 4[W/m²K⁴]이다.

가스온도 T_g 와 표준불확실도를 구하시오.

a. 불확실도 할당을 사용하시오.

b. 몬테카를로법을 사용하시오.

9. 진직도 측정: **그림 9.16**에 도시되어 있는 것처럼, 수준계를 사용하여 물체의 진직도를 구할 수 있다. 피치간격 l 에 대해서 수평측정을 통해서 모든 위치 i 에 대해서, 각도 α_i 를 측정하였다. 진직도 편차를 특정하기 위한 기준선으로 최초위치($h = 0$)와 최종위치($i = n$)를 사용하였다.

a. 기준선에 대한 i 번째 위치에서의 높이 h 가 다음 식으로 주어짐을 증명하시오.

$$h_i = \sum_{j=1}^{i} \alpha_j \times l - \frac{i}{n} \sum_{j=1}^{n} \alpha_j \times l \tag{9.50}$$

b. 측정값 α_i 는 $\alpha = (1, 2, 3, 1, 2, 2, -2, -4)[\mu\text{rad}]$이며, $l = 100$[mm]이다. 0, 1, 2, ⋯, 8번 위치들의 높이를 계산하시오.

c. 기준선보다 가장 편차가 큰 점의 불확실도를 계산하시오. 각도측정의 표준불확실도 $u(\alpha_i) = 1[\mu\text{rad}]$이며, 이 값은 보정되지 않았다.

힌트: 이 문제는 9.8.4절의 다면체 측정 사례와 유사하다.

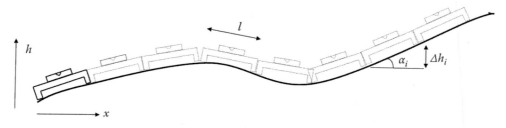

그림 9.16 수준계를 사용한 진직도 측정

10. 게이지블록의 등급: 0등급 게이지블록의 공차는 $\pm(0.12 + 2 \times 10^{-6} \cdot l)[\mu\text{m}]$이며, 여기서 l 은 게이지블록의 길이다. 교정실험실에서, 공칭길이가 100[mm]인 게이지블록의 길이를 측정한 결과, $k = 2$(95%)인 경우에 대해서 $l = (100.00025 \pm 0.00010)$[mm]이다.

a. 교정실험실에서는 이 게이지블록의 등급을 얼마로 평가해야 하는가?

b. 대리점에서 이 게이지블록을 0등급으로 판매해도 무방하겠는가?

c. 이 게이지블록을 구매한 사용자가 이 블록이 공차 범위를 벗어났다는 이유로 반품할 수 있겠는가?

d. 측정 결과가 아무런 논쟁을 유발하지 않도록 만들기 위해서는 측정의 불확실도가 얼마여야 하는가?

참고문헌

Bönsch G, Potulski E. 1998. Measurement of the refractive index of air and comparison with modified Edlén's formulae. *Metrologia* **35**:133-139.

EA-4/02. 2013. Expression of the uncertainty of measurement in calibration. European Accreditation, http://www.european-accreditation.org/publication/ea-4-02-m-rev01-september-2013(accessed November 2, 2017).

EURAMET cg-10. 2012. Determination of pitch diameter of parallel thread gauges by mechanical probing. Germany: European Association of National Metrology Institutes.

Haitjema H. 2008. Achieving traceability and sub-nanometer uncertainty using interferometric techniques *Meas. Sci. Technol.* 19:084002

ISO 68-1. 1998. ISO general purpose screw threads-Basic profile-Part 1: Metric screw threads. Geneva: International Organization for Standardization.

ISO 14253-2. 2011. Geometrical product specifications (GPS)-Inspection by measurement of workpieces and measuring equipment-Part 2: Guidance for the estimation of uncertainty in GPS measurement, in calibration of measuring equipment and in product verification Geneva: International Organization for Standardization.

JCGM 100. 2008. GUM 1995 with minor corrections, 'Evaluation of measurement data-Guide to the expression of uncertainty in measurement. France: International Bureau of Weights and Measures (BIPM).

JCGM 101. 2008. Evaluation of measurement data-Supplement 1 to the 'Guide to the Expression of uncertainty in measurement'-Propagation of distributions using a Monte Carlo method. France: International Bureau of Weights and Measures (BIPM).

Squires G L. 2008. *Practical Physics*, Cambridge University Press, UK.

Taylor B N, Kuyatt C E. 1994. Guidelines for evaluating and expressing the uncertainty of NIST measurement results. NIST Technical Note 1297. Gaithersburg, MD: National Institute of Standards and Technology.

Yandayan T, Akgöz S A, Haitjema H. 2002. A novel technique for calibration of polygon angles with non-integer subdivision of indexing table. *Precis. Eng.* **26**:412-424.

CHAPTER 10
정렬과 조립의 원리

CHAPTER 10

정렬과 조립의 원리

이 장에서는 정밀 시스템의 개발을 위한 정렬과 조립원칙에 대해서 살펴본다. 이 장에서는 우선 아베 오차, 코사인 오차 및 사인 오차를 초래하는 중요한 정렬원칙들에 대해서 논의한다. 그런 다음 기계와 광학 시스템의 조립과 결합방법들에 대해서 살펴본다. 직선이송 및 회전이송 스테이지와 광학 시스템(직선 인코더, 변위 간섭계 및 렌즈 등)의 정렬원칙을 전체적으로 살펴본다. 이 장에서는 개념 설명을 위해서 단순화된 그림들을 활용하였으며, 가능한 한 이들에 대한 참고문헌을 제시하였다.

10.1 효과적인 시스템 정렬과 조립을 위한 설계 원칙과 고려사항들

설계상의 고려사항들이 프로젝트 요구조건들, **작동 개념,**[1] 작업자의 역량 및 생산량 등에 의하여 직접적으로 영향을 받는다. 전형적으로 컴퓨터 하드디스크와 같은 대량생산 제품의 경우에는 조립과정이 자동화와 자가정렬공정에 크게 의존할 필요가 있다. 그런데 반도체 업계에서 최신의 집적회로를 개발하기 위해서 사용되는 노광장비와 같은 소량생산 시스템의 경우에는 거의 자동화되지 않고, 고도로 숙련된 기술자들이 수많은 조립 및 정렬 단계들을 통해서 완성하는 방식이 허용된다. 비록 소량생산에 숙련된 기술자들을 활용하는 것이 허용 가능하지만 시스템 설계에서는 여전히 프로젝트의 자금투자 계획과 관련되어 있는 조립 및 정렬에 투입되는 노력을 최소화하기 위해서 노력해야 한다. 그러므로 대량생산과 중간규모 생산을 위해서 개발된 다양한 **조립을 고려한 설계(DFA)** 방법론들이 여전히 최적설계와 가성비를 고려한 생산설계에 적용되고 있으며, 심지어는 소량생산 시스템에도 적용이

---

1 concept of operations; 운영자의 관점에서 시스템의 작동방식을 설명하는 문서. 작동개념에는 운영자, 유지보수, 및 지원인력 등을 포함하는 시스템 사용자 커뮤니티의 수요, 목표 그리고 특징 등을 요약한 사용자 설명서가 포함된다(역자 주).

고려되는 상황이다.

다음 절들에서는 우선, 시스템의 성능을 제한하는 인자들을 찾아내기 위한 도구들로 사용되는 원칙들에 대해서 살펴보며, 다음으로는 소량생산 정밀 시스템에 집중하여 설계를 개선할 뿐만 아니라 제품의 가격을 낮추어주는 조립을 고려한 설계에 대해서 기초적인 내용들을 소개한다.

10.1.1 아베의 원리와 아베 오차

정밀 시스템을 설계할 때에 고려해야만 하는 중요한 원칙들 중하나가 **아베의 원리**로서, 브라이언(1979)에 따르면, 이는 공작기계 설계와 치수계측에 대한 최초의 원리이다. 에른스트 아베는 1890년에 최초로, 측정 시스템은 **운동선**[2]과 일직선상에 놓여야 한다는 아베의 원리를 발표하였다(아베 1890, 에반스 1989, 리치 2015). 운동선과 측정 시스템의 정의를 명확히 하기 위해서, **그림 10.1**에 도시되어 있는 것처럼, 원형 물체를 측정하는 2차원 **캘리퍼스**의 사례를 살펴보기로 하자. **그림 10.1(a)**의 경우, 수평방향으로 움직이는 턱에 의해서 운동선이 형성된다. 운동선은 측정이 필요한 위치인 **관심위치**[3](POI)를 통과한다. **그림 10.1(a)**에 도시되어 있는 것처럼, 원형 물체를 측정하는 경우, 움직이는 턱과 물체 사이의 접촉이 발생하는 점이 관심위치가 된다. 측정 시스템은 **측정기준점**[4](MPR)과 **측정점**[5](MP)의 두 점에 의해서 만들어지는 **측정축**을 형성한다. 측정 기준점은 측정이 시작되는 원점위치이며, 측정점은 캘리퍼스에서 측정값을 읽는 스케일상의 위치이다. 측정기준점과 측정점 사이의 차이는 움직이는 턱이 이동한 거리 L이다. 캘리퍼스에 대해서 측정축과 (관심위치를 통과하는) 운동선이 모두 정의되었으므로, 두 축이 서로 평행하다면, 캘리퍼스는 아베의 원리에 지배받지 않을 것이라는 점을 알 수 있다. 이 캘리퍼스가 아베의 원리에 지배를 받게 되려면, 측정축이 위쪽으로 이동하여 운동선과 일치하여야만 한다. 캘리퍼스의 측정축을 이동시켜서 아베의 법칙을 따르도록 만든 측정기가 바로 **마이크로미터**이다.

---

2   line of motion.
3   point of interest.
4   measurement point reference.
5   measurement point.

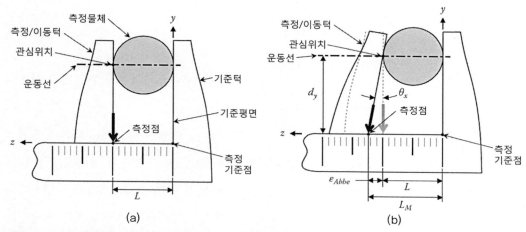

그림 10.1 아베의 원리를 설명하기 위해서 도시된 원형 물체의 직경을 측정하기 위해서 사용하는 캘리퍼스의 2차원 형상. (a) 오차가 없는 완벽한 캘리퍼스, (b) 움직이는 턱의 운동오차(x-축 방향으로의 회전) 가 과장되게 표시되어 있는 캘리퍼스

지금까지 아베의 원리에 대해서 살펴보았다. 그런데 아베의 원리를 준수하지 않은 결과에 대해서는 설명하지 않았다. 만일 버니어캘리퍼스와 같은 측정도구가 완벽하다고 한다면, 아베의 원리를 준수하지 않아도 무방할 것이다. 하지만 모든 움직이는 물체는 운동오차를 가지고 있으므로 이 가정은 현실적이지 않다. 따라서 아베의 원리를 준수하지 않으면, **아베 오차**라고 부르는 운동오차가 초래된다. **그림 10.1(b)**에 도시되어 있는 2차원 캘리퍼스의 사례에서, x-축 방향으로의 회전으로 인하여 이동턱에 운동오차가 발생하게 되어서, 측정점이 있어야 하는 위치와 실제위치 사이에 차이가 발생하면서 아베 오차가 유발된다. 아베 오차는 다음 식을 사용하여 계산할 수 있다.

$$\varepsilon_{Abbe} = d_y \tan\theta_x \tag{10.1}$$

여기서 d_y는 y방향으로의 아베 오프셋(운동선과 측정선 사이의 오프셋 거리)이며, θ_x는 위치 결정 시스템(버니어캘리퍼스의 경우에는 이동턱)의 x-축 방향에 대한 각운동오차(또는 진직도 오차)이다. 식 (10.1)에서는 아베 오차의 1차 항만을 보여주고 있다. 하지만 여기에는 2차항도 함께 존재한다. 아베 오차의 1차항과 2차항을 함께 구하기 위해서는 식 (10.2)를 사용하여야 한다.

$$\varepsilon_{Abbe} = d_y \tan\theta_x - L\left(\frac{1}{\cos\theta_x} - 1\right) \tag{10.2}$$

여기서 L은 (아베의 원리를 준수하는 경우에) (0,0)에 위치한 측정점과 관심위치 사이의 거리이다. 여기서, 아베 오차의 최댓값이 계산될 수 있도록 정의된 좌표계에 대해서 θ_x의 부호규약을 결정하는 것이 중요하다는 점을 명심해야 한다. 예를 들어, **그림 10.2**의 사례에서는 음의 방향으로 θ_x가 회전하여야 아베 오차의 최대 절댓값이 얻어진다. 전형적으로 (0,0)에 위치한 측정점과 관심위치 사이의 거리와 미소각에 대한 아베 오차의 2차항을 무시한다 (보스만 2016). 지금까지 설명한 아베 오차에 대한 수학적 설명에서는 아베 오차가 단방향으로만 발생하는 경우를 가정하였다. 실제의 경우, 두 측정축 방향에 대한 아베오프셋으로 인하여 아베 오차가 발생하므로(**그림 10.3**), x 및 y축 방향으로의 회전으로 인하여 발생한 각운동 오차가 x 및 y방향으로 아베 오프셋에 의한 오차를 유발한다. 따라서 단일측정축에 대한 아베 오차를 (1차 및 2차항들을 포함하여) 다음과 같이 완벽하게 수학적으로 표기할 수 있다.

$$
\begin{aligned}
\varepsilon_{Abbe} &= d_y \tan\theta_x - L\left(\frac{1}{\cos\theta_x} - 1\right) + d_x \tan\theta_y - L\left(\frac{1}{\cos\theta_y} - 1\right) \\
&= d_y \tan\theta_x + d_x \tan\theta_y - L\left(\frac{1}{\cos\theta_x} + \frac{1}{\cos\theta_y} - 2\right)
\end{aligned} \tag{10.3}
$$

여기서 d_x는 x-방향으로의 아베 오프셋이며 θ_y는 위치 결정 시스템의 y-방향으로의 각운동 오차(또는 진직도 오차)이다. 아베 오차를 계산하기 위해서 식 (10.3)을 사용할 때에도 부호규약을 지키는 것이 매우 중요하다.

보스만(2016), 루질(2001) 그리고 다이 등(2004)을 통해서 아베의 원리를 준수하는 시스템, 즉, $d_x = d_y = 0$인 시스템의 사례를 살펴볼 수 있다. 아베의 원리를 준수하지 않는 시스템의 좋은 사례는 좌표 측정 시스템(CMS)이다(좌표 측정 시스템의 구조에 대해서는 5장과 11장 참조).

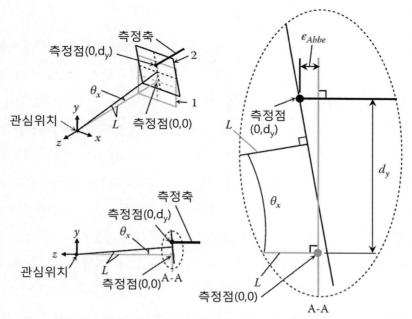

그림 10.2 아베 원리의 1차원적 표현. (1) 측정평면(측정점과 일치), (2) 회전된 측정평면(관심위치를 중심으로 회전 발생)

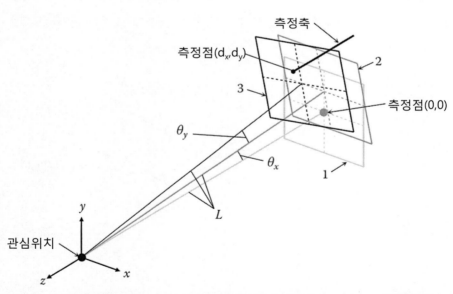

그림 10.3 x 및 y-축 방향으로의 회전과 아베오프셋에 의해서 발생하는 x 및 y-방향으로의 1차원 아베 오차에 대한 도식적 설명. (1) 측정평면, (2) x-축에 대하여 회전한 측정평면, (3) y-축에 대하여 회전한 측정평면

10.1.1.1 아베 오차를 줄이기 위한 대안

실제로는 아베 오차의 발생을 방지하기 위해서 측정 시스템을 운동 시스템과 동축선상에 위치시키는 것($d_x = d_y = 0$)이 어렵고, 각운동 오차가 없는 운동 시스템을 기대하는 것은 비현실적이다. 총오차할당에 아베 오차가 미치는 영향을 최소화하기 위해서는 항상 아베 오프셋과 각운동오차를 최소화시키는 것을 목표로 삼아야 한다. 아베 오차를 줄이기 위한 대안으로 소프트웨어 보상이나 물리적 보상기법을 사용할 수 있다(직선 위치 결정 시스템에 추가적으로 회전자유도가 필요하다). 두 대안 모두 개별 직선운동축의 각운동을 측정하기 위해서 추가적으로 2자유도 측정능력이 필요하다. 각오차운동을 측정하기 위한 두 개의 센서들을 추가하면, 개별 측정위치들에 대해서 아베 오차를 계산할 수 있으며, 소프트웨어 보정을 통해서 아베 오차의 영향을 저감할 수 있다(그림 10.4). 이를 **소프트웨어 보상기법**이라고 부르며 두 개의 측정축들(측정점과 측정 기준점)이 서로 일치하도록 좌표변환을 수행한다. 소프트웨어 보상기법과는 반대로, **물리적 보상기법**에서는 두 개의 작동기들이 추가되어 회전자유도를 조절할 수 있다면, 회전운동 오차를 최소한으로 조절할 수 있으며, 이를 통해서 아베 오차를 최소화시킬 수 있다(그림 10.5). 이 방법은 용도에 따라서 측정점의 위치가 변하는 경우에 특히 효과적이다. 실제의 경우, 항상 제어기 오차가 존재하므로, 이를 모

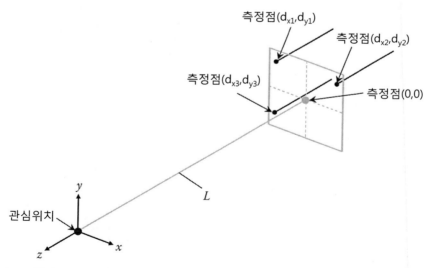

그림 10.4 소프트웨어 보상기법을 사용하여 아베 오차를 줄이기 위해서 x−축 및 y−축 방향 회전을 측정하는 두 개의 센서들을 추가한 사례

니터링하여 소프트웨어 보상과 작동기 보상을 동시에 수행하여 보상할 수 있다. 두 개의 대안들 모두, 아베의 원리를 적용할 수 없는 경우에 아베 오차를 최소화시키는 것을 목표로 하고 있지만, 비용과 복잡성의 증가와 기기의 강성과 동적 응답특성의 저하 등을 감수해야만 한다.

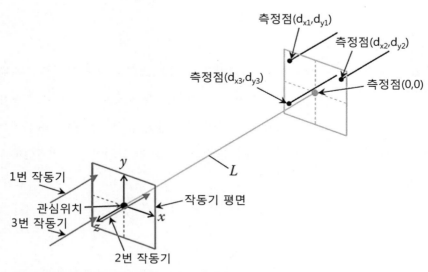

그림 10.5 x−축 및 y−축 방향 회전오차를 보상하기 위해서 두 개의 추가적인 작동기들과 센서들을 추가하는 아베 오차 저감 방안

10.1.2 코사인 오차

아베 오차와 더불어서, **코사인 오차**도 측정 결과에 영향을 미친다. 측정축이 운동축과 평행하지 않으면, 또는 측정축이 운동축과 제대로 정렬되어 있지 않다면, 코사인 오차가 발생한다(그림 10.6). 그림 10.6에 제시되어 있는 기하학적 모델에 기초하여 다음과 같이 코사인 오차 $\varepsilon_{\cos}$를 구할 수 있다.

$$\varepsilon_{\cos} = L_M - L = L_M - L_M \cos\alpha_x = L_M(1 - \cos\alpha_x) \tag{10.4}$$

여기서 L_M은 측정된 변위, L은 측정점과 기준평면(측정원점의 위치로, 길이 측정의 기준으로 사용하는 평면) 사이의 실제변위, 그리고 α_x는 x−축에 대한 각도 부정렬이다. 실제의 경우. 참변위를 구하기 위해서는 항상 측정된 변위값에서 코사인 오차값을 빼야만 한다. 아베 오차의 경우에서와 마찬가지로, 코사인 오차는 x축과 y축의 각도부정렬에 의해서 발생하며(그림 10.7), 다음과 같이 나타낼 수 있다.

$$\varepsilon_{\cos} = (L_M - L_1) + (L_1 - L) = L_M(1 - \cos\alpha_y) + L_1(1 - \cos\alpha_x) \tag{10.5}$$
$$= L_M(1 - \cos\alpha_y \cos\alpha_x)$$

여기서 α_y는 y축 방향으로의 각도부정렬이다. 측정 시스템의 각도 부정렬이 기계적 드리프트나 열 드리프트 없이 일정하게 유지된다면, 조절을 통해서 코사인 오차의 영향을 줄일 수 있다(헤일 1999, 레스트레이드 2010). 이 경우에는 당연히, 조절을 위한 측정에는 코사인 오차가 거의 없어야만 한다. 코사인 오차를 최소화하기 위한 효과적인 정렬방법에 대해서는 다음 절에서 논의하기로 한다.

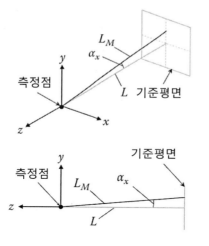

그림 10.6 1차원 코사인 오차

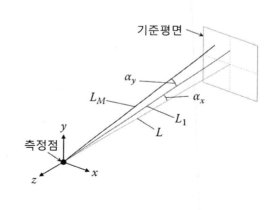

그림 10.7 x-축 및 y-축 회전으로 인한 코사인 오차

10.1.3 사인 오차

아베 오차 및 코사인 오차와 더불어서, 측정 시스템에서는 **사인 오차**도 발형될 수 있다. 마이크로미터나 접촉식 프로브와 같이 측정을 수행하기 위해서는 기계적인 접촉이 필요한

측정 시스템에서 전형적으로 사인 오차가 발생한다. 코사인 오차가 존재하는 경우에 사인 오차가 나타나며 기계적인 접촉이 과도구속되어 있는 경우, 즉, 평면-평면 접촉 시에 최대가 된다(그림 10.8, 구속조건에 대해서는 6장 참조).

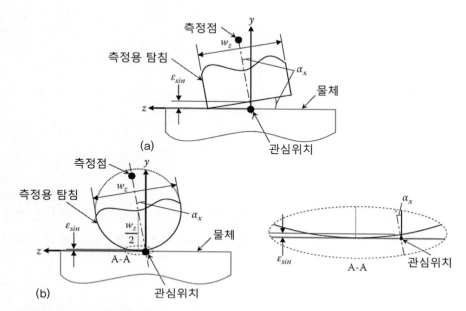

그림 10.8 1차원 시스템에서 발생하는 사인 오차. (a) 평면-평면 접촉, (b) 구면-평면 접촉

과도구속 접촉 시에 발생하는 사인 오차는 다음 식으로 나타낼 수 있다.

$$\varepsilon_{\sin} = \frac{w_z}{2}\sin\alpha_x \tag{10.6}$$

여기서 w_z는 **측정용 탐침**(MT)의 폭이며 α_x는 x-축 방향으로의 각도부정렬이다. 사인 오차는 2차원으로도 발생할 수 있으며, 다음 식으로 나타낼 수 있다.

$$\varepsilon_{\sin} = \frac{w_z}{2}\sin\alpha_x + \frac{w_x}{2}\sin\alpha_z \tag{10.7}$$

여기서 w_x는 측정용 탐침의 x-축 방향 폭이며, α_z는 z-축 방향으로의 각도부정렬이다. 구체가 평면과 접촉하는 단일점 접촉의 경우조차도, 사인 오차가 발생하며(**그림 10.8(b)**), 다음 식을 사용하여 이를 계산할 수 있다.

$$\varepsilon_{\sin} = \frac{w_z}{2}(1 - \cos\alpha_x) \tag{10.8}$$

단일점 접촉에 대한 2차원 사인 오차는 다음 식으로 나타낼 수 있다.

$$\varepsilon_{\sin} = \frac{w_z}{2}(1 - \cos\alpha_x) + \frac{w_z}{2}(1 - \cos\alpha_z) = \frac{w_z}{2}(2 - \cos\alpha_x - \cos\alpha_z) \tag{10.9}$$

각도부정렬 오차와 측정 시스템이 (기계적 드리프트나 열 드리프트 없이) 일정하게 유지된다면, 사인 오차도 역시, 코사인 오차의 경우와 마찬가지로, 측정을 통하여 최소화시킬 수 있다.

10.1.4 아베 오차, 코사인 오차 및 사인 오차의 결합

아베 오차, 코사인 오차 및 사인 오차들은 측정 시스템 내에서 상호 연관되어 있다. 버니어 캘리퍼스로 물체의 길이를 측정하는 사례를 통해서 이를 확인할 수 있다(**그림 10.9**). 앞서 논의했듯이, 버니어 캘리퍼스는 아베의 원리를 준수하지 않았기 때문에 아베 오차가 존재한다. 각도 부정렬로 인하여 측정틱과 이동틱에는 아베 오차와 더불어서, 사인 오차와 코사인 오차도 존재한다. 게다가 스케일도 역시 운동축과 상대적인 부정렬을 가지고 있어서 이차적인 코사인 오차를 유발한다. **그림 10.9**에서 $y-z$ 평면상에서 발생하는 측정오차는 다음과 같이 주어진다.

$$\varepsilon_{Abbe} = d_y \tan\theta_x - L\left(\frac{1}{\cos\theta_x} - 1\right) \tag{10.10}$$

$$\varepsilon_{\sin} = w_y \sin\alpha_{x1} \tag{10.11}$$

$$\varepsilon_{\cos} = L_M(1 - \cos(\alpha x_1 + \theta_x)) + L_M(1 - \cos \alpha_{x2}) \qquad (10.12)$$

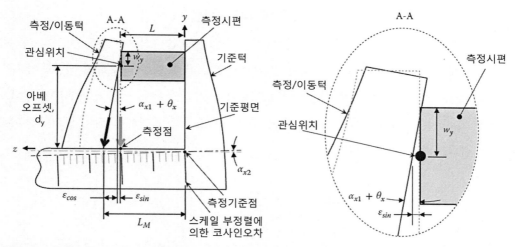

그림 10.9 사각형 요소를 측정하는 버니어캘리퍼스의 사례. 측정 시스템 내에서 아베 오차, 코사인 오차 및 사인 오차가 서로 연관되어 있다.

코사인 오차 내의 하첨자 1과 2는 버니어 캘리퍼스를 사용하여 측정을 수행할 때에 존재하는 두 가지 서로 다른 정렬오차들을 나타낸다. 이 사례에서 알 수 있듯이, 정밀 시스템의 평가에 있어서 시스템에 대한 상세한 분석이 중요하다.

10.1.5 조립방식 대비 모놀리식 설계의 장점

계측기, 기계 또는 디바이스의 설계 단계에서, 시스템이나 하부 시스템을 조립체로 만들지 **모놀리식**[6] 요소로 제작할지를 결정해야 한다. 여기서 모놀리식 요소란 다수의 개별 요소들로 이루어진 원래의 조립체가 요구하는 모든 기능들을 충족시키도록 한 덩어리로 제작한 요소를 의미한다. 어떤 형식을 택할 것인가를 결정하는 과정에는 많은 인자들이 영향을 미친다. 일반적으로 개별 요소들의 숫자와 조립 및 정렬 단계를 최소화하는 것을 목표로 삼아야 한다. 시스템을 구성하는 부품들의 숫자를 줄이면 즉각적으로, 부품의 사양 불합격이 발생할 가능성이 줄어들며, 조립오차가 감소하고, 부품의 물류와 관리비용 감소, 오차할당의

---

6   monolithic.

복잡성 저감 그리고 설계, 조립 및 정렬과 관련된 지침의 최소화 등의 이득을 얻을 수 있다(브램블, 2012). 이런 이득을 통해서 시스템 전체의 가격이 낮아진다. 설계상의 고려사항 감소와 관련된 개념에 대해서는 1장에서 간략하게 논의한 바 있다.

프로젝트의 시작 단계에서 시스템이나 하위 시스템을 모놀리식으로 만드는 것의 득실을 판단하는 것은 어려운 일이지만, 설계의 중간에 전체 설계에 대한 단순화에 집중하여 내부적인 설계검토를 수행하는 것은 실용적이며 도움이 되는 과정이다. 이런 설계검토를 수행하는 동안, 설계팀은 다음과 같이 조립체 내의 개별 구성요소들 각각에 대해서 논의와 질문을 던져야 한다.

1. 인접한 요소들을 하나로 합칠 수 있겠는가?
2. 요소들을 하나로 합치면 조립공정이 단순화되겠는가?
3. 요소들을 하나로 합치면 어떤 제작 결과는 어떻게 되겠는가?
4. 요소를 제작할 수 있는가?
5. 조절능력 감소로 인하여 필요한 사양이 충족되겠는가?

이 질문들은 검토 단계에서 점검해야 하는 질문들 중 단지 일부분에 불과하다. 전형적으로, 시스템 요구조건들과 작동 개념이 필요한 지침으로 사용되며, 건전한 공학적 판단과 더불어서, 어떤 요소들을 결합할 수 있는지 판단할 수 있도록 도움을 준다.

조립 단계와 요소의 숫자를 줄여서 얻을 수 있는 가장 큰 이점은 정렬에 필요한 노력이 줄어든다는 것이다. 비록 멈춤핀이나 멈춤쇠와 같은 자기정렬 요소들을 설계에 추가할 수 있겠지만, 이로 인하여 가공 공차가 엄격해지기 때문에, 하위오차할당 과정에서 조립해야 하는 부품의 숫자를 줄여서 총 오차할당을 충족시키려는 노력이 필요하다. 다수의 요소들을 조립하는 경우에 공차가 미치는 영향을 **공차누적**이라고 부르며 이런 하위오차할당을 위해서는 세련된 해석도구가 필요하다. 그러므로 다수의 개별요소들을 통합한 모놀리식 요소가 가공공차를 완화시켜주면서 요소의 기능성과 사양을 유지시키는 수단이 된다. 물론 모놀리식 요소도 단점이 있다. 특히 가공방법(예를 들어 요소의 질량을 줄이기 위해서 내부 공동을 가공해야 하는 경우)과 가공오차(후속 공정에서 부품을 가공할 때에 발생하는 가공형상오차와 정렬오차)로 인하여 설계의 자유도가 제한된다.

그림 10.10에서는 광학렌즈 모듈에서 정렬과 조립과정을 줄이기 위한 방안을 보여주고 있다. 이 광학렌즈 모듈은 나사, 와셔 및 접시스프링 등을 포함하여 84개의 부품들로 이루어진다. 이 렌즈 모듈은 개별 렌즈 마운트들(4A~6A)에 대해서 정렬 및 접착된 렌즈들(1A~3A)을 사용하며 각각의 렌즈들을 설치하는 과정에서 다른 모든 렌즈들에 대해서 정렬을 맞춘다. 비록 원래의 설계가 모든 요구조건들을 충족시켜주지만, 광학 모듈의 전체 비용을 절감할 필요가 있다. 세밀한 비용평가를 통해서, 렌즈 정렬공정을 간소화하면 가장 큰 비용 절감이 가능하다는 것을 알게 되었다. 접착제를 사용하는 대신에 가공공차를 활용하여 개별 렌즈들의 설치와 정렬을 수행하여 이를 구현할 수 있었다. 비용 절감의 두 번째 인자는 세 개의 개별 렌즈 마운트들을 하나의 렌즈 마운트로 바꾸어 개별 렌즈들 사이의 상호정렬과정을 없애는 것이었다. 이런 설계변경을 통해서 수정된 광학렌즈 모듈이 개발되었으며(그림 10.10 우측), 여기에는 원래의 설계와 동일한 광학특성을 가지고 있지만 기하학적 형상이 수정된 렌즈들(1B~3B)과 단일렌즈 마운트(4B), 두 개의 예하중용 링들(8B와 9B), 스페이서(5B), 스프링 예하중용 스페이서(6B) 그리고 스프링들(7B)이 포함되어 있다. 전체적으로, 수정된 설계는 단지 31개의 부품들로 이루어지며, 전체적인 비용은 대략 20% 절감되었고, 모듈의 생산성은 20배 향상되었다. 비록 수정된 렌즈 모듈이 생산성을 향상시키면서도 생산비용을

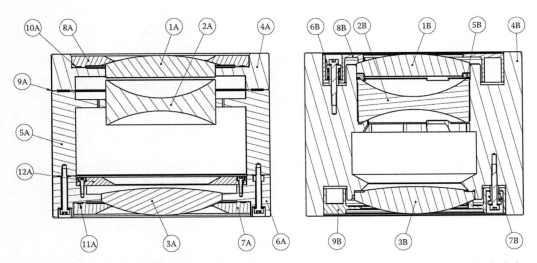

그림 10.10 정렬과 조립에 소요되는 노력을 줄이기 위해서 구성요소의 숫자를 줄인 광학렌즈 모듈의 단면도. (좌측) 원래의 설계(1A~3A: 1~3번 렌즈, 4A~6A: 1~3번 렌즈 마운트, 7A, 8A, 12A: 조리개, 9A~11A: 스페이서), (우측) 전체 비용이 20% 절감된 수정된 설계(1B~3B: 1~3번 렌즈들, 4B: 렌즈 마운트, 5B: 1, 2번 렌즈용 스페이서, 6B: 스프링 예하중용 스페이서, 7B 예하중용 스프링)

낮추어주었지만, 성능 저하가 수반되었다. 이 특정한 모듈의 경우에 수정된 개별 모듈의 성능은 원래의 설계사양에 비해서 대략 5% 정도 저하되었다(설계사양을 충족하지 못하였다). 이 렌즈 모듈은 다수의 서로 다른 렌즈 모듈들로 이루어진 더 큰 시스템의 일부분으로 사용되기 때문에, 전체 시스템의 오차할당을 재구성할 수 있었으며, 이를 통해서 전체적인 비용을 절감하면서도 전체 시스템 사양을 맞출 수 있었다.

비록 목표는 부품의 숫자를 최소화하는 것이지만, 최고의 결과를 얻을 수 있도록 개별설계를 평가해야 한다. 모놀리식 설계는 생산비용의 증가, 가공시간의 증가, 개별요소의 복잡성 증가(이로 인하여 디바이스를 제작 및 조립할 수 있는 업체의 숫자가 제한되어 있다), 그리고 향후의 업그레이드에 대한 유연성 부족 등과 같은 단점을 가지고 있다.

적층가공 기술의 발전으로 인하여 내부공동이나 매우 복잡한 형상 등을 모놀리식 요소에 포함시킬 수 있게 되면서 앞서 열거했던 모놀리식 설계의 단점들을 극복할 수 있게 되었으며, 더 큰 설계상의 자유도가 부여되었다(김슨 등 2015). 그런데 적층가공은 아직도, 많은 경우에 가격 경쟁력이 없으며 정밀 시스템의 공차를 충족시킬 수 없다는 단점을 가지고 있다.

10.1.6 요소결합

요소결합은 중요한 부분이지만 특히 소량생산의 경우에, 시스템 설계과정에서 자주 무시되곤 한다. 반면에, 대량생산 제품의 경우에는 결합방법이 시스템 설계를 주도한다. 둘 또는 다수의 요소들을 결합시키는 다양한 방법들이 존재한다. 이 절에서는 정밀 시스템에 전형적으로 사용되는 결합방법들에 대해서만 집중하기로 한다. 따라서 나사조임, 접착 및 광학접촉에 대해서 살펴본다. 저정밀 정렬이 요구되는 부품들의 조립에서 일반적으로 사용되는 여타의 결합방법들에 대해서는 다루지 않는다. 저정밀 결합방법에는 용접, 점용접, 브레이징, 억지 끼워맞춤(둘 또는 다수의 요소들을 물리적 간섭을 통해서 조립하는 방법), 리베팅 등이 포함된다.

10.1.6.1 나사조임

나사조임은 전체 시스템을 손쉽게 조립 및 분해할 수 있기 때문에 매우 일반적으로 사용되는 결합방법이다. 나사조임기구는 조립 및 정렬과정에서 체결력을 조절할 수 있다. 결합

요소들 사이의 마찰계수와 함께, 체결력은 나사조임기구가 전단운동에 저항할 수 있도록 만들어주며, 이것이 볼트 결합기구의 중요한 기능이다(슬로컴 1992). 볼트결합은 밀봉력의 생성이나 직접부하의 전달(볼트에 장력 부가) 등의 기능도 수행할 수 있다. 주어진 체결력을 구현하기 위해서 필요한 토크를 구하는 상세한 방법은 여기서 다루지 않지만, 이에 대해서는 손쉽게 검색할 수 있다(VDI 2230-2 2014, VDI 2230-1 2015). 적절한 나사조임기구를 선정할 때에는 유형, 크기, 작용하중 및 소재 등을 고려하는 것이 중요하다.

다양한 유형의 나사조임기구들이 존재하며, 사용할 형태를 결정하기 위해서는 활용 가능한 공급업체, 특정한 조직이 사용하는 설계형태 또는 표준에서 요구하는 조건들(예를 들어 고성능의 용도에는 J형 나사를 사용함), 그리고 때로는 미적인 고려 등에 의존한다. 다양한 형태의 나사조임기구들이 사용되고 있지만, 정밀 시스템의 개발에서는 렌치볼트가 가장 일반적으로 사용된다. 박판형 금속덮개판을 고정하기 위해서는 냄비머리 렌치볼트가 일반적으로 사용된다. 두 가지 볼트들 모두 육각형이나 육각 별모양(Torx®)의 렌치구멍형상이 공급되고 있다. 그런데 접시머리 나사의 경우에는 스스로가 자리맞춤의 기능을 가지고 있기 때문에, 별도의 정렬 과정이 필요 없지만, 정렬과정이 필요한 조립부위에는 접시머리 나사의 사용을 피해야만 한다.

나사조임기구의 크기는 부가해야 하는 축방향 작용력의 크기, 가용체적 그리고 허용응력 등에 의존한다. 허용응력의 경우, 피치가 작은 나사를 선정하는 것이 피치가 큰 나사보다 유리하다. 물론 피치가 작은 나사를 선정하면, 피치가 큰 나사를 사용한 경우와 동일한 체결력을 구현하기 위해서는 더 많은 숫자의 나사산들을 사용해야만 한다.

골링[7]이나 부식을 방지하기 위해서는 적절한 나사소재를 선정하는 것이 중요하며, 적절한 마찰계수와 소재강도를 선정하여야 한다. **냉접**이라고 부르기도 하는 골링은 미끄럼 과정에서 (스테인리스강, 알루미늄, 티타늄 등의) 소재의 산화층이 제거되거나 손상되면 소재들이 서로 들러붙는 현상이다(캠벨, 2011). 윤활이나 코팅을 통해서 골링이나 부식을 완화할 수 있지만, 이로 인하여 마찰계수도 감소하게 된다. 강철, 강철합금(스테인리스강) 그리고 알루미늄 합금 등이 나사조임기구에 일반적으로 사용되는 소재들이다. 스테인리스강은 진공 시스템의 구조소재로 일반적으로 사용되지만, 심각할 정도로 냉접이 잘 발생한다. 윤활

---

7   galling: 윤활 부족 등으로 인해 한쪽 금속의 일부분이 다른 쪽 금속에 옮겨 붙는 현상(역자 주).

유의 사용이 제한되거나 금지된 경우에 사용 가능한 스테인리스강의 흥미로운 대체소재는 **니트로닉**[8]이라고 부르는 오스테나이트 계열의 스테인리스강이다(슈마허와 탄진 1975, AK 철강 1981). 니트로닉은 훌륭한 골링저항성을 갖추고 있지만, 니트로닉 소재로 제작된 상용 나사들이 없기 때문에, 나사로 활용하는 것은 아직 어렵다. 그런데 니트로닉 소재로 제작된 나사용 인서트가 판매되고 있으며, 이 부품은 일반적인 스테인리스 나사와 함께 사용할 수 있다.

와셔와 예하중용 스프링들(풀림방지 와셔, 접시스프링 와셔)의 사용에 대해서 항상 고려해야만 한다. 와셔의 상단에 예하중용 스프링을 사용하는 것을 추천한다.[9] 와셔는 넓은 접촉면적에 접촉응력을 분산시켜주는 반면에, 예하중 스프링은 열 사이클이나 응력이완이 존재하는 경우에 조임나사가 장력을 유지하도록 도와준다. 조임나사의 길이를 증가시키고, 직렬로 체결되는 요소들의 숫자를 최소한으로 관리하며, 나사조임 속도를 최소한으로 유지하면 응력이완효과를 저감할 수 있다. 진동은 시간이 지남에 따라서 체결력을 저하시키는 추가적인 원인들 중 하나이다. 비록 예하중용 스프링이 도움을 줄 수는 있지만, 이 문제를 완벽하게 해결해주는 것은 아니다. 진동에 의한 체결력 저하가 문제가 된다면, 톱니모양 와셔의 사용, 조임나사에 접착제 도포 또는 조임나사에 풀림방지용 핀 적용 등을 적용하여 문제를 완화시킬 수 있다. 너트를 사용할 때에는, 두 번째 너트(**잠금너트**라고 부른다)를 사용하면 진동에 의한 예하중의 손실을 완화시킬 수 있다(두 번째 너트는 첫 번째 너트가 정위치를 유지하도록 효과적으로 잠금상태를 유지시켜준다). 나사산 체결길이는 최소한 나사 공칭직경의 0.8배 이상이 되어야 한다(반다리 2007, 빅포드 2008).

나노미터 미만의 안정성이 필요한 초정밀 용도의 경우, 존스와 리처드(1973)는 용량형 게이지를 기반으로 하는 지진계의 안정성이 체결력에 따라 변하며, 심지어는 마지막으로 조인 나사의 방향에도 영향을 받는다는 것을 발견하였다. 스프링와셔를 사용하여 유연성을 증가시켜서 안정성을 근본적으로 향상시킬 수 있었으며, 때로는 요소 내부에 슬롯을 성형하여 체결의 유연성을 국부적으로 향상시킬 수 있었다. 계측기 전체에 대하여 최종적으로 60[°C]의 열 사이클을 부가하였을 때에 지진계 시스템에 대해서 10[pm/day] 미만의 안정성을 구현

---

8   Nitronic®.
9   스프링와셔는 체결기구의 총강성을 저하시키며, 계면의 숫자를 증가시켜 풀림에 취약하기 때문에(슬로컴 1992) 논란의 여지가 있다(역자 주).

할 수 있었다. 이는 현재의 기준으로도 매우 뛰어난 결과이다.

나사조임기구에 대한 마지막 논의는 체결력이 문제가 되는 경우에는, 허용 가능한 불확실도를 가지고 최소한의 체결력이 항상 유지되는 **공칭 체결력**을 구하기 위해서 예상되는 실제 사용조건(나사의 유형, 구성요소들의 소재, 윤활조건, 청결도 등)하에서 특정한 시험을 수행할 것을 추천한다.

10.1.6.2 접 착

특히 가전제품 등에서 기계요소와 광학요소들을 체결하기 위해서 매우 일반적으로 **접착제**를 사용한다. 접착제는 균일한(비교적 작은) 응력분포를 나타내며, 얇고 깨지기 쉬운 요소들을 고정시킬 수 있고, 이종소재들을 결합할 수 있으며, 부식의 최소화, 전체질량의 저감, 단열(충진재를 사용하여 접착제의 열전도도를 향상시킬수도 있다) 등을 구현할 수 있고, 비용 절감, 조립공정의 단순화 그리고 감쇄특성의 생성 등과 같은 장점을 가지고 있다. 하지만 접착제는 표면처리가 필요하며, 경화시간이 길고, (경화시간 동안 부품을 고정할) 치구가 필요할 수도 있으며, 온도 범위의 제약, 가스방출문제, (진공이나 고온환경하에서의) 제한된 수명 그리고 분해의 어려움(분해 후에 솔벤트 세적이나 스크레이핑 공구 등이 필요함) 등의 단점을 가지고 있다(킨록 1987, 요더 주니어 1993, 반야와 다실바 2009, 에네스자드와 랜드록 2015). 나사체결기구와 마찬가지로 둘 또는 다수의 요소들을 결합하는 방법에 대하여 특히 접착제 공급업체가 풍부한 정보를 제공하고 있다(패트리 2009). 접착제 공급업체들은 전체 설계사양을 충족시키기 위해서 필요한 특정한 접착제의 추천과 설계방법을 조언할 수 있다. 접착제 공급업체와 교재들을 통해서 충분한 정보를 얻을 수 있기 때문에, 이 책에서는 기본적인 접착강도, 열전도도와 열팽창계수 개선을 위한 충진재 그리고 접착제의 체적변화 등에 국한하여 살펴보기로 한다. 주어진 용도에 적합한 접착제를 선정하는 과정에 전문가의 조언을 받아야 하며, 사양의 충족 여부를 확인하기 위해서 적절한 시험을 수행할 것을 강력하게 추천한다(요더 주니어 1998).

접착강도는 접착제의 유형뿐만 아니라 표면적, 표면처리, 표면조도, 접착제 두께 그리고 결합형상 등에 직접적으로 영향을 받는다(슈네베르거 1983, 뮬러등 2006, 반야와 다실바 2009, 붓다 등 2015). 접착강도의 경우, 표면처리와 표면조도가 가장 큰 영향을 미친다. (입자와 윤활제 등의) 표면 오염, 산화물층과 수분 등 접착강도에 부정적인 영향을 끼칠 우려가 있는 모든 물질들을 제거하기 위해서 표면처리가 수행된다. 접착강도 극대화를 위해서 필요한 정량적인 표면조도를 구하는 것은 어려운 일이며 소재, 작동환경 등에 영향을 받는다. 잘 만들어진 표면조도는 공기가 포획될 가능성을 줄여주어 접착강도를 향상시킨다. (단지 평균 표면진폭만을 증가시켜주는) 잘 설계된 표면조도는 접착 표면적을 증가시킬 수 있으며, 이를 통해서 접착강도를 향상시킬 수 있다. 최적의 접착강도를 구현하기 위해서는 절충이 필요하다는 것이 명백하다(슈네베르거 1983). 붇다 등(2015)에 따르면 상용 에폭시 레진인 Araldite$^{®}$의 경우, 알루미늄–알루미늄 접착의 최적 산술평균 표면조도 Ra(이 계수에 대해서는 6장 참조)는 $(1.68 \pm 0.14)[\mu m]$임을 규명하였다. 비록 접착제의 선정에는 큰 설계자유도가 있지만, 적절한 접착제 두께와 결합형상을 선정하는 것이 중요하다. 접착제의 두께는 선정된 접착제의 유형에 크게 의존하므로, 실험적으로 검증하거나 전문가와 논의해야 한다. 체결면의 형상은 조립체에 가해지는 힘이나 인장, 압축, 전단 또는 이들의 조합응력과 같은 응력에 의존한다. 그림 10.11에서는 전형적인 체결형상들을 보여주고 있다. 적절한 조인트 형상은 접착제 내에 잔류하는 응력을 최소화시켜주어 월등한 접착강도와 수명을 보장해준다(에네스자드와 랜드록 2015).

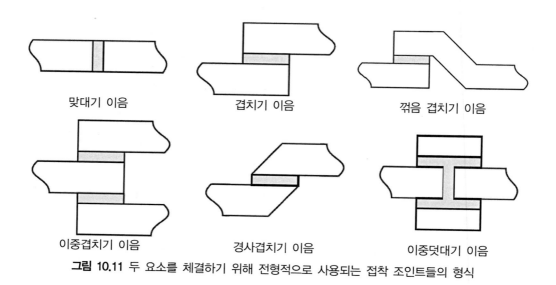

맞대기 이음   겹치기 이음   꺾음 겹치기 이음

이중겹치기 이음   경사겹치기 이음   이중덧대기 이음

그림 10.11 두 요소를 체결하기 위해 전형적으로 사용되는 접착 조인트들의 형식

열전도도와 전기전도도, 장기간 안정성과 열팽창계수 등을 개선하기 위해서 접착제에 **충**

진재를 첨가한다. 접착제의 열전도도를 향상시키기 위해서 금, 은, 구리, 니켈 그리고 단일벽 탄소나노튜브 등이 충진재로 사용된다(신 등 2008, 에네스자드 2010). 접착제의 열팽창계수를 개선하기 위해서는 수정, 실리카, 탄화실리콘이나 질화실리콘 등과 같이 열팽창계수가 낮은 소재를 사용할 수 있다. 경화과정에서 전형적으로 접착제의 체적이 수축되기 때문에, 열팽창계수가 작은 충진재들이 (접촉을 통해서) 접착된 요소들을 지지하면서 힘을 받게 된다. 이를 통해서 열팽창계수가 작은 매우 안정적인 접착이 이루어진다. 충진재를 함유하지 않은 접착제의 수축량은 접착제의 유형에 따라서 서로 다르지만, 경험적으로 체적의 4%로 정도가 수축한다고 생각하면 된다.

10.2.1절에서는 접착제를 경화하는 동안 접착할 요소를 정렬을 맞추어 고정해주는 값싼 방법으로 활용할 수 있는 기계적 정렬형상(MAF)의 활용에 대해서 논의할 예정이다. 이 기계적 정렬형상은 부품에 직접 성형하여 놓거나 별도의 치구 형태로 제작할 수도 있다.

10.1.6.3 광학접촉

광학접촉은 맞닿은 두 평면 사이에서 형성되는 **분자 간 견인력(반데르발스 힘)**이 접착력을 생성하여 구현되는 체결방법이다(홀트 등 1966, 플로리오트 등 2006). 광학접촉을 구현하기 위해서는 두 요소들의 표면이 평평하고, 광학등급의 표면조도를 가지고 있어야 하며, 긁힘이나 입자 등이 없어야 한다. 광학접촉은 5장에서 설명했던 게이지블록의 접착과 유사하다. 광학접촉은 여타의 체결방법에 비해서 접촉계면이 투명하며 가스방출이 없고, 접착 안정성이 뛰어날 뿐만 아니라, 동일한 소재를 사용하는 경우에는 열팽창계수의 불일치로 인한 응력이 유발되지 않는다. 하지만 높은 표면특성 요구조건, 오랜 정렬시간, 분해능력의 제한 (광학접촉의 품질이 높아질수록 분해능력이 감소한다), 그리고 표면세척 등이 광학접촉의 단점으로 거론된다(레일레이 1936, 홀트 등 1966, 칼코프스키 등 2011). 충분한 접착품질을 얻기 위해서는, 편평도가 (산과 골 높이 차이가) 약 60[nm] 미만으로 유지되어야 하며 Ra값 (5장)은 5[nm] 미만이 되어야 한다(엘리프 등 2005, 플로리오트 등 2006). 만일 광학접촉을 이루는 하나 또는 두 부품이 연질이라면(강성이 낮으면) 편평도 요구조건을 600[nm]까지 완화시킬 수 있다(레일레이 1936). 실리콘 웨이퍼의 접착은 두 연질소재 광학접촉의 뛰어난 사례로서, 편평도가 3[μm]까지 증가하여도 무방하다(통 등 1994).

수직 작용력을 가하여 두 부품을 단순히 접촉시키기만 해도 광학접촉이 이루어진다(홀트 등 1966). 레일레이는 광학접촉 형성을 돕기 위해서 두 부품 사이에 벤젠을 주입한 후에 수직방향으로 누르면서 원형으로 문지름을 실시하였다. 벤젠이 증발하지 않고 남아 있는 동안에는 두 부품들 사이의 상대운동이 가능하기 때문에 정렬 맞춤에 이를 활용할 수 있었다(레일레이 1936). 벤젠 대신에 이소프로필알코올과 같은 여타의 휘발성 유체들도 사용할 수 있다.

많은 경우에 정렬이 중요하며 오랜 시간이 소요되기 때문에, 실리콘 기반의 소재들을 사용하는 경우에는 대안으로 수산화물 촉매접착(그워 2001)이 사용된다. 이 방법의 가장 큰 단점은 두 부품들 사이에 (폴리머 형태의) 실록산 체인이 존재하여 열팽창계수 불일치가 발생한다는 것이다. 수산화물 용액의 종류에 따라서는 (비록 하루만 지나면 큰 접착강도가 생기지만) 완전히 증발하는 데에 4주가 소요되기도 한다. 가열하면 증발시간이 가속되며(냉각은 증발시간을 증가시킨다) 용액의 pH 값을 변화시킨다(엘리피 등 2005, 더글러스 등 2014). 고온(약 120[°C]) 저진공 조건하에서 접착을 수행하면 실리콘 기반 소재의 접착강도를 증가시킬 수 있다(칼코프스키 등 2013). 만일 실리콘 웨이퍼에 직접접착이 사용되면 온도가 최고 1,400[°C]에 달하는 풀림공정을 통해서 접착강도를 강화시킬 수 있다(마스티카 등 2014).

반비겔과 킬로우(2014)에서는 광학 접착된 부품들의 사례를 살펴볼 수 있으며, 구현 가능한 접착강도가 제시되어 있다.

10.1.7 대칭성의 활용

기계 조립체 내에 존재하는 **대칭성**은 성능평가를 현저하게 단순화시킬 수 있다(스켈레켄스 등 1988, 요더 주니어 1998). 게다가 많은 경우 대칭성은 설계를 단순화시켜주며 가공 및 계측방법을 개선하여 사용할 수 있다(헤일 1999). 그런데 스켈레켄스 등(1988)에 따르면, 대칭성으로 인하여 시스템 또는 부품 내에서 발생하는 진동(모달)에너지가 증가한다. 이런 경우, 대칭성을 없애면 진동의 민감성을 줄일 수 있다. 이런 사례로 사면체 프레임을 갖추고 있는 테트라폼 연삭기를 들 수 있다. 비틀림 작용력이 부가될 수 있는 튜브형 다리들에는 튜브 중심을 따라서 기타줄처럼 각자 서로 다른 주파수에 대해서 동조되어 있는 감쇄요소를 갖추고 있다(린지 1991). 사면체의 각 면들은 정삼각형 형상으로 제작되어 있으므로, 각 면들은 3개의 대칭선들을 가지고 있다. 대칭은 또한 시스템이나 구성요소들을 대칭축에 대해서 모델을 단순화시켜주어 교정에 소요되는 노력을 줄여준다(그림 10.12 참조). 그림 10.12(a)에서는 단순화된 **브릿지형**(또는 **갠트리형**) 좌표 측정 시스템을 보여주고 있다. 여기서 프로브는 브릿지(수평 보요소)에 지지되어 있으며, 브릿지에 의해서 안내되어 수평방향으로 움직일 수 있다. 브릿지가 지지하는 프로브의 질량에 의해서 유발되는 보요소의 최대변형을 구하기 위해서, 좌표 측정 시스템을 부하가 가해지는 양단지지 보요소로 모델링할 수 있으며, 이 경우에 최대변형은 대칭선 위치에서 발생한다(그림 10.12(b); 여기서는 브릿지의 수직지지 구조는 강체라고 가정한다). 프로브의 위치를 브릿지상의 0에서 $L/2$까지 이동시켜 가면서 임의위치에서의 변형을 구하는 데에도 이 단순화 모델을 사용할 수 있다. 그림 10.12에 도시되어 있는 브릿지형 좌표 측정 시스템은 대칭형상이기 때문에, 브릿지 좌측(그림 10.12(c))을 대칭선에 대해서 반사시키면 대칭선의 우측에 대해서도 동일한 결과를 얻을 수 있다. 대칭성을 활용하면 유한요소해석(FEA) 소프트웨어를 사용하여 계산을 수행하는 경우에 연산시간도 줄일 수 있다(카르핀테리 1997, 쿠 2004).

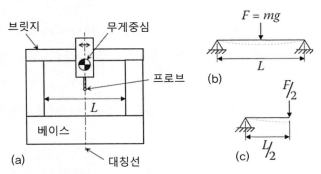

그림 10.12 대칭성이 브릿지의 최대 변형량을 구하기 위한 해석을 간소화시켜주는 브릿지형 좌표 측정기의 사례. (a) 프로브가 대칭선상에 위치하는 브릿지형 좌표 측정 시스템, (b) 브릿지의 양단이 지지되어 있으며, 대칭선 위치에 부하가 가해지는 단순화된 모델, (c) 대칭성을 사용하여 (b) 모델을 단순화시킨 모델

대칭성은 설계상의 선택사항으로 간주할 수 있으며, 특정한 설계에 대해서 최고의 해결책이 되는가를 검증하기 위해서 평가를 수행해야 한다. 예를 들어, 만일 상위 조립체로부터 비대칭성 열부하가 가해진다면, 대칭성을 사용하여 설계한 하위 조립체가 최고의 대안이 아닐 수도 있다. 스톤(1989)에서는 대칭성 열 설계가 도움이 되는 사례들을 제시하고 있다. 스톤은 GCA社가 제작한 집적회로 제작용 **DSW 웨이퍼 스테퍼**® 장비의 열 드리프트 현상

에 대해서 보고하였다. 열 드리프트의 원인을 추적한 결과, 실리콘 웨이퍼에 대해서 대물렌즈의 초점을 조절하기 위해서 사용된 평행사변형 플랙셔를 구동하기 위해서 사용되는 보이스코일 작동기에 의해서 비대칭 열부하가 유발되었기 때문이었다. 이 설계에서, 작동기는 광축과 떨어진 위치에 설치되어 있어서, 발생된 열이 평행사변형 탄성요소의 한쪽만을 열팽창시키게 되었고, 이로 인하여 대물렌즈가 광축방향으로 회전하면서 **중첩오차**[10]가 유발되었다. 열 드리프트를 제거하기 위하여 다양한 해결책들이 모색되었으며, 이후의 설계에서 적용된 해결책에서는 보이스코일 작동기의 열 프로파일이 평행사변형 플랙셔에 대칭적으로 전파되도록 위치를 선정하였으며, 이를 통해서 이전 시스템에서 보고되었던 열 드리프트에 의해서 유발된 중첩오차를 저감할 수 있었다(스톤 1989).

10.1.8 광학요소 조립 시의 고려사항

광학요소의 설치는 정밀 시스템에서 매우 일반적이며, 광학식 인코더 스케일, 반사경, 프리즘 그리고 렌즈 등의 조합을 포함하고 있다. 민감한 방향으로의 표면 변형과 응력에 제한기 부가되는 대부분의 고성능 시스템에서는 저열팽창 광학유리(12장 소재 참조)가 사용된다. 광학 시스템에서 표면변형과 응력을 최소화시키기 위해서는 특정한 설계에 대한 해석이 필요하다. 주의해야 하는 주요 사항들에는 설치방법, 사용하는 소재의 유형, 작동환경 그리고 운반 등이 포함된다. 다음에서는 광학 요소들을 조립하는 과정에서 일반적으로 사용되는 방법들에 대해서 개괄적으로 살펴본다.

10.1.8.1 광학 프리즘과 반사경의 설치

정밀공작기계, 좌표 측정 시스템 그리고 노광장비 등에서는 전형적으로 **광학식 인코더**나 변위 측정용 간섭계(DMI, 5장 참조)와 같은 광학식 측정 시스템을 센서로 사용하여 이동 스테이지의 상대위치를 측정한다. 광학식 인코더에서는 눈금이 새겨진 금속이나 유리소재의 스케일상에서 광학식 인코더 헤드의 위치를 측정한다. 여기서는 광학 프리즘이나 반사경을 설치하는 사례로서, 인코더 시스템의 유리 스케일에 대해서 살펴보기로 한다(금속 스케

---

10 overlay error.

일에도 동일한 원칙이 적용된다). 따라서 이 설치방법은 광학 **프리즘**이나 **반사경**에도 동일하게 적용된다.

일반적으로 **그림 10.13**에 도시되어 있는 유리 스케일의 6자유도(6장 기구학 참조) 모두를 기구학적으로 구속하기를 원한다. 하지만 **그림 10.13**의 경우, 유리 스케일은 3점(A, B 및 C)에 의해서 지지되며 마찰력에 의해서만 움직임이 제한될 뿐이다. 추가적인 측정오차가 발생하는 것을 피하기 위해서, 세 개의 수직방향 구속기구들의 위치는 상부표면의 변형을 최소화시키는 곳으로 선정되었다. 이동 스테이지의 가속, 운반 시 발생하는 충격 등을 견디기 위해서는 유리 스케일에 추가적인 고정력을 부가하는 것이 바람직하다. 또한 유리 스케일의 표면 변형을 최소화하기 위해서는 이 작용력이 유리 스케일의 수평 표면에 대해서 수직 방향으로 작용해야 하며 수평방향 구속점들인 A, B 및 C점들과 일직선상에 위치하여야 한다. 유연요소(7장 참조), 접착제 또는 드물게는 자석 등을 사용하여 고정력을 구현할 수 있다. 여기까지는, 유리 스케일과 이 스케일이 고정되는 부품 사이의 열팽창계수 차이는 무시하기로 한다. **그림 10.13**에 도시되어 있는 구조의 경우, 유리 스케일은 D점을 수평면 고정점으로 사용하고 있다. 여기서는 유리 스케일과 이 스케일이 고정되는 부품 사이의 열팽창계수 차이는 A, B 및 C점에서의 마찰력에 의해서 극복될 수 있다고 가정하고 있다. 하지만 만일 마찰력이 충분치 못하다면, 유리 스케일에 추가적인 변형이 초래되어 측정오차를 유발하게 된다. **그림 10.13**에 도시된 유리 스케일의 추가적인 변형을 극복하거나 최소화하기 위해서는, 수평면 방향으로의 열팽창을 수용하면서 고정력을 부가하기 위해서 각각의 수직방향 구속 위치들에 대해서 2개의 병진 자유도를 부가할 필요가 있다. 이런 이유 때문에, 고정력 부가

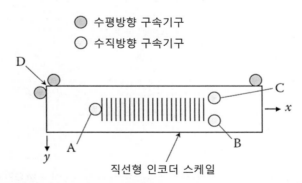

그림 10.13 직선형 유리 스케일의 정확한 구속. 개별 구속요소들은 단일점 접촉(예를 들어 평면상의 구체접촉)을 이루고 있으며 스케일은 D 구속위치에 대해서 고정되어 있다고 가정한다.

에 접착제의 사용을 선호한다(접착제의 열팽창을 최소화하기 위해서 충진재를 사용한다). 또 다른 방법으로는, 수평방향 구속을 제거하고 A점을 고정위치로 사용하면서, B점 및 C점에는 여전히 2개의 병진 자유도를 제공하여 x-축 방향으로의 대칭성을 사용할 수 있다. 이처럼 대칭성을 사용하는 경우에는 추가적인 정렬 단계가 필요하기는 하지만 유리 스케일의 설치가 단순해진다는 장점이 있다. 이에 대해서는 다음 절에서 논의하기로 한다.

6개의 점접촉을 사용하여 기구학적 고정을 구현하는 것이 바람직하지만 많은 경우 강성이나 동적 사양을 충족시킬 수 없기 때문에 준기구학적 접근법을 적용할 필요가 있다(준기구학적 설계에 대해서는 6장 참조). 이런 설계결정을 내릴 때에는, 접촉점의 숫자를 가능한 한 6에 근접하도록 관리할 것을 (그리고 가능한 한 점접촉을 유지하도록) 추천한다. 또한 새롭게 만들어지는 표면접촉 면적을 가능한 한 작게 유지하여야 한다. 일반적인 대안은 **그림 10.13**의 수직방향 구속을 세 개의 좁은 면접촉으로 바꾸면서, 세 개의 수평방향 구속은 그대로 유지하는 것이다. 또한 기구학적 설계에서 훨씬 더 멀리 벗어난 사례로는 **그림 10.14**에 도시되어 있는 것처럼 세 개의 작은 표면접촉을 하나 또는 두 개의 표면접촉으로 바꾸는 것이다. 극도로 높은 성능이 필요하다면, 직선형 유리 스케일을 광학접촉 방식으로 설치할

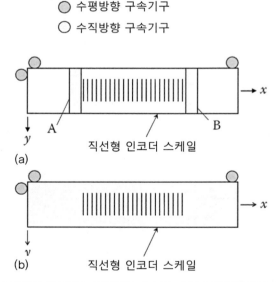

그림 10.14 직선형 유리 스케일의 과도구속 설치구조. (a) 두 개의 수직방향 구속표면들(A 및 B)을 사용하여 직선형 인코더 스케일을 설치한 사례, (b) 하나의 수직방향 구속표면을 사용하여 직선형 인코더 스케일을 설치한 사례

것을 추천하며, 이를 통해서 (동일소재를 사용한다면) 열팽창 불일치가 제거되며 강성이나 동특성이 향상된다. 물론, 이 방법은 높은 표면사양이 요구되기 때문에(10.1.5.3절 참조) 가장 많은 비용이 소요되며, 정렬기준을 충족시키지 못하여 부품인수가 거절될 가능성이 높아진다. 직선형 인코더 스케일의 설치에 사용된 것과 동일한 방법을 프리즘, 반사경 및 회전형 인코더 스케일 등에 적용할 수 있다.

10.1.8.2 광학렌즈의 설치

프리즘이나 인코더 스케일을 고정할 때와 마찬가지로, **렌즈의 설치** 시에도 6개의 점접촉을 사용하여 기구학적으로 렌즈를 지지하는 것이 바람직하다. 프리즘의 경우와는 달리, 렌즈는광축에 대해서 축대칭 형상을 가지고 있으므로, **그림 10.15**에 도시되어 있는 것처럼 5자유도만을 구속하면 된다. 그런데 만약에 **비구면 렌즈**[11]나 **자유형상 렌즈**[12]라면, 면접촉 고정이 필요하며, 이런 경우에는 렌즈의 배향을 조절하기 위해서 추가적인 구속이 필요하다. 직선형 인코더의 경우와 마찬가지로, 작동과 운반조건을 충족시키기 위해서는 고정력을 부가하는 것이 바람직하며, 구속점과 일직선상에 대해서 고정력을 부가하여야 한다. 광학 시스템이 편광에 대한 민감도를 가지고 있는 경우에는 렌즈에 기계적인 응력이 부가되어 발생하는 **응력성 복굴절**을 방지할 필요가 있다(요더 주니어 1993). 그러므로 만일 광학 시스템이 응력성 복굴절에 민감한 경우라면, 부가되는 힘을 최소한으로 유지하며 힘 벡터가 광축과 평행하거나 광축과 반경방향으로 멀리 떨어지도록 만들어야 한다(그림 10.16 참조). 응력성 복굴절이 문제가 된다면 반경방향 작용력은 피해야만 한다. 유연성 부품이나 강성 부품을 사용하여 힘을 부가할 수 있으며 접착제를 사용하여 운동을 제한할 수 있다. 유연 메커니즘을 사용하면 렌즈 표면의 변형을 최소화시키도록 작용력(또는 강성)을 조절할 수 있다. 프리즘과 인코더 스케일의 고정에서와 마찬가지로, 전형적인 렌즈 고정방법에도 준기구학적 방법을 사용할 수 있다. 렌즈의 고정방법은 성능과 비용조건에 의존한다.

---

11   비구면 렌즈는 표면의 곡률반경이 변하지만 광축에 대해서는 축대칭 형상을 갖는다.
12   자유형상 렌즈는 표면에 대칭성이 존재하지 않는다.

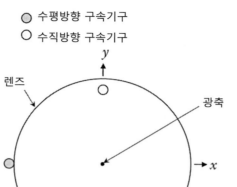

수평방향 구속기구
수직방향 구속기구

렌즈

광축

그림 10.15 기구학적으로 구속된 렌즈 설치기구의 구조

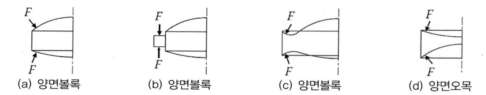

(a) 양면볼록   (b) 양면볼록   (c) 양면볼록   (d) 양면오목

그림 10.16 렌즈에 유발되는 응력성 복굴절을 최소화하기 위한 고정력 부가방법. (a) 전형적인 고정력 부가방식, (b)와 (c) 환형 영역 또는 비광학 오목표면을 추가하여 응력성 복굴절 발생을 최소화하는 체결력 부가. 주의: 오목표면은 고정력이 광축으로부터 바깥쪽으로 작용하므로 이상적이다. 하지만 가능하다면 반경방향 작용력의 부가는 피해야 한다.

단일 렌즈를 고정기구에 설치하는 일반적인 방법들이 **그림 10.17**에 도시되어 있다(요더 주니어 2008). **그림 10.17**에 도시되어 있는 것과 같은 경질 고정기구는 최소한의 요소들만을 사용하며, 가공공차를 사용하여 정렬을 구현하기 때문에 렌즈를 고정하는 가장 경제적인 방법들 중 하나이다. 경질고정에 따라서 유발되는 응력을 피하기 위해서 **그림 10.17(b)**에 도시된 것처럼, 스프링이나 탄성중합체와 같은 탄성요소를 사용할 수도 있다. 탄성요소를 사용하면 렌즈 표면의 변형과 응력성 복굴절이 허용 수준 이내로 유지되도록 작용력을 조절할 수 있다. 작용력 산출은 가공과정에서 구현할 수 있는 기하공차와 탄성요소의 소재특성에 의해서 정확도가 제한된다. 만일 렌즈 고정기구의 가용체적(크기)이 제한되어 있다면, 렌즈의 움직임을 방지하기 위해서 **그림 10.17(c)**에 도시되어 있는 것처럼 접착제를 사용할 수도 있다. 이

기법의 장점은 시스템의 광학성능을 향상시키기 위한 능동적인 정렬을 수행할 기회가 있다는 것이다. 공간이 매우 제한되어 있으며, 가공공차가 렌즈 정렬에 적합하지 않다면, **그림 10.17(d)**에 도시되어 있는 것처럼 렌즈를 반경방향으로 고정할 수도 있다. **그림 10.17(d)**와 **(e)**의 차이는 각각, 렌즈의 위치고정에 접착제를 사용한 것과 탄성중합체를 사용한 것이다. 앞서 설명했던 것처럼, 이 설계들 모두는 추가적으로 정렬을 맞추기 위한 공구가 필요하며, 광학요소들이 응력성 복굴절을 일으킬 우려가 있기 때문에 취급에 주의가 필요하다. 이 사례들을 조합하여 추가적인 설계방법을 만들어낼 수도 있다. 예를 들어, **그림 10.17(e)**의 설계는 마찰계수와 반경방향 작용력 사이의 상관관계에 의해서 충격 저항성이 제한을 받지 않기 때문에, **그림 10.17(d)**와 **(e)**를 조합하여 큰 축방향 충격을 수용할 수 있는 구조를 만들 수도 있다.

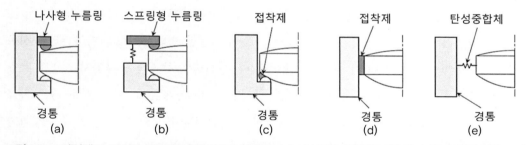

그림 10.17 단일렌즈 요소를 고정하는 일반적인 방법들. (a) 나사형 누름링을 사용하여 렌즈를 (축방향으로) 고정(경질고정), (b) 탄성요소(축방향 스프링)를 사용하여 렌즈고정, (c) 렌즈의 위치고정을 위해서 접착제를 사용, (d) 렌즈의 (반경방향) 위치고정을 위해서 접착제를 사용, (e) 렌즈의 반경방향 위치고정을 위해서 탄성요소를 사용

10.2 정렬원칙

기계 및 광학 요소들에 대한 시스템 요구조건을 충족시키기 위해서 **기계적 정렬형상 (MAF)** 또는 계측기구들을 사용할 수 있다. 기계적 정렬형상은 부품에 직접 가공해서 만들거나 정렬기구 또는 하위조립체를 사용할 수도 있다. 하위조립체의 사례로는 부품에 멈춤핀을 삽입하여 이 멈춤핀이 기계적 정렬형상으로 작용하도록 만드는 것이다. **정렬기구**는 별도로 추가된 기계적 정렬형상을 기준으로 사용하거나 계측장비의 도움으로 정의된 위치에 배

치하기 위해서 전용공구에 설치되어 있는 기계적 정렬형상을 사용하는 것이다.

조립체 내에 부품을 위치시키기 위해서 기구의 위치특성이 사용되기 때문에, 정렬기구를 사용하기 위해서는 전형적으로 기구 자체의 형상공차와 정렬공차가 정렬을 맞춰야 하는 요소들보다 좋아야만 한다. 이 기구는 비쌀 수 있기 때문에, 정렬조립 과정에서 여러 번 탈착 및 재사용하지 않는다면 개별 조립체의 가격에 큰 영향을 미치게 된다. 부품의 정렬을 맞추기 위해서 기계적 정렬형상을 사용하면 정의된 기준점에서 부품이 단순접촉을 이루면서, 부품의 위치를 결정할 수 있기 때문에, 정렬비용을 낮추면서 (가공공차를 통해서) 정렬조건을 충족시킬 수 있다. 하지만 (설계 및 정렬 요구조건에 따라서) 기계적 정렬형상은 가공공정을 복잡하게 만들며 제조비용을 증가시킬 수 있다.

반면에 계측장비는 능동적으로 정렬공정을 수행할 능력을 갖추고 있으며, 제조비용을 낮춰줄 가능성이 있다. 그런데 계측장비는 자금투자를 필요로 하며(만일 좌표 측정 시스템이 필요하다면 매우 비싸질 수도 있다), 전형적으로 조립과정에서 여러 시간의 노동비용이 소요된다. 어떤 방법을 사용할 것인지는 개별 요소들에 적절한 인터페이스와 기하학적 형상을 구현할 수 있도록, 설계의 초기 단계에서 결정된다. 생산량이 증가함에 따라서 정렬과 조립을 위한 기계적 정렬형상을 사용하는 경향이 증가한다. 또한 정렬과정에서 서로 다른 목표를 실현하기 위해서 두 기법을 조합할 수도 있다. 10.2.1절과 10.2.3절에서는 기계적 정렬과 광학기구 정렬을 설명하기 위해서 기본적인 2차원 사례 연구 시나리오를 제시하고 있다. 이 개념을 3차원으로 확장시켜도 이와 유사한 원리들을 적용할 수 있지만, 구현의 어려움이 크게 증가한다.

10.2.1 기계요소의 정렬

기계요소의 정렬을 맞추기 위한 가장 쉽고 가성비가 높은 방법은 기계적 정렬형상을 사용하는 것이다. 기계적 정렬형상은 데이텀 평면, 원통면 또는 곡면 등의 형태를 갖는다(예를 들어 구멍, 멈춤핀, 평면 등). 부품이나 하위 조립체에 기계적 정렬형상을 설계할 때에는, 필요한 정렬사양을 충족시키기 위해서 기구학적 구조(최소한 준기구학적 구조)를 갖춰야만 한다(6장 기구학 참조). 정렬의 품질은 기계적 정렬형상의 가공공차에 의해서 결정된다. 기계적 정렬형상을 사용할 때에는, 인터페이스 사이에 마찰이 존재하므로, 부품이 의도하는 기준표면과 접촉이 이루어지며, 유지되도록 만들어야 한다. 3개의 기계적 정렬형상(이 사례에서는 멈춤핀이 사용되었지만, 여타의 기하학적 형상들에 대해서도 동일한 방법이 적용된다)들과 부품이 접촉을 이루도록 압착하는 힘 벡터의 적절한 크기와 방향을 결정하기 위해서는 다음의 단계들이 필요하다(그림 10.18, 코스터 2005).

1. 멈춤핀과 부품의 접촉위치에서 부품의 표면과 수직방향으로 각 멈춤핀(1, 2 및 3)의 중심선을 긋는다(그림 10.18(b)).

2. 세 개의 멈춤핀들이 부품과 접촉을 유지하기 위하여 각 중심선의 필요한 회전을 결정한다. 중심선들의 교차를 통해서 회전이 적용되는 P_{12}, P_{13} 그리고 P_{23}의 피봇점이 만들어진다. 예를 들어, 3번 멈춤핀이 부품과 접촉을 유지하기 위해서는 P_{12}가 반시계 방향으로의 회전이 필요하다(그림 10.18(b)).

   a. 만일 각 피봇점들의 필요한 회전방향이 동일한 방향이라면, 세 개의 멈춤핀들이 부품과 접촉을 유지하기 위해서는 외부 모멘트가 필요하다. 그렇지 않다면, 부품과 멈춤핀들 사이의 접촉을 유지하기 위해서 하나의 작용력만으로도 충분하다.

3. 2번 단계에서 결정된 필요한 회전방향과 배치되는 **배제영역**을 추가한다(그림 10.18(c)). 만일 피봇점에 가해진 힘이 2단계에서 결정된 방향과 반대방향으로의 회전을 생성한다면, 부품과 멈춤핀 사이의 접촉이 유지되지 않으므로 힘을 가해서는 안 되는 배제영역이 된다(그림 10.18(c)).

4. 마찰계수 μ를 고려하기 위해서 각 멈춤핀들 사이의 접촉점에 각도 $\beta_f = \tan^{-1}\mu$인 직선들을 추가한다(그림 10.18(d)).

5. 4단계에서 추가된 직선들에 의해서 측면에 만들어지는 음영 영역에서는 마찰에 의해서 각 회전점들의 회전이 방지된다(그림 10.18(e)). 그림에서는 마찰력은 F_f로 표기되어 있다.

6. 3단계와 5단계에서 제한된 영역들을 조합하여 세 개의 멈춤핀들 모두와 부품의 접촉을 유지시키기 위해서 필요한 작용력을 부가해서는 안 되는 배제영역을 구할 수 있다. 힘 벡터를 부가할 수 있는 제한된 위치와 각도는 **그림 10.18(f)**에서 음영이 표시되지 않은 영역으로 표시되어 있다. 예를 들어, **그림 10.18(e)**에서는 부품과 멈춤핀들 사이의 접촉이 이루어지고 유지되는 작용력 F가 도시되어 있다.

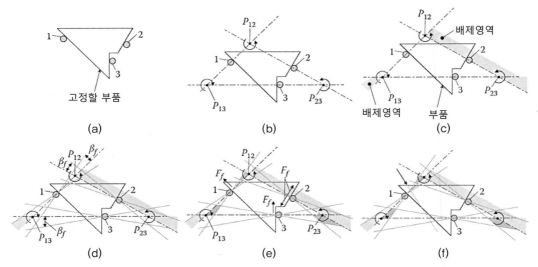

그림 10.18 세 개의 멈춤핀들과 부품 사이에 접촉이 이루어지며 유지되도록 만들기 위해서 가할 힘 벡터를 구하는 방법. (a) 이상적인 상태, (b) 중심선을 그린 후 세 번째 멈춤핀과의 접촉을 이루기 위해서 필요한 회전방향을 결정, (c) 배제영역 결정, (d) 마찰직선의 추가, (e) 마찰 배제영역 결정, (f) 세 개의 멈춤핀들이 부품과 접촉을 유지할 수 있도록 힘을 부가할 수 있는 영역을 최종적으로 결정

이 사례로부터 만일 접촉영역이 증가한다면 (예를 들어 면대 면 접촉) 적합한 힘 벡터를 구하기가 어려워질 것이라는 점을 확인할 수 있다. 그러므로 힘을 부가하여 문제를 해결할 가능성이 제한되는 것을 피하기 위해서, 가능하면 점접촉을 사용할 것을 추천한다.

정렬을 맞추기 위해서 멈춤핀들을 사용하는 대신에 두 개의 멈춤핀들을 기준부품에 박아 넣고, 구멍과 슬롯이 성형되어 있는 두 번째 부품을 두 개의 멈춤핀에 끼워 넣어서 기준부품에 대해서 정렬을 맞출 수 있다(그림 10.19). 멈춤핀보다 직경이 약간 더 큰 (중간끼워맞춤) 두 번째 부품에 성형된 구멍은 부품의 위치를 결정하며, 슬롯은 부품의 회전을 구속한다. 위치와 배향의 불확실도는 멈춤핀과 가공된 형상의 공차에 의해서 결정된다. **그림 10.19**에서 제시되어 있는 방법을 사용하면, 정렬 단계를 수행할 수 있을 뿐만 아니라 가공에도 도움이 된다. 단일 가공 단계 내에서 부품을 쌍으로 가공하여 이를 구현할 수 있다. 쌍으로 가공하면 두 부품들 모두에 대해서 하나의 형상 또는 형상들을 동시에 가공할 수 있다. 가공과정을 수행하는 동안 형상오차와 정렬오차가 동일하게 발생하기 때문에 쌍으로 두 부품들 모두에 가공한 형상은 동일한 형상을 갖게 된다. 이를 통해서 만들어진 두 개의 가공쌍들 사이의 편차는 공작기계가 가지고 있는 본질적인 형상오차를 나타낸다. **그림 10.20(a)** 및 **(b)**에서는 두 번의 개별 가공을 통해서 가공한 두 개의 부품들을 보여주고 있는 반면에, **그림 10.20(c)**에서는 쌍으로 가공된 동일한 두 부품들을 보여주고 있다. 이 사례에서는 부품들에 가공한 구멍들이 동심을 유지하여야 한다. 주축이 수평방향으로만 운동오차를 가지고 있다면, 부품 A와 B에 가공된 두 개의 구멍들을 동시에 가공하지 않는 경우에는 정렬을 맞출 수 없다(그림 10.20(d)). 하지만 이 부품들을 쌍으로 가공한다면, 주축의 운동오차가 두 요소 모두에 동일하게 발생한다(그림 10.20(e)).

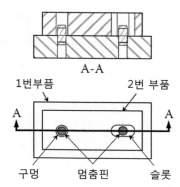

그림 10.19 두 개의 부품들을 서로 정렬을 맞추기 위해서 두 개의 멈춤핀을 사용한 사례

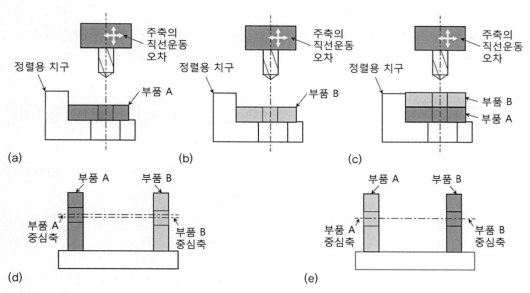

그림 10.20 쌍으로 가공하여 두 부품들 사이의 부정렬 오차를 줄이는 방안. (a 및 b) 부품 A와 B의 구멍을 개별가공. (c) 부품 A와 B의 구멍을 동시에 가공, (d) 두 부품들 사이에 발생하는 부정렬, (e) 두 부품을 쌍으로 가공하여 두 부품이 동일한 정렬오차를 갖도록 만든 사례

좌표 측정 시스템, 다이얼 인디케이터 그리고 정전용량형 게이지 등과 같은 계측장비를 사용하는 것은 둘 또는 그 이상의 부품들을 서로 정렬을 맞추기 위해서 일반적으로 사용하는 또 다른 방법이다. 좌표 측정 시스템을 사용할 때에는 부품을 어디에 위치시켜야 하는지를 나타내기 위해서 **기준좌표계**가 사용된다. 기구를 사용하거나 기준좌표계에 대해서 손으로 힘을 가하여 부품의 위치를 조절할 수 있다. 만일 부품이나 하위조립체가 가해지는 충격을 수용할 수 있을 정도로 충분히 견고하다면, 작업자는 (폴리머나 고무소재 망치를 사용하여) 부품을 톡톡 쳐서 위치를 조절할 수 있으며, 단순히 손으로 미는 것보다 위치를 용이하게 조절할 수 있다. 망치로 톡톡 쳐서 부품을 정위치에 놓고 나면, 작업자가 가하는 충격력에 대한 위치민감도를 향상시키는 데에 마찰력이 중요한 역할을 한다. 작업자가 정확한 힘을 가하는 데에는 한계가 있기 때문에, 부품에 단순히 질량을 추가하여 고정력 증가를 통해 마찰력을 증가시키거나 작은 망치를 사용하여 충격력을 감소시킴으로써 증분운동의 크기를 줄여야 한다. 일반적으로 변위에 대한 시각적 피드백을 사용하면 위치 조절이 현저히 쉬워진다.

다음 단계는 **그림 10.21**에 도시되어 있는 것처럼, 부품의 정렬과 위치 조절을 위해서 좌표 측정 시스템과 (다이얼 인디케이터나 정전용량형 게이지와 같은) 변위센서를 사용하는 1차원 사례이다. 이 사례에서 목표는 2번 부품을 1번 부품과 오프셋(**그림 10.21**에 표시되어 있음)을 가지고 있으며 서로 평행하게 정렬과 위치를 맞춘 후에 나사를 사용하여 2번 부품을 1번 부품에 고정하는 것이다.

1. (1번 부품과 2번 부품으로 이루어진) 하위조립체를 좌표 측정 시스템 위에 설치한다. 1번 부품은 움직이지 않도록 좌표 측정 시스템에 고정한다.
   a. 2번 부품에 힘을 가하면 움직이지만 좌표 측정 시스템의 프로브로는 움직이지 않을 정도로 나사 A, B 및 C를 느슨하게 풀어준다.
2. 좌표 측정 시스템을 사용하여 D점과 E점을 측정하여 기준축을 결정한다(실제의 경우, 좌표 측정 기준축을 포함하는 시스템이 좌표계를 생성한다. 5장 참조).
3. 2번 부품의 초기위치를 구하기 위해서 좌표 측정 시스템을 사용하여 F와 G점에 대한 1차 측정을 수행한다.
   a. 이를 통해서 정렬과 위치 요구조건을 충족시키기 위해서 2번 부품을 시프트시켜야

하는 초기거리를 결정한다.

4. 2번 부품을 1번 부품에 대해서 위치와 정렬을 맞추기 위해서 H점과 J점에 설치된 변위 센서를 사용하여 위치를 피드백해가면서 힘 F_1과 F_2를 가한다.

    a. 1번 및 2번 부품 사이의 각도 오차를 우선 제거한 다음에 2번 부품은 원하는 위치로 이동시키는 것이 바람직하다. 이를 통해서 올바른 정렬을 맞추기 위해서 필요한 반복작업의 횟수를 줄일 수 있다.

5. 좌표 측정 시스템을 사용하여 3번 단계와 마찬가지로 2번 부품의 위치를 측정한다. 만일 정렬과 위치가 구현되고 나면, 나사 A, B 및 C를 조인다(순서에 맞춰 조금씩 여러 번 나누어 조여야 가장 좋은 성능이 구현된다. A, B 및 C를 20%의 힘을 주어 순서대로 조인 다음 100%가 될 때까지 다시 이를 반복한다). 만일 정렬과 위치가 구현되지 않았다면, 3번에서 5번의 단계를 반복하여 시행한다.

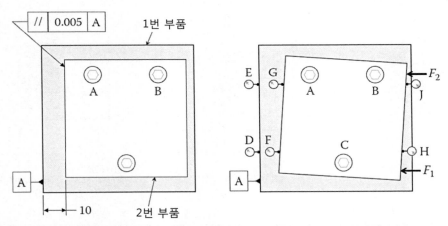

그림 10.21 1번 부품과 2번 부품의 정렬을 맞추기 위해 계측장비를 사용하는 1차원 정렬의 사례. A, B 및 C는 1번 부품과 2번 부품을 고정하기 위한 나사. D와 E는 기준좌표를 결정하기 위한 좌표 측정 시스템의 측정점, F와 G는 기준좌표계에 대해 2번 부품의 실제 위치를 구하기 위한 좌표 측정 시스템 측정점, F_1과 F_2는 2번 부품에 힘이 가해지는 위치, H와 J는 정전용량형 게이지와 같은 변위센서를 사용한 측정점들(2번 부품에 힘을 가할 때에만 피드백을 위해 사용)

이 방법은 다음 절에서 논의할 위치 결정 스테이지의 정렬을 포함하여 많은 방식으로 적용할 수 있다. 변위센서를 사용하지 않아도 무방하지만 센서가 없다면 작업자가 능동적인 피드백 없이 힘(충격강도)을 가하게 된다. 따라서 정렬 사이클이 끝난 후에(3~5단계) 좌표 측정 시스템을 사용해서만 정렬맞춤의 결과를 확인할 수 있기 때문에, 부품의 정렬과 위치 결정에 소요되는 시간이 증가한다.

10.2.2 직선이송 및 회전이송 스테이지의 정렬

기계적 정렬형상(MAF)과 계측장비를 사용하여 **직선이송 스테이지**와 **회전이송 스테이지**의 정렬을 맞출 수 있다. 앞절에서 설명한 것과 동일한 공정 단계를 직선이송 스테이지와 회전이송 스테이지에 적용할 수 있다. 만일 각도 정렬만 고려한다면, 정렬용 표적과 함께 변위센서(다이얼 인디케이터, 정전용량형 프로브, 변위 측정용 간섭계 등)를 사용할 수 있다. y-축 스테이지에 대해서 x-축 스테이지의 정렬(두 이송축 사이의 직각도)을 맞추기 위해서 **직각물체**[13]와 변위센서를 사용하는 사례가 다음에 제시되어 있다(그림 10.22).

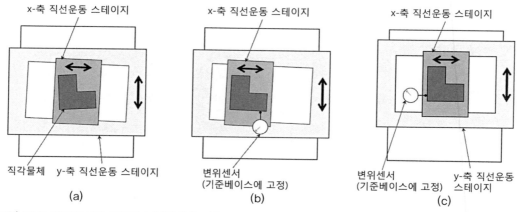

그림 10.22 변위센서와 교정된 직각물체를 사용하여 x-축 스테이지와 y-축 스테이지의 직각도 정렬을 맞추는 사례. (a) y-축 스테이지에 대한 직각물체와 x-축 스테이지의 초기정렬, (b) 직각물체를 x-축 스테이지에 대해서 정렬맞춤, (c) y-축 스테이지에 대해서 x-축 스테이지의 정렬맞춤

교정된 직각물체를 x-축 스테이지 위에 설치한다(그림 10.22(a)). 이 직각물체는 정렬용 기준으로 사용되며 x-축과 y-축 위치 결정 스테이지 사이에서 필요로 하는 직각도보다 직각도가 훨씬 더 좋아야만 한다.

---

13 mechanical square.

직각물체의 표면이 x-축 스테이지의 이송축과 평행하도록 변위센서를 사용하여 직각물체의 정렬을 맞춘다(그림 10.22(b)). x-축 스테이지를 앞뒤로 이동시키면서 변위센서가 전혀 변하지 않을 때까지 직각물체를 회전시킨다.

y-축 스테이지와 평행한 방향으로 직각물체의 표면을 측정할 수 있도록 변위센서의 위치를 변경한다(그림 10.22(c)). y-축 스테이지를 앞뒤로 움직이면서 변위센서의 표시값을 관찰한다. 변위센서가 전혀 변하지 않을 때까지 x-축 스테이지의 정렬을 조절한다. 이를 통해서 측정의 불확실도 한계 내에서 두 스테이지들의 직각도를 맞출 수 있다.

이 방법은 직각물체의 품질과 변위센서의 측정능력에 의해서 제한된다. 직각도 측정의 영향을 제거하기 위해서 계통오차를 제거해주는 반전기법을 채용할 수도 있다(화이트하우스 1976, 5장). 비오와 쿨카니(2009)는 광학직각 구조에 대해서 간섭계를 사용하여 직각도를 측정하는 방법에 대해서 설명하였다. 직각물체, 실린더 및 마스터 구체 등의 다양한 표적물체에 대해서 앞서와 동일한 측정방법을 사용하여 회전스테이지 축의 정렬도 가능하다.

10.2.3 광학기구 시스템의 정렬

앞 절에서 설명한 정렬기법을 사용하여 **광학기구 시스템의 정렬**을 맞출 수 있지만, 변위 측정용 간섭계(DMI), 인코더 그리고 렌즈를 구비한 광학 시스템의 정렬에 유용한 다른 기법이 존재한다. 다음 절에서는 이에 대해서 살펴보기로 한다.

10.2.3.1 변위 측정용 간섭계

정밀 시스템에서는 **변위 측정용 간섭계(DMI)**가 일반적으로 사용된다. 변위 측정용 간섭계의 레이저 광원은 기계/계측기의 외부에 설치되기 때문에 광학 경로길이가 길어지고, 광선이 서로 다른 수준이나 환경 속을 통과하기 때문에, 변위 측정용 간섭계 시스템의 정렬을 맞추는 일은 매우 어렵다. 만일 레이저 광원이 기계/계측기의 외부에 설치되어 있다면, 측정 루프에 유입될 수 있는 외란들을 최소화시킬 필요가 있다. 외란에는 기계적 변형, 제진기의 운동 그리고 환경적 영향 등이 포함된다. 기계적 변형과 제진기의 운동은 또한 아베 오차와 코사인 오차를 유발할 수 있다.

표적의 중심점으로 광선이 안내되도록 십자선이나 동심원 패턴이 성형되어 있는 마스터

표적을 사용하여 간섭계의 기본 정렬을 맞출 수 있다. 레이저 광선이 구멍의 중심을 향하도록 조리개나 구멍을 사용할 수도 있다. 최고 수준의 변위 측정용 간섭계 정렬이 필요한 경우에는 광선의 위치를 측정하기 위해서 **전하결합소자**(CCD) 카메라나 **위치검출기**(PSD)가 사용된다. 전하결합소자 카메라나 위치검출기를 사용하는 경우의 가장 큰 단점은 빔의 위치가 (픽셀 분해능, 신호대 노이즈 비율 등) 디바이스의 측정능력과 (레이저 광선의 중심을 찾아내는) 소프트웨어 능력에 의해서 결정된다는 것이다. 십자선, 동심원 또는 조리개와 같은 수동형 표적을 사용하는 경우, 분해능은 레이저 광선의 위치를 찾아내는 사용자의 시각적 능력에 의존한다. 사용되는 표적의 유형에 무관하게, 정렬과정은 동일하며 직각굽힘을 사용하는 변위 측정용 간섭계 빔 안내용 광학계의 정렬을 맞추기 위해서 다음의 순서를 따른다 (그림 10.23을 기준으로 사용한다. 모든 광학부품들을 포함하는 광선 안내용 광학계는 변위 측정용 간섭계 레이저 광원으로부터 간섭계 헤드까지 광선을 안내 또는 분할하기 위해서 사용, 엘리스 2014).

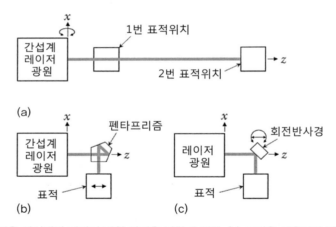

그림 10.23 변위 측정용 간섭계의 레이저 광원 안내용 광학계 정렬. (a) 표적을 사용하여 레이저 광원을 기준표면(xz - 평면)과 평행하게 정렬조정, (b) 표적의 초기위치를 세팅하기 위해서 펜타프리즘을 사용하여 레이저 광선을 직각으로 꺾음, (c) 회전반사경을 표적방향으로 정렬(표적은 (b) 단계에서 세팅되었음)

1. 변위 측정용 간섭계의 레이저 광원을 기준표면(모든 부품들이 설치되는 xz - 평면상의 표면)과 평행하며 올바른 빔 높이를 갖도록 정렬을 맞춘다.

   a. 표적을 필요한 광선 높이에 설치한 다음에 변위 측정용 간섭계의 레이저 광원과 인

접한 위치(그림 10.23(a)의 1번 표적위치)로 이동시켜놓는다. 레이저 광선이 1번 위치에서 표적의 중앙에 놓이도록 변위 측정용 간섭계의 광원 정렬을 맞춘다. 그런 다음 표적을 광원에서 가장 먼 위치로 이동시킨다(2번 위치). 변위 측정용 간섭계의 광원이 1번 위치와 2번 위치에서 모두 표적의 중앙에 놓이도록 반복하여 광원의 정렬을 조절한다.

2. 광선경로 내에 **펜타프리즘**(한쪽 면으로 입력된 광선과 다른 쪽 면으로 출력된 광선이 90° 각도를 갖도록 설계된 5면체 프리즘)을 설치하여 광선을 직각으로 꺾는다. 이를 통해서 **그림 10.23(b)**에 도시되어 있는 것처럼 광선을 표적의 중앙에 위치시킬 수 있다(이 시점에서 변위 측정용 간섭계의 광원에 대한 조절을 시행하면 1단계에서의 정렬을 잃어버리므로 허용되지 않는다). 표적을 고정한 다음에 새로운 기준점으로 사용한다.

   a. 이 단계를 수행하기 전에 1단계에서 레이저 광원을 사용하여 반사광선이 기준표면(모든 부품들이 설치되는 $xz-$평면상의 표면)과 평행하도록 펜타프리즘에 대한 사전정렬을 수행하여야 한다. 이 사전정렬에서는 레이저 광원은 손대지 않고 펜타프리즘만 조절하는 것을 제외하고는 1단계와 동일한 방법으로 수행한다.

3. 펜타프리즘을 **회전반사경**으로 대체한다. 광선이 표적의 중앙에 위치하도록 이 회전반사경을 조절한다(**그림 10.23(c)**).

4. 시스템 내에 추가되는 광선의 직각굴절에 대해서 2번과 3번 과정을 반복한다.

   a. 주의: 광선의 경로를 직각으로 굴절시키는 빔 분할기나 여타의 모든 광학요소/시스템에 대해서 2번과 3번 과정을 적용할 수 있다.

변위 측정용 간섭계의 광선안내용 광학부품들에 대한 정렬이 끝나고 나면, 위치 결정용 스테이지에 설치되어 있는 측정용 반사경의 정렬을 맞춰야 한다. 다음 단계들에 따라서 이 정렬과정이 수행된다(엘리스 2014).

1. 레이저 광선과 운동축이 평행하도록 위치 결정용 스테이지의 정렬을 맞춘다. 위치 결정 스테이지에 정렬용 표적을 설치한 다음, 스테이지를 1번 위치와 2번 위치 사이로 이동시키면서 이를 수행한다(**그림 10.24(a)**). 이 정렬과정은 광선 안내용 광학계의 정렬과정 중에서 1단계의 레이저 광원 정렬과정과 동일하다. 두 위치 모두에 대해서 아무런

변화도 관찰되지 않는다면, 레이저 광선에 대한 스테이지의 정렬이 맞춰진 것이다.

2. 위치 결정용 스테이지에 설치되었던 정렬용 표적을 측정용 반사경으로 교체한 다음에 빔분할기와 정렬용 표적을 위치 결정용 스테이지의 전면에 추가한다(그림 10.24(b)).

3. 위치 결정 스테이지를 1번과 2번 위치 사이로 이동시키면서 정렬용 표적위치에서 아무런 변화가 관찰되지 않도록 측정용 반사경을 조절한다(1단계와 유사함, 그림 10.24(b) 참조).

변위 측정용 간섭계 레이저 광원, 빔 안내용 광학계, 위치 결정용 스테이지 그리고 측정용 반사경에 대해서 모두 정렬을 맞추고 나면, 기계적 정렬형상 또는 전형적으로 간섭계와 함께 공급되는 특수표적을 사용하는 간섭계 레이저 광원의 정렬이 완료된다.

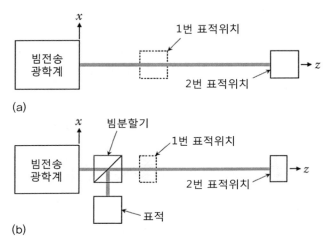

그림 10.24 변위 측정용 간섭계의 레이저 광선에 대해 위치 결정용 스테이지와 측정표적의 정렬맞춤. (a) 위치 결정 스테이지의 운동축을 레이저 광선의 광축과 정렬을 맞추기 위해서 정렬용 표적을 스테이지 위에 설치, (b) 반사경의 광학표면이 레이저 광선축과 직교하도록 측정용 반사경 정렬

앞서 설명한 정렬과정을 통해서, 만일 시스템이 다수의 측정축들을 가지고 있다면, 정렬과정에 오랜 시간이 소요된다는 것을 알 수 있다. 오랜 시간이 소요되는 정렬과정을 단축하기 위해서는, (멈춤핀과 같은) 기계적 정렬형상을 사용하여 변위 측정용 간섭계 광원, 광학 부품 및 레이저헤드 등의 위치를 맞추어놓고, **전단판**[14]과 **리슬리 프리즘**[15](뒤에서 설명)을

---

14 shear plate.

광학경로상에 설치하여 정렬을 수행한다. 레이저 광선을 측면방향으로 이동시키기 위해서 **스넬의 굴절법칙**에 따라서 작동하는 전단판(**그림 10.25**)이 사용된다. 전단판을 단순히 회전시키면 광선은 더 이상 광학입사표면과 수직을 이루지 못하게 되면서 측면방향 변위가 생성된다 — δ_x와 δ_y의 하첨자는 각각 변위가 발생한 방향을 나타낸다. 전단판의 측면방향 변위는 다음과 같이 주어진다.

$$\delta_x = t\left[\tan\theta_y - \tan\left\{\sin^{-1}\left(\frac{n_e}{n_g}\sin\theta_y\right)\right\}\right]\cos\theta_y \tag{10.13}$$

그림 10.25 전단판의 개략도. (a) 레이저 광선의 측면변위를 유발하지 않는 전단판 배치, (b) 전단판을 y-축에 대해 회전시켜서 레이저 광선에 전단 또는 변위 유발

그리고

$$\delta_y = t\left[\tan\theta_x - \tan\left\{\sin^{-1}\left(\frac{n_e}{n_g}\sin\theta_x\right)\right\}\right]\cos\theta_x \tag{10.14}$$

여기서 t는 전단판의 두께, n_e는 환경의 굴절계수, n_g는 전단판 유리소재의 굴절계수, θ_x는 x-축 회전각도, θ_y는 y-축 회전각도이다. 레이저 광선 진행방향의 각도조절을 위해서는 **그림 10.26**에 도시되어 있는 것처럼, 두 개의 동일한 쐐기형 프리즘으로 이루어진 리슬리 프리즘이 사용된다(요더 주니어 2008). 두 개의 쐐기형 프리즘들의 쐐기각이 서로 평행하다면, 레이저 광선은 평행 오프셋만을 가지고 프리즘을 통과한다. 이때의 x-방향 오프셋 δ_x

---

15   Risley prism.

는 다음과 같이 주어진다.

$$\delta_x = \left(z_w + \frac{D}{2}\tan\alpha\right)\tan\left\{\alpha - \sin^{-1}\left(\frac{n_e}{n_g}\sin\alpha\right)\right\} + z_s\tan\left[\sin^{-1}\left\{\frac{n_g}{n_e}\sin\left(\alpha - \sin^{-1}\left(\frac{n_s}{n_g}\sin\alpha\right)\right)\right\}\right]$$

$$+ \left[z_s + \left\{\frac{D}{2} - \left(z_w + \frac{D}{2}\tan\alpha\right)\tan\left(\alpha - \sin^{-1}\left(\frac{n_e}{n_g}\sin\alpha\right)\right)\right.\right.$$

$$\left.\left. - z_s\tan\left(\sin^{-1}\left[\frac{n_g}{n_e}\sin\left\{\alpha - \sin^{-1}\left(\frac{n_e}{n_g}\sin\alpha\right)\right\}\right]\right)\right\}\right]$$

$$\tan\left[\sin^{-1}\left\{\frac{n_e}{n_g}\sin\left(\sin^{-1}\left[\frac{n_g}{n_e}\sin\left\{\alpha - \sin^{-1}\left(\frac{n_e}{n_g}\sin\alpha\right)\right\}\right]\right)\right\}\right] \tag{10.15}$$

여기서 z_w는 쐐기형 프리즘의 폭, z_s는 두 쐐기형 프리즘 사이의 간극, D는 쐐기형 프리즘의 직경 그리고 α는 쐐기각이다. 만일 쐐기형 프리즘들 중 하나가 z-축 방향으로 π[rad]만큼 회전한다면(그림 10.26(b)), 광선의 최대 각도편차가 발생한다. 광선의 최대 굴절각도 θ_x는 다음과 같이 주어진다.

$$\theta_x = \sin^{-1}\left[\frac{n_g}{n_e}\sin\left\{\alpha + \sin^{-1}\left(\frac{n_g}{n_e}\sin\left[\sin^{-1}\left\{\frac{n_g}{n_e}\sin\left(\alpha - \sin^{-1}\left(\frac{n_g}{n_e}\sin\alpha\right)\right)\right\}\right]\right)\right\}\right] - \alpha \tag{10.16}$$

마지막으로, 그림 10.26(c)에 도시되어 있는 것처럼, 두 쐐기형 프리즘을 함께 z-축 방향으로 θ_z만큼 회전시킬 수 있다. 전단판과 리슬리 프리즘을 사용하여 조절해야 하는 범위는 누적된 기계적 정렬공차에 의존한다. 변위 측정용 간섭계 시스템에 전단판과 리슬리 프리즘을 적용하면 광선안내용 광학부품들을 공칭위치에 배치할 때에 기계적 정렬형상(MAF)들을 사용할 수 있어서, 전체적인 정렬시간과 복잡성이 감소되기 때문에 도움이 된다. 하지만 광학표면의 코팅이 측정오차에 미치는 영향에 대해서는 주의가 필요하다. 코팅은 전형적으로 입사각 0°와 45°에 대해서 설계된다. 입사광선이 이 각도에서 벗어나게 되면, 투과효율과 편광상태에 부정적인 영향이 가해진다(엘리스 2014). 성능에 이런 부정적인 영향이 미치는 것을 방지하기 위해서는, 전용으로 설계된 코팅이 필요하다. 파장판과 같은 광학부품들의 정렬기법에 대한 보다 자세한 내용은 엘리스(2014)를 참조하기 바란다.

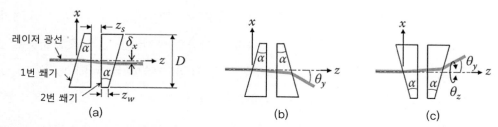

그림 10.26 리슬리 프리즘의 개략도. (a) 두 쐐기형 프리즘들의 쐐기각이 서로 평행하게 배치되어 광선이 x-축 방향으로 평행 이동한 리슬리 프리즘, (b) 두 번째 쐐기형 프리즘이 z-축 방향으로 회전하여 광선의 각도편차가 최대로 발생하는 배치, (c) 두 쐐기형 프리즘이 함께 회전

10.2.3.2 인코더

인코더 시스템의 정렬은 측정신호의 취득뿐만 아니라 측정오차를 최소한으로 유지하기 위해서 중요한 사안이다. 기계적 정렬형상을 이용하여 인코더 스케일과 헤드의 정렬을 맞추는 가장 간단한 방법에 대해서는 10.2.1절에서 설명하였다. 만일 기계적 정렬형상을 사용하여 필요한 정렬공차를 구현할 수 없다면, 정렬과정의 난이도가 크게 증가하게 된다. 이런 경우에는 인코더 스케일이나 헤드에 기계적 영렬형상을 사용하며, 정렬상태에 따른 인코더 시스템의 전기적 출력신호의 품질을 관찰하면서 인코더의 다른 쪽 부품의 정렬을 수동으로 조절하는 방법을 추천한다. 기준면 없이 스케일과 인코더 헤드의 정렬을 동시에 조절하는 것은 바람직하지 않다.

직선형 인코더의 부정렬은 각각, 10.1.1절과 10.1.2절에서 설명했듯이, 아베 오차와 코사인 오차를 유발한다. 회전식 인코더의 부정렬은 틸트오차(회전 중에 축방향으로 발생하는 운동)로 인한 코사인 오차와 편심으로 인한 오차를 초래한다. 회전식 인코더의 편심은 다차 조화함수를 유발하여 바람직하지 않은 측정오차를 초래한다(윌슨 2016). 폐루프 제어를 수행하는 과정에서 이 오차는 추가적인 노이즈를 유발한다.

10.2.3.3 렌즈 시스템

10.1.8.2절에서 논의했듯이, 다양한 방법을 사용하여 렌즈를 고정할 수 있다. 그림 10.27에 도시되어 있는 양면볼록렌즈의 사례에서 알 수 있듯이, 생산되는 모든 부품에는 가공오차가

존재한다. 렌즈 고정기구에 대해서 **렌즈의 정렬**을 능동적으로 조절하여 **그림 10.27**에 도시되어 있는 기하학적 가공차를 보상할 수 있다. 렌즈 고정기구에 대해서 렌즈의 정렬을 조절하기 위해서는 회전 스테이지, 렌즈의 광학표면을 측정하기 위한 센서 그리고 렌즈 고정기구의 위치를 측정하기 위한 변위센서 등이 필요하다. 다음의 단계들은 렌즈 고정기구에 양면볼록렌즈를 고정하기 위한 정렬과정을 설명하고 있다(**그림 10.17(d)**와 **(e)**에 도시되어 있는 고정 개념들을 조합하여 탄성중합체와 접착제를 사용하여 렌즈의 반경방향을 고정한다).

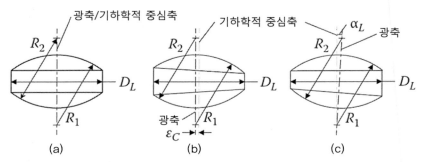

그림 10.27 가공오차에 의하여 양면볼록렌즈에 발생한 기하학적 오차들. (a) 가공오차가 전혀 없는 양면볼록렌즈, (b) 광축과 기하학적 중심축 사이의 중심오차, (c) 광축과 기하학적 중심축 사이의 각도오차

1. 곡률반경 R_1이 회전축과 일치하도록 정렬을 맞춘다(**그림 10.28(a)**). 센서 S_3를 사용하여 R_1의 중심을 찾을 수 있으며, S_2는 후속 단계에서 치구가 움직이지 않고 정렬을 유지하는가를 관찰할 수 있다.

2. 렌즈 대신에 렌즈 고정기구를 치구 위에 설치한 다음에 센서 S_4를 사용하여 회전축에 대한 렌즈 고정기구의 정렬을 맞춘다(**그림 10.28(b)**).

3. 렌즈 고정기구의 정렬을 맞추어 고정한 다음에 렌즈를 다시 치구 위에 설치하고 렌즈의 광축을 회전축과 정렬을 맞춘다(**그림 10.28(c)**). 곡률반경 R_2에 힘 F를 가하여 이를 구현할 수 있으며, 센서 S_5를 사용하여 결과를 피드백한다. R_1의 중심이 회전축과 정렬을 유지하도록 렌즈를 R_1의 중심에 대해서 회전시킨다. S_5와 S_3에서 아무런 변화도 관찰되지 않으면, 렌즈의 광축과 회전축의 정렬이 맞춰진 것이다.

4. 렌즈 고정기구와 렌즈 사이에 접착제를 주입한다(**그림 10.28(d)**).

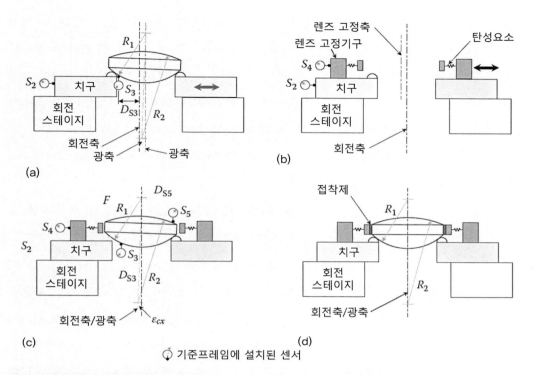

그림 10.28 양면볼록렌즈를 렌즈 고정기구에 정렬하는 방법. (a) R_1의 곡률중심이 회전축과 일치하도록 정렬, (b) 렌즈 고정기구를 회전축에 대해서 정렬, (c) 렌즈의 광축을 회전축과 정렬, (d) 정렬된 렌즈를 렌즈 고정기구에 고정하기 위해서 접착제 주입

양면볼록렌즈의 정렬오차는 다음과 같이 계산할 수 있다.

$$\varepsilon_{cx} = (R_1 + R_2 - t)\tan\left(\tan^{-1}\frac{S_5}{D_{S5}}\right) \tag{10.17}$$

여기서 t는 렌즈의 두께, R은 렌즈의 반경, 하첨자 1과 2는 렌즈의 두 반경들, S_5는 회전 과정에서 발생하는 R_2의 축방향 운동진폭 그리고 D_{S5}는 회전축으로부터 반경방향 변위센 서 S_5까지의 거리이다. 양면오목렌즈에 대해서도 이와 유사한 방정식을 도출할 수 있다.

$$\varepsilon_{ce} = (R_1 + R_2 + t)\tan\left(\tan^{-1}\frac{S_5}{D_{S5}}\right) \tag{10.18}$$

앞서 열거한 정렬 단계들을 임의의 렌즈조합과 렌즈 고정기구에 적용할 수 있다. 이 정렬 기법의 장점은 렌즈와 렌즈 고정기구에 존재하는 가공오차들을 보상할 수 있다는 점이며, 렌즈 고정기구의 대칭성과 정렬의 품질은 센서의 측정능력에 의해서 제한된다. 하지만 조립 비용의 증가, 생산성의 저하 그리고 적용 가능한 렌즈 크기의 한계(렌즈 고정기구의 축방향 강성한계) 등의 단점도 함께 가지고 있다. 이 정렬과정은 **그림 10.17(c)**에 도시되어 있는 축방향 렌즈 고정기구에도 적용할 수 있다. 이런 경우에는 치구가 렌즈 고정기구와 일체화되어야 하므로 추가적인 치구가 필요하다.

렌즈 고정기구에 대해서 렌즈의 정렬을 맞추는 또 다른 방법은 **중심맞춤 선삭**[16]이라고 부른다. 중심맞춤 선삭에서는 광축이 렌즈 고정기구의 기하학적 중심축과 정렬을 맞추도록 렌즈 고정기구의 기준표면을 가공한다. 이 과정에서 렌즈와 렌즈 고정기구 사이의 정렬이 맞춰진다. 이 정렬과정의 장점은 **그림 10.17(a), (b) 및 (c)** 또는 이들의 조합을 모두 사용할 수 있다는 점이다. 선정된 고정방법에 관계없이, 가공과정을 수행하는 동안 렌즈의 위치와 배향이 변해서는 안 된다(바이어 등 2012). 중심맞춤 선삭기법의 장점은 렌즈의 기하학적 공차가 보상되며 렌즈 고정기구에 대해서 렌즈의 중심맞춤을 세밀하게 수행할 필요가 없다는 것이다. 단점으로는 렌즈 코팅이 손상을 입거나 렌즈와 렌즈 고정기구가 오염될 가능성이 있다는 점이다. 렌즈 중심맞춤 기법에서와 마찬가지로, 정렬의 정확도는 렌즈의 배향을 측정하는 능력에 의해서 제한되지만, 이 경우에는 가공공정의 정확도에 의해서도 영향을 받는다.

다음의 단계들에 따라서 개별 설치된 렌즈들을 사용하여 다수의 렌즈들에 대한 정렬을 맞출 수 있다.

1. 렌즈가 설치된 첫 번째 고정기구의 광축의 정렬을 회전축에 대해서 맞춘다(**그림 10.29(a)**). 부정렬을 측정하는 센서 S_2를 사용하여 이를 수행하며, 센서 S_1은 첫 번째로 설치된 렌즈의 기하학적 중심축과 광축 사이의 오프셋을 측정하여 피드백하는 데에 사용할 수 있다.

2. 첫 번째 렌즈의 정렬을 회전축에 대해서 맞추고 나면(**그림 10.29(b)**), 두 번째 고정된 렌

---

16 centre lathing.

즈를 추가한 후에 1단계와 동일한 과정을 사용하여 정렬을 맞춘다(그림 10.29(c)). 정렬 과정에서 첫 번째로 고정된 렌즈의 위치를 감시하기 위해서 전형적으로 세 번째 센서를 추가한다. 이렇게 센서를 추가하는 것은 선택이 가능하지만 이를 통해서 후속 정렬 과정에서 아무것도 변하지 않았다는 것을 확신할 수 있다.

3. 정렬을 수행해야 하는 렌즈가 추가될 때마다 2번 단계를 반복한다.

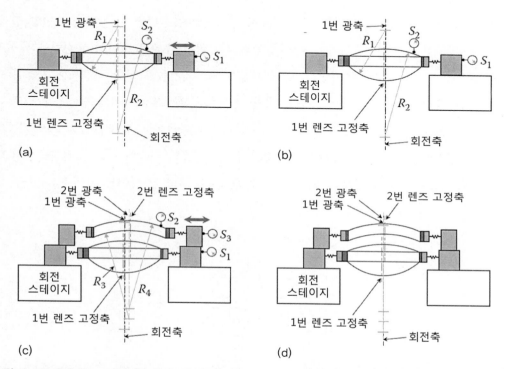

그림 10.29 개별 렌즈 고정기구 속에 설치되어 있는 렌즈들의 정렬을 맞추는 공정의 개략도. (a) 첫 번째 렌즈 고정기구의 정렬을 맞추기 위해 회전 스테이지 위에 설치, (b) 첫 번째 렌즈의 광축 정렬을 회전스테이지의 회전중심축과 맞춤, (c) 두 번째 렌즈 고정기구를 설치한 후에 광축의 정렬을 회전중심축 또는 첫 번째로 설치된 렌즈의 광축과 맞춤, (d) 두 번째로 설치된 렌즈와 첫 번째로 설치된 렌즈의 정렬이 맞춰진 상태

이 단계들의 목표는 광학 시스템을 구성하는 개별 렌즈들의 광축 정렬을 기준축(회전 스테이지의 중심축이나 첫 번째로 설치된 렌즈의 광축)에 대해서 맞추는 것이다. 광축 대신에 개별 렌즈 고정기구들의 기하학적 중심축에 대해서 정렬을 맞출 수도 있다. 기하학적 중심축에 대한 정렬방법은 측정조건 단순하며(렌즈 광학표면의 측정이 필요 없다), 정렬시간이

단축된다는 장점을 가지고 있다. 하지만 설치된 렌즈의 기하학적 중심축과 광축 사이의 부정렬이 정렬오차를 초래하게 된다.

개별 고정된 다수의 렌즈들 사이의 정렬을 맞추는 더 쉬운 방법은 개별 렌즈들을 경통 속에 삽입한 다음에 렌즈 고정기구의 외경과 경통의 내경을 이용하여 광학 시스템의 수동 정렬을 수행하는 것이다(그림 10.30에서는 단순화를 위해서 단일 렌즈기구에 대해서 예시하고 있다). 구현 가능한 정렬의 정확도는 순전히 기계적 공차에 의존한다. 렌즈 고정기구에 대해서 렌즈의 정렬을 맞추기 위해서 중심맞춤 선삭을 사용한다면 이 방법을 개선할 수 있다. 중심맞춤 선삭가공을 수행하는 동안 광축과 기하학적 중심축 사이의 부정렬을 측정과 선반의 가공을 사용하여 줄여가면서, 렌즈 고정기구의 외경을 특정한 직경으로 가공할 수 있다. 일단, 중심맞춤 선삭가공을 통해서 개별 렌즈들과 고정기구 사이의 정렬을 맞추고 나면, 렌즈 고정기구의 외경과 경통 내경 사이의 반경방향 간극이 특정한 값을 갖도록 경통의 내경을 가공한다(요더 주니어 2008). 그림 10.31에서는 경통의 내경이 렌즈 고정기구들의 외경과 일치하도록 가공된 경통 속으로 다수의 렌즈들을 조립한 사례를 보여주고 있다.

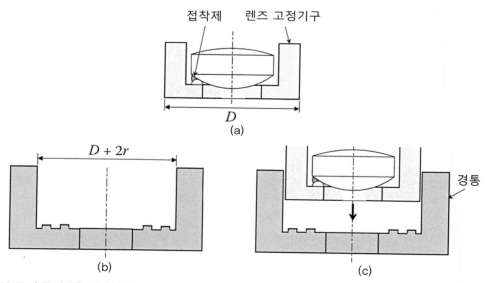

그림 10.30 수동정렬을 위해서 경통 속으로 렌즈 고정기구를 단순 삽입하는 렌즈설치 사례. 이 사례에서는 단일렌즈기구를 예시(첫 번째 렌즈 고정기구의 직경이 가장 작으며, 이후에 설치되는 렌즈들의 외경은 순차적으로 증가한다). (a) 외경치수 D를 알고 있는 렌즈 고정기구, (b) 렌즈 고정기구를 삽입할 경통. 경통의 내경은 렌즈 고정기구의 외경에 반경방향 공극 r을 더한 크기이다. (c) 렌즈가 설치된 고정기구를 경통 속으로 삽입된다.

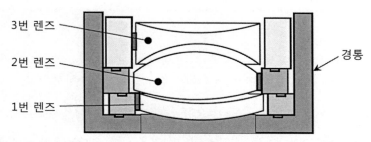

그림 10.31 렌즈가 고정되어 있는 다수의 렌즈 고정기구들을 이들의 외경에 맞춰 내경을 가공한 경통 속에 삽입하여 조립한 사례. 주의: 렌즈 고정기구들을 경통 속으로 삽입하기 위해서는 반경방향 공극이 필요하다. 정렬이 순수하게 기계적 공차에 의존한다는 것을 강조하기 위해서 렌즈 고정기구와 경통 사이의 반경방향 공극이 과장되어 도시되어 있다.

연습문제

1. 1차원 아베 방정식 $\varepsilon_{Abbe} = d_y \tan\theta_x - L(1/\cos\theta_x - 1)$을 유도하시오.

2. 2차원 아베 오차, 코사인 오차 및 사인 오차를 미소각도에 대해서 유도하시오.

3. 그림 10.32에 도시되어 있는 윤곽측정기에 대해서 아베 오차, 코사인 오차 및 사인 오차를 구분하시오. 배경지식: 윤곽측정기는 시편의 표면조도와 형상을 측정할 수 있는 기기이다(5장 참조). 시편을 x방향으로 이송하면서 측정이 수행되며, 스타일러스 탐침은 수직인 y방향으로 측정을 수행한다. 따라서 시편의 표면조도와 형상윤곽은 x방향 변위의 함수로 나타난다. 이 측정 시스템의 사례에서는 위치 결정용 스테이지와 탐침 사이의 상대위치를 측정하기 위해서 변위 측정용 간섭계(DMI)가 사용된다.

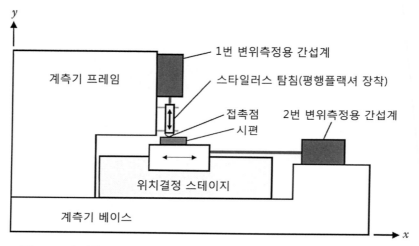

그림 10.32 윤곽측정기를 사용하여 시편의 표면조도와 형상을 측정할 수 있다.

4. 3번 문제의 윤곽측정기에서 어떻게 하면 아베 오차, 코사인 오차 및 사인 오차를 저감할 수 있겠는가?

5. 그림 10.33에 도시되어 있는 시스템에 대해서 고정력 벡터를 부가할 수 있는 적절한 영역을 표시하시오.

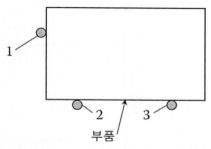

그림 10.33 세 개의 멈춤핀들(1, 2 및 3번)을 사용하여 부품의 정렬을 맞추는 방법

6. 그림 10.34에 도시되어 있는 회전스테이지의 정렬을 맞추는 방법을 설명하시오. 여기서, 회전 스테이지는 데이텀 A 및 xy-평면과 평행하며, 실린더형 시편을 사용한다.

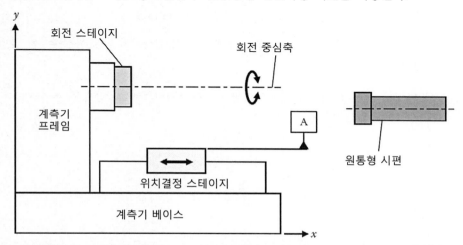

그림 10.34 직선이송 스테이지와 회전 스테이지로 이루어진 시스템의 사례. 회전 스테이지의 정렬을 회전축을 데이텀 A 및 xy 평면과 맞춰야 한다.

7. 6번 문제에서 발생할 가능성이 있는 오차 원인들에 대해서 설명하시오.

8. 그림 10.35에 도시되어 있는 직선운동 스테이지, 회전 스테이지, 빔 분할기, 위치검출기 센서 그리고 1축 변위 측정용 간섭계 측정축 등을 사용하여 반사표면과 수직하게 배치되어 있는 두 개의 반사경들의 정렬을 맞추는 기본과정을 제시하시오. 직선운동 및 회전운동 스테이지는 완벽하다고 가정한다.

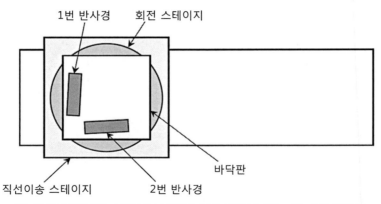

1번 반사경　　회전 스테이지

바닥판

직선이송 스테이지　　2번 반사경

그림 10.35 바닥판에 설치되어 정렬을 맞출 필요가 있는 두 개의 반사경

9. 전단판의 입력광선과 출력광선의 각도가 서로 같음을 증명하시오. 힌트: 스넬의 법칙에 따르면 $n_1\sin\theta_1 = n_2\sin\theta_2$이며, 여기서 n은 굴절계수, θ는 입사각도이며, 하첨자 1은 입력광선, 2는 출력광선을 의미한다.

10. 전단판에 의해서 생성되는 측면방향 오프셋 지배방정식이 다음과 같음을 증명하시오.

$$\delta_x = t\left[\tan\theta_y - \tan\left\{\sin^{-1}\left(\frac{n_e}{n_s}\sin\theta_y\right)\right\}\right]\cos\theta_y$$

힌트: 9번에 제시되어 있는 스넬의 법칙을 이용하시오.

참고문헌

Abbe, E. 1890. Messapparate für Physiker. *Zeitschrift für Instrumentenkunde* 446-447.

AK Steel Corporation. 1981. Nitronic (R). Trademark 1177800.

Banea, M. D., da Silva, L. F. M. 2009. Adhesively bonded joints in composite materials: an overview. *J. Mater. Des. Appl.* **223**:1-18.

Beier, M., Gebhardt, A., Eberhardt, R., Tuennermann, A. 2012. Lens centering of aspheres for highquality optics. *Adv. Opt. Tech.* **1**:441-446.

Bewoor, A. K., Kulkarni, V. A. 2009. *Metrology and measurement*. New Delhi: Tata McGraw-Hill.

Bhandari, V. B. 2007. *Design of machine elements*. New Delhi: Tata McGraw-Hill.

Bickford, J. H. 2008. *Introduction to the design and behaviour of bolted joints: Non-gasketed joints*. Boca Raton, FL: CRC Press.

Bosmans, N. 2016. Position measurement system for ultra-precision machine tools and CMMs: Prototype development and uncertainty evaluation. PhD dissertation, University of Leuven.

Bramble, K. L. 2012. *Engineering design for manufacturability*. Engineers Edge.

Bryan, J. B. 1979. The Abbe principle revisited: An updated interpretation. *Precis. Eng.* **1**:129-132.

Budhe, S., Ghumatkar, A., Birajdar, N., Banea, M. D. 2015. Effect of surface roughness using different adherend materials on the adhesive bond strength. *Appl. Adhes. Sci.* **3**:20.

Campbell, F. C. 2011. Joining: Understanding the basics. Materials Park, OH: ASM International.

Carpinteri, A. 1997. *Structural mechanics: A unified approach*. London: Taylor & Francis.

Dai, G., Pohlenz, F., Danzebrink, H.-U., Xu, M., Hasche K., Wilkening, G. 2004. Metrological large range scanning probe microscope. *Rev. Sci. Instrum.* **74**(4):962-969.

Douglas, R., van Veggel, A. A., Cunningham, L., Haughian, K., Hough, J., Rowan, S. 2014. Cryogenic and room temperature strength of sapphire jointed by hydroxide-catalysis bonding. *Class. Quantum Grav.* **31**:1-10.

Ebnesajjad, S. 2010. *Handbook of adhesives and surface preparation: Technology, applications and manufacturing*. William Andrew.

Ebnesajjad, S., Landrock, A. H. 2015. *Adhesives technology handbook*. Amsterdam: Elsevier.

Elliffe, E. J., Bogenstahl, J., Deshpande, A. *et al*. 2005. Hydroxide-catalysis bonding for stable optical systems for space. *Class. Quantum. Grav.* **22**:S257-S267.

Ellis, J. D. 2014. *Field guide to displacement measuring interferometry*. Bellingham, WA: SPIE Press.

Evans, C. 1989. *Precision engineering: An evolutionary view.* Bedford, U.K.: Cranfield Press.

Floriot, J., Lemarchand, F., Abel-Tiberini, L., Lequime, M. 2006. High accuracy measurement of the residual air gap thickness of thin-film and solid-spaced filters assembled by optical contacting. *Opt. Commun.* **260**:324-328.

Gibson I., Rosen D. W., Stucker B. 2015. *Additive manufacturing technologies: 3D printing, rapid prototyping, and direct digital manufacturing.* New York: Springer.

Gwo, D.-H. 2001. Ultra precision and reliable bonding method. US Patent 6,284,085 B1. 4 September.

Hale, L. C. 1999. Principle and techniques for designing precision machines. PhD dissertation, Massachusetts Institute of Technology.

Holt, R. B., Smith, H. I., Gussenhoven, M. S. 1966. *Research on optical contact bonding.* Technical Report, Device Development Corporation, Bedford, UK: Air Force Cambridge Research Laboratories, 43.

Jones, R.V., Richards, J. C. S. 1973. The measurement and control of small displacements. *J. Phys. E.* **6**:589-600.

Kalkowski, G., Risse, S., Rothhardt, C., Rohde, M., Eberhardt, R. 2011. Optical contacting of lowexpansion materials. *Proc. SPIE* **8126**:81261F.

Kalkowski G., Fabian, S., Rothardt, C., Zeller, P., Risse, S. 2013. Silicate and direct bonding of low thermal expansion materials. *Proc. SPIE* **8837**:88370U.

Kinloch, A. J. 1987. *Adhesion and adhesives.* Springer Netherlands.

Koster, M. P. 2005. *Design principles for precision mechanisms.* Eindhoven, Netherlands: Philips Research, Centre for Technical Training (CTT).

Leach, R. K. 2015. Abbe error/offset. In CIRP *Encyclopedia of Production Engineering*, edited by Laperrière, L., Reinhart, G. Berlin: Springer.

Lestrade, A. 2010. *Dimensional metrology and positioning operations: Basics for a spatial layout analysis of measurement systems.* CAS-CERN Accelerator School Magnets, 273-333.

Lindsey, K. 1991. Tetraform Griding. *Proc. SPIE* **1573**:129-135.

Müller, M., Hrabě, P., Chotěborský, R., Herák, D. 2006. Evaluation of factors influencing adhesive bond strength. Res. *Agr. Eng.* **52**(1):30-37.

Masteika, V., Kowal, J., Braithwaite, N.St.J., Rogers, T. 2014. A review of hydrophilic silicon wafer bonding. ECS J. Solid State Sci. Technol. **3**(4):Q42-Q54.

Petrie, E. M. 2009. *Handbook of adhesives and sealants.* New York: McGraw-Hill.

Qu, Z.-Q. 2004. *Model order reduction techniques: With applications in finite element analysis.* London: Springer-Verlag.

Rayleigh, F. R. S. 1936. A study of glass surfaces in optical contact. *Proc. R. Soc. Lond. A Math. Phys. Sci.* **156**(888):326-349.

Ruijl, T. A. M. 2001. *Ultra precision coordinate measuring machine: Design, calibration and error compensation.* PhD dissertation, Delft University of Technology, Netherlands.

Schellekens, P., Rosielle, N., Vermeulen, H., Vermeulen, M., Wetzels, S., Pril, W. 1988. Design for precision: Current status and trends. *Ann. CIRP* **47**(2):557-586.

Schneberger, G. L. 1983. *Adhesives in manufacturing.* New York: Marcel Dekker.

Schumacher, W. J., Tanczyn, H. 1975. *Galling resistance austenitic stainless steel.* US Patent 3,912,503. 14 October.

Sihn, S., Ganguli, S., Roy, A. K., Dai, L. 2008. Enhancement of through-thickness thermal conductivity in adhesively bonded joints using aligned carbon nanotubes. *Compos. Sci. Technol.* **68** 3-4):658-665.

Slocum, A. H. 1992. *Precision machine design.* Dearborn, MI: Society of Manufacturing Engineers.

Stone, W. S. 1989. Instrument design case study flexure thermal sensitivity and wafer stepper baseline drift. *Proc. SPIE* **1036**:20-24.

Tong, Q. Y., Schmidt, E., Gösele, U., Reiche, M. 1994, Hydrophobic silicon wafer bonding. *Appl. Phys. Lett.* **64**(5):625-627.

VDI-Fachbereich Produkentwicklung und Mechatronik. 2014. *Systematic calculation of highly stressed bolted joints: Multi bolted joints. VDI-Standard: VDI 2230 Part 2, VDI-Gesellschaft Produkt- und Prozessgestaltung,* The Association of German Engineers (VDI).

VDI-Fachbereich Produktentwicklung und Mechatronik. 2015. *Systematic calculation of highly stressed bolted joints: Joints with one cylindrical bolt. VDI-Standard: VDI 2230 Part 1, VDI-Gesellschaft Produkt- und Prozessgestaltung,* The Association of German Engineers (VDI).

Whitehouse, D. J. 1976. Some theoretical aspects of error separation techniques in surface metrology. *J. Phys. E.* **9**:531-536.

Wilson, C. S. 2016. Automatic error detection and correction in sinusoidal encoders. Proceedings of ASPE 31st Annual Meeting, 155-160.

Yoder Jr., P. R. 1993. *Opto-mechanical systems design.* New York: Marcel Dekker.

Yoder, P. R. 1998. *Design and mounting of prisms and small mirrors in optical instruments.* Bellingham, WA: SPIE Optical Engineering Press.

Yoder Jr., P. R. 2008. *Mounting optics in optical instruments.* Bellingham, WA: SPIE Press.

힘전달 루프

CHAPTER
11

힘전달 루프

이 장에서는 공작기계와 치수 측정용 기기를 구성하는 구조요소들을 대상으로 하여 힘전달 루프의 기본 개념을 살펴보기로 한다. 특히 각 구조들이 가지고 있는 문제점들을 설명하기 위해서 다양한 설계구조들이 제시되어 있으며, 조립된 메커니즘 내에서 서로 다른 설계들을 구현 가능한 정밀도와 핵심 제한요소의 측면에서 서로 다른 설계들을 평가하기 위한 수단을 제공해주는 기능루프 분리의 개념에 대해서 설명한다. 이어서, 위치 결정과 가공에 초점을 맞춰서 구조루프에 대해서 좀 더 자세히 살펴보며 최적의 거동을 구현하기 위한 설계지침을 제시한다. 식별과 특성화를 위하여 만들어진 도구들을 사용하여 전형적인 계측루프의 정의와 구성이 제시되어 있으며 기계의 계측성능을 최적화하기 위한 일반적인 설계지침도 함께 제시되어 있다. 또 다른 중요한 설계상의 고려사항은 시스템 내의 열루프에 대한 식별과 해석이다. 열루프에 대한 정의를 내린 후에, 계측기와 기계 내에서 열 교란을 저감하기 위한 다양한 설계 개념들을 소개한다. 이 장에서 소개된 원리들의 적용 사례를 살펴보기 위해서, 이 개념들이 적용되어 있는 최신의 기계와 계측기들에 대해서 살펴보기로 한다.

11.1 힘전달 루프의 기초

정적 평형상태에 있는 시스템에 작용하는 모든 힘들의 합은 0이라는 뉴턴의 법칙을 사용하면 궁극적으로 힘전달 루프를 얻을 수 있다. 이것은 (계측용)기기와 (가공용)기계의 성능을 평가하는 데 있어서 중요한 개념인 것으로 밝혀졌다. 다음 두 질문에 대한 해답을 통해서 힘전달 루프의 뒤에 자리 잡고 있는 기본 개념들에 대해서 가장 잘 설명할 수 있다. 기계에서 힘전달 루프는 무엇인가? 그리고 기계 내에서 전형적인 힘전달 루프의 경로는 어떻게 구성되는가?

11.1.1 기계의 힘전달 루프

기계 내에서 **힘전달 루프**는 **엔드이펙터**의 끝에서 출발하여 다수의 기계 구성부품들을 통과하여 시편의 **유효작용점**에 도달하는, 닫힌 경로로 정의할 수 있으며 시편에 대한 엔드이펙터의 상대적인 위치를 결정할 수 있다. 엔드이펙터는 공구나 측정용 탐침이 될 수 있다. 유효 작용점은 공구가 가공을 수행하거나 탐침이 측정을 수행하는 위치이다. 힘전달 루프에 포함되는 힘들은 다음과 같다.

- 공정 작용력
- 기계의 운동에 따른 힘
- 열응력에 따른 힘

이 힘들은 힘전달 루프 내에서 부품들을 변형시키며, 이로 인하여 시편에 대한 엔드이펙터의 상대적인 위치를 변화시킨다. 직교좌표계 내에서 x, y 및 z 각각에 대해서 개별적으로 힘전달 루프를 살펴볼 수 있다. 또한 모든 방향에 대해서 공구와 시편의 위치를 결정하는 다수의 힘전달 루프가 존재할 수 있다. 다음 절에서는 공작기계와 측정기기 내에서 만들어지는 전형적인 힘전달 루프에 대해서 논의를 통해서 힘들이 정밀도에 미치는 영향들을 구분할 예정이다(2장 정밀도의 정의 참조).

11.1.2 기계 내 힘전달 루프의 경로

11.1.2.1 절삭 가공기

절삭 가공기에서는 공구가 시편으로부터 소재를 절삭한다. 이런 가공기에서는 시편에 대해서 공구의 상대운동을 통해서 형상을 시편에 전사한다. 따라서 공구의 위치오차는 직접적으로 시편의 치수오차를 초래한다.

그림 11.1에서는 두 개의 운동축(x와 z)을 가지고 있는 공작기계의 개략도를 보여주고 있다. 여기서는 그림을 단순화시키기 위해서 y방향 이송기구를 생략하였다. 하지만 실제의 시스템에서는 이를 해석에 포함시켜야 한다.

이 기계에서 x방향 위치를 결정하는 힘전달 루프들 중 하나가 **그림 11.1**에 표시되어 있다. 이 힘전달 루프는 시편과 접촉하는 공구(엔드이펙터)의 끝에서 출발하여 공구용 주축과 z - 축 안내기구 베어링, 베이스 프레임과 x - 축 안내기구등을 통과하여 작업테이블 위에 고정되어 있는 시편에 도달하게 된다. 힘전달 경로에 위치하는 어떤 부품의 변형도 공구와 시편 사이의 x - 방향 상대위치 변화를 유발하게 된다. 만일 베이스 프레임에 대한 안내기구의 상대 위치를 측정하는 리니어 인코더의 출력값이 **컴퓨터 수치제어기**(CNC)로 피드백되며, 이 변형이 측정되지 않았다면, 가공오차가 발생하게 된다. 비록 **그림 11.1**에는 단 하나의 힘전달 루프만 표시되어 있지만, 모든 연결부위를 통과하는 다수의 힘전달 루프들이 부품들 사이의 응력을 전달하게 된다.

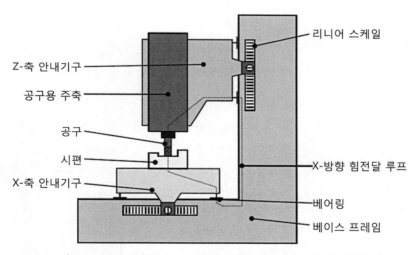

그림 11.1 절삭 가공기의 x - 방향 위치를 결정하는 힘전달 루프

11.1.2.2 좌표 측정 시스템

좌표 측정 시스템(CMS)에서는 엔드이펙터로 시편과의 접촉위치를 송출하는 접촉식 프로브를 사용한다(5장과 8장 참조). 전형적으로, 3차원 사각형 체적 내에서 프로브를 이동시키기 위해서 위치를 검출하기 위한 스케일이 장착된 세 개의 직교 안내기구들이 사용된다. 시편의 위치를 측정하기 위해서 다수의 점위치들에 대해서 프로브와 시편을 접촉시키며, 접촉순간의 3축 좌표값을 기록한다. 이런 방식으로 측정한 시편상의 다수 점위치들을 취합

하여 시편의 형상을 결정하는 표면위치를 구해낸다. **그림 11.2(a)**에서는 전형적인 좌표 측정 시스템의 구조를 보여주고 있으며, 여기서도 3축 중 2축만을 나타내어 보여주고 있다.

이 좌표 측정 시스템에서 x-방향 힘전달 루프들 중 하나는 시편과 접촉하고 있는 프로브의 선단부에서 출발하여 z-축 안내기구와 베이스 프레임, 그리고 x-축 안내기구를 통과하여 시편에 도달하게 된다. 좌표 측정 시스템 내에서, 프로브와 시편 사이의 접촉력인 공정 작용력은 0.1[N] 수준이다. 하지만 x-축 안내기구와 z-축 안내기구의 운동질량이 베이스 프레임의 보 요소를 변형시키며, 비록 이를 측정할 수 있다고 하더라도 측정편차가 발생할 우려가 있다. 기계 구성요소들에는 주변환경과 안내기구 이송용 모터에 의해서 열부하를 받게 된다. 예를 들어 상온과의 온도구배가 베이스 프레임의 좌측과 우측 수직 보요소에 다르게 발생할 수 있다. 좌측 보요소의 온도가 더 낮다고 가정하자. 이로 인하여 수직 보에는 열응력이 생성되며, **그림 11.2(b)**에서와 같이 보의 수축이 발생한다. 이 보는 x-방향 위치를 결정하는 힘전달 루프에 속해 있기 때문에, 접촉식 프로브와 시편 사이의 접촉점이 x-방향으로 이동하여 측정오차가 유발된다.

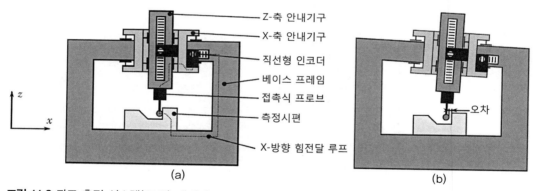

그림 11.2 좌표 측정 시스템(CMS) 내에서 x-방향 위치를 구하기 위한 힘전달 루프들 중 하나의 사례. (a) 힘전달 루프, (b) 힘전달 루프를 구성하는 베이스 프레임의 열변형

11.1.3 기능분리 설계 원칙

이상적으로는, 기계의 모든 기능들은 단 하나의 조절 가능한 설계인자만을 가지고 있어야 한다(크롤 2013). 이를 통해서 여타의 기능들을 저하시키지 않고 이 인자만을 목적에 따라 최적화할 수 있다. 이는, 일반법칙은 아니지만, 모든 기능이 각기 다른 부품에 할당되어

야 한다는 것을 의미한다. 예를 들어, 밀링 가공기에서 x, y 및 z−축방향 이동 기능은 개별 이송축들에 분리되어 있다. 이를 **기능분리 설계 원칙**이라고 부른다.

정밀 기계의 이송 시스템의 주 기능은 공구와 시편 사이의 정확한 상대위치를 구현하는 것이라는 점을 통해서 기능분리 설계 원칙을 설명할 수 있다. 중요한 경계조건은 생산성을 구현하기 위해서는 특정한 시간한계 이내로 이 위치를 구현해야 한다는 것이다. 추가적으로, 공작기계의 경우에는 현저한 과도응답이 발생하지 않아야 한다. 이러한 주 기능은 다음과 같이 두 가지 중요한 하위기능들로 세분화할 수 있다.

- 공정 작용력에 의한 변형의 최소화
- 열부하에 의한 변형의 최소화

대부분의 공정 작용력은 공구와 시편 사이의 절삭력과 움직이는 안내기구의 동특성에 의해서 초래된다. 일반적으로 속이 찬(중실) 단면을 가지고 있는 견고한 프레임은 절삭력에 의한 위치오차를 한계값 이내로 유지한다. 속이 빈(중공) 단면은 질량을 감소시켜서 관성력과 동적오차를 줄여준다. **인바**[1]나 **제로도**[2] 같은 저열팽창계수 소재들을 사용하며, 열전도성을 향상시키기 위해서 중실단면을 사용하고(대신에 시상수가 증가한다), 열원과 구조물 사이에 열 대칭성을 활용하여 열안정성을 최적화할 수 있다(12장 참조). 설계과정에서는 이동요소의 질량, 시편질량의 변화 그리고 안내기구의 강성이 위치에 따라 변한다는 점 등을 고려해야 한다.

표 11.1에서는 이들을 만족시킬 수 있는 하위기능과 설계인자들을 개괄적으로 제시하고 있다. 만일 하나의 요소를 사용하여 두 가지 하위기능들을 구현해야 한다면 설계상의 상충이 발생하게 된다. 그러므로 이 하위기능들을 서로 다른 요소에 배정하여 기능분리 원칙을 준수하는 것이 바람직하다. 실제의 경우, 공정 작용력을 전달하는 구조 루프를 열과 진동 안정성이 갖춰진 계측 루프와 분리하여 이를 구현할 수 있다. 이들 두 루프를 수행하는 기능에 대해서 개별적으로 최적화할 수 있으며, 설계상의 상충을 피할 수 있다. 그럼에도 불구하고

---

1   Invar.
2   Zerodur.

구조 루프와 계측 루프를 완전히 분리하는 것은 어려운 일이다. 대부분의 경우, 두 루프들을 통과하는 구성요소들의 숫자를 최소화하며, 가능한 한 견고하고 열안정성을 갖추도록 만들어야 한다. 다음 절에서는 이 루프들의 설계에 대해서 살펴보기로 한다.

표 11.1 정밀기계의 기능, 관련된 설계인자들 그리고 설계인자들의 구현 사례

기능		설계인자	
		프레임 단면	프레임 소재
공정 작용력에 의한 변형 최소화	절삭력 관성력	중실 중공	강철 알루미늄
열부하에 의한 변형 최소화	–	중실	인바, 제로도

11.2 구조루프

11.2.1 전형적인 구조루프의 정의와 기능

ASME B5.54(2005)에서는 공작기계의 **구조루프**를 지정된 물체들 사이의 상대위치를 유지시켜주는 기계 구성요소들의 조립체라고 정의하고 있다. 지정된 물체들의 전형적인 쌍은 절삭공구와 가공시편이다. 구조루프에는 스핀들 주축, 베어링과 하우징, 안내면과 프레임, 구동기구 그리고 공구 및 시편용 치구 등이 포함된다. 공구를 접촉식 탐침으로 대체하면, 이와 동일한 정의를 좌표 측정 시스템에도 적용할 수 있다. 공구와 탐침을 공정중의 엔드이펙터로 간주한다면, ASME의 정의를 더 일반화할 수 있다. 기계는 하나 또는 그 이상의 구조루프를 가지고 있다. 구조루프의 기능은 다음의 오차들을 최소화하는 것이다.

- 기구학적 오차
- 열역학적 오차
- 부하에 의한 오차
- 동적 오차
- 운동제어와 소프트웨어에 의한 오차

다음 절에서는 이 오차들의 원인과 어떻게 하면 이를 저감할 수 있는지를 설명하고 있다.

11.2.2 기구학적 오차

기구학적 오차는 기계 구성요소들의 불완전한 형상과 조립에 의하여 발생한다. 대표적인 사례는 안내면의 진직도 오차 또는 이송축의 부정렬이다. 이를 6장에서 논의했던 메커니즘의 구속과 자유도를 고려하는 기구학적 설계와 혼동해서는 안 된다.

공작기계와 좌표 측정 시스템에서 기구학적 오차를 줄이는 일반적인 방법은 교정이다. 우선, 기계의 성능보다 측정오차가 훨씬 더 작은 전용 장비를 사용하여 오차운동을 측정해야 한다. 가장 일반적인 방법은 레이저 간섭계를 사용하는 것이다(5장). 다음으로, 만일 측정오차가 반복적이라면, 기계의 수치제어장치에 저장되어 있는 조견표를 활용하여 이를 보상한다. 교정을 통하여 기구학적 오차를 저감하는 방법에 대해서는 슈벤케 등(2008)을 참조하기 바란다. 기구학적 오차를 저감하는 또 다른 방법은 공기정압 베어링이나 정수압 베어링을 사용하는 것이다. 이 베어링들의 오차운동(특히 비반복성 노이즈)은 볼 베어링이나 롤러 베어링들에 비해서 훨씬 더 작다(7장 참조). 공기정압 베어링이나 정수압 베어링은 마모가 거의 발생하기 않기 때문에 시간에 따른 운동의 반복성이 뛰어나며, 교정과 수치제어가 훨씬 더 용이하다. 아베의 원리를 적용하면 기구학적 오차가 미치는 영향을 저감할 수 있다(10장 참조).

11.2.3 열역학적 오차

열부하에 의해서 발생하는 구조루프 구성요소들의 열팽창으로 인하여 열역학적 오차가 유발된다. 이 주제에 대해서는 11.4절에서 따로 자세히 논의하기로 한다.

11.2.4 부하에 의한 오차

안내면에 작용하는 **공정부하**, 가속도, 중력 및 마찰 등이 모두 기계 프레임에 작용하며, 이로 인하여 변형이 유발된다. 만일 구조루프가 계측 루프의 일부분이라면(11.3절 참조), 구조루프를 가능한 한 강하게 만들어서 오차를 저감할 수 있다(7장 참조). 여기에는 고강성

베어링을 안내용으로 사용하며, 큰 돌출구조를 피하고 열 계수 대비 밀도 비율의 높은 소재를 사용하는 등이 포함된다(소재의 선정에 대해서는 13장에서 논의할 예정이다).

11.2.5 동적 오차

동적 오차는 동적 공정부하, 저크, 안내기구의 스틱－슬립, 바닥진동 그리고 구동축의 백래시 등에 의해서 유발된다. 부하에 의한 오차 저감방법과 동일한 방법들을 사용하여 이 오차들을 저감할 수 있다. 더욱이, 오차의 원인들을 가능한 한 줄일 것을 권고한다.

동적 오차나 노이즈를 원인 측과 가능한 한 인접한 위치에서 저감시켜야 한다는 **필터효과의 원리**(나카자와 1994)를 사용하여 동적 공정부하를 줄일 수 있다. 동수압 주축을 사용하여 **동적 공정부하**를 저감할 수 있다. 베어링 내의 유막이 감쇄효과를 생성하여 구조 루프의 여타 구성요소들 쪽으로 전달되어 원치 않는 공진을 유발할 수 있는 진동에너지를 흡수한다.

만일 **수치제어기**(NC)가 **저크**(가속도의 미분값)의 제한 없이 궤적을 생성한다면, 안내기구에는 높은 충격하중이 부가되며, 이로 인하여 구조물의 고유모드가 가진되어 진동이 유발된다. 제어기의 저크값을 제한하는 것이 이런 오차를 저감하는 방법들 중 하나이다. 그런데 저크가 줄어들면 속도저하가 초래되어 생산성이 감소한다. 결국, 속도향상과 동적오차 저감 사이에는 항상 절충이 필요하다.

스트리벡 효과[3]에 의해서 **스틱－슬립**이 발생한다(올슨 등 1998, 7장 참조). 이 효과는 볼 베어링과 롤러 베어링을 사용하는 안내기구에서 발생하는 반면에 공기정압 베어링이나 정수압 베어링에서는 발생하지 않는다. 만일 공작기계의 경우에 기계식 베어링을 선호한다면, 이 효과를 최소한 부분적으로라도 지능형 수치제어 프로그램을 통해서 보상해야 한다.

기계를 수동형 또는 능동형 제진기 위에 설치하여 **바닥진동**을 저감할 수 있다(13장 참조). **수동형 제진기**에서는 기계나 기기를 지지하는 스프링 요소가 기계 베이스 프레임의 무거운 질량과 함께 구조루프 부품들 속으로 유입되는 바닥 진동을 희석시켜준다. 이 제진기의 스프링 강성을 줄이고 베이스 프레임의 질량을 증가시키면 진동의 영향이 저감된다. 그런데 스프링 강성의 감소로 인하여 기계는 안내기구의 가속에 취약해진다. 그러므로 정밀기계의

---

3   Stribeck effect.

경우에는 **능동형 제진기**를 사용한다. 능동형 제진기는 이론상, 작동기가 베이스 프레임의 가속을 능동적으로 감쇄하여 바닥 진동이 미치는 영향을 저감시켜준다. 이 작동기는 또한 안내기구의 가속이 베이스 프레임의 정렬을 교란시키지 않도록 기계의 수평을 유지시켜준다. 하지만 능동형 작동기는 매우 비싸다.

백래시는 운동의 반전시 출력운동이 일시적으로 입력운동을 따라가지 않는 기계적 현상이다. 이는 구동요소 내에 존재하는 유격이나 낮은 강성으로 인하여 유발되며, 기어나 리드스크류 동력전달장치에서 전형적으로 발생한다. 직접구동방식의 모터를 사용하면 구동주축에서 발생하는 백래시를 피할 수 있다. 동수압 구동방식 주축의 경우에는 감성과 감쇄가 증가하여 백래시가 최소화된다. 볼 베어링에 예하중을 가하여도 백래시 오차가 저감된다. 제조업체마다 서로 다른, 다양한 예하중 부가방법이 존재한다.

11.2.6 운동제어와 제어 소프트웨어에 의한 오차

스프링 위에 얹혀 있는 질량체에 힘을 가하여 위치를 제어하는 이송 스테이지를 모델링하여 **운동제어 오차**를 손쉽게 살펴볼 수 있다. m은 안내기구의 질량이며, 스프링은 가상제어강성 k_c와 동일하다(랭커스 1997). 제어기 설계와 오차계산방법에 대한 더 자세한 논의는 14장을 참조하기 바란다. 만일 제어기강성을 알고 있다면, 다음 식을 사용하여 **제어주파수 대역폭** f_c를 구할 수 있다.

$$f_c = \frac{1}{2\pi} \sqrt{\frac{k_c}{m}} \tag{11.1}$$

안내기구에 작용하는 힘 F는 다음과 같이 변위 e를 생성한다.

$$e = \frac{F}{k_c} = \frac{F}{m(2\pi f_c)^2} \tag{11.2}$$

제어대역폭 f_c를 넓히면 운동제어오차를 줄일 수 있다. 제어대역폭은 전형적으로 기계구조의 1차 고유주파수 f_b에 해당하는 시스템 **개루프 전달함수**의 1차 고유주파수에 의해서 제한되며, 시스템 모델을 사용하여 손쉽게 구할 수 있다. 센서가 작동기에 근접하여 설치되는 소위 **동일위치** 설치구조를 통해서 작동기와 인접한 위치의 변위를 측정할 수 있다면, 경험적으로 제어 대역폭은 다음과 같이 제한된다(랭커스 1997).

$$f_c \leq f_b \tag{11.3}$$

작동기와 위치센서가 떨어져서 설치되며, 이들 사이에는 기계적인 유연성이 존재한다면, **비동위치** 설치구조가 만들어지며, 제어대역은 다음과 같이 크게 축소된다(랭커스 1997).

$$A \times f_c \leq f_b \tag{11.4}$$

여기서 A는 전형적으로 5~10의 값을 가지고 있기 때문에 제어대역폭이 크게 감소하게 된다. 제어오차를 최소한으로 유지하기 위해서는 다음의 지침들을 준수하여야 한다(랭커스 1997).

- 측정기와 작동기는 가능한 한 서로 인접하여 설치하여야 한다. 이는 공구나 시편과 같은 엔드이펙터와 되도록 가까운 위치를 측정해야 한다는 개념과는 상충이 된다. 따라서 항상 절충이 필요하다.
- 항상 안내기구의 **무게중심**(COM, 7장 참조)과 인접한 위치를 구동하여야 한다. 오프셋이 존재하면 비동위치 제어거동에서와 유사한 운동의 걸림이 발생한다. 대안으로, 무게중심과 되도록 가까운 위치에 센서를 설치하여도 된다.
- 위의 사항들을 모두 준수할 수 없다면, 센서와 작동기를 무게중심에 대해서 동일한 편측에 배치한다.
- 만일 이미 이런 사항들을 모두 고려했다면, 강성과 고유주파수가 가장 높게 운동 시스템을 설계한다. 원치 않는 공진피크에 대해서는 충분한 감쇄를 부가한다.

단순한 스프링-질량 모델을 살펴만 보아도 감쇄의 필요성을 확인할 수 있다. 만일 단순 적분기를 사용한다면, 비감쇄 공진주파수에서 180° 위상 시프트(적분기에 의한 90° 지연과 공진에 의한 90° 지연)가 발생하며, 적분이득은 1차 고유주파수의 감쇄비에 의해서 제한된다.

여기서는, 플랜트는 변경이 안 되는 고정된 시스템이라는 가정에 기초한 제어방법의 최적설계에 초점을 맞추었던 1장의 관점을 바꾸는 것이 중요하다. 기기와 기계를 설계할 때에는 플랜트 인자들이 변화하며, 이를 통해서 시스템의 모델을 변화시킬 수 있는 큰 유연성이 부여된다.

11.3 계측 루프

계측 루프는 엔드이펙터에서 시편에 이르는 모든 구성요소들이 만드는 구조루프로서, 측정공정을 사용하여 치수변화를 검출할 수 없다. 예를 들어, 만일 베어링 요소가 계측 루프의 일부분이며, 베어링의 변형이 발생했다고 한다면, 이로 인하여 측정 오차가 발생하게 된다. 반면에 만일 변위센서를 사용하여 이 베어링의 변형을 측정했다고 한다면 이 베어링은 더 이상 측정 루프의 일부분이 되지 않는다. 정의에 따르면, 이 변위센서가 계측 루프에 편입된다. 좌표 측정 시스템의 전형적인 계측루프는 접촉식 탐침, 안내기구, 베어링 및 측정시편 등으로 이루어진다.

계측 루프를 구성하는 요소들의 치수변화를 제한하여야만 한다. 그렇지 않다면, 엔드이펙터와 측정시편 사이에는 겉보기 상대운동이 발생한다. 계측 루프는 일종의 구조루프이기 때문에, 계측 루프에서 발생하는 오차의 유형들은 구조루프에서 발생하는 오차들과 서로 유사하므로(11.2절), 이 절에서는 다시 논의하지 않는다.

계측루프의 사례가 **그림 11.3**에 도시되어 있다. 여기서, 밀링가공을 수행하는 동안 밀링 가공기의 x-방향 오차운동을 측정하기 위해서 레이저 간섭계가 사용되고 있다. 1번 반사경은 공구주축에 설치되어 있으며, 2번 반사경은 시편 테이블에 설치되었다. 레이저 간섭계는 두 반사경들 사이에서 발생하는 x-방향 변위를 측정한다. **그림 11.3**에서는 구조루프, 내장형 인코더가 포함된 밀링가공기의 계측루프 그리고 레이저 간섭계가 포함된 밀링 가공기의 계측루프 등이 표시되어 있다. 구조루프는 공구에서 출발하여 주축, 베이스 프레임, x-축 안내베어링, x-축 안내기구 그리고 시편으로 연결되어 있다. x-축 방향에 대해서 이 루프를 통과하는 힘들에는 공정부하, x-축 안내기구의 가속과 마찰력 등이 포함되며, 이들로 인하여 구조루프를 구성하는 모든 구성요소들에는 변형이 생성된다. 인코더의 계측루프는 인코더 자체를 포함하여, 구조루프와 동일한 요소들로 이루어진다. 베어링도 계측 루프의 일부분이기 때문에, 베어링의 변형은 측정오차를 초래한다. 단순화를 위해서, 베어링은 **그림 11.3**에 포함시키지 않았다. 레이저 간섭계의 계측 루프는 공구, 공구주축, 1번 반사경, 레이저 광선경로, 2번 반사경, $x-$축 안내기구 그리고 측정시편 등으로 이루어진다. 레이저 간섭계 측정에서 발생하는 측정오차에는 공구변형, 공구주축 베어링 변형, 1번 반사경의 열변형, 광선경로의 굴절률 변화(엘리스 2014), 2번 반사경의 열변형과 동적 변형 그리고 $x-$축 안내기구와 측정시편의 변형 등이 포함된다. 그럼에도 불구하고, 베이스 프레임과 안내용 베어링이 포함되어 있지 않기 때문에, 이 계측 루프 내에서 발생하는 편차들의 합은 인코더 계측루프에서 발생하는 편차들보다는 더 작다. 그러므로 구조루프와 계측루프를 분리하면 위치측정의 정확도가 향상된다. 환경 안정성을 확보하기 위해서 세심한 주의를 기울인다면, 밀링 가공기의 컴퓨터 수치제어에 간섭계 측정값을 사용하여 가공 정확도를 향상시킬 수 있다.

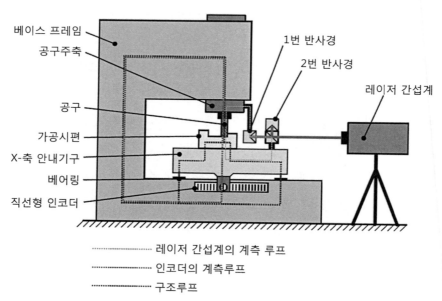

그림 11.3 공작기계의 수평방향 $x-$축 안내기구 위치를 직선형 인코더와 레이저 간섭계로 측정하는 사례. 구조루프와 계측루프가 표시되어 있다.

비록 앞의 사례는 1축 방향에 국한되어 있지만, 계측 프레임을 사용하여 기능분리를 3차원 시스템에 모두 적용할 수 있다. 11.5절에서는 이런 계측 프레임에 대해서 살펴보기로 한다.

11.4 열루프

11.4.1 정 의

기계 조립체의 모든 구성요소들에는 모터, 마찰, 공기베어링의 가스팽창, 가공공정, 센서와 전자회로 등과 같은 내부적 열교란들과 대기온도의 변화나 작업자의 체온과 같은 외부적 열교란에 의하여 열부하가 가해진다. 이런 열부하들로 인하여, 구성요소의 온도가 ΔT만큼 변하게 되며, 이로 인하여 다음과 같이 열팽창이 발생하게 된다.

$$\Delta L = L\alpha\Delta T \tag{11.5}$$

여기서 ΔL은 길이 L의 길이변화값이며, α는 길이방향 열팽창계수이다. 실제의 경우, 구속된 메커니즘의 열팽창계수 차이뿐만 아니라 온도구배에 의해서도 영향을 받는다. 이들 모두는 각도 회전과 형상변형을 초래한다. 공구, 접촉식 프로브 또는 광학식 센서와 같은 엔드이펙터와 시편 사이의 상대위치를 결정하는 구성요소들이 기계의 열안정성에 중요한 역할을 한다. 이 구성요소들의 열팽창으로 인하여 이들 사이의 상대위치는 변하게 된다. 그러므로 이 요소들을 엔드이펙터와 시편 사이의 **열루프**라고 부른다. 스켈레켄스 등(1998)에 따르면 열루프는 **온도 변화하에서 지정된 물체들 사이의 상대적인 위치를 결정하는 기계요소들로 이루어진 조립체를 통과하는 경로**이다. 열루프 내에서 구성요소들의 열팽창은 특정한 방향에 대해서 두 물체들 사이의 상대위치를 다음과 같이 변화시킨다.

$$\Delta L = \sum_i L_i\alpha_i\Delta T_i - \sum_j L_j\alpha_j\Delta T_j \tag{11.6}$$

위 식에서 i번 부품은 온도가 ΔT만큼 변하면 지정된 방향으로 두 요소들 사이를 늘어나게 만들며, j번 부품은 온도가 ΔT만큼 변하면 지정된 방향으로 두 요소들 사이가 줄어들게 만든다. **그림 11.4**에서는 게이지블록의 길이를 측정하기 위해서 사용되는 계측기의 사례를 통해서 식 (11.6)을 설명하고 있다(5장 참조). 이 계측기는 게이지블록을 고정하는 측정시편용 테이블, 접촉식 탐침, 수직 방향으로 움직이는 z-축 안내기구, z-축 방향으로 베이스 프레임과 안내기구 사이의 위치를 나타내는 스케일 등으로 구성되어 있다. 직선형 스케일이 표시하는 위치에 z-축 안내기구가 정지해 있는 경우에 대해서 살펴보기로 하자. 베이스 프레임과 직선형 스케일은 측정 시편과 접촉식 탐침이 서로 멀어지도록 만드는 i번 부품에 해당한다. 이 스케일의 열팽창 기준위치는 스케일의 하부면이며, 반대쪽은 자유롭게 팽창할 수 있다. z-축방향 안내기구, 접촉식 탐침, 시편용 테이블과 측정시편 자체의 팽창은 측정 시편과 접촉식 탐침 사이의 거리를 좁히는 역할을 한다(j번 부품에 해당).

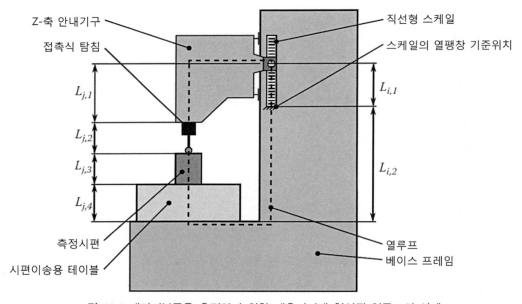

그림 11.4 게이지블록을 측정하기 위한 계측기기에 형성된 열루프의 사례

이 사례에서는 주변환경, 직선형 스케일의 검출용 헤드, z-축 안내기구용 작동기와 작업자 체온 등이 열부하의 원인들이다. 이들의 열입력을 최소화하여야만 하며, 열부하에 대해서 최소한의 영향을 받도록 계측기를 설계하여야 한다. 이를 실현하기 위해서 다수의 설계지침과 원칙들이 존재하며, 이에 대해서는 다음 절에서 자세히 살펴보기로 한다.

앞서 설명한 사례의 경우에는 힘전달 루프와 계측루프가 열루프와 일치하고 있다. 여타의 설계들에서는 이 세 가지 루프들 이 서로 다른 경로를 가지고 있다. 이런 경우에는 측정루프에도 함께 영향을 미치는 요소들에 대해서 열에 의하여 초래되는 오차들을 중점을 두고 관리하여야 한다. 많은 기계들에서, 열루프는 측정루프를 구성하는 요소들을 통과한다.

마지막으로, 측정요소의 전자신호 조절용 전자회로 내에서 열영향으로 인하여 측정값 대비 기준값이 변화하면서 오차가 유발될 수 있다. 이런 사례로는 기준용 커패시터의 열 민감도, 쇼트키 다이오드의 전압 기준값 그리고 기준시간을 위한 수정 발진기 등이 있다. 정전용량, 인덕턴스 및 저항값의 측정뿐만 아니라 아날로그-디지털 변환회로에서도 이런 기준요소들이 사용된다.

11.4.2 설계지침과 사례들

11.4.2.1 열팽창 매칭계수

식 (11.2)에서는 계측 루프 내의 모든 구성요소들에서 ΔT만큼의 균일하고 동일한 온도변화가 발생하는 경우에 올바른 $\alpha_{i/j}$와 $L_{i/j}$를 선정하면 $\Delta L = 0$으로 만들 수 있다는 것을 보여주고 있다. 예를 들어, **그림 11.4**에 도시되어 있는 계측기의 경우, 강철소재 게이지블록을 측정하는 경우에는, 계측 루프를 구성하는 모든 구성요소들이 강철과 동일한 열팽창계수를 갖도록 만들어야 한다는 것을 의미한다. 만일 시편용 테이블 표면에 대해서 측정을 수행하기 직전에 항상 영점을 잡으며, 즉시 게이지블록에 대한 측정을 수행한다면, 스케일의 열팽창계수만 게이지블록과 일치시키면 된다. 영점의 드리프트는 측정과정에서 소거된다. 기준점의 드리프트는 좌표계 영점의 겉보기 시프트를 유발하기 때문에, 계측루프 내에서 모든 구성요소들의 열팽창계수 매칭은 오랜 측정시간이 소요되는 경우에 중요한 사안이다.

11.4.2.2 열대칭

많은 경우, 기계구조로부터 열원을 제거할 수는 없지만, 계측루프 전체에 대해서 이 열원들의 영향이 서로 반대로 작용하여 동일한 열팽창을 일으키도록 만들 수는 있다. 설계에 대칭성을 도입하면 서로 반대로 작용하여 동일한 열팽창을 구현할 수 있다. 대칭은 형상과 관련되어 있을 뿐만 아니라 열전달, 열용량과 열팽창계수의 대칭성에도 관련되어 있다. **그림**

11.5에서는 주축이 열원으로 작용하여 베이스 프레임의 열변형을 유발하는 밀링가공기의 사례를 보여주고 있다. 이 사례에서는 공구가 가공시편으로부터 멀어지는 방향으로 드리프트가 발생하여 가공오차가 유발된다. 만일 베이스 프레임과 z-축 안내기구를 **그림 11.5(b)**에 도시되어 있는 것처럼 대칭형상으로 만든다면 베이스 프레임의 열변형으로 인한 가공오차를 줄일 수 있다.

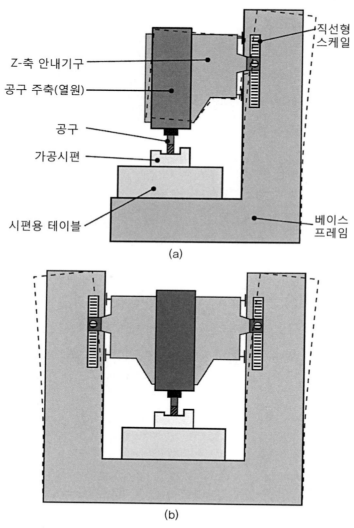

그림 11.5 밀링가공기의 열대칭성 구조설계 사례. (a) 열대칭성이 없는 밀링가공기, (b) 열대칭성이 갖춰진 밀링가공기

11.4.2.3 열중심 원리

구성요소들을 기구학적인 방법으로 설치하며 구속의 방향을 올바르게 선정하면, 두 구성요소들 사이에 **열중심**이라고 부르는 열영향을 받지 않는 위치를 구현할 수 있다. 만일 두 부품이 균일한 열팽창을 일으키는 경우에, 이 열중심 위치에서는 서로에 대해서 아무런 움직임도 일어나지 않는다. **그림 11.6(a)**에서는 열중심 원리를 설명하는 기구학적 고정기구의 사례를 보여주고 있다. 여기서도 게이지블록 측정 시스템의 사례가 다시 사용되었지만, 이 경우에는 세 개의 볼과 V−그루브 연결을 사용하는 기구학적인 방식으로 측정시편용 테이블이 베이스 프레임에 지지되어 있다(6장 참조). 측정시편용 테이블이 균일한 열팽창을 일으키도록, 볼과 V−그루브 연결기구의 중심은 모두, 시편용 테이블의 베이스에 모여 있으므로, 온도 변화에 따라서 베이스 프레임에 대한 시편용 테이블의 바닥면은 아무런 움직임도 일으키지 않는다.

열중심을 만들기 위한 기구학적 연결의 일반적인 설계 원칙은 기구학적 구속이 이루어진 방향과 수직하는 모든 평면들이 열중심 위치에서 서로 교차하여야만 한다. 열중심을 사용하면 열팽창계수값이 작은 소재를 사용하지 않고도, 두 구성요소들 사이의 한 점에서 열팽창계수가 0인 위치를 구현할 수 있다. 기구학적 구속들의 모든 수직면들이 공통의 교차점을 작지 않는 경우에는 온도 변화에 의해서 회전이 발생하게 된다. 열중심은 무게중심과는 다르다는 점을 명심해야 한다. 무게중심은 시스템 내에서 물질의 평균위치를 나타낸다. **그림 11.6(b)**에서는 안내기구, 프로브 및 시편 등으로 이루어진 계측 시스템의 무게중심 위치들을 보여주고 있으며, 이를 통해서 시스템을 구성하는 개별 요소들의 무게중심이 어떻게 다른지를 보여주고 있다.

열팽창에 의해서 임의의 시스템 구성요소에 발생하는 수직방향 위치이동은 동일한 방향으로 시스템의 무게중심 위치이동을 초래한다. 이 시스템의 무게중심을 원래의 위치로 되돌리는 방법들 중 하나는 시스템을 구성하는 또 다른 부품의 위치를 반대방향으로 $x_j = \dfrac{m_i}{m_j} x_i$ 만큼 이동시키는 것이다. 여기서 m_i는 첫 번째 이동물체의 질량, x_i는 이 부품의 수직방향 이동거리, m_j는 보상요소의 질량 그리고 x_j는 시스템의 무게중심을 원래의 위치로 이동시키기 위해서 필요한 보상 시스템의 반대방향 위치이동 거리이다. 이와 동일한 원리를 시스템 무게중심의 수평방향 위치이동에도 적용할 수 있다.

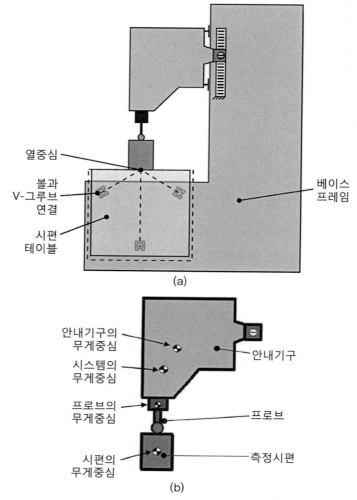

그림 11.6 (a) 볼과 V-그루브 연결을 사용하여 베이스 프레임에 기구학적으로 구속된 시편용 테이블을 사용하는 측정기. 이 경우, 구속 방향에 대한 수직면들의 교점에 열중심이 생성된다. 균일한 온도 변화에 대해서 시편용 테이블과 베이스 프레임은 열중심 위치가 변하지 않는다. (b) 안내기구, 프로브 및 시편으로 이루어진 계측 시스템에 대한 무게중심 원리

11.4.2.4 열안정성과 동특성

계측루프 내에서 구성요소의 변형을 최소화하기 위해서는, 열이 손쉽게 분산되며 열팽창이 가능한 한 균일하게 발생하도록 중실단면 구조를 채택할 것을 권고한다. 그런데 공작기계의 안내기구나 여타의 동적 운동기계에서 높은 강성대 질량비를 얻기 위해서는 중공단면 구조가 바람직하다. 질량이 가벼워지면 동일한 작용력을 사용하여 더 높은 가속을 구현할

수 있으며, 작동시간도 짧아진다. 그러므로 **열안정성**을 구현하기 위한 설계는 종종 **동적 응답**과 상충된다. 이런 기술적 문제를 해결하기 위한 최적의 절충안을 도출하는 것이 정밀 엔지니어의 임무이다.

11.5 측정기기와 공작기계의 사례들

11.5.1 측정기기

11.5.1.1 ISARA 400 좌표 측정 시스템

ISARA 400은 마이크로 요소와 광학부품의 치수를 측정하기 위해서 IBS社[4]에서 개발한 초정밀 좌표 측정 시스템이다(동커 등 2009). 이 측정기의 작업체적은 $400 \times 400 \times 100$[mm] 이다. IBS사의 정밀 엔지니어에 따르면, 1축(x-축)에 대한 1차원 측정의 불확실도는 400[mm] 길이의 측정구간에 대해서 52[nm](95% 신뢰 구간)이다(엄밀하게 말해서, 이는 측정장비의 불확실도를 의미하지 않는다. 일반적으로 최대허용오차를 말한다. 5장과 9장 참조).

그림 11.7에서는 ISARA 400의 개념도를 보여주고 있다. 접촉식 탐침은 계측 프레임에 설치되어 있으며, 각각, x, y 및 z방향 측정용 간섭계를 갖추고 있다. 간섭계에서 송출되는 세 개의 레이저 광선들은 접촉식 탐침의 중심위치에서 서로 교차하므로 아베 오프셋에 의한 영향이 최소화된다(10장 참조). 계측 프레임은 z-축 구동기에 의해서 수직 방향으로 움직이며, 수직방향으로 설치되어 있는 화강암 표면에 의해서 지지되어 있다. 측정 시편은 레이저 간섭계의 기준면으로 사용되는 세 개의 반사경들이 장착된 반사경 테이블 위에 설치된다. 반사경 테이블은 x-축 및 y-축 방향으로 구동되며 수평방향으로 설치되어 있는 화강암 정반에 지지되어 있다.

이 좌표 측정 시스템의 계측 루프는 접촉식 탐침, 계측 프레임, 레이저 간섭계, 반사경 테이블 그리고 측정용 시편 등으로 구성되어 있다. 부유식 반사경 테이블의 위치는 레이저 간섭계를 사용하여 계측 프레임을 직접 측정한다. 따라서 베어링이 계측 루프에 포함되지

---

[4]   IBS Precision Engineering BV.

않기 때문에 오차운동으로 인한 측정오차가 발생하지 않는다.

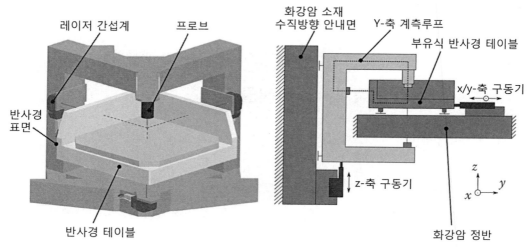

그림 11.7 ISARA 좌표 측정 시스템의 개념도

11.5.1.2 베르묄렌 좌표 측정 시스템

베르묄렌(베르묄렌 등 1998)에 의해서 개발되었으며, 나중에 자이스社에 의해서 **F25**라는 품명으로 상용화된 좌표 측정 시스템에서는 세 개의 직선형 인코더를 사용하고 있으며, 이들 중 x축 및 y축 인코더의 아베 오프셋에는 측정 체적의 수평방향 중앙평면에서 프로브의 선단부까지의 수직방향 거리만이 영향을 미친다. **그림 11.8**에서는 측정기의 외형과 x축 및 y축 인코더의 구조를 보여주고 있다. 프로브는 물체 PL을 수직방향으로 관통하는 보요소 Z의 하단부에 설치되어 있다. 물체 PL에는 x축 및 y축 스케일이 설치되어 있으며, 측정용 헤드인 Mx와 My는 중간물체인 A와 B에 고정되어 있다. 이 중간물체들은 안내용 보요소인 I과 II를 따라서 움직이면서, 동시에 물체 PL을 x축 및 y축 방향으로 안내하여 측정용 헤드가 각자의 스케일을 따라서 움직이도록 만들어준다. 이 구조는 프로브가 측정체적의 중앙평면에 위치하는 경우에 측정용 프로브가 항상 스케일과 정렬을 맞추고 있지만, 측정체적 전체에 대해서 아베의 원리를 준수하지는 못한다. 측정체적이 $100 \times 100 \times 100$[mm]인 경우에, 이 중앙평면 이외의 위치에 대해서 측정을 수행하는 경우에 발생할 수 있는 최대 아베 오프셋은 50[mm]이다. 자이스社에서 상용화한 측정기의 경우에 최대허용오차(MPE)는 0.25 +

(L/666)[μm](여기서 L[mm]은 측정범위이다). 이 측정기의 계측루프를 구성하는 모든 구성 요소들의 열팽창계수들을 서로 일치시켰으며, 이를 통해서 식 (11.6)을 0으로 만들었다. 그럼에도 불구하고 측정용 헤드의 위치에서 물체 A와 B의 운동오차가 여전히 측정오차를 유발하기 때문에, 계측루프와 구조루프를 완전히 분리하였다.

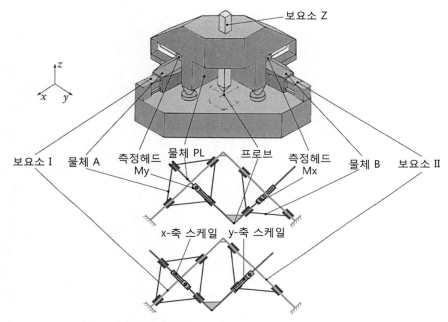

그림 11.8 베르묄렌 등이 개발한 좌표 측정 시스템의 개략도

11.5.1.3 루벤社의 계측용 원자작용력 현미경

KU 루벤社에서는 ISARA 400과 레이저 간섭계의 측정구조가 유사한 **계측용 원자작용력 현미경**(mAFM)을 개발하였다. 이 계측기의 작업체적은 $100 \times 100 \times 100$[$\mu$m]이며, 100[$\mu$m] 변위에 대한 단일축 변위 측정의 불확실도(95% 신뢰구간)는 1[nm]이다(피오트 등 2013).

그림 11.9에는 이 계측용 원자작용력 현미경의 개념과 외형이 도시되어 있다. 레이저 간섭계들은 서로 직각 방향으로 배치되어 있으며, 원자작용력 현미경의 탐침 선단부와 교차한다. 이 방식을 사용하여 아베의 원리를 준수하였다. 시편은 레이저 간섭계의 표적 반사경을 갖추고 있는 시편 고정기구에 설치된다. 이 시편 고정기구는 위치 결정 유닛에 의해서 구동된다. 계측 루프는 원자 작용력 현미경용 탐침, 계측 프레임, 레이저 간섭계, 표적 반사경,

시편 고정기구 및 측정시편 등으로 이루어진다. 계측 프레임과 시편 고정기구는 인바 소재로 제작하였다. 기능분리의 원칙에 따라서 위치 결정 유닛들은 계측루프로부터 분리되었으며, 이를 통해서 $\pm 0.1[^\circ C]$의 환경제어하에서 $100[\mu m]$의 측정범위에 대해서 $1[nm]$의 측정 불확실도를 구현할 수 있었다. 안내면의 진직도에 의존하면서 이처럼 낮은 측정 불확실도를 구현하는 것은 매우 어려운 일이다.

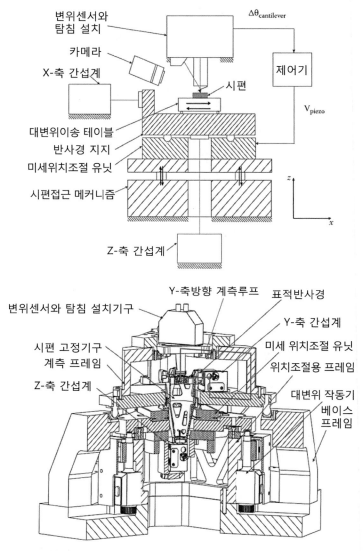

그림 11.9 KU 루벤이 개발한 계측용 원자작용력 현미경의 개념 설계와 기계 구조

11.5.2 공작기계

11.5.2.1 초정밀 5축 연삭기

그림 11.10에서는 산과 골의 최대편차가 0.3[μm]에 불과한 자유곡면 광학부품 연삭기를 보여주고 있다(헴스초테에 의해서 개발됨 2008). 그림 11.11에서는 **주 계측프레임(MMF)**을 제거한 이후의 형상을 통해서 이송축의 설치방향을 확인할 수 있으며, 그림 11.12에는 기계의 계측루프만이 도시되어 있다. 구면형 연삭휠을 붙잡고 있는 공구주축은 x-축 방향으로 회전하는 요크에 설치되어 있다. 가공시편은 z-축과 회전방향이 평행한 시편주축 위에 설치된다. 그림 11.11에 도시되어 있는 것처럼, 이 시편은 x, y 및 z방향으로의 이동거리가 각각 395[mm], 225[mm] 및 107[mm]인 3-자유도 안내기구에 연결되어 있다. 인바 소재로 제작된 **공구계측 프레임(TMF)**은 요크축에 연결되어 있으며, 주 계측프레임에 설치되어 있는 회전형 인코더와 5개의 정전용량형 센서를 사용하여 측정을 수행한다. 이를 통해서 요크의 회전운동과 오차운동을 동시에 측정할 수 있다. 시편용 주축은 제로도 소재로 제작된 **시편계측프레임(WMF)**에 둘러싸여 있으며, 주 계측프레임에 설치되어 있는 7개의 레이저 간섭계를 사용하여 이 계측프레임의 위치를 측정한다. 시편의 가공과 동시에 측정을 수행하기 위해서 5개의 간섭계들이 사용된다. x-방향으로 설치된 나머지 두 개의 레이저 간섭계들은 가공과 측정 모두를 위해서 사용된다. 가공시편 측정용 프로브는 주 계측 프레임이나 공구계측 프레임에 설치할 수 있다. 이런 구성의 계측 프레임과 위치 센서들을 사용하여, 일반화된

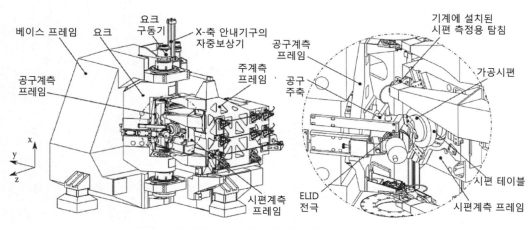

그림 11.10 계측 프레임이 내장된 5축 연삭기의 구조

아베의 원리(10장)에 따라서 공구와 시편 사이의 상대운동을 측정할 수 있으며, 서보제어 시스템(14장)을 사용하여 모든 오차운동을 보상할 수 있다.

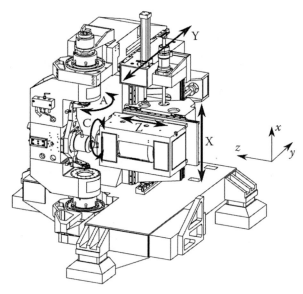

그림 11.11 계측 프레임을 제거한 5축 연삭기의 구조

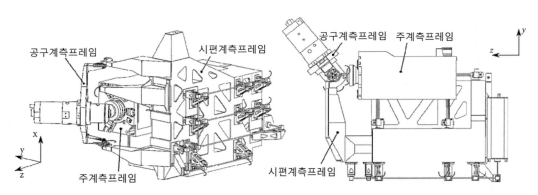

그림 11.12 5축 연삭기의 계측프레임

11.5.2.2 이동스케일 시스템

11.5.1.1절에서 설명한 레이저 간섭계는 주기적인 눈금을 가지고 있는 직선형 인코더를 사용하는 것과 동일한 구조를 가지고 있다고 간주할 수 있다. **그림 11.13**에서는 보스만 등

(2016)이 개발한 **이동스케일(MS)** 시스템이라고 부르는 시스템의 2차원 배치도가 도시되어 있다. 직선형 스케일과 정전용량형 센서로 이루어진 각각의 인코더 모듈들은 엔드이펙터와 평행하며 스케일의 측정방향으로 안내되는 계면 위에 설치되어 있으며, 정전용량형 센서의 출력신호를 0으로 유지하기 위해서 리니어모터를 제어한다. 정전용량형 센서는 시편 테이블 위의 표적 표면 변위를 측정한다. 공구의 중심인 기능점을 스케일 및 정전용량형 센서와 정렬하면, 이 구조는 항상 아베의 원리를 지킬 수 있다. **그림 11.14**에서는 공작기계 내의 3−자유도 배치가 도시되어 있다. 이 공작기계 내의 구조루프는 공구, 공구주축, 베이스프레임, 베어링을 포함하는 x, y 및 z−축 안내기구 그리고 가공시편 등이 포함된다. 계측루프는 공구, 공구주축, 계측 프레임, 이동스케일 시스템, 표적표면, x−축 안내기구 그리고 가공시편 등으로 이루어진다. 베이스 프레임과 x, y 및 z−축 안내기구 적층은 계측 루프에 포함되지 않는다. 공정작용력은 공구, 공구주축, 가공시편 및 x−축 안내기구의 일부분과 같이 계측루프의 작은 부분만을 통과하기 때문에, 이 구조는 공작기계의 정확도를 향상시켜준다.

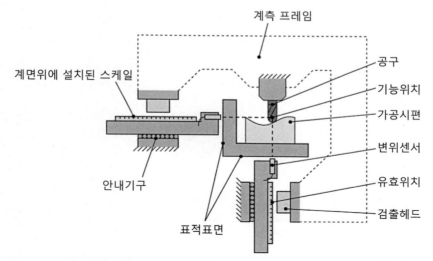

그림 11.13 직선형 인코더와 계측 프레임의 배치구조와 아베의 원리를 준수한 직선형 인코더

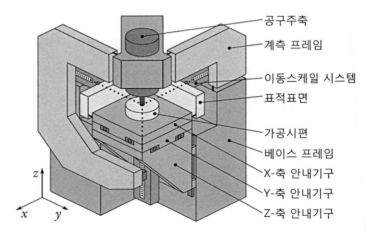

공구주축

계측 프레임

이동스케일 시스템

표적표면

가공시편

베이스 프레임

X-축 안내기구

Y-축 안내기구

Z-축 안내기구

그림 11.14 3축 공작기계에 설치되어 있는 이동스케일 시스템과 계측프레임의 구조

연습문제

1. 그림 11.15에서는 소재시편의 응력-변형률 관계를 측정하기 위한 계측기기의 사례를 보여주고 있다. 시편의 한쪽 끝은 베이스 프레임에 고정되며, 반대쪽 끝은 수직방향 이동식 안내기구에 고정된 베이스 프레임 위에 설치되어 있는 직선형 인코더를 사용하여 안내기구의 변위를 측정하며, 이를 이용하여 시편의 변형률을 계산한다. 시편의 하부에 설치되어 있는 힘 센서를 사용하여 부가된 힘을 측정한다. 이 계측기의 변위 측정 오차에 가장 중요한 원인은 무엇이겠는가? 구조루프와 계측루프를 분리한 계측기의 개선된 배치의 개념도를 제시하시오.

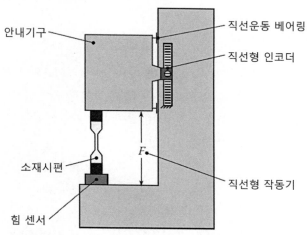

그림 11.15 시편의 응력-변형률 측정용 계측기의 사례

2. 그림 11.16에는 밀링가공기가 도시되어 있다. 안내기구는 수평방향으로 움직이며 공구의 중심 위치보다 120[mm] 아래에서 위치를 측정한다. 안내기구는 위치 측정 높이보다 100[mm] 아래

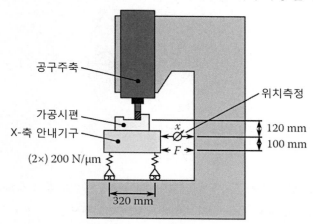

그림 11.16 수평 방향으로 움직이는 안내기구를 갖춘 밀링가공기의 사례

의 위치에서 $F=50[N]$의 힘으로 구동되며, 공구에서 발생하는 가공력에 대응한다. 안내기구는 서로 320[mm] 떨어져 있는 두 개의 베어링에 의해서 지지되며, 베어링의 수직방향 강성은 200[N/μm]이다. 가공력에 의해서 유발된 공구중심위치에서의 위치측정오차값을 계산하시오.

3. 그림 11.4에 도시되어 있는 측정기는 ANSI 403F 강철(열팽창계수$=10.5 \times 10^{-6}[1/K]$)과 ANSI EN-AW-5083 알루미늄(열팽창계수$=24.5 \times 10^{-6}[1/K]$)의 전용측정기이다. 스케일이 기구학적으로 설치되어 있으며, 베이스프레임의 열팽창에는 영향을 받지 않는다면, 다음 소재들 중에서 어떤 것이 직선형 인코더의 스케일 소재로 가장 적합한가? 스케일은 20[℃]에서 교정된다.

소재	열팽창계수($\times 10^{-6}[1/K]$)
제로도	0
유리	8
스테인리스강	10.6

4. 그림 11.17에서는 시편용 진공척을 보여주고 있다. 시편용 테이블의 상부면과 접촉하는 척의 바닥면이 시편과 접촉하는 척의 상부면에 대해서 팽창하지 않도록 설계하시오. 개별 요소들을 사용하여 척을 만들 수 있지만, 1번 소재와 2번 소재만을 사용할 수 있다. 1번 소재의 열팽창계수는 2번 소재의 열팽창계수의 3배라고 한다.

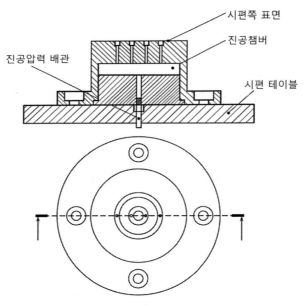

그림 11.17 시편 고정용 진공척

5. 그림 11.18에서는 웨이퍼 검사 시스템을 보여주고 있다. 웨이퍼를 고정하는 알루미늄 소재로 제작된 스테이지는 검사용 카메라를 사용하여 웨이퍼의 표면을 스캔하기 위해서 2축 방향으로 직선이송이 수행된다. 웨이퍼의 중심이 스테이지의 열중심과 일치하도록, 웨이퍼는 기구학

적 방식으로 스테이지에 설치된다. 검사용 카메라 렌즈의 중앙을 향하도록 설치되어 있는 두 개의 레이저 간섭계들을 사용하여 스테이지의 위치를 측정한다. 제로도 소재로 제작된 두 개의 반사경들이 레이저 간섭계 광선의 표적으로 사용된다. 알루미늄 스테이지의 열팽창이 웨이퍼 중심에 대해서 반사경들이 움직이지 않도록 이 반사경들은 기구학적으로 설치되어야 한다. 이를 구현하기 위한 기구학적 연결기구를 설계하시오.

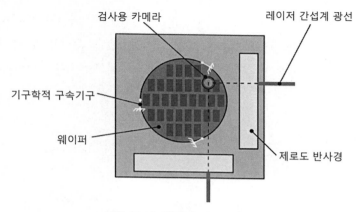

그림 11.18 웨이퍼 검사 시스템

6. 그림 11.19에서는 길이 L방향으로 세 개의 플랙셔들에 의해서 기구학적으로 구속되어 있는 플랫폼을 보여주고 있다(이 사례에서 z–방향은 고려하지 않는다). 플랫폼은 알루미늄(열팽창계수＝α_{Al})로 제작되며 플랙셔는 인바(열팽창계수＝α_I)로 제작된다. 온도 변화 ΔT로 인하여 플랫폼과 플랙셔는 팽창하게 된다. 플랙셔의 팽창은 플랙셔의 구조에 의해서 결정되는 이론적 인 열중심 위치를 이동시킨다. 또한 수평방향 플랙셔의 팽창은 스테이지의 미소한 회전을 초래한다. 플랙셔의 팽창으로 인한 열중심의 이론적 위치, 열중심의 이동 그리고 플랫폼의 회전을 구하시오. 플랙셔는 구속방향으로 무한히 강하며, 이와 수직한 방향으로는 영강성을 가지고 있다고 가정한다.

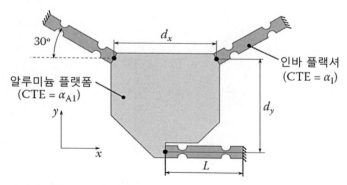

그림 11.19 플랙셔에 의해서 지지되어 있는 플랫폼

7. 시계에서 시간간격은 진자의 진동주파수에 의존한다. 이 진동주파수는 진자의 피봇위치와 무게중심 사이의 거리에 의해서 결정된다. 그런데 열팽창은 이 거리를 변화시켜서 시간간격의 변화와 시간표시의 오차를 초래한다. **그림 11.20**에 도시되어 있는 것처럼 다중소재를 사용하는 특수한 진자구조를 통해서 이 오차를 제거할 수 있다. 이 진자는 막대(길이 L_R, 질량 m_T 그리고 열팽창계수 α_R)와 이 막대에 연결되어 있는 지지기구(길이 L_S, 질량 m_S 그리고 열팽창계수 α_S)로 구성되어 있다. 지지기구 위에는 두 개의 수은주가 설치되어 있다. 수은주의 용기 무게는 무시할 수 있으며, 수은의 높이는 L_m, 질량은 $m_m/2$ 그리고 열팽창계수는 α_m 이다. 진자의 균일한 열팽창이 진자의 무게중심과 피봇위치 사이의 거리를 변화시키지 않는 비팽창 높이 $L_{m,0}$을 구하시오.

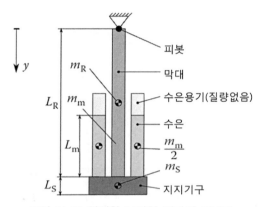

그림 11.20 열팽창 보상형 진자의 개념도

8. 5번 연습문제의 웨이퍼 검사 시스템에 제로도 소재의 반사경 대신에 두 개의 알루미늄 소재의 반사경을 설치하였다. 웨이퍼 자체의 열팽창은 발생하지 않는다고 가정할 때에, 웨이퍼에 대한 표적표면의 열 드리프트가 발생하지 않도록 웨이퍼를 지지하는 세 개의 구속기구들의 배향을 결정하시오. 구속기구들의 위치는 **그림 11.21**에서 3개의 점들로 표시되어 있다.

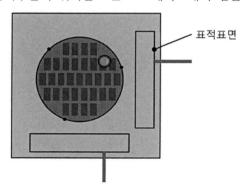

그림 11.21 5번 문제의 웨이퍼 검사 시스템에서 표적표면을 알루미늄으로 대체한 사례

9. **그림 11.22**에는 단순화된 형태의 공작기계가 도시되어 있다. 이 기계는 공구주축을 지지하는 하나의 안내기구를 갖추고 있으며, 회전식 모터와 이송나사에 의해서 구동된다. 안내기구의 위치는 모터에 설치되어 있는 회전식 인코더와 직선형 인코더를 사용하여 측정한다. 회전식 인코더를 포함하는 계측 루프와 직선형 인코더를 포함하는 계측 루프를 그리시오. 어떤 계측 루프가 가장 정확한 결과를 나타내는가? 그리고 그 이유는 무엇인가?

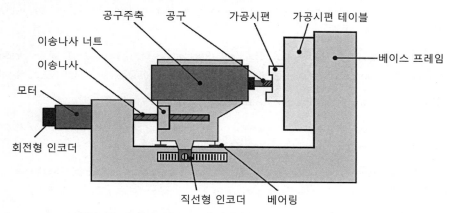

그림 11.22 이송나사로 구동되는 1-자유도 공작기계의 구조

10. 9번 문제에 대하여 단순화된 공작기계의 집중질량 모델이 **그림 11.23**에 도시되어 있다. 이 모델에서 모터와 이송나사의 질량은 m_M이며 강성이 k_S인 스프링은 이송나사 구동 트레인의 강성 그리고 질량 m_S는 안내기구와 공구주축의 질량을 나타낸다. 모터 질량에는 구동력 F_M이 부가된다. 모터와 공구질량의 변위는 각각 x_M과 x_T로 표시되어 있다. 전달함수 $\dfrac{x_M}{F_M}$과 $\dfrac{x_T}{F_M}$을 각각 구하고 두 시스템의 이론적 최대 제어루프대역을 구하시오.

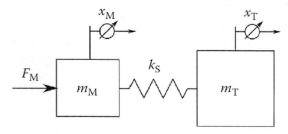

그림 11.23 9번 문제의 1-자유도 공작기계에 대한 단순화된 집중질량 모델

참고문헌

ASME. 2005. Methods for performance evaluation of computer numerically controlled machining centers (B5.54-2005).

Bosmans, N., Qian, J. and Reynaerts, D. 2016. Design and experimental validation of an ultraprecision Abbe-compliant linear encoder-based position measurement system. *Precision Engineering* **47**: 197-211.

Donker, R., Widdershoven, I. and Spaan, H. 2009. Realization of Isara 400: A large measurement volume ultra-precision CMS. Asian Symposium for Precision Engineering and Nanotechnology.

Ellis, J. 2014. *Field guide to displacement measuring interferometry*. SPIE.

Hemschoote, D. 2008. *Ultra-precision five-axis ELID grinding machine: Design and prototype development*. KU Leuven.

Kroll, E. 2013. Design theory and conceptual design: Contrasting functional decomposition and morphology with parameter analysis. *Research in Engineering Design* **24**(2): 165-83.

Nakazawa, H. 1994. *Principles of Precision Engineering*. Oxford University Press, New York

Olsson, H., K. J. Aström, C. Canudas de Wit, M. Gäfvert, and P. Lischinsky. 1998. Friction models and friction compensation. *European Journal of Control* **4**(3): 176-95.

Piot, J., Qian, J., Pirée, H., Kotte, G., Pétry, J., Kruth, J.-P., Vanherck, P., Van Haesendonck, C. and Reynaerts, D. 2013. Design of a sample approach mechanism for a metrological atomic force microscope. *Measurement* **46**(1): 739-46.

Rankers, AM. 1997. *Machine dynamics in mechatronic systems: An engineering approach*. TU Delft.

Schellekens, P., Rosielle, N., Vermeulen, H., Vermeulen, M., Wetzels, S. and Pril, W. 1998. Design for precision: Current status and trends. *CIRP Annals* **47**(2): 557-86.

Schwenke, H., Knapp, W., Haitjema, H., Weckenmann, A., Schmitt, R. and Delbressine, F. 2008. Geometric error measurement and compensation of machines-an update. *CIRP Annals* **57**(2): 660-75.

Vermeulen, M., Rosielle, N. and Schellekens, J. 1998. Design of a high-precision 3D-coordinate measuring machine. *CIRP Annals* **47**(1): 447-50.

CHAPTER 12

정밀기계용 소재

CHAPTER 12 정밀기계용 소재

소재과학과 기술은 여전히 빠르게 발전하는 주요 연구 분야들 중 하나이며, 이 책만으로는 이 분야를 넓거나 깊게 다룰 수 없다. 그럼에도 불구하고 소재특성의 영향을 받지 않으면서 물리적 구조물을 만들 수는 없다. 올바른 소재의 선정은 정밀공학 시스템을 성공시키기 위한 설계 아이디어를 제공해주는 주요 인자이다. 이 장에서는 소재의 선정이 고정밀 기계 시스템에 어떤 영향을 미치는가에 대해서 간략하고 일반적인 고찰을 수행할 예정이다. 특히 초정밀 디바이스, 미니어처 메커니즘 등에 영향을 미치는 성질들에 대해서 살펴보며, 덜 정밀한 여타의 용도에서의 성질들과 다른 점을 고찰한다. 전형적인 정밀공학 분야에서 필요로 하는 요구조건들을 충족시켜주는 품질등급을 검색하기 위해서, 체계화된 소재 선정 과정에 도움을 주는 데이터 가시화를 위한 그래픽 기법들이 사용된다. 만일 특수재료의 사용이 경제성을 갖추게 된다면, 정밀도 향상을 통해서 설계상의 상대적인 장점을 구현할 수 있다. 이 장을 읽는 독자들은 설계자들이 이용할 수 있는 옵션들과 이들이 왜 또는 어느 때에 효과적인 선택이 되는 가에 대한 통찰력을 갖춰서 소재 전문가들과 당면한 문제에 대해서 효과적으로 논의할 수 있어야 한다. 다시 말해서, 이 장에서는 극한성능이나 사용상의 제약과 대한 학문적 고찰을 수행하는 것보다는, 소재의 선정과정을 어디서부터 시작해야 하는가에 대한 지침을 제시하고 있다.

12.1 정밀공학 분야에서 소재 선정의 근거

12.1.1 서 언

소재 선정용 데이터베이스나 소재 공급업체의 카탈로그를 잠깐만 살펴보아도 기계설계자에게 엄청난 숫자의 소재 선택이 가능하다는 것을 확인할 수 있다. 이를 더 자세히 살펴보면 강철과 알루미늄 합금들과 같은 주요 소재의 상용 제품군들 속에도 많은 종류들이 있음을 알 수 있다. 대부분의 금속을 포함하는 대부분의 소재들은 원래의 형태로 사용되지 않는다. 수많은 합금들과 공정변수들(경도, 냉간 또는 열간작업, 열처리 등)이 매우 성공적으로 발전해왔으며, 비교적 일반적인 소수의 광석들로부터 기술적으로 유용한 금속들을 적절한 가격에 추출할 수 있게 되었다. 청동기 시대에 처음으로 구리, 주석 그리고 납 등이 생산된 이후에 철기시대를 거쳐서 19세기에 들어서 알루미늄을 효율적으로 제련하게 되었다. 이 금속들을 합금으로 만들어서 특정한 용도에 필요한 특성을 향상시킬 수 있으며, 현대적인 재료과학자와 기술자들은 소량의 첨가물을 사용하여 대부분의 성질들은 예전과 동일하게 유지하면서 단 하나의 소재특성만을 선택적으로 필요한 형태로 변화시키는 방법들을 배워 왔다. 이런 성질변경에는 비용이 들지만, 이를 연구하고 판매하는 과정에서 상업적 이득이 발생한다. 한 가지 사례를 살펴보자면, 강철 합금의 조성을 조금만 변화시키면, 강도, 강성, 열팽창계수 등은 본질적으로 변하지 않지만, 장기간 치수안정성이 향상되며, 부식 저항성이 감소한다. 이는 특정한 정밀공학 분야에서 매력적인 장점이 될 수 있지만, 다른 분야에서는 명확한 단점으로 작용한다.

이 장에서는 합금(또는 세라믹)의 설계나 합금의 종류 선정에 대해서 다루지 않는다. 이런 내용들은 이 책에서 할애된 지면보다 훨씬 더 많은 공간을 필요로 한다. 또한 이 주제에 대해서 일반적인 높은 수준의 관점을 갖는 데에는 긍정적인 이유가 있다. 우선, 새로운 설계에 대해서 최적의 합금을 고찰하는 것은 예를 들어, 강철이 일반적으로 해당 용도에 적합한 선택이라는 결정을 내리는 순간에만 필요하다. 다음으로, 정밀엔지니어는 각자의 수요와 제한조건들을 가지고 있다. 물리적으로 작은 장치나 정밀한 기계들을 소량만 제작하는 경우에는 특정한 용도에 대해서 높은 성능을 구현할 수 있는 고가의 소재나 특수 소재를 하나 또는 조합으로 사용하는 데에 제한이 많지 않다. 따라서 이 장에서는 언제 그리고 왜 서로 다른 유형의 소재들이 사용되어야 하는가에 대한 질문의 답을 살펴보기로 한다. **그림 12.1**에서는 전형적인 사례로서, 작은 프로브가 거의 평평한 표면과 접촉하여 미소한 높이편차를 측정하는 두 가지 서로 다른 설계의 측정기를 보여주고 있다(5장에서는 이런 윤곽측정용 계측기에 대해서 자세히 다루고 있다). 이 구체적인 질문에 대해서는 12.4.5절에서 자세히 논의하기로 한다. 기계구조요소의 소재에 대한 몇 가지 일반적인 요구조건들에 대해서 살펴본 다음에, 이 장에서는 새로운 재료가 어떻게 개발되며, 왜 기존의 재료들이 항상 예상한 대로 거동하지는 못하는가에 대한 식견을 갖추기 위해서 소재기술과 설계에 대한 몇 가지 주제에 대해서도 간단하게 논의할 예정이다. 이 장의 대부분은 정밀공학 응용 분야와 더 많은 관련을 가지고 있는 소재특성들에 초점을 맞추고 있으며, 다양한 소재들을 선택하는 과정에서 장점과 약점을 고찰할 때에, 후보소재들 사이의 비교를 도와주는 도구들을 소개할 예정이다.

그림 12.1 접촉식 프로브를 사용하여 평면상의 단차 높이를 나노미터 민감도로 측정하는 20세기 말에 개발된 두 가지 측정기구 사례. 좌측은 대부분 알루미늄 소재로 제작되었으며, (폴리머 소재 커버를 제거한) 우측은 대부분이 유리와 유사한 소재를 사용하였다. 설계자는 왜 이토록 다른 소재를 선택하였을까? 그리고 어느 쪽이 더 좋은 선택이었겠는가?

12.1.2 상위 요구조건

이 장의 주요 목표는 고정밀 전자기계 시스템에서 기계구조가 필요로 하는 성능과 무결성을 가능하게 하는 소재의 선정에 대해서 살펴보는 것이다. 고정밀 전자기계 시스템 내의 힘전달 루프와 계측 루프(11장 참조)가 이 작업의 골격을 만들어준다. 본질적으로, 이 루프들은 단기간뿐만 아니라 설계수명 내내 중요한 기하학적 인자들의 어떠한 변화도 없이 부가되는 부하를 지지해야만 한다. 정밀 시스템에는 베어링의 하중지지용량(응력)보다 루프의 크기와 형상(강성)을 유지하는 것이 더 중요하며, 많은 경우에, 진동의 민감도가 중요한 동적 제약조건인 것으로 판명된다. 전부는 아니지만, 선정조건은 다음에 살펴볼, 손쉽게 측정된 탄성 및 열특성에 초점이 맞춰진다. 하지만 잘 정의된 수치값들은 비교가 훨씬 더 용이하다는 이유만으로 이런 인자들에 너무 의존하지 않도록 주의가 필요하다. 실제의 경우, 선정기준은 정량화하기 어려운 여타의 **상위 요구조건**들에 의해서 제한된다.

가격은 항상 설계인자에 포함된다. 하지만 소재의 가치를 단순히 1[kg/€]나 1[kg/$]로 나타낼 수는 없다. 진짜 질문은 소재의 선정이 전체 제조비용 또는 제조, 소유 및 폐기에 이르는 전체 생애비용에 어떤 영향을 미치는가이다. 가공성에 대해서는 즉각적으로 정성적인 판단을 내릴 수 있다. 예를 들어, 숙련된 선반공이라면 스테인리스강이나 티타늄보다는 알루미늄, 황동 또는 연철의 가공이 더 쉽다는 점에 동의할 것이다. 반면에 비교의 목적으로 이 개념에 대해서 작성된 수치값을 자세히 살펴보면, 가공성에 대한 정의에는 주관적인(정성적인) 판단이 포함되어 있다는 것을 알 수 있다. 특정한 조직의 가공비용은 그들이 어떤 공작기계와 여타의 생산장비를 소유하고 있는가에 따라 달라질 수 있다. 일부 소재의 고철 가격이 다른 소재보다 더 비싸기 때문에, 재활용의 용이성은 다량의 가공이 필요한 설계의 전체 제조비용에 영향을 미칠 뿐만 아니라 소유비용에도 영향을 미친다. 또 다른 중요한 측면은 비용 절감이다. 새로운 모델로 업그레이드를 위해서 기존 설계를 검토하는 경우에, 성능을 약간 개선해줄 수 있는 더 좋은 대안소재를 사용할 수 있다고 하더라도 원래 소재를 사용하는 것이 더 효율적이라고 판단할 수 있다. 그러므로 모든 선정기준은 충분히 큰 차이를 구현할 수 있는가에 따라 판단해야 한다. 하지만 경쟁제품의 설계가 소재를 바꿨음에도 불구하고 소재를 변경하지 않은 경우에는 큰 시장의 불이익을 감수할 수도 있다. 비록 기술적으로는 더 열등하더라도, 상업적 성공은 사회적이나 여타의 시장수요에 따라서 변하는 수요자의 요구에 의존한다. 따라서 기술적 성능에 대해서는 항상 엄격하게 고려해야 하지만 실제의 경우에는 성능이 항상 최종 결정을 주도하지는 못한다는 점을 인식하고 있어야 한다.

많은 설계들에 대해서 소재의 적합성에 대한 고려가 필요하다. 가장 직접적으로, 여기에는 외부규제에 의해서 유발되는 제약조건들이 포함되며, 이에 해당하는 명확한 사례는 의료기기의 생체적합성이다. 인증된 옵션 목록에 포함되지 않은 소재를 사용하여 구현 가능한 성능적 이득은 이 새로운 소재의 사용이 안전하다는 인증을 받는 데에 소요되는 많은 비용으로 인해 완전히 없어져 버린다. 많은 산업 분야에서는 허용물질에 대한 공식적인 규정이나 널리 인정되는 규칙들을 갖추고 있으며, 최종 결정 시에 이에 대해서 높은 비중을 두어야만 한다. 심지어 새로운 소재의 사용에 대한 부당한 편견 때문에 훌륭한 설계가 상업적인 실패를 겪게 된다. 소재들 사이의 계면에서는 전기−화학적 호환성이 고려의 대상이 될 수 있다. 비록 고정밀 시스템은 비교적 안정적인 환경 속에서 사용되지만, 두 종류의 소재들이 계면에서 (갈바닉 작용에 의해서) 전지를 형성하여 약하지만 지속적인 부식과 퇴화를 유발하여 결과적으로 전체 루프의 안정성에 영향을 미칠 수도 있다. 더 일반적인 관점에서 부식

저항은 중요한 인자이다. 특정한 용도에서 여타의 호환성과 관련된 인자들이 발생할 수 있다. 여기에는 단순하고 일관된 규칙은 없으며, 사용조건에 대한 시험과 실제 현장에서의 경험을 대체할 수 없다.

비록 여타의 선정기준들은 비교적 부족하지만 특정한 용도에 대해서 뛰어난 성질을 가지고 있기 때문에 다양한 소재들이 사용된다. 이런 사례에는 특정한 유형의 반사경에 사용되는 금이나 다이아몬드와 유사한 초경질 윤활표면 등이 있다. 매우 많은 경우에 무결함 루프를 구성하는 구조물에는 일반적인 소재를 사용하면서 박막 코팅에 특정한 소재를 사용한다. 이런 경우에는 추가적으로 고품질의 안정적인 코팅을 구현하기 위하여 (기계적, 화학적) 호환성이 추가적으로 고려되어야 한다. 일부의 경우, 구조루프에 사용하는 소재를 전기전도성이나 (정전기를 이용하거나 일반적인 안전을 위한) 전기절연성 또는 비자성 소재 등으로 제한하여 기계의 전체적인 기능을 향상시킬 수 있다. 상업적으로는 미적인 측면이 중요한 이차적 요인이 될 수 있다. 예를 들어, 천연소재 화강암 베이스가 특별한 장점이 없더라도 계측기의 베이스로 사용한다면 약간의 비용 상승이 초래되더라도 잠재적인 사용자들이 고품질 장비로 인식할 수 있다. 때로는 적용 사례가 필요로 하는 특정한 기능이 소재 선정의 일반적인 지침들과 상반될 수 있다. 예를 들어, 일반적으로 낮은 열팽창계수를 갖는 계측루프를 선호할 수 있다. 하지만 열팽창계수가 큰 소재시편만의 측정을 위한 계측기의 더 효율적인 설계는 열팽창계수와 열시상수를 시편과 일치시키는 것이 더 효율적인 설계이다. 이 장에서는 특정한 용도에서 필요로 한다면 특별한 경우에 대해서만 적용되는 광범위하고 다양한 제약조건들을 여타의 선정과정들과 손쉽게 통합할 수 있다고 가정하고 있다. 따라서 이후의 논의에서는 이에 대해서 다시 설명하지 않을 예정이다.

원칙적으로, 비교 가능한 조건하에서 측정된 속성값들을 서로 비교하는 것만이 유효하다. 이 요구조건을 충족시키기 위해서 수많은 국가 및 국제 표준시험 방법들이 개발되었으며, 발표된 데이터베이스들은 전형적으로 이들 중 몇 가지를 충족할 것이다. 하지만 이들은 정밀공학 엔지니어들에게 함정으로 작용할 가능성이 있다. 시험방법에서는 취급하기가 용이하며 가공형상과 표면조도의 편차가 미치는 영향이 충분히 작고, 소재 내부의 미세구조 편차를 고려하여 통계학적으로 일관된 평균이 구현되도록 시편의 크기가 결정된다. 이 시편보다 훨씬 더 크기가 작은 경우에는 이와 동일한 거동이 구현되지 않을 수도 있다. 잘 알려진 사례로는 유리소재 파이버의 높은 인장강도를 들 수 있다. 인발공정을 통해서 늘어난 파이버는 국부적인 응력 증가와 크랙 전파를 초래하는 내부 및 외부결함들의 숫자가 극히 작기 때문에, 소재의 강도가 거의 이상적인 강도에 근접하게 된다. **그림 12.2**에서는 유리소재 파이버의 직경 감소에 따른 강도 증가와 관련된 역사적으로 흥미로운 그리피스의 데이터를 그의 파괴이론 논문(1920)에서 인용하여 보여주고 있다. 이런 거동특성은 드물지 않으며, 얇은 금속 와이어와 같은 연성 소재에서도 관찰된다. 여타 소재들의 경우, 마이크로구조의 특징으로 인해서 최소 크기가 매우 크기 때문에, 작은 단면 내에 존재하는 결함이 더 중요한 인자로 작용하며, 작은 부품은 큰 부품에 대한 시험 데이터에 비해서 낮은 성능을 갖게 된다. 크기가 적당히 작은 시편에 대해서 수행하는 비교적 단순한 재료시험 방법을 마이크로 스케일에서 시행하는 것은 큰 비용을 필요로 하며, 또한 전체적인 치수 대비 가공공차의 비율이 커지기 때문에 통계학적 신뢰성을 저하된다. 미세전자기계 시스템(MEMS)의 경우에는 실제 장치의 거동으로부터 소재의 강도나 강성을 구하기 위한 실험의 결과는 벌크 소재를 사용하여 구한 일반적으로 알려진 값과는 크게 다르다. 이것이 실제 소재의 스케일링 효과인지, 아니면 단순히 측정된 치수정확도가 낮으며 여타의 인자들이 측정에 영향을 미쳤기 때문인지를 판단하기 어렵다. 나노미터 스케일에서 소재는 다르게 거동한다는 것은 직관적으로도 명확하며, 궁극적으로, 대부분의 일반적인 소재 성질들을 단일원자나 분자에 적용한다는 것은 이치에 맞지 않는다. 큰 물체와 작은 물체에서 수십 나노미터 크기의 클러스터들은 기술적으로 중요한 차이를 나타내지만, 이들이 갖는 의미는 이 장에서 다루는 기계적인 주제와는 큰 관련이 없다. 그러므로 사용하려는 용도와 다른 치수에 대해서 측정했거나

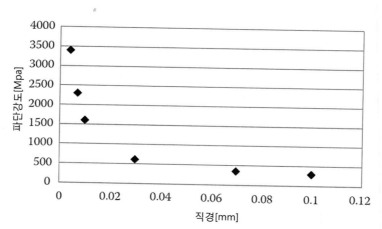

그림 12.2 그리피스(1920)의 연구에서 추출한 직경에 따른 유리 파이버의 인장파단강도 변화 양상

매우 작은 시편을 사용하여 시험데이터가 측정되었다는 것을 고려할 때에, 설계자는 왜 그리고 언제 이런 값들이 대표성을 잃어버리는지에 대한 현상학적 이해에 기초하여 모든 인용된 특성값들에 대해서 비판적인 태도를 갖는 것이 중요하다.

앞서 설명했던 모든 정성적인 인자들에도 불구하고, 일반적으로 수치화된 기계 및 열특성값들에 의존하여 (이미 제한되어 있는 후보들 중에서) 최적화된 소재 선정을 수행한다. 따라서 이 장에서는 이들에 대해서 집중할 예정이지만, 제시된 사례들이 전부를 이야기하지는 못하며, 오히려 정량적인 측면에서 좋은 선택이 정성적인 이유 때문에 선정되지 못하는 경우에는 원래의 설계 개념이 근본적인 문제를 가지고 있다는 것을 시사한다. 우선, 어떻게, 어디서 필요한 성질들의 조합을 찾을 수 있는가를 안내하기 위해서 고체소재의 구조에 대해서 설명한 다음에 전문가들이 새로운 용도에 알맞은 새로운 소재를 설계할 때에는 어떻게 생각을 시작하는지에 대해서 살펴볼 예정이다.

12.2 소재설계: 개론

12.2.1 소재의 분류

구조 루프에 적합한 고체들은 크게 금속, 세라믹, 유리 및 폴리머와 같이 네 개의 그룹들로 분류할 수 있으며, 하나 이상의 그룹에서 추출한 복합재료도 역시 사용할 수 있다.각 그룹들의 기본 거동은 주기율표 내에서 이 물질들의 위치(화학적 성질)와 관련이 있다. 원자는 결정을 형성하며, 일부의 경우에는 하나 이상의 물질들과 물리적으로 안정적인 (화학적인 합성물과는 다른) 혼합체를 형성한다. 작은 결정들은 서로 결합하여, 우리에게 친숙한 고체 형태의 큰 질량체를 형성한다.

주기율표의 대부분을 **금속** 원소들이 차지하고 있으며, 주기율표의 하단에 위치한다. 최외곽 전자들은 원자핵에 비교적 느슨하게 붙잡혀 있으며, 결정체 내에서는 소재전체가 이 전자들을 공유한다(이를 **전자가스, 전자바다** 또는 **젤리엄**[1]이라고도 부른다). 이들이 전하와 운

---

1   jellium.

동에너지의 운반을 가능하게 해주므로, 일반적으로 금속은 좋은 도전체이며, 열전도체이다. 금속 물질들은 화학적 반응성을 가지고 있으며, 이들 중 일부는 격렬한 반응을 일으키기 때문에 금속들 중에서 반응성이 낮은 소수의 물질들만이 기계적(구조적)으로 중요한 소재이다. 여타의 물질들은 합금의 형태로 소량만이 사용된다. 구조적으로 중요한 금속들은 주로 주기율표의 중앙부에 위치하고 있으며, 많은 경우 **전이금속**[2]에 해당한다. 철은 일반적으로 가장 중요하며, 니켈, 코발트 및 크롬과 같은 인접한 물질들과 조합하여 사용한다. 구리와 티타늄도 널리 사용되고 있지만, 알루미늄이 철 다음으로 중요하다. 주석에서 텅스텐에 이르는 여타의 금속들과 귀금속들도 각자 특화된 용도를 가지고 있다. 구조적으로 중요한 금속들은 비교적 높은 탄성계수를 가지고 있으며, 상당히 강하고 최소한 약간의 연성을 가지고 있어서 튼튼하며 충격에 저항성이 있다. 베릴륨과 티타늄(그리고 제한된 용도로 사용되는 마그네슘) 같이 육각형 결정구조를 가지고 있는 금속들과 알루미늄을 제외하면, 금속들은 비교적 밀도가 높다. 이 금속들의 중요한 특징은 다른 많은 물질들과의 합금이 용이하며, 다른 성질들에는 영향을 미치지 않으면서 특정한 성질을 변화시킬 수 있어서, 높은 우선순위를 가지고 있는 특정한 요구조건에 대해서 금속의 거동을 최적화시킬 수 있다. 대부분의 금속들은 용융시킨 다음에 주조나 단조, 그리고 후속적인 기계가공 등의 주요 제조공정을 적용하기에 적합하다. 많은 용도에 대해서 적층 방식의 제조기법(예를 들어 깁슨 등 2015와 가드너 등 2001, 7장)의 사용이 증가하고 있으며, 미소규모의 가공에는 마이크로 가공기술, 에칭 및 에너지 빔 가공기법 등을 금속 소재에 적용할 수 있다.

　세라믹은 실제로 매우 넓은 범위를 차지하지만 이 장에서는 일반적인 관행에 따라서 **공업용 세라믹**을 의미하는 것으로 간주하겠다. 비록 액체 부유액을 사용하여 주조하거나 전형적으로 마이크로시스템 기술에서 사용하는 증착공정을 통해서도 세라믹을 제조할 수는 있지만, 세라믹은 대략적으로 안정적인 화합물을 형성하고 있는 작은 결정입자 분말을 열과 압력을 사용하여 서로 접착시켜서 만든 소재라고 간주할 수 있다. 공업용 세라믹의 기술적으로 가장 일반적인 형태는 주기율표상의 중앙에서부터 우측의 상단에 위치하는 물질들의 합성물로서, 전형적으로 탄소, 질소 또는 산소중 하나의 물질과 금속으로 이루어진다. 세라믹은 단단하고 강하며 강성이 크지만 취성을 가지고 있으며, 밀도는 비교적 낮다. 상온에서

2　transition metal.

는 전기 절연성을 가지고 있으며 다양한 환경하에서 화학적 공격에 훌륭한 저항성을 갖추고 있다. 세라믹을 제조하기 위해서 전형적으로 사용되는 **소결공정**은 거의 최종 형상을 만들어낼 수 있으며, 적층가공방식에 세라믹의 활용이 증가하는 추세이다.

유리는 흥미로운 광학특성을 가지고 있다. 현대건축에서 사용되는 바닥재, 계단소재 등과 같이 유리소재의 사용 사례가 수없이 많지만, 정밀기계용 소재로는 여전히 과소평가되고 있다. 실제로, 이산화규소를 기반으로 하는 소재와 유리구조를 갖는 소재들을 일반적인 의미의 유리소재와 구분할 필요가 있다. 유리구조는 **비정질**[3] 고체로서 분자들은 결정격자를 형성하지 않는다. 따라서 항상은 아니지만, 종종 이들을 극한점도를 가지고 있는 액체로 간주하기도 한다. 이런 부류에는 규소 형태의 소재들 이외에도 많은 소재들이 포함된다. 일부 금속들 조차도 특정한 환경하에서는 유리상을 나타내며, 일반적인 많은 플라스틱들이 소위 **유리전이온도**에서 물성이 크게 변한다. 일반적인 유리소재는 적절한 강도와 강성을 가지고 있으며 밀도는 매우 낮다. 주조와 폴리싱이 용이하며 생각하는 것과는 달리 가공성이 좋다.

체인과 같은 형태로 작은 분자들(단량체)이 반복적으로 연결되어 크고 때로는 뒤엉킨 초분자를 만들어내는 **폴리머**는 소재의 또 다른 큰 부류이나 제한된 범위에 대해서만 공업소재로 간주할 수 있다. 폴리머는 또한 섬유질이나 입자 형태의 강력한 보강재료를 지지하는 인공합성물 매트릭스로도 널리 사용된다. 실리콘(실리콘과 실록산)을 기반으로 하는 경우는 많지 않으며, 탄소 화학물이 이 부류의 대부분을 차지한다. 폴리머는 밀도가 낮으며, 밀도를 높여도 강성과 강도는 낮은 값을 갖는다. 대부분은 열팽창계수가 높으며, 일부의 경우에는 습기에 민감하다. 따라서 정밀공학 분야에서는 이들을 특수한 용도에 국한하여 사용한다. 반면에 폴리머를 사용하여 고정밀 몰딩 제품을 염가로 대량생산할 수 있다. 적층가공기술의 꾸준한 발전을 통해서 미소 스케일에서의 (마이크로-스테레오 리소그래피와 같은) 적용 사례가 나타나고 있다.

앞서 열거한 네 가지 부류에는 속하지 않는 몇 가지 소재들이 정밀기계에 사용되고 있다. 탄소는 성질이 현저하게 서로 다른 몇 가지 결정격자구조(알로토프)들을 가지고 있다. 이들 중에서 흑연은 서로 다른 환경하에서 구조용 소재나 고체 윤활제로 사용할 수 있다. 다이아몬드는 극도로 강하며, 강성이 높고 단단하다. 고성능 복합재에 미세 파이버나 심지어는 나

---

3   amorphous.

노튜브를 사용할 수도 있다. 나노튜브와 그래핀은 나노기술 분야에서 흥미로운 성질들을 많이 갖고 있다. MEMS에서 마이크로전자공학 분야에서 주로 사용되는 공정들을 활용하게 되면서 반도체 재료들이 소재로 사용되기 시작하였고, 현재까지는 실리콘이 주로 사용되고 있다. 결정 조성에 다양한 금속과 반도체 물질들이 혼합되어 있는 적외선 렌즈와 같은 특수한 용도에도 활용된다.

12.2.2 미세구조와 특성

다양한 단거리 원자 간 작용력들 사이의 균형이 대부분의 소재들을 **결정**이라고 부르는 원자들이 우선적으로 정렬된 형태로 고형화시켜준다. 결정격자 내에서 특정한 원자의 배치와 간격은 이 힘의 크기와 함께, 특정한 소재가 이론적으로 구현할 수 있는 기계적인 거동을 지배한다. 물론 실제로는 의미 있는 크기의 고체요소가 거의 이상적인 결정형태를 갖는 경우는 극히 드물다. 결정체는 격자구조 내에 결함이 존재하며 물질은 일반적으로 여러 위치에서 고형화가 시작되므로 다결정 소재가 만들어진다. 불순물도 격자를 변형시켜서 벌크 특성에 영향을 미친다. 많은 물질들이 하나(이상적인 경우) 이상의 배열(동질이상)을 가질 수 있으며, 심지어는 단거리 배열이 없는 경우(비정질)도 있다. 이런 **미세구조**에 대한 연구, 이해 및 개발이 소재과학과 기술의 주류를 형성한다. 그러므로 이들은 이 책의 범주를 넘어선다(애스클랜드 1996 참조). 이 절에서는 정밀기계 시스템과 관련되어 있는 미세구조에 대하여 간단히 설명할 예정이다.

결정격자는 소수의 독립체들이 단순한 기하학적 3차원 배열을 형성한 **단위셀**들이 반복되어 만들어진다. **독립체**[4]란 분자와 같이 원자들 이외의 물질들로 결정체가 만들어질 수 있다는 것을 강조하고 있지만, 여기서는 단순하게 원자라고 생각하기로 한다. 단지 소수의 단위셀들만이 안정적이며, 가장 일반적인 형태는 일련의 사각형, 직사각형 또는 육각형 그리드들로 이루어진다. 가장 단순한 형태는 육면체 배열로서, 8개의 원자들이 육면체의 모서리에 평형위치를 가지고 있다. 이런 형태는 염화나트륨(일반적인 소금)과 같은 단순한 화합물에서 자주 발견된다. 만일 원자들을 구체로 형상화한다면, 하나의 육면체에는 단지 각 구체의

---

4   entity.

1/8만이 위치하게 된다. 따라서 단위셀은 단 하나의 원자만을 포함하고 있으며, 이 단위셀의 크기는 밀도를 결정한다. 이처럼 낮은 **충전밀도**[5]는 일반적으로 충분치 못하다. 만일 사각형 배열 내부에 구체와 접촉하는 층을 추가할 수 있다면, 이 층은 격자간격의 절반 위치에 놓이게 될 것이다. 충전계수를 증가시키는 방법 중 하나는 또 다른 원자를 육면체 셀의 중앙에 배치하는 것이며, 이로 인하여 격자의 치수는 약간 증가하게 된다. 이를 **체심입방(BCC)** 결정이라고 부른다. 이로 인하여 셀당 두 개의 원자들이 들어가게 된다. 이것이 기본적인 입방형 셀에 비해서 더 바람직하며, 육면체의 각 표면에 또 다른 원자를 추가한 것이 **면심입방(FCC)** 결정체이다. 표면의 중심에 위치한 원자들의 절반이 단위셀의 내부에 속해 있으므로, 이를 통해서 셀당 4개의 원자들이 포함된다. 육각형 격자평면들을 적층한 형태로 원자들을 배치하면 더 효율적인 배치를 구현할 수 있으며, 이를 **조밀육방(HCP)** 결정이라고 부르며, 격자평면들 사이의 격자간격은 내부평면들 사이의 간극보다 훨씬 더 크다. 여타의 고전적인 결정형태는 일반적인 논의를 위해서 매우 편리하지만 이론적으로는 이런 유형을 형태학적인 변형으로 취급하는 경향이 있다. 가장 유명한 구조는 다이아몬드 격자로서, 탄소원자 4개의 공유결합들이 인접한 4개의 원자들과 최대 각도간극을 가지고 정방형태로 정렬을 맞추고 있다는 것을 손쉽게 가시화할 수 있다. 정방형 셀은 면심입방 구조보다 충진밀도가 낮지만, 면심입방 구조의 단위셀 크기가 더 크기 때문에 이들 두 결정구조는 동일한 밀도를 갖는다.

　서로 다른 물질들은 서로 다른 원자 간 결합력(또는 에너지)을 가지고 있으며, 이는 평형 격자간격에 직접적인 영향을 미치며, 이 간격을 변화시키기 위해서는 필요한 만큼의 일을 투입해야 한다. 힘이 작용하는 벌크 소재의 강도나 강성과 같은 특징들은 이런 결합 에너지와 직접적으로 관련되어 있으며, 병렬로 작용하는 엄청난 숫자의 개별 결합들의 작용력들이 합산된다. 이것이 왜 힘의 공간분포를 나타내는 응력이 소재의 거동을 나타내기에 적합한 인자인지를 설명해준다(탄성계수는 응력의 단위로 표현된다). **단결정**에 힘을 부가하여 측정한 탄성특성은 힘이 부가되는 단위 셀의 배향에 따라 변하며, 이는 단위면적당 결합의 숫자가 배향에 따라 변하며, 이 결합력들의 총 벡터 성분도 함께 변하기 때문이다. 단결정의 격자구조가 대칭이라고 하여도, 많은 성질들은 이방성이다. 내부 열에너지(온도)의 변화는 결

5　packing density.

합의 평형위치를 약간 이동시키며, 이로 인하여 대부분의 소재들은 팽창하는 경향을 나타낸다. 따라서 온도가 상승하면 강성과 강도가 저하된다. 이 외에도 이런 의존특성이 많지만, 이 사례만으로도 충분하다.

실제의 결정체 속에는 수많은 결함들이 존재한다. 소재가 순수하다 하여도, 단결정 내에는 다양한 형태의 **전위**[6]가 존재한다. 가장 단순하게, 격자 내에 원자가 있어야 할 위치에 공동이 존재한다면, **점결함**(점전위) 주변의 정상적인 격자구조에는 약간의 국부적인 변형이 발생하게 된다. 결정의 성장과정에서 초기결함은 격자구조 내에서 공간적으로 확장될 가능성이 더 높다. 여기서 주목할 것은 직선형 전위로서, 원래의 격자가 내부 지점에서 살짝 어긋나면서, 원자들로 이루어진 추가적인 선이 형성되는 완전한 3차원 나선형 전위구조이다. 전위는 결정으로부터 비교적 손쉽게 물질을 떼어낼 수 있는 수단이 된다. 원자는 인접한 점결함 쪽으로 옮겨갈 수 있으며, 그 뒤에 새로운 결함이 생성되는 과정이 계속 반복된다. 일반적으로, 평균결합에너지가 탄성계수와 같은 벌크 성질의 변화에 미치는 영향은 매우 작지만, 전위 이동도는 물질의 이동을 가능하게 하여 연성과 같은 다른 성질에 영향을 미치며, 유효강도에도 영향을 준다. 물질의 추가도 결함에 포함된다. 특정한 격자내의 원자 위치에 불순물 원자가 끼어들면 **치환결함**[7]이 발생한다. 만일 유효원자크기가 서로 다르다면, 이로 인하여 격자구조의 왜곡이 발생한다. 또한 불순물 원자가 정상적인 격자구조 사이에 끼어들어가서 **간질결함**[8]을 유발한다. 격자를 구성하는 원자들에 비해서 불순물 원자의 유효크기가 작은 경우에 이런 결함이 발생하기 쉬우며, 격자구조의 왜곡을 유발한다. 격자왜곡으로 인하여 격자 내에는 변형률 에너지가 발생하며, 평형위치를 이동시키고, 취성과 강도를 증가시킨다. 이 또한 탄성계수에는 거의 영향을 미치지 못하지만 예를 들어, 금속 내에서 전자의 흐름을 지연시켜서 전기전도도와 열전도도를 낮춘다.

동질이상[9]은 공업소재들에서 매우 일반적으로 나타나며, 앞서의 설명에 따르면, 중요한 방식으로 소재의 벌크 성질에 영향을 미친다. 앞서 잠깐 언급했던 탄소의 **알로토프**[10]들의

---

6   dislocation.
7   substitutional defect.
8   interstitial defect.
9   polymorphism.
10   allotope.

경우, 다이아몬드와 흑연(육각형 층상격자)은 기계적 성질이 확연히 다르며, 넓은 환경조건에 대해서 서로 공존할 수 있다. 철(페라이트)은 상온에서 안정된 체심입방 결정구조를 가지고 있지만, 900[℃] 이상의 온도에서는 면심입방 구조로 변한다. 알로토프라는 용어는 단일 물질 내에서 서로 다른 구조를 가지고 있는 경우에만 사용된다. 다수의 원자들을 포함하고 있는 분자들은 많은 경우, **이성질체**[11]를 형성하기 위해서 하나 이상의 안정적인 분자 내부 결합 방법을 가지고 있으며, 동일한 화학적 조성을 가지고 있지만, 분자구조의 차이로 인하여 서로 다른 물리 및 화학적 성질을 갖는다. 몇 가지 폴리머 재료들을 제외하고는 이성질체는 정밀공업 분야에서 많이 사용되지 않는다. 둘 또는 그 이상의 물질들을 혼합하여 만든 소재는 격자구조 내에 존재하는 물질의 상대적인 양에 따라서 다양한 방식으로 결정화시킬 수 있다. 벌크형 고체는 비록 크기가 작더라도 단일점에서 결정이 성장되지 않기 때문에 실제 소재는 다결정의 특성을 갖는다. 이들은 다수의 크기가 작은 개별 결정체들 또는 입자들로 이루어지며, 이들은 임의의 격자방향으로 임의의 위치들에서 서로 접촉하게 된다. 이 입자들은 단상 또는 다상구조를 갖는다. 이 입자들의 경계에서 원자구조는 최소한 부분적으로라도 파괴된다. 벌크성질이 미치는 영향을 예측하기는 용이하지 않다. 예를 들어, 입자 경계에서의 불완전한 정렬은 순수한 결정구조에 비해서 약하며, 원자의 전위이동을 차단하는 장애물로 작용하므로 연성파단의 발생을 가로막는다. 입자들이 임의배향을 가지고 있기 때문에 대부분의 벌크 소재들은 거의 등방성 특성을 갖는다.

입자의 경계에서는 완벽한 결정격자보다 내부에너지가 많은 비이상적 미세구조를 가지고 있으며, 이는 인접한 입자를 흡수하여 하나의 입자로 성장하기 위하여 원자의 확산이 발생하는 비평형상태가 존재한다는 것을 의미한다. 특정한 종류의 원자 확산은 상과 단위셀의 변화를 초래하여, 결과적으로 벌크 특성의 변화가 발생한다. 고체 내에서 열에 의한 확산은 항상 매우 느리게 발생하며, 상온 이하에서는 특히 더 느리다. 그러므로 대부분의 재료는 상온에서 이론적으로 불안정한 상을 포함할 것으로 예상된다. 물질은 열역학적 평형에 도달하지 못하며, 일반적으로 미세구조는 매우 느리게 변한다. 다른 상을 소모하여 어떤 알로토프 또는 상이 증가하면 격자구조가 변하면서 밀도에 영향을 미치므로, 소재의 양이 일정하다면, 벌크 물체의 외부치수가 변하게 된다. 이론상으로는, 정밀기계의 루프를 구성하기 위

---

11 isomer.

해서 사용된 소재조차도 치수 안정성을 갖지 못한다. 따라서 설계상의 질문은 특정한 상황에서 치수 변화율을 완벽하게 무시할 수 있겠는가 이다. 이 질문을 무시할 수는 없겠지만, 실제의 경우에는 거의 문제를 일으키지 않는다.

합금의 설계는 앞서 설명했던 미세구조의 거동을 조절하거나 이용하는 관점에서 설명할 수 있다. 첫 번째 사례로서 **저탄소강**의 특성에 대해서 간략하게 살펴보기로 한다. 철의 면심입방격자와 체심입방격자 모두의 격자구조 내부에 소량의 탄소가 용해(고체용액처럼)되어 있는 구조이다. 면심입방격자는 내부공간이 더 크기 때문에 격자구조의 불안정을 유발시키지 않으면서 다량의 탄소를 용해시킬 수 있다. 용해시킬 수 있는 것보다 많은 양의 탄소들은 탄화철 화합물(Fe_3C)이라는 별도의 고체상태로 응축된다. 이는 충분히 긴 시간 동안 측정한 온도가 유지되는 진정한 평형상태에 국한되어 발생한다. 만일 강철 소재가 충분한 시간 동안 높은 온도로 유지된다면, 소재는 간질탄소가 포화되어 있는 오스테나이트와 Fe_3C의 혼합물이 될 것이다. 급냉(담금질)은 격자 구조를 간질탄소 수용량이 더 작은 체심입방 형태로 변환시키지만, 잉여 탄소가 탄화철상으로 확산되기에는 충분한 시간을 주지 않는다. 따라서 탄소는 페라이트상 내부의 부적절한 위치에 포획되어버리며, 이로 인하여 높은 격자응력이 유발되어 깨지기 쉽고 강한 소재가 만들어진다. 물론, 상변화 과정을 제어하기 위해서 여타의 물질들을 사용하는 것을 포함하여, 강철의 설계와 거동은 훨씬 더 미묘하지만 지금까지의 설명만으로도 열처리를 통하여 연성, 강도, 경도 등을 조절할 수 있도록 이 합금이 설계되었다는 점은 명확하다. 다른 소재들의 경우에는 성질의 조절을 용이하게 만들기 위해서 이와는 다른 합금방식을 사용할 수 있다. 예를 들어, 연성과 강도를 조절하기 위한 또 다른 방법은 열처리에 적합한 합금소재를 첨가하는 것으로서, 이를 통하여 주 소재의 작은 입자들이 매우 크기가 작고 훨씬 더 단단한 입자들과 함께 비교적 균일하게 섞여 있는 구조를 만들 수 있다. 이 개념은 전위운동을 강력히 제한하는 방법이다. 이 장의 뒤에서는 몇 가지 사례들이 추가적으로 소개되어 있다. 대부분의 중요한 합금들은 특정한 거동을 조절하기 위해서 하나의 지배적인 요소에 단지 몇 퍼센트의 다른 물질들을 첨가한다. 이런 경우에, 벌크 특성은 세밀한 미세구조보다는 개념적 평균 결합에너지에 의존하며, 여타의 성질들은 많이 변하지만 이런 성질들은 이 소재의 모든 제품군에 대해서 비교적 작게 변하는 경향이 있다. 탄성계수와 열팽창계수가 이런 범주에 속한다. 몇 가지 중요한 사례로서, 주로 철의 경우, 주기율표상에서 서로 인접한 전이금속들과 큰 비율로 합금을 만들어도 벌크 성질은 여전히 매우 조금 변할 뿐이다. 이는 이 물질들의 기본 성질들이 서로 유사하기 때문이다. 높은 비율로 합금을 만드는 또 다른 사례는 주조성을 높이기 위해서 용융온도를 낮춘 경우를 들 수 있으며, 황동이나 청동과 같은 경우에는 소량의 합금성분을 첨가하여 특정한 성질을 조절한 사례에 해당한다.

비정질 소재는 두 가지 부류로 구분할 수 있다. 구조의 측면에서, 유리는 액체와 유사성을 가지고 있으며, 원자나 분자가 임의적으로 배치되어 있지만, 평균간극이 훨씬 더 좁고, 원자 간 작용력이 훨씬 더 크다. 이 소재는 취성을 가지고 있으며, 저온에서는 가공이 가능하지만 고온에서는 연화되어 극도의 연성을 나타낸다. 이들은 고도의 등방성 거동을 나타내며, 열역학적 평형상태에 도달하지 않았더라도 실용 수준에서 우수한 치수안정성을 타나낸다. 폴리머는 하나, 때로는 두 개의 상대적으로 작은 복제된 분자들(**단량체**[12])이 화학적으로 결합하여 연결된 물체이다. 일부 소재의 경우, 광범위하지만 비교적 무작위적으로 배열되어 있고, 3차원적으로 교차결합이 가능하지만 분자 간 결합보다는 분자 내 결합이 더 많다. 분자 간 결합이 궁극적으로 벌크의 전체적 성질을 지배하기 때문에, 이 폴리머들은 비교적 안정적이지만, 원자 결정체보다 강성과 강도가 떨어진다. 여타의 폴리머들은 거의 직선형태의 긴 사슬구조를 형성하며, 때로는 짧은 측면가지가 구부러지면서 주로 정전기력 또는 반데르발스 힘과 같은 분자 간 작용력으로 인하여 벌크소재 내의 다른 분자들과 얽히게 된다. 이 힘들은 원자 간 작용력보다 약하므로 소재는 매우 연하며, 강성과 강도가 낮고, 높은 열팽창계수와 낮은 안정성을 가지고 있다. 이런 소재들 중 일부에서 긴 사슬분자들의 화학적 교차결합을 통해서 기계적 성질을 개선할 수 있다.

분자는 기저상태에서 전체적으로 전기적인 중립을 유지하지만 일반적으로 분자를 구성하는 전자와 양자들에 의한 음전하와 양전하의 평균위치는 정확하게 서로 일치하지 않는다. 이를 **분극**[13]이라고 부른다. 일부 결정체의 경우, 내부 배열로 인하여 개별 편극성분들이 정렬되어 벌크 소재에 분극효과가 생성된다. 이로 인하여 **압전**[14] 거동이 발생한다. 압전소재의 양단에 적절한 전위 차이를 부가하면 음전하의 중심위치와 양전하의 중심위치가 서로 약간

---

12   monomer.
13   polarization.
14   piezoelectric.

가까워지거나 멀어지게 된다. 이를 사용하여 강성과 강도가 높은 고체 소재로 만들어진 변위 작동기를 만들 수 있다(7장 참조). 압전소재 내에서는 더 양전하로 충전된 단면 쪽으로 전자가 흘러가는 경향이 있으므로 압전소재를 통과하는 총 전하를 검출할 수 있다. 결정체에 가해진 변형은 내부 전하중심들 사이의 간격을 약간 변화시키며, 이로 인한 전기장의 변화를 외부에서 검출할 수 있고, 이를 센서로 사용할 수 있다. 분극분자들은 많은 세라믹 소재와 폴리머 소재에서 중요한 정전 결합력의 근원이 된다. 이 분자들은 임의의 배향을 가지고 있으며, 벌크상태에서는 정전거동을 나타내지 않는다. 분자 내에서 수소원자의 위치는 더 음으로 충전된 여타 분자들 쪽으로 견인되면서 분극이 유발된다. 이를 **수소결합**이라고 부르며, 이 때문에 물의 많은 특이성질들이 발생한다. 물 분자의 안정적인 구조는 두 개의 수소 원자들이 산소 원자의 대각선 방향으로 배치되는 것이다. 분자 내 화학결합에 비해서 훨씬 약한 수소결합은 분자 내 수소 원자들 중 하나가 다른 분자 내의 산소 원자의 더 열린 쪽을 향하여 정전기 견인력을 받도록 만든다. 이 추가적인 결합력으로 인하여 상온과 대기압하에서 이토록 작은 물 분자가 액체상태를 유지할 수 있다. 비록 물속의 수소결합은 기계적 구조루프와는 분명히 관련이 없지만, 나노제조기술 분야에서의 자기조립과 여타의 다양한 자연생체 시스템의 강력한 원천이기 때문에, 이에 대한 관심을 가질 필요가 있다.

12.2.3 비기계적 성질

이 장에서는 정밀 시스템 내의 기계루프 안정성과 관련된 소재특성에 대해서 살펴보기로 한다. 하지만 이 절에서 제시된 특성들이 정밀설계에서 유일하거나 지배적인 특성이라고 오인해서는 안 된다. 이 절에서는 주로 전기 및 광학적 거동과 관련된 몇 가지 비기계적 성질들에 대해서도 살펴본다.

소재의 많은 기계적 성질들은 소재를 구성하는 원자 내의 전자분포에 의해서 강하게 영향을 받는 원자 간 결합의 성질에 매우 직접적으로 영향을 받는다. 기본적인 시각화의 측면에서, 이 결합은 원자에 대한 전자의 국지적인 편재와 관련되어 있다. 그런데 고체 내에서 조차도 전자들은 이동성을 가지고 있으며, 이로 인하여 여타의 많은 성질들이 생겨난다. 단독원자 내에서 전자는 일련의 궤적들을 차지하고 있으며, 이는 물리적으로 허용된 **에너지준위**에 해당한다. 기저상태에서, 이 준위는 아래쪽부터 순차적으로 채워지며, 에너지(온도)

가 높아지면, 일부의 전자들은 고에너지 준위로 뛰어오르며, 이 준위에서 전자는 안정상태를 유지할 수도, 불안정할 수도 있다. 결정 내부에서, **파울리의 배타원리**[15]에 따르면, 두 개의 전자들이 정확히 동일한 준위를 차지할 수 없으며, 이로 인하여 일련의 **허용 에너지대**와 **금지 에너지대**가 만들어진다. 안정된 밴드의 가장 바깥쪽(최고에너지)을 **가전자대**[16]라고 부르며 결합 상태와 대부분의 화학적 거동을 지배한다. 내부 에너지가 증가함에 따라서 더 많은 숫자의 전자들이 (일시적으로) 여기되어 고준위대로 올라가며, 이로 인하여 특정한 원자와의 결합력은 약해진다. 이를 통해서 상당한 숫자의 전자들이 자유롭게 돌아다닐 수 있으며, 결정체 내의 모든 위치에서 마치 **전자기체**처럼 운동이 거의 방해를 받지 않는다. 전자들은 음전하를 운반하므로, 이 전자기체의 이동은 소재 내에서 전하의 이동을 유발하며, 이것이 전기전도의 주요 원인이 된다. 이와 동시에, 전자들은 에너지(운동에너지)를 전달할 수 있으므로, 열전도의 주요 원인이 된다.

일부소재의 경우에는 가전자대와 전자기체가 존재할 수 있는 전도대 사이의 금지대역 폭이 비교적 크다. 만일 이 간극이 상온(실제로는 지정된 온도지만, 일반적인 설명에서는 정상조건에 초점을 맞추는 경향이 있다)에서의 열에너지보다 훨씬 더 크다면, 전자가 전도대로 뛰어오르기에 충분한 에너지를 얻을 기회가 적기 때문에, 항상 극소수의 전도성 전자들만이 존재하며, 소재는 절연성을 갖게 된다. 여타의 소재들에서는 두 대역의 허용준위들이 서로 중첩되어 있어서, 다수의 전자들이 항상 전도대에 위치하며, 소재의 전기전도성은 양호하다. 금속의 경우에 일반적으로 이런 거동을 나타내는 반면에, 세라믹, 유리 및 폴리머들은 훌륭한 절연체이다. 만일 이 대역간격이 사용 가능한(상온) 열에너지와 비교할 수준이 된다면, 작지만, 무시할 수 없는 숫자의 전자들이 전도대로 여기되며, 소재는 비교적 양호한 전도성을 갖게 되지만, 이 전도성은 외부의 환경자극에 매우 민감하게 반응한다. 이런 소재들을 **반도체**라고 부르며, 반도체와 절연체 사이의 경계는 모호하여, 교재마다 서로 다르다.

전자의 열에너지와 함께, 격자 내부의 원자진동 형태로 내부(운동)에너지도 존재한다. 이런 운동에너지는 격자 전체에 걸쳐서 매우 쉽게 결합되거나 전달되어 특정 영역을 여기시킬 수 있으며, 이것이 비금속 소재의 주요 열전도 메커니즘이다. 이와는 반대로, 더 큰 격자

15　Pauli exclusion principle.
16　valence band.

진동 또는 이상적인 구조로부터의 격자편차는 전자의 흐름을 방해하는 경향이 있다. 따라서 온도가 전자의 유효 전도능력에 거의 영향을 미치지 않는 금속의 경우에는 일반적으로 온도가 상승함에 따라서 전기전도도가 감소하며, 합금은 주재료로만 이루어진 순수금속에 비해서 전도도가 나쁜 경향을 갖는다. 또한 예를 들어, 격자구조의 변형률 왜곡도 전도도를 저하시키는 경향이 있다. 반도체의 경우에는 온도의 미소한 상승도 전도성 전자의 숫자를 크게 증가시키며, 이는 진동 증가에 따른 전도방해를 압도하므로, 온도의 상승에 따라서 전도성이 빠르게 증가하는 경향을 갖는다. 거의 순수한 반도체에 소량의 이종물질을 첨가하면 기계적 기본 성질들은 거의 아무런 영향을 받지 않지만, 여타의 거동에는 큰 영향을 미칠 수 있다. 첨가되는 양이 너무 작기 때문에 합금이라기보다는 **도핑**[17]이라고 부른다. 사례로서, 실리콘의 최외곽 전자는 4개이며, 최외곽 전자가 각각 3개와 5개인 붕소(B)나 인(P) 원자를 도핑할 수 있다. 도핑된 붕소는 하나의 원자에서 인접한 원자로 전자가 손쉽게 넘어갈 수 있도록 이상적인 결합구조에 간극(정공)을 형성하여, 전자의 활동도에 강하게 의존하도록 실리콘의 성질이 변한다. 인을 도핑하면 일부 전자들을 수용하기에는 안정된 결합위치들이 부족하기 때문에, 여분의 전자들이 생성된다. 이런 정공이나 여분의 전자들은 각각 **p−형 반도체와 n−형 반도체**를 형성한다. 이들은 모든 반도체 디바이스의 작동에 절대적인 역할을 하며, MEMS 기구설계에서는 다양한 식각공정들을 사용하여 이들의 다양한 화학적 성질들을 활용하고 있다.

금속의 전자기체로 인하여 소재 내에서 전기장을 유지하기에 매우 어렵기 때문에 금속 내부에서는 전자기파의 전파성질이 매우 나쁘다. 비록 광자는 금속 박막을 투과할 수 있지만, 벌크 금속은 빛을 거의 전반사한다. 빛이 박막을 투과하는 동안, 나노입자들은 광자와 매우 복잡한 상호작용을 일으킨다. 더 일반적으로, **속박전자**[18]들은 빛과 상호작용을 일으키며 광자로부터 에너지를 흡수하여 고준위로 올라간다. 이 준위는 안정성이 떨어지므로 약간의 시간이 지난 후에는 전자들이 다시 저준위로 떨어지면서 두 준위 사이의 차이에 해당하는 광자 에너지(파장과 색)를 발산한다. 따라서 소재의 색상은 광자 에너지가 소재에 흡수되어 내부 열에너지로 변환되며, 전자전위를 통해서 다시 방출되는 과정과 깊은 관련이 있다.

---

17 doping.
18 bound electron.

절연체는 상대 에너지 준위가 간헐적 상호작용만을 일으키는 파장 범위에 대해서 투명하다. 이런 조건하에서조차도, 광자와 원자 사이에는 다양한 상호작용(이 현상을 넓게는 산란이라고 분류하며, 이에 대해서는 논의하지 않는다)이 발생하면서 에너지가 점차로 흡수되므로, 실제 소재는 완전히 투명하지는 않다. 이와 유사한 이유 때문에 굴절계수의 차이가 발생하며, 굴절률이 밀도와 대략적인 상관관계를 나타낸다는 점은 놀라운 일이 아니다. 공칭 직경이 빛의 파장길이보다 작은 입자들과 여타의 소재 미세구조들도 빛을 산란시키면서 더 많은 에너지를 흡수하여 투과된 빛에 색상이 나타나며 불투명해진다. 대부분의 절연체들은 가시광선에 대해서 불투명하다. 사용자는 좋아 보이는 기기를 더 많이 신뢰하고 사용하는 경향이 있기 때문에, 명백하게 기능중심인 정밀공학 분야에서 조차도, 물질과 표면구조의 광학효과가 미학적 설계에 미치는 영향을 무시해서는 안 된다.

12.3 소재 선정의 기준

12.3.1 비교방법의 발전

정밀기계설계의 특징 중 하나는 계측루프의 무결성을 특히 강조한다는 점이다(11장 참조). 고정밀 기기들도 비교적 작은 힘(과 응력)을 전달하며 비교적 안정적인 환경하에서 작동한다. 운송기기에서 소비재에 이르기까지 광범위한 기계공학 전반에서는 강도, 중량 및 견실성과 같은 일반적인 문제들이 발생할 가능성이 높다. 대량 생산된 소비제품의 경우 고정밀 기기나 소량 생산되는 기계에 비해서 비용에 대한 민감도가 훨씬 더 높은 경향이 있다. 소재 선정 시 활용 가능한 대부분의 데이터들과 조언들은 이런 (역사적으로 지배적인) 일반 시장에 초점이 맞춰져 있다. 관련성은 있겠지만, 정밀공업 분야에서는 이런 정보들이 잘 들어맞지 않는다. 또한 재료 선택은 역사적으로 대부분 기술의 분야로 취급되어왔으며, 설계자의 경험과 시제품 시험에 기초하여 발전해왔다.

1980년대 중반에 들어서 소재 선정과정에 분석적 개념을 적용하려는 새로운 노력을 통해서 이런 상황이 변하게 되었다. 한 가지 이유는 지속적으로 높아지는 성능과 효율에 대한 요구가 기계 시스템으로 하여금 소재를 한계까지 밀어붙이게 되었기 때문이다. 이로 인하여, 소재 선정의 핵심적인 지표들은 적용 분야별로 더 구체화되어야 하지만 공통 지표들이 여전히 사용되어야 한다는 점에 대한 인식이 증가하게 되었다. 측정과 문서화가 용이한 개별 특성들의 중요성이 감소하고, 이런 성질들의 조합을 통해서 정의되는 기능성을 더 많이 강조하게 되었다. 이런 개념은 완전히 새로운 것이 아니다. 항공기 분야에서는 높은 강도 대 중량비(소재특성의 측면에서 더 엄격히 말하면 밀도)를 필요로 한다는 것이 가장 명확한 사례일 것이다. 하지만 가장 큰 이유는 손쉽게 접근 가능한 컴퓨터와 데이터베이스가 제공되어서 더 나은 옵션을 찾기 위해서 광범위한 검색이 최초로 가능해졌다는 점이다. 캠브리지 대학의 애쉬비 그룹이 수행한 이 중요한 작업(애쉬비 1989, 1991)은 이후로 매우 잘 관리되고 있는 일련의 상용 프로그램으로 발전하였으며, 워터맨과 애쉬비(1991)가 여기에 포함되는 진정으로 큰 최초의 데이터베이스이다. 첫 번째 단계는 두 가지 소재의 특성들을 직교 축상에 배치한 후에 임의의 특정 소재를 이 도표상의 한 점으로 표시한 (현재는 **애쉬비 도표**라고 부르는) 특성표를 만드는 것이다. 이는 시스템 공학에서 사용되는 위상-공간이나 열역학에서 익숙한 개념이다. 다양한 소재들에 대해서 이 위치를 표시하면 특정한 측면에서 어느 소재들이 서로 유사하며 어느 소재들이 서로 크게 다른지를 매우 명확하게 도식화시킬 수 있다. 본질적으로 이는 축방향을 따라서 표시된 성질들이 기능적으로 상호작용을 하며, 이들 사이에 중요한 수학적 상관관계(예를 들어 각자의 절댓값보다는 이들 사이의 비율이 중요한 경우)가 존재하는 경우에만 실용적인 개념이다. 또한 도표상의 어떤 영역이 특정한 용도에서 필요로 하는 성질에 대해서 최고의 조합을 나타내는지를 판단하는 손쉬운 방법이 필요하다. 로그 스케일은 선형 스케일에 비해서 훨씬 더 넓은 범위를 포함할 수 있기 때문에 로그 스케일을 사용하면 이런 두 가지 수요를 모두 충족시킬 수 있다. 사용 범위를 미리 제한할 수 있는 공학설계보다는 재료과학 분야의 연구에서 더 필요하겠지만, 사용 가능한 모든 공학소재들을 포함시키기 위해서는 매우 넓은 범위가 필요하다. 로그축에서는 모든 곱셈값들과 소재특성들 사이의 승수관계가 직선으로 표시된다. 따라서 도표 내에서 상수함수의 직선에 대해서 직선자를 평행하게 이동시키는 것과 개념적으로 동일한 방법을 사용하여 선택된 함수보다 높거나 낮은 값을 나타내는 소재들을 연속적으로 배제시킨다.

그림 12.3에 도시되어 있는 특정한 유형의 소재에 대한 영계수와 밀도 클러스터를 통해서 애쉬비 도표의 주요 특징들을 확인할 수 있다. 이 두 가지 성질들의 비율은 주어진 치수에 대해서 구조루프 내에서 발생하는 자중에 의한 변형정도와 관련이 있다. 본질적으로 강성이

높고 밀도가 낮은(즉, 이들 사이의 비율이 큰) 소재로 만든 구조물의 자중처짐이 비교적 작다는 것은 직관적으로도 알아차릴 수 있다. E/ρ 비율이 일정한 직선의 기울기를 클러스터의 위치에 대해서 비교해보면, 강철과 알루미늄은 이 기준에 대해서 서로 매우 유사한 반면에 공업용 세라믹을 사용하여 중력의 영향을 거의 받지 않는 계측 루프를 구현할 수 있다는 것을 알 수 있다(물론, 특정한 용도에 대해서 추가적인 비용, 취성 등을 수용할 수 있어야 한다). 합리적으로 소재특성의 쌍을 구성하고, 어떻게 이를 도표로 만드는가에 대한 자세한 내용은 다음 절에서 논의할 예정이다. 마지막으로, 개념이 완전히 개발되어 있는 애쉬비 소재 선정 방법은 시변특성이나 비용과 심지어는 구조물의 기하학적 종횡비에 외부 구속조건이 미치는 영향과 같이 정형성이 떨어지는 인자들에 대한 선정도 시도하고 있다.

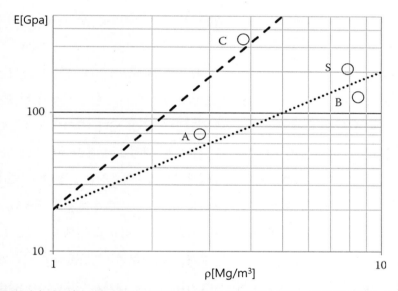

그림 12.3 알루미늄(A), 황동(B), 알루미나 세라믹(C) 그리고 연철(S)의 밀도 ρ에 따른 영계수 E의 로그도표를 통해서 애쉬비 도표의 주요 특성을 설명하고 있다. 기울기가 E/ρ인 직선(점선)과 기울기가 $E^{0.5}/\rho$인 직선(파선)이 도시되어 있다. 이 비율이 큰 소재는 도표의 좌측 상단에 위치하고 있다. 이런 유형의 분류에 대한 보다 자세한 내용은 12.3.2절과 12.3.3절 참조

　1980년대 중반에 들어서, 어떤 소재특성들의 조합이 고정밀 기계 시스템에 가장 큰 영향을 미치는가와 같은 보다 더 구체적인 의문이 생기게 되었다. 이는 나중에 이와 유사한 의문을 품게 된 애쉬비 그룹과는 무관한 것이었다(세봉과 애쉬비 1994). 이에 대한 최초의 도식적인 시도는 애쉬비 도표와는 다른 형태를 가지고 있었다(체번드 1987). 그런데 원래 질문에

대한 반전을 통해서 새로운 방법이 빠르게 출현하였다(체번드 1989). 두 가지 특성에 대해서 다수의 소재들을 비교하는 대신에, 이 방법에서는 두 소재들 사이의 다수의 특성그룹들에 대해서 도식적인 직접비교를 제공한다. 이 특성그룹에는 하나 또는 다수의 기본특성들에 대한 모든 곱셈관계들을 포함할 수 있다(예를 들어, 곱, 비율 또는 상댓값 등). 이런 접근법의 근거는 부분적으로는 정밀 분야의 요구조건들을 탐구할 때에 소수의 특성그룹들이 매우 자주 발생하는 경향이 있기 때문이며, 부분적으로는 많은 새로운 설계들이 사용된 소재를 포함하여 이전의 장치에 기초한 개념으로부터 출발하기 때문이다(더 일반적으로 말해서 장치에 대한 경험으로 인해 유사한 결정을 내리게 된다). 유사한 성질그룹들을 정의하는 방법에 대해서는 12.3.2절과 12.3.3절에서 논의할 예정이다. 기준소재에 비해서 관심소재가 우월한지 열등한지를 손쉽게 판단할 수 있도록 소재특성을 표시하기 위해서, 각 특성그룹의 수치값들을 막대도표 형식으로 나란히 표시한다. 비교 스케일에는 로그값을 취하지만 로그값을 사용하는 이유는 애쉬비 도표와는 서로 다르다. 소재변경에는 많은 비용이 소요되기 때문에, 일반적으로 성능이 단지 몇 퍼센트가 아니라 몇 배 정도로 크게 향상되는 경우에만 새로운 소재를 도입하는 것이 타당성을 갖는다. 또한 실제의 경우, 시각적 비교에서는 도표 상에서 특성값이 나타내는 길이(의 변화)가 판단의 기준이 된다. 그러므로 동일한 곱셈계수는 도표 내의 모든 위치에서 동일한 길이로 표시되는 것이 도움이 되며, 로그 스케일은 이런 기능을 제공해준다. 2를 밑으로 하는 로그 스케일은 수치값을 (4배, 절반 등) 2배의 단위로 즉시 환산할 수 있기 때문에 실용적인 선택이다. 물론, 신소재와 기준소재를 사용된 각각의 특성그룹의 수치값들을 사용하여 구체적으로 표시하여 비교를 수행할 수도 있다. 하지만 각 특성그룹에 대해서 두 수치값의 비율을 도표로 표시하면 더 직접적인 비교가 가능하다. 기준소재의 특성값들을 기준선으로 삼아서 (기준소재에 대해서 정규화된) 새로운 소재의 각 특성그룹의 편차를 위(기능성이 우월) 또는 아래로 나타낼 수 있다.

그림 12.4에서는 전형적인 방식으로 나타낸 특성그룹의 윤곽의 주요 특성들을 보여주고 있다. 그림 12.4에서는 전형적인 연철 대비 일반적인 알루미늄 합금(약 4%의 구리 함유)의 몇 가지 특성들을 비교하여 보여주고 있다. 여기서 E는 영계수, Y는 인장항복강도, ρ는 밀도 그리고 α는 길이방향 열팽창계수이다. 각각의 막대들은 (기준소재인) 연철에 대한 합금의 수치값 비율을 나타낸다. 상향막대는 합금의 수치값이 더 큰 경우이며, 하향막대는 수치값이 더 작은 경우를 나타낸다. 수직방향 스케일은 2를 밑으로 하는 로그값으로서, 0이면 두

값이 같은 경우이며(비율이 1), ±1은 합금의 특성값이 두 배 또는 절반크기라는 것을 나타낸다. 따라서 도표를 잠깐만 살펴봐도 알루미늄의 열팽창은 연철의 두 배($\sim 2^1$)이며, 강도는 서로 유사하지만 강성과 밀도는 연철에 비해서 약 1/3($\sim 2^{-1.5}$), 그리고 이들의 비율은 매우 유사하다는 것을 확인할 수 있다. 이 도표는 수치값 비율을 점으로 표시한 후에 이들을 선으로 연결하는 예전에 일반적으로 사용했던 방식과는 세부적으로 약간 차이가 있다. 각각의 표시방법들마다 장점과 단점이 있다. 가끔씩 활용하는 사용자들의 경우에는 실제값을 읽는 것이 약간 더 이해가 빠르겠지만, 로그값을 사용하여 배수관계로 표시된 도표는 소재 변경을 추진하기 위해서 필요한 차이값을 강조하여 보여준다. 또한 동일한 기준소재에 대해서 다수의 소재에 대한 특성을 표시하면 두 소재의 로그값에 대한 단순 뺄셈을 통해서 이들을 서로 비교해볼 수 있다. 특성값 표시점들 사이를 선으로 연결하는 경우에 이 선은 아무런 물리적 함수를 나타내지 않지만, 유사한 윤곽선 형상을 통해서 유사한 성능을 가지고 있는 소재들을 눈으로 구분할 수 있다. 반면에, 막대그래프는 아무런 수학적 인위성 없이 강력한 시각적 영상을 제공해주며, 다수의 소재들을 조밀하게 비교하여 표시할 수 있다. **그림 12.4**에서 사용된 계수값들은 정밀구조에서 모두 중요한 인자들이지만, 제시된 도표는 실제의 경우와는 아무런 관련이 없는 단순한 예시라는 점에 유의하여야 한다. 이 방법은 소재 선정을 돕기 위해서 고안되었으며, 이를 통해서 많은 경우에 설계자들이 해당 용도에 대해서 높은 우선순위를 갖는 일련의 인자들을 지정할 수 있다. 다음에서는 일반 사용자들을 위한 적절

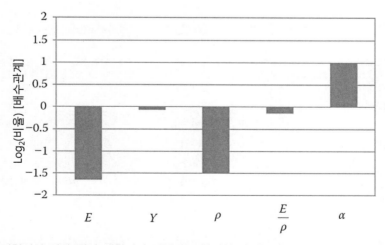

그림 12.4 전형적인 연강 대비 전형적인 알루미늄 합금의 소재특성값 비율 비교를 위한 도표 사례

한 추천들과 함께 어떻게 적절한 특성 그룹들 도출해내고 이를 정당화시킬 수 있는지에 대해서 논의할 예정이다.

고정밀 디바이스용 구조루프의 안정성은 일반적으로 부가되는 힘과 순간적인 열환경에 의해서 영향을 받는다(11장). 12.3.2절과 12.3.3절에서는 일반적으로 손쉽게 접근할 수 있는 소재특성들인 영계수 E, 인장항복강도 Υ, 밀도 ρ, 길이방향 열팽창계수 α, 열전도도 k 그리고 비열 c 등에 기초하여 이들에 대해서 살펴볼 예정이다. 그런데 일반목적의 연구를 위한 기준소재의 좋은 선택기준이 무엇인가라는 의문이 남아 있다. 다양한 선택이 정당화될 수 있지만, 이 장에서는 정밀기계에 적용하기에 각각의 특성이 꽤 좋지만 뛰어나지는 않는 인공적인 특성값들을 사용하여 이전의 방법을 따라가 본다. 지금부터는 달리 언급이 없다면 표 12.1에 제시되어 있는 **가상소재**를 기준소재로 사용하여 논의를 진행하기로 한다. 일관성을 위해서, 가상소재의 계수값들은 이전의 문헌에서 사용된 값들과 동일한 값을 사용하였다(체번드 1989, 스미스와 체번드 1994). 양호하지만 뛰어나지는 않은 기준소재를 사용하게 되면, 심각하게 사용을 고려하는 대부분의 소재들이 최대한 몇 배 정도 더 좋거나 나쁜 특성그룹을 갖게 된다. 이로 인하여 비교적 콤팩트한 특성 도표를 만들 수 있으며, 이들을 서로 비교하기 위한 공통의 스케일을 배치하기가 용이하다. 이 기법의 세부사항들과 배치는 효과적인 비교와 선정과정을 도와주기 위한 인체공학적 요인과 관련되어 있으며, 용도에 따른 데이터가 어떤 특징을 나타내는 경우에는 사용자들이 도표의 표시방법을 그에 맞게 수정할 것을 권장하고 있다.

표 12.1 특성그룹을 만들기 위해서 사용되는 기본 특성값들과 이 장에서 데이터의 정규화를 위해서 사용되는 가상 소재의 수치값들

특성	가상값	전형적인 소재
탄성계수	200[GPa]	연철
최대(허용)강도	300[MPa]	연철
밀도	4,000[kg/m³]	산화물 세라믹
열팽창계수	7×10^{-6}[1/K]	산화물 세라믹
열전도도	150[W/mK]	알루미늄 합금
비열	750[J/kgK]	일반금속

12.3.2 응력하에서의 소재의 성질과 거동

소재의 선정은 거의 항상 설계의 다른 측면들과 복잡한 방식으로 상호작용을 한다. 즉시 정량화가 가능한 특성들을 사용하여 추출한 수치값들만을 사용하여 소재의 효용성을 비교하려 할 때에는 세심한 주의가 필요하다. 그럼에도 불구하고, 세심하게 통제된 다소 인위적인 조건하에서 소재들을 비교하기 위해서 이 방법을 사용할 수 있다. 따라서 소재변경 이외의 모든 조건들이 정확히 동일하게 유지되는 경우에 구조물의 기계적 성능은 어떻게 변할 것인가에 대한 의문이 생긴다. 이런 환경하에서 **그림 12.4**에 따르면 연강을 알루미늄 합금으로 바꾸면 구조물의 강성이 현저히 감소하지만 고유진동수는 약간 감소할 뿐이라는 것을 알 수 있다. 하지만 설계자들은 엄격한 구속을 거의 받지 않는다. 만일 구조물의 단면에 대해서 아무런 제약이 없다면, 소재의 밀도가 낮기 때문에 전체 질량은 유사하게 유지하면서 단면적을 증가시켜서 전체 강성을 맞출(오히려 증가시킬) 수 있다. 이렇게 치수를 변경시킬 수 있는 경우는 매우 드물고, 전체 질량은 중요한 인자가 될 수도, 안 될 수도 있다. 따라서 모든 접근법들은 내재된 가정에 대해서 민감하게 반응하며, 일정한 수준의 수학적인 엄격성과 일관되고 쉽게 이해되는 가정을 사용하는 것이 최선이다. 그러므로 이 장에서는 동일한 직선치수를 가지고 있는 구조물의 성능에 대해서 상호 비교를 수행한다. 격자 구조와 더불어서, 적층가공방식이 제공해주는 설계의 자유도를 사용하면, 설계의 형상과 치수를 점점 더 손쉽게 변형할 수 있게 되지만, 이 장에서는 기존의 가공방식을 사용한다고 가정하고 있다(정밀 설계에서 격자구조를 사용한 초기연구에 대해서는 시암 등 2017 참조).

연구대상 소재를 변경하는 것만을 허용함으로써, 치수 유사성 이론을 사용하여 유용한 특성그룹을 추출하기 위한 모델링을 단순화시킬 수 있다. 여기서는 크기가 아니라 표현의 기본적인 물리적인 단위와 관련되어 있는 두 가지 서로 다른 치수사용을 구분하는 데 주의하여야 한다(2장 참조). 설계상의 선택은 파손이나 과도한 탄성변형 없이 지정된 하중을 지지해야 하는 것과 같은, 소수의 전형적인 요구조건들에 초점을 맞추는 경향이 있다. 예를 들어, 지정된 위치에 가해진 힘에 따라서 다양한 수준의 내부복잡성을 가지고 있는 구조물상의 한 점이 어떻게 변형되는지를 나타내는 방정식(수학 모델)에 대해서 살펴보기로 하자. 차원 해석을 위해서 질량－길이－시간계수를 사용하면, 모든 수학 모델들은 힘$[MLT^{-2}]$을 독립입력으로 사용하며 출력은 변위(L)이다. 변형률에 의해서 발현되는 변위는 내부응력과 소재의 탄성에 의존하는 반면에 응력은 구조물의 기하학적 형상에 의존한다. 축방향 응력이나 굽힘응력이 거동을 지배하는 모든 시스템은 입력힘을 응력[$ML^{-1}T^{-2}$]으로 변환시키는 총 효과를 가지고 있어야만 하며, 결과적으로 동일한 치수영향×[L^{-2}]을 가져야만 한다. 마찬가지로, 소재계수는 응력을 변형률로 변환시키기 위한 총 치수영향×[$M^{-1}LT^2$]과 최종적으로 변위를 생성하기 위한 기하학적 계수×[L]로 이루어진다. 전반적인 결론은, 관심거동의 유형을 반영하는 매우 단순한 구조만을 탐구하여 임의의 복잡성을 가지고 있는 모든 시스템의 기능에 소재가 어떤 영향을 미치는가를 밝혀낼 수 있다는 것이다.

가장 단순한 전형적인 구조는 축방향으로 힘을 받는 막대 또는 지주이다. 축방향 응력 σ와 변형률 ε사이의 상관관계는 **후크의 법칙**을 사용하여 다음과 같이 나타낼 수 있다.

$$\sigma = E\varepsilon \tag{12.1}$$

또는 부가된 힘과 축방향 변위를 사용하여 다음과 같이 나타낼 수도 있다.

$$\delta = \frac{Fl}{EA} \tag{12.2}$$

여기서 A는 단면적, l은 막대의 길이이다. 일반적으로 계측루프나 다른 많은 실제 사례의 경우에 루프 내에서 크기(또는 변형률)의 변화를 최소화하여야 한다. 이를 통해서 높은 영계수가 선호된다는 지침이 만들어진다. 하지만 일부 플랙셔 메커니즘과 같은 몇 가지 중요한 경우에는 저강성 소재가 더 좋다. 그럼에도 불구하고, 영계수(또는 탄성계수 E)는 그 자체가 타당한 특성그룹이다. 어떤 비교라도, 일반적으로 기준값(가상소재)보다 높은 값이 선호되며, 이는 특성도표에서 상향막대로 표시하는 것이 자연스럽다. 이 형태가 일반 규칙으로 사용된다. 모든 특성그룹들에 대해서, 일반적으로 더 큰 값이 더 좋은 것으로 간주된다. 많은 구조부재들이 큰 하중을 지지하여야 하며, (크리프와 피로효과를 포함한) 루프의 무결성을 구현하기 위해서는 응력이 탄성한계에 접근하지 않아야 한다. 따라서 식 (12.1) 및 (12.2)를 고려하며, σ에 Υ를 대입하면, 항복응력(필요하다면 여기에 안전계수를 고려한 값) Υ도 그 자체가 유용한 특성그룹이라는 것을 보여준다.

이제 모든 기본 구조역학 교재(예를 들어 비어와 존스턴 2004)에 제시되어 있는 선형 미소변형 이론을 사용하여 측면방향 하중을 받는 균일단면 외팔보의 굽힘거동에 대해서 살펴보기로 한다. 보의 끝에 힘 F가 작용할 때에 보의 끝단에 발생하는 변형은 다음과 같이 주어진다.

$$\delta = \frac{Fl^3}{3EI} \tag{12.3}$$

여기서 l은 보의 길이, I는 보의 2차 단면 모멘트이다. 만일 이 외팔보가 수평방향으로 설치되어 있으며 자중 이외에는 아무런 힘도 가해지지 않는다면, 끝단 변형은 다음과 같이 변한다.

$$\delta \propto \frac{\rho A g l^4}{EI} \tag{12.4}$$

여기서 ρ는 밀도, A는 단면적(그리고 Al은 체적) 그리고 g는 중력가속도이다. 식 (12.3)의 분모상수는 모델링된 특정한 상황에 의한 경계조건 값이며, 식 (12.4)에서는 등가상수를 소거하여 비례적으로 감소한 것이다. 이 사례는 두 모델 사이의 물리적 유사성을 강조하기 위해서 예시된 것이다. 두 식들은 모두 동일한 형상항과 작용력항으로 구성되어 있으며, 식 (12.4)의 작용력 항은 소재특성(밀도)과 형상계수들로 구성되어 있다. 물리적 구속조건과 점하중 또는 분포하중에 따른 함수들은 경계값 상수에 포함된다. 비례관계는 이 상수의 성질과 결합되어 모델의 치수 유사성을 더욱 잘 보여주기 때문에, 가장 단순한 형태를 통해서 소재의 특성에 따른 거동을 살펴볼 수 있다(많은 경우 이를 끝까지 풀어볼 필요조차도 없다).

이 사례에 대해서 계속 살펴보면, 보의 항복을 일으키지 않고 전달할 수 있는 최대 굽힘 모멘트는 다음과 같이 주어진다.

$$M_{\max} = \frac{2 \Upsilon I}{d} \tag{12.5}$$

여기서 d는 보의 굽힘평면 두께이며 Υ은 인장 또는 압축방향 허용(항복)강도 중 작은 값이다(이는 비교적 드물지만, 고정밀 용도에서 사용되는 일부 소재에서 나타날 수 있다). 최대 굽힘 모멘트는 하중이 작용하는 형태와 위치에 의존하지만 소재 선정의 기준은 축방향 하중의 경우와 정확히 일치한다. Υ만으로도 하중지지용량을 나타내는 유용한 일반계수이다. 또한 많은 경우에 계측루프의 자중에 의한 변형을 관리하는 것이 중요한 일이므로, 식 (12.4)에서는 E/ρ를 되도록 큰 값으로 유지할 것을 제안하고 있다.

유용할 가능성이 있는 특성 그룹을 추출하는 방법에 대해서 더 살펴보기 위해서 보의 정적 거동을 유효 선형강성의 항으로 나타낼 수 있다. 예를 들어, 단면이 $b \times d$의 사각형이라는 것을 알고 있는 경우에, $I = bd^3/12$이며, 식 (12.3)을 재구성하여 횡방향 하중을 받는 보의 강성변화를 다음 식으로 나타낼 수 있다.

$$\lambda \ \propto \frac{Ebd^3}{l^3} \tag{12.6}$$

보의 길이는 일정해야 하며, 폭을 변경할 수는 없지만 두께는 조절할 수 있다고 가정하자. 두께는 강성에 큰 영향을 미치며, 전체 질량은 두께에 비례하여 증가한다. 미리 지정된 강성 값에 대해서, 필요한 두께는 $d_\lambda \propto E^{-1/3}$의 관계를 가지고 있다. 따라서 보의 무게는 $\rho/E^{1/3}$에 비례하므로, 이 그룹의 값을 되도록 작게 유지하는 것이 이 시나리오에서는 최적이다. 일반적인 경우에 더 큰 값이 더 좋은 성능을 나타낸다는 관례에 따르면, 특성그룹 $E^{1/3}/\rho$가 선정도표에 포함시킬 훌륭한 후보이다. 그런데 항공우주와 같은 분야에서는 정밀설계에 대한 제한조건들이 덜 반영되므로, 여기서 사용되는 항목들이 특성그룹의 기본 세트에 포함되지 않는다. 마찬가지로, 기둥의 (오일러) 좌굴과 관련된 특정한 조건들을 포함하며, $E^{1/2}/\rho$를 큰 값으로 선정하는 것에 민감한 경우가 존재한다. 이 좌굴기준이 상수인 직선이 **그림 12.3**에 도시되어 있다. 애쉬비(1989)는 이런 사례들에 대해서 많은 독창적 논의를 수행하였으며, 이에 대해서는 아마도 애쉬비 그룹의 후기 간행물들을 손쉽게 찾아볼 수 있을 것이다.

지금까지의 논의는 정적 거동에 집중되었다. 비록 다이아몬드 선삭기나 전자회로용 스테퍼와 같은 뛰어난 예외 사례들이 있기는 하지만 대부분의 정밀 시스템은 저속과 저가속 조건하에서 작동하므로 관성부하가 설계의 주요 제약조건으로 작용하지 않는다. 그럼에도 불구하고 일반적인 특성 프로파일에서 일부 비정적 거동을 고려해야 한다. 플랙셔 메커니즘에서 흥미로운 중간적 사례(**준정적 거동**으로 분류할 수 있다)가 발견된다.

정밀한 반복운동을 구현하기 위한 수단으로 플랙셔가 자주 사용되다. 따라서 변형부위 또는 힌지에서 어떠한 소성거동도 발생해서는 안 된다(플랙셔에 대한 전체적인 논의는 7장 참조). 반면에 전체 크기에 비해서 넓은 운동 범위를 확보하기 위해서는 탄성요소에 큰 변형률이 발생해야 한다. 식 (12.1)에 항복응력을 대입하면 최대 허용 변형률은 Υ/E값의 증가에 지배되므로 이 계수가 유용한 특성그룹이 된다. 7장에서 논의했듯이, 탄성값인 Υ^2/E도 플랙셔의 흥미로운 성질 중 하나이지만, 여기서는 기본 특성그룹에 포함되지 않았다. 구동기와 관련된 루프 내의 반력을 비교적 낮게 유지하는 것이 좋다는 일반적인 주장에 주목하면, 적당한 강성을 가지고 있는 플랙셔 시스템이 비교적 안정하다면 더 선호된다. 강성에 대한 앞서의 논의에 따르면 탄성계수 E값이 작은 소재를 선정하여야 한다. 이는 E값만을 사용하는 대부분의 경우와는 상반된 기준이지만, 이는 단지 하나의 시나리오에 불과하며, 일련의 일반목적 특성그룹에서 나타날 가능성이 있는 피할 수 없는 변칙들 중 하나로 취급되어야 한다. 만일 플랙셔의 경우와 같은 고려사항이 특정한 설계 사례에서 지배적인 경우에는, 더 큰 값을 선호하는 관례에 따르기 위해서 E 대신에 $1/E$를 사용하는 것이 타당하다. 플랙셔 메커니즘의 가속과 관련된 동적 작용력을 제어하는 경우에는, 일반적으로 필요한 크기에 대해서 질량을 충분히 작게 유지하는 것이 바람직하므로, 저밀도 소재가 선호된다. 따라서 $1/\rho$값이 더 큰 경우가 선택된다. 그런데 이런 경우를 정밀공학 분야에서 자주 접할 수 없기 때문에, 여기서 사용되는 기본 세트에는 포함시키지 않았다.

진동은 정밀공학과 매우 명확한 연관성을 가지고 있는 동적 거동의 한가지 형태이다. 여타의 설계 요구조건이 없는 경우에는, 시스템의 주 구조루프와 계측루프에 대해서 비교적 높은 고유주파수를 구현하는 것이 좋다(13장 참조). 높은 주파수에서는 주변 환경으로부터의 에너지 전달이 잘 일어나지 않기 때문에, 큰 공진이 발생할 가능성이 줄어든다. 여기서도 가장 단순한 형태는 균일단면 외팔보의 1차 고유주파수로서 다음과 같이 주어진다.

$$\omega_n \simeq 3.52 \sqrt{\frac{EI}{\rho A l^4}} \tag{12.7}$$

E/ρ(또는 이 값의 제곱근) 그룹의 값이 커질수록 고유주파수가 높아진다. 탄성파방정식의 해석에 따르면 얇고 긴 막대 내에서 길이방향으로 전파되는 파동의 속도 또는 음속은 덜 민감한 그룹인 $\sqrt{E/\rho}$에 속한다. 몇 가지 기본 시나리오들에서 이 비율이 변하므로, E/ρ는 분명히 일반목적 특성그룹의 후보이다. 일부의 사례(예를 들어 특정한 유형의 진동센서)에서는 낮은 고유주파수가 필요하며, 이런 경우에는 이 그룹의 값이 매우 작아야만 한다. 이런 사례도 일반목적 그룹의 또 다른 특이 사례로 간주한다.

정밀공학 분야에 초점을 맞춘 일반목적 특성그룹 세트 내에서 조차도 관성 효과를 제한하는 계수가 있어야 할 것으로 생각된다. 끝이 회전하는 균일단면 막대가 특징적인 사례이다. 단순화를 위해서 회전속도가 일정하다고 가정하면, 막대의 무한히 짧은 길이는 회전반경에 따라서 구심가속이 작용하므로 구심력(응력)을 받게 된다. 이 모든 작용력들이 회전중심에 힘을 가하므로, 막대 내의 응력적분은 다음과 같이 회전중심 위치에서 최대가 된다.

$$\sigma = \frac{\rho\omega^2 l^2}{2} \tag{12.8}$$

여기서 ω는 각속도이며 l은 막대의 길이이다. 회전속도(또는 가속)가 최대인 경우, σ에 최대응력 Υ를 대입하면 그룹 Υ/ρ의 값이 클수록 더 좋다는 것을 알 수 있다.

이 절에서는 다양한 용도에 대해서 기능적 중요성을 갖추고 있는 소재의 특성그룹을 추출하기 위해서 기계 시스템의 단순한 대표 모델을 어떻게 사용할 수 있는지를 보여주었으며, 소재의 선정을 도와주는 특성 프로파일의 기반으로 이를 사용할 수 있다. 정의된 적용범위에 맞춰 조정된 맞춤형 프로파일 시퀀스를 어떻게 구성하는가에 대한 논의를 도식적으로 다룰 수 있다는 것을 강조하는 것이 중요하다. 또한 논의과정을 통해서 정밀공학 시스템의 기계적 거동에서 일반적으로 발생할 가능성이 있는 일련의 특성그룹들이 만들어진다. 여기에는 이 장에서 사용되는 일반적 프로파일 세트인 E, Υ, E/ρ, Υ/E 및 Υ/ρ가 포함된다. 이 순서는 전형적으로 더 정적인 계수에서 더 동적인 거동으로 순서가 진행되는 것을 반영하고 있으며, 이후에도 이 순서에 맞춰 도표가 제시될 예정이다.

12.3.3 열특성과 거동

기계루프의 **열교란**은 고정밀 설계에서 특히 중요하다. 모든 정밀계측기나 기계들은 일종의 온도계처럼 작용하는 것을 자주 목격할 수 있다. 따라서 일부의 열특성은 재료의 선정과 매우 밀접한 관련이 있으며, 일반목적 특성그룹 내에서 강하게 작용한다. 이 절에서 사용한 방법은 12.3.2절의 내용을 충실히 따른다. 일반적으로 열교란이 루프의 치수 안정성에 미치는 최종적인 지표는 온도 변화와 온도구배에 의해서 유발되는 열팽창으로 나타난다. 이런 변화는 많은 원인들에 의해서 발생할 수 있으며, 일반적으로 바람직하지는 않지만 피할 수 없는 에너지원과 관련된 서로 다른 여러 성질들이 개입하여 온도가 기기나 기계 내의 루프 안정성에 영향을 미친다. 환경변화, 모터나 여타 작동기와 같은 국부적인 내부열원 또는 심지어 작업자의 손에서 전달되는 열(기계는 약 20[°C] 근처에서 작동하며 손의 표면온도는 약 30[°C] 내외이다)에 의해서도 열교란이 발생할 수 있다. (고품질 교정용 방을 표준상태는 아니지만 온도가 잘 조절되는 상태로 관리하며, 측정이 끝난 후에 이를 교정하기로 기술적인 결정을 내린 경우에) 일부의 영향들은 거의 변하지 않거나 느리게 드리프트할 뿐이다. 여타의 열원들은 켜짐-꺼짐 또는 반복적인 과도상태를 나타낸다. 따라서 일반목적의 열특성 그룹 세트는 앞 절에서 응력과 관련된 특성들을 살펴보는 과정에서 적용되었던 정적, 준정적 및 동적 거동과 동일한 개념을 적용하여야 한다.

우주과학 분야와 같이 매우 까다로운 분야에서는 직사광선과 같은 복사열원이 가해지지 않도록 주의를 기울인다면 고정밀 장치가 사용되는 상황에서 환경변화가 빠르게 일어나지 않는다고 가정하는 것이 합리적이다. 이런 경우에는 적당한 크기의 수동물체가 대략적으로 주어진 환경하에서 열평형을 이룰 것이다. 온도 변화에 대한 민감성을 줄이기 위해서 필수적인 조건은 물체의 직접 열팽창을 제한하는 것이다. 만일 물체가 기구학적으로 고정(6장)되어서 큰 힘을 생성하지 않으면서 미소한 크기변화를 수용할 수 있거나 (게이지블록의 경우처럼) 본질적으로 자유롭다면, 열팽창을 제한하기 위해서 단지 열팽창계수가 작은 소재를 사용하면 된다. 큰 값이 더 좋다는 관례를 따르기 위해서는 열팽창계수가 α 일 때에, 특성그룹으로 $1/\alpha$를 사용하는 것이 적절하다. 하지만 많은 경우, 명목상 강체인 기준루프의 하위구조로서 물체를 더 견고하게 구속한다. 극한의 경우에는 길이 변화가 전혀 허용되지 않으며, 이런 경우에는 모든 자연적인 열팽창을 (반력매칭을 사용하여) 탄성적으로 정확히 보상하기 위해서 내부 압축응력을 생성하여야 한다. 온도 변화에 따른 자유팽창이 탄성영역 이내로 유지되는 경우에는 변형률 $\alpha \Delta T$로 나타낼 수 있으며, 이 변형률을 상쇄하기 위해서 필요한 응력은 다음과 같이 주어진다.

$$\sigma = - E\alpha\Delta T \tag{12.9}$$

일반적인 지침에 따르면 루프 응력을 가능한 한 줄여야만 하므로, $1/\alpha E$ 값이 더 큰 소재를 선정하여야 한다.

준정적 열거동에 대한 또 다른 이상화된 모델에서는 일정한 전력을 소모하면서 연속적으로 작동하는 모터와 같은 발산에너지원이 미치는 영향을 고려하고 있다. 열에너지 중 일부는 구조부재를 따라서 전도되면서 국부온도의 상승과 팽창이 초래된다. 가장 단순한 형태는 길이가 L이며 단면적은 A인 균일단면 막대를 따라서 흐르는 1차원 정상열유동 q이다. **푸리에의 전도법칙**에 따르면 막대 양단 사이에 온도 차이에 의한 열유동은 다음과 같이 주어진다.

$$q = \frac{kA\Delta T}{L} \tag{12.10}$$

여기서 k는 열전도도이다. 균일단면 막대는 열구배가 일정하므로 열원에서 먼쪽은 대기온도라고 가정하면 평균온도 상승량은 $\Delta T/2$이다. 변형률로 나타낸 막대의 총 열팽창량은 다음과 같이 주어진다.

$$\varepsilon = \frac{\Delta T}{2}\alpha = \frac{qL}{2kA}\alpha \tag{12.11}$$

그러므로 고려대상 물체에 대한 구속이 열팽창을 제한하지 않는다면, 특성그룹 k/α가 클수록 변형률이 작아진다. 식 (12.9)에 따르면, 일정한 길이를 유지하기 위해서 물리적으로 구속되어 있는 물체의 내부응력을 최소화하기 위해서는 $k/\alpha E$값이 커져야 한다.

정상상태가 아닌, 또는 과도상태의 열교란이 발생하는 경우에 정상상태로 빠르게 되돌아오는 것이 일반적으로 바람직하다. 다시 말해서, 열에너지가 빠르게 확산되는 것이 바람직하다. 가장 단순한 1차원 열방정식을 사용하면 추가적인 에너지원이 없는 경우에 공간에 분포되어 있는 온도 프로파일 $\theta(x)$는 시간과 공간에 대해서 다음과 같이 주어진다.

$$\frac{\partial \theta}{\partial t} = \frac{k}{c\rho} \frac{\partial^2 \theta}{\partial x^2} \tag{12.12}$$

여기서 t는 시간, x는 위치 그리고 $c\rho$는 용적비열이다. 온도분포 내에서 열을 얻거나 잃거나 또는 특별한 변화를 유발하기 위해서 물체 내부에서 얼마나 많은 열이 이동해야 하는가에 물체의 크기가 직접적인 영향을 미치기 때문에 이 관계에서 비열 c는 항상 밀도와 관련되어 있다. $k/c\rho$관계는 **열확산율**[19]이라고 알려져 있다. 식 (12.12)는 시간에 대한 1차 함수이며, 상호시상수 $k/c\rho$에 따라서 평형상태로 안착되는 지수함수적 특징을 명확하게 나타내고 있다. 일반적으로 이 그룹도 큰 값을 선호한다.

열확산율 자체는 발생할 수 있는 기준 루프의 치수변화에 아무런 영향도 미치지 않는다. 따라서 열확산율은 총 열변형률을 도출하기 위한 온도 기반 시나리오와 항상 관련되어 있다. 두 가지 전형적인 상황들 중 하나는 작은 물체를 작업자가 잠시 동안 손가락으로 집고 있는 경우와 같이 에너지 교환을 통해서 직접적으로 온도 프로파일이 부과되는 경우이다. 다른 상황은 작동기가 잠시 작동하므로 인하여 온도 프로파일이 생겨난 경우처럼, 비교적 빨리 일정한 양의 열에너지가 전달되는 경우이다. 일정한 온도 프로파일의 경우, 온도 프로파일이 비선형적이라고 할지라도, 열팽창은 여전히 대기온도 이상의 평균온도에 의존한다. 자유물체와 완전구속 물체에 대한 선정기준은 앞서 논의했던 것과 동일하며, 단지 열팽창의 영향이 빠르게 없어지도록, 높은 확산율이 선호된다는 점이 추가되었을 뿐이다. 열전달이 일정한 경우, 온도 변화는 용적비열에 반비례하며 총 치수효과는 용적비열을 팽창률로 나눈 값에 의해서 평균화된다. 따라서 자유물체와 고정된 물체는 각각 $c\rho/\alpha$와 $c\rho/\alpha E$값이 큰 경우를 선호한다. 열용량, 총 팽창률 그리고 열확산율 사이의 상호작용도 훌륭한 요구조건 연습의 중심에 놓여 있다. 따라서 공작기계와 측정기기는 실제로 사용하기 오래전에 예열을

---

19 thermal diffusivity.

해야만 하며 시편은 사용하기 전에 미리 작업환경 속에서 충분한 시간을 방치되어 있어야 한다.

정밀공업 분야에서는 소재의 응력과 관련된 특성들보다 열적 거동은 상황에 따라서 몇 가지 다른 방식으로 분류되는 소수의 인자들에 지배를 받는다. 가장 명확한 사례로는, 구조 루프 내에서 강하게 구속된 부품의 경우에는 응력을 고려하기 위해서 열팽창계수를 탄성계수로 나누어 스케일을 변화시킨다. 용도맞춤형 프로파일을 구성할 때에 가장 관련성이 높은 인자들을 선정하는 것이 쉽겠지만, 일반목적 특성 프로파일에 이런 모든 변형들을 포함시키는 것은 주의를 산만하게 만들 수 있다. 따라서 여기서는 모든 거동패턴들을 즉시 파악할 수 있는 비교적 최소한의 세트를 사용할 예정이며 다른 상황에 대해서도 이를 참조하여 이들 중 어떤 것들을 조합해서 사용할 것인가를 결정할 수 있다. 선정된 열특성 그룹은 $k/c\rho$, $c\rho/\alpha$, k/α, $k/\alpha E$, $1/\alpha$, 그리고 $1/\alpha E$이다. 이 세트의 경우에도 일관되게 이 순서를 지켜서 사용할 예정이다. 이 순서는 더 정적인 인자에서 더 동적인 인자들로 점진적으로 전환되는 과정을 반영하여 12.3.2절에서 선정되었던 응력 관련 특성그룹과 동일한 방식으로 배열된 것이다.

12.4 정밀공학용 소재: 일반론과 흥미로운 선정 사례

12.3절에서는 소재들을 서로 비교하는 방법과 설계에 필요한 소재를 선정하는 순서에 대해서 논의하였다.

특정한 용도에 대한 기존 설계에서의 요구조건들이 이런 비교의 명확한 기준을 제공해주며 어떤 특성그룹에 우선권을 주어야 하는지를 제시하고 있지만, 정밀기계 장치에서 루프 안정성에 초점을 맞춘다면 일반목적의 특성그룹의 활용은 논쟁의 소지가 있다. 일련의 기본 특성들로 이루어진 가상소재는 정밀공업 분야의 일반적인 상황에 대해서는 매우 매력적이므로 별달리 명확한 기준이 없는 경우에는 이를 기준으로 사용한다. 지금부터는 가장 일반적으로 사용되는 소재에서부터 소수의 특화된 분야에서만 사용되는 소재에 이르기까지 다양한 소재의 장점을 탐구하기 위해서 이 방법을 사용한다. 여기서 제시된 모든 값들은 전형적인 거동패턴을 나타낼 뿐이라는 점에 유의하여야 한다. 이 방법은 초기설계 과정에서 선호하는 유형의 소재를 탐색하는 데에는 적합하지만 상세설계의 계산 시에는 공급업체에서 제시하는 데이터를 사용하여 이를 확인하는 것이 매우 중요하다. 이런 필요성을 강조하기 위해서, 제시된 값들은 거의 항상 가상소재에 대해서 정규화되어 있으므로 추가적인 환산 없이는 이를 그대로 활용할 수 없다. 부록의 **표 12.A.1~12.A.4**까지의 선정표들에서는 이런 방식으로 변환된 기본 특성과 특성그룹의 수치 데이터들이 제시되어 있다. 특성 그룹들이 비록 임의의 순서로 나열되더라도, 체계적이며, 동일한 순서의 도표로 제시되어 있다면 상호 간 비교가 훨씬 더 용이할 것이다. 실제 경험에 따르면 **그림 12.5**에 요약되어 있는 순서나열 방식은 수평축 방향으로 모든 특성그룹 프로파일들을 손쉽게 나타낼 수 있으므로, 이 장의 전체에 걸쳐서 사용될 예정이다. 12.3절에서 논의되었던 도표작성방법에 따라서 열 관련 특성세트들은 기계적 응력 관련 특성세트들의 우측에 배치된다. 그리고 더 동적인 그룹들이 중앙부에 배치되며, 더 정적인 거동을 나타내는 그룹들은 좌측과 우측으로 분리되어 배치된다.

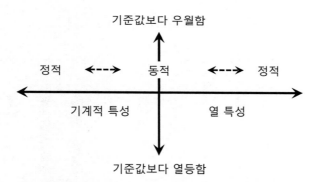

그림 12.5 이 장에서 사용된 기계적 응력과 열 거동에 관련된 특성그룹 프로파일들의 배치원칙

12.4.1 금속소재

상업적으로 생산된 정밀기계 시스템을 통해서 강철이 매우 널리 사용되는 소재라는 것을 확인할 수 있다. 예를 들어, 공작기계나 좌표 측정 시스템의 주 구조물에 대해서는 비록 일부의 경우에 알루미늄 합금이나 여타의 소재들이 사용되기는 하지만 **강철**이 특히 일반적으로 사용되고 있다. 이와는 대조적으로 실험 장치나 특수목적의 소량생산제품에서는 강철이 확실히 많이 사용되기는 하지만 여타의 다양한 소재들도 사용이 되고 있다. 이처럼 강철이 많이 사용되는 이유는 실용성 때문이다. 강철은 매우 강하며 단단하고, 즉시 활용이 가능하

며, 여타의 많은 소재들보다 값이 싸다. 강철은 가공성이 좋고 거의 모든 공장들이 강철가공에 대해서는 풍부한 경험을 갖고 있다. 다양한 조성의 강철 합금과 열처리를 통하여 강도, 경도, 장기간 안정성, 부식 저항성 등을 크게 조절할 수 있다. 이런 특성들 때문에 주류 생산환경하에서 강철의 사용은 큰 이점을 제공해준다. 정밀 메커니즘 분야에서 강철의 성능특성은 가상소재를 사용하는 것에 비해서 크게 다르지 않다. 이들 두 소재의 성능은 연철을 기반으로 하고 있으며, 강철은 전형적으로 강도가 높은 소재이기 때문에 기계적인 측면에서는 강철이 결코 가상소재에 비해서 뒤처지지 않는다. **그림 12.6**에서는 항복강도를 제외한 모든 특성들이 연철과 크게 다르지 않은 전형적인 스프링강의 특성 프로파일을 보여주고 있다. 그림에서 플랙셔와 관련된 특성 그룹들이 높게 나타난다는 점은 결코 놀랍지 않다. 하지만 열특성은 매우 나쁘다는 것을 알 수 있다.

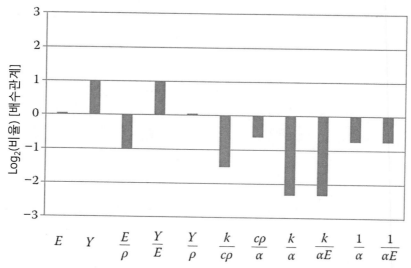

그림 12.6 표 12.1에 제시되어 있는 가상소재 대비 전형적인 스프링강의 특성그룹 프로파일. 스프링강의 데이터는 표 12.A.3에서 추출하였다.

표 12.A.3에 제시되어 있는 것처럼, **주철**을 포함하여 여타의 널리 사용되는 페라이트 소재들은 비교적 성능이 떨어지지만, 기계 베이스와 같은 대형 구조물을 손쉽게 주조할 수 있다는 유용한 성질을 가지고 있으며, 결정격자구조 내의 흑연상들이 진동 에너지의 발산을 도와주기 때문에, 대부분의 소재들보다 높은 내부감쇄 특성을 가지고 있다. 크롬(일반적으로

약 20%)과 니켈(일반적으로 10% 이상)의 조성비가 높은 **스테인리스강철**은 뛰어난 부식저항성을 가지고 있지만, 대부분의 정밀 분야에서는 일반적으로 환경이 조절되기 때문에, 이는 크게 중요하지 않다. **그림 12.7**에 따르면, 스테인리스 강철의 프로파일은 특히 일부 열특성을 포함하여, 대부분의 항목에서 여타의 강철에 비해서 열등하다. 스테인리스강철은 합금함량이 낮은 여타의 강철들에 비해서 깨끗하게 가공하기가 매우 어렵다. 그런데 많은 경우에 부식저항성은 장점이 되며, 스테인리스 강철의 사용이 필수적인 중요한 적용 분야들은 표면 산화층의 상대적인 내화학성과 관련되어 있으며, 바이오메디컬, 식품 및 진공 관련 분야 등이 대표적인 사례이다. 합금은 일반적으로 상전이 온도에 영향을 미치며 대부분의 스테인리스 강철들은 충분한 니켈과 크롬을 함유하고 있어서 상온조건에서 오스테나이트가 생성된다. 강철의 페라이트상만이 강자성체이며, 따라서 오스테나이트강은 비자성 특성을 가지며, 몇 가지 열특성 그룹들을 제외하고는 연철과 유사한 특성을 나타낸다.

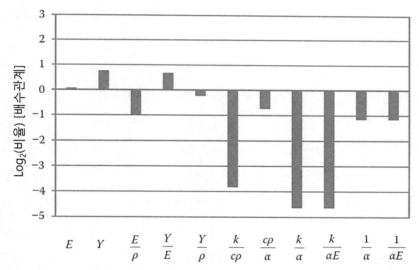

그림 12.7 표 12.1에 제시되어 있는 가상소재 대비 전형적인 스테인리스강의 특성그룹 프로파일. 스테인리스강의 데이터는 표 12.A.3에서 추출하였다.

알루미늄과 **구리합금**은 가장 널리 사용되는 금속들로서, 일반적인 요구조건들이 강철에서와 유사하다. 이들은 대부분이 쉽게 가공되므로 원 소재의 가격이 비교적 비싸다 하더라도 총 제조비용은 적당한 수준을 갖으며, 강도와 안정성은 열처리를 통해서 조절할 수 있고,

재활용가치가 높다. 단위질량에 기초하여 대충 비교해보면, 스테인리스 강철과 알루미늄 합금은 연철에 비해서 2~3배 더 비싸며, 구리합금은 이보다도 더 비싸다. 과거세대에 계측기 제작업체에서는 **황동**(아연 함량이 약 30% 이상)을 기본 소재로 사용되어왔지만, 경제적 요인과 기술적 요인들 사이의 불균형으로 인하여 현재에는 효용성이 줄어들게 되었다. **청동**은 구리와 주석(전형적으로 약 10% 수준)의 합금이며 현대에 와서는 일반적으로 더 이상 많이 사용되지 않는다. 청동과 황동에 더 연한 소재인 납을 섞어서 미끄럼 베어링으로 사용하였다(7장). **인청동**은(비교적 낮은 함량의 주석과 수%의 인 함유)과 **베릴륨동**(베릴륨 약 2% 함유)은 얇은 시트 형태로 만들기 쉽기 때문에, 플랙셔 장치의 스프링과 조인트 요소로 사용하기가 좋다. **그림 12.8**에서는 전형적인 베릴륨동의 적절한 프로파일을 보여주고 있다. **그림 12.6**에 도시되어 있는 스프링강과 비교해보면, 경화된 상태에서 항복 변형률이 높음을 알 수 있다. 여타 황동과 청동은 서로 다른 항복강도에 따른 영향을 제외하고는 매우 유사한 프로파일을 나타내고 있다. 특히 **무산소동**[20]과 같은 고순도 구리는 높은 연성과 열응답 특성 및 낮은 화학반응성 때문에, 매우 표면품질이 높은 몰드의 다이아몬드 선삭과 같은 중요한 용도에 사용된다. 순수한 **알루미늄**도 마이크로시스템에 다이아몬드 선삭을 사용하여 (도전성) 금속층을 생성하거나 얇은 박판을 만들기에 좋은 소재이다. 하지만 여타의 용도에 대해서는 순수 알루미늄이 너무 연하기 때문에, 전형적으로 수% 정도의 구리(와 소량의 여타 금속들) 합금이 사용된다. 일상적으로 사용되는 알루미늄이라는 용어는, 실제로는 약 4%의 구리가 함유된 **두랄루민** 형태의 합금이다. 12.3.1절의 특성그룹 구성과정에서 이미, 알루미늄 함금에 대한 몇 가지 특성들에 대해서 논의하였으며, 여기서는 별도로 특성그룹 도표를 제시하고 있지는 않지만 **표 12.A.3**에는 모든 수치값들이 제시되어 있다. 예상하고 있는 것처럼, 강도, 피로수명 및 가공성 등의 측면에서 우수한 성질을 구현하기 위해서 실리콘이나 마그네슘을 포함하는 다양한 알루미늄 합금들이 사용되고 있다. 알루미늄은 밀도가 낮고 높은 열전도성과 열팽창계수를 가지고 있기 때문에, 모놀리식 플랙셔나 많은 기기들의 소형 부품으로 적합한 소재이나 고하중이 가해지는 공작기계의 구조루프 등에는 잘 사용되지 않는다.

20　oxygen free copper.

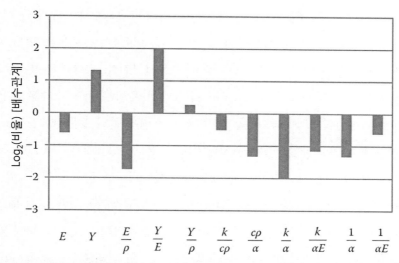

그림 12.8 표 12.1에 제시되어 있는 가상소재 대비 전형적인 베릴륨동의 특성그룹 프로파일. 베릴륨동의 데이터는 표 12.A.3에서 추출하였다.

이런 모든 합금들의 열특성은 순수한 알루미늄이나 구리에 비해서 열등하다는 점을 명심해야 한다. 소량의 구리를 알루미늄에 첨가하면 합금으로서의 기계적 장점이 구현되지만, 크기가 큰 구리원자가 격자구조를 변형시켜서 열에너지와 전기 에너지를 전달하는 전자의 자유로운 운동을 방해하기 때문에 열전도성이 심하게 저하된다. 순수한 구리와 이보다는 못하지만 순수 알루미늄은 높은 열확산성을 가지고 있다. 만일 기계적 루프들이 피할 수 없는 열교란을 받은 후에 빠르게 평형상태로 되돌아가야 한다면 이는 매력적인 특성이지만, 합금은 이 특성을 저하시킨다. 구리는 매우 높은 밀도와 전도성을 가지고 있으며, 훌륭한 방열소재이다.

밀도와 용융온도가 높은 소재들을 벌크로 사용하는 경우에 총 비용이 매우 높기 때문에 정밀기계의 구조소재로 사용하기에는 일단 매력적이지 않아 보일수도 있겠지만, 제조에 사용할 충분한 요인들이 존재한다. 대부분의 경우, 이런 소재들은 매우 유용한 몇 가지 특성들을 필요로 하는 경우에 소량이 사용된다. **몰리브덴**은 고온거동특성이 문제가 되지 않는 소수의 적용 분야에서 예외적으로 구조소재로 사용되고 있다. 최초의 이런 적용 사례에는 실험용 주사 프로브 현미경이 있다(파인 등 1987). 이들은 기준 루프에 왜 몰리브덴을 선택했는지에 대해서 명확하게 설명하지 않았지만, **그림 12.9**에 따르면, 진공 중에서의 성능이 뛰어나며 크게 비싸지 않다는 점이 이유였던 것으로 추정된다. 가상소재와 비교해보면, 이 장에서 사용하고 있는 특성그룹의 대부분의 항목들에 대해서 몰리브덴이 같거나 더 좋다는 것을 알 수 있으며, 단지 두 가지 항목만이 떨어지는데, 이들은 모두 높은 밀도 때문이지만, 앞서의 적용 사례에서는 이 특성그룹들의 중요도가 떨어진다. 정역학적 특성들과 정적 및 동적 열특성 분야에 대해서 전체적으로 이처럼 양호한 특성은 벌크 소재로 사용되는 여타의 소재들에서는 현실적으로 거의 찾을 수 없다. **텅스텐**은 몰리브덴보다 강하고 밀도도 높으며, 전반적인 특성 프로파일도 유사하지만 이런 높은 강도는 계측기의 기준 루프에 대해서 중요한 기준이 아니며, 가공의 어려움 때문에 현실적으로는 잘 사용되지 않는다. 하지만 텅스텐은 흥미로운 적용 사례를 가지고 있다. 예를 들어, 텅스텐은 높은 강성과 열거동(그리고 결정격자구조) 때문에 도전체와 같은 여타의 금속층에 의해서 반도체 층에 열응력이 부가되는 것을 방지하기 위해서 마이크로시스템에서 박막형 버퍼층으로 유용하게 사용된다.

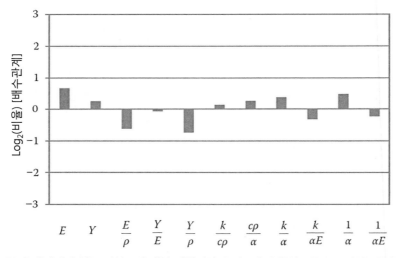

그림 12.9 표 12.1에 제시되어 있는 가상소재 대비 전형적인 몰리브덴의 특성그룹 프로파일. 몰리브덴의 데이터는 표 12.A.3에서 추출하였다.

백금, 은 및 금과 같은 **귀금속**들은 가공이 용이하지만 이 그룹에 포함시킨다. 정밀공학 분야에서는 전기, 광학, 전기-화학, 생체적합성 등과 같은 특정한 기능성을 갖춘 표면층을 생성하기 위해서 거의 항상 박막이나 코팅을 사용한다. **금**은 높은 안정성과 낮은 전단강도를 가지고 있으며, 드물게는 심우주 탐사와 같은 극한환경하에서의 박막형 고체윤활제로도 사용된다(일반적인 상황에서는 납 합금이 사용된다).

다양한 공학 분야에서 알루미늄 합금의 고성능 대체재로서 소수의 밀도가 낮고 비교적 강한 금속들이 사용된다. 하지만 대부분의 경우, 그 이유는 정밀공학 분야에서는 중요한 문제가 아닌 특정한 성질에 초점을 맞추고 있다. **베릴륨**은 특히 강성과 낮은 밀도가 필요한 분야에서 일반적으로 매우 매력적인 특성그룹 프로파일을 가지고 있지만, 큰 단점으로는 매우 빠르게 산화되며, 산화물의 독성이 강하고, 만지기만 해도 위험하다. 그러므로 특정한 설질에 대해서 달리 사용할 만한 대안이 없는 경우에만 사용이 고려된다(앞서 언급했던 베릴륨동의 경우에는 베릴륨이 합금 내에 견고하게 감싸여져 있기 때문에 위험물질로 취급되지 않는다). **티타늄**은 강도가 높으며, 낮은 강성과 낮은 밀도 때문에 동역학적 특성그룹의 성능이 우수하지만 열특성은 여타 금속에 비해서 열등하다. 여타의 비교대상 합금들에 비해서 가공성이 매우 나쁘며, 이는 부분적으로 열특성에 기인한다. 따라서 티타늄은 일반적으로 알루미늄 합금보다 비싸므로, 극한의 기계적 성능이 요구되는 경우(항공우주 분야)에만 장점이 있다. 가공상의 어려움을 고려한다면, 티타늄의 Υ/E값이 높다고는 하지만 정밀공학 분야에서 일반적인 플랙셔 메커니즘에 티타늄을 선정하는 것이 타당하지 않다. 하지만 설계조건상 디바이스의 전체 크기를 줄여야만 하는 경우에는 티타늄을 사용하여야 한다. (수%의 알루미늄과 소량의 여타 소재들이 포함된) **마그네슘** 합금은 가공이 비교적 용이하고, 비교적 강하지만 (여타 금속들에 비해서) 영계수가 작고 열팽창계수가 크다. 전체적인 특성그룹 프로파일은 알루미늄 합금과 크게 다르지 않으며, 일부 그룹(Υ/E)은 더 좋지만, 이 외에는 모두 열등하다. 이 소재는 정밀공학 분야에서 거의 사용되지 않는다.

많은 분야에서 그러하듯이, 일부 합금들은 정밀 기준으로 활용하기 위해서 특별히 개발되었다. 예를 들어, 가장 중요한 소재인 **인바**[21]는 36%의 니켈과 소량의 여타 소재들이 함유된 강철합금이다. 찰스 에두아르 기욤이 **크로노미터**[22]와 길이 표준기로 사용하기 위해서 최초로 개발하였으며, 열팽창계수가 작다는 것을 제외하고는 대부분의 성질들은 연철이나 스테인리스 강철과 유사하다. 강철, 니켈 또는 코발트와 같은 많은 강자성체 합금들은 소재에 부가되는 자기장의 강도가 변하면 (내부 변형률이 생성되어) 약간의 치수변화가 발생하는 **자왜**[23] 거동특성을 나타낸다. 인바 소재의 열특성은 자기 및 탄성특성의 매우 복잡한 내부

---

21 Invar.
22 chronometer: 항해 중 경도측정을 위해 사용하던 정밀한 표준시계(역자 주).

상호작용에 의존하며, 대략적으로 설명하면, 열에 의해서 유발되는 변형률(열팽창)이 내부 자기상태를 변화시켜서 역변형률을 유발한다. 세심한 열처리를 통해서, 열팽창계수를 10^{-6}[1/K] 이하로 낮출 수 있으며, 상온 근처의 넓은 온도 범위에 대해서 유용하게 사용된다. 소재들의 열팽창계수가 이보다 더 적은 소재가 몇 가지 있지만, 이들은 취성을 가지고 있다. 가공특성은 스테인리스강철과 마찬가지로 나쁘며, 정확한 열처리가 필요하므로, 낮은 열팽창계수와 인성이 필요한 경우에만 사용한다. 인바 소재의 합금 함량을 매우 조금 변화시키면(주로, 니켈 함량을 36%에서 42%로 증가시키면), 상온 주변의 넓은 온도 범위에 대해서 영계수가 일정하게 유지되는 흥미로운 특성을 가지고 있는, **엘린바**[24]라는 다른 합금이 만들어진다. 이는 크로노미터에 사용되는 기준스프링의 제작에 특히 유용하다. 마지막으로, 모든 소재들의 특성들은 실험적으로 구해지며, 이 값들은 온도에 따라서 약간 변한다. 엄밀하게 말해서, 계측 루프의 불확실도 할당에는 특정한 특성이나 특성그룹의 직접적인 영향들뿐만 아니라, 사용된 특성값들에 대한 측정 및 환경적 불확실도가 포함되어야 한다. 실제의 경우에는 이 상수값들에 포함된 모든 2차적인 영향들과 더불어서 불확실도를 무시하고 있지만, 이런 영향들이 존재하고 있다는 것을 인식하고, 최고의 정밀도가 요구되는 경우에는 이 값들에 대해서 주의를 기울여야만 한다(불확실도 할당에 대해서는 9장 참조).

12.4.2 세라믹과 유리소재

세라믹과 유리소재는 취성을 가지고 있기 때문에 인장 하중과 굽힘하중을 지지할 능력이 제한된다. 대부분의 소재들이 강하지만 소재 표면에 존재하는 미소한 크랙이나 여타의 결함들이 응력집중을 초래하기 때문에 표면의 파손이 빠르게 전파되므로, 이런 소재들로 만든 부품의 강도는 일반적으로 높지 않다. 이런 파손모드는 일반적으로 (금속과 같은) 연성 소재의 점진적인 파손에 비해서 단점으로 작용하지만 일부 정밀 시스템의 경우에는 유용하게 활용된다. 만일 기준루프에 갑자기 과도한 하중이 부가된다면 알아차리기 힘든 소성변형으로 인하여 이후에 디바이스를 사용하는 과정에서 오차를 생성하는 것보다는 물리적인 파손이 발생하기 쉽다. 최종 다듬질이나 폴리싱을 사용하는 현대적인 가공기법을 통해서 매우

---

23 magnetostrictive.
24 Elinvar.

훌륭한 표면을 갖춘 부품을 제작할 수 있게 되었으며, 이런 소재의 활용이 지속적으로 증가하고 있다.

정밀공업 분야에서 가장 관심을 받고 있는 세라믹 소재는 산화물, 질화물 또는 알루미늄 탄화물, 실리콘 또는 이 외의 몇 가지 소재들을 사용한다. **그림 12.10**에서는 **알루미나**(산화물 세라믹 소재들은 이름의 끝이 a 또는 ia로 끝난다)라고 부르는 전형적인 산화물 세라믹 소재의 특성그룹 프로파일을 보여주고 있다. 이 소재는 낮은 열전달 특성을 제외하고는 평균적으로 가상소재와 매우 유사하거나 약간 더 좋은 특성을 가지고 있다. 또 다른 공업용 세라믹 소재인 **지르코니아**는 높은 강도를 가지고 있지만, 여기서 사용된 여타의 특성그룹들에 대해서는 알루미나에 비해서 떨어지기 때문에(**그림 12.11**), 정밀기기 분야에서 제한적으로만 사용된다. 세라믹 소재는 전기 절연체로서, 아마도 여전히 작고 복잡한 부품에 적용된다고 여겨지는 소재이다. 그런데 최소한 1980년대부터 공작기계 베드와 같은 대형 루프구조에 성공적으로 사용되어왔다(우에노 1989). 물론, 세라믹 소재의 설계규칙은 주철이나 강철과는 다르다.

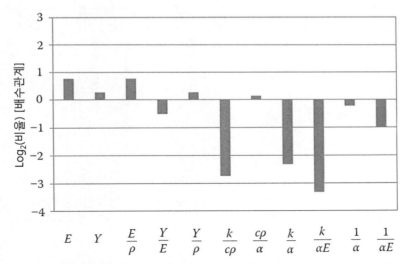

그림 12.10 표 12.1에 제시되어 있는 가상소재 대비 전형적인 알루미나 공업용 세라믹의 특성그룹 프로파일. 알루미나 공업용 세라믹의 데이터는 표 12.A.4에서 추출하였다.

질화 세라믹과 탄화 세라믹은 정밀공업 분야에서 일부 특정한 관심을 받는 성질들을 가지고 있다. **질화 실리콘**은 마이크로시스템 기술(특히 노광 기반의 마이크로 가공기술)에서 구조요소와 노광용 마스크 공정의 일부분으로 사용되는 강한 절연박막을 구현해준다. 벌크 소재의 경우, 질화 실리콘의 강성은 알루미나와 유사하지만 여기서 사용되는 여타의 모든 특성그룹들에 대해서는 월등한 성능을 가지고 있기 때문에 비싼 값어치를 한다. 이 특성그룹 내에서 열전도율만이 가상소재보다 떨어진다. **그림 12.11**에 도시되어 있듯이, 벌크소재 **탄화실리콘**은 여타의 일반적인 세라믹(이 도표에서는 알루미나가 기준소재로 사용되었다)들과 가상소재에 비해서 전반적으로 뛰어난 특성을 가지고 있으며, 이는 세라믹 소재로는 열전도율이 높기 때문이다. 하지만 탄화실리콘의 높은 강성은 일부 유형의 구속된 루프요소에 대해서는 단점으로 작용할 수 있다. 탄화 실리콘은 다수의 서로 다른 결정상들을 형성할 수 있으며, 전체적인 성능이 소재의 처리공정에 의존하기 때문에, 이에 대한 주의가 필요하다. 인성과 경도가 높은 소재이기 때문에, 복잡한 형상을 (주로 연삭)가공 및 폴리싱할 수는 있지만, 가공비용을 포함하여 제조상의 어려움이 존재한다.

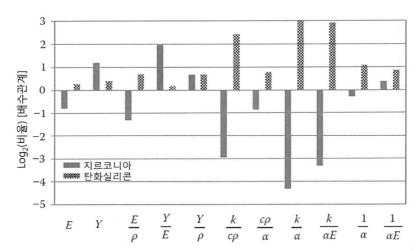

그림 12.11 표 12.10에 제시되어 있는 알루미나 대비 전형적인 지르코니아와 탄화실리콘 세라믹의 특성그룹 프로파일. 지르코니아와 탄화실리콘 세라믹의 데이터는 표 12.A.4에서 추출하였다.

탄화텅스텐은 매우 높은 강도와 강성을 가지고 있는 대표적인 소재로서, 절삭용 공구팁이나 게이지블록 등의 용도에 대해서 매우 매력적인 특성을 가지고 있는 소재이다. 이런 성질들과 매우 높은 용융온도로 인하여 작업이 어렵기 때문에 여타의 정밀공업 분야에서는 거의 사용되지 않는다. 실제의 경우, 탄화텅스텐 공구들 또는 여타의 부품들은 상당한 양의 코발트를 결합제로 첨가하여 소결방식으로 제조하며, 이 결합제로 인하여 많은 특성들이 영향을 받는다. 육면체 결정형상을 가지고 있는 **질화붕소**도 절삭 및 연삭공구로 많이 사용되는데, 특성들은 천연 다이아몬드보다 크게 떨어지지 않으며, 다이아몬드의 사용이 화학적으로 부적합한 강철 절삭에는 오히려 더 뛰어나다. 신뢰성 있는 생산이 가능하도록 일단 기술이 개발되고 나면, 이는 그리 놀라운 일이 아니다. 주기율표상에서 탄소의 양쪽에 위치하고 있는 요소들로 이루어진 질화붕소는 다이아몬드와 매우 유사한 특성을 나타낼 것으로 기대되며, 크기가 서로 약간 다른 원자들에 의해서 유발되는 격자 내 변형률이 경도를 더 높여준다.

유리소재는 고품질 광학부품의 제작에만 사용된다고 속단해버리기 쉽다. 그런데 **표 12.A.4**에서 보여주듯이, 이들은 취성이 반드시 단점으로 작용하지 않는 일부 유형의 메커니즘과 기준루프의 구조부재로 매력적이다. 유리는 열팽창계수가 작고 탄성계수는 알루미늄과 유사한 반면에 강도는 대부분의 금속 합금들이나 세라믹에 비해서 작지만, 그리 심하지는 않다. 실제의 경우에는 표면 크랙이나 여타의 불완전 위치로부터 취성파괴가 일어나므로, 표면을 세심하게 다듬질하면 유리부품이 높은 수준의 굽힘을 견딜 정도로 놀라운 특성을 구현할 수 있다. 만일 그렇지 못했다면 광파이버를 광도파로나 폴리머 복합재의 보강재로 사용하지 못할 것이다. 고정밀 공작기계나 좌표 측정 시스템에 사용되는 고신뢰성 스케일들에 사용되는 고품질 광학격자는 지금도 일반적으로 유리기판을 사용한다.

유리의 기본적인 특성은 비정질이며 큰 결정격자를 생성하지 않는다. 이로 인하여 유리형태의 소재가 결정형태의 소재보다 **크리프**[25]가 더 잘 일어나므로, 기준 루프로 사용하기에는 장기간 안정성에 의문이 있다. 실제의 경우에는 정밀 분야에 유리소재를 사용하여도 이런 문제를 일으키지 않지만, 일상적으로 고온환경에 노출되는 경우에는 세심한 주의가 필요하다. 유리소재는 몰딩, 융접, 연삭 및 폴리싱이 가능하다, 유리소재는 가공이 어렵지 않으며, 심지어는 일반적인 양품의 공구를 사용할 수도 있다. 실험장치 이외의 정밀공학 분야와 상용 계측기의 모놀리식 플랙셔에서 가끔씩 일반적인 **규산염 유리**(예를 들어, 크라운 유리)가 사용된다(몰렌하우어 등 2006). 그런데 정밀공업 분야에서는 유리소재의 낮은 열팽창계수가 더 큰 관심을 받는다. **붕규산 유리**는 크라운 유리보다 열팽창계수가 전형적으로 약 1/3에 불과하며 ULE라고 알려져 있는 초저열팽창계수 조성의 기반이 된다. **용융실리카**(이

---

25 creep: 재료에 장시간 부하를 가하면 시간에 따라 서서히 변형을 일으키는 현상(역자 주).

산화규소)와 용융석영은 이상적인 유리에 가까우며 뛰어난 안정성과 크라운 유리에 비해서 1/10에 불과한 열창률, 백만분의 일 미만의 결함도 등으로 인하여 경쟁대상이 없을 정도이다. 이산화규소도 MEMS에서 구조소재 및 노광공정의 희생층으로 일반적으로 사용되고 있다.

만일 특정한 사용조건에 대해서 저열팽창계수가 지배적인 사용조건이라고 한다면, 소재의 선택 범위는 인바나 용융실리카 정도로 제한되며, 이 특정한 요구로 인하여 여타의 일반 특성들과 제조인자들은 무시된다. 이런 상황의 극단적인 사례가 열팽창계수가 극단적으로 작은 **초저열팽창계수**(ULE) 유리 세라믹이다. 기본적인 조성은 매우 일반적인 유리에 이산화티타늄을 포함한 다양한 첨가물들을 넣었다. 이로 인하여 유리 매트릭스 속에 (세라믹상의) 작은 결정들이 분포하며, 세심한 열처리를 통해서, 상온 근처의 온도에서 열팽창계수가 거의 정확하게 보상되도록, 서로 다른 밀도를 가지고 있는 상들 사이의 전이를 배열할 수 있다. 10^{-8}[1/K] 이하의 국부적인 팽창계수를 구현할 수 있지만, 여타의 측면에서는 일반 유리와 마찬가지로 취급할 수 있다. **제로도**[26]라고 부르는 일반적인 조성(브레엠 등 1985)은 광학적으로 투명하지만 미결정의 산란에 의해서 특징적인 황금색 색조를 나타낸다. 이 소재는 상대적으로 비싸며, 특수한 용도에 대해서 특별한 특성이 필요한 경우에만 사용되는 소재이며, 이에 대한 논의는 12.4.5절, 그리고 계측기의 사례는 **그림 12.1**을 참조하기 바란다. 예를 들어, 길이표준에 대해서 환경과 취급의 불확실성을 최소화하기 위해서는 낮은 열팽창계수가 필요한 반면에, 유리소재의 상대적인 연성으로 인하여 긁힘이 발생하기 쉬우므로, 초저열팽창계수 소재는 통제된 시설을 제외하고는 잘 사용되지 않는다.

12.4.3 폴리머와 복합소재

정밀기계나 기기의 기계루프를 구성하는 주요 소재로 열가소성 폴리머나 열경화성 폴리머를 직접 사용한 사례를 발견한다면 매우 놀라운 일일 것이다. 앞서 논의되었던 여타의 소재들에 비해서, 이들은 강력한 단열성와 낮은 밀도(일반적으로 2,000[kg/m³] 이하)를 가지고 있다. 그런데 이 소재들은 낮은 탄성계수(전형적으로 수[GPa]), 중간 강도(수십분의 일 [MPa]), 높은 열팽창계수 등을 가지고 있으며, 때로는 크리프를 일으키고 (대기 중 수분을

---

26   Zerodur.

포함하여) 수분 흡수특성을 가지고 있어서, 루프 안정성이 저하될 우려가 있다. 그럼에도 불구하고 정밀기기 내에서 기능적으로 중요한 역할을 위해서 매우 다양한 폴리머들이 널리 사용되고 있다. 물론, 폴리머 소재들은 비구조적 외부 케이스, 공기유동 차폐용 덮개, 안전 스크린 등과 같은 용도로 널리 사용되고 있지만, 이들에 대해서는 이 장에서 더 이상 논의하지 않겠다. 전형적인 용도에 대해서 폴리머 소재의 특성값들은 가상소재와 크게 다르기 때문에 폴리머 특성을 비교하는 것은 한계가 있다. 그럼에도 불구하고 일관성을 위해서, 일부 소재의 정규화된 특성값들이 표 12.A.2와 12.A.4에 제시되어 있다. 이런 방식으로 정규화를 시도하면, 일반적인 공학폴리머들은 매우 유사한 설질을 나타낸다. 하지만 설계과정에서 폴리머를 사용하기로 결정을 내리고 나면, 이들 사이의 실제적인 차이가 중요한 의미를 갖게 된다.

공학폴리머 수지의 두 가지 주요 그룹들의 특성에 대해서 다음과 같이 요약할 수 있다. **열가소성 소재**는 일단 물체로 만들어지고 나서도, 이를 잘게 썰어서 가열을 통해서 용융시키면, 원래와 거의 동일한 성질을 가지고 있는 물체로 재생할 수 있다. 따라서 이 소재는 압출이나 주입식 몰딩기법에 적합하다. 열가소성 소재는 일반적인 공업 분야에서 광범위하게 사용되고 있으며, 정밀공업 분야에서도 아크릴, 폴리카보네이트 그리고 폴리아세탈 등이 일반적으로 사용되고 있다. **열경화성 소재**는 두 가지 (또는 그 이상의) 성분들의 화학반응을 통해서 만들어지며, 항상은 아니지만, 적당히 높은 온도에서 시간에 따라서 경화되는 특성을 가지고 있다. 전구체 수지는 일반적으로 액체이므로 이 소재는 주조에 적합하다. 열경화성 소재의 전형적인 사례는 에폭시와 폴리에스터이다. 많은 열경화성 소재와 열가소성 소재는 적절한 압력과 온도하에서 잘 흐르기 때문에, 비교적 단순한 제조장비를 사용하여, 몰드 표면의 미세한 형상까지 복제할 수 있는 뛰어난 성능을 갖추고 있다. 약한 가열하에서 열가소성 소재의 압착을 통해서 정밀한 표면형상을 복제할 수 있다. 이에 대한 일반적인 사례는 폴리카보네이트 소재로 제작한 콤팩트디스크나 DVD로서, 개별 복제에 소요되는 비용은 거의 없을 정도이다. 수 나노미터 미만의 불확실도로 데이터를 기록한 마이크로미터 규모의 구덩이를 재현할 수 있었다. 비닐소재 레코드판에 새겨진 아날로그 트랙은 이전 세대 기술의 사례이다.

기계 루프의 주요 세부부품들 사이의 계면에 폴리머 박막이 자주 사용된다. 이들은 전단 강도가 작기 때문에 건식 미끄럼 베어링에 적합한 훌륭한 저마찰층을 구현해주며, 예를 들어, PTFE, 폴리아세탈 그리고 폴리이미드(나일론) 등이 일반적으로 사용된다. 폴리머는 또한 전단응력이 높게 작용하지 않는 경우에 접착제로도 매우 성공적으로 사용되고 있다. 접착제로서의 상세한 기술적 사양들은 광범위하며 이 장의 범위를 넘어선다. 박막으로 사용하는 경우에는 낮은 치수안정성이 큰 문제가 되지 않는다. 큰 변형률이 발생하더라도 전체 루프길이에 비해서 매우 작은 길이로 인하여 전체적으로 무시할 수 있다. 하지만 이런 변형률이 아베 효과(10장)에 의해서 증폭될 수 있기 때문에 루프의 형상에 미치는 영향에 대해서 주의가 필요하다.

구조루프에 폴리머의 사용은 부하와 그에 따른 변형률이 매우 작은 소형 디바이스에 국한된다. 광파이버나 매우 작은 전기접점들이 열을 지어 배치되어 있는 커넥터와 같이 매우 작고 잘 정렬이 맞춰진 형상들이 다수가 필요한 경우에는 폴리머가 매력적인 소재이다. 플렉셔 디바이스나 압력(음압) 측정을 위한 다이아프램과 같은 경우에는 저강성과 저밀도의 조합을 활용할 수 있다. 폴리머는 가공이 용이하기 때문에, 정확한 시제품의 제작에 활용할 수도 있다. **폴리메틸 메타크릴레이트(PMMA)**는 가공이 가능한 대형 판지나 블록의 형태로 공급되며, 다양한 에폭시들도 일반적으로 사용된다. PMMA와 에폭시 레진들은 액상형 전구체를 사용하여 주조나 몰딩이 용이하다. 이들 두 소재들은 미세전자패턴 성형과 MEMS 가공을 위한 다양한 노광용 포토레지스트의 기본물질이다. 폴리머층 자체 내의 기능구조를 생성하기 위해서 이런 광학기술들을 사용할 수 있으며, 이를 통해서 기판에 잔류시키거나 습식공정을 통해서 이를 씻어낼 수 있다. 매우 깊은 구조를 생성하는 고에너지 노광공정인 LIGA형 공정에도 PMMA를 사용할 수 있으며, 이어지는 도금공정을 통해서 니켈과 같은 소재로 이를 복제할 수 있다. **폴리에틸 에틸케톤(PEEK)**은 비교적 강성이 크고 강한 폴리머로서, 비교적 고온에 견딜 수 있으며, 주입식 몰딩 이후에 수축도 작아서 많은 영역에서 기술적 적합성이 증가하고 있다. 전형적인 용도는 동력전달장치의 경량형 기어로서, 일부 유형의 정밀 메커니즘에 적용 가능성이 있다.

액체형 전구체를 사용하여 만든 폴리머는 강성과 강도를 증가시켜주는 공업용 합성물의 매트릭스 소재로서 매우 매력적이다. 가장 중요한 물질은 유리 파이버와 탄소 파이버를 사용한 **강화 폴리머**로서, 이들은 가상소재와 비교할 정도의 특성값들을 가지고 있다. 비록 열 및 여타의 특성들에 대해서 주의가 필요하지만 복잡한 형상을 용이하게 만들 수 있기 때문에 이런 특성을 정밀구조에 유용하게 사용할 수 있다. 더 강한 소재를 폴리머에 섞어 넣으면 인장강도와 굽힘강도가 향상되며, 매트릭스의 여타 유용한 성질들은 그대로 유지된다. 이런 강화소재들은 크기가 작고 임의적으로 분포된다. 길이가 긴 파이버를 특정한 방향으로 정렬시켜놓으면 큰 이점을 얻을 수 있다. 이를 통해서 이방성 특성이 구현되며, 실제의 경우 대부분의 루프 구조에 가해지는 부하는 이방성 특성을 가지고 있기 때문에, 이는 매우 유용하다. 이방성은 모든 속성에 적용되며, 이로 인한 영향이 중요하게 작용할 수도 있다는 점에 주의하여야 한다. 예를 들어, 이방성 열팽창 차이가 내부 응력을 초래하여 온도가 상승하면 매트릭스 내부에 압축력이 생성될 우려가 있다. 이로 인하여 때로는 루프 변형과 심지어는 매트릭스와 파이버 사이의 분리가 초래될 우려가 있지만, 긍정적인 측면도 존재한다. 파이버 방향으로 합성물의 팽창률은 측면방향에 비해서 크게 감소한다. 일부 유형의 탄소 파이버(쿨카니와 오초아 2006)는 상온에서 음의 열팽창률을 가지고 있으며, 일부 에폭시 합성물의 1축 방향 팽창률이 거의 0에 근접하므로 경량 밀대와 같은 부품의 제작에 이상적이다. 일반목적으로 사용되는 가장 일반적인 배치는 인장과 전단거동 사이의 절충을 위해서 90° 방향으로 배치된 파이버 층을 사용하는 것이다. 파이버로 보강된 폴리머 소재의 파단은 취급불량으로 인해서 발생하는 내부 공동에 의하여 악화될 수 있다. 하지만 대부분의 경우 인장하중하에서 파이버 접착의 완전한 파단이 발생하며, 여기에는 파이버 보강층이 분리되어 파단면을 형성하는 박리현상이 포함된다. 보강이 압축강도에 미치는 영향은 확인하기가 더 어려우며, 압축표면에 큰 하중이 부가되면 매트릭스의 파쇄가 발생한다. 특정한 파이버 합성물의 실제 거동은 접착품질, 파이버의 유형, 첨가된 파이버의 양과 분포 그리고 정확한 매트릭스 등에 의존하며, 이에 대해서는 여기서 논의하지 않는다.

많은 공업용 폴리머들이 파이버 대신에 입자형 합성물을 사용하며, 점토, 백악,[27] 또는 규소분말과 같은 충진재를 매트릭스에 섞어 넣는다. 충진재를 섞어 넣는 이유는 마모 저항성 개선에서부터 벌크 소재의 가격 절감에 이르기까지 다양한 이유가 있다. 앞서 설명했던 코발트 매트릭스 속에 탄화텅스텐을 섞어 넣은 접착형 탄화물(서멧[28])과 같은 금속 매트릭스 합성물도 가끔씩 관심을 받는다. 이런 주제에 대한 추가적인 논의는 애스클랜드(1996)를 참조하기 바란다.

---

27 chalk: 일종의 석회암 가루(역자 주).
28 cermets.

파이버 강화형 폴리머가 결코 모든 복합소재를 대표하지는 않는다. 예를 들어 목재와 함께 특수한 보강금속을 사용하는 것처럼, 이들의 중요한 용도는 정밀공업 분야가 아니다. 강화 콘크리트가 여기에 해당하는 명확한 사례이다. 콘크리트는 쉽게 양생할 수 있으며, 석재와 유사한 특성을 나타내며, 강철 막대는 이차적인 합성기능 소재로서 인장강도를 증가시켜준다. 기계의 베이스에 사용하기 위해서 소위 **폴리머－콘크리트**가 개발되었다. 다량의 화강암 가루를 에폭시 수지에 섞어 넣은 이 소재는 주조가 가능한 소재로서 화강암 베이스의 대용으로 사용되며, 폴리싱 가공을 통해서 매끄럽고 내구성이 강한 표면을 만들 수 있으며, 고정용 슬롯이나 나사체결을 위한 인서트 등을 삽입하기가 용이하다. 주철과 마찬가지로, 감쇄특성이 양호하며, 다양한 용도로 사용이 가능하다. 몰딩방식으로 감쇄와 추가적인 강도를 구현하기 위한 강철 튜브를 내장한 (전체적인 특성이 강화 콘크리트와 유사한) 구조물을 제작하여 구조루프로 사용할 수 있다.

비대칭 거동을 생성하기 위해서 서로 다른 소재들로 이루어진 박막층들을 접착하여 또 다른 친숙한 합성물을 만들 수 있다. 오래전부터 서로 다른 열팽창계수를 가지고 있는 두 가지 금속박판들을 효과적으로 용접하여 **바이메탈**이라고부르는 단순한 온도센서나 열구동 작동기를 제작하였다. 이를 보 형태로 설치하면 온도 변화에 따라서 상부 표면이 하부 표면에 비해서 더 팽창하게 되며, 이는 중립축에 대해서 인장변형률과 압축변형률을 초래하므로, 외적인 큰 구속하중이 없다면, 곡률변화를 유발하여 측면방향으로 변형을 일으키게 된다. 압전현상에 따른 팽창률 차이에 의해서 구동되는 **바이모프 작동기**[29]에서도 이와 동일한 원리가 적용된다. 환경온도 변화에 대해서 데이텀 위치를 유지하기 위해서 축방향 진동에도 이 개념을 적용할 수 있다. 길이가 L_1인 막대가 베이스에 부착되어 있으며, 이 막대의 자유단 측에 브래킷을 사용하여 길이가 L_2인 짧은 막대를 반대방향으로 부착하였다고 생각하자. 그런 다음, 두 번째 막대의 자유단에 베이스로부터 길이가 $(L_1 - L_2)$인 기준위치를 설정한다. $\Delta\theta$의온도 변화로 인하여 이 거리는 $(\alpha_1 L_1 - \alpha_2 L_2)\Delta\theta$만큼 변한다. 따라서 막대소재 팽창률의 역수로 막대의 길이를 선정한다면, 위치변화를 이론적으로는 0으로 줄일 수 있다. 과거에는 이 개념을 고정밀 시계의 복합진자로 사용하였지만, 이제는 인바 소재를 사용하여

---

29 bimorph actuator.

더 단순하게 제작한다. 마이크로시스템 기술과 관련된 제조기법들의 경우, 새로운 유형의 합성물을 생산할 수 있으며, 이에 대해서는 다음 절에서 논의하기로 한다.

12.4.4 특수소재와 신소재

만일 소재와 관련된 비용이 여타의 인자들에 비해서 크게 중요하지 않은 정밀 분야의 경우에는 일견 후보가 될 것 같아 보이지 않는 소재의 사용을 고려해볼 수 있다. 마이크로시스템 기술에서 사용하는 일부의 기법들을 사용하면, 벌크 형태로는 존재하지 않는 소재를 만들어낼 수 있다. 이 절에서는 여타 소재에 대한 설계자들의 식견을 넓혀주기 위해서 몇 가지 특수소재에 대해서 살펴보기로 한다.

미세전자공정을 위해서 개발된 매우 세련된 기술들을 사용하면, **실리콘**을 사용하여 현재 세대의 MEMS 디바이스 대부분을 제작할 수 있다. 단결정 실리콘과 다결정[30] 실리콘, 이들의 산화물과 질화물에 대해서 **표면미세가공**과 **벌크미세가공**이라고 알려져 있는 노광공정을 수행하여(가드너 등 2001; 5장과 6장에서는 이 공정에 대한 개요를 설명하고 있다) (에어백 센서와 같은) 가속도계와 같은 마이크로 디바이스의 기본구조와 압력센서나 잉크제트 노즐과 같은 밀리미터 스케일 시스템을 제작할 수 있다. 마이크로시스템 분야에서는 일반적으로 **폴리실리콘**은 다결정질의 줄임말로 사용하고 있으며, 중합반응공정[31]이라는 의미는 갖지 않는다. 단결정 소재는 각각의 결정축이나 평면방향으로의 특성이 일반적으로 서로 다른 이방성을 가지고 있다. 예를 들어, 실리콘은 다이아몬드형 격자구조(면심입방구조로도 해석할 수 있다)를 가지고 있으며, 탄성계수는 대부분의 조밀결정방향으로는 약 190[GPa]에 이를 정도로 크지만, 이들의 수직방향으로는 약 130[GPa]에 불과하다. 당연히 폴리실리콘의 탄성계수는 이들의 중간값을 나타낸다. 하지만 마이크로 스케일에서 높은 수준의 품질 데이터를 구현하는 것은 어려운 일이다. 그 이유들 중 하나는 매우 작은 구조는 결함을 수용할 수 없으며, 따라서 소재특성은 벌크 측정에서 구해지는 값보다 이상적인 이론값에 근접하기 때문이다. 반면에 결함이 조금이라도 남아 있으면 그 영향이 매우 크게 작용한다. 또한 실제 사용하는 스케일에 대해서 특성값을 측정하는 것은 매우 어려운 일이며 활용 가능한 대부

---

30 polycrystalline.
31 polymerisation.

분의 데이터들은 완전한 마이크로시스템에 대해서 관찰된 거동으로부터 추론된 값이므로, 단면치수와 같이 불확실도가 매우 큰 인자들이 포함되어 있다. 따라서 여기서는 어떤 값도 제시하지 않을 예정이며, 공식적으로 발표된 정보라 하여도 주의할 것을 권고한다. 예를 들어, 문헌상으로는 일부 강도값이 매우 높게 제시되어 있지만, 특정한 용도에 국한되어 있으며, 다른 분야에 직접 적용할 수는 없다.

페터슨(1982)은 실리콘의 흥미로운 기계적 가능성을 강력하게 주장하였지만, 이 고전적인 논문에서 조차도 대형 기계루프에 **단결정 실리콘**을 적용할 가능성에 대해서는 예상하지 못하였다. 이후의 10년 동안, 마이크로전자 분야에서 사용되는 대형 실리콘 결정체에 새로운 가능성이 제시되었다. 이 논문은 또한 일반적인 출처의 특성 데이터에 너무 직접적으로 의존해서는 안 된다는 경고의 사례로서 사용되고 있다. 표 12.A.2와 12.A.4에 제시되어 있는 (111) 실리콘에 대한 특성값들 살펴보면 기계적 특성이나 열특성 등은 가상소재에 비해서 월등하지만 여타의 데이터 출처에 따르면 경향은 동일하지만 훨씬 더 약하며, 일부 특성그룹의 편차는 최대 3배에 달한다. 일반 금속의 데이터들은 매우 일관적이지만, 첨단소재에 대해서 발표된 특성값들은 측정방법에 대해서 매우 민감하므로, 가능하다면 특정한 용도를 반영하는 시험 결과에 기초하여 설계를 수행하는 것이 현명한 방법이다. 단결정 실리콘은 거의 결정결함이 없는 상태로 생산되므로 거의 이상적인 탄성-취성특성와 극도로 낮은 감쇄특성을 가지고 있다. 대형 디바이스에 단결정을 사용하는 것은 특정한 성질에 대해서 큰 이점이 있는 경우에 국한된다. 예를 들어, 피코미터 정밀도의 변위 측정을 위해서 결정평면 상에서의 회절을 이용하는 x-선 간섭계의 한 덩어리로 이루어진 본체에는 매우 복잡한 플랙셔 메커니즘들과 기구학적 위치 결정 기구들이 일체화되어 있다(체번드 등 1990). 실리콘은 매우 깨지기 쉬우며, 만일 표면결함에 응력이 부가되면 곧바로 부서지는 것으로 악명이 높지만, 다양한 유형의 다이아몬드 연삭과 에칭을 통해서 큰 어려움 없이 표면결함층을 제거할 수 있다. 이 소재는 밀도가 낮기 때문에 전형적인 액상의 에칭액 속에 담그면 스스로 떠오르므로, 큰 힘을 가하지 않고 조심스럽게 뒤집어가면서 균일한 에칭을 수행할 수 있다. 비록, 이 소재가 특수한 용도에 국한되어서 사용되고 있지만, 활용 범위를 넓힐 수 있다.

표 12.A.4에 제시되어 있는 **다이아몬드**의 특성그룹 값들에 따르면 많은 정밀공업 분야에 대해서 뛰어난 소재특성을 가지고 있다. 다이아몬드는 모든 특성그룹에 대해서 가상소재만큼 좋으며, 대부분의 특성이 충분히 이를 뛰어넘기 때문에 도표는 별 도움이 안 된다. 다이

아몬드는 매우 강하며 우수한 열전도도와 전기적 절연성이라는 흥미롭고 특이한 조합을 가지고 있다. 하지만 비싼 가격 이외에도 가용성이 제한되기 때문에, 커다란 루프 구조물로 이 소재를 사용하는 것은 생각할 수 없다. 천연 다이아몬드 절단공구나 미세수술과 마이크로톰 칼날과 같은 일부 특수한 경우에는 밀리미터 크기의 벌크 소재가 사용된다. 박막의 경우에는 상황이 크게 달라진다. 다양한 기상증착 기법들을 사용하여 거의 순수한 다이아몬드상의 탄소층을 기판의 넓은 면적에 증착할 수 있다. 이런 층들은 순수한 단결정 소재만큼의 특성들을 구현할 수 없으므로, 거의 항상 **다이아몬드형 코팅**(DLC)이라는 용어를 사용한다. 하지만 이런 코팅들은 다이아몬드에 근접하는 성능을 구현하므로 매끄럽고 단단하며 마모율이 낮은 기능성 표면에 사용이 늘고 있다. 앞서 설명한 것처럼, 표면 미세가공 노광공정의 일부분으로 MEMS용 기판상에 고품질 다이아몬드상 탄소를 성장시킨 다음에 에칭해서 불필요한 부분을 제거할 수 있다. 아마도 하루 정도면 일부의 사례에 사용할 수 있는 다이아몬드로 만들어진 독립형 마이크로 디바이스를 제작할 수 있을 것이다.

여타의 탄소 알로토프들도 관심의 대상이 된다. **흑연**의 육면체 결정구조는 전단특성을 가지고 있어서 매우 매력적인 고체윤활제이다. 그런데 이를 매우 큰 덩어리로 만들 수 있으며, 손쉽게 가공할 수 있다. 원자로에서는 극단적으로 큰 흑연 덩어리가 일반적으로 사용된다. 정밀공업 분야에서는 일반특성이 가격과 균형을 맞추고 있기 때문에 구조소재로는 그리 매력적이지 않다. 그런데 가공 및 폴리싱이 가능하며, 기체에 대하여 다공질 특성을 가지고 있으므로, 분말형 윤활제뿐만 아니라 특수한 공기베어링에도 사용되고 있다. 육각형 결정격자구조를 가지고 있는 흑연 단분자층으로 간주할 수 있는 **그래핀**은 본질적으로 나노기술 기반의 소재로서 지금도 빠르게 개발되고 있으며, 전자, 센서 등 중요한 분야에서 활용되고 있다. 하지만 이 소재는 대형 구조물로 사용하는 기계적 소재가 아니므로 여기서는 더 이상 논의하지 않는다. (유명한 축구공 형상의 C_{60} 분자를 포함하여) **풀러린**과 같은 여타의 알로토프들과 모든 유형의 **탄소 나노튜브**(CNT)들에 대해서도 이와 동일한 이유 때문에 여기서 다루지 않는다. 정밀공업 분야에서 큰 관심을 받고 있는 새로운 고성능 소재들이 곧 출현할 것이다.

성장이 예상되는 여타의 분야들에서는 일반적인 방법으로는 만들 수 없는 마이크로 스케일의 물질을 생성하기 위해서 (스퍼터링과 같은 물리적 기법과 화학적 기법의) 기상증착공정을 사용한다. 정교한 공정제어를 통해서, 서로 다른 소재들을 층층이 쌓아서 자연적으로는 만들어지지 않으며 특수한 성질을 갖는 결정형태의 구조를 만들 수 있게 되었다. 소위 **메타물질**이라고 부르는 다양한 소재들이 연구개발되고 있지만, 광학적 성질을 포함하여 이들의 성질에 대한 논의는 이 장의 범주를 넘어선다. 이런 수준의 제어 없이도 효과적으로 새로운 소재들로 이루어진 층들을 제작할 수 있다. 둘 또는 그 이상의 소재들을 동시에 스퍼터링하여 비−화학량적인 소재를 균일하게 코팅할 수 있다. 예를 들어 크롬과 질소를 스퍼터링하면, 하드디스크의 표면 보호층으로 사용되는 경질의 윤활특성을 갖춘 층을 생성한다 (일반적인 개념의 화합물이 아니기 때문에 Cr-N이라고 부른다). 스퍼터링 인자들에 대한 단순한 제어를 통해서 물리적 특성이 확연히 다른 다양한 형태의 표면을 생성할 수 있다(거빅 등 2007).

12.4.5 마무리: 성질과 실제 설계 시의 선택

앞 절들에서는 특성그룹 프로파일을 사용하여 다양한 소재들의 특성들에 대한 논의 및 비교를 수행하였으며, 일부의 경우에는 도식적 기법을 사용하여 정밀기계 구조에 적용하기에 매력적인 특성들의 우열에 대해서 설명하였다. 부록에서는 소재특성들과 더불어서 정밀기계에 적용하기에 좋은 거동특성을 나타내기 위해서 인공적으로 만들어진 가상소재를 기준으로 정규화된 특성그룹들이 제시되어 있다. 이 표들은 다양한 문헌을 통해서 보고된 전형적인 대푯값들을 제시하고 있다는 것을 강조하는 것이 중요하다. 이 수치들은 초기 계획과 개념 설계의 심사에는 적합하지만 상세설계에 직접 사용하기에는 신뢰성이 부족하다. 또한 배경기술로 제시된 도식적 비교방법에 대한 활용 여부는 사용자가 결정하여야 하며, 이들에 대한 추가적인 탐구는 연습문제로 제시되어 있다. 마지막으로, 다음에서는 실용적 구현방안에 대한 몇 가지 논의가 제시되어 있다.

그림 12.1에 도시되어 있는 표면윤곽 측정기기의 사례에 대해서 다시 살펴보기로 하자. 대부분의 일반목적 미세윤곽측정기들은 과거 50여 년간 지속적으로 강철 소재를 주 루프로 사용하여 왔다. 예를 들어 베이스나 지주에 화강암을 사용하는 것은 진정한 기능상의 중요성뿐만 아니라 미적인 이유와 마케팅 적인 측면에서 영향을 미치는 것으로 생각된다. 이런 계측기기들은 대부분의 산업적 수요에 적합한 성능을 구현하며, 전통적인 설계의 변경비용을 포함하여, 비용과 견실성의 측면에서 매우 효율적이었다. 1960년대가 되면서, 일부의 용

도에 대해서는 측정시편의 크기와 형상이 제한된 범위 내에서, 이런 일반설계로 구현할 수 있는 것보다 더 높은 정밀도가 필요하다는 것이 명확해 졌다. 이 수요를 충족시켜준 최초의 상용 시스템은 비교적 짧은 길이를 가지고 있는 단차 높이를 측정하기 위하여 랭크 테일러 홉슨社에서 출시한 Talystep 1이었다. 이 기기는 매우 폭이 넓은 플랙셔 힌지를 사용하여 운동 범위는 좁지만 극도의 반복성을 갖춘 프로브 스캔을 구현하였다. 따라서 측정 가능한 시편의 치수는 25[mm]를 넘지 못하였지만 전체적인 루프치수들은 비교적 컸다(약 300[mm] 수준). 대부분의 구조를 주조방식으로 설계하였기 때문에 주 루프 내에는 계면의 숫자가 적었다. 이 기기는 항상 환경이 비교적 잘 통제되는 계측실이나 클린룸 내에서 사용될 것으로 예상되었으며, 여기서는 전형적인 측정을 수행하는 시간 동안 온도가 크게 변하지 않겠지만, 현저한 공기유동 때문에 열구배가 존재할 것이다. 열에 의해서 유발되는 계측 루프 형상의 변화가 균일한 열팽창이나 수축에 의해서 유발되는 오차에 비해서 더 큰 경향이 있기 때문에, 계측기 내에서 일정한 온도를 유지하기 위한, 높은 열전도도가 낮은 열팽창계수보다 더 중요한 것으로 판단되었다. 루프 설계가 혁신적이었기 때문에 여타의 설계는 전통방식에서 크게 벗어날 수 없었다. 이런 상황과 여타의 상황들을 종합하여, 최종적으로 계측기 구조의 대부분을 알루미늄 합금으로 제작하기로 결정하였으며, 이는 매우 성공적인 것으로 판명되었다. 계측기 탐침 헤드의 작은 루프 내에는 단기간 열팽창이 심각한 문제를 야기할 우려가 있는 하나의 영역에 대해서 열팽창 보상을 위해서 다수의 신소재들이 사용되었다.

1990년대에 들어서는 비교적 넓은 크기 범위와 소재에 대해서 초정밀 측정을 수행할 필요가 생겼다. 특히 영국 국립물리학연구소에서는 그 당시에 광학 폴리싱된 초저열팽창계수 유리 세라믹과 폴리머(PTFE) 박막이 코팅된 특수한 미끄럼 베어링을 광범위하게 사용하여 최초로 특수교정용 윤곽측정 장비의 전체 시리즈를 갖추었다. 이 구조는 상용 Nanostep 1 계측기에 적용되었으며, 이 기기의 루프 설계는 더 긴 스캔 범위를 수용할 수 있는 상용 표면 윤곽측정기와 더 닮아 있었다. 이토록 낮은 열팽창계수를 가지고 있는 소재의 사용으로 인하여 뛰어난 루프 안정성이 보장되었으며, 이로 인하여 소재 선정 문제를 해결할 수 있었다. 적당한 조건하에서의 올바른 작동을 실제적으로 방해하는 또 다른 특성이 없다면, 이는 올바른 선택이었다. 실제의 경우, 탐침 헤드에 존재하는 작지만, 중요한 부품을 초저열팽창계수 세라믹 소재로 제작하기가 어려웠기 때문에, 이 사례에서는 용융실리카로 대체되었다. 이 소재를 선정함으로 인하여 시스템의 가격이 상승하였지만, 이 설계는 지속적으로 사용되었다. 개럿과 보텀리(1990)는 린지 등(1988)이 개발한 NPL 시스템의 개념이 상용 시스템으로 어떻게 개발되었는지에 대해서 잘 설명하고 있다.

앞서의 사례는 정밀공학 분야에서 조차도 일반적이지 않은 소재의 선정을 통해서 간단하고 직접적으로 구조 루프의 기능적 요구조건들을 충족시키는 경우가 비교적 드물다는 것을 강조하여 보여주고 있다. 일반적으로, 개념 설계 단계에서는 치수선택에 대하여 적당한 수준의 유연성이 부여되기 때문에, 제조 및 비용과 관련된 덜 정형화된 인자들을 고려하여, 특성그룹 프로파일에서 최적보다는 성능이 떨어지는 일반적인 공업용 소재를 사용하게 된다. 대부분의 경우, 이것은 완벽하게 합리적인 설계상의 절충방안이다. 이를 뒤집어 생각하면, 합리적인 접근방법은 소수의 일반적으로 사용되는 소재들 중 하나(강철이 항상은 아니더라도 자주 선정된다)를 사용하여 설계를 시작하며, 개념 설계를 충족시키기 위해서 특정한 기술적 요인이 발생하였거나 전체 시스템의 비용 효율성에 단계적 변화가 발생하는 경우에만 덜 일반적이며 이해도가 낮거나 더 비싼 소재 쪽으로 이동한다.

또 다른 사례로 상용 플랙셔 메커니즘에 대해서 살펴보기로 한다. 강철과 알루미늄 합금은 전형적으로 플랙셔에 적합한 특성그룹 전체에 걸쳐서 매우 유사한 프로파일을 나타내며, 이들은 플랙셔에 적합하지만 이 장에서 논의한 소재들 중에서 결코 최고는 아니다. 강철은 구리합금과 함께 리프 스프링 플랙셔에 매우 일반적으로 사용된다. 그 이유들 중 하나는 다양한 판재의 형태로 판매되어 선택의 폭이 넓고, 절단 또는 에칭하여 거의 임의의 복잡한 형상을 손쉽게 제작할 수 있기 때문이다. 알루미늄 판재를 사용하여 모놀리식 플랙셔를 손쉽게 가공할 수 있기 때문에, 모놀리식 설계에는 알루미늄이 자주 사용된다. 또한 다량의 소재를 가공하여 제거해야 한다면 스크랩 가격도 고려항목에 포함된다. 그런데 상용 고정밀 스테이지(최소한 표준제품)에는 강철을 사용하는 경향이 있다. 외력에 의해서 발생하는 기생운동오차를 저감하기 위해서 높은 평면외 강성을 구현하는 데에, 단순히 높은 E값만도 도움이 되므로 여타의 특성그룹에 비해서 높은 가중치를 주어야 한다. 치수가 콤팩트한 설계는 표준 제품의 훌륭한 마케팅 특징이며, 이를 위해서는 강철이 정말로 좋은 선택이다. 실제의 경우, 많은 모놀리식 플랙셔들은 와이어 방전가공을 사용하여 생성한 다수의 매우 좁은 관통절단 형상들을 조합하여 만들어지며, 소재의 제거비율은 매우 작다. 이런 가공방식은 소재 선정에 영향을 미친다.

마지막으로 성공적인 설계의 핵심 인자인 가공방법에 대해서 살펴보면서 이 장을 마무리하겠다. 근미래에 정밀공학 분야에서 일어날 기술혁신들 중 대부분은 소재와 특수가공기법의 새로운 조합을 통해서 실현될 가능성이 매우 높다. 특히 **적층가공**(AM)의 전망이 밝다. 적층가공은 원래 쾌속조형 도구로 구상되었다. 예를 들어, 적절한 소재의 분말 층들을 연속적으로 쌓아올려 가면서 선택적으로 이를 용융시켜서 하부구조에 붙여가는 방식으로 연속적으로 얇은 고체조각의 층들을 쌓아올릴 수 있다. 입자간 접착은 그리 강하지 않으며(소결전 세라믹과 유사한 강도), 이 때문에 부품은 사용하기에 너무 약하지만 형상간섭과 같은 설계오류를 조기점검하기에는 유용하다. 개념적으로는 이와 유사하지만 폴리머 수지를 선택적으로 경화시키는 방법도 역시 제약을 가지고 있다. 하지만 기술의 진보와 더 좋은 소재 선택의 폭이 훨씬 더 넓어짐에 따라서 이제는 적층가공기법을 소량생산에 적용할 수 있게 되었다. 예를 들어, 대형 시스템에서는 다양한 금속과 플라스틱 소재들을 사용하여 복잡한 3차원 형상을 생산할 수 있다. 손상된 뼈를 대체하기 위해서 맞춤형으로 설계된 티타늄 보철기나 조직성장을 촉진시키기 위한 생분해성 폴리머 스캐폴드와 같은 의학 분야에서는 가능성이 분명히 있다. 모놀리식의 속이 빈 금속구조(크기에 따라서는 3차원 조직이나 거품과 유사하게 보인다)를 효과적으로 제작할 수 있는 능력은 높은 질량대비 강도를 갖는 구조를 구현할 수 있기 때문에 항공 분야에서 명확한 관심을 받고 있으며, 정밀기계의 구조루프에도 적용할 가능성이 있다(시암 등 2017). 작은 크기에 대해서는 마이크로-스테레오-노광 기법을 사용하여 액체 수지를 선택적으로 경화시켜서 임의형상의 물체를 만들 수 있으며, 분해능은 광학적으로 구현 가능한 분해능에 의해서만 제한된다. 이런 수지 속에 기능적으로 활성화되어 있는 미세분말을 첨가하여 새로운 합성물을 만드는 것이 안 될 이유는 원칙적으로 없다. 현재 적층 방법의 기능은 꾸준히 향상되고 있지만, 진정한 정밀공업적 생산에서 필요로 하는 기능을 발휘하기에는 충분치 못하다(가드너 등 2001, 깁슨 등 2015). 확실한 것은 적층가공기 자체가 이 책에서 제시하는 원칙들을 점점 더 많이 사용하게 될 것이라는 점이다.

부 록

표 12.A.1 다양한 금속의 기계적 특성과 열특성 지표값들. 모든 수치값들은 표 12.1에 제시되어 있는 가상소재를 기준으로 정규화되어 있다.

소재	E	Υ	ρ	c	k	α
알루미늄	0.36	0.40	0.68	1.22	1.58	3.43
베릴륨	1.59	1.15	0.46	2.43	1.34	1.71
구리	0.65	0.77	2.24	0.51	2.57	2.37
몰리브덴	1.63	1.53	2.55	0.34	0.92	0.71
티타늄	0.60	2.33	1.13	0.70	0.14	1.27
텅스텐	2.06	4.50	4.83	0.18	1.11	0.64
주철	0.75	0.70	1.83	0.69	0.33	1.57
연철	1.05	1.00	1.97	0.56	0.37	1.57
강철, 스프링강	1.03	2.00	1.97	0.53	0.37	1.64
강철, 경질	1.05	3.33	1.97	0.56	0.23	1.57
인바	0.73	1.33	2.00	0.67	0.14	0.16
18/8 스테인리스강	1.03	1.67	1.98	0.68	0.10	2.29
엘린바	0.85	1.23	2.00	0.61	0.07	0.57
마그네슘합금	0.20	0.83	0.44	1.40	0.78	3.79
황동 70/30	0.53	1.50	2.14	0.49	0.73	2.79
청동 90/10	0.65	2.00	2.23	0.48	0.33	2.43
인청동	0.55	1.67	2.23	0.48	0.47	2.43
베릴륨동	0.63	2.50	2.06	0.47	0.67	2.43
두랄루민	0.37	1.00	0.70	1.20	0.98	3.29

표 12.A.2 다양한 비금속 소재들의 기계적 특성과 열특성 지표값들. 모든 수치값들은 표 12.1에 제시되어 있는 가상소재를 기준으로 정규화되어 있다.

소재	E	Υ	ρ	c	k	α
실리콘(111)	0.95	0.63	0.58	0.94	1.05	0.33
다이아몬드	6.00	10.0	0.88	0.51	3.93	0.17
탄화실리콘	2.05	1.50	0.78	1.33	0.84	0.54
질화실리콘	1.55	3.33	0.80	0.73	0.22	0.50
알루미나	1.66	1.15	0.95	1.40	0.23	1.19
지르코니아	1.03	2.73	1.44	0.62	0.021	1.46
탄화텅스텐	3.60	11.1	3.75	–	0.35	1.04
용융실리카	0.35	0.23	0.54	1.13	0.014	0.071
용융석영	0.35	0.23	0.55	1.12	0.010	0.071
크라운유리	0.35	0.23	0.63	0.93	0.007	1.14
제로도	0.46	0.32	0.63	1.10	0.011	0.007
에폭시–그라나이트	0.18	0.07	0.63	1.28	0.011	1.71
PTFE	0.002	0.08	0.55	1.40	0.002	11.4
PMMA	0.014	0.25	0.30	1.96	0.001	10.0
폴리카보네이트	0.011	0.23	0.30	1.84	0.001	9.43
폴리에스터	0.012	0.18	0.33	3.07	0.001	14.3
PEEK	0.018	0.31	0.33	–	0.002	6.71
에폭시	0.016	0.24	0.29	2.53	0.002	8.57

표 12.A.3 다양한 금속들의 기계적 특성그룹. 모든 수치값들은 표 12.1에 제시되어 있는 가상소재를 기준으로 정규화되어 있다.

소재	E	Υ	E/ρ	Υ/E	Υ/ρ	$k/c\rho$	$c\rho/a$	k/α	$k/\alpha E$	$1/\alpha$	$1/\alpha E$
알루미늄	0.36	0.40	0.52	1.13	0.59	1.92	0.24	0.46	1.30	0.29	0.82
베릴륨	1.59	1.15	3.44	0.72	2.49	1.19	0.66	0.78	0.49	0.58	0.37
구리	0.65	0.77	0.29	1.18	0.34	2.25	0.48	1.09	1.67	0.42	0.65
몰리브덴	1.63	1.53	0.64	0.94	0.60	1.08	1.19	1.29	0.79	1.40	0.86
티타늄	0.60	2.33	0.53	3.89	2.07	0.18	0.62	0.11	0.19	0.79	1.31
텅스텐	2.06	4.50	0.43	2.19	0.93	1.29	1.33	1.72	0.84	1.56	0.76
주철	0.75	0.70	0.41	0.93	0.38	0.26	0.81	0.21	0.28	0.64	0.85
연철	1.05	1.00	0.53	0.95	0.51	0.33	0.70	0.23	0.22	0.64	0.61
강철, 스프링강	1.03	2.00	0.52	1.95	1.02	0.35	0.64	0.22	0.22	0.61	0.59
강철, 경질	1.05	3.33	0.53	3.17	1.70	0.21	0.70	0.15	0.14	0.64	0.61
인바	0.73	1.33	0.36	1.84	0.67	0.10	8.54	0.89	1.23	6.36	8.78
18/8 스테인리스강	1.03	1.67	0.52	1.63	0.84	0.07	0.59	0.04	0.04	0.44	0.43
엘린바	0.85	1.23	0.43	1.45	0.62	0.05	2.15	0.12	0.14	1.75	2.06
마그네슘합금	0.20	0.83	0.46	4.17	1.90	1.27	0.16	0.21	1.03	0.26	1.32
황동 70/30	0.53	1.50	0.25	2.86	0.70	0.70	0.38	0.26	0.50	0.36	0.68
청동 90/10	0.65	2.00	0.29	3.08	0.90	0.31	0.44	0.14	0.21	0.41	0.63
인청동	0.55	1.67	0.25	3.03	0.75	0.44	0.44	0.19	0.35	0.41	0.75
베릴륨동	0.63	2.50	0.31	3.97	1.21	0.69	0.40	0.27	0.44	0.41	0.65
두랄루민	0.37	1.00	0.52	2.74	1.43	1.17	0.26	0.30	0.82	0.30	0.83

주의: 금속은 적당한 강성과 강도, 밀도, 연성 및 인성을 갖추고 있다. 금속의 생산은 일반적으로 단순하며, 주조, 단조, 절삭, 폴리싱, 방전가공 및 소결 등의 다양한 기법들을 조합하여 사용한다.

표 12.A.4 다양한 비금속 소재들의 기계적 특성그룹. 모든 수치값들은 표 12.1에 제시되어 있는 가상소재를 기준으로 정규화되어 있다.

소재	E	Υ	E/ρ	Υ/E	Υ/ρ	$k/c\rho$	$c\rho/a$	k/α	$k/\alpha E$	$1/\alpha$	$1/\alpha E$
실리콘(111)	0.95	0.63	1.65	0.67	1.10	1.93	1.63	3.14	3.31	3.00	3.16
다이아몬드	6.00	10.0	6.86	1.67	11.4	8.80	2.61	22.9	3.82	5.83	0.97
탄화실리콘	2.05	1.50	2.65	0.73	1.94	0.81	1.90	1.55	0.75	1.84	0.90
질화실리콘	1.55	3.33	1.94	2.15	4.17	0.38	1.17	0.44	0.28	2.00	1.29
알루미나	1.66	1.15	1.74	0.69	1.21	0.17	1.12	0.19	0.12	0.84	0.51
지르코니아	1.03	2.73	0.71	2.67	1.90	0.02	0.62	0.01	0.01	0.69	0.67
탄화텅스텐	3.60	11.1	0.96	3.09	2.97	—	—	0.33	0.09	0.96	0.27
용융실리카	0.35	0.23	0.65	0.67	0.43	0.02	8.53	0.20	0.56	14.0	40.0
용융석영	0.35	0.23	0.64	0.67	0.42	0.02	8.62	0.14	0.40	14.0	40.0
크라운유리	0.35	0.23	0.56	0.67	0.37	0.01	0.51	0.01	0.02	0.88	2.50
제로도	0.46	0.32	0.72	0.70	0.50	0.02	96.9	1.49	3.28	140.0	307.0
에폭시-그라나이트	0.18	0.07	0.28	0.42	0.12	0.01	0.47	0.01	0.04	0.58	3.33
PTFE	<0.01	0.08	<0.01	41.7	0.15	<0.01	0.07	<0.01	0.07	0.09	43.8
PMMA	0.01	0.25	0.05	17.9	0.84	<0.01	0.06	<0.01	0.01	0.10	7.14
폴리카보네이트	0.01	0.23	0.04	21.2	0.78	<0.01	0.06	<0.01	0.01	0.11	9.64
폴리에스터	0.01	0.18	0.04	15.3	0.56	<0.01	0.07	<0.01	0.01	0.07	5.83

표 12.A.4 다양한 비금속 소재들의 기계적 특성그룹. 모든 수치값들은 표 12.1에 제시되어 있는 가상소재를 기준으로 정규화되어 있다.(계속)

소재	E	Υ	E/ρ	Υ/E	Υ/ρ	$k/c\rho$	$c\rho/a$	k/α	$k/\alpha E$	$1/\alpha$	$1/\alpha E$
PEEK	0.02	0.31	0.06	16.8	0.93	–	–	<0.01	0.01	0.15	8.16
에폭시	0.02	0.24	0.05	15.5	0.83	<0.01	0.08	<0.01	0.02	0.12	7.53

주의: 세라믹은 높은 강성과 강도, 낮은 밀도와 취성을 가지고 있다. 이들은 일반적으로 소결공정이나 일종의 주조공정을 통해서 만들어진다. 유리는 높은 강성과 강도를 가지고 있으며 다양한 방식으로 가공할 수 있지만 취성이 있다. 주조 후에 가공 및 폴리싱을 통하여 생산한다. 폴리머는 여기서 고려하는 여타의 소재들에 비해서 강성과 강도가 떨어지며, 높은 열팽창계수와 낮은 장기간 안정성을 가지고 있다. 폴리머 부품은 주입식 몰딩과 사출기법으로 생산하며 가공성이 좋다.

연습문제

1. 금속, 세라믹 그리고 공업용 폴리머 중에서 각각 몇개씩 소재를 선정하여 선형 열팽창계수와 탄성계수를 살펴보고, 애쉬비 도표의 확장된 형태로 이들의 로그도표를 그려 보시오. 일반적으로 어떤 경향이 나타나는가? 이런 경향에 대해서 물리적인 원인을 설명하시오(수학적인 원인이 아니라 상위레벨의 원인을 설명하시오).

2. 핵심 설계기준이 지주의 무게를 최소화하면서 지정된 압축하중을 견딜 수 있도록 설계를 최적화하는 것일 때에, 축방향 하중을 받는 지주에 대해서 오일러 좌굴공식을 적용하여, 특성그룹을 제안하시오. **그림 12.3**이나 여타의 데이터를 사용하여 이 경우에 어떤 유형의 소재가 최적의 선택인지에 대해서 논의하시오.

3. 황동, 연철, 스테인리스 강철, 인바, 티타늄 그리고 석영유리와 같은 일반적인 유형의 소재들의 가공성에 대해서 간략하게 논의하시오.

4. 소재의 탄성($\Upsilon^2/2E$)은 단위체적당 에너지를 저장할 수 있는 능력의 척도로서, 일부의 탄성(플랙셔) 메커니즘에서 이를 필요로 한다. 이 특성그룹이 변형률 에너지의 측면에서 치수등가임을 규명하시오. 그런 다음 이 장에서 사용한 가상소재를 사용하여 이 값을 정규화하시오. 플랙셔 설계에 중요한 여타의 특성그룹을 고려한다면 무엇을 관찰해야 하는가?

5. 인바보다 특성이 더 좋다고 알려진 금속 소재인 기욤[32](상품명칭임)의 정밀공업적 활용과 관련된 다양한 특성들에 대해서 찾아보시오. 이 합금의 일반적인 조성은 무엇인가? 슈퍼인바와 엘린바와 같은 합금들과 조성 및 특성을 서로 비교하시오. 이 소재의 사용이 필요한 분야에 대해서 논의하시오. 아울러, 이 소재의 넓은 활용을 제한하는 단점에 대해서도 살펴보시오.

6. 두랄루민(알루미늄 합금)을 기준소재로 사용하여 마그네슘 합금, 티타늄(합금), 탄화실리콘, 용융석영 그리고 탄화텅스텐의 특성그룹 프로파일을 작성하시오. 정밀공학 분야에서 다양한 형로 적용할 때에 관심이 가는 특성들에 대해서 논의하시오. 특정한 적용 분야에 대해서 관찰 결과를 근거로 특정 소재를 추천한 이유를 설명하시오.

7. 온도가 ±2[K]의 범위 내에서 서서히 변하는 실내환경하에서 레이저 간섭계가 사용된다. 기준측 광선경로는 길이가 400[mm]이며 한 변의 길이가 50[mm]인 사각단면 강철막대 위에 빔 분할기와 역반사경이 견고하게 고정되어 있다. 따라서 기준 광선경로길이는 온도에 의해서 변하

---

32   Guillame.

고 있다. 이것이 단순한 실수가 아니라면, 이런 기준 광선경로 설계가 사용된 이유는 무엇이겠는가?

8. 어떤 생산공정에서 길이 범위가 24.7[mm]에서 25.3[mm]인 강철부품의 측정이 필요하다. 기계에서 가공시편을 빼낸 다음에 거의 즉시, 가공기계와 충분히 가까운 거리 내에서 측정이 빠르게 수행되어야 한다. 측정의 표준편차는 ±1[μm] 이내로 들어와야 한다. 유효 계측루프의 크기를 줄이기 위해서, 측정범위가 ±0.5[mm]인 일반적인 상용 변위 측정기를 사용하여 가공 시편과 표준구체 또는 게이지블록(공칭치수 25[mm])에 접촉시켜서 차동측정을 수행하는 방안이 제안되었다. 기준 게이지블록 또는 구체는 거의 표준기에 근접하는 상용품을 사용한다. 이 측정기준 물체는 탄화텅스텐, 강철, 알루미늄 및 제로도와 같은 소재를 사용하여 만들 수 있다. 왜 이 소재들을 사용할 수 있는가?, 제시된 용도에 알맞은 소재들의 순위를 매기고 이에 대한 간략한 설명을 제시하시오.

9. 항공용 계측기에 사용되는 모놀리식 리프 스프링 플랙셔 메커니즘은 작동 범위에 비해서 콤팩트해야 하며 작은 에너지만으로도 작동이 가능해야 한다. 따라서 (여기서 사용되는 가상소재보다 ϒ값이 약 1.5배인) 강한 알루미늄 합금이 사용되어왔다. 이 대신에 티타늄 합금을 사용하는 방안이 제시되었다. 소재 변경에 따른 장점과 단점을 논의한 후에 어떤 소재를 사용하는 것이 좋은지 결정하시오.

10. 서로 다른 유형의 소재들의 전형적인 원자 수준 거동을 정밀구조의 설계에 직접 적용할 수는 없지만, 이들의 영향을 이해하는 것이 여전히 유용하다. 그 사례로서, 비더만 프란쯔 법칙에 대하여 살펴보고 이에 대하여 논의하시오.

참고문헌

Ashby M. F. (1989). On the engineering properties of materials, *Acta Metall.*, **37**:1273-93.

Ashby M. F. (1991). On material and shape, *Acta Metall.*, **39**:1025-39.

Askeland D. R. (1996). *The Science and Engineering of Materials*, 3rd S.I. edition (adapted by Haddleton F., Green P. and Robertson H), London: Chapman & Hall.

Beer F. P. and Johnston E. R. (2004). *Mechanics of Materials*, 3rd edition (SI units), Singapore: McGraw-Hill.

Brehm R., Driessen J. C., van Grootel P. and Gijsbers T. G. (1985). Low thermal expansion materials for high precision measurement equipment, *Precision Engineering*, **7**:157-60.

Cebon D. and Ashby M. F. (1994). Materials selection for precision instruments, *Meas. Sci Technol.*, **5**:296-306.

Chetwynd D. G. (1987). Selection of structural materials for precision devices, *Precision Engineering*, **9**:3-6.

Chetwynd D. G. (1989). Materials selection for fine mechanics, *Precision Engineering*, **11**:203-9.

Chetwynd D. G., Schwarzenberger D. R. and Bowen D. K. (1990). Two dimensional x-ray interferometry, *Nanotechnology* **1**:19-26.

Fein A. P., Kirtley J. R. and Feenstra R. M. (1987). Scanning tunneling microscope for low temperature, high magnetic field and spatially resolved spectroscopy, *Rev. Sci. Instrum.* **58**(10):1806-10.

Gardner J. W., Varadan V. K. and Awedelkarim O. O. (2001). *Microsensors, MEMS and Smart Devices*. Chichester, U.K.: John Wiley & Sons.

Garratt J. D. and Bottomley S. C. (1990). Technology transfer in the development of a nanotopographic instrument, *Nanotechnology*, **1**:38-43.

Gerbig Y. B., Spassov V., Savan A. and Chetwynd D. G. (2007). Topographical evolution of sputtered chromium nitride thin films, *Thin Solid Films*, **515**:2903-20.

Gibson I., Rosen D. W. and Stucker B. (2105). *Additive Manufacturing Technologies: 3D Printing, Rapid Prototyping, and Direct Digital Manufacturing*. New York: Springer.

Griffiths A. A. (1920). The phenomena of rupture and flow in solids, *Proc. Roy. Soc. Lond.*, **221**:582-93.

Kulkarni R. and Ochoa O. (2006). Transverse and longitudinal CTE measurements of carbon fibers and their impact on interfacial residual stresses in composites, *J. Compos. Mater.*, **40**:733-54.

Lindsey K., Smith S. T. and Robbie C. J. (1988). Sub-nanometre surface texture and profile measurement with NANOSURF 2, *Ann. CIRP*, **37**:519-22.

Mollenhauer O., Ahmed S. I.-U., Spiller F. and Haefke H. (2006). High-precision positioning and measurement systems for microtribotesting, *Tribotest*, **12**:189-99.

Peterson K. E. (1982). Silicon as a mechanical material, *Proc. IEEE*, **70**:629-36.

Smith S. T. and Chetwynd D. G. (1994). *Foundations of Ultraprecision Mechanism Design*, Chapter 8, New York: Taylor Francis.

Syam W. P., Jianwei W., Zhao B., Maskery I. and Leach R. K. (2017). A methodology to design mechanically-optimised lattice structures for vibration isolation, *Precision Engineering*, in press.

Ueno S. (1989). Development of an ultra-precision machine tool using a ceramic bed, 5th Int. Precision Engineering Seminar (IPES-5), Monterey, California.

Waterman N. A. and Ashby M. F. (1991). *Elsevier materials selector*, London: Elsevier.

CHAPTER 13

환경차폐

CHAPTER 13

환경차폐

정밀기계의 성능은 이 기계에 작용하는 환경적 교란의 감소에 의존하며, 외부와 내부의 노이즈 원인에 대한 차폐에 많은 시간과 노력이 필요하다. 이 교란의 크기는 공정제어의 설계에도 영향을 미친다(14장). 이 장에서는 정밀기계를 보호하기 위해서 필요한 충격, 진동, 열 및 음향차폐에 대해서 논의할 예정이다. 기계 자체적으로 기계의 동적 운동에 의해서 유발되는 진동이 발생하면 바닥을 통하는 직접적인 연결에 의해서 전파되며, 기계의 진동과 충격에 의해서 하나의 기계에서 발생한 음향진동이 다른 기계에서 흡수된다. 제진이나 에너지 소산을 통해서 이런 교란이 기계에 미치는 영향을 감소시킬 수 있다. 제진은 가진력이 정밀기계의 구조로 전달되는 것을 방지하는 공정이며 에너지 소산은 열이나 마찰을 통해서 가진진폭의 크기를 감소시키는 것이다. 이 장에서는 외부가진에 대한 이해와 서로 다른 가진원에 대한 분류에 대해서 논의한다. 또한 이 가진들이 정밀기계의 동적 거동에 미치는 영향에 대해서도 살펴본다. 동특성에 대해서 살펴본 다음에는 단열에 대한 주제로 넘어가서 수동단열과 능동단열에 대해서 소개한다. 마지막으로는 음향차폐에 대해서 논의한다. 이 장에서는 정밀기계에 부가되는 외부의 영향을 최소화하기 위한 차폐 시스템의 설계에 사용되는 다양한 기법들과 방법들에 대해서 살펴본다.

13.1 서 언

환경의 차폐에서는 환경적 교란이 정밀기계에 미치는 영향을 저감하여 정밀기계를 보호하고 성능을 향상시키는 것을 목적으로 하고 있다. 이 교란에는 기계, 열 및 음향 등 다양한 원인들이 포함되어 있다. 정밀공학 분야의 많은 성능특성들이 기계적 진동에 영향을 받기 때문에, 이 장에서는 기계적 진동에 주로 초점을 맞추고 있다. 예를 들어, 렌즈의 기계진동은 바람직하지 않은 광학수차를 유발할 수 있다. 정밀공학자들은 진동을 차단하고 전체 시스템에 진동이 미치는 영향을 줄이기 위한 제진 시스템 설계에서 기술적 도전을 마주하고 있다.

이 장의 주요 목표는 설계자로 하여금 다음의 방법을 제시해주는 것이다.

1. 환경교란에 대한 모델링
2. 차폐 시스템의 설계

따라서 이 장에서는 다음에 대해서 살펴본다.

• 발생 가능한 기계적 외란의 구분
• 기계적 외란신호의 모델링
• 정밀기계에 외란이 미치는 영향 도출
• 적당한 크기와 주파수를 가지고 있는 외란에 대한 수동차폐 시스템의 설계
• 큰 크기와 낮은 주파수를 가지고 있는 외란에 대한 능동차폐 시스템의 설계

환경차폐 시스템을 설계할 때에 고려해야 하는 여러 단계들에 대한 이해를 돕기 위해서 이를 흐름도(**그림 13.1**)로 다시 나타낼 수 있다. 이 단계들에는 보통 반복계산과 재설계가 필요하다는 점을 알고 있어야 한다.

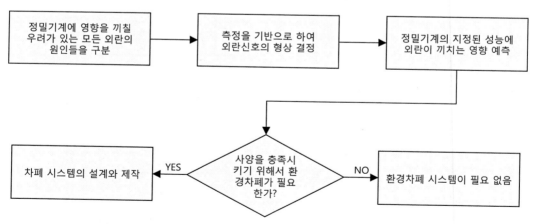

그림 13.1 차폐설계가 필요한 하위 시스템을 보여주는 단순화된 흐름도

여기서 논의하는 방법들은 기계의 다양한 분야에 적용할 수 있다. **그림 13.2**에서는 최신

전자제품용 집적회로의 제조에 사용되는 광학식 노광기[1]를 보여주고 있다. 수조 개의 트랜지스터들을 반도체 기판(실리콘 웨이퍼) 위에 만들기 위해서 다양한 제조공정들이 사용된다.

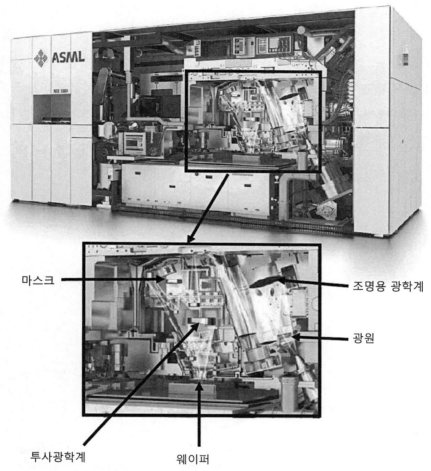

그림 13.2 반도체 디바이스를 제작하기 위한 (반사)광학식 노광장비

트랜지스터 제조의 핵심 공정은 웨이퍼의 표면에 트랜지스터와 형상들의 크기를 10[nm] 수준까지 축소시킨 반도체 패턴들을 프린트하여 좁은 영역에 다수의 소자들을 조밀하게 집적시키는 것을 가능하게 해준 **광학식 노광[2]**이다. 핵심공정은 **그림 13.3**에 도시되어 있는 것처

---

1   ASML사에서 제작한 극자외선 노광기 최신 모델은 Twinscan NXE 3400B(2017년 모델)이다(역자주).
2   photolithography.

럼, 광선을 웨이퍼 위에 투사하는 고성능 투사광학계를 포함하고 있다. 이 광선은 웨이퍼 표면에 얇게 코팅되어 있는 광민감성 레지스트 위에 투사되었을 때에 필요한 형상을 생성할 수 있도록 패턴이 도금되어 있는 (레티클이라고 부르는) **마스크**를 통과한다. 첫 번째 세트의 집적회로에 대한 투사가 끝나고 나면, 새로운 세트의 패턴을 투사하기 위해서 지정된 거리만큼 웨이퍼를 새로운 위치로 이동시킨다(그림 13.3). 이 패턴들은 반도체 제조공정의 후속 단계에서 만들어질 트랜지스터와 여타의 형상들을 웨이퍼 위에 생성하는 과정에서 중요하게 사용된다. 외부가진이 웨이퍼의 위치 이동, 광학 마운트의 위치 결정 또는 트랜지스터의 제작과 관련된 다른 모든 부분들에서 발생하는 오차들의 원인으로 작용할 수 있다. 앞서 언급했던 공정들은 동적이며 매우 민감하기 때문에 서로 다른 방향으로의 운동의 자유도가 필요하며, 이로 인하여 광학투사기구와 렌즈 마운트들이 서로 다른 자유도 방향으로 진동과 열팽창에 취약하게 된다.

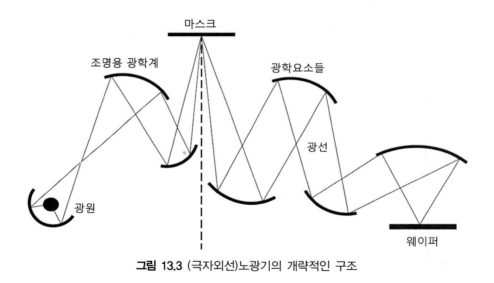

그림 13.3 (극자외선)노광기의 개략적인 구조

13.2 충격과 진동의 원인

정밀공학 분야에서 기계적인 진동은 예를 들어, 지각운동(지진), 유체유동, 기계 내부의 운동부품 불평형 그리고 인접한 기계의 운동부품 불평형 등과 같은 다양한 원인에 의해서

발생한다. 이런 원인들을 예를 들어, 계단함수, 정현신호 및 스윕신호 등과 같은 외란신호의 유형에 따라서 분류할 수 있다. 우선, 정밀 기계에 영향을 미치는 자유진동과 강제진동이라는 두 가지 유형의 진동들을 서로 구분할 필요가 있다. 다음 절에서는 각각의 진동유형에 대해서 다양한 원인들을 살펴볼 예정이다. 정밀기계에 노출되는 다양한 환경조건들을 포함하기 위해서 각각의 진동에 대해서 전형적인 신호 유형이 할당되었다.

13.2.1 자유진동(과도응답)

기계 시스템의 초기외란에 의해서 **자유진동**이 발생하므로, 시스템이 작동을 시작한 다음에 자유롭게 진동하도록 놓아두면 자유진동이 일어난다. 이는 정밀기계의 이동요소들 중 일부가 기준위치로 이동하거나 충격하중이 부가되어 운동을 시작한 경우에 해당한다. 이로 인하여 시스템은 고유주파수로 진동하게 된다. 일반적으로 감쇄 때문에 이 진동의 진폭은 급격하게 줄어든다. 이 감쇄시간이 적절하다고 판단되면 자유진동의 원인을 차폐할 추가적인 방법이 필요 없다. 예를 들어, 광학 시스템의 렌즈위치 초기화로 인하여 광학수차가 유발될 수 있지만, 이런 수차는 문제를 유발할 수도, 유발하지 않을 수도 있다.

13.2.2 강제진동

메커니즘의 구성요소들 중 하나가 메커니즘 내의 다른 부품에 힘을 가하여 진동을 유발할 때에 **강제진동**이 발생한다. 이때에는 두 부품들이 에너지를 서로 전달할 수 있도록 연결되어 있다고 가정한다. 여기서는 베이스의 강제진동에 대해서 살펴보기로 한다. **베이스 가진**은 일반적으로 정밀기계가 얹혀 있는 기초나 프레임의 가진을 의미한다. 강제가진으로 인하여 추가적인 외력이 기계에 가해진다. 다음 절에서는 가진의 원인에 대해서 논의하기로 한다.

13.2.2.1 베이스 가진

정밀기계가 지면(다음부터는 **베이스 프레임**이라는 용어를 사용할 예정이다) 위에 직접 설치되거나 프레임 위에 설치되어 있다면, 바닥 진동에 취약하다. **그림 13.4**에서는 정밀공학 시스템에서 자주 접하게 되는 전형적인 사례로서, 광학 요소를 외부진동으로부터 차폐시켜 주는 방법을 보여주고 있다. 광학요소의 지지기구를 강성이 k인 스프링과 점성감쇄계수가 c인 댐퍼로 모델링하였다. 일반적으로, 이 단순화된 모델은 여기서 살펴볼 광학요소 지지기구를 포함하여 많은 메커니즘들의 주요 거동을 보여준다.

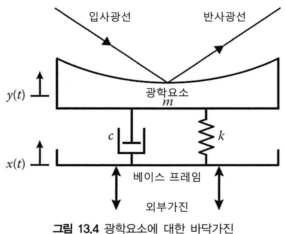

그림 13.4 광학요소에 대한 바닥가진

광학 시스템에서 **외부가진**은 광학요소 지지기구를 움직이며, 이로 인하여 바람직하지 않은 광학수차가 발생한다. 다행히도, 예를 들어 변위응답이 광학 성능에 영향을 미치지 않도록 강성과 감쇄값 같은 기계적 특성을 조절하여 지지기구의 성능을 향상시킬 수 있다. 그런데 이런 갑작스러운 운동의 원인은 무엇인가에 대한 의문이 생기게 된다.

전부는 아니겠지만, 다음과 같은 원인들이 존재한다.

- 정밀기계가 설치된 것과 동일한 지면이나 프레임에 설치되어 있는 인접한 기계
- 베이스 진동을 유발하는 음향진동
- 빌딩과 전체와 그에 따른 정밀기계의 베이스에 영향을 미치는 슬럼핑, 바람 등과 같은 자연현상
- 트럭, 비행기 등을 사용한 운송과정에서 발생하는 진동
- 취급과정에서 발생하는 프레임운동

첫 번째 세 가지 원인들은 작동 중인 정밀기계에 영향을 미치는 반면에 나머지 두 가지 원인들은 기계가 작동하지 않는 상황에서 주로 작용한다. 비록 정밀기계가 작동하지 않는 동안에 가해진 가진은 성능과 무관하지만 고가 부품에 가해지는 손상에 대한 평가가 필요하다. 또한 건물, 지면, 프레임 등의 내부 동특성에 의해서 부가된 진동이 증폭될 가능성이 있다. 연습문제 1번에서는 단 하나의 지배주파수만을 고려하였다. 실제의 경우에는 베이스 프레임과 정밀기계는 서로 다른 고유주파수와 그에 따른 모달 거동을 가지고 있다.

13.2.2.2 강제가진

그림 13.5에서는 수직방향으로 장착되어 있는 광학요소의 위치를 측정한 후 작동기의 제어를 통해서 보정하는 사례를 보여주고 있다. 작동기에 의해서 힘이 가해지는 광학요소의 응답특성은 작동기 프레임과 연결되어 있는 스프링과 댐퍼의 강성 및 감쇄값에 의존한다.

정밀기계의 서로 다른 부품들에 가해지는 서로 다른 가진원들이 강제진동을 초래할 수 있다. 몇 가지 전형적인 가진원들을 살펴보면 다음과 같다.

- 민감한 부품의 온도상승을 방지하기 위한 열전달에 사용되는 냉매의 유동가진
- 질량편심에 의한 불평형가진
- 구동력 가진
- 기계에 설치되어 있는 반송용 로봇과 같이 정밀기계에 직접 작용하는 공정 작용력
- 정밀기계에 설치되어 있는 펌프의 작동

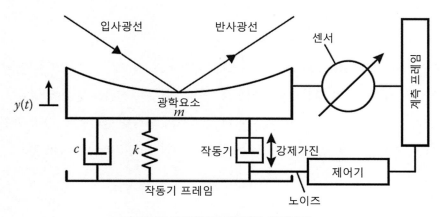

그림 13.5 광학요소에 대한 강제가진

13.3 환경가진

일단 진동의 원인과 유형이 판명되고 나면, 정밀기계에 작용하는 가진신호의 형상을 결정할 필요가 있다. 기계의 설계과정에서 시스템의 응답을 예측하고 가진의 영향을 감소시키며, 기계 내의 모든 부품들 사이의 연결이나 설치기구를 적절히 설계하기 위해서는 이런 작업이 필요하다.

이 절에서는 **환경가진** 해석에서 자주 사용되는 일반적인 수학함수들 중 일부에 대해서 살펴본다. 여기에는 단위임펄스함수, 단위스텝함수, 정현함수 및 주기함수가 포함된다. 마지막으로, 임의가진에 대해서도 간단하게 살펴본다.

13.3.1 임펄스함수

단위임펄스 $\delta(t)$는 시간 t의 함수로서, 가진 발생순간의 진폭이 무한히 크며, 여타의 모든 시간에 대해서는 0이다.

$$\delta(t)\begin{cases} = 0, & t \neq 0 \\ \to \infty, & t = 0 \end{cases} \tag{13.1}$$

그런데 단위임펄스에 대한 시간적분값은 1이다. 즉,

$$\int_{-\infty}^{+\infty} \delta(t)dt = 1 \tag{13.2}$$

단위임펄스를 **델타함수** 또는 **디랙함수**라고도 부르며, **그림 13.6**에 도시되어 있는 것처럼, 원점 위치에서 높이가 1인 화살표로 나타낸다. **임펄스함수**는 시간축 전체에 대한 시간적분 값에 해당한다. 높이 1은 사실, 높이가 아니라 임펄스의 면적을 나타낸다. 만일 단위임펄스함수에 상수 A를 곱하면, $-\infty$에서 $+\infty$ 구간에 대한 시간적분값은 A가 된다.

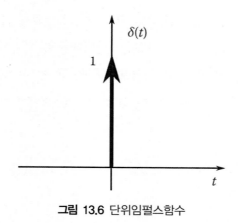

그림 13.6 단위임펄스함수

임펄스 함수로 모델링할 수 있는 실제의 물리적인 상황은 그리 많지 않다. 일반적으로, 속도, 가속도 및 힘과 같은 물리적인 양들의 갑작스러운 변화에는 한계가 있으며(임펄스의 경우처럼 무한히 커지지는 못한다), 일정한 시간 간격 동안 지속된다(임펄스의 경우처럼 무한히 짧은 시간 동안 발생하지는 못한다). 하지만 다음의 이유들 때문에 환경차폐의 경우에 대해서도 임펄스 함수를 이해하는 것이 중요하다.

1. 충돌과 같이 매우 짧은 시간에 매우 큰 진폭이 부가되는 환경가진을 모델링하기 위해서 임펄스 함수가 필요하다. 임펄스 함수는 정밀기계의 취급이나 운반과정에서 발생하는 부품들 상호간의 충돌에 따른 순간적인 변화를 매우 효과적으로 모델링해준다. 이런 경우에, 충돌의 진폭과 시간주기에 대한 결정은 매우 어려운 일이므로, 근사화를 위해서 임펄스 함수를 사용할 수 있다.

2. 정밀기계에 대한 임펄스 응답을 고찰하면 서로 다른 고유주파수를 가지고 있는 기계의 주요 동적 거동을 살펴보는 경우에 유용하다. 임펄스 함수는 시스템의 모든 주파수들을 동일한 진폭으로 가진하기 때문에 모든 주파수 대역에 대한 스펙트럼을 명확하게 살펴볼 수 있다. 따라서 시스템의 임펄스 응답을 사용하면 동적 거동을 빠르게 확인할 수 있다.

3. 임펄스 함수는 **선형 시불변**(LTI) 시스템의 연구와 관련되어 있다. 임의의 개별 가진입력들을 진폭이 변조된 임펄스의 연속열로 분해할 수 있다. 따라서 임펄스 응답으로부터 임의입력에 대한 선형 시불변 시스템의 응답을 유도할 수 있다. 시불변이란 입력시

간이 τ[s]만큼 지연되지 않는다면, 지금 또는 지금으로부터 τ[s] 이후에도 시스템에 입력이 가해지는 동안에는 모든 시스템의 출력이 변하지 않는다는 것을 의미한다. 보다 정밀하게 말해서, 임의의 입력함수 $f(t)$에 대한 시불변 시스템의 응답 $y(t)$는 임펄스 응답 $h(t)$를 알고 있는 경우에, 식 (13.3)의 적분식(콘볼루션 적분)을 계산하여 얻을 수 있다.

$$y(t) = \int_0^t f(\tau)h(t-\tau)d\tau \tag{13.3}$$

$$= \frac{1}{m\omega_d} \int_0^t f(\tau)e^{-\zeta\omega_n(t-\tau)}\sin(\omega_d(t-\tau))d\tau$$

식 (13.3)의 두 번째 적분식에는 13.4.1절에서 논의할 예정인 1자유도 스프링－질량－댐퍼 시스템의 응답이 포함되어 있다.

13.3.2 스텝함수

단위스텝함수는 다음과 같이 정의된다.

$$u(t) = \begin{cases} 0, & t < 0 \\ 1, & t \geq 0 \end{cases} \tag{13.4}$$

단위스텝함수는 출력변수가 갑작스럽게 변화한 이후에 특정한 시간 간격 동안 그 변화가 지속되는 경우에 사용된다. 일정한 힘이 질량 위에 갑자기 작용하거나 물체가 일정한 온도에 노출되는 경우와 같은 잘 알려진 물리적인 상황에 대해서 스텝함수를 사용할 수 있다.

스텝 함수는, 서로 다른 상태에 대해서 안정성을 유지하여야 하는 능동제진 시스템의 경우와 같이, 시스템이 다른 상태에서 특정한 안정 상태에 도달할 수 있는가를 판정할 때에 함수의 동적 안정성에 대한 정보를 얻기 위해서 도움이 된다. 더욱이, 스텝응답은 가진 도표를 통해서 상승시간, 오버슈트 및 정착시간 등으로부터 직접적으로 구할 수 있는 특성값들을 제공해주므로, 이를 사용하여 복잡한 시스템의 동적 거동에 대한 직관력을 얻을 수 있다.

13.3.3 급작스런 변화를 모델링하기 위하여 추가된 함수들

실제의 경우, 급작스러운 변화를 모델링하기 위해서 다양한 함수들이 사용된다. 다음에서는 추가적으로 사용되는 함수들의 사례를 살펴보기로 한다.

13.3.3.1 구형함수

임펄스함수와는 달리, **구형함수**[3]의 시간간격은 무한히 작지 않으며, 진폭 역시 제한되어 있다. 수학적 표현식은 다음과 같이 주어진다.

$$f(t) = \begin{cases} 0, & t < 0 \\ 1, & 0 \leq t \leq \Delta T \\ 0, & t > \Delta T \end{cases} \tag{13.5}$$

여기서 ΔT는 구형파 함수의 진폭이 1을 유지하는 최대시간이다.

13.3.3.2 사인절반함수

구형함수가 신호의 필터링에 유용한 반면에, 사용하지 않은 신호에서 사용한 신호를 분리하기 위한 계산적 목적에서는 **사인절반함수**가 더 유용하다. 이는 구형신호보다 사인절반 신호가 더 매끄럽기 때문이다. 수학적 표현식은 다음과 같이 주어진다.

$$f(t) = \begin{cases} 0, & t < 0 \\ \sin\left(\dfrac{\pi}{\Delta T}t\right), & 0 \leq t \leq \Delta T \\ 0, & t > \Delta T \end{cases} \tag{13.6}$$

이 사인절반함수는 동적 시스템의 응답 스펙트럼을 구할 때에 자주 사용된다.

---

3   rectangular function.

13.3.3.3 싱크함수

싱크함수는 외부가진을 모델링하기 위해서 사용될 뿐만 아니라, 폭이 π인 구형파 스펙트럼의 연속적인 역 푸리에 변환에 해당하기 때문에 적절한 좌표변환과 함께 이상적인 저역통과 필터에 사용할 수 있다. 수학적 표현식은 다음과 같이 주어진다.

$$f(t) = \begin{cases} \dfrac{\sin(\pi t)}{\pi t}, & t \neq 0 \\ 1, & t = 0 \end{cases} \tag{13.7}$$

13.3.3.4 사인감소함수

사인감소함수의 수학적인 표현식은 다음과 같이 주어진다.

$$f(t) = Ae^{-\lambda t}\sin(\omega t + \phi) \tag{13.8}$$

여기서 A는 진폭, ω는 신호의 주파수, λ는 차폐기구의 감쇄계수이며, 진동의 감쇄율을 나타낸다. 그리고 ϕ는 사인함수의 초기위상각도이다.

13.3.4 조화가진

조화가진[4]의 수학적 표현식은 다음과 같이 주어진다.

$$f(t) = A\sin(\omega t + \phi) = Im\{Ae^{j(\omega t + \phi)}\} = \{Ae^{j\omega t}e^{j\phi}\} \tag{13.9}$$

여기서 A는 진폭, ω는 각속도 그리고 ϕ는 초기위상각도를 나타낸다. 시스템의 정상상태 조화응답은 제진기 모델링에 유용하며, 조화신호의 복소수 지수함수식을 사용하여 손쉽게 얻을 수 있다.

---

4   harmonic excitation.

13.3.5 주기가진

프랑스의 수학자인 조셉 푸리에는 모든 **주기신호**를 사인 및 코사인함수의 무한한 합으로 분해할 수 있으며, 각 항들은 기저 주파수의 정확한 정수배라는 것을 발견하였다. 이 합을 푸리에 급수라고 부르며 이에 대해서는 3장에서 자세히 논의되어 있다. **그림 13.7**에서는 주기 함수의 사례를 보여주고 있다.

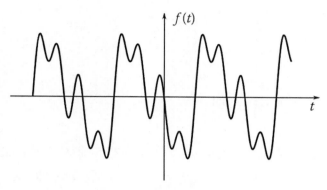

그림 13.7 주기가진신호

이를 확대하면, 주파수의 연속분포를 사용하여 임의함수에 대해서도 동일한 분해를 적용할 수 있다. 이를 **푸리에 변환**이라고 부른다(3장). 스펙트럼분석을 사용하면 비주기 함수성분을 포함하여 임의의 입력신호에 대한 주파수 성분들을 구할 수 있다(에디슨 2017).

13.3.6 임의정상진동

임의진동은 정수배의 주파수들로 이루어지지 않은 서로 다른 주파수들이 동시에 존재하는, 비확정성 동적운동이다. 신호를 구성하는 주파수성분들의 진폭과 위상각은 임의적이다. **그림 13.8**에서는 비교적 대역폭이 넓은 일반적인 임의진동신호를 보여주고 있다. 이렇게 무한대로 확장되는 신호에 대해서는 푸리에 변환이 정의되지 않는다. 이런 형태의 가진특성을 나타내며 주파수 대역의 에너지 분포를 설명하기 위해서 **파워스펙트럼 밀도(PSD)**가 사용된다. 백색 노이즈신호의 경우, 파워스펙트럼 밀도는 모든 주파수대역에 대해서 수평선을 나타낸다.

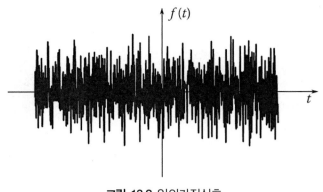

그림 13.8 임의가진신호

13.4 환경차폐 수준의 지정

환경차폐 설계자들은 차폐 시스템이 성능을 나타내기 위해서 일반적으로 물리 모델과 기계 모델을 사용한다. 복잡한 시스템의 모델링에는 관심 시스템을 구성하는 물체들의 숫자, 물성(강체 또는 탄성체) 그리고 상호연결 등을 구분하는 데 도움이 되는 개념 및 이상화가 포함된다. 이를 통해서 강체 및 변형 가능한 물체가 서로 연결되어 있는 다중물체 모델이 얻어진다. 정밀기계와 제진기의 가장 단순한 모델은 질량이 m인 강체가 강성이 k인 스프링과 감쇄계수가 c인 댐퍼 위에 얹혀 있는 형태(그림 13.9)이며, 이를 사용하여 **그림 13.4**의 렌즈 메커니즘 모델을 효과적으로 나타낼 수 있다. 이 모델은 과도하게 단순화된 것이지만, 충격과 진동의 차폐를 설명하기에 적합하다. 예를 들어 시스템 구성요소의 내부 동특성을 무시하는 것과 같이, 공정의 복잡성을 단순한 모델로 줄이기 위해서 가정을 한다는 점을 설계자는 명심해야 한다.

제진기가 필요로 하는 성능을 기계의 응답특성으로 나타낼 수 있다. 이 절에서는 기계의 정상상태 응답과 과도응답이라는 두 가지 유형의 응답을 구분하고 있다. **정상상태 응답**은 기계의 작동과정에서 발생하는 주기진동과 임의진동처럼, 외란이 오랜 기간동간 작용할 때의 응답이다(13.3.5절과 13.3.6절 참조). **과도응답**은 지속시간이 짧은 충격이 기계에 가해진 경우에 발생하는 응답이다(기계가 작동하지 않는 취급, 운반 및 설치과정에서 발생한다). 정상상태 응답은 정상상태에서 가진진폭에 대한 시스템의 응답진폭의 비율로 정의되는 **전달**

률을 사용하여 나타낼 수 있다. 그러므로 전달률은 제진율의 상보값이다. 전달률이 낮아질수록 제진율이 높아진다. 과도응답의 경우, 제진성능을 평가하기 위해서 부가된 충격에 대한 최대응답 도표인 **충격응답 스펙트럼**(SRS)이 사용된다. 전달률과 충격응답에 대해서는 13.4.1절에서 논의한다.

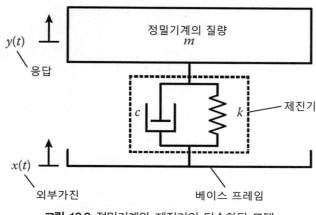

그림 13.9 정밀기계와 제진기의 단순화된 모델

13.4.1 진동 전달률

전달함수로부터 시스템의 전달률을 구할 수 있다. 그림 13.9에 도시되어 있는 1자유도 시스템의 경우, 정밀기계의 운동을 지배하는 운동방정식에 대한 라플라스 변환을 통해서 전달함수를 구할 수 있다(4장). 뉴턴의 운동의 제2법칙을 사용하여 다음의 상미분방정식을 얻을 수 있다.

$$m\ddot{y} + c\dot{y} + ky = c\dot{x} + kx \tag{13.10}$$

여기서 m은 정밀 기계의 질량, c는 지지기구의 점성감쇄, k는 강성을 나타낸다. 식 (13.10)에 대하여 라플라스 변환을 수행하면,

$$s^2 mY(s) + scY(s) + kY(s) = scX(s) + kX(s) \tag{13.11}$$

여기서 s는 라플라스변수이다. 출력 $\Upsilon(s)$과 입력 $X(s)$ 사이의 비율인 전달함수는 다음과 같이 정리된다.

$$H(s) = \frac{\Upsilon(s)}{X(s)} = \frac{cs + k}{ms^2 + cs + k} \tag{13.12}$$

정상상태에서의 **주파수응답함수(FRF)**를 구하기 위해서 라플라스 변수 s를 $s = \pm j\omega$로 치환한다. 여기서 ω는 가진주파수로 간주할 수 있다. 식 (13.12)에 대한 주파수응답함수는 다음과 같이 주어진다.

$$H(j\omega) = \frac{cj\omega + k}{-m\omega^2 + cj\omega + k} \tag{13.13}$$

여기서 $H(j\omega)$는 복소함수이다. 그림 13.10에서는 **보드선도**를 사용하여 $H(j\omega)$를 도표로 나타내어 보여주고 있다. 이 사례에서는 진동 시스템의 질량 $m = 100[\text{kg}]$, 강성 $k = 2 \times 10^6[\text{N/m}]$ 그리고 감쇄 $c = 1 \times 10^3[\text{Ns/m}]$이다. 이에 따른 시스템의 고유주파수는

$$f_0 = \frac{1}{2\pi}\sqrt{\frac{k}{m}} = 22.5[\text{Hz}]$$

이며, 감쇄비율은 다음 식과 같이 계산된다.

$$\zeta = \frac{c}{2\sqrt{km}} = 0.035 = 3.5\%$$

그림 13.10에 도시되어 있는 보드선도의 수평축은 가진 주파수이며, 세로축은 입력신호에 대한 출력신호의 전달함수에 대한 진폭비율 $|H(j\omega)| = |\Upsilon(j\omega)/X(j\omega)|$와 위상각도를 나타내고 있다. 보드선도를 사용하면, 진폭과 주파수를 알고 있는 정밀기계의 개별 조화가진에 대한 응답을 계산할 수 있다. 선형 시불변 시스템의 경우, 출력신호와 입력신호는 항상 동일

한 주파수 성분을 가지고 있다는 점을 명심해야 한다. 그럼에도 불구하고 가진주파수에 따라서는 출력의 진폭과 위상성분이 입력신호와 다를 수 있다. 각각의 주파수에 대해서, 출력신호와 입력신호 사이의 비율과 입력신호에 대한 출력신호의 위상각도 차이를 구할 수 있다.

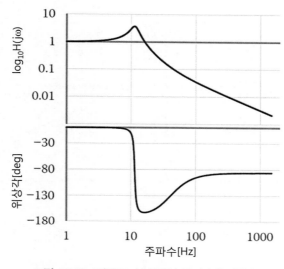

그림 13.10 1자유도 시스템의 주파수응답함수

1자유도 시스템의 전달률은 **그림 13.10**의 진폭선도 $|H(j\omega)|$에 해당한다. 보드선도에서와는 달리, **그림 13.11**에서는 **제진기**의 전달률과 비감쇄 고유주파수를 보여주고 있다. 이 도표에서는 세 개의 영역들이 구분되어 있다. 첫 번째 영역은 주파수 비율이 0.5 미만이며, 제진기에 의해서 가진진폭이 약간 증폭되고 있다. 이 영역에서는 속도와 가속도가 작기 때문에, 응답은 이 영역을 지배하는 스프링에만 의존하며 감쇄에는 의존하지 않는다. 제진기에 의해서 차폐된 기계는 본질적으로 외란을 추종한다. 가진주파수가 제진기의 고유주파수에 근접하면 전달률이 최대가 된다. 이 대역은 공진영역으로서, 스프링에 의한 힘과 질량에 의한 가속도가 서로 상쇄되기 때문에 응답은 감쇄에 지배된다. 따라서 감쇄값이 클수록, 최대전달률이 감소한다. 세 번째 영역은 주파수 비율이 $\sqrt{2}$를 넘어서는 점에서 시작한다. 이 영역에서는 제진이 이루어지며, 가속도는 주파수의 제곱에 비례하여 증가하기 때문에, 질량이 이 영역을 지배하며 감소율은 주파수의 제곱에 반비례한다. 세 번째 영역에서 기계의 응답은 가진진폭보다 작아지며 제진율은 감쇄값에 의존한다. 감쇄값이 작을수록, 더 효과적인 제진이

이루어진다. 따라서 감쇄값을 증가시키면 공진주파수에서의 전달률은 줄어들지만, 제진기의 성능을 저하시킨다. 그러므로 감쇄값을 선정할 때에는 절충이 필요하다.

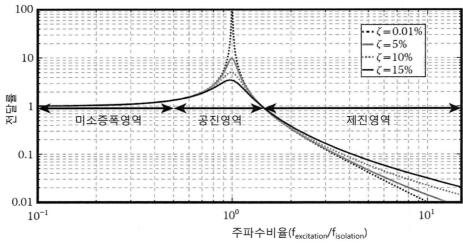

그림 13.11 1자유도 시스템의 전달률

다음 식을 사용하여 1자유도 시스템의 전달률 크기를 구할 수 있다.

$$T_d = \left| \frac{F_T}{F_A} \right| = \left| \frac{\Upsilon}{X} \right| = \sqrt{\frac{1 + (2\zeta r)^2}{(1-r)^2 + (2\zeta r)^2}} \tag{13.14}$$

여기서 T_d는 전달률, ζ는 감쇄비, r은 스프링과 질량의 비감쇄 고유주파수에 대한 입력 주파수의 비율, F_A는 질량에 가해진 힘의 진폭, F_T는 스프링-질량-댐퍼의 베이스나 지면에서 전달되는 힘의 크기, Υ는 지면운동의 진폭, X는 질량의 응답진폭이다. 식 (13.14)에서 알 수 있듯이, 정현적으로 변하는 힘을 생성하는 시스템에 의해서 지면으로 전달되는 힘을 계산하거나 그 반대로 지면운동에 의해서 시스템에 발생하는 변위를 계산하기 위해서 전달률을 사용할 수 있다.

대부분의 제진 시스템들은 이런 인자들을 고려하여 설계된다. 주어진 가진주파수와 필요한 최대 허용전달률을 토대로 하여 제진주파수를 결정할 수 있다.

외부가진으로부터 가장 정밀한 기계들을 보호하기 위해서 **제진 테이블**을 사용한다. **그림**

13.12에서는 제진 테이블 위에 설치되어 있는 정밀기계에 대한 모델을 보여주고 있다. 이 테이블은 강성이 k_1인 스프링과 용량이 b_1인 댐퍼에 의해서 지면과 차폐되어 있다.

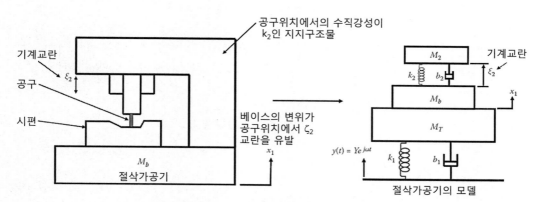

그림 13.12 제진 테이블 위에 설치되어 있는 정밀기계의 사례

지면진동과 더불어서, 절삭기계의 공구와 같은 정밀기계의 이동부/불평형부들이 기계를 교란시키는 추가적인 진동(이 해석에서는 고려하지 않는다)의 형태로 힘을 생성한다. 외란에 대한 민감성은 강성이 k_2인 스프링과 용량이 b_2인 댐퍼로 모델링하였다. 이 모델에서 $M_1 = M_T + M_b$는 제진기 테이블과 기계 베이스의 조합된 질량, x_1은 외부진동에 의한 테이블 변위, M은 정밀기계 지지구조물의 유효질량 그리고 ξ_2는 정밀기계 내의 관심위치들 사이의 상대변위이다. 이 시스템의 지배방정식은 다음과 같이 주어진다.

$$M_2\ddot{x}_1 + M_2\ddot{\xi}_2 + \frac{1}{2}b_2\dot{\xi}_2 + k_2\xi_2 = 0 \tag{13.15}$$

$$(M_1 + M_2)\ddot{x}_1 + M_2\ddot{\xi}_2 + b_1\dot{x}_1 + k_1x_1 = b_1\dot{y} + k_1y \tag{13.16}$$

제진기 테이블의 변위 x_1과 기계외란 ξ_2를 주파수응답함수 $H_{1\Upsilon}$과 $H_{2\Upsilon}$을 사용하여 각각 다음과 같이 나타낼 수 있다.

$$x_1 = \Upsilon e^{j\omega t}H_{1\Upsilon}(j\omega) \tag{13.17}$$

$$\xi_1 = \Upsilon e^{j\omega t}H_{2\Upsilon}(j\omega) \tag{13.18}$$

여기서 $H_{1\gamma}$는 지면운동에 대한 제진기 테이블의 상대운동이며 $H_{2\gamma}$는 지면운동에 대한 기계의 상대적인 교란이다. 식 (13.17)과 (13.18)을 식 (13.15)와 (13.16)에 대입하면, 선형행렬식을 얻을 수 있다.

$$\begin{bmatrix} (-j\omega^2(M_1+M_2)+j\omega b_1+k_1) & -\omega^2 M_2 \\ -\omega^2 M_2 & -\omega^2 M_2 + j\omega b_2 + k_2 \end{bmatrix} \begin{Bmatrix} H_{1\gamma} \\ H_{2,\gamma} \end{Bmatrix} = \begin{Bmatrix} 0 \\ j\omega b_1 + k_1 \end{Bmatrix}$$

또는

$$\begin{bmatrix} e_{11} \, e_{12} \\ e_{21} \, e_{22} \end{bmatrix} \begin{Bmatrix} H_{1\gamma} \\ H_{2\gamma} \end{Bmatrix} = \begin{Bmatrix} b \\ 0 \end{Bmatrix} \tag{13.19}$$

크래머 공식을 사용하여 식 (13.19)의 주파수 응답을 풀 수 있다(4장).

$$H_{1\gamma}(j\omega) = \frac{\begin{vmatrix} b \, e_{12} \\ 0 \, e_{22} \end{vmatrix}}{\begin{vmatrix} e_{11} \, e_{12} \\ e_{21} \, e_{22} \end{vmatrix}} \tag{13.20}$$

$$H_{2\gamma}(j\omega) = \frac{\begin{vmatrix} e_{11} \, b \\ e_{21} \, 0 \end{vmatrix}}{\begin{vmatrix} e_{11} \, e_{12} \\ e_{21} \, e_{22} \end{vmatrix}} \tag{13.21}$$

저주파 지면진동에 대해서, 테이블의 운동은 지면운동과 유사하며, 이로 인하여, 제진용 테이블 위에 설치되어 있는 정밀기계의 베이스로 이 진동이 그대로 전달된다. 비록 테이블은 이처럼 낮은 주파수에 대해서 차폐되어 있지 않지만, 정밀기계는 높은 구조강성과 비교적 작은 질량을 가지고 있다. 그런데 제진기의 고유주파수가 높아지면 큰 문제들이 발생하게 되며, 정밀기계의 고유주파수와 근접한 주파수에서 테이블이 진동하게 된다. 고주파에서 테이블의 제진성능을 극대화하기 위해서는 낮은 감쇄계수를 갖는 구조가 최적인 반면에, 정밀기계의 공진 피크를 줄이기 위한 높은 감쇄계수가 필요하다. 고속으로 작동하는 기계의

동특성 최적화를 위해서는 높은 감쇄가 바람직한 것으로 판명되었다.[5]

예를 들어, **그림 13.13**에서는 **그림 13.12**의 모델에 기초한 식 (13.20)과 (13.21)에 대한 두 개의 응답을 10을 밑으로 하는 로그스케일도 표시한 그래프를 보여주고 있다. 제진 테이블의 고유주파수는 1.78[Hz]이며 감쇄비는 0.078이고, 가공기의 고유주파수는 27.57[Hz]이며, 감쇄비는 0.144라고 하자. 이 가공기를 제진 테이블 위에 올려놓은 경우를 2자유도 시스템으로 모델링한 경우의 고유값은 각각 $-0.804 \pm j10.689$와 $-28.33 \pm j182.0$이다(이 값들은 시스템의 근이며 각 공진에 대한 $\zeta \omega_n \pm j \omega_d$ 형태의 특성값으로 간주할 수 있다). 감쇄비와 비감쇄 고유주파수의 형태로 이 값들을 나타내면 각각 0.070과 1.82[Hz] 및 0.137과 32.93[Hz]이다. 조합된 시스템의 특성값들을 제진기와 가공기 각각의 특성값들과 비교해보면, 각각의 동특성들이 크게 변하지는 않았다는 것을 확인할 수 있다. **그림 13.13(a)**에서는 제진용 테이블과 지면운동 사이의 응답을 보여주고 있다. 저주파에서 테이블은 지면과 함께 움직이며, 공진주파수 이상에서는 지면운동의 전달이 급격하게 감소한다는 것을 알 수 있다. **그림 13.3(b)**에서는 지면운동에 대한 공구와 시편 사이의 진동교란비율을 보여주고 있으며, 이는 아마도 가공된 부품의 표면에 조도와 관련이 있을 것이다. -1.57과 -1.46 크기의 두 공진 피크에서 최대 교란이 발생한다. 10을 밑으로 하는 로그 스케일을 사용하기 때문에, 이는

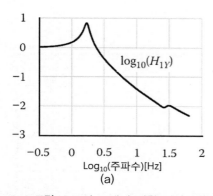
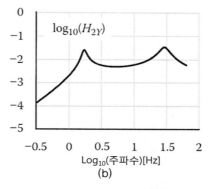

그림 13.13 그림 13.12의 모델에 대한 정상상태 응답선도. (a) 지면진동에 대한 제진기 테이블의 응답, (b) 지면진동에 대한 기계의 교란. 변수값 M_T=400[kg], M_2=50[kg], M_b=35[kg], $M_1 = M_T + M_b$, b_1=700[Ns/m], b_2=2500[Ns/m], k_1=50[kN/m], k_2=1.5[MN/m]

---

5 감쇄계수가 커지면 고주파 전달률이 증가하여 고속 작동 기계의 작동주파수에 제진성능이 크게 저하될 우려가 있다. 이런 경우에는 바닥과 연결이 없는 능동 스카이훅 댐퍼를 사용하여 감쇄를 증가시켜야 한다 (슈미트 2014, 역자 주).

기계의 공진주파수에서는 지면진동의 약 3.5%가 시편으로 전달되며, 제진기의 공진주파수에서는 지면진동의 2.5%가 시편으로 전달된다는 것을 의미한다. 이들 두 피크 이외의 저주파와 고주파 대역에서는 전달률이 이보다 훨씬 더 감소하며, 두 공진주파수 사이에서는 전형적으로 1% 미만이다.

13.4.2 충격전달률

13.4.1절에서 논의했듯이, 교란주파수보다 훨씬 더 낮은 주파수에 제진기의 고유주파수가 위치하도록 제진기를 설계하여야 한다. 이런 **연질제진**방식은 기계의 기동과 정지 시뿐만 아니라 취급과 운반과정에서 발생할 수 있는 짧은 주기의 충격에 취약하다.

충격전달률을 나타내기 위해서 **충격응답 스펙트럼**(SRS)이 사용된다. 충격응답 스펙트럼에 대한 이해를 높이기 위해서 앞 절에서 예시했던 제진기 위에 설치되어 있는 정밀기계의 과도응답이 **그림 13.14**에 도시되어 있다. 가진신호로는 주파수가 1.47[Hz]인 정현함수에서 추출하여 펄스폭이 0.34[s]인 사인절반함수를 사용하였다. 그림 13.14에서 알 수 있듯이, 입력신호의 진폭은 1.6배만큼 증폭되었다. 사인 반파의 펄스폭에 따라서 기계의 과도응답이 어떻게 변하는지를 살펴보는 것도 재미있는 일이다. 다시 말해서 어떤 충격신호를 저감시킬 수 있을까?

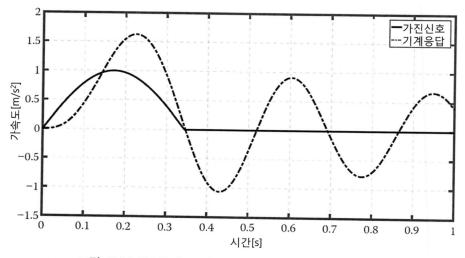

그림 13.14 펄스폭이 0.34[s]인 사인반파에 대한 기계의 응답

이 질문에 대한 답으로, **그림 13.15**에서는 충격응답 스펙트럼들을 보여주고 있다. 이 그래프의 수평축은 제진주파수와 사인반파의 펄스폭을 곱한 값을 나타내고 있다. 수직축은 최대응답과 가진진폭 사이의 비율을 나타낸다. 이 그래프를 통해서 제진주파수와 펄스폭의 곱이 0.25보다 작은 경우에만 제진이 가능하다는 것을 명확히 확인할 수 있다.

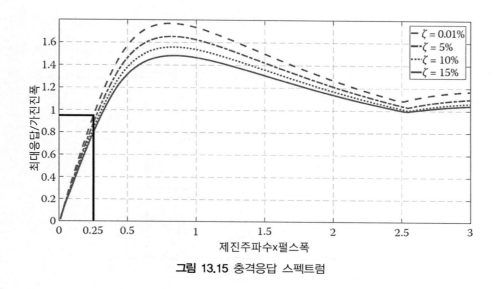

그림 13.15 충격응답 스펙트럼

13.4.3 점성감쇄와 비점성감쇄

감쇄는 진동에너지를 소산시키는 메커니즘을 나타낸다. 감쇄력은 13.4.3.1절에서 설명했던 것처럼, 점성감쇄 시스템을 구성하는 두 부품들 사이의 상대속도를 사용하여 나타낼 수 있다. 모델링 과정에서 감쇄요소는 질량이 없으며, 시스템의 강성에 아무런 기여를 하지 않는다고 가정하며 다음의 두 절에서 설명하는 두 가지 모델들 중 하나로 나타낸다.

13.4.3.1 점성감쇄

점성감쇄는 시스템 내에서 발생하는 진동에너지의 양을 저감하기 위해서 가장 일반적으로 적용되는 감쇄 메커니즘이다. 점성감쇄의 경우, 감쇄력은 두 물체들 사이의 상대속도에 비례한다고 간주한다. 와전류를 사용하거나 물체의 운동을 사용하여 유체(물, 오일 또는 공기)를 흐르도록 만들어서 전형적으로 이를 구현할 수 있다. 피스톤과 실린더벽 사이에서의 유체유동, 두 개의 미끄럼 표면들 사이의 유체 또는 두 평행한 표면 사이의 유체를 압착(스퀴즈필름 감쇄), 그리고 베어링과 저널 사이의 유체 등이 대표적인 사례이다.

　다양한 방법으로 점성감쇄기를 구현할 수 있다. 예를 들어 **그림 13.16**에 도시되어 있는 것처럼 두 개의 평행판들 사이의 점성유체를 사용하여 점성감쇄를 구현할 수 있다. **그림 13.16**에 도시되어 있는 두 평행판들 사이의 거리는 h이며 이 판들 사이에는 점도가 μ인 유체가 채워져 있다. 두 판들은 서로 다른 속도 ν를 가지고 동일한 방향으로 움직이거나 동일한 속도 또는 서로 다른 속도로 반대방향으로 서로에 대해서 평행하게 움직일 수 있다. 점성감쇄 시스템의 단순화된 모델링을 위해서는, 한쪽 판은 정지해 있어야 하며, 다른 판은 정지판에 대해 상대속도 ν로 움직여야 한다.

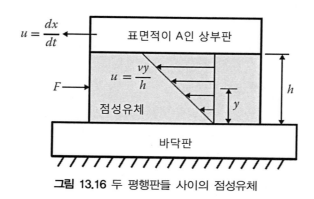

그림 13.16 두 평행판들 사이의 점성유체

　그림 13.16에서와 같이, 정지한 판과 접촉하고 있는 유체입자들은 속도가 없으며($\nu = 0$), 상부 이동판과 접촉하고 있는 유체입자들은 판과 동일한 속도 ν로 움직인다. 유체의 중간층에서 입자들의 속도에 대해서 여타의 방법(라오 2016)을 적용할 수도 있겠지만, 선형 모델을 적용할 수 있다. 점성유동에 대한 뉴턴의 2법칙에 따르면, 하부 고정판으로부터 높이 y인 위치에서 유체입자들의 전단응력 τ는 다음과 같이 나타낼 수 있다.

$$\tau = \mu \frac{du}{dy} \tag{13.22}$$

미분항은 속도구배를 나타낸다. 상부판 내부에서 생성된 저항력은 전단응력과 면적으로 곱으로 나타낼 수 있다.

$$F = \tau A = \mu \frac{A\nu}{h} \tag{13.23}$$

여기서 A는 이동판의 표면적이다. μ, A 및 h는 모두 상수값들이므로, 식 (13.23)을 다음과 같이 나타낼 수 있다.

$$F = c\nu \tag{13.24}$$

여기서 $c = \mu A/h$는 감쇄계수이다. 점성감쇄에 대한 더 자세한내용은 아디카리(2014)를 참조하기 바란다.

13.4.3.2 비점성감쇄(쿨롱감쇄, 구조감쇄, 소재감쇄)

실제의 경우, 감쇄 시스템에는 점성특성과 비점성 특성이 모두 포함되어 있다. 감쇄 시스템 내부 이동요소들 사이의 상대속도에 의존하지 않는 감쇄 시스템을 **비점성감쇄** 시스템이라고 부른다. 여기서에는 쿨롱감쇄와 히스테리시스 감쇄의 두 가지 일반적인 비점성감쇄 모델에 대해서 논의하기로 한다.

쿨롱감쇄는 질량이 건조표면 위를 미끄러질 때에 발생하며 마찰을 통해서 에너지를 소산시킨다. 쿨롱의 건마찰 법칙에 따르면 감쇄력 F는 접촉평면에 작용하는 수직방향 힘력에 비례하며, 다음과 같이 주어진다.

$$F = \mu N = \mu W = \mu mg \tag{13.25}$$

여기서 N은 접촉평면에 작용하는 수직력으로, 때로는 미끄럼 물체의 중량과 같다. μ는 마찰계수로서 표면조건과 접촉소재에 의존하지만 부하의 크기, 속도, 표면조도 그리고 겉보기 표면적과는 무관한 것으로 간주한다(수정된 아몽트-쿨롱법칙). 감쇄력이 작용하는 방향은 변위가 발생하는 방향과 반대이며 변위의 크기나 속도에는 무관하다. 다만, 미끄럼 표면들 사이에 작용하는 힘에만 의존한다.

그림 13.17에 도시되어 있는 1자유도 비점성 감쇄 시스템에 대해서 살펴보기로 하자. 질량 m이 표면 위를 미끄러지며 스프링은 초기위치에 대해서 $+x$와 $-x$의 두 위치의 변위를 만든다. 이 운동은 스프링의 강성 k에 의해서 유발된다.

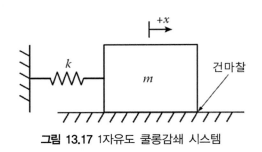

그림 13.17 1자유도 쿨롱감쇄 시스템

그림 13.17의 해석하기 위해서는 두 가지 경우를 살펴봐야 한다. 그림 13.18에 도시되어 있는 첫 번째 경우에는 변위 x가 양 또는 음의 값을 가질 수 있지만 일차미분값인 dx/dt는 양의 값만을 갖는다. 이는 그림 13.17의 사례에 대해서 시스템 진동의 첫 번째 반주기 동안 질량이 좌측 끝의 위치에서 우측으로 가속하고 있다는 것을 의미한다. 초기위치에서, x는 음이며 평형위치인 $x=0$에 도달할 때까지는 x의 절댓값이 감소한다. 평형점을 지나쳐서 x가 양의 값이 되어도 이 질량체는 우측으로의 가속도를 유지한다. 뉴턴의 2법칙에 따르면 운동방정식은 다음과 같이 주어진다.

$$m\ddot{x} = -kx - \mu N \tag{13.26}$$

식 (13.26)에 주어진 비동 2차 미분방정식을 풀면,

$$x(t) = A_1 \cos\omega_n t + A_2 \sin\omega_n t - \frac{\mu N}{k} \tag{13.27}$$

여기서 $x(t)$는 진동 사이클의 첫 번째 반주기의 진폭, ω_n은 진동주파수 그리고 A_1 및 A_2는 비점성 감쇄 시스템의 초기조건에 의존하는 상수값들이다.

그림 13.19에 도시되어 있는 두 번째 조건에서도 변위 x는 양 또는 음의 값을 가질 수 있지만, 일차미분값인 dx/dt는 음의 값만을 갖는다. 이는 그림 13.17의 사례에 대해서 시스템 진동의 두 번째 반주기 동안 질량이 우측 끝의 위치에서 좌측으로 가속하고 있다는 것을 의미한다. 초기위치에서, x는 양이며 평형위치에 도달할 때까지는 x의 절댓값이 감소한다. 평형점을 지나쳐서 x가 음의 값이 되어도 이 질량체는 좌측으로의 가속도를 유지한다. 뉴턴의 2법칙에 따르면 운동방정식은 다음과 같이 주어진다.

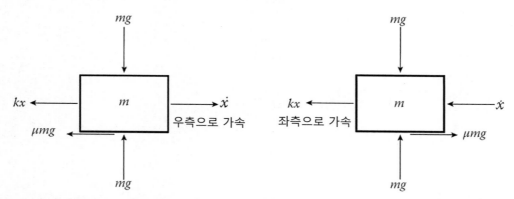

그림 13.18 우측으로의 운동에 대한 반주기 해석   **그림 13.19** 좌측으로의 운동에 대한 반주기 해석

$$-kx + m\ddot{x} = -\mu N \tag{13.28}$$

식 (13.28)에 주어진 비동 2차 미분방정식을 풀면,

$$x(t) = A_3\cos\omega_n t + A_4\sin\omega_n t + \frac{\mu N}{k} \tag{13.29}$$

여기서 $x(t)$는 진동 사이클의 두 번째 반주기의 진폭, ω_n은 진동주파수 그리고 A_3 및 A_4는 비점성 감쇄 시스템의 초기조건에 의존하는 상수값들이다. 상수 $\mu N/k$는 감쇄력 μN 하에서 스프링의 변위를 나타낸다. 표 13.1에서는 상수 A_1, A_2, A_3 및 A_4를 산출하기 위한 방정식들을 보여주고 있다. 여기서 x_0는 초기운동의 진폭이다.

여기서 살펴볼 비점성 감쇄의 두 번째 유형은 **히스테리시스 감쇄** 또는 **재료감쇄**이며, 정상상태 주파수응답을 구하기 위한 모델은 전형적으로 복소수 형태의 탄성계수 $E' + jE''$ 나 전단계수 $G' + jG''$ 를 사용한다. 물체가 변형을 일으키면, 변형의 결과로 일어나는 소재 내의 다양한 내부손실 메커니즘을 통해서 변형에너지는 물체에 의해서 소산되거나 흡수된다. 재료감쇄 성질을 가지고 있는 진동하는 물체의 응력−변형률 선도는 히스테리시스 루프를 나타낸다. 이 히스테리시스 루프의 면적은 재료감쇄로 인하여 물체의 단위체적에서 한 사이클당 발생하는 에너지 손실을 나타낸다. 실험에 따르면, 이 감쇄에 의하여 각 진동 사이클마다 발생하는 에너지 손실은 대략적으로 진폭의 제곱에 비례한다고 모델링할 수 있다(라오 2016).

표 13.1 쿨롱 마찰의 상수들

상수	방정식
A_1	$x_0 - \dfrac{3\mu N}{k}$
A_2	0
A_3	$x_0 - \dfrac{\mu N}{k}$
A_4	0

  그림 13.20에서 물체의 강성 특성은 강성값이 k인 스프링으로 나타내었으며, 감쇄 특성은 계수값이 h인 히스테리시스 감쇄로 가정하였다. 전형적으로 실리콘 기반의 점탄성 감쇄 폴리머와 같이 비교적 높은 점탄성 손실을 갖는 소재를 사용하여 테이블을 지지하는 제진 시스템이 자주 사용된다. 이 감쇄 폴리머의 에너지 소산은 주파수의 함수이며 온도에는 더 큰 영향을 받는다. 복소수 형태의 탄성계수값은 이 소재의 제조업체에서 제공한다. 대부분의 제진 시스템에서는 일정한 온도와 수십[Hz] 내외의 제한된 주파수 대역하에서 이 소재를 사용한다. 이런 조건하에서 감쇄 폴리머의 성질들은 일정하다고 가정할 수 있다. 이 소재를 사용하여 길이가 L이며 단면적은 A인 실린더 형태로 제작된 소재를 길이방향인 x 방향으로 하중을 지지하도록 지지기구가 제작되었다고 하자. 이 지지기구의 강성을 k라고 한다면,

$$k_h = \frac{E' + jE''}{L}A = \frac{E'(1 + j\beta)}{L}A = k + jh \tag{13.30}$$

무차원 계수 β를 손실계수라고 부르며, 이름이 가지고 있는 의미는 금방 알아차릴 수 있다. 식 (13.30)을 사용하면 **그림 13.20**에 도시되어 있는 모델에 대한 지배방정식을 구할 수 있다.

$$m\ddot{x} + (k+jh)x = m\ddot{x} + k(1+j\beta)x = F \tag{13.31}$$

이 식으로부터 주파수응답을 구하면,

$$H(j\omega) = \frac{1/k}{1 - \dfrac{\omega^2}{\omega_n^2} + j\beta} \tag{13.32}$$

$$|H| = \left|\frac{x}{F}\right| = \frac{1/k}{\sqrt{\left(1 - \dfrac{\omega^2}{\omega_n^2}\right) + \beta^2}}, \ \arg(H) = -\tan^{-1}\left(\frac{\beta}{1 - \dfrac{\omega^2}{\omega_n^2}}\right)$$

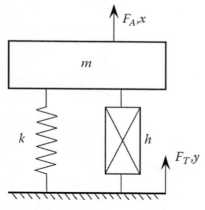

그림 13.20 히스테리시스 감쇄

식 (13.32)의 마지막 방정식에 따르면, 위상 시프트에는 주파수와는 무관한 항인 β만이 포함되어 있다는 것을 알 수 있다. 이 항은 변위와 힘 사이의 지연을 결정하며, 이는 스프링 재료 내의 응력과 변형률 관계에 해당한다. 히스테리시스 감쇄가 없다면 $\beta = 0$이 되며, 시스템은 손실이 없는 이상적인 탄성체가 된다. 따라서 β는 손실계수를 나타낸다. **그림 13.21**에서는 외부진동에 의해서 히스테리시스 감쇄특성을 가지고 있는 물체에 변형이 발생하는 경우에 하중의 크기와 방향에 따른 응력(힘)과 변형률(변형) 사이의 상관관계를 보여주고 있다.

히스테리시스 루프의 면적은 개별 하중 증가－감소 사이클마다 단위체적 내에서 발생하는 주기당 에너지 손실을 나타내며, 이 값은 πh와 진동진폭의 곱과 같다.

병렬로 연결된 스프링과 댐퍼의 경우, 복소강성은 $\beta = h/k$로 주어진다. 비점성 감쇄에 대한 추가적인 내용은 아디카리(2014)를 참조하기 바란다.

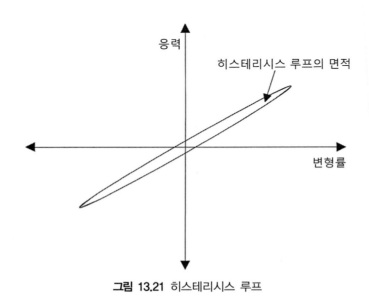

그림 13.21 히스테리시스 루프

13.5 수동제진과 능동제진

제진 시스템의 사양은 13.4절에서 논의되었던 모델을 사용하여 결정할 수 있다. 수동제진 시스템과 능동제진 시스템의 가장 큰 차이점은 작동한계이다. 일반적인 수동제진 시스템은 고주파에서부터 약 1[Hz]까지의 대역에 대해서 제진성능을 나타낸다. 진보된 센서기술 덕분에 능동제진 시스템은 약 0.1[Hz]의 저주파 대역까지 진동을 차폐할 수 있다(레이아보이 2005).

13.5.1 수동식 제진기

수동제진[6] 시스템을 진동원과 민감한 정밀기계 사이에 설치하면 진동을 차폐해준다. 수동식 제진기는 제진 메커니즘에 따라서 다양한 형태를 가지고 있으며, 다양한 성능특성을 가지고 있다. 가장 단순한 형태의 수동제진기는 아마도 고무와 같은 연질소재를 진동원과 진동을 차폐해야 하는 시스템 사이에 끼워 넣은 탄성중합체 제진기일 것이다. 탄성중합체 제진기는 감쇄와 차폐특성이 조합되어 있다. 또 다른 기본적인 수동제진 메커니즘은 금속 스프링을 사용하며, 차폐특성은 좋지만 감쇄성능은 부족하다. 금속 스프링은 기계의 공진대역을 피하는 데에는 효과적이다. 또한 기계의 고유주파수 대역에 위치하지 않는 주파수 성분을 전달하기 위해서도 이를 사용할 수 있다.

13.5.1.1 공압식 제진기

정밀한 용도로 사용할 수 있는 수동식 제진기의 중요한 형태가 **공압식 제진기**이다. 이 제진기는 금속 스프링 방식이나 고무를 사용하는 제진기에 비해서 제진기 고유주파수가 낮다(최저 0.7[Hz], 리빈 2003). **그림 13.22**에서는 저주파 제진에 사용되는 공압요소의 전형적인 사례를 보여주고 있다. 그림에서, 공압요소는 단면적이 A인 피스톤이 실린더 내에서 움직이는 구조를 가지고 있다. 단면은 임의의 형상을 가질 수 있지만, 일반적으로 사각형이나 원형단면을 사용한다. ν_i는 유체가 채워져 있는 피스톤과 실린더 사이 공동의 순간 초기체적이라고 하자.

$$P_i = P_a + \frac{mg}{A} \tag{13.33}$$

여기서 P_a는 공압 메커니즘이 설치되어 있는 위치에서의 대기압력이며 m은 제진해야 하는 정밀 메커니즘의 질량이다. 공동 내의 유체에 대하여 (공동과 공동주변 사이에 에너지 전달이 없는) **단열압축**이 일어난다고 가정한다.

---

6   passive isolation.

$$P_i V_i^n = P_x V_x^n \qquad\qquad (13.34)$$

여기서 P_x와 V_x는 각각 피스톤이 x만큼 직선운동했을 때에 발생하는 절대압력과 공동의 체적이다. 그리고 n은 비열의 비율로서, 공동을 채우고 있는 유체에 의존한다. 단열조건하에서 공기의 경우, $n = 1.4$이다.

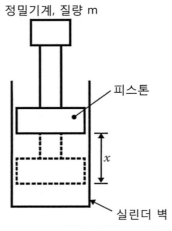

그림 13.22 공압식 제진요소의 사례

그림 13.22의 상태에 대해서, 공동의 초기 절대압력 P_i는 다음과 같이 주어진다.

공압식 제진기는 동일한 부하와 주파수를 제진하기 위해서 사용되는 여타의 제진기들에 비해서 크기가 작다. 기체의 체적이 낮은 강성을 구현해주며, 압력이 하중을 지지한다. 그런데 공압식 제진기는 고주파 대역에서 비교적 높은 진동 전달률을 가지고 있으며, **그림 13.23**에 도시되어 있는 구름형 다이아프램 실을 사용하여 피스톤을 경질 실린더로부터 분리시켜서 이를 극복할 수 있다. 구름형 다이아프램 실은 공압식 제진기의 고주파 전달률을 저감시켜준다. 그러나 구름형 다이아프램은 수평방향에 대해서 비교적 높은 강성과 매우 낮은 감쇠특성을 가지고 있어서 단점으로 작용한다. 이 다이아프램의 설계인자들을 구하는 방법에 대해서는 첸과 시(2007)를 참조하기 바란다.

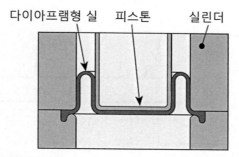

그림 13.23 공압식 제진기에 사용되는 다이아프램형 실

다음에 주어진 압력의 일차미분식을 사용하여 공압식 제진기의 강성 k_0를 산출할 수 있다.

$$k_0 = \frac{dP}{dx} = \frac{nP_i A^2}{V_i} \left\{ \frac{1}{1 - \left(\dfrac{A}{V_i}\right)x} \right\}^{n+1} \tag{13.35}$$

공압식 제진기의 강성값은 공동 내부의 초기압력에 비례한다. 초기압력은 제진해야 하는 정밀기계의 질량에 따라서 영향을 받는다. 따라서 $k_0 \propto m$ 이다(리빈 2003).

13.5.2 능동식 제진기

차폐된 질량을 운동없이 또는 제한된 운동 범위 내에서 지지하기 위해서 교란력의 반대 방향으로 작용하는 외부 작동기를 사용하여 **능동제진**[7] 시스템을 구현할 수 있다. 그림 13.24 에서 사례로 제시되어 있는 평형질량을 갖춘 전형적인 능동형 제진 시스템은 초기 기준점 에 대한 정밀 기계의 상대적인 변위를 측정하기 위한 센서, 이 신호를 증폭 및 분석하기 위한 신호처리기, 그리고 힘이나 운동의 형태로 보상작용을 수행하기 위한 작동기 등으로 구성되어 있다. 보상을 위한 힘이나 운동이 진동을 저감시켜준다. 라오(2016)에서는 회전하 는 불평형 질량에 대한 능동형 제진기의 사례를 살펴볼 수 있다.

---

7   active isolation.

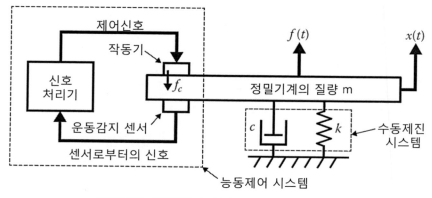

그림 13.24 전형적인 능동식 제진 시스템의 사례

그림 13.24에 도시되어 있는 힘 $f(t)$는 크기가 변하며, 이 힘이 작용하는 정밀기계의 질량 m에 대해서 변위 $x(t)$의 크기와 방향을 변화시킬 수 있다. 센서를 사용하여 이 변위를 측정하며, 신호처리기(일반적으로 컴퓨터)로 측정된 신호를 전송한다. 신호처리기는 작동기에 신호를 전송하여 이에 비례하는 힘이나 운동을 생성한다. 사용하는 센서의 유형은 귀환시키는 신호의 형태에 의존한다. 때로는, 신호처리기가 수동 시스템과 링크기구나 전자석, 유압 또는 공압 네트워크 등을 통해서 결합되어 있어서 신호처리기는 적분, 감소 또는 증폭과 같은 기능을 수행할 수 있다(제어에 대한 더 상세한 내용은 14장 참조). 작동기는 유체기계, 랙과 피니언, 압전 시스템 또는 전자석 시스템과 같은 기계적 작동기 시스템이 이 신호를 받아들인다.

제진기의 최적화는 특정한 제어방법의 구현에 의존하며, 이에 대해서는 14장에서 논의할 예정이다.

13.6 단 열

13.4절과 13.5절에서 논의했던 진동과 충격의 차폐와 더불어서, 정밀기계의 내부와 주변에 존재하는 열부하를 차폐하는 것도 역시 중요하다. 작동기, 미끄럼 요소에서 발생하는 마찰, 빛, 환경온도 그리고 작업자의 체온 등이 정밀기계의 성능에 영향을 미치는 열부하의 사례이다(11장 참조). 10장의 웨이퍼 스테퍼에서 발생하는 초점조절용 작동기의 열 드리프

트 현상을 통해서 설명했듯이, 열부하의 근원과 오차의 원인을 구분하는 것은 어려운 일이다(스톤 1989).

단열에 대해서 논의하기 전에, **열전달**의 기초이론에 대해서 살펴볼 필요가 있다. 다음과 같은 세 가지 개별 모드들을 통해서 열전달이 일어난다(카슬로와 예거 2004).

- **전도**: 열이 물질 속을 통과하여 이동
- **대류**: 가열된 물질의 상대운동에 의해서 열이 전달
- **복사**: 전자기복사현상에 의해서 멀리 떨어져 있는 물체들 사이에서 열이 직접 전달

열전달에 대해서는 다양한 교재가 출간되어 있다. 그러므로 전도, 대류 및 복사를 통한 열전달 지배방정식에 대해서는 카슬로와 예거(2004), 케비어니(2011) 그리고 리엔하르트와 리엔하르트(2017) 등의 일반교재들을 참조하기 바란다.

평면에서의 기본적인 1차원 열유동은 단열성에 대한 근사적 평가에 있어서 여전히 유용하다. 총 열유속은 다음 식으로 주어진다.

$$q_{Tot} = q_{cond} + q_{conv} + q_r \qquad (13.36)$$

여기서 q_{cond}, q_{conv} 및 q_r 은 각각 전도, 대류 및 복사에 의한 열유속을 나타낸다. 전도, 대류 및 복사에 의한 열류속은 각각 다음 식들로 주어진다.

$$q_{cond} = -kA\frac{\Delta T}{d} \qquad (13.37)$$

$$q_{conv} = hA(T_s - T_0) \qquad (13.38)$$

$$q_r = \varepsilon\sigma A(T_c^4 - T_0^4) \qquad (13.39)$$

여기서 k는 열전도도, A는 표면적, ΔT는 온도 차이, d는 단면깊이, h는 대류열전달계수, ε은 방사율, σ는 슈테판−볼츠만 상수, T_c는 복사열을 방출하는 요소의 절대온도 그리고 T_0는 주변환경의 절대온도이다(절대온도이므로 켈빈[K] 단위를 사용한다). 식 (13.38)은

정밀기계 시스템이 사용되는 클린룸(또는 온도제어) 환경에서 일반적으로 적용되는 강제대류 조건에서의 식이다. (추가적인 경계조건들과 더불어서) 다차원 전도, 복사 및 대류에 대한 방정식들은 카슬로와 예거(2004), 케비어니(2011) 그리고 리엔하르트와 리엔하르트(2017) 등의 일반교재들을 참조하기 바란다.

열유동에 대한 빠른 해석을 위해서 일반적으로 **열저항 모델**이 사용된다. 열저항 모델은 전기저항 모델과 등가이다. 전도, 대류 및 복사에 대한 열저항 항들은 각각 다음과 같이 주어진다.

$$R_{cond} = \frac{d}{kA} \tag{13.40}$$

$$R_{conv} = \frac{1}{hA} \tag{13.41}$$

그리고

$$R_r = \frac{1}{h_r A} = \frac{1}{\varepsilon \sigma (T_c + T_0)(T_c^2 + T_0^2)} \tag{13.42}$$

여기서 R_{cond}, R_{conv} 그리고 R_r은 각각 열전달의 전도, 대류 및 복사에 따른 열저항이며, h_r은 복사열전달계수이다. 만일 열저항들이 **그림 13.25(a)**에서와 같이 직렬로 연결되어 있다면, n개의 저항들이 이루는 총저항 R는 다음과 같이 계산된다.

$$R_{tot} = R_1 + R_2 + \cdots + R_n \tag{13.43}$$

만일 열저항들이 **그림 13.25(b)**에서와 같이 병렬로 연결되어 있다면, n개의 저항들이 이루는 총저항 R는 다음과 같이 계산된다.

$$\frac{1}{R_{tot}} = \frac{1}{R_1} + \frac{1}{R_2} + \cdots + \frac{1}{R_n} \tag{13.44}$$

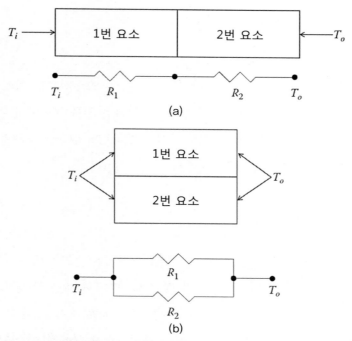

그림 13.25 단순화된 열저항 모델. (a) 직렬연결 시스템, (b) 병렬연결 시스템

총 저항을 구하고 나면, 다음 식을 사용하여 열유동을 구할 수 있다.

$$q = \frac{T_f - T_i}{R_{tot}} \tag{13.45}$$

여기서 T_i와 T_f는 각각 시작점과 끝점의 온도이다. **그림 13.25**에 따르면, 직렬 연결된 저항경로를 통과하는 열유동은 다음과 같이 주어진다.

$$q = \frac{T_f - T_i}{R_1 + R_2} \tag{13.46}$$

그리고 병렬 연결된 경로를 통과하는 열유동은 다음과 같이 주어진다.

$$q = \frac{(T_f - T_i)(R_1 + R_2)}{R_1 R_2} \tag{13.47}$$

이 방정식들에는 시간항이 없다. 하지만 시간 의존항을 포함하여도 이와 유사한 방정식을 도출할 수 있다. 이런 기초이론들을 사용하여 적절한 단열을 구현하기 위한 근사계산을 수행할 수 있다. 정밀 시스템에 열이 미치는 영향을 살펴보기 위해서 다차원 열해석을 수행해야 하는 경우에는 유한요소해석을 사용할 것을 추천한다.

13.6.1 수동식 단열

수동식 단열에서는 주택의 단열과 동일한 방법을 사용한다. 주택단열의 목표는 외부온도로부터 내부온도를 차폐할 수 있도록 (열유동을 감소시키도록) 열저항 경로를 만드는 것이다. 물론, 만일 외부온도가 상승하고 무한히 긴 시간이 경과하고 나면, 내부온도는 외부온도와 동일해질 것이다. 따라서 수동단열은 온도가 주기적으로 빠르게 변화하는 경우에 가장 효과적이라는 점을 명심해야 한다.

설계에서 수동단열 시스템을 사용하려면 열전도 계수가 낮은 소재를 사용하여야 한다. 세라믹, 유리, 및 플라스틱 등은 열전도도가 낮은 소재이며, 정밀 시스템에 일반적으로 사용된다. 정지해 있다면, 공기도 좋은 단열재이므로 고체 패널들 사이의 중간층으로 사용하거나 세라믹 발포재와 같은 다공질 소재를 사용하기도 한다. 진공환경의 열전도도 역시 매우 낮다. 고진공 환경의 열전도도는 0이라고 가정한다. 주변환경의 온도 변화에 의해서 주로 영향을 받는 정밀 시스템에서는 매질의 유속을 최소화시켜서 대류 열전달 계수를 최소로 유지하는 것이 바람직하다. 복사열전달을 줄이기 위해서는 매끈한 반사표면이 방사율이 작기 때문에 바람직하다. 복사열전달이 문제가 되는 경우에는 특히 금과 같은 폴리싱된 금속이 뛰어난 성능을 가지고 있다. 예를 들어, 인공위성에서 복사열전달을 줄이기 위해서 금박판을 일반적으로 사용한다(마이니와 아그라왈 2006).

그림 13.26에서는 진공환경하에서 작동하는 수동 단열된 위치 결정 스테이지를 보여주고 있다. 이 사례에서 위치 결정 시스템은 두 겹의 수동단열구조로 밀봉되어 있어서, 열원(전기장치)으로부터의 단열을 구현할 뿐만 아니라, 방 자체가 빌딩 외부의 환경(태양복사와 빌딩

을 스쳐 지나가는 공기대류)으로부터 단열되어 있다.

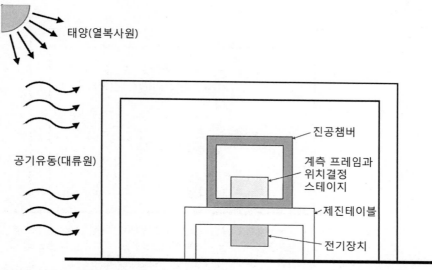

그림 13.26 위치 결정 스테이지에 적용되는 수동단열의 사례. 위치 결정 스테이지가 챔버로 밀봉되어 제진
테이블의 하부에 설치되어 있는 전기장치에서 방출되는 열유동을 차폐한다. 게다가 빌딩은 태양
의 복사열과 빌딩을 통과하여 지나가는 바람에 의한 대류로부터 차폐시켜주는 수동단열 챔버로도
작용한다.

13.6.2 능동식 단열

비록 수동단열이 정밀 시스템의 열영향을 제한하기 위한 적절하고 가성비 높은 방법이기
는 하지만 성능요구가 높아지거나 큰 열부가하 지속적으로 부가되거나 또는 저주파 열요동
이 존재하는 경우에는 이것만으로는 충분치 않다. 이렇게 심해진 온도 변화에 대한 단열능
력을 구현하기 위해서는 **능동단열** 시스템이 효과적인 대안이다. 능동단열에서는 강제유동
(수냉, 환기팬 등)이나 열전소자(전기히터나 펠티어소자 등)를 사용하여 시스템을 가열 및
냉각하는 방법을 사용한다. 실외보다 더 시원하게 실내온도를 유지하거나 오븐과 같은 실내
에 위치한 큰 열원을 보상하기 위해서 실내에서 공기조화기를 사용하는 것이 능동단열 시
스템의 사례이다. **그림 13.27**에 도시되어 있는 능동단열 시스템의 사례에서는 **그림 13.26**의 건
물 속에 건물의 외부에서 발생할 수 있는 온도 변화에 무관하게 실내온도를 일정하게 유지
할 수 있도록 냉각/가열 시스템을 추가하였다.

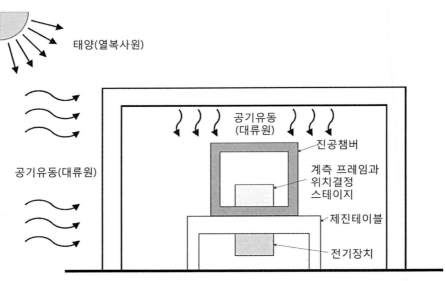

그림 13.27 그림 13.26에 도시되어 있는 시스템에 적용된 능동단열 시스템의 사례. 건물 내부의 환경을 일정한 온도로 유지하기 위해서 건물에 냉각/가열 시스템이 추가되었다. 위치 결정용 스테이지와 전기장치 사이에는 여전히 수동단열이 설치되어 있음에 주의하여야 한다.

일부 회사들에서는 상당한 비용을 투입하여 계측용 설비의 온도를 0.1[°C] 이내의 편차로 유지하기 위한 온도제어를 구현하였다. 이런 설비들은 실내로 유입되는 유량과 유출되는 유량에 주의를 기울여야 하므로, 보통 양압을 유지한다. 전형적으로 천정에서 공기가 공급되어 바닥으로 공기가 배출되며 벽체 사이의 공동을 통해서 순환된다.

능동단열 시스템을 구현할 때에는 한 위치에서의 단열을 통해서 얻은 이득이 다른 위치에 부정적인 영향에 의해서 상쇄되지 않도록 주의를 기울여야 한다. 예를 들어, **그림 13.4**에 도시되어 있는 광학요소는 일정한 비율의 광선을 흡수하므로 광학요소의 온도상승이 초래된다. 광학요소의 온도 변화를 최소화시키면서 베이스 프레임을 일정한 온도로 유지하기 위해서는, 수냉 시스템을 사용하여 광선흡수로 인해서 유발되는 온도상승을 제거하여야 한다. 냉각수가 광학요소로부터 열을 흡수하기 때문에 수냉 시스템의 귀환라인의 온도는 상승한다. 11장에서 살펴보았듯이, 귀환라인을 계측프레임과 인접하여 설치하면 프레임의 열팽창으로 인하여 직접측정오차가 유발되기 때문에 주의하여야 한다.

여기에 추가되는 오차 원인들에는 유동에 의해서 유발되는 진동과 음향이 있다. 유동에 의해서 유발되는 진동을 최소화하려면, 유량을 최소한으로 유지해야 한다. 그런데 유량을 줄이면 단열효과가 떨어지게 되므로, 이들 사이에는 적절한 절충이 필요하다. 게다가 물펌프의 주파수도 진동교란을 유발할 수 있다. 다음에서는 열변화에 의한 가공오차를 최소화하기 위해서 능동단열을 사용한 정밀기계의 사례를 살펴보기로 한다.

로렌스 리버모어 국립연구소(LLNL)에서는 능동단열 방식을 사용하여 다수의 **다이아몬드 선삭기**(DTM)를 개발하였다. 로렌스 리버모어 국립연구소에서 개발한 정밀기계 설계의 대표적인 사례가 **대형 광학부품 다이아몬드선삭기**(LODTM)이다. 이 선삭기는 능동제어 방식의 공기유동과 수냉장치를 사용하였다. 전체 환경의 온도의 최고-최저 편차를 0.005[℃] 이내로 제어하기 위해서 공기유동이 사용되었으며, 중요한 기계요소들은 **중력유동**8 방식의 수냉 시스템을 사용하여 온도의 최고-최저 편차를 0.0005[℃] 이내로 유지하였다. LODTM은 능동단열 시스템을 도입하여 최대직경이 1.2[m]에 이르는 대형 광학부품에 대한 선삭가공을 수행하면서 가공부품 표면의 정확도 실효값을 25[nm] 미만으로 유지할 수 있었다(사이토 등 1993).

3번 다이아몬드 선삭기(DTM #3)은 로렌스 리버모어 국립연구소에서 개발한 또 다른 다이아몬드 선삭기로서, 유량비가 약 1,500[lpm]인 저질량 오일샤워를 통해서 중요한 기계요소들의 온도를 ±0.0025[℃] 이내로 유지했을 뿐만 아니라 가공할 시편의 온도도 일정하게 유지하였다. 이를 통해서 3번 다이아몬드 선삭기는 최대직경이 2.3[m]에 달하는 부품을 1[μm] 미만의 정확도로 가공할 수 있었다(클링만과 소마그렌 1999, 코바야시 1984).

13.7 음향차폐

정밀 시스템을 개발하는 과정에서 **음향차폐**는 일반적으로 오차의 원인에서 제외하는 경향이 있다. 고도로 민감한 정밀 시스템의 경우에는 팬, 작동기, 펌프 및 심지어는 대화에 의해서 발생하는 음압이 오차를 유발할 수도 있다. 음압의 크기는 데시벨[dB] 단위를 사용하여 나타낸다. 여기서는 기준량에 대한 측정량의 비율을 나타내기 위해서 로그 스케일이

---

8 물펌프에서 일반적으로 관찰되는 압력요동은 LODTM의 오차할당에서 추가적인 오차항으로 작용하는 오차 원인이기 때문에 이를 제거하기 위해서 중력유동방식의 수냉방식이 채택되었다.

사용된다. 음압레벨 L_p는 다음 식으로 주어진다.

$$L_p = 10\log_{10}\left(\frac{P(t)}{P_e}\right)^2 \tag{13.48}$$

여기서 P_e는 환경의 기준음압(공기음향의 경우에 $P_e = 20[\mu\text{Pa}]$)이며 $P(t)$는 순간음압으로서 다음과 같이 주어진다.

$$P(t) = P_0\sin(2\pi ft) \tag{13.49}$$

여기서 P_0는 대기압력보다 높거나 낮은 순간음압, f는 주파수 그리고 t는 시간이다(베르와 베라넥 2006). 정밀 시스템에서 사용되는 펌프나 팬과 같은 일반요소들과 관련된 음압방정식에 대해서는 바론(2003)을 참조하기 바란다.

음파는 모든 경질표면에서 반사되기 때문에, 소음원에 의해서 유발되는 교란을 모델링하는 것은 복잡한 일이다. 만일 소음 레벨을 약 10[dB]만큼 낮춰야 한다면, 일반적으로 (펌프와 같은) 소음원이나 기계 전체에 음향차폐용 챔버를 설치한다. **그림 13.28**에서는 음파를 반사하는 경질 외벽(강성 $k = \infty$ 라고 가정하면 $P_3 = P_4$)과 반사되는 음파의 진폭을 저감($P_1 > P_2$이며 흡음 소재가 완벽하게 음파를 흡수한다면 $P_2 = 0$)하기 위하여 흡음소재(원추형 발포재)가 부착되어 있는 내벽으로 이루어진 음향차폐용 챔버벽을 보여주고 있다. 적절하게 설계되고 올바른 소재를 사용한 차음 챔버는 소음을 최대 30[dB]까지 줄일 수 있다. 고정밀 용도에 대해서는 심지어 50[dB]까지도 줄일 수 있다(바론 2003). 주의할 점은 음향차폐용 챔버를 만들 때에 열이 챔버 내에 쌓일 수 있기 때문에, 열원을 적절하게 냉각 및 환기시켜야만 한다(챔버가 단열재처럼 작용한다). 더 자세한 내용은 크로커(2007), 베라넥(1993) 그리고 베르와 베라넥(2006)을 참조하기 바란다.

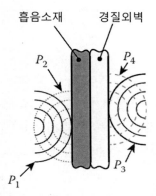

그림 13.28 음향차폐용 챔버벽의 단면형상. 내벽은 내부 음파 P_1을 흡수하는 흡음재가 부착되어 있으며, 흡음 소재는 완벽하지 못하기 때문에 진폭이 감소된 음파 P_2가 반사된다. 경질외벽에 의해서 초기음파 P_3가 반사된 음파가 P_4이다($P_3 = P_4$).

연습문제

1. 엔진 생산라인에서 자동차용 엔진의 표면조도를 측정하기 위하여 정밀측정기가 사용된다고 하자. 건물환경으로부터 진동이 전달되기 때문에, 정밀 측정기가 설치되어 있는 베이스 프레임이 움직일 수 있다. 변위 전달률 $T_d = 3$으로 제한하기 위해서 제진기가 설치되었다. 시스템이 1자유도라고 가정할 때에 필요한 감쇠비를 구하시오. 그리고 계산 결과에 대해서 설명하시오.

2. 랩톱용 메모리칩의 전자회로를 제조하기 위해서 질량이 65[kg]인 정밀기계가 사용된다. 이 기계는 대칭형 5각형 테이블 위에 설치되어 있으며, 외부환경으로부터 전달되는 진동이 테이블의 모든 변들을 1,200[rpm]으로 진동시키고 있다. 만일 $\xi = 0.02$인 다섯 개의 스프링들을 정밀기계 테이블의 모든 모서리에 설치하여 92% 이상의 테이블 진동을 제진하려 할 때에 각 스프링에 발생하는 변형량을 계산하시오.

3. 진동하는 프레임으로부터 광학용 계측기를 차폐하려고 한다. 이 기계의 질량은 35[kg]이며 고유 각속도는 26[rad/s]이다. 이 광학 계측기의 측정조건을 충족시키기 위해서는 감쇠비 $\xi = 0.8$로 제어해야 한다. 능동제진기가 수동제진기보다 비싸며, 수동제진 시스템은 $0 \leq c \leq 450$[Ns/m] 범위의 제진기만을 사용한다고 할 때에, 가장 경제적이며 효율적인 제진 시스템을 설계하시오. 그리고 그 결정에 대해서 설명하시오.

4. 정밀기계를 운반하는 과정에서 9[Hz]의 충격이 가해진다. 사인반파 형태의 가진함수를 사용하며 기계는 5.4[Hz]의 가진만을 견딜 수 있다고 한다면, 충격차폐에 적합한 감쇠비와 제진주파수는 각각 얼마여야 하는가?

5. 표면측정기의 감쇠메커니즘을 표면적이 0.1[m²]이며 상부판이 움직이는 두 판재 사이의 박막윤활로 근사화시킬 수 있다. SAE 30 윤활유의 절대점도는 0.3445[Pa·s]이며 감쇠력은 $F = 0.2v^2 - v$의 관계식에 따른다. 여기서 v는 두 판재 사이의 속도이다. 이 감쇠기 세팅이 구현할 수 있는 최대 감쇠력을 생성하기 위해서 필요한 최소 유막두께를 구하시오.

6. 정밀기계 내에서 프로브와 측정 메커니즘 전체를 지지하는 구조 프레임이 쿨롱감쇠로 나타낼 수 있는 감쇠특성을 가지고 있다고 가정하자. 외부가진이 프레임을 0.5[s] 내에 다섯 주기의 진동을 유발한다. 프레임의 초기위치는 프레임의 평형위치로부터 10[μm]만큼 벗어나 있었으며, 다섯 주기의 진동이 지나고 나서는 평형위치로부터 1[μm]만큼 벗어나 있다. 이 세팅의 쿨롱감쇠 계수값을 구하시오.

7. 피스톤-실린더 메커니즘을 사용하여 질량이 10[kg]인 정밀기계를 공압식으로 제진하려고 한다. 피스톤 직경은 40[cm]이며 최대변위는 90[cm]이다. 실린더의 내부길이는 150[cm]이며, 공기를 작동유체로 사용한다고 할 때에 이 세팅으로 구현할 수 있는 최적의 강성값은 얼마이겠는가?

8. 7번 문제에서 사용된 제진기의 제진각속도가 62.4[rad/s]라면, 왜 필요한 제진성능을 구현할 수 없는가? d는 피스톤의 직경이며, P_i는 실린더 내부압력이라 할 때에, 이 제진주파수를 충족시켜주는 피스톤-실린더 메커니즘의 적절한 $P_i d^2$값을 구하시오. 여기서 $(A/V_i)x = 0$이라고 가정한다.

9. 그림 13.29로부터, 전기장치에서 수동단열 시스템 내의 시편에 이르는 열저항방정식(R)을 구하시오. 전기장치에 대한 추가적인 냉각을 위해서 팬이 사용되고 있다.

10. 그림 13.29에 도시되어 있는 시스템에 대해서 적용할 수 있는 최소한 두 개 이상의 단열성 개선방안을 제시하시오.

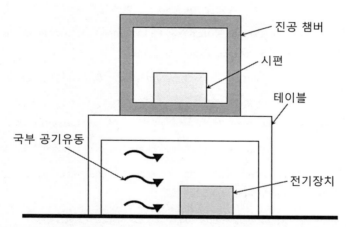

그림 13.29 제진테이블 위에 얹혀 있는 진공챔버 내부에 시편이 설치되어 있다. 테이블 하부에는 전기장치가 설치되어 있으며, 테이블의 열원으로 작용한다. 전기장치가 과열되지 않도록 강제대류를 위해서 팬이 추가되었다.

참고문헌

Adhikari, S. 2014. *Structural Dynamic Analysis with Generalized Damping Models: Identification*. Wiley.

Addison, P. S. 2017. *The Illustrated Wavelet Transform Handbook: Introductory Theory and Applications in Science, Engineering, Medicine and Finance*, 2nd edition. CRC Press.

Barron, R. F. 2003. *Industrial Noise Control and Acoustics*. New York: Marcel Dekker.

Beranek, L. L. 1993. *Acoustics*. Acoustical Society of America, 1844207.

Carslaw H. S., and J. C. Jaeger. 2004. *Conduction of heat in solids*. Oxford: Oxford University Press.

Chen, P.-C., and M.-C. Shih. 2007. "Modeling and robust active control of a pneumatic vibration isolator." *Journal of Vibration and Control* **13**(11): 1553-71.

Crocker, M. J. 2007. *Handbook of Noise and Vibrational Control*. Hoboken, NJ: John Wiley & Sons.

Kaviany, M. 2011. *Essentials of Heat Transfer: Principles, Materials, and Applications*. Cambridge: Cambridge University Press.

Klingmann, J. L., and G. E. Sommargren. 1999. "Sub-nanometer interferometry and precision turning for large optical fabrication." Proceedings of Ultra Lightweight Space Optics, Napa, California.

Kobayashi, A. 1984. "Precision machining methods for ceramics." In *Advanced Technical Ceramics*, edited by S. Somiya, 261-314. Tokyo: Academic Press.

Lienhard IV, J. H. and J. H. Lienhard V. 2017. *A Heat Transfer Textbook*. Cambridge, MA: Phlogiston Press.

Maini, A. K., and V. Agrawal. 2006. *Satellite Technology: Principles and Applications*. John Wiley & Sons.

Rao, S. S. 2016. *Mechanical Vibrations, 6th edition*. Hoboken, NJ: Pearson Education.

Ryaboy, V. M. 2005. "Vibration control systems for sensitive equipment: Limiting performance and optimal design." *Shock and Vibration* **12**:37-47.

Rivin, E. I. 2003. *Passive Vibration Isolation*. New York: ASME Press.

Saito, T. T., R. J. Wasley, I. F. Stowers, R. R. Donaldson, and D. C. Thompson. 1993. Precision and Manufacturing at the Lawrence Livermore National Laboratory. The Fourth National Technology Transfer Conference and Exposition. Anaheim, CA: NASA.

Stone, S. W. 1989. "Instrument design case study flexure thermal sensitivity and wafer stepper baseline drift." Edited by T. C. Bristow and A. E. Hatheway, *Proceedings of SPIE: Precision Instrument Design*, vol. 1036.

Vér, I. L., and L. L. Beranek. 2006. *Noise and Vibration Control Engineering: Principles and Applications*. Hoboken, NJ: John Wiley & Sons.

정밀운동의 제어

CHAPTER 14

정밀운동의 제어

제어 알고리즘은 정밀기계 설계의 핵심요소이다. 최소한의 진동과 견실한 외란배제 성능을 갖춘 경로추적을 구현하기 위해서 전향제어와 귀환제어를 함께 사용하는 전략이 사용된다. 주파수 도메인을 기반으로 하는 전통적인 설계기법이 운동 시스템의 선형화된 집중계수 모델과 모델에 포함되지 않은 거동을 포착하는 측정된 주파수응답에 모두 적용된다. 작용력이 무한대인 모터와 무마찰 관성질량을 사용하는 안내면으로 이루어진 이상화된 선형 집중계수 모델이 제어전략의 초기 개발과정에서 널리 사용되는 반면에, 정밀한 모델의 구축과 최종 튜닝과정에서는 직접측정 방법이 사용된다. 정밀 운동제어 문제에는 일반적으로 구조물의 유연성, 작동기와 센서 위치의 민감성, 다수의 센서와 작동기들, 축간 커플링과 다중루프 설계 등이 포함된다. 이 장에서는 기초 제어공학을 학습한 학생들이 정밀 제어기 설계와 관련된 특정한 문제들을 살펴볼 수 있는 기회를 제공해준다. 또한 특정한 정밀운동제어의 활용 분야에 적합한 제어전략들을 개발하기 위해서 필요한 문헌들이 함께 제시되어 있다.

14.1 서 언

서보제어는 정밀 시스템의 전체적인 설계과정에서 중요한 역할을 하는 또 다른 요소이다. 이를 통해서 빠른 점간이동이 가능하며, 지정된 궤적을 추종할 능력이 갖춰지고, 구성요소 간 편차에 대한 민감도가 감소하며, 특정한 주파수 대역 내에서 메커니즘의 강성을 효과적으로 증가시켜서 외란배제능력을 크게 향상시켜준다. 이런 개선으로 인하여 시스템의 복잡성이 증가하게 되며, 잘못된 서보제어 알고리즘 선정으로 인하여 불안정성이 유발될 가능성이 있다. 하지만 센서와 마이크로프로세서의 성능을 높아지면서도 가격은 낮아지는 경향으로 인하여 서보제어가 정밀 메카트로닉스 시스템 설계에 있어서 점점 더 중요한 부분을 차지할 것이다.

정밀 시스템과 일반 시스템의 제어기 설계 사이의 차이점은 이들에 대한 기계설계 문제를 반영한다. 둘의 기본 설계원리는 서로 동일하지만 정밀 시스템의 설계는 결과의 불확실성이 요구조건 이하로 감소할 때까지 성능지표의 겉보기 임의성에 대하여 엄격한 조사, 확인 및 적절한 보상을 수행하는 **결정론적 원칙**을 채택하고 있다.

다양한 특성들이 고정밀 운동제어 문제와 보다 일반적인 문제를 구분해준다. 변위의 절댓값(또는 임의의 제어변수)이 반드시 결정적 요소는 아니다. 정밀운동의 제어 시스템은 전형적으로 다음 중 몇 가지 문제들을 해결해야만 한다.

- 성능을 제한하는 진동모드를 초래하는 기계요소의 유연성
- 저주파 진동을 초래하는 베이스, 제진기 또는 기계 프레임의 운동
- 제어 알고리즘에서 사용할 수 있는 측정값과 실제 성능변수 사이의 차이
- 일부 작동 범위에서의 비선형 응답
- 경제적으로 개발된 모델의 작동한계
- 다중축 시스템에서 발생하는 축간 동적 커플링

이 외의 제약조건들은 일반적인 제어기설계 문제들과 동일하다. 제어 알고리즘은 신뢰성이 있어야만 하며 시스템의 전체 작동수명 기간 동안 견실한 안정성을 유지해야 하고, 정교한 수동방식의 소위 실험적 조절에 의존해서는 안 된다. 진보된 생산 시스템에서 자주 사용되는 가장 정밀한 시스템은 비작동 시간비용이 매우 비싸며, 허용되지 않는다. 이 때문에 이미 확립된 기술을 엄격하게 적용하는 것을 선호한다.

14.1.1 2자유도 제어 시스템 설계

정밀 시스템은 보통, 제어 알고리즘이 서로 다른 목적을 가지고 있는 전향제어와 귀환제어로 구성되는 소위 **2자유도 제어기법**을 사용하여 제어한다. **그림 14.1**에서는 전형적인 제어 루프에서 전향제어와 귀환제어 블록의 위치를 보여주고 있다. 오차 e를 추종하면서 작동하는 **귀환제어** 알고리즘은 주로 외란 d를 배제하기 위해서 설계되며, 플랜트의 상태변화에 대한 견실성과 모델링되지 않은 동특성의 감소를 위해서 사용된다. 전향제어 알고리즘은

기준명령 r을 허용가능한 수준의 오차를 가지고 추종하는 데에 사용된다. 플랜트는 물리적인 시스템으로서, 하나 또는 그 이상의 입력을 조절하여 출력변수가 제어된다.

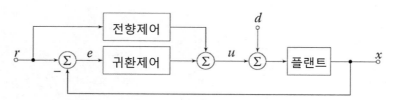

그림 14.1 오차신호에 의해서 작동하는 귀환 제어기와 기준명령에 의해서만 작동하는 전향제어기를 포함하는 2자유도 제어 시스템

　전향제어는 실제적인 정밀 시스템을 위한 제어 시스템 설계의 중요한 부분을 차지하지만 대부분의 서보메커니즘 관련 기초교재에서는 이에 대해서 거의 다루지 않고 있다. 고성능 전향제어기를 설계하기 위해서는 플랜트에 대한 정밀한 모델링이 매우 중요하다(이와사키 등 2012). 모델링을 통해서 개루프 전향제어가 귀환제어보다 보상의 더 많은 부분을 담당하게 만들 수 있지만, 센서 노이즈에 의해서 훼손될 수 있으며, 보드 민감도 적분에 의해서 유발되는 수학적 한계에 직면하게 된다(**물침대 효과**라고 알려져 있음, 슈타인 2003). 14.2.2절에서는 민감도 도표에 대해서 자세히 설명되어 있다.

　정밀 시스템용 귀환제어 알고리즘은 플랜트의 출력을 조절하기 위한 명령값을 결정하기 위해서 시스템의 현재상태에 대한 측정값을 사용한다. 이 기법은 외란에 대응하며, 전향제어 명령의 부정확성에 의해서 초래되는 잔류오차를 보정해준다. 귀환제어의 기본기법들에 대해서는 일반적으로 학부 제어 시스템 교재(예를 들어 프랭클린 등 2015)에서 소개되어 있으며, 1930년대와 1940년대에 벨연구소에서 개발될 당시에 비해서 거의 변하지 않았다(그레이엄 1946). 이 기법들을 통칭하여 **고전제어기법**이라고 부르며, 개념적으로는 시스템 동특성에 주파수 의존적 강성을 추가하는 방식에 해당한다. 일반적이며 효과적인 **비례−적분−미분(PID)**제어기가 잘 알려진 사례이며, 대부분의 제어 알고리즘 설계의 시작점으로 사용된다.

　현대적인 제어설계기법에서는 **상태−공간 기법**[1]이라고 알려진 시스템의 동적 응답을 나타내는 시간 도메인에서의 미분방정식을 사용한다. 모델의 차수와 입력 및 출력의 숫자가

1　state-space technique.

증가할수록 이 기법의 유용성이 높아진다. 그런데 다른 기법들과는 달리, 고전제어와 현대 제어는 동일한(유사한) 알고리즘을 구현하기 위한 두 가지 방법이며, 어떤 방법을 사용하는 가는 당면한 문제의 세부사항들에 의해서 결정된다.

14.1.2 데이터 기반 제어와 모델 기반 제어

모델 기반 제어와 데이터 기반 제어는 제어 시스템 설계의 두 가지 상호보완적 방법이다. **모델 기반 제어기** 설계의 첫 번째 단계는 보통 미분방정식의 형태를 가지고 있는 시스템의 동적 모델을 만드는 것이다. 그리고 연속시간에 대해서는 라플라스 변환을 수행하며, 이산 시간에 대해서는 차분방정식과 이에 대한 Z-변환을 수행한다. 그런 다음 적절한 수준의 불확실도 이내에서 플랜트 모델이 실제의 플랜트를 나타낸다는 가정하에서 시스템의 모델 주변에서 성능목표를 충족시키도록 제어 시스템을 설계한다(호우와 왕 2013). 고전제어에서 의 **근궤적**[2] 설계기법과 현대제어에서의 **극점배치**[3]기법이 모델 기반 설계기법의 사례들이 다. 모델 내에는 필연적으로 모델링되지 않는 동특성과 매개변수 불확실성이 존재하며, 이 분야를 제어하기 위하여 견실제어가 사용된다. 그런데 많은 경우에, 불확실도에 대한 적절 하고 실제적인 설명의 부족이 모델 기반 제어의 활용을 제한한다(게버스 2002). 정밀 시스템 은 일반적으로 설계된 수학적 모델의 분해능 한계인 공차 범위 내에서 작동하며, 이는 궁극 적으로 모델 기반 설계의 성능을 제한할 수 있다.

데이터 기반 제어 기법은 주파수응답의 형태를 가지고 있는 플랜트 응답의 명확한 측정 결과를 사용한다. 이 측정을 기반으로 하여 제어기 모델이 설계된다. 설계자는 수학적 모델 을 사용하여 손쉽게 예측할 수 있는 극한의 성능을 구현하려고 하기 때문에, 데이터를 기반 으로 하는 기법은 정밀 시스템의 제어에서 매력적인 방법이다. 측정된 데이터를 설명하기 위한 더 세련된 모델을 만들 수 있기 때문에 이 두 가지 기법들은 명확히 서로를 보완해주 고 있으며, 궁극적으로는 전자-기계 설계에 영향을 미친다. 정밀 시스템의 제어에서 선호 하는 제어기법인 고전적 **주파수 도메인 기법**은 모델 기반 제어와 데이터 기반 제어기 설계 문제에 대해서 똑같이 잘 작동한다.

---

2 root locus.
3 pole placement.

데이터 기반 설계기법은 측정된 주파수응답 데이터에 크게 의존한다. 선형 시스템의 핵심 개념은 믿을 수 없을 정도로 단순하다. **주파수응답**은 동적 시스템에 정현입력신호가 부가되었을 때의 진폭과 위상 변화를 정량화시켜준다. 만일 시스템이 수학적으로 선형이라면, 출력단에서 주파수의 변화가 발생하지 않는다(13장). 이를 구현하기 위해서는 세부정보가 매우 중요하며, 주파수 기반 시스템 식별에 대한 전체적인 고찰을 위해서는 핀텔론과 슈켄 (2012)을 참조하기 바란다. 최근의 발전을 통해서 측정 시스템이 적분기를 포함하고 있을 때(위다니지 등 2015), 폐루프로 작동할 때(핀텔론과 슈켄 2013), 시스템이 다중입력과 다중출력을 포함할 때(도브로위키 등 2006), 그리고 아마도 가장 중요한 경우인 비선형이 존재할 때(슈켄 등 2016, 리즈라르담 등 2017) 주파수 도메인 기법을 적용하여 성능을 향상시킬 수 있음이 규명되었다. 또한 측정된 주파수응답 도표로부터 직접 전달함수 데이터를 추출하는 기법도 중요하다. 데이터 기반 설계와 모델 기반 설계에서 사용할 것을 권장하고 있는 근궤적선도에서 이 정보를 활용할 수 있다(호겐디크 등 2015).

고정밀 운동 시스템은 많은 경우, 서로 분리된 다수의 이송축들과 다수의 입력 및 출력들을 포함하고 있다. 이들은 또한 전형적으로 저감쇄 공진들을 포함하고 있으며, 실제의 공진 주파수를 식별하기 위해서는 정밀한 주파수 분해능을 필요로 한다. 이로 인하여 각 이송축들의 그리드 위치별로 측정된 개별 입력과 축력 사이의 고밀도 주파수응답 세트의 데이터 양이 엄청나게 커질 가능성이 있다. 따라서 선행 시스템 지식을 사용하여 측정공정을 계획하며(반데르마 2016) 측정된 응답을 효율적으로 처리하기(브루이넨과 반데르울렌 2016) 위한 전략을 개발할 필요가 있다.

시스템 응답이 선형적이라는 가정은 유용하지만 1차 근사에 대해서만 유효하다. 잘 설계된 전기 및 기계 시스템의 경우, **비선형 동특성**의 영향은 작지만, 정밀운동제어 설계문제에서는 이들이 관찰된다. 이런 비선형성으로 인한 가장 뚜렷한 영향은 진폭의존성 응답과 입력신호의 조화차수가 생성된다는 것이다. 설계자가 주어진 용도에 대해서 선형 모델이 적합한지, 아니면 비선형 모델링을 위한 노력이 필요한지를 제시된 정보에 입각하여 결정할 수 있도록 비선형 특성을 정량화하는 것이 중요하다(슈켄 등 2014). 비선형 거동에 대한 효과적이며 정확한 식별은 일반적으로 가진 주파수의 세심한 선정과 응답신호 분석을 통해서 가진 신호속에 존재하지 않는 주파수 성분을 찾아내는 것에서 시작한다(반호엔커 등 2001, 리즈라르담 등 2010). 이 측정은 응답의 일치성과 관련이 있는데, 일반적으로 공진주파수 근처에서는 비선형성을 가지고 있는 감쇄력이 지배적이며, 저주파 대역에서는 그 영향이 작다. 운동 스테이지에서 발생하는 비선형 특성의 전형적인 원인들에는 베어링 마찰, 실과 케이블의 히스테리시스, 작동기 히스테리시스 그리고 작용력(또는 토크)의 리플, 운동구간 내에서 모달질량의 위치이동 그리고 증폭왜곡 등이 포함된다.

14.2 귀환제어기법

이 절에서는 정밀운동 시스템의 귀환제어 알고리즘에 일반적으로 사용되는 주파수 도메인 기법에 대해서 살펴보기로 한다. 이 기법은 모델 기반 제어기와 데이터 기반 제어기 모두에 적용된다. 감쇄된 스프링에 연결되어 있는 두 개의 질량들로 이루어진 동적 모델은 기계설계에 의해서 유발되는 성능한계에 대한 식견을 제공해주며, 설계변경이 미치는 영향에 대한 지침을 제공하며, 일련의 사례 연구들의 기반이 된다. 회전 시스템의 경우에도 이와 동일한 방식을 적용하여, 일련의 회전관성이 비틀림 스프링에 의해서 연결되며 부가된 토크에 의해서 작동하는 형태로 모델링할 수 있다. 4장에서 설명되어 있는 기법들을 사용하여 직선운동 및 회전운동을 포함하는 시스템을 손쉽게 모델링할 수 있다.

이 절에서는 동적 시스템의 응답특성을 구하기 위한 주파수응답측정에 대해서도 살펴본다. 이 응답을 데이터 기반 제어기 설계방법의 일부분으로 직접 활용하거나 모델 기반 제어기 설계방법에 활용하기 위한 계수 모델의 유도와 검증에 활용할 수 있다. 루프전송응답이나 개루프 주파수응답은 서보메커니즘의 동적 성능을 구하는 과정에서 사용할 수 있는 가장 유용한 수단이다.

14.2.1 루프 형성 제어와 PID 제어

고전적인 주파수 도메인 설계기법은 정밀 시스템을 위한 제어 시스템의 설계에서 유용하며 고속 작동을 가능하게 해줄 뿐만 아니라, 고품질 정밀가공 시스템의 고정밀 운동을 구현할 수 있다(버틀러 2011). 가장 일반적인 기법은 **PID 제어기**이다. 일반 교재들에서는 이득이 병렬형태로 제시되어 있다.

$$C(s) = K_P + K_I \frac{1}{s} + K_D s \tag{14.1}$$

여기서 K_P는 비례이득, K_I는 적분이득 그리고 K_D는 미분이득이다. 더 손쉽고 직관적인 표현방법은 **앞섬−지연**[4] 형태이다.

$$C(s) = K\left(\frac{s + 2\pi f_I}{s}\right)\left(\frac{s + 2\pi f_D}{2\pi f_D}\right)\left(\frac{(2\pi f_{lp})^2}{s^2 + 2\zeta_{lp}(2\pi f_{lp})s + (2\pi f_{lp})^2}\right) \tag{14.2}$$

위 식을 사용하면 설계자는 이득과 제어기의 영점 위치를 독립적으로 설정할 수 있다. **그림 14.2**에서는 앞섬−지연 제어기의 블록선도를 보여주고 있다. 지연부는 적분기와 f_I 위치에서의 영점으로 정의되며, 앞섬부는 f_D에서의 영점으로 정의된다. 그리고 그 뒤에 f_{lp}에서의 2차 저역통과필터가 붙어 있다. 이 2차 저역통과필터는 앞섬 성분의 고주파 응답을 감소시켜주므로 PID 제어기나 앞섬−지연 제어기에서 일반적으로 포함된다.

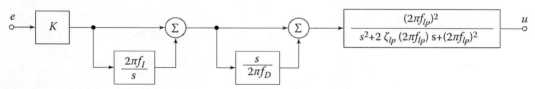

그림 14.2 전체적인 제어기 이득과 미분기 및 적분기의 영점 위치를 독립적으로 직접 설정할 수 있어서 더 직관적인 PID 제어기의 앞섬−지연 형태. 앞섬(또는 미분)성분은 일반적으로 저역통과 필터를 사용하여 감소시킨다.

필요한 대역 또는 응답속도는 전달함수 내에서 제어기의 영점 배치에 큰 영향을 미친다. 수치 최적화 기법을 사용하여 이 계수값들의 선정과정을 자동화할 수 있지만(야니브와 나구르카 2004, 반솔링겐 등 2016, 브루이넨 등 2006), 버틀러(2011)가 개발한 기법을 사용하여 직관적인 방법을 도출할 수도 있다.

일반적으로 플랜트는 주로 저역통과 필터의 특성을 가지고 있기 때문에 저주파 입력에

---

4   lead-lag.

대해서 큰 반응을 나타낸다. 힘(또는 토크)에 의해서 구동되는 질량체는 변위 대 힘 형태의 전달함수를 가지고 있으며 저주파 대역에 대해서는 이중적분의 형태로 근사화시킬 수 있다. 플랙셔 기반의 스테이지는 저주파 대역에서 주로 스프링처럼 거동하기 때문에, 스프링-질량-댐퍼 시스템으로 모델링하는 것이 더 좋다. 이런 형태의 시스템을 위한 제어기는 저주파 대역에서 큰 응답을 나타내도록 하나 또는 그 이상의 적분기들로 보강된다.

제어기를 구성하는 계수들의 초깃값 선정은 주로 저진폭 응답에 기초한다. 플랜트의 1차 고유주파수보다 훨씬 낮은 목표대역을 선정하면, 제어기 영점들의 위치와 간격을 정하기 위한 주파수비율 α(일반적으로 2~5)를 결정할 수 있다. **그림 14.3**에 도시되어 있는 것처럼, 미분기의 영점은 대역폭에 비해서 α배만큼 낮은 f_D에 위치해 있다. 적분기의 영점은 미분기의 영점에 비해서 α배만큼 낮은 f_I에 위치해 있다. 저역통과필터의 주파수 f_{lp}는 대역폭에 비해서 α배만큼 높은 곳에 위치해 있다. 총이득 K는 필요한 교차주파수에서 루프이득의 크기가 1이 되도록 설정된다.

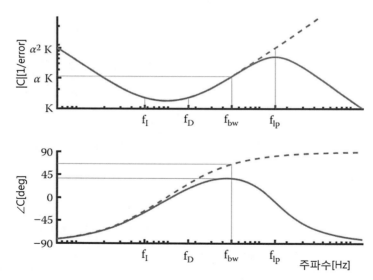

그림 14.3 PID 제어기의 고주파 응답은 지정된 교차주파수 이후에 배치되어 있는 저역통과 필터에 의해서 감소된다. 분리계수 α는 지정된 주파수들 사이의 간격을 결정한다.

14.2.2 서보성능특성

서보성능은 주파수응답함수의 사용을 통해서 특성이 구현되지만, 주파수응답함수의 세부사항들은 적용 사례에 가장 크게 의존한다. **그림 14.4**에 도시되어 있는 전형적인 운동제어 시스템의 단순화된 표현은 서보메커니즘의 다중입력, 출력 및 전체 시스템을 보여주고 있다. 주요 시스템은 플랜트 P, 귀환제어기 C, 전향제어기 C_{ff} 그리고 측정된 변수에서 성능 변수로의 변환 P_{zx} 등으로 구성된다. 플랜트의 설계, 모델링 및 분석은 이 장의 대부분을 차지하며, 플랜트에는 관심변수들을 측정하기 위한 센서들이 포함된다. 이 시스템의 경우에는 **기준명령** r(이미 알고 있는 값), **공정외란** d_1, **출력외란** d_2 그리고 **센서노이즈** n과 같이 4개의 입력들이 존재한다. 공정외란의 사례에는 베어링 마찰력, 케이블 끌림, 가공 또는 절삭력 그리고 음향가진 등과 같이 시스템에 직접적으로 작용하는 모든 힘들이 포함된다. 바닥진동을 출력외란의 사례이다. 제어기가 측정값 y를 활용하기 전에, 플랜트의 상태 x는 센서노이즈 n에 의해서 오염된다.

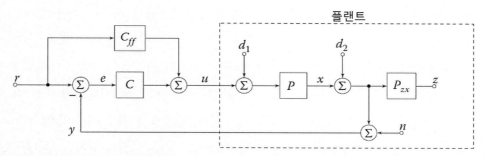

그림 14.4 다중입력과 상호연결을 갖춘 전형적인 서보 시스템의 사례. 귀환블록 C와 저항블록 C_{ff}가 합해진 출력에 외란 d_1이 유입되어 작용력에 비례하는 플랜트 P로 입력된다. 플랜트의 출력이 측정값 y로 제어기에 입력되기 전에 외란 d_2와 측정 노이즈 n에 의해서 오염된다. 시스템의 관심위치인 P_{zx}와 측정위치 사이에 유연성이 존재한다면 제어된 변수 x는 의도하는 성능변수 z와 다를 수 있다.

정밀운동 시스템의 경우에 실제 **관심위치**가 **측정위치**와 다를 수 있다. 센서를 관심위치에 정확히 위치시키는 것은 비현실적이거나 불가능할 수 있으며, 기계구조의 내부 유연성도 무시할 수 없다. 변수 z로 표시되는 성능변수들과 y로 표시되는 측정변수들 사이의 구분이 필요하다. 측정값들로부터 성능변수들을 추정하기 위해서는 적절한 정확도를 갖춘 모델을 사용할 수 있으며, 이에 대해서 관심을 가지고 있는 독자들은 우멘 등(2015)을 참조하기 바란다.

민감도함수는 외란을 배제하는 귀환제어 시스템의 능력을 나타낸다. 단일입력 단일출력 시스템의 경우, 여러 입력들에 대한 출력응답은 다음과 같이 주어진다.

$$x = \frac{PC_{ff} + PC}{1 + PC}r + \frac{P}{1 + PC}d_1 + \frac{1}{1 + PC}d_2 + \frac{-PC}{1 + PC}n \tag{14.3}$$

위 식으로부터 단일입력 단일출력 시스템에 대한 **민감도함수** S, **상보감도함수** T 그리고 **공정민감도함수** S_p가 다음과 같이 정의된다.

$$S = \frac{1}{1 + PC}, \ T = \frac{PC}{1 + PC}, \ S_p = \frac{P}{1 + PC} \tag{14.4}$$

이 함수들은 루프이득 $L = PC$를 공유하고 있으며, 주파수도메인 설계방법은 루프이득 특성을 조절하여 개별 민감도 함수에 대한 폐루프 성능특성을 설정하는 방법에 기반을 두고 있다(프랭클린 등 2015).

루프이득에 대한 보드선도와 나이퀴스트 선도를 통해서 시스템의 교차주파수(대략적인 대역폭), 위상여유 그리고 이득여유 등을 결정할 수 있다. 안정성의 견실도에 대한 더 포괄적인 척도는 **계수여유**[5]이다. 이 값은 민감도 함수의 최댓값(또는 최대평균[6])의 역수이며, 나이퀴스트 선도에서 −1 임계점과 루프이득 사이의 최소거리를 나타낸다(가르시아 등 2004). 루프이득이나 루프위상이 독립적으로 변한다면, 보다 익숙한 이득여유와 위상여유를 사용하여 불안정성과의 근접도를 정량화할 수 있는 반면에, 계수여유는 불안정성을 유발하는 동시변화(최악의 경우)의 영향을 정량화시켜준다.

개루프 주파수응답이라고 부르기도 하는 루프전달에 대한 주파수응답 측정은 제어 시스템 설계자가 취할 수 있는 단 하나의 가장 가치있는 측정이다. **그림 14.5**에 도시되어 있는 것처럼, 제어알고리즘에서 출력된 신호가 플랜트로 입력되기 전에 외란신호를 주입하여 기능측정을 수행할 수 있으며, 특정한 경우에 적합한 가진신호를 선정할 때에는 세심한 주의가 필요하다. 대부분의 경우, 이 외란신호는 주로 힘이나 토크에 비례한다. 외란주입위치

5　modulus margin.
6　infinity norm.

전후에서 신호의 비율은 주파수의 함수인 루프이득 L의 척도이다.

페루프 조건하에서 소위 **개루프 이득**이라고 부르는 루프이득을 측정하는 것은 다양한 장점을 가지고 있다. 실제의 경우, 이를 통해서 가진신호의 주입에 의해 발생하는 작은 오프셋으로 인하여 이송축이 작동 범위 한계까지 움직여 버리는 문제를 없앨 수 있다. 더 중요한 점은 페루프 구조 내에서 루프이득의 측정이 모든 시스템과 루프를 일주하면서 발생하는 연산시간 지연에 따른 영향을 정량화시켜준다는 것이다. 이 지연들과 이로 인하여 발생하는 위상지연은 이산화로 인하여 발생하는 대역제한 인자로 작용한다.

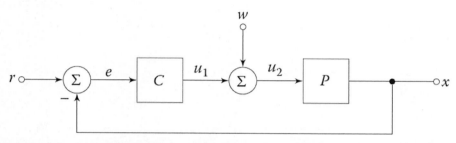

그림 14.5 제어기의 출력과 플랜트 입력 사이에 알고 있는 값의 외란을 주입하여 전형적인 단일축 루프이득 측정이 수행되었다. 전자석 작동기의 경우에는 (힘이나 토크에 비례하는) 전류명령을 합산하는 방식으로 수행된다.

14.2.3 데이터 처리방식 루프 형성

이 절에서는 측정된 주파수응답 데이터에 기초한 데이터 처리방식의 **튜닝기법**에 대해서 살펴본다. 첫 단계는 일반적으로 자동튜닝이나 심지어는 경험적 튜닝을 통해서 안정화되어 있지만 성능이 떨어지는 이득 계수값들이 설정되어 있는 서보루프를 닫는 것이다. 안정화되어 있는 시스템에 대해서 14.2.2절에서 설명되어 있는 루프전달을 측정하며, 알고 있는 제어기 응답을 제거하면 **그림 14.6**에 도시되어 있는 것처럼 플랜트 주파수응답을 얻을 수 있다.

플랜트 응답을 올바르게 표시하기 위해서는 컴플라이언스의 단위[μm/N]와 같은 시스템의 공학단위를 사용하는 것이 바람직하다.

다음 단계는 주파수 도메인에서 제어기를 설계하는 것이다. 이는 일반적으로 상용 튜닝 도구들을 사용하여 시스템에 대해서 직접적으로 실행하지만 측정된 주파수응답을 사용하여 별도로 설계를 수행할 수도 있다. **그림 14.6**에 도시된 사례의 경우, 플랜트 응답은 75[Hz]

에서 공진 피크를 나타내므로, 바람직한 교차주파수(또는 대역폭)는 35[Hz]로 선정되었다. 식 (14.2)에 제시되어 있는 앞섬-지연 형식의 PID 제어기를 사용하며 35[Hz]에서 이득이 단위값을 갖도록 조절하면, 다음과 같은 전달함수를 갖는 귀환제어기가 만들어진다.

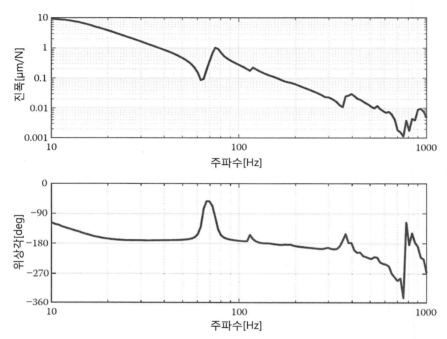

그림 14.6 부하가 작용하는 일반적인 선형 위치 결정 시스템에 대해서 측정된 주파수 응답은 일반적으로 관성 질량에 의해서 디케이드당 −2 디케이드의 기울기를 나타내며 다수의 공진 피크가 포함되어 있다.

$$C(s) = 0.375 \frac{(s + 2\pi 17.5)}{2\pi 17.5} \frac{(s + 2\pi 8.75)}{s} \frac{(2\pi 140)^2}{s^2 + 2(0.707)(2\pi 140)s + (2\pi 140)^2} [\text{N}/\mu\text{m}]$$

(14.5)

여기서 주의할 점은 제어기도 단위계를 갖고 있다는 것이며, 제어기 설계에 있어서 지루하지만 필요한 또 하나의 단계는 특정한 용도에 알맞은 단위변환을 수행하는 것이다. 여기에는 아날로그-디지털 변환, 인코더 양자화, 모터 작용력상수, 증폭기의 증폭률 그리고 이산시간 변환값 등의 환산계수들이 포함된다. 혼동을 피하기 위해서 제어기 블록선도상의 모든 신호들에 단위를 포함시키는 것이 바람직하다.

이로 인하여 교차주파수에서 루프전달의 이득은 1이 되며, 일반적으로 허용 가능한 이득여유와 위상여유를 갖게 되었다. **그림 14.7**에서는 교차주파수는 35[Hz], 위상여유는 38° 그리고 이득여유는 8.5[dB]인 루프이득 $L = PC$를 보여주고 있다. 여기서부터 용도에 맞춘 추가적인 조절이 필요하겠지만, 이제 시스템은 폐루프 제어하에서 견실한 안정성을 갖추게 되었다.

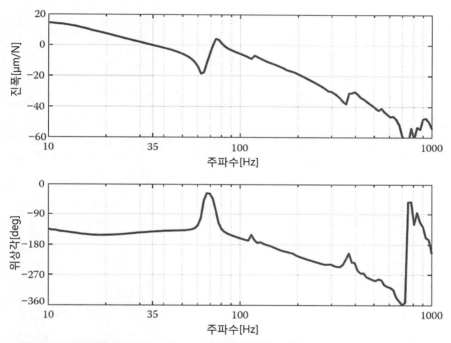

그림 14.7 플랜트에 귀환제어기를 추가하여 교차주파수(대역폭) 35[Hz], 위상여우 38° 그리고 이득여유 8.5[dB]인 루프이득을 구현하였다.

항상 민감도 도표에 대한 검토가 필요하다. 민감도 진폭의 최댓값은 **그림 14.8**에 도시되어 있는 것처럼 6[dB]이다. 이 경우의 계수여유는 0.5이며, 이는 일반적으로 허용 가능한 값이다. 주파수 대역을 높이려는 노력은 계수여유를 감소시키며, 이로 인하여 시스템이 불안정 영역에 근접하게 되어서, 민감도가 1(0[dB])보다 큰 모든 주파수 대역에서의 센서 노이즈가 증폭되므로 위치 결정 성능이 저하되어버린다. **그림 14.9**에 도시되어 있는 공정 민감도 역시 흥미롭다. 이 도표에서는 주파수 의존적 강성을 향상시켜주는 귀환제어의 역할을 특히 강조하여 보여주고 있다. 개루프 시스템에 비해서 저주파 대역에서의 유연성이 감소하였음을 확인할 수 있다. 이로 인하여 플랜트에 입력되는 외란 작용력에 따른 변위응답이 감소된다.

하지만 공진 피크 근처의 주파수에서 유연성이 증가하게 된다. 제어가 거의 작용하지 않는 고주파 대역에서는 개루프 응답과 폐루프 응답이 거의 동일하다는 것을 알 수 있다.

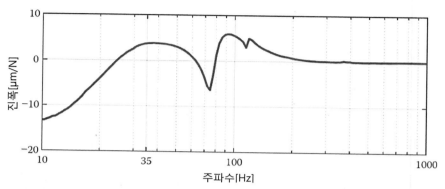

그림 14.8 폐루프 시스템의 민감도 도표의 최댓값은 6[dB]로서, 이는 임의의 플랜트나 제어기가 변화되었을 때에 불안정성과의 근접도를 정량화시켜주며, 이와 더불어서, 센서 노이즈의 증폭도를 보여준다.

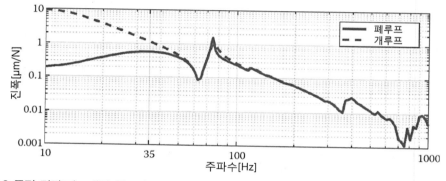

그림 14.9 공정 민감도는 제어 알고리즘이 어떻게 개루프 시스템에 비해서 효과적으로 강성을 높여주어서 플랜트 입력단으로 유입되는 외란 작용력에 따른 변위를 저감시켜주는지를 설명해준다. 저주파에서 이렇게 추가된 강성으로 인하여 공진주파수 근처에서의 유연성이 크게 증가한다.

14.2.4 부하가변 시스템

고정밀 메카트로닉스 시스템을 위한 제어 시스템은 구조물 내에서 발생하는 기계적 공진을 보상할 필요가 있다. 일반적인 모드분해 기법에서는 선형 시스템의 동특성들을 임의 숫자의 2차 시스템들이 합으로 만들어준다(뮤닝 슈미트 등 2014). 각 모드의 자극계수7는 시스템 입력이 적용되는 위치와 측정이 수행되는 위치에 의존한다. 다음의 사례에서는 저주파 대역에서는 강체처럼 작용하지만 고주파 대역에서는 약간의 내부 유연성으로 인하여 진동이 초래되는 전형적인 시스템에 대한 제어전략을 보여주고 있다.

정밀운동 시스템의 선형 동특성을 일련의 스프링 – 질량 – 댐퍼 시스템으로 모델링할 수 있으며, 2차 선형미분방정식을 사용하여 이들의 거동을 예측할 수 있다. **그림 14.10**에 도시되어 있는 2물체 시스템은 유용한 사례이다. 운동방정식에 라플라스 변환을 수행하면 다음 식을 얻을 수 있다.

$$\begin{Bmatrix} X_1 \\ X_2 \end{Bmatrix} = \frac{1}{s^2\left(s^2 + \frac{b}{m_c}s + \frac{k}{m_c}\right)} \begin{bmatrix} \frac{1}{m_1}\left(s^2 + \frac{b}{m_2}s + \frac{k}{m_2}\right) & \frac{1}{m_2}\left(\frac{b}{m_1}s + \frac{k}{m_1}\right) \\ \frac{1}{m_1}\left(\frac{b}{m_2}s + \frac{k}{m_2}\right) & \frac{1}{m_2}\left(s^2 + \frac{b}{m_1}s + \frac{k}{m_1}\right) \end{bmatrix} \begin{Bmatrix} F_1 \\ F_2 \end{Bmatrix}$$

(14.6)

위 식을 풀어서 나타내면,

$$\frac{X_1}{F_1} = \frac{1}{(m_1+m_2)s^2} + \frac{\frac{m_2^2}{(m_1+m_2)^2}}{m_c s^2 + bs + k} = \frac{1}{m_1+m_2}\left(\frac{1}{s^2} + \frac{\frac{m_2}{m_1}}{s^2 + \frac{b}{m_c}s + \frac{k}{m_c}}\right) \quad (14.7)$$

$$\frac{X_2}{F_1} = \frac{1}{(m_1+m_2)s^2} + \frac{\frac{-m_1 m_2}{(m_1+m_2)^2}}{m_c s^2 + bs + k} = \frac{1}{m_1+m_2}\left(\frac{1}{s^2} + \frac{-1}{s^2 + \frac{b}{m_c}s + \frac{k}{m_c}}\right) \quad (14.8)$$

그리고

$$\frac{X_1}{F_2} = \frac{1}{(m_1+m_2)s^2} + \frac{\frac{-m_1 m_2}{(m_1+m_2)^2}}{m_c s^2 + bs + k} = \frac{1}{m_1+m_2}\left(\frac{1}{s^2} + \frac{-1}{s^2 + \frac{b}{m_c}s + \frac{k}{m_c}}\right) \quad (14.9)$$

---

7 participation factor.

$$\frac{X_2}{F_2} = \frac{1}{(m_1+m_2)s^2} + \frac{\dfrac{m_1^2}{(m_1+m_2)^2}}{m_c s^2 + bs + k} = \frac{1}{m_1+m_2}\left(\frac{1}{s^2} + \frac{\dfrac{m_1}{m_2}}{s^2 + \dfrac{b}{m_c}s + \dfrac{k}{m_c}}\right) \quad (14.10)$$

여기서 $m_c = m_1 m_2 / (m_1 + m_2)$를 **조합질량항**이라고 부른다. 전달함수의 극점들(분모의 근들)은 어디서 측정이 수행되었는가에 무관하게 서로 동일하다. 이들의 위치는 고정되어 있으며 변하지 않는다. 반면에 영점들(분자의 근들)은 시스템의 입력과 출력에 의존한다. 플랜트 동력학의 1차 고유주파수가 특정 값보다 크기만 하면, 영점들의 위치는 사양에서 자주 무시된다.

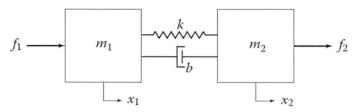

그림 14.10 감쇄된 유연요소로 연결되어 있는 2물체 모델을 통해서 정밀운동 시스템의 일반적인 동적 응답을 보여주고 있으며, 더 복잡한 시스템들의 기초가 된다.

몇 가지 사례에 대한 고찰을 통해서 동적 응답에 대한 식견을 넓힐 수 있다. 만일 두 번째 질량이 매우 작다면($m_2 \ll m_1$), 질량이 거의 m_1과 같은 이중 적분기의 거동으로 되돌아가 버린다. 이는 측정이 어느 위치에서 수행되어도 마찬가지이다. 두 질량의 크기가 거의 동일하다면, 동적 응답은 측정위치에 따라서 달라진다. **그림 14.11**에서는 1번 질량을 구동하면서 1번 질량과 2번 질량을 모두 측정하는 2질량 시스템의 주파수 응답선도를 보여주고 있다. 힘이 작용하는 곳과 동일한 위치를 측정하는 경우에는 구동과 측정위치가 서로 일치하기 때문에 이 응답을 **동일위치응답**[8]이라고 부른다. 2번 질량의 위치를 측정하여 1번 질량을 구동하는 경우의 응답은 **비동위치응답**[9]이라고 부른다.

---

8   collocated response.
9   noncollocated response.

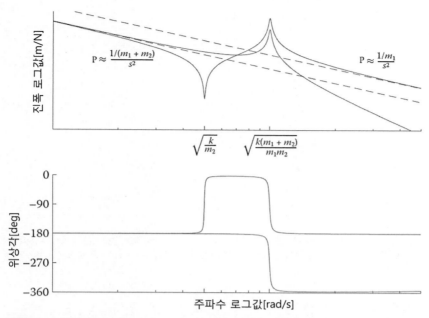

$$P \approx \frac{1/(m_1 + m_2)}{s^2}$$

$$P \approx \frac{1/m_1}{s^2}$$

$$\sqrt{\frac{k}{m_2}} \qquad \sqrt{\frac{k(m_1 + m_2)}{m_1 m_2}}$$

그림 14.11 동일위치 시스템과 비동위치 시스템의 주파수 응답은 동일한 극점위치를 가지고 있으며, 동일위치의 경우, 영점들의 켤레복소수 쌍들은 노치를 생성한다. 이는 작동기와 귀환 센서 사이에 비교적 짧은 구조 루프를 가지고 있는 잘 설계된 기계 시스템에서 나타나는 일반적인 응답특성이다.

14.2.5 이중루프 시스템

작동기 근처에 위치한 센서로 측정을 수행하는 것만으로는 관심 위치에서의 동적 성능을 완전히 평가할 수 없는 경우가 자주 발생한다. 정밀 시스템에서는 종종, 다수의 센서로부터 귀환신호를 입력받는다. **이중루프 시스템**의 경우, 하나의 귀환용 센서는 작동기 근처에 배치되며, 두 번째 센서는 관심위치에 가능한 한 근접하여 설치된다. 제어 시스템의 설계자는 이제, 저주파 정확도 개선하거나 구조물의 유연모드를 직접 제어하기 위해서 두 번째 센서를 사용할 수 있다.

추가적인 귀환요소의 가장 일반적인 용도는 가능한 한 관심위치에 근접한 위치에서 측정을 수행하여 정확도를 개선하는 것이다(10장 참조). **그림 14.12**의 모델에서, 주 귀환용 측정기인 y_1은 작동기에 가능한 한 근접한 위치에 설치하여 동적 시스템과 동일위치를 구축하며, 제어기의 비례이득과 미분이득을 생성한다. 두 번째 측정기인 y_2는 중요위치(보통 공구와 시편이 상호작용을 하는 위치)에 가능한 한 근접하여 설치하며, 측정값과 기준값 r 사이의 오차에 대해서 제어기의 적분이득을 생성한다.

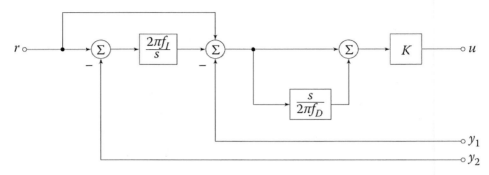

그림 14.12 이중루프 방식으로 구현한 앞섬-지연 형태의 PID 제어기에서는 적분작용을 위해서는 관심위치 근처에서의 측정값을 사용하며 비례 및 미분작용을 위해서는 작동기 근처에서의 측정값을 사용한다.

일부의 경우, 주 진동모드를 감소시키기 위해서 한 쌍의 센서측정값들을 사용할 수 있다. **그림 14.10**의 2질량 모델에 대해서 변위 x_1과 x_2를 모두 제어기의 측정값 y_1과 y_2로 사용할 수 있다고 가정하자. 이런 형태의 이상화를 통해서 추가적인 피치각도 모드를 가지고 있는 직선운동 스테이지를 나타낼 수 있다. 직선형 인코더가 작동기에 인접한 위치에서 스테이지의 운동을 측정하는 반면에 레이저 간섭계는 작업점과 인접한 위치에서의 운동을 측정한다. 여기서 중요한 점은 측정이 유연성요소의 양측에서 이루어지기 때문에 공진특성을 완벽하게 나타낼 수 있다는 것이다. 작동기와 인접한 측정에 대해서는 PD 형태의 제어기를 구축하고, 작업점과 인접한 두 번째 측정에 대해서는 PID 제어기를 구축하는 것이 가장 좋은 방안이다. 진동 모드에 대해서는 직접제어를 수행한다. 현대제어 이론의 전체상태 귀환을 통해서 이를 구현할 수 있으며, 이는 접근방식들 사이의 유사성을 살펴볼 수 있는 좋은 사례이다. 적분기는 단 하나의 측정에 대해서만 적용해야 한다. 그렇지 않다면, 두 측정의 오차값이 동시에 0이 되지 않는 경우에 각각이 서로 반대방향으로 포화되어버릴 가능성이 있다.

14.2.6 디커플링 제어-갠트리 시스템

정밀운동 제어 시스템은 일반적으로 여러 개의 축들을 가지고 있으며, 센서와 작동기의 위치가 일치하지 않거나 또는 여분의 센서와 작동기를 구비하고 있는 경우도 있다. 이로 인하여 단일입력 단일출력 모델을 사용하여 설계된 고전적인 제어기법을 적용하기 어렵거나 최소한 적용하기가 난해한 다중변수 제어문제가 발생하게 된다. 다중변수 제어 시스템의 설계에 대한 자세한 내용은 스코게스타드와 포스틀슈와이트(1996)를 참조하기 바란다. 그런데 축간 **디커플링 기법**을 사용하면 일련의 **다중입력—다중출력** 제어문제에 대해서 고전적 제어기법을 적용할 수 있다. 이런 디커플링 기법은 (작동기 입력과 센서 출력 사이에 적용하는) 좌표변환을 통해서 커플링된 플랜트 모델과 제어문제를 대각선화된 일련의 **단일입력—단일출력** 모델로 단순화시킬 수 있다. 공식화된 기법은 진동해석에서 자주 사용되는 모달 좌표변환과 매우 유사하다(13장 참조).

디커플링 제어기법은 **갠트리 제어**문제에 자주 적용된다. **병렬 메커니즘** 또는 **H—브릿지** 메커니즘이라고 부르는 이런 형태의 메커니즘에서는 하나의 브릿지 양단에 설치되어 있는 두 개의 작동기와 두 개의 센서들이 사용된다. 브릿지 자체도 브릿지 이송축의 강성중심 위치에 부하 오프셋을 보상하기 위한 모터를 구비할 수 있으며, 이로 인하여 브릿지 중심축과 병렬로 설치된 갠트리 이송축들과 커플링이 초래된다. 고든과 에르코흐마즈(2012), 테오 등(2007), 가르시아헤레로스 등(2013) 그리고 보틀러(2011)에서는 갠트리 시스템에 적용되는 이런 디커플링 기법에 대한 자세한 사례들이 제시되어 있다.

디커플링 제어는 갠트리와 유사한 시스템의 제어를 단순화시켜준다. 이 경우, 갠트리 브릿지는 미소한 각도편차를 가지고 거의 직선으로 이동한다. **그림 14.13**에서는 단순화된 모델을 보여주고 있다. 브릿지 양단에 설치되어 있는 모터와 인코더는 동일위치에 설치되어서, 작용력 f_1과 f_2는 변위 x_1 및 x_2와 동일위치에서 작용한다고 가정한다. 브릿지의 길이는 L, 질량은 m 그리고 브릿지의 중앙에 위치하는 질량중심에 대한 질량의 2차 극관성 모멘트는 J라 하자. 강성 k_θ[Nm/rad]와 감쇄 b_θ[Nms/rad]는 브릿지가 각도 θ만큼 회전할 때에 안내 베어링이 가지고 있는 회전방향 유연성과 등가이다. 간극 w를 사이에 두고 브릿지의 양단에 두 개의 베어링이 설치되어 있으므로, $k_\theta = w^2 k$값을 갖는다. 이를 사용하면 모터의 작용력과 측정위치 사이의 전달함수를 다음과 같이 유도할 수 있다.

$$\begin{Bmatrix} X_1 \\ X_2 \end{Bmatrix} = \begin{bmatrix} \dfrac{1}{ms^2} + \dfrac{L^2/4}{Js^2 + b_\theta s + k_\theta} & \dfrac{1}{ms^2} - \dfrac{L^2/4}{Js^2 + b_\theta s + k_\theta} \\ \dfrac{1}{ms^2} - \dfrac{L^2/4}{Js^2 + b_\theta s + k_\theta} & \dfrac{1}{ms^2} + \dfrac{L^2/4}{Js^2 + b_\theta s + k_\theta} \end{bmatrix} \begin{Bmatrix} F_1 \\ F_2 \end{Bmatrix} \tag{14.11}$$

여기서 제어기 설계의 가장 어려운 점은 한쪽에 가해진 힘이 서로 다른 두 위치의 변위를 초래한다는 것이다. 이는 앞서 설명했던 2질량 문제의 특수한 경우로서, 두 개의 직선방향 자유도 대신에 하나의 직선방향 자유도와 하나의 회전방향 자유도를 가지고 있다. 이 사례에서는 브릿지 이송축의 운동에 따라서 발생하는 회전관성의 변화를 무시하였다.

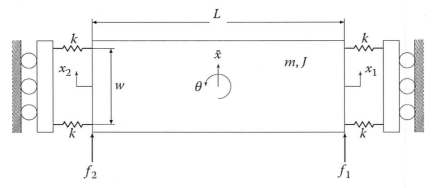

그림 14.13 갠트리 브릿지는 직선방향 자유도와 회전방향 자유도의 2자유도를 가지고 있다. 작용력 f_1과 f_2가 브릿지의 양단에 가해지며 이와 거의 동일한 위치에서 변위 x_1과 x_2가 측정된다. 브릿지의 질량은 m이며 무게중심 위치에서의 회전관성은 J이다.

좌표변환을 통해서 제어문제를 디커플 시킬 수 있다. 이송축의 상태를 (갠트리 중심위치에서의) 변위와 각도로 똑같이 잘 나타낼 수 있으며, 평균 작용력과 평균토크를 사용하여 제어력도 똑같이 잘 나타낼 수 있다. 다음 식을 대입한다.

$$\begin{Bmatrix} X_1 \\ X_2 \end{Bmatrix} = \begin{bmatrix} 1 & L/2 \\ 1 & -L/2 \end{bmatrix} \begin{Bmatrix} \overline{X} \\ \theta \end{Bmatrix} \tag{14.12}$$

$$\begin{Bmatrix} F \\ T \end{Bmatrix} = \begin{bmatrix} 1 & 1 \\ L/2 & -L/2 \end{bmatrix} \begin{Bmatrix} F_1 \\ F_2 \end{Bmatrix} \tag{14.13}$$

이를 통해서 전달함수 행렬식을 다음과 같이 단순화시킬 수 있다.

$$\begin{Bmatrix} F \\ T \end{Bmatrix} = \begin{bmatrix} \dfrac{1}{ms^2} & 0 \\ 0 & \dfrac{1}{Js^2 + bs + k} \end{bmatrix} \begin{Bmatrix} F \\ T \end{Bmatrix} \tag{14.14}$$

이를 통해서 제어 알고리즘을 대각선에 위치하는 단일입력－단일출력 항들만을 사용하여 독립적으로 설계할 수 있다. 이 식은 모터의 작용력에 의해서 구동되는 자유질량과 스프링에 의해서 구속된 회전관성으로 이루어져 있다. 알고리즘 설계과정에서 이런 엄청난 단순화를 구현하기 위해서는 모든 위치 피드백과 제어연산을 실시간으로 수행할 수 있는 충분히 빠른 제어 하드웨어가 필요하다.

14.2.7 대변위 위치 결정과 미소변위 위치 결정

정밀운동제어의 일부 적용 사례에서는 소위 **대변위** 위치 결정과 **미소변위** 위치 결정 기구를 적층하여 배치한 구조를 사용한다. 비교적 무거운 대변위 스테이지는 장거리 이송을 수행하는 반면에 크기가 작은 미소변위 스테이지는 고주파 보정을 수행한다. 대표적인 사례로는 축방향 비대칭 광학부품의 절삭을 위한 **급속이송공구대**[10]나 광학부품의 고속 초점조절 시스템이 있다. **그림 14.14**에서는 플랙셔 기반의 미소변위 스테이지와 장거리 이송을 위한 대변위 스테이지가 적층되어 있는 배치에 대한 **집중상수 모델**[11]을 보여주고 있다. 이로 인하여 다음과 같이, 2입력 2출력 전달함수 형태의 플랜트 모델이 유도된다.

---

10   fast tool servo.
11   lumped parameter model.

$$
\left\{ \begin{matrix} X_1 \\ X_2 \end{matrix} \right\} = \begin{bmatrix} \dfrac{\dfrac{1}{m_1}\left(s^2 + \dfrac{b}{m_2}s + \dfrac{k}{m_2}\right)}{s^2\left(s^2 + \dfrac{b}{m_c}s + \dfrac{k}{m_c}\right)} & \dfrac{-\dfrac{1}{m_1}}{\left(s^2 + \dfrac{b}{m_c}s + \dfrac{k}{m_c}\right)} \\[4ex] \dfrac{\dfrac{1}{m_1}\left(\dfrac{b}{m_2}s + \dfrac{k}{m_2}\right)}{s^2\left(s^2 + \dfrac{b}{m_c}s + \dfrac{k}{m_c}\right)} & \dfrac{\dfrac{1}{m_2}}{\left(s^2 + \dfrac{b}{m_c}s + \dfrac{k}{m_c}\right)} \end{bmatrix} \left\{ \begin{matrix} F_1 \\ F_{12} \end{matrix} \right\}
\tag{14.15}
$$

여기서 m_1은 대변위 스테이지의 질량을 나타내며 m_2는 미소변위 스테이지의 질량을 나타낸다. 변수 $m_c = m_1 m_2 / (m_1 + m_2)$는 조합된 질량항이며 k와 b는 각각 강성과 감쇠항이다. 대변위 스테이지와 미소변위 스테이지의 위치는 각각 x_1 및 x_2이며 대변위 스테이지 구동용 모터에 의해서 가해지는 힘은 f_1, 미소변위 스테이지 구동용 모터에 의해서 가해지는 힘은 f_2이다. 미소변위 스테이지에 의해서 가해지는 힘은 질량 m_1과 m_2에 크기는 같지만 방향은 반대로 부가된다. 식 (14.15)는 다음과 같이 단순화시킬 수 있다.

$$
\left\{ \begin{matrix} X_1 \\ X_2 \end{matrix} \right\} = \begin{bmatrix} P_{cc} & P_{cf} \\ P_{fc} & P_{ff} \end{bmatrix} \left\{ \begin{matrix} F_1 \\ F_{12} \end{matrix} \right\}
\tag{14.16}
$$

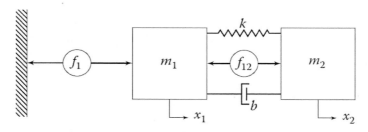

그림 14.14 이 정밀이송 시스템 모델은 대변위 스테이지 위에 플랙셔 기반의 미소변위 스테이지가 얹혀 있다. 대변위 스테이지와 지면 사이와 미소변위스테이지와 대변위 스테이지 사이에 각각 작용력이 가해진다. 제어기가 사용가능한 유일한 측정위치는 미소변위 스테이지와 지면 사이의 위치이다.

목표는 대변위 스테이지와 미소변위 스테이지용 작동기 모두에 명령을 전송하여 미소변위 스테이지가 기준명령을 추종하도록 제어전략을 설계하는 것이다. 게다가 정착되었을 때에 미소변위 스테이지의 위치는 대변위 스테이지에 대해서 이송 범위의 중앙에 위치하여야 한다. 고정된 베이스에 대하여 측정된 미소변위 스테이지의 위치를 나타내는 단 하나의 측정값만을 사용할 수 있다고 가정한다. **그림 14.15**에서는 이 서보제어문제에 대한 블록선도를 보여주고 있다. 미소변위 스테이지용 제어기 C_f는 고정된 기준위치에 대한 미소변위 스테이지의 위치측정값에 대한 제어이득을 생성하며, 대변위 스테이지용 제어기 C_c는 미소변위 스테이지의 제어이득에 대한 제어이득을 생성한다.

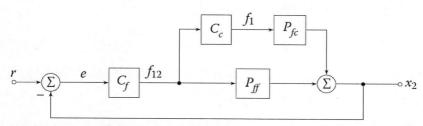

그림 14.15 대변위 스테이지와 미소변위 스테이지의 제어력을 생성하기 위해서 미소변위 스테이지의 위치 측정값만을 사용하는 미소변위−대변위 제어기의 블록선도

대변위 스테이지용 제어기는 미소변위 제어기가 제어하는 **유효 플랜트**를 단순화하도록 설계되었다. 시스템의 개루프 전달함수는 다음과 같이 주어진다.

$$L = (P_{fc}C_c + P_{ff})C_f \tag{14.17}$$

그리고 스칼라 계수인 $(m_1 + m_2)/m_2$를 C_c 값으로 선정하여 괄호 속의 항들을 단순화시킨다. 새로운 유효 플랜트는 다음과 같이 정리된다.

$$P_f = P_{fc}C_c + P_{ff} \tag{14.18}$$

$$= \frac{\dfrac{1}{m_1 m_2}(bs + k)}{s^2\left(s^2 + \dfrac{b}{m_c}s + \dfrac{k}{m_c}\right)}\frac{(m_1 + m_2)}{m_2} + \frac{\dfrac{1}{m_2}}{s^2 + \dfrac{b}{m_c}s + \dfrac{k}{m_c}}$$

$$= \frac{\dfrac{1}{m_2}\left(\dfrac{b}{m_c}s + \dfrac{k}{m_c}\right)}{s^2\left(s^2 + \dfrac{b}{m_c}s + \dfrac{k}{m_c}\right)} + \frac{\dfrac{1}{m_2}}{s^2 + \dfrac{b}{m_c}s + \dfrac{k}{m_c}}$$

$$= \frac{1}{m_2 s^2}$$

이 단순화를 통해서 일반적인 PID 제어기나 앞섬 – 지연 보상기를 사용하여 미소변위 스테이지용 제어기 C_f를 설계할 수 있다.

14.2.8 프레임운동이 발생하는 시스템

정밀운동 시스템을 지지하는 기계의 베이스와 프레임은 무한히 강하지 않으므로 시스템의 해석에 이들의 운동에 따른 동특성을 포함시켜야만 한다. 기계의 베이스는 (화강암 덩어리와 같이) 큰 질량을 가져야만 하며, 잘 만들어진 제진 시스템이나 구조물 프레임 위에 설치되어야 한다. 이런 경우, 국부구조가 유효 모달질량과 모달강성을 결정한다(11장과 13장 참조). 운동 시스템의 부하를 가속시키기 위해서 작용하는 모든 힘들은 동시에 기계 베이스나 프레임을 반대방향으로 가속시킨다. 그림 14.16에서는 이 구조의 집중계수 모델을 보여주고 있다. 베이스의 질량 m_0는 전형적으로 스테이지와 운동요소들보다 훨씬 더 무거우며, 따라서 동일한 힘이 가해졌을 때에 발생하는 가속도는 무게에 반비례하여 훨씬 더 낮아진다. 하지만 정밀 시스템의 경우에는 이를 무시할 수 없다. 사용가능한 변위 측정값은 일반적으로 기계 프레임상의 한 점과 움직이는 캐리지 사이의 거리이므로, 이 캐리지 운동의 측정값에는 기계 베이스의 운동이 잔류진동으로 나타난다.

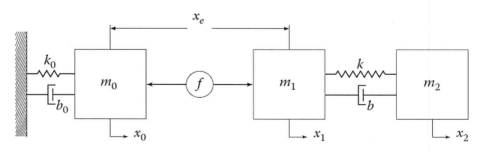

그림 14.16 정밀운동 시스템에는 종종 기계의 베이스나 프레임이 포함된다. 귀환센서에 의해서 측정된 변위값은 일반적으로 이 베이스를 기준으로 사용한다.

기계 베이스 위에서의 캐리지 운동에 대한 가장 단순한 모델은 식 (14.5)의 유연부하 모델에 질량 m_0를 추가한 것이다. x_1은 캐리지의 절대변위, x_0는 베이스의 절대변위 그리고 x_e는 이들의 편차라고 한다면, 동적 거동을 나타내는 이들의 전달함수는 다음과 같이 주어진다.

$$\frac{X_0}{F} = \frac{-1}{m_0 s^2 + b_0 s + k_0} \tag{14.19}$$

$$\frac{X_1}{F} = \frac{1}{(m_1 + m_2)s^2} + \frac{\dfrac{m_2^2}{(m_1 + m_2)^2}}{m_c s^2 + bs + k} \tag{14.20}$$

$$\frac{W_e}{F} = \frac{1}{(m_1 + m_2)s^2} + \frac{\dfrac{m_2^2}{(m_1 + m_2)^2}}{m_c s^2 + bs + k} + \frac{1}{m_0 s^2 + b_0 s + k_0} \tag{14.21}$$

부가된 힘과 위치센서 사이의 주파수응답에는 앞서와 마찬가지로, 극점과 영점의 컬레복소수 세트들이 포함되어 있다. 하지만 이 경우에는 전형적으로 예상 교차주파수보다 훨씬 낮은 주파수대역에 위치한다. 이로 인하여 정착과정에서 진폭은 작지만 오랫동안 지속되는 잔류진동이 남아 있게 된다.

14.2.9 구름마찰 시스템

구름요소 베어링을 사용하는 시스템의 동적 응답은 미소변위에서 크게 변한다(7장). 소위 미끄럼전 마찰 또는 구름전 마찰은 단순히 속도의 함수가 아니라 과거 운동의 이력(방향과 거리)에 의존하므로 실질적으로는 히스테리시스 스프링처럼 작동한다. 구름요소가 구속을 파괴하고 먼 거리를 굴러가기 전의 미소변위(일반적으로 마이크로미터 미만)에 대해서는 베어링이 스프링처럼 작동한다(후타미 등 1990). 이런 거동을 설명하는 다양한 모델들이 제시되었지만(암스트롱-에를루브리 등 1994, 알벤더 등 2005, 필드맨 등 2016), 이들 중 대부분은 실험 모델이므로 프로젝트의 기계 설계 단계에서 이를 직접 활용하기는 어렵다. 예측 모델의 개발은 아직도 활발한 연구주제로 남아 있다(알벤더와 스위버스 2008, 드 모를루즈 등 2011).

이런 스프링 형태의 마찰거동은 몇 가지 부정적인 영향을 미친다. 이동거리가 긴 경우의 루프이득 응답에 비해서 저주파 루프이득의 진폭이 감소한다(오츠카와 마쓰다 1998). 크기가 작은 루프이득이 민감도응답의 크기를 증가시키며, 이로 인하여 외란배제능력과 명령추종능력이 감소한다. 이로 인한 가장 큰 영향은 대진폭 선형 모델을 사용하여 예측한 것보다 정착시간이 늘어난다는 것이다. 게다가 질량체를 이송하는 베어링의 스프링과 유사한 거동이 조합되어 주파수응답에서 공진 피크를 생성한다(윤과 트럼퍼 2014). 이 현상에 대한 최초의 해석 모델을 발표한 발명자의 이름을 따서 이 피크를 **달공진**[12]이라고 부르며(달 1968), 계수여유의 감소(높은 민감도 피크)를 초래하며, 이송축 정지위치 제어 시 진동이 지속된다.

연구자들은 이런 비선형성들을 제어하기 위한 다양한 기법들을 제안하였으며, 이토록 많은 노력들은 여전히 보편적인 해결방안이 개발되지 못하였음을 의미한다. 윤활, (열에 의해 유발되는 변화를 포함한) 베어링 예하중 그리고 최근의 작동이력 등의 미소한 변화가 거동에 미치는 민감도에 의해서 설계문제가 복잡해진다. **그림 14.17**에서는 상용 리니어모터 스테

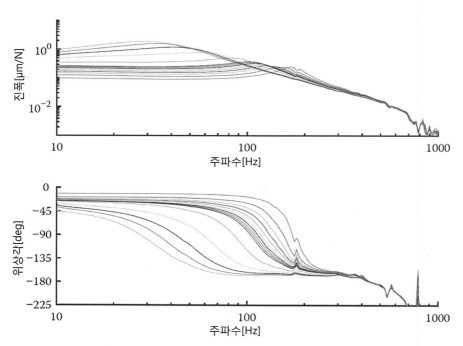

그림 14.17 구름요소 베어링으로 지지된 직선운동 스테이지에 다양한 크기의 입력이 가해지는 경우의 주파수 응답 측정 결과. 그림에 따르면 구름요소 베어링의 구름전 거동은 강성가변형 스프링처럼 거동한다.

---

12 Dahl resonance.

이지에서 작용력 대비 측정위치의 주파수응답 측정 결과를 보여주고 있다. 사례의 숫자가 많지 않음에도 불구하고 유효 스프링계수가 큰 편차를 보이고 있다. 기계 설계의 초기 단계에서 결정할 수 있다면, 최고의 전략은 달공진의 최댓값이 원하는 교차주파수보다 낮게 유지되도록 베어링 예하중과 윤활방법을 선정하는 것이다(버틀러 2011).

14.3 전향제어기법

전향제어 알고리즘은 정밀제어 시스템에 사용되는 2자유도 제어기 설계의 두 번째 부분을 차지한다. 진정한 전향제어기는 원하는 응답을 얻기 위한 제어작용을 생성하기 위해서, 실시간 측정값을 전혀 사용하지 않고 시스템의 예상되는 동적응답에 대한 사전정보를 사용하여 개루프로만 작동한다. 아라키와 타구치(2003)는 다양한 전향제어 구조들 사이의 기능적 등가를 보여주기 위한 지침서 형태의 문건을 발표하였다. 전향제어 방법으로는 근사화한 플랜트 역수를 사용하는 방식과 진동억제를 위해서 전형적으로 기준명령의 주파수 성분을 변경시키는 주파수 설정점 필터형식의 두 가지 방법이 사용된다. 리 등(2011)은 주사프로브 현미경에서 사용되는 나노 위치 결정 시스템에 적용하기 위하여 설계된 2자유도 제어이론의 설계방법에 대해서 발표하였다(5장).

14.3.1 모델-반전 전향제어

플랜트의 예상응답에 대한 역수를 근사적으로 구하기 위해서 **전향형 필터**가 사용된다. 즉, 주어진 플랜트 모델과 필요한 출력으로부터 제어값을 생성하기 위해서 전향필터는 플랜트의 역수 모델을 사용한다. 이 전향형 필터는 효과적인 개루프 제어기이다. **그림 14.18**에서는 전향제어 및 귀환제어를 갖춘 2자유도 제어기의 구조를 보여주고 있다. 블록의 특정한 위치들은 효과적인 플랜트 반전을 위한 전향제어의 역할과 외란 보상을 위한 귀환제어의 역할을 강조하여 보여주고 있다.

플랜트 반전을 근사화하기 위한 전향 필터의 세팅은 기준값의 변화에 대해서 서보 오차를 줄여준다. **그림 14.18**의 부호들을 사용하여 전달함수를 구하면,

$$\frac{e}{r} = \frac{1 - PC_{ff}}{1 + PC} \tag{14.22}$$

그리고 PC_{ff}가 1에 근접할수록, 기준명령에 대한 오차가 줄어든다. 물론, **모델 반전** 방식의 전향제어에는 한계가 있다. 플랜트의 불확실도는 주파수에 따라서 변하며, 이로 인하여 기준명령에 대한 응답성을 개선하기 위해서 사용할 수 있는 전향제어의 범위가 결정된다 (데바시아 2002). 게다가 플랜트 모델에 대한 이산시간 형태로 표현하거나 또는 모드선도가 직선운동 성분과 각운동 성분을 모두 포함할 때에 비교적 일반적으로 발생하는 플랜트 응답의 비최소위상 영점들이 플랜트 반전 시 불안정한 극점이 되어버린다. 전체적인 극점-영점상쇄는 수학적으로 타당하지만 불안정한 중간신호가 존재하기 때문에 실제 시스템에서는 적용할 수 없다.

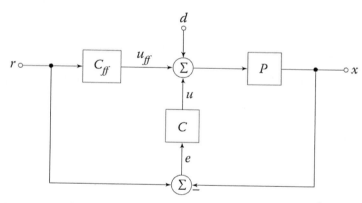

그림 14.18 모델의 반전을 근사화하기 위한 전향블록과 측정값과 기준값 사이의 오차와 외란의 영향을 관리하기 위한 귀환블록의 역할을 강조하여 보여주는 전향제어기의 블록선도

많은 운동 시스템들이 주로 강체거동을 나타낸다. 즉, 관성질량을 사용하여 저주파 응답을 효과적으로 모델링할 수 있으며, 고주파 동특성은 모드선도들의 합으로 나타낼 수 있다.

$$P(s) = \frac{1}{ms^2} + \sum_{i=1}^{N} \frac{k_i}{m(s^2 + 2\zeta_i \omega_i s + \omega_i^2)} \tag{14.23}$$

여기서 분자 k_i는 모달 영향계수이며 작용력이 가해지는 시스템과 이 시스템 내에서 변위가 측정되는 위치에 의존한다. 따라서 모델 반전은 이중미분값에 시스템의 근사질량 $\widehat{m}$을 곱한 값과 같다. 만일 기준명령이 변위의 단위를 사용하여 입력된다면, 다음의 전향제어기는 가속도에 비례하는 제어력을 생성한다.

$$C_{ff}(s) = \widehat{m}s^2 \tag{14.24}$$

위 식은 가속 전향항을 공통으로 사용하여 있으며, 이는 대부분의 산업용 제어기들에서 효과적이다. 마찬가지로, 점성마찰이 뚜렷한 시스템의 경우, 속도 전향향을 추가하면 특정한 마찰효과를 보상하기 위하여 속도에 비례하는 제어력이 생성된다.

고주파 대역에서도 모델 반전을 유지하는 것은 현실적으로 어려운 일이다. 고주파 동특성은 일반적으로 불확실성이 크며, 전형적으로 일련의 극점들과 영점들이 켤레복소수 쌍으로 이루어진다. 이들은 위상변화가 비교적 빠르다는 특징을 가지고 있으며, 모델 매칭이 충분치 못하다면, 응답의 반전과정에서 큰 오차가 발생한다. 게다가 고차 동특성이 시스템 내의 모든 이송축들의 특정 위치와 시스템 질량에 따라서 변하며, 특히 시간에 따라서는 더 크게 변한다. 물론, 이런 변화를 측정하여 플랜트와 전향 모델에 추가하여 점점 더 복잡하게 만들수도 있겠지만, 다른 기법이 존재한다.

잘 설계된 정밀운동 시스템에서 기준명령 내의 주파수성분은 일반적으로 구조 동특성에 비해서 작은 값을 갖는다. 해석에서는 계단입력이 일반적으로 사용되지만, 실제의 운동 시스템에서는 결코 기준명령으로 사용하지 않는다(반디크와 아츠 2012). 이는, 전향제어기는 기준 명령 내에 포함되어 있는 주파수 범위에 대해서만 플랜트의 역수를 취할 필요가 있다는 것을 의미한다. 저크 미분제어는 고주파 공진모드의 저주파 성분을 보상해주므로, 전형적으로 기준명령에 포함되어 있는 주파수에 대한 추종성능이 더 좋지만, 모델링 오차나 플랜트 변화에 대한 민감도가 저하된다. 식 (14.23)에 제시되어 있는 플랜트 모델(전형적인 기계 시스템에서는 감쇄값이 무시할 정도이다)에 대한 부블라지(2006) 및 부블라지 등(2004)의 미분식을 따라가 보면, 저크 미분에 대한 다음과 같은 근사식을 얻을 수 있다.

$$\delta = \frac{-m \sum_{i=1}^{N} k_i \prod_{j \in \{1, \cdots, N | j \neq i\}} \omega_j^2}{\prod_{i=1}^{N} \omega_i^2} \qquad (14.25)$$

그리고 가속도와 저크 미분항을 포함한 전체적인 전향제어기는 다음과 같이 주어진다.

$$C_{ff}(s) = \hat{m}s^2 + \delta s^4 \qquad (14.26)$$

대부분의 전향제어 계산은 이산시간에 대해서 이루어지며 전형적으로 일련의 위치명령들에 따라서 작동한다는 점을 인식하는 것이 중요하다. 따라서 고차의 전향제어 설계가 가능하도록 충분한 미분성능을 갖춘 궤적생성기가 명령을 생성해야 한다(창과 호리 2006). 4차의 전향 보상기는 최소한 4차 다항식으로 만들어진 기준궤적을 필요로 한다(부블라지 등 2003). 게다가 전향제어 명령과 동적 응답 사이에는 일반적으로 아날로그-디지털 변환시간 및 다수의 서로 다른 이산시간 계산에 의해서 유발되는 약간의 지연이 존재한다. 이런 시간지연으로 인해서 고주파 대역에서 큰 오차가 유발되며, 일반적으로 이를 보상하여야 한다(버틀러 2012). 모델 반전 전향제어기는 일반적으로 이산시간에 대해서 구현되며, **유한임펄스응답**(FIR) 형태의 필터를 가지고 있다. 보상을 통하여 모델과 실제 시스템 사이의 차이에 대한 추종오차를 가장 잘 최소화시켜주는 전향필터로 수렴시키기 위한 반복계산을 활용하는 최적화 기법을 사용하여 이런 필터계수들의 값을 수정할 수 있다(반데르멀런 2008).

14.3.2 설정값 필터링

설정값 필터링에 대한 전향전략은 기준명령의 주파수 성분들을 전략적으로 변경시켜준다. 계단응답은 모든 주파수 범위에 대해서 진폭이 큰 성분을 포함하고 있으며, 이미 설명했던 것처럼 계단명령은 실제의 경우에 (고주파 성분이 포함되어 있으며, 증폭기 포화가 발생할 우려가 있기 때문에) 거의 사용되지 않는다. 그 대신에 속도, 가속도 및 저크값의 피크를 제한하기 위해서 명령을 매끈하게 만든다. 궤적생성의 일환으로 수행되는 이런 평탄화를 통해서 주어진 주파수 성분들에 대한 프로파일이 생성된다. 서보 시스템의 주파수 응답은 이 프로파일을 어떻게 추종할 것인가를 결정한다.

기준명령의 형상이 주파수 성분들을 결정하므로, 운동명령에 의해서 기계의 구조공진 차수들이 가진된다. 단주기 운동명령에는 고주파 성분들이 포함되어 있으므로, 구조공진을 가진하지 않도록 천천히 변하는 운동명령을 사용하는 것이 가장 빠른 운동 및 정착시간을 구현할 수 있다는, 다소 직관에 어긋나는 결과가 초래된다. 때로는 명령의 주파수 성분들을 수정하기 위해서 저역통과 필터나 노치필터가 추가 하거나 또는 명령의 주파수 스펙트럼을 세심하게 만들어주는 고차 다항식으로 정의할 수도 있다(센서와 타지마 2017). 소위 튜닝문제가 실제로는 명령궤적의 형태와 관련된 문제인 경우가 많다.

14.3.3 명령성형

명령성형[13]은 기준명령을 수정하며, 진동의 자기상쇄 기회를 만들어서 시스템 내의 정착시간을 감소시켜주는 전향제어 전략의 일종이다. 이 기법들은 운동명령에 의해서 유발되는 진동의 저감에만 효과적이라는 것을 명심하는 것이 중요하다. (환경교란과 같은) 여타의 입력에 의한 진동은 어떻게 하여도 감소시킬 수 없다. 이런 명령성형 기법의 사례로는, 운동명령의 전반부에 의해서 생성된 과도진동을 이에 뒤이어서 입력되는 크기가 변경되고 시간이 지연된 복제명령에 의해서 상쇄될 수 있도록 시간과 진폭이 선정된 유한임펄스응답(FIR) 필터를 들 수 있다. 개념적으로 이해하기가 가장 쉬운 사례는 저감쇄 2차 시스템에 부가되는 **포지캐스트 필터**[14](톨만과 스미스 1958)이다. 이 시스템의 임펄스 응답은 진폭이 지수함수적으로 감소되는 정현함수 형태를 가지고 있다. 첫 번째 입력이 부가되고 절반주기가 지난 다음에 진폭이 약간 작은 두 번째 임펄스를 무가하면 초기 임펄스 응답에 비해서 진폭이 약간 작으며 시간이 시프트된 응답이 생성된다. 이 두가지 응답을 중첩하면 첫 번째 반주기의 진동을 제외한 모든 진동성분들이 서로 상쇄된다. **그림 14.19**에서는 저감쇄 2차 시스템에 2단 명령성형 필터를 통하여 계단응답을 부가한 경우의 시뮬레이션 결과를 보여주고 있다. 지연된 계단입력에 의한 진동이 최초 계단입력에 의해서 생성된 진동을 상쇄하는 것을 확인할 수 있으며, 이로 인하여, 이들이 중첩된 결과에는 진동성분이 존재하지 않는다.

13　command shaping.
14　Posicast filter.

확장된 명령성형 기법은 고유진동의 불확실성에 의한 잔류진동량을 최소화시키기 위해서 일반적으로 임펄스의 진폭과 지연시간을 변화시킨다. 명령성형 필터의 길이가 길어질수록, 운동명령의 지속시간이 길어지며, 이로 인하여 고유주파수 변화에 대한 둔감성이 증가한다. 여기서 제시되어 있는 기법은 싱어과 시링(1990) 그리고 싱호스와 시링(2011)의 미분을 따르고 있으며, 저감쇄 기계진동을 가지고 있는 운동 시스템의 잔류진동 저감에 효과적이다.

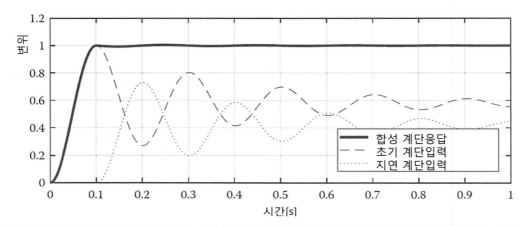

그림 14.19 위상이 반전된 공진이 자기상쇄를 일으키도록 명령성형 필터를 사용하여 명령의 지연 및 크기조절 수행한 사례

이 명령성형 필터의 설계과정은 문제가 되는 기계적 공진의 고유주파수와 감쇄비의 측정에서 시작된다. 초기시도에서는 시간추적 데이터로부터 이 값들을 추정하는 것만으로도 충분하다. 다음의 식들에서, 주파수 ω_0의 단위는 [rad/s]이며 감쇄비 ζ는 무차원이다. 중간변수들은 다음과 같이 정의된다.

$$K = e^{-\frac{\zeta\pi}{\sqrt{1-\zeta^2}}} \tag{14.27}$$

$$\Delta T = \frac{\pi}{\omega_0 \sqrt{1-\zeta^2}} \tag{14.28}$$

$$D = 1 + 3K + 3K^2 + K^3 \tag{14.29}$$

그리고 2단, 3단 및 4단 필터들의 사전성형 필터값들에 대한 계수들은 **표 14.1**에 제시되어 있다. 이산시간을 적용하여 발생하는 현실적인 한계가 존재한다는 점에 유의하여야 한다. 필터지연 ΔT는 서보 시스템의 샘플링주기의 정수배로 근사화시켜야만 한다. 즉, 필터를 공진주파수에 근접하지만 정확히 일치하지는 않도록 완벽하게 조절하여야 한다는 것을 의미한다. 또한 필터계수값들을 세심하게 절사하여 총합이 1이 되도록 만들어야 한다. 그렇지 않다면, 최종 설정위치가 의도한 최종위치와 정확하게 일치하지 않게 되어버린다. 지금까지 명령성형의 한 가지 사례에 대해서 살펴보았으며, 이에 대해 관심을 가지고 있는 독자라면 이 분야에 대해 폭넓게 다룬 여타의 참고문헌들을 참조하기 바란다.

표 14.1 진동저감용 명령성형 필터의 임펄스시간과 진폭

시간	2단 필터계수	3단 필터계수	4단 필터계수
0	$\dfrac{1}{1+K}$	$\dfrac{1}{1+2K+K^2}$	$\dfrac{1}{D}$
ΔT	$\dfrac{K}{1+K}$	$\dfrac{2K}{1+2K+K^2}$	$\dfrac{3K}{D}$
$2\Delta T$		$\dfrac{K^2}{1+2K+K^2}$	$\dfrac{3K^2}{D}$
$3\Delta T$			$\dfrac{K^3}{D}$

14.3.4 반복학습제어

반복학습제어는 동일한(매우 유사한) 임무에 대한 과거의 경험에 기초하여 보정작용을 수행하여 시스템의 성능을 향상시키기 위해서 설계된 기법이다. 기준 명령의 주파수 성분을 변경시킨다는 점에서는 전향제어와 약간의 관련성을 가지고 있지만, 귀환이득은 전혀 바꾸지 않는다. 따라서 폐루프 안정성에는 영향을 미치지 않는다. 세부기법들은 경우에 따라서 달라지며, 전반적인 내용들은 다른 문헌(브리스토 2006)을 참조하기 바란다. 일반적이면서도 유용한 알고리즘은 다음과 같이 주어진다.

$$r_{j+1}(k) = Q(q)[r_j(k) + L(q)e_j(k+1)] \tag{14.30}$$

여기서 r_j는 학습 알고리즘에 대한 j번째 반복계산의 기준 프로파일이며 e_j는 측정값과 필요한 출력 사이의 오차이다. $Q(q)$와 $L(q)$는 각각, (전형적으로 저역통과 특성을 가지고 있는) Q-필터와 학습함수이며 q는 전향 시프트 계수이다.

14.4 요 약

정밀 시스템과 기계 시스템은 기계적인 설계기법 이외의 제어기 설계에 있어서는 근본적으로는 차이가 없다. 차이라고 한다면, 정밀 시스템 엔지니어가 추가적인 오차 발생 원인들을 고려해야 한다는 것이다. 적절한 전략은 설정값 변화에 따른 제어력을 생성하기 위한 전향제어와 외란에 응답하며 잔류오차를 줄이기 위한 귀환제어의 2자유도 제어구조를 사용하는 것이다. 설계자는 시스템 모델에 주파수 도메인 기법을 적용한 다음에 직접측정을 토대로 미세조절을 수행하여 폐루프 성능 요구조건을 결정적으로 구현할 수 있다.

1. 앞섬-지연 형식의 제어기를 PID 형태로 변환시키시오: 앞섬-지연 형태로 개발된 제어기를 상용 PID 제어기에서 사용하는 계수값들과 일치시키기 위해서 병렬 PID 형태로 변환할 필요성이 자주 발생한다.

$$C(s) = 10 \frac{(s+50)(s+150)}{s} \tag{14.31}$$

위와 같은 전달함수를 가지고 있는 귀환제어기를 다음 식과 같은 등가 제어기로 변환시켰을 때의 K_P, K_I 및 K_D값들을 구하시오.

$$C_{PID}(s) = K_P + K_I \frac{1}{s} + K_D s \tag{14.32}$$

2. 공기베어링 스테이지용 제어기를 설계하시오: 리니어모터로 구동되는 공기베어링 스테이지 시스템을 위한 앞섬-지연 제어기를 설계하시오. 이동질량 m은 10[kg], 모터의 힘 상수값 K_m은 25[N/A] 그리고 변위 측정용 인코더의 분해능은 10[nm/count]이다. 제어기의 단위는 [A/count]를 사용하며, 교차주파수 50[Hz]에서 위상여유는 50°~60°를 갖도록 설계하려고 한다.

3. 모델 계수 추정: 전형적인 정밀운동 시스템의 주파수 응답이 **그림 14.6**에 도시되어 있다. 영점-극점 중첩이 보여주는 것처럼, 항상 약간의 기계적인 유연성이 존재하지만 근본적인 기계설계에서는 센서와 작동기를 되도록 근접하게 설치하여 함께 공진되도록 만든다. **그림 14.6**에서 측정된 주파수 응답과 서로 일치하도록 다음 식으로 제시된 2물체 모델의 계수값들을 조절하시오.

$$P(s) = \frac{m_2 s^2 + bs + k}{s^2 \{ m_1 m_2 s^2 + (m_1 + m_2) bs + (m_1 + m_2) k \}} \tag{14.33}$$

4. 플랜트 모델을 모드들의 합으로 변환: 알고리즘을 사용하는 모델 일치방법에서는 다음과 같은 다항식을 사용하여 플랜트 전달함수를 나타낸다.

$$P(s) = \frac{5s^2 + 502.654824574s + 6316546.816687190}{100s^4 + 12566.3706144s^3 + 157913670.4174297s^2} [\text{m/N}] \tag{14.34}$$

부분분수공식을 사용하여 이 곱셈표현식을 개별 진동모드들의 합산식으로 나타내시오. 총 운동질량, 질량 디커플링 비율 그리고 1차 고유주파수를 구하시오. 폐루프 대역폭의 적절한 목표값은 얼마이겠는가?

5. 명령성형 필터 설계: 위치 결정 시스템의 폐루프 응답에서 관찰되는 150[Hz] 진동을 감소시키기 위한 3단 명령성형 필터를 설계하시오. 시간 도메인 도표에 따르면 감쇄비는 0.02이다. 갱

신율이 5,000[Hz]인 이산시간 시스템을 사용하여 구현할 수 있는 형태로 답을 제시하시오.

6. 2자유도 시스템의 주파수응답: 작용력에 의해서 구동되는 유연질량 모델의 전달함수가 다음과 같이 주어진다.

$$P(s) = \frac{1}{m}\left(\frac{1}{s^2} + \frac{\alpha}{s^2 + \omega_n^2}\right) \tag{14.35}$$

네 가지 서로 다른 값의 모달자극계수 α에 대해서 주파수응답곡선을 그리시오.

1번 사례: $\alpha > 0$

2번 사례: $-1 < \alpha < 0$

3번 사례: $\alpha = -1$

4번 사례: $\alpha < -1$

그래프 작성을 위해서 질량 $m = 1$[kg], 감쇄값은 무시하며 고유주파수 $\omega_n = 1,000$[rad/s]라 하자. 각각의 경우에 대한 물리적 의미를 설명하시오.

7. 동적 커플링 시스템: 다중축 기계 시스템에는 가끔씩 이송축들 사이에 원치 않는 동적 커플링이 존재한다. 즉, 하나의 이송축에 제어력을 부가하면 다중축 운동이 초래된다. 이는 기계적인 부정렬이나 케이블 반송 시스템 또는 본질적인 기계설계상의 문제 등에 기인한다(예를 들어, 수직방향 운동용 스테이지에 쐐기형 설계를 자주 사용하며, 수평이송축 위에 설치하는 경우가 있다. 이런 경우 수평축의 가속이 수직방향 운동을 초래할 수도 있다). 이번 연습문제에서는 이송축들 사이에 원치 않는 동적 커플링이 존재하는 플랜트에 대해서 살펴보기로 한다.

$$X_1 = P_1(U_1 + k_{12}U_2) \tag{14.36}$$
$$X_2 = P_2(U_2 + k_{21}U_1)$$

변수 x_1 및 x_2는 각 이송축 방향으로의 변위를 나타내며, u_1 및 u_2는 제어력, P_1 및 P_2는 제어력을 변위로 변환시키는 플랜트 모델 그리고 k_{12}와 k_{21}은 축간 커플링을 나타낸다. 두 개의 제어기들이 서로에 대해서 독립적으로 작동하도록 적절한 디커플링 전략을 제시하시오.

8. 비축부하를 받는 갠트리에 대한 모델링: **그림 14.13**에 도시되어 있는 갠트리 시스템에 대하여 개발된 모델에서는 갠트리의 무게중심이 갠트리 브리지의 기하학적 중심과 일치한다고 가정하고 있다. 더 일반적인 경우는 무게중심이 기하학적 중심으로부터 오프셋되어 있으며, 여타의 이송축들이 움직이면, 이 무게중심이 매우 크게 변한다. 힘 f_1이 작용하는 위치로부터 무게중심이 a_1만큼 떨어져 있으며, 힘 f_2가 작용하는 위치로부터 무게중심이 a_2만큼 떨어져 있는 경우에 대해서($a_1 + a_2 = L$) 갠트리 브리지의 운동방정식을 유도하시오.

9. 플랜트 모델의 덧셈 표현과 곱셈 표현: 2물체 시스템의 운동방정식을 곱셈 표현(식 (14.5)의

형태)과 덧셈표현(식 (14.6)의 형태)으로 유도하시오.

10. 모델 반전형 전향필터 설계: 다음과 같은 형태를 가지고 있는 모델 반전형 전향 필터를 설계하시오

$$C_{ff}(s) = A_{ff}s^2 + J_{ff}s^4 \tag{14.37}$$

플랜트의 전달함수는 다음과 같이 주어진다.

$$P(s) = \frac{1}{20}\left(\frac{1}{s^2} + \frac{0.4}{s^2 + 20s + 1000000} + \frac{0.2}{s^2 + 40s + 4000000}\right)[\text{m}/\text{N}] \tag{14.38}$$

참고문헌

Abir J, Longo S, Morantz P, Shore P 2017 Virtual metrology frame technique for improving dynamic performance of a small size machine tool *Precision Engineering* **48** 24-31

Al-Bender F, Lamport V, Swevers J 2005 The generalized Maxwell-slip model: A novel model for friction simulation and compensation *IEEE Transactions on Automatic Control* **50** 1883-7

Al-Bender F, Swevers J 2008 Characterization of friction force dynamics *IEEE Control Systems Magazine* **28** 64-81

Araki M, Taguchi H 2003 Two degree-of-freedom PID controllers *International Journal of Control, Automation, and Systems* **1** 401-11

Armstrong-Hélouvry B, Dupont P, de Wit CC 1994 A survey of models, analysis tools and compensation methods for the control of machines with friction *Automatica* **30** 1083-138

Boerlage M 2006 MIMO jerk derivative feedforward for motion systems Proceedings of the 2006 American Control Conference 3892-7

Boerlage M, Steinbuch M, Lambrechts P, van de Wal M 2003 Model-based feedforward for motion systems Proceedings of the 2003 IEEE Conference on Control Applications 1158-63

Boerlage M, Tousain R, Steinbuch M 2004 Jerk derivative feedforward control for motion systems Proceedings of the 2004 American Control Conference **5** 4843-8

Bristow DA, Tharayil M, Alleyne AG 2006 A survey of iterative learning control *IEEE Control Systems Magazine* **26** 96-114

Bruijnen D, van de Molengraft R, Steinbuch M 2006 Optimization aided loop shaping for motion systems Proceedings of the 2006 IEEE International Conference on Control Applications 255-60

Bruijnen D, van der Meulen S 2016 Faster computation of closed loop transfers with frequency response data for multivariable loopshaping *IFAC-PapersOnLine* **49**(13) 87-92

Butler H 2011 Position control in lithographic equipment [Applications of control] *IEEE Control Systems Magazine* **31** 28-47

Butler H 2012 Feedforward signal prediction for accurate motion systems using digital filters *Mechatronics* **22** 827-35

Chang B-H, Hori Y 2006 Trajectory design considering derivative of jerk for head-positioning of disk drive system with mechanical vibration *IEEE/ASME Transactions on Mechatronics* **11** 273-9

Dahl P 1968 A solid friction model *DTIC Document*

De Moerlooze K, Al-Bender F, Van Brussel H 2011 Modeling the dynamic behavior of systems with rolling elements *International Journal of Non-Linear Mechanics* **46** 222-33

Devasia S 2002 Should model-based inverse inputs be used as feedforward under plant uncertainty? *IEEE Transactions on Automatic Control* **47** 1865-71

Dobrowiecki T, Schoukens J, Guillaume P 2006 Optimized excitation signals for MIMO frequency response measurements *IEEE Transactions on Instrumentation and Measurement* **55** 2072-9

Feldman M, Zimmerman Y, Gissin M, Bucher I 2016 Identification and modeling of contact dynamics of precise direct drive stages *Journal of Dynamic Systems, Measurement, and Control* **138** 071001

Franklin GF, Powell JD, Emami-Naeini A 2015 *Feedback control of dynamic systems*, 7th ed. Pearson

Futami S, Furutani A, Yoshida S 1990 Nanometer positioning and its microdynamics *Nanotechnology* **1** 31-7

Garcia D, Karimi A, Longchamp R 2004 Robust PID controller tuning with specification on modulus margin *Proceedings of the American Control Conference* **4** 3297-302

García-Herreros I, Kestelyn X, Gomand J, Coleman C, Barre P-J 2013 Model-based decoupling control method for dual-drive gantry stages *Control Engineering Practice* **21** 298-307

GeversM2002 Modelling, identification and control, in *Iterative Identification and Control* Springer 3-16

Gordon DJ, Erkorkmaz K 2012 Precision control of a T-type gantry using sensor/actuator averaging and active vibration damping *Precision Engineering* **36** 299-314

Graham RE 1946 Linear Servo Theory *Bell Labs Technical Journal* **25** 616-51

Hoogendijk, R, van de Molengraft MJG, den Hamer AJ, Angelis GZ, Steinbuch M 2015 Computation of transfer function data from frequency response data with application to data-based root-locus *Control Engineering Practice* **37** 20-31

Hou Z-S, Wang Z 2013 From model-based control to data-driven control: Survey, classification, and perspective *Information Sciences* **235** 3-35

Iwasaki M, Seki K, Maeda Y 2012 High precision motion control techniques: A promising approach to improving motion performance *IEEE Industrial Electronics* **6** 32-40

Lee C, Mohan G, Salapaka S 2011 *2DOF Control design in Control technologies for emerging micro and nanoscale systems* Springer

Munnig Schmidt R, Schitter G, Rankers A, van Eijk J 2014 *The design of high performance mechatronics* 2nd ed Delft University Press

Oomen T, Grassens E, Hendricks F 2015 Inferential motion control: Identification and robust control framework for positioning an unmeasurable point of interest *IEEE Transactions on Control Systems Technology* **23** 1601-10

Otsuka J, Masuda T 1998 The influence of nonlinear spring behaviour of rolling elements on ultraprecision positioning control systems *Nanotechnology* **9** 85-92

Pintelon R, Schoukens J 2012 *System identification: A frequency domain approach* 2nd ed John Wiley & Sons

Pintelon R, Schoukens J 2013 FRF measurement of nonlinear systems operating in closed loop *IEEE Transactions on Instrumentation and Measurement* **62** 1334-45

Rijlaarsdam D, Nuij P, Schoukens J, Steinbuch M 2017 A comparative review of frequency domain methods for nonlinear systems *Mechatronics* **42** 11-24

Rijlaarsdam D, van Loon B, Nuij P, Steinbuch M 2010 Nonlinearities in industrial motion stages-Detection and classification *Proceedings of the American Control Conference* 6644-9

Schoukens J, Marconato A, Pintelon R, Rolain Y, Schoukens M, Tiels K, Vanbeylen L, Vandersteen G, Van Mulders A 2014 System identification in a real world IEEE 13th International Conference on Advanced Motion Control (AMC) 1-9

Schoukens J, Vaes M, Pintelon R 2016 Linear system identification in a nonlinear setting *IEEE Control Systems Magazine* **36** 38-69

Sencer B, Tajima S 2017 Frequency optimal feed motion planning in computer numerical controlled machine tools for vibration avoidance *Journal of Manufacturing Science and Engineering* **139** 011006-1-13

Singer NC, Seering WP 1990 Preshaping command inputs to reduce system vibration *Journal of Dynamic Systems, Measurement, and Control* **112** 76-82

Singhose W, Seering W 2011 *Command generation for dynamic systems* Lulu

Skogestad S, Postlethwaite I 1996 *Multivariable feedback control: Analysis and design* John Wiley & Sons Stein G 2003 Respect the unstable IEEE Control Systems 23 12-25

Tallman GH, Smith OJM 1958 Analog study of dead-beat Posicast control *IRE Transactions on Automatic Control* **4** 14-21

Teo C, Tan K, Lim S, Huang S, Tay E 2007 Dynamic modeling and adaptive control of an H-type gantry stage *Mechatronics* **17** 361-7

van der Maas R, van der Maas A, Dries J, de Jager B 2016 Efficient nonparametric identification for high-precision motion systems: A practical comparison based on a medical X-ray system *Control Engineering Practice* **56** 75-85

van der Meulen SH, Tousain RL, Bogsra, OH 2008 Fixed structure feedforward controller design exploiting iterative trials: Application to a wafer stage and a desktop printer *Journal of Dynamic Systems, Measurement, and Control* **130** 051006

van Dijk J, Aarts R 2012 Analytical one parameter method for PID motion controller settings IFAC Conference on Advances in PID Control WeC2.4

van Solingen E, van Wingerden JW, Oomen T 2016 Frequency-domain optimization of fixed-structure controllers *International Journal of Robust and Nonlinear Control.*

Vanhoenacker K, Dobrowiecki T, Schoukens J 2001 Design of multisine excitations to characterize the nonlinear distortions during FRF-measurements *IEEE Transactions on Instrumentation and Measurement* **50** 1097-102

Widanage WD, Omar N, Schoukens J, Van Mierlo J 2015 Estimating the frequency response of a system in the presence of an integrator *Control Engineering Practice* **32** 1-11

Yaniv O, Nagurka M 2004 Design of PID controller satisfying gain margin and sensitivity constraints on a set of plants *Automatica* **40** 111-6

Yoon JY, Trumper DL 2014 Friction modeling, identification, and compensation based on friction hysteresis and Dahl resonance *Mechatronics* **24** 734-41

■ 찾아보기

■ 저·역자 소개

Richard Leach(리처드 리치) 저
1990~2014년 영국 국립물리학연구소에서 근무
여러 전문가 단체의 리더이며 러프버러 대학교과 하얼빈 기술연구소의 초빙교수
현 노팅엄 대학교의 계측공학 교수이며, 제조계측팀의 팀장

Stuart T. Smith(스튜어트 스미스) 저
현 노스캐롤라이나 대학교 샬럿 캠퍼스의 기계공학과 교수이며 계측기 개발그룹의 리더

***

장인배 역
서울대학교 기계설계학과 학사, 석사, 박사
현 강원대학교 메카트로닉스공학전공 교수

저서 및 역서
『표준기계설계학』(동명사, 2010)
『전기전자회로실험』(동명사, 2011)
『고성능 메카트로닉스의 설계』(동명사, 2015)
『포토마스크 기술』(씨아이알, 2016)
『정확한 구속_기구학적 원리를 이용한 기계설계』(씨아이알, 2016)
『광학기구 설계』(씨아이알, 2017)
『유연메커니즘_플랙셔 힌지의 설계』(씨아이알, 2018)
『3차원 반도체』(씨아이알, 2018)
『유기발광다이오드 디스플레이와 조명』(씨아이알, 2018)
『웨이퍼레벨 패키징』(씨아이알, 2019)

정밀공학

Basics of Precision Engineering

초판발행 2019년 6월 24일
초판 2쇄 2019년 12월 5일

저   자 Richard Leach, Stuart T. Smith
역   자 장인배
펴 낸 이 김성배
펴 낸 곳 도서출판 씨아이알

책임편집 박영지
디 자 인 윤지환, 박영지
제작책임 김문갑

등록번호 제2-3285호
등 록 일 2001년 3월 19일
주   소 (04626) 서울특별시 중구 필동로8길 43(예장동 1-151)
전화번호 02-2275-8603(대표)
팩스번호 02-2265-9394
홈페이지 www.circom.co.kr

I S B N 979-11-5610-758-3 (93550)
정   가 48,000원